Gesamtverzeichnis des deutschsprachigen Schrifttums (GV) 1700 – 1910

Bearbeitet unter der Leitung von
Hilmar Schmuck und Willi Gorzny
Bibliographische und redaktionelle Beratung:
Hans Popst und Rainer Schöller

120

Rot - Rum

K · G · Saur München · New York · London · Paris 1984

CIP-Kurztitelaufnahme der Deutschen Bibliothek

Gesamtverzeichnis des deutschsprachigen Schrifttums :
(GV). – München, New York, London, Paris : Saur.
Bd. 1 – 6 bearb. unter d. Leitung von Peter Geils
u. Willi Gorzny.
ISBN 3-598-30000-X

1700 – 1910 / bearb. unter d. Leitung von Hilmar
Schmuck u. Willi Gorzny. Bibliograph. u. red.
Beratung: Hans Popst u. Rainer Schöller

NE: Schmuck, Hilmar [Bearb.]

120. Rot - Rum. - 1984.

Techn. Realisierung und Druck: Norbert Gärtner, Mainz-Kastel
Binden: Karl Schaumann, Darmstadt
Printed in the Federal Republic of Germany
ISBN 3-598-30000-X (Gesamtwerk)

(Rot, Hans, und Rot, Peter.) Pilgerreisen der Basler H' und P' R'. 1440 und 1453. Hrg. von A[ugust] Bernoulli. SA. 8. Basel 1882 (*Umschlag: 1881).

Rot, Peter s. Rot, Hans und Rot, Peter.

Rot von Schreckenstein, s.a. Roth von Schreckenstein

v. Rot v. Schreckenstein, Frhr. Fr., († 1808.) s. 1) Flora d. Gegend d. Donau. 2) Verzeichniß selbstblüh. Gewächse. 3) Verzeichniß d. Käfer. 4) Verzeichniß d. Schmetterlinge.

Rota, Coreografo Giuseppe — Un Fallo. Azione mimica in sette scene del — —. (Ohne Angabe des Druckes. (8 S. 8.) 1857.

Rotach, Arnold. Das Postwesen der Stadt St. Gallen von seinen Anfängen bis 1798. [Umschlag illustriert.] 98 S. 8. St. Gallen. Fehr, 1909 (*Umschlag: 1910). [fr. 2. 50]

Rotalde, ..., s. Fiévée, ..., über Frankreich.

Rotar, M. S., die Wahrheit üb. den Wiener Saatenmarkt offen dargelegt. gr. 8. (16 S.) Wien 894. Leipzig, Literar. Anstalt A. Schulze. n. — 60

Rotaridis, ..., Anweis. f. Kaufleute, Künstler u. Handwerker, wegen dem mit ihren Lehrlingen abzuschließenden Lehrcontratt im Königr. Westphalen. gr. 8. Magdeb. 810. Heinrichshofen. 4 gr

Rotarii, Th. F., apparatus univ. theologiae moral. 8. Lps. Crusius. (F. C. W. Vogel.) 706.

Rotations - Druck - Maschinen, Neuere, der Schnellpressen-Fabrik Mödling vorm. L. Kaisers Söhne A.-G. Wien. Wien 1908. V: *Reisser, Adolph & Richard Becker.* (EB)

Rotberg

— s. Krankheitsgeschichte d. Fürsten v. Lippe.

Rotberg, ..., Vertheidigung gegen e. Angriff des Präsident. Hofmann rc. 8. Marb. 794. Krieger. 4 gr

Rotberg, Edg. Frhr. v., der Jagdaufseher. Leitfaden f. Berufsjäger u. Jagdherren. (219 S.) 8. Neudamm 910. J. Neumann. Geb. 3. 50

Zusammenstellung der wichtigsten im Mobilmachungsfalle den Mannschaften bekannt zu gebenden Bestimmungen. Bearb. von Edgar Frh. v. Rotberg. Berlin: E. S. Mittler & Sohn 1905. (16 S.) 8° [F.] [05. 11644

Rotberg, Edg. Frhr. v., Zusammenstellung der wichtigsten im Mobilmachungsfall den Mannschaften bekannt zu gebenden Bestimmungen. 2. Aufl. (16 S.) kl. 8. Berlin 906. E. S. Mittler & Sohn. n. — 15

Rotberg, Leopold Melchior von (Basel) A. S. 637/20

Dissertatio de disciplina notitiae sacri Romani imperii. Präs. Johann Ulrich Pregizer. Tübingen (Schramm) 1738. S. 620-683.

Diss. IV. 1691. 29308

Rotberg, S., a. Warschau: Aus d. Universitäts-Frauenklinik zu Jena. Über die Dauerresultate der Prolapsoperationen. Berlin-Charlottenburg [1908]: Preczang & Co. (87 S.) 8° Jena, Med. Fak., Ref. Franz, Diss. v. 8. April 1908

[Geb. 4. April 84 Warschau; Wohnort: Warschau; Staatsangeh.: Rußland. Vorbildung: Gymn. Lublin Reife M. 01; Studium: Warschau 6, Wien 3, Jena 1 S.; Rig. 11. März 08.]

Rotberg, Wilhelm Christian (Wetzlar)
Thema inaugurale de justa revisionis sententiarum cameralium restrictione, in aliquot theses redactum.
Giessae 10. Juni 1766: Braun. 31 S. 4°
pro gradu doctoris rite consequendo.

Rotdeutschlands Aufstieg. Wahlkampf-Lieder v. C. M. Scävola. (32 S.) 8. Berlin 907. Buchh. Vorwärts. — 20

Rote Kreuz-Freund, der. Illustr. Hauskalender f. d. J. 1907. Für Freunde, Gönner u. Mitglieder des Roten Kreuzes. (106 S.) Lex. 8. München, Seitz & Schauer. — 60

Roteg, C. v., Cypressenlaub. Gedichte. 16. (80 S.) Stuttgart 891. Greiner & Pfeiffer. Geb. in Leinw. m. Goldschn. n. 2. —

Rötel, Dr., das Ganze der Wasserheilkunde. Eine auf mehrjähr. Erfahrung gegründete Anleitung, wie das kalte Wasser von Kranken u. Gesunden vernünftig zu gebrauchen, nebst e. Anhang, über die schnellste u. sicherste Art, Scheintodte u. Verunglückte in das Leben zurückzurufen. kl. 8. Cassel 838. Krieger'sche Buchh. (Fischer.) 3/4 rf

Rötel, das Ganze der Wasserheilkunde rc., nebst Anhang über die schnellste u. sicherste Art, Scheintodte u. Verunglückte in das Leben zurückzurufen. 2. Aufl. gr. 12. (7 3/4 B.) 842. u. 3. Aufl. 12. (8 1/4 B.) Quedlinburg 843, Ernst'sche Buchh. à

Rötel, das Ganze der Wasserheilkunde. Nebst einem Anhang, die Selbstbefleckung, d. weißen Fluß u. d. geschwächte Mannskraft durch den Gebrauch des kalten Wassers wieder herzustellen. 4. Aufl. gr. 12. (VI u. 202 S.) Quedlinburg 848, Ernst. 1/2 rf — das Ganze der Wasserheilkunde. Eine auf mehrjähr. Erfahrung gegründete Anleitung, wie das kalte Wasser von Kranken u. Gesunden vernünftig zu gebrauchen ist, u. wie fast alle inneren u. äußeren Krankheiten als Nervenschwäche, Unterleibsbeschwerden rc. durch den Gebrauch des kalten Wassers geheilt werden können. 5. Aufl. Neu bearb. von Ed. Franziskus. gr. 12. (XVI u. 304 S.) Ebd. 850. 5/6 rf

— der Wasser-Doctor, oder das Ganze der Wasserheilkunde. 4. (Titel-) Aufl. 8. (VI u. 196 S.) Ebd. (843) 849. 1/3 rf

Rötel, J. F., die Lungenseuche des Rindviehs u. ihre Heilung. 8. Nordhausen 828. Landgraf. 4 gr

Rötel, Louis, der flammende Stern. Dramatisches Gedicht. 1. und 2. Aufl. 12. (190 S.) Wien 879, Wallishausser'sche Buchh. * 3 —

Roten. Studenten Streik. Erzählung aus d. Leben. In-16°. 204 S. Zürich, Meyer & Zeller. 2 50 1898.

Roten, Studenten-Streik. Erzählg. aus d. Leben. 16. (204 S.) Zürich 898. (Ed. Rascher.) n. 2. 50

Roten, Leo v., Liebe u. Pflicht, s.: Familien-Bibliothek.

Roten, Leo Lucian von

— d. Leben d. Malers Raphael Ritz v. Niederwald, s.a. Neujahrsblatt d. Künstlergesellschaft in Zürich.

[F.] Das Leben des Malers Raphael Ritz von Niederwald. (Vf. L. L. v. Roten). *(Zürich): Buchdr. Berichthaus (1896).* (35 S., 2 Taf.) 1 Bd 4.
— Neujahrsblatt d. Künstlergesellschaft in Zürich f. 1896. Neue Reihenfolge. [No] 56. [96. 770

Roten, Leo Lucian v., der Morgen im Kyffhäuser. Dramat. Dichtg. 8. (143 S.) Leipzig 896. F. Simon. n. 2. —; geb. in Leinw. n. 2. 50

— dasselbe. 2. [Titel-] Aufl. 8. (143 S.) Leipzig (896) 898. B. Franke. n. 1. —; geb. in Leinw. n. 1. 50

Roten, Leo Lucian v., die letzten Ritter auf Gubing. Vaterländ. Dichtg. 12. (VII, 158 S. m. Titelbild.) Frankfurt a/M. 894. A. Foessier Nachf. Geb. in Leinw. n. 2. 50

Roten, Leo Lucian v., Wiederklänge aus dem Rhone-Thal. Gedichte. gr. 16. (VIII und 312 S.) Augsburg (861)62, Schlosser's Buchh. 1 Thlr. 6 Ngr.; geb.

Roetenbeccius

— compend. logicae. 8. ibid. 724.

Roetenbeccius, logica vetus et nova major. 8. Nrnb. 703.

Roetenbeck, Georg Paul [Praes.], s. Schulz, Magnus Melchior: De quibusdam studiorum molestiis.

Roetenbeck, Georg Paul [Praes.], s. Volland, Christoph: De privilegiis ingeniorum errantium.

Rötenbeck, Johann Paul (Altdorf) Altd. Jur. 48/20

Collegii disputatorii quo institutionum imperialium paraphrasis paratitlaris ... committitur, exercitium III. continens lib. IV. tit. VII. VIII. IX. X. et XI.
Präs. Felix Spitz.
Altdorf (Meyer) 1712. 10 Bl. 29119

Rotenberg Moses: Die Lehre Spinozas vom menschlichen Geiste.
H. 1898 PN 1166 Diss. Wien, Univ. 78

Rotenberger, Johann Christoph A. S. 36, 22

Dissertatio iuridica de successione iure proprio quaesita. Präs. Georg Wilhelm Wagner.
Gießen (Müller) 12. III. 1749. 36 S.

W. v.: P. W. H. Schott (Opp.), J. C. Follenius (Opp.), C. G. C. Clotz, C. F. Henrici. 29310

Rotenburg [Schlagwort]

Rotenburg, s.: Geologische Karten (Preussen).

Rotenburg a. d. Fulda, s.: Preussen. Messtischblätter.

Rotenburg i. H., s.: Deutschland. Karte. (Abt. Preussen) — Preussen. Messtischblätter.

v. Rotenfels, Franz; freie Bestimmung z. Kleinstädter, (v. A. F. Goue). 2 Thle. 8. Leipz. 780. Weygand. 10 gr

Rotenhain, J. —. Die Erhohlungsstunden in der grünen Stube. Ein belehrend unterhaltendes Erzählungsbuch für die reifere Jugend von — —. Prag und Leitmeritz 1855. Druck und Verlag von Carl Wilh. Medau. (214 S. und 4 Abbildg.) geh.

Rotenhan, M. v., Lebensbild, s. Weber, Heinr.

Rotenhan, Frhr. v., Commandoschule oder sämmtliche Commando der für die k. bayer. Cavalerie vorgeschriebenen Reglements. 1. und 2. verb. Aufl. gr. 16. (V, 66 S.) Bamberg 878. (Buchner'sche Buchh.) cart. 1 20

Rotenhan, Frhr. v., das Pferdefutter und die Pferdewart insbesondere der Militairpferde. 2. Aufl. gr. 8. (31 S.) Bamberg 880. (Berlin, F. Luckhardt.) **
1. Aufl. erschien im Selbstverlage des Verfassers.

Rotenhan, Herm. Frhr. v., s. a. Denkwürdigkeiten e. württemberg. Offiziers aus dem Feldzuge im J. 1812.

Rotenhan, Freih. v., Oberst. Denkwürdigkeiten eines württembergischen Offiziers aus dem Feldzuge im Jahre 1812. 8. Berlin 1892.

Rotenhan, Frhr. v., Denkwürdigkeiten e. württembergischen Offiziers aus dem Feldzuge im J. 1812. Veröffentlicht durch v. R. 2. Aufl. gr. 8. (32 S.) München 892. (H. Lukaschik.) n. — 80

— die Entwickelung der Landstraßen u. die Anforderungen der Gegenwart an dieselben, m. besond. Berücksicht. Bayerns, zusammengestellt v. e. Fachmanne u. hrsg. im Auftrage des Verbandes zur Wahrg. der Interessen der bayer. Radfahrer v. dem I. Vorstande. gr. 8. (IV, 103 S.) München 897. (J. A. Finsterlin Nachf.) n n. 1. —

Rotenhan, Herm. Frhr. v., s.: Geschichte d. Frauenvereins in Bayern.

—— Die neuere Kriegsgeschichte der Cavalerie, vom J. 1859 bis heute. 2 Bde. gr. 8. Münch. 891, Franz' Verlag. * 10 —
I. 1. Periode 1859—1870. (411 S.) * 4 50.
II. 2. Periode 1870 bis jetzt. (503 S.) * 5 50.

— s.: Lichtenstein, Hannß Ludw. v., große Reise u. Begebenheiten.

Rotenhan, Jul. Frhr. v., Darstellung der christlichen Religionslehre vom Standpunkte des Confirmanden-Unterrichts. Eine Beihülfe für evangelisch-lutherische Aeltern. gr. 8. (VIII und 174 S.) Erlangen 861, Bläsing. *

Rotenhan, Jul. Frhr. v., die staatliche u. sociale Gestaltung Franken's von der Urzeit an bis jetzt. Ein Beitrag zur Geschichte Deutschlands. [Aus: Archiv des histor. Vereins für Oberfranken in Bayreuth.] Bayreuth 863. (Bamberg, Buchner'sche Buchh.) gr. 8. (X, 502 S.) n. 1 Thlr 2 ngr

Rotenhan, Marquard

— Andachtsübungen, siehe a. Bibliothek, wohlfeile, guter katholischer Bücher, 3. Samml. 11 u. 12. Bdchn.

— — dass. 8. Cöln, Simon. 753.

Rotenhan, P., Andachtsübungen z. e. frommen Lebenswandel. 8. Bamberg, Göbhard. 757. •

Rotenhan, P., Andachtsübungen zu e. frommen Lebenswandel. 8. Bamb. 757. (Wesché in Frkf. a. M.) 8 gr

Rotenhan, Marquard, Andachtsübungen z. Förderung e. frommen Lebenswandels u. zum Troste u. z. Erbauung am Kranken- u. Sterbebette des Christen. Neue Aufl., verb., verm. u. hrsg. mit der Biographie des Verf. v. Geo. Adam Thiem. 8. (24¼ B. u. 1 Stahlst.) Regensburg 844, Manz. —

Rotenhan's, Marquard, Gebet- u. Trostbuch für Gesunde u. Kranke. 2. Aufl., mit Morgen-, Abend-, Meß-, Buß-, Communion- u. andern Gebeten verm. u. hrsg. von Geo. Adam Thiem. Mit 1 Stahlst. 8. (LVIII u. 376 S.) Regensburg 847, Manz. 3/8 Thlr

v. Rotenhan, Frhrr. Siegm. Fr., s. *Voyage* de la France.

Rotenhan, Sigm. Joh. Christof Friedr. Freih. von: Freimüthig-patriotische Bemerkungen über die gegenwärtigen öffentlichen Angelegenheiten in Deutschland. Leipzig 1818.
Empfiehlt auf S. 526 den Frmrbund als Nationalbildungsmittel höherer Art.

Rotenkirchen, Bodo v. [Adf. Görling], Langensalza. Politischer Roman aus der Gegenwart. 3 Bde. gr. 8. (VIII, 378; VII, 324; V, 394 S.) Braunschweig 870, Sievers und Comp. [Leipzig, Opetz.] (M 12.) 4 5

v. Rotenstein, Edler Gf., s.a. Lustreisen durch Baiern.

(Rotenstein, G. v.) Lust-Reisen durch *Bayern*, Würtemberg, Pfalz, Sachsen, Brandenburg, Oesterreich, Mähren, Böhmen u. Ungarn, in den Jahren 1784 bis 1791. 3 Thle. (in 1 Bde.). Leipzig, bei Friederich Schneidern. 1792. 92. 93. 8°. Hpmtb.
I: 266 S. (incl. 2 Bll. Vorr.), 2 Bll. Inh. Darin über München u. Umgebungen, S. 9—90; Augsburg, S. 91—96. II: 246 S., 2 Bll. Inh. III: 230 S., 2 Bll. Inh. — Ziemlich selten!

Rotenstein, Herb. v., der Seeräuber Roberts u. andere Mordgesellen, s.: Kriminal-Prozesse aller Zeiten. 13. Bd.

— das Verhängnis a. Schloß Lindenberg, s.: Bibliothek, interessante.

Rotenstreich Fischel: Die Salomesage in der deutschen Literatur.
H. 1908 PN 2463 Diss. Wien, Univ. 257

Roterberg, K., s.: Handbuch, statistisches, der Volks-, Mittel- u. Privatschulen des Reg.-Bez. Hildesheim.

† Röterchs, C. H. (Schröter), der joviale Hexenmeister. Neue Aufl. 16. (6⅞ B.) Leipzig 845, Voigt u. Fernau.

Rotering, F., Fahrlässigkeit u. Unfallsgefahr. gr. 8. (IV, 106 S.) Berlin 892. Siemenroth & Worms. n. 2. —

— Feld- u. Forstpolizeigesetz, s.a. Gesetzsammlung. Textausgaben mit Anmerkungen. Bd. 2.

Rotering, F., das Feld- und Forstpolizeigesetz. Vom 1. April 1880. Mit Kommentar. gr. 8. (VI, 105 S.) Berlin 887, Siemenroth und Worms. cart. *

Rotering, F., das Feld- u. Forstpolizeigesetz. Vom 1. IV. 1880. Mit Kommentar. 2. durchgeseh. Aufl. (IV, 106 S.) 8. Berlin 908. F. Siemenroth. Kart. 2. —

Rotering, d. preuss. Feld- u. Forstpolizeigesetz. Text m. Anmkgn. Berlin 892.

Rotering, F., Gesetz betr. d. Forstdiebstahl. V. 15. Apr. 1878. Kommentar. gr. 8. (IV, 112 S.) Berlin 895. Siemenroth & Troschel. Kart. n. 2. —

Rotering, F., Polizei-Uebertretungen u. Polizei-Verordnungsrecht. 8. (VIII, 121 S.) Berlin 888. Siemenroth & Worms. cart. n. 2. —

Roter Kreuz-Kalender (1909: Der Rote Kreuz-Kalender) für Schleswig-Holstein. Allen Anhängern, Mitarbeitern u. Freunden des Roten Kreuzes in Schleswig-Holstein gewidmet. Hrgg. v. [Theodor] Stoltenberg. Jg. 1. 2. 4. 1906. 1907. 1909. Schleswig. o. J. 4° u. 8°

Fortges. u. d. T.:
Jahrbuch des Roten Kreuzes für Schleswig-Holstein. Hrgg. als gemeinsames Publikationsorgan von den Verbänden und Vereinigungen vom Roten Kreuz in Schleswig-Holstein. Jg. [5—10, 1910—1915. Schleswig. o. J. 8°
Jg. 10, 1915 [a. u. d. T.:] Die freiwillige Kriegskrankenpflege in Schleswig-Holstein im Kriegsjahre 1914.

Fortges. u. d. T.:
Der Rote-Kreuz-Kalender für Schleswig-Holstein . . . Jg. 11, 1916/17. Schleswig. o. J. 8°
Erscheinen eingestellt.

Roter Kreuz-Kalender für Schleswig-Holstein. [Jg. 1–4.] 1906–1909. (Schleswig): Provinzialverein v. Roten Kreuz (1907 ff.: Ibbeken) (1906–09). 4° (1909: 8°)
Forts. s. Jahrbuch d. Roten Kreuzes f. Schleswig-Holstein. [11. 1934 8

Rotermund, Gustav

Rotermund, G., Kommentar zum Militärstrafgesetzbuch f. das Deutsche Reich. (X, 478 S.) gr. 8. Hannover 909. Helwing. 13.—; geb. in Halbfrz. 14. —

Rotermund, G., s.: Sachsenspiegel, der.

Rotermund, H., Abraham a Sancta Clara. Vortrag. 8. (32 S.) Hannover 884, Feesche. *

Rotermund, H., Dr. David Fr. Strauß, der alte u. der neue Glaube. Vortrag im evangel. Verein zu Hannover. gr. 8. (39 S.) Hannover 875. Feesche. n. — 60

Rotermund, Heinrich Wilhelm [wirkl. Name], s.a. Vogel, Heinrich [Pseud.]

Rotermundt, Hnr. Wilh., erneuertes Andenken der Männer, die für u. wider die Reformation Lutheri gearbeitet haben. 1r Bd. gr. 8. Brem. 817. Kaiser. 2 ₰ 12 gr.

— vom Anfange d. Reformation im Erzstifte Bremen u. Stifte Verden, in d. Zeiten d. Erzbischöfe Christoph u. Georg, aus d. Braunschweig-Lüneburgischen Hause. (Aus d. neuen vaterländ. Archiv 1825 abgedr.) 8. Lüneb. 825. Herold u. W. 4 gr.

Rotermund, (H. W.,) vom Anfange d. Reformation im Erzstifte Bremen u. Stifte Verden, in d. Zeiten d. Erzbischöfe Christoph u. Georg, aus d. Braunschweig-Lüneburg'schen Hause. (Aus d. neuen vaterländ. Archiv 1825 abgedr.) 8. Lüneburg 826, Herold u. W.

Rotermund, Heinr. Wilh., kurze Einleitung in d. Geschichte d. augsburg. Confession zum Gebr. in Schulen. gr. 8. (4 B.) Hannover 830, Helwing.

— Epistolarum obscurorum virorum ad. Dom. Ortuinum Gratium volumine duo. Accesserunt huic Editioni Epistola Magistri Benedicti Passavantii ad D. Petrum Lysetum et la complainte de Messire Pierre Lyset sur le Trépas de son Feunez. Tom. I. Edit. noviss. gr. 8. Hannover 827, Helwings. Rthlr.

– Dass., s.a. Epistolae...

– (Hrsg.), s. Erdbeschreibung, Neue, von Frankreich.

— Fortsetzungen u. Ergänzungen zu Jöcher's allgem. Gelehrten-Lexicon rc., s.a. Chr. Gli. Jöcher.

Rotermund's, H. W., Fortsetzung und Ergänzungen zu Jöchers allgemeinem Gelehrten-Lexicon und als Fortsetzung der Ergänzungen von J. C. Adelung. Bremen 810–820. B. 3 bis B. 6. Liefer. I. u. II. 4. (Die 2 ersten Bände sind die von Adelung, das Werk von Rotermund fängt mit dem 3ten Bande an. Jeder Band enthält 3 Lieferungen, deren jede 4 rthl. 12 gr. kostet.)

Rotermund, Heinr. Wilh., Fortsetzg. u. Ergänzgn. zu Chrn. Glieb. Jöchers allgem. Gelehrten-Lexiko, worin d. Schriftsteller aller Stände nach ihren vornehmsten Lebensumständen u. Schriften beschrieben werden. Angef. v. Joh. Chrph. Adelung u. v. Buchstaben K fortgesetzt v. R. 7. Bd. M. e. Anh., enth. d. f. d. 2. Ausg. d. 3. Bds. (K) bestimmten Verbesserggn. u. Zusätze aus d. Handexemplar d. Verf. Im Auftrage der Deutschen Gesellschaft in Leipzig hrsg. v. Otto Günther. gr. 4. (VI S. u. 724 Sp.) Leipzig 897. (K. W. Hiersemann.) n.n. 30. —

Geschichte der Domkirche St. Petri zu Bremen und des dar. verbundenen Waisenhauses und der ehemaligen Domschule, v. ihrem Ursprunge und mancherlei Schicksalen bis zum Jahre 182. v. Heinrich Wilhelm Rotermund. Mit 2 Abbildungen. Bremen. 182.
Anhang: Register der Einkünfte der Propstey zu Bremen. Mitgetheilt v. Johann Martin Lappenberg. Als Anhang zur Geschichte der Domkirche daselbst. ebd. 1829. 8°.

Rotermund, Hein. Wilh., Geschichte d. Domkirche St. Petri zu Bremen, u. des damit verbund. Waisenhauses u. d. ehemal. Domschule, v. ihrem Ursprunge u. mancherlei Schicksalen bis zum J. 1828. M. 2 Abbild. (gr. 4.) gr. 8. (23 B.) Bremen 829, Kaiser. Thlr.

— Gesch. des auf d. Reichstage zu Augsburg im J. 1530 übergeb. Glaubensbekenntnisses d. Protestanten, nebst d. vornehmst. Nebennachrichten aller auf d. Reichstage zu Augsburg gewes. päpstlich u. evangel. Gesinnten. gr. 8. (32 B.) Hannover 829, Helwing.

Rotermundt, Hnr. Wlh., Geschichte der Glaubensreinigung durch Dr. Martin Luther u. seine Gehülfen, ein Lesebuch f. die Jugend. 8. Brem. 817. Heyse. 1 ₰ 20 gr.

— Handbuch f. Candidaten, die ins Predigeramt treten. 8. Hannov. 802. Hahn. 18 gl

— das gelehrte Hannover, od. Lexicon v. Schriftstellern u. Schriftstellerinnen, gelehrt. Geschäftsmännern u. Künstlern, die seit d. Reformation in u. außerhalb den sämmtl. zum jetzigen Königr. Hannover gehör. Provinzen gelebt haben u. noch leben, aus d. glaubwürd. Schriftstellern zusamm. getragen. 2 Bde. (A—K. u. zwei Anh. v. auswärtig versorgt. Hannoveranern.) gr. 8. (102¼ B.) Bremen 823, Schünemann.
Weiter ist bis jetzt nichts erschienen.

Rotermund, (H. W.) das gelehrte Hannover, od. Lexicon von Schriftstellern u. Schriftstellerinnen, gelehrten Geschäftsmännern u. Künstlern, die seit d. Reformation in u. außerhalb d. r sämmtl. zum jetz. Königr. Hannover gehör. Provinzen gelebt haben u. noch leben. 1r u. 2r Bd. gr. 8. Bremen 824, Schünemann.

Rotermund, H. W., Communionbuch z. Belehrung u. Selbstprüfung, sowohl f. erwachsene als junge Christen. gr. 8. Brem. Comt. f. Lit. 814.
Postp.

— Communionbuch zur Belehrung u. Selbstprüfung, sowohl f. erwachsene als junge Christen. gr. 8. Bremen 814. Kaiser. 12 gl Postp. 16 gl

Rotermund, Heinrich Wilhelm. Leben des Reformators Magister Ulrich Zwingli mit einem Abrisse der Schweizer Reformationsgeschichte und kurzen Nachrichten von den Mannern welche dieselbe befordern halfen 8 Bremen 1818

— — Leben des Reformators U. Zwingli, mit einem Abrisse der schweizerischen Reformationsgeschichte. Mit Zwingli's Bildniß. 8. Bremen, Schünemann. 819.

— — — — gr. 8. Schreibpap.

— Lebensgeschichte des Reformators U. Zwingli, mit e. Abrisse der Schweizerischen Reformationsgeschichte. Mit Zwingli's Bildn. 8. Bremen 819. Schünemann. 18 gl gr. 8. Schrbp. 1 rl 6 gl

— griech. Lesebuch f. die ersten Anfänger. 8. Hamb. 788. (Campe). 6 gl

— griechisches Lesebuch für die ersten Anfänger. 8. Hamb. Hoffmann. 788.

Rotermund, Heinr. Wilh., historisches Lesebuch, s.: Brehm, der humoristische.

— histor. Lesebuch f. die deutschen Schulen in Bremen. 8. Brem. 817. Heyse. 12 gl

— Lexicon aller Gelehrten, die seit der Reformation in Bremen gelebt haben. 2 Thle. gr. 8. Brem. 819. Schünemann. 5 rl

Rotermund H. W. d. verschiedenen Meinungen üb. Matth. 4, 1—11, nebst Uebersicht u. Erklärung. Brem. 1823. 8.

— kurze Nachr. von d. Lebens-Veränderungen der an d. Domkirche (zu Bremen) gestand. Superintendenten. 8. Brem. (804).

— Nachr. von d. Leben u. d. Schicksalen des Brem. Evangelisten Heinrichs v. Zütphen. 4. Stade 792.

— Nachrichten von einigen Blindgebornen. gr. 8. Bremen, Comt. f. Liter. 815.

— Nachrr. von einigen Blindgebornen u. durch ihre Schriften rc. berühmt geword. Dichtern, Tonkünstlern rc. gr. 8. Brem. 815. Kaiser. (Barth in Leipz.) 8 gl

– (Hrsg.). s. Ocellus Lucanus Betrachtungen über die Welt 1795

— zwei Predigten bei d. 3n Reformations-Jubelfeier am 31. Oct. u. 2. Nov. 1817. 8. Bremen.

— Rede bei d. Confirmation d. Waisenkinder am 5. April 1810 über Apostelgesch. 20, 35. 8. Brem. 810.

– s. Taschenbuch für Jünglinge, die sich dem Studieren weihen wollen

– (Hrsg.). s. Theophrastus Abschilderung der menschlichen Sitten

— von d. unsterbl. Verdiensten d. Stadt Bremen um die Ausbreitung der Reformation Lutheri in d. J. 1522—1554. gr. 8. Brem. 817. Schünemann. 8 gl

— Verzeichniß d. verschiedenen Ausgaben d. sämmtlich. Schriften Dr. Martin Luthers, wie sie d. Zeit nach im Druck erschienen. 8. Brem. Heyse 813.

— Verzeichniß d. Schriften Philipp Melanchthons. 8. Brem. 814. Heyse. 7 gl

– s. Vorstellung. Kurze der allgemeinen Weltgeschichte

— allgem. Weltgeschichte in Fragen und Antworten, nebst Anm. nach Schrökhs Lehrb. 8. Lpz. Schwickert. 784.

Rotermund, Hermann, appr. Arzt, Scheessel: **Aus der Marburger med. Universitäts-Poliklinik. Über den Capillardruck besonders bei Arteriosclerose nebst Bemerkungen über den Blutdruck bei Arteriosclerose. Marburg 1904: (L. Voss & Cie., Düsseldorf). (27 S.) 8°**
Marburg, Med. Fak., Ref. Romberg, Diss. v. 17. Sept. 1904
[Geb. 15 März 78 S. Leopoldo, Brasilien; Wohnort: Scheessel, Prov. Hannover; Staatsangeh.: Preußen, Vorbildung: Gymn. Bremerhaven Reife O. 99; Studium: Marburg 4, Leipzig 3, Marburg 2 S.; Coll. 12. Juli 04; Approb. 29. März 04.]

Rotermund, Johann Michael [Praes.]. s. Blumenthal, Wolffgang Wilh. Ignaz Frh. von De beneficio excussionis, hypothecarum possessoribus competente

Rotermund, Johann Michael [Praes.] s. Helm, Jo. Anselm Joseph De feudi oppignoratione non nisi ex consensu domini directi valida

Rotermund, Johann Michael [Praes.] s. Rolshoffen, Anton Bertram De alienatione rerum minorum ob necessariam solum causam a magistratu decernenda

Rotermund, Johann Michael [Praes.]. s. Sterll, Johann Michael De retractu conventionali potissimum eo qui ex pacto de revendendo competit

Rotermund, Kurt, Knut Hamsun. Ein nord. Porträt (17 S.) 8. Magdeburg 907. C. Friese 1 —

Rotermund, Kurt, Lessingspiele. Beiträge zu e. Reform des modernen Theaters anläßlich des Theaterbaues in Wolfenbüttel. (23 S.) 8. Wolfenbüttel 904. (Heckner). n.n. — 50

— Dunkle Nächte. Ausgewählte Gedichte (20 S.) 8. Marburg 907. A. Ebel. — 50

— Johannes Schlaf. Ein Beitrag zur Psychologie der modernen Literatur. (86 S.) 8. Magdeburg 906. C. Friese. n. — 75

Rotermund, Wilhelm

Rotermund, W., u. H. Nack, Fibel f. deutsche Schulen in Brasilien. Nebst A Orthoepia da lingua portugueza em exercicios para as escolas allemans no Brasil. 4 Aufl. 8. (96 S. m. Abbildgn.) São Leopoldo 890. Rotermund. geb. n. — 60

— u. H. Nack, Fibel f. deutsche Schulen in Brasilien. 5. Aufl. 8. (96 S. m. Abbildgn.) Ebd 896. Kart. n.n. 1.—

Rotermund, Wilh., vollständige Grammatik der portugiesischen Sprache in Regeln u. Uebungsstücken. 8. (120 S.) São Leopoldo 897. W. Rotermund. Kart. n.n. 1. 50

Rotermund, Wilh., vollständige Grammatik der portugiesischen Sprache in Regeln u. Übungsstücken. 3. Aufl. (VIII, 226 S.) 8. São Leopoldo 910. W. Rotermund. Kart. 1. —

— Katechismus der christlichen Religion. 8. Aufl. Mit e. Anh., enth. Luthers kl. Katechismus, Gebete u. Ordng. des Gottesdienstes. 8. (136 S.) Ebd. 896. Kart. n. 1.20

— Lesebuch f. Schule u. Haus. 8. (X, 272 S.) Ebd. 891. Geb. n. 2. —

— Sabbath od. Sonntag? Briefe zur Abwehr u. zur Belehrg. 8. (32 S.) Ebd. 896. —30

Rotermundt, Heinrich Wilhelm, s. R o t e r m u n d

ROTERMUNDT, Johann Jakob (Regensburg): De ophthalmia scrophulosa.- Ratisbonae: Rotermundt 1819. 59 S.
1.9.1819 - Pe 366; F 58
Diss. Ingolst.-Landsh.-Mchn.

Rotermundt, Johann Michael, s. R o t e r m u n d

Rotermundt, Joseph Aloys

— Anleit. zum Wandel vor Gott. 12. Augsb. 824. (Doll). 2 gr.

Kurzer Bericht über die vormaligen höhern Lehr-Anstalten in Passau. [Von Dr. J. A. Rotermundt, ...] 1831. Ebend. S. 3—10.
Progr. Passau.

Rotermundt, J. A., Gebetbuch f. kathol. Christen, welche vor Gott wandeln wollen. 4e Aufl. 12. Regensb. 826. 7e Aufl. Mit 2 Titelkpf. 831. (Landsh., Krüll). 8 gr.

Rotermundt, J. A., Gebeth-Buch f. kathol. Christen, welche vor Gott wandeln wollen. 2 Abthln. 6. u. 7. Ausg. (à 14½ B. u. Ttlkpfr.) 12. Regensburg 830, 31, (Manz.) à

—— Gebet-Buch f. kathol. Christen, welche vor Gott wandeln wollen. Mit d. Beil.: Anleit. z. Wandel vor Gott. 10—12. Origausg. 12. (à 15½ B. u. Ttlkpfr.) Regensburg 836—38, (Manz.) à

Rotermundt, Jos. Aloys, Gebetbuch f. kathol. Christen, welche vor Gott wandeln wollen. 16. Originalausg. 16. (24⅜ B. u. 1 lith. Ttlkpfr.) Regensburg 845, (Manz.)

— das kleinere Gebetbüchlein f. kathol. Christen. 3e Aufl. 18. Regensb. 827. 7e A. 831. (Landsh., Krüll). 4 gr.

Rotermundt, Jos. Aloys, das kleinere Gebet-Büchlein für kathol. Christen, welche vor Gott wandeln wollen. 17. Aufl. mit 1 Titelbilde (in Holzschn.). Großer Druck. Regensburg 859. Manz 32. (431 S.) 6 ngr.

Rotermundt, Jos. Aloys, kleines Gebet-Büchlein f. kathol. Christen, welche sich d. Nachfolge Christi befleißen. 18. (72 Seit. u. Ttlbild.) Regensburg 839, (Manz.)

Rotermundt, (J. A.,) Lebens-Geschichte des heil. Aloysius; ein Geschenk f. die Jugend. 12. Regensburg 824, (Landshut, Krüll.)

— das Opfer d. neuen Bundes, beurkundet durch Schrift u. Tradition. gr. 8. Landsh. 826, Krüll.

— das Opfer d. neuen Bundes f. kathol. Christen. 3e Aufl. 18. Regensb. 827. (Landsh., Krüll). 3 gr.

(——) wohlgemeinter Rath z. Beförderung e. gottsel. Wandels. 9. Aufl. 12. (3 B.) Regensburg 837, (Manz.)

– Dass., s.a. R a t h . . .

—— Synopsis quatuor evangelior., graeco-lat. Exhibet text. Complutens. c. variis ex collatione c. recensionibus Rob. Stephani, Chr. Fr. Matthaei, Jo. Jac. Griesbach, J. M. Aug. Scholz ac C. Lachmann lectionibus et vulgatam version. latin. subjunctamque harmoniam latinam. Smaj. (32¾ B.) Passavii 835, Ambrosi. *

Rotermundt, Jos. Aloys., Synopsis et harmonia IV evangelistarum. Passau, Ambrosi, 1831, 8°, 302 S., 1,50 Mt.
Giebt den Vulgatatext. Katholik 1838, Bd. 67, S. 211 ff.

– (Hrsg.), s. S t a d l e r , Georg: Die heilige Messe.

– (Hrsg.), s. T e s t a m e n t u m novum Vulgatae editionis. 1834.

Erasmi Roterodami galante Höflichkeit, nebst einem Anhang von Depositions-Ceremonien. Leipzig: Schuster 1731. 8°
Kl. 2775. Mit Abb.

Roters, Carl Gerhard, s. R o t e r s , Karl

Roters, F. J., der Runkelrüben-Bau behuf Zucker-Gewinnung. Mehrjähr. Erfahrn. im Runkelrüben-Bau, auf Veranlass. d. landwirthschaftl. Vereins zu Ahaus mitgetheilt. 8. (1¼ B.) Coesfeld 839, (Riese'sche Buchh.)

Roters, Franc. Ign. (geb. 18. 3. 1803): Dissertatio physiologica de utero gravido. Berolini (1827). (32 S.) 8°
Berlin, Med. Diss. v. 21. Aug. 1827

Roters, J., die Belohnung im Dienste der Erziehung, s. a. Abhandlungen, pädagogische. VI. 2.

Die Belohnung im Dienste der Erziehung. Von J. **Roters**, Lehrer in Schüttorf. *Bielefeld: A. Helmich [1901].* (76 S.) 8° [F.]
— Abhandlungen, Pädagogische. N.F. Bd 6, H. 3.

Roters, Karl

Roters, Carl *Gerhard* [app. Arzt aus Bremerhaven]: Aus d. patholog. Institute zu Kiel. Ein Fall von primaerem melanotischen Carcinom der Fingerhaut ... Kiel, Druck v. H. Fiencke, 1896; 23 S., 1 Bl. 8.
Kiel, Med. Fak., Inaug.-Diss. v. [24. Febr.] 1896

Roters, Paul, a. Cöln a. Rh.: I. Beitrag zur Synthese der Lackmusfarbstoffe. II. Untersuchung einiger antiker Gläser und Bronzen. Erlangen 1907: Junge & Sohn (34 S.) 8°
Erlangen, Phil. Fak., Ref. Fischer-Paal, Diss. v. 1. März 1907
[Geb. 18. Aug. 77 Cöln; Wohnort: Erlangen; Staatsangeh.: Preußen; Vorbildung: Gymn. Cöln, Brilon Reife (f. Obersek.) O. 95; Studium: Erlangen 9 S.; Rig. 14. Jan. 07.]

Rotert, F., Bischof Reinkens u. seine Helfer. Ein Beitrag zur inneren Geschichte d. Altkatholizismus, größten Teils aus dem Nachlasse d. Altkathol. Boten. 8. (VI, 218 S.) Leipzig 888. (Rust.) 3. —

Rotert, K. J., Bischof Dr. Konrad Martin zu Paderborn u. der Herr Apell.-Ger.-Ref. Kolkmann oder westfälische Fehde gegen ein zeitwidriges Kirchenregiment. Wurmkraut für Dunkelmänner. Soest 870. Hülsemann. gr. 8. (218 S.) n. 15 ngr.

— Schutz u. Trutz oder westfälische Fehde gegen zeitwidr. Bestrebungen auf dem Gebiete der Kirche u. Schule. Zugleich als Antwort an die Hauptwidersacher des Herrn Kolkmann. Ebend. 869. gr. 8. (218 S.) n. 27 ngr.

Rotes Meer [Schlagwort]

Rotes Meer, Küstengebirge, s.: Aegypten.

Rotes Meer, s.: Seekarten.

Rötgen [Schlagwort]

Rötgen. Wissfeld, Karte üb. das Gebiet der Dreilägertalsperre bei Rötgen. Kreis Montjoie. ca. 1:12,500. 50×47,5 cm. Farbdr. Aachen (910). A. Creutzer. 1.—

Rötger, A. N., Repertorium d. Gesetzgebung f. Mecklenburg-Schwerin, s. Repertorium.

Allgem. Repert. d. Gesetzgeb. f. d. Mecklenb.-Schwerin. Lande. Hrsg. v. A. N. Rötger. 2 Bde. (od. 4 Lief.) *Güstrow*. 824. 25. (*Rostock*, Stiller.) 4. (8 Thl.)

Roetger, Friedrich von

Roetger, Fr., Betrachtungen zu innerer Beruhigung in ernster Zeit. gr. 8. (39 S.) Itzehoe 874. Nusser in Comm. n. — 60

Rötger, F., nachträgliches Votum über die Katholiken-Frage in Holstein. Hamburg 863. (Perthes-Besser & Mauke. gr. 8. (16 S.) 3 ngr.

Rötger, (G. S.,) s. Röttger.

Rötger, Gtthf. Seb., († d. 16. Mai 1831.) Billigkeitsgründe f. d. Vereinigung der Schulden aller Westphäl. Departements zu e. gesammt. Reichsschuld. 8. Magdeb. 809. Heinrichshofen. 4 gr.

— s. Briefe üb. d. Philanthropie.

EHESTANDSMÖBEL, eine Erzählung (von *Gotthilf Sebast. Rötger*). (Magdeburg 1791.)
Anon.-Lex. II. p. 5 (nach Meusel).

— Es war offenbares u. wird mit d. neuen Jahrh. vermehrtes Unrecht, daß man die Hüthungs- u. Hebungs-Termine nach d. alten Kalender bestimmte. 8. Magdeb. 799. (Heinrichshofen). 6 gr.

— kirchl. Gebetübungen. Mit d. Bildn. d. Verfass. gr. 8. Bonn 824. Weber. 21 gr.

Acht Gedichte (5 latein., 3 deutsche) zur 50jährigen Jubelfeier des Probstes Dr. G. S. Rötger. 21 S. Magdeburg. P., P 1830

— neues Jahrbuch d. Pädagog. rc. 1s–8s Stck. f. 1804–10. gr. 8. Ebend. 804–11. (à 6 gr.)

Rötger, G. S., neues Jahrb. d. Pädagogiums zu Magdeburg. 9s u. 10s Stck. 8. Magdeb. Heinrichshofen. 811 u. 12. (à 6 gr.)

Rötger, G. S., neues Jahrbuch des Pädagogiums zu Lieben Frauen in Magdeburg. 11s u. 12s Heft. gr. 8. Magdeburg, Heinrichshofen. 816—818. (11s Heft 6 Gr. 12s Heft 8 Gr.)

— Jahrbuch des Pädagog. z. u. lieben Frauen in Magdeburg. 1s–2s Heft. gr. 8. Magdeburg, Keil. (Heinrichshofen.) 792–803. (1s–8s à 4 gr. 9s–12s à 6 gr.)

— Jahrbuch des Pädagogiums zu uns. lieben Frauen in Magdeburg. 12 Stcke od. 4 Bde. gr. 8. Magdeb. 793—804. Heinrichshofen. 2 ℔ 8 gr. Neues Jahrbuch f. 1804—18. 12 Stcke. gr. 8. Ebd. 3 ℔ Fortsetz., s. K. F. Solbrig.

— s. Kinderunzucht, über.

— Luther u. Melanchthon. 2 Gedichte aus d. Jahren 1770 u. 1772. gr. 8. Magdeb. 818. (Heinrichshofen). 2 gr.

— — Luther u. Melanchthon. 2 Gedichte aus den Jahren 1771 u. 72. gr. 8. (Ebend. in Comm.) 818.

Rötger, G. S.: Ausführliche Nachricht von dem Pädagogium am Kloster Unser Lieben Frauen in Magdeburg. Magdeburg 1783. 342 S.

— ausführl. Nachr. vom Pädagogium am Kloster U. L. F. zu Magdeburg. 8. Magdeb. 783. Creutz. 14 gr. (A. u. d. T.: über Unterricht u. Lehrmethode rc. 8. Ebd. 791.)

— s.a. Nekrolog f. Freunde deutscher Literatur.

— Nekrolog für Freunde deutscher Literatur. 4 Stck. gr. 8. Helmst. Fleckeisen. 796–99. (1s 3s u. 4s à 18 gr. 2s 14 gr.)

— Rückblicke ins Leben. Veranlaßt durch das Jubelfest des Hrn. Kanzlers Dr. Niemeyer. gr. 8. Magdeb. 827. Heinrichshofen. 8 gr.

Rötger, Gtve. Sebast., über d. Sittlichkeit d. Kartenspiels. Ein Veteranen-Wort in Briefform. gr. 8. (3½ B.) Magdeburg 830, Kretschmar. (Creutz.)

Rötger, Gtthf. Seb., Versuch e. ganz kurz erzählten Magdeburg. Reformationsgeschichte. Mit Luthers Bildn. 8. Magdeburg 791. 2e A. 792. Creutz. 7 gr.

— Veteranen-Worte. Erstes, vielleicht einziges Heft. gr. 8. Magdeb. 829. Creutz. 8 gr. 2s Hft. 830. 12 gr. Daraus apart: Ueber die Sittlichkeit des Kartenspiels. Ein Veteranen-Wort in Briefform. 8 gr.

—— Veteranen-Worte. 1. u. 2. Hft. gr. 8. Magdeburg, Kretschmar. (Creutz.) [1. (5 B.) 829. 8 Gr., 2. (6 B.) 830. 12 Gr.]

Rötger, Thilo [Amtsverwalter zu Warin]: Rechtswissenschaftliche Erörterung über versio in rem als Entstehungsgrund von Forderungsrechten ... Rostock, Univ.-Buchdr. v. Adler's Erben, 1891; 75 S. 8.
Rostock, Jur. Fak., Inaug.-Diss. v. 13. Aug. 1891

Rötgers, Kurt, a. Essen a. d. Ruhr: [1.] Beiträge zur Kenntnis des Schwefelstickstoffs. [2.] Die Dissoziationstemperaturen der Manganoxyde MnO_2 und Mn_2O_3 in Luft- und Sauerstoff-Atmosphäre. (Berlin 1907: G. Schade.) (62 S.) 8°
Berlin, Phil. Fak., Ref. Nernst, Diss. v. 30. Dez. 1907
[Geb. 12. Mai 82 Essen; Wohnort: Essen; Staatsangeh.: Preußen; Vorbildung: Gymn. Cleve Reife M. 02; Studium: München 1, Straßburg 1, Berlin 6 S.; Rig. 5. Dez. 07.]

Roth [Sachl. OW]

Roth, Abraham, eine Lebensskizze. Zürich 1880. V: *Widmer*, *Conrad.* (Cat. d. Stadtbibl. Zürich. Zürich 1864—97.)

Roth, Christoph Friedrich. Laudatio. Stuttgart 1814. V: *Roth*, *Carl Johann Friedrich.* (Ky)

***Roth*, Cph. Fr., Laudatio, (a K. J. F. Roth). 8maj. Stuttg. 814. Steinkopf. 4 ℛ·**

Roth oder Schwarz, und das Volksgericht vom 5. Mai 1861. Sechs Fragen und Antworten, nebst einem herzlichen Gruss an das St. Gallische Volk von einem Freunde desselben. 8. St. Gallen [1861].

Roth, Steph. Ludw., Leben u. Schriften, s.: Obert, Frz., Stephan Ludwig Roth.

Roth a. S. [Schlagwort]

Roth a. S., s.: Deutschland. Kürschner-Pelp.

Roth [Verfasser]

Roth, s.: Abriß der deutschen Grammatik.

— s.: Abriß der deutschen Sprachlehre.

— s.: Abriß der deutschen Verslehre u. Poetik.

Roth, Dr., s. Anleitung zum Schreibunterricht.

— Anrede an die Gemeine 2c., s. H. G. Ibbeken, Abschiedspred.

Deutscher Verein gegen den Missbrauch geistiger Getränke (E. V.). — Die Aufgaben der Gemeindeverwaltungen im Kampfe gegen den Alkoholismus. Von Stadtrath ROTH, Dortmund. Vortrag auf der 24. Jahresversammlung der D. V. g. d. M. g. G. am 11. Oktober 1907. in Posen. 2. Auflage. Berlin 1908. Mässigkeits Verlag. 8°

Roth u. Gerlach, der Banklehrling Karl Brunke aus Braunschweig, s.: Grenzfragen, juristisch-psychiatrische. VII, 2.

Roth-Isopescul, A treia carte pentru deprinderea limbei germane pentru scoalele primare. Wien 1896. K. k. Schulbücher-Verlag. (Min.-Erl. vom 25. April 1896, Z. 8863.) Gebunden —.40

Roth: Die Eishöhlen bei Frain in Mähren. Geologisch-physikalische Skizze. 15 S.– Znaim, Progr. 1863.

(v. Roth:) Frage: Ist d. Kaiserin v. Russland Garant d. Westphäl. Friedens? *Frankf.* u. *Leipz.* 791. 8.

Roth, die kranke Frau, s.a. Buch, das, der Hausfrau. 3. Bd.

Die kranke Frau. Gemeinverständl. Belehrung über alle Frauenleiden von Dr.med. Roth. Mit 2 Ill. Berlin: W. Möller [1899]. (51 S.) 8°
= Buch d. Hausfrau. Bd 3.

Roth's illustr. Führer. Nr. 6, 7 u. 9. Giessen, E. Roth. n. 5. —
6. Geologischer Führer durch den Vogelsberg, seine Bäder u. Mineralquellen. Von C. Chelius. Mit 1 geolog Karte im Massstabe v. 1:280943, 2 Profilen u. zahlreichen Abb. (X, 109 S.) kl. 8. 905. n. 2. —; geb. in Leinw. 2.40
7. Geologischer Führer durch d. Odenwald. Von C. Chelius. Mit 9 Abbildgn. im Text u. e. farb. geolog. Uebersichtskarte im Massstab 1:250,000. 2. Aufl. (II, 101 S.) kl. 8. (906.) n. 2. —; geb. n. 2.40
9. Villnöstal, das, u. seine Umgebung. Unter besond. Berücksicht. v. St. Peter, Gufidaun, Bad Froy, Brixen u. Klausen, Schlüter-, Plose- u. Regensburgerhütte. Hrsg. unter Mitwirkung der Sektionen des D. u. Oe. A. V. Dresden, Regensburg u. Brixen. (II, 108 S. m. Abbildgn. u. 1 Kartenskizze.) 8. (906.) n. 1. —; m. Spezialkarte n. 1.50

Roth's illustrierte Führer. Nr. 3. 8. Giessen 909. E. Roth. Geb. 2. —
Illustr. Wegweiser durch den Vogelsberg m. Wetterau u. die sich daran anschliess. Teile der Rhön. Unter Mitwirkg. v. Mitgliedern des Vogelsberger Höhen-Klubs bearb. von Herm. Oesterwitz. Mit üb. 100 Abbildgn., 3 grossen Karten, 5 Uebersichtskärtchen u. 4 Plänen. (VIII, 299 u. 34 S.)

Roth, Gedächtnißfeier Sr. Maj. Königs Friedrich Wilhelm IV. an Dom. Invocavit, 17. Febr. 1861, in der Kirche zu Erdmannsdorf. Hirschberg 861. Resener in Comm. 8. (15 S.) n. 1½ ngr.

Roth, ..., s. Kirchenblatt, Badisches.

Roth, s.: Kurpfuscherei u. Geheimmittelunwesen, das, im Herzogt. Oldenburg.

Roth's illustr. Lahnführer. Das Lahnthal von der Lahnquelle bis zur Mündung, nebst den Seitenthälern in ihren unteren u. mittleren Stufen. Bearb. v. Heinr. Luersson. Mit ca. 100 Illustr. u. 5 Plänen, 4 Kärtchen u. 1 grossen (farb.) Übersichtskarte. 12. (XIV, 228 S.) Giessen 902. E. Roth. Geb. in Leinw. n. 2. —

— illustrierter Lahnführer. (Nr. 2.) kl. 8. Ebd. (910). Geb. 2. —
Das Lahntal von der Lahnquelle bis zur Mündung nebst den Seitentälern in ihren unteren u. mittleren Stufen. Von Heinr. Lüersson. Mit üb. 100 Illustr., 1 Aquarelldr., 6 (z. Tl. farb.) Plänen, 4 (farb.) Kärtchen u. 1 grossen (farb.) Übersichtskarte. 4. verb. verm. Aufl. (XIX, 286 S.)

(Roth, I.,) die Lehre vom Nivellement, s. Lehre.

Roth, s.: Lesebuch f. höhere Lehranstalten.

-- Lesebuch, literarhistorisches.

— Nieren- u. Blasen-Krankheiten, s.a. Hausbücher für Gesundheitspflege.

Nieren- und Blasen-Krankheiten. Gemeinverständl. Belehrungen u. Ratschläge über die Krankheiten der Harnorgane. Von Dr. med. **Roth**, Spezialarzt f. Harnleiden. Mit 1 Abb. Berlin: W. Möller [1899]. (61 S.) 8°
= Hausbücher f. Gesundheitspflege. Bd 5bis.

Nieren- und Blasen-Krankheiten. Gemeinverst. Belehrungen u. Rathschläge über d. Krankheiten d. Harnorgane. Von Dr. med. Roth, Spezialarzt. 2. verb. u. verm. Aufl. Mit 2 Abb. *Berlin: W. Möller [1901].* (77 S.) 8° [F.]
= Hausbücher f. Gesundheitspflege. Bd 5. [01. 6340

Roth, guter Rath für den protestantischen Verein zur Gustav-Adolphs-Stiftung u. f. die protestant. Kirche überhaupt. gr. 8. (1 B.) Tübingen 843, Buchhdlg. Zu-Guttenberg.

Roth, (II.,) Rede am Grabe d. Generalmajors Wardenburg, geh. am 5. Jun. 1838. 8. (½ B.) Oldenburg, Schulzesche Bh.

– u. Marxer

—— —— 46 dreistimmige Schullieder. 3 Hefte. qu. gr. 8. (120 S.) Schwäbisch Hall 848. Ravensburg, Dorn'sche Buchh. à Heft 3 Ngr.

Roth und Marxer, 46 zweistimmige Schullieder. 2 Hefte. qu. gr. 8. (80 S.) Schwäbisch Hall 848. Ravensburg, Dorn'sche Buchh. à Heft 3 Ngr.

Roth, Dr. ..., über die Schutzkraft des Kupferblechs beim Herannahen der Cholera. 12. Münch. 831. Franz. 2 gl.

Roth (H.), über d. Schutzkraft d. Kupferbleches beim Herannahen d. Cholera. 12. (⅛ B.) München 831, Franz.

Roth-Popowicz, Deutsches Sprachbuch für ruthenische Volksschulen. III. Theil. Wien 1896. K. k. Schulbücher-Verlag. (Min.-Erl. vom 23. März 1896, Z. 6239.) Gebunden —.40

— Steilschrifthefte. Anleitung u. Vorschriften. 4. (5 S. u. 12 Bl.) Gießen 893 E. Roth n. — 40

— dasselbe. Ausg. A (ohne Vorschriften). Deutsch. 10 Hfte. u. Hft. 7a. 4. Ebd. 893. n.n. 1. 20
1—7 u. 7a (à 32 S. m. Liniatur.) à n.n. — 10. — 8. (32 S. ohne Liniatur.) n.n. — 10. — 9. Aufsatzheft. (64 S. m. Liniatur 7.) n.n. — 20. — 10. Rechenheft. (32 S.) n.n. — 10.

— dasselbe. Ausg. A (ohne Vorschriften). Latein 7 Hfte. u. Hft. 7a. 4. (à 32 S. m. Liniatur.) Ebd. 893. à n.n. — 10

— s.: Uebungsaufgaben zum Abriß der deutschen Sprachlehre.

Roth, Uebungsaufgaben, s.: Matt, W.

Roth, s.: Uebungs-Aufgaben zum mündl. u. schriftl. Rechnen.

Methode Rustin. Die Verfassung und Verwaltung des Deutschen Reichsheeres von Rechn.R. Roth. Lfg 1. Potsdam & Leipzig: Bonneß & Hachfeld [um 1900]. 4°(8°) [F.]
– Selbst-Unterrichts-Briefe. [19.] [of. 311

— illustr. Vogelsberg-Wetterau-Rhön-Führer. Vogelsberg u. Wetterau nebst den schönsten Teilen der Rhön. Unter Mitwirkg. des Vogelsberger Höhenklubs bearb. v. Aug. Roeschen. Mit üb. 100 Illustr., 4 Plänen u. 3 Karten. (XIII, 248 S.) kl. 8. Ebd. 904. Geb. in Leinw. n. 2. —

Roth, ..., s. Vorlegeblätter XVI.

Roth, Wegweiser f. Harnleidende. Gemeinverständliche Belehrgn. und Ratschläge über die Krankheiten der Harnorgane. gr. 8. (61 S. m. 1 Abbildg.) Zittau 890. Pahl. n. 1. —

(Roth, A.) Betrachtungen über die französische und österreichische Armee und deren Gefechtsweise im Feldzuge von 1859. Von einem Inft.-Officier. 8. München 1862.

Roth, Fragschatz der Rechtswissenschaft. Examinatorium über die gesammten Gebiete der Jurisprudenz m. durchgehender Bezugnahme auf die gebräuchlichsten Lehr- u. Handbücher. gr. 8. (VII, 258 S.) Berlin 879. C. Heymann's Verl. n. 4. —

Roth, A. (I.), Fragschatz der Rechtswissenschaft. Examinatorium über die gesammte Jurisprudenz mit Bezugnahme auf die gebräuchlichsten Lehrbücher. 2. verm. und verb. Aufl. 2 Thle. gr. 8. (VIII, 163; IV, 174 S.) Berlin 886, C. Heymanns Verlag. à Thl. * ℳ 3.—. *

Roth, A., die bad. Gemeindeberechnungs-Anweisg., s.: Müller, J. P.

Roth, A., die badische Gemeindevoranschlagsanweisung und Gemeinderechnungsanweisung, s. Müller, J. P.

(Roth, A.) Leichte Infanterie oder Jäger als Elite-Infanterie. Studien von A. R., Verfasser der „Betrachtungen über die französische und österreichische Armee und deren Gefechtsweise im Feldzuge 1859". kl. 8. München 1866.

Roth, A., s. Sammlung deutscher Gesetze.

Roth, A. F., ein gemütlicher Abend, s.: Dilettantenbühne, katholische.

-- Eifersucht, s.: Dilettanten-Theater. N. F.

Roth, A. F., Tante Eulalia, s.a. Dilettanten-Theater Nr. 13.

Tante Eulalia. Posse in 1 Akt von A. F. Roth. Paderborn: F. Schöningh [1905]. (13 S.) 8° [F.]
— Dilettanten-Theater. N. F. 13. [07. 1137

— Onkel Leopolds Ueberraschung, s.a. Dilettanten-Theater Nr. 14.

Onkel Leopolds Überraschung. Lustspiel in 1 Akt von A. F. Roth. Paderborn: F. Schöningh [1905]. (14 S.) 8° [F.]
— Dilettanten-Theater. N. F. 14. [07. 1138

Roth, A. H. Thdr., der Tod durch Ertrinken. Physiologische Untersuchungen u. prakt. Wahrnehmungen über die den Ertrinkungs- resp. Erstickungstod charakterisir. äusseren u. inneren Befunde für Gerichtsärzte u. Juristen. Berlin 865. A. Hirschwald. gr. 8. (X, 184 S.) n. 1 ₰

Roth, Abraham. Die Bern-Luzerner Bahn. Den Touristen geschildert. Mit 11 Illustrationen [wovon 2 Tafeln] von G[ustave] Roux und einer topographischen Karte. 8. Bern 1875.

Roth, Abr., die Bern-Luzerner Bahn. Den Touristen geschildert. Mit 11 Illustr. (in eingedr. Holzschn. und Holzschntaf. in qu. gr. 8.) von G. Roux und 1 topograph. (chromolithogr.) Karte (in qu. gr. Fol.). 8. (69 S.) Bern 875, Dalp'sche Buchh. * 1 40
cart. * 2 —

Roth, Abrah., Marokkanische Bilder. Nach des Malers Frz. Buchser Reiseskizzen ausgeführt. Berlin 861. J. Springer. gr. 8. (VI, 211 S.) n. 1 ₰

Roth, Abraham, und Fellenberg, Edmund von. Doldenhorn und Weisse Frau. Zum ersten Mal erstiegen und geschildert von A. R. und E. von F. Mit 11 Farbendruckbildern nach Skizzen Ph[ilipp] Gosset's u. E. v. Fellenberg's, vier Abbildungen in Holzschnitt und einer Karte in Farbendruck im Massstabe von 1: 50,000 nach Ing. J. R. Stengel. gr.-8. Coblenz 1863.

— u. Edm. v. Fellenberg, Doldenhorn und Weisse Frau. Zum ersten Mal erstiegen u. geschildert. Mit 11 (lith.) Farbendruckbildern nach Skizzen Ph. Gosset's u. E. v. Fellenberg's, 4 Abbildgn. in Holzschn. u. 1 (lith.) Karte in Farbendr. im Maassstabe von 1:50,000 nach J. R. Stengel (in 4.). Coblenz 863. Baedeker. Lex.-8. (87 S.) n. 1 ₰ 20 ngr.
Auch in englischer Sprache zu gleichem Preise.

Roth, Abr., bildliche Erinnerungen vom eidgenössischen Truppenzusammenzug, s. Adam, Eugen.

— Finsteraarhornfahrt. 8. (III und 112 S. mit einer Abbild. des Finsteraarhorns in Holzschn. und Farbendr. und einer lithogr. Karte der Finsteraarhorn-Gegend in qu. gr. 4.) Berlin 863, Springer's Verlag. * –

Roth, Abraham, Gletscherfahrten in den berner Alpen. Mit einer Abbild. der Wetterhorngruppe. gr. 16. (VII und 175 S. mit 1 Holzschn.) Berlin 861, Springer's Verlag. * –

Roth, Abraham. Glion. Eine Sommerfrische. (S.A.) 8. Basel (1876).

Roth, Abrah., Schön Anneli, s.: Bibliothek f. Alle.

— Dr., Ueber die Steinkohlen. Berlin 1866.

Roth, A., Neuenburgische Studien. br. 8. (VIII u. 111 S.) Bern 850, Jent & Reinert. 21 ngl

— Symbolae ad regionis Luneburgensis indolem geognosticam cognoscendam. Berlin 1861.

Roth, Abraham, schöne Tage in Glyon. 8. (71 S.) Bern 878. Wyß. n. 1. 20

— Thoune et ses environs. Avec 39 illustrations (1 Chromolithogr. und 38 Holzschntaf.) de G. Roux et 2 cartes topographiques (lithogr. in gr. 4.). Traduit de d'allemand. 8. (178 S.) Ebendas. 874. *

Roth, Abrah., Thun und seine Umgebungen. 8. (IV, 169 S. mit 35 Illustr. in eingedr. Holzschn. und Holzschntaf. von G. Roux und 2 lithogr. topograph. Karten in gr. 4.) Bern 873, Dalp'sche Buchh. geb. *

Roth. Dr. Abraham Roth. Zürich 1880 s. W[idmer]. C[onrad].

Roth, Abraham. Zustände der Landgrafschaft Thurgau im 16. und 17. Jahrhundert. Eine historisch-politische Skizze.... [Diss.] Phil. Bern. 8. (Frauenfeld 1848.)

Roth, Adf., populärer Bericht f. Leidende üb. Hunderte Geheilte. gr. 8. (122 S. m. Abbildgn.) Budapest 893. C. Grill. n. 1. —

Roth, Adf., das Geheimnis der Hessing'schen Apparatotherapie als epochale Revolution auf dem Gebiete der Orthopädie. Mit über 60 phototyp. Abbildgn. 2., verm. Aufl. gr. 8. (93 S.) Neuwied 890. Heuser's Verlag. n. 2. 40

Roth, Adf., u. Paul Thorbecke, die badischen Landstände insbesondere die Zweite Kammer. Landtagshandbuch. Mit Unterstützg. der zweiten Kammer hrsg. Mit 3 Taf. (Graphische Darstellgn.) (XII, 364 S.) 8. Karlsruhe 907. G. Braun'sche Hofbuchdr. Geb. in Leinw. 3. –

Roth, Adolf, aus Kaudel: Myositis ossificans multiplex progressiva. *München: J. F. Lehmann 1898.* (22 S.) 8° [Umschlagt.] (Aus: Münchener Medicin. Wochenschrift, 1898, No 39 u. 40.)
Erlangen, Med. Diss. v. 7. Juli 1898

v. Roth Adolf: Über Sehen und Zeichnen. 9. Göding R. 01. Progr.

Roth, Albert Analogiebildungen auf dem Gebiete der Nominalflexion in den arischen Sprachen. (Umschlagtitel: Analogiebildungen in der Nominalflexion der arischen Sprachen). 4 (S. 3–15).
Progr. Städt. Gewerbesch. (Höh. Bürgersch.) *Dortmund* 1891 (369).

Roth, Albrecht Wilhelm

— Abhandl. über die Art u. Nothwendigkeit die Naturgeschichte auf Schulen zu behandeln. 8. Nürnb. 779. Monath u. K. 4 gl

ROTH, Albrecht Wilh.: Abhandlung von der Einrichtung einer Pflanzensammlung (Herbarium vivum). - Bremen 1782. 9 Bg. - (Beytr. zur Botanik I. Tl.)

— botan. Abhandll. u. Beobachtt. Mit 12 ill. Kpf. gr. 4. Nürnb. 787. Winterschmid. 4 ♂

(Roth A. W.): Anweisung f. Anfänger Pflanzen z. Nutzen u. Vergnügen zu sammeln u. nach dem Linneischen System zu bestimmen. Th. 1. Gotha 1778. 184 S.

— Anweis. f. Anfänger, Pflanzen mit Nutzen zu sammeln u. nach d. Linnéischen System zu bestimmen. 8. Gotha 778. 2e umgearb. Ausg. 803. Ettinger. 18 gl

Albrecht Wilhelm Roth

Anweisung Pflanzen zum Nutzen und Vergnügen zu sammeln und nach dem Linneischen Systeme zu bestimmen. Von Albrecht Wilhelm Roth. 2., umgearb. Aufl. Gotha: Ettinger 1803. XVI, 300 S. 8°

Roth, Albr. Wilh., Beantwort. d. Preisfrage: Was sind Varietäten im Pflanzenreiche? Nebst beigefügtem Verzeichnisse d. gewöhnl. Varietäten. 8. Leipzig. 1811. Barth. — 10

ALBRECHT WILHELM ROTH, Beantwortung der, von der Regensburgischen botanischen Gesellschaft aufgegebenen Preissfrage: Was sind Varietäten im Pflanzenreiche und wie sind sie bestimmt zu erkennen? Nebst beygefügtem Verzeichnisse der gewöhnlichen in Deutschland vorkommenden Varietäten. Regensburg 1811. Gedruckt bey Johann Baptist Rotermundt. 8°.

— Beyträge zur Botanik. 2 Thle. 8. Bremen, Förster. (Müller.) 778–83.

— Beitrr. zur Botanik. 2 Thle. 8. Brem. 782 u. 83. (Müller). 18 gl (2r Thl. bei Heyse das.) 4 gl — Neue Beitrr. zur Botanik. 1r Thl. 8. Frkf. a. M. 802. Fr. Wilmans. 1 ♂ 4 gl

— botan. Bemerkk. u. Berichtigungen. Mit 1 Kpft. gr. 8. Leipz., 807. Joachim. 1 ♂

Roth A. W.: Bemerkungen üb. das Studium d. cryptogamischen Wassergewächse. Hann. 1797. 109 S.

— Bemerkk. üb. das Studium der cryptogam. Wassergewächse. 8. Hannov. 797. Hahn. 7 gl

Roth (A. W.). Catalecta botanica . . . Lips. 1797–1806. 8°. Three fasciculi.

— Catalecta botanica, quibus plantae novae et minus cognitae describuntur atque illustr. Fasc. I—III., c. fig. 8maj. Leipz. 797—805. (Brockhaus). 7 ♂ 16 gl ill. 10 ♂ 16 gl

— Catalecta botanica, quibus plantae novae et minus cognitae describ. atque illustr. fasc. I-III. c. fig. 8. maj. Lps. Gleditsch. 797–805. (I. II. à 2 Rthlr. 12 gr. III. 2 Rthlr. 16 gr.)
color. (I. II. à 3 Rthlr. 8 gr. III. 4 Rthlr.)

Roth, Albr. Wilhm. Enumeratio plantarum phaenogamarum in Germania sponte nascentium. Pars I. sectio 1. 2. classis I–13. Lipsiae 1827. 8.

Roth, (A. W.,) Enumeratio plantarum Phaenogamarum in Germania sponte nascentium. P. I. Sect. I. gr. 8. Leipz. 827. 4 Rthl. 16 gr. Schr.-Pap.
(NB. Ist eine Neue umgearb. Aufl. von dessen: Tentamen Florae etc.)

— herbarium vivum, nebst e. Anweis. Pflanzen zu sammeln. VI Fasc. Fol. (Leipz.) 785—87. Müller. 8 ℛ

Albrecht Wilhelm Roth

Manuale botanicum peregrinationibus botanicis accommodatum. Sive Prodromus enumerationis plant. phaenogam. in Germania sponte nascentium. Ab Alberto Guilielmo Roth. Fasc. 1-3. Lipsiae: Hahn 1830. 8°

Fasc. 1: Classis 1-8.
Fasc. 2: Classis 9-16.
Fasc. 3: Classis 17-22.

— novae plantarum species, praesertim Indiae Orientalis cum descript. et observationibus. 8maj. Halberst. 820. Vogler in Potsd. 2 ℛ

— tentamen florae Germanicae. Tom. I—III. Pars I. 8maj. Leipz. 788—800. (Brockhaus). 6 ℛ 12 gl. Ed. II. unt. d. Titel: Enumeratio plantarum phaenogamarum in Germania sponte nascentium. Part. I. Sect. I. et II. Classis I—XIII. 8maj. 827. ibid. 7 ℛ 20 gl.

— Verzeichniß der Pflanzen, welche nach Beschaffenheit ihres Geschlechts nicht in d. gehörig. Ordnung des Linnéischen Systems stehen. gr. 8. Altenb. 781. (Hennings in Neisse). 12 gl.

— Verz. d. Pflanzen, w. n. Beschaffenh. ihres Geschlechts nicht in d. gehör. Ordn. des Linnéischen Systems stehen. gr. 8. Altenb. Richter. (Akad. Hdl. in Jena.) 781.

Roth, Alex., der Einbrecher, s.: Vereinstheater, neues.

Roth, Alfons, Erläuterungen u. Formulare f. die Novelle zur Zivilprozeßordnung u. Gebührenordnung f. Rechtsanwälte, s.: Hirsch, Alex.

— Gebührenordnung f. Rechtsanwälte, s.: Sammlung deutscher Gesetze. (Fürst, R.)

Roth, Alfr., freie Bahn! Erzählung. (239 S.) 8. Barmen (910). E. Müller. Geb. in Leinw. 3. —

Bis zum Kleinod hin! Erzählung von Alfred Roth. Barmen: Müller 1909. 275 S. 8° [10. 3333 B

Roth, Alfr., das kaufmännische Fortbildungsschulwesen in Deutschland, s.a. Schriften, hrsg. v. der Berufsgenossenschaft Deutschnationaler Handlungsgehilfen-Verband.

Das kaufmännische Fortbildungsschulwesen in Deutschland, sein gegenwärtiger Stand und seine fernere Ausgestaltung. Von Alfred Roth. 1. u. 2. Taus. *Hamburg: Deutschnat. Handlungsgehilfen-Verband 1903.* (107 S.) 8° [F.]
— Schriften d. D[eutschnationalen] H[andlungsgehilfen]-V[erbandes]. Bd 14. [04. 400

Roth, Alfred. Die neuern Constructionen der europäisch. Feldartillerie. Frauenf. 1875.

— Aus stillen Tiefen, s.: Hausbibliothek, christliche.

Deutschnat. Handlungsgehilfen-Verband, Hamburg. Unterlagen zur Schaffung eines Gesetzes betr. die staatliche Pensions-Versicherung der Privatangestellten. Nach amtl. u. sonstigen Quellen zsgest. im Auftr. d. Verbandes von Alfred Roth. Hamburg 1907: (Hanseat. Dr.- u. Verl.-Anst.) (30 S.) 8° [F.] [07. 13788 10

— War es v. Gott? Erzählung aus der Gemeinschaftsbewegg. (78 S.) 8. Ebd. 909. — 60

Roth, Alfred, Rechtspraktikant a. Karlsruhe i. B.: Über ordentliche streitige Zivilgerichtsbarkeit. Heidelberg 1906: D. Straus. (125 S.) 8°
Heidelberg, Jur. Fak., Ref. Buhl, Diss. v. 1906
[Geb. 19. Aug. 81 Karlsruhe; Wohnort: Karlsruhe; Staatsangeh.: Baden; Vorbildung: Gymn. Karlsruhe Reife M. 99; Studium: Freiburg i. B., Berlin, Heidelberg; Rig. 7. März 04.]

Roth, A[nna]. Einführung einer Haus-Industrie bei den Buren in Süd-Afrika. Nach Briefen von Fräulein [Emily] Hobhouse. Sonderabdruck aus dem Sonntagsblatt der Thurgauer Zeitung 1907. II + 32 S. 8. Frauenfeld, Huber & Co., [1907].

Roth, Anna. Dr. Elias Haffter. Ein Lebensbild. Aus Briefen und Erinnerungen zusammengestellt von A' R'. Mit vier Vollbildern [Tafeln]. (2 Teile.) XII + 419 S. 8. Frauenfeld, Huber & Co., 1910. [*zus.* fr. 6.—, geb. 7.—]

Roth, Ant., wilde Blumen aus Oesterreich. gr. 16. (128 S.) Wien 873. Dirnböck. n. 2. —

Roth, Anton Heinrich Theodor, s. Roth, Theodor

Roth, Arnold, Referendar in Braunschweig: Das Handelsverbot für den Handlungsgehilfen (§§ 60, 61 H.G.B.). Borna-Leipzig 1907: R. Noske. (VIII, 33 S.) 8°
Leipzig, Jur. Fak., Diss. v. 6. Febr. 1907
[Geb. 7. Okt. 82 Braunschweig; Wohnort: Braunschweig; Staatsangeh.: Braunschweig; Vorbildung: Gymn. Martino-Katharineum Braunschweig Reife O. 02; Studium: Freiburg i. B. 1, Göttingen 2, Berlin 1, Göttingen 3 S.; Rig. 25. Juli 06.]

Roth, Aug., Anleitung zur Buchführung für Vorschuß- u. Credit-Vereine. Wiesbaden 868. Limbarth. Lex.-8. (132 S. u. 1 Tab. in qu. Fol.) n. 1 ℛ

Roth, Aug. Beantwortungen der Aufgaben, s. Diesterweg-Heuser. Praktisches Rechenbuch.

Roth, August [aus Wiesbaden]: Ueber einige neue Derivate der Krokon- und Leuconsäure. Wiesbaden 1898. 42 S. 8°.
Basel. Phil. Diss. 1897/98.

Roth, A., die Doppelbilder bei Augenmuskellähmungen in symmetrischer Anordnung. Steintaf. m. eingedr. Text. qu. Fol. Berlin 893. A. Hirschwald. n. 1. —

Roth, August (geb. Ringstedt in Hann. ... 7 1858): Ueber einen Fall von Compression der Cauda equina mit secundärer Degeneration im Rückenmark. Berlin (1883). (30 S.) 8°
Berlin, Med. Diss. v. 16 Febr. 1883

Roth, A., Handbuch d. Militärkrankheiten, s.: Düms, Fr. A.

— die Krankheiten des Sehorgans in der Armee. [Aus: „Düms, Handb. d. Militärkrankh."] gr. 8. (IV u. S. 137—274 m. 9 Abbildgn.) Leipzig 900. [A. Georgi.] G. Thieme. n. 3. 60

[F.] Lehrbuch der Astronomischen Navigation. Im Auftr. d. k. u. k. Reichs-Kriegs-Ministeriums, 'Marine-Section', vf. v. August Roth, k. u. k. Corvetten-Capitän. M. 12 Taf., 1 Kt. u. 103 in d. Text gedr. Fig. *Fiume: Dr. d. k. k. Hof- u. Staatsdr. in Wien; Comm.-V. v. Gerold & C. 1898.* (X, 343 S., 13 Taf.) 1 Bd 4.(8.) [98. 7618

Roth, Aug., praktisches Rechenbuch, s.: Diesterweg.

Roth, August, Rechtspraktikant a. Karlsruhe: Die Rechtsverhältnisse der landesherrlichen Beamten in der Markgrafschaft Baden-Durlach im 18. Jahrhundert. Karlsruhe 1906: Macklot. (VII, 100 S.) 8°
Heidelberg, Jur. Fak., Ref. Jellinek, Diss. v. 20. April 1906
[Geb. 8. Juni 82 Karlsruhe; Wohnort: Karlsruhe; Staatsangeh.: Baden; Vorbildung: Gymn. Karlsruhe Reife Sommer 00; Studium: Heidelberg 4, Berlin 1, München 1, Freiburg i. B. 1 S.; Rig. 12. Febr. 06.]

Rückblick auf die 25jährige Thätigkeit der Loge Plato zur beständigen Einigkeit in Wiesbaden sowie auf die Thätigkeit der früher in Wiesbaden bestandenen Loge zur beständigen Einigkeit und derjenigen des maurerischen Kränzchens, aus welchem die Loge sich entwickelte. Festgabe zu der Feier des 25 jährigen Bestehens der Loge Plato zur beständigen Einigkeit. Im Auftr. des Beamten-Collegs der Loge verf. von Aug. **Roth.** Wiesbaden 1883: Ritter. 116 S. 8°

Sehproben nach Snellens Princip entworfen von Dr A[ugust] Roth, Oberstabsarzt. 5 Taf. mit 4 Text-Beil. *Berlin O. Enslin 1899.* (6 Bl., 3 Taf.) quer-8°

Roth, A., Sehproben, nach Snellens Prinzip entworfen. 2. Aufl. Tl. I, 5 Taf. m. 4 Text-Beilagen. (3 Bl.), Tl. II, 2 Taf. Leipzig 909. G. Thieme. In Umschlag, 14×24,5 cm. 2.80; auf Pappe in Futteral, I. Tl. 3.—; II. Tl. 2.—

Sehprüfungen. Beispiele nebst Fragen u. Antworten, ein Unterrichts- u. Lernbehelf. Von Dr A[ugust] Roth, Oberstabsarzt. 2 Aufl. *Berlin: O Enslin 1899.* (24 S.) 8°

Roth, A., Sehprüfungen. Beispiele nebst Fragen u. Antworten, e. Unterrichts- u. Lernbehelf. 3. Aufl. (24 S.) 8. Leipzig 906. G. Thieme. n. — 80

— Ueber Simulation v. Blindheit u. Schwachsichtigkeit, s.: Wick, K.

Das Stereoskop und die Simulation einseitiger Sehstörungen. Als 4. Aufl. von Prof. Dr Max Burchardt's 'Praktische Diagnostik d. Simulationen' hrsg von Dr A[ugust] Roth, Oberstabsarzt. Nebst 8 Vorlagen. *Berlin. O. Enslin 1902.* (42 S.) 8°

— Verwechselungs-Sehproben zum Nachweis der Vortäuschung v. Schwachsichtigkeit. (2 Taf. auf Pappe m. Oesen.) 12×22 cm. Ebd. (906). In Futteral n. 1. 60

Roth, A., Vorkursus zu Diesterweg-Heuser's Rechenbuch, zugleich c. Vorkursus f. die Sexta aller höheren Unterrichtsanstalten. 8. (39 S.) Gütersloh 887. Bertelsmann. n. — 20

Roth, (B.,) vermischte Abhandl. meistens über Gegenstände des Rechts u. d. Rechtspolizey. 1r Thl. 1s u. 2s Heft u. 2r u. 3r Thl. u. Register über alle 3 Thle. gr. 8. Karlsruhe 823 — 27. Müller 1s Heft 14 gr. 2s H. 22 gr. 2r Thl. 16 gr. 3r Thl. 18 gr. Register 18 gr.

— Entwurf e. Untergerichtsordnung f. d. Großherzogl. Badischen Aemter, nach d. Grundsätzen d. gemeinen bürgerl. Processes rc. 2e Aufl. 8. Karlsr. 827. Müller.

— Executionsordnung f. die Großherzogl. Badischen Aemter. 8. Karlsr. 827. Müller. 12 gr.

— Gutachten üb. die Frage, ob ein Theil einer kathol. Gemeinde, welcher zur evangel. Religion übergetreten ist, noch auf das Kirchen-Vermögen dieser Gemeinde Ansprüche machen könne? 8. Karlsr. 823. Müller. 3 gr.

Roth, B.: Gutachten üb. d. Frage, ob ein Theil einer kathol. Gemeinde, welche zur evangel. Relig. übergetreten ist, noch auf das Kirchen-Vermögen dieser Gemeinde Ansprüche machen könne? Aus Veranlassung der jetzt zu Mühlhausen an der Würm sich gebildeten evangelischen Kirchengemeinde. *Karlsruhe*, Müller. 824. 8. (3 Gr.)

— Gutachten über die äußerst wichtige Frage: Ob es räthl. sey, das neue Großherzogl. Badische Landrecht beyzubehalten rc. 8. Karlsr. 823. Müller. 3 gr.

Roth, B.: Der Concurs-Process, entw. nach d. jetzt im Grossherz. Baden gelt. Gesetzen, mit allen darauf Bezug hab. Verordnn. u. s. w., für Beamte u. s. w., sowie überh. f. jeden Capitalisten, der seine Forderungen nach d. Badischen Landrecht gesetzl. zu wahren gedenkt. 2e Aufl. *Carlsruhe*, Müller. (824.) 826. (9 Gr.)

— der Concurs-Proceß, entworfen nach dem jetzt im Großherzogth. Baden geltenden Gesetzen. 2e Aufl. 8. Karlsruhe 827, Müller.

Roth, B., von der Wiege des deutschen Turnens, s.: Vorträge f. Turnvereine.

Roth, Bernh., Choralbüchlein, nach den Melodien des Anding'schen Choralbuches in Ziffern u. Noten zusammengestellt. 8. (IV, 36 S.) Hildburghausen (902). F. W. Gadow & Sohn. n.n. — 10

Roth, Bernh., Der Frankfurter Turnverein von 1860—1910 und Vorgeschichte von 1833—1860, Frankfurt a. M. 1910, 114 S., Gr.-8°.

Roth, Bernhard A[lbert] F[riedrich], Referendar, Pirna: Das rechtliche Verhältnis des Abgeordneten zur Wählerschaft. Dresden 1910: Liepsch & Reichardt. 36 S. 8°
Leipzig, Jur. Diss. v. 20. Okt. 1910
[Geb. 24. April 84 Frankfurt a. M.; Wohnort: Dresden; Staatsangeh.: Sachsen; Vorbildung: Wettiner-Gymn. Dresden Reife O. 03; Studium: Genf 1, München 2, Leipzig 6 S.; Rig. 13. Febr. 08.] [U 11. 2935

Roth, C., s.a. Roth, Karl

– s.a. Roth, Klara

Roth, C., und K. Thienemann, Tändeleien für das frühe Jugendalter, s. Thienemann, K.

Roth, C., und J. Fölsing, der Vaterlandsfreund, s. Fölsing.

Roth, C., Vorschriften zur Erlernung d. Schönschreibekunst f. Anfänger, in Stein gedruckt. Fol. Münch. 814. (Leipz., Joachim). 1 ₰

Roth, C.: Der Zweck des Turnunterrichts. Rüdesheim 1878. 14 S. Geisenheim, Höh. Bürgerschule P 1878.

Roth, C. F.: Anleitung zur Anpflanzung und Behandlung des Weinstocks in den nördlichen Gegenden Deutschlands. Lüneburg: Herold & Wahlstab 1830. 62 S., 1 Bl., 3 Taf. -- 23*
BJ: Rothe, C.F. -- Bibliotheca oeconomica: Rothe, C.F. -- Dochnahl: Rothe, C.F. -- Simon: Bibliotheca vinaria: Rothe, C.F. -- Weber: 1831.

Roth, C. F., gemeinverständlicher Rathgeber üb. die Rechte u. Pflichten d. Miethers u. Vermiethers, s.: Schultz, F.

Roth, C. F., Rückblick auf das XVI. deutsche Bundesschießen in Hamburg 1909. 11.—18. VII. (52 S.) gr. 8. Hamburg 910. Herold. — 50

Roth, C. F., üb. Tropëine, Glycoline u. Glycolëino. gr. 8. (47 S.) Kiel 883. Lipsius & Tischer. n. 1. 60

— — s.a. Roth, Franz

Roth, C. I. Fr. von, s. Roth, Karl Johann Friedrich von

Roth, C. L., s. Roth, Karl Ludwig

Roth, C. W., Handbuch zu der bienenwirthschaftlichen Pflanzensammlung, enth. 200 Pflanzen v. denen die Bienen vorzugsweise ihre nöth. Stoffe entnehmen, in 4 Hftn. Mit Herbarium (in gr. Fol.) gr. 8. (133 S.) Göttingen 866. Vandenhoeck & Ruprecht. geb. n. 14. —

Roth, C. W., Handbuch zu der bienenwirthschaftlichen Pflanzensammlung, enth. 200 Pflanzen von denen die Bienen vorzugsweise ihre nöth. Stoffe entnehmen, in 4 Heften. Mit Herbarium (in gr. Fol.). gr. 8. (133 S.) Göttingen 874, Vandenhoeck und Ruprecht's Verlag. geb. *

—— Handbuch zu der landwirthschaftlichen Pflanzensammlung für höhere Bürger- und Realschulen geeignet. 1. und 2. Abthl. Mit Herbarium (in gr. Fol.). gr. 8. Ebendas. 874. [1. Abthl. 2. verm. und verb. Aufl. (205 S.) *M 20.; 2. Abthl. (87 S.) *M 12.] *

Roth, Carl, s. Roth, Karl

Roth, Carl Johann Friedrich von, s. Roth, Karl Johann Friedrich von

Roth, Carl Ludwig, s. Roth, Karl Ludwig

Roth, Carl Theodor, s. Roth, Karl Theodor

Roth, Ch. Fr., Pathologia intestini colli. 8maj. Erlang. 803. Palm. 4 gr

Roth, Charles Frederic, kaufmännische Organisation im Fabriks- u. Handelsbetriebe. (47 S. m. 4 Taf.) Lex. 8. Wien 910. (Lehmann & Wentzel.) 2. 50

Roth, Chr. Fr. Wilh., genealog. System menschl. Kenntnisse f. die studirende Jugend. Fol. Weim. 790. Hoffmann. 3 gr

— Versuch e. Mappemonde litteraire. 19 Karten in Fol. Erf. 785. Keyser. 1 rthl 16 gr Schrbp. 2 rthl 12 gr

Roth, Chr. Gf., s. Wundarzt, der.

Roth, Chr. Melchior, Abbild. u. Beschreib. aller Kirchen, Klöster u. Kapellen in Nürnberg. Mit Kpf. Fol. Nürnb. 786. Schneider u. W. 1 rthl

— Prospekte von Nürnberg. Pflegeämtern, Städten u. Dörfern. Fol. Nürnb. 787. Schneider u. W. 1 rthl 8 gr

Roth, Chr. Theodor

— u. F. R. C. D. Schazmann, Beitr. f. d. Geschichte d. Wetterau. 1s Hft. Mit 1 ill. Ansicht. gr. 8. Frankf. a. M. 801.

Roth, Chr. Thdr., Lehrbuch d. Geschichte f. die obern Klassen gelehrter Schulen. 1r Thl. Alte Geschichte. 8. Gießen 808. Heyer. 22 gr 2e A. 8. Ebd. 821, 18 gr 2r Thl. Neuere Geschichte. 8. Ebd. 811. 1 rthl 8 gr

Roth, C. Th., Lehrbuch der Geschichte. Giefs. 808. 811. 2 Thle. 8. 2 rthl. 6 gr. (I. 22 gr. II. 1 rthl. 8 gr.) Eb. 821. Theil I. 8. 18 gr.

Roth, Ch. Th., zweites Lehr- u. Lesebuch. Sittl.-relig. Elementar-Werk f. d. oberen Abtheiln. d. Volksschulen. gr. 8. (25 1/2 B.) Mainz 839, Kupferberg.

Roth, Christian (Soldin /Nm.) 4°Thl. XII, 26/21

De libris apparenter deperditis dissertatio prima.
Präs. Joseph Heinrich Opitz.
Leipzig (Titius) 28. III. 1704. 4o S.

Gew.: Sebastian Gercken. 29312

Roth, Christian, aus Forchheim: Sonn- und Festtagsfeier in Bayern. *Erlangen 1899: A. Vollrath.* (VIII, 220 S.) 8° [F.]
Erlangen, Jur. Diss. v. 15. Juni 1898

Roth, Chrn., Sonntagsfeier u. Sonntagsruhe in Bayern unter Berücksicht. der einschlägigen Gesetze u. Verordnungen etc. 8. (VIII, 176 S.) München 899. J. Schweitzer Verl. Kart n. 2. 50

Roth, Christian, die Versöhnung, s. a. Verein f. Verbreitung guter Schriften, Bern.

Roth, Christian. Die Versöhnung. Bilder aus dem Berner Volksleben. [Mit illustriertem Titel.] IV + 135 S. 8. Bern, Verein für Verbreitung guter Schriften (*Innentitel:* Haller'sche Buchdr.), März 1909. fr. —. 25
Verein für Verbreitung guter Schriften. Bern, Nr. 72.

Roth, Christian August [Praes.], s. Jokisch, Jacob: De examine conscientiae Pythagorico vespertino.

Roth, Christoph

Roth, Ch., der Aktsaal. 31 Kunstblätter in Lichtdr. zum Studium des Nackten. 10 Lfgn. gr. Fol. Stuttgart 891—894. Ebner & Seubert. à n. 6. —

Roth, Chr., d. Aktsaal. 2. (Titel-) Aufl. 10 Lfgn. gr. Fol. (31 Lichtdr.) Stuttgart (894) 895. P. Neff Verl. à Lfg. n. 3. —; Mappe dazu n.n. 1. 50

Roth, Ch., plastisch-anatomischer Atlas zum Studium des Modells u. der Antike. 1. Hälfte. Stuttgart 870. Ebner & Seubert. Fol. (14 Holzschntaff., wovon 12 in Tondr. u. 24 S. Text.) In Mappe. n. 3 rthl

Roth, Ch., plastisch-anatomischer Atlas zum Studium d. Modells u. der Antike. 2. Hälfte. 12 Taf. in Holzschn. nebst 8 Erläuterungstaf. u. Text. Fol. Stuttgart 872. Ebner & Seubert. In Mappe. n. 18. — (cplt.: n. 27. —)

Roth, Ch., plastisch-anatomischer Atlas zum Studium des Modells und der Antike. 2. Aufl. 24 Taf. in Holzschn., nebst 10 Erklärungstaf. und Text. 10 Lfgn. Fol. (26 Bl. Text.) Stuttgart 886, Ebner und Seubert. à Lfg. *
Compl. in Mappe *

— plastisch-anatomischer Atlas zum Studium des Modells u. der Antike. Entworfen u. gezeichnet v. Ch. R. 3. Aufl. 26 Taf. in Holzschn. nebst Erklärungstaf. u. Text. 10 Lfgn. Fol. (26 Taf., 8 Erklärungstaf., 21 Blatt Erklärgn. u. IX, 6 S. Text.) Ebd. 891. 892.
à n. 1. 50 (kplt. in Mappe: n. 16. —)

Roth, Chr., plastisch-anatomischer Atlas zum Studium des Modells u. der Antike. Entworfen u. gezeichnet. 4. Aufl. 24 Taf. in Holzschn., nebst 10 Erklärungstaf. u. Text. (VIII, 66 S.) 38,5×26,5 cm. Esslingen 907. P. Neff. In Mappe 16. —

Roth, Chrf., Kittel u. Schurzfell! Kunst-Debatte in d. bayr. Abgeordneten-Kammer. Glanzlichter auf Münchener Kunstpflege. gr. 8. (32 S. m. 10 Voll- u. Textbildern.) Stuttgart 899. R. Lutz. n. 1. 50

— Skizzen u. Studien f. d. Aktsaal. 30 Taf. in Lichtdr. Fol. (1 Bl. Text.) Ebd. 896. 97. In Mappe n. 2?. —
Erschien auch in 10 Lfgn. à n. 2. —.

Roth, Christoph Friedrich, u. Georg Andreas Werner

— Dies., grammat. Elementarbuch d. latein. Sprache. 8. Stuttg. 802. Metzler. 10 gr.

Roth's, C. F. und G. A. Werner's grammatisches Elementarbuch der latein. Sprache. Stuttg. 803. 8. 10 gr.

— u. Geo. Andr. Werner, latein. Lesebuch f. Anfänger, als Belegt zur latein. Sprachlehre, in Bröderscher Methode. gr. 8. Stuttg. 802.

— kurze latein. Sprachlehre, an die Stelle d. Würtemberg. Knebelschen Grammatik. Für niedere u. mittlere Klassen. gr. 8. Stuttg. 800. 2e A. 809. 3e A. 812. 4e A. 817. Metzler. 14 gr.

Roth's, C. F., Lateinische Sprachlehre. Stuttg. 801. 8. 16 gr. Auflage 4. Ebend. 817. 8. 14 gr.

— lateinische Sprachlehre f. die mittlern u. untern Classen d. würtemberg. Lehranstalten. 3te verm. Aufl. gr. 8. Stuttg. Metzler. 812.

— latein. Stylübungen zum öffentl. u. Privatgebrauche. 2 Thle. gr. 8. Stuttg. 807. Steinkopf. 2 Rthl. 8 gr.

Roth's, C. F., latein. Stilübungen, Lateinisch und Deutsch. Stuttg. 807. 2 Theile. 8. 2 rthl. 8 gr. (Theil 1. Deutsch, Theil 2. Latein. Übersetzung des ersten). Ausg. 2. Th. 1. Ebend. 821. 8.

Roth, (Ch. F.,) latein. Stylübungen 1r Thl. A. u. d. T.: Materialien z. Uebersetzen aus d. Deutschen ins Latein. 2e Aufl. gr. 8. Stuttg. 822, Steinkopf.

— dess. 2r Thl. A. u. d. T.: Argumento latino sermone excerpta et reddita etc. 2e Ausg. gr. 8. Stuttgart 827, Steinkopf.

Roth, Chrstph. Friedr., lateinische Stilübungen. 1. Thl. — A. u. d. Ttl.: Materialien zum Uebersetzen aus dem Deutschen in das Lateinische. Nebst e. poetischen Anhang. 3., verb. Aufl. gr. 8. (29 B.) Stuttgart 842, J. F. Steinkopf.

Roth, Clara, s. Roth, Klara

Roth, Dan., dramatische Dichtungen. 2 Bde. 16. (38⅛ B.) Kronstadt, (Nemeth.) [1. Bd. 841. * 24 Ngr., 2. Bd. 844. * 20 Ngr.] *

ROTH, Daniel (Hermannstadt/Rumän.): De necessitate reunionis medicinae et chirurgiae. (Titel nach der Urkunde)
13.7.1833 – Urk: F 61
Diss. Ingolst.-Landsh.-Mchn.

—— der Pfarrhof zu Kleinschenk. Vaterländ. Erzählung aus dem Anf. des 18. Jahrh. 16. (13¼ B.) Hermannstadt 840, (47,) v. Hochmeister'sche Buchh.

Roth, Dan., Johann Zabanius Sachs v. Harteneck. Politischer Roman. br. 8. (487 S.) Hermannstadt 847, v. Hochmeister. n. 1 Rthl.

David Ludwig Heinrich Roth

De Scirrho et carcinomate. Berolini (1823:) Späth. 31 S. 8
Berlin, Med. Diss. v. 21. Okt. 1823

Roth, Dietrich August (Feldprediger bey der Königl. Preuss. Armee), Der Sieg bei Weissenfels erfochten den 5. Nov. 1757, von Friedrich den Grossen König in Preussen. 4. 4 Bl. 25 Str.
J Ehova lebt: Erzittert nicht,
Ihr annoch lorberreichen Helden.

Roth, E., additamenta ad conspectum florae europaeae editum a cl. C. F. Nyman. — Beiträge zu C. F. Nyman's Conspectus florae europaeae. gr. 8. (46 S.) Berlin 886, Haude und Spener'sche Buchh. *

— das Gesetz üb. die Wandergewerbesteuer u. die Gemeinde-Wanderlagerabgabe f. Elsaß-Lothringen v. 8. VI. 1896, nebst Ausführungsbestimmungen u. Erläuterungen üb. Entstehung u. Ausführung. Im amtl. Auftrage hrsg. gr. 8. (VIII, 95 S.) Ebd. 899. Geb. in Leinw. n. 2. 50

Roth, die in Elsaß-Lothringen geltenden Gesetze betr. die direkten Steuern. Text-Ausg. Im amtl. Auftrage zusammengestellt. 12. (VII, 185 S.) Straßburg 901. E. van Hauten. Geb. in Leinw. n. 2 —

— die in Elsaß-Lothringen geltenden Gesetze betr. die direkten Steuern. Nachträge. (Gesetz, betr. die Grundsteuer. Vom 14. VII. 1903. Gesetz üb. die Erhöhg. der Licenzgebühren f. den Kleinverkauf v. geist. Getränken u. die Ermäßigg. der Weinsteuer. Vom 13. VI. 1903. Gesetz, betr. die Gehalts- u. Pensionsverhältnisse der protest. Pfarrer u. die Fürsorge f. deren Wittwen u. Waisen. Vom 6. VII. 1901.) (S. 15a—15d u. 110a bis 110g.) kl. 8. Straßburg (904). E. van Hauten. n. — 20
Hauptwerk. Ebd. 901. Geb. n. 2. —

Roth, die in Elsaß-Lothringen geltenden Gesetze betr. die direkten Steuern. Text-Ausg. Im amtl. Auftrage zusammengestellt. 3. Aufl. (VII, 125 S.) kl. 8. Straßburg 908. K. J. Trübner. Geb. in Leinw. 2. —

Roth, das Gewerbesteuergesetz f. Elsaß-Lothringen v. 8. VI. 1896, nebst d. dazu ergang. Ausführungsbestimmgn. u. m. Erläutergn. üb. Entstehg. u. Ausführg. d. Gesetzes. Im amtl. Auftrage hrsg. unt. Mitwirkg. v. Giesecke. gr. 8. (VI, 196 S.) Straßburg 898. Straßburger Druckerei u. Verlagsanstalt. Geb. in Leinw. n. 4. —

Roth, E., der Kreisarzt, s.: Schlockow.

Roth, E., üb. Nebenwirkungen v. Arznei- wie Genussmitteln u. Giften. [Aus: „Ztschr. f. Naturwissenschaft."] gr. 8. (12 S.) Leipzig 895. C. E. M. Pfeffer. n. — 30

— d. preussische Physikus, s.: Schlockow.

Roth, E., Radfahrerkarte für das Königr. Sachsen. gr. Fol. Grimma 886, (Gensel.) * 2 —

Zur kommunalen Wohnungs- und Baupolitik. Vortrag geh. 1908 von E. v. **Roth**. Riga 1909: Häcker. S. 199–223. 8°
(Hefte d. Gesellschaft f. kommunale Sozialpolitik in Riga. Nr. 9.) ... , 10

Roth, E. M., Proklamation des Amasis an die Cyprier bei der Besitznahme Cyperns durch die Aegypter um die Mitte des 6. Jahrh. vor Chr. Geb. Entzifferung der Erztafel von Idalion in des Herzogs von Luynes numismatique et inscriptions Cypriotes. 2. (Titel-) Ausg. Berlin (855)869. Calvary & Co. Fol. (VII, 120 S.) n. 2 ℳ

Roth, Eberh. Rud., dilucidationes Dietericianae, h. e. instit. catech. C. Dieterici expositae. 8. Ulm. 712.

— historia civil, eccles. et literar. 8. Ulm. 706.

— Logica practica. 8. Ulm. 712.

ROTH, EBERHARD RUD. Memorabilia Europae Oder Denckwürdigste Sachen, Welche Ein Curioser Reisender in den fürnehmsten Städten, Schlössern, etc. Europae Heutiges Tages zu observiren . . . hat; Nunmehro Das eilffte mahl, mit mehr als 300. Oertern vermehrt, heraußgegeben. Ulm, D. Bartholomae, 1706. 12°. *Titelkupfer (mit 1 kleinen Karte Süddeutschlands)*, 5 Bl. 520 S. 46 und 10 S. *Mit einem gefalteten Zwischentitel (mit Holzschnittdarstellung eines Pferdes)* vor den letzten 10 S. *und 10 gestochenen Kartentafeln:* Titel rot und schwarz. Etwas abgenutzter, am Rücken oben lädierter Pgtbd. d. Z.

— memorabilia Europae, od. Denkwürdigkeiten in d. vornehmsten Orten Europä. 12. Ulm, Wohler. 749.

— phraseologia Caesariana. 8. Ulm. 702.

Rothii, E. R., Phraseologia Curtiana. Ulm. 711. 8. 8 gr.

— — Curtiana. 8. ibid. 711.

(Roth, Eberh. Rud.) Das unter Chur-Bayer. u. Französ. Gewalt hart gedruckte Schwaben, aussführl. Bericht des zweyjährigen im Schwabenlande geführten Krieges. 12. Freyburg 1705.

ROTH, EDUARD. Ueber einige Verbindungen von Benzoëaldehyd mit primären Monamiden. Tübingen, 1869.

Roth, Elise, Backfischchens erste Küchenkünste od. d. kleine Gelegenheitsköchin. E. Auswahl v. Festtags- u. Gesellschaftsspeisen, samt Anleitg. z. Verwertg. d. Obstes, m. sprachl., natur- u. kulturgeschichtl. Anmerkgn. 12. (XII, 131 S. m. Titelbild.) Stuttgart 895. Schwabacher. Geb. in Leinw. n. 1. 80

Roth, Elise, die Tochter in Haus u. Welt. Wegweiser zur Weiterbildg. nach dem Austritt aus der Schule. (Der Töchterschule entwachsen neue Folge.) gr. 8. (IV, 381 S.) Stuttgart (901). Schwabacher. Geb. in Leinw. n. 4. 50

— der Töchterschule entwachsen. Wie bildet sich die Tochter d. Hauses nach dem Austritt aus der Schule f. Haus u. Leben weiter? gr. 8. (VI, 266 S.) Ebd. 897. Geb. in Leinw. n. 4. —

Roth, Elise, was soll ich meiner Freundin ins Album schreiben? Neue Sammlg. v. Album-Inschriften f. die deutsche weibl. Jugend. 12. (VII, 91 S.) Stuttgart 893. Schwabacher. Geb. in Leinw. n. 1. 80

Roth, Eliza. Die Stadt Chi, ihre Söhne u ihre Bürger im Allgemeinen. Chicago, 1894.

Roth, Eliza, ewige Jugend u. Schönheit auf Erden erreichbar. Häßlichwerden im Alter ist f. uns alle vermeidbar. gr. 8. (52 S.) Leipzig 898. W. Friedrich. n. 1. —

Roth. Eliza, der Mensch u. seine Macht. Ausführliche Erklärgn. der metaphys. Heilkunde. gr. 8. (III, 236 S.) Leipzig (900). [W. Friedrich.] M. Altmann. n. 4. —

— unser verlorenes u. unser zukünftiges Paradies. gr. 8. (54 S.) Ebd. (900). n. 1. —

— d. Perlen d. Zeitalters od. d. Stufen zu Glück u. Vollkommenheit, verbunden m. d. Heilkunde nach Jesus Lehren u. Beispiel. Keine Sünde, keine Krankheit, kein Sterben. gr. 8. (VII, 192 S.) Ebd. 898. n. 3. —; geb. n. 4. 50

Roth, Eliza, s.: Wahrheitsspiegel, der.

— wie man reich wird u. der Schlüssel zum Glück. gr. 8. (III, 248 S.) Ebd. (900). n. 4. —

Roth, Emanuel

Roth, Em., Armen-Fürsorge u. Armen-Krankenpflege m. besond. Berücksicht. der heutigen Stellung d. Armenarztes u. Vorschlägen zu ihrer Reform. gr. 8. (VI, 90 S.) Berlin 893. R. Schoetz. n. 2. —

Roth, E., Gesundheitsregeln f. die Schuljugend. (1 Bl.) 34×43 cm. Berlin (909). R. Schoetz. p — 10

— Gewerbehygiene, s. a. Sammlung Göschen.

Roth, E., Gewerbehygiene. (156 S.) kl. 8. Leipzig, G. J. Göschen. 4907. Geb. in Leinw. —. 80.
„Sammlg. Göschen". Bd. 350.

— Agnes Bluhm u. Max Kraft, allgemeine Gewerbehygiene u. Fabrikgesetzgebung, s.: Handbuch der Hygiene.

Roth, E., Hygiene d. chem. Grossindustrie, s.: Goldschmidt, F.

— Ländliche Hygiene. Nach Vorträgen des Verf. in der Vereinigg. f. staatswissenschaftl. Fortbildg. zu Berlin. (64 S. m. 2 Taf.) gr. 8. Jena 908. G. Fischer. 1.50
Sonderabdruck aus: „Klin. Jahrb."

Roth, E., Kompendium der Gewerbekrankheiten u. Einführung in die Gewerbehygiene. (VIII, 271 S.) gr. 8. Berlin 904. R. Schoetz. n. 6. —

— Kompendium der Gewerbekrankheiten u. Einführung in die Gewerbehygiene. 2. erweit. Aufl. (VIII, 294 S.) gr. 8. Berlin 909. R. Schoetz. 6.—; geb. 7.—

Roth, Tschorn, Welzel, die Rechte u. Pflichten der Unternehmer gewerbl. Anlagen, Arbeitgeber u. Arbeitnehmer, s. a. Handhabung, die, der Gesundheitsgesetze in Preussen. IV.

Die Rechte und Pflichten der Unternehmer gewerblicher Anlagen, Arbeitgeber und Arbeitnehmer f. Gewerbeaufsichts-, Medizinal- u. Verwaltungsbeamte, Fabrikbesitzer, Gewerbl. Unternehmer u. Arbeiter bearb. von Dr. [Emanuel] Roth, Reg.- u. Med.-R. in Potsdam, [B.] Tschorn, Hilfsarb. am Polizei-Präs. in Berlin, [u.] Dr. [Otto] Welzel, Gewerbeinspekt.-Assist. in Berlin. Berlin: R. Schoetz 1899. XV, 787 S. 8⁰
= Handhabung d. Gesundheitsgesetze in Preussen. Bd 4.

— **Schutzmassregeln bei ansteckenden Krankheiten.** Hrsg. m. den Medizinalbeamten des Reg.-Bez. Potsdam. 9. Aufl. (IV, 30 S.) kl. 8. Berlin 904. R. Schoetz. n. — 40; einzelne Blätter: ansteckende Augenkrankheiten, Darmtyphus, Diphtherie, Keuchhusten, der epidem. Kopfgenickkrampf, die Lungen-Tuberkulose (Schwindsucht, Masern, Ruhr u. Scharlach. à n. — 10

— Schutzmaßregeln bei ansteckend. Krankheiten. Hrsg. m. den Medizinalbeamten des Reg.-Bez. Potsdam. 10., veränd. Aufl. (30 S.) 8. Berlin (909). R. Schoetz. — 40

Roth, E., über den gegenwärtigen Stand der Frage der Vererbung erworbener Eigenschaften u. Krankheiten, s.: Klinik, Wiener.

Roth, Eman., historisch-kritische Studien über Vererbung auf physiologischem u. pathologischem Gebiete. gr. 8. (V, 77 S.) Berlin 877. Hirschwald. n. 2. —

Roth, Eman., die Thatsachen der Vererbung in geschichtlich-kritischer Darstellung. 2. umgearb. Aufl. gr. 8. (VII, 147 S.) Berlin 885, Hirschwald. *

— **die Wechselbeziehungen zwischen Stadt u. Land in gesundheitlicher Beziehung u. die Sanirung des Landes. Nach e. auf der XXVII. Versammlg. des deutschen Vereins für öffentl. Gesundheitspflege zu München am 18. IX. 1902 geh. Vortrage. Mit e. Anh. u. 8 Taf. (VII, 74 S.) gr. 8. Braunschweig 903. F. Vieweg & Sohn.** n. 2. 50

Roth, Emanuel (geb. Gohren in Pomm. 14. 10. 1850): Ueber das Wesen und die Behandlung der Hysterie. Berlin (1874). (32 S.) 8°
Berlin, Med. Diss. v. 4. Juli 1874

Roth, Emil, die Chemie der Rothweine. Für Weinproduzenten u. Kellermeister, sowie für Oenologen nach wissenschaftlichen Grundsätzen bearb. Mit 28 (eingedr.) Holzschn. gr. 8. (VI, 223 S.) Heidelberg 878. C. Winter. n. 4. —

Roth, Emil, die Chemie der Rothweine. Für Weinproduzenten und Kellermeister, sowie für Oenologen nach wissenschaftlichen Grundsätzen bearb. 2. (Titel-)Ausg. gr. 8. (VI, 223 S. mit 28 eingedr. Holzschn.) Heidelberg 884, C. Winter's Universitäts-Buchh. *

Festschrift zur Erinnerung an das zehnte Stiftungsfest der Loge Lessing zu den drei Ringen im Or. Pressburg. 14. März 1907. [Von Wilh. Graf u. Emil Roth.] Pressburg: Selbstverl. d. Loge [1907]. 94 S. 8⁰
[Umschlagtit.:] 1897—1907.
cf. Z. 37 (1906—1907) S. 440 (H. Glücksmann).
Gesch. der Loge. Nebst einer Anzahl Kettensprüchen u. chronol. Verzeichn. der Tagesordnung der Loge 1897—1907.

1870–1906. 30 Jahre Geschichte der Verlags-Buchhandlung Emil **Roth** in Giessen. (Giessen: E. Roth 1906.) (110 S.) 8°
[Umschlagt.:] 1876–1906. Verlags-Verzeichnis von Emil Roth. [c6. 1330

Roth, Emil: Aus d. chemischen Institut d. Universität Breslau. Ueber o-Nitro-Phenyl-α-Picolyl-Alkin und einige seiner Derivate. Ueber Phenyl-α-Picolyl-Alkin. *Breslau 1900: R. Galle.* (37 S.) 8°
Breslau, Phil. Diss. v. 15. Aug. 1900

Roth, (Emil), Spezialkarte von Hessen-Nassau, Oberhessen, Vogelsberg, Westerwald, Taunus, Lahntal. In Höhenschichten-Darstell. Massstab 1:200 000. Giessen (1902). 8⁰.

Roth, Emil, aus Basel (Schweiz): **Versuche über die Einwirkung des Trimethylxanthins auf das Bacterium typhi und coli.** *(München: R. Oldenbourg 1904.)* (30 S.) 8°
Berlin, Phil. Diss. v. 23. Juni [vielm. Juli] 1904

Was muß der Pächter und Verpächter wissen? Anleitung z. Abschluß von Pachtverträgen, insbes. über landwirtsch. Grundstücke u. Betriebe, nebst Darstellung der aus d. Pachtverhältnis erwachsenden Rechte u. Pflichten ... von Emil **Roth**. Berlin: H. Steinitz (1905). (128 S.) 8° [F.] [c6. 999

Roth, Emil, der Rheingauer Weinbau in seiner Theorie u. Praxis. Mit e. Anh. üb. Spaliererziehg. Eine Gabe an die Bewohner d. Rheingaues. 8. (VIII, 113 S.) Frankfurt a. M. 876. Winter. n. 2. —

Roth, Emil, der Rheingauer Weinbau in seiner Theorie u. Praxis. 2., durch die Rheingauer Weinbereitung verm. Ausg. 8. (IV, 160 S.) Frankfurt a/M. 878. Winter. n. 2. 50

— die Weinbereitung u. Weinchemie in ihrer Theorie u. Praxis. Zum Selbstunterricht für Weingutsbesitzer u. Kellermeister, sowie für landwirthschaftliche Lehranstalten nach wissenschaftl. Grundsätzen leicht faßlich bearb. 1. u. 2. Thl. gr. 8. Heidelberg 877. C. Winter. n. 8. 80
1. Weinbereitung u. Mostverbesserung. (XVI, 194 S.) n. 4. —
2. Weinbehandlung u. Weinverbesserung. Mit 23 (eingedr.) Holzschn. (III, 243 S.) n. 4. 80

Roth, Emil: Die Weinbereitung und Weinchemie in ihrer Theorie und Praxis. Th. 1. 2. Heidelberg: Winter 1877-78. -- 16.43.98*
1. Weinbereitung und Mostverbesserung. 2. Weinbehandlung und Weinverbesserung.

— dasselbe. 2 Thle. in 1 Bd. Mit 23 (eingedr.) Holzschn. 2. (Titel-)Ausg. gr. 8. (XVI, 194 u. III, 243 S.) Ebend. (1877) 882. n. 5. —

— die Weinbereitung und Weinchemie in ihrer Theorie und Praxis. 2. Ausg. gr. 8. Ebendas. 883. [ℳ 5.—.] * 1 80

Roth, Emil, wie erlangt man Anstellung im höheren Reichs- u. Staatsdienst? Zusammenstellg. des Wissenswertesten üb. Schulbildg., Annahmebedinggn., Ausbildg., Anstellg., Gehaltsverhältnisse u. Aussichten in den hauptsächlichsten Zweigen des höheren Staatsdienstes, einschließlich des Dienstes in der Armee u. d. kaiserl. Marine, sowie des Kolonialdienstes. (80 S.) 8. Berlin (904). H. Steinitz. n. 1. —

— **wie schafft man sich Kredit? Anleitg. f. Kreditsuchende bei Aufnahme v. Hypotheken u. Darlehen aller Art, beim Verkehr m. Behörden, Banken u. Privat-Kapitalisten, Warngn. zum Schutze gegen Ausbeutg. u. Uebervorteilg. u. gesetzl. Bestimmgn. üb. Eintragg. u. Löschg. v. Hypotheken u. s. w. (79 S.) gr. 8. Ebd. (904).** n. 1. —

Roth, Emma (Hrsg.), s. Sand, G.: La petite fadette.

Roth, Ernst, a. Doese: Uber die chirurgische Behandlung der Darminvagination im Kindesalter. Langensalza 1905: J. Beltz. (36 S.) 8°
Freiburg i. B., Med. Fak., Ref. Kraske, Diss. v. 1905
[Geb. 30. Dez. 79 Horneburg; Wohnort: Horneburg; Staatsangeh.: Hamburg; Vorbildung: Gymn. Bremerhaven Reife O. 00; Studium: Freiburg 4, München 1, Berlin 2, Freiburg 3 S.; Coll. 13. Jan. 05.]

Roth, Ernst, über die chirurgische Behandlung der Darminvagination im Kindesalter. (34 S.) gr. 8. Leipzig 905. B. Konegen. n. 1. —

Roth, E(rnst): Bibliographie der gesammten Krankenpflege. — Berlin: Hirschwald 1903. 878 S. 8°
Aus: Handbuch der Krankenversorgung u. Krankenpflege. Bd 2, Abt. 2.

Roth, Ernst, aus Schiltigheim i. Elsass: **Ueber die Einwirkung von Essigsäureanhydrid auf tricarballylsaures Natrium.** *Strassburg i. E. 1898: C. & J. Goeller.* (29 S.) 8°
Strassburg, Math.-naturw. Diss. v. 1898

Roth, Ernst, Geisterstimmen. Festspiel in 1 Aufzuge [nebst lyrischem Anhang u. Epilog.] Berlin 860. Voß. 8. (VII, 79 S.) 15 *ngr.*

Kösen an der Saale. Von Dr. E[rnst] **Roth**-Halle a. S. Berlin: Med. Verl, 1905. (3 S.) 8° [Umschlagt.]
Aus: Balneolog. Centralzeitung. 1905. 17. Juli. [05. 1300 3

Bad Lauchstädt. Von Dr. E[rnst] **Roth,** Halle a. S. Berlin: Med. Verl. 1905. (4 S.) 4°(8°) [Umschlagt.]
Aus: Balneolog, Centralzeitung. 4/11. Dez. 1905. [06. 369 3

Roth, Ernst (Carl Ferd.) (geb. Berlin 13. 8. 1857): Ueber die Pflanzen, welche den atlantischen Ocean auf der Westküste Europas begleiten. Eine pflanzengeographische Skizze. Berlin 1883. (38 S.) 8° * Vollst. ersch. in: Verhandlungen d. Botan. Vereins d. Prov. Brandenburg Jg 25 1884.
Berlin, Phil. Diss. v. 10. Nov. 1883
[Verf. wurde laut Fakultäts-Album am 12. Nov. promoviert.]

Roth, Ernst, Prolog und Epilog zur Schiller-Goethe-Feier auf der Oldenburger Bühne am 10. Nov. 1857. Oldenburg 857. Schulze. 8. (16 S.) 3 *ngr.*

Bad Salzschlirf. Eine zweifache Quellenstudie von Dr. E[rnst] **Roth.** Berlin: Anker-Verl. (1910). 40 S. 8°
Teilw. aus: Gesundheit in Wort u. Bild. Jg. 7. 1910. [10. 13339 3

– Über blütentragende **S c h m a r o t z e r p f l a n z e n,** s.a. **S a m m l u n g** gemeinverständlicher wissenschaftlicher Vorträge.

F.] Ueber blüthentragende Schmarotzerpflanzen. Von Dr. E[rnst] **Roth** in Halle a. S. *Hamburg: Verlagsanst. u. Dr. A. G. 1899.* (43 S.) 8.
= **Sammlung** gemeinverständl. wiss. **Vorträge.** N. F. Ser. 13. H. 311. [99 ?85?

– Über einige **S c h u t z e i n r i c h t u n g e n** der Pflanzen gegen übermäßige Verdunstung, s.a. **S a m m l u n g** gemeinverständlicher wissenschaftlicher Vorträge.

— Über einige Schutzeinrichtungen der Pflanzen gegen übermässige Verdunstung. (Sammlg gemeinverständlicher wissenschaftlicher Vortr. NF 218) Hamburg 1895

– **S c h u t z m i t t e l** der Pflanzen gegen Tierfraß und der Blüten gegen unberufene Gäste, s.a. **S a m m l u n g** gemeinverständlicher wissenschaftlicher Vorträge.

Schutzmittel der Pflanzen gegen Thierfrass und der Blüthen gegen unberufene Gäste. Von Dr. E[rnst] **Roth** in Halle a. S. *Hamburg: Verlagsanst. u. Dr. A.-G. 1900.* (31 S.) 8° [F.]
= **Sammlung** gemeinverständl. wiss. **Vorträge.** N. F. Ser. 15, H. 340. [00. 2428

— zwei Toast-Reden beim Jubiläum der Breslauer Universität gedichtet u. vorgetragen. Breslau 861. Leuckart. 16. (21 S.) n. 5 *ngr.*

Roth, G., die Unkräuter Deutschlands, s.a. **S a m m l u n g** gemeinverständl. wissenschaftl. Vorträge.

Die Unkräuter Deutschlands. Von Dr. (G.) [vielmehr: Ernst] **Roth** in Halle a. S. *Hamburg: Verlagsanst. u. Dr. A.-G. 1897.* (47 S.) 8° [F.]
= **Sammlung** gemeinverständl. wiss. **Vorträge.** N. F. Ser. 12. H. 266. [04. 8988

– Die **V e r b r e i t u n g s m i t t e l** der Pflanzen, s.a. **S a m m l u n g** gemeinverständlicher wissenschaftlicher Vorträge.

Die Verbreitungsmittel der Pflanzen. Von Dr. E[rnst] **Roth** in Halle a. S. *Hamburg: Verlagsanst. u. Dr. A.-G. 1896.* (50 S.) 8.
= **Sammlung** gemeinverständl. wiss. **Vorträge.** N. F. Ser. 11. H. 242. [96. 3434

Roth, Ernst, zur Wortableitung im Französischen. Eine Ergänzg. der besteh. Schulgrammatiken. (80 S.) 8. Dresden 899. O. & R. Becker. Kart. n. — 50

Roth, Ernst Gottlob

Roth, E. G., Erinnerungsblätter an d. 50jähr. Amts-Jubelfeyer d. Hrn. Rectors M. E. B. Guttinger zu Lübben, am 9. Febr. 1830. gr. 8. (3¼ B.) Lübben, Gotsch.

Roth, E. G., Paul Gerhardt. Nach sein. Leben u. Wirken aus z. Theil ungedr. Nachrichten dargest. 1., u. 2., unveränd. Aufl. (à 7½ B.) 8. (Lübben 829, 32, (Gotsch.) à Thlr.

— Paul Gerhardt, Nach seinem Leben u. Wirken aus zum Theil ungedruckten Nachr. dargestellt. 8. Leipz. 829. (Göschen). 9 gr 8. Lübben 832. (Gotsch). 10 gr

Roth, Ernst Glob., Paul Gerhardt. Nach seinem Leben u. Wirken aus z. Thl. ungedr. Nachrichten dargestellt. Aufs Neue hrsg. Mit e. Einleitg. v. G. Lommatzsch. 8. (XXIV, 63 S.) Berlin 894. Friedr. Schulze's Verl. n. 1. —

Roth, Eug., Baugenossenschaften u. staatlicher Kredit. Denkschrift an die hohe Ständeversammlg. Im Auftrag der Vorstandschaft des Verbandes der württemb. Eisenbahn- u. Dampfschiffahrts-Bediensteten hrsg. schmal gr. 8. (64 S.) Stuttgart 901. (Deutsches Volksblatt.) n.n. — 75

ROTH, Eugen (Regensburg): Ein Beitrag zu den Merkmalen niederer Menschenrassen am Schädel.- Braunschweig: Vieweg 1882. 2 Bl.,16 S.,Taf.
18.7.1881 - Urk (Titel: De signo novo craniis hominum ordinis inferioris proprio.); Chr 1881/1882,7
Diss. Ingolst.-Landsh.-Mchn.

Roth, Eug.. Vorlagen f. Wagner u. Schmiede. Für den Zeichen-Unterricht, zugleich Anleitg. zum Selbst-Unterricht f. Anfänger. gr. Fol. (20 Taf.) Nebst Text. gr. 8. (6 S.) Ravensburg (902). O. Maier. In Mappe n. 8. 50; Probeheft. (2 Taf. m. 6 S. Text) n. — 60

Roth, F., s.a. **R o t h ,** Karl Johann Friedrich von

Roth, F., s.: Beschreibung d. Bergreviere Siegen I, Siegen II, Burbach u. Müsen.

Roth, F., Eifel u. Venn, s.: **Vegetationsbilder. V, 1.2.** (Koernicke, M.)

Karte der mit Farbenzeichen versehenen Wege im westl. Taunus. Hrsg. v. Wiesbadener Rhein- u. Taunus-Club. (Entw. v. F. C. **Roth.** Lith. v. C. Weyershäuser, Wiesbaden. Maßst. 1: 100,000. 11. verm. u. verb. Aufl. Wiesbaden: Moritz & Münzel in Comm. [1905].) (1 Kartenbl. 38×33 cm.) [Kopft.] [kol.] [05. 11443

Roth, F. W., s. Roth, Johann Friedrich Wilhelm

Roth, F. Wilhelm E.

Roth, F. W. E., zur Bibliographie des Henricus Hembuche de Hassia dictus de Langenstein, s. Centralblatt für Bibliothekswesen, Beihefte.

Roth, F. W. E. 2 Bibliothekskataloge saec. XI und XV der Abtei Murbach, s. Studien, Strassburger, 3. Bd.

—— Die Buchdruckerei d. Jak. Köbel, Stadtschreibers zu Oppenheim, und ihre Erzeugnisse. — Die Mainzer Buchdruckerfamilie Schöffer während d. XVI. Jahrh. u. deren Erzeugnisse zu Mainz, Worms, Strassburg u. Venedig, s. Centralblatt f. Bibliothekswesen.

F. W. E. ROTH. Die Buchdruckereien zu Worms a. Rhein im XVI. Jahrhundert und ihre Erzeugnisse historisch-bibliographisch bearbeitet. Vereinsgabe des Wormser Alterthumsvereins. Worms 1892. Selbstverlag des Vereins. 8°.

Roth, F. W. E., die Druckerei zu Eltville im Rheingau u. ihre Erzeugnisse. Ein Beitrag zur Bibliografie d. 15. Jahrh. Mit e. Fcsm. d. Vocabularius ex quo de 1477. gr. 8. (31 S.) Augsburg 886. Literar. Institut v. Dr. M. Huttler. n. 1. 50

—— **das Gebetbuch der hl. Elisabeth von Schönau. Nach der Orig.-Handschrift des XII. Jahrh. hrsg. Ein Beitrag zur Geschichte der Liturgie, Musik und Malerei. Mit Nachträgen zu des Hrsgbrs. Werk: „Die Visionen der heil. Elisabeth und die Schriften der Aebte Ekbert und Emecho von Schönau". gr. 8. (76 S. mit 5 Taf.) Augsburg 886, Literar. Institut von Dr. M. Huttler.** * 3 —

Roth, F. W. E., Geschichte des römischen Königs Adolf I. v. Nassau. Nach urkundl. Quellenforschung bearb. gr. 8. (XV, 375 S.) Wiesbaden 879. Limbarth. n. 8. —

Roth, F. W. E., Geschichte und Beschreibung der königl. Landesbibliothek in Wiesbaden. Nebst einer Geschichte der Klosterbibliotheken Nassau's. gr. 8. (31 S.) Frankfurt a. M. 886, Reitz und Köhler. * 1 20

Roth, F. W. E., Geschichte u. Bibliographie d. Buchdruckereien zu Speyer im XV. u. XVI. Jahrh. [Aus: „Mitteilgn. d. histor. Vereines d. Pfalz".] 1. u. 2. Hälfte. gr. 8. (80 u. 112 S.) Speier 894. 95. (Jäger.) à n. 1. 50

Roth, F. W. E., Geschichte und historische Topographie der Stadt Wiesbaden im Mittelalter und der Neuzeit. gr. 8. (XVI, 674 S.) Wiesbaden 883, Limbarth. *

— Geschichte d. Verlagsgeschäfte, d. Buchdruckereien, sowie d. Buchhandels zu Speier im XVII. Jahrh. bis zur Zerstörg. d. Stadt Speier 1689. Nebst Bibliographie d. Druckwerke dieses Zeitraumes. Im Auftr. d. histor. Vereines der Pfalz hrsg. [Aus: „Mitteilgn. d. histor. Vereines der Pfalz".] gr. 8. (85 S.) Ebd. 896. n.n. 1. 50

—— **Geschichtsquellen aus Nassau. Die Geschichtsquellen des Niederrheingau's. 4 Thle. gr. 8. Ebendas.** *

Inhalt:
Thl. 1. Regesten zur Geschichte des Niederrheingau's. (XXIII, 544 S.) 880. Einzelpr. *ℳ 15.
" 2. Niederrheingauer Urkunden. (336 S.) 880. Einzelpr. *ℳ 10.
" 3. Sonstige Geschichtsquellen des Niederrheingau's. (XXIV, 465 S.) 880. Einzelpr. *ℳ 12.
" 4. Register zum 1.—3. Thle. und Nachträge. (228 S.) 884. Einzelpr. *ℳ 12.

Roth, F. W. E., Geschlechtstafel der Herren und Grafen von und zu Eltz. 2 Tfln. Mainz 1890. gr. fol. Nur in 20 Exemplaren gedruckt.

— lateinische Hymnen des Mittelalters. Als Nachtrag zu den Hymnensammlgn. von Daniel, Mone, Vilmar u. G. Morel aus Handschriften u. Incunabeln hrsg. Nebst Beschreibung der benützten Handschriften u. Drucke u. alphabet. Register d. Liederanfänge. gr. 8. (X, 165 S.) Augsburg 888. Schmid's Verl. n. 4. —

Roth, F. W. E., Jakob Theodor v. Bergzabern, sowie Volkslieder auf die Pfalzgrafen Wolfgang Wilhelm u. Friedrich V. gr. 8. (30 S. m. 1 Bildnis.) Speier 898. (Jäger.) n. — 75
Sonderabdruck aus: „Mitteilgn. d. hist. Vereines d. Pfalz".

[F.] Culturbilder aus der Geschichte des Rheingaues. Nach meist ungedr. Quellen bearb. v. F. W[ilh.] E. Roth, Archivar a. D. ... *Rüdesheim a. Rh.: Fischer & Metz* 1895. (2 Bl., 84 S.) 1 Bd 4.

—— **Nassau's Kunden und Sagen, aus dem Munde des Volkes, der Chronik und deutscher Dichter. Gesammelt und kritisch beleuchtet. 3 Thle. 8. (VII, 239; IV, 176; IV, 224 S.) Ebendas. 879.** *

—— **Nassau's Kunden und Sagen, aus dem Munde des Volkes, der Chronik und deutscher Dichter. Gesammelt und kritisch beleuchtet. 2. Aufl. 3 Bde. 8. (VIII, 239; IV, 176; IV, 224 S.) Ebendas. 881.** *
geb. in 1 Bd. *

— die Lieder u. die unbekannte Sprache der heil. Hildegardis. Aus der Wiesbadener Hildegardishandschrift hrsg. [Aus: „Geschichtsquellen aus Nassau".] gr. 8. (33 S.) Ebend. 880. n. 1. —

Roth, F. W. E., die Mainzer Buchdruckerfamilie Schöffer während d. XVI. Jahrh. u. deren Erzeugnisse zu Mainz, Worms, Strassburg u. Venedig, s.: Centralblatt f. Bibliothekswesen.

Roth, F. W. E., Sozialismus u. Literatur vor Ausbruch der großen Revolution, s. Jugend- u. Volksbibliothek, geschichtliche. 34. Bd.

Roth, F. W. E, Sozialismus u. Literatur vor Ausbruch der grossen französischen Revolution. (VIII, 121 S. m. 16 Abbildgn.) 8. Regensburg, Verlagsanstalt vorm. G. J. Manz. 1910. 1. 20; geb. in Leinw. 1. 70.

—— **die Visionen und Briefe der heil. Elisabeth und die Schriften der Aebte Ekbert und Emecho von Schönau. Nach den Orig.-Handschriften hrsg. Mit histor. Abriss des Lebens der hl. Elisabeth, der Aebte Ekbert und Emecho von Schönau. Ein Beitrag zur Mystik und Kirchengeschichte. 2. Aufl. gr. 8. (CXXVIII, 423 S. mit 1 Stnt.) Brünn 886. (Würzburg, Woerl.)** * 8 —

—— **die Visionen der heil. Elisabeth und die Schriften der Aebte Ekbert und Emecho von Schönau. Nach den Orig.-Handschriften hrsg. Mit histor. Abriss des Lebens der heil. Elisabeth, der Aebte Ekbert und Emecho von Schönau. Ein Beitrag zur Mystik und Kirchengeschichte. gr. 8. (CXXVIII, 414 S. mit 1 Stnt.) Brünn 884. (Wien, Frick.)** **

— die Visionen der hl. Elisabeth u. die Schriften der Aebte Ekbert u. Emecho v. Schönau. Nach den Orig.-Handschriften hrsg. Mit histor. Abriss d. Lebens der hl. Elisabeth, der Aebte Ekbert u. Emecho v. Schönau. Ein Beitrag zur Mystik u. Kirchengeschichte. 2. Aufl. gr. 8. (CXXVIII, 423 S. m. 1 Steintaf.) Brünn 886. (Würzburg, Woerl.) n. 8. —

Roth, Ferdinand, s.a. Roth, Karl Johann Friedrich von

ROTH, Ferdinand: Forst- und Jagdrecht und Forstverwaltung. Nach den freien Vorträgen des Herrn Oberforstraths Bajer im Winter- und Sommersemester 1834/35 gehalten an der Forstschule zu Carlsruhe. - Carlsruhe 1835. 44 S. (Hdschr.)

Roth, Fr., s.a. Roth, Karl Johann Friedrich von

Roth, Fr., die prakt. Bienenzucht oder leicht faßliche Anleitung, wie man auf die neueste, einfachste u. vortheilhafteste Weise die Bienenzucht betreiben soll. Unter Berücksichtigung der Dzierzon'schen u. anderen Methoden. Nebst einem Bienen-Kalender u. verschied. nützl. Mitteln u. Anweisungen für Bienenzüchter. Berlin 866. Mode's Verl. 8. (142 S.) 15 ngr.

Roth, Fr., die praktische Bienenzucht oder leicht faßliche Anweisung wie man auf die neueste, einfachste und vortheilhafteste Weise die Bienenzucht betreiben soll. Unter Berücksicht. der Dzierzonschen und anderer Methoden. Nebst einem Bienen-Kalender und verschiedenen nützl. Mitteln und Anweisungen für Bienenzüchter. 2. und 3. Aufl. (142 S.) 1874,77; 4.—6. verb. und verm. Aufl. 8. (147 S.) Berlin 879—83, Mode's Verlag. 1 50

Roth, Fr., praktische Bienenzucht, od. leichtfaßl. Anweisg., wie man auf die neueste, einfachste u. vortheilhafteste Weise die Bienenzucht betreiben soll. Unter Berücksicht. der Dzierzon'schen u. anderer Methoden. Nebst e. Bienen-Kalender u. verschiedenen nützl. Mitteln u. Anweisgn. f. Bienenzüchter. 9., verb. u. verm. Aufl. 8. (147 S.) Berlin 890. Mode's Verl. 1. 50

Roth, Fr. Zur Lehre von der oratio obliqua bei Thucydides. I. Teil. 36 S. 8. *Progr.* *Kaiserslautern* 1884.

—— die vollständige Obstbaumzucht in gedrängter Darstellung. Eine gründl. und leicht faßl. Anleitung zur vortheilhaften Betreibung der Obstbaumzucht, nebst Angabe der Obstbaumkrankheiten, der Mittel zur Heilung derselben und zur Vertilgung der den Obstbäumen schädl. Thiere und Einflüsse. 8. (IV und 138 S.) Berlin 866, Mode's Verlag.

Roth, Fr. August

Roth, F. A., General-Jauner-Liste. Fol. Frankf. Gebhardt 800.

Roth, F. A.: Generalgaunerliste, od. alphab. Ausz. aus mehrenth. im Drucke, th. geschrieben erschien. Listen üb. d. in Schwaben u. angränz. Länd. zu deren Nachtheil noch herumschwärmend. Gauner, Zigeuner, Mörder, Kirch-, Markt-, Tag- u. Nachtdiebe, Falschmünzer, falsche Collektanten, Falschspieler, andere Erzbetrüger und sonst. liederl. Gesindel; nebst e. Anh. üb. die hie und da schon justificirte, in Gefängnissen u. Zuchthäusern gestorben., unter d. Bande selbst ermordete und natürlich. Todes gestorbene Gauner u. s. w. *Karlsr.*, Macklot. 800. fol. (19 Gr.)

Roth, Fr. J. B., der neue Konstitutions-Stein Bayerns, e. dichter. Versuch zur Verherrlich. d. 15. Aug. als d. hohen Geburts- u. Namensfestes Sr. Kgl. Maj. Ludwig I. 2., revid. Aufl. m. 1 lith. Lösung. gr. 4. (1¼ B.) München 830, [Jaquet.]

Roth, Frz., Antwort auf die Erwiederung des Herrn Domvicars u. geistl. Rathes W. Molitor zu Speyer Betreffs der Sententia ex informata conscientia im Strafverfahren gegen Kleriker. Landau 856. Kaußler. gr. 8. (42 S.) 5 ngr.

Roth, Frz., der praktische Baumeister. Techn. Hilfsbuch für angehende und bereits geprüfte Baumeister. gr. 8. (VII, 135 S. mit 104 eingedr. Abbild. und 2 Tab.) Wien 881, [Lehmann und Wentzel.] Spielhagen und Schurich. * 4 —

Roth, Frz., der praktische Baumeister. Technisches Hilfsbuch für angehende und bereits geprüfte Baumeister. 2. verm. und verb. Aufl. 8. (IV, 212 S. mit zahlreichen Abbild.) Wien 888, Spielhagen und Schurich. *M 4.—; geb. * 4 50

Roth, Franz, Der praktische Baumeister. Technisches Hilfsbuch für angehende und geprüfte Baumeister. 3. vermehrte und verbesserte Auflage. Mit zahlreichen Abbildungen. 8. (VII, 238 S.) Ebd. 1895.

Roth, F., s. Bibliothek des litterarischen Vereins in Stuttgart XLIV.

Roth, Franz, a. Münstereifel: Die Fortpflanzungsverhältnisse bei der Gattung Rumex. Mit 1 Taf. Bonn 1907: C. Georgi. (S. 327—360.) 8° ¶(Aus: Verhandlungen d. Naturh. Vereins Jahrg. 63, 1906.)
Bonn, Phil. Fak., Ref. Strasburger, Diss. v. 12. Juni 1907
[Geb. 22. Juni 07 Münstereifel; Wohnort: Münstereifel; Staatsangeb.: Preußen; Vorbildung: Gymn. Münstereifel Reife O. 01; Studium: Bonn 3, Freiburg i. B. 2, Bonn 8 S.; Rig. 20. Febr. 07.]

Roth, Frz., Gebetbuch f. Soldaten. 2. Aufl. 16. (7 B.) Landau 845, (Kaußler.) *

— s. Konrad v. Würzburg, dër Wërlte lôn.

Roth, Frz., Konrad von Würzburg, der Schwanenritter, s. Konrad von Würzburg.

— über die Sententia ex informata conscientia im Strafverfahren gegen Kleriker. Landau 856. Kauler. gr. 8. (32 S.) 5 ngr.

—— über die Sententia ex informata conscientia im Strafverfahren gegen Kleriker. gr. 8. (32 S.) Landau 856, Kaußler. *

Roth, Franz. Über Tropëine und Glycoline. Kiel 1883.

ROTH, FRANZ. Ueber Tropëine und Glycoline. Kiel, 1888.

— — s.a. Roth, C.F.

Roth, Frz. Ant, aus d. Tagebuche e. freiwill. Unteroffiziers d. 5. bad. Infanterie-Regts. im Feldzuge 1870/71, s.a. Badener im Feldzug 1870/71, Bd. 7.

[F.] Aus dem Tagebuche eines freiwilligen Unteroffiziers des 5. bad. Infanterie-Regiments im Feldzuge 1870/71. Von Franz Anton Roth, Hauptlehrer ... *Karlsruhe: J. J. Reiff 1895.* (VIII, 200 S., 1 Bl., 1 Kt.) 1 Bd 8.
= Badener im Feldzug 1870 71. Bd 7. 96. 3

Roth, Franz Joseph

— s.: Aus dem Briefwechsel Gereon Sailers m. den Augsburger Bürgermeistern Georg Herwart u. Limpricht Hofer.

— F. J., Badische Landesbauordnung vom 1. IX. 1907, m. Erläuterungen u. Ergänzungsvorschriften hrsg. (XII, 336 u. 116 S.) 8. Karlsruhe, G. Braun'sche Hofbuchdr. 1907. Geb. in Leinw. 3. 60.

Roth, Frz. Jos., badische Landesbauordnung vom 1. IX. 1907, m. Erläutergn. u. Ergänzungsvorschriften hrsg. 2. verm. u. verb. Aufl. (XII, 619 S. m. 9 Fig.) 8. Karlsruhe 909. G. Braun'sche Hofbuchdr. Geb. in Leinw. 3. 80
1. Aufl. (XII, 336 u. 116 S.) 907. Geb. 3. 60

ROTH, Franz Xaver (Erkheim): De chlorosi.- Monachii: Giesser 1835. 16 S.
11.7.1835 - Urk; F 62
Diss. Ingolst.-Landsh.-Mchn.

Roth, Friedrich, s.a. Roth, Karl Johann Friedrich von

Roth, Friedr. (III.), Anleitung zur Pferdehaltung und Pferdezucht. Mit besond. Berücksicht. der Hufpflege und des Hufbeschlags. Ein Leitfaden für jeden Pferdebesitzer. 8. (IV, 149 S. mit vielen Abbild.) Regensburg 888, Coppenrath's Verlag. * 2 —

v. Roth, (Friedr.), Auswahl mündlicher u. schriftlicher Aeußerungen in der ersten Kammer der bayerischen Ständeversammlung 1828 bis 1847. 8. (VIII u. 184 S.) München 852, Franz. 26 ngl

Roth, Friedrich [aus Appenheim (Rhein-Hessen)]: Ueber die Behandlung der Scabies mit Oxynaphtoësäure. . . . Würzburg, Druck d. Ferdinand Röhrl'schen Buchdr., 1889; 23 + 1 S. 8°
Würzburg, Med. Fak., Inaug.-Diss. v. 1889

Roth, Friedrich: Beiträge zur Stereometrie. Buxtehude, Druck v. J. Vetterli (1890); 26 S., 1 Bl., 5 Taf. 4°
Buxtehude, RPG, OP 1890 (324)

— s.: Ebran v. Wildenberg, des Ritters Hans, Chronik v. den Fürsten aus Bayern.

Roth, Frdr., d. Einfluß d. Humanismus u. d. Reformation auf d. gleichzeit. Erziehungs- u. Schulwesen bis in d. erst. Jahrzehnte nach Melanchthons Tod, s.a. Schriften d. Vereins f. Reformationsgeschichte Nr. 60.

[F.] Der Einfluss des Humanismus und der Reformation auf das gleichzeitige Erziehungs- und Schulwesen bis in d. ersten Jahrzehnte nach Melanchthons Tod. Von Friedrich Roth. *Halle: Ver. f. Reformationsgesch.; (Commr. M. Niemeyer) 1898.* (V, 106 S.) 1 Bd 8.
— Schriften d. Vereins f. Reformationsgeschichte. No 60. [98. 7209 Ha

Roth, Frdr., der Einfluss der Reibung auf die Ablenkung der Bewegungen längs der Erdoberfläche. gr. 8. (34 S.) Halle 886. Schmidt. n. — 80

Roth, Frdr., die Einführung der Reformation in Nürnberg 1517—1528. Nach den Quellen dargestellt. gr. 8. (IV, 271 S.) Würzburg 885. Stuber's Verl. n. 5. —

Roth, Friedrich: Weibliche Erziehung und weiblicher Unterricht im Zeitalter der Reformation ... (Theil e. gekr. Preisschr.) Leipzig, Druck v. F. Bär, 1893; 47 S., 1 Bl. 8.
Leipzig, Phil. Fak., Inaug.-Diss. v. [10. Okt.] 1893

Zur Geschichte des Reichstages zu Regensburg im Jahre 1541 von F[riedrich] Roth, Dr., Prof. in München. 1. Berlin: C. A. Schwetschke & Sohn 1905. 8°
— Archiv f. Reformationsgeschichte. Jg. 2, H. 3, [2.] [05. 9933 4

Roth, F., Leonhard Kaiser, e. evangel. Märtyrer aus dem Innviertel, s.a. Schriften des Vereins f. Reformationsgeschichte. Nr. 66.

Leonhard Kaiser, ein evangelischer Märtyrer aus dem Innviertel. Von Dr. F[riedrich] Roth. *Halle: Ver. f. Reformationsgesch. 1900.* (51 S.) 8° [F.]
— Schriften d. Vereins f. Reformationsgeschichte. No 66. [00. 11741 10

— zur Kirchengüterfrage in der Zeit von 1538—1540, s.a. Archiv f. Reformationsgeschichte. Nr. 4.

Zur Kirchengüterfrage in der Zeit von 1538–1540 von F[riedrich] Roth, Dr., Prof. Berlin: C. A. Schwetschke & Sohn 1904. (S. 299–336.) 8°
— Archiv f. Reformationsgeschichte. Jg. 1, H. 4. [1.] [05. 401 4

Zur Lehre von der Oratio obliqua bei Thucydides. I. Teil. — Von Friedrich Roth, Stdl. — 1884, Erlangen, Th. Jacob. — S. 3—36[8].
Progr. Kaiserslautern. K. Gymn.

Roth, Friedr.: Über die Möglichkeit einer Verschiedenheit der Erwärmung der nördlichen und südlichen Erdhälfte in Folge der Stellung der Erde im Weltraum. 24 S. 1 Taf.– Wolgast Wlh.-Sch., Progr. 1871.

ROTH, Friedrich (Dennenlohe): De prostatitidis chronicae pathologia. (Titel nach der Urkunde)
13.8.1840 - Urk; F 65
Diss. Ingolst.-Landsh.-Mchn.

Roth, F., Wilibald Pirkheimer, s.: Schriften d. Vereins f. Reformationsgeschichte.

Roth, Frdr., Augsburg's Reformationsgeschichte 1517—1527. Gekrönte Preisschrift. gr. 8. (257 S.) München 881. Th. Ackermann. n. 4. 80

Augsburgs Reformationsgeschichte. Von Friedrich Roth. Bd [1]–4. München: Ackermann 1901–11. 8°
[1.] 1517–1530. Gekr. Preisschr. 2. vollst. umgearb. Aufl. 1901. 2. 1531–1537 bezw. 1540. 1904. 3. 1539–1547 bezw. 1548. 1907. 4. 1547–1555. 1911. [11. 18436

Roth, Frdr., Augsburgs Reformationsgeschichte 1517—1530. Gekrönte Preisschrift. 2. vollst. umgearb. Aufl. gr. 8. (XVII, 381 S.) München 901. Th. Ackermann. n. 6. —

Roth, Frdr., Augsburgs Reformationsgeschichte. 2. Bd. 1531—1537 bezw. 1540. (VII, 494 S.) gr. 8. München 904. Th. Ackermann. n. 8. — (Vollst.: n. 14. —)

Roth, Frdr., Augsburgs Reformationsgeschichte. 3. (Schluß-) Bd. 1539—1547, bezw. 1548. (VIII, 564 S.) gr. 8. München 907. Th. Ackermann. 9. —
Bd. 1 u. 2. Ebd. 901.04. 14. —

Roth, Frdr., Sammlung von Prozent-Tabellen nach Reichsmark u. Pfennigen von 1% bis 199%. Zum Gebrauche bei Aufstellung der Gemeindesteuer-Rollen bearb. gr. 4. (199 S.) Düsseldorf 882. F. Bagel. n. 4. —

Roth, v., Sammlung etlicher Vorträge in öffentl. Sitzungen der k. Akademie der Wissenschaften zu München, in den J. 1812, 1814, 1817, 1822, 1825, 1827, 1830. 8. (270 S.) Frankfurt a. M. 851, Heyder und Zimmer. *

— Sammlung etlicher Vorträge in öffentlichen Sitzungen der k. Akademie d. Wissenschaften zu München, in den J. 1812, 1814, 1817, 1822, 1825, 1827, 1830. 8. (270 S.) Frankfurt a. M. 852, Heyder & Zimmer. n. 1 ₰

—— die Sonnenstrahlung auf der nördlichen im Vergleich mit derjenigen auf der südlichen Erdhälfte. Vortrag, geh. in der mathematisch-naturwissenschaftl. Sektion der Versammlung deutscher Philologen zu Dessau am 4. Oktbr. 1884. gr. 8. (18 S.) Ebendas. 885. * — 50

Roth, Friedr. Die Trägheitsbahn auf der Erdoberfläche. 26 S. u. 2 Taf. Progr. *Buxtehude* 1882.

Roth, Friedrich [aus Mainz]: Die Tuffe der Umgegend von Giessen ... Giessen, Brühl'sche Druckerei, 1892; 37 S., 1 Bl. 8.
Giessen, Phil. Fak., Inaug.-Diss. v. 1892

ROTH, Friedrich (Ansbach): Ueber Veitstanz und einige ihm verwandte Formen.- Ansbach: Brügel 1843. 47 S.
8.11.1841 - Urk (Titel: De chorea St. Viti.); F 65
Diss. Ingolst.-Landsh.-Mchn.

Die einfache und zusammengesetzte Zins- und Renten-Rechnung. Von Dr. Friedrich Roth, P. — 1855. Ebend. — S. 3—19.
Progr. Hof

ROTH, FRIEDRICH. Die Zusammendrückbarkeit der Gase. Leipzig, 1886.

Roth, Friedrich Karl. s. Roth. Karl

Roth, Friedrich Wilhelm. s. Roth, Johann Friedrich Wilhelm

Roth, G., Confirmationsrede, geh. am 2. Ostertage, April 14 1879, bei der Confirmation der Mädchen in der St. Lambertikirche zu Oldenburg. gr. 8. (8 S.) Oldenburg 879. Schulze. n.n. — 50

Roth's, G., Coursbuch und Jacob's Eisenbahnführer durch Oesterreich-Ungarn. Jahrg. 1881—1884. à Jahrg. 8 Nrn. 12. (à Nr. ca. 150 S. mit Karten.) Wien, Administration. à Nr. * 1 —

Roth's, G., Coursbuch. Uebersicht der Eisenbahn-, Dampfschiff- u. Post-Verbindungen. Mit 9 Detailkarten. Juli—Aug. 1881. 12. (XVI, 145 S.) Wien, Steckler in Comm. n. 1. —

Roth's Coursbuch u. Jacob's Eisenbahnführer durch Oesterreich-Ungarn. Mit d. Anschlüssen an d. Ausland. Nach offic. Quellen verfasst. 8. Wien, Administr. XXV. Jahrg. 1885. Heft 1. Jänner-Februar-Juni-Juli. (à XXXIII u. 322 S.) à 50 kr.

Roth's Coursbuch u. Jacob's Eisenbahnführer durch Oesterreich-Ungarn. Mit d. Anschl. an d. Ausland. Mit gr. chromo-lithogr. Eisenbahnkarte v. Oesterr.-Ungarn u. Routenkarte. 8. XXV. Jahrg. 1885 Heft 5. 15. Juli bis 31. August u. December bis Jänner. (XXX u. 334 S. u. XXXVIII u. 460 S.) Wien, Administration. à 50 kr.

Roth, G.. Die automatische Pistole (Muster II). Gr.-8°. (10 Tafeln) K 2.—
Wien: Seidel 1904.

Roth, G., quid probibeat Otto episc. Bamb., dum fustem ad sepulcra mortuorum poni vetat. Stad. 1719. 4.

Roth, G.: Die Unkräuter Deutschlands. s. Roth. Ernst

Roth, G., Vorschriften zum militär. Planzeichnen, mit erläut. Text. Mit Kpf. qu. Fol. Ulm, J. Ebner. 1 ℛ 4 gℛ

Flemming, Hugo: Festlied zum 70. Geburtstage des Br. [Hugo] Flemming. [Unterz.:] G. B. **Roth.** [Köln o. J.: Elkan.] 2 Bl. 8°. [Umschlagtit.]
Ohne Noten: „Der Jahre siebzig schau'n ihn festlich an" ...

Roth, G. C., de institutione catechetica concionibus praestantiore. Soltwed. 1731. 4.

Roth, Geo., kurzer Begriff d. Naturlehre aus d. neuesten Entdeckungen. 8. Görl. 785. (J. F. Korn in Bresl.) 4 gℛ

Roth, Georg [cand. med. aus Berlin]: Beiträge zur Aetiologie kalter Abscesse. . . . Wurzburg, A. Boegler'sche Buchdr., 1889; 22 S. 8°
Würzburg, Med. Fak., Inaug.-Diss. v. 1889

— d. seligmachenden Glaubens Beschaffenheit rc. 8. Leipzig. 713.

— compend. theologiae thetico-biblicae. 8. Frft. 717.

Roth, Geo., Erklär. d. Sonn- und Festtags-Episteln. 8. Lübben, Voß. 716.

Roth, Geo., die aussereuropäischen Laubmoose. Beschrieben u. gezeichnet. I. Bd. Andreaeaceae. Enth. die Andreaeaceae, Archidiaceae, Cleistocarpae u. Trematodonteae. (In 4 Lfgn.) 1. Lfg. (II, 96 S. m. 8 Taf.) Lex. 8. Dresden (910). C. Heinrich. 6. —

Die europäischen Laubmoose beschrieben und gezeichnet von Georg **Roth**, Rechn.R. i. P. Bd 1. 2. (In 12 Lfgen.) [Nebst] Nachtragsheft. Leipzig: W. Engelmann 1903–06. 3 Bde 8°
1. Kleistokarpische u. akrokarp. Moose bis zu d. Bryaceen. 19(03–)04.
2. Schluß d. akrokarpischen Moose u. pleurokarp. Moose. 19(04–)05.
Nachtragsheft = Die europäischen Torfmoose. 1906. [06. 7159

Roth, Geo., die europäischen Laubmoose. Beschrieben u. gezeichnet. 2 Bde. gr. 8. Leipzig, W. Engelmann. n. 44. —; geb. in Halbfrz. n. 50. —
I. Kleistokarpische u. akrokarp. Moose bis zu den Bryaceen. 5 Lfgn. (XIII, 598 S. m. 48 Taf.) 903. n. 20. —; geb. n. 23. —
II. Akrokarp. Moose u. pleurokarp. Moose. 6 Lfgn. (XVI, 733 S. m. 62 Taf.) 904. 905. n. 24. —; geb. n. 27. —

— Leben und Wandel in Christo. 8. Lübben, Voß. 715.

ROTH, Georg: Ueber das Sammeln der Grassamen in den Waldungen und das Verfälschen des Grassamens. - Stuttgart 1875. 32 S.

Die europäischen Torfmoose. Beschrieben u. gezeichnet von Georg **Roth**, Rechn.R. i. P. (Mit 11 Taf.) Leipzig: W. Engelmann 1906. (VIII, 80 S.) 8°
= **Roth**: Die europäischen Laubmoose. Nachtragsheft. [06. 7159

Roth, Geo. Barthel, dem Fürsten Bismarck. Deutschland, wach' auf! Ein Gedicht zum 1. Apr. 1893. 8. (6 S.) Leipzig 893. R. Werther. n. — 20

Roth, Geo. Barthel, Bismarck tot! Ein Gedicht. gr. 8. (3 S.) Köln 898. (Hübscher & Teufel.) n. — 20

— dem Fürsten Bismarck zu Weihnachten. Ein Gedicht. 2. Taus. gr. 8. (3 S.) Köln 892. (J. G. Schmitz.) n. — 20

Roth, Geo. Barthel, Bora. Eine Ballade zum Untergang der „Gneisenau". 4. (4 S.) Köln 901. J. G. Schmitz. — 30

Bora. Eine Ballade z. Untergang d. 'Gneisenau' von Georg Barthel Roth. *Köln: J. G. Schmitz 1901.* (4 Bl.) 8° [01. 467

— d. deutsche Kaisergedanke. E. ernstes Mahnwort an d. deutsche Volk z. 27. Jan. 1893. 1. Taus. gr. 8. (4 S.) Ebd. (893). n. — 25

— ein Kaiserwort. 8. (4 S.) Köln 893. A. Ahn. — 20

— Deutschlands Siegfeder. Eine vaterländ. Dichtg. 1.—3. Taus. gr. 8. (12 S.) Köln 895. J. G. Schmitz. n. — 50

— Deutschlands Siegschwert. Eine vaterländ. Dichtg. 1.—4. Aufl. Der 2. Aufl. unveränd. Abdr. 1.—7. Taus. gr. 8. (15 S.) Ebd. 892. 893. n. — 50

Georg Barthel Roth. Deutschlands Siegesschwert. Eine vaterländ. Dichtung. 4. Aufl. Der 2. Aufl. unveränd. Abdr. *Koln: J. G. Schmitz 1895.* (15 S.) 8° [Umschlagt.] [... 5

— Versöhnung. Eine Erinnerg. an d. 20. Jan. 1894. 8. (5 S.) Ebd. 894. — 20

— Vision auf dem Niederwald. Ein Gedicht zum 2. September. 8. Taus. gr. 8. (6 S.) Ebd. 893. n. — 20

— u. Uhlmann-Bixterheide unser Weg. Gedichte zweier Freunde. 8. (191 S.) Köln 896. J. G. Schmitz. Geb. in Leinw. n. 3. —

Roth, Geo. Fr. L., Anleit. zu e. vernünftigen u. christl. Kinderzucht. 8. Frankf. a. M. 775.

—die vorzügl. u. besten Beschäftigungen frommer Kinder, welche zur beständ. Treue in d. evangel. Religion Anleit. geben. 12. Offenb. 779. Brede. 3 gr

Roth, Geo. Fr. H., Betrachtt. üb. den ächten Geist d. evangel. Kirche u. Ermunterungen, welche wir uns daraus nehmen sollen. 8. Ansb. 819. Gassert. 2 gr

—mit welchen Gesinnungen haben wir d. Eintritt in ein neues Jahrhundert unserer Kirche zu feiern? gr. 8. Ansb. 810. Gassert. 2 gr

—zwei Reformationspredigten am 31. Oct. u. 2. Nov. 1817. gr. 8. Ansb. 817. Gassert. 4 gr

—über die Schläfrigkeit beim öffentl. Gottesdienst. 8. Frankf. a. M. 785.

Roth, Georg Christoph (Weissenburg) A. S. 380/3

Dissertatio inauguralis iuridica de successione coniugum Weissenburgo-Nordgavensium.
Altdorf (Meyer) 22. VI. 1767. 48 S. 29315

Roth, Georg Gustav, approb. Arzt aus Hanau am M.: Aus d. med. Universitäts-Poliklinik zu Marburg. Ueber die subjektiven **Beschwerden** im Beginn der **Phthise**. *Marburg 1903: Köster & Schell.* (24 S.) 8°
Marburg, Med. Diss. v. 21. Dez. 1903

Roth, Georg Leonhard (Weißenburg) Erlg. Med. 1779, 4

Dissertatio inauguralis medica de difficili in observationes anatomicas epicrisi. Commentatio VI. Präs. Jakob Friedrich Isenflamm.
Erlangen (Kunstmann) 25. IX. 1779. 42 S.

Gew.: Stadt Weißenburg.
W. v.: Präs. 29316

Roth, Georg Michael

—Anfangsgründe der deutschen Orthographie. 8. Gießen 803. Heyer. 5 gr (Als Anh. zur deutschen Sprachlehre).

—Anfangsgründe der deutschen Sprachlehre, vorzügl. zum Gebrauch f. Schulen. 8. Gießen 801. 2e A. 814. 3e verm. A. 825. Heyer. 1 rthlr

Roth, G. M., Anfangsgründe d. deutschen Sprachlehre u. Orthographie, vorzügl. zum Gebrauch in Schulen. 2te verbess. Aufl. 8. Gießen, Heyer. 814.

— Anhang hierzu, s. Grotefend, Prosodie.

Roth, (G. M.,) Anfangsgründe der deutschen Sprachlehre u. Orthographie, vorzügl. zum Gebrauch in Schulen, herausgeg. von Fr. Schmitthenner. 3e Aufl. gr. 8. Gießen 825, Heyer.

Roth, Geo. Mch., († d. 5. Jan. 1817.) Antihermes, od. philosoph. Untersuchung üb. den reinen Begriff d. menschl. Sprache u. der allgem. Sprachlehre. 8. Marb. 795. Krieger. 8 gr

—Bruchstücke aus der allgem. Theorie des Unterrichts, besond. des Sprachunterrichts. 8. Wetzlar 799. (Fr. Fleischer in Leipz.) 3 gr

—Grundriß d. reinen allgem. Sprachlehre, zum Gebrauch für Akademien rc. 8. Frankf. a. M. 815. Andreä. 9 gr

— Grundriß der reinen allgem. Sprachlehre. Frankf. 816. 8. 9 gr.

Roth, Ge. M.: Diss. nonn. observv. in tit. 6. lib. XXII. D. de juris et facti ignorantia exhib. *Gies.* 804. 4.

— systematisch deutsche Sprachlehre. 8. Ebend. 799.

—systemat. deutsche Sprachlehre f. Schulen. 8. Gießen 798. Heyer. 1 rthlr

—üb. die bisherige Unmöglichkeit einer Philosophie des Bildes, der Musik u. Sprache. 8. Götting. 796. Dieterich. 5 gr

Roth, Gottfried: Anleitung zur Chymie. 228 S., gbd.

Leipzig: Eyssel 1717

JB 264

Roth, Gf., Anleit. zur Chemie, mit Anhang. 8. Leipz. 751. (W. Nauck). 8 gr

Roth, Gottfried: Gründliche Anleitung zur Chymie. 6.Aufl., herausgeg.von Samuel Theodor Quelmaltz. 269 S., gbd.

Leipzig: Schönermarck 1745

JB 265

ROTH, GOTTFRIED.
Gründliche Anleitung zur Chymiæ. Vierte Auflage. Frankfurt und Leipzig, 1750. 8vo.

Roth, Gottfried (Görlitz) A. S. 1164/13

Exercitatio academica de frictione. Präs. Christian Michael Adolphi.
Leipzig (Titius) 24. III. 1707. 32 S. 29317

Roth, Gottfried, approb. Arzt aus Bamberg: **Ueber acutes Hautoedem.** *Bamberg (1902): Handels-Druckerei.* (22 S.) 8°
Erlangen, Med. Diss. v. [5. Juli] 1902

Roth, Gottfried (Görlitz) A. S. 757/32

Dissertatio medico-chymica inauguralis de salibus metallicis. Präs. Georg Ernst Stahl.
Halle (Henckel) VI. 1708 28 S. 29318

Roth, Gottfried Christian, GOTTFR. CHRIST. ROTHII // DE // IMAGUNCULIS // GERMANORUM // MAGICIS, // QUAS // ALRUNAS // VOCANT, // COMMENTATIO // HISTORICO-ANTIQUARIA, // FEMINARUM APUD GERMANOS // VETERES SACRARUM // INSTITUTA ET CULTUM RELIGIOSUM // SIMUL EXPLICANS. // HELMSTADII, // APUD CHRIST. FRID. WEYGANDUM. // CIↃ IↃ CC XXXVII. - 3 Blatt (nicht paginiert) Titelblatt, Widmung und Synopsis. - 74 S.
B. S. T. 8°.603/1.

GOTTFR. CHRIST. ROTHII // DE // NOMINIBUS // VOCABULISQUE, // QUIBUS // MEDICOS // EORUMQUE ARTEM ADPELLA- //RUNT VETERES GERMANI // DISQUISITIO // PHILOLOGICO-ANTIQUARIA, // OBSERVATIONIBUS VARIIS, // MAIORUM NOSTRORUM MORES AC REM // MEDICAM ILLUSTRANTIBUS // INSTRUCTA. // HELMSTADII, // IMPENSIS // CHRIST. FRID. WEYGANDI. // CIↃ IↃ CC XXXV. - 7 Blatt (nicht paginiert) Titelblatt, Widmung und Vorrede. - 161 S.
B. S. T. 8°.603/2.

Roth, Gottfried Christian, Commentatio // de // ratione ac caussis negle- //ctius tractatae // veteribus Germanis // juris prudentiae, // ad - - - - - Franciscum // Ludovicum, // - - - comitem // de Oettingen, // - - - - - quum in Academia Julia // summis in utroque jure honoribus, // - - - - - eleganter doctam de fideicommissis illustribus// dissertationem publici juris faceret, // gratulabundo, eoque submisso animo scripta // a // Gottfrido Christiano Roth, // Palaeo-Marchico. // Solt-quellae, typis Jo. Heinr. Helleri a. CIↃ IↃ CCXXXIV. - 4 Blatt (nicht paginiert) Titelblatt und Widmung. - 44 S.
B. S. T. 4°.116.

Roth, Gotthold

Roth, G., zwei Ansprachen, geh. am Weihnachtsabend u. am Sylvesterabend 1897 in der Lambertikirche zu Oldenburg. gr. 8. (14 S.) Oldenburg 898. Eschen & Fasting. — 30

Roth, G., nohch'm Feierohmd. Lustige Greizer Geschichten. Gesammelt u. in Greizer Mundart bearb. 12. (VI, 88 S.) Greiz (Heynestr. 18) (901). Lehrer G. Roth. n. 1. —; geb. in Leinw. n. 1. 50

Nohch'n Feierohmd. Von G[otthold] **Roth**. 2. Aufl. *Greiz: Selbstverl. (1902).* (VIII, 88 S.) 8° [F.]
= **Roth**: Lustige Geschichten in vogtländ. Mundart. [Bdch. 1.] [04. 16833

Lustige Geschichten in vogtländischer ⟨Greizer⟩ Mundart von G[otthold] **Roth**. [Bdch. 1.] *Greiz: Selbstverl. (1902).* 8° [F.] [04. 16830

— Greiz vor 100 Jahren. (Der Greizer Brand v. 1802. — Greiz vor dem Brande.) 12. (28 S. m. 2 Abbildgn.) Ebd. (901). n. — 40

— je lenger, je liewer. Heitere Erzählgn. u. Gedichte in vogtländ. Mundart. 12. (VIII, 88 S.) Ebd. (901). n. 1. —; geb. in Leinw. n. 1. 50

Je leuger, je liewer. Heitere Erzählungen u. Gedichte in vogtländ. Mundart. Von G(otthold) **Roth**. 3. Aufl. *Greiz: Selbstverl. [um 1903].* (VIII, 88 S.) 8° [F.]
= [**Roth**: Lustige Geschichten in vogtländ. Mundart. Bdch. 2.] [04. 16834

Werzkärnle. ⟨Würzkörnchen.⟩ Von G(otthold) **Roth**. *Greiz: Selbstverl.; H. Bredts Nachf. in Komm. (1904).* (VIII, 88 S.) 8° [F.]
= **Roth**: Lustige Geschichten in vogtländ. Mundart. Bdch. 3. [04. 16835

An der Säule J . . . Fest-Arbeit bei dem 25 jähr. Mrr - Jubiläum des Br. W[ilh.] Th[eod.] Israel am 28. Oct. 1881 von H. **Roth.** o. O. 1881. 11 S. 8°
Tt. 2180. **Thema**: Der Herr wird dich aufrichten, wenn du dich demütigst unter seine gewaltige Hand u. wenn du aufwärts strebst.

Roth, Hans, Einjährigen-Erinnerungen. (126 S.) gr. 8. Dresden (907). W. Baensch. 1.50; geb. 2. —

Roth, Hans [Volontärarzt d. Kreisirrenanst. Erlangen]: Ein Fall von Leukämie ... Reutlingen, Druck v. W. Gast, 1893; 50 S. 8.
München, Med. Fak., Inaug.-Diss. v. 1893

Roth, Hans, Referendar: Die natürlichen Verbindlichkeiten im Bürgerlichen Gesetzbuche. Borna-Leipzig 1910: Noske. VIII, 70 S. 8°
Jena, Jur. Diss. v. 25. Jan. 1910, Ref. Thon
[Geb. 12. Jan. 86 Alsleben; Wohnort: Freyburg a. U.; Staatsangeh.: Preußen; Vorbildung: Gymn. Aschersleben Reife O. 05; Studium: Jena 6 S.; Rig. 7. Dez. 09.] [U 10. 2265

Roth, Hans, Referendar aus Zwickau: **Das Verhältnis der Erpressung zu Nötigung und Raub im Reichsstrafgesetzbuche.** *Erlangen 1899: (C. A. Günther Nachf., Zwickau i. S.).* (56 S.) 8°
Erlangen, Jur. Diss. v. 16. Mai 1899

Roth, H(einr.), die Bedeutung des kalten Schwefelwassers zu Bad-Weilbach in Unterleibskrankheiten, in Brust- und Halsleiden, geschildert nach den Ergebnissen des Sommers 1853, nebst Darstellung der Veränderungen, welche die Leber unter dem Gebrauche dieses Mineralwassers jeder Zeit erfährt, als ein neuer Beitrag seiner Wirkungsweise. gr. 8. (127 S.) Wiesbaden 854, Roth. Thlr. *

Roth, Heinr., Betrachtungen über den gesellschaftl. Zustand der europ. Türkei. Nach dem Franz. des älteren Blanqui. gr. 8. (6½ B.) Sudenburg-Magdeburg 846, [Schönebeck,] Koch.

Roth, Heinrich, a. Kandel ⟨Rheinpfalz⟩: [1.] Über Chloromethylmorphimethin. [2.] Umwandlung des α-Methylmorphimethins in β-Methylmorphimethin. (Berlin 1906: G. Schade.) (35 S.) 8°
Berlin, Phil. Fak., Ref. Fischer, Diss. v. 3. Febr. 1906
[Geb. 19. Okt. 78 Kandel; Wohnort: Danzig; Staatsangeh.: Bayern; Vorbildung: Gymn. Mannheim Reife Juli 98; Studium: Karlsruhe T.H. 6, Berlin 7 S.; Rig. 29. Jan. 06.]

Roth, H., Clima, Mineralquellen u. Winteraufenthalt zu Wiesbaden. Eine gemeinfassl. Darstellung dieses Kurortes in medicin. Hinsicht. Mainz. 867. (v. Zabern.) gr. 8. (60 S.) n. 10 *ngr.*

Roth, H., die warmen Kochsalzquellen zu Wiesbaden. Nach eigenen Beobachtungen geschildert. gr. 8. (VI und 206 S.) Wiesbaden 857, [Jurany und Hensel.] *

— die warmen Kochsalzquellen zu Wiesbaden. Nach eigenen Beobachtungen geschildert. Wiesbaden 857. Kreidel'sche Buchhdlg. 8. (3 Bl., 206 S.) n. 25 *ngr.*

Roth, H., das warme Kochsalzwasser zu Wiesbaden nach seiner Wirkung in Krankheiten geschildert. 2., durchaus umgearb. Aufl. Mainz 862. v. Zabern. gr. 8. (VIII, 265 S.) n. 16 *ngr.*

Roth, H., die Mineralquellen zu Wiesbaden, geschildert nach ihrer Wirkung in Krankheiten nebst einer Anleitung zu ihrem Gebrauche. 4. umgearb. Aufl. gr. 8. (VIII. 165 S.) Mainz 869, v. Zabern. *

Roth, Heinr., das kalte Schwefelwasser zu Bad-Weilbach im Herzogth. Nassau, nach eigenen Beobachtungen in medic. Hinsicht dargestellt. gr. 8. (VIII und 145 S. mit 1 Stnt.) Mainz 847, v. Zabern.

— die drei Stahlquellen zu Schwalbach, nach ihrer Verschiedenheit und Wirksamkeit; nebst kurzem Bericht über den Werth des versendeten Wassers nach Einführung der neuen Füllungsmethode. gr. 8. (VI und 90 S. mit 1 Stahlst.) Wiesbaden 856, Roth. *

Roth. Heinr., Bünger's Unterbindung beider Carotides communes bei Angioma arteriale racemosum [aneurysma cirsoideum] am Kopf. Ein Beitrag zur Lehre v. den Gefässgeschwülsten. Mit 4 (lith.) Taf. Fol. (30 S.) Frankfurt a. M 873. Winter. n. 6. —

— Bad Weilbach und sein kaltes Schwefelwasser. Wiesbaden 855. Roth. gr. 8. (34 S. u. 1 Kpfrst.) n. 5 *ngr.*

— Wiesbade, ses eaux thermales salines au point de vue médical. Traduit par J. P. Magnin. Ebend. 870. gr. 8. (VIII, 167 S.) n. 24 *ngr.*

Roth, Heinrich Balthasar [Praes.], s. Pfeiffer, Johann Abraham: Cautionem de non offendendo, Germanis: Von rechtlicher Versicherung, daß der Drohende das Gedrohete nicht ausführen dörffe.

Rothius, Henr. Balth.: Commentatio de remedio revisorio adversus sententias camerae imperialis. Ed. nova. Lipsiae 1755.

Roth, Heinrich Balthasar [Praes.], s. Storck, Heinrich: De commerciis institoriis, Von Factorey oder Commission=Handlungen.

Roth, Heinrich Balthasar [Praes.], s. Wolf, Gottfried: De sumtibus convivii nuptialis, Von Hochzeit= und Beylager=Kosten.

Roth, Herm., Gedanken zur vielumstrittenen Frage der Schulreform. Neuwied u. Leipzig 1909. 8°.

Roth, Herm., Gedanken zur vielumstrittenen Frage der Schnlreform. (16 S.) gr. 8. Neuwied 909. Heuser's Verl. — 50

Roth, Hermann: Katalog (III. IV. Teil) der Lehrer-Bibliothek des evang. Gymnasiums A. B. in Medgyes (Mediasch). S. 237—310, 311—351, 1 S. ungez. 8.
Progr. Ev. Gymn. A. B. *Medgyes* (*Mediasch*) 1904. 1905.

Roth, Herm., **Bad Kissingen. Praktischer Führer durch die Bäderstadt, ihre nähere u. weitere Umgebg. Mit Plan der Stadt u. Karte der Umgegend. 12. (84 S. m. Titelbild.) Kissingen (901). F. Weinberger. n. — 50**

Roth, Herm., im Paſſions=Theater. Ein Führer durchs Paſſionsſpiel. 8. (57 S.) München 890. Literar. Inſtitut v. Dr. M. Huttler. n. — 50

Roth, Hermann — Drei Predigten von — —. Brünn, 1856. Druck von Karl Winiker. (32 S. 8)

Roth, Herm., חר המריח Jüdiſche Predigten. Deſſau 858. (Leipzig, Hübner.) gr. 8. (3 Bl., 194 S.) 20 *ngr.*

Roth, Hieronymus Ritter von

Roth, H. Achtzig Tage in preuß. Gefangenschaft und die Schlacht bei Trautenau. 2. Aufl. Prag 1867. 8°. (1. Aufl. 1866.)

Roth, Hieron. Ritter v., 80 Tage in preußiſcher Gefangenſchaft u. die Schlacht bei Trautenau am 27. Juni 1866. 1—3. Aufl. Prag 867,68. **Bellmann's Verl.** gr. 8. (48 S.) 7½ *ngr.*

Roth, Hieronymus Ritter v., achtzig Tage in preußiſcher Gefangenſchaft u. das Treffen bei Trautenau am 27. Juni 1866. gr. 8. (55 S.) Trautenau 884. Kreiml. n. 1. 20

Roth, Hieron. Ritter v., 80 Tage in preußiſcher Gefangenſchaft u. d. Treffen bei Trautenau am 27. Juni 1866. Neue Aufl. 8. (61 S.) Trautenau 895. G. Lorenz. n. 1. —

Roth, Hugo [aus Döbeln]: **Ueber den Einfluss des Zuckerrübenbaues auf die Höhe der landwirtschaftlichen Kapitalien,** bes. im Königr. Sachsen ... Leipzig-Reudnitz, **Druck** v. O. Schmidt, 1892; 42 S., 1 Bl. 8.
Leipzig, Phil. Fak., Inaug.-Diss. v. [13. Juli] 1892

Roth, J., s.a. R o t h , Johann Wenzel

Roth, J., das einstige bischöfliche Städtchen Dambach in der Revolutionszeit, **s.a. Bausteine zur elsass-lothring.** Geschichts- u. Landeskunde. 8.

Das einstige bischöfliche Städtchen Dambach in der Revolutionszeit. Ein Beitrag z. elsäss. Revolutionschronik von **J. Roth,** Hauptlehrer. Zabern: A. Fuchs 1907. (80 S.) 8°
= **Bausteine** z. Elsass-Lothr. Geschichte u. Landeskunde. H. 8. (07. 1443)

Roth, J., Geſchichtsbilder m. beſond. Berückſicht. der Geſchichte v. Elſaß=Lothringen. Mit e. Zeittaf. u. e. Anh. v. 24 vaterländ. Gedichten. 3., verm. Aufl. 8. (IV, 96 S. m. Abbildgn.) Zabern 894. H. Fuchs. n. — 50; geb. n. — 70

— **daſſelbe. 2., verb. u. verm. Aufl. 8. (IV, 88 S.) Ebd. 893. n. — 50**

Roth, J., Geſchichtsbilder m. beſond. Berückſicht. der Geſchichte von Elſaß=Lothringen. Mit e. Zeit=Tafel u. e. Anh. v. 24 vaterländ. Gedichten. 5. Aufl. gr. 8. (102 S. m. Abbildgn.) Zabern 899. A. Fuchs. n. — 50

Roth, J., Geſchichtsbilder m. beſond. Berückſicht. der Geſchichte v. Elſaß=Lothringen. Mit e. Zeit=Taf. u. e. Anh. v. 37 vaterländ. Gedichten. 7., erweit. Aufl. (140 S. m. Abbildgn.) 8. Zabern 906. A. Fuchs. n. — 60

— Geſchichtsbilder m. beſond. Berückſicht. der Geſchichte v. Elſaß=Lothringen. 8. Aufl. (144 S. m. 65 Abb.) 8. Zabern 909. A. Fuchs. nn — 70; geb. nn — 90

Roth, J., die Kugelformen im Mineralreiche u. deren Einfluss auf die Absonderungsgestalten der Gesteine. Ein Beitrag zur geognost. Formenlehre mit Rücksicht auf Landschaftsmalerei. Roy.-4. (5 B. u. 8 Stnt.) Dresden u. Leipzig 844, Arnoldische Buchh. *

Roth, J., 12 zweiſtimmige Lieder f. Schule u. Haus. op. 15. Ergänzungsheft zu jeder Liederſammlg. 8. (16 S.) Nürnberg 901. F. Korn. n. — 20

Roth, J., u. A. Berg, Singübungen u. Lieder f. die 5., 6. u. 7. Klaſſe der pfälziſchen Volksſchulen (nach den Beſtimmungen der Lehrordnung der Pfalz vom J. 1906) ſowie f. die Unterklaſſen der Mittelſchulen. (62 S.) 8. Ludwigshafen 906. (W. Hofmann). n. — 30

— — Uebungen zur Einführung in das Singen nach Noten f. die 3. u. 4. Klaſſe der pfälziſchen Volksſchulen (nach den Beſtimmungen der Lehrordnung der Pfalz v. J. 1906) ſowie f. die Unterklaſſen der Mittelſchulen. (46 S.) 8. Ebd. 906. n. — 30

Roth, J., ausführliches orthographiſches Übungsbuch. Auf Grundlage der vom k. k. Miniſterium für Cultus und Unterricht für die öſterreichiſchen Schulen feſtgeſtellten Rechtſchreibung bearb. 1. und 2. Abdr. gr. 8. (III, 80 S.) Prag 880, Tempsky. cart. * 1 —

Roth, J., A. Berger u. O. Graf **Zedlitz,** deutſches Weidwerk unter der Mitternachtsſonne. Bilder aus dem nördl. Norwegen u. Spitzbergen. gr. 8. (VII, 178 S. m. Abb.) Berlin 902. P. Parey. Geb. in Leinw. n. 8. —

Roth, J. A., Luſtſpiele. 1r Bd. 8. Prag, Schönfeld und Meurentter. 790.

Rothe, J. B., Ausz. a. Volneys Reiſen d. Egypten und Syrien, e. franz. Leſebuch f. d. Jugend, m. e. Wörterb. gr. 8. Dresden, Gerlach. (Beger.) 799.

Roth, J. C., s. R o t h , Johann Erd.

* *J. Fr. Roth's* Wechſelrechnung, oder die ſogenannte Wechſelarbitrage von der Stadt Augsburg, Wien und Venedig auf die vornehmſten Plätze in Europa nach einer ſehr leichten und neuen Weiſe und zwar durchgehends ausgearbeitet in der Kettenregel, nebſt einer Vergleichung der in- und auſsereuropäiſchen Rechnungsmünzen nach dem Reichsfuſs im Wiener Corrent anzuſehen ſind. Salzburg, Meyerſche Buchhandl. 240 S. 8. 1788.

— — s.a. R o t h , Johann Ferdinand

Roth, (J. G.), die Herrlichkeit der Miſſionsarbeit. Eine Predigt gehalten am Miſſions=Feſte den 25. Septbr. 1850 zu Boberröhrsdorf. Nebſt Anſprache des Paſtor Reinicke. 8. (16 S.) Schreiberhau 852. (Breslau, Dülfer & Geiſer.) 1½ *ngr.*

Roth, J. G., 3 Predigten üb. die Union in der evangel. Kirche, gehalten in der Kirche zu Erdmannsdorf. gr. 8. (2⅝ B.) Hirſchberg 842, Krahn.

Roth, J. G: Preisliste der Pinselfabrik. **Ravensburg 1904**

Roth, J. J., Lectures pratiques, s. Heintz, Ch.

Roth, J M . Bienen und Bienenzucht in Baden. Ein Beitrag zur Kulturgeschichte des Landes. Als Festgabe zum goldenen Jubiläum des Badischen Landesvereins für Bienenzucht im Auftrag des Gesamtvorstandes bearb. von J. M. R', Hauptlehrer in Durlach.... Mit 90 Abbildungen im Text. XVI+229 S. 8. Karlsruhe, J. J. Reiff, 1907. [M. 3.—]
Darin S. 3/6. 11. 26f. 32f. 50. 59f. 69/71. 104. 108f. 114f. 124. 127f. 166f. 169. 173ff. 210ff. etc. die Schweiz und die badischen Grenzgebiete betr.

Roth, J. M., s.: Imkerkalender, badischer.

Roth, J. M., badische Imkerschule. Leitfaden f. den bienenwirtschaftl. Unterricht bei Imkerkursen, zugleich Handbuch der rationellen Bienenzucht. gr. 8. (XVI, 308 S. m. 118 Abbildgn.) Karlsruhe 894. J. J. Reiff. n. 3.—; geb. in Leinw. n. 4.—

Roth, J. M: Badische Jmkerschule. 2. Aufl. Karlsruhe (1896)

— badische Imkerschule. Leitfaden f. den bienenwirtschaftl. Unterricht bei Imkerkursen, zugl. Handbuch d. ration. Bienenzucht. 2., verb. u. verm. Aufl. gr. 8. (XIX, 316 S. m. 135 Abb.) Karlsruhe 897. J. J. Reiff. n. 3.—; geb. in Leinw. n. 4.—

— badische Imkerschule, Leitfaden f. den bienenwirtschaftl. Unterricht bei Imkerkursen, zugleich Handbuch der ration. Bienenzucht. 3., unveränd. Aufl. gr. 8. (XIX, 316 S. m. 135 Abb.) Karlsruhe (901). J. J. Reiff. n. 3.—

— die Ruhr der Bienen. Ein Beitrag zur Lösg. der Ruhrfrage. Nach vieljähr. Erfahrgn. bearb. (88 S.) 8. Leipzig-R. (905). Leipziger Bienenzeitg. n. —80

— u. Ludw. Huber, der badische Vereinsstock u. seine Behandlung, zugleich kurzer Abriß der Bienenzucht f. Anfänger u. weniger erfahrene Imker. (62 S. m. 32 Abbildgn. u. 1 Bildnis.) gr. 8. Karlsruhe 903. J. J. Reiff. n.n. —50

Roth, J. N. von. s. Roth, Johann Richard von

Roth, J. P.: De vino. D. Vindobonae, 1828.

Roth, J. W., Seeligkeitsgrund. 8. Prag, Widtmann. 803. Velinpap.

Roth, (Jacob), die Frage der Bundes-Revision erläutert. gr. 8. (IV u. 105 S.) Zürich 848, Schultheß in Comm. 11 ℊℊ

Roth, Jakob, Der Pietismus in seinem ersten Stadium als Brüderbewegung an der Oberen Wolga des Saratowschen und Samaraschen Gouv., Rußland. Herausgegeben v. Verfasser

Roth, Jacob: De Raymundo de Sabunde.
Halle-Wittenberg. Phil. Diss. v. 24. März 1846
Geb. [Zürich (?) ...]
Ms. fehlt.
Chevalier, Répertoire, Bio-bibliogr. vol. 2. Paris 1907. Sp. 3898 verzeichnet: Rothe, Dissertatio de Raymundo de Sabunde. Turici 1846. 8° aber ohne Vornamen und Seitenzahl! Vermutlich ist diese Schrift mit Roth's Hall. phil. Diss. über dasselbe Thema identisch. Da ein Exemplar nicht nachweisbar war und die Nachforschungen der Zentralbibliothek in Zürich ergebnislos blieben, kann das Erscheinen der Rothe'schen Druckschrift bezweifelt werden. Nach Mitteilung der Zentralbibliothek Zürich ist der Name Rothe nicht schweizerisch und gab es in der Stadt Zürich vor 1893 kein Züricherisches Geschlecht Roth.

— Reise-Handbuch f. Auswanderer nach Nordamerika od. prakt. Anleitung zu vortheilhafter Besorgung seiner Angelegenheiten vor u. während d. Reise bis zur Niederlassung in Nordamerika nebst neuern Briefen von daselbst niedergelassenen Schweizern. gr. 12. (VIII u. 365 S.) Zürich 851, Schultheß. 1 ℊℊ

Roth, Jacob [aus Strassburg]: Ueber intramolekulare Umlagerungen. Strassburg 1904. 53 S. 8°. [21. VII. 04.]
Basel. Phil. Diss. 1903/1904.

Roth, Jacob. Über intramolekulare Umlagerungen. Diss. Phil. Basel. 55 S. 8. Strassburg i. E., C. Müh & Cie., 1904.

Roth, Jacob, appr. Arzt aus Zweibrücken: Über die Variabilität der Gasbildung bei dem Bacterium Coli commune. *Berlin 1898: G. Chastè.* (57 S.) 8°
Heidelberg, Med. Diss. v. [27. Mai] 1898

[Roth, Jacob Alois.] Kurze geographische Beschreibung des Schweizerlandes für die hohern Klassen der Volksschulen. Im Verlage der Erziehungskommission des Kantons [Solothurn]. 8. Solothurn 1835.

Beschreibung, Kurze, geographische, des Schweizerlandes für die oberen Klassen der Volksschulen. 2. Aufl. Solothurn 1837. V: *Roth, Jac. Al.* (Bibliogr. d. Schweiz. Landeskunde. Bern 1892 ff. III.)

[Roth, Jacob Alois.] Kurze geographische Beschreibung des Schweizerlandes für die obern Klassen der Volksschulen. Im Verlage der Erziehungskommission des Kantons [Solothurn]. 3. Aufl. 8. Solothurn 1843.

Roth, Jacob J., aus New-York, U. S. A.: Das Quinquaud'sche Phaenomen. (Aus der Zürcher Medizinischen Universitätsklinik. Direktor Prof. Eichhorst.) Grüningen 1908. 45 S. 8°. [20. VII. 08.]
Zürich. Med. Diss. 1907/08.

Roth, Jacob J . Das Quinquaud'sche Phaenomen. Diss. Med. Univ. Zürich. *Kopftitel:* Aus der Zürcher medizinischen Universitätsklinik, Direktor Prof. Dr. [Hermann] Eichhorst. 45 S. 8. Grüningen, J. Wirz, 1908.

Roth, Johann. s.a. Roth, Johann Gabriel

– s.a. Roth, Johann Wenzel

Roth, Joh., aus trüber Zeit. Bilder aus der Geschichte d. Hermannstädter ev. Capitels A. B. 1600—1607. gr. 8. (95 S.) Hermannstadt 887. (Michaelis.) n.n. 1.—

Roth, Johann Alexander: Adversaria medico forensia et clinica nec non chemica nonnulla. 46 S, gbd.

Erlangae: (Walther) 1775
(Adversaria argumenti physico-medici, Fasc. 1,3)

JB 1.808

Roth, Johann Alexander (Weissenburg) F, zd:11

Adversaria medico forensia et clinica nec non chemica nonnulla. Dissertatio inauguralis medica.
Präs. Heinrich Friedrich Delius.
Erlangen (Walther) (8.)XI. 1775. 44 S.

Gew.: Stadt Weissenburg. 29324

Roth, Johann Baptist. s. Alphabet ou premiers élémens de la langue française.

Roth, Johann Carl Jakob. s. Roth, Johann Karl Jakob

Roth, Johann Cornelius. s. Roth, Johann Kornelius

Roth, Jh. Erdm., († 1806.) Pastoralanweisung f. angehende Geistliche. 8. Leipz. 794. Linke. 6 ℊℊ

— zwei Predigten von d. strafbaren Verachtung der Kinder u. d. gottgefälligen Danke für erhaltene Wohlthaten. 8. Leipz. 785. W. Vogel. 2 gr

— Predigtentwürfe über d. Evang. 8. Lpz. Schneider. (Linke.) 790.

— Predigtentwürfe üb. die Sonn= und Festtags=Episteln d. Jahre 1790 und 91. 8. Lpz. Linke. (à 12 gr.)

— Predigtentwürfe üb. die Sonn= u. Festtags=Evangelien. 8. Leipz. 790. Schneider. 12 gr

— christl. Religionstheorie; od. Versuch e. prakt. Katechisation. 8. Leipz. 784. Schneider. 4 gr

— neueste Sammlung kurzer und auserlesener Predigten üb. alle Sonn= und Festtags=Evang. d. g. J. 4. Hof, Grau. (Linke, Lpz.) 794.

— Samml. v. Predigten f. den gemeinen Mann auf sonn= u. festtägl. Evangelien. 4. Leipz. 787. Crusius. 1 Rthl. 12 gr N. A. unt. d. T.: neueste Samml. kurzer u. auserles. Predigten üb. alle Sonn= u. Festtags=Evangelien des ganz. Jahres. 4. Hof 794. Grau. 1 Rthl. 8 gr

Roth, Johann Ferdinand

Roth, J. Ferd., Abdrücke von 93 geschnittenen Steinen. Nürnb. Stein.

– Abhandlung von Bienenrechte, s. Roth, Johann Theodor

— Anleit. zur Selbstprüfung, seinen Katechumenen zunächst gewidmet. 12. Nürnb. 794. 2e A. 12. Ebd. 811. Schrag. 3 gr

Roth, J. F., Anleit. zur Selbstprüfung. 12. Grätz, Tusch. 795.

— Anleitung z. Selbstprüfung zum Gebrauche f. Katechumenen. 2te Aufl. 12. Ebend. 811.

Roth, J. F., s.a. vom Könige Artus.

Vom Könige Artus und dem bildschönen Ritter Wieduwilt (von *Joh. Ferd. Roth*). Leipzig 1786.
Anon.-Lex. IV. p. 338 (nach Kayser).

Roth, J. F., Beiträge zur Geschichte des Welserischen Geschlechts. Nürnberg 1782. 4.

– s. Beschreibung des Religionswesens in Nürnberg.

– s. Betrachtungen über die ganze Leidensgeschichte Jesu.

– (Hrsg.), s. Blätter, Vaterländische.

Roth, Jh. Fd., († d. 21. Jan. 1814.) mytholog. Daktyliothek, nebst vorausgeschickter Abhandl. v. geschnittenen Steinen. Mit 2 Kpf. gr. 8. Nürnb. 805. (Stein). 1 Rthl. 18 gr; bei Schrag. 1 Rthl. Mit e. Kästchen mit Abdr. v. 93 geschnitt. Steinen. 6 Rthl. 16 gr; bei Schrag. 4 Rthl. 12 gr

– s. Erzählungen, Lehrreiche, aus der biblischen Geschichte für die Jugend.

ROTH, J. F., Fragmente zur Geschichte der Bader, Barbierer, Hebammen, Erbarn Frauen und Geschwornen Weiber in Nürnberg. Nürnberg 1792. 4°. (1 Mk. 50 Pfg., Hprgtbd., Köhler, Lpz., vor 1900; jetzt theurer!)
Haydinger's Bibl. II. No. 1612.

— Geschichte u. Beschreib. der Nürnberg. Karthause, nebst Gesch. u. Beschreib. der Kapellen an den Karthäusergarten der Kapelle des Bruderhauses, der Moritzkapelle rc. Mit Kpf. gr. 8. Nürnb. 790. Stein. 1 Rthl.

— Gesch. und Beschr. d. Nürnb. Karthause, d. Kapelle des Bruderhauses rc., m. K. gr. 8. Nrnb. Stein. 791.

— Gesch. d. Nürnberg. Handels. 2 Thle. gr. 8. Lpz. Böhme. 800–801. (1r 1 Rthlr. 12 gr. 2r 1 Rthlr. 8 gr.)

— Geschichte des Nürnberg. Handels. 4 Thle. gr. 8. Leipz. 800 u. 802. (Enobloch). 2 Rthl. 20 gr

— Kurz gefasste Geschichte des Welserischen Geschlechts. 1. u. 2. Versuch. Nürnberg 1783–84. 4.

Roth, (J. F.,) Nürnberg's kurzgefaßte Geschichte, (1r Bd. v dess. Taschenbch.) mit 3 Kpf. 12. Nürnb., Schrag. Rthlr

– s. Geschichte der Orden, von denen einige Klöster in den k. k. Erbladen aufgehoben worden.

– s. Geschichte der Thronbesteigung Hugo Kapets . . .

– s.a. Geschichte, Vollständige, der Stadt und Festung Gibraltar.

(Roth, J. F.) Vollständ. Geschichte der Stadt u. Festung Gibraltar nebst Beschreibung aller Belagerungen bis 1783. (98) 8. M. K. Nürnberg u. Leipzig 1783. ib. 1805.

Roth, J. Ferd., allgem. mytholog. Handlexikon. 8. Lpz. Gerh. Fleischer. 799. Rthlr.

— allgem. Handlungscontorist. 2 Thle. gr. Fol. Wien, Weingand. 782.

— — ders. 2 Thle. gr. 8. Ebend. 782.

(Roth, Joh. Ferd.) Historia von dem streitbaren Helden Hugo Kapet, welcher durch seine Mannheit des Königs Tochter Maria erwarb und Stammvater der letzten Könige Frankreichs wurde. 8. Nürnberg 1794.

– Allgemeiner und besonderer Wiener Contorist, s. Roth, Johann Franz

— Leben Albrecht Dürers, des Vaters der deutschen Künstler, e. Anh. z. 42n Bde d. Bibl. d. schönen Wissensch. gr. 8. Leipz. 791. Dyck. 8 gr

— Lebensbeschreib. u. Nachr. von merkwürd. Nürnbergern u. Nürnbergerinnen aus allen Ständen. Mit Kpf. 8. Nürnb. 796. Stiebner.

— gemeinnütz. Lexicon f. Leser aller Klassen, besond. f. Unstudirte, od. Erklär. der gebräuchl. Redensarten u. Kunstwörter. 2 Thle. gr. 8. Nürnb. 788. Neue verb. Aufl. 791. 3e verb. A. 806, 7. (Renger in Halle). 3 Rthl. 16 gr

— gemeinnütz. Lexikon f. Leser aller Klassen rc., od. Erkl. d. gebräuchlichen Redensarten und Kunstwörter rc. 2 Bde. gr. 8. Nrnb. Grattenauer, (Renger in Halle.) 807.

– (Hrsg.), s. Montfaucon, Bernard de

— Numophylacium Welserianum, od. Verzeichniß aller Münzen u. Schaustücke, welche Welsern zu Ehren geprägt worden sind rc. 3 Abtheill. 4. Nürnb. 785–88.

— Samml. schöner Stellen zum Gebrauch f. Stammbücher. 16 Hft. 8. Nürnb 794. (Eichhorn). 6 gr

— Samml. von Stellen z. Gebr. f. Stammbücher. 16. 8. Nrnb. Grattenauer. 794.

– s. Schilderung der vier Jahreszeiten.

Roth, Johann, Ferdinand. Nürnbergisches Taschenbuch. Herausgegeben von Johann Ferdinand Roth ... Nurnberg, bey Johann Leonhard Schrag 1812—1813.
2 Bde. 8°.
I Nürnbergs Geschichte. 1812 XXXII – 527 S.; 3 Taf. in kol. Kupferst
II Nurnbergs Beschreibung und Verfassung 1813. Tit., XIV – 412 S.; 3 Taf. in Kupferst., davon 2 kol

— chemische Untersuchungen d. Mineralquellen bey Möllendorf. 8. Halle, Kümmel. 806.

— Versuch e. Geschichte des Apothekerwesens in d. Reichsstadt Nürnberg. 8. Nürnb. 792.

— Verzeichniß aller Genannten des größern Raths in Nürnberg v. den ältesten bis auf die neuesten Zeiten, mit histor. Nachrr. Fol. Nürnb. 802. Milbrodt. 1 ß Schrbp. 1 ß 12 Kr

Roth, Jh. Fd., Wechselrechnung, oder die sogen. Wechselarbitrage, v. der Stadt Augsburg, Wien u. Venedig ꝛc. 8. Salzb. 788. Mayr. 9 Kr

– – s.a. Roth, J. Fr.

– s. Welt, Die, im Kleinen.

Roth, Joh. Ferd., Gemeinnützziges Wörterbuch für Leser aller Klassen, bes. für Unstudirte oder kurz- und deutliche Erklärung der sowohl in den vornehmsten Wissenschaften und Künsten als im gesellschaftlichen Umgang gebräuchlichen Redensarten, Ausdrücke und Kunstworte in alphabetischer Ordnung. Th. 1. 2. Nürnberg 1788. 8.

—. —— 3. Aufl. Ebda 1805—6. 8.

– (Hrsg.), s. Zobel, Er. Fr.: Neu eingerichtetes Hand- und Reisebuch.

Roth, Johann Franz

Roth, Joh. Fr.: „Allgemeiner und besonderer Wiener Kontorist", 1778.

Roth, J. F.: „Allgemeiner und besonders wiener Comtoirist", 2 Teile, Wien 1782. — Vorh.: Com. Bibl. Hamburg.

Roth, Johann Franz: „Allgemeiner und besonderer Wiener-Comtorist .... Von den Währungen, Münzen, Wechselarten ... Dann die gemeine fünf Species in ganzen, gebrochenen und Decimal-Theilen ....", Wien 1787. — Vorh.: Bücherei der Industrie- und Handelskammer Leipzig.

Roth, Joh. Frd., allgemein. u. besond. Wiener Comtoirist von Währungen, Münzen, Wechselarten ꝛc. 4. Wien, v. Mösle. (Leipz. Kummer in Comm.) 812.

Roth, Johann Friedrich von (Schlesien) A. S. 224/2

Disputatio iuris publici de iure circa rem monetariam in Germania. Präs. Heinrich von Bünau.
Leipzig (Titius) 24. VII. 1716. 110 S. 29329

Roth, Johann Friedrich Wilhelm

Roth, F. W. [Oberl.]: Über die Grundrente. Döbeln, Druck v. J. W. Thallwitz, 1891; S. 1 XXXVIII; 4°
Döbeln, k. RG u. Landwirtschafts-S, OP 1891 (547)

Roth, J. F. W., die Grundrente, vom Standpunkte der landwirtschaftlichen Wissenschaft u. Praxis beleuchtet. gr. 8. (67 S.) Döbeln 891. Leipzig, H. Voigt. n. 1. 20

Roth, Joh. Friedr. Wilh., über die Intensität des landwirthschaftlichen Betriebes im Königreich Sachsen. Vortrag, geh. in der Oekonom. Gesellschaft im Königr. Sachsen, Dresden, 13. Jan. 1888. gr. 8. (32 S.) Dresden 888, G. Schönfeld's Verlag. * — 60

—— die drei Perioden in der Entwickelung der Landwirthschaft unseres Jahrhunderts. Vortrag, geh. in der Oekonom. Gesellschaft im Königr. Sachsen, Dresden, am 14. Novbr. 1884. gr. 8. (29 S.) Ebendas. 885. ** — 50

Roth J. F. W.: Die drei Perioden in der Entwickelung d. Landwirthschaft unseres Jahrhunderts. Vortr. Dresd. 1885. 29 S. P.
(Mittheilungen d. ökonom. Gesellschaft im Königr. Sachsen. 35).

Roth, Joh. Frdr. W., welchen Einfluß muß die Umgestaltung der Verkehrs- u. wirtschaftlichen Verhältnisse auf den Grad der Intensität u. die Produktionsrichtung der sächsischen Landwirtschaft ausüben? Mit dem Reuning-Preis gekrönte Preisschrift. gr. 8. (IX, 315 S.) Leipzig 890. H. Voigt. n. 5. 50

—— Ueber veränderte Wirthschaftsweise bei Aufgabe d. Brennereibetriebs. Vortrag. gr. 8. (50 S.) Dresd. 889, Schönfeld. * — 80
Aus: Mittheilungen d. Oekonom. Gesellschaft, besonders abgedruckt.

Roth, Joh. Gabr., Abhandlung vom Auflaufen des Rindviehes und den Heilungen dieses Übels. 8. 2 Bog. Göttingen 773.

Roth, Jh. l., Abhandl. vom Auflaufen des Rindviehes u. den Heilungen dieses Uebels. 8. Götting. 773. Dieterich. 2 Kr

Roth, Jh. Geo. Leonh., († d. 16. Sept. 1814.) s. a. Beitrr. z. Beantwort. d. Frage: Ob d. Glaube ꝛc.

Roth, J. Geo. Leonh., Beytr. z. Beantw. d. Frage: Ob der Glaube an Christum, als d. höchst. Geist nach Gott, schriftmäßig sey? 8. Ansb. Haueisen. (Gassert.) 793.

– s. Materialien zu Kanzelvorträgen.

Roth, Jh. Glo., s. a. Vorkenntniß z. Kopf- u. Tafelrechnen.

Roth, (J. G.,) Vorkenntniß z. Kopf- u. Tafelrechnen. 8 Leipz. 822, Dürr.

Roth, Johann Heinrich

Roth, J. H., der unentbehrl. Rathgeber in d. deutsch. Sprache, f. Ungelehrte, so wie f. d. bürgerl. u. Geschäftsleben überh. In alphabet. Ordn. 1., u. 2., verb. Aufl. (à 11 B.) gr. 8. Quedlinburg 823, 30, Basse. à

Roth, Joh. Heinr., der unentbehrl. Rathgeber in d. deutschen Sprache, f. Ungelehrte, so wie f. das bürgerliche u. Geschäftsleben überh. 3., verb. Aufl. gr. 8. (11 B.) Quedlinburg 837, Basse.

Roth, Jo. Jos., de electricitatis in organismum humanum effectu. Dissertat. physiol.-pathol. 4maj. (3½ B.) Monachii 829. (Augsburg, Wolff; Kollmann.)

Roth, J. J., neueste Erfahrungen auf d. Felde d. homöopath. Heilkunde, z. freundl. Mittheil. f. homöpath. Aerzte. 1. Hft.: Cholera Morbus. gr. 8. (2½ B.) München 837, Franz. Thlr.

—— die homöopath. Heilkunst in ihrer Anwend. gegen d. asiat. Brechruhr. 1. Hft., enthalt. e. Schilderung der v. 14 homöopath. Aerzten in Prag, Mähren, Ungarn u. Wien unternomm. Behandlungsarten d. asiat. Cholera. gr. 8. (4½ B.) Leipzig 833, [Künzel]

—— über d. homöopath. Heilung d. Krankheiten. Zehn Vorlesn., gehalt. im Sommersemester 1831, an d. Hochschule zu München. gr. 8. (11½ B.) Nürnberg 832, Riegel u. Wießner.

—— merkwürd. Heilung e. Kinnbackenverschließung auf homöopath. Wege. Hrsg. u. mit e. Vorw. vers. v. Jul. Hamberger. gr. 8. (1 B.) München 833, Franz.

— s. Jak. Johnson, Verdauungsbeschwerden.

Roth, Joanne Jos. De animalium invertebratorum systemate nervoso. Wirceburgi 1825. 4.

Roth, Jh. Karl Jak., Beicht- u. Communionbuch f. Bürger u. Landleute. 8. Mittweyda 833. (832.) Billig. 4½ 𝔤

Roth, Joh. Carl Jak., Beicht- und Communionbuch zur Beförderung einer würdigen Feier des heiligen Abendmahls. 4. verb. Aufl. Mittweida 854. Billig. 8. (VIII, 235 S. u. 1 Holzschn.) 7½ ngr.

Roth, Johann Kornelius

Roth, Johann Cornelius (Regensburg) A. S. 248/12a

Disputatio juridica ad l. 4. C. de aedif. priv. de restauratione domus ruinosae communis Von Baufälligen Häusern, Ob Und was Gestalt Jemand zu Reparirung seines wandelbahren Wohn=Hauses möge angehalten werden. Präs. Adrian Beier.
(Jena) (Ehrten) 1705. 20 Bl.

Diss. IV. 1677. 29327

Roth, Johann Cornelius (Regensburg) A. S. 210/1

Disputatio de restauratione domus ruinosae communis ... Präs. Adrian Beier.
Jena (Ehrich) 1715. 20 Bl.

Diss. IV. 1677. 29328

Roth, Johaß Michael. Wahrhaffte Bildnüsse aller des Heil: Röm. Reichs Freyen Stadt Augspurg. Herren Stadt-Pfleger, welche nach ... Caroli V. Einsetzung seit A°. 1548. biss auf unsere Zeitē regieret von berühmtē Künstlern in Kupffer gestochen und zusaḿen heraus gegeben durch Johaß Michael Roth Burgern in Augspurg [1731].
Tit. u. 30 Taf. in Kupferst. 4°.
Stecher: Kilian, J. J. Kleinschmidt, Elias Hainzelmann, Leonhard Heckenauer, J. A. Pfeffel u. A. M. Wolffgang. Die vorletzte Tafel dat. 1731.

Roth, Johann Philipp

— Anl. z. Kinderzucht. 8. Frft. Andreä. 774.

Johann Philipp Roth

Der sichere und allzeit fertige Chirurgus, oder Kurtze Anleitung zur Wund- Artzney- Kunst, ... Nebst e. vollständigen Lexicon chirurgicum, oder neuen chirurgisch- latein- u. teutschen Wörter-Buch. Abgefasset u. za. getragen von Johann Philipp Rothen [Roth]. Lübeck & Wißmar: Schmidt 1720. 688, 94 S. 8°

Roth, J. Phil., Chirurgus, od. Anl. z. Wundarzneykunst. 8. Lübeck, Donatius. 734.

Johann Philipp Roth

Johann Philipp Rothens [Roth], Sicherer und allzeit fertiger Chirurgus, oder Kurtze Anleitung zur Wund-Artzney- Kunst, aufs neue übersehen u. m. nöthigen Anm. ...zum Dr. befordert von Joh(ann) Gerhard Wagner. Lübeck: Schmidt 1734. 920 S. 8°

— lexicon chirurg. 8. Lübeck, Donatius. (Niemann et R.) 761.

Roth, Johann Richard von

v. Roth, J. Rch.: Abhandlungen a. d. deutschen Staats- u. Völkerrechte verschiedner prakt. Gegenst. und wirkl. Fälle z. Erläut. d. Tractaten d. Rastadter Friedenscongresses 1797 u. 1798, d. Luneviller Friedens 1801, die Entschädigungs- u. Vermittlungsplane v. Russl. u. Frankr., und vorzüglich des Regensburger Reichsdeputationshauptschlusses 1803. *Bamb.* u. *Würzb.*, Göbhardt. (Wesché in *Frankf.*) 801. 8. (1 Thl. 4 Gr.)

Roth, J. Reich. v., Abhandl. a. d. deutsch. St. u. Völkerrecht versch. Gegenst. u. Fälle z. Erläut. d. Trakt. d. Rastädt. Friedenscongr. 1797. 98. d. Lüneviller Fried. 1801. rc. gr. 8. Bamb. Göbhard. 804.

v. Roth, Jh. Rich., († d. 31. Dec. 1812.) Abhandl. aus dem deutsch. Staats- u. Völkerrecht verschied. Gegenstände u. Fälle zur Erläuterung d. Traktats des Rastädter Friedenscongresses 1797 u. 98, d. Lüneviller Frieden 1801 rc. 8. Bamb. 804. (Wesché in Frkf.) 1 ℛ 4 𝔤

— s. Bischofswahl, die ungültige.

— v. d. kais. Empfehl- und Ausschließungsrechte bey deutsch. Bischofswahl. 8. Mainz, Sartorius. (Benj. Fleischer in Lpz.) 790.

— von d. Kaiserl. Empfehl- u. Ausschließungsrechte bei deutschen Bischofswahlen. 8. Mainz 790. (Fr. Fleischer in Leipz.) 6 𝔤

— Entwurf zu e. besond. Vorlesebuche üb. das Territorial-Staatsrecht gesammter deutscher Reichsstädte. 8. Mainz 780.

Roth, Joh. Rich.: Frage: Ist ein deutscher Landesherr berechtigt einen ständigen päpstlichen Nuntius mit geistlichen Fakultäten, auch wider Willen der einschlagenden Bischöfe, in seine Reichslande aufzunehmen? Wider die unpartheiischen Gedanken eines deutschen Staatsrechtsgelehrten. Mainz 1788.

— Frage: Ist ein deutscher Landesherr berechtigt, einen ständischen Nuntius geistl. Fakultäten in seine Reichslande anzunehmen? gr. 8. Mainz 789. Sartorius. 5 𝔤 (Fr. Fleischer in Leipz.) 6 𝔤

v. Roth, J. Rch.: Pragmat. Interregnumsgesch., besond. d. Reichskanzler-Vicariats v. J. 1790; a. d. Orig. Urk. m. staatsrechtl. Betrachtt. *Frankf. ad M.*, Andreä. 794. gr. 8. (12 Gr.)

v. Roth, J. Rch.: Privatgedanken üb. d. kais. Ratifikationsr., d. Vergleiche d. Fränk. u. Westphäl. Grafensache betr. *Frankf. a. M.*, Brönner. 785. 8. (4 Gr.)

– Dass., s.a. Privatgedanken...

— Privatgedanken üb. das Recht deutscher Landesherrn gegen Religion u. Kirche, nach der heut. deutschen Staats- u. Kirchenverfassung rc. gr. 8. Bamb. 805. (Wesché in Frkf. a. M.) 12 𝔤

v. Roth, J. Rch.: Privatgedanken üb. d. Recht deutscher Landesherrn gegen Religion u. Kirche nach d. heut. Staat- u. Kirchenverfass., m. Hins. auf d. neue deutsche Concordat durch wirkl. Fälle b. Regierr. u. Vicariaten erläutert. *Würzb.* u. *Bamb.*, Göbhardt. 805. 8. (12 Gr.)

(v. Roth, J. Rich.): Aechtes vollständ. Protocoll d. kurfürstl. Wahlconvents zu Frankf. im J. 1790 mit allen Beyl. nach e. Originale pünktl. verglichen, m. kurzen prakt. Anmerk. *Frankf.* u. *Leipz.* (*Mainz*, Fischer.) 791. 2 Bde. 4. (5 Thl. 8 Gr.)

– Dass., s.a. Protokoll...

[Roth, Joh. Rich. v.]: Von dem anmaßlichen Rechte eines Reichsverwesers Reichsvikariatskommissarien zu den deutschen Bischofswahlen zu schicken. o. O. 1790.

(v. Roth, J. N.): Von dem anmassl. Rechte eines Reichsverwesers, Reichsvicariatskommissarien zu d. deutschen Bischofswahlen zu schicken. *Mainz.* (Andreä in *Frkf.* 791. 8. (3 Gr.)

– Dass., s.a. Rechte...

— d. zwey wichtigsten Reichsgrundgesetze d. Wahlcapitul. u. d. westphäl. Fried. gr. 8. Lpz. Crusius. (F. C. W. Vogel.) 788.

(v. Roth, J. Rich.:) Rechtl. Staatsbetracht. üb. d. Frage, ob d. im hess. Gebiete geleg. Güter dem Churf. v. Mainz, od. dem Landgr. v. Hessen gehören. *Frankf.* 783. (W. Vogel in *Leipz.*) 8. (10 Gr.)

— Staatsbetracht. üb. d. Frage: Ob d. im hess. Gebiete geleg. Güter dem Churf. od. d. Landgr. v. Hessen gehör. 8. Frft. Eßlinger. (F. C. W. Vogel in Lpz.) 784.

– Dass., s.a. Staatsbetrachtungen...

v. Roth, J. Rich.: Staatsrecht deutscher Reichslande (1740.) 1r Th. sammt ein. Abdruck d. neuesten kais. Wahlcapitulation u. des Westphäl. Friedens, nach den im Reichsarchive befindl. Originalien, mit äusserster Correktheit abgedruckt. *Mainz*, (W. Vogel in *Leipzig.*) 788. gr. 8. (1 Thl. 8 Gr.)
2r Th. *Würzburg*, Stahel. 792. gr. 8. (20 Gr.)

(v. Roth, J. Rch.): Wahlcapitulation d. röm. Kaisers Franz II. nach d. Kurmainz. Originale zum Druck befördert. *Mainz*, in d. St. Rochus Hosp. Buchdr. 792. 8. (9 Gr.)

— Wahlcapitulation Leopolds II. s.a. Wahlcapitulation.

Roth, Joh. Rich.: Wahlkapitulation des römischen Kaisers Leopolds II. nach dem kurmainzischen Orig. zum Drucke befördert. Mainz u. Frankfurt 1790.

Roth, J. Rch. von: „Die zwey wichtigsten Reichsgrundgesetze: 1) kaiserliche Wahlkapitulation, 2) Osnabrücker Friede, nach den Originalien des Reichsarchivs zu akademischen Vorlesungen bestimmt", Mainz 1788 (Winkopp) (Leipzig, Crusius).

Roth, Johann Rudolph

— und Andr. **Wagner**, die fossilen Knochen-Ueberreste von Pikermi in Griechenland. Gemeinschaftlich bestimmt u. beschrieben nach den Materialien, welche durch die von dem Erstgenannten im Winter 1852/53 dortselbst vorgenommenen Ausgrabungen erlangt wurden. Mit 8 (lith.) Taf. (in 4. u. Fol.) Aus den Abhdlgn. d. k. bayer. Akad. d. W. München 854. Franz in Comm. gr. 4. (94 S.) n. 1 ₰. 4 ngr.

Roth, J. R., Schilderung der Naturverhältnisse in Süd-Abyssinien. Fest-Rede vorgetragen in der öffentlichen Sitzung der k. Akademie der Wissenschaften zu München zur Feier ihres 92. Stiftungstages am 28. März 1851. gr. 4. (30 S.) München 851. (Franz.) n. 1/3 ₰

ROTH, Johann Rudolph (München): Molluscorum species quas in itinere per Orientis facto comites clariss. Schuberti Doctores M. Erdl et J.R. Roth collegerunt.- Monachii: Wolf 1839. 26 S., 1 Bl., Taf.
5.5.1838 - Urk (Titel: Molluscorum species.); P 6A
Diss. Ingolst.-Landsh.-Mchn.

Roth, J. R., spicilegium molluscorum terris orientalis provinciae mediterranensis peculiarium, ex novis inde reportatis collectionibus compilatum. Acced. tabb. II (lithogr.). Cassellis 855. (Fischer.) gr. 8. (2 Bl., 41 S.) n. 20 ngr.

Roth, Johann Sigismund (Leutershausen)
Altd. Thl. 17/55

Quaestiones ex antithetica theologia de natura et constitutione theologiae collato cap. I. prolegomenorum Bajeriani compendii theolog. posit.
Präs. Johann Balthasar Bernhold.
Altdorf (Meyer) 31. X. 1731. 16 S. 29332

Roth, Johann Theodor

Roth, J. Thdr.: „Abhandlung vom Bienenrecht", Weissenburg 1798 (Jacobi).

— Abhandl. vom Bienenrechte, für Bienenliebhaber, die keine Rechtsgelehrten sind. 8. Weissenburg 798. N. A. 805. (Joachim in Leipz.) 12 gr.

Roth, Joh. Theod., Juristisch-politische Abhandlung über den Wucher und die Mittel, demselben ohne Strafgesetze Einhalt zu thun. Auch eine Beantwortung der Wiener Preisfrage. 8°. Nürnberg, Monath u. Kussler, 1793.

Roth, Jh. Th., Archiv f. das natürl. u. positive Völkerrecht. 1s Hft. 8. Nürnb. 794. Monath u. K. 8 gr.

Roth, J. Theod.: Archiv f. d. natürl. u. posit. Völkerr. *Nürnb.*, Recknagel. 794. 1. Hft. 8. (8 Gr.)

— Beitrr. zum deutschen Staatsrechte. 3 Bde. 8. Nürnb. 791—798. Monath u. K. 2 ₰ 19 gr.

Roth, J. Thdr.: Beytrr. z. deutschen Staatsrecht u. z. Literatur dess. *Nürnb.*, Monath u. Kussler. 1ter B. 1-2te Abth. 792-94. 2-3ter B. 795-98. (2 Thl. 19 Gr.)

— v. Bienenrechte f. Bienenliebhaber d. keine Rechtsgelehrten sind. 8. Weißenburg. (Lpz. Joachim.) a. Mayr in Salzb.) 805.

— (. 1) Hierarchie u. Preßfreiheit. 2) K. J. D. Hill, Specimen.

— Literat. d. Staatsverhältnisse zwischen Deutschl. u. Frankr. 1r Bd. 8. Weißenburg. (Mayr in Salzb.) 798.

— — dies. 1r Bd. 8. Lpz. Joachim.

Roth, J. Thdr. und Höck, Joh. Dan. Albr.: „Materialien für das Handwerks-Recht und die Handwerks-Polizey", 1 Band in 4 Heften, Nördlingen 1802—1808 (Beck).

— u. J. D. A. Höck, Materialien f. das Handwerksrecht u. die Handwerks-Polizei. 1r Bd. 1s—4s Hft. 8. Nördling. 802—8. 2e unveränd. Ausg. 810. Beck. 1 ₰

— staatsrechtl. Versuch üb. den Unterschied zwischen den mächtigen u. mindermächtigen Reichsständen. 8. Nürnb. 796. Monath u. K. 5 gr.

Roth, J. Th.: Staatsrechtl. Versuch üb. d. Unterschied zwischen den mächtigern u. minder mächtigen Reichsständen. *Nürnb.*, (Recknagel.) 796. 8. (6 Gr.)

Roth, Johann Wenzel

Roth, Wenzel Jh., Alles, u. das Höchste, was sich von Gott u. Unsterblichkeit denken läßt, dann Lieder u. Gedichte. 8. Prag 802. Widtmann. 1 ℛ (Enders das.) 12 gr

— Anleit., wie er auf seinem Meyerhof Milirschow, unweit Prag, durch Haidekorn von trockenen u. schlechten Feldern vieles Vieh-futter gewinnt. 8. Prag 787.

Roth, Wenzel Jh., Auflösung der Preisfrage: Was ist Wucher, und wie ist demselben ohne Strafgesetze Einhalt zu thun? 8°. Wien, Wucherer, 1791.

— Auszug aller im Königr. Böhmen am Ende d. 18. Jahrh. bestehender Gesetze. 1r—10r Thl. 11r—16r Thl. gesammelt u. fortges. v. W. G. Goutta. 8. Prag 801—15. Widtmann. 31 ℛ 7 gr — Repertorium darüber, s. W. G. Goutta.

— Repertorium üb. die ersten 10 Bde. dieses Werks, s. Albert, J.

— Auszug aus d. von G. W. Goutta herausgg. Samml. der sämmtl. polit. u. Justizgesetze, welche unter Kaiser Franz I. in d. sämmtl. k. k. Erblanden erlassen worden sind. 5 Bde. ... Prag 811—13. ...

Roth, J. Wenz.: Vollständ. Auszug aller in d. Königr. Böheim am Ende des 18. Jahrh. besteh. Gesetze, unter buchstabl. gereih. Aufschr. d. Gegenst. nach d. Zeitfolge gesammelt. 10 Bde. A—Z. *Prag*, Normalschulbuchdruck. 801. 8.

Roth, J. Wenz.: Vollständ. Auszug aller f. d. K. Böhmen unter d. Regier. Joseph II. ergangenen Gesetze. In chronolog. Ordnung gesamm. u. in alphabet. Ordnung verzeichnet. 3 Bde. *Prag*, Normalschulbuchh. 781. 8.

ROTH Johann Wenzel. Vollständiger Auszug aller für das Königreich Böheim unter glorreichster Regierung Joseph II. ergangenen Gesetzen ... von –. Normalschulbuchdruckerei, Prag 1784–1787. A 88 623. 2 Bde. in 2 vol.

– Beantwortung der Preisfrage: Was ist Wucher. Wien 1790. UBW I 59 472.

— Beschreib. u. Berechnung e. neuen Wind- u. Zugmühle zur Steuerung aller Mahlnoth. Mit 6 Kpf. ... Wien 793. ...

Roth, Joh., Gottes Dasein u. Willenswesen unwiderlegbar bewiesen. Wien 1793, 8°.

— Gottes Daseyn und Willenswesen bewiesen. 8. Wien. (Hertel, Lpz.) 795.

— Gedichte. 8. Prag 802. Widtmann. 1 ℛ Velinp. 1 ℛ 8 gr

— Gedichte und Lieder. 8. Ebend.

Velinp.

– Geseze für das Königreich Böheim unter ... Regierung Joseph des Zweyten bis zum Schluß des Jahres 1782 ... von –. Gerle, Prag 1783. A 104 877. 1 vol. 206 S.

Roth, Wenzel Jh., Prüfung e. Grundsätze zur Strafgerechtigkeit. 8. Wien 792.

— Samml. aller Gesetze u. Verordnn. ꝛc. f. d. Königr. Böhmen seit d. Regierungsantritt Josephs II. bis zum Schluß des J. 1782; mit e. Register. 8. Prag 783. ... Fortsetzung bis z. J. 1791.

— Samml. aller in d. Königr. Böhmen kundgemachten Verordnn. u. Gesetze; bearb. v. W. G. Goutta. 1r—12r Ergänzungs-Bd. gr. 8. Prag 180.. — 1813.

Christleier für dreistimmigen Frauen- oder Kinderchor, Tenor- und Sopransolo mit Harmonium- oder Klavierbegleitung komp. von Johannes Roth. op. 18. Bonn: J. Schergens [1905]. (15 S.) quer-8° [05. 13595

*Roth, Johannes, von Eschweil, Kt. Thurgau: De dispositionibus parentum inter liberos.

Promotion vom 21. März 1844.

Roth, Johannes, a. Oldenburg i. Gr.: **Aus der medizinischen Universitäts-Poliklinik zu Marburg a. L.** ⟨Direktor: Prof. Dr. Brauer.⟩ **Über den interpleuralen Druck.** Marburg 1905: A. Stuber, Würzburg. (S. 438—466.) 8° ¶ Aus: Beiträge zur Klinik der Tuberkulose, Bd 4.

Marburg, Med. Fak., Ref. Brauer, Diss. v. 21. Dez. 1905

[Geb. 12. März 81 Oldenburg; Wohnort: Oldenburg; Staatsangeh.: Oldenburg; Vorbildung: Gymn. Oldenburg Reife O. 00; Studium: Freiburg i. B. 2, Kiel 2, Leipzig 2, München 1, Marburg 2 S.; Coll. 26. Sept. 05; Approb. 1. Sept. 05.]

Roth, Joh(anne)s, approb. Arzt aus Rostock: **Über subunguale Sarkome.** *Rostock i. M. 1903: C. Hinstorff.* (74 S.) 8°
Rostock, Med. Diss. v. [7. Aug.] 1903

Roth, Johannes Rudolph, s. Roth, Johann Rudolph

ROTH, Joseph (München): (Titel nicht festgestellt)
4.12.1872 - Chr 1872/73,16
Diss.Ingolst.-Landsh.-Mchn.

— über die Grundsätze einer zweckentsprechenden Saat. Vortrag, geh. zu Proßmeritz am 23. Septbr. 1877, gelegentlich der 57. General-Versammlung des Znaimer landwirthschaftlichen Vereines. gr. 8. (25 S.) Ebend. 878. n. — 30

Roth's, J., landw. Wander-Vorträge. 1. Heft. Nutzen u. Nothwendigkeit d. Zusammenlegung landwirthschaftl. Grundstücke nebst dem diesbezügl. Gesetze vom 7. Juni 1883. 8. (40 S.) Znaim, Fournier & Haberler. 20 kr.
1883.

Roth, Jos., üb. die Obst-, Gemüse- u. Samenkultur Oesterreichs, nebst e. speciellen Besprechung der Feldgärtnerei im Thajaboden. gr. 8. (26 S.) Znaim 887. Fournier & Haberler. n. — 80

Roth, Jos., zum 25jährigen Papstjubiläum unseres so glorreich regierenden hl. Vaters Leo XIII. (45 S.) kl. 8. Ravensburg (903). F. Alber. — 25

Roth's, Jos., landwirthschaftliche Wandervorträge. [Populäre Flugschriften in Einzelheften.] 1.—5. Heft. gr. 8. Znaim, (Fournier und Haberler.) * 2 —

Inhalt:

Heft 1. Nutzen und Nothwendigkeit der Zusammenlegung landwirthschaftlicher Grundstücke, nebst dem diesbezügl. Gesetze vom 7. Juni 1883. (31 S.) 883. * 40 Pf.
" 2. Welchen Nutzen gewähren die Maschinen dem Landwirthe? Welche von denselben haben für den Kleingrundbesitzer einen besonderen Werth? Vortrag, gehalten in mehreren Gemeinden. (39 S. mit eingedr. Holzschn.) 878. * 50 Pf.
" 3. Ueber die Grundsätze einer zweckentsprechenden Saat. Vortrag, gehalten zu Proßmeritz am 23. Septbr. 1877, gelegentlich der 57. General-Versammlung des Znaimer landwirthschaftlichen Vereines. (25 S.) 878. * 30 Pf.
" 4. Ueber den Werth der Baum-Cultur. Vortrag, gehalten am 20. Mai 1878 in der Gemeinde Lechwitz. (20 S.) 878. * 30 Pf.
" 5. Welche Bewirthschaftungsmängel kommen bei dem Kleingrundbesitze am häufigsten vor, und wie wäre denselben abzuhelfen? Vortrag, gehalten in Nikolsburg am 8. Dezbr. 1877, gelegenheitlich der General-Versammlung des Nikolsburger landwirthschaftlichen Vereines. (31 S.) 878. * 30 Pf.

Roth, Jos., welche **Bewirthschaftungsmängel** kommen bei dem Kleingrundbesitze am häufigsten vor, u. wie wäre denselben abzuhelfen? Vortrag, geh. in Nikolsburg am 8. Dezember 1877, gelegentlich der General-Versammlung des Nikolsburger landwirthschaftlichen Vereines. gr. 8. (34 S.) Znaim 878. (Fournier & Haberler.) n. — 50

— welchen **Nutzen** gewähren die Maschinen dem Landwirthe? Welche von denselben haben für den Kleingrundbesitzer einen besonderen Werth? Vortrag, geh. in mehreren Gemeinden. gr. 8. (39 S. m. eingedr. Holzschn.) Znaim 878. (Fournier & Haberler.) n. — 50

Roth, Jos., über den **Werth** der Baum-Cultur. Vortrag, geh. am 26. Mai 1878 in der Gemeinde Lechwitz. gr. 8. (20 S.) Znaim 878. (Fournier & Haberler.) n. — 40

Roth, Joseph Hermann [app. Arzt aus Bamberg]: Über einen Fall von Chondrodystrophia fötalis. '(Sog. fötale Rachitis.)' ... Bamberg, W. Gärtner's Buchdr., 1894; 60 S. 8.
Erlangen, Med. Fak., Inaug.-Diss. v. [18.] Juli 1894

Roth, Josias Leopold

* **Roth, J. L., et J. W., pandectae feudales s. commentar. in Stryckii examen juris feudal. 4. Francof. (Lips. Weidmann.)** 740.

Roth, Jul., über Astigmatismus und Ophthalmometrie. Inaug.-Diss. gr. 8. (VII, 67 S. m. 11 Tab.) Zürich 890. (Wiesbaden, Bergmann.) n.n. 2. —

Roth, Julius, Třetí německá cvičebnice pro školy obecné. Pátý školní rok. Wien 1894. K. k. Schulbücher-Verlag. (Min.-Erl. v. 15. Juni 1894, Z. 13633.) Gebunden —.40

Roth, Jul., das **Jesuitenthum**. Eine Zeitfrage. 8. (38 S.) Leipzig 871. O. Wigand. n. — 50

— — **Cvičebná kniha jazyka německého pro třetí a čtvrtou třídu škol středních.** 5. Aufl. Prag und Wien 1894. F. Tempsky. (Min.-Erl. v. 15. Juni 1894, Z. 13497) —.85, geb. 1.05

Roth, Julius, Mluvnické nauky německého jazyka pro nižší třídy škol středních. 5. Aufl. Prag-Wien 1890. Tempsky. —.40, geb. —.60. (Min.-Erl. 19. October 1889. Z. 21043.)

Roth, Julius, Mluvnické nauky německého jazyka pro nižší třídy škol středních. Prag und Wien 1894. F. Tempsky. (Min.-Erl. v. 15. Juni 1894, Z. 13497) —.40, geb. —.60

Roth, Jul., **Religion u. Priesterthum.** Leipzig 869. O. Wigand. 8. (IV, 215 S.) n. 20 ngr.

—— **Religion und Priesterthum.** Studien. 1. Aufl. 1869. *M 2., und 2. Aufl. gr. 8. (IV, 215 S.) Ebendas. 872.

Roth, Julius, Erstes deutsches Sprachbuch für ruthenische Volksschulen. Bearbeitet von F. A. Hlibowicki. Wien 1892. K. k. Schulbücher-Verlag.
— — Zweites Sprachbuch.

Erstes Deutsches Sprachbuch für ruthenische Volksschulen. Nach Julius Roth bearbeitet von F. A. Hlibowicki. Wien, k. k. Schulbücherverlag. 1895. (Min.-Erl. vom 6. Mai 1895. Z. 7638.) Steif gebunden —.30

— **die Unfehlbaren.** Geschichtliche Reihenfolge sämmtl. Päpste. 16. (100 S.) Ebend. 871. n. — 50

Roth, Justus

Roth, J. Beiträge zur geogn. Kenntniss von Lüneburg. (Aus d. Zeitschr. d. deutsch. geol. Gesellsch.) Berlin. 1853. 8.

Roth, J. Beiträge zur Kenntniss der plutonischen Gesteine. Berlin, 1869.

Roth, Justus, **Beiträge zur Petrographie der plutonischen Gesteine, gestützt auf die von 1861 bis 1868 veröffentlichten Analysen. [Aus den Abhandlungen der k. Akad. der Wiss.] Berlin 870. (Dümmler's Verlag.) Imp.-4. (280 S. mit 1 Tab. in Fol.)** n. 3 Thlr 5 ngr.

——— Beiträge zur Petrographie der plutonischen Gesteine, gestützt auf die von 1869—1873 veröffentlichten Analysen. (Aus d. Abhandl. d. K. Akademie d. Wissensch. zu Berlin 1873.) Berlin 1873. 4.

Roth, Just., Beiträge zur Petrographie der pluton. Gesteine gestützt auf die von 1869—1873 veröffentl. Analysen. [Aus: „Abhandlgn. d. k. Akad. d. Wiss. zu Berlin."] 4. (93 S.) Berlin 874. Dümmler's Verl. in Comm. n. 4. —

Roth, Just., Beiträge zur Petrographie der plutonischen Gesteine, gestützt auf die von 1873—1879 veröffentlichten Analysen. [Aus: „Abhandlgn. d. k. Akad. d. Wiss. zu Berlin".] gr. 4. (51 u. LXXX S.) Berlin 879. Dümmler's Verl. in Comm. n. 9. —

Roth, Just., Beiträge zur Petrographie der plutonischen **Gesteine, gestützt auf die von 1879—1883 veröffentlichten Analysen. gr. 4. (54, 88 S.) Berlin 884, (Dümmler's Verlagsh.)** * 7 50
Aus: Abhandlungen der k. preuss. Akademie der Wissenschaften zu Berlin, besonders abgedruckt.

Roth, Just., Beiträge zur Petrographie der plutonischen Gesteine, gestützt auf die von 1879—1883 veröffentlichten Analysen. gr. 4. (54 u. 88 S.) Berlin 884. (G. Reimer.) n. 7. 50

— die geologische **Bildung** der norddeutschen Ebene, s. a. **Sammlung** gemeinverständlicher wissenschaftlicher Vorträge.

Roth J, die geologische Bildung der norddeutschen Ebene. (Sammlung gemeinverständlicher wissenschaftlicher Vorträge 111) Berlin 1870

Roth, Justus, Die geologische Bildung der norddeutschen Ebene. Berlin 1871. 8.
Ist: Samml. allg.-verst. wiss. Vortr. Bd. 5. S. 557—593.

Roth, J. Die geologische Bildung der norddeutschen Ebene. Berlin, 1885.

—— über die **Erdbeben**, s. a. **Sammlung** gemeinverständlicher wissenschaftlicher Vorträge.

Roth J, über die Erdbeben. (Sammlung wissenschaftlicher Vortr. 390) Berlin 1882

— **Erläuterungen** zu der geognostischen Karte vom niederschlesischen Gebirge u. den umliegenden Gegenden. Im Auftrage des Ministeriums für Handel, Gewerbe u. öffentl. Arbeiten hersg. Berlin 867. (Neumann.) gr. 8. (XX, 396 S. mit 1 chromolith. Uebersichtskarte u. 3 Steintaff., wovon 1 in Buntdr.) n. 2 Thlr 20 ngr.

—— Flußwasser, Meerwasser, Steinsalz, s. a. Sammlung gemeinverständl. wissenschaftl. Vorträge.

Roth, Justus: Flusswasser, Meerwasser, Steinsalz. (Sammlung gemeinverständlicher wissenschaftlicher Vorträge. Serie 13. Heft 306.) Berlin 1878. 36 S. 8°.

Roth, J., Dr., Die Fortschritte der physikalischen Geographie im Jahre 1852—58. (VIII.—XIV. Jahrg. der „Fortschritte der Physik."

—— **allgemeine und chemische Geologie. 1. Bd.: Bildung und Umbildung der Mineralien. Quell-, Fluss- und Meerwasser. Die Absätze. gr. 8. (VIII, 633 S.) Berlin 879, Hertz.** *

— allgemeine u. chemische Geologie. 2. Bd. 1. u. 2. Abth. gr. 8. Berlin, Hertz. n. 11. —
(I.—II, 2.: n. 27. —)
1. Allgemeines u. ältere Eruptivgesteine. (210 S.) 887. n. 6. -
2. Jüngere Eruptivgesteine. (S. 209—387.) 885. n. 5. -

Roth, Just., allgemeine u. chemische Geologie. 2. u. 3. Bd. gr. 8. Berlin, Hertz. n. 15. —
(I—III., 1.: n. 42. —)
2. Bd. Petrographie. Bildung, Zusammensetzg. u. Veränderg. d. Gesteine. 3. (Schluss-)Abth.: Krystallinische Schiefer u. Sedimentgesteine. (X u. S. 385—695.) 887. n. 9. -
3. Bd. Allgemeine Geologie. 1. Abth.: Die Erstarrungskruste u. die Lehre v. Metamorphismus. (210 S.) 890. n. 6. —

Roth, Justus, allgemeine u. chemische Geologie. 3. Bd. 2. Abth. (Schluss des Werkes.) gr. 8. Berlin 893. Besser. n. 9. — (kplt.: n. 51. —; in 3 Halbfrzbdn. n.n. 55. 50)
Die Erstarrungskruste u. die Lehre vom Metamorphismus. Verwitterung, Zersetzg. u. Zerstörg. der Gesteine. 2. Abth.: Verwitterung, Zersetzg. u. Zerstörg. der Gesteine. Nachträge zu den bereits erschienenen Abtheilgn. (IX u. S. 211—530.)

Roth, Just., die Gesteins-Analysen in tabellarischer Uebersicht und mit kritischen Erläuterungen. qu. gr. 4. (LX und 68 S.) Berlin 861, Hertz. *

—— **über die Lehre vom Metamorphismus und die Entstehung der krystallinischen Schiefer. gr. 4. (82 S.) Berlin 871, (Dümmler's Verlag.)** *

— **über die Lehre vom Metamorphismus u. die Entstehung der krystallinischen Schiefer. [Aus: „Abhandlgn. der k. Akad. d. Wiss. zu Berlin."] gr. 4. (82 S.) Ebend. 871.** n. 4. 50

— **über den Serpentin u. die genetischen Beziehungen desselben. [Aus den Abhandlungen der k. Akad. der Wiss.] Berlin 870. (Dümmler's Verlag.) gr. 4. (34 S.)** n. 14 *ngr.*

—— **über die Steinkohlen, s. a. Sammlung gemeinverständlicher wissenschaftlicher Vorträge. 19. Heft.**

Roth J, über die Steinkohlen. (Slg wissenschaftlicher Vorträge 19) Berlin 1866

— Studien am Monte Somma. [Aus: „Abhandlgn. d. königl. Akad. d. Wiss. zu Berlin".] gr. 4. (46 S.) Berlin 877. Dümmler's Verl. in Comm. n. 2. —

Roth, Justus (Ludov. Adolph.): Symbolae ad regionis Luneburgensis indolem geognosticam cognoscendam. Berolini 1861. (26 S.) 8°
Berlin, Phil. Fak., [Hab.-Schr. v. 1861]

—— **der Vesuv und die Umgebung von Neapel. Eine Monographie. gr. 8. (XLIV und 540 S. mit 9 Stnt. in gr. 8. und qu. 4. und eingedr. Holzschn.) Berlin 857, Hertz. geb.** *

Roth. Justus. Über die Zusammensetzung von Magnesiaglimmer u. Hornblende. 1862.

Roth, Karl, s. a. Roth, Karl Ludwig

Roth, Carl de, s. Agenda für den praktischen Photographen.

Roth, Carl, eine Anregung zur Bekämpfung der Lungenschwindsucht durch künstl. Herstellung der trockenen Atmungsluft bevorzugter südlicher Klimate. gr. 8. (34 S.) Berlin (C., Klosterstr. 65/67) 899. Schmitz & Bukofzer. — 80
Sonderabdruck aus: „Medicin. Reform".

ROTH, Carl (München): Ueber Atrophia musculorum progressiva.- München: Wolf 1881. 42 S.
27.3.1882 - Urk (Titel: De athrophia musculorum progressiva.); Chr 1881/82,8
Diss.Ingolst.-Landsh.-Mchn.

Roth, Carl, aus Basel: Die Auflösung der Tiersteinischen Herrschaft. [Mit 1 Karte.] Basel 1906. 178 + 4 S. 8°. [15. XII. 05.]
Basel. Phil. Diss. 1905/1906.

Roth, Carl. Die Auflösung der Tiersteinischen Herrschaft. Diss. Phil. Basel. [Mit 1 Karte.] 181 S. 8. Basel, Gasser & Cie, 1906.

(Roth, Carl von): Betrachtungen eines Livländers bei Beurtheilung der kürzl. erschienenen Schrift „Zur Verständigung" von H. von Samson. — Dorpat, Riga, Lpg: Schnakenburg 1880. 20 S.

Roth, Karl, neuentdeckte Beûgarten d. hochdeûtsch. Sprache, s. Vollmer, Al. J.

Roth, Carl, Bruchstücke aus d. Kaiserchronik, s. Bruchstücke.

— s. Cicero, vom Greisenalter.

Roth, Carl de, Richard Cobden, ein Meister der Staatswirthschaft u. Muster polit. Redlichkeit, in Leben u. Leistungen ein nachahmungswürd. Vorbild. Nach dem Engl. bearb. Coburg 867. Riemann'sche Hofbuchh. gr. 8. (54 S.) n. 10 *ngr.*

Roth, Karl, Denkmähler d. deutschen Sprache vom 8. bis z. 11. Jahrh., aus gleichzeit., großenth. ungedr. Handschriften hrsg., u. theilweise übers. u. erläutert. 2 Abthln. gr. 8. (8½ B.) München 840, Lentner'sche Buchh. *

— — (Leipzig, Volckmar.)

Roth, Karl [pr. Arzt seitheriger Assist. d. Kinderklinik aus Nidda-Hessen]: Zur bacteriologischen und klinischen Diagnose und Therapie der Diphtherie. Mittheilgn aus d. bacteriolog. Abtheilg d. Laboratoriums d. medicin. Klinik u. d. hiesigen Kinderklinik ... Leipzig, Druck v. B. G. Teubner, 1894; 2 Bl., 40 S. 8.
Strassburg, Med. Fak., Inaug.-Diss. v. 1894

ROTH, CARL. Ueber ein neues Dibromphenol und ein Nitroderivate desselben. (Jena) Giessen, 1879.

Roth, Carl: Einiges über ältere und neuere Methoden der Rektifikation sowie der Teilung von Kreisbögen. S. 3—22, 2 Taf. 4.
Vierklass. ev. Gymn. A. B. u. verb. Elementar-Volksschule
Progr. *Szászsebes (Mühlbach)* 1906.

Roth, Carl. Zur Erinnerung an Frau Dr. Emilie Verena Ellinger geb. Brunnschweiler. Gesprochen bei ihrer Beerdigung den 25. März 1885. 8. Basel.

Roth, C[arl]. Zur Erinnerung an Frau Emma Liechtenhan-Hagenbach († 24. März [1882]). Personalien. Leichenrede, gehalten von C. R'.... 8. Basel.

— neueste **Fortschritte** u. Erfahrungen auf dem Gesammtgebiete der Photographie aus den Jahren 1863 bis 1867. Repertorium der wesentlichsten Leistungen in der Photographie, Photolithographie, Photogalvanographie etc. [Aus: Schnauss, photographisches Nachschlagebuch.] Leipzig 868. Spamer. gr. 8. (IV, 90 S.) n. 15 *ngr.*

Roth, *Wilhelm Paul Karl* [Prof. Dr.]: Gustav Freytag. Stuttgart, k. Hofbuchdr. C. Liebich, 1897; 1—43 S. 4.
Stuttgart, k. RG, P 1897 (623)

Roth, C. Ueber den Gebrauch des Infinitivs in der französischen Sprache. Carlsruhe, L., 1861. 59 S. **Progr.**

Roth, Karl („geprüft. Philolog u. dermal. Oberlehrer in d. Gernert'schen Knaben - Erziehungs - Anstalt zu München"), *Gelegenheits - Gedichte.* (Ornament.) München 1829. (Zu haben beim Verfasser.) 8°. Cart.*)
31 S., 1 S. Err. Dem Prof. d. Geschichte etc. an d. Univers. Würzburg, Dr. Frz. Berks, „dem edlen Menschenfreunde", gewidmet.

Roth, K., Geschichte der christlichen Balkanstaaten (Bulgarien, Serbien, Rumänien, Montenegro, Griechenland), s.a. Sammlung Göschen.

Geschichte der christlichen Balkanstaaten ⟨Bulgarien, Serbien, Rumänien, Montenegro, Griechenland⟩ von Dr. K[arl] **Roth.** Leipzig: Göschen 1907. 157 S. 8°
(Sammlung Göschen. 331.)

Roth, Karl, Geschichte des Forst- und Jagdwesens in Deutschland. gr. 8. (XVI, 678 S.) Berlin 879, [Wiegandt, Hempel und Parey.] Parey.

Roth, Carl, Geschichte der Stadt Neuenstadt an der großen Linde u. des abgegangenen Ortes Helmbund. Ein Beitrag zur Beschreibung des Oberamts Neckarsulm. Mit Ansichten von der großen Linde u. dem alten Helmbund-Kirchlein. gr. 8. (IV, 124 S. m. 4 Steintaf.) Heilbronn 877. (Schmidt's Sort.) n. 3. 20

Roth, K., Geschichte des byzant. Reiches, s.a. Sammlung Göschen.

Geschichte des byzantinischen Reiches. Von Dr. K[arl] **Roth.** Leipzig: Göschen 1904. 128 S. 8°
(Sammlung Göschen. 190.) A 12. 1105 II.

Roth, Carl. Aus der Geschichte der Grafen von Tierstein. [Mit 1 Grundriss und 1 Tafel.] 8.
Jahresbericht der Sektion Basel [des] S(chweizer) A(lpen-) C(lub) pro 1909. 47stes Vereinsjahr. Beilage.... Basel, Birkhäuser & Dubi, (1910). S. 3—23.

Über die angebliche Gründung der Lateinschule Dürkheim durch Graf Emich XI von Leiningen 1606. — Von Karl Roth, R. — 1906, Bad Dürkheim, J. Rheinberger. — Anhang zum Jahresbericht p. 28—33.
Progr. Dürkheim a. d. Haardt (Pfalz), Progymn.

Roth, Frdr. Karl, Handbuch des Forstrechts u. des Forstpolizeirechts nach den in Bayern geltenden Gesetzen. München 863. Lindauer. gr. 8. (XI, 602 S.) 3 *ℳ* 15 *ngr.*

Roth, Karl, Handbuch d. bayerischen Forstrechts. Ergänzende Nachträge bis 1870. gr. 8. (S. 603—620.) München 871. Lindauer. n. — 75 (cplt.: n. 11. 25)

Roth, *Karl:* **Ueber Hernien-Tuberkulose ... (Aus: Beitr. z. klin. Chir., Bd XV Heft III.) Tübingen, H. Laupp, 1896; 2 Bl., 26 S., 1 Bl. 8.**
Heidelberg, Med. Fak., Inaug.-Diss. v. [18. Juni] 1895

Roth, (Friedr.) Carl (geb. Neunkirchen in Westf. 19. 3. 1861): Ueber Hüftgelenks-resectionen. Berlin (1883). (33 S.) 8°
Berlin, Med. Diss. v. 26. Juli 1883

Roth, C[arl]. Leichenrede, gehalten bei der Beerdigung von Herrn Pfarrer Hieronymus Buser-Stähelin ... den 15. Mai 1880 durch C. R'.... nebst des Vollendeten eigenhändigen Personalien. 8. Basel.

Roth, Carl. Leichenrede, gehalten bei der Beerdigung von Frau Margaretha Respinger geb. Burckhardt, ... den 29. November 1866 ... [zu Basel] durch K' R'.... 8. Basel.

Roth, Karl [aus Karlsruhe]: Über Metalldestillation und über destillierte Metalle. (Mit 24 Figuren und 1 Tafel.) Leipzig 1902. 126 S. 8°.
Basel. Phil. Diss. 1901/1902.

Roth, Carl. Über Metalldestillation und über destillierte Metalle. Diss. Phil. Basel... von Karl Roth.... [Mit 24 Figuren im Text und 1 Tafel.] 126 S. 8. Leipzig, Metzger & Wittig, 1902.

Roth, Karl, Methodik des naturgeschichtlichen Unterrichts, s. Handbuch der speciellen Methodik.

—— trockene **Platten** und transparente Photographien. Eine vergleichende Zusammenstellung der bewährtesten Methoden nach ihren neuesten Verbesserungen. Nr. 1: Major Russell's Tannin-Verfahren. Ausführliche Anleitung mit geringen Kosten sehr empfindl. trockene Platten und transparente Photographien von wundervoller Tonabstufung zu erzielen. Nach Major Russell's Tannin-Process bearb. und mit den neuesten Erfahrungen bereichert. 1. Aufl. 1862. und 2. Ausg. gr. 8. (XIII und 47 S. mit 4 eingedr. Holzschn.) Leipzig 865, Spamer. *

— deütsche **Predigten** des 12n u. 13n Jahrh., s. **Bibliothek** der gesammten deutschen National-Literatur 11r Bd. 1r Thl.

Roth, Karl, die Schlacht v. Aliſchanz [la bataille d'Aliscans], Kitzinger Bruchstücke; niederdeutsches Heldengedicht vom Anfange d. 14. Jahrhunderts, abermals aus der Urschrift hrsg., ergänzt u. erläutert. 8. (80 S.) Paderborn 874. Schöningh. n. 1. 20

Roth, Karl, griechische Schulgrammatik. 1. Thl.: Formenlehre. gr. 8. (VI, 108 S.) Leipzig 876. Teubner. 1. 20

Roth, Carl, griechische Schulgrammatik. 2. Thl.: Syntax. gr. 8. (X, 130 S.) Leipzig 877. Teubner. 1. 50
(1. u. 2.: 2. 70)

—— allgem. Silbenlehre d. deütschen Sprache. gr. 8. (10¾ B.) Passau 833, Pustet.

—— deütsche Silbenlehre f. Schulen. 8. (5½ B.) Augsburg 831, Wolfhart.

— deütsche Silbenlehre für Schulen. 8. **Augsburg 831, jetzt** Schlosser u. der Preis 1⁄8 *ℳ*

Roth, Karl, Dr.: **Studie** zu den Briefen des Theophylaktos Bulgarus. *Ludwigshafen a. Rh. 1900: A. Lauterborn.* (22 S.) 8°
Ludwigshafen a. Rh., k. G, P 1900*

Roth, Karl, appr. Nahrungsmittelchemiker: I. Synthese 1,1-diarylsubstituierter Galakto-Hexite. II. Katalytische Reduktion der Fette. Erlangen 1909: Jacob. 82 S. 8°
Erlangen, Phil. Diss. v. 12. Jan. 1910, Ref. Paal
[Geb. 26. Jan. 81 Weißenburg i. B.; Wohnort: Erlangen; Staatsangeh.: Bayern; Vorbildung: Progymn. Weißenburg bis 97; Studium: Erlangen 12 S.; Rig. 9. März 09.] [U 10. 892

ROTH, Friedrich Karl: Theorie der Forstgesetzgebung und Forstverwaltung im Staate oder System der staatswissenschaftlichen Grundsätze in Bezug auf die Wälder, deren Behandlung und Erzeugnisse. - München 1841. 367 S.

Roth, Fr. Karl, Theorie der Forstgesetzgebung u. Forstverwaltung im Staate, oder System der staatswissenschaftlichen Grundsätze in Bezug auf die Wälder, deren Behandlung u. Erzeugnisse. gr. 8. München 841, Lindauer'sche Buchh. (Sauer.) 1½ ₰

Karl Roth. Der griechische Unterricht der Tertia. 47 S. Offenburg, P 1874

Roth, Karl, Sappho's Verse. Byzantin. Roman. 12. (171 S.) Kempten 902. J. Kösel. n. 2. 20; geb. in Leinw. n. 3. —

—— engl. Vorschriften. 4. (7 lith. Bl.) Landshut 832, Thomann.

Roth, C[arl]. Worte der Erinnerung und Ermahnung, gesprochen bei der Beerdigung von Herrn Johannes Benz, gewes. Polizei-Oberlieutenant, ... den 17. Juni 1868 ... [zu Basel]. 8. Basel.

Roth, Karl, über Wald und Waldbenutzung nach conservativen Grundsätzen. 8. (VII, 94 S.) München 880, Lindauer'sche Buchh. * 1 20

[F.] **Roth,** Karl [Assist.]: Die erzählenden Zeitformen bei Dionysius von Halikarnass. (Th. 1.) Bayreuth, Buchdr. v. L. Ellwanger, 1897; 52 S. 8.
Bayreuth, k. Humanist. G, P 1897*

Roth, Karl, aus Haundorf: **Die erzählenden Zeitformen bei Dionysius von Halikarnass.** (T. 1.) *Bayreuth 1898: L. Ellwanger.* (52 S.) 8° [F.]
Erlangen, Phil. Diss. v. 22. Juli 1898

— **Zöllnergedanken üb. Heilkunst — auch f. Pharisäer.** gr. 8. (VI, 187 S.) Stuttgart 901. A. Zimmer. n. 2.—

Roth, Karl Johann Friedrich von

v. Roth, Karl Jh. Fr., zum Andenken Heinrich Schenks. gr. 4. Münch. 813. (Franz). 5 gr.

Rothii, F., de bello Borussico commentarius. Stuttg. 808. 8. 14 gr.

— de bello Borussico commentarius. 8maj. Stuttg. 809. Steinkopf. 12 gr.

v. Roth, Karl Jh. Fr., einige Bemerkk. üb. die fortdauernde Abhängigkeit unserer Bildung von der klassischen Gelehrsamkeit. gr. 4. Münch. 825. (G. Franz). 5 gr.

— **Bemerkk. üb. die Schriften des M. Cornelius Fronto u. üb. das Zeitalter der Antonine.** gr. 4. Münch. 817. (G. Franz). 5 gr.

Roth, F., Bemerkungen über die Schriften des M. Corn. Fronto und das Zeitalter der Antonine. Nürnb. 817. 4.

— **Bemerkk. üb. Sinn u. Gebrauch des Wortes Barbar.** gr. 4. Münch. 813. (Franz); (a. Felssecker in Nürnb.) 5 gr.

Roth. (Fr.,) einige Bemerkk. über die fortdauernde Unabhängigkeit unserer Bildung v. d. class. Gelehrsamkeit. Vorlesung. gr. 4. Nürnb. 826, Felsecker.

— Carmen a. d. IV. Kal. Dec. MDCCCXXIX quo die Maximilianus, Ludovici regis filius natu maximus, regni futurus heres, virilem aetatem ingressus est. 4maj. Münch., (G. Franz). 2 gr.

— von d. Einfluß d. Geistlichkeit unter den Merovingern. gr. 4. Münch. 830. (G. Franz). 5 gr.

Roth, Karl Joh. Frdr. v., Von dem Einflusse der Geistlichkeit unter den Merovingern. Nürnberg o. J. (1830). 4. . . . . (D.)

— s. 1) Chr. Aug. Fischer's Gesch. s. Amtsführung u. Entlassung, u. setze hinzu: (v. K. J. F. Roth). 2) J. G. Hamann, Schriften u. Dess. Betracht.

— Hermann u. Marbod. 8. Stuttg. 817. Steinkopf. 8 gr.

— s. Fr. Hnr. Jacobi's Werke. — Lamotte, Cours.

— Lobschrift auf Joh. v. Müller, den Geschichtschreiber. gr. 8. Sulzb. 811. v. Seidel. 6 gr.

— Lobschrift auf Lorenz v. Westenrieder, gelesen in d. öffentl. Versamml. d. kön. baier. Akademie d. Wissensch. zur Feier d. Ludwigstages 1832. gr. 8. Münch. 832. Weber. 6 gr.; (bei Franz das.) 7 gr.

Ueber den Nutzen der Geschichte v. Friedrich **Roth.** Nürnberg. (1822.) 4° E.

— über den Nutzen d. Geschichte; e. Vorlesung. gr. 4. Münch. 822. (Franz). 5 gr.

— über den Nutzen der Geschichte; eine Vorlesung. gr. 4. Nürnb. 823, Felsecker.

— de re municipali Romanorum libri II. 8maj. Stuttg. 801. Steinkopf. 14 gr. Schrbp. 20 gr.

Roth, Christoph Friedrich.

Laudatio. Stuttgart 1814. V: *Roth, Carl Johann Friedrich.* (Ky)

Roth, Fr., Über Thucydides u. Tacitus vergl. Betrachtungen. Münch. 812. 4. 4 gr. Lateinisch in Poppo's Ausg. des Thuc.

— üb. Thucydides u. Tacitus vergleichende Betrachtungen. gr. 4. Münch. 812. (G. Franz). 5 gr.

— üb. Thucydides u. Tacitus; vergleichende Betrachtungen. 4. Münch. Lindauer. 813.

— über den bürgerl. Zustand Galliens um die Zeit der fränkischen Eroberung. gr. 4. Münch. 827. (G. Franz). 5 gr.

Roth, Karl Ludwig

— s. Aemilius Probus. —

Roth, Carl Ludw., Amtsreden zum Schlusse d. Schuljahres 18³⁰/₃₁ bei d. Preiseverteilung gehalt. gr. 8. (1 B.) Nürnberg, Schrag.

—— vier Amtsreden beim Schlusse d. Schuljahrs 1826, 30, 32 u. 33 gehalt. gr. 8. (3 B.) Nürnberg, Schrag.

—— Anthologie latein. Gedächtnissübungen. 1. Bdchn. Stellen aus Dichtern. gr. 8. (12½ B.) Nürnberg 829, Schrag.

Roth, Carl Ludw., Anthologie lateinischer Gedächtnissübungen in Stellen aus Dichtern. 2. verb. Aufl. Leipzig 860. Schrag. (Zürich, Ernst.) 8. (XV, 158 S.) 15 ngr.

Roth, Carl Ludw., **Anthologie** lateinischer Gedächtnissübungen in Stellen aus Dichtern. 2., verb. Aufl. Neue (Titel-)Ausg. Nürnberg (860)869. Korn. 8. (XV, 158 S.) n. 15 ngr.

Roth, Karl Ludw., Anthologie lateinischer Gedächtnisübungen in Stellen aus Dichtern. 3. verb. Aufl. gr. 8. (XII, 160 S.) Nürnberg 880, Korn'sche Buchh. * 1 80
geb. ** 2 —

— s. Aristoteles Werke.

Roth, Karl, Kleine Beiträge zur deutschen Sprach-, Geschichts- und Ortsforschung. Bdch. 1—3 = H. 1—20. München 1850—67. 8. . . . . (D.)
——, —— Heft 6. 2. verb. Aufl. mit 1 Anh. München 1868. 8.

Roth, Carl (Ludw.), kleine Beiträge zur deutschen Sprach-, Geschichts- und Ortsforschung. 1—4. Heft. 8. (VIII und 184 S.) München 850—51, Kaiser. à Heft * 10 Ngr. *

—— dass. — 5—7. Heft. 8. (150 S.) München 852, Finsterlin. à Heft * 10 Ngr. *

Roth, Carl (Ludw.), kleine Beiträge zur deutschen Sprach-, Geschichts- und Ortsforschung. 8—12. Heft. 8. München, Finsterlin. [8—10. Heft. (S. 153—256.) 11. und 12. (S. 1—96.) 853—54. à Heft * 10 Ngr.] *

Roth, Karl, kleine Beiträge zur deutschen Sprach-, Geschichts- u Ortsforschung. 13—15. Heft. München 860—62. J. A. Finsterlin. 8. (3. Bdchn.: S. 97—264.) n. 1 ℛ 16 ngr.
13. u. 14. n. 1 ℛ 6 ngr.; 15. n. 10 ngr.

Roth, Carl, kleine Beiträge zur deutschen Sprach-, Geschichts- u. Ortsforschung. 16—20. Heft u. Anh. Inhalt des 1. u. 2. Bdchns. München 863—70. J. A. Finsterlin. 8. (VIII u. S. 1—240 u. Inhalt LXIV S.) Jedes Heft n. 10 ngr.

—— dass. — 6. Heft. 2. verb. Aufl. mit einem Anhang. 8. (64 S.) Ebendas. 868. *

— über den Bestand d. Unterrichts in d. fünf jüngeren Klassen d. Königl. Studien-Anstalt in Nürnberg. gr. 8. Nürnb. 824, Schrag.

—— Bruchstücke aus Jansen des Eninkel's Weltchronik, s. Bruchstücke.

Commentatio, qua C. Cornelii Taciti aliquot per figuram ΈΝ ΔΙΑ ΔΥΟΙΝ dicta comparatis aliorum scriptorum locis nonnullis colliguntur et digeruntur a Carol. Ludov. Roth, G. R. Lat. et Gr. L. P. — 1825. Noribergae, typ. Bieling. — S. 3—12.
Progr. Nürnberg.

Emendationes Tacitanae. Scrips. Car. Ludov. Roth, G. R. — 1833. Ibid. — S. 3—15.
Progr. Nürnberg.

— Erinnerung an die sittl. Wirksamkeit der verewigten Königin Katharina v. Würtemberg. Eine Rede. gr. 8. Stuttg. 821. Steinkopf. 4 ℊ

— von der Erziehung im Unterrichte; eine Rede. gr. 8. Nürnb. 822, Schrag.

Roth, K. L., griechische Geschichte, nach den Quellen erzählt. 3., neu bearb. Aufl., hrsg. von A. Westermayer. Mit Abbildungen (Holzschntaf. u. 1 Chromolith.) u. (chromolith.) Karten. gr. 8. (XII, 531 S.) Nördlingen 882. Beck. n. 7. —; geb. n.n. 8. 50

Roth, Karl Ludw., griechische Geschichte, nach den Quellen erzählt. 4. Aufl., bearb. von A. Westermayer. gr. 8. (XVI, 535 S. m. 40 Abbildgn. u. 2 Karten.) München 891. Beck. n. 6. 50; cart. n. 7. —; geb. n. 8. —

Roth, Karl Ludw., griechische Geschichte, nach den Quellen erzählt. 4. Aufl., bearb. v. A. Westermayer. Neue wohlf. [Titel-]Ausg. (XVI, 535 S. m. 40 Abb. u. 2 Karten.) gr. 8. München [890] 903. C. H. Beck.
Geb. in Leinw. n. 3. 50

Roth, Karl Ludw., griechische Geschichte, nach den Quellen erzählt. In 3. u. 4. Aufl. hrsg. v. A. Westermayer. 5., neubearb. Aufl., besorgt v. Frdr. Stähelin. Mit 55 Bildertaf. u. 2 Karten. (XIII, 484 S.) 8. München 910. C. H. Beck. Geb. in Leinw. 6. —

Roth, Karl Ludw., römische Geschichte, nach den Quellen erzählt. In 2. neu bearb. Aufl. hrsg. von Adf. Westermayer. 2 Thle. gr. 8. Ebendas. à Thl. *ℳ 5,20. * 10 40
cart. à Thl. *ℳ 5,80. * 11 60
geb. in Halbfrz. * 11 80

Inhalt:
Thl. 1. Von der Gründung der Stadt Rom bis zur Stiftung des ersten Triumvirats. (XII, 388 S. mit 15 Orig.-Abbild. in Tondr. und 1 chromolithogr. Karte von Italien.) 884.
" 2. Von Cäsar bis zum Untergang des abendländischen Kaiserreichs. (XI, 408 S. mit 25 Orig.-Abbild. in Tondr., 3 Münztaf. und 2 chromolithogr. Karten.) 885.

— römische Geschichte, nach den Quellen erzählt. In 2. Aufl. hrsg. v. Adf. Westermayer. 3. neu bearb. Aufl. Mit 16 Taf. Porträts, 8 Taf. Rekonstruktionen u. Münzen, 8 Karten. (XIV, 667 S.) gr. 8. Ebd. (905)
Geb. in Leinw. n. 6. —

Roth, Carl Ludw., zur Geschichte d. nürnbergischen gelehrten Schulwesens im 16. u. 17. Jahrh. Ein Vortrag. gr. 8. (1¼ B.) Nürnberg 839, Recknagel.

— Gymnasial-Pädagogik. Stuttgart 865. J. F. Steinkopf. 8. (VIII, 403 S.) n. 1 ℛ 15 ngr.

Roth, Karl Ludw., Gymnasial-Pädagogik. 2., von dem Verf. durchgeseh. u. verm. Aufl. 8. (VIII, 472 S.) Stuttgart 874. J. F. Steinkopf. n. 5. 60

—— das Gymnasial-Schulwesen in Bayern zwischen den Jahren 1824 u. 1843. Berichte u. Betrachtungen. gr. 8. (9¼ B. u. 1 Tabelle in 4.) Stuttgart 845, S. G. Liesching, Verl. *

— De satirae romanae indole, eiusdemque de ortu et occasu. Pr. 1844. 15 S. 4°.

—— die römischen Inschriften, s. a. Mittheilungen der Gesellsch. f. vaterländ. Alterthümer.

Roth, C[arl] L[udwig]. Die Römischen Inschriften des Kantons Basel, von Dr. K. L. R. Mittheil. Ges. Vaterl. Alterth. Basel. (Heft) 1. 4. [Basel] 1843.

— s. Juvenalis, A. D. Jun., Satirae tres.

Roth, C[arl] Ludwig. Über das Leben der M[arcus] Terentius Varro. Ein biographischer Versuch von Prof. Dr. K. L. R.... <SA. Progr.> 8. Basel 1857.

— Franceska Spieras Lebensende. Zum Besten d. Erziehungs-Anstalt für arme u. verwahrloste Knaben. 8. Nürnb. 829. (Raw). 3 ℊ

—— Lesebuch z. Einleit. in die Geschichte, nach d. Quellen bearb. 1. Bd. 1. u. 2. Hft. gr. 8. Nürnberg, [Bauer u. Raspe.] [1. (20 B.) 839., 2. (22½ B.) 840. à ⅔ Thlr.]

Roth, Karl Ludw., Lesebuch zur Einleitung in die Geschichte, nach den Quellen bearb. 1r Bd. 1s u. 2s Hft. gr. 8. Nürnberg 839, 40. Schneider u. Weigel. (à ⅔ ℛ) 1⅓ ℛ

—— Lesebuch zur Einleitung in die Geschichte, nach den Quellen bearb. 2. u. 3. Bd. à 2 Hfte. A. u. d. Ttl.: Römische Geschichte in ausführl. Erzählung. 1—4. Thl. gr. 8. Nürnberg, [Geiger.]

Thl. 1. Von der Gründung der Stadt Rom bis in d. Jahr 587 nach ihrer Erbauung. (29¼ B.) 844. 1 Thlr.
" 2. Von d. Sturze des macedonischen Reiches bis z. Uebergange Cäsars über den Rubiko. (23¾ B.) 845. 26¼ Ngr.
" 3. Von dem Uebergange Cäsars üb. den Rubiko bis z. Untergang des Freistaats. (19¾ B.) 846. 23¾ Ngr.
" 4. Von der Stiftung der Monarchie bis z. Tode des Cäsar Oktavianus Augustus. (14½ B.) 847. 17½ Ngr.
1. Bd. Ebendas. 1839, 40. 1 Thlr. 10 Ngr.

Roth, Karl Ldw., Lesebuch zur Einleitung in die Geschichte, nach den Quellen bearbeitet. 2. Bd. 1. u. 2. Heft. A. u. d. T.: Römische Geschichte in ausführlicher Erzählung. 1. u. 2. Bd. Von der Gründung der Stadt Rom bis zum Uebergange Cäsars über den Rubiko. gr. 8. Nürnberg 844, 45, Stein. 1. 1 ß 2. 7/8 ß

— dass. 3. Bd. 1. Heft. A. u. d. T.: Römische Geschichte ꝛc. Von dem Uebergange Cäsars über den Rubiko bis zum Untergange des Freistaats. gr. 8. Ebend. 846. 23¾ ngr (1—3. 1: 4 ß)

— dass. 3. Bd. 2. Hft. A. u. d. T.: Römische Geschichte in ausführl. Erzählung. 4. Bd. Von der Stiftung der Monarchie bis zum Tode des Cäsar Oktavianus Augustus. gr. 8. (149 u. LXVIII S.) Ebd. 847. 7/12 ß (1—III, 2.: 4 7/12 ß)

—— Lesebuch zur Einleitung in die Geschichte, nach den Quellen bearb. 1. Bd. A. u. d. T.: Griechische Geschichte von Lykurgus an bis zum Tode Alexanders des Großen. 2., bericht. und durch eine Uebersicht der Geschichte nach Alexanders Tode bis ums J. 200 v. Chr. verm. Aufl. gr. 8. (XVI und 673 S.) Nürnberg 849, Geiger.
2—4. Bd. (1. Aufl.) Ebendas. 1845—47. 2 Thlr. 7½ Ngr.

Roth, Carl Ludw., Lesebuch zur Einleitung in die Geschichte, nach den Quellen bearb. 1. Bd. A. u. d. T.: Griechische Geschichte von Lykurgus an bis zum Tode Alexanders des Großen. 2. bericht. u. durch eine Uebersicht der Geschichte nach Alexanders Tode bis ums J. 200 v. Chr. verm. Aufl. gr. 8. (XVI u. 673 S.) Nürnberg 850, Stein. 1½ ß

— Manuscript f. Aeltern, deren Söhne in d. Studien-Anstalt in Nürnberg unterrichtet werden. gr. 8. Nürnb. 827. Schrag. 6 gr

—— Mittheilungen d. Gesellschaft f. vaterländ. Alterthümer etc., s. Mittheilungen.

Roth, Carl Ludw., Munatius Plancus, s. a. Mittheilungen der Gesellschaft für vaterländische Alterthümer in Basel.

Roth, C[arl] L[udwig]. [1.] L(ucius) Munatius Plancus (Ueber L. M. P. Erklärung der Inschrift auf dem Mausoleum in Gaeta), von Dr. K. L. Roth. – [2.] Eine römische Niederlassung in Frick. Celtische Münzen aus Nunningen, und eine Münze des Orgetorix, von Dr. Wilh[elm] Vischer. Mit zwei lithographirten Tafeln. Mittheil. Ges. Vaterl. Alterth. Basel. [Heft] 4. 4. Basel 1852.

Literarum Universitati regiae Friderico-Alexandrinae Erlangensi primum ab ortu saeculum egregia cum laude transactum gratulantur Gymnasii regii Norimbergensis Professores et Collegae. — Inest de Satirae natura commentatio C. L. Rothii, solemnia anniversaria in Gymnasio regio Norimbergensi XI. Cal. Sept. MDCCCXLIII rite celebranda indicentis. — 1843. Ibid. — S. 1—15.
Progr. Nürnberg.

— s. Nonii Marcelli Peripatetici Tuburticensis de compendiosa doctrina etc.

—— Oertlichkeiten des Bisthumes Freising. Aus Kozroh's Handschrift in ganzen Sätzen ausgehoben. I. Drittel. 724—810. 8. (XII und 100 S.) München 856, Finsterlin. *

—— Oertlichkeiten des Bisthumes Freising aus Kozroh's Handschrift in ganzen Sätzen ausgehoben. II. und III. Drittel. 810—835, 836—1039. 8. München 857, J. A. Finsterlin. [II. (XVI und S. 105—246.) * 1 Thlr., III. (XXXVI und S. 247—325.) * 20 Ngr.] *
I. Drittel. Ebendas. 1856. * 20 Ngr.

— von der Pflicht, ein gutes Beispiel zu geben. Eine Rede. gr. 8. Nürnb. 823, Schrag.

Grammaticae quaestiones V e C. Cornelio Tacito repetitae. Scrips. Car. Lud. Roth, G. R. — 1829. Ibid. — S. 3—17.
Progr. Nürnberg.

—— von alter und neuer Rhetorik. Ein Beitrag zur Charakteristik unserer Zeit. gr. 8. (36 S.) Stuttgart 867, S. G. Liesching. *

— kleine Schriften pädagogischen u. biographischen Inhalts mit einem Anh. lateinischer Schriftstücke. 2 Bde. Stuttgart 857. J. F. Steinkopf. 8. (X, 446; IV, 440 S.) n. 2 ß. 20 ngr

— kleine Schriften pädagogischen u. biographischen Inhalts m. e. Anh. latein. Schriftstücke. 2 Bde. 2. wohlfeile Ausg. 8. (X, 466 u. IV, 444 S.) Ebend. 874. n. 6. —

— Stimmen aus der württembergischen Kammer der Abgeordneten im Sommer 1858. Ein Beitrag zur Verständigung über sociale Fragen. Stuttgart 859. J. F. Steinkopf. 8. (48 S.) n. 5 ngr

— C. Taciti Synonyma, s. Tacitus.

— s. Tacitus Schrift über Deutschland.

— s. Taciti, C. Corn., vita Julii Agricolae.

— zur Theorie u. innern Geschichte der Römischen Satire. gr. 8. (IV u. 48 S.) Stuttgart 848, Weise. ¼ ß

Deutsche Uebersetzung der Schrift des C. Cornelius Tacitus ueber Deutschland, von C. L. Roth, G. R. — 1835. Ebend. — S. 3—18.
Progr. Nürnberg.

(—— und Carl Friedr. Nägelsbach,) Uebungen d. latein. Stils, mit Kommentaren u. Hinweisn. auf d. Zumptische u. Schulzische Grammatik. 1. u. 2. Hft., f. reifere Gymnasialschüler. gr. 8. (9 u. 9½ B.) Nürnberg 829, 30, Schrag. à

– Dass., s.a. Übungen...

Roth, Carl Ludw., über Belisars Ungnade nach den Quellen. Histor. Aufsatz. gr. 8. (1½ B.) Basel 846, Schweighauser'sche Buchh. Thlr.

—— die ältesten Urkunden des Bisthumes Freising, nach Kozroh's Handschrift bis zum J. 835 verzeichnet. (Anhang zum 2. Bdchn. meiner „Beiträge.") 8. (III und 41 S.) München 853, (Finsterlin.) *

Roth, (C. L.,) Versuch über Bildung durch Schulen christl. Staaten, im Sinne der protestant. Kirche. gr. 8. Nürnb. 825, Schrag.

— Verzeichniß der freisinger Urkunden von heil. Korbinian biß zum Bischoffe Egilbert (724—1039), nach Kozroh's Handschrift herausg. Nebst einem Anhange, oberpfälzische Ortsnamen enthltd. München 855. Finsterlin. 8. (109 S.) n. 20 ngr

——, L. Cornelii Sisennae historici romani vitam conscripsit. 4maj. (3 B.) Basileae 834, Schweighauser.

Roth, Carl Ludw., Vorschlag und Stoff zu logikalischen Vorübungen. gr. 8. (20 S.) Stuttgart 858, Metzler'sche Buchh. Verlags-Conto. Thlr.
Aus dem „Correspondenz-Blatt für Gelehrten- und Realschulen" besonders abgedruckt.

— Wie die Beschäftigung mit dem klassischen Alterthum der religiösen Jugend-Bildung förderlich seyn könne. Ein Vortrag am Ende des Schuljahrs (27. Septbr. 1853) zur Feier des Geburtstags Sr. Maj. des Königs Wilhelm von Württemberg rc. gehalten. Aus dem „Correspondenz-Blatt für die Gelehrten- u. Realschulen Württemberg's". Stuttgart (855.) F. Steinkopf. gr. 8. (18 S.) n. 4 ngr.

— Wünsche f. d. weitere Ausbildung d. neu erschien. Plans d. latein. Schulen u. Gymnasien im K. Bayern. gr. 8. (2 B.) Nürnberg 829, Schrag.

Roth, C. L., Zeitgebrechen, Ansichten und Parallelen. gr. 8. Stuttgart, Steinkopf. 820.

Roth, Karl Theodor

Roth, Carl Theodor, Confirmandenbüchlein, oder: Dr. M. Luther's kleiner Katechismus für Confirmanden in 400 Fragestücken erläutert, durch Bibelsprüche begründet, so wie durch biblische Beispiele, Denksprüche u. Liederverse veranschaulicht. Pest 865. Kilian's Verlag. 8. (62 S.) 17 ngr.

Roth, Klara

Roth, Clara, Anleitung zur Brandmalerei u. zum Tiefbrand, s.: Handfertigkeiten. Nr. 5.

Roth, Clara, Anleitung zur Flachschnitzerei (Ausgründungsarbeit). 8. (19 S. m. 17 Abbildgn. u. 6 Taf.) Leipzig 894 E. A. Seemann. n. — 80

Roth, Clara, Anleitung zur Kerbschnitzerei. 8. (28 S. m. 42 eingedr. Abbildgn.) Leipzig 890. E. A. Seemann. n. — 50

Roth, Clara, Anleitg. zur Kerbschnitzerei. 3. u. 4. Aufl. 8. (28 S. m. 42 Abb.) Leipzig 892. 95. Seemann & Co. n. — 50

— neue Flachschnittmuster. 5 lith. Taf. à 47×64,5 cm. Ebd. 895. n. 2. 50

Roth, Clara, die Intarsia u. ihre Imitationen. Anleitg. zur Ausführg. der Intarsiaarbeiten m. zahlr. den Text erläut. Illustr. (44 S. m. 2 farb. Taf.) gr. 8. Leipzig (907). E. Haberland. 1. —

Roth C, die Intarsia und ihre Imitationen. (44 S 2 T) Leipzig (1908)

— Neue Kerbschnittmuster. Serie 1-3. (Je 40 T) Leipzig 1890-1900

— neue Kerbschnittmuster. 1.—4. Lfg. Fol. (à 10 Photolith.) Ebd. 890. à n. 2. 50; 2 Mappen dazu n. 1. —

— neue Kerbschnittmuster. II. Reihe. 4 Lfgn. Der ganzen Reihe 5.—8. Lfg. qu. Fol. (à 10 Photolith.) Ebd. 893. à Lfg. n. 2. 50 (2. Reihe kplt. in Mappe: n. 10. 50)

— neue Kerbschnittmuster. 9. Lfg. qu. Fol. (10 Photolith.) Ebd. 897. n. 2. 50

— neue Kerbschnittmuster. 10. Lfg. qu. Fol. (10 Photolith.) Leipzig (899). Seemann & Co. n. 2. 50

Roth, Clara, Kochbuch, s.: Buch, das praktische.

— Kochbuch f. den einfachen u. feinern Haushalt, sowie f. die Festtafel. Neuartige u. übersichtl. Tabelleneinteilg. Deutsche, österreich., französ. Kochrezepte nach erprobter u. bewährter Art. Mit Berücksicht. der Krankenkost und vegetar. Küche. Prakt. Ratschläge f. Küche u. Vorratskammer. [Aus: „Das prakt. Buch f. jedermann".] (420 S. m. 7 farb. Taf.) Lex. 8. Potsdam (910). Bonneß & Hachfeld. Geb. in Leinw. 5. 50

— dasselbe. Speisezettel f. den tägl. Tisch, sowie f. kleinere u. größere Festlichkeiten. Prakt. Ratschläge f. Küche, Haus u. Vorratskammer. [Aus: „Das prakt. Buch f. jedermann".] (420 S.) Lex. 8. Ebd. (910). Geb. in Lw. 4. —

— Lehrbuch der Metallplastik. Anleitung zum Selbstunterricht. (46 S. m. Abb.) gr. 8. Stuttgart (909). (K. Wittwer.) 1. —

— a manual of sunk carving on wood. Translated from the 2. revised German ed. by Th. Baker. 8. (27 S. m. 42 Illustr.) Ebd. 892. n — 50

Roth, Clara, die Verwendung v. Speiseresten f. die einfache u. feine Küche. 462 erprobte Rezepte. Mit e. Vorwort v. Frau Lina Morgenstern. 8. (XII, 139 S.) Leipzig 903. E. Twietmeyer. n. 1. 50

— Vorlagen f. nordischen Flachschnitt, Ausgründe-Arbeit u. Tiefbrand, s.: Vorlagen f. Brandmalerei 90. Lfg.

— Vorlagen f. Tiefbrand u. Brandmalerei, Flach- u. Lederschnitt. Imp.-Fol. (6 Bl.) Ebd. (901). n. 5. —

Roth, Kurt, Tierarzt in Breslau: Beiträge zur Systematik und Biologie der Heterakis inflexa, vesicularis und maculosa, und zur Anatomie und Physiologie gewisser bei ihnen vorkommender Zellen. *Breslau 1903: A. Stenzel.* (40 S.) 8°
Leizig, Phil. Diss. v. 1903

Roth, Kurt, Referendar in Lahn: Das Rückgriffsrecht des Bürgen. *Breslau 1903: Th. Schatzky.* (72 S.) 8°
Rostock, Jur. Diss. v. [7. Febr.] 1903

Roth, L., lose Blätter. Skizzen. 8. (111 S.) Dresden 892. E. Pierson. n. 1. —

Roth, L., u. J. Frh. v., Karg-Bebenburg, Geschichte der freiherrlichen Familie Karg von Bebenburg. Mit Wappentfl., 10 Portraits u. geneal. Tabelle. München 1891. 8. Nicht im Handel.

Roth, L., Tabelle üb. den Cubikinhalt der Bäume im Metermasse, berechnet von 2—100 Centimeter Durchmesser u. 0.2—30 Meter Länge. gr. Fol. (1 Bl.) In Umschlag. Hof 873. Büching. — 50

Roth, L., Verhaltungsregeln für Brust-Leidende. 8. (52 S.) Augsburg 848, Rieger. 1/4 ₰

Roth, L. J., kurze lat. Sprachlehre. gr. 8. Stuttg. Metzler. 809.

Róth, Lasár. s. Róth. Lázár

Roth, Laur. Max, Beleuchtung der in der v. Döllingerschen Erklärung v. 19. Jan. 1870 ausgesprochenen Principien. Paderborn, Schöningh, 1870, gr. 8°, 32 S., 30 Pf.

Die Schrift ist nach 4 „Fragen" abgeteilt. Sie hebt aus d. Erklärung D.s gegen d. Unfehlbarkeitsadresse der Bischöfe die irrigen Principien heraus u. weist deren entschiedenen Widerspruch gegen offenbare kath. Wahrheiten u. allgemein anerkannte Lehrsätze d. Theologie treffend nach. Ökum. Konzil. Stimmen 2c. Heft 8, S. 176. Litt. Handw. 1870, S. 19. Katholik 1870, I, S. 375.

Roth — Bemerkungen über das beim katholischen Religionsunterricht im Gymnasium zu behandelnde Material. 10 S.

Münstereifel, Progr. 1846

Roth, Laur. Max., Fundamenta artis catecheticae, s. Fundamenta.

Roth, Max Laur., Ein deutscher katholischer Kirchenhistoriker vor dem Tribunal der öffentlichen Meinung u. das Papsttum, verteidigt durch zwei deutsche protestant. Historiker. Paderborn, Schöningh, 1870, 8°, 64 S., 50 Pf.

— christliche Reimsprüche für Gelehrt u. Ungelehrt. Bonn 866. Henry. 8. (VI, 80 S.) 7½ ngr.

Roth, Laurenz Max, christliche Reimsprüche f. Gelehrt u. Ungelehrt. 2. [Titel-]Ausg. 12. (VI, 81 S.) Aachen [866.] 902. J. Schweitzer. — 40; geb. n. — 70

— de stella a Magis conspecta. Commentatio exegetica in Matth. II. 9. Mainz 865. Kirchheim. gr. 8. (26 S.) n. 5 ngr.

Roth, Laur. M., De stella, quae Magis apparuit. Dissertatio exegetica. Köln, 1856, 4°, Programm.

Roth, L. De stella quae Magis apparuit. 18 S.

Münstereifel, Progr. 1856

— einige freimüthige Worte zur Orientirung u. Beruhigung in der Unfehlbarkeitsfrage an alle Freunde der Wahrheit. Paderborn 870. Schöningh. 8. (52 S.) n. 5 ngr.

Roth, L. M., Die Zeit des letzten Abendmahles. Ein Beitrag zur Evangelienharmonie. Freiburg, Herder, 1874, 12°, VI u. 91 S., 80 Pf.

Recens. v. Aberle, (Tüb.) Theol. Quartalschr. 1875, S. 341 354. (Linzer) Theol. prakt. Quartalschr. 1876, S. 551.

Roth, Laurenz Max, Zustimmungsadresse der rheinischen Katholiken an Döllinger! illustriert. Bonn, Carthaus, 1871, 8°, 22 S.

Róth, Lázár

Róth, Lazár [aus Jolsva, Ungarn]: **Schelling und Spencer.** Eine logische Kontinuität. **Bern 1901. 63 S. 8°.**

Bern. Phil. Diss. 1901/1902.

Róth, Lázár, Schelling u. Spencer, s.a. Studien, Berner, zur Philosophie. 29.

Schelling und Spencer. Eine logische Kontinuität. Von Dr. **Lázár Róth,** aus Jolsva. *Bern 1901: C. Sturzenegger.* (63 S.) 8°

= **Studien, Berner,** z. Philosophie u. ihrer Gesch. Bd 29. [01. 11754

Roth, Louis, B. S. L. L. B.: Die Wohnungsfrage der minderbemittelten Klassen in New-York. Tübingen 1910: Laupp. X, 62 S., 8° ¶ (Ersch. vollst. in: Archiv f. Sozialwissensch. u. Sozialpolitik.)

Heidelberg, Phil. Diss. v. 2. Mai 1910, Ref. Gothein

[Geb. 10. Juli 79 Ungvar, Ungarn; Wohnort: New York; Staatsangeh.: Vereinigte Staaten; Vorbildung: New York University L. L. B. 04; Studium: New York 4, Berlin 1, Straßburg 1, Heidelberg 2 S.; Rig. 2. Juli 08.] [U 10. 2163

Roth, Ludw., der Bauxit u. seine Verwendung zur Herstellung von Cement aus Hochofenschlacke. gr. 8. (16 S.) Wetzlar 882. Bourguet. n. 1. —

Roth, Ludw., die Kesselsteinbildung und die Mittel zur Verhütung derselben. Für Techniker und Besitzer von Dampfkesselanlagen bearb. gr. 8. (38 S. mit 1 lithogr. Taf. in qu. Fol.) Berlin 872, Gaertner. *

Roth, Ludwig, Assistenzarzt in Landau (Pfalz): **Ueber primäres Lungensarkom mit einem kasuistischen Beitrag.** *München 1904: C. Wolf & Sohn.* (25 S.) 8°

München, Med. Diss. v. 1904

Roth. Ludwig [städtischer Tierarzt zu München]: Aus dem pathologisch-anatomischen Institute der Königl. Bayr. Tierärztlichen Hochschule zu München. Ueber die Melanosis renum beim Rinde. Mit 2 Tafeln. München 1902. 36 S. 8°.

Bern. Vet.-med. Diss. 1902/1903.

Roth, Ludwig. **Über die Melanosis renum beim Rinde. Diss. Vet.-Med. Bern.** *Kopftitel:* **Aus dem pathologisch-anatomischen Institute der Königl. Bayr. Tierärztlichen Hochschule zu München.** — [Mit 2 Tafeln.] 36 S. 8. München, G. Birk & Co., 1902.

Roth, Ludw., die Aschaffenburger Röntgenkurse u. ihre Beurteilung in der medizin. Fachpresse. Anlässlich des 25. Kurses zusammengestellt. (24 S.) 8. Hamburg 906. 907. (Gebr. Lüdeking.) — 20

Roth, Ludwig, Gerichtsass.: **Die Tätigkeit des Aufsichtsrates der Aktiengesellschaft und der Kommanditgesellschaft auf Aktien nach dem Handelsgesetzbuche vom 10. Mai 1897. Wiesbaden 1910: Wiesbad. Zeitung. 119 S. 8°**

Marburg, Jur. Diss. v. 1. Nov. 1910, Ref. Heymann

[Geb. 14. Aug. 78 Wetzlar; Wohnort: Wiesbaden; Staatsangeh.: Preußen; Vorbildung: Gymn. Wetzlar Reife O. 98; Studium: Gießen 4, Bonn 3 S.; Rig. 25. Juli 10.] [U 11. 3392

Roth jun., Ludw., das deutsche Weidwerk in Geschichte, Sang und Sage, s.a. Für den deutschen Jäger. 9. Bd.

Das deutsche Weidwerk in Geschichte, Sang und Sage. Unter besond. Berücks. d. jagdl. Verhältnisse im ehemaligen Fürstentum Solms-Braunfels. Von Ludwig **Roth** jun., Wiesbaden. Berlin-Schöneberg: Die Jagd [1909]. 42 S. 8°

(Für den deutschen Jäger. 9.) [10. 6,63

Roth, M., über Chololithiasis. [Aus: „Festschrift f. R. Virchow".] gr. 4. (26 S m. 2 Taf.) Berlin 891. G. Reimer. n. 2. 80

Roth M.: Endocarditis rheumatica beim Schweine. [1872]. 4 S. 1 Tvl. (Sertr.). P.

Roth, M., der Imperialismus od. Preußen u. England am Sinken durch das Aufkommen v. zwei neuen Weltreichen, resp. Gedanken üb. den Durchbruch der schweb. Zeitfragen. (In 3—4 Bdn.) 1. Bd. 8. (160 S.) Chicago (900). (Koelling & Klappenbach.) n. 1. 50

— der Lehrer u. die Schwachen u. Gefährdeten unter seinen Schülern. Ein Konferenz-Vortrag. gr. 8. (23 S.) Jauer (902). O. Hollmann. n. — 40

Roth, M., the Prevention of Blindness. A reprint of a paper read on the 25th July, 1883, at the conference in York. Published by the Society for the prevention of blindness and the improvement of the physic of the blind, 48, Wimpole Street, London, W. gr. 8. (10 S. mit 1 color. Taf.) London 883. (Wiesbaden, Bergmann.) ** 1 20

Roth, M., Riemels. (VI, 118 S.) 8. Oldenburg 906. A. Littmann. n. 1. 60; geb. n. 2. 60

Roth, M., Riemels. Jetzt: Oldenburg (E. Bültmann). Erhöht. Pr. n. 2. —.

—— über einige Urnierenreste beim Menschen, s.a. Festschrift, zur Feier des 300jähr. Bestehens der Julius-Maximilians-Universität zu Würzburg, gewidmet von der Universität Basel.

Roth, M. Über einige Urnierenreste beim Menschen. ca. 1880.

Roth, M., welche Erfolge hat die Arbeit an der verwahrlosten Jugend bisher gezeitigt? Ein statist. Versuch, im Auftrage des Verbandes schles. evangel. Rettungshäuser. gr. 8. (37 S.) Hamburg 901. Agentur des Rauhen Hauses. n. — 60
Sonderabdruck aus: „Flieg. Blätter a. d. Rauhen Hause".

Der Zionismus vom Standpunkte der jüdischen Orthodoxie beleuchtet von M. A. Roth, Oberrabiner in Papa. 2. Aufl. Nagytapolcsany 1904: G. Platzko. (72 S.) 8° [08. 7467

Roth, Mart., die heimatlichen Singvögel, sowie einige Verwandte u. Freunde derselben in Sprüchen u. Liedern. 8. (39 S.) Trier 881. Lintz in Comm. n. — 30

Roth, Max, Assistenzarzt an der Kreisirrenanstalt Werneck a. Lenggries: Ein Beitrag zu den Sensibilitätsstörungen der progressiven Paralyse. Würzburg 1906: Drescher u. Reichart. (70 S.) 8°
Würzburg, Med. Fak., Ref. Rieger, Diss. v. 10. Okt. 1906
[Geb. 9. Okt. 81 Lenggries; Wohnort: Werneck; Staatsangeh.: Bayern; Vorbildung: Gymn. Burghausen Reife Juli 00; Studium: München 10 S.; Coll. 25. Juli 06; Approb. 28. Juni 05.]

Roth, Max, approb. Arzt, Berlin: Zwei Fälle von Leberabscess (aus d. inneren Klinik d. Krankenhauses d. jüdischen Gemeinde zu Berlin, dirig. Arzt Sanitätsrat Dr. Lazarus). *Leipzig: G. Fock 1900.* (31 S.) 8°
Leipzig, Med. Diss. v. 27. Febr. 1900

Roth, Max Heinrich, prakt. Arzt und Zahnarzt, Solothurn, Assistent am pathologisch-anatomischen Institut: Beitrag zur Kasuistik der Aneurysmen der Gehirnarterien. Kombination eines Aneurysma verum mit einem Aneurysma spurium. ⟨Aus dem pathologisch-anatomischen Institut Basel. Prof. Hedinger.⟩ [Mit einer Abbildung.] Basel 1910. 21 S. 8°.
Basel. Med. Diss. 1909/10.

Roth, Max Heinrich. Beitrag zur Kasuistik der Aneurysmen der Gehirnarterien. Kombination eines Aneurysma verum mit einem An' spurium. Aus dem Pathologisch-anatomischen Institut Basel.... Diss. Med. Basel. [Mit 1 Figur.] 23 S. 8. Basel, Franz Wittmer, 1910.

Roth, Max Laurenz. s. Roth. Laurenz Max

Roth, M[oritz]. Die Anatomie des Leonardo da Vinci. ⟨Schluss der Aufsätze über Vesal, Estienne, Tizian, Leonardo.⟩ Separat-Abzug aus Archiv für Anatomie und Physiologie. Anatomische Abteilung. Suppl. 1907. II + 122 S. 8. (Leipzig, Metzger & Wittig.)

Roth, M[oritz]. Zur Erinnerung an Herrn Professor Friedrich Miescher-His (1811–1887). Gelesen in der medizinischen Gesellschaft zu Basel den 10. März 1887. 8. Basel 1887.

Roth, M[oritz]. Vesal, Estienne, Tizian, Leonardo da Vinci. Separat-Abzug aus Archiv für Anatomie und Physiologie. Anatomische Abteilung. 1905 u. 1906. II S. + S. 79—95 u. 77—100. 8. (Leipzig, Metzger & Wittig.)

Roth, M[oritz]. Andreas Vesalius (1514–1564) in Basel. SA. 8. Basel 1885.

Roth, M., Andreas Vesalius Bruxellensis. Rektoratsrede, gehalten bei der gemeinsamen Feier der Universität und der akadem. Gesellschaft zu Basel am 26. Novbr. 1885. gr. 8. (35 S. mit dem Holzschn.-Bildnisse Vesals.) Basel 886, Schwabe. * 1 —

Roth, M., Andreas Vesalius Bruxellensis. gr. 8. (VIII, 500 S. m. 30 Taf.) Berlin 892. G. Reimer. Kart. n. 15. —

Roth, Nik., die Gemeinderaths-Wahlen. Eine kurze Anleitung über Alles, was bei den Wahlen zum Gemeinderath zu wissen nöthig ist. 8. (18 S.) Trier 879. Paulinus-Druckerei. n. — 20

Roth, Nic., Cuntz von Kauffungen, s. Mittheilungen der deutschen Gesellschaft zur Erforschung vaterländischer Sprache und Alterthümer in Leipzig.

Roth, Oskar, Ref. a. Ölsnitz i. V.: Die Klage auf Duldung der Zwangsvollstreckung. Ein Beitrag zur Erläuterung der §§ 737, 739, 743, 745 Abs. 2, 748 Abs. 2 der Civilprozeßordnung. Borna-Leipzig 1905: R. Noske. (VI, 37 S.) 8°
Leipzig, Jur. Fak., Diss. v. 14. Sept. 1905
[Geb. 18. Jan. 79 Ölsnitz i. V.; Wohnort: Aue, Erzgeb.; Staatsangeh.: Sachsen; Vorbildung: Gymn. Plauen i. V. Reife O. 98; Studium: Tübingen 2, Leipzig 8 S.; Rig. 1. Juli 03.]

Roth, Otto, med. prakt. aus Winterthur: Ueber Agglutination von Typhus- und Paratyphusbazillen bei Tuberkulose. ⟨Aus der medizinischen Klinik in Zürich.⟩ Zürich 1910. 27 S. 8°. [24. 11. 10.]
Zürich. Univ. Med. Diss. 1909/10.

Roth, Otto. Über Agglutination von Typhus- und Paratyphusbazillen bei Tuberkulose. Aus der medizinischen Klinik in Zürich. Diss. Med. Univ. Zürich. 27 S. 8. Zürich, Gebr. Leemann & Co., 1910.

Roth, die Arzneimittel der heutigen Medicin mit Formeln ihrer Anwendung und einem therapeut. Repetitorium als Anhang. Taschenbuch für Aerzte. 1. Aufl. (XV, 199 S.) 1872, und 2. nach der deutschen Pharmakopöe umgearbeitete, durch einen Auszug aus der k. preuss. und bayer. Arzneitaxe verm. Aufl. 8. (VIII, 269 S.) Würzburg 874, Stuber. * 4 —

Roth, Otto, die Arzneimittel der heutigen Medicin, mit Formeln ihrer Anwendung und einem therapeut. Repetitorium als Anhang. Taschenbuch für Aerzte. 3. neu bearb. Aufl. (VIII, 300 S.) 1877; 4. Aufl. 8. (XI, 308 S.) Würzburg 879, Stuber. * ℳ 4,50.; geb. *

Roth, Otto, die Arzneimittel der heutigen Medicin, f. die ärztl. Praxis zusammengestellt. 5. Aufl. Neu bearb. v. Greg. Schmitt. gr. 8. (IV, 242 S.) Würzburg 885. Stuber's Verl. n. 4. 50; geb. n. 5. 20

Roth, O., die Arzneimittel der heutigen Medicin m. therapeutischen Notizen, zusammengestellt für pract. Aerzte u. Studirende der Medicin. 6. Aufl. Neu bearb. v. G. Schmitt. 8. (IV, 379 S.) Würzburg 887. Stuber's Verl. n. 4. 50; geb. n.n. 5. 20

Roth, Otto, die Arzneimittel der heutigen Medicin m. therapeutischen Notizen, zusammengestellt f. pract. Aerzte u. Studirende der Medicin. 7. Aufl. [Neue Folge: 3. Aufl.] Neu bearb. v. Greg. Schmitt. 8. (VIII, 378 S.) Würzburg 892. A. Stuber's Verl. n. 5. —; geb. n. 5. 70

[Otto] Roth – [Gregor] Schmitt. Die Arzneimittel der heutigen Medizin m. therapeut. Notizen zsgest. f. prakt. Ärzte u. Studierende d. Medizin. 8. Aufl. bearb. von Dr. Otto Dornblüth. Würzburg: Stuber 1898. VIII, 366 S. 8° [11. 9232 7

Roth, O., u. Gr. Schmitt, die Arzneimittel der heutigen Medizin, 9. Aufl., s.: Dornblüth, Otto.

Roth, Otto. Die Behandlung der Geburtsverzögerungen. gr. 8. (13 S.) Neuwied 891, Heuser's Verlag. — 60
Aus: Frauenarzt, besonders abgedruckt.

— o. Beitrag zur Lehre vom trichterförmigen Becken. [Aus: „Frauenarzt".] gr. 8. (6 S.) Ebd. 890. n. — 30

Roth, Otto. Die Bekämpfung der Infection-krankheiten vom heutigen Standpunkte der Wissenschaft. Zürich 1891.

— die Bekämpfung der Infectionskrankheiten vom heutigen Standpunkte der Wissenschaft. Referat an der Jahresversammlg. der schweizer. gemeinnütz. Gesellschaft in Zürich, den 22. Septbr. 1891. gr. 8. (35 S.) Zürich 892. (E. Leemann.) n. — 30

Roth, O[tto]. Über die indirekte Beleuchtung der Schulräume. Nach einem am 12. Juni 1904 in der schweizerischen Gesellschaft für Schulgesundheitspflege in Bern gehaltenen Vortrage. [Mit Figuren und 2 Tafeln.] (Separat-Abdruck aus dem Jahrbuch der schweiz. Gesellschaft für Schulgesundheitspflege. Jahrg. 5, 1904, Teil 2.) II + 37 S. 8. Zürich, Zürcher & Furrer, 1904.

Roth, O[tto]. Über Bleistaub und Bleidämpfe. Aus dem hygienisch-bakteriologischen Laboratorium des eidgenössischen Polytechnikum in Zürich. (Abdruck aus: »Beiträge zur pathologischen Anatomie und zur allgemeinen Pathologie«.... Supplement 7: Festschrift für Professor Julius Arnold.) II S. + S. 184—198. 8. (Jena, Gustav Fischer, [1905].)

Roth, O[tto]. Expertenbericht des Herrn Prof. Dr. O. R' in Zürich betreffend die Zulässigkeit von Mattglasscheiben in Fabriken vom 8. Juni 1903. An das Schweizerische Industriedepartement, Bern. 6 S. 4. [Bern, A. Küffer, 1903.]

Roth, Otto. I. Assistenzarzt der geburtshülflich-gynäkologischen Klinik in Zürich [von Mühlethal, Kt. Aargau]: Ein Fall von Lymphangioma cysticum. Beitrag zu den retroperitonealen cystischen Abdominaltumoren. Zür. Zürcher u. Furrer Dr. 1880. 43 S. 8°.
Zürich, Med. Diss. [v. 21. Juli 1880].

Roth, Otto [app. Arzt aus Wernigerode]: Über einen Fall von Sarkom, der mit hämorrhagischer Diathese verbunden war.... Leipzig, Verl. v. G. Thieme, 1891; 11 S. 8°
Tübingen, Med. Fak., Inaug.-Diss. v. 1891

— neueste Fortschritte in der praktischen Geburtshülfe. [Aus: „Frauenarzt".] gr. 8. (14 S.) Neuwied 890. Heuser's Verl. n. — 60

—— über Impfrothlauf, s. a. Mittheilungen und Auszüge aus dem aerztlichen Intelligenz-Blatt.

— über Impfrothlauf. Vortrag, geh. im ärztlichen Bezirksvereine Bamberg. gr. 8. (9 S.) München 878. J. A. Finsterlin. — 30

Roth, Dr. Otto. Assistent am hygienischen Institut in Zürich: Ueber pathogene Mikroorganismen in den Hadern. S. A. (Zeitschrift für Hygiene. Bd VIII. S. 287—308). [Leipz. Veit & Cie] 1890. S. 288—308. 8°.
[Zürich, Med. Fac., Habilitationsschrift].

— der Querdurchmesser des Becken-Eingangs und e. einfache Methode zur Bestimmung seiner Grösse. [Aus: „Der Frauenarzt".] gr. 8. (34 S.) Neuwied 888. Heuser's Verl. n. 1. —

Roth, Otto, klinische Terminologie. Zusammenstellung der hauptsächlichsten zur Zeit in der klin. Medicin gebräuchl. techn. Ausdrücke, mit Erklärung ihrer Bedeutung und Ableitung. gr. 8. (XI, 353 S.) Erlangen 878, Besold. *

— klinische Terminologie. Zusammenstellung der hauptsächlichsten, zur Zeit in der klin. Medicin gebräuchl. techn. Ausdrücke, m. Erklärg. ihrer Bedeutg. u. Ableitg. 2. verm. u. verb. Aufl., besorgt v. Herm. Gessler. 8. (XII, 424 S.) Erlangen 884. Besold. n. 6. —; geb. n. 7. —

— klinische Terminologie. Zusammenstellung der hauptsächlichsten, zur Zeit in der klin. Medizin gebräuchl. techn. Ausdrücke m. Erklärg. ihrer Bedeutg. u. Ableitg. 3., verm. Aufl. Mit e. sprachl. Einleitg. 8. (XXVIII, 488 S.) Erlangen 889. Leipzig, Besold. n. 8. —; geb. n. 9. —

Roth, Otto. Klinische Terminologie... 4. Aufl. Leipz. 1893. H: *Stintzing, Roderich.* (Berl)

— klinische Terminologie. Zusammenstellung der zur Zeit in der klin. Medizin gebräuchl. techn. Ausdrücke m. Erklärg. ihrer Bedeutg. u. Ableitg. 4., verm. u. verb. Aufl. 8. (XXX, 522 S.) Leipzig 893. E. Besold. Geb. in Leinw. n. 9. —

Roth, Otto, klinische Terminologie. Zusammenstellg. d. zur Zeit in d. klin. Medizin gebräuchlichen techn. Ausdrücke m. Erklärg. ihrer Bedeutg. u. Ableitg. 5., verm. u. verb. Aufl. v. Herm. Gessler. 8. (XXXII, 556 S.) Leipzig 897. A. Georgi. Geb. in Leinw. n. 9. —

Roth, Otto, klinische Terminologie. Zusammenstellung der zur Zeit in der klin. Medizin gebräuchl. techn. Ausdrücke m. Erklärung ihrer Bedeutung u. Ableitg. 6. vielfach verb. u. stark verm. Aufl. 8. (XXXVI, 590 S.) Berlin 902. Leipzig, G. Thieme. Geb. in Leinw. n. 9. —

Roth, Otto, klinische Terminologie. Zusammenstellg. der in der klin. Medizin gebräuchl. techn. Ausdrücke m. Erklärg. ihrer Bedeutg. u. Ableitg. 7. neu bearb. Aufl. (XXXII, 673 S.) 8. Leipzig 908. G. Thieme. Geb. in Leinw. 7. —

Roth, O[tto]. Ueber die Ventilation von Waschküchen. (Mit 2 Zeichnungen.) (Separatabdruck aus der Hygienischen Rundschau 1903 No. 19.) 7 S. 8. [Berlin, A. Hirschwald.]

— was kann u. soll die Frau thun, um vor Wochenbett-Krankheiten geschützt zu sein? gr. 8. (16 S.) Zürich 889. Schröter & Meyer. n. — 40

Roth, Otto. Die neue Kirche Wipkingen in Zürich IV. Denk-Schrift hrg. von der Kirchenbau-Kommission, verfasst von Pfarrer O' R'. 1910. [Mit 8 Tafeln und illustriertem Umschlag.] 79 S. 8. Zürich-Wipkingen, Siegfried & Co., (1910). [fr. —. 50].

Roth, P. R., über Entstehung der Lex Bajuvariorum. Eine Inaugural-Abhandlung. gr. 8. (84 S.) München 848, Kaiser. n. 1/3 ₰

Roth, Paul, vaterländische Aufgaben der Studentenschaft u. Der nationale Gehalt der freistudentischen Bewegung, s. a. Archiv der Freistudenten-Bewegung. 4.

Vaterländische Aufgaben der Studentenschaft und der nationale Gehalt der freistudentischen Bewegung. Von Dr. Paul Roth. (Leipzig: Demme 1910.) 25 S. 8°
(Archiv d. Freistudenten-Bewegung. H. 4.)

Roth, Paul: Über die Birotation der Glukose. [1904.] 30 S. 8° ¶ Vgl. J. Liebig's Annalen d. Chemie. Bd 331.
Hannover, Dr.-Ing.-Diss. v. 10. 12. 1903

Roth, Paul: Die Festigkeitstheorien und die von ihnen abhängigen Formeln des Maschinenbaues. 1902. 45 S. 8° ¶ Mit einigen Änderungen in: Zeitschrift f. Mathematik u. Physik. Bd 48. 1903.
Berlin, Dr.-Ing.-Diss. v. 11. 7. 1902

Roth, Paul, Feudalität und Unterthanenverband. gr. 8. (VIII und 340 S.) Weimar 863, Böhlau. *

Roth, Paul, Geschichte des Beneficialwesens v. den ältesten Zeiten bis ins zehnte Jahrhundert. gr. 8. (XX u. 484 S.) Erlangen 850, Palm & Enke. 2 ₰ 18 ngr

— zur Geschichte des bayerischen Volksrechtes. München 870. (Franz.) 4. (VI, 23 S.) 7½ ngr

Roth, Paul, mecklenburgisches Lehnrecht. Rostock 858. Stiller. gr. 8. (VIII, 296 S.) n. 2 ₰

Roth, P.: Zur Lehre von der Genossenschaft. München 1867.

Roth, Dr. Paul v. (Prof. u. Oberbibl. in München), zur Lehre von der Genossenschaft. Rechtsgutachten in der *Streitsache der Gemeinde Burgsinn* (Amtsger. Gemunden in Unterfranken) gegen die *Freiherren v. Thüngen.* München, Theod. Ackermann. 1876. 8°. Hsrsb.
1 Bl., IV—152 S. — Dieser Rechtsstreit währt schon seit Ende d. XVI Jahrhdts. u. gehört wegen der Grosse des Streitobjekts zu den bedeutendsten der jetzt in Deutschland schwebenden. — Octob. 1875 wurde die Gemeinde Burgsinn vom Landgericht Würzburg mit ihren Ansprüchen abgewiesen u. in die Kosten verurtheilt.

Roth, Paul: Leibnizens Polemik gegen Locke auf dem Gebiete der Erkenntnistheorie. Leipzig 1907: Günther, Kirstein & Wendler. (74 S.) 8°
Leipzig, Phil. Fak., Ref. Heinze-Wundt, Diss. v. 17. Sept. 1907
[Geb. 5. Sept. 85 Leipzig; Wohnort: Leipzig; Staatsangeh.: Sachsen; Vorbildung: Nikolai-Gymn. Leipzig Reife O. 03; Studium: Leipzig 2, Straßburg 1, Leipzig 1, Göttingen 1, Leipzig 4 S.; Rig. 31. Juli 07.]

Roth, Paul, und v. Meibom, kurhessisches Privatrecht. (In 2 Bdn.) 1. Bd. 1. Lfg. gr. 8. (III und S. 1—242.) Marburg 856, Elwert'sche Universitäts-Buchh.

—— und Vict. v. Meibom, kurhessisches Privatrecht. 1. Bd. 2. und 3. Lfg. gr. 8. (XVIII und S. 243—627. Schluß.) Marburg 858, Elwert'sche Universitäts-Buchh. [2. Lfg. 1 Thlr., 3. Lfg. 20 Ngr.]
1. Bd. 1. Lfg. Ebendas. 1856. 1 Thlr.
[Mehr nicht erschienen.]

Roth, Paul u. Merck, Heinr.: Quellensammlung zum deutschen öffentlichen Recht seit 1848. Bd 1. 2. Erlangen 1850. 52. 2 Bde

—— System des deutschen Privatrechts. 1. und 2. Thl. gr. 8. Ebendas. * 18 —
Inhalt:
Thl. 1. Rechtsquellen und Lehre von den Rechtsverhältnissen. (XIX, 492 S.) 880. *M 9.
" 2. Familienrecht. 2 Hälften. [1. Hälfte. (VIII, S. 1—270.) 880. *M 5.; 2. Hälfte. (XIV, S. 273—498.) 881. *M 4.] *M 9.

Roth, Paul v., System d. deutschen Privatrechts. 3. Thl. Sachenrecht. gr. 8. (XIII, 793 S.) Tübingen 886. Laupp. n. 15. — (1—3.: n. 33. —)

Roth, Paul, der Bizewirt, s.: Metzner's Vereinsbühne.

Roth, Paul, s.: Wanderbuch, Hamburger.

Roth, P. v. (Hrsg.), s. Zeitschrift der Savigny-Stiftung für Rechtsgeschichte.

Roth, Paul, bayrisches Civilrecht. 3 Thle. gr. 8. Tübingen, Laupp'sche Buchh. [1. Thl. (XVI, 547 S.) 870. *M 10,50.; 2. Thl. (XVI, 603 S) 872. *M 12.; 3. Thl. (XVI, 851 S. und Register 88 S.) 875. *M 18.] *

Roth, Paul, Bayrisches Civilrecht. 3 Thle. Tubingen 1871. 72. 75. Gr. 8°. Eleg. Hfrzbde.
1 XVI 547 S. 1 Bl. Err. 2 XII 603 S. 1 S. Err. 3 XVI 851 S., 88 S. Reg.

Roth, Paul v., bayrisches Civilrecht. 1. Thl. 2., gänzlich umgearb. Aufl. gr. 8. (XX, 701 S.) Tübingen 881. Laupp. n. 13. 60

Roth, Paul v., bayrisches Civilrecht. 2. Thl. 2., gänzl. umgearb. Aufl., besorgt v. Heinr. Becher. 3 Abthlgn. gr. 8. Tübingen, H. Laupp. n. 25. —
1. (VI, 388 S.) 897. n. 8. —. — 2. (VI, 482 S.) 898. n. 10. — 3. (VII, 310 S.) 898. n. 7. —.

— dasselbe. 3. Thl. 2. Aufl., unt. Berücksicht. d. neuen Reichscivilrechts bearb. v. Heinr. Becher. 1. u. 2. Abth. gr. 8. Ebd. 898. n. 20. — (I.—III. 2.: n. 58. 60)
1. (VI, 537 S.) n. 11. —. — 2. (VI, 394 S.) n. 9. —.

Roth, Paul v., bayrisches Civilrecht. 1. Thl., 2. Aufl. bearb. von Paul v. Roth, 2. u. 3. Thl., 2. gänzlich umgearb. Aufl. unter Berücksicht. des neuen Reichscivilrechts bearb. v. Heinr. Becher. Alphabet. Sachregister. gr. 8. (30 S.) Tübingen 899. H. Laupp. n. 1. —; (kplt. m. Sachregister n. 68. 60)

Roth, Paul B[ernhard], a. München: Zur Kenntnis β- und γ-halogensubstituierter tertiärer Amine. Jena 1905: A. Kämpfe. (36 S.) 8°
Jena, Phil. Fak., Ref. Knorr, Diss. v. 30. Nov. 1905
[Geb. 8. April 81 Wien; Wohnort: Wien; Staatsangeh.: Österreich; Vorbildung: Realgymn. Leipzig Reife O. 01; Studium: München T.H. 1, München Univ. 6. Jena 2 S.; Rig. 3. Juni 05.]

Roth, Ph. Fr., holzersparender Ofen-, Kochheerd-, Kessel- u. Bratofen-Feuerungen; nebst Litt. d. Holzersparkunst. Mit 5 ill. Kpf. gr. 8. Nürnb. 801. Monath u. K. 16 gr

Roth Philipp: Die Ausdrücke der Steigerung im Französischen.
1897 PN 1088 Diss. Wien. Univ. 2242

Roth, Phpp., Führer durch die Violoncell-Litteratur. Zur Auswahl f. Schule, Haus u. Concert zusammengestellt u. nach Schwierigkeitsgraden geordnet. [Aus: „Violoncellschule".] 8. (III, 56 S.) Leipzig 888. Breitkopf & Härtel. In Leinw. kart. n. 1. —

Roth, Phpp., Führer durch die Violoncell-Litteratur. Zur Auswahl f. Schule, Haus u. Konzert zusammengestellt u. nach Schwierigkeiten geordnet. 2. verm. Ausg., bearb. v. Carl Hüllweck. gr. 8. (III, 103 S.) Leipzig 898. Breitkopf & Härtel. n. 1. 50

Roth, R., Rechenschule für die Hand der Kleinen oder Uebungsaufgaben zum schriftlichen Rechnen in lückenloser Folge entworfen. 1. Heft. 8. (36 S.) Langensalza 858, [Verlags-Comptoir.] **

Roth, R., Rechenschule für die Hand der Kleinen oder Uebungsaufgaben zum schriftlichen Rechnen in lückenloser Folge entworfen. 1. Heft. Langensalza 859. Hentschel. 8. (36 S.) nn. $2\frac{1}{2}$ ngr

Die Gesetze über die Kapitalsteuer und die Lohn- und Besoldungssteuer für Elsaß-Lothringen vom 13. Juli 1901 nebst Ausführungsbestimmungen u. Erl. Im amtl. Auftr. hrsg. von Ministerialrat [Reinhard] **Roth**, unter Mitw. d. Minist. Sekr. [Heinrich Friedrich Ludwig] Giesete. Straßburg: Straßburger Dr. u. Verlagsanst. 1906. (208 S.) 8° [F.] 06. 636

Roth, Rich., d. Ausbunde od. Wer hat d. bessere Theil erwählt?, s. a. Trewendt's Jugendbibliothek.

[F.] Die Ausbunde oder Wer hat das bessere Teil erwählt. E. Erzähl. f. d. Jugend v. Richard **Roth**. *Breslau: E. Trewendt [1895?].* (135 S., 1 Taf.) 1 Bd 8.
= **Jugendbibliothek**, Trewendt's. N. F. Bd 42.

Roth, Rich., landwirtschaftliche Berechnungen. Eine Sammlg. v. Aufgaben f. d. Unterricht im landwirtschaftl. Rechnen. Für mittl. u. nied. landwirtschaftl. Schulen bearb. (Neue [Titel-] Ausg.) gr. 8. (IV, 103 S.) Berlin (897) 898. P. Parey. n. 1. 20

Landwirtschaftliche Berechnungen. Eine Sammlung von Aufgaben f. d. Unterr. im landwirtsch. Rechnen. Für mittlere u. niedere landwirtsch. Schulen bearb. von Dr. Richard **Roth**, Dir. in Chemnitz. 2. Aufl. *Berlin: P. Parey 1903.* (VI, 112 S.) 8° [F.]
— **Unterrichtsbücher**, Landwirtschaftliche. [48.] 04. 165

Roth, Rich., landwirtschaftliche Berechnungen. Eine Sammlg. v. Aufgaben f. den Unterricht im landwirtschaftl. Rechnen. Für mittlere u. niedere landwirtschaftl. Schulen bearb. (Landwirtsch. Unterrichtsbücher.) 3. Aufl. (VIII, 112 S.) 8. Berlin 909. P. Parey. Geb. in Leinw. 1. 40

— landwirtschaftliche Betriebslehre. Für mittl. u. nied. landwirtschaftl. Lehranst. sow. z. Selbstunterr. bearb. 4. Aufl. 8. (XII, 123 S.) Ebd. 898. Geb. in Leinw. n. 1. 40

Landwirtschaftliche Betriebslehre. Für mittlere u. niedere landwirtsch. Lehranstalten sowie z. Selbstunterr. bearb. von Dr. Richard **Roth**, Dir. in Chemnitz. 6., verb. Aufl. Berlin: P. Parey 1903. (X, 120 S.) 8° [F.]
— **Unterrichtsbücher**, Landwirtschaftliche. [34.] 03. 474

Roth, Rich., landwirtschaftliche Betriebslehre. Für mittlere u. niedere landwirtschaftl. Lehranstalten sowie zum Selbstunterricht bearb. (Landwirtsch. Unterrichtsbücher.) 8., verb. Aufl. (XI, 132 S.) 8. Berlin 909. P. Parey. Geb. in Leinw. 1.60

Roth, Rich., die weiße Brigg. Eine Seegeschichte. Frei nach dem Engl. des C. Russel der reiferen Jugend erzählt. Mit 6 Farbendr.-Bildern nach Aquarellen von Willy Stöwer. gr. 8. (242 S.) Leipzig (900). O. Spamer. Geb. in Leinw. n. 3.—

Roth, Rich., die weiße Brigg. Eine Seegeschichte. Frei nach dem Engl. des C. Russel der reiferen Jugend erzählt. Mit 6 Farbendr.-Bildern nach Aquarellen v. Willy Stöver. 2. Aufl. (242 S.) 8. Leipzig (904). O. Spamer. Geb. in Leinw. n. 3.—

Roth, Rich., das Buch vom braven Mann. Edles Wirken u. beharrl. Vollbringen hochsinn. Menschen in verschiedenen Lebenskreisen. Denkwürdige Charakterbilder, unter Mitwirkung von Frz. Otto ausgewählt u. dargestellt, der Jugend u. dem Volke gewidmet. Mit 60 Text-Abbildungen u. einem bunten Titelbilde. gr. 8. (VIII, 167 S.) Leipzig 882. Spamer. n. 2. 50; cart. n. 3.—

— das Buch vom braven Mann. Erzählgn. f. Jugend u. Volk. 2. neubearb. u. verm. Aufl. Mit 8 Farbendr.-Bildern v. W. Zweigle. gr. 8. (III, IV, 193 S.) Ebd. 903. n. 3. 20; geb. in Leinw. n. 4.—

Roth, Rich., das Buch vom braven Mann. Erzählungen f. Jugend u. Volk. 3. [Titel-]Aufl. Mit 8 Farbendr.-Bildern v. W. Zweigle. (III, IV, 193 S.) gr. 8. Leipzig [903] (909). O. Spamer. 3.20; geb. in Leinw. 4.—

— Buch der Tierwelt. s.: Reichenbach, A. B.

Roth, R., das Büchergewerbe in Tübingen vom Jahre 1500 bis 1800. Rede, zum Geburtsfest Sr. Maj. des Königs am 6. März 1880 geh. 8. (56 S.) Tübingen 880. Laupp. n. 1.—; auf holländischem oder Kupferdr.-Pap. n. 2.—

— einfache landwirtschaftliche Buchführung. Für mittl. u. kleine Wirtschaften bearb. 2. Aufl. Fol. (VI, 48 u. 5 S.) Chemnitz 897. Aug. Seyfort. Geb. n. —90

Roth, R., der Burggraf und sein Schildknappe, s. a. Jugend- und Hausbibliothek, neue.

— der Burggraf u. sein Schildknappe. Lebensbilder aus der Zeit des ersten Kurfürsten von Brandenburg, des Gründers der Macht Preußens. Historische Erzählung für Jugend u. Volk. 2., verb. Aufl. Mit 70 Text Illustr. u. einem bunten Titelbilde. gr. 8. (XXVI, 336 S.) Ebend. 882. n. 4. 50; geb. n. 5. 50

— der Burggraf u sein Schildknappe. Lebensbilder aus der Zeit d. ersten Kurfürsten v. Brandenburg, d. Gründers der Macht Preußens. Historische Erzählg. f. Jugend u. Volk. 3., verb. Aufl. Mit 70 Text-Illustr. u. 2 Tonbildern. gr. 8. (XII, 314 S.) Leipzig 892. O. Spamer. n. 4. 50; geb. in Leinw. n. 5. 50

— d. Burggraf u. s. Schildknappe. Histor. Erzählg. aus d. Zeit d. ersten Kurfürsten v. Brandenburg. 4. (Titel-) Aufl. gr. 8. (XII, 314 S. m. Abb.) Leipzig (892) 896. O. Spamer. n. 4.50; geb. in Leinw. n.n. 5. 50

— der Burggraf u. sein Schildknappe. Historische Erzählg. aus der Zeit des ersten Kurfürsten v. Brandenburg. 5. durchgeseh. Aufl. Mit 8 Farbendr.-Bildern nach Aquarellen v. Rich. Knötel. gr. 8. (VI, 343 S.) Leipzig 902. O. Spamer. n. 4. 50; geb. in Leinw. n. 6.—

— Der Burggraf u. sein Schildknappe. Historische Erzählg. aus der Zeit des ersten Kurfürsten v. Brandenburg. 6. [Titel-]Aufl. Mit 8 Farbendr.-Bildern nach Aquarellen v. Rich. Knötel. (VI, 343 S.) gr. 8. Ebd. [902] 909. 4.50; geb. in Leinw. 6.—

— Charakterbilder aus der deutschen Geschichte, s. a. Universal-Bibliothek f. die Jugend. 420—25.

Charakterbilder aus der deutschen Geschichte. Für d. Jugend von Richard Roth. Bd 1. 2. Mit Abb. Stuttgart, Berlin, Leipzig: Union [1906]. 2 Bde 8° [F.]
— Universal-Bibliothek f. d. Jugend. 420–425. [07. 1098

— durch Liebe besiegt. Erzählung für die Jugend. Mit 4 Illustr. 8. (106 S.) Breslau 878. Trewendt. cart. —75

Roth, Rich., Jakob Ehrlich. Eine Erzählung f. die Jugend, nach Marryat frei bearb. Mit 4 Farbendr.-Bildern nach Aquarellen v. Hugo Wolff. 12. (111 S.) Leipzig (899). O. Spamer. Geb. n. 1.—

— Jakob Ehrlich. Eine Erzählg. f. die Jugend, nach Kapit. Marryat frei bearb. Mit 4 Farbendr.-Bildern nach Aquarellen v. Hugo Wolff. 2. [Titel-]Aufl. (111 S.) kl. 8. Leipzig [899] 904. O. Spamer. Geb. 1.—

—— er führet es herrlich hinaus, s. Trewendt's Jugendbibliothek.

— Prinz Eugen, der edle Ritter. Ein Bild aus der Geschichte für die Jugend entworfen. Mit 4 Illustr. 8. (121 S.) Breslau 878. Trewendt. cart. —75

— Prinz Eugen, der edle Ritter, s. a. Trewendt's Jugendbibliothek. 62.

Prinz Eugen, der edle Ritter. Ein Bild aus d. Geschichte f. d. reifere Jugend entw. von Richard Roth. 2. verb. Aufl. Mit 4 Bildern. *Breslau: E. Trewendt [1902].* (118 S.) 8° [F.]
(Trewendt's Jugendbibliothek. Bd 62.) [03. 3331

Roth, Rich., Friedrichroda u. seine Umgebung, s.: Reisebücher, Thüringer.

Roth, Rich., Friedrichsroda u. seine nächsten. weitere Umgebung. Wegweiser u. Gedenkbuch f. Kurgäste, Touristen u. Freunde d Thüringer Waldes. Mit Vorwort u. einleit. Gedicht v. Ludw. Storch. Nebst Spezialkarte v. Friedrichsroda u. Umgebg. (Kpfrst. in 4.) gr. 16. (XIX, 132 S.) Ohrdruf 876. Stadermann jr. geb. n. 2. 50

Roth, Rich., Friedrichroda mit seiner nächsten u. weiteren Umgebung. Wegweiser u. Gedenkbuch für Kurgäste, Touristen u. Freunde des Thüringer Waldes. Mit einleitendem Gedicht von Ludw. Storch. 2., verm. u. verb. Aufl. Mit 3 (lith.) Spezialkarten von Friedrichroda u. Umgebung. 16. (V, 148 S.) Ohrdruf 880. Stadermann jr. geb. n. 2.—

Roth, Rich. (I.), Robert Fulton, s. Meinhold's Volks- und Jugend-Bibliothek.

Roth, Rich. (I.), den Gerechten bleibt zuletzt der Sieg. Eine Erzählung für die Jugend und deren Freunde. 12. (92 S. mit 4 Stahlst.) Stuttgart 887, Schmidt und Spring. cart. * —75

— Gestrauchelt, doch nicht gefallen od. Zweierlei Freundschaft, s. a. Trewendt's Jugendbibliothek.

[F.] Gestrauchelt, doch nicht gefallen oder Zweierlei Freundschaft. E. Erzählg f. d. Jugend v. Richard Roth. M. Titelb. *Breslau: E. Trewendt [1897].* (113 S., 1 Taf.) 1 Bd 8.
— Jugendbibliothek, Trewendt's N. F. Bd 48. [98. 2212

—— gesühnt, s. Trewendt's Jugendbibliothek.

— Gott bracht' es an den Tag. Erzählung f. die Jugend. Mit 4 Illustr. in Holzschn. 8. (119 S.) Ebend. 877. cart. —75

— **Gott bracht es an den Tag. s. a. Trewendt's Jugendbibliothek.**

Gott bracht es an den Tag. Erzählung f. d. Jugend von Richard Roth. 2., durchges. Aufl. Mit 4 Ill. *Berlin: E. Trewendt [1903].* (109 S.) 8° [F.]
(Trewendt's Jugendbibliothek. 60.) [04. 1469

— die Heimat in der Wüste, s.: Reid, Mayne.

— ein nordischer Held, s.: Universal-Bibliothek f. die Jugend.

Roth, Kaiser, König und Papst, s. a. Jugend- und Hausbibliothek, neue.

ROTH, RICHARD. *Kaiser, König und Papst.* Historische Erzählung aus der . . . Hohenstaufenzeit. Unter theilweiser Anlehnung an F. D. Guerrazzi's „Battaglia di Benevento". Einleitung von Franz Otto. Mit 150 Textvignetten und vier Tonbildern von N. SANESI u. J. SCHÖNBERG. Leipzig, Spamer, 1875. 8°. Etw. fleckiger Or.-Leinenbd. SPJHB. ★ Erste Ausgabe. 14.—

— Kaiser, König u. Papst. Histor. Erzählung aus der Periode der großen Kämpfe zwischen weltl. u. geistlicher Macht während der Hohenstaufenzeit. Geschrieben für Volk u. Jugend. Mit einer Einleitung u. einem Schlußwort von Frz. Otto. 2., verb. Aufl. Mit 150 Text-Abbildungen u. einem Titelbilde von Nic. Sanesi u. Joh. Schönberg. gr. 8. (VI, 488 S.) Leipzig 882. Spamer. n. 5. 50; geb. n. 6. 50

— Kaiser, König u. Papst. Historische Erzählg. aus der Periode der großen Kämpfe zwischen weltl. u. geistlicher Macht während der Hohenstaufenzeit. Geschrieben für Jugend u. Volk. 3., neu bearb. Aufl. Mit 150 Text-Abbildgn. v. N. Sanesi u. J. Schönberg u. e. Titelbilde nach H. Plüddemann. gr. 8. (X, 378 S.) Leipzig 888. Spamer. n. 5. 50; geb. n. 6. 50

— Kaiser, König u. Papst. Historische Erzählg. aus der Periode der großen Kämpfe zwischen weltl. u. geistl. Macht während der Hohenstaufenzeit. Geschrieben f. Jugend u. Volk. 4. (Titel-)Aufl. Mit 150 Text-Abbildgn. v. Nic. Sanesi u. Joh. Schönberg u. e. Titelbilde nach H. Plüddemann. gr. 8. (X, 378 S.) Leipzig 895. O. Spamer. n. 5. 50; geb. in Leinw. n. 6. 50

— **Kaiser, König u. Papst. Historische Erzählg. aus der Zeit der Hohenstaufenkämpfe in Italien. 5., wesentlich verb. Aufl. Mit 75 Abbildgn. v. Nic. Sanesi u. Joh. Schönberg. Lex.-8. (VIII, 320 S.) Leipzig 903. O. Spamer. n. 4. 50; geb. in Leinw. n. 6. —**

— Kaiser, König u. Papst. Historische Erzählg. aus der Zeit der Hohenstaufenkämpfe in Italien. 6. [Titel-]Aufl. Mit 75 Abbildgn. v. Nic. Sanesi u. Joh. Schönberg. (VIII, 320 S.) gr. 8. Ebd. [903] 908. 4.50; geb. in Leinw. 6. —

— gute Kinder, brave Menschen, s.: Pfeil, H.

— um des Reiches Krone. Eine Geschichte aus der Geschichte f. Jugend u. Volk. Illustriert v. G. Adf. Closs. gr. 8. (306 S.) Leipzig (899). Schmidt & Spring. Geb. in Leinw. 6. —

(G) — Um d. Reiches Krone. 899. (KBL 32.) Erm. Pr. geb. 4. —

Roth, Rich., Leitfaden f. den Unterricht in der landwirtschaftlichen Betriebslehre. Für mittlere u. niedere landwirtschaftliche Lehranstalten, sowie zum Selbstunterrichte bearb. 2. Aufl. gr. 8. (VIII, 112 S.) Chemnitz 894. M. Bülz. Kart. n. 1. 20

— Leitfaden f. d. Unterricht in der landwirtschaftlichen Betriebslehre. Für mittl. u. nied. landwirtschaftl. Lehranst., sowie z. Selbstunterrichte bearb. 3. Aufl. gr. 8. (VIII, 113 S. m. Fig.) Chemnitz 896. Berlin, P. Parey. Kart. n. 1. 20

Verzeichnis der Doktoren welche die philosophische Fakultat der k. württembergischen Eberhard-Karls-Universität in Tübingen im Dekanatsjahr 1887 1888 ernannt hat. Nebst einer Abhandlung: Die fürstliche Liberei auf Hohentübingen und ihre Entführung im Jahr 1635 Von R. Roth. Tübingen, L. Fr. Fues'sche Buchdr., 1888; 47 S. 4°

Roth, R., die fürstliche Liberei auf Hohentübingen u. ihre Einführung im J. 1645. 4. (47 S.) Tübingen 888. (Laupp.) n. 1. —

— **Richard Löwenherz u. sein Paladin. Eine Erzählg. f. die Jugend aus Palästinas Vergangenheit u. Gegenwart. (Neubearbeitung v.: Pilger u. Kreuzfahrer.) Mit 8 Vollbildern v. R. Schweitzer. (VIII, 267 S.) gr. 8. Stuttgart (905). Levy & Müller. Geb. n. 5. —**

— Männer eigner Kraft, s.: Otto, Frz.

— die Nordpolfahrer, s.: Universal-Bibliothek für die Jugend.

Roth, Rich., nur immer brav, s.: Trewendt's Jugendbibliothek.

— Heinrich Pestalozzi, s. a. Spamer's, O., neue Volksbücher.

Roth, Richard. [Johann] Heinrich Pestalozzi, der schweizerische Jugendfreund und Volksbildner. Ein Lebensbild, in Form einer Erzählung für Jugend und Volk dargestellt. Mit Kopfleisten, Initialen und drei Tonbildern [Tafeln, sowie illustriertem Umschlag]. 8. Leipzig und Berlin 1880.
(Otto Spamer's Neue Volksbücher. No. 28.)

— Pilger u. Kreuzfahrer. Aus Palästinas Gegenwart u. Vergangenheit. Erzählung für die reifere Jugend. Mit 17 Holzschn.-Vollbildern, vielen Textillustr. u. einer (lith.) Karte von Palästina. gr. 8. (X, 388 S.) Breslau 880. Trewendt. geb. 7. 50

— **Prairievogel, s.: Murray, Charles.**

— Recht besteht, Unrecht vergeht, s. a. Trewendt's Jugend-Bibliothek.

[J.] Recht besteht, Unrecht vergeht. Erzählg f. d. Jugend v. Richard Roth. 2. durchges. Aufl. M. Titelb. *Breslau: E. Trewendt [1898].* 107 S.) 1 Bd 8.
= Jugendbibliothek, Trewendt's. Bd 70. [98. 8631

— Stanleys Reise durch den dunkeln Weltteil, s.: Universal-Bibliothek f. die Jugend.

Roth, R., die Römer in Deutschland, s.: Universal-Bibliothek für die Jugend.

— in der Sommerfrische, s.: Trewendt's Jugendbibliothek.

— **spät vergolten, s.: Schmidt & Spring's Volks- u. Jugendbibliotheken. Nr. 293.**

—— s. Thomas, Louis, die denkwürdigsten Erfindungen im 19. Jahrh.

— **der Tigerjäger od. bleibe im Lande u. nähre dich redlich, s. a. Trewendt's Jugendbibliothek. N. F. 79.**

Der Tigerjäger oder bleibe im Lande und nähre dich redlich. Erzählung f. d. Jugend von Richard Roth. 2. durchges. Aufl. Mit Titelbild. Berlin: E. Trewendt [1904]. (109 S.) 8° [F.]
(Trewendt's Jugendbibliothek. Bd 79.) [05. 1345

— Der Tolpatsch. s. Trewendt's Jugendbibliothek.

— treu u. rein wie Gold. Eine Erzählg. f. die Jugend u. ihre Freunde. Mit 4 Stahlst. 12. (108 S.) Stuttgart 885. Schmidt & Spring. cart. — 75

— Treuherz oder Trapper u. Indianer. Bilder u. Scenen aus Wald u. Prairie des Westens von Amerika. Erzählung für Jugend u. Volk. Mit 6 Bunt- u. 6 Tondr.-Bildern. 8. (III, 348 S.) Halle 878. Schwetschke's Sep.-Cto. geb. 4. —

— Treuherz od. Trapper u. Indianer. Bilder u. Scenen aus Wald u. Präric d. Westens v. Amerika. Erzählung f. Jugend u. Volk. Mit 6 Bunt- u. 6 Tondr.-Bildern. 2. Aufl. gr. 8. (III, 375 S.) Leipzig 886. Schwetschke's Verl. Sep.-Cto. cart. 4. —

— Treuherz od. Trapper u. Indianer. Bilder u. Szenen aus Wald u. Prairie d. Westens v. Amerika. Mit 6 Bunt- u. 6 Tondr.-Bildern. 3. Aufl. gr. 8. (III, 375 S.) Lpz. 890, Schwetschke Sep.-Cto. geb. 4 —

— Treuherz od. im Urwald u. auf der Prärie. Eine Erzählg. aus der Indianerzeit des Südwestens v. Nord-Amerika f. reifere Jugend u. Volk. Mit Buchschmuck v. Alfr. Weßner. 3., völlig umgearb. Aufl. (IV, 284 S.) gr. 8. Halle (905). Gebauer-Schwetschke. Geb. n. 4. —

Roth, Richard: Untersuchungen über die Rentabilität der obererzgebirgischen Feldgraswirtschaft .... Annaberg, Druck v. C. O. Schreiber, 1887; 18 + 1 S. 8°
Leipzig, Phil. Fak., Inaug.-Diss. v. 7. Sept. 1887

Roth, Richard, Untersuchungen über die Rentabilität der obererzgebirgischen Feldgraswirthschaft. Diss. Leipzig 1887, Gustav Fock. 8°. 43 S.

— in den Werkstätten Onkel Leopold's u. seiner jungen Freunde. Wanderungen durch die Stätten des Gewerbfleißes, oder das neue Buch der Arbeit. 1. u. 2. Bd. Auf Grund eines hinterlassenen Mskr. von Frz. Luckenbacher in 3. Aufl. gänzlich neu bearb. u. hrsg. Mit üb. 300 Text-Illustr. u. je 1 bunten Titelbilde. gr. 8. (VI, 218 u. V, 222 S.) Leipzig 879. Spamer. à n. 2. 50; cart. à n. 3. —

— in den Werkstätten. Onkel Leopolds u. seiner jungen Verwandten Wandergn. durch die Stätten d. Gewerbfleißes. 2 Bde. 4., neubearb. u. verm. Aufl. gr. 8. (VII, 224 u. VII, 248 S. m. 166 u. 168 Abbildgn. u. je 4 Vollbildern.) Ebd. 894. n. 5. —; geb. in Leinw. n. 6. 40

— in den Werkstätten. Onkel Leopolds u. seiner jungen Verwandten Wandergn. durch die Stätten des Gewerbfleißes. 2 Bde. 5. Aufl. gr. 8. (VII, 224 u. VII, 248 S. m. 166 u. 168 Abbildgn. u. je 4 Vollbildern.) Leipzig 902. O. Spamer. n. 5. —; geb. in Leinw. n. 6. 40

Roth, R., der Widerpart, s.: Trewendt's Jugendbibliothek.

— Wiedersehen ist unsere Hoffnung. Erzählung für die Jugend. Mit 4 Bildern. 8. (92 S.) Breslau 879. Trewendt. cart. — 75

Roth, Rob. Ludov. (geb. Erfurt 27. 12. 1828): De gravidarum auscultatione. Berolini (1852). (28 S.) 8°
Berlin, Med. Diss. v. 7. März 1852

Roth, Rud., Abhandlung über den Atharva Veda. Tübingen 856. Fues' Sortbdlg. gr. 4. (36 S.) n. 10 ngr.

Roth, Rud., der Atharvaveda in Kaschmir. gr. 4. (25 S.) Tübingen 875. (Fues.) n. 1. 20

RUDOLF ROTH, Schloß Burg an der Wupper. Führer und Katalog sowie kurze Darstellung der Geschichte des Schlosses. Im Auftrage des Schlossbauvereins geschrieben. 1. Tausend. Burg an der Wupper. 8°.

Roth, Rud. v. Festgruss an Rudolf v. Roth zum Doktor-Jubiläum 24. Aug. 1893 v. seinen Freunden u. Schülern. gr. Lex.-8. (VI, 223 S.) Stuttgart 893. W. Kohlhammer. n. 12. —

Roth R, Geschichte der ehemaligen Reichsstadt Leutkirch und der Leutkircher Haide. 2 Bde Leutkirch 1869-75

Roth, Rud. (II.), Geschichte der ehemaligen Reichsstadt Leutkirch und der Leutkircher Haide oder der jetzigen polit. Gemeinden Gebrazhofen, Herlazhofen und Wuchzenhofen. Nach Urkunden und handschriftl. Quellen, sowie anderen bewährten Hülfsmitteln bearb. Mit einer Ansicht der Stadt Leutkirch. 1. Thl. und 2. Thl. in 7 Heften. gr. 8. Leutkirch 873—75, Roth. [1. Thl. (421 S.) **M 3,80. — 2. Thl. 1—4. Heft. (S. 1—256.) à Heft ** 60 Pf.; 5. Heft. (S. 257—312.) ** 65 Pf.; 6. Heft. (S. 313—384.) ** 60 Pf.; 7. Heft. (S. 385—508.) **M 1.] **

Roth, Rud., Geschichte der ehemaligen Reichsstadt Leutkirch u. der Leutkircher Haide od. der jetzigen polit. Gemeinden Gebrazhofen, Herlazhofen u. Wuchzenhofen. Nach Urkunden u. handschriftl. Quellen, sowie anderen bewährten Hülfsmitteln bearb. Mit e. Ansicht der Stadt Leutkirch. 2 Thle. gr. 8. (421 u. 508 S.) Leutkirch 773—76. Roth. n.n. 8. 45

Roth, Rud[olf]. Geschichte des Turnvereins Zofingen. Festschrift zur 50jährigen Jubiläumsfeier 1852—1902. Im Auftrage des Vorstandes bearb. von Rud. Roth, Oberturner. [Mit 2 Tabellen, 1 Porträt-Tafel und 1 Illustration.] II + 45 S. 8. Zofingen, Joh. Fehlmann, 1902.

[Roth, R.], Systematisch-alphabetischer Hauptkatalog der Königlichen Universitätsbibliothek zu Tübingen. M. Handschriften. a. Orientalische. I. Indische Handschriften. [Universitätsprogramm.] Tübingen 1865. 4

Roth, Rudolf: Zur Kenntnis der Perchlorate. München 1910: Höfling. 56 S. 8°
München, Phil. Diss. v. 25. Juli 1910, Ref. v. Baeyer
[Geb. 28. Dez. 87 Erfurt; Wohnort: Wilmersdorf b. Berlin; Staatsangeh.: Preußen; Vorbildung: Bismarck-Gymn. Wilmersdorf Reife O. 06; Studium: Tübingen 3, München 6 S.; Rig. 25. Juli 10.] [U 11. 3840

Roth, Rudolf, Rechtskandidat a. Coblenz a. Rh.: Das Konkurrenzverbot für die offenen Handelsgesellschafter. Borna-Leipzig 1908: R. Noske. (35 S.) 8° [F.]
Leipzig, Jur. Fak., Diss. v. 17. Juli 1908
[Geb. 13. Nov. 82 Coblenz; Wohnort: Coblenz; Staatsangeh.: Preußen; Vorbildung: Kaiserin-Augusta-Gymn. Coblenz Reife O. 03; Studium: Freiburg i. B. 3, München 1, Bonn 2 S.; Rig. 17. Juli 08.]

Roth, Rud., zur Litteratur u. Geschichte des Weda. Drei Abhandlungen. gr. 8. (9¾ B.) Stuttgart 846, Liesching u. Comp. *

Roth, Rud., über den Mythus von den fünf Menschengeschlechtern bei Hesiod u. die indische Lehre von den vier Weltaltern. Tübingen 860. (Fues' Sorthdlg.) 4. (33 S.) n. 10 ngr.

Roth, Rud., Proben aus einer Uebersetzung des Atharvan, s. Festgruss an Otto v. Böhtlingk.

Roth, Rud. (I.), Sanskrit-Wörterbuch, s. Böhtlingk, O.

Urkunden zur Geschichte der Universität Tübingen aus den Jahren 1476 bis 1550. [Hrsg. von Rudf. Roth.] Tübingen: Laupp 1877. 4°.

— über die Vorstellung vom Schicksal in der indischen Spruchweisheit. Tübingen 866. (Fues'sche Sortimentsh.) gr. 4. (18 S.) n. 7½ ngr.

— über Yacna 31. gr. 4. (31 S.) Tübingen 876. (Fues.) n. 1. 60

Roth, S., die eruptiven Gesteine d. Fazekasboda-Moragyer Gebirgszuges [Baranyaer Comitat], s.: Mittheilungen aus dem Jahrbuche der k. ungar. geolog. Anstalt.

Roth, S. W., Hans Stolprian d'r Hürotskandidat od. Das Glück, s. a. Sammlung schweizer. Dialektstücke. Nr. 49.

Roth, S W. Hans Stolprian, d'r Hürotskandidat, oder Das Glück. Dialekt-Lustspiel mit Gesang in 1 Akt. [Mit 2 Noten-Beilagen.] 24 [+ Beilagen 5] S. 8. Zürich, Caesar Schmidt, 1904. (fr. —. 80)
Sammlung schweizer. Dialektstücke Nr. 49.

— der Wetterprophet, s.a. Sammlung schweizer. Dialektstücke. Nr. 61.

Roth, S W . Der Wetterprophet. Dialekt-Lustspiel mit Gesang in 2 Akten. 32 S. 8. Zürich, Caesar Schmidt, 1905. (fr. —.80)
Sammlung schweizerischer Dialektstücke Nr. 61.

Roth, Steph. Ludw., der Sprachkampf in Siebenbürgen. Eine Beleuchtung des Woher u. wohin? 8. (4¾ B.) Kronstadt 842, (Németh.) *

— d. Sprachkampf in Siebenbürgen. E. Beleuchtg. d. woher u. wohin? 2. Aufl. 12. (VIII, 77 S.) Hermannstadt 896. (L. Michaelis.) — 60

— die Zünfte. Eine Schutzschrift. 12. (2⅔ B.) Hermannstadt 844, (v. Hochmeister'sche Buchh.) *

Roth, Th., s.: Blumengarten.

Roth, Th.: Die Erhaltung der Gesundheit. A. d. Engl. Stuttgart 1851. 55 S. (Wochenbände f. d. geistige u. materielle Wohl. 31.)

Roth, Th., Rede am Grabe Sr. Exc. des Großherzogl. Bad. Geh. Rathes Dr. C. F. E. Nebenius gesprochen am 10. Juni 1857. Karlsruhe 857. Müller. gr. 8. (10 S.) n. 2 ngr

Roth, Thdr., der kleine Amerikaner, od. Anleitung zur Selbst-Erlerng. der im gewöhnl. Leben vorkomm. Worte der engl. Sprache, nebst Gesprächen, Briefen u. Wörter-Verzeichniß. 16. (104 S.) Hamburg 870. Kittler. n. — 80

Roth, Theod. (I.), ärztl. Beobachtungen u. Untersuchungen gr. 8. (11¾ B.) Lübeck 841, v. Rohden'sche Buchh. *

Roth, Theodor [Übers.]
s. Bulwer, E.G.: Sämmtliche Romane. 1845 - 46.

Roth, Theod. (II.), die Grundzüge d. evangel. Kirchenbaues, od.: Welche Anforderungen macht d. Geist d. evangel. Kirche in Bezug auf Erbauung, Einrichtung u. Ausschmückung d. Kirchen? gr. 8. (1 B. u. 2 Stnt.) Freiburg 841, Emmerling.

Roth, Ant(onius) Henr(icus) **Theod(orus)**: De phthisi epiglottidis. Halae (1830): Gebauer. 39 S. 8°
Halle-Wittenberg, Med. Diss., nachgeliefert von dem am 3. Apr. 1830 auf Thesen promovierten Verf.
[Beigedr.:] Sprengel, Curtius: Vindicationis specimen, per quam propulsantur contumeliae ac iniuriae ab Avicenna.
Geb. [Golzwarden] (Oldenburg) [6. 6.] 1806. V.

Roth, Theodor: Die Völkernamen in ihrer Entwicklung zu Gattungsnamen im Französischen. Ein Beitr. z. Entwicklung d. französ. Wortschatzes. Friedland i. M. 1910: Walther. 55 S. 8°
Friedland i. M., st. G P 1910 (911) [S 10. 305

Roth, Thomas, a. Oberroth: Der Einfluss von Ariost's Orlando furioso auf das französische Theater. Naumburg a. S. 1905: Lippert & Co. (53 S.) 8° ¶ (Erschien vollst. 1905 als: Münchener Beiträge zur roman. u. engl. Philol. H. 34.)
München, Phil. Fak., Ref. Breymann, Diss. v. 7. Juli 1905
[Geb. 19. Dez. 75 Oberroth i. Oberbayern; Wohnort: Vegesack b. Bremen; Staatsangeh.: Bremen; Vorbildung: Gymn. Freising Reife Juli 96; Studium: München 8 S.; Rig. 28. Juni 04.]

Roth, Th., der Einfluss v. Ariost's Orlando furioso auf das französ. Theater, s.a. Beiträge, Münchener, zur romanischen u. englischen Philologie. 34. Hft.

Der Einfluß von Ariost's Orlando furioso auf das französische Theater von Dr. Th[omas] Roth, Oberl. Leipzig: A. Deichert 1905. (XXII, 263 S.) 8°
= Beiträge, Münchener, z. roman. u. engl. Philologie. 34. (05. 780

Roth, Tycho

— üb. Preußens König, Friedrich II. rc. a. d. Dänisch. 8. Ebend. 787.

— Gedanken, in Anleit. d. Rede d. preuß. Staats v. Herzberg. 8. Ebend. 786.
Schreibp.

— de gladiis veter. imprim. Danor. 8. ibid. 752.

— philos. Ideen, z. Kenntn. unsrer Art, u. z. Freude über dieselben. 2 Thle. 8. Ebend. 790. 91. (1r 20 gr. 2r 1 Thlr. 4 gr.)

— ob die Ehrenmale, d. m. Woltatren errichtete, mit der Ehre unsrer Zeit rc. bestehen können? 8. Ebend. 779.

— Nordens Staatsverfasssung von d. Lehnsverfass mit Adelsrecht u. Volksfreyh. in d. Lehnszeit. rc. a. d. Dän. v. Reichel. 2 Thle. 8. Ebend. 784. (à 1 Thlr.)
Schreibp.

Roth, Tycho, Wirkung des Christenthums a. d. Zustand d. Völker in Europa, a. d. Dän. 4 Thle. 8. Copenh. Proft 775—83.

Roth, Victor: Das Mühlbächer Altarwerk. Hermannstadt '03. 51 S. Aus: Archiv d. Ver. f. siebenb. Landeskde. 31, 2.

Roth, Vict., die Ausstattung unserer Wohnräume, s.a. Volksschriften-Verlag. 27. Hft.

(F) **Roth**, V., Die Ausstattung unserer Wohnräume. [Volksschriftenverlag in Hermannstadt. Nr. 27.] 8°. (15 S.) K —.20
Hermannstadt: Krafft 1906.

Roth, Victor, Assistenzarzt a. Selb, Bez. Rehau: Über einen Fall von traumatischen Facialisclonus, späteren Auftreten der Facialisparalyse, deren Korrektur und forense Bedeutung. München 1908: C. Wolf & Sohn. (13 S.) 8°
München, Med. Fak., Ref. v. Bauer, Diss. v. 3. Juli 1908
[Geb. 11. Sept. 79 Selb; Wohnort: Pegnitz i. Oberfr.; Staatsangeh.: Bayern; Vorbildung: Melanchthon-Gymn. Nürnberg Reife Juli 01; Studium: München 4, Erlangen 3, München 3 S.; Coll. 3. Juli 08; Approb. 31. März 08.]

— Geschichte der deutschen Baukunst in Siebenbürgen, s.a. Studien zur deutschen Kunstgeschichte. 64. Hft.

Roth, Victor: Geschichte der deutschen Baukunst in Siebenbürgen. Mit 93 Abb. Straßbg '05. VIII, 127 S. (Studien z. dt. Kunstgesch. 64.)

Roth, Vict., Geschichte des deutschen Kunstgewerbes in Siebenbürgen, s.a. Studien zur deutschen Kunstgeschichte. 104. Heft.

Roth, Victor: Geschichte des deutschen Kunstgewerbes in Siebenbürgen. Mit 75 Abb. Strassburg '08. XV, 259 S. (Studien z. dt. Kunstgesch. 104.)

— Geschichte der deutschen Plastik in Siebenbürgen, s.a. Studien zur deutschen Kunstgeschichte. 75. Hft.

— Geschichte der deutschen Plastik in Siebenbürgen. Mit 74 Abb. Strassburg '06. XIV, 178 S. (Studien z. dt. Kunstgesch. 75.)

— Fritz Schullerus. Ein siebenbürgisch-sächs. Künstlerleben. (58 S. m. 25 Taf.) Lex. 8. Hermannstadt 908. W. Krafft. 3. 20

— s.: Wege zur Kunst.

Roth, W. Gutachten üb. einen angeblich in einer sogenannten Mordmonomanie begangenen Totschlag. Berlin 1861.

Roth, W., Kobalt u. Verbindungen, s.: Gmelin u. Kraut's Handbuch der anorganischen Chemie.

Roth (W.). Laubmoose und Gefaess-Kryptogamen der Eulengebirge. Glatz, 1874. 8°.

– Trockne Platten und transparente Photographien. s. Roth, Karl

Roth, W., hessische Vaterlandskunde. Beschreibung der Landschaften, in welchen das Großherzogth. Hessen liegt. Mainz 863. Jonitsch. gr. 8. (IV, 67 S.) n. 7½ ngr.

Roth, W. Oberstlieut. i. d. Kgl. Preuss. Artillerie. Die Vertheidigung von Colberg im Jahre 1807. Mit 2 Plänen. 8. Breslau 1840. 143 S.

Roth, W., die Volksschule in ihrem Verhältnis zu den Interessen d. Landbevölkerg., s. a. Aus der Schule f. die Schule, Hft. 62.

[F.] Die Volksschule in ihrem Verhältnis zu den Interessen der Landbevölkerung v. W. Roth. Pädag. Abhdlgn u. Vortr. *Neuwied-Leipzig: Heuser 1895.* (41 S.) 1 Bd 8.
— Schule, Aus der, für d. Schule. H. 62. [illegible] 5

Roth, Walther. Ueber die Absorption des Stickoxyduls in wässrigen Lösungen verschieden dissociierte Stoffe. Berlin [1897].

Roth, *Walther* [wiss. Hilfsl.]: *Ansprache bei der Gedenkfeier für Kaiser Wilhelm I.* Wilhelmshaven, Druck v. Th. Süss, *1892;* 13—14 S. 4.
Wilhelmshaven, k. G, OP 1892 (318)

Roth, Walter [aus Breslau]: Aus d. chem. Institut d. Univ. Breslau. Ueber das β-Naphtylpiperidin, ar. Tetrahydro-β-naphtylpiperidin und das β-Naphtyl-α-pipecolin ... Breslau, Druck v. Th. Schatzky, 1896; 4 Bl., 49 S., 1 Bl. 8.
Breslau, Phil. Fak., Inaug.-Diss. v. 20. März 1896

Roth, Walter, üb. das β-Naphtylpiperidin, ar. Tetrahydro-β-naphtylpiperidin u. das β-Naphtyl-α-pipecolin. Diss. gr. 8. (49 S.) Breslau 896. (Schletter.) n — 60

Roth, Walter, Referendar a. Carlsruhe O.-S.: Erläuterung des § 202 B.G.B. Breslau 1907: P. Förster. (57 S.) 8°
Jena, Jur. Fak., Ref. Danz, Diss. v. 16. Febr. 1907
[Geb. 30. Juli 82 Carlsruhe O.-S.; Wohnort: Carlsruhe; Staatsangeh.: Preußen; Vorbildung: Gymn. Kreuzburg O.-S. Reife O. 02; Studium: Berlin 1, Jena 3, Breslau 2, Jena 1 S.; Rig. 9. März 06.]

Roth, W., Grundbuchordnung, s. Handbibliothek, juristische, Bd. 286.

— Justus v. Liebig, s. a. Sammlung chem. u. chemisch-techn. Vorträge.

Roth, W: Justus v. Liebig. Stuttgart 1898

Roth, Walther: Ueber die Resectio tibio-calcanea nach Bruns. *Tübingen: H. Laupp 1898.* (26 S.) 8° ¶ (Aus: Beiträge zur klinischen Chirurgie, Bd 21 H. 3.)
Tübingen, Med. Diss. v. 1898

Physikalisch-chemische Übungen. Von Dr. W[alter] A. Roth, Prof. in Greifswald. Mit 44 Abb. Hamburg & Leipzig: L. Voss 1907. (XII, 174 S.) 8° [07. 4649] 9

Roth, Wenzel Johann, s. Roth, Johann Wenzel

Roth, Wilh., die Aufgaben des Armee-Gesundheitsdienstes. Vortrag gehalten in der militär. Gesellschaft zu Berlin am 3. Decbr. 1868. [Aus der deutschen Vierteljahrsschrift für öffentliche Gesundheitspflege.] Braunschweig 869. Vieweg & Sohn. gr. 8. (24 S.) n. 5 ngr.

Roth, W.: Ueber die Behandlung der Hygiene als Lehrgegenstand. Braunschweig 1879. 21 S. Sonderdr. aus: Dt. Vierteljahrsschr. f. öffentl. Gesundheitspflege. Bd. 11. H. 1.

Roth, W. Denkschrift üb. notwendige Reformen in d. Organisation d. Sanitätsdienstes d. dtschn Heeres. Dresden 1872.

Roth. Wilhelm, med. pract. von Fluntern, Kt. Zürich]: Ueber eine Intracranielle Dental-Exostose von einer Ziege. Nebst Vergleichung mit den zum Theil als Versteinerte Gehirne beschriebenen Knochengeschwülsten aus der Schädelhöhle. Zür. Aschmann u. Bollmann Dr. 1888. 1 Taf., 61 S. 8°.
Zürich. Med. Diss. [v. 19. Jan. 1888].

Roth, Wilh., die Dienst-Verhältnisse der Assistenz-Aerzte u. Unter-Aerzte in der königl. preussischen Armee. Eine Zusammenstellung der betreffenden Verfügungen u. Reglements. Berlin 859. Hirschwald. gr. 8. (XXXII, 291 S.) n. 1 ₰ 20 ngr.

Roth, Dr. Wilhelm, k. preuss. Oberstabsarzt. Der Gesundheitsdienst bei der englischen Expedition nach Abessinien. Ein Beitrag zur Armee-Gesundheitspflege. (Beihft. z. „Milit.-Wochenblatt" 1868.) 8. Berlin 1868.

— der Gesundheitsdienst bei der Expedition nach Abessinien. Ein Beitrag zur Armee-Gesundheitspflege. Berlin 869. Mittler & Sohn. gr. 8. (55 S.) n. 10 ngr.

— Grundriss der physiologischen Anatomie für Turnlehrer-Bildungsanstalten. Mit Anschluss einer kurzen Anweisung zur ersten Hülfeleistung bei vorkommenden Verletzungen bearb. Berlin 866. Vossische Buchh. gr. 8. (XVIII, 216 S.) n. 1 ₰ 5 ngr.

Roth, Wilh., Grundriss der physiologischen Anatomie f. Turnlehrer-Bildungsanstalten. Nebst e. kurzen Anweisg. zur ersten Hülfeleistg. bei Verletzgn. 2. Aufl. gr. 8. (XVIII, 215 S.) Berlin 872. Voss. n. 3. 50

Roth, Wilh., Grundriss der physiologischen Anatomie f. Turnlehrer-Bildungsanstalten. Nebst einer kurzen Anweisung zur ersten Hülfeleistung bei Verletzungen. 3. Aufl. gr. 8. (XVIII, 215 S.) Berlin 879. Voss. n. 3. 50

Roth, Wilh., Grundriss der physiologischen Anatomie f. Turnlehrer-Bildungsanstalten. Nebst e. kurzen Anweisung zur ersten Hülfeleistg. bei Verletzgn. 4. Aufl. gr. 8. (XVIII, 218 S.) Berlin 885. Voss. n. 3. 50

Roth, Wilh., Grundriss der physiologischen Anatomie f. Turnlehrer-Bildungsanstalten. Nebst e. Anweisung zur ersten Hülfeleistg. bei Verletzgn. 5. Aufl. Durchgesehen u. theilweise ergänzt v. Frdr. Haenel. gr. 8. (XXII, 214 S.) Berlin 901. Vossische Buchh. n. 3. 50; geb. n. 4. —

— — und R. Lex, Handbuch der Militär-Gesundheitspflege. 1. u. 2. Band. Berlin 1871—75. 8.

—— und Rud. Lex, Handbuch der Militär-Gesundheitspflege. 1. Bd. 2 Lfgn. und 2. Bd. 1. und 2. Lfg. gr. 8. Berlin, Hirschwald. [1. Bd. 1. Lfg. (S. 1—350 mit 70 in den Text eingedr. Holzschn.) 872. *ℳ 7.; 2. Lfg. (XVI, S. 351—676 mit 33 in den Text eingedr. Holzschn. und 3 lithogr. Taf. in gr. 8. und qu. Fol.) 872. *ℳ 9.; 2. Bd. 1. Lfg. (S. 1 —234 mit 33 in den Text eingedr. Holzschn. und 3 lithogr. Taf. in gr. 8. und qu. Fol.) 874. *ℳ 6.; 2. Lfg. (S. 235 —706 mit 42 in den Text eingedr. Holzschn. und 4 lithogr. Taf. in gr. 8. und qu. Fol.) 875. *ℳ 12.] * 34 —

— u. Rud. Lex, Handbuch der Militär-Gesundheitspflege. 3. Bd. Mit 21 in den Text gedr. Holzschn. gr. 8. (2. Bd. VIII S. u. 3. Bd. VIII, 671 S.) Berlin 877. Hirschwald. n. 16. — (cplt.: n. 50. —)

Roth, Wilhelm, Der Hausierhandel Urberachs (Grossh. Hessen) mit besonderer Berücksichtigung des Handels mit Töpferwaren. Schriften d. Vereins f. Sozialpolitik, Bd. 80. gr. 8⁰. Leipzig 1899.

Roth, W., s. a. Jahresbericht über die Leistungen u. Fortschritte auf d. Gebiete d. Militär-Sanitätswesens.

Roth. Jahresbericht über die Leistungen u. Fortschritte auf dem Gebiete des Militär-Sanitätswesens. Jhrg. 1—37 f. d. Jahre 1873—1911. Berlin 1874—1912. 4⁰, seit Jhrg. 8: 8⁰

Roth's, W., Jahresbericht üb. die Leistungen u. Fortschritte auf dem Gebiete des Militär-Sanitätswesens. Hrsg. v. der Red. der Deutschen militärärztl. Zeitschrift. XIX. Jahrg. Bericht f. d. J. 1893. Suppl.-Bd. zur Deutschen militärärztl. Zeitschrift. gr. 8. (VIII, 231 S.) Berlin 894. E. S. Mittler & Sohn. n. 4. 80

Roth's, W., Jahresbericht üb. d. Leistgn. u. Fortschritte auf dem Gebiete des Militär-Sanitätswesens. Hrsg. v. d. Red. d. Deutschen militärärztl. Zeitschrift. XX.—XXII. Jahrg. Bericht f. d. J. 1894, 1895 u. 1896. Suppl.-Bd. zur Deutschen militärärztl. Zeitschrift. gr. 8. (XII, 219; XII, 216 u. XII, 211 S.) Berlin 895—897. E. S. Mittler & Sohn. à Jahrg. n. 4. 80

Roth's, W., Jahresbericht üb. die Leistungen u. Fortschritte auf dem Gebiete des Militär-Sanitätswesens. Hrsg. von der Red. der Deutschen militärärztl. Zeitschrift. XXIII. Jahrg. Bericht f. d. J. 1897. Suppl.-Bd. zur Deutschen militärärztl. Zeitschrift. gr. 8. (XII, 147 S.) Berlin 898. E. S. Mittler & Sohn. n. 3. 60

— dasselbe. XXIV.—XXVI. Jahrg. Bericht f. d. J. 1898—1900. Suppl.-Bd. zur Deutschen militärärztl. Zeitschrift. gr. 8. (XIV, 178; XV, 191 u. XVI, 184 S.) Ebd. 899—901. à n. 4. 50

Roth's, W., Jahresbericht üb. die Leistungen u. Fortschritte auf dem Gebiete des Militär-Sanitätswesens. Hrsg. v. der Red. der Deutschen militärärztl. Zeitschrift. XXVII.—XXXI. Jahrg. Bericht f. d. J. 1901 bis 1905. Ergänzungsbd. zur Deutschen militärärztl. Zeitschrift. gr. 8. Berlin, E. S. Mittler & Sohn. n. 24.—
1901. (XVI, 181 S.) 902. n. 4. 50. — 1902. (XXXVIII, 185 S.) 903. n. 5.—. — 1903. (XVIII, 178 S.) 904. n. 4. 50. — 1904. (XXIV, 198 S.) 905. n. 5.—. — 1905. (XIV, 210 S.) 906. n. 5.—.

Roth's, W., Jahresbericht üb. die Leistungen u. Fortschritte auf dem Gebiete des Militär-Sanitätswesens. Hrsg. v. der Red. der Deutschen militärärztl. Zeitschrift. 32.—35. Jahrg. Bericht f. d. J. 1906—1909. Ergänzungsbd. zur Deutschen militärärztl. Zeitschrift. gr. 8. Berlin, E. S. Mittler & Sohn. 13. —
32. (XII, 130 S.) 907. 3.50. — 33. (XII, 115 S.) 909. 3.—. 34. (XIII, 120 S.) 909. 3.—. — 35. (XIV, 130 S.) 910. 3.50.

Roth, Wilh., amtliche u. freiwillige Krankenpflege. Vortrag, gehalten in der militärärztl. Gesellschaft zu Berlin am 2. März 1867. [Aus: Berliner klinische Wochenschrift.] Berlin 867. A. Hirschwald. gr. 8. (18 S.) n. 6 ngr.

Roth's, Wilh. (II.), Leben und Erstlingsschriften. Aus seinem Nachlasse. gr. 8. (III und 119 S.) Göttingen (861)62, (Dieterich'sche Buchh.) Thlr. *

Roth, Wilh., das Militär- und Marine-Sanitätswesen auf der allgemeinen deutschen Ausstellung für Hygiene und Rettungswesen zu Berlin 1883. Bericht. gr. 8. (IV, 108 S. mit eingedr. Holzschn.) Braunschweig 884, Vieweg und Sohn. *
Aus: Deutsche Vierteljahrsschrift für öffentliche Gesundheitspflege, besonders abgedruckt.

—— 'Oqba Ibn Nafi' el-Fihri, der Eroberer Nordafricas. Ein Beitrag zur Geschichte der arab. Historiographie. Inauguraldissertation. gr. 8. (VI und 70 S.) Göttingen 859, (Dieterich'sche Buchh. — Vandenhoeck und Ruprecht's Verlagsh.) *

— die chronische Rachenentzündung. Eine anatomisch-klin. Studie. gr. 8. (III, 32 S.) Wien 883. Toeplitz & Deuticke. n. 1. —

Roth, Wilh., Reconnaissance. Dramatische Skizze. — Club „New Style". Scenische Skizze. (195 S.) gr. 8. Diessen 903. J. C. Huber. 3. 50

Zur Reform der Unfallversicherung. Im Auftrag des Instituts f. Gemeinwohl, zu Frankfurt am Main bearb. v. Dr. Wilhelm Roth, Geschäftsführer d. Auskunftsstelle f. Arbeiterangeleg. Frankfurt a. M. 1897: (C. Adelmann.) (53 S.) 8⁰

Roth, Wilhelm, aus Basel: Studien über konvergente Formbildung an den Extremitäten schwimmender Insekten. [Mit 19 Figuren im Text.] Leipzig 1909. IV + 97 S. und zwei Tafeln. 8⁰. S.-A. aus: Internationale Revue der gesamten Hydrobiologie und Hydrographie. Band 2, Heft 1/2 und 4 5. [3. XI. 09.]
Basel. Phil. Diss. 1909/10.

Roth, Wilhelm. Studien über konvergente Formbildung an den Extremitäten schwimmender Insekten. Diss. Phil. Basel. Mit 2 Tafeln und 19 Figuren im Text. (Sonder-Abdruck aus: »Internationale Revue der gesamten Hydrobiologie und Hydrographie«. Band 2, Heft 1/2 und 4/5.) 97 S. 8. Leipzig, Julius Klinkhardt, 1909.

Roth, Dr. Wilhelm, preuss. Stabsarzt etc. Militärärztliche Studien. Drei Aufsätze. 1. Das Lager von Châlons sur Marne im Sommer 1863. Skizzen aus dem Sanitäts-Dienste in der französischen Armee. 2. Ueber das Medicinal-Wesen der k. belgischen Armee mit besonderer Rücksicht auf die Medicinal-Verpflegung. 3. Ueber Sanitäts-Compagnien mit besonderer Rücksicht auf die k. hannover'sche Sanitäts-Compagnie und deren Uebungen im Juni 1863. Mit 1 Plan des Lagers von Châlons und mehreren Holzschnitten. (2 Bde.) 8. Berlin 1864.

— militairärztliche Studien. Drei Aufsätze. Mit 1 (lith.) Plan des Lagers von Châlons u. mehreren Holzschn. Berlin 864. Voss. gr. 8. (VII, 124 S.) n. 25 ngr.

Dass. N. F. 2 Aufsätze: 1. Beiträge zu den neuesten Fortschritten der Hülfe im Felde. 2. Über militairische Gesundheitspflege . . . in der engl. Armee. Berlin 1868. 8°.

— militairärztliche Studien. Neue Folge. Zwei Aufsätze. Berlin 868. Vossische Buchh. gr. 8. (XII, 211 S. mit 2 Steintaff.) n. 10 ngr.

— die Thätigkeit d. Sanitätsdienstes im Kriege der Holländer gegen Atchin. Ein Beitrag zur Armee-Gesundheitspflege. [Aus: „Deutsche militairärztl. Zeitschr.“] gr. 8. (40 S.) Berlin 875. Mittler & Sohn. n. — 80

— s.a. Veröffentlichungen aus dem königl. sächsischen Militär-Sanitäts-Dienst.

Roth, Dr. Wilhelm, Generalarzt 1. Classe und Corpsarzt. Veröffentlichungen aus dem königl. sächsischen Militär-Sanitäts-Dienst. Mit 29 in den Text gedruckten Holzschn. und 5 Steindrucktafeln. 8. Berlin 1879.

Roth, Wilhelm [aus Oelsnitz i. V.]: Ueber das Vorkommen der Stauungspapille bei Hirntumoren ... Jena, Univ.-Buchdr. G. Neuenhahn, 1897; 50 S. 8.
Jena, Med. Fak., Inaug.-Diss. v. [12. Juni] 1897

-- das Zeltlager auf der Lockstädter Haide in Holstein. Eine militär-ärztl. Skizze im Vergleich mit dem Lager von Châlons. [Aus: Allgemeine Militärzeitung.] Darmstadt 866. Zernin. gr. 8. (23 S.) n. 4 ngr.

Roth, Guil. Augustus (geb. Lüben 19. 6. 1833): De condylomatibus acuminatis. Berolini (1855). (33 S.) 8°
Berlin, Med. Diss. v. 8. Aug. 1855

Roth, Wilh. G. Ist Christus Gottes Sohn? Für die Aufgeklärten unsrer Tage in aller Kürze, doch gründlich beantwortet. 8. (VIII, 69 S.) Kropp 889, Buchhandlg. „Eben-Ezer“. * — 80

Roth, Wilhelm Paul Karl, s. Roth, Karl

Roth, Wladimir K., Moralgia paraesthetica. gr. 8. (24 S.) Berlin 895. S. Karger. n. — 60

Roth, Wolfgang, Regierungsreferendar: Die Entstehung des agnatischen Revokationsrechts und der besonderen Stellung der Deszendenten im langobardischen Lehnrecht. Königsberg i. Pr. 1906: Ostpreußische Druckerei u. Verlagsanstalt. (52 S.) 8°
Göttingen, Jur. Fak., Ref. Beyerle, Diss. v. 27. Nov. 1906
[Geb. 12. März 84 Neustadt in Holstein; Wohnort: Glogau; Staatsangeh.: Preußen; Vorbildung: Gymn. Stade Reife O. 02; Studium: Heidelberg 3, Leipzig 1, Göttingen 2 S.; Rig. 29. Juni 06.]

Roth, Xaver [prakt. Arzt in Laufen]: Aus dem pathologischen Institut in Lausanne. Über einige von dem Schmelzkeim abstammende Kiefergeschwülste. (Mit 2 Tafeln.) Lausanne 1902. 36 S. 8°.
Lausanne. Thèse méd. 1901/1902.

Roth, Xaver. Ueber einige von dem Schmelzkeim abstammende Kiefergeschwülste. Diss. Med. Lausanne. *Kopftitel:* Aus dem patholog. Institut in Lausanne. — [Mit 2 Tafeln.] 36 S. 8. Lausanne, Constant Pache-Varidel, 1902.

Roth-Schneider, W., Basler Kochschule, s.: Schneider-Schlöth, Amalie.

Roth-Scholtz(e), Friedrich, s. Rothscholz

Roth von Schreckenstein, s.a. Rot von Schreckenstein

Roth v. Schreckenstein, Frhr., Betrachtungen über Pferdezucht im Allgemeinen u. mit besond. Rücksicht auf die Provinz Westphalen. gr. 8. (IV u. 131 S.) Karlsruhe 851. (Berlin, Schneider & Co.) n. 1/2 ₰

Roth v. Schreckenstein, Frhr., Betrachtungen über Pferdezucht im allgemeinen u. mit besond. Rücksicht auf die Prov. Westfalen. gr. 8. (IV. u. 131 S.) Karlsruhe 51. (Berl., Stilke & van Muyden.) M. 1.50

(**Roth v. Schreckenstein.**) Betrachtungen über die Reitkunst. Münster 1843. 8°. (Verm. Jähns.)

Roth v. Schreckenstein, Freiherr. Gedanken über die Organisation und den Gebrauch der Kavallerie im Felde. Beibft. z. „Milit.-Wochenblatt“. Berlin 1849.

Roth von Schreckenstein, die Kavallerie in der Schlacht an der Moskwa (von den Russen Schlacht bei Borodinno genannt) am 7. Septbr. 1812. Nebst einigen ausführlichen Nachrichten über die Leistungen des 4. Kavallerie-Corps unter der Anführung des Generals Latour-Maubourg. Mit einem Plane. Münster, 855. Druck von Regensberg. ₰
Nicht im Buchhandel zu haben.

Roth v. Schreckenstein, die Kavallerie in der Schlacht an der Moskwa (von den Russen Schlacht bei Borodino genannt) am 7. Septbr. 1812. Nebst einigen ausführlichen Nachrichten über die Leistungen des 4. Kavallerie-Corps unter der Anführung des Generals Latour-Maubourg. Mit 1 (lith. u. color.) Plane (in gr. Fol.). Münster 858. Aschendorff. gr. 8. (2 Bl., 175 S.) 1 ₰.

— Vorlesungen über den Sicherheitsdienst im Felde nebst Betrachtungen über Tactik u. Strategie etc. Mit 6 (lith.) Plänen (in 4. u. Fol.). Ebend. 858. gr. 8. (312 S.) n. 1 ₰. 20 ngr.

—— Vorlesungen über den Sicherheitsdienst im Felde nebst Betrachtungen über Tactik und Strategie etc. 2. (Titel-) Ausg. gr. 8. (312 S. mit 6 lithogr. und chromolithogr. Plänen in qu. 4., gr. 4. und Fol.) Münster (858)61, Aschendorff'sche Buchh.

Roth v. Schreckenstein, K., Hier. Roth v. Schreckenstein auf Untersulmetingen, Schochen, Büll etc. 1500—1568; biograph. Studie. Als Manuscript gedruckt. Mit Wappenabbildg. u. geneal. Beilage. Karlsruhe 1878. 8.

Roth von Schreckenstein, Karl Heinrich Frhr.

Roth von Schreckenstein, K. H. E. gleichzeit. Bericht üb. das vom Wirtenberg. Kriegsvolke am 15. Okt. 1632 zu Hüfingen angerichtete Blutbad. 8. Freiburg 1867.

Roth v. Schreckenstein, Dr. K. H. Freiherr, Vorstand des F. F. Hauptarchives in Donaueschingen. Briefe des Grafen Wolfgang zu Fürstenberg zur Geschichte der Meerfahrt des Königs Philipp von Castilien (1506). 8. (1870?)

— Herr Diethelm v. Krenkingen, Abt v. Reichenau [1170—1206] u. Bischof v. Constanz [1189—1206], e. treuer Anhänger König Philipps. Beitrag zur Geschichte d. Bischöfe v. Constanz. [Aus: „Zeitschr. f. Geschichte d. Oberrheins“.] gr. 8. (66 S.) Ebend. 876. n. 1. 20

Roth v. Schreckenstein, K. H. Frhr., der Freiherrntitel einst u. jetzt. Betrachtgn. über die histor. Grundlagen der titularen Abstufg. d. deutschen Adels. 8. (94 S.) Berlin 888. v. Decker. n. 2. —

Roth v. Schreckenstein, Dr. K. H. Freiherr, Vorstand des F. Fürstenbergischen Hauptarchivs. Wolfgang Graf zu Fürstenberg, Landhofmeister des Herzogthums Wirtemberg als oberster Feldhauptmann des schwäbischen Bundes im Schweizerkriege des Jahres 1499. Mit urkundlichen Beilagen. (Aus dem 36. Bande des von der kaiserlichen Akademie der Wissenschaften herausgegebenen „Archivs für Kunde österreichischer Geschichtsquellen" besonders abgedruckt.) 8. Wien 1866.

Roth v. Schreckenstein, K. H. Frhr., Wolfgang Graf zu Fürstenberg, Landhofmeister des Herzogth. Wirtemberg als oberster Feldhauptmann des schwäbischen Bundes im Schweizerkriege des Jahres 1499. Mit urkundl. Beilagen. [Aus: Archiv für Kunde österreich. Geschichtsquellen.] Wien 866. (Gerold's Sohn.) Lex.-8. (90 S.) n.n. 14 ngr.

Roth v. Schreckenstein, K. H. Wolfgang Graf zu Fürstenberg, Landhofmeister des Herzogtums Würtemberg, als oberster Feldhauptmann des schwäbischen Bundes im Schweizerkriege des Jahres 1499. (90) 8. Wien 1867. 1,40.

Roth v. Schreckenstein, K. H. Frhr., das Generallandesarchiv in Karlsruhe unter der Leitg. d. verstorbenen Archivdir. F. J. Mone. Offener Brief an Stephan Braun. gr. 8. (49 S.) Karlsruhe 871. Braun. n. — 75

Roth v. Schreckenstein, Carl Heinr. Frhr., Geschichte der ehemaligen freien Reichsritterschaft in Schwaben, Franken und am Rheinstrome, nach Quellen bearb. (In 2 Bdn.) 1. Bd.: Die Entstehung der freien Reichsritterschaft bis zum J. 1437. gr. 8. (VIII und 671 S.) Tübingen 859, Laupp'sche Buchh. *

—— dass. — 2. (Schluß-)Bd. 2 Abthlgn. gr. 8. (1. Abthl. 394 S.) Ebendas. (861)62. *

—— Geschichte der ehemaligen freien Reichsritterschaft in Schwaben, Franken und am Rheinstrom, nach Quellen bearb. 2. Bd.: Vom Jahre 1437 bis zur Aufhebung der Reichsritterschaft. gr. 8. Tübingen 862—71, Laupp'sche Buchh. * 11 —
1. Bd. Ebendas. 1859. *M 11.

Roth v. Schreckenstein, K. H. Frhr., Geschichte der ehemaligen freien Reichsritterschaft in Schwaben, Franken und am Rheinstrom. 2 Bde. gr. 8. Tübingen 859—71. Freiburg i. Br., Mohr. * 22 —

—— Geschichte der ehemaligen freien Reichsritterschaft in Schwaben, Franken und am Rheinstrome, nach Quellen bearb. 2 Bde. 2. (Titel-)Ausg. gr. 8. (VIII, 670; VI, 649 S.) Ebendas. (859,62)886. * 15 —

—— die Insel Mainau. Geschichte einer Deutschordens-Commende vom 13. bis zum 19. Jahrh. Mit Urkundenbuch verfaßt und hrsg. Lex.-8. (XX, 448 S.) Ebendas. 873. * 12 —

Roth v. Schreckenstein, K. H. Frhr., Philipp Christian Friedrich Graf v. Normann-Ehrenfels, königl. württembergischer Staatsminister, geboren 1756 — gestorben 1817. Denkwürdigkeiten, aus dessen eigenhänd. Aufzeichnungen hrsg. Mit Einleitg. u. Beilagen. gr. 8. (III, 395 S.) Stuttgart 891. W. Kohlhammer. n. 6. —

— das Patriziat in den deutschen Städten, besonders Reichsstädten, als Beitrag zur Geschichte der deutschen Städte und des deutschen Adels. Tübingen 856. Laupp. gr. 8. (XII, 620 S.) 3 ₰. 7½ ngr.

—— das Patriziat in den deutschen Städten, besonders Reichsstädten, als Beitrag zur Geschichte der deutschen Städte und des deutschen Adels. 2. (Titel-)Ausg. gr. 8. (XII, 620 S.) Ebendas. (856)886. * 5 —

—— die Ritterwürde und der Ritterstand. Historisch-polit. Studien über deutsch-mittelalterl. Standesverhältnisse auf dem Lande und in der Stadt. gr. 8. (III, 735 S.) Freiburg i. Br. 886, Mohr. *

Roth v. Schreckenstein, C. H., Herr Walther von Geroldseck, Bischof von Straßburg. (1261—1263.) Tübingen 857. Laupp. gr. 8. (2 Bl., 76 S.) n. 12 ngr.

—— Herr Walther v. Geroldseck, Bischof von Straßburg. [1261—1263.] 2. (Titel-)Ausg. gr. 8. (76 S.) Freiburg i. Br. (857)886, Mohr. * 1 20

—— wie kam die Stadt Villingen vom Hause Fürstenberg an Österreich? Nach archival. Quellen untersucht und dargestellt. Lex.-8. (44 S.) Wien 865, (Gerold's Sohn.) **
Aus: Sitzungsberichte der k. Akademie der Wissenschaften, besonders abgedruckt.

Roth von Schreckenstein K. H. Freiherr, Dr.: Wie kam die Stadt Villingen vom Hause Fürstenberg an Österreich? Nach archivalischen Quellen [illegible] und dargestellt. S. 48. [illegible] —.60
Separatabdruck

—— wie soll man Urkunden ediren? Ein Versuch. gr. 8. (54 S.) Tübingen 864, Laupp'sche Buchh. *

Roth v. Schreckenstein, Karl Heinr. Frhr., wie soll man Urkunden ediren? Ein Versuch. 2. (Titel-)Ausg gr. 8. (54 S.) Ebendas. (864)886. *

Röth-Schulz, Wilh., Pathologie u. Therapie der Niereninsuffizienz bei Nephritiden, s.: Kövesi, Géza.

Roth v. Telegd, L., Studien in Erdöl führ. Ablagerungen Ungarns, s.: Mitteilungen aus d. Jahrbuche d. kgl ungar. geolog. Anstalt, XI, 5.

Roth v. Telegd, L., Umgebungen v. Kismarton [Eisenstadt], s.: Erläuterungen zur geolog. Specialkarte der Länder der ungar. Krone.

Roeth, Carl, s. Roeth, Karl

Röth, Chrn., Abdruck d. kleinen lutherischen Katechismus, wie er in der luth. Kirche zu Kassel gebraucht wird. Mit e. Zusammenstellg. v. 100 Bibelsprüchen, 5 Psalmen u. 16 Kirchenliedern. 8. (77 S.) Berlin 875. Luckhardt. n. — 40

Röth, Chrn., Asmus oder der kleine Violinspieler. Aus dem Leben f. das Leben erzählt. gr. 16. (120 S. m. 3 color. Lith.) Cassel 849, Vollmann. n. 12 ngr.

Röth, Chrn., Geschichte von Hessen. 2. umgearb. Aufl. Hrsg. und bis zum Untergange des Kurfürstentums fortgesetzt von C. v. Stamford. 1.—5. Lfg. gr. 8. (S. 1—400 mit 1 Stammtaf.) Kassel 883,84, Freyschmidt. à Lfg. *M 1. *

Röth, Chrn., Geschichte von Hessen. 2. umgearb. Aufl. Hrsg. und bis zum Untergange des Kurfürstentums fortgesetzt von C. v. Stamford. 6. Lfg. gr. 8. (S. 401—480) Kassel 885, Freyschmidt. *

—— dass. — 7. (Schluß-)Lfg. gr. 8. (VIII, S. 481—590. Ebendas. 886.
1.—5. Lfg. Ebendas. 1883,84. à Lfg. *M 1.—; compl. *M 6.—; geb. in Calico *M 7.—; in Hlbfrz. **M 7.75.

Röth, Chrn., hessische Geschichte. I. Abthl.: umfaßt die älteste Zeit bis zum Tode Philipp des Großmüthigen. 1. und 2. Heft. gr. 8. (S. 1—160.) Kassel 855, Vollmann.

—— dass. — 2. Abthl.: umfaßt die Zeit vom Tode Philipp des Großmüthigen bis zu Ende der westphäl. Zeit. gr. 8. (IV und 364 S. mit 1 Tab. in Fol.) Ebds. 855.

—— die fünf Hauptstücke christlicher Lehre. Ein Handbuch zum Gebrauch für den Katechismusunterricht. 3 Abthlgn. gr. 8. Kassel 851, Luckhardt'sche Buchh.

Inhalt:

Abthl. 1. Einleitendes zu Luthers kleinem Katechismus mit Rücksicht auf den hess. Landeskatechismus. 1. Aufl. (VI und 118 S.) 1847. * 12 Ngr. und 2., veränd. Ausg. (VI und 119 S.)
" 2. Darstellung und Entwickelung der fünf Hauptstücke auf Grund der heil. Schrift und mit Bezugnahme auf die kirchl. Bekenntnisse. 1. Aufl. (VIII und 220 S.) 1847. * 18 Ngr. und 2., veränd. Ausg. (VIII und 226 S.)
" 3. Praktischer Lehrgang für den Katechismusunterricht. (VIII und 266 S.) Einzeln à Abthl. 22½ Ngr.

Röth, Chrn., Heinrich od. das Kind v. Hessen. Eine geschichtl. Erzählung für die Jugend. gr. 16. (143 S. m. 4 Stahlst.) Ebd. 851. ½ ℛ︎ß

Röth, Chrn., Heinrich od. das Kind v. Hessen, s.a. Volksbücherei. 7. Bd.

Heinrich oder das Kind von Hessen. Eine geschichtl. Erzählung von Dr. Christian Röth. *Kassel: E. Röttger [1899].* (138 S.) 8° [F.]
= Volksbücherei. Bd 7. [90. 7-8, 4

— der eiserne Hut oder der St. Vitalistag. Eine Erzählung aus den Zeiten des Sternerbundes für Jung u. Alt. Cassel (857.) Vollmann. 16. (132 S. u. 1 Lithogr.) 10 ngr.

Röth, Chrn., der eiserne Hut oder der Sct. Vitalistag. Eine Erzählung aus den Zeiten des Sternerbundes für Jung und Alt. gr. 16. (132 S. mit 1 Chromolithogr.) Cassel 858, Vollmann.

— Konrad v. Marburg oder das Ketzergericht. Der Jugend erzählt zur Unterhaltung u. Belehrung. gr. 16. (119 S. m. 3 color. Lith.) Cassel 849, Vollmann. n. 12 ngr

—— der hessische Landeskatechismus, s.a. Spangenberg, E.

— der hessische Landeskatechismus. Mit einer nach den fünf Hauptstücken christl. Lehre geordneten u. zusammengestellten Spruchsammlung nebst einem Anhang von Gebeten zum Gebrauch f. den Unterricht in Schule u. Kirche. 2. verb. u. verm. Aufl. 8. (114 S.) Kassel 851, J. G. Luckhardt. 6½ ngr

—— der hessische Landeskatechismus. Mit einer nach den fünf Hauptstücken christl. Lehre geordneten und zusammengestellten Spruchsammlung zum Gebrauch für den Unterricht in Schule und Kirche. 3., durchges. und verm. Aufl. 8. (126 S.) Cassel 856, J. G. Luckhardt. *

— der hessische Landeskatechismus. Mit e. Zusammenstellg. v. 100 Bibelsprüchen, 5 Psalmen u. 16 Kirchenliedern zum Gebrauch f. den Unterricht in Schule u. Kirche. 7. Aufl. 8. (103 S.) Berlin 875. Luckhardt. — 50

Röth, Chrn., der hessische Landeskatechismus mit einer Zusammenstellung von Bibelsprüchen, Psalmen, Gebeten und Kirchenliedern zum Gebrauch für den Unterricht in Schule und Kirche. Neu bearb. von E. Spangenberg. 8. Aufl. (72 S.) 1878. * 40 Pf.; 9. Aufl. 8. (76 S.) Kassel 879, Grobel.

Röth, Chrn., der hessische Landeskatechismus, mit einer Zusammenstellung von Bibelsprüchen, Psalmen, Gebeten u. Kirchenliedern zum Gebrauch für den Unterricht in Schule u. Kirche. Neu bearb. von E. Spangenberg. 8. Aufl. 8. (72 S.) Kassel 878. Hühn. n. — 40

Röth, Chrn., der hessische Landeskatechismus mit einer Zusammenstellung von Bibelsprüchen, Psalmen, Gebeten und Kirchenliedern. Neu bearb. von E. Spangenberg. 9. Aufl. 8. Kassel 879, Hühn. — 60

—— der hessische Landeskatechismus mit einer Zusammenstellung von Bibelsprüchen, Psalmen, Gebeten und Kirchenliedern zum Gebrauch für den Unterricht in Schule und Kirche. Neu bearb. von E. Spangenberg. 10. Aufl. 8. (76 S.) Kassel 882, Hühn. geb. *

Röth, Chr., und Carl Friedr. Wilh. Clemen, Leitfaden zum Unterricht in der Weltgeschichte, s. Clemen, Carl Friedr. Wilh.

Röth, Chrn., Spruchsammlung zu den fünf Hauptstücken christlicher Lehre. Nach dem vorgedruckten hess. Landeskatechismus geordn. und zusammengestellt, nebst einem Anhange von Schulgebeten zum Gebrauch für Lehrer in Schule und Kirche. 8. (106 S.) Kassel 848, Luckhardt'sche Buchh. *

—— Landgraf Wilhelm und Velten Muhly. Eine Erzählung aus dem dreißigjährigen Kriege für die Jugend. 12. (185 S. mit 4 Stahlst.) Cassel 852, J. G. Luckhardt.

Röth, Chrn., sieben Jahre schwere Zeit. Eine geschichtliche Erzählung aus den Tagen der Fremdherrschaft für Jung u. Alt. Cassel 864. J. G. Luckhardt. 8. (139 S.) n. 10 ngr.

Röth, Eduard Max

Roeth, Ed. Max., Epistolam vulgo „ad Hebraeos" inscript. non ad Hebraeos, id est christianos genere Judaeos sed ad christianos genere gentiles datam esse demonstrare conatur. 8maj. (18½ B.) Francofurti ad M. 836. [Lipsiae, Kersten.]

Röth, Ed. Max., Epistolam vulgo „ad Hebraeos" inscriptam non ad Hebraeos, id est christianos genere Judaeos sed ad christianos genere gentiles datam esse demonstrare conatur. 8 maj. Francofurti 836. Schmerber. n. 1½ ℛ︎ß

Roeth, Eduardus Maximilianus: Theologiae dogmaticae Judaeorum brevis expositio ex ipsis Judaeorum fontibus hausta. [Diss.] Marburgi Hassorum 1835.

Röth, Ed., Geschichte unserer abendländischen Philosophie. Entwickelungsgeschichte unserer speculativen, sowohl philosophischen als religiösen Ideen von ihren ersten Anfängen bis auf die Gegenwart. I. Bd. A. u. d. Ttl.: Die ägyptische u. die zoroastrische Glaubenslehre als die ältesten Quellen unserer speculativen Ideen. Lex.-8. (48 B.) Mannheim 846, Bassermann. *

Röth, Ed., Geschichte unserer abendländischen Philosophie. Entwickelungsgeschichte unserer spekulativen, sowohl philosophischen als religiösen Ideen von ihren ersten Anfängen bis auf die Gegenwart. 2. Bd. A. u. d. T.: Geschichte der griechischen Philosophie. Die Uebertragung der oriental. Ideenkreise nach Griechenland und ihre Fortbildung durch die ältesten ionischen Denker und Pythagoras. Lex.-8. (XLIX und 984 S. mit Noten 319 S.) Mannheim 858, Bassermann'sche Verlagsh. *

1. Bd. Ebendas. 1846. * 3 Thlr.

Röth, Ed., Geschichte unserer abendländischen Philosophie. Entwickelungsgeschichte unserer spekulativen, sowohl philosoph. als religiösen Ideen von ihren ersten Anfängen bis auf die Gegenwart. 2 Bde. 2., nach des Verf. hinterlassenen handschriftl. Bemerkungen revid. Aufl. gr. 8. (LIX und 2046 S.) Mannheim [Heidelberg] 862, Bassermann'sche Verlagsh. *

Ed. Röth: d. ägypt. u. zoroastr. Glaubenslehre, als d. ältesten Quellen uns. speculat. Ideen. Auch unt. d. Tit.: Gesch. unserer abendländ. Philosophie. Entwickelungsgesch. uns. speculat. sowohl philos. als religiösen Ideen von ihren ersten Anfängen bis auf die Gegenw. I[r] Bd. *Mannh.*, Bassermann. 846. gr 8° 8 ℛ︎ß

Röth, E. M., die Proklamation des Amasis an die Cyprier bei der Besitznahme Cyperns durch die Aegypter um die Mitte des 6. Jahrh. vor Christi Geburt. Entzifferung der Erztafel von Idalion in des Herrn Herzogs v. Luynes Numismatique et inscriptions cypriotes. Fol. (X und 120 S.) Paris 855. (Heidelberg, J. C. B. Mohr.) *

Ueber den Zweck der Maurerei, dargest. aus den alten Landmarken. Vortrag, gehalten am 21. Jan. 1832 in der g. und v. Loge zur Einigkeit [in Frankfurt a. M.] von Edu. Max Röth. Frankfurt a. M. 1832. 18 S. 8° [Umschlagtit.]

[Dasselbe.] Als Erinnerungsgabe wieder abgedr. und den Bbr. verteilt bei dem feierlichen Schluss des Tempels am 26. März 1864. Ebendas. [1864]. 14 S. 8°
Abgedr. in: Neue ZfFr. 1833—1834 S. 123—153; A. 27 (1866) S. 44—65; Bh. 45 (1902) S. 188 bis 191, 195—198.
Kl. 1242.

Röth, Friedrich: Die actio nata als Voraussetzung der Klagenverjährung. Halle 1878: Hendel. 31 S. 8°
Halle-Wittenberg. Jur. Diss. v. 14. Okt. 1878
Geb. Kassel 4. 6. 1855. V.

Roeth, Karl, Dr.: Victor Hugos Année Terrible. *Bochum (1903): W. Stumpf.* (33 S.) 4°
Bochum, st. G, P 1903 (402)

Roeth, Carl: Ueber den Ausfall des intervocalen d im Normannischen. Halle 1882: Karras. 66 S. 8°
Halle-Wittenberg, Phil. Diss. v. [15. Mai] 1882
Geb. Haina (Kr. Frankenberg, Hess.-Nass.) 6. 4. 1859. V.

Rötha [Schlagwort]

Rötha, s.: Geologische Karten Spezialkarte (Sachs.).

Rothacker, J. B., Characterzüge aus dem Leben edler Menschen. Für die Jugend. Mit 4 (color.) Kupf. 16. Tübingen 846, Zu-Guttenberg. 1/2 ℛ

Rothacker, J. B., Charakterzüge aus dem Leben edler Menschen. Für die Jugend. Mit 4 (color.) Kpfrn. 16. (144 S.) Tübingen 847, Zu-Guttenberg. 1/2 ℛ

Rothacker, J. B., vermischte Erzählungen z. Belehr. u. Veredl. d. Herzens f. d. Jugend. gr. 12. (6 B.) Reutlingen 838, Heerbrandt. (Leipzig, Engelmann.)

Rothacker, J. B., in der Freistunde. Hübsche Erzählgn. f. Knaben u. Mädchen. 8. (96 S. m. 4 Farbendr.) Reutlingen 889. Bardtenschlager. geb. n.n. — 60

— auserlesene Geschichten aus der Thierwelt, zur Belehrung und Unterhaltung für die Jugend beiderlei Geschlechts. Mit 3 Bildern. 8. Schwäbisch Gmünd 837. (Leipzig, Meißner.) 5/6 ℛ, ill. 1 1/8 ℛ

—— auserles. Geschichten aus d. Thierwelt, z. Belehr. u. Unterhalt. f. d. Jugend beiderlei Geschlechts. 8. (17 B. u. u. 3 Bild.) Schw. Gmünd 837, Raach. (Hall, Haspel'sche Buchh.) 5/6 Thlr., ill.

Rothacker, J. B. *Auserlesene Mährchen.* Gesammelt und herausgegeben von J. B. Rothacker. Reutlingen, G. A. Heerbrandt, 1839. 148 SS. Mit Titelvignette. Kl.-8°. Originalumschlag. 6.—

—— auserlesene Mährchen. 8. (9 1/4 B.) Reutlingen 839, Heerbrandt. (Leipzig, Engelmann.)

Rothacker, J. B., auserlesene Märchen f. die Jugend. Mit 6 Bildern in Farbendr., gezeichnet u. lith. v. Chr. Votteler. 8. (248 S.) Stuttgart 876. Neugebauer 1. 50

Rothacker, J. B., auserlesene Märchen für die Jugend. Mit 6 Bildern in Farbendr., gezeichnet u. lith. v. Chr. Votteler. 2. Aufl. 8. (244 S.) Nürnberg 878. Neugebauer. cart. 1. 50

Rothacker, J. B., auserlesene Märchen f. die Jugend. Mit 6 Bildern in Farbendr., gezeichnet u. lith. v. Chr. Votteler. 3. Aufl. 8. (263 S.) Nürnberg 883. Neugebauer. geb. 1. 50

Rothacker, J. B., Märchenwald. Auserles. Märchen. Neue Ausg. 8. (192 S. m. 4 Farbdr.) Stuttgart 898. Reutlingen, R. Bardtenschlager. Geb. 2. 50

Rothacker, J. B., Märchenwald. Auserlesene Märchen. Neue Ausg. (192 S. m. 3 farb. Vollbildern.) 8. Reutlingen (910). R. Bardtenschlager. Kart. 1. 80

Rothacker, J. B., deutsches Sagenbüchlein. Gesammelt und hrsg. 2. Aufl. 16. (174 S.) Stuttgart 859, Fischhaber. *

— s. Sprüche der Weisheit.

—— vermischte deutsche Volkssagen. gr. 12. (6 B.) Reutlingen 839, Heerbrandt. (Leipzig, Engelmann.)

Rothacker, Oscar: Über das 1-Phenyl 3-Methyl 5-Pyrazolon. München 1909: Bickel. 63 S. 8°
München, Phil. Diss. v. 4. März 1909, Ref. Th. Paul
[Geb. 12. Sept. 80 Entingen; Wohnort: Eßlingen a. N.; Staatsangeh.: Württemberg; Vorbildung: Gymn. Eßlingen Reife Juni 07; Studium: Techn. Hochschulen Stuttgart 3, Dresden 2, Univ. München 3 S.; Rig. 4. März 09.]
[U 09. 3509

Rothacker, Wilhelm. Hinterlassene Schriften. Cincinnati, 1860.

– (Hrsg.), s. Staats-Zeitung, Virginische.

Rothamel (Hrsg.), s. Zeitschrift für gesamte Heilkunde.

Rothamel, C. F., s. Rothamel, Konrad Fr.

Rothamel, (Georg Adam) Ernst (geb. Witzenhausen bei Cassel 28. 10. 1860): Ueber Dipsomanie. Berlin (1884). (32 S.) 8°
Berlin, Med. Diss. v. 12. Aug. 1884

Rothamel, über die Sachverständigentätigkeit der Sanitätsoffiziere zum § 51 des Reichsstrafgesetzbuchs, s. a. Beiheft zum Militär-Wochenblatt. 1903. Hft. 12.

Über die Sachverständigentätigkeit der Sanitätsoffiziere zum § 51 des Reichsstrafgesetzbuchs. Garnisonvortrag, geh. zu Königsberg i. Pr. 1903 von Dr. [Ernst] Rothamel, Oberstabsarzt. *Berlin: E. S. Mittler & Sohn 1903.* (S. 529–560.) 8° [Fi.]
= Militär-Wochenblatt. 1903, Beih. 12. [03. 1520]

Rothamel, Fr., s. Repertorium d. medicin. Litt.

Rothamel, Geo. Conr. Frdr., die Erethisien. gr. 8. (XIV u. 649 S.) Cassel 852, Hotop. n. 3 1/2 ℛ

Rothamel, G. C. F., Heilung d. Wasserkrebses d. Kinder, nach einer auf die bisher. Beobachtn., d. Natur u. d. Wesen dies. Uebels gegründ. Methode; nebst einigen pathogenet. u. patholog. Bemerkn. üb. diese Krankheit. gr. 8. (2¼ B.) Eschwege 852. (Cassel, Krieger's Vrlsh.)

— die Wallungen u. Stockungen des Blutes. gr. 8. (XVI u. 462 S.) Ebd. 852. n. 2⅔ ₰

Rothamel, Konrad Fr.

ROTHHAMMEL, Conr. Fr.: Anleitung f. Justizbeamte. *Cassel*, Krieger. 803. gr. 8. (1 Thl. 18 Gr.)

Rothhamel, C. F., Anweisung fur Justizbeamte. gr. 8. Cassel, Cramer. (a. Krieger in Marb.) 805.

Rothamel, Konr. Fr., († d. 7. Nov. 1806.) Anweis. für Justizbeamte. gr. 8. Cassel 805. Krieger. 1 ₰ 18 ℊ

Rothamel, C. F.: „Anweisung für Justizbeamte", Marburg 1805 (Krieger).

— Erholungsstunden. 8. Frkf. a. M. 783. Brönner. 4 ℊ

— etwas zur Bildung e. Justizbeamten, od. Skizze d. Pflichten u. Geschäfte e. Justizbeamten, mit vorzügl. Rücksicht auf Hessen. 8. Cassel 802.

— was bedeutet der Name: Schütz? u. was ist die wahre Bestimmung e. treuen Schützen? Eine Anrede an die Schützenkompagnie zu Marburg, d. 8. Nov. 1802. 8. Cassel 802.

Rothammer, Franz Wilhelm

— s. a. Abhandl. über das k. Reservatrecht.

(ROTHAMMER): Historisch-statistische Abhdlg. über das kaiserl. Reservatrecht des Reichspostwesens. *Regensburg*. 790. 8.

Rothammer, Frz. Wlh., († d. 12. Nov. 1800.) polit. Abhandl. vom Einstellen des Bettelns. 4. Münch. 773. . . . 2 ℊ

Rothammer, Wilhelm, ehevor kurbayer. ausserordentl. Prof. etc. Biographie Maximilian III. von Bayern. 8. Regensburg 1785.

— Biographie Maximilians III. v. Baiern. gr. 8. Regensb. 785. Verf. (Montag u. W.); (a. Schwan u. G. in Manh.) 1 ₰; bei Wesché in Frkf. a. M. 16 ℊ

Rothammer, W., Biogr. Maximilians III. v. Bayern. gr. 8. Regensb. Montag u. W. (a. Schwan u. G. in Mannheim) 786.

— — dieselbe. gr. 8. Bamb. Göbhard.

— s. Geist, der schöne.

— von dem Geschmack. 8. Ingolst. 774.

Rothammer, Frz. Wlh., die unglücklichen Grafen von Pontis; e. Orig.-Trspl. in 2 Aufz. 8. Münch. 774.

— Johann der muntere Seifensieder. Singspl. in 3 Aufz. 8. Wien 791.

— drei Oden bei d. Schulverbesserung in München. 8. Münch. 774.

Rothammer, Franz Wilh., Sendschreiben an die allgemeine hohe Reichsversammlung zu Regensburg von Friedrich II. weiland Preussens irdischem König aus der Geisterwelt. Nebst einigen Winken zur Aufnahme des deutschen Reichs. 1787. 8. (46 S.)

— was fehlt dem Mädchen noch zum Manne? Lstspl. in 1 Aufz. 8. Regensb. 779. N. A. 8. Münch. 780.

Rothang, s. Rothaug

Rothard, J. S., s. Rothard, Johann Emanuel

Rothard, Johann Emanuel

Rothart, Jo. Em., De aequilibrio virium in corpore humano. 28 pp. Hal. 4°.
1762

Rothardt, Jh. Emm., († d. 5. Juni 1778.) Beitrr. z. prakt. Arzneiwissenschaft. gr. 8. Gotha 774. Ettinger. 6 ℊ

Rothardt, Joh. Emil, Beiträge zur practischen Arzneiwissenschaft, bei dem Krankenbette gemacht. 8. Halle 874, Fricke. * 1 —

Johann Emanuel Rothard

Versuch wie die Gicht auf die beste, gründlichste und sicherste Art zu curiren sey. Entworfen von Johann Emanuel Rothard. Bernburg: Starke 1773. 40 S. 8°

Rothardt, Adam Georg (Tingstäde) A. S. 1172/32

Disputatio inauguralis medica, de sternutatione praeternaturali. Präs. Johann Philipp Eysel. Erfurt (Grosch) 9. IX. 1716. 23 S.

W. v.: Georg Christoph Petri von Hartenfels.

29339

Rothardt, Johann Emanuel, s. Rothard

Rothart, Johann Emanuel, s. Rothard

ROTHAUER, MAX. Ueber das Maclurin. Tübingen, 1876.

Rothaug, Alexander

Rothang, A., siehe: *Sienkiewicz, H.*

Rothaug, J., Monarchia Austryacko-Wegierska. 1:900.000. Politische Ausgabe, roh K 18.—, auf Leinwand in Mappe K 24.— oder mit Stäben K 24.—.
Wien: Freytag & Berndt 1907.

Rothaug, Johann Georg

Rothaug, Giov. G., (Versione italiana del Professor Zavagna). Atlante geografico per le scuole austriache, elaborato secondo i principi metodici. Verlag F. Tempsky. 1891. (Min.-Erl. 18. November 1890. Z. 21563.) Ungebunden —.75, gebunden —.95

Rothaug, J. G., Atlas für den geographischen Unterricht in den österreichischen Bürgerschulen und sechs- bis achtklassigen Volksschulen. Mit Zugrundelegung der Atlanten von A. Steinhauser methodisch bearb. und durch zahlreiche neue Karten ergänzt. 2. grossentheils neu bearb. Aufl. qu. gr. 4. (24 lithogr. und chromolithogr. Karten mit 1 S. Text.) Wien 881, Artaria und Comp. * 2 40

Rothaug, J. G., Atlas für den geographischen Unterricht in den österreichischen Bürgerschulen. 6. vermehrte und verbesserte Auflage. Verlag von Artaria & Comp. in Wien. (Min.-Erl. v. 4. März 1896, Z. 4264.) Geb. 1.50
1896.

Rothaug, J. G., Atlas für Volks- und Bürgerschulen in concentrisch sich erweiternden Kreisen. Mit Zugrundelegung der durch die Verordnung des k. k. Unterrichts-Ministeriums vom 18. Mai 1874, Z. 6549 veröffentlichten Lehrpläne für Volks- und Bürgerschulen. 1. Kursus: Für die Oberklasse 4- und 5klass. Volksschulen, für die 5. Klasse 6klass. Volksschulen und für die 5. und 6. Klasse 8klass. Bürgerschulen. qu. 4. (13 Karten.) Wien 874, Hölder. 1 14

Rothaug, J. G., Atlas f. ein-, zwei u. dreiklassige Volksschulen. Mit Zugrundelegg. der durch die Verordng. d. h. k. k. Unterrichts-Ministeriums vom 18. Mai 1874, Z. 6549, veröffentlichten Lehrpläne f. ein-, zwei- u. dreiklass. Volksschulen. qu. gr. 4. (6 lith. u. color. Karten.) Wien 876. Hölder. n. — 56

Rothaug, Johann Georg, Geographischer Bürgerschulatlas mit vergleichenden Größenbildern. Verlag und Druck der kartographischen Anstalt G. Freytag & Berndt. Wien, VII 1., Schottenfeldgasse 64. 1898.

Rothaug, J. G., Geographischer Bürgerschulatlas. 2. Aufl. Fol. (25 Karten) geb. K 3.50
Wien: Freytag & Berndt 1905.

Rothaug, Joh. Geo., die österreichische Bürgerschule. Ein Mahnwort an unser Volk u. seine Vertretgn. (34 S.) 8. Wien (903). (Sallmayer'sche Buchh.) n.n. — 10
Sonderabdruck aus: „Oesterr. Bürgerschul-Zeitg."

Rothaug, Johann Georg: Österreichisches Geschichtsbuch für Bürgerschulen. s. Amon, Wilhelm

Rothaug, Joh. Geo., geographische Grundbegriffe, s.: Schönbauer, Rob.

Rothaug, Joh. Geo., die Grundprinzipien der Wiener Schule in der neueren Schulkartographie. Vortrag, geh. in der Wiener pädag. Gesellschaft. (IV, 20 S.) 8. Wien 908. G. Freytag & Berndt. nn — 90
Sonderabdruck aus: „Pädagog. Jahrb."

— Grundriß der Geographie. Ein Lehrbuch für die oberen Abtheilungen der österreichischen Volksschulen. Mit 45 (eingedr.) Holzschn. u. einer Karte von Oesterreich-Ungarn in Farbendr. gr. 8. (IV, 116 S.) Prag 878. Tempsky. n. 1. —

— **Grundriß der Geographie** f. Bürgerschulen. Eintheilige Ausg. gr. 8. (172 S. m. 38 Abb.) Wien 900. F. Tempsky. Geb. in Leinw. n. 1. 70

Rothaug, J. G., Grundriß der Geographie für Bürgerschulen. Einteilige Ausgabe mit 38 Abbildungen. 2., verbesserte Auflage. Wien 1902. F. Tempsky. Preis, gebunden 1 K 80 h.

— **Grundriß der Geographie f. Bürgerschulen. Einteilige Ausg. 2., verb. Aufl. (II, 174 S. m. 38 Abbildgn.) gr. 8. Wien 903. F. Tempsky. Geb. n. 1. 80**

Rothaug Johann Georg, Grundriß der Geographie für Bürgerschulen. Mit 80 Abbildungen und Kartenskizzen in Farbendruck. Einteilige Ausgabe. 4., nach dem Lehrplane vom 15. Juli 1907, Z. 2368, umgearbeitete Auflage. Wien 1908. F. Tempsky. Geb. K 2·65.

Rothaug, Joh. Geo., Grundriss der Handels- u. Verkehrsgeographie f. Handelsschulen, commercielle Fachschulen u. verwandte Anstalten, sowie zum Selbstunterrichte f. den Handelsstand. gr. 8. (IV, 144 S.) Wien 890. Hölder. n. 1. 28; geb. n.n. 1. 68

Rothaug, Joh. Geo., Grundriss d. Handels- u. Verkehrsgeographie f. zweiclassige Handelsschulen, commerc. Fachschulen u. verw. Anstalten sow. zum Selbstunterricht f. den Handelsstand. 2., verb. Aufl. gr. 8. (182 S.) Wien 896. A. Hölder. Geb. n. 2. —

— **Grundriss der Handels- u. Verkehrsgeographie f. zweiklassige Handelsschulen, kommerzielle Fachschulen u. verwandte Anstalten sowie zum Selbstunterricht f. den Handelsstand. 3., umgearb. Aufl. (IV, 195 S.) gr. 8. Wien 904. A. Hölder. Geb. in Leinw. n. 2. —**

— Grundriss der Handels- u. Verkehrsgeographie f. zweiklassige Handelsschulen, kommerzielle Fachschulen u. verwandte Anstalten sowie zum Selbstunterricht f. den Handelsstand. 4., durchgeseh. Aufl. (IV, 197 S.) gr. 8. Wien 908. A. Hölder. Geb. in Leinw. 2. —

Rothaug, J. G., und K. Adrian, Salzburger Heimats-Atlas. Stufengang des ersten geogr. Unterrichts. 9 Bl. Fol. Chromolith. Cart. .60
Wien: Freytag & Berndt 1895.

Rothaug, J. G., Karte des Erzherzogtums Österreich unter der Enns. 1 : 600.000. 46/34 *cm* * K —.20
Wien: Freytag & Berndt 1908.

Rothaug, J. G., Karte der Planigloben. 1 : 100,000.000 * K —.20
Wien: Freytag & Berndt 1909.

Rothaug, J. G., Politische Karte der österreichisch-ungarischen Monarchie nebst angrenzenden Gebieten. 1 : 4,000.000 * K —.20
Wien: Freytag & Berndt 1909.

Rothaug, Karte der Umgebung von Wien. 1 : 30.000. 6 Bl. roh K 26.—, auf Leinen mit Staben oder in Mappe K 32.—
Wien: Freytag & Berndt 1908.

Rothaug, J. G.: Karte der Königreiche Ungarn und Galizien mit dem Herzogtum Bukowina. (1 : 2.500.000.) Wien: Freytag & Berndt 1909.

Rothaug, Johann Georg, Kartenskizzen. Ein geographischer Zeichenatlas, für Volks- und Bürgerschulen bearbeitet. 2. gänzlich umgearbeitete Auflage. I. Heft, zunächst für die I. Classe der Bürgerschulen. Quer-4. (8 Karten) — 20
— — II. Heft, für die II. Classe der Bürgerschulen. Quer-4. (10 Karten) —.20
— — III. Heft, für die III. Classe der Bürgerschulen. Quer-4. (10 Karten) —.20
Wien: Freytag & Berndt 1892.

Rothaug, J. G., Lehrbuch der Geographie f. Bürgerschulen in 3 Stufen. Mit Holzst. u. Kartenskizzen. gr. 8. Prag 885. Tempsky. à n. — 88; Einbd. à n.n. — 20
1. 6. Aufl. (IV, 104 S.) — 2. 4. verb. Aufl. (118 S.) — 3. 5., nach den neuen Lehrplänen ergänzte Aufl. (108 S.)

— dasselbe. Ausg. in 1 Bd f. alle 3 Classen. Mit vielen in den Text gedr. Abbildgn. gr. 8. (IV, 256 S.) Ebend. 885. n. 1. 80

Rothaug, J. G., Lehrbuch der Geographie für Bürgerschulen in 3 Stufen. Mit mehreren in den Text gedr. Holzst. und Kartenskizzen in Farbendr. gr. 8. Prag 888, Tempsky. — Leipzig, Freytag. [1. Stufe. 8. verb. Aufl. (IV, 112 S.); 2. Stufe. 6. verb. Aufl. (123 S.); 3. Stufe. 7., nach den neuen Lehrplänen ergänzte Aufl. (132 S.).]
geb. à Stufe **ℳ 1.10. **

—— dass. — Ausg. in 1 Bd. für alle 3 Classen. gr. 8. (IV, 256 S. mit vielen in den Text gedr. Abbild.) Ebendas. 885. *

Rothaug, J. G., Lehrbuch der Geographie für Bürgerschulen. III. Stufe. 8. verbesserte Auflage. Wien und Prag 1891. Verlag von F. Tempsky. (Min.-Erl. 20. October 1891. Z. 20243.) Geheftet —.48, gebunden —.64

Rothaug, J. G., Lehrbuch der Geographie für Bürgerschulen, in drei Stufen. I. Stufe. Mit zahlreichen in den Text gedruckten Holzstichen und Kartenskizzen in Farbendruck. 10. verbesserte Auflage. Wien und Prag 1893. Verlag von F. Tempsky. (Min.-Erl. v. 28. Mai 1893, Z. 10883.) Gebunden —.60

Rothaug, J. G., Lehrbuch der Geographie für Bürgerschulen in drei Stufen II. Stufe. Mit 39 in den Text gedruckten Holzstichen und Kartenskizzen in Farbendruck. 8. verbesserte Auflage. Wien und Prag 1893. F. Tempsky. (Min.-Erl. v. 30. Juni 1893, Z. 13643.) Geheftet 90 h
Gebunden 1 K 30 h

Rothaug, J. G., Lehrbuch der Geographie für Bürgerschulen, in drei Stufen. Dritte Stufe. (62 Holzstiche und Kartenskizzen in Farbendruck.) Neunte verbesserte Auflage. Wien und Prag. F. Tempsky, 1894. (Min.-Erl. v. 30. Januar 1894, Z. 574.) Gebunden 1 K 40 h

Rothaug, Joh. Georg, Lehrbuch der Geographie für Bürgerschulen in drei Stufen. II. Stufe. Mit 52 in den Text gedruckten Abbildungen und Kartenskizzen in Farbendruck. 9. verbesserte Auflage. Wien und Prag. Verlag von Tempsky, 1896. (Min.-Erl. v. 13. Jan. 1897, Z. 163.) Gebunden —.70

— Lehrbuch der Geographie f. Bürgerschulen in 3 Stufen. gr. 8. Ebd. Geb. in Leinw. n. 4. 10
1. Mit 61 in den Text gedr. Abbildgn. u. Kartenskizzen in Farbendr. 11., verb. Aufl. (IV, 121 S.) 896. n. 1. 30
2. Mit 52 in den Text gedr. Abbildgn. u. Kartenskizzen in Farbendr. 9., verb. Aufl. (IV, 120 S.) 897. n. 1. 40
3. Mit 63 Abbildgn. u. Kartenskizzen in Farbendr. 10., verb. Aufl. (128 S.) 897. n. 1. 40

— Lehrbuch der Geographie f. Bürgerschulen. 3 Stufen. gr. 8. Wien, F. Tempsky. Geb. à n. 1. 60
I. Mit 71 in den Text gedr. Abbildgn. u. Kartenskizzen in Farbendr. 13. Aufl. Inhaltlich unveränd., nach der neuen Rechtschreibg. hergest. Abdr. der 12. Aufl. (II, 126 S.) 902.
II. Mit 71 in den Text gedr. Abbildgn. u. Kartenskizzen in Farbendr. 11. Aufl. Inhaltlich unveränd., nach der neuen Rechtschreibg. hergest. Abdr. der 10. Aufl. (130 S.) 902.
III. Mit 63 in den Text gedr. Abbildgn. u. Kartenskizzen in Farbendr. 12. Aufl. Inhaltlich unveränd., nach der neuen Rechtschreibg. hergest. Abdr. der 11. Aufl. (II, 130 S.) 903.

Rothaug Johann Georg, Lehrbuch der Geographie für Bürgerschulen. I. Stufe. Mit 74 in den Text gedruckten Abbildungen und Kartenskizzen in Farbendruck. 14., nach dem Lehrplane vom 15. Juli 1907, 2368, umgearbeitete Auflage. Wien 1906. F. Tempsky. Geb. K 1.70.

Rothaug Joh. Georg, Lehrbuch der Geographie für Bürgerschulen. II. Stufe. Mit 80 in den Text gedruckten Abbildungen und Kartenskizzen in Farbendruck. 12., nach dem Lehrplane vom 15. Juli 1907, Z. 2368, umgearbeitete Auflage. Wien 1909. F. Tempsky. Gebunden K 1.70.

Rothaug Johann Georg, Lehrbuch der Geographie für Bürgerschulen. III. Stufe. Mit 62 in den Text gedruckten Abbildungen und Kartenskizzen in Farbendruck. 13., nach dem Lehrplane vom 15. Juli 1907, Z.2368, umgearbeitete Auflage. Wien 1908. F. Tempsky. Geb. K 1.70.

—— Lehrbuch der Geographie für Volks- und Bürgerschulen in 3 Stufen. 1. Stufe. Zunächst für die Oberklassen mehrklass. österreich. Volksschulen und für die 6. Klasse achtklass. Bürgerschulen. Mit 14 (eingedr.) Holzschn. und 170 Aufgaben. gr. 8. (102 S.) Ebendas. 876. * — 50

—— dass. — In 3 Stufen. gr. 8. Ebendas. * 2 56

Inhalt:
Stufe 1. Zunächst für die 6. Klasse achtklassiger Volks- und Bürgerschulen. 2. verb. Aufl. Mit 14 (eingedr.) Holzschn. und 165 Aufgaben. (IV, 96 S.) 877. * 88 Pf.
" 2. Zunächst für die 7. Klasse achtkassiger Volks- und Bürgerschulen und für die 2. Klasse dreiklassiger Bürgerschulen. (104 S. mit mehreren in den Text gedr. Holzschn.) 878. * 88 Pf.
" 3. Zunächst für die 8. Klasse achtklassiger Volks- und Bürgerschulen und für die 3. Klasse dreiklassiger Bürgerschulen. * 90 Pf.; 2. verb. Aufl. (104 S. mit mehreren in den Text gedr. Holzschn.) 879. * 80 Pf.

— Lehrbuch der Geographie für Volks- u. Bürgerschulen in 3 Stufen. Mit mehreren in den Text eingedr. Holzst. gr. 8. Ebend. 881. 82. n. 2. 56
1. Zunächst für die 6. Classe achtklassiger Volks- u. Bürgerschulen u. für die 1. Classe dreiclassiger Bürgerschulen. 3., umgearb. Aufl. (VII, 92 S.) n. — 88
2. Zunächst für die 7. Classe achtclassiger Volks- u. Bürgerschulen u. für die 2. Classe dreiclassiger Bürgerschulen. 2., verb. Aufl. (IV, 102 S.) n. — 88
3. Zunächst für die 8. Classe achtclassiger Volks- u. Bürgerschulen u. für die 3. Classe dreiclassiger Bürgerschulen. 3., verb. Aufl. (104 S.) n. — 80

Rothaug, J. G., Lehrbuch der Geographie für Volks- und Bürgerschulen in 3 Stufen. 1. Stufe. 4. revidierte Auflage, Prag. F. Tempsky. Preis, 44 kr.
1882.

— Lehrbuch der Geschichte f. Bürgerschulen, s.: Gindely, Ant.

— Lehrbuch der Geschichte f. Knabenbürgerschulen, s.: Gindely, Ant.

— Leitfaden der Geographie für Volksschulen. Bearb. nach dem Lehrplane für vier bis sechsklassige Volksschulen. Mit mehreren in den Text gedr. Holzst. gr. 8. (VI, 80 S.) Ebend. 882. n. 60

Rothaug, J. G., Leitfaden der Geographie für Volksschulen. Zweite vermehrte Auflage. 8°. (VIII, 96 S. mit mehreren in den Text gedruckten Holzschnitten u. Kartenskizzen in Farbendruck. Prag, Tempsky. 8°. fl. —.46.
1886.

Rothaug, J. G., Leitfaden der Geographie f. Volksschulen. Bearb. nach dem Lehrplane f. 4- bis 6classige Volksschulen. 4., verb. Aufl. Mit mehreren in den Text gedr. Holzst. u. Kartenskizzen in Farbendr. gr. 8. (V, 104 S.) Prag 891. F. Tempsky. — Leipzig, G. Freytag. n. — 84; geb. in Leinw. n. 1. 10

Rothaug, J. G., Leitfaden der Geographie für Volksschulen. (38 Figuren, Kartenskizzen in Farbendruck.) 5. verbesserte Auflage. Wien und Prag 1894. F. Tempsky. (Min.-Erl. v. 1. März 1894, Z. 3095.) Gebunden 1 K 10 h

— Leitfaden der Geographie f. Volksschulen. Bearb. nach dem Lehrplane f. 4- bis 6class. Volksschulen. Mit 53 Fig. u. Kartenskizzen in Farbendr. 6., verb. Aufl. gr. 8. (II, 122 S.) Wien 897. F. Tempsky. Geb. in Leinw. n. 1. 40

Rothaug Joh. Georg, Leitfaden der Geographie für Volksschulen. Bearbeitet nach dem Lehrplane für vier- und mehrklassige Volksschulen. Mit 73 Figuren und Kartenskizzen in Farbendruck. 7., verbesserte Auflage. Wien 1905. F. Tempsky. Geb. K 1.60.

Rothaug Joh. Georg, Leitfaden der Geographie für Volksschulen. Bearbeitet nach dem Lehrplane für vier- und mehrklassige Volksschulen. Mit 73 Figuren und Kartenskizzen in Farbendruck. 8., durchgesehene Auflage. Wien 1907. F. Tempsky. Geb. K 1.70.

-- Leitfaden der Handelsgeographie f. kaufmännische Fortbildungsschulen. s.: Schönbauer, Rob.

Rothaug, Jan Jiří, Fysikální školní nástěnná mapa říše německé a sousedních zemí Dánska, Hollandska a Belgie. Pro české školy upravil Josef Krejčí. Měřítko 1:800.000. (Physikalische Schulwandkarte des Deutschen Reiches, Dänemark, Holland und Belgien. Maßstab 1:800.000.) 180 × 205 *cm* groß
roh * K 16.—, auf Leinwand in Mappe * K 24.—, mit Stäben * K 21.
Wien: Freytag & Berndt 1904.

Rothaug, J. G., Fysikální školní mapa říše rakousko-uherské a zemí sousedních. Pro české školy upravil Josef Krejčí. 1 : 900.000. Wien. Freytag und Berndt. (Min.-Erl. vom 16. März 1896, Z. 3251.) Unaufgespannt 5.—, aufgespannt 9.—, aufgespannt mit Stäben 10.—
1896.

Rothaug, Jan Jiří, Politická školní nástěnná mapa říše německé a sousedních zemí Dánska, Hollandska a Belgie. Pro české školy upravil Josef Krejčí. Měřítko 1:800.000. (Politische Schulwandkarte des Deutschen Reiches, Dänemark, Holland und Belgien. Maßstab 1:800.000.) 180 × 205 *cm* groß
roh * K 16.—, auf Leinwand in Mappe * K 24.—, mit Stäben * K 24.—
Wien: Freytag & Berndt 1904.

Rothaug, Jan Jiří, Školní nástěnná mapa zemí Krasových Přímoří, Dalmacie, záp. Chorvatska, Bosny a Hercegoviny. Pro české školy upravil Josef Krejčí. Měřítko 1:300.000. (Schulwandkarte der Karstländer Küstenland, Dalmatien, Westkroatien, Bosnien und Herzegowina Maßstab 1:300.000.) 170 × 195 *cm* groß
roh * K 14.—, auf Leinwand in Mappe * K 17.—, mit Stäben * K 20.—
Wien: Freytag & Berndt 1904.

—— österreichischer Schulatlas. Nach method. Grundsätzen bearb. gr. 8. (22 chromolithogr. Karten in qu. gr. 4. und gr. 8. mit 2 S. Text.) Prag 884, Tempsky. — Leipzig, Freytag. ** 1 20

Rothaug, J. G., österreichischer Schulatlas. Nach method. Grundsätzen bearb. gr. 8. (22 chromolithogr. Karten in qu. gr. 4. und gr. 8. mit 2 S. Text.) Prag 890, Tempsky. — Leipzig, Freytag. ** 1 20
geb. ** 1 50

Rothaug, J. G., Schulwandkarte der Karstländer, Küstenland, Dalmatien, Bosnien und Hercegovina. 1:300.000. [Ausgabe für Volksschulen.] 170 × 130 *cm* roh, physik. oder polit. K 14.—
Wien: Freytag & Berndt 1903.

Rothaug, J. G., Schulwandkarte der österreichisch-ungarischen Monarchie und der angrenzenden Ländergebiete. Maßstab 1 : 900.000. Wien, bei G. Freytag & Berndt. (Min.-Erl. v. 1. October 1894, Z. 21896.) Unaufgespannt 5.—, aufgespannt 9.—, aufgespannt mit Stäben 10.—
1894.

J. G. Rothaug's Schulwandkarte von Palästina mit Berücksichtigung der biblischen Orte. Für Mittelschulen bearbeitet von Prof. Dr. Friedrich Umlauft. Masstab 1:250.000. Laut Erlass des h. k. k. Ministeriums für Cultus und Unterricht für Mittelschulen allgemein zulässig erklärt. Wien. [1900.] Freytag & Berndt. 167 × 112 *cm*. Roh in 4 Blättern K 7.—, auf Lwd. in Mappe K 10.—, auf Lwd. mit Stäben K 12.—
Dieselbe stumm, roh K 5.—, auf Lwd. in Mappe K 8.—, auf Lwd. mit Stäben K 10.—

J. G. Rothaug's physikalische Schulwandkarte von Afrika. Für Mittelschulen bearbeitet von Prof. Dr. Friedrich Umlauft. Masstab 1:6,000.000. Wien. [1900.] Freytag & Berndt. 166 × 189 *cm*. Roh in 6 Blättern K 11.—, auf Lwd. in Mappe K 16.—, auf Lwd. mit Stäben K 18.—
Dieselbe stumm, roh K 9.—, auf Lwd. in Mappe K 14.—, auf Lwd. mit Stäben K 16.—

J. G. Rothaug's [physikalische] Schulwandkarte der österreichischen Alpenländer. Für Mittelschulen bearbeitet von Prof. Dr. Friedrich Umlauft. Masstab 1 : 300.000. Laut Erlasses des hohen k. k. Ministeriums für Cultus und Unterricht vom 25. April 1900. Zahl 9388, für Mittelschulen allgemein zulässig erklärt. Wien. [1900.] Freytag & Berndt. 178 × 204 *cm*. Roh in 6 Blätter K 10.—, auf Lwd. in Mappe K 18.—, auf Lwd. mit Stäben K 20.—
Dieselbe stumm, roh K 8.—, auf Lwd. in Mappe K 16.—, auf Lwd. mit Stäben K 18.—

J. G. Rothaug's physikalische Schulwandkarte von Asien. Für Mittelschulen bearbeitet von Prof. Dr. Friedrich Umlauft. 1:6,000.000. Laut Erlasses des hohen k. k. Ministeriums für Cultus und Unterricht für Mittelschulen allgemein zulässig erklärt. Wien. [1900.] Freytag & Berndt. 190 × 201 *cm*. Roh in 6 Blättern K 11.—, auf Lwd. in Mappe 16.—, auf Lwd. mit Stäben K 18.—
Dieselbe stumm, roh K 9.—, auf Lwd. in Mappe K 14.—, auf Lwd. mit Stäben K 16.—

J. G. Rothaug's physikalische Schulwandkarte von Australien und Polynesien. Für Mittelschulen bearbeitet von Prof. Dr. Friedrich Umlauft. Masstab 1 : 6,000.000. Laut Erlasses des hohen k. k. Ministeriums für Cultus und Unterricht für Mittelschulen allgemein zulässig erklärt. Wien. [1900.] Freytag & Berndt. 168 × 201 *cm*. Roh in 6 Blättern K 9.—, auf Lwd. in Mappe K 14.—, auf Lwd. mit Stäben K 16.—
Dieselbe stumm, roh K 7.—, auf Lwd. in Mappe K 12.—, auf Lwd. mit Stäben K 14.—

Physikalische Schulwandkarte von Europa, und Politische Schulwandkarte von Europa, bearbeitet von Joh. G. Rothaug. Maßstab: 1 : 3,000.000. Verlag und Druck von G. Freytag & Berndt. Leipzig, Wien. (Min.-Erl. v. 21. Febr. 1897, Z. 3802.) Roh in Umschlag Mk. 9 = 5.50, auf Leinwd. gesp. in Mappe Mk. 13.50 = 8.—, auf Lnwd. gesp. mit Stäben Mk. 15 = 9.—

J. G. Rothaug's [physikalische] Schulwandkarte von Europa. Für Mittelschulen bearbeitet von Prof. Dr. Friedrich Umlauft. Masstab 1 : 3,000.000. Laut Erlasses des hohen k. k. Ministeriums für Cultus und Unterricht vom 6. April 1900, Zahl 32061 ex 1900, für Mittelschulen allgemein zulässig erklärt. Wien. [1900.] Freytag & Berndt. 168 × 195 *cm*. Roh in 6 Blättern K 11.—, auf Lwd. in Mappe K 16.—, auf Lwd. mit Stäben K 18.—

Rothaug J. G., Physikalische Schulwandkarte der österreichisch-ungarischen Monarchie und der angrenzenden Ländergebiete (unbeschriebene Ausgabe). 1 : 900.000. Wien, bei G. Freytag & Berndt. (Min.-Erl. vom 23. November 1895, Z. 14300.) Auf Leinen in Mappe 8.—, auf Leinwand mit Stäben 9.—

J. G. Rothaug's [physikalische] Schulwandkarte der österreichisch-ungarischen Monarchie und der angrenzenden Ländergebiete. Für Mittelschulen bearbeitet von Prof. Dr. Friedrich Umlauft. Masstab 1 : 900.000. Laut Erlasses des hohen k. k. Ministeriums für Cultus und Unterricht vom 6. April 1900, Zahl 32.061 ex 1899, für Mittelschulen allgemein zulässig erklärt. Wien. [1900.] Freytag & Berndt. 152 × 224 *cm*. Roh in 8 Blättern K 10.—, auf Lwd. in Mappe K 18.—, auf Lwd. mit Stäben K 20.—
Dieselbe stumm, roh K 8.—, auf Lwd. in Mappe K 16.—, auf Lwd. mit Stäben K 18.—

J. G. Rothaug's physikalische Schulwandkarte von Nord-Amerika. Für Mittelschulen bearbeitet von Prof. Dr. Friedrich Umlauft. Masstab 1:6,000.000. Wien. [1900.] Freytag & Berndt. 164 × 186 *cm*. Roh in 6 Blättern K 11.—, auf Lwd. in Mappe K 16.—, auf Lwd. mit Stäben K 18.—
Dieselbe stumm, roh K 9.—, auf Lwd. in Mappe K 14.—, auf Lwd. mit Stäben K 16.—

J. G. Rothaug's physikalische Schulwandkarte von Süd-Amerika. Für Mittelschulen bearbeitet von Prof. Dr. Friedrich Umlauft. Masstab 1:6,000.000. Wien. [1900.] Freytag & Berndt. 180×166 *cm*. Roh in 6 Blättern K 11.—, auf Lwd. in Mappe K 16.— auf Lwd. mit Stäben K 18.—

Dieselbe stumm, roh K 9.—, auf Lwd. in Mappe K 14.—, auf Lwd. mit Stäben K 16.—

J. G. Rothaug's [physikalische] Schulwandkarte der Sudetenländer. Für Mittelschulen bearbeitet von Prof. Dr. Friedrich Umlauft. Masstab 1:300.000. Laut Erlasses des hohen k. k. Ministeriums für Cultus und Unterricht für Mittelschulen allgemein zulässig erklärt. Wien. [1900.] Freytag & Berndt. 128×190 *cm*. Roh in 4 Blättern K 10.—, auf Lwd. in Mappe K 15.—,
auf Lwd. mit Stäben K 17.—

Dieselbe stumm, roh K 8.—, auf Lwd. in Mappe K 13.—, auf Lwd. mit Stäben K 16.—

Rothaug, Joh. Georg, Schulwandkarte der Planigloben in physikalischer und politischer (beschriebener) Ausgabe. Wien. Verlag von G. Freytag und Berndt. (Min.-Erl. v. 5. April 1897, Z. 9165.) Roh in Umschlag je 8 fl., auf Leinwand in Mappe je 12 fl., auf Leinwand mit Stäben je 14 fl. für beide Erdhalbkugeln.
— Dieselbe in physikalisch unbeschriebener Ausgabe. (Min.-Erl. v. 5. April 1897, Z 9165.) Roh in Umschlag je 7 fl., auf Leinwand in Mappe je 11 fl., auf Leinwand mit Stäben je 14 fl. für beide Erdhalbkugeln.

J. G. Rothaug's politische Schulwandkarte von Afrika. Für Mittelschulen bearbeitet von Prof. Dr. Friedrich Umlauft. Masstab 1:6,000.000 Wien. [1900.] Freytag & Berndt. 166×189 *cm*. Roh in 6 Blättern K 11.—, auf Lwd. in Mappe K 16.—,
auf Lwd. mit Stäben K 18.—

Dieselbe stumm, roh K 9.—, auf Lwd. in Mappe K 14.—, auf Lwd. mit Stäben K 16.—

J. G. Rothaug's [politische] Schulwandkarte der österreichischen Alpenländer. Für Mittelschulen bearbeitet von Prof. Dr. Friedrich Umlauft. Masstab 1:300.000. Laut Erlasses des hohen k. k. Ministeriums für Cultus und Unterricht vom 25. April 1900, Zahl 9388, für Mittelschulen allgemein zulässig erklärt. Wien. [1900.] Freytag & Berndt. 178×204 *cm*. Roh in 6 Blättern K 10.—, auf Lwd. in Mappe K 18.—,
auf Lwd. mit Stäben K 20.—

Dieselbe stumm, roh K 8.—, auf Lwd. in Mappe 16.—, auf Lwd. mit Stäben K 18.—

J. G. Rothaug's politische Schulwandkarte von Asien. Für Mittelschulen bearbeitet von Prof. Dr. Friedrich Umlauft. Masstab 1:6,000.000. Wien. [1900.] Freytag & Berndt. 190×208 *cm*. Roh in 6 Blättern K 11.—, auf Lwd. in Mappe K 16.—,
auf Lwd. mit Stäben K 18.—

Dieselbe stumm, roh K 9.—, auf Lwd. in Mappe K 14.—, auf Lwd. mit Stäben K 16.—

J. G. Rothaug's politische Schulwandkarte von Australien und Polynesien. Für Mittelschulen bearbeitet von Prof. Dr. Friedrich Umlauft. Masstab 1:6,000.000. Laut Erlasses des hohen k. k. Ministeriums für Cultus und Unterricht für Mittelschulen allgemein zulässig erklärt. Wien. [1900.] Freytag & Berndt. 168×201 *cm*. Roh in 6 Blättern K 9.—, auf Lwd. in Mappe K 14.—, auf Lwd. mit Stäben K 16.—

Dieselbe stumm, roh K 9,—, auf Lwd. in Mappe K 12.—, auf Lwd. mit Stäben K 14.—

J. G. Rothaug's [politische] Schulwandkarte von Europa. Für Mittelschulen bearbeitet von Prof. Dr. Friedrich Umlauft. Masstab 1:3,000.000. Laut Erlasses des hohen k. k. Ministeriums für Cultus und Unterricht vom 6. April 1900, Zahl 32.061 ex 1900, für Mittelschulen allgemein zulässig erklärt. Wien. [1900.] Freytag & Berndt. 168×195 *cm*. Roh in 6 Blättern K 11.—, auf Lwd. in Mappe K 16.—, auf Lwd. mit Stäben K 18.—

Dieselbe stumm, roh K 9.—, auf Lwd. in Mappe K 14.—, auf Lwd. mit Stäben K 16.—

Rothaug, Joh. Georg, Politische Schul-Wandkarte der Oesterr.-Ungar. Monarchie und der angrenzenden Ländergebiete. Massstab 1 : 900.000. Chromolithographie. Auf Leinwand in Mappe 9.—, auf Leinwand mit Stäben 10.—

Dasselbe. Physikalische Ausgabe. Auf Leinwand in Mappe à 9.—, auf Leinwand mit Stäben à 10.—
Wien: Freytag & Berndt 1894.

J. G. Rothaug's [politische] Schulwandkarte der österreichisch-ungarischen Monarchie und der angrenzenden Ländergebiete. Für Mittelschulen bearbeitet von Prof. Dr. Friedrich Umlauft. Masstab 1:900.000. Laut Erlasses des hohen k. k. Ministeriums für Cultus und Unterricht vom 6. April 1900, Zahl 32.061 ex 1899, für Mittelschulen allgemein zulässig erklärt. Wien. [1900.] Freytag & Berndt. 152×224 *cm*. Roh in 8 Blättern K 10.—, auf Lwd. in Mappe K 15.—,
auf Lwd. mit Stäben K 20.—

Dieselbe stumm, roh K 8.-, auf Lwd. in Mappe K 16.—, auf Lwd. mit Stäben K 18.—

J. G. Rothaug's politische Schulwandkarte von Nord-Amerika. Für Mittelschulen bearbeitet von Prof. Dr. Friedrich Umlauft. Masstab 1:6,000.000. Wien. [1900.] Freytag & Berndt. 164×186 *cm*. Roh in 6 Blättern K 11.—, auf Lwd. in Mappe K 16.—
auf Lwd. mit Stäben K 18.—

Dieselbe stumm, roh K 9.—, auf Lwd. in Mappe K 14.—, auf Lwd. mit Stäben K 16.—

J. G. Rothaug's politische Schulwandkarte von Süd-Amerika. Für Mittelschulen bearbeitet von Prof. Dr. Friedrich Umlauft. Masstab 1:6,000.000. Wien. [1900.] Freytag & Berndt. 180×166 *cm*. Roh in 6 Blättern K 11.—, auf Lwd. in Mappe K 16.—, auf Lwd. mit Stäben K 18.—

Dieselbe stumm, roh K 9.—, auf Lwd. in Mappe K 14.—, auf Lwd. mit Stäben K 16.—

J. G. Rothaug's [politische] Schulwandkarte der Sudetenländer. Für Mittelschulen bearbeitet von Prof. Dr. Friedrich Umlauft. Masstab 1:300.000. Laut Erlasses des hohen k. k. Ministeriums für Cultus und Unterricht für Mittelschulen allgemein zulässig erklärt. Wien. [1900.] Freytag & Berndt. 128×190 *cm*. Roh in 4 Blättern K 10—, auf Lwd. in Mappe K 15.—,
auf Lwd. mit Stäben K 17.—

Dieselbe stumm, roh K 8.—, auf Lwd. in Mappe K 13.—, auf Lwd. mit Stäben K 15.—

Rothaug, J. G., Schulwandkarte des Deutschen Reiches und der angrenzenden Länder Dänemark, Niederlande und Belgien. 1:800.000. [Ausgabe für Volksschulen.] 201×264 *cm*
Wien: Freytag & Berndt 1903. roh, physik. oder polit. K 16.—

Stummer Studien-Atlas für das Kartenzeichnen. Auf Grundlage der in d. J. G. Rothaug'schen Schulatlanten enthaltenen Kartenblätter hrsg. von Joh. Georg **Rothaug**. Ausg. A. Flußnetzkarten. Wien: G. Freytag & Berndt [1907]. (38 Kartenseiten.) 4° [07. 11711

Stummer Studien-Atlas für das Kartenzeichnen. Auf Grundlage der in d. J. G. Rothaug'schen Schulatlanten enthaltenen Kartenblätter hrsg. von Joh. Georg **Rothaug**. Ausg. B. Geländekarten. Wien: G. Freytag & Berndt [1907]. (36 Kartenseiten.) 4° [07. 11712

Stummer Studien-Atlas für das Kartenzeichnen. Auf Grundlage der in d. J. G. Rothaug'schen Schulatlanten enthaltenen Kartenblätter hrsg. von Joh. Georg **Rothaug**. Ausg. C. Fluß- u. Geländekarten. Wien: G. Freytag & Berndt [1907]. (38 Kartenseiten.) 4° [07. 11713

Rothaug, Joh. Georg, Der concentrische Unterricht. Eine kritische Studie auf Grundlage der österreich. Schulverhältnisse. gr. 8. (52 S.) geh. 50 kr.
Wien: Graeser 1881.

Rothaug, Joh. Georg, Geographischer Volks-Schul-Atlas mit vergleichenden Grössenbildern. Bearbeitet von J. G. Rothaug. 11 Blatt mit Grössenbildern. Chromolithographie. 4. —.90
Ausgaben für Niederösterreich — Böhmen — Mähren und Schlesien — Oberösterreich und Salzburg — Steiermark und Kärnten.
Wien: Freytag & Berndt 1896.

Rothaug, Joh. Georg, Geographischer Volksschulatlas mit vergleichenden Größenbildern. Wien. G. Freytag und Berndt. (Min. Erl. v. 2. Juni 1897, Z. 14071.) I. Ausgabe für 1—3classige Volksschulen. Geb. — 60, II. Ausg. f. 4—6classige Volksschulen. Geb. 1. —

Rothaug, J. G., Geographischer Volksschulatlas für vier bis sechsklassige Volksschulen. Ausgabe für Niederösterreich mit Ergänzung für Wien
Wien: Freytag & Berndt 1909.

Rothaug, Joh. Geo., Walhalla, s. a. Jugendbibliothek.

Rothaug, J. G., Walhalla. Ein Sagenkranz aus dem germanischen Götterhimmel. Mit 5 Abbild. (Rothaug's Jugendbibl., III. Abthl.) 8. (90 S.) Prag, F. Tempsky. In braunem Leinwand-Einband 40 kr.
1883.

Rothaug, J. G., Physikalische Wandkarte der österreichisch-ungarischen Monarchie und der angrenzenden Ländergebiete. Maßstab: 1 : 900.000. Wien. G. Freytag und Berndt. (Min.-Erl. v. 15. Juni 1894, Z. 12301.) Unaufgespannt 5.— Aufgespannt 9.—, aufgespannt mit Stäben 10.—
1894.

— — Politische Wandkarte der österreichisch-ungarischen Monarchie und der angrenzenden Ländergebiete. Maßstab: 1:900.000. Wien. G. Freytag und Berndt. (Min.-Erl. v. 15. Juni 1894, Z. 12301.) Unaufgespannt 5.—, aufgespannt 9.— Aufgespannt mit Stäben 10.—
1894.

Rothaug Rudolf: Die Spezialkarte im Unterricht.
1901 PN 1438 **Diss.** Wien Univ. 2370

Rothauge, Richard: Der Selbstmord als mitversichertes Ereignis der Todesfallversicherung. Eine moralstatist. methodolog. Studie. Berlin 1911: Mittler. 73 S. 8° ¶(Aus: Zeitschrift f. d. ges. Versicherungs-Wissensch. Bd 11, H. 3. 4.)
Erlangen, Phil. Diss. v. 29. Nov. 1910, Ref. Neuburg
[Geb. 2. Nov. 83 Bad Wildungen; Wohnort: Düsseldorf; Staatsangeh.: Waldeck; Vorbildung: Realgymn. Lippstadt Reife O. 03; Studium: Berlin Univ. u. Techn. Hochsch. 3, Kiel 1, Göttingen 3 S.; Rig. 29. Juni 10.] [U 11.991

(**Rothauscher,** k. k. Oberst.) Oesterreichs Kriege seit 1495. Chronologische Zusammenstellung der Schlachten, Gefechte, Belagerungen etc., an welchen kais. Truppen auf den verschiedenen Kriegsschauplätzen entweder allein oder mit ihren Alliirten theilgenommen haben. Von der Zeit Kaiser Maximilian's I. 1495 bis auf die neueste Zeit. Zusammengestellt aus den Mittheilungen des k. k. Kriegs-Archivs, Jahrgang 1876—1878. (Mit 1 Karte.)
8. Wien 1878.

Rothauscher, F. J. K., der Soldat im Felde. Beispiele aus d. Kriegsgeschichte aller Heere, sowie Schilderungen der Großthaten einzelner Krieger jeden Grades, als auch größerer od. kleinerer Abtheilungen überhaupt. Zur Anwendung als Beispiele des Felddienstes u. zur Belebung u. Steigerung des krieger. Geistes. gr. 8. (XVIII u. 408 S.) Olmütz 851. (Wien, Heubner.) n. 2 ₰

Rothbad. Das R' in der Kirchgemeinde Diemtigen. N.-Simmenthal, Berner-Oberland. 8. (Thun 1879.)

Rothbart, Der Kapuziner,
im Pass Lueg ... [Salzburg 1855.] V:
Stelzhamer, Franz. (EB)

Rothbart F und JB Obernetter, Facsimiles aus dem Königlichen Kupferstichkabinet in München. Lfg 1-25. (125 T) fol In Kasten. München -1898

Rothbart, F., Kelheim u. seine Umgebung. In Wort u. Bild geschildert. gr. 16. (62 S. m. Bildern u. 1 Karte.) Regensburg 888. Coppenrath's Verl. n. — 60

Rothbart, Ferd., die Altersstufen. Mit Text von W. Th. Sehring. Stuttgart (853.) Gebr. Scheitlin. 8. (23 S. u. 11 lith. Bilder in Farbendr.) 15 ngr.

—— **Unser Vater, s. Weiß.**

Rothbart, Georg, das Luther-Zimmer. Eines der Prachtzimmer in dem nach Carl Heideloffs Angabe von Carl Görgel wiederhergestellten Fürstenbau auf der Veste Coburg. Ein interessanter Beitrag aus dem Mittelalter für Architectur, Kunst u. Geschichte, zugl. ein Supplementheft zu Heideloffs Ornamentik des Mittelalters. (Deutsch u. Französisch.) qu. Fol. (3 B. Text u. 5 Kpfrt.) Nürnberg 845, [Geiger.] *
Pracht-Ausgabe *

Rothbart, Geo., das Luther-Zimmer. Eines der Prachtzimmer in dem nach Director Carl Heideloffs Angabe von dem Architecten Carl Görgel wiederhergestellten Fürstenbau auf der Veste Coburg. Ein interessanter Beitrag aus dem Mittelalter für Architectur, Kunst u. Geschichte, zugleich ein Supplementheft zu Heideloffs Ornamentik des Mittelalters. (Deutsch und Französisch.) Mit 5 Kupfertafeln. qu. Fol. Nürnberg 845, Stein. In Carton n. 2 ₰ — Pracht-Ausg. n. 4 ₰

Bibliothek **Rothbarth.** Bd 1. (Berlin: Hesperus-Verl. [1907].) 8°

Rothbarth, Georg Christoph (Bayreuth) A. S. 1362/12

Dissertatio antiquario-hermeneutica de templo cadaveribus regum non inquinando ad Ezech. XLIII. 7. 8.
Präs. Franz Wokenius.
Wittenberg (Schlomach) 29. III. 1732. 24 S.

29341

Rothbarth, Thdr., Ansichten von Nürnberg. Gemalt u. in Chromolith. ausgeführt. Nürnberg 867. Korn'sche Buchh. gr. Fol. (6 Blatt.) 5 ₰ 15 ngr.;
einzelne Blatt 1 ₰

Rothbart, Thdr., Bilder aus der Wildniß. 8 (lith. u.) fein kolor. Bilder. Stuttgart 859. Gebr. Scheitlin. qu. 4.
25 ngr.

—— der Christbaum. 6 (lithogr. und) ill. Bilder. qu. 4. Stuttgart 859, Gebr. Scheitlin.

—— Dorfbilder. 6 (lithogr. und) ill. Bilder. qu. 4. Stuttgart 859, Gebr. Scheitlin. *

Rothbarth, Th., Erinnerungen an Nürnberg. 12 Chromographien. br. 8. Nürnberg 870, (v. Ebner'sche Buchh.) * 4 —
Ausg. in 16. * 3 —

—— Kinderleben. 6 ill. (lithogr.) Bilder (in Tondr.) qu. 4. Stuttgart 860, Gebr. Scheitlin.

Wilhelm Jensen und Flensburg. Zur Vollendung s. 70. Lebensjahres. Von Walter **Rothbart.** Mit d. Bilde d. Dichters. Flensburg: Grimm 1907. 20 S. 8° [Umschlagt.]
Aus: Flensburger Norddeutsche Zeitung. Jg. 44. Nr 39 v. 15. Febr. 1907.

Rothbarth, Walt., der Stein bei Pultawa. (15 S.) 8. Danzig 908. F. Brüning. — 30

Rothbauer, J., Waldheimat. Stimmungsgedichte aus d. Waldviertel. 16. (VII, 51 S.) Rappottenstein 892. (Zwettl, O. Neugebauer.) Geb. in Leinw. n. — 68

Rothbaum, Gustav

Rothbaum, G. Grundtafeln zu den Lebensversicherungsrechnungen für einen Zinsfuß von $3\frac{1}{2}$% im 37. Jahresbericht der Prager Handelsakademie. Prag 1893.

Rothbaum, Gust., Handels- und Wechsellehre, nebst einem Anhang: Der Wechselstempel. gr. 8. (VIII, 72 S.) Prag 887, Mercy. *

Rothbaum, Gust., Lehrbuch der Algebra u. politischen Arithmetik f. höhere Handelsschulen. 2 Tle. (IV, 122 u. IV, 124 S.) gr. 8. Wien 906. A. Hölder. In 1 Bd. geb. 2. 80

Rothbaum, Gust., Lehrbuch d. politischen Arithmetik f. höh. Handelsschulen, sow. z. Selbstunterr. gr. 8. (VIII, 94 S.) Zittau 896. Prag, Gustav Neugebauer's Verl. n. 2. —

Rothbaum, Gust. Lehrbuch der politischen Arithmetik für höhere Handelsschulen, sowie zum Selbstunterricht. gr. 8°. Zittau, Pahl, 1896.

ROTHBERG, MATHÄUS. I. Ueber die Einwirkung des feinvertheilten Silbers auf α-Brompropionsäureaethylester. II. Ueber eine neue Bildungsweise der unsymmetrischen Dimethylbernsteinsäure. (Bern) Braunschweig, 1890.

Rothberg, M., I. Über die Einwirkung d. fein vertheilten Silbers auf α-Brompropionsäureaethylester. II. Über e. neue Bildungsweise der unsymmetr. Dimethylbernsteinsäure. Inaug.-Diss. gr. 8. (34 S.) Braunschweig 890. (G. C. E. Meyer sen., Sort.) n. 1. —

Rothberg, Theodor Christian (Diez) A. S. 570/28

Thema: de successione lineali in aevo iurisprudentiae Romanizantis non praesumenda in aliquot theses redactum.
Giessen (Braun) 12. IV. 1758. 8 S. 29342

Rothblum, Dav., Golus. Novellen u. Skizzen aus dem jüd. Leben. (123 S.) 8. Brünn (909). Verlag „Jüd. Volksstimme". 2. —

Rothbuch der landwirthschaftlichen Versicherungsbank »Ceres« in Wien. Wien 1869. V: *Kirchhof, Emil.* (EB)

Rothbuch, s. Correspondenzen des k. k. Ministeriums des Aeussern.

Roth- u. Hülfsbüchlein für Weinhändler, Unterkäufer, Wirthe u. Häckersleute .... Würzburg 1798. -- [Zit. nach BJ]
[Sinngemäß wahrscheinlich: Not- u. Hülfsbüchlein ....]

Rothdauscher, Anton, appr. Arzt a. Regensburg: Beitrag zur Pathologie und Therapie der Ileocoecaltumoren. Regensburg [1907]: Gebrüder Habbel. (43 S.) 8°
Erlangen, Med. Fak., Ref. Graser, Diss. v. 8. Juni 1907
[Geb. 26. Juli 79 Regensburg; Wohnort: Elberfeld; Staatsangeh.: Bayern; Vorbildung: Gymn. Dillingen Reife M. 99; Studium: T.H. München 2, Univ. Erlangen 4, Berlin 2, Erlangen 4 S.; Coll. 20. Jan. 06; Approb. 20. Juni 05.]

Rothdauscher, Heinrich [aus Pfaffenberg]: Anatomisch systematische Untersuchung von Blatt und Axe der Phyllantheen '(m. Ausschluss d. Euphyllantheen.)' ... (Aus: Bot. Centralbl., Bd LXVIII.) Cassel, Druck v. Gebr. Gotthelft, Kgl. Hofbuchdr., 1896; 89 S. 8.
München, Phil. Fak., Inaug.-Diss. v. 1897

Rothe, Abschiedspredigt, geh. am 9. IX. 1906 in der St. Andreaskirche zu Eisleben. (12 S.) 8. Eisleben (906). Kuhnt. n.n. — 10

Rothe, (Altenburg), zur palliativen Behandlung d. Gebärmutterkrebses. [Aus: „Frauenarzt".] gr. 8. (7 S.) Neuwied 887. Heuser's Verl. — 30

Rothe u. Schatzmann, Beyträge für die Geschichte d. Wetterau. 1s Hft. gr. 8. Frft. Körner. 803.

Rothe Commentationis crit. de carm., quod legitur in Aeschyli Sept. c. Theb. v. 78—164. ed. Schütz pars. 29 S. . . . .
Eisleben, Progr. 1837

Rothe, ..., s. *Dicta* probantia etc.

Rothe's Fahnen-Rede gehalten am 50jährigen Jubiläum der deutschen Burschenschaft zu Jena. Jena 865. Neuenhahn. 4. (1 S.) n. 1 *ngr.*

Fest - Tafel - Loge am fünfzigjährigen maurerischen Jubelfeste des Br. A. v. Rennenkampff in der Loge zum goldnen Hirsch zu Oldenburg. Comp. von **Rothe** und **Rösler.** Oldenburg [1852]: Berndt. 2 Bl. 8⁰
[Merzdorf, J. F. L. Th.: Gesch. d. Frmrlogen i. Herzogthume Oldenburg. 1852 S. 74.]

Rothe, Gedächtnisrede, s.: Lutherfeier, die, in Eisleben.

Rothe, gegen den Gotteslästerungsparagraphen, s.a. Hefte zur Christlichen Welt. 57.

Gegen den Gotteslästerungsparagraphen. Von Rechtsanw. **Rothe** in Chemnitz. (Vortrag, geh. auf d. Osterversammlung d. Sächs.-Evang.-Sozialen Vereinigung in Freiberg 1906.) Tübingen: J.C.B. Mohr 1906. (IV, 28 S.) 8°
== **Hefte** z. Christlichen Welt. H. 57, [1.] [06. 13193

Rothe: Die Grosschmetterlinge Oberschützens. S. 27 - 31. Die Käfer Oberschützens. S. 20 - 32. Oberschützen, Progr. 1867.68.

Rothe Über Composition und Idee des Sophokleischen Ajax. 30 S.
Eisleben, Progr. 1850

Rothe, Predigt, geh. nach dem Tode Sr. Maj. d. Kaisers Wilhelm Sonntag, den 11. März 1888, in der St. Andreas-Kirche zu Eisleben. gr. 8. (12 S.) Eisleben 888. Kuhnt. n.n. — 30

Rothe: Der Sauerbrunn in Oberschützen. – Oberschützen, Progr. 1859.

Der Schiffszug auf Wasserstrassen von **Rothe,** Reg.-Baumeister. Berlin: W. Ernst & Sohn 1907. (IV, 67 S.) 8° [08. 1369

Rothe, Wundarzt, s. Wundarzt.

Rothe, A., Aehrenlese aus d. Gebiete d. Land- u. Hauswirthschaft, dem prakt. Leben gewidmet, s.a. Volks- u. Jahrbüchlein d. Land- u. Hauswirtschaft.

Rothe, A.: „Aehrenlese aus dem Gebiete der Land- und Hauswirthschaft", 1. Band, Glogau 1840 (Flemming).

Rothe, A., Aehrenlese aus dem Gebiete der Land- und Hauswirthschaft, dem prakt. Leben gewidmet. 2. u. 3. Bd. Als Fortsetzung des land- u. hauswirthschaftl. Jahrbüchleins, herausgeg. von F. Kirchhof. 4. u. 5. Jahrg. — A. mit d. Umschlags-Titel: Volks- u. Jahrbüchlein d. Land- u. Hauswirthschaft. 4. u. 5. Jahrg. 8. Glogau 841, 42, Flemming. à n. 1/3 ßf (1.—3. J. à n. 1/3 ßf)

Rothe, A., land- u. hauswirthschaftliche Aehrenlese, s. F. Kirchhof, Volksbüchlein 3r Jahrg.

Geschichte der Psychiatrie in Polen v. Dr. med. A. v. Rothe, ... Chef-Arzt d. Irrenanst. des hl. Johannes a Deo in Warschau ... *Leipzig & Wien: F. Deuticke 1896.* (3 Bl., 99 S.) 1 Bd 8. [96. 6581

— dasselbe in Russland. gr. 8. (VII, 104 S.) Ebd. 895. n. 2. 50

—— Handbuch f. den angehenden Landwirth. gr. 8. (29½ B.) Berlin 841, Veit u. Comp.

Rothe, A. [Fr. Nowack], Handbuch für den angehenden Landwirth. 2., verb. und durch 53 Abbild. (in eingedr. Holzschn.) verm. Aufl. gr. 8. (XIV und 340 S.) Leipzig 861, Veit und Comp. *

Rothe, Dr. A. v., Johann Wasilewitsch IV., genannt der Grausame. Eine psychiatrische Studie. (Separat-Abdruck aus „Jahrbücher für Psychiatrie", XII. Band, Heft 2 und 3.) 8. (64 S.) —.90
Wien: Deuticke 1895.

— der Landmann, wie er sein sollte, oder Franz Nowak, der wohlberathene Bauer. 3. verm. u. verb. Aufl. 8. Glogau 841, Flemming. ½ ℛ

Rothe, A., der Landmann, wie er sein sollte, od. Franz Nowak, der wohlberathene Bauer. Ein Volksbuch, in welchem naturgetreu u. in freundlicher Darstellung die wichtigsten Lehren üb. die beste Benutzung des Grund u. Bodens, ein glückliches Familienleben, geregelte Hauswirthschaft, Viehzucht ꝛc. kurz u. bündig mitgetheilt werden. 4. verm. u. verb. Aufl. gr. 8. (XII u. 298 S.) Glogau 847, Flemming. ½ ℛ

Rothe, A., der Landmann, wie er sein sollte, oder Franz Nowack, der wohlberathene Bauer. Ein Volksbuch, in welchem naturgetreu und in freundlicher Darstellung die wichtigen Lehren über die beste Benutzung des Grund und Bodens, ein glückliches Familienleben, geregelte Hauswirthschaft, Viehzucht ꝛc. kurz und bündig mitgetheilt werden. 5., verm. und verb. Aufl. gr. 8. (XII und 304 S.) Glogau 853(55,) Flemming's Verlag.

—— der Landwirth, wie er sein sollte, od. Franz Nowak, der wohl berath. Bauer. Ein Volksbuch, in welchem naturgetreu u. in freundl. Darstell. d. wichtigsten Lehren üb. d. beste Benutz. d. Grund u. Bodens, e. glückl. Familienleben, geregelte Hauswirthschaft, Viehzucht, ꝛc. u. Alles, was das Glück d. Landmannes begründen hilft, kurz u. bündig mitgetheilt werden. 1. Aufl. (21½ B.) 838., 2. A. ... u. 3., verm. u. verb. A. 8. (19½ B.) Glogau 841, Flemming. a

—— dass. in's Poln. übers. 8. (..B.) Ebds. ⅔ Thlr., bess. Ausg.

Rothe, A.: „Der Landwirth wie er sein soll, oder Franz Nowack, der wohlberathene Bauer. Ein Volksbuch, in welchem naturgetreu und in freundlichen Darstellungen die wichtigsten Lehren über die beste Benutzung des Grundes und Bodens, ein glückliches Familienleben, geregelt Hauswirthschaft, Vieh-, Bienen-, Baumzucht, Wald-, Garten- und Weinbau, und Alles, was das Glück des Landwirths begründen hilft, kurz und bündig mitgetheilt werden", Glogau 1838 (Flemming); 2. verb. und verm. Auflage 1839.

—— die rechte Mitte in Bezieh. auf Landwirthschaft u. deren Leitung. 1—6. Abschn. gr. 8. Lissa, E. Günther.
Abschn. 1. Die Leitung d. Wirthschaft. (4 B.) 835. 6 Gr.
" 2. Feldbestellung u. Feldereintheilung. (6¾ B.) 835. 8 Gr.
" 3. Viehzucht u. Viehnutzung. (6 B.) 836. 8 Gr.
" 4. Die Wiesen u. ihr Verhältniß zu den Wirthschaften. (4 B.) 836. 6 Gr.
" 5. Die Fabriken in ihrer Beziehung z. Wirthschaftsbetriebe. (5¾ B. u. 1 Stnt.) 837. 8 Gr.
" 6. Ueber Regulirung d. bäuerl. Verhältnisse u. deren Wirkungen auf d. Landgüter. (5 B.) 837. 8 Gr.

—— die rechte Mitte in Beziehung auf Landwirthschaft und deren Leitung. 2. Aufl. gr. 8. (VII und 206 S.) Lissa 854, Günther.

— Franz Nowak, der Landmann, wie er sein sollte. Nach des Verf. Tode herausg. von J. J. Fühling. 6., verm. u. verb. Aufl. Glogau 864. Flemming. gr. 8. (XII, 319 S. mit Holzschn.) 15 ngr.

Rothe, A., Franz Nowak, der Landmann, wie er sein sollte. Nach d. Verf. Tode hrsg. v. J. J. Fühling. 7. verm. u. verb. Aufl. gr. 8. (XII, 319 S.) Glogau 872. Flemming. 1. 50

Rothe, A., Franz Nowak, der Landmann, wie er sein sollte. Vollständig neu bearb. v. Alb. Arnstadt. 8. Aufl. gr. 8. (VIII, 332 S.) Leipzig 902. H. Voigt. Geb. in Leinw. n. 3. 20

Rothe, A., Friedrich Nowack, ein Bruder des Landmannes, welcher einfach u. belehrend seine Erfahrungen in der Schafzucht mittheilt ꝛc. Ein Volksbuch f. Schäfer u. die es werden wollen. A. u. d. Ttl.: Der erfahrene Schäfer. 2., verm. u. verb. Ausg. 12. (6 B.) Breslau 844, Hirt's Verlag. Thlr.

Rothe A. Quaest. de Cypriorum dialecto et vetere et recentiore I. Diss. 1875. 77 S.

Rothe A.: Der erfahrene Schäfer. 2. verm. u. verb. Aufl. Bresl. 1844. 130 S.
(O. m. Tit.: Friedrich Nowack ein Bruder d. Landmannes ... Sml. 338.). (I Samtaleform).

— der erfahrene Schäfer. Friedrich Nowack, ein Bruder des Landmannes, welcher einfach u. belehrend seine Erfahrungen in der Schafzucht mittheilt u. seinen Fachgenossen die Mittel an die Hand giebt, mit Glück u. richtigem Fortschritt zu arbeiten. Ein Volksbuch f. Schäfer u. die es werden wollen. 3. verb. u. durch neuere Erfahrungen verm. Ausg. 12. (VI u. 145 S.) Breslau 847, Hirt. n. ⅓ ℛ

—— der erfahrene Schäfer. Friedrich Nowack, ein Bruder des Landmannes, welcher einfach und belehrend seine Erfahrungen in der Schafzucht mittheilt und seinen Fachgenossen die Mittel an die Hand giebt, mit Glück und richtigem Fortschritt zu arbeiten. Ein Volksbuch für Schäfer und die es werden wollen. 3., verb. und durch neuere Erfahrungen verm. Ausg. 12. (VI und 145 S.) Breslau 852, Hirt's Verlag. *

Die Veredlung der Sinnlichkeit. Von A. ROTHE. Berlin 1903. Verlag der Allgemeinen Konferenz der deutschen Sittlichkeitsvereine. kl. 8°.

— allgem. Volkskalender für Land- u. Hauswirthschaft u. für das prakt. Leben auf 1841. 8. Glogau 841, Flemming. n. 5/12 ℛ

Rothe, A. B., Beitrr. zur Kenntniß der Vergleichungseinrichtung in Dänemark. 8. Kopenh. 804. Brummer. 8 ℊ

Rothe, A. C., nöthiger Unterricht von Mitteldingen. 2 Thle. 12. Lpz. Junius. 716.

Rothe, Alexander von, appr. Arzt: **Aus d. Chir. Univ.-Klin.** zu Berlin (Dir. v. Bergmann). **Über ein mannskopfgrosses** Myom der Harnblase. Freiburg i. B. 1905: **Wagner. 25 S. 8°**
Freiburg i. B., **Med.** Diss. v. **1909, Ref. Kraske**
[Geb. 6. Sept. 80 Ixelles b. Brüssel; Wohnort: Oberhausen (Rheinland); Staatsangeh.: Preußen; Vorbildung: Friedrich-Wilhelms-Gymn. Berlin Reife O. 00; Studium: Berlin 7, Freiburg i. B. 2 S.; Coll. 6. März 05.] [U 09. 969

Rothe, Alfred: Über die Adsorption von Silbernitrat und Jodkalium durch Jodsilber. 1908. 43 S. 8° ¶ Ausz. in: Zeitschrift f. physik. Chemie. Bd 62. S. 359 ff.
Dresden, Dr.-Ing.-Diss. v. 20. 12. 1907

Rothe, Anton

Rothe, üb. den Kanzleistil. Vortrag. [Aus: „Monatschrift f. deutsche Beamte".] gr. 8. (22 S.) Grünberg i/Schl. 890. Weiß Nachf. n. — 50

Rothe, üb. den Kanzleistil. Vortrag, geh. im Casseler Beamtenvereine. [Aus: „Monatschrift f. deutsche Beamte".] 4. unveränd. Abdr. gr. 8. (21 S.) Grünberg 891. Weiß Nachf. Verl. n. — 50

[F.] Ueber den Kanzleistil. Erweit. u. ergänzt. Vortr. v. [Anton] Rothe, Dir. im Reichsamte d. Inn. 5. Aufl. *Berlin: C. Heymanns 1896.* (35 S.) 1 Bd 8. [96. 2266

Rothe, über den Kanzleistil. 6. Auflage. (35 S) Berlin 1897

[F.] Ueber den Kanzleistil. Erweit. u. ergänzter Vortrag v. [Anton] **Rothe,** Unterstaatssekr. im Reichsamte d. Inn. 7. Aufl. *Berlin: C. Heymanns 1897.* (35 S.) 1 Bd 8. [97. 6727

Rothe, über d. Kanzleistil. Erweit. u. ergänzter Vortrag. 10. Aufl. gr. 8. (35 S.) Berlin 898. C. Heymann's Verl. n. — 60

Rothe, A., Ueber den Kanzleistil. Erweiterter u. ergänzter Vortrag. 11. Aufl. (35 S.) gr. 8. Berlin, C. Heymann. 1902. —. 60.

Rothe, A., Ueber den Kanzleistil. Erweiterter u. ergänzter Vortrag. 12 Aufl. (35 S.) gr. 8. Berlin, C. Heymann. 1902. —. 60.

Rothe, A(rthur): Das deutsche **Fleischergewerbe.** *Halle a. S. 1902: (Lippert & Co., Naumburg a. S.).* (133 S.) 8° ¶[Erschien vollst. 1902 als: Sammlung nationalökon. u. statist. Abhandl. d. Staatswiss. Sem. zu Halle a. S., Bd 32.]
Halle, Phil. Diss. v. 1902

Rothe, A., das deutsche Fleischergewerbe, s. a. Sammlung nationalökon. u. statist. Abhandlungen. 32.

Rothe A, das deutsche Fleischergewerbe. (216 S) (Slg. nat.-ök. Abh. 32) Jena 1902

Erläuterungen zu Goethes Werken f. Schulgebr. u. Selbststudium als litteraturkundl. Repetitorium hrsg. von B[ertha] **Rothe,** Schulvorsteherin zu Eisleben. Bdchen 1. Lebensbeschreibung. Tasso. Iphigenie. [Mehr nicht erschienen.] *Breslau: G. Sperber 1897.* (93 S.) 8° [F.]
— **Rothe:** Erläuterungen zu Werken deutscher Klassiker f. Schulgebr. u. Selbststudium. Bd 2, Bdchen 1. [03. 10101

Erläuterungen zu Werken deutscher Klassiker f. Schulgebr. u. Selbststudium als litteraturkundl. Repetitorium hrsg. von B[ertha] **Rothe,** Schulvorsteherin zu Eisleben. Bd 1. 2, Bdchen 1. [Mehr nicht erschienen.] *Breslau: G. Sperber 1894–97.* 2 Bde 8° [F.]
1 — Erläuterungen zu Lessings Werken. 1894.
2 — Erläuterungen zu Goethes Werken. Bdchen 1. Lebensbeschreibung. Tasso. Iphigenie. 1897. [03. 10100

Rothe, B., Erläuterungen zu Werken deutscher Klassiker, f. Schulgebrauch u. Selbststudium als litteraturkundl. Repetitorium hrsg. 1. Bd. Erläuterungen zu Lessings Werken. 12. (VIII, 88 S.) Breslau 894. G. Sperber. n. — 75

Rothe, B., Erläutergn. zu Werken deutscher Klassiker, f. Schulgebrauch u. Selbststud. als litteraturkundl. Repetitorium hrsg. 2. Bd. Erläutergn. zu Goethes Werken. I. Bdchn.: Lebensbeschreibung. — Tasso. — Iphigenie. 12. (VIII, 93 S.) Breslau 897. G. Sperber. n. — 75

Rothe, C., s.a. Rothe, Karl

Rothe, C., die gute Sache der apostolischen Gemeinden gegenüber den gewöhnlichen Einwendungen. Drei Vorträge. Berlin 867. (Uthemann & Müller.) gr. 8. (IV, 65 S.) n. 7½ ngr.

Rothe Dr. C.: Die Säugethiere Niederösterreichs. 46. Hernals 75.
Progr.

Rothe, C., die Säugethiere Niederösterreichs einschliesslich der fossilen Vorkommnisse. gr. 8. (48 S.) Wien 875, Hölder. * — 80

Rothe, C., wo ist die Eine heilige katholische u. apostolische Kirche? Sieben kirchengeschichtl. Vorträge. gr. 8. (IV, 73 S.) Berlin 872. Moeser in Comm. n. 1. —

Rothe, C. F.: Anleitung zur Anpflanzung und Behandlung des Weinstocks in den nördlichen Gegenden Deutschlands, s. Roth

Rothe, C. F., deutscher Liederkranz für Schulen. Eine Sammlung von 52 Liedern. Nebst Anh., das Nöthigste von den Noten, 60 Vorübungen u. 25 Kanons enthaltend. gr. 8. (5¾ B.) Dresden u. Leipzig 846, Arnoldische Buchh.

Rothe, C. F., Liederspende f. Deutschlands Jugend. Zur Erweckung der Turnlust u. zum Gebrauch beim Turnen. 8. (31 S.) Dresden 848, Grimm. 3 ngr.

Rothe, C. G.

—— die Diphtherie. Ihre Entstehung, Verhütung und Behandlung. 1. und 2. durchges. und verm. Aufl. gr. 8. (VIII, 93 S.) Ebendas. 884. geb. *

Rothe, C. G., Frauenkrankheiten. Ein kurzes Lehrbuch f. Studirende u. Aerzte. 3., umgearb. Aufl. 8. (XII, 404 S. m. 46 Holzschn.) Leipzig 890. Abel. n. 6. —; geb. n.n. 6. 75

Rothe, C. G., die Carbolsäure in der Medicin. Nach einem Vortrage in der Gesellschaft der Aerzte des Osterlandes. gr. 8. (63 S.) Berlin 875, Hirschwald. * 1 60

—— Compendium der Frauenkrankheiten. Zum Gebrauche für Studirende und Aerzte. 8. (X, 277 S. mit 50 eingedr. Holzschn.) Leipzig 879, Abel. * 5 —

Rothe, C. G., Compendium der Frauenkrankheiten. Zum Gebrauche für Studirende und Aerzte. 2. verm. Aufl. 8. (XIV, 305 S. mit 54 Holzschn.) Leipzig 884, Abel. *

Rothe, C. G., De nyctalopia et hemeralopia, visu simplici et duplici. 28 pp. Jen. 4°.

Rothe, C. P., s. Rothe, Kaspar Peter

Rothe, Carl, s. Rothe, Karl

Rothe, Carl Adalbert, s. Rothe, Karl Adalbert

Rothe's, Chr. A., Entdeckung der wahren Absichten des Staatssystems der dänischen Regierung, enthaltend die wahren Ursachen der letzten Revolution auf (so!) Kopenhagen. O. O. 1772. 8°. (1 Mk. 50 Pfg., der Vorige.)

Rothe, Christoph (Altenburg) A. S. 812/26

Disputatio inauguralis juridica de actionibus conjugum mutuis.
Erfurt (Grosch) 25. VIII. 1711. 21 Bl. 29343

Rothe, Christoph Ludwig Paul, s. Rothe, Paul

Rothe, Clara, s. Rothe, Klara

Rothe, E., Rechnen, s.: Geißig, Ernst, Gewerbekunde.

Rothe, E., das letzte Zeugnis Johannis d. Täufers. Predigt üb. Joh. 3, 22—36, am 4. Advent 1886 in der Hof- u. Domkirche zu Braunschweig geh. gr. 8. (11 S.) Braunschweig 886. Wollermann. n. — 20

Rothe, E. F., Aufgaben f. das Rechnen in der Fortbildungsschule m. besond. Berücksicht. der Bäckerfachklassen. (52 S.) 8. Meißen 906. H. W. Schlimpert. n. — 50

Rothe, Edm., Erlebtes u. Erstrebtes. Lebens-Erinnergn. I. u. II. Tl. gr. 8. (VII, 288 u. VIII, 227 S.) Bremen 899. Dierckfen & Wichlein. à n. 2. 50; geb. à n.n. 3. 25

Rothe, Edm., Poesie und Medicin. Vortrag, gehalten in der literar. Gesellschaft des Bremer Künstlervereins. 8. (31 S.) [Bremen 885, Rocco.] Leipzig, Rauert und Rocco. *

Rothe, Emil, aus Berlin: **Beiträge zur Casuistik der nervösen Störungen bei Diphtherie.** *Berlin (1899): E. Ebering.* (58 S.) 8°
Berlin, Med. Diss. v. 24. Jan. 1899

Rothe, Emil, die Judenfrage. Vortrag, gehalten in der Turnhalle zu Cincinnati, den 22. Jan. 1881. gr. 8. (16 S.) Cincinnati, O. 881. (Philadelphia, Schäfer und Koradi.) *

Rothe, Ern. Frid. (Traug.) (geb. Schwusen 1797): De usu emplastri vesicatorii. Berolini (1820). (32 S.) 8°
Berlin, Med. Diss. v. 24. Juni 1820

Rothe, F.

Rothe: De Sophoclis Trachiniarum argumento comm. 20 S.–Eisleben, Progr. 1862

Rothe, F., zur Erinnerung an den am 11. Mai 1855 verstorbenen Director des Königl. Gymnasiums zu Eisleben Dr. Friedrich Ellendt, Prof. etc. Eisleben 855. Reichardt in Comm. gr. 8. (33 S.) n. 5 ngr.

Rothe, F.: Zur Methodik des griechischen Unterrichts. 44 S. – Eisleben, Progr. 1869.

Rothe, F. F., griechische Denksprüche in Vers u. Prosa. Als Memorierstoff gesammelt u. nach dem Lehrgange des grammatischen Unterrichtes geordnet. Mit erklärenden Anmerkungen u. einem Wörterverzeichnis. gr. 8 (XI, 130 u. Wörterverzeichnis 95 S.) Magdeburg 882. Heinrichshofen's Verl. n. 2. —

Rothe, F. H. (Hrsg.), s. Frühlings-Almanach.

Rothe, F. L., s. Silliman, die Uebereinstimmung der neuern Entdeckungen der Geologie.

Rothe, F. O., praktische Original-Ornamente für alle Gewerbe. Besonders zum Gebrauch für Architekten, Bildhauer, Decorateure etc. 1—10. Liefg. Leipzig 863, 64. Payne. gr. 4. Jede Liefg. (à 6 Stahlst. u. 1—2 S. Text.) n. 7½ ngr.

Rothe, F. O., praktische Original-Ornamente für alle Gewerbe. Besonders zum Gebrauche für Architekten, Bildhauer, Decorateure etc. (In 24 Liefgn.) 11. u. 12. Liefg. Leipzig 866. Payne. gr. 4. Jede Liefg. (6 Stahlst. u. 1—2 S. Text.) n. 7½ ngr.

Rothe, F. O., der Ornamentenzeichner. Vorlagen für Anfänger im gewerbl. Freihandzeichnen. Zum Gebrauche in den oberen Klassen der Volksschulen, Fortbildungsschulen und gewerbl. Zeichen-Lehranstalten. Motive zu Ornamenten für alle Zweige der Kunstindustrie und zur prakt. Anwendung in der Werkstatt. 10 Lfgn. gr. 4. (à 6 Stnt.) Dresden 879, Meinhold und Söhne. à Lfg. * M. 1. * 10 —

Rothe, Frz., Disziplinarklassen, s.: Lang, Leop.

Rothe, Ferdinand, Referendar in Cöln: **Aussteuer und Ausstattung nach dem Bürgerlichen Gesetzbuch.** *Borna-Leipzig 1903: R. Noske.* (XII, 63 S.) 8°
Leipzig, Jur. Diss. v. 1903

Rothe, Ferdinand Otto, s. Rothe, Friedrich Otto

Rothe, Ferd. Reinard. Rich. (geb. Unruhstadt 22. 12. 1833): De endometritide puerperali. Berolini (1855). (31 S.) 8°
Berlin, Med. Diss. v. 23. Okt. 1855

Rothe, Fr. Wlh., s. Melos, Geschichte der Reformation.

Rothe, Friedrich

Rothe, (Ober-Baurath.) Beitrr. z. Maschinenbaukunde. 1s Heft. Wasserförderungs-Maschinen. Mit 8 Kupf. gr. 4. Berl. 827, Dunker u. H.

Rothe, (Friedr.,) Beiträge zur Maschinen-Baukunde. 2. Hft. gr. Fol. (11½ B. u. 12 Kpfrt.) Berlin 830, (Hold.)
1. Hft. Berlin, Duncker u. Humblot. 1827. 5 Thlr.

Rothe, Beiträge zur Maschinenkunde. Neue Ausgabe. Potsdam. 1830. in 4. Kupfer in Folio. 8⅓ Thlr.

Rothe, Beiträge zur Maschinenbaukunde. Heft 1 u. 2. Potsdam 1838. Text 4°. Atlas von 20 Kpfrtfln. Fol.

Roth, Frid. Car. (geb. Kalteneber): De Indico medicamine. Berolini (1834). (32 S.) 8°
Berlin, Med. Diss. v. 28. Juli 1834

Rothe, Friedrich Otto

Rothe, Ferd. Otto, die Korb-Bienenzucht. Eine kurze u. deutliche Anweisung, die Bienen in Strohkörben naturgemäß u. vortheilhaft zu behandeln, alle Arten von Strohstöcken sowohl für ein Volk, als auch für mehr Völker, mit ganz besonderer Berücksichtigung der Dzierzonschen Methode, anzufertigen etc., nebst kurzen Andeutungen der Beschäftigungen des Bienenzüchters in jedem Monat des Jahres. Mit 8 (lith.) Taf. Abbildgn. 853. (VIII, 222 S.) — 2. verb. u. verm. Aufl. Glogau 855. Flemming. 8. (X, 251 S.) 16 ngr.

Rothe, Friedr. Otto, die Korb-Bienenzucht. Eine kurze u. deutl. Anweisung, die Bienen in Strohkörben naturgemäß u. vortheilhaft zu behandeln etc., nebst kurzen Andeutungen der Beschäftigungen des Bienenzüchters in jedem Monat des Jahres. 3., verb. u. verm. Aufl. Glogau 867. Flemming. 8. (XII, 342 S. mit 84 in den Text gedr. Holzschn.) cart. 18 ngr.

Rothe, F. O: Die Korb-Bienenzucht. 4. Aufl. Glogau (1874)

Rothe, Frdr. Otto, die Korb-Bienenzucht. Eine kurze u. deutl. Anweisg., die Bienen in Strohkörben naturgemäß u. vortheilhaft zu behandeln, alle Arten v. Strohstöcken sowohl f. ein Volk, als auch f. mehr Völker, m. ganz besond. Berücksicht. der Dzierzon'schen Methode, anzufertigen u. die Bienenkolonien auf einfache, fast kunstlose u. doch sichere Weise m. Erfolg zu vermehren, nebst kurzen Andeutgn. der Beschäftiggn. d. Bienenzüchters in jedem Monat d. Jahres. 4. verb. Aufl. Mit 87 in den Text gedr. Holzschn. 8. (VIII, 309 S.) Glogau 875. Flemming. n. 2. 25

Rothe, Fritz [aus Aachen]: Ueber das Pseudocumylchlorphosphin und einige Derivate desselben ... Berlin, gedr. bei J. Sittenfeld, 1892; 61 S. 8.
Rostock, Phil. Fak., Inaug.-Diss. v. [2. Nov.] 1892

Rothe, Fritz: Die Schlüsselgewalt der Ehefrau. — Berlin: Nicolai 1896. 48 S. 8°
Erlangen, Jur. Diss. v. 1896.

Rothe, Fritz [Arzt aus Bunzlau]: Untersuchungen über die Behaarung der Frauen ... Berlin, gedr. bei Goedecke & Gallinek, *1893;* 105 S., 1 Bl. 8.
Berlin, Med. Fak., Inaug.-Diss. v. 19. Dez. 1893

Rothe, G., Christfreude f. Groß u. Klein. Eine Weihnachtsgabe. 3. Aufl. 16. (36 S.) Guben 889. (Berger.) n. — 15

Rothe, G., ein Gedenkemein für Konfirmanden als Nachruf in's Leben zum Leben. 1. und 2. Aufl. 12. (40 S.) Guben 881,83, (Berger's Buchh.) *

— Trösteinsamkeit an Krankenbetten, an Gräbern u. in stillen Stunden. Eine Gabe an die innere u. äußere Mission in der Niederlausitz. 16. (88 S.) Ebend. 881. n. — 40

— Trösteinsamkeit an Krankenbetten, an Gräbern u. in stillen Stunden. Eine Gabe an die innere u. äußere Mission. 2. verm. Aufl. 12. (112 S.) Ebend. 883. n. — 50; cart. n. — 60

Rothe, G. Vide: Volkstribun (Thüringer).

Rothe, Georg: Die elterliche Gewalt der Mutter nach d. Bürgerl. Gesetzbuch.

— — Erlangen, Jur. Diss. v. 1. Febr. 1905.

Rothe, Georg, a. Detmold: Die elterliche Gewalt der Mutter nach dem Bürgerlichen Gesetzbuch. Berlin 1905: W. Pilz. (IV, 58 S.) 8° [F.]
Erlangen, Jur. Fak., Ref. Örtmann, Diss. v. 4. Aug. 1905
[Geb. 5. Jan. 82 Detmold; Wohnort: Detmold; Staatsangeh.: Lippe; Vorbildung: Gymn. Detmold Reife O. 00; Studium: München 1, Berlin 1, Kiel 1, Berlin 2, Göttingen 1 S.; Rig. 6. März 05.]

Rothe, Geo., die elterliche Gewalt der Mutter nach dem bürgerlichen Gesetzbuch. (Diss.) (V, 58 S.) gr. 8. Berlin 905. Struppe & Winckler. n. 1. 50

Rothe, Geo., Stimmungen. (95 S.) 8. Leipzig 904. Modernes Verlagsbureau. n. 1. —

Rothe, Geo., die Wünschelrute. Historisch-theoretische Studie. (VIII, 118 S.) 8. Jena 910. E. Diederichs. 2.—; geb. 2. 80

* Beschreibung einer neuen Bergwaage nebst einer deutlichen Anweisung wie dieselbe vermittelst der dazu gehörigen Tabelle zu mancherley Ausmessungen der Höhen und Tiefen gebraucht werden kann, mitgetheilt von *George Rothe* Lehrer am Görlitzischen Gymnasio. Leipzig und Görlitz in der Marcheschen Buchhandlung. 8. 52 S. m. 1 Kupst.
1758.

Rothe, Gottfried

Gründliche Anleitung zur Chymie . . . Leipzig, 1717. 8vo.
This treatise, published after the author's death, passed through seven editions, the last in 1750, and was translated into French.

Gottfried Rothe

Gottfried Rothens [Rothe] Gründliche Anleitung zur Chymie, darinnen nicht nur die in derselben vorkommende Operationes...sondern auch die Praeparationes derer besten chymischen Medicamenten aufrichtig beschrieben sind. Von neuen durchsehen...u.mit nöthigen Anm. ...verm.von Samuel Theodor Quelmaltz [Quellmaltz]. 7.,verb.Aufl.[Nebst] Anh. Leipzig: Schönermarck 1750. 8°
[Hauptw.:] 1750.
Anh.: Rothe: Anhang zu seiner Chymie, handelnd von denen metallischen Saltzen und dem schmertz-stillenden Schwefel des Vitriols. 1750.

Gottfried Rothe

Gottfried Rothens [Rothe] Anhang zu seiner Chymie, handelnd von denen metallischen Saltzen und dem schmertz-stillenden Schwefel des Vitriols. Leipzig: Schönermarck 1750. 96 S. 8°
(= Rothe: Gründliche Anleitung zur Chymie.Anh.)

ROTHE, GOTTFRIED.
De salibus metallicis. Halæ, 1708.

Rothe, Gto. Fr., († d. 24. Dec. 1813.) s. J. A. Ernesti, Denkmäler. u. Dessen Opuscula.

Rothe, Gottlob Wohlgemuth (Görlitz) A. S. 352/6

Dissertatio juridica inauguralis de superstitione juridica in foro et extra forum obvia.
Präs. Augustin Leyser.
Helmstedt (Hamm) 12. XII. 1720. 86 S. 29345

Rothe, Gottlob Wohlgemuth (Görlitz) A. S. 191/17

Dissertatio iuridica inauguralis de superstitione iuridica in foro et extra forum obvia. Präs. Augustin Leyser.
Wittenberg (Hake) 1739. 86 S.

Diss. Helmstedt 12. XII. 1720. 29344

Rothe, Gust., die Deutsche Revolution, die reactionären Bewegungen u. die Nationalversammlung. gr. 8. (20 S.) Altenburg 848, Helbig. n. 4 ngl.

Rothe, H., de martyriis affectatis. Viteb. 1709. 4.

Rothe, Hans (geb. Neudamm 29. 6. 1849): De natura Diphtheritidis. Berlin (1872). (31 S.) 8°
Berlin, Med. Diss. v. 31. Dez. 1872

Rothe, Henr.: Historia exceptionum litis ingressum impedientium ex jure canonico descripta. Berolini 1858. (VIII, 47 S.) 8°
Berlin, Jur. Diss. v. 16. Mai 1858

Heinrich August Rothe

Henricus Augustus Rothe: Formulae de serierum reversione Demonstratio universalis signis localibus combinatorio-analyticorum vicariis exhibita. [Resp.:] Joannes Carolus Burckhardt. Lipsiae (1793):Sommer. VIII,36 S. 8°
Leipzig, Phil.Disp.v.31.Aug. 1793

— formulae de serierum reversione, de monstr. univers. signis local. combinat. analyt. vicariis exhibita. 4. maj. Lps. Böttger. 794.

Rothe, H. Aug., de divisione peripheriae circuli in XVII et XIII partes aequales. 4. Erf. Schubert. 805.

Rothe, **Hnr. Aug., de divisione peripheriae circuli in XVII et XIII partes aequales. 4. Erlang. 805. (Heyder). 8 gl.**

— die Entwickelung d. Pflanzensubstanz, s. Chr. G. Nees v. Esenbeck.

— Handbuch d. reinen Mathematik. In Theles 1r Bd., od. systemat. Lehrbuch d. reinen Mathematik. 1r Thl. gr. 8. Leipz. 804. Barth. 1 rthl. 12 gl. 2r Thl. A. u. d. T.: Lehrbuch der Arithmetik. 2r Bd. gr. 8. Ebd. 811. 2 rthl.

Rothe (H. A.), Systematisches Lehrbuch der Arithmetik. Thl. 1. Leipzig 1804. 8.
(Bildet den ersten Band von dessen Handbuch der reinen Mathematik.)

— Diss. Solutio problematis summe memorabilis atque generalis ad divisionem polygonorum per diagonales spectantis. 8. Erlang. 814.

— Progr. Theorema binomiale ex simplicissimis analyseos finitorum fontibus universaliter demonstratum. 4. Leipz. 796. Rabenhorst. 4 gl.

* Theorema binomiale ex simplicissimis analyseos finitorum fontibus universaliter demonstratum. Prolusio qua ad audiendam orationem d. 14 Sept. a. r. s. 1796. h. l. q. c. in Acad. Lipsiensi Professionis philosoph. extraordinar. adeundae caussa recitandam observanter invitat *Henricus Augustus Rothe* Prof. Philos. extraord. Lipsiae ex officina Sommeria. 4. 16 S.
1796.

Rothe, H. A., Theorie der combinatorischen Integrale, erfunden, dargestellt und mit mehrern Anwendungen auf die Analysis versehen. 4. Nürnberg, Riegel u. W. 819.

Rothe, Herm., über die lineare Abhängigkeit der gemischten Produkte v. 3 Faktoren. (32 S.) gr. 8. Wien 910. A. Hölder. — 90
Sonderabdruck aus: „Sitzungsber. d. k. Akad. d. Wiss."

Rothe Hermann: Über die lineare Abhängigkeit der gemischten Produkte von drei Faktoren. S. 119. IIa. 455 . . . . — .90
Separatabdruck

Rothe, Herm. (Rob. Albert.) (geb. Guhrau 19. 4. 1836): De hypochondria. Berolini (1859). (32 S.) 8°
Berlin, Med. Diss. v. 7. März 1859

— Über Komplexgrößen 2ter und (ν—2)ter Stufe in einem Hauptgebiete νter Stufe und die durch sie bestimmten linearen Komplexe. S. 121. IIa. 1015 . . . . . . , 1.—
Separatabdruck

— Über e. Verallgemeinerung des Relativitätsprinzips u. die dazugehörige Mechanik, s.: **Frank**, Philipp.

Rothe, Herm. Heinr., Ethik u. Ästhetik im Waidwerke. gr. 8. (63 S.) Neudamm (901). J. Neumann. n. 1.20

[F.] Mein französischer Feldzug. Kriegs- u. Kulturgeschichtl. Erinnergn an Frankreich. Von Hermann Heinrich **Rothe**, (Kgl. Preuss. Forstmeister ... Beendet 1895). *Schwerin a. W.: Verl. d. Vfs; Dr. v. G. Preibisch 1893.* (139 S., 1 Bl.) 1 Bd 8. [96. 363

Rothe, Herm. Heinr., Lübbesee. Eine Novelle nach dem Leben. 12. (56 S.) Schwerin a/W. 893. (G. Preibisch.) n. — 50

Rothe, Herm. Heinrich, Seele u. Sinn des Tieres contra Doctor Th. Zell. Eine Erwiderg. auf die Schrift von Th. Zell: „Ist das Tier unvernünftig?" (92 S.) 8. Dresden 906. [H. Schultze.] Leipzig, Antiquariat C. Köhler. 1. —

Rothe, J. A., Adelheid, Gräfin v. Ravensberg. 8. Dresd. 793. (Kühn in Leipz.) 20 gr.

ROTHE, J. A., Adelheid, Gräfin zu Ravensburg. Eine Geschichte aus dem zwölften Jahrhunderte. (Roman mit üppigen u. verfänglichen Stellen.) Dresden u. Leipzig, in der Richterschen Buchhdlg. 1793. — *A. E.:* Gedr. bei C. G. Matthiä in Bautzen.
454 S. (incl. Tit.). Meist dialogisirt.

— s. a. Agnes v. Sicilien.

AGNES von Sizilien. Ein (ziemlich zahmes) Gemälde aus den Ritterzeiten (von *J. A. Rothe*). Mit 1 Kpf. Dresden u. Leipzig, Richter, 1792. 8°.
336 S. incl. TKpf., Tit. u. 1 Bl. Vorr., unter der sich der Verfasser nennt.

— s. Isabellens Leiden.

Rothe, J. A., Lustspiele. 1r Thl. (Enth.: 1) So rächt sich ein Schriftsteller an betrüger. Buchhändlern. — 2) Weiberlist geht über alles.) 8. Prag 790. Neureutter. 10 gr.

WEIBERLIST geht über Alles. Ein Lustspiel in drei Aufzügen (von *J. A. Rothe*). Prag und Leipzig 1790.
Anon.-Lex. IV. p. 383 (nach W. v. Maltzahn).

Rothe, J. F., chem. Untersuchung der Mineralquelle bei Möllendorf in d. Grafsch. Mansfeld. 8. Halle 806. Kümmel. 6 gr.

Rothe, J. G., ad locum 1 Petr. 3, 19. Chemn. 1784. 4.

Rothe, J. G., De Murrhinis. Pr. 1782. 7 S. 4°.

Rothe, J. G., Vorkenntnisse z. Kopf- u. Tafelrechnen f. angehende Rechner aus allen Ständen u. fürs gemeine Leben. 8. Leipz. 820. Dürr. 6 gr.

Rothe, J. P., (†...) Lexicon chirurgicum. 8. Lübeck 761. Donatius. 4 gr.

Rothe, J. W., Samml. schöner Stellen zum Gebr. f. Stammbücher. 16 Bdchen. 8. Nürnb. 794. (Eichhorn). 9 gr.

Roth, Jacob: De Raymundo de Sabunde.
Halle-Wittenberg, Phil. Diss. v. 24. März 1846
Geb. [Zürich (?) ...]
Ms. fehlt.
Chevalier, Réportoire, Bio-bibliogr. vol. 2. Paris 1907. Sp. 3898 verzeichnet: Rothe, Dissertatio de Raymundo de Sabunde. Turici 1846. 8° aber ohne Vornamen und Seitenzahl! Vermutlich ist diese Schrift mit Roth's Hall. phil. Diss. über dasselbe Thema identisch. Da ein Exemplar nicht nachweisbar war und die Nachforschungen der Zentralbibliothek in Zürich ergebnislos blieben, kann das Erscheinen der Rothe'schen Druckschrift bezweifelt werden. Nach Mitteilung der Zentralbibliothek Zürich ist der Name Rothe nicht schweizerisch und gab es in der Stadt Zürich vor 1893 kein Züricherisches Geschlecht Roth.

Rothe, Immanuel Fr.

— Homers Begriff von d. höchsten Gottheit. 4. Görlitz 768.

— s. Christ am Sonntage.

Rothe, Imm. Fr., de eo, quod disertos facit oratores. 8. Sorau 765.

— von der Methode beim Unterr. u. der Bildung junger Studirender. 4. Görl. 770.

— s. Schilderungen a. Helden.

— de subsidiis rhetoricas. 4. Sorau 767.

— von d. Vortheilen d. Erziehung d. Studirenden. 4. Görl. 769.

— von d. Vorzuge d. heil. Dichtkunst vor d. weltlichen. 8. Sorau 766.

Rothe, Imm. Gf., († d. 9. Juli 1809.) Unterr. f. das Volk u. den Ungelehrten üb. das, was die heil. Schrift, die protestant. Glaubensbekenntnisse 2c. v. der Beichte u. d. Amte d. Schlüssel gelehrt haben. 8. Görl. 801. (Schumann in Zwickau). 5 gr.

— Volkstheologie in Predigten, nach Anleit. der Evangelien. 2 Thle. gr. 4. Görl. 801. . . . 1 Thlr. 8 gr.

Rothe, **Imm. Vertraugott.** Anweisg. zur Verhütg. ansteck. Viehkrankh. u. Ausrottung der Rindviehpest. 8. Glogau 10. Flemming. M. —.40

— Anweis. zur Verhütung ansteck. Viehkrankheiten u. Ausrottung d. Rindviehpest. 8. Glogau 810. N. Günthersche B. 3 gr.

Rothe, Imm. Vertraugott, der Anzeiger, oder: allgem. Intelligenzblatt der Lausitz. 4 Jahrgg. 1799 — 1802. 4. Görlitz. 5 Thlr. 8 gr.

— kurze Belehrung zur Verhütung des Scharlachfiebers, nebst Verhaltungsregeln bei dessen Ausbruch 2c. Glogau, N. Günthersche B. 1 gr.

— Oberlausitzische Geschichtstafel. Fol. Zwickau 802. . . . 2 gr.

Immanuel Vertraugott Rothe Handbuch für die medicinische Litteratur nach allen ihren Theilen, oder Anleitung zur Kenntniss der besten auserlesenen medicinischen Bücher mit beigesetztem Inhalt, Werth, Jahrzahl, angeführten Recensionen, historischen, biographischen und andern Anmerkungen, in systematischer Ordnung. Leipz. 1799. 8.

— Handbuch f. die medicin. Literatur nach allen ihren Theilen, od. Anleit. zur Kenntniß der besten medicin. Bücher 2c. gr. 8. Leipz. 799. (Andrä). 2 Thlr. 6 gr.

— Handbuch f. d. medic. Literat. ıc. gr. 8. Lpz. Kleefeld. (Bauer) 799.

— commentatio de Homero et Batrachomyomachia falso illi tributa. 4. Leipz. 788.

Rothe, Dr., Die Kunst Bibliotheken zu ordnen oder Anleitung zur Kenntnifs der besten Schriften in allen Wissensch. — mit Bemerkung ihres typogr., krit. Werthes u. s. w. Ronnob. 798. 8. 1 rthl. 8 gr.

Rothe, Dr. Immanuel Vertraugott. Die Kunst, sich eine Bibliothek zu sammeln und zu ordnen; oder systematisches Verzeichniss der besten Schriften aus allen Wissenschaften und Künsten.
8. Ronneburg 1798.

— die Kunst sich eine Bibliothek zu sammeln u. zu ordnen. 8. Ronneb. 798. Schumann in Zwickau. 1 ℛ 8 gr

Rothe, Immanuel Vertraugott: Ueber ein sicheres Mittel wider die Abzehrung, nebst Bemerkungen über deren Vorbauung und Heilart im Allgemeinen. Neue Aufl. 94 S., gbd.

Zwickau u.Leipzig: Schumann 1808

JB 2.396

Rothe, Imm. Vertrg., üb. ein fast specifisch. Mittel wider die Abzehrung, u. deren Vorbauung u. Heilart im Allgemeinen. Für Aerzte, Nichtärzte u. Kranke bestimmt. 8. Lpz. Joachim.

— — dasselbe. Augsb. Apfel. 806.

Rothe, Imm. Vertraugott, († d. 6. April 1813.) üb. ein fast specifisches Mittel wider die Abzehrung, u. deren Vorbauung u. Heilart im Allgemeinen. 8. Leipz. 806. Joachim. 10 gr N. A. 8. Zwickau 808. Schumann. 8 gr

— Noth- u. Hülfstafel f. die, so lange zu leben wünschen, nach Hufeland. 8. Leipz. 798. Rein. 1 gr

— Sendschreiben an alle Gelehrte, Schriftsteller, Recensenten, Herausgeber der Zeitschriften u. krit. Blätter, Censoren, Buchhändler u. Buchdrucker. 8. Lpz. Joachim.

— — dasselbe. 8. Augsb. Apfel. 806.

— Sendschreiben an alle Gelehrte, Schriftsteller, Recensenten, Herausgeber der Zeitschriften ıc. 8. Augsb. 806. (Leipz., Joachim). 6 gr

— von der wahren Ursache der Selbstbefleckung. 8. Leipz. 798. Rein. 4 gr

— Versuch e. kurzen Geschichte d. Sechsstadt Görlitz. 1s u. 2s Hft. 8. Görl. 805. Dresd., Arnold. 1 ℛ

— Versuch e. kurzen Geschichte d. Oberlausitz, f. Stadt- u. Dorfschulen. Fol. Görl. 801. (Zwickau, Schumann). 2 gr

Rothe, J. B., Versuch e. kurzen Geschichte d. Oberlausitz, f. Stadt- u. Landschulen. Fol. Zwickau, Gebr. Schumann. 812.

— wie kommt man durch die Welt? od. die Kunst, zu e. einträgl. Amte, großen Vermögen u. hohen Alter zu gelangen. Ein Blatt f. Jedermann. Fol. Ronneb. 806.

Rothe's, Joh., Chronik v. Thüringen. Bearb. u. hrsg. v. E. Fritsche. 8. (264 S.) Eisenach 889. [Bacmeister.] Kahle. n. 3. 60; geb. n. 4. 80

Rothe, Joh., düringische Chronik, s. Geschichtsquellen, thüringische.

Rothe, Johann Baptist

— f. Alphabet, ou premiers élémens de la langue française, u. setze hinzu: (v. J. B. Rothe).

Rothe, Jh. Bpt., († ...) Auszug aus Volneys Reisen durch Aegypten u. Syrien; e. Lesebuch zur Uebung in der französ. Sprache f. d. Jugend, mit e. Wörterbuche. gr. 8. Dresd. 799. Gerlach. 1 ℛ N. A. gr. 8. Ebd. 810. Beger. 1 ℛ

VADEMECUM, Neues, oder die auf dem Wege nach Altona gefundene Brieftasche.... (von *Joh. Gottl. Rothe*). Altona 1771.
Anon.-Lex. IV. p. 279 (nach Bruun, Bibl. Danica II, 465). Ein Leipziger O. M. V. 1771 hat „Kopenhagen 1771". — Rarl

Rothe's, Johs., Passion, hrsg. v. Alfr. Heinrich, s. a. Abhandlungen, germanistische.

Johannes **Rothes** Passion. Mit e. Einl. u. e. Anh. hrsg. von Alfred Heinrich. Breslau: M. & H. Marcus 1906. (174 S.) 8°
[Ein T. erschien als Inaug.-Diss. Marburg 1905.]
= **Abhandlungen**, Germanistische. H. 26. [06. 1933 9

Rothe, Jos., Vorlagen für Bau- und Möbeltischler. Zum Gebrauche an gewerbl. Fach- u. Fortbildungsschulen. Mit Unterstützung des hohen k. k. Unterrichts-Ministeriums hrsg. I. Serie. (20 Bl.) Fol. Wien 887. Graeser. In Mappe. n. 9. —
Ausgaben in polnischer u. tschechischer Sprache zu gleichem Preise.

Rothe J. Vorlagen für Bau- und Möbeltischler. I. II. (je 20 T) fol Wien 1888. 39

Rothe, Josef, Vorlagen für Bau- und Möbeltischler, zum Gebrauche an gewerblichen Fach- und Fortbildungsschulen. I. Serie. 20 Tafeln. 2. Aufl. Wien 1891. Verlag von R. Graeser.

Rothe, Jos., Vorlagen f. Bau- u. Möbeltischler zum Gebrauche an gewerblichen Fach- u. Fortbildungsschulen. Mit Unterstützg. des k. k. Ministeriums f. Cultus u. Unterricht hrsg. I. u. II. Serie. Fol. (à 20 farb. Taf.) Wien, C. Graeser. In Mappen. à n. 9. —
I. 2., verb. Aufl. 892. — II. 883.

Rothe, Jos., Vorlagen f. Bau- u. Möbeltischler zum Gebrauche an gewerbl. Fach- u. Fortbildungsschulen. Mit Unterstützg. des k. k. Ministeriums f. Cultus u. Unterr. hrsg. II. Serie. 20 (farb.) Taf. 2. Aufl. Fol. Mit Text. gr. 8. (12 S.) Wien 897. C. Graeser. In Mappe n. 10. — (I. u. II.: n. 19. —)

Rothe, Jos., Vorlagen f. Bau- u. Möbeltischler zum Gebrauche an gewerblichen Fach- u. Fortbildungsschulen. Mit Unterstützg. des k. k. Ministeriums f. Kultus u. Unterricht hrsg. 1. Tl. 3., umgearb. Aufl. (25 z. Tl. farb. Taf.) gr. Fol. Nebst Text. gr. 8. (24 S.) Wien 903. K. Graeser & Co. In Mappe n. 18. —

— Vorlagen f. Maurer zum Gebrauche an gewerbl. Fach- u. Fortbildungsschulen. Mit Unterstützg. des k. k. Ministeriums f. Cultus u. Unterricht hrsg. gr. Fol. (20 z. Thl. farb. Taf.) Nebst Textheft. gr. 8. (42 S. m. 35 Fig.) Ebd. 892. In Mappe. n. 9. —

— Vorlagen f. Maurer. Zum Gebrauche an gewerbl. Fach- u. Fortbildungsschulen. Mit Unterstützg. des k. k. Ministeriums f. Cultus u. Unterricht hrsg. 2 bedeutend erweit. Aufl. gr. Fol. (40 Taf.) Nebst Text. gr. 8. (53 S. m. 33 Fig.) Ebd. 901. In Mappe n. 24. —

— Vorlagen f. Spengler. Zum Gebrauche an gewerbl. Fortbildungs- u. Handwerkerschulen. Mit Unterstützg. d. Ministeriums f. Cultus u. Unterricht hrsg. 25 (lith.) Taf. Fol. Mit Textheft. gr. 8. (40 S. m. 5 Fig.) Ebd. 893. In Mappe. n. 9. —

— Vorlagen f. Spengler (Klempner). Zum Gebrauche an gewerbl. Fortbildungs- u. Handwerkerschulen. Mit Unterstützg. des k. k. Ministeriums f. Cultus u. Unterricht hrsg. 2. Aufl. gr. Fol. (25 Taf.) Nebst Text. gr. 8. (40 S. m. 5 Fig.) Ebd. 900. In Mappe n. 11. —

Rothe, K. C., s. a. Naturgeschichtsunterricht, der moderne.

Rothe, K. C., Der moderne Naturgeschichtsunterricht. Beiträge zur Kritik und Ausgestaltung. Gr.-8°. (ill. 235 S.) K 6.–
Wien: Tempsky 1908.

Rothe, Karl, Abriss der Naturgeschichte, s.: Bisching, A.

Rothe, *Carl* [Dr.]: Die Bedeutung der Widersprüche für die Homerische Frage. Berlin, Druck v. A. Haack, 1894; 36 S. 4.
Berlin, Collège royal français, P 1894 (53)

Rothe, C., die Bedeutung der Widersprüche für die Homerische Frage. Progr. 4. (36 S.) Berlin 894. (Leipzig, G. Fock.) n. 1.20

Rothe, *Carl:* Die Bedeutung der Wiederholungen für die Homerische Frage. Berlin, Druck v. A. Haack, 1890; S. 121–168; 8°
Berlin, Collège royal franç., Festschr. 1890 • •

Rothe, C., die Bedeutung der Wiederholungen f. die homerische Frage. [Aus: „Festschrift zur Feier d. 200jähr. Bestehens d. französ. Gymnasiums".] gr. 8. (S. 123—168.) Berlin 890. (Leipzig, Fock.) n. 1.20

Rothe, Carl, Bilder aus dem Thierleben, s.: Volks- u. Jugend-Bibliothek, österreichische.

Rothe, Carl, Dichtungen. 12. (5½ B.) Berlin 844, J. A. Wohlgemuth, Verl.

Rothe Dr. C.: Ueber die Entdeckung von Elementen. 16. Wien R. VII. 84. Progr.

Rothe, C., üb. die Entdeckung v. Elementen. gr. 8. (18 S.) Wien 885. (Pichler's Wwe. & Sohn.) n. — 40

—— Gehe hin u. thue desgleichen! Predigt über Lucä Cap. 10, v. 30—37, gehalten zur Jahresfeier der Gesellschaft der Enthaltsamkeits-Freunde. gr. 8. (1 B.) Berlin 845, J. A. Wohlgemuth, Verl. *

—— die wahren Grundlagen der christl. Kirchenverfassung. Ein Beitrag zur Beantwortung d. kirchl. Verfassungsfragen unserer Zeit. gr. 8. (13 B.) Berlin 844, J. A. Wohlgemuth, Verl. *

Rothe, Carl (I.), Grundriss der Chemie. 1. Aufl. 1864. und 2. Aufl. gr. 8. (VI und 144 S.) Wien 868, Braumüller. *

— Ferd. Frank u. Jos. Steigl, Grundriss der Naturgeschichte f. allgemeine Volksschulen, s. a. Realienbuch.

Rothe, Karl, Grundriss der Naturgeschichte f. allgem. Volksschulen. 2., umgearb. Aufl. Bearb. v. Karl Rothe, Ferd. Frank u. Jos. Steigl. gr. 8. (160 S. m. 203 Abb.) Wien 897. A. Pichler's Wwe. & Sohn. Geb. in Leinw. n. 1.40

Rothe, Karl, Grundriß der Naturgeschichte f. allgemeine Volksschulen. 4. Aufl. Bearb. v. Karl Rothe, Ferd. Frank, Joh. Steigl. Nach der neuen Rechtschreibg. bericht., sonst unveränd. Abdr. der 2. Aufl. (160 S. m. 203 Abbildgn.) gr. 8. Wien 903. A. Pichler's Wwe. & Sohn. Geb. in Leinw. 1.40

(F) Rothe, K., Grundriß der Naturgeschichte für allgemeine Volksschulen. 5. Aufl. Gr.-8°. (ill. 105 S.) geb. K 1.40
Wien: Pichler 1904.

(F) Rothe, K., Grundriß der Naturgeschichte für allgemeine Volksschulen. 7. Aufl. [Realienbuch. Leitfaden für den Unterricht in der Naturgeschichte, Naturlehre, Geographie und Geschichte.] Gr.-8°. (ill. 105 S.) geb. K 1.40
Wien: Pichler 1909.

(F) Rothe, K., Grundriß der Naturgeschichte für allgemeine Volksschulen. 6. Aufl. Gr.-8°. (ill. 160 S.) geb. K 1.40
Wien: Pichler 1909.

Rothe, Karl, Grundriß der Naturgeschichte f. allgemeine Volksschulen. 7. Aufl. Bearb. v. Karl Rothe, Ferd. Frank, Jos. Steigl. Unveränderter Abdr. der 4. Aufl. (160 S. m. 203 Abbildgn.) gr. 8. Wien 909. A. Pichler's Wwe. & Sohn. Geb. 1.40

— Grundriß der Naturgeschichte für vier- u. fünfklassige Volksschulen. Mit 256 in den Text gedr. (Holzschn.-) Abbildungen. gr. 8. (IV, 148 S.) Wien 879. Pichler's Wwe. & Sohn. n. 1. —

— u. Ferd. Frank, praktisches Hilfsbuch f. den naturgeschichtlichen Unterricht an Volks- u. Bürgerschulen. Stoffbilder u. Stoffskizzen m. verbind. Texte, nebst zahlreichen Fragen u. Wiederholungsaufgaben, Anreggn. zu Beobachtgn. u. Vergleichgn. I. Bd. (Mittelstufe, 3., 4. u. 5. Schulj.) v. Ferd. Frank. (IV, 416 S. m. 215 Abbildgn.) gr. 8. Ebd. 903. n. 5.50; geb. n. 6. —

Rothe, Karl, u. Ferd. Frank, praktisches Hilfsbuch f. d. naturgeschichtlichen Unterricht an Volks- u. Bürgerschulen. Materialien zur Belebg. des Unterrichts u. zur Ergänzg. der Lehrtexte. II. Bd. zunächst f. Bürgerschulen, dann f. die Oberstufe der Volksschulen unter Mitwirkg. des Karl Rothe v. Ferd. Frank. (IX, 478 S. m. 334 Abb.) gr. 8. Wien 911. A. Pichler's Wwe. & Sohn. 6.50

Rothe, C., Jahresbericht üb. Homer. Höhere Kritik. 1879 u. 1880; 1881 u. 1882; u. 1884. S.-A. 1881—85. 66, 63 u. 52 S. Zus.

— Jahresber. d. philol. Vereins zu Berlin 1908. Homer. Höhere Kritik. S.-A. 1908. 82 S.

Rothe, Carl, die Ilias als Dichtung. (XII, 366 S.) 8. Paderborn 910. F. Schöningh. 5.40; geb. 6.40

Rothe, Carl (I.), de disciplinae speculativae initio. Dissertatio inauguralis. gr. 8. (39 S.) Königsberg 861, (Akademische Buchh.) *

Rothe, Carl, de disciplinae speculativae initio. Dissert. inaug. Königsberg 861. (Schubert & Seidel.) gr. 8. (39 S.) n. 6 ngr.

Rothe, Dr. Karl, Käfer-Etiketten. 5 Bogen. Enthaltend 67 Familien-Etiketten und gegen 1600 Arten Etiketten. Steif broschirt —.70
Wien: Pichler 1890.

Rothe, Karl, Käfer-Etiketten. 12. (II, 8 S. u. 64 Bl.) Wien 890. Pichler's Wwe. & Sohn. n. 1. 20

—— Lehrbuch der Klimatologie, s Lorenz-Liburnau, J. R.

— u. Jos. **Steigl**, kurzes Lehrbuch der Naturgeschichte f. Bürgerschulen. Ausg. in 1 Bde. 2. Aufl. Unveränderter Abdr. der 1. Aufl. gr. 8. (244 S. m. 289 Abbildgn.) Wien 902. A. Pichler's Wwe. & Sohn.
Geb. in Leinw. n. 2. —

(F) **Rothe**, K. und **Steigl**, J., Kurzes Lehrbuch der Naturgeschichte für Bürgerschulen. 3. Aufl. Gr.-8° (ill. 244 S.)
Wien Pichler 1903 geb. K 2 –

— u. Jos. **Steigl**, kurzes Lehrbuch der Naturgeschichte f. Bürgerschulen. Ausg. in 1 Bde. 4. Aufl. Unveränderter Abdr. der 3. Aufl. (244 S. m. 289 Abbildgn.) gr. 8. Wien 905. A. Pichler's Wwe. & Sohn. Geb. n. 2. —

— u. Jos. Steigl, kurzes Lehrbuch der Naturgeschichte f. Bürgerschulen. Ausg. in 1 Bde. 5. Aufl. Unveränderter Abdr. der 3. Aufl. (244 S. m. 289 Abbildgn.) gr. 8. Ebd. 907. Geb. 2. —

Rothe, Carl (II.), Leitfaden der Mineralogie zum Gebrauche an Untergymnasien. gr. 8. (VI und 60 S. mit 43 dem Texte eingedr. Holzschn.) Wien 861, Braumüller's Verlags-Conto. *

Rothe, [Karl]: **Lösung** einiger **Aufgaben über Flächenberechnungen mit Hilfe elliptischer Integrale.** [T. 1.] *Nordhausen 1902: C. Kirchner.* (S. III—XXII.) 4°
Nordhausen, k. RG, P 1902 (287)

Rothe, [Karl]: **Lösung** einiger **Aufgaben über Flächenberechnungen mit Hilfe elliptischer Integrale.** ⟨Forts. u. Schluß.⟩ [T. 2.] *Nordhausen 1903: C. Kirchner.* (S. III—XXV.) 4° ¶(Forts. u. Schluß d. P-Beil. 1902.)
Nordhausen, k. RG, P 1903 (302)

Rothe, Karl, Methodik d. naturgeschichtlichen Unterrichtes, s. a. Handbuch der speciellen Methodik.

Rothe, Professor Dr. Carl, Methodik des naturgeschichtlichen Unterrichtes. 2., verbesserte Auflage. Handbuch der speciellen Methodik. Herausgegeben von Rob. Niedergesäß. V. Theil.) 8. (124 S.)
Wien Pichler 1891 —.80

—— Naturgeschichte für Bürgerschulen. 1. und 2. Stufe. 8. Wien 888, Pichler's Wwe. und Sohn. [1. Stufe. 21. Aufl. (IV, 110 S. mit 133 in den Text gedr. Abbild.) ***M.* 1.—; 2. Stufe. 13. Aufl. (140 S. mit 212 in den Text gedr. Abbild.) ***M.* 1.20.] geb. **

— Naturgeschichte f. **Bürgerschulen.** I.—III. Stufe. gr. 8. **Ebd. 890. geb.** n. 3. 50
I. Mit 133 Abbildgn. 23. Aufl. (IV, 110 S.) n. 1. —
II. Mit 212 Abbildgn. 15. Aufl. (140 S.) n. 1. 20
III. Mit 157 Abbildgn. 10. Aufl. (134 S.) n. 1. 30

Rothe, Dr. Karl, Naturgeschichte für Bürgerschulen. I. Stufe. Mit 165 in den Text gedruckten Abbildungen. 30. Auflage. Bearbeitet von Doctor Karl Rothe, Ferd. Frank u. Josef Steigl. Gr.-8. (124 S.) Geb. —.75

— — Naturgeschichte für Bürgerschulen. II. Stufe. Mit 212 in den Text gedruckten Abbildungen. 21. Auflage. 8. (140 S.) Geb. —.60

— — III. Stufe. Mit 757 in den Text gedruckten Abbildungen. 11. Aufl. 8. (134 S.) Geb. —.65
Wien Pichler 1895

Rothe, Dr. Karl, Naturgeschichte für Bürgerschulen. II. Stufe 22. Aufl., von Rothe, Frank, Steigl. 8. (132 S.) Geb. —.75
Wien Pichler 1896

— Naturgeschichte für Bürgerschulen. 1.–3. Stufe. Bearb. v. Karl Rothe, Ferd. Frank, Jos. Steigl. gr. 8. Ebd. 896. Geb. in Leinw. à n. 1. 50
1. 31. Aufl. Unveränd. Abdr. d. 30. Aufl. (124 S. m. 165 Abb.)
2. 23. Aufl. (134 S. m. 251 Abb.)
3. 15. Aufl. (132 S. m. 236 Abb.)

ROTHE, Karl
(F) **Naturgeschichte** für Bürgerschulen von Dr Karl Rothe I. Stufe mit 166 in den Text gedruckten Abbildungen 32 Auflage, bearbeitet von Dr. Karl Rothe, Ferd. Frank, Josef Steigl. Unveränderter Abdruck der mit Erlass des hohen k. k. Ministeriums für Cultus und Unterricht vom 26. Mai 1895, Z. 11868, zum Unterrichtsgebrauche an Bürgerschulen für zulässig erklärten 30. Auflage. Wien. 1899. Pichlers W. & S. Gr. 8° 124 S. Geb fl — 75

— Naturgeschichte f. Bürgerschulen. 3 Stufen. Bearb. v. Karl Rothe, Ferd. Frank, Jos. Steigl. gr. 8. Wien, A. Pichler's Wwe. & Sohn. Geb in Leinw. à n. 1. 50
1. 33 Aufl. Nach der neuen Rechtschreibg. bericht., sonst im wesentl. unveränd. Abdr. der 30. Aufl. (124 S. m. 166 Abbildgn.) 902.
2. 24. Aufl. Unveränd. Abdr. der 22. Aufl. (134 S. m. 251 Abbildgn.) 899.
3. 16 Aufl. Unveränd. Abdr. der 15. Aufl. (132 S. m. 236 Abbildgn.) 899.

Rothe, K., Naturgeschichte für Bürgerschulen. 2. Stufe 25. Aufl. Gr.-8° (ill. 132 S.) geb. K 1 50
Wien Pichler 1903

Rothe, K., Naturgeschichte für Bürgerschulen. 3. Stufe. 17. Aufl. Gr.-8°. (ill. 132 S.) geb. K 1 50
Wien Pichler 1903

(F) **Rothe, K., Frank,** F. und **Steigl, J.,** Naturgeschichte für Bürgerschulen 1. Stufe. 34. Aufl. Gr.-8°. (ill. 124 S.)
Wien Pichler 1904 geb. K 1.50

— Naturgeschichte f. Bürgerschulen. I.—III. Stufe. Bearb. v. Karl Rothe, Ferd. Frank, Jos. Steigl. gr. 8. Ebd. Geb. in Leinw. à n. 1. 50
I. Mit 166 in den Text gedr. Abbildgn. 35. Aufl. Unveränd. Abdr. der 34. Aufl. (124 S.) 905.
II. Mit 251 in den Text gedr. Abbildgn. 26. Aufl. Unveränd. Abdr. der 25. Aufl. (134 S.) 905.
III. Mit 236 in den Text gedr. Abbildgn. 18. Aufl. Unveränd. Abdr. der 17. Aufl. (132 S.) 905.

(F) **Rothe,** K., Naturgeschichte für Bürgerschulen. I. Stufe. 36. Aufl. Gr.-8°. (ill. 124 S.) geb. K 1.50
Wien Pichler 1907

(F) **Rothe,** K., Naturgeschichte für Bürgerschulen. II Stufe. 27 Aufl. Gr.-8° (ill. 132 S.) geb. K 1 50
Wien Pichler 1907

(F) **Rothe,** K., Naturgeschichte für Bürgerschulen. III. Stufe. 19. Aufl. Gr.-8°. (ill. 132 S.) geb. K 1.50
Wien: Pichler 1907.

-- Naturgeschichte f. Bürgerschulen. Bearb. v. Karl Rothe, Ferd. Frank, Jos. Steigl. 3 Stufen. gr. 8. Wien, A. Pichler's Wwe. & Sohn. Geb. 4. 60
1. Auf Grundlage der 23. Aufl. der Naturgeschichte (I. Stufe) v. Karl Rothe nach den neuen Lehrplänen vollständig umgearb. v. Ferd. Frank. (135 S. m. 133 Abb.) 906. Geb. 1. 50
II. Auf Grundlage der 12. Aufl. der Naturgeschichte (II. Stufe) v. Karl Rothe nach den neuen Lehrplänen vollständig umgearb. v. Ferd. Frank. (III, 138 S. m. 173 Abbildgn.) 909. Geb. 1. 60
III. 20. Aufl. Unveränderter Abdr. der 17. Aufl. (132 S. m. 236 Abb.) 909. Geb. 1. 50

Rothes Naturgeschichte für Bürgerschulen. II. Stufe. Mit 164 in den Text gedruckten Abbildungen. Auf Grundlage der 12. Auflage der Naturgeschichte (II. Stufe) unter Mitwirkung von Schulrat Dr. Karl Rothe nach den neuen Lehrplänen vollständig umgearbeitet von Ferdinand Frank, Bürgerschuldirektor in Wien. Wien 1910. A. Pichlers Witwe & Sohn. Geb. K 1.60.

— -- Naturgeschichte für die oberen Klassen der Volksschulen, Bürgerschulen und verwandter Lehranstalten. 3 Stufen. gr. 8. Ebendas. [1. Stufe. 1. Aufl. (104 S. mit 104 in den Text gedr. Holzschn.-Abbild.) 1875; 2. und 3. verb. Aufl. (IV, 120 S. mit 154 in den Text gedr. Holzschn.-Abbild.) 1876,78; 4. verb. und 5. Aufl., unveränd. Abdr. (VI, 120 S. mit 160 in den Text gedr. Holzschn.-Abbild.) 879. ℳ 1.; 2. Stufe. 1. Aufl. (154 S. mit 240 in den Text gedr. Holzschn.-Abbild.) 1876; 2. verb. Aufl. (III, 256 S. mit 252 in den Text gedr. Holzschn.-Abbild.) 1878; 3. und 4. Aufl. Unveränd., durch 1 Taf. verm. Abdr. der 2. Aufl. (III, 256 S.) 878,79. ℳ 1,20.; 3. Stufe. (III, 159 S. mit 249 in den Text gedr. Holzschn.-Abbild.) 878. ℳ 1,40.] 3 60

— Naturgeschichte für die oberen Classen der Volksschulen, Bürgerschulen u. verwandter Lehranstalten. 3 Stufen. gr. 8. Ebend. 879. 80. n. 3. 60
1. 8. Aufl. (IV, 120 S. mit 160 zum Thl. eingedr. Holzschn.) n. 1. --
2. 4. u. 5. Aufl. Nach der neuen Orthogr. verb., sonst unveränd. Abdr. der 2. Aufl. (III, 156 S. mit 252 eingedr. Holzschn. u. einer Holzschntaf.) n. 1. 20
3. 2., verb. Aufl. (154 S. mit 249 eingedr. Holzschn.) n. 1. 40

—— Naturgeschichte für die oberen Klassen der Volksschulen, Bürgerschulen und verwandter Lehranstalten. 3 Stufen. gr. 8. Ebendas. [1. Stufe. 6.—13. verb. Aufl. (IV, 120 S. mit 160 in den Text gedr. Abbild.) 880—82. *ℳ 1., geb. *ℳ 1,15.; 2. Stufe. 5.—7. verb. Aufl. (III, 156 S. mit 258 in den Text gedr. Abbild.) 879—82. *ℳ 1,20., geb. *ℳ 1,35.; 3. Stufe. 2.—4. Aufl. (150 S. mit 261 in den Text gedr. Abbild.) 880—83. *ℳ 1,40., geb. *ℳ 1,55.] *
geb. *

— Naturgeschichte f. Mittelschulen, Bürgerschulen, höhere Töchterschulen u. verwandte Lehranstalten in 3 konzentr. Kreisen. 1—3. Stufe. gr. 8. Wien, Pichler's Wwe. & Sohn. n. 3. 60
1. Mit 170 Abbildgn. 15. Aufl. (142 S.) 881. n. 1. --
2. Mit 291 Abbildgn. 10. Aufl. (171 S.) 885. n. 1. 20
3. Mit 260 Abbildgn. 5. Aufl. (155 S.) 885. n. 1. 40

— dasselbe f. Mittelschulen, Bürgerschulen, höh. Töchterschulen u. verw. Lehranstalten in 3 konzentr. Kreisen. 3 Stufen. (Ausg. f. Deutschland.) gr. 8. Ebd. 896. Geb. in Leinw. à n. 1. 50
1. 30. Aufl. (IV, 140 S. m. 180 Abb.) 896.
2. 11. Aufl. (147 S. m. 208 Abb.) 897.
3. 7. Aufl. (150 S. m. 265 Abb.) 898.

— dasselbe f. Mittelschulen, Bürgerschulen, höhere Töchterschulen u. verwandte Lehranstalten in 3 konzentrischen Kreisen. 1. Stufe. 31. Aufl. (Ausg. f. Deutschland.) gr. 8. (IV, 140 S. m. 180 Abbildgn.) Ebd. 899. Geb. in Leinw. n. 1. 50

—— de vetere quem ex Odyssea Kirchhoffius eruit Νόστῳ. 4. (29 S.) (Ebendas.) 882. *

Rothe, Karl De vetere quem ex Odyssea Kirchhoffius eruit *Νόστῳ*. 29 S. Progr. Franz. G. *Berlin* 1882.

Rothe, Carl, das Opfer unsers Herrn Jesu Christi am Kreuz und das Opfer der Kirche im heiligen Sacramente des Altars. 2. Aufl. Frankfurt a. M. 854. Heyder u. Zimmer. 8. (88 S.) n. 10 *ngr.*
Die 1. Aufl. ist nicht in den Buchhandel gekommen.

Rothe, Car. (geb. Ueberschau bei Liegnitz 12. 10. 1852): Quaestiones grammaticae ad usum Plauti potissimum et Terentii spectantes. Berolini 1876. (52 S.) 8°
Berlin, Phil. Diss. v. 24. [Diplom: 23.] Mai 1876

Rothe, Carl, quaestiones grammaticae ad usum Plauti potissimum et Terentii spectantes. gr. 8. (48 S.) Berlin 876. Calvary & Co. n. 1. 20

Rothe, Karl Quaestiones grammaticae ad usum Plauti potissimum et Terentii spectantes. 36 S. **Progr.** Franz. G. *Berlin* 1881.

Rothe, Carol., **Quaestiones grammaticae ad usum Plauti potissimum et Terentii spectantes. (II.) 4. (36 S.) Berlin 881, (Calvary und Comp.)** *

— das Sakrament der heiligen Taufe. Was ist die Taufe? Wem gebührt die Taufe? Wie soll sie verwaltet werden? Berlin 856. W. Schultze. gr. 8. (64 S.) n. 7½ *ngr.*

Rothe, Karl, **Schmetterlings-Etiketten.** 12 Blätter m. Einleitg. gr. 8. (2 S.) Wien 887. Pichler's Wwe. & Sohn. n. — 80

— **Schmetterlings-Etiketten.** 12. (4 S. u. 26 Bl.) Ebd. 898. n. — 80

—— das Thierreich. Leitfaden für die unteren Classen der Realschulen und Gymnasien. 1. und 2. verb. Ausg. gr. 8. (VII, 236 S. mit 448 in den Text gedr. Abbild.) Ebendas. 881,82. *ℳ 1,80.; geb. *

— das Thierreich. Leitfaden f. die unteren Classen der Realschulen u. Gymnasien. Mit 448 in den Text gedr. Abbildgn. 3., unveränd. Aufl. gr. 8. (IV, III, 236 S.) Ebd. 889. geb. n. 2. 20

Rothe Dr. Karl: Über chemisch praktische Übungen. 6. Wien VII. R. (Festschrift) 01.
Progr.

Rothe, Carl, **die meteorologischen Verhältnisse zu Presburg im Mittel aus 15 Jahren verglichen mit den Beobachtungen zu Wien. Ein Beitrag zur Kenntniss der Klimatologie von Ungarn. Wien 866. Braumüller. gr. 8. (36 S. mit 1 Tab. u. 1 Steintaf. in hoch 4. u. qu. Fol.)** n. 8 *ngr.*

Rothe, Carl, vollständiges Verzeichniss der Schmetterlinge Oesterreich-Ungarns, Deutschlands u. der Schweiz. Nebst Angabe der Flugzeit, der Nährpflanzen u. der Entwicklungszeit der Raupen. Für Schmetterlingssammler zusammengestellt. gr. 8. (46 S.) Wien 886. Pichler's Wwe. & Sohn. n. — 80

— **vollständiges Verzeichnis d. Schmetterlinge Österreich-Ungarns, Deutschlands u. der Schweiz. Nebst Angabe der Flugzeit, der Nährpflanzen u. der Entwicklungszeit der Raupen. Für Schmetterlingssammler zusammengestellt. 2. Aufl., erweitert durch Aufnahme der Kleinschmetterlinge u. durch Beigabe v. alphabet. Verzeichnissen. gr. 8. (V, 139 S.) Ebd. 902. n. 2. 50**

— die Wärmeverhältnisse zu Oberschützen verglichen mit Wien u. Gratz. Beitrag zur Kenntniss der meteorolog. Verhältnisse in Ungarn. Ebend. 866. Lex.-8. (15 S. mit 1 Steintaf. in Fol.) n. 8 ngr.

Rothe, Carl, üb. den Werth u. die Anwendung der diätetischen Mosquera-Präparate. Hrsg. v. der Mosquera Julia Food Co. gr. 8. (8 S.) Leipzig 891. (Verl. d. „Reichs-Medicinal-Anzeigers" B. Konegen.) — 30

Rothe, Carl, kurz gefasstes chemisches Wörterbuch, s. a. Photographen-Bibliothek, deutsche. VII.

Rothe, C: Kurz gefaßtes chemisches Wörterbuch für Gebildete aller Stände, Photographen, Pharmaceuten, Mediciner, Lehrer, Techniker usw. Weimar 1900)

Rothe, Karl Adalbert

Rothe, Carl Adalbert: Ueber Fractur, Compression und Infraction der Wirbelsaeule. Halle (1867): Lipke. 38 S. 8°
Halle-Wittenberg, Med. Diss. v. 23. Okt. 1867
Geb. Lützen (Kr. Merseburg) 3. 1. 1843 V.

Rothe, Car. Ludov. (geb. Potsdam 26. 2. 1816): De morbis nervorum quaedam generalia. Berolini (1843). (28 S.) 8°
Berlin, Med. Diss. v. 25. März 1843

Rothe, Kaspar Peter

Rothe, C. P. Leben und Thaten des Viceadmirals Peter Tordenschild. A. d. Dän. 3 Bde. 8. Kopenhagen u. Frankfurt 1753.

Rothe, Casp. Pet. Griffenfeldts Liv og Levnet. 4. Kjöbenhavn 1745. — 8 ib. 1748. — Deutsch. 8. Copenhagen u. Frankfurt 1753.

Rothe, Klara

Rothe, Clara: Die Hohenzollern als Erzieher. Neuwied 1906: Strüder. (S. 3—8.) 4° [J.]
Neuwied, st. HM OP 1906 [187]

Rothe, L., aus der Geschichte der Stadt Zeitz. Culturhistorische Skizzen nach urkundl. Quellen bearb. br. 8. (285 S. u. 3 Steintaf. in 8. u. qu. Fol.) Zeitz 876. Strien. n. 3. 75

— **Gesetze u. Verordnungen betr. die Uebertretungen im Deutschen Reiche, im Bundesstaate Preußen u. den Reg.-Bezirken Erfurt, Magdeburg u. Merseburg. Zum prakt. Gebrauch f. Amtsvorsteher, Gemeindevorsteher, Landräthe 2c. zusammengestellt. gr. 8. (III, 541 S.) Ebend. 876.** n. 8. 50

Rothe, L., Gesetze u. Verordnungen betr. die Uebertretungen im Deutschen Reiche, im Bundesstaate Preußen u. in den Reg.-Bezirken Erfurt, Magdeburg u. Merseburg. Zum praktischen Gebrauch zusammengestellt. Ergänzungen. A. u. d. T.: Zusammenstellung der seit 1876 ergangenen Gesetze u. Verordnungen betr. die Uebertretungen in die für Schöffengerichte zuständigen Vergehen. gr. 8. (176 S.) Halle 882. Strien. n. 2. 40
(Hauptwerk u. Ergänzungen: n. 8. 40)

Rothe, L., Gesetze und Verordnungen in Bezug auf die Uebertretungen im Deutschen Reiche für Richter, Rechts- und Staatsanwälte, Polizeiverwalter und Polizeibeamte zum prakt. Gebrauche zusammengestellt. gr. 8. (III, 135 S.) Zeitz 876, Strien Verlag. * 2 —

— das Kegelspiel. Kulturhistorische, didakt. u. humoristische Studien. 8. (IV, 169 S.) Ebend. 879. n. 1. 50

— historische Nachrichten der Stadt Zeitz. 1. Bd. [Aus: „Sächs. Provinzial Zeitg."] 8. (VIII, 394 S.) Zeitz 882. (Langenberg.) n. 2. 50

Rothe, L., historische Nachrichten der Stadt Zeitz. 2. Hft. 8. (133 S.) Zeitz 884. (Langenberg.) n. 1. 20
(1. u. 2.: n. 3. 70)

— **die Uebertretungen im norddeutschen Bunde, im Königreich Preußen u. in der Provinz Sachsen. Zum prakt. Gebrauch f. Richter, Polizei-, Rechts- u. Staatsanwälte, Polizeiverwalter u. Polizeibeamte zusammengestellt. Mit e. Sachregister. gr. 8. (LII, 416 S.) Leipzig 871. Webel.** 7. —
Für den norddeutschen Bund apart. (XVI, 99 S.) 1. —
Für den norddeutschen Bund u. das Königr. Preußen apart. (XXVIII, 260 S.) 4. —

Rothe, die Uebertretungen des preußischen Strafrechts unter Berücksichtigung der für die Provinz Sachsen gültigen polizeilichen Strafbestimmungen zum praktischen Gebrauch für Einzelrichter [Polizeirichter], Polizei-, Rechts- u. Staatsanwälte, Polizeiverwalter u. Polizeibeamte. Zeitz 864. Webel. gr. 8. (V, 341 S.) 1 ₰ 7½ ngr.

Rothe, L., Zusammenstellung der außer dem 3. Thl. des Strafgesetzbuches noch gültigen Strafbestimmungen, s. a. Zusammenstellung.

Rothe: Zusammenstellung der außer dem 3. Theil des Strafgesetzbuches noch gültigen Strafbestimmungen, mit bes. Berücks. ergangener polizeilicher Verordnungen. Berlin 1852.

Rothe, L., Zusätze zur Zusammenstellung der außer dem 3. Theile des Strafgesetzbuches noch gültigen Strafbestimmungen, mit besonderer Berücksichtigung der für den Regierungsbezirk Merseburg ergangenen polizeilichen Verordnungen. Zum prakt. Gebrauch für Polizeirichter, Polizeianwälte, Polizeiverwalter, Rechtsanwälte u. Polizeibeamte. Zeitz 854. Webel. gr. 4. (2 Bl., 46 S.) 6 ngr.

Rothe, Leopold, a. Guhrau ⟨Schlesien⟩: Ueber einen Fall von Urticaria pigmentosa mit disseminierten Mastzellen ⟨Typus: Jadassohn-Róna⟩ oder Urticaria mit Pigmentbildung ⟨Róna⟩. Leipzig 1908: B. Georgi. (27 S.) 8°
Leipzig, Med. Fak., Ref. Hoffmann, Diss. v. 4. März 1908
[Geb. 14. Aug. 80 Guhrau; Wohnort: Berlin; Staatsangeh.: Preußen; Vorbildung: Gymn. Treptow a. R. Reife M. 01; Studium: Breslau 10 S.; Coll. 17. März 08; Approb. 2. März 08.]

Rothe, Ludw. Geschichte der Realschule Teschen seit 1850. 15 S. 8. **Progr.** Rsch. *Teschen* 1884.

Rothe, Ludw., Krystallnetze zur Verfertigung der beim mineralogischen Anschauungsunterricht vorkommenden wichtigsten Krystallgestalten. 2. Aufl. 1874, und 3. Aufl. Fol. (3 Stnt.) Wien 875, Pichler's Wwe. und Sohn. — 60

Rothe, Ludw., Krystallnetze zur Verfertigung der beim mineralogischen Anschauungsunterricht vorkommenden wichtigsten Krystallgestalten. 3 (lith.) Taf. (in qu. gr. Fol.). gr. 8. (4 S.) Wien 880. Pichler's Wwe. & Sohn. — 60

Rothe, Ludw., Krystallnetze zur Verfertigung der beim mineralogischen Anschauungsunterricht vorkommenden wichtigsten Kristallgestalten. 3 Taf. (in Fol.). 8. Aufl. 8. (4 S.) Wien 886. Pichler's Wwe. & Sohn. n. — 60

Rothe, L., Krystallnetze zur Verfertigung der beim mineralogischen Anschauungsunterricht vorkommenden wichtigsten Krystallgestalten. 3 Taf. in Fol. Mit erläut. Text. 9. Aufl. 8. (3 S.) Wien 889. Pichler's Wwe. & Sohn. n. — 60

Rotho, Ludw., Krystallnotze zur Verfertigg. d. boim mineralog. Anschauungsunterr. vorkomm. wichtigston Krystallgestalton. 8 Taf., onth. 52 Notzo auf Carton. 10. Aufl. qu. gr. 4. Mit erläut. Toxt. gr. 8. (4 S.) Ebd. 895. In Mappo n. 1. 25

— dassolbo. 3 Taf. 10. Aufl. qu. gr. Fol. Mit erläut. Toxt. gr. 8. (4 S.) Ebd. 895. n. — 50

Rothe, Ludvík, ředitel c. k. realních škol v Těšíně, Krystalové sítě ku zhotovení nejdůležitějších tvarů krystalových, jež ve prospěch názorného vyučování mineralogie sestrojil. 3 tabule. (Krystallneße zum Anfertigen der wichtigsten Krystallformen.) 3 Tafeln —.30
Wien: Pichler 1889.

Rothe, Ludw., deutscher Sprachschüler, d. i. systematisch geordnete, nach 7 Cursen abgestufte Aufgaben zu schriftl., grammatischen u. stylistischen Arbeiten f. Kinder von 7 bis 14 Jahren. Mit möglichster Berücksichtigung der Orthographie. 8. (7 B.) Grimma 842, Verlags-Comptoir.

Rothe, M. (Hrsg.), s. Hebe.

Rothe, Max, Adalingerstorp. Kleine Chronik u. Heimatkunde der Gemeinde Eggersdorf, Kreis Calbe. (48 S.) 8. Eggersdorf 910. (Aue, M. Menzel.) 1. —

Rothe, Max, approb. Arzt aus Zeitz: **Ein Beitrag zur Casuistik der Eisensplitterverletzungen des Auges.** *Halle a. S. 1902: C. A. Kaemmerer & Co.* (24 S.) 8°
Halle, Med. Diss. v. 14. Mai 1902

Rothe, Mor., Abschiedspredigt, geh. in d. Kirche zu Schönfeld bei Leipzig, am 20. Aug. 1837, 2c. gr. 8. (1 B.) Leipzig, Serig'sche Buchh.

—— offener Brief an Pastor Tiele zu Oberneuland, in Betreff seines Sendschreibens üb. d. von Dr. Paniel u. Dr. F. W. Krummacher im Juli 1840 zu Bremen gehalt. Predigten. 1. Aufl. (1¾ B.) u. 2. A. gr. 8. (1½ B.) Bremen, Geisler. à *

— u. Pastor Dr. **Paniel,** zum Bußtage 1842. Zwei Predigten, am Sonntag vor und an dem Bußtag selbst gehalten. Auf Verlangen gedruckt. gr. 8. Bremen 842. (Geisler.) n. 8¾ ngl

Rothe, Moritz, drei Fragen des scheidenden Kirchenjahres. Predigt, am 20. Novbr. 1842 über Luc. 18, 9—14. gehalten. gr. 8. Bremen 842. (Geisler.) n. 1/6 ß

— das Gebet des Herrn, in 30 ganz neuen Bearbeitungen. Ein Gebet- u. Andachtsbuch f. Christen. Mit 1 Kpf. gr. 8. Leipz. 823. Magaz. f. Ind. 8 gl

Rothe, Mor., Gustav u. Thomas. Eine Robinsonade. Mit 6 ill. Kpf. 8. Leipz. 825. Magaz. f. Ind. 1 ß

Rothe, Maurit., Pauli ad Philemonem epistolae interpretatio historico-exegetica. 8maj. (4 B.) Bremae 844, Schünemann. *

– (Hrsg.), s. Magazin, Bremisches, für evangelische Wahrheit gegenüber dem modernen Pietismus.

—— Predigten. gr. 8. (16½ B.) Bremen 839, Kaiser.

Maurerische Reise-Stimmen. Von [Mor.] **Rothe.** Nur als Ms. f. d. Brr vom Oelzweig [in Bremen], und zur Begründung eines Schwesternhauses für ihre Loge gedruckt. H. 4. Bremen 1858: Strack. 14 S. 8° [Umschlagtit.]
Sinn- u. Kernsprüche in Versen bei Aufnahmen.
[2. Aufl. u. d. Tit.:]
Maurerische Reisestimmen von M[or.] Rothe. 2. Aufl. Bremen: Strack 1860. 129 S. 8°

[Dasselbe.] 3. Aufl. Bremen: v. Halem 1896. 155 S. 8°
Recens f. 2. Aufl.: L. 21 (1862) S. 157—159; Bh. 4 (1861) S. 134.
f. 3. Aufl.: FZ. 48 (1895) S. 360; ML. 24 (1895 bis 1896) S. 70 (O. Henckel); Bh. 38 (1895) S. 360 (Ch. Gotthold).
Tt. 2373.

— Schulgebete f. mittlere Klassen. Zum Besten der Waldenser im Piemontesischen. 8. Leipz., Magaz. f. Ind. 6 gl

Rothe, Mor., Taschenbuch f. d. Jugend, s. Taschenbuch.

Rothe, Osc., das Vorschreiben. Anleitung zur Herstellg. der Schilder in den Apotheken. gr. 8. (16 S. m. Fig. u. 1 Steintaf.) Remscheid 883. Schmidt. n. 1. —

Rothe, [illegible]

Rothe, [illegible]

Rothe, P., die Einfriedigung der Gärten durch lebende Hecken, s.: Sammlung gemeinnütziger Vorträge u. Abhandlungen auf dem Gebiete des Gartenbaues.

Rothe P, Vorlagenwerk fur das Schuhmacher-Fachzeichnen. (19 T mit Text) fol . Dobeln (1909)

Rothe, *Christoph Ludwig* Paul [aus Beesenstedt]: Die Conditionalsätze in Gottfried's von Strassburg 'Tristan und Isolde' ... Halle a. S., Druck v. E. Karras, 1895; IX, 96 S., 1 Bl. 8.
Halle, Phil. Fak., Inaug.-Diss. v. [28. Mai] 1895

Rothe, Paul, d. Conditionalsätze in Gottfried's v. Strassburg ‚Tristian u. Isolde'. Diss. gr. 8. (IX, 96 S.) Halle 895. (M. Niemeyer.) n. 1. 60

ROTHE, Paul (Zwötzen): Ueber die Sternzellen der Leber.- München: Wolf 1882. 22 S.,1 Bl.,Taf. 16.2.1882 - Urk (Titel: De hepatis cellulis stellatis.); Chr 1881/82,8
Diss. Ingolst. - Landsh. - Mchn.

Rothe, R: Bestimmung des Schwefelsiedepunkts. Berlin 1903 (Mitteil. a. d. Physik.-Techn. Reichsanst.)

Rothe, R: Über ein Flüssigkeitsthermometer für sehr tiefe Temperaturen. Berlin 1902

Rothe, R: Über die Herstellung und den Gebrauch der Pentanthermometer. Berlin 1904 (Mitteil. a. d. Physik.-Techn. Reichsanst.)

Rothe, R., über Kosmetik od. Schönheitspflege. 8. (7 S.) Berlin 899. (Berolina-Versand-Buchh.) n. — 20

Rothe, R.: Über die Prüfung von Thermoelementen f. d. Messung hoher Temperaturen, s. Lindeck, Stephan.

Rothe, R.: Ein Thermostat mit elektrischer Heizvorrichtung für Temperaturen bis 500°. Berlin 1899

Rothe, R.: Ueber einen Thermostaten für tiefe Temperaturen und seine Anwendung bei der Vergleichung von Thermoelementen. Berlin 1902 (Mitteil. a. d. Physik.-Techn. Reichsanst.)

Rothe, Richard, die Anfänge d. christl. Kirche u. ihrer Verfassung. Ein geschichtl. Versuch. I. Bd. Buch I—III nebst e. Beil. üb. d. Echtheit d. Ignatianischen Briefe. gr. 8. (50½ B.) Wittenberg 837, Zimmermann'sche Buchh.

Rothe, R., ein geschichtlicher Blick auf die Lehre von der Person Christi, s. Aufgaben des Christenthums.

Rothe, Rich., der erste Brief Johannis praktisch erklärt. Aus Rich. Rothe's Nachlaß hrsg. von K. Mühlhäusser. 8. (VIII, 220 S.) Wittenberg 878. Bremen, Heinsius. n. 3. —

Rothe, Rich., der erste Brief Johannis praktisch erklärt. Aus Rich. Rothe's Nachlaß hrsg. von K. Mühlhäusser. 8. (VIII, 220 S.) Wittenberg 878, Koelling. *ℳ 3.; geb. * 4 —

Rothe's, Rich., Briefe an e. jungen Freund, m. erklär. Anmerkgn. zu seinem 100. Geburtstag hrsg. gr. 8. (IV, 38 S.) Heidelberg 899. O. Petters. n. 1.—

Rothe, Rich., Christus ist nicht gekommen Frieden zu senden, sondern das Schwert. Predigt, gehalten am 23. Sonnt. n. Trinit. 1845. 8. Heidelberg 845, C. F. Winter. n. ⅙ ℛ

Rothe, Rich., zur Dogmatik, s. a. Reuter's theolog. Klassikerbibliothek.

Rothe, Rich., zur Dogmatik. (Von Neuem durchgesehener u. durchgängig verm. Abdr. aus den Theologischen Studien u. Kritiken.) Gotha 863. F. A. Perthes. gr. 8. (VII, 359 S.) n. 1 ℛ 18 ngr.

— zur Dogmatik. (Von Neuem durchgeseh. u. durchgängig verm. Abdr. aus den Theolog. Studien u. Kritiken.) 2. Aufl. Gotha 869. F. A. Perthes. gr. 8. (VII, 349 S.) n. 1 ℛ 14 ngr.

Rothe, Rich., Dogmatik. Aus dessen handschriftl. Nachlasse hrsg. von D. Schenkel. 2 Thle. gr. 8. Heidelberg, J. C. B. Mohr. * 12 —

Inhalt:

Thl. 1. Das Bewußtseln der Sünde. (X, 315 S.) 870. *ℳ 4.
» 2. Das Bewußtsein der Gnade. 1. Abthl.: Die Erlösungslehre bis zur Lehre von der Kirche. (VIII, 356 S.) 870. *ℳ 4. — 2. Abthl.: Die Lehre von der Kirche bis zum Schlusse. (XVI, 352 S.) 871. *ℳ 4.

Rothe, R., Dogmatik. Aus dessen handschriftl. Nachlasse hrsg. v. D. Schenkel. 2. Thl. Das Bewußtsein der Gnade. 2. Abth. Die Lehre v. der Kirche bis zum Schlusse. gr. 8. (XVI, 352 S.) Heidelberg 870. J. C. B. Mohr. n. 4. — (cplt.: n. 12. —)

– Durch welche Mittel können die der Kirche entfremdeten Glieder ihr wiedergewonnen werden, s. Bilder aus der evangelisch-protestantischen Landeskirche des Großherzogtums Baden. 5.

— Entwürfe zu den Abendandachten üb. die Pastoralbriefe u. andere Pastoraltexte. Geh. im Prediger-Seminar zu Wittenberg. Aus dem handschriftl. Nachlaß hrsg. v. Carl Palmié. [In 2 Bdn.] 1. Bd. Die Briefe Pauli an den Timotheus u. Titus, nebst e. Anh.: Luthers Gedächtnißtage. gr. 8. (XVIII, 390 S.) Wittenberg 876. Kölling. n. 5. —; geb. n. 6. —

— Entwürfe zu den Abendandachten über die Pastoralbriefe u. andere Pastoraltexte. Geh. im Prediger-Seminar zu Wittenberg. Aus dem handschriftlichen Nachlaß hrsg. von Carl Palmié. [In 2 Bdn.] 2. Bd. Der 1. Brief Johannis, die Geschichte des Herrn, die Bergpredigt, Festtexte u. andere Pastoraltexte. gr. 8. (XVIII, 418 S.) Ebend. 877. n. 5. —; geb. n. 6. — (I u. II.: n. 10. —; geb. n. 12. —)

Rothe's, Rich., Entwürfe zu den Abendandachten über die Pastoralbriefe und andere Pastoraltexte. Gehalten im Prediger-Seminar zu Wittenberg. Aus Rich. Rothe's handschriftl. Nachlaß hrsg. von Karl Palmié. 2 Bde. gr. 8. Bremen 886, Heinsius Nachf. à Bd. *ℳ 5.—. *

Inhalt:

Bd. 1. Die Briefe Pauli an den Timotheus und Titus, nebst einem Anhang: Luthers Gedächtnistage. 2. verb. Aufl. (XVIII, 387 S.)
» 2. Der 1. Brief Johannis, die Geschichte des Herrn, die Bergpredigt, Festtexte und andere Pastoraltexte. 2. verb. Aufl. (XX, 416 S.)

— theologische Encyclopädie. Aus seinem Nachlasse hrsg. von Herm. Ruppelius. gr. 8. (VIII, 158 S.) Ebend. 880. n. 2. 70; geb. n. 3. 60

— Eröffnungsrede gehalten bei der Gründung des Heidelberger Protestantenvereins am 5. Novbr. 1863. Heidelberg 863. (C. Mohr.) 8. (14 S.) n. 3 ngr.

Rothe, Richard, theologische Ethik. 2 Bde. gr. 8. Wittenberg 845, Zimmermann. n. 5⅓ ℛ

Rothe, Rich., theologische Ethik. 3. Bd. 2 Abthlgn. gr. 8. (VIII und 1125 S.) Wittenberg 848, Zimmermann'sche Buchh. *
1. und 2. Bd. Ebendas. 1845. * 5 Thlr. 10 Ngr.

— theologische Ethik. 2., völlig neu ausgearb. Aufl. 2 Bde. Wittenberg 867. Zimmermann. gr. 8. (XXV, 552 S., IV, 494 S.) Jeder Bd. n. 2 ℛ 20 ngr.

—— theologische Ethik. 2., völlig neu ausgearb. Aufl. [Neue (Titel-)Ausg.] 5 Bde. gr. 8. Wittenberg, Koelling. [1. Bd. (XXV, 552 S.) 869. *ℳ 8., 2. Bd. (IV, 494 S.) 869. *ℳ 8.; 3. Bd. (XV, 528 S.) 870. *ℳ 8.; 4. Bd. (LII, 399 S.) 870. *ℳ 6.; 5. Bd. (VI, 519 S. mit 1 Portr. in Stahlst.) 871. *ℳ 7,50.] * 37 50

—— dass. — 2. Aufl. Register. Aufgestellt von K. L. Schmidt. gr. 8. (S. 520—543.) Ebendas. 872. — 30

Rothe, R., theologische Ethik. 2., völlig neu ausgearb. Aufl. [Neue (Titel-)Ausg.] 4 Bde. Wittenberg 870. Koelling. gr. 8. [1. Bd. (XXV, 552 S.) n. 2 ℛ 20 ngr., 2. Bd. (IV, 494 S.) n. 2 ℛ 20 ngr., 3. Bd. (XV, 528 S.) n. 2 ℛ 20 ngr., 4. Bd. (LII, 399 S.) n. 2 ℛ] n. 10 ℛ

—— Geschichte der Predigt, von den Anfängen bis auf Schleiermacher. Aus Rothe's handschriftlichen Nachlaß hrsg. mit Anmerkungen und Anhang von Aug. Trümpelmann. gr. 8. (VIII, 507 S.) Bremen 881, Heinsius. * 9 — geb. * 11 —

—— der Glaube an den lebendigen Christus. 2 Predigten zu Heidelberg gehalt. 12. (2½ B.) Heidelberg 846, C. F. Winter.

— der Glaube an den lebendigen Christus. Zwei Predigten, am 25. Sonntage nach Trinitatis u. am 1. Sonntage des Advents 1845 bei dem akademischen Gottesdienste zu Heidelberg gehalten. 2. Aufl. Leipzig 863. C. F. Winter. gr. 8. (53 S.) n. 7½ ngr.

— der Gustav-Adolf-Verein ein Lichtpunkt im kirchl. Leben der Gegenwart. Predigt gehalten bei der Jahresversammlung des bad. Landesvereins der evangel. Gustav-Adolf-Stiftung zu Freiburg am 12. Septbr. 1866. Heidelberg 867. C. Mohr. gr. 8. (15 S.) n. 2 ngr.

– Der Kampf zwischen Glauben und Unglauben an Jesum in den Herzen der Kinder unserer Zeit, s.a. Bilder aus der evangelisch-protestantischen Landeskirche des Großherzogtums Baden. 5.

Rothe, Rich., der Kampf zwischen Glauben und Unglauben an Jesum in den Herzen der Kinder unsrer Zeit. Predigt am 5. S. n. Trinit. 1857 bei dem akadem. Gottesdienste zu Heidelberg gehalten. Heidelberg 857. (K. Groos.) gr. 8. (16 S.) nn. 3 ngr.

— über Kirchenverfassung. Rede, gehalten in der badischen Generalsynode. Mit einleitendem Vorwort u. Zusätzen der hochwürdigen Vorsynode u. der Geistlichkeit des Königreichs Hannover zur Beherzigung übergeben. Hannover 863. Schmorl & v. Seefeld. gr. 8. (XV, 43 S.) n. 10 ngr.

– Über kirchliche Lehrfreiheit, s. Bilder aus der evangelisch-protestantischen Landeskirche des Großherzogtums Baden. 5.

—— de disciplinae arcani, quae dicitur, in ecclesia christiana origine. Comment. 4maj. ($3\frac{1}{2}$ B.) Heidelbergae 841, J. C. B. Mohr.

— Predigt über 1. Cor. 2, 1—3, gehalten bei dem akademischen Gottesdienste zu Bonn am S. Oculi 1854. Bonn 854. Marcus. gr. 8. (16 S.) nn. 3 ngr.

—— Predigt gehalten am ersten Osterfesttage 1865 in der Providenzkirche zu Heidelberg. gr. 8. (15 S.) Heidelberg 865, C. Mohr.

— Predigten. Gehalten zu Bonn in den Jahren 1851—1854. Nach stenograph. Aufzeichnungen hersg. von Joh. Bleek. (3. Bd. der „Nachgelassenen Predigten.") Ebend. 869. gr. 8. (VIII, 383 S.) n. 2 ℛ︁

—— Predigten. Eine Nachlese zu den bisher gedr., nach handschriftl. Aufzeichnungen. gr. 8. (XVI, 234 S.) Hamburg 872, Grüning. ℳ 4.; geb. * 5 —

—— nachgelassene Predigten. Hrsg. von D. Schenkel. 1. Bd. (VII, 466 S.) Elberfeld 868, Friderichs. * 6 —

—— dass. — Mit einem Lebensbilde des Verewigten. 2. Bd.: Predigten, gehalten zu Wittenberg und Heidelberg in den J. 1829—1842. Nebst einem Anh., enth. die sämmtl. früher schon gedr. und von dem Verf. selbst hrsg. Predigten. gr. 8. (VII, 366 S.) Ebendas. 869. * 6 —

Sacram memoriam ... Friderici Guilelmi III ... natali eius d. III m. Aug. ... ab litt. universitate Fridericia Guilelmia Rhenana ... celebrandam indicit Dr. Ricardus Rothe, ord. theol. ev. h. a. decanus. — Inest commentatio de primordiis cultus sacri christianorum. Bonnae, litt. Georgianis 1851. 31 S. 4.

Rothe, Richard. Rede zum Gedenkfeste des höchstseligen Großherzogs Karl Friedrich von Baden und zur akademischen Preisvertheilung am 22. November 1848. Ueber die Aufgaben der deutschen Universitäten aus dem Standpunkte der Gegenwart. Heidelberg, J. Groos 1848. 31 S. 8.

—— Rede zur 300jährigen Todesfeier Phil. Melanchthons gehalten am 19. April 1860 in der Aula der Universität Heidelberg. gr. 4. (19 S.) Heidelberg 860, J. C. B. Mohr. *

—— Rede zur 300jährigen Todtenfeier Philipp Melanchthon's gehalten am 19. April 1860 in der Aula der Universität Heidelberg. 2. Aufl. gr. 8. (30 S.) Heidelberg 863, J. C. B. Mohr.

— u. J. Holtzmann, zwei Reden gehalten am Grabe von Frdr. Wilh. Karl Umbreit, s. Holtzmann, J.

— ausgew. Schriften, s. a. Bibliothek d. Gesamtlitteratur.

Ausgewählte Schriften von Dr. Richard Rothe. Neu hrsg. u. mit e. Vorbemerk. vers. von Th[eodor] Schneider, Oberl. Mit d. Bilde Rothes. Halle a. d. S.: O. Hendel (1900). (141 S.) 8° [ℌ] = Bibliothek d. Gesamtlitteratur d. In- u. Auslandes. No 1381. 1382. [un. 9879]

— stille Stunden. Aphorismen aus des Verf. handschriftl. Nachlaß. gr. 8. (XI. 378 S.) Wittenberg 872. Kölling. n. 3. 60; geb. m. Goldschn. n. 5. —

Rothe, R., stille Stunden. Aphorismen aus R.'s handschriftl. Nachlaß. 2., durch e. „Neue Folge" verm. Aufl. 8. (XV, 372 u. Neue Folge V, 120 S.) Bremen 888. Heinsius. n. 5. —; geb. m. Goldschn. n. 6. —; Neue Folge ap. n. 2. —

Rothe, Rich., Uebersicht der theologischen Ethik. Aus dessen Handschrift hrsg. von Rud. Ahrendts. gr. 8. (XVI, 302 S. m. Bildnis.) Bremen 895. M. Heinsius Nachf. n. 6. —; geb. in Halbfrz. n. 7. 50

—— neuer Versuch e. Auslegung d. Paulinischen Stelle Römer V, 12—21. gr. 8. ($12\frac{1}{2}$ B.) Wittenberg 836, Zimmermann'sche Bh.

—— Vorlesungen über Kirchengeschichte und Geschichte des christlich-kirchlichen Lebens. Hrsg. von H. Weingarten. 2 Thle. gr. 8. Heidelberg 875, J. C. B. Mohr. * 13 -

Inhalt:
Thl. 1. Die katholische oder kirchliche Zeit. (XI, 491 S.) *ℳ 6.
 » 2. Die katholische und protestantische Zeit. (XX, 555 S.) *ℳ 7.

—— dass. — Neue Ausg. 2 Thle. in 1 Bd. gr. 8. (IX, 491; XX, 555 S.) [Heidelberg 878.] Freiburg i. Br., J. C. B. Mohr. * 8 -

— gesammelte Vorträge und Abhandlungen aus seinen letzten Lebensjahren. Eingeleitet von Friedr. Nippold. gr. 8. (XVI, 208 S.) [Elberfeld 886, Friderichs.] Berlin, Wiegandt und Schotte.

—— warum fühlt die deutsch-evangel. Kirche grade in uns. Tagen das Bedürfniß von Predigerseminarien? Denkschrift d. Eröffn. d. großh. badischen evangel.-protestant. Predigerseminariums zu Heidelberg. gr. 8. (5 B.) Heidelberg 838, J. C. B. Mohr.

Studienreise nach Ostfriesland im Juli [illegible] u. ihre Bedeutung f. d. Kreis Beeskow-Storkow. (Anlage z. Verwaltungs-Bericht f. d. Jahr [illegible].) (Verf.: [Robert] Rothe, Landrat.) (Beeskow [illegible]: Wenger.) 20 S. 4° [illegible]

Rothe, Rudolf [aus Berlin]: Untersuchungen über die Theorie der isothermen Flächen ... Berlin, Mayer & Müller, 1897; 1 Bl., 42 S., 1 Bl. 4.
Berlin, Phil. Fak., Inaug.-Diss. v. 4. Aug. 1897

Rothe, Rud., Untersuchgn. üb. d. Theorie d. isothermen Flächen. Diss. gr. 4. (42 S.) Berlin 897. Mayer & Müller. n. 2. —

Rothe, Rud., die Vorbereitung des Knaben für Sexta bezw. Quinta. E. Anweisg., wie Schüler, welche e. Vorschule nicht besuchen, f. d. letzte (bezw. vorletzte) Klasse e. höh. Schulanstalt gut vorbereitet werden können. 8. (III, 33 S.) Bunzlau 897. E. Muschket. n. — 75

Rothe, Sigismund Theophil (Ödenburg) A. S. 1030/16

Dissertatio inauguralis medica de diaeta convalescentium.
Altdorf (Hessel) 28. IX. 1750. 24 S.

W. v.: Honorius Wilhelm Kastenholtz. 29349

Rothe, Theod. [illegible] 1831: De angina diphtherica. Berolini (1857) (32 S.) 8°
Berlin, Med. Diss. v. 24 März 1857

Rothe, Tyge, Ueber Preussens König Friedrich den II. Mit Rücksicht auf die monarchische Regierung und den Dänischen Stat. Aus dem Dänischen übersetzt, mit einigen Anmerkungen, von Valentin August Heinze, der Weltweisheit Doctor und Professor zu Kiel. Kopenhagen und Leipzig. 1787. 8.

— üb. Preußens König Friedrich II.; aus d. Dän. mit Anmerkk. v. V. A. Heinze. 8. Kopenh. 787. (Brummer). 10 ß

Rothe, T., Gedanken in Anleitung der Rede des Preuss. Staats- und Cabinetsministers von Hertzberg, geh. den 26. Jan. 1786 am Geburtstage seines Königs. Copenhagen 1787. 8.

— Gedanken in Anleitung d. Rede des Preuß. Staats v. Herzberg. 8. Kopenh. 786. Proft. 5 ß Schrbp. 6 ß

— de Gladiis veterum imprimis Danorum schediasma. 8. Kopenh. 752. (Brummer). 2 ß

— philosoph. Ideen z. Kenntniß unserer Art u. z. Freude über dieselbe. 2 Thle. 8. Kopenh. 790, 91. (Brummer). 2 ℛ

Rothe, Tyge, ob die Ehrendenkmäler, die man Voltaire offentl. u. ohne Bedingung errichtet, mit d. Ehre unsrer Zeit u. ihrer Philosophen bestehen können. 8. Kopenh. 779. (Brummer). 4 ß

— Nordens Staatsverfassung vor der Lehnzeit; aus d. Dän. v. Chr. H. Reichel. 2 Thle. 8. Kopenh. 784. (Brummer). 2 ℛ Schrbp. 2 ℛ 8 ß

Rothe, Tyge. Die Wirkung des Christenthums auf den Zustand der Völker in Europa. Kopenh. 1775—83. Ü: *Abrahamson, Werner Hans Hnr.* (Kordes, Schlesw.-holst. u. eutin. Schriftst. Schleswig 1797.)

— Wirkung des Christenthums; aus d. Dän. übers. v. W. H. F. Abrahamson. 4 Thle. 8. Kopenh. 775—83. (Bonnier; u. Brummer). 3 ℛ 12 ß

Rothe, V. C., Oratio, die XIX m. April. habita et lat. reddita ab Alb. Roder. 4maj. (½ B.) Norimbergae 838, (libr. Korn.) Thlr.

Rothe, W., ist Sittlichkeit ohne Religion möglich?, s.: Lehr u. Wehr für's deutsche Volk.

Rothe, W., die Unsterblichkeit der Seele, s. Zeitfragen des christl. Volkslebens.

Rothe, W., Tabellen zur Ermittelung der Entfernungen auf den vorhandenen Kunststraßen und Fahrwegen für sämmtliche Ortschaften u. die wichtigsten Wohnplätze im Fürstenth. Lippe, nebst e. alphabet. Verzeichniß u. e. Wegekarte. Nach amtl. Unterlagen bearb. Hrsg. im J. 1888 durch die fürstl. Lippische Regierung. 4. (56 S.) Detmold 888. (Hinrichs.) cart. n.n. 2.—

Rothe, W. A. T., Lieder a. d. Wochenschrift d. Freund, mit Melod. 4. Berl. Lange. 757.

Rothe, Walther, Kgl. Preuß. Stabsapotheker beim Garnisonlazarett Königsberg i. P. u. gepr. Nahrungsmittelchemiker: **Untersuchungen über das Verhalten einiger Mikroorganismen des Bodens zu Ammoniumsulfat und Natriumnitrat.** *(Königsberg i. Pr. 1904:) Gutenberg-Druckerei.* (45 S.) 8°
Königsberg, Phil. Diss. v. 30. Juni 1904

In wie fern es für Schleswig vortheilhaft sein würde dem deutschen Zollverein beizutreten. Von Wiggo **Rothe.** Kopenhagen. 1850. 8°.

Rothe, Wiggo, in wie fern es für Schleswig vortheilhaft sein würde dem deutschen Zollvereine beizutreten. gr. 8. (77 S.) Kopenhagen 851. (Reitzel.) n. n. ¼ ℛ

Rothe, Guil., ad psychologiam libror. V. T. canonicor. symbolar. series; Dissertat. theolog. 8maj. (8 B.) Hafniae 829, (Reitzel.)

Rothe, W., das Röckner-Rothe'sche Verfahren zur Reinigung städtischer u. gewerblicher Abwässer, m. Bericht über verschiedene ausgeführte Anlagen. gr. 8. (30 S. m. 8 Lichtdr.-Taf.) Bernburg 887. (Leipzig, Fock.) n. 1. 50

Röthe, [Emil]: Aus den Bestimmungen über die Neuordnung des höheren Mädchenschulwesens. Myslowitz 1910: Rölle. S. 1—29. 4°
Myslowitz, st. HM P 1010 [204] [S 10. 360

Roethe, Gust., humanistische u. nationale Bildung, e. histor. Betrachtg. Vortrag, geh. in der Vereinigg. der Freunde des humanist. Gymnasiums in Berlin u. der Prov. Brandenburg am 6. XII. 1905. (35 S.) 8. Berlin 906. Weidmann. n. — 60

Roethe, Gustav: Deutsches Heldentum. **Berlin 1906**: G. Schade. (28 S.) 4°
Berlin, Rede am Geburtstage d. Kaisers 1906

Roethe, Gust., die deutschen Kaiser u. die deutsche Litteratur. Rede, zur Feier d. Geburtstages Sr. Maj. d. Kaisers u. Königs am 27. Jan. 1893 im Namen der Georg-Augusts-Universität geh. gr. 8. (22 S.) Göttingen 893. Dieterich's Verl. n.n. — 40

Der Kaiserlichen und Königlichen Franz Josephs-Universität in Czernowitz zur Feier ihres fünfundzwanzigjährigen Bestehens Prorector und Senat der Georg Augusts-Universität. (Verf. von G[ustav] Roethe.) (Datiert: Göttingen im November 1900.) *(Göttingen 1900: W. F. Kästner.)* (2 Bl.) 2°
(Nicht für den Austausch)

Roethe, Gust., Nibelungias u. Waltharius. (S. 649—691.) Lex. 8. Berlin 909. G. Reimer. 2. —
Sonderabdruck aus: „Sitzungsber. d. preuss. Akad. d. Wiss."

— s.: Palaestra.

Roethe, Gust., Brentano's 'Ponce de Leon', s. a. Abhandlungen der königl. Gesellschaft der Wissensch. zu Göttingen. Philol.-hist. Klasse. N. F. V. 1.

Brentanos 'Ponce de Leon', eine Säcularstudie. Von Gustav **Roethe.** *Berlin: Weidmann 1901.* (100 S.) 4°
— **Abhandlungen** d. Königl. Gesellschaft d. Wiss. zu Göttingen. Phil.-hist. Kl. N. F. Bd 5, 1. [01. 8749

Roethe, Gustav: Vom literarischen Publikum in Deutschland *Göttingen 1902: Dieterich.* (S. 1—21.) 8°
Göttingen, Festrede zur akadem. Preisverteilung 1902

— vom literarischen Publikum in Deutschland. Festrede, im Namen der Georg-August-Universität zur akadem. Preisverteilg. am 4. VI. 1902 geh. gr. 8. (27 S.) Göttingen 902. Vandenhoeck & Ruprecht. n. — 40

Roethe, G., Tannhäusers Rätselspruch. 1886. 8°. (1 Mk., mit 1 Beibd., Otto Harrassowitz, Lpz., 1910.)

Rede zur Feier des hundertjährigen Geburtstages Kaiser Wilhelms I. am 22. März 1897 im Namen der Georg-Augusts-Universität geh. v. Gustav **Roethe.** Göttingen, Druck d. Dieterich'schen Univ.-Buchdr., *1897*; 20 S. 8.

Roethe, Gust., Rede zur Feier d. 100jährigen Geburtstages Kaiser Wilhelms I. am 22. III. 1897 im Namen der Georg-Augusts-Universität geh. Lex.-8. (20 S.) Göttingen 897. Vandenhoeck & Ruprecht. n. — 30

— die Reimvorreden des Sachsenspiegels. s. a. Abhandlungen der königl. Gesellschaft der Wissensch. zu Göttingen. Phil.-hist. Klasse. N. F. II. 8.

Die Reimvorreden des Sachsenspiegels. Von Gustav **Roethe.** Berlin: Weidmann 1899. (110 S.) 4°
= Abhandlungen d. Kgl. Gesellschaft d. Wissenschaften zu Göttingen. Phil.-hist. Klasse. N. F. Bd II. No 8.

Roethe, G., s.: Reinmar's v. Zweter Gedichte.

— s.: Zeitschrift für deutsches Altertum u. deutsche Litteratur.

— s: Zum ältesten Strafrecht der Kulturvölker.

Röthe, Karl „Chemische Analyse des im Ries vorkommenden Lehms (Löss)". pg. 1—4. 4°. C. H. Beck.
Nördlingen, Progr. 1863/64

Röthe, Karl „Die Brunnenwasser Nördlingens". pg. 1-12. 4°. C. H. Beck'sche B.
Nördlingen, Progr. 1861/62

Röthe, Karl „Ueber knollige Concretionen, welche im Dolomit des weissen Jura (Epsilon) am Nipf bei Bopfingen vorkommen". pg. 1—4. 4°. C. H. Beck'sche B.
Nördlingen, Progr. 1864/65

Röthe, Richard. s. Rothe

Röthel, der Wasser-Doctor, s. Rötel.

Rötheli, Emil [diplomierter Chemiker aus Olten]: Zur Theorie des Färbeprozesses. Zürich 1898. 93 S. 8°.
Zürich. Phil. Diss. II. S. 1897/98.

Rothelin, s. Eugen.

Rothelin, Eugen v., v. d. Verfasserin d. Adele v. Senange a. d. Franz. v. Müller. 2 Thle. 8. Hamb. Vollmer.

Rothelin, Eugène de, par l'auteur d'Adèle de Senange. Leipz. 1808. V: *Souza, Adele Marquis von.* (schl)

— Eugène de., par l'Auteur d'Adèle de Senange. II Vol. 8. Leipz. G. Fleischer. 808.

Röthelin, Eduard. Ein Beitrag zur Statistik des Vereinslebens der Stadt Luzern. (Vom Beginn des 19. Jahrhunderts bis zum heutigen Tage.) Notiz der schweizerischen statistischen Gesellschaft mitgeteilt bei ihrer Versammlung in Luzern. Separatabdruck aus der 1. Liefg. der «Zeitschrift für schweizerische Statistik», Jahrg. 39. 1903. 9 S. 4. [Bern, Stämpfli & Cie.]

Schweizerberg & Thal. Mundartl. Gedichte von Ig. **Röthelin,** Pfarrer. Bdch. [1.] 2. *Stans: C. v. Matt (2: Luzern: J. Schill) 1882-91.* 2 Bde 8° [J.] [91.66]

Rötheln, die, oder die Röthelkrankheit, ein deutl. Unterricht f. Nichtärzte, solche zu erkennen, zu heilen u. v. den Masern u. Scharlachfieber sicher zu unterscheiden, v. e. prakt. Arzte. 8. Lpz. Joachim.

Rothen, s.: Bericht üb. physikalische Industrie.

Rothen, physikalische Industrie, s. Bericht über Gruppe 32 der schweizerischen Landesausstellung Zürich 1883.

Rothen, Johns., Ein unter dem Kreuze nach alphabet. Ordnung gewundener Liederkranz von den eigentl., uneigentl. u. bildl. Namen u. Benennungen Jehovah's, des dreieinigen Bundesgottes, sowohl aus als nach der Schrift. 8. (45 B.) Basel 845, (Bahnmaier's Buchh.) *

Rothen, Joh., evangel. Magazin, s. Magazin.

Rothen, Joh., kleine Pilger-Harfe e. Wanderers nach Zion. Enthält. 100 ganz neue christl. Gedichte u. Lieder üb. allerlei Gegenstände. gr. 16. (13 B.) Basel 833, Schneider.

Rothenacker, A., zur Einführung e. Vermögenssteuer in Baden. (39 S.) 8. Karlsruhe 906. G. Braun'sche Hofbuchdr. n. — 25

Rothenacker, A., Die Gärtnerei in Karlsruhe. Schriften des Vereins f. Socialpolitik, Bd. 69. gr. 8°. Leipzig 1897.

Rothenaicher, L., Handbuch f. freiwillige Sanitätskolonnen, s.: Halder, Karl.

Rothenaicher, L., Leitfaden f. erste Hilfeleistung, Verband- u. Transportlehre. 3. Aufl. (IV, 73 S. m. Abb.) kl. 8. Heidelberg 910. J. Hörning. — 80

Rothenaicher, L. Leitf. f. Mitgl. freiw. Sanitätskolonnen. München 1900.

— Mensch — Natur — Gott. I. Tl.: Der menschl. Körper. Organe, Funktionen, Krankheiten, Schutzvorrichtgn., Gesundheitspflege, erste Hilfeleistg. II. Tl.: Die Einheit der Natur. Gott. (VIII, 218 S. m. Abbildgn.) gr. 8. München 909. Verl. der ärztl. Rundschau. 4.—

Rothenaicher's Sehprüfungsscheiben, s.: Landolt's, E., Sehproben.

Rothenaicher, Lorenz: *Ueber Lymphangiom....* Würzburg, Druck v. B. Heller, München, Wintersem. 1890/91: 39 | 1 S. 8°
Würzburg, Med. Fak., Inaug.-Diss. v. 1890

Rothenbach, A., d. Gas-Küche, s.: Bodemer, J. M.

Rothenbach, Fritz [aus Berlin]: Über die Doppelsalze der Vanadin- und Wolframsäure.... Berlin, Druck v. M. Oldenbourg, 1891; 1 Bl., 105 S. 8°
Leipzig, Phil. Fak., Inaug.-Diss. v. [8. Aug.] 1891

– Essig. Essigsäure, Verbindungen der Essigsäure. Holzgeist. Braunschweig 1906–07.

Die Untersuchungsmethoden und Organismen des Gärungsessigs und seiner Rohstoffe. Von Dr. Fritz **Rothenbach.** Mit 118 Textabb. Berlin: P. Parey 1906. (XII, 237 S.) 8° [07. 13733]

Rothenbach, Fritz, die Untersuchungsmethoden u. Organismen des Gärungsessigs u. seiner Rohstoffe. (XII, 237 S. m. 126 Abbildgn.) gr. 8. Berlin 907. P. Parey. Geb. in Leinw. n. 12. —

Rothenbach, Jacob Emil. Heinrich Grunholzer (1819–1873). Gedächtnissrede, gehalten an der Grunholzerfeier im bernischen Lehrerseminar zu Münchenbuchsee den 26. October 1873 von Jakob E' R'.... Als Manuscript gedruckt.... 8. Bern 1873.

Rothenbach, J. E., e. nationale Kunst f. das Schweizervolk. Ernst u. Scherz in heiteren Plaudereien. [Aus: „Kurzeitg. f. den Jura".] 8. (32 S. m. 1 Abbildg.) Liestal 893. Gebr. Lüdin. — 60

Rothenbach, J. E., siehe: *Panorama* oder *die Kunst für das Volk.*

Rothenbach, J. Emil, Sänge u. Klänge. Gedichte. 12. (XVI, 320 S.) Bern 881. R. F. Haller Goldschach. n. 3. 40

Rothenbach, J. E. „Sänge und Klänge." Gedichtsammlung dem Schweizervolk und seinen Erziehern gewidmet. 2. Aufl. In-8⁰. 320 S. Zürich, Buchhandlung des Schweizer. Grütlivereins. 2 — 1892. Leinwd. 3 —

Rothenbach, J. E., Volksthümliches aus dem Kanton Bern. Localsagen u. Satzgn d. Aberglaubens. Gesammelt v. Heinr. Grunholzer durch seine Seminarzöglinge. [Aus: „Neue Alpenpost".] gr. 8. (62 S.) Zürich 876. Schmidt. n. 1. 20

Roethenbacher, M., ich hört' e. Sichlein rauschen. Verse. (74 S.) 8. Leipzig 906. Modernes Verlagsbureau. 2. —

Rothenberg, Prinz Heinrichs Reisen um die Welt. Unter Berücksicht. der neuen Rechtschreibg. f. die Jugend bearb. Mit 6 schwarzen ganzseit. Bildern sowie 6 farb. Bildern v. Eug. Hanetzog. (246 S.) 8. Berlin (909). Verlag Jugendhort. Kart. 3.—; geb. in Leinw. gr. 8. 4. 50

Rothenberg, Albert. Die häusliche und öffentliche Erziehung bei den Römern. 4 (S. 3—16). **Progr.** G. u. Rg. *Prenzlau* 1887 (83)

Rothenberg, Aug., Rechenbuch f. Elementarschüler, enth. 900 Aufgaben z. Tafelrechnen üb. d. vier Grundrechnungsarten in gleichbenannten Zahlen. Nebst 1 Hft. Auflösn. 8. (3 B.) Sondershausen 837, Eupel.

Rothenberg, Fritz [app. Arzt]: Zur Diphtheriebehandlung mit Papayotin ... Gross-Wartenberg, Druck v. M. Heinze, 1894; 21 S., 1 Bl. 8.
Leipzig, Med. Fak., Inaug.-Diss. v. 6. Apr. 1894

Nicht für den Austausch

Rothenberg, J. An Bord d. Sklavenhändlers. Eine Seegeschichte f. die reifere Jugend. gr. 8. (III, 190 S. m. 5 Abbildgn.) Berl. 890, [Norddeutsches Verlags-Institut] Pohlmann. geb. 4 50

Rothenberg Ignaz: Andreas Baumkircher.
1907 PN 2277 **Diss.** Wien, Univ. 965

Rothenberg, Ignaz: Zur Reorganisation des Wiener Zunftwesens um das Jahr 1600. S. 3–24. 8.
K. k. Staats-Realgymn. im XXI. Gemeindebezirke *Wien* (früher Staatsgymn. *Floridsdorf*) 1909.
Progr.

Rothenberg, Ismar

Rothenberg, I. De suffixarum mutatione in lingua francogallica. Diss. Göttingen 1880. 88 S. Progr.

Rothenberg, Ismar, de suffixarum mutatione in lingua francogallica. A. u. d. T.: Die Vertauschung der Suffixe in der französischen Sprache. Inaugural-Dissertation. 8. (91 S.) Berlin 880, (Mayer und Müller.) * 2 —

Rothenberg, Max [app. Arzt aus Dassel]: Maligne Ovarialtumoren ... Heidelberg, Buchdr. v. C. Pfeffer, 1893; 64 S. 8.
Heidelberg, Med. Fak., Inaug.-Diss. v. [2. Aug.] 1893

Rothenberg, Moriz [prakt. Arzt]: Missbildungen des weiblichen Genitalschlauches. 7 Fälle aus der Königsberger Universitäts-Frauenklinik .... Königsberg in Pr., Druck v. R. Leupold, 1887; 42 S. + 2 Bl. u. 3 Taf. 8°.
Königsberg, Med. Fak., Inaug.-Diss. v. 18. Mai 1887.

Rothenberg, Moriz, Missbildungen des weiblichen Genitalschlauches. 7 Fälle aus der Königsberger Universitäts-Frauenklinik. Diss. Königsberg i. Pr. 1887, Graefe & Unzer. 8°. 42 S. mit 3 Taf.

Rothenberg, Moritz, Missbildungen des weiblichen Genitalschlauches. Sieben Fälle aus der Königsberger Universitäts-Frauenklinik. Inaugural-Dissertation. gr. 8. (42 S. mit 3 Taf.) Königsberg i. Pr. 887, (Koch's Antiqu.) **

Rothenberg, Siegfr., geschichtliche Darstellung der Entwicklung der Theorie der singulären Lösungen totaler Differentialgleichungen v. der 1. Ordnung m. 2 variablen Grössen, s. a. Abhandlungen zur Geschichte der mathematischen Wissenschaften. 20. Heft.

Rothenberg, Siegfried: Geschichtliche Darstellung der Entwicklung der Theorie der singulären Lösungen totaler Differentialgleichungen von der ersten Ordnung mit zwei variablen Grössen. 1908. VIII, 86 S. 8⁰
¶ Auch in: Abhandlungen zur Geschichte d. math. Wissenschaften. II. 20.
München, Dr.-Ing.-Diss. v. 15. 3. 1907

Rothenberg (Siegfr.), Geschichtliche Darstellung der Entwicklung der Theorie der singulären Lösungen totaler Differentialgleichungen von der ersten Ordnung mit zwei variablen Grössen. Leipzig 1908. 86 S.
München, Ing.-Diss.

Rothenberger, Arnold, aus St. Gallen: Untersuchungen über die Änderung der Wärmeleitfähigkeit des Marmors mit der Temperatur, ausgeführt nach der Angström'schen Methode. [Mit zehn Figuren im Text] Zürich 1909. IV + 68 S. 8°. [30. VIII. 09.]
Zürich. Phil. Diss. II. S. 1908/09

Rothenberger, Arnold. Untersuchungen über die Änderung der Wärmeleitfähigkeit des Marmors mit der Temperatur, ausgeführt nach der Angström'schen Methode. Diss. Phil. [II.] Univ. Zürich. [Mit Figuren.] IV + 68 S. 8. Zürich, F. Lohbauer, 1909.

Rothenberger, Christian [Dr. phil. von Basel]: Geschichte und Kritik des Schwurgerichts-Verfahrens in der Schweiz nach eidg. und kantonalem Staats- und Gerichtsverfassungsrechte und den Straf- (u. Zivil-) Prozessordnungen der Kantone und des Bundes für die bürgerliche und militärische Rechtspflege. s. l. 1903. 358 S. 8°.
Bern. Jur. Diss. 1902/1903.

Rothenberger, Christian. Geschichte und Kritik des Schwurgerichts-Verfahrens in der Schweiz nach eidg. und kantonalem Staats- und Gerichtsverfassungsrechte und den Straf- ⟨u. Zivil-⟩ Prozessordnungen der Kantone und des Bundes für die bürgerliche und militärische Rechtspflege. Diss. Jur. Bern. II + 358 S. 8. [Basel, Franz Wittmer,] 1903.

Rothenberger, Chr[istian]. Geschichte und Kritik des Schwurgerichts-Verfahrens in der Schweiz nach — — den — — Prozessordnungen der Kantone und des Bundes für die — — Rechtspflege. Ein Beitrag zur Vereinheitlichung des Schweizerischen Strafprozessrechtes von Dr. jur. et phil. Chr. R'-Klein. II + 358 S. 8. ([Basel, Buchdr. Franz Wittmer,] *Aufdruck: Benno Schwabe, Verlagsbuchh., Basel,) 1903. [fr. 5. —]
[Titel-Ausg. einer Diss. Jur. Bern.]

Rothenberger, Christian [aus Basel]: Pestalozzi Als Philosoph. Bern 1898. 86 S. 8°.
Bern. Phil. Diss. 1897/98.

Rothenberger, Chrn., Postalozzi als Philosoph, s. a. Studion, Bornor, z. Philosophie u. ihrer Geschichte.

Pestalozzi als Philosoph. Von Dr. Christian Rothenberger in Basel. Bern: Steiger & C. 1898. (80 S.) 1 Bd 8.
— Studien, Berner, z. Philosophie u. ihrer Geschichte. Bd XI. 1898. 1905

Rothenberger, Heinr., Karte von Lothringen. Im Auftrage des kaiserl. Bezirks-Präsidenten von Lothringen nach amtl. Quellen bearb. 1 : 200,000. (3. Aufl.) Chromolithogr. Imp.-Fol. Metz 877, Deutsche Buchh. • 2 —

Rothenberger, H. Ortsentfernungskarte des Bezirks Lothringen. 1 : 150 000. Metz 1884. 1 Bl. c. L.

Ortsentfernungskarte des Bezirks Lothringen. Im Auftr. d. Kais. Bezirks-Präsid. von Lothr. hrsg. von Heinrich Rothenberger, Reg.Sekr. 3. Aufl. Masst. 1:150,000. Metz:Selbstverl. 1896: Lith. Richter & Gerber. (1 Kartenbl. 87x66 cm.) 4° [kol.]

Rothenberger, Heinr., Verkehrs- und Wegekarte von Lothringen. 1 : 200,000. Im Auftrage des kaiserl. Bez.-Präsidiums von Lothringen nach amtl. Quellen bearb. Fol. Metz 875, Deutsche Buchh. • 2 —

—— Verkehrs- und Wegekarte von Lothringen. 1 : 200,000. Im Auftrage des kaiserl. Bezirks-Präsidiums von Lothringen nach amtl. Quellen bearb. 2. Aufl. Lithogr. und color. Imp.-Fol. Ebendas. 876. • 2 —
Auf Leinw. in Etui •• 3 75

Rothenberger, H., Verkehrs- und Wegekarte von Lothringen. 1 : 200,000. Im Auftrage des kaiserl. Bezirks-Präsidiums von Lothringen nach amtl. Quellen bearb. 4. Aufl. Chromolithogr. Imp.-Fol. Metz 883, Deutsche Buchhandlung. • 2 —

Rothenberger, H., Verkehrs- und Wegekarte von Lothringen. 1 : 200,000. Im Auftrage des kaiserl. Bezirks-Präsidiums von Lothringen nach amtl. Quellen bearb. 5. Aufl. Lithogr. und color. Imp.-Fol. [Metz 888.] Leipzig, Lang. • 2 —

Rothenberger, Heinr. Verkehrs- u. Wegekarte von Lothringen (ohne Terrain). Im Auftrage d. kaiserl. Bezirks-Präsidiums von Lothringen nach amtl. Quellen bearb. 1 : 200,000. 6. Aufl. Farbendr. 60×69 cm. Ebd. 891. • 2 —
Auf Leinw. in Etui •• 3 75

Rätsel und Erzählungen musikalischen Inhalts für die reifere Jugend v. Julie Rothenberger. Köln-Leipzig: H. v. Ende [1896]. (2 Bl., 123 S.) 1 Bd. 8°

Rothenberger-Klein, Chr., s. Rothenberger, Christian

Rothenbücher, Prim lektur in Universal. (80 S.) kl. 8. Leipzig 909. O. Wigand. 1. —

Rothenbücher, Adolf

Rothenbücher, Ad., Einführung in Meisterdramen von Aeschylus bis Hebbel f. Schule u. Haus. gr. 8. (VIII, 213 S.) Berlin 903. M. Schnetter. Geb. in Leinw. n. 2. 50

Rothenbücher, Adf., Geschichte der Philosophie. Leitfaden f. Gebildete u. Studierende. (VIII, 240 S.) 8. Berlin 904. Herm. Walter. n. 2. 50; geb. n. 3. —

Güte Schönheit Weisheit von Adolf Rothenbücher. Berlin: Schnetter & Lindemeyer 1907. VI, 93 S. 8°
Recens: Bbl. 21 (1907) S. 402 (G. Diercks); Brh. 4 (1907) S. 163 (W. Kunis).
Stellt, anknüpfend an Kant u. Plato, in 127 §§ den wesentlichen Gedanken jeder Religion dar, um zu zeigen, dass Grundlehren u. Zwecke der Frömmigkeit u. der Moral durch die Entdeckungen der Naturwissenschaft nicht beeinträchtigt werden.

Rothenbücher, Adf., Handbuch der Moral. 8. (III, 225 S.) Cottbus 883, Differt's Buchh. * 1 80

Rothenbücher, Adf., Hauptregeln der französischen Syntax, nebst Uebungsbeispielen. 8. (V, 70 S.) Cottbus 885, Differt's Buchh. *

Rothenbücher, Adolf: Das Ideal einer höheren Mädchenschule. — Cottbus: Jaeger 1884. 28 S. 8°

—— das Ideal einer höheren Mädchenschule. 2. verb. Aufl. 8. (27 S.) Ebendas. 885. *

Rothenbücher, analytischer Leitfaden des Französischen. 1. Schuljahr. gr. 8. (IV, 30 S.) Kottbus 888. Differt. n. — 50

Rothenbücher, Adf., kurzer Leitfaden d. Pädagogik. 8. (III, 51 S.) Dessau 896. P. Baumann. Kart. n. — 80

Rothenbücher, [Adolf]: Die höhere Mädchenschule. Ein Kampf gegen d. formale Bildung. — Cottbus: Kühn 1888. 121 S. 8°

Rothenbücher, Adf. Die höhere Mädchenschule u. das Mädchengymnasium. Ein Kampf gegen die formale Bildung. 2. verm. Aufl. 8. (123 S.) Cottbus 889, Differt. · 1 50

— u. Deeken, englischer Militär-Dolmetscher. Im Auftrage der Direktion der kgl. Ver. Artillerie- u. Ingenieurschule verf. gr. 8. (VI, 264 S.) Berlin 900. Trowitzsch & Sohn. n. 3. 50; geb. in Leinw. n.n. 3. 80

— der Philosoph f. die Welt. 8. (VI, 130 S.) Ebend. 885. n. 1.

—— Phrases et récits français. 3. Aufl. 16. (VI, 114 S.) Ebendas. 884. cart. * — 90

Rothenbücher, Adf., die Realschule e. allgemein menschliche Bildungsstätte. 8. (III, 87 S.) Berlin 872. Nicolai's Verl. n. 1. —

— Religion od. Atheismus? Gesammelte Aufsätze. (112 S.) gr. 8. Berlin 906. Schnetter & Dr. Lindemeyer. n. 1. 20

—— französische Schulgrammatik. 2 Tle. gr. 8. Ebendas. 886. *ℳ 3.30.; geb. in 1 Bd. *

Inhalt:

Tl. 1. Hauptregeln der französischen Formenlehre mit zusammenhängendem französischen Text und deutschen Uebungsstücken. (204 S.) *ℳ 2.—.; geb. *ℳ 2.20.

„ 2. Hauptregeln der Syntax. (V, 139 S.) *ℳ 1.30.; geb. *ℳ 1.50.

— französische Schulgrammatik. 1. Tl. Hauptregeln der französ. Formenlehre m. zusammenhäng. französ. Text. 2., verb. Aufl. gr. 8. (205 S.) Ebd. 890. n. 2. 25; geb. n. 2. 50

— französische Schulgrammatik. 2. Tl. Hauptregeln d. Syntax. 3. Aufl. gr. 8. (V, 132 S.) Cottbus 894. H. Differt. n. 1. 30; geb. n. 1. 50

— Sohar, Talmud u. d. Antisemiten. gr. 8. (91 S.) Berlin 895. Neufeld & Henius. n. 1. —

Rothenbücher, Adf., das System der Pythagoreer nach den Angaben des Aristoteles. Berlin 867. Heimann. gr. 8. (V, 87 S.) n. 15 ngr.

Vademecum. Tägl. Anregungen zum Guten, Wahren u. Schönen von Prof. Dr. Adolf Rothenbücher. *Berlin: M. Schnetter 1901.* (256 S.) 8° [01. 10896

— **Vademecum. Tägliche Anreggn. zum Guten, Wahren u. Schönen. 2. Aufl. (IV, 256 S.) 8. Ebd. 905. Kart. n. 3. —**

Rothenbücher, Karl: Geschichte des Werkvertrags nach deutschem Rechte. Teil I. Breslau: M. & H. Marcus 1906. (45 S.) 8° ¶(Erschien vollst. als: Untersuchungen z. Deutschen Staats- u. Rechtsgeschichte H. 87. 1906.)

München, Jur. Fak., Ref. Gareis, Diss. v. 23. Juni 1906

[Geb. 1. Aug. 80 Augsburg; Wohnort: München; Staatsangeb.: Bayern; Vorbildung: Wilhelms-Gymn. München Reife Juli 98; Studium: München 7, Berlin 1 S.; Rig. 23. Juni 06.]

Rothenbücher, Karl, Geschichte des Werkvertrags nach deutschem Rechte, s. a. Untersuchungen zur deutschen Staats- u. Rechtsgeschichte.

Geschichte des Werkvertrags nach deutschem Rechte von Dr. Karl **Rothenbücher**. Breslau: M. & H. Marcus 1906. (VII, 133 S.) 8° = **Untersuchungen** z. Deutschen Staats- u. Rechtsgeschichte. H. 87. [06. 14544

Rothenbücher, Karl, der Kurmainzer Landsturm in den Jahren 1799 u. 1800. Ein Beitrag zur Geschichte der französischen Revolutionskriege u. des Unterganges des alten deutschen Reiches. gr. 8. (III, 108 S.) Augsburg 878. Lampart & Co. n. 2. —

Rothenbücher, Karl, Dr. jur., Privatd. an d. Univ. München: Die Trennung von Staat und Kirche. München: C. H. Beck 1908. (XV, 478 S.) 8°

München, Jur. Fak., Hab.-Schr. v. 1908

(Nicht für den Austausch, lag nicht vor.)

Rothenbühler, Hans: Ein Beitrag zur Kenntnis der Myriapodenfauna der Schweiz. Genève 1899. 72 S. und 3 Taf. 8°.

Bern. Phil. Diss. 1898/99.

Rothenburg [Sachl. OW]

Rothenburg, gem. 1826. grav. 1829. Vom K. St. B. 1 : 2,500. 1 Bl.

Rothenburg, Adelheid von, ein Lebensbild, s. Göler, Ernst Aug. Frhr. von.

Rothenburg, Carolina von,. Trsp. 8. Bremen, Müller. 777.

v. Rothenburg, Karoline; Trspl. (v. Jh. Geo. Just. Förster). 8. Bremen 777. Müller. 9 gr.

Rothenburg, Mangolf v., s. Mangolf.

Rothenburg o. T., s. a. Woerl's Reisehandbücher.

Rothenburg ob der Tauber. Die schönsten Bauwerke, Denkmäler, Ansichten u. s. w. (46 Bromsilberphotogr. m. Titelblatt.) 19,5×24,5 cm. Berlin-Steglitz 906. Neue photogr. Gesellschaft. In Mappe 23.—; einz. Blatt — 50

Rothenburg an der Tauber in alter und neuer Zeit. Ansbach 1873. 2 Aufl. 1881. V: *Merz, A.* (Pr) (Cat. d. Stadtbibl. Zürich. Zürich 1864—97.)

Rothenburg a/T. in alter u. neuer Zeit. Mit Illustr. (Holzschntaf.) u. 2 (lith.) Plänen (in 4.) gr. 16. (171 S.) Ansbach 873. Brügel & Sohn. 2. 70; geb. 3. 30

Rothenburg [Schlagwort]

Rothenburg O.-L., Kreis, s. a. Kreiskarten.

Rothenburg i. O.-L. **Entfernungskarte, amtliche, des Kreises Rothenburg i. O.-L., ausschliesslich der Enklave im Kreise Sagan. Auf Grund amtl. Unterlagen angefertigt im Katasteramte zu Rothenburg, rev. im Katasterbureau der königl. Regierg. zu Liegnitz. Hrsg. 1903. 1 : 75,000. 66×70 cm. Farbdr. Glogau. Berlin, C. Flemming. n. 2. —**

Rothenburg o. d. T., s. a. Deutschland. Kürschner-Peip.

Rothenburg o. d. T., s. a. Deutschland. Uebersichtskarte.

Rothenburg — Grundriss der Stadt — an der Tauber mit Bezeichnung aller Wohngebäude und ihrer Hausnummern. Nach Schritten aufgenommen und gezeichnet vom Schullehrer und Geometer J. C. E. Bauer zu Rothenburg an der Tauber. 1800? 1 : 1500. 1 Bl.

Rothenburg [Verfasser]

Rothenburg, A., Die häusliche und öffentliche Erziehung bei den Römern. Pr. 1887. 16 S. 4°. 1.20

Rothenburg, Adelheid v., geb. v. Zastrow, der Bienenkönig. Die verschwundene Kriegskasse. Ein Sommertag. Drei neue Novellen. 8. (339 S.) [Frankfurt a. M. 884, Schriftenniederlage des Evangel. Vereins.] Calw und Stuttgart, Vereinsbuchhandlung. *ℳ 3.; geb. * 3 60

Rothenburg, Adelheid v., geb. v. Zastrow, aus d. Blumenthalwald. Eine Erzählung für Jung und Alt. gr. 8. (246 S.) Elberfeld 890. Buchhandlung des Erziehungs-Vereins. n. 2. —; geb. n. 2. 50

Rothenburg, Adelheid v., geb. v. Zastrow, echte u. falsche Edelsteine, s.: Hausbibliothek. 1.

— Erlöst. Roman. 8. (744 S.) Gotha 888. F. A. Perthes. n. 8. —; geb. n. 9. —

— Erlöst. Roman. 2. Aufl. 8. (III, 744 S.) Gotha 899. F. A. Perthes. n. 7. —; geb. in Leinw. 9. —

— Erzählungen. 8. (410 S.) Gotha 889, F. A. Perthes. * 6 —; geb. * 7 —

— drei Erzählungen. 8. Herborn 886, Buchh. des Nassauischen Colportagevereins. *M 1.60.; geb. in 1 Bd. *
Inhalt:
1. Die Hochzeitsreise. (90 S.) * 50 Pf.
2. Das Käthen von Riedbach. (117 S.) * 70 Pf.
3. Eine Geschichte aus der Hinkelsgasse. (68 S.) * 40 Pf.

— Erzählungen f. das christliche Volk. gr. 16. (255 S.) Eisleben 885. Christl. Verein im nördl. Deutschland. Geb. 1. 5

— zwei Erzählungen f. das Volk. 12. Herborn 887. Buchhandlg. d. Nassauischen Colportagevereins. In 1 Bd. geb. n. 1. 20; geb. n. n. 2. —
1. Es wird wieder gut! (150 S.) n. — 80; in Pappbd. n. 1. —; eleg. geb. n. 1. 50
2. Die Techow's v. Groß-Beeren. (69 S.) n. — 40; in Pappbd. n. — 60

— es wird wieder gut! Die Techows aus Groß-Beeren. Zwei Erzählgn. f. das Volk. 2. (Titel-)Aufl. 12. (217 S.) Herborn 892. Buchh. d. Nass. Colportage-Vereins. n. — 60; geb. n. — 90; eleg. geb. n. 1. —

Rothenburg, Adelh. v., geb. v. Zastrow, es wird wieder gut! — Die Techows v. Groß-Beeren. 2 Erzählgn. f. das Volk. 2. Aufl. (192 S.) 12. Herborn 903. Buchh. des nass. Colportagevereins. n.n. — 70; geb. in Bibliotheksbd. n. 1. —; in Leinw. n. 1. 20

— Ferenand getrü. Eine Erzählg. aus dem Volke u. f. das Volk als letzte Gabe. gr. 8. (216 S. m. Bildnis in Stahlst.) Elberfeld 891. Buchhandlg. d. Erziehungs-Vereins. n. 2. 25; geb. in Leinw. n. 3. —

Rothenburg, Adelh. v., geb. v. Zastrow, verworrenes Garn. Roman. gr. 8. (642 S.) Gotha 882. F. A. Perthes. n. 7. —; geb. n. 8. —

— verworrenes Garn. Roman. 2. Aufl. 8. (642 S.) Gotha 886, F. A. Perthes. *M 7.—.; geb. * 8 —

Rothenburg, Adelheid v., geb. v. Zastrow, verworrenes Garn. Roman. 3. Aufl. 8. (644 S.) Gotha 897. F. A. Perthes. n. 5. 50; geb. n. 7. —

— jenseits der Grenze. 2 Tle. gr. 8. (493 u. 587 S.) Ebend. 886. n. 12. —; geb. n. 14. —

— d. Hochzeitsreise. D. Käthchen v. Riedbach. E. Geschichte aus d. Hinkelsgasse. 3 Erzählgn. 2. Aufl. gr. 8. (202 S.) Herborn 895. Buchh. d. Nass. Colportagevereins. n. 1. —; in Bibliotheksbd. n. 1. 40; eleg. geb. n. 1. 60

— von dem Hohensteine am Rheine. Roman aus dem 16. Jahrh. 8. (528 S.) Gotha 892. F. A. Perthes. n. 7. —; geb. n. 8. —

Rothenburg, A. v., Kathrine aus Angersbach. Eine Erzählung für's Volk. Gekrönte Preisschrift der Thüringer Conferenz für innere Mission. Hrsg. vom christl. Verein im nördl. Deutschland. gr. 16. (374 S.) Eisleben 879, Christl. Verein. geb. 1 20

— Kathrine aus Angerbach. Eine Erzählg. fürs Volk. Hrsg. v. christl. Verein im nördl. Deutschland. 2. Aufl. 12. (374 S.) Eisleben 887. Christl. Verein im nördl. Deutschland. Geb. 1. 20

— Hildegard's Liebe. Ein Stückchen Leben. Elfride. Drei Novellen. 8. (351 S.) [Frankfurt a. M. 884, Schriftenniederlage des Evangel. Vereins.] Calw und Stuttgart, Vereinsbuchhandlung. *M 3.; geb. * 3 60

Rothenburg, A. Frhr. v., drei Monate unter Mördern u. Dieben. 8. (46 S.) Zürich 897. C. Schmidt. n. — 80

— die Nähterin von Stettin. Eine Erzählung aus der Zeit der Thränen und Wunder. 2 Bde. 8. (172; 233 S.) Gotha 882, F. A. Perthes. *M 6.; geb. * 7 —

— die Nähterin von Stettin. Eine Erzählung aus der Zeit der Thränen und Wunder. 2. Aufl. 8. (395 S.) Ebendas. 885. *M 6.—.; geb. * 7 —

— die Nähterin v. Stettin. Eine Erzählg. aus der Zeit der Thränen u. Wunder. 3. Aufl. gr. 8. (395 S.) Gotha 889. F. A. Perthes. n. 6. —; geb. n. 7. —

— d. Nähterin v. Stettin. E. Erzählg. aus d. Zeit d. Thränen u. Wunder. 4. Aufl. 8. (395 S.) Ebd. 896. n. 5. —; geb. n. 6. 50

— die Nätherin v. Stettin. Eine Erzählg. aus der Zeit der Thränen u. Wunder. 5. Aufl. (399 S.) 8. Gotha 903. F. A. Perthes. n. 5. —

— aus Nord u. Süd. Novelletten. 12. (121 S.) Großenhain 896. H. Starke. n. 1. —

Rothenburg, Adelheid v., geb. v. Zastrow, Novellen. 1. Bd. Im Umkreis v. vier Meilen. 8. (295 S.) Halle 876. Fricke. 2. 40

— Novellen vom mittelländ. Meere. 12. (107 S.) Ebd. 896. n. 1. —

— Peterchen im Moore, s.: Haus-Bibliothek, Bd. 9.

[F. u. Ant.] Deutsche Reiterstückchen. Scenen aus d. Kriege 1870/71 v. A. F[h.] v. Rothonburg. *Grossenhain i. S.: H. Starke 1896.* (34 S.) 1 Bd 8. [96. 1945

— Romane u. Erzählungen. (In 60 Lfgn.) I. Serie. 1.—7. Lfg. 8. Ebd. à — 40
1.—7. Die Nähterin v. Stettin. Eine Erzählg. aus der Zeit der Thränen u. Wunder. 5. Aufl. (399 S.) 903.

— Romane u. Erzählungen. I. Serie. 8.—58. Lfg. 8. Ebd. à — 40
Erlöst. (744 S. 903. — Aus der Tiefe. 2. Aufl. (480 S.) 903. — Was unsere Mutter auf Erden erlebt hat. 3. Ausg. (VII 357 S.) 903. — Aus dem Tagebuche e. Haushälterin. 4. Ausg (482 S.) 904. — Verworrenes Garn. Roman. 4. Ausg. (644 S.) 905.

— der Siegfried aus dem Blumenthalwald od. das weiße u. das schwarze Malineken. Eine Erzählg. f. Jung u. Alt. gr. 8. (175 S.) Elberfeld 892. Buchh. d. Erziehungs-Vereins. n. 2. —; geb. in Leinw. n.n. 2. 50

Rothenburg, Adelh. v., aus dem Tagebuche einer Haushälterin. 8. (482 S.) Gotha 880. F. A. Perthes. n. 6. —; geb. n. 7. —

— aus dem Tagebuche einer Haushälterin. 2. Aufl. 8. (482 S.) Ebendas. 885. *M 6.—.; geb. * 7 —

—— Die Techows v. Groß-Beeren. Eine Erzählg. f. das Volk. 2. Aufl. 12. (59 S.) Herborn 892, Buchh. d. Nass. Colportage-Vereins. * — 20; geb. * — 30

— aus der Tiefe. Erzählung. 8. (480 S.) Ebend. 886. n. 6. —; geb. n. 7. —

— aus d. Tiefe. Erzählg. 2. Aufl. 8. (480 S.) Ebd. 897. n. 6. —; geb. n. 7. —

— im Umkreis von vier Meilen. Novelle. 2. Aufl. 8. (296 S.) Halle 896. J. Fricke's Verl. 2. 40; geb. n. 3. —

— was unsere Mutter auf Erden erlebt hat. 3. Aufl. 8. (VII, 357 S.) Gotha 898. F. A. Perthes. n. 5. —; geb. n. 6. —

— Wassermüller u. Windmüller. Eine Erzählg. fürs Volk. 12. (256 S.) Eisleben 882. Christl. Verein im nördl. Deutschland. Geb. n. 1. 5

— ein Weihnachtsabend, s.: Schriften, kleine.

Rothenburg, Friedrich Rudolf von

v. Rothenburg. F. R. Description des grandes batailles dans les environs de Vienne. Trad. par A. Demarteau. (9½ f.) 12. av. 5 pls. Vienne 1844. 3,00

Rothenburg, Fr. R. v., Führer auf den Schlachtfeldern in der Nähe von Wien. A. u. d. Ttl.: Description des grandes batailles livrées dans les environs de Vienne. Trad. de l'al lemand par Amédée Demarteau. 12. (9½ B. u. 5 ill. Pläne.) Wien 844, [Braumüller's Hofbuchh.]

Rothenburg, F. R. v. Das Gefecht bei Miloslaw am 30. April 1848. Mit einem Plane des Schlachtfeldes. Berlin 1850. 2. Aufl. 32 S. 8.

— Die Gefechte bei Alminde, Viuf, Dons am 7. Mai 1849. Mit einem Plane des Schlachtfeldes. Berlin 1851. 15 S. 8.

— Die Gefechte bei Veile und Aarhuus am 8. und 31. Mai 1849. Mit zwei Schlachtplänen. Berlin 1851. 16 S. 8.

— Die Schlacht bei Fridericia am 6. Juli 1849. Mit einem Plane des Schlachtfeldes. Berlin 1850. 49 S. 8.

—— die Schlacht bei Hohenfriedberg am 4. Juni 1745. Nach allen preuss. u. österr. Quellen u. z. Säcularfeier am 4. Juni 1845 hrsg. (1 Plan in Fol. u. 2 Bl. Text in gr. 4.) Leipzig 845, (Hartmann.)

— Die Schlacht bei Kolding am 23. April 1849. Mit einem Plane des Schlachtfeldes. Berlin 1849. 39 S. 8.

—— die Schlacht bei Leipzig im Jahre 1813. Nach den besten u. neuesten beiderseitigen Quellen bearb. qu. Roy.-4. (3¼ B. u. 6 Pläne.) Leipzig 842, Rein'sche Buchh. *

—— die Schlacht bei Rivoli. Am 14. Jänner 1797. (1 Plan in Fol. u. 2 Bl. Text in gr. 4.) Leipzig 845, (Hartmann.)

Die Schlacht bei Schleswig, am 23sten April 1848. Nach den besten und ausführlichsten Quellen: dienstlichen Berichten, Mittheilungen von Augenzeugen etc., bearb. und hrgg. v. F. R. von Rothenburg. Mit 1 Plane des Schlachtfeldes. Berlin. 1850. 8°.

Der zugehörige Plan:

[Karte zur Schlacht bei Schleswig.] Entw. und gez. v. C. Vogel. 1 : 25000. o. O. 1852. Lithogr. 1 Bl. Fol. ca. 44 56,2 cm (beschn.) Aufg. z. a. Leinen.

Rothenburg, F. R. v. Die Schlacht bei Schleswig am 23. April 1848. Nach den besten und ausführlichsten Quellen, dienstlichen Berichten, Mittheilungen von Augenzeugen 2c. bearbeitet. Mit einem Plane des Schlachtfeldes. 4. Aufl. Berlin, Selbstverlag des Vf. 1850. 32 S. 8.

—— die Schlacht bei Wagram am 5. u. 6. Juli 1809. Fol. (4 in Kpfr. gest. u. ill. Pläne u. 3 Bl. Text in gr. 4.) Leipzig 845, (Hartmann.) *

Rothenburg, F. R. v. Die Schlachten von 1848 und 1849. (Lfg 1—9.) Berlin 1850—51. 8°. — (1.) Die Schlacht bei Schleswig am 23. April 1848. 4. Aufl. 1850. — (2.) Das Treffen bei Nübbel und Düppel am 5. Juni 1848. 4. Aufl. 1851. — (3.) Das Gefecht bei Miloslaw am 30. April 1848. 2. Aufl. 1850. — (4.) Die Schlacht bei Kolding am 23. April 1849. 4. Aufl. 1851. — (5.) Das Treffen bei Gudsoe am 7. Mai 1849. 1850. — (6.) Die Schlacht bei Friedericia am 6. Juli 1849. 1850. — (7.) Das Treffen bei Düppel am 13. April 1849. 1850. — (8.) Die Gefechte bei Alminde, Viuf, Dons, am 7. Mai 1849. 1851. — (9.) Die Gefechte von Veile und Aarhuus am 8. und 31. Mai 1849. 1861.

Rothenburg, Fr. R. v., die Schlachten von 1848 und 1849. Nach den besten und ausführlichsten Quellen: dienstl. Berichten, Mittheilungen von Augenzeugen 2c., bearb. und hrsg. 1—9. Lfg. qu. Fol. Berlin 850—51, v. Rothenburg.

Inhalt:

Lfg. 1. Das Treffen bei Schleswig, am 23. April 1848. (20 S. und 1 lithogr. Plan.) 9 Ngr.
" 2. Gefecht bei Nübbel, Stenderup und Düppel, am 5. Juni 1848. (16 S. und 1 lithogr. Plan.) 9 Ngr.
Lfg. 3. Gefecht bei Miloslaw, am 30. April 1848. (16 S. und 1 lithogr. Plan.) 9 Ngr.
" 4. Die Schlacht bei Kolding, am 23. April 1849. (39 S. und 1 lithogr. Plan in qu. Fol.) 9 Ngr.
" 5. Das Treffen bei Gudsoe und Taulow-Kirche, am 7. Mai 1849. (16 S. und 1 lithogr. Plan in qu. Fol.) 9 Ngr.
" 6. Die Schlacht bei Friedericia, am 6. Juli 1849. (49 S. und 1 lithogr. Plan in qu. Fol.) 15 Ngr.
" 7. Das Treffen bei Düppel, am 13. April 1849. (17 S. mit 1 lithogr. Plane in Fol.) 9 Ngr.
" 8. Die Gefechte bei Alminde, Viuf, Dons am 7. Mai 1849. (15 S. und 1 in Kpfr. gest. Plan in 4.) 9 Ngr.
" 9. Die Gefechte bei Veile und Aarhuus, am 8. und 9. Mai 1849. (16 S. und 2 in Kpfr. gest. Pläne in 4.) 9 Ngr.

v. Rothenburg, F. R. Die Schlachten des dreissigjährigen Krieges. 2 Bd. fol. m. 8 Pl. Berlin 1843. — ib. 1853. 4.00.

v. Rothenburg, Fr. Die Schlachten bei u. in der Nähe von Leipzig. 10 Krtn. m. Text. qu. fol. Leipzig 1842.

Rothenburg. Die Schlachten der Preussen und ihrer Verbündeten 1741—1815. — Berlin 1847.

Rothenburg, Fr. Rud. von, Premier-Lieutenant a. D. Die Schlachten der Preussen und ihrer Verbündeten von 1741 bis 1815. Nach allen vorhandenen Quellen bearbeitet. 2. verb. u. verm. Auflage. qu. Fol. Berlin 1847.

Rothenburg, Fr. R. v., die Schlachten der Preußen und ihrer Verbündeten von 1741 bis 1849. Nach allen vorhandenen Quellen bearb. u. herausg. Berlin 854. Kortmann. (Leipzig, Rein.) gr. 4. (110 Bl., 122 S., 70 Pläne u. Titel in Kpfrst. in 4. u. Fol.) n. 6 Thlr.; einzelne Pläne mit Text à n. 5 Ngr.
Separatabdruck aus des Verf. „Schlachten-Atlas."

(— —) Schlachten-Atlas. (2. Bde.) (Donation Liechtenstein.) 4. Wien 1840.

(Rothenburg, R. v.) Schlachten-Atlas. 4. Leipzig 1842.

Rothenburg, F. R. v. Schlachten-Atlas. (Mit Text.) Berlin 1848. 4° u. 2°.

Rothenburg, Fr. R. v., Schlachten-Atlas. 5. verm. Ausg. Berlin 853. Kortmann. (Leipzig, Rein.) gr. 4. (183 Bl., 122 S., 135 Pläne u. Titel in Kpfrst. in 4. u. Fol.) n. 16 Thlr.

Schlachten Atlas 1848. 49. Nach den besten und ausführlichsten Quellen (dienstlichen Berichten etc.) bearb. u. hrgg. v. F. R. von Rothenburg. Berlin. [1850—51.] Fol.

Rothenburg. F. R. v. Das Treffen bei Düppel am 13. April 1849. Mit einem Plane des Schlachtfeldes. Berlin 1850. 17 S. 8.

— Das Treffen bei Gudjon und Taulow-Kirche am 7. Mai 1849. Mit einem Plane des Schlachtfeldes. Berlin 1850. 17 S. 8.

— Das Treffen bei Nübbel und Düppel am 5. Juni 1848. Mit einem Plane des Schlachtfeldes. 3. Aufl. Berlin 1850. 32 S. 8.

Rothenburg, R. von. Art. Premier-Lieut. a. D. Übersichtskarte aller in Deutschland und den angrenzenden Ländern seit dem Jahre 113 v. Chr. bis 1830 vorgefallenen Schlachten, Belagerungen und Gefechte. Gezeichnet, gestochen und herausgegeben von .... (1 fol. Karte in 8° Schuber.) (Donation Liechtenstein.) Fol. Berlin **1830.**

— — (andere Ausgabe). (4 Theile in 8° Schuber.) (Donation Liechtenstein.) Fol. Berlin 1831.

Rothenburg, R. von, Uebersichts-Karte aller in Deutschland und den angrenzenden Ländern seit dem Jahre 113 v. Chr. bis 1830 vorgefallenen Schlachten, Belagerungen und Gefechte. Darmstadt, Leske, 1831. gr. Fol. 1.—3. Bll. Kupferstich. (2½ ℛ.)

v. Rothenburg, Rud., Uebersichtskarte aller in Deutschland u. den angränz. Ländern ſeit dem J. 113 v. Chr. bis 1831 vorgefall. Schlachten, Belagerungen u. Gefechte. 4 Bl. in Oliv. Form. Berl. 831. ... 4 ℛ 8 gr (Wolbrecht in Lpz.) 3 ℛ 12 gr

Rothenburg, **Rud. v., 34 Vorlegeblätter z. Plan- u. Terrain-Zeichnen. 1. Hft. — A. u. d. T.: Vorlegeblätter z. Terrain-Zeichnen, 11 Bl. (Kpfrst., nebst gest. Ttl.) qu. Fol. Berlin 829, Duncker u. Humblot.**

—— ders. 2. u. 3. Hft. — A. u. d. T.: Vorlegeblätter z. Planzeichnen — (Schrift-) Muster f. d. Beschreib. d. Pläne. 23 Bl. (Kpfrst., wovon 7 ill. sind; nebst 2 gest. Ttln.) qu. Fol. Ebds. 829.

Rothenburg, F. R. v. Die Waffenthaten des 30 jährigen Krieges. T. 1—4. Berlin 1843. 8°.

(**Rothenburg,** F. R. v.) Die Waffenthaten der Oesterreicher im Jahre 1809. Mit Plänen. 8. Wien **1838.**

— — Wörterbuch aller in Deutschland und den angrenzenden Ländern seit dem Jahre 113 v. Ch. bis 1833 n. Chr. vorgefallenen Schlachten, Belagerungen und Gefechten. 3. Auflage. (I.) 113 v. Ch.—166 n. Ch.; (II.) 1025—1137 n. Ch.; (III.) 1618—1645; (IV.) 1756—1758; (V.) 1809; (VI.) 1813; (VII.) 1814 u. 1815; (VIII.) 1830—1832. (8 Bde.) 8. Wien 1835—1838.

v. **Rothenburg,** R. Wörterbuch aller in Deutschland und den angrenzenden Ländern von 113 v. Chr. bis 1833 n. Chr. vorgefallenen Schlachten, Belagerungen und Gefechte. 5 B. 8. M. Plän. Wien 1836.

Die Odd-Fellows. Ihr Ziel und ihre Arbeit. Von H. Rothenburg. Leipzig: Leibing 1894. 16 S. 8°. [Umschlagtit.]

– – s.a. Rothenburg, R.

Rothenburg, **J. N. C., die Cholera-Epidemie d. Jahres 1832 in Hamburg. Ein Vortr., geh. in d. wissenschaftl. Versamml. d. ärztl. Vereins am 17. Nov. 1835. gr. 8. (3¾ B., 4 Tab. u. 1 lith. u. col. Karte.) Hamburg 836, [Perthes-Besser u. Mauke.]**

Rothenburg, R., Friedrich Ludwig Jahn. Sein Leben u. e. Auszug aus ſeinen Schriften m. beſond. Hinweiſe auf die Neugeſtaltg. Deutſchlands u. die Volkserziehg. gr. 8. (112 S.) Minden 871. Leipzig, Siegismund & Volkening. — 90

— Neue Ausg. Leipzig 1878, 112 S., 8°.

Rothenburg, R., die Odd-Fellows. Ihr Ziel u. ihre Arbeit. gr. 8. (16 S.) Leipzig 894. Th. Leibing. n. — 25

– – s.a. Rothenburg, H.

Rothenburg, Rudolf von, s.a. Rothenburg, Friedrich Rudolf von

von Rothenburg, Rudolf *Friedrich Walram* [aus Posen]: **Über '(3)' Phenylpyrazolon ... Kiel, Druck v. Schmidt & Klaunig,** 1892; 45 S., 1 Bl. 8.
Kiel, Phil. Fak., Inaug.-Diss. v. [3. Aug.] 1892

Rothenburg, Siegfried, s. Rothenberg

Rothenburg-Mens, Arth., Verhältnis der Schauſpielkunſt zum Drama. Eine Feldmeſſerarbeit. (48 S.) 8. Leipzig 906. C. E. Poeſchel. n. 1.—

Rothenfelder, Alois, Gedanken über einige der wichtigſten Fragen der Gegenwart auf d. Gebiete v. Staat u. Kirche. gr. 8. (31 S.) Augsburg 890. Kranzfelder. n. — 30

Rothenfelder, Frz., Brentano. — Chamiſſo. — Kerner. — Schwab, ſ.: Volksbühnenwerke.

Rothenfelder, Franz: Friedrich Wilhelm Helle's katholische Messias-Dichtung: 'Jesus Messias'. o. O. [1909]. 65 S. 8°
München, Phil. Diss. v. 13. Juli 1908, Ref. Muncker, H. Paul
[Geb. 20. April 85 München; Wohnort: München; Staatsangeh.: Bayern; Vorbildung: Wilhelms-Gymn. München Reife Juli 04; Studium: München 4, Augsburg Lyz. 1, München 3 S.; Rig. 13. Juli 08.] [U 09. 3510

— Schiller, f. den Vortrag bearb., ſ.: Volksbühnenwerke.

Rothenfelder, Frz., an der Schwelle des Lebens. Erſte Klänge. (72 S.) 8. Augsburg 905. Lampart & Co. n. 1.—

— Uhland, f. den Vortrag bearb., ſ.: Volksbühnenwerke.

Rothenfelder, Ludwig: Die Wittelsbacher als Städtegründer in Bayern von Otto I. dem Großen bis auf Ludwig IV. den Bayern ⟨1180—1347⟩. Landshut 1911: Thomann. 106 S. 8°
München, Phil. Diss. v. 4. März 1910, Ref. v. Riezler, Grauert
[Geb. 7. Juli 84 Landshut; Wohnort: Landshut; Staatsangeh.: Bayern; Vorbildung: Gymn. Landshut Reife Juli 04; Studium: München Jura 1, Phil. 5 S.; Rig. 4. März 10.] [U. 11. 3841

Rothenfels, Emmi von

Eleonore. Roman. Von Emmi von Rothenfels [d.i. Emilie von Ingersleben]. Berlin 1871.

In: Roman-Zeitung, Deutsche. Bd 2.3.

— Eleonore. Roman. 5 Bde. 8. (325, 301, 307, 289 u. 275 S.) Berlin 871. Janke. 18. —

—— Schloß Ellersheim oder ein Frauenherz. Roman in 4 Bdn. gr. 16. (883 S.) Leipzig 861, Kollmann.

Rothenfels, Emmi v., (Frau v. Ingersleben), Haideblume. Roman. 3 Bde. Berlin 868. Janke. 8. (794 S.) 4 ℛ

—— Haideblume. 2. Aufl. 3 Thle. in 1 Bd. 8. (VIII, 541 S. mit 1 Stnt.) Ebendaſ. 874. * 4 —

— Haideblume. Roman. 2. Aufl. 3 Thle. in 1 Bde. gr. 8. (VIII, 541 S. m. dem Portr. d. Verf. in Holzſchn.) Ebend. 876. n. 4. —

Rothenfels, E. v., Haideblume. Roman. 3. Aufl. 3 Thle. in 1 Bde. 8. (544 S.) Berlin 885. Janke. n. 4. —

Rothenfels, Emmi von

Haideblumen. Roman. Von Emmi von Rothenfels [d.i. Emilie von Ingersleben]. Berlin 1867.
In: Roman-Zeitung, Deutsche. Bd 2.3.

Rothenfels, Emmi v., Constanze. Roman. 2 Thle. (in 1 Bde.) gr. 16. (400 S.) Leipzig 861, Kollmann. Thlr.

—— dass. — 2. Aufl. gr. 16. (812 S.) Ebendas. 861.

Rothenfels, Emmi v., Constanze. Roman. 2 Thle. 2. und 3. (Titel-)Aufl. 16. (188; 212 S.) Leipzig (861)72, Kollmann. 4 50

—— ein Roman in Norderney. 3 Thle. 8. (687 S.) Leipzig 863, Kollmann.

Rothenfels, Emmi von

An der Weichsel. Roman. Von Emmi von Rothenfels [d.i. Emilie von Ingersleben]. Berlin 1864.
In: Roman-Zeitung, Deutsche. Bd 4.

—— an der Weichsel. Roman. 2 Bde. 8. (491 S.) Berlin 865, Janke.

Rothenflue, F., der Depeschenraub, s.: Familien-Bibliothek.

— Dr. C. J. Greith, Bischof v. St. Gallen, s.: Deutschlands Episcopat in Lebensbildern.

Rothenflue, Fr., Alt oder neu. Ein Zeitbild aus der Reformationsgeschichte Rapperswyls nach alten Chroniken und neueren Geschichten. 77 S. 12. Rapperswyl, J. Egli. 1876.

Rothenflue, Fr., Branztonelli, ein Lebensbild mit ungeschlachten Randverzierungen für Leser waserlei Geschlechts. Luzern 868. Gebr. Räber. 8. (VII, 151 S.) n. 12 ngr.

Die Maulwürfe. Ein Zeitbild aus der Gegenwart. Von Fr. Rothenflue. Preisschr. des schweizer. Piusvereins. T. 1—3. Luzern: Räber 1872. V, 567 S. 8°
TB. 368. Stellt die Frmr als das grösste soziale Übel an den Pranger.

Rothenflue. Fr(anz). Toggenburger Chronik. Urkundliche Geschichte sämmtlicher kath. & evang. Kirchgemeinden der Landschaft Toggenburg. Aus archiv. Quellen gesammelt u. zusammengestellt von Al(ois) Rüdliger ... und H[uldreich] G[ustav] Sulzberger .... Bearb. von Fr. R.... 8. Bütschwil 1887.

Rothenflue's, Frz., Philosophie des Katholizismus. Aus d. Latein. u. der scholast. Form frei in's Deutsche übertr. v. Jost Weber. gr. 8. (70 S.) Luzern 851, Gebr. Räber. 7 ngr.

Rothenfluh, C. v., das Grab d. Verschollenen, s.: Bachem's Novellen-Sammlung.

Rothenfusser, Simon, aus Erdweg: Der Schleimkörper des Leinsamens. *München 1903: C. Wolf & Sohn.* (78 S.) 8°
München, Phil. Diss. v. 1902

Rothenhagen, Carl, die Fabrikation der Glasspiegel nach d. neuesten Erfindn. u. Verbessern., nebst Anweis., schadhafte Spiegel zu repariren, zu poliren etc. M. 1 Taf. Abbildn. 8. ($1^1/_4$ B.) Quedlinburg 833, Basse.

Rothenhäuser, Konrad, s. Rothenhäusler

Rothenhäusler, Erwin. Baugeschichte des Klosters Rheinau. Diss. Phil. I. Univ. Zürich. ([Illustriert. — Separat-Abdruck aus:] Alemannia N. F. [Band] 4, [Heft] 1/2 [1903].) X + 142 S. 8. Freiburg i. Br., C. A. Wagners Univ.-Buchdr., 1902.
Ausg. A. — Mit Curriculum vitae.

Rothenhäusler, Erwin. Zur Baugeschichte des Klosters Rheinau. Mit 2 Plänen und 5 Abbildungen. (Sonderabdruck aus »Alemannia«.... Neue Folge Bd. 4.) VIII + 142 S. 8. Freiburg i. Br., Friedrich Ernst Fehsenfeld, 1903. [M. 3.60]
Ausg. B. — Ausg. A: Diss. Zürich 1902

Rothenhäusler, Konr., die Abteien u. Stifte d. Herzogth. Württemberg im Zeitalter der Reformation. gr. 8. (XVI, 269 S.) Stuttgart 886. Deutsches Volksblatt. n. 3. —

Rothenhäusler, Konr., Geschichte der Freiherren v. Ifflinger-Granegg. gr. 8. (VIII, 158 S. m. 8 Taf. u. 2 genealog. Tab.) Stuttgart 896. (W. Kohlhammer.) n. 5. —

Rothenhäusler, Konr., Standhaftigkeit der württembergischen Klosterfrauen im Reformations-Zeitalter. 8. (194 S.) Stuttgart 884, Deutsches Volksblatt. ** 1 50
geb. 2 70

—— der Untergang der katholischen Religion in Altwürttemberg, in seinen Ursachen dargestellt. gr. 8. (III, 116 S.) Leutkirch 887, Roth. * 1 50

Rothenheim, Wolf S., Predigt, geh. bei seiner Einweisung u. Vorstellung in d. Synagoge zu Wallerstein am 11. Febr. 1841. 8. ($1^1/_8$ B.) Nördlingen, Beck'sche Buchh.

Rothenhöfer, Geo. Frdr., fünf handelspolitische Briefe über die Entwicklung des Zollwesens u. insbesondere des Zollvereins in Deutschland. München 863. Fleischmann. gr. 8. (VII, 60 S.) n. 12 ngr.

Rothenhöfer, Geo. Friedr., fünf handelspolitische Briefe über die Entwicklung des Zollwesens und insbesond. des Zollvereins in Deutschland. gr. 8. (VII und 60 S.) München 863, [Merhoff's Verlag.] *

Rothensee, Johann Fr. Ludwig

Abendmahlslehre, die alte, durch kathol. und nichtkathol. Zeugnisse alter und neuer Zeit beleuchtet. (Verf. v. Generalvikar Rothensee.) gr. 8. Zweibrücken 1827. (Neue Ausg. desselben Buches, mit Tit: N. Ausgabe.) Mainz 1830, Kirchheim.

Rothensee, Joh. Fr. Ludw., Der Primat des Papstes in allen christlichen Jahrhunderten. Nach seinem Tode herausgegeben von Dr. Räß u. Dr. Weis. Mainz, Kupferberg, 1836 - 8, gr. 8°, 3 Bde, VIII, 487, 467, 832 S.

Das vorstehende Werk, die Frucht des langjährigen Sammelfleißes seines gelehrten Urhebers, ist eine wahre Rüstkammer von Zeugnissen für den Vorrang des Papstes. Es übertrifft hinsichtlich der Vollständigkeit u. der logischen Anordnung die vorausgehenden Arbeiten von Barruel, Doller u. Roskovány (s. vorstehend). Recens. Katholik Bd. 67, S. 208—11 (Bd. 1). (Tüb.) Theol. Quartalschr. 1838, S. 712—9. Litt. Anzeiger zur Sion 1838, S. 90—4.

Rothenspieler, Wilhelm

Rothenpieler, W., u. W. Köhler, ausgeführte Aufsätze im Anschluß an das Lesebuch f. Oberklassen u. an Jugendschriften. (XVI, 304 S.) gr. 8. Langensalza 906. H. Beyer & Söhne. n. 4. —

Rothenpieler, Wilh., praktisches Handbuch des Aufsatzunterrichts. Mit Berücksicht. der Fordergn. der Gegenwart dargeboten. 1. Heft: Selbstgeschautes u. Selbsterlebtes aus der Heimat. (XII, 168 S.) gr. 8. Langensalza 910. H. Beyer & Söhne. 2. 25

— Präparationen zu deutschen Prosastücken. Nach Herbartischen Grundsätzen ausgearb. Klassiker der Unter- u. Mittelstufe. 1. Heft. gr. 8. Ebd. 909. 3. —
Chr. v. Schmid, Heinr. Caspari, Friedr. Ad. Krummacher, Wilh. Curtmann u. Brüder Grimm. (VI, 242 S.)

Rothenstein's guide of Berlin, s.: Brasch.

Rothenstein, A. H. v., Nord u. Süd, s.a. Düms' Knaben-Bibliothek.

Rothenstein, A. H. v., Nord u. Süd. Abenteuerl. Erzählgn. f. d. Jugend. Mit 6 Farbendr.-Bildern v. W. Schäfer. 8. (72 S.) Wesel 897. W. Düms. Geb. — 50

— Wacousta, s.a. Richardson.

[F.] Wacousta. E. Erzählg aus d. Indianerleben. Frei nach Major Richardson f. d. reifere Jugend bearb. v. A. H. Rothenstein. M. 6 Abb. v. W. Zweigle. *Stuttgart, Berlin. Leipzig: Union [1897?].* (173 S.) 1 Bd 8.
= Universal-Bibliothek f. d. Jugend. No 354—356. [58. 659]

Rothenstein, Bernh., zwei Welten. Roman. 12. (540 S.) Wien 898. J. Eisenstein & Co. n. 3. 60

Rothenstein, Curt, s. Rothenstein, Kurt

Rothenstein, Herb. vom, rheinischer Karnevalshumor. Lieder, Vorträge u. Aufführgn. f. karnevalist. Festsitzgn. u. alle ähnl. Gelegenheiten. (111 S.) 8. Reutlingen (907). R. Bardtenschlager. — 60

— Der Obligationendiebstahl, s.: Viktoria-Bibliothek.

— Verwegenes Spiel, s.: Viktoria-Bibliothek.

Rothenstein, Kurt

Rothenstein, Curt, Tierarzt aus Berlin: Beitrag zum Problem des Eiweissstoffwechsels. ⟨Aus dem physiologischen Institute der Tierärztlichen Hochschule zu Berlin. Leiter: Prof. Abderhalden.⟩ Wanne 1909. 19 S. 8°. [9. III. 09.]
Bern, Vet.-med. Diss. 1908/09.

Rothenstein, Curt. Beitrag zum Problem des Eiweissstoffwechsels. Diss. Vet.-Med. Bern... von K' R'.... *Kopftitel:* Aus dem physiologischen Institute der Tierärztlichen Hochschule zu Berlin.... 19 S. 8. Wanne, G. A. Nahrendorf, 1909.

Rothensteiner, John Ernest,
s. Rothensteiner, Johannes

Rothensteiner, Johs., am sonnigen Hang. Neueste Lieder u. Gedichte. (X, 182 S.) kl. 8. Freiburg i/B. (909). Herder. Geb. in Leinw. 3. 30

Rothensteiner, Johs., Hoffnung u. Erinnerung. Lieder aus Amerika. (XII, 447 S.) 12. St. Louis, Mo. 903. Freiburg i/B., Herder. Geb. in Leinw. n. 4. 80

--Indianersommer. Neue Lieder u Gedichte. StL, 1905.

Rother, König, s.: Dichtungen, deutsche, d. Mittelalters.

Rother, König, s.: Textbibliothek, altdeutsche.

Rother, König, hrsg. von Gust. Legerlotz, s.: Velhagen & Klasing's Sammlung deutscher Schulausgaben 107. Lfg.

Christian von Rother. Nekrolog. Separat-Abdruck aus dem preußischen Staats-Anzeiger. Berlin, Decker 1849. 23 S. 8.

Rother und Maller. Eine Rittergeschichte . . . Frankfurt 1804. Ü: *Schlegel, Dorothea geb. Mendelssohn.* (Kn) (GGr)

Rother, Alfons, appr. Arzt: Kasuistischer Beitrag zur Lehre von der Korsakow'schen Psychose. Leipzig 1905: B. Georgi. (28 S.) 8°
Leipzig, Med. Fak., Ref. Flechsig, Diss. v. 20. Jan. 1906
[Geb. 28. Febr. 75 Brieg; Wohnort: Tost; Staatsangeh.: Preußen; Vorbildung: Gymn. Brieg Reife M. 96; Studium: Breslau 3, Greifswald 2, Breslau 5 S.; Coll. 20. Jan. 06; Approb. 15. Juli 02.]

Auerbach i. Vogtl.: Das Wahrzeichen Auerbachs [i. Vogtl.] oder: Die Warte an der Göltzsch. [Von August Rother.] o. O. u. J. 4 Bl. 8°. [Kopftit.]
„Welch' ein herrliches Gebäude . . ."
Feiert in dem Gedicht die alte Burgwarte Auerbachs i. Vogtl. als echtes Maurer-Wahrzeichen für eine hier zu gründende Loge.

Rother, Christian von

Rother, Geh. Staats-Minister, s.a. Verhältnisse, die, des k. Seehandlungs-Instituts.

Verhältnisse (Die) des Königl. Seehandlungs-Institutes und dessen Geschäftsführung und industrielle Unternehmungen. (Hrsg. v. Geh. Staatsminister etc. Rother.) gr. 4°. Berlin, Decker, 1845. (Leipzig, Hermann.) Nachtrag. Ibid. 1847.

Rother, Erich, d. Industriestaat u. d. arbeitenden Klassen. 8. (24 S.) Berlin 897. J. Sassenbach. n. — 15

Rother, F. H., s. Rother, Johann Heinrich

Rother, F. R., Anleitung zur Erteilung e. methodischen Schreibunterrichts, s.: Hoffmann, Heinr.

Rother, Fr Ott 822
Die Aufrührer. Eine Erzählung aus den Zeiten des Bauernkrieges.
Berlin: Vereinsbuchhandlung 1826. 204 S. 8°

Rother, H., die Bedeutung d. Unbewussten im menschlichen Seelenleben, s.: Magazin, pädagogisches.

Rother, Heinr., Neubau und Reparatur. Handbuch für Hausbesitzer und Bauherren. Enth.: Das Wichtigste über die Kenntniß der Baumaterialien und Preissätze sämmtlicher bei der Bebauung von Grundstücken vorkommenden Arbeiten und Lieferungen. gr. 8. (101 S.) Berlin 878, Burmester und Stempell. * 2 -

Rother, Joannes (*geb. Priskersdorf bei Reichenbach in Schles. 9. 7. 1836*): Divisio nervorum in substantia linguae hominum et mammalium exponatur, imprimis distributio eorum in papillas et glandulas linguales describatur et exponatur, an hoc respectu differentiae essentiales inveniantur. Vratislaviae (1862). (31 S.) 8° *(Breslauer gekr. Preisschr.)*
Breslau, Med. Diss. v. 13. Dez. 1862

Rother, Joh. Henr.: Commentatio hist. theor. pract. in Sam. de Pufendorf de officio hominis et civis juxta legem naturalem libros 2 selectissimis Titii, Barbeyracii, Heineccii aliorumque autorum notis. Lipsiae 1748.

— comment. literar. in hist. pandectar. Ludovic. 8. Lips. Sommer. 743.

Rother. Jo. Henr.: Commentatio theoreticopractica in doctrinam Pandectarum Ludovicianam rationibus ex ipsis ll. fontibus depromtis. Sect. 1. 2. Halae 1742. 2 Bde

Rother, I. H., comment. in doctr. pandectar. Ludovician. 8. Halae, Waiseuh. 742.

Rother. Joh. Heinr.: Kurtzer Entwurff von juristischen collegiis und deren zweyjährigen academischen Abhandlung . . . Leipzig (1745).

Rother. Joh. Heinr.: Der peinlichen Processe rechtsgelehrte Kunst, welche anweiset, wie die im Römisch-Teutschen Reiche üblichen peinlichen Processe rechtmäßig anzustellen und auszuführen. Leipzig 1748.

Rother, J. Heinr.: Peinl. rechtsgelehrt. Kunst, wie die Inquisitions-, Accusations- u. Bann- Processe vor Richtern u. Actuariis rechtmässig anzustellen u. auszuführen u. s. w. *Leipzig*, Brockhaus. 748. 4. (1 Thl. 6 Gr.)

— d. peinl. Processe rechtsgel. Kunst, oder Inquisitions-Anklag- u. Achts- oder Bannproceß. 4. Leipzig, Heinsius (Gleditsch) 748.

Rother, F. H.: Practica forensium actionum. IV. Partes. *Lips.* (Walther.) 727. 4. (5 Thl.)

— practica forens. consultatoria et iudiciaria. 4. Lips. Crusius (F. C. W. Vogel) 725.

— rechtsgel. Referent. 8. Jena, Cröcker. 736.

— — ders. 4. Ebend. 736.

— Staatsarchiv z. des heil. röm. Reichs deutsch. Staatsrecht. 4. Lpz. (Walther, Dresd.) 726.

Rother, J. H.: Nova processualis statua mercurialis, docens causam formalem processus civilis. *Lips.*, 726. 4. — (T. II. sub tit.:) Practica nova forensis consultatoria et judiciaria. *Lips.*, 727. 4.

— nova processualis statua mercurialis. 4. Lips. Crusius (F. C. W. Vogel) 726.

Rother, Joh. Heinr.: Peinlich-processualischer Wegweiser, welcher anweiset, wie . . . der Inquisition - Anklag- u. Achts- oder Bann - Proceß rechtmäßig auszuführen. Leipzig 1748.

Johann Georg Rother

De pure absorpto symptomatum Causa. Lipsiae (1752:) Langenheim. 32 S. 8°

Leipzig, Med. Diss. v. 19. Juli 1752

Rother, Josef *Johann* Hugo [app. Arzt aus Klein-Pramsen in Schles.]: Beitrag zur Casuistik des acuten Hirnödems ... Leipzig-R., Druck v. O. Schmidt, 1896; 34 S., 1 Bl. 8.
Leipzig, Med. Fak., Inaug.-Diss. v. 23. Juni 1895

Rother, Josephus Adamus *(geb. Riemertsheide bei Neiße 24. 12 1791)*: Dissertatio . . . sistens febris puerperalis historias duas singulares; adnexa de ejus natura et therapia commentatione. Vratislaviae (1818). (52 S.) 4°

Breslau, Med. Diss. v. 24. Dez. 1818

Rother, Ismar *(geb. Neustadt in Oberschles. 4. 10. 1822)*: De scholarum medii aevi medicarum primordiis nonnulla. Vratislaviae (1847). (26 S.) 8°

Breslau, Med. Diss. v. 1. Dez. 1847

Rother, Julia, dem Vater des Vaterlandes. Zwei Festspiele zum Geburtstag Sr. Maj. des Kaisers. Für Schulen u. Vereine hrsg. (22 S.) kl. 8. Münster (908). H. Schöningh. — 30

Rother, K., lebensvoller Geschichtsunterricht, s.: Falt, H.

Rother, K. H., Grundzüge d. reinen Christenthums f. evangel. Katechumenen, zunächst f. d. seinigen. 8. (10½ B.) Breslau 829, Gosohorsky.

Rother, Car. (geb. Düsseldorf 26. 2. 1845): De conjugio consanguineo vitiisque ex eo oriundis. Berolini (1867). (31 S.) 8°

Berlin, Med. Diss. v. 30. März 1867

Rother, L. F. W., der Telegraphenbau. Ein Handbuch zum prakt. Gebrauch für Telegraphen-Techniker und Beamte bearb. 1. Aufl. 1865. und 2., verb. und verm. Aufl. gr. 8. (XIII und 367 S. mit 434 in den Text eingedr. Holzschn.) Berlin 867, Peiser's Verlag. *

Rother, L. F. W., der Telegraphenbau. Ein Handbuch zum prakt. Gebrauch für Telegraphen-Techniker und Beamte bearb. 3. verb. und verm. Aufl. 1870, und Neuer Abdruck. gr. 8. (X, 306 S. mit 456 in den Text eingedr. Holzschn.) Berlin 875, Peiser's Verlag. *

Rother, L. F. W., der Telegraphenbau. Ein Handbuch zum prakt. Gebrauch für Telegraphen-Techniker und Beamte. 4. verb. und verm. Aufl. gr. 8. (XII, 331 S. mit 466 in den Text eingedr. Holzschn.) Berlin 876, W. Peiser's Verlag. * 7 —

ROTHER, Leopold (Zaurhwitz/Schlesien): Zur Aetiologie und Statistik der Gallensteine.- München 1883. 31.1.1883 - Urk (Titel: De lapidibus cysticis.); Chr 1882/83,18

Diss. Ingolst.-Landsh.-Mchn.

Rother, (Paul) Max (geb. Posen 24. 10. 1853): Secale cornutum in der Geburtshülfe. Berlin (1879). (34 S.) 8°

Berlin, Med. Diss. v. 22. Dez. 1879

Rother, (Feodor) Oskar *(geb. Löwenberg in Schles. 8. 2. 1858)*: Ueber Capillaritätsbestimmungen von Salzlösungen und deren Gemischen. Löwenberg i. Schl. (1883). (51 S., 2 Taf.) 8°
[Im Buchhandel 1883 bei Köhler in Breslau.]

Breslau, Phil. Diss. v. 6. Dez. 1883

Rother, Osk., üb. Capillaritätsbestimmungen v. Salzlösungen u. deren Gemischen. gr. 8. (51 S. m. 2 lith. Curventaf.) Löwenberg 883. (Breslau, Köhler.) n. 1. —

Rother, Paul B[ernhard]: Die Bestimmung von Aldehyde und Ketone zur Bewertung ätherischer Öle. 1907. 47 S. 8°
Dresden, Dr.-Ing.-Diss. v. 13. 3. 1907

Rother, Paul Max, s. Rother, Max

Rother, R., Gott führet alles wohl, s. Trewendt's Jugendbibliothek.

Rother, R., die Wallfahrt nach Ebersdorf, s. Trewendt's Jugendbibliothek.

Rother. Stanislaus (geb. Pleschen in Posen 18. 3. 1845): Ueber Echinococcen der Leber. Berlin (1867). (32 S.) 8°

Berlin, Med. Diss. v. 30. Juli 1867

Rother, W. O., praktischer Leitfaden f. die Anzucht u. Pflege der Kakteen m. besond. Berücksicht. der Phyllokakteen. gr. 8. (VI, 119 S. m. 45 Abbildgn.) Frankfurt a/O. 902. Trowitzsch & Sohn. Geb. in Leinw. n. 3. —

Rother, W. O., praktischer Leitfaden f. die Anzucht u. Pflege der Kakteen u. Phyllokakteen. 2., umgearb. Aufl. (VIII, 144 S. m. 88 Abb.) gr. 8. Frankfurt a/O. 910. Trowitzsch & Sohn. Geb. in Leinw. 3. —

Röther, J. W.

— (: 1) J. G. v. Herder, [illegible]. 2) Hinweisungen auf Gesenius hebräische Grammatik.

Röther, J. W., eine Predigt am Confirmationstage, eine Confirmationsrede, u. eine Antrittspredigt im April 1817 gehalten. gr. 8. Heidelb. 818. Mohr. 3 gr

Roether, Otto [aus Strassburg, app. Arzt]: Uebersichtliche Darstellung der Untersuchungsmethoden und der Giftwirkungen am Herzmuskel des Kaltblüters ... Leipzig, Druck v. W. Wigand, 1891; 76 S. 8.
Strassburg, Med. Fak., Inaug.-Diss. v. 1891

Roether, Paul [approb. Arzt aus Pless (Ober-Schlesien)]: Über den Verlauf der Resectionen grösserer Gelenke unter dem antiseptischen Dauerverband .... Würzburg, Becker's Univ.-Buchdr., 1886; 24 S. + 1 Bl. 8°.
Würzburg, Med. Fak., Inaug.-Diss. v. 1886.

Roether, Paul, über den Verlauf der Resectionen grösserer Gelenke unter dem antiseptischen Dauerverband. Diss. Würzburg 1886, Stahelsche Univ.-Buchh. 8°. 24 S.

Röther, With., badisches Kirchenblatt, s. Kirchenblatt.

Rothermel, M., s. Rohlwes' Vieharzneibuch.

Rothermundt, Max, a. Petersburg: Über das Verhalten der Bakterien an der Oberfläche fließender Gewässer. München 1908: R. Oldenbourg. (35 S.) 8°
Straßburg, Med. Fak., Ref. Forster, Diss. v. 5. März 1908
[Geb. 20. Dez. 79 Petersburg; Wohnort: Dresden-Blasewitz; Staatsangeh.: Rußland; Vorbildung: Vitzthumsches Gymn. Dresden Reife 01; Studium: Leipzig 2, Heidelberg 1, München 2, Leipzig 1, Straßburg 3 S.; Coll. 31. Okt. 07; Approb. 14. Juli 06.]

Rothert, Petri u. a. Oberharzer Schichtsegen; Bergandachten für Grube und Haus. Hannover 1899.

Rothert, A., Leben Joh. Fr. Oberlin's, s. Sonntags-Bibliothek.

Rothert, E.

Rothert: Zu den Rittern des Aristophanes. 19 S. —Cleve, Progr. 1866

Rothert, E. Zu den Rittern d. Aristophanes. Diss. 1866. 28 S. 1.20

Rothert, Ed., kleine pomologische Aufsätze geschichtlichen, sprachlichen und praktischen Inhaltes Zusammengestellt für den Düsseldorfer Gartenbauverein. Hierzu als Ergänzung: Verzeichnis der für Düsseldorf und Umgegend empfohlenen Apfel- und Birnensorten. gr. 8. (55 S. mit 3 Plänen.) Düsseldorf 887, (F. Bagel.) * 1 20

Rothert, Ed. Kleine pomolog. Aufsätze geschichtlichen, sprachl. u. prakt. Inhaltes. gr. 8. Düsseld. 887. Frankf. a. M., Jaeger's Verlag. * 1 20

Rothert, *Eduard* Geschichte des Realgymnasiums mit Verzeichnis der aus Prima und Sekunda seit Eröffnung der Anstalt abgegangenen Schüler von *Wilhelm* Stammer. 8 (2 Bl., 44 S., 3 Taf.).
Progr.

Rothert, Eduard, vaterländische Geschichte d. neuesten Zeit. Entwicklungen u. Ergebnisse zur Erläuterg. der Karten u. Skizzen. (XI, 304 S.) Düsseldorf 910. A. Bagel. 3.50; geb. in Leinw. 4. —

Die acht Großmächte in ihrer räumlichen Entwicklung seit 1750. Karten u. Skizzen von Prof. Dr. Eduard **Rothert**. Düsseldorf: A. Bagel (1904). (22 Kartenbl.) 4° [05. 3819

30 Karten zur deutschen Geschichte. (Kleine Ausg. d. 'Karten u. Skizzen'.) Zur raschen u. sicheren Einprägung zsgest. u. erl. von Prof. Dr. Eduard **Rothert**. 2. Aufl. *Düsseldorf: A. Bagel [1899]*. (30 S.) quer-8° [J.] [00. 937

Rothert E, 30 Karten zur deutschen Geschichte. 2. Aufl. kl 4° Düsseldorf (1900)

Karten und Skizzen aus der Geschichte des Altertums (II: des Mittelalters; III: aus d. vaterländischen Geschichte der Neueren Zeit '(1517—1789)'; IV: ... der letzten 100 Jahre; V: aus der ausserdeutschen Geschichte der letzten Jahrhunderte). (Ergänzg z. d. 'Karten u. Sk. aus d. vaterländ. Gesch.') Zur raschen u. sichern Einprägg zsgest. u. erl. v. Prof. Dr. Eduard **Rothert**. Bd I—[V]. *Düsseldorf: A. Bagel 1897*. 5 Bde 4.
I. (1897.) (2 Bl., 25 Kt.) II. (1896.) (2 Bl., 21 Kt., 1 Tab.)
[III.] (1895.) (2 Bl., 20 Kt.) [IV.] (1893.) (2 Bl., 20 Kt., 2 Tab.)
[V.] (1895.) (2 Bl., 14 Kt., 1 Tab.) [97. 8691

(Eduard) **Rothert**, Karten und Skizzen aus der Geschichte. (Zur raschen u. sicheren Einprägung zsgest. u. erl. *Düsseldorf: A. Bagel 1900–02.*) 6 Bde 4° [Rückent.]
1. Karten u. Skizzen aus d. Gesch. d. Altertums. 3. u. 4. Aufl. (1901.)
2. ... aus d. Gesch. d. Mittelalters. 3., der 2. gleichlaut. Aufl. [um 1900].
3. ... aus d. vaterländ. Gesch. d. Neueren Zeit (1517—1789.) 4. u. 5. verm. u. verb. Aufl. (1900.)
4. ... aus d. vaterländ. Gesch. d. letzten 100 Jahre. (Neueste Zeit.) 7. u. 8. verm. u. verb. Aufl. (1901.)
5. ... aus d. ausserdeutschen Gesch. d. letzten Jahrhunderte. 2. neu bearb. u. verm. Aufl. (1900.)
6. ... aus d. Entwicklung d. größeren deutschen Staaten. (1902.) [03. 7089

Karten und Skizzen aus der ausserdeutschen Geschichte der letzten Jahrhunderte. Ergänzg zu d. 'Karten u. Skizzen a. d. vaterl. Gesch.' Zur raschen u. sichern Einprägung zsgest. u. erläut. v. Prof. Dr. Eduard **Rothert**. *Düsseldorf: A. Bagel (1895)*. (2 Bl., 15 Kt.) 1 Bd 4. [96. 367

Karten und Skizzen aus der vaterländischen Geschichte der letzten 100 Jahre. '(Neueste Zeit.)' Zur raschen u. sichern Einprägg zsgest. u. erläut. v. Prof. Dr. Eduard **Rothert**. 3. verm. u. verb. Aufl. *Düsseldorf: A. Bagel (1896)*. (2 Bl., 23 Taf., 1 Tab.) 1 Bd 4. [96. 7831

Karten und Skizzen aus der vaterländischen Geschichte der Neueren Zeit '(1517—1789)'. Z. raschen u. sichern Einprägung zsgest. u. erläut. v. Prof. Dr. Eduard **Rothert**. *Düsseldorf: A. Bagel (1895)*. (2 Bl., 20 Kt.) 1 Bd 4. [96 368

Rothert, Ed., Rheinland-Westfalen im Wechsel der Zeiten. Karten u. Skizzen zur Förderg. der Heimatsgeschichte. qu. gr. 4. (17 farb. Karten m. je 1 Bl. Text.) Nebst Text. Lex.-8. (IV S.) Düsseldorf 900. A. Bagel. In Lex.-8. geb. in Halbleinw. n. 6. —; in Leinw. n. 7. —

Rothert, Hermann, Reg.-Ref.: Ein Beitrag zur Gerichtsverfassung der Stadt Soest im Mittelalter. *(Soest 1901: M. Hoffmann.)* (56 S.) 8°
Marburg, Jur. Diss. v. [13. Juni] 1901

Rothert, Hugo, Bilder von der rothen Erde. 8. (103 S.) Lippstadt 876. Staats. n. 1. 25

—— neue Bilder von der rothen Erde. 8. (III, 82 S.) Ebendas. 877. * 1 25

Rothert, Hugo, zur Kirchengeschichte der „ehrenreichen" Stadt Soest. (III, 212 S. m. 15 Abbildgn. u. 1 Karte.) gr. 8. Gütersloh 905. C. Bertelsmann. n. 2. —; geb. n. 3. —

Rothert, J. M. H. Plan u. Probe eines method. lat. Elementarbuches für die unteren Klassen. 35 S. . . . .
Progr. Herford 1827

Rothert, J. M. H. Ueb. d. Schulwesen der Stadt M., namentl. üb. die etwaige Umgestaltung des Gymn. zu Gunsten der nicht studirenden Schüler. 42 S. . . . .
Progr. Minden 1832

Rothert, M., Vergil u. Horaz als Patrioten. Pr. 1861. 52 S.

Rothert, Moritz

Rothert, M., der kleine Apollodor. Griechische Vorschule mit Wörterbuch. Braunschweig 857. Westermann. 8. (VIII, 228 S.) n. 16 ngr.

Rothert, Mor., das Latein im Deutschen Gymnasium, eine Lebensfrage des höheren Schulwesens. [Vergl. Herrigs Archiv f. neuere Sprachen u. Literaturen VI. Bd. 3. Hft.] gr. 8. (55 S.) Braunschweig 850, Westermann. n. 8 ngr

—— der kleine Livius. Für mittlere Gymnasialclassen bearb. 8. (VI und 57 S. mit 1 lithogr. Plane des alten Rom.) Braunschweig 851, Westermann. *

— ders. Ausg. mit Wörterbuch. 2 Hfte. 8. 1. Hft. Mit einem lith. Plane des alten Roms. (VI u. 91 S.) 2. Hft.: Buch II, III. (IV u. 118 S.) Ebd. 852. 53. (1: n. 6 ngr 2: n. 8 ngr) n. 14 ngr

Rothert, Moritz, der kleine Livius. Für mittlere Gymnasialklassen bearb. 1. Heft., Buch I. 1. Aufl. 1852. und 2., verb. Aufl. Mit einem (lithogr.) Plane des alten Roms und einem Wörterbuche. 8. (VI, 57 und 34 S.) Braunschweig 855, Westermann. *

Rothert, M., der kleine Livius. Für mittlere Gymnasialclassen bearb. 2., verb. Aufl. 2. Abdr. 1. Heft: Buch I. 8. (91 S. mit einem lithogr. Plane des alten Roms und einem Wörterbuche.) Braunschweig 866, Westermann. *

Rothert, M., der kleine Livius. Für mittlere Gymnasialklassen bearb. 2. Heft. Buch II, III. 2. Aufl. 8. (IV, 118 S.) Braunschweig 869, Westermann. *
1. Heft. Ebendas. 1866. * 60 Pf.

— zur Schulreform. gr. 8. (44 S.) Aurich 848, Prätorius & Seyde. n. 1/4 ℛ

Rothert, W., üb. Heliotropismus. [Aus: „Beiträge zur Biologie der Pflanzen".] gr. 8. (VIII, 212 S. m. 60 Abbildgn.) Breslau 894. J. U. Kern's Verl. n. 9. —

Rothert, W., der Rettungskrieg der Liebe. Festpredigt am Himmelfahrtstage 1876, zur Jahresfeier d. Stephansstiftes geh. gr. 8. (20 S.) Hannover 876. Feesche in Comm. n. — 25

Rothert, W., der gothische Stil und der evangelische Kirchenbau. Mit besond. Beziehung auf die Christuskirche zu Hannover. Vortrag gehalten im evangel. Verein zu Hannover und im Hause „Seefahrt" zu Bremen. Zugleich ein Führer durch die Christuskirche. 8. (64 S. mit Abbild. der Kirche auf 1 Holzschntaf.) Hannover 873, Meyer.

Rothert, W., Zugabe, s. a. Erck's Spruchbuch.

— Zugabe zu Ercks Spruchbuche. In Verbindg. mit W. Hölscher u. F. Racke hrsg. 6., verb. Aufl. 8. (16 S.) Hannover 897. C. Meyer. n. — 10

Rothert, Wilhelm

Rothert, W., d. leit. Beamten d. Bergstadt Clausthal von d. ältesten Zeit bis zur Gegenwart. Festschrift zur 31. Jahresversammlg. des Harzvereins für Altertum u. Geschichte am 25.—27. VII. 1898. gr. 8. (96 S.) Clausthal 898. Grosse. n. 1. 20

Rothert, Wilh., Lesebuch f. ländliche Fortbildungsschulen, s.: Gehrig, Herm.

Rothert, W., die innere Mission in Hannover, s. a. Mission, die innere, in Deutschland.

— Die innere Mission in Hannover, in Verbindg. m. der sozialen u. provinzialen Wohlfahrtspflege dargestellt. Mit Bildern, Bildertaf., sowie m. e. ausführl. Handbuch (Anh.) f. die Praxis. 3., unter Mitwirkg. namhafter Berufsarbeiter der inneren Mission völlig umgearb. Aufl. (VIII, 582 S.) gr. 8. Gütersloh 909. C. Bertelsmann. 7.—; geb. 8. —

Rothert, Władyslaw, vergleichend-anatomische Untersuchungen über die Differenzen im primären Bau der Stengel und Rhizome krautiger Phanerogamen, nebst einigen allgemeinen Betrachtungen histolog. Inhalts. [Eine von der physiko-mathemat. Facultät zu Dorpat mit der goldenen Medaille gekrönte Preisschrift.] gr. 8. (130 S.) Dorpat 885. (Berlin, Friedländer und Sohn.) * 2 —

Rothe's, Rich., Biographie, s.: Nippold, F.

Rothe's, Richard, Hundertjahrfeier. Denkschrift des Rothe-Denkmal-Komitees, nebst den bei der Enthüllg. der Rothe-Büste am 9. II. 1899 v. Lemme, Wielandt u. Hönig in der Peterskirche zu Heidelberg geh. Reden. gr. 8. (44 S) Heidelberg 899. (G. Koester.) n. — 70

Rothes: Naturgeschichte für Bürgerschulen, s. Rothe, Karl

Rothes, Richard: Briefe an einen jungen Freund, s. Rothe

Rothes, Walt., Anfänge u. Entwicklungsgänge der altumbrischen Malerschulen, insbesondere ihre Beziehungen zur frühsienesischen Kunst, s. a. Zur Kunstgeschichte des Auslandes. 61. Heft.

Anfänge und Entwickelungsgänge der altumbrischen Malerschulen, insbesond. ihre Beziehungen z. frühsienesischen Kunst. Ein Beitrag z. Geschichte d. umbrischen Malerei von Dr. phil. Walter **Rothes,** Posen. Mit 46 Abb. Strassburg: J. H. E. Heitz 1908. (84 S.) 4°(8°)
— Kunstgeschichte, Zur, d. Auslandes. H. 61. [illegible]

Rothes, Walth., die Blütezeit der sienesischen Malerei u. ihre Bedeutung f. die Entwickelung der italienischen Kunst, s. a. Zur Kunstgeschichte des Auslandes. 25. Hft.

Die Blütezeit der sienesischen Malerei und ihre Bedeutung für die Entwickelung der Italienischen Kunst. Ein Beitrag z. Gesch. d. Sienesischen Malerschule von Walter **Rothes.** Dr. phil. Mit 52 Lichtdrucktaf. *Straßburg: J. H. E. Heitz 1904.* (X, 138 S.) 4°
— Kunstgeschichte, Zur, des Auslandes. H. 25. [illegible]

— Christus. Des Heilands Leben, Leiden, Sterben u. Verherrlichg. in der bild. Kunst aller Jahrhunderte. 1.—6. Taus. (324 S. m. 196 Abbildgn. u. 5 Farbdr.) Lex. 8. Köln (910). J. P. Bachem. 8.—; geb. 10. —

Rothes, Walter: Die Darstellungen des Fra Giovanni Angelico aus dem Leben Christi und Mariae. Ein Beitrag zur Ikonographie d. Meisters. *Strassburg 1902: J. H. E. Heitz.* (16 S.) 4°(8°) ¶ (Erscheint vollst. mit Taf. als: Zur Kunstgeschichte d. Auslandes, H. 12.)
Heidelberg, Phil. Diss. v. 1902

Rothes, Walt., die Darstellungen des Fra Giovanni Angelico aus dem Leben Christi u. Mariae, s. a. Zur Kunstgeschichte des Auslandes.

Die Darstellungen des Fra Giovanni Angelico aus dem Leben Christi und Mariae. Ein Beitrag z. Ikonographie d. Kunst d. Meisters von Walter **Rothes.** Mit 12 Lichtdrucktaf. *Strassburg: J. H. E. Heitz 1902.* (47 S.) 4°(8°)
— Kunstgeschichte, Zur, d. Auslandes. H. 12. [illegible]

— die Madonna in ihrer Verherrlichung durch die bildende Kunst. Mit 118 Text- u. 10 Einschaltbildern. 1.—3. Taus. (XV, 160 S.) Lex.-8. Köln (905). J. P. Bachem. Geb. in Leinw. n. 5. —

— Die Madonna in ihrer Verherrlichung durch die bildende Kunst aller Jahrhunderte. 2. wesentlich umgearb. u. verm. Aufl. Mit 103 Text- u. 8 Einschaltbildern. (XVI, 223 S.) Lex. 8. Ebd. (909). Geb. in Leinw. 8. —

— Quer durch Spanien u. im Norden Afrikas. Reisebilder, Kunst- u. Kulturstudien. (VIII, 149 S. m. 24 Vollbildern.) 8. Mainz 910. Kirchheim & Co. 2.20; geb. in Leinw. 3. —

Rothfeld, Max Bernhard Oskar, approb. Arzt aus Plauen b. Dresden: Perityphlitis und Pfortaderthrombose. *Leipzig 1901: B. Georgi.* (49 S.) 8°
Leipzig, Med. Diss. v. (22. Sept.) 1901

Rothfeld, S., Affaire Thorn-Thilo. Trauerspiel in 4 Acten. 12. (86 S.) Wien 882. Wallishausser. n. 2. —

[J.] Jeremias Rothfels. SA. aus Dr. A. Brülls Popul.-wissenschaftl. Monatsblätter. *Frankfurt a. M.: H. L. Bronner's Dr. 1896.* (1 Bl., 5 S.) 1 Bd 5.

Rothfels, um ein Weib oder der Günstling des Fürsten. Roman aus der Gegenwart. (In ca. 70 Lfgn.) 1. u. 2. Lfg. gr. 8. (48 S. m. je 1 Bild.) Dresden 888. Ad. Wolf. à — 10

Rothfels, C., die Gefangene des Leuchtthurms od. die Seeräuber des Indischen Oceans. 80 Hfte. gr. 8. (1912 S. m. 80 Bildern.) Dresden 894. A. Wolf. à — 10

Kaiser Wilhelm I. und Kaiser Friedrich. Zwei Gedächtnissreden in den Trauerlogen am 16. März und 24. Juni 1888 von **Max Rothfels.** Hs f. d. Brr der Loge zur Eintracht und Standhaftigkeit i. O. v. Cassel. [Leipzig 1888: Findel.] 24 S. 8°

Rothfischer, A. M., Predigt, s. Predigten, acht, bei der Jubelfeier ꝛc.

Rothfischer, Frz., sonst Gregor, († d. 20. Febr. 1755.) Ablaß u. Jubeljahr, nach mathemat. Lehrart entgegengesetzt d. Schriften bei Gelegenheit d. letzten röm. Jubeljahres. 3 Bde. 4. Regensb. 751—54. Bader. 5 ß

— animadversiones apologeticae et criticae ad Cardin. Quirini, duabus epistolis responsoriis comprehensae. 4. Leipz. u. Wolfenbüttel 754. (Meissner).

— Glaubensbekenntniß. 4. Leipz. 751. N. A. 752.

— Nachr. v. s. Uebergange v. d. röm. z. evangel. Kirche. 4 Thle. 4. Wolfenb. Meißner. 752.

— der Sieg d. Wahrheit, od. Nachr. v. seinem Uebergange von d. röm. z. evangel. Kirche. Mit Fortsetz. u. Nachlese. 4. Wolfenbüttel 752, 53. Meißner. 1 ß 4 gl

Rothfischer, Jos., kleine Erdbeschreibung in Fragen u. Antworten zunächst f. Landschulen bearb. Mit e. Anh. v. 24 Erzählungen d. merkwürdigsten Begebenh. aus d. Vaterlandsgesch. gr. 12. (2 B.) Landshut 846, Thomann'sche Buchh. *

— kurze u. leichtfaßl. teutsche Sprachlehre in Fragen u. Antworten zunächst für Landschulen bearb. Mit e. Anh. von 170 teutsch. Sprach-Uebungen. 8. (3 B.) Landshut 845, Thomann'sche Bh. -

Rothfischer, Jos., kurze u. leichtfaßl. deutsche Sprach- u. Rechtschreiblehre in Fragen u. Antworten zunächst für Landschulen bearb. Mit einem Anhang von 250 deutschen Sprachübungen. [2. verb. Aufl.] 18. (100 S.) Landshut 849, Thomann. 3 ngl

Rothfischer, Jos., kurze und leichtfaßliche deutsche Sprach- und Rechtschreiblehre in Fragen und Antworten zunächst für Landschulen bearb. Mit einem Anhange von 250 deutschen Sprachübungen. 3. verb. Aufl. Landshut 856. Thomann. 8. (93 S.) 3 ngr

— deutsche Vorschriften für Landschulen in stufenweisen Uebungen. 4 Abthlgn. (1. Klasse 1. Abthl., 1. Klasse 2. Abthl., 2. Klasse und 3. Klasse.) à 48 (lithogr.) Bl. qu. 4. Landshut 848, Thomann'sche Buchh. à Abthl. 7½ Ngr.

Röthfischer, Karl, († d. 17. Jan. 1777.) Auszug d. allgem. Weltgeschichte; mit e. Einleit. z. Gebrauch in Schulen. 3 Bde. 8. Amberg 776. Koch.

Rothfischerus, Franciscus, der Masquirte Geist, besucht den in der Einsiedlerey sich aufhaltenden Husaren-Geist, Joh. Georg von Wüst, und bedankt sich vor seine im Januar 1753 der Welt öffentlich herausgegebene Defension. Guelfer. 751. 4.

Rothfritz, Wilhelm, Referendär: Das dingliche Vorkaufsrecht nach älterem deutschen Recht und nach dem Bürgerlichen Gesetzbuche. (Bruchsal 1907: O. Katz.) (89 S.) 8° [J. u. Ant.]
Heidelberg, Jur. Fak., Ref. Schroeder, Diss. v. 17. Juni 1907
[Geb. 7. Dez. 75 Ober-Derdingen; Wohnort: Neunkirchen; Staatsangeh.: Baden; Vorbildung: Gymn. Bruchsal Reife Juli 95; Studium: Heidelberg 2, Berlin 1, Heidelberg 4 S.; Rig. 12. Dez. 06.]

Rothfuchs, Emil [pr. Arzt aus Witzenhausen]: Die Ovariotomie im Kindesalter und ihre Eigentümlichkeiten ... Marburg, Buchdr. O. Ehrhardt, 1892; 43 S. 8.
Marburg, Med. Fak., Inaug.-Diss. v. [10. Nov.] 1892

Rothfuchs, Julius

— J., Pädagog. didakt. Aphorismen üb. Syntaxis ornata, Extemporiren, Construiren, pariren. Pr. 1875. 52 S. 1°.

— Beiträge z. Methodik d. altsprachl. Unterrichts, insbes. d. lateinischen. Päda didakt. Aphorismen üb. Elementarstilistik, Extemporieren, Konstruieren, Präpar 1882. 99 S.

Rothfuchs, Jul., Beiträge zur Methodik des altsprachlichen Unterrichts, insbesondere des lateinischen. Pädagogisch-didaktische Aphorismen über Syntaxis ornata [Elementarstatistik], Extemporieren, Konstruieren, Präparieren. 2., bericht. Aufl. gr. 8. (VII, 90 S.) Marburg 882. Elwert's Verl. n. 1. 80

Rothfuchs, Jul., Beiträge zur Methodik des altsprachlichen Unterrichtes, insbesondere des lateinischen. Pädagogisch-didakt. Aphorismen üb. Syntaxis ornata (Elementarstilistik), Konstruieren, Extemporieren, Präparieren. 3., verm., m. Rücksicht auf die preuss. Lehrpläne v. 1892 neu bearb. Aufl. gr. 8. (VII, 156 S.) Marburg i/H. 893. N. G. Elwert's Verl. n. 2. 70

Rothfuchs, Jul., Beiträge zur Methodik des Unterrichtes an höheren Schulen. Pädagogisch-didaktische Aphorismen üb. latein. Syntax (Elementarstilistik), Konstruieren, Extemporieren, Präparieren, Interpretieren, Examinieren, Korrigieren, Repetieren. 4. verm., m. Rücksicht auf die preuss. Lehrpläne v. 1892 u. 1901 neu bearb. Aufl. (VIII, 238 S.) 8. Marburg 901. N. G. Elwert's Verl. 4.50; geb. 5.20

Rothfuchs, Jul. Bekenntnisse aus der Arbeit d. erziehenden Unterrichtes. Das Übersetzen in das Deutsche u. manches Andere. gr. 8. (VIII, 173 S.) Marb. i. H. 892, Elwert's Verlag. * 3 —

Rothfuchs Methodische Bemerkungen über den griechischen Unterricht mit Bezu auf die neuen Lehrpläne. S.-A. 1884. 12 S. 4°.

Rothfuchs, Julius *Dia yrvaixor.* Ein Hymnus in homerischer Sprache zum hundertjährigen Gedächtnis der Königin Luise von Preußen. 8 S. **Progr.** G. *Hanau* 1876.

— Dichtung und Wahrheit im Unterrichtsstoff. 5 S. *Gütersloh* 1885
Progr.

Rothfuchs, *Julius* Über Jugendideale (Ansprache bei Entlassung der Abiturienten.) 4 (S. 3—6 der Schuln.).
Progr. Ev. G. *Gütersloh* 1887 (333)

Rothfuchs, Jul. Parallele und sich schneidende Linien sokratischer und christlicher Lebensweisheit Umarbeitung einer bei der 50. Abiturientenentlassung gehaltenen Rede 10 S. *Gütersloh* 1878
Progr.

Rothfuchs, Qua historiae fide Lactantius usus sit in libro de mortibus persecutorum. Diss. 1862 42 S. 4° 1.20

Rothfuchs, Jul., Syntaxis ornata, Extemporiren, Construiren, Praepariren. Pädagogisch-didakt. Aphorismen zur Methodik des latein. Unterrichts. gr. 4. (IV, 52 S.) Marburg 875, Elwert'sche Verlagsh. *

Rothfuchs, J. Vom Uebersetzen in das Deutsche und manchem anderen. Ein Geständnis aus der didaktischen Praxis. Gütersloh, G., 1887. 36 S. 4 Progr.

Rothfuchs, Rudolf, pract. Arzt aus Witzenhausen Aus d. Kgl. Universitäts-Frauenklinik zu Marburg. Über das Hämatom der Vulva post partum. *Marburg 1900: R. Friedrich.* (25 S.) 8°
Marburg, Med. Diss. v 26. Juli 1900

Bericht über die Düngungsversuche in der Karl Brocking schen Gärtnerei in Vorhalle a Ruhr von M Röthgens, Obergärtner *[Leopoldshall Stassfurt 1902]* (8 S.) 8° [F.] [illegible]

Rothgiesser, Franz: Ueber eine Erscheinung von Multirotation bei Rohrzuckeruranylkomplexsalzen. Ueber die Abhängigkeit der Rotationsdispersion des Weinsäurediaethylesters vom Lösungsmittel. (Berlin 1910: Ebering.) 45 S. 8°
Berlin, Phil. Diss. v. 23. Febr. 1910, Ref. Nernst
[Geb. 8. Juli 86 Hamburg; Wohnort: Hamburg; Staatsangeh.: Hamburg; Vorbildung: Realgymn. Hamburg Reife M. 06; Studium: Berlin 7 S.; Rig. 3. Febr. 10.] [U 10. 244

Rothgießer, Geo., eine Automobilfahrt in die Zukunft. (63 S. m. 1 Taf.) kl. 8. Berlin (905). Verlag Nec Sinit. 1.—

Rothgiesser, Geo., Mensch u. Materie. Grundzüge der Kapitalwissenschaft. (VII, 143 S.) gr. 8. Berlin 908. Schöneberg, Verlag Nec Sinit. (Nur direkt.) 1.50

— Recht auf Arbeit. Auszug aus dem Werk „Mensch u. Materie, Grundzüge der Kapitalwissenschaft". (4 S.) 47×32 cm. Ebd. 908. —30

Rothhaar, Emil, approb. Tierarzt, geb. in Rammelsbach (Bez.-A Kusel, Pfalz). z. Zt. Assistent an der Kgl. Tierärztl. Hochschule zu Stuttgart: Untersuchungen über Tuberkel-Bazillen beim Rinde. (Aus dem Institut für Seuchenlehre der Kgl. Tierärztl. Hochschule zu Stuttgart. Vorstand Prof. Zwick.) Stuttgart 1908. 8°. [20. XII. 07.]
Bern. Vet.-med. Diss. 1907/08.

Rothhaar, Emil. Untersuchungen über Tuberkel-Bazillen beim Rinde. Diss. Vet.-Med. Bern. *Kopftitel:* Aus dem Institut für Seuchenlehre der Kgl. Tierärztl. Hochschule zu Stuttgart. Vorstand Prof. Dr Zwick. 25 + XXXXIII S. 8. Stuttgart, Richard Enzig, 1908.

Rothhahn, Johann Jakob (Frankfurt/M.) A.S. 837/18

Dissertatio inaugrualis iuridica de materna potestate in liberos ex Germanorum legibus et more.
Göttingen (Schulz) 30. VII. 1772. 113 S.

Gew. . Stadt Frankfurt/M., 29351

Rothhahn, Jh. Jak., de materna potestate in liberos ex Germanor. legib. et more. 4. Götting. 772. Vandenhöck u. R. 6 gr

Rothhamel, C F, s. Rothamel, Konrad Fr

Rothhammel, Konrad Fr, s. Rothamel, Konrad Fr

Rothhammer, Franz Wilhelm, s. Rothammer

Rothhammer, Friedrich [aus Kaufbeuren]: Über einen Fall von acuter Phosphorvergiftung und über die Beziehungen zwischen acuter Phosphorintoxication und acuter gelber Leberatrophie. . . . Würzburg, P. Scheiner's Buchdr., 1890; 88 S., 1 Bl. 8°
Würzburg, Med. Fak., Inaug.-Diss. v. 1890

Rothhardt, Hans, gepr. Rechtskandidat: Die Prävarikation der Rechtsbeistände. Berlin 1906: W. Pilz. (59 S.) 8°
Rostock, Jur. Fak., Ref. Wachenfeld, Diss. v. 12. Juni 1906
[Geb. 29. Okt. 76 Gollub, Kr. Briesen; Wohnort: Südende b. Berlin; Staatsangeh.: Preußen; Vorbildung: Gymn. Bromberg Reife O. 98; Rig. 28. Nov. 05.]

Rothhardt, Hans, die Prävarikation der Rechtsbeistände. (Diss.) (59 S.) gr. 8. Berlin 906. Struppe & Winckler. n. 1.50

Hans Rothhardt. Meine lieben vier Wände. Gedichte. (1. Aufl.) Leipzig: K Lentze 1909. (96 S.) 8° [F.] [08, 1728]

Rothhardt, Hans, meine lieben vier Wände. Gedichte. (2. Aufl.) (96 S.) 8. Leipzig 909. K. Lentze. 1.50; geb. 2.25

Rothhardt, Herm., warum hat namentl. Hamburg d. Pflicht, d. Ideal-Volks-Schule einzuführen? Vortrag, geh. im Bürgerverein zu St. Georg als Beitrag zur Lösg. d. sozialen Frage auf friedlichem Wege. gr. 8. (12 S.) Hamburg 898. (C. Kloss.) n. —20

Rothheimer, J., De enuntiatis conditionalibus Plautinis. Diss. 1876. 64 S.

Rothholz [Schlagwort]

Rothholz-München, s.: Automobilkarten. Pharus-Auto-Strecke.

Rothholz [Verfasser]

Rothholz, Hermann *(geb. Berlin 24 8 1857)* Zur Aetiologie des Staphyloma posticum. Berlin H. Peters 1881 (36 S., 1 Taf.) 8° *(Aus Graefe's Arch f Ophthalm Bd 27 [1881])* *[Im Buchhandel 1881 bei Köhler in Breslau]*
Breslau. Med. Diss v 1 Aug. 1881

Rothholz, Herm., zur Aetiologie des Staphyloma posticum. Inaugural-Dissertation. [Aus: „Graefe's Archiv".] gr 8. (36 S. m. 1 Steintaf.) Berlin 881 (Breslau, Köhler) n. 1 —

Rothholz, Jul., die deutsche reichsgesetzliche Arbeiterversicherung, s.: Buch, das praktische.

Rothholz, Julius: Beiträge zum Fermatschen Lehrsatz ... Berlin, Buchdr. d. „Volks-Zeitg", 1892; 2 Bl., 30 S., 1 Bl. 8.
Giessen, Phil. Fak., Inaug.-Diss. v 1892

Rothholz, Jul., das Invalidenversicherungsgesetz f. das deutsche Reich. In Kraft getreten am 1. I. 1900. Handausg. m. ausführl. volkstüml. Erläutergn. zum prakt. Gebrauch f. Arbeitgeber u. Arbeitnehmer. 12. (VIII, 161 S.) Berlin (900). B. Klette. Kart. n. 1.—

Rothhorn Das Brienzer R' und seine Zahnradbahn Schilderungen aus der Presse 8 o O (1892).
Ausg A — Ausg B [Umschlag illustriert.]

Röthig, Bruno. Der evangelische Kirchengesang u. dessen Pflege. Vom prakt. Gesichtspunkte aus beleuchtet u. als e. Anregg. zur Gründg. v. Ephoralverbänden der Kirchenchöre in der sächs. Landeskirche veröffentlicht. gr. 8. (27 S.) Meißen 889, Sächs. Schulbuchhandlg. v. Baeser. * — 25

Röthig, Bruno, von Kontinent zu Kontinente. Ein „Soli Deo Gloria". Denkschrift über die Konzertreise des Leipziger Solo-Quartetts f. ev. Kirchengesang nach Russland, Deutschland u. den Vereinigten Staaten Amerikas im Spätherbst 1900. Mit d. Portr. d. Quartetts in Lichtdr. 8. (V, 251 S.) St. Petersburg (901). (Leipzig, Buchh. des Vereinshauses.) Geb. in Leinw. n.n. 2.50

Roethig, [illegible]
Berlin Phil. Diss. [illegible]

Röthig, Oskar. Eine Einleitung in die mechanische Wärmetheorie. — Durchgang der Strahlen in eine Linse 32 S. Fr Werd OR *Berlin* 1877 Progr.

Roethig Über das Potenzial und die Anziehung eines homogenen Cylinders. 21 S - Berlin Gw Progr 1861

Röthig, Osc., die Probleme der Brechung und Reflexion. gr. 8. (VIII, 112 S.) Leipzig 876, Teubner.

Roethig Untersuchung eines homogenen rechtwinkligen Cylinders nach Dirichlet'scher Methode 39 S - Berlin Gw, Progr 1863

Röthig, Paul, Handbuch der embryologischen Technik. (XII, 287 S. m. 84 Abbildgn.) Lex.-8. Wiesbaden 904. J. F. Bergmann. n. 10. 60

Röthig, Paul: Über Linsenregeneration. *Berlin (1898): G. Schade.* (31 S.) 8°
Berlin, Med Diss v. 28. Jan. 1898

Röthig, Paul, Riechbahnen, Septum u. Thalamus bei Didelphys marsupialis, s.a. Abhandlungen, hrsg. v. der Senckenbergischen naturforschenden Gesellschaft. 31. Bd 1 Heft.

Riechbahnen, Septum und Thalamus bei Didelphys marsupialis. Von Paul **Röthig**. Mit 21 Abb. auf Taf. 1 u. 2 u. 12 Textfig. (Frankfurt a. M.: Senckenberg. Naturf. Gesellsch. 1910.) 19 S. 4°
(Abhandlungen hrsg. von d. Senckenbergischen Naturforschenden Gesellschaft. Bd 31, 1, [1]) [11. 4094 4

Röthig, Walth., Lehrbuch der Verkehrsschrift des Gabelsbergerschen Stenographiesystems für Bürger- u. Fortbildungsschulen. (VI, 50 S.) 8. Leipzig 906. B. G. Teubner. n. — 70

Lehrbuch der Verkehrsschrift des Gabelsbergerschen Stenographiesystems fur Burger- und Fortbildungsschulen. Von Walther **Röthig**, Lehrer 3. u. 4. Aufl. Leipzig & Berlin B. G. Teubner 1907 (VI 54 S.) 8° [F.] [07. 14700

Lehrbuch der Verkehrsschrift des Gabelsbergerschen Stenographiesystems fur Bürger und Fortbildungsschulen. Von Walther **Röthig**, Lehrer zu Dresden 4–6 Taus. Leipzig & Berlin B. G. Teubner 1907 (VI 54 S.) 8° [F.] [07. 9137

Lehrbuch der Verkehrsschrift des Gabelsbergerschen Stenographiesystems für Bürger- und Fortbildungsschulen Von Walther **Röthig**. 5 u 6 Aufl Leipzig & Berlin Teubner 1909 54 S 8°

Röthig, Walth., Lehrbuch der Verkehrsschrift des Gabelsbergerschen Stenographiesystems f. Bürger- u. Fortbildungsschulen. 7.—10. Aufl. (20.—30. Taus.) (VI, 54 S.) 8. Leipzig 910. B. G. Teubner. — 70

Methodischer Lehrgang der Redeschrift des Gabelsbergerschen Stenographiesystems fur Handelsschulen und Stenographenvereine. Zum Besten d. Sächs. Lehrerver 'Gabelsberger' bearb. von Walther **Röthig**, Lehrer Leipzig & Berlin B. G Teubner 1905. (44 S.) 8° [F.] [Text stenogr] [05. 19440

— Methodischer Lehrgang der Redeschrift des Gabelsbergerschen Stenographie-Systems f. Handelsschulen u. Stenographenvereine. 2. verb. u. verm. Aufl. (IV, 44 S.) 8. Ebd. 908. — 70

Röthing, Julius, Der Lassalleaner. Sammlung sozialdemokratischer Lieder und Gedichte. 8°. Leipzig 1870.

Roethingius, Johann (Neustadt/Meissen) A S. 814/10

Dissertatio inauguralis de testamento judiciali extra locum judicii condito.
Präs. Gottfried Ludwig Mencken.
Wittenberg (Gerdes) 1. V. 1716. 36 S.

Gew. Gottlob August von Reibold. 29120

Rothius, s Roth

Rothkühl, der Rechenunterricht auf der Unterstufe m. besond. Berücksicht. der gegenwärtigen Bestrebungen. Zum Gebrauch f. Seminaristen u. Lehrer. (XV, 222 S. m. Fig.) gr. 8. Halle 907. H. Schroedel. 3. —

Rothkäppchen, s. a. Rotkäppchen.

Rothkäppchen. Verlagseigenthum von Joseph Scholz in Mainz [ca. 1830]. 12 Bl., jedes mit einer großen, handkolorierten Lithographie und 8 Verszeilen in Typendruck darunter. 4°. Blauer, weißornamentierter Or.-Pappband (zugleich Titel). 35.—
Schones Bilderbuch. Die Lithographien unbezeichnet. — Etwas locker Einband leicht bestoßen, wenige Fleckchen, gutes Ex.

Rothkäppchen, das. Ein Märchen mit 8 (lithogr. und ill.) Bildern geschmückt. 16. (29 S.) Neu-Ruppin 859, Bergemann.

Rothkäppchen. Hamburg 864. Seitz. 8. (16 color. Lithogr mit Text.) 5 ngr.

Rothkäppchen. Ein Märchen für artige Kinder. Mit 6 bunten (chromolith.) Bildern. Leipzig 870. Loewe. 4. (4 S.) cart. 7½ ngr.

— od.: der bestrafte Ungehorsam. Märchen f. die lieben Kleinen. br. 8. (5 S. m. 6. Chromolith.) Leipzig 871. Oppel. — 40

Rothkäppchen, das. 8. (16 color. Steintaf.) Weißenburg i/E. 873. Wentzel. n. — 30

Rothkäppchen. 8. (16 S. m. Illustr. u. 6 bewegl. Buntbildchen.) Stuttg. 892, Loewe. cart. — 50

Rothkäppchen und Aschenbrödel. Verwandlungsbilderbuch. 4. (12 S. mit 6 Chromolithogr.) Leipzig 876, Oppel. cart. *

Rothkäppchen u. Aschenbrödel. 2 Märchen. Verwandlungs-Bilderbuch. 4 (12 S m. 6 Chromolith.) Leipzig 883. Oppel. cart. 1 —

Das Rothkäppchen. Einmal Eins. Ebds Ebenso. 1 fl 50 kr. 1885.

Rothkegel, Franz [Prof.]: Die Regierung des Kaisers Gallienus von 253 bis 268 n. Chr. Tl 1. Glatz, Druck v. L. Schirmer, 1894; 28 S. 4.
Glatz k. Kath. G, OP 1894 (185)

Rothkegel, Walt., die Kaufpreise f ländliche Besitzungen im Konigr Preussen von 1895–1906, s. a. Forschungen, staats- u. sozialwissenschaftliche 146. Heft

Die Kaufpreise für ländliche Besitzungen im Königreich Preußen von 1895 bis 1906. Von Walter **Rothkegel**. Leipzig: Duncker & Humblot 1910. X, 305 S. 8°
(Staats- u. sozialwissenschaftliche Forschungen. H 146.) [10. 10344

Rothkehl [illegible]
[illegible]
Berlin Med [illegible]

Rothkehlchen, die, e. Geschenk f. Kinder; aus d. Engl. 2 Thle. 8. Frankf. a. M. 801. Guilhaumann. 18 gr.

Rothkehlchen, das, eine neue Erzählung f. Kinder u. Kinderfreunde. Von d. Verfass. d. Ostereyer, (Chph. Schmid). 12. Landsh. 832. Krüll. 1 gr.

Rothkehlchen, das, e. neue Erzähl. f. Kinder u. Kinderfreunde. Von d. Verf. d. „Ostereyer" (Chrstph. Schmid.) 12. (1½ B.) Landshut 832. [Regensburg, Manz.]
Vgl. Erzählungen, neue, f. Kinder u Kinderfreunde, 2. Bdchn.

Rothkehlchen, die, ein Buch f. Kind u. Kindes-Sinn. Nach d. 11. Orig.-Aufl. a. d. Engl. übers. v. Mor. Petri. 8. (16 B. u. 4 Stnt.) Holzminden 837, [Erdmann u. Müller.]

Rothkehlchen, die. Eine Geschichte für Kinder. Zur Beförderung der Menschlichkeit gegen Thiere. Nach dem Engl. der Mistriß Trimmer frei bearb. v. J. B. Engelmann. Mit zeitgemäßen Abänderungen neu hrsg. von J. C. Scholderer. 18. (3⅔ B.) Frankfurt a. M. 845, Hermann'sche Buchh. —

Rothkehlchens, Liebseelchens Ermordung u. Begräbniß (von Cl. Brentano). 8. (16 Steindrucktaf. mit eingedr. Texte.) Zürich 844, Veith. ¼ ₰ color. 5/12 ₰

Rothkehlchens Liebseelchens Ermordung u. Begräbniß (von Clem. Brentano. 2. Aufl.). 8. (15 lith. u. color. Bl. m. Text.) Carlsruhe 849, Veith. 12 ngr

Rothkeppel, Christian Wilhelm (Bayreuth)
Erlg. Med. 1751, 1

Phantasmata ante oculos volitantia oculorum adfectus singularis. Dissertatio inauguralis medica. Präs. Heinrich Friedrich Delius.
Erlangen (Camerarius) 20. II. 1751. 32 S.

W. v.: Präs., Johann Philipp Zürner, Christoph Friederich Seide. 29352

Die Art der seelsorgerlichen Rücksprache und die Aufnahme in den Bund des Weissen Kreuzes. Referat, auf d. Kongr. d. Bundes 1899 geh. von Forstmeister a. D. [E.] v. Rothkirch. *(Berlin 1899: Thormann & Goetsch.)* (8 S.) 8° [Kopil. J.] [00. 9975

v. Rothkirch, Hugo, siehe: Uranus.

Rothkirch u. Panthen, Kurt v., s.: Neurode, Kurt.

v. Rothkirch und Panthen, Leonh. Graf, Gedichte. 12. (VIII u. 472 S.) Wien 848, Gerold. n. 1 ₰ 16 ngr

Rothkirch u. Panthen auf Rothkirch, Valerius Frhr. v., Stammbuch des Geschlechts v. Rothkirch. Mit 4 Taf. in lith. Farbendr. u. 14 Geschlechtstaf. Imp.-4. (VII, 266 S.) Breslau 880. Max & Co. n. 50. —

Rothkirch-Trach, Carl Graf: Welche Grundsätze entscheiden den Widerstreit mehrerer Connossemente? ... Leipzig, Druck v. E. Heitmann, 1895; 43 S. 8.
Erlangen, Jur. Fak., Inaug.-Diss. v. 1895

Rothkirch-Trach, Carl Graf, welche Grundsätze entscheiden d. Widerstreit mehrerer Connossemente? Diss. gr. 8. (43 S.) Leipzig 895. (Ernst Heitmann.) n. 1. —

Rothkögel, Phil., Anleitung zur Kenntniß der Forstwirthschaft und der Grundsätze der Forsttaxation für Oeconomen, Güter-Taxatoren, Cameralisten und alle diejenigen, welche, ohne Forstmänner zu sein, sich für eine rationelle Behandlung u. Benutzung des Waldbodens interessiren. Mit einer tabellar. Uebersicht der Forstgewächse (in Imp.-Fol.). Nach Erfahrungen u. aus den neuesten Quellen bearb. Pesth 854. Geibel. gr. 8. (3 Bl., 149 S.) n. 24 ngr

Rothkögel, Ph., s. J. v. Jordan, Grundsätze über die Abschätzung der Landgüter.

Rothkopf, s. Meister Rothkopf.

Rothköpfe, die, oder d. schöne Wilhelm. Posse in 1 A., s. a. G. Hagemann.

Rothköpfe, die; oder der schöne Wilhelm. Posse in 1 A. 8. Breslau. W. G. Korn. 801.

Rothkugel, Leon, Referendar: Der Irrtum über das Objekt der Straftat. Borna-Leipzig 1909: Noske. IX, 65 S. 8°
Heidelberg, Jur. Diss. v. 23. Sept. 1909, Ref. v. Lilienthal
[Geb. 4. Dez. 83 Berlin; Wohnort: Berlin-Schöneberg; Staatsangeh.: Preußen; Vorbildung: Friedrichs Werdersches Gymn. Berlin Reife M. 01; Studium: Berlin 6 S.; Rig. 23. Juli 09.] [U 10. 1998

Rothlauf, Dr., die Epidemie in Athen im Sommer 1835, beschrieben. 8. Athen 836. (Bund.) n. ½ ₰

Rothlauf, Benedikt Dr. „Die Mathematik zu Platons Zeiten und seine Beziehungen zu ihr, nach Platons eigenen Werken und den Zeugnissen älterer Schriftsteller". pg. 1—74. 8°. Mit einer Tafel. J. Krämer'sche Buchdr.
München, Progr. 1877/78

Rothlauf, Benedikt, die Mathematik zu Platons Zeiten u. seine Beziehungen zu ihr, nach Platons eigenen Werken u. den Zeugnissen älterer Schriftsteller. Inaugural-Dissertation. gr. 8. (74 S. m. 1 Steintaf.) Jena 878. (Deistung.) n. 1. 60

Rothlauf, Bened. Dr. „Die Physik Plato's, eine Studie auf Grund seiner Werke". pg. 1—51. 8°. J. Krämer.
München, Progr. 1886/87

Rothlauf, Bened. Dr. „Die Physik Plato's, eine Studie auf Grund seiner Werke". Zweiter Teil (Schall, Himmelskunde, Licht, Wärme). pg. 3—90. 8°. Mit einer Tafel. M. Ernst.
München, Progr. 1887/88

Rothlauf, Benedikt. Die Physik Plato's, e. Studie auf Grund seiner Werke. 2. Tl. [Schall, Himmelskunde, Licht, Wärme.] gr. 8. (90 S. m. 1 Taf.) Münch. 888, (Kellerer). * 1 —
Der 1. Tl. kam nicht in den Handel.

Rothlauf, J. B., kurze Lebensbeschreibung Franz Ludwigs von u. zu Erthal, Fürstbischofs von Bamberg u. Würzburg, Herzogs in Franken. 1. u. 2. verb. Aufl. Bamberg 865. Reindl. gr. 8. (IV, 62 S.) 4 ngr

Rothlauf, Joh., Dr. Johann Lukas Schönlein in seinem Leben und Wirken geschildert. gr. 8. (28 S.) Bamberg 874, (Hübscher'sche Buchh.) *
Aus: Jahresbericht des histor. Vereins zu Bamberg, besonders abgedruckt.

ROTHLAUF, Joseph Georg (Scheßlitz): De genio epidemico stationario.- Monachii 1834.
7.4.1834 - Urk; F 61
Diss. Ingolst. - Landsh. - Mchn.

Rothlauf, Karl, Medizinalpraktikant a. München: Aus d. kgl. II. gynäkol. Klinik in München. ⟨Vorstand: Prof. Dr. J. A. Amann.⟩ Über Haematoma vulvae. Stuttgart 1907: Union. (11 S.) 8° ¶[Aus: Zeitschrift f. Geburtshilfe u. Gynäkologie Bd 61.]
München, Med. Fak., Ref. v. Winckel, Diss. v. 13. April 1908
[Geb. 17. Mai 78 München; Wohnort: München; Staatsangeh.: Bayern; Vorbildung: Wilhelms-Gymn. München Reife Juli 96; Studium: München 14 S.; Coll. 13. April 08; Approb. 31. März 08.]

Rothlauf, Leo: Ueber gemischte Kohlensäureester, deren Verhalten beim Erhitzen und ein neues Verfahren zur Alkylierung von Phenolen. München 1910: (Bornschein, Schongau). 73 S. 8°
München, Phil. Diss. v. 23. Mai 1910, Ref. v. Baeyer
[Geb. 4. April 77 München; Wohnort: München; Staatsangeh.: Bayern; Vorbildung: Wilhelms-Gymn. München Reife Juli 95; Studium: München 11 S.; Rig. 23. Mai 10.] [U 11. 3842

Röthlein, Ant., Gedächtniß-Uebungen zur Bildung des Verstandes u. Veredelung des Herzens. Eine Sammlung kleiner Sätze, Sprüche u. Sprüchwörter u. s. w. 1. u. 2. Bdchn. 2. Aufl. 8. (5⅓ B.) Würzburg 845, Voigt u. Mocker. à

— dass. 3. u. 4. Bdchn. 8. (6⅛ B.) Ebds. 845. à

Roethler, Gustav, a. Gotha: Aus d. Syphilido-Klinik in Würzburg. Ein Fall von multipler neurotischer Hautgangraen. Würzburg 1907: F. Freudenberger. (21 S.) 8°
Würzburg, Med. Fak., Ref. v. Leube, Diss. v. 22. Juli 1908
[Geb. 26. Mai 84 Gotha; Wohnort: Würzburg; Staatsangeh.: Preußen; Vorbildung: Gymn. Gotha Reife O. 02; Studium: Würzburg 5, Berlin 3, München 1, Würzburg 1 S.; Coll. 10. Juli 07; Approb. 10. Juni 07.]

Rothleuthner, Wilhelm, Die alten Localmasse u. Gewichte nebst den Aichungsvorschriften bis z. Einführung des metrischen Mass- u. Gewichtssystems und d. Staatsaichämter in Tirol und Vorarlberg. 8. 157 S.) Innsbruck, Wagner'sche Univ.-Buchhandlung. 1 fl. 20 kr. 4183.

Rothlieb, Johannes, s. J. D. Wallin, Predigten.

Röthlisberger, E[mil]. Die Probevermessungen im Kanton Bern. Vortrag gehalten an der IV. Jahresversammlung des Vereins Schweiz. Konkordatsgeometer 21. u. 22. Mai 1905 in Bern. (Separat-Abzug aus der Zeitschrift des V' Schweiz. K'. [Jahrg. 3, 1905, Nr. 6 u. 7.]) II + 17 S. 8. [Winterthur, Geschwister Ziegler.]

Röthlisberger, Emma

Röthlisberger, Frl., die Herstellg. v. Konserven, s.: Grütter, Julie.

Röthlisberger, Frl. E., die Herstellung v. Konserven, s.: Schultheß.

Röthlisberger, Ernst. Der Arbeiterschutz. Vom internationalen Standpunkt aus beleuchtet. Separatabdruck aus der « Helvetia », politisch-literarisches Monatsheft der Studentenverbindung H' [Jahrg. 23, Nr. 7/8]. 24 S. 8. [Bern, Büchler & Co., 1904.]

Röthlisberger, E., Die Bernische Arbeitslosenversicherung. 8°. Bern 1894.

Geistiges Eigentum und Geistige Produktion in der Schweiz. Von Prof. Ernst **Röthlisberger.** (Vorr.: Félix Bonjour.) *Bern: Komm. Schmid & Francke 1898.* (VII, 120 S.) 1 Bd 8.
(Verein der schweizerischen Presse.) 98. 9048

El Dorado. Reise- u. Kulturbilder aus d. südamerikan. Columbien v. Prof. Ernst **Röthlisberger.** M. vielen Ill. *Bern: Schmid & Francke 1898.* (XIV S., 1 Bl., 306 S., 3 Taf.) 1 Bd 8. 98. 10264

Röthlisberger, Ernst, s. a. Gesetze üb. das Urheberrecht.

Röthlisberger, Ernst: Gesetze über das Urheberrecht in allen Ländern nebst den darauf bezüglichen internationalen Verträgen und den Bestimmungen über das Verlagsrecht. 2. Aufl. Leipzig 1902

Röthlisberger, Ernst. Die Neue Genfer Konvention vom 6. Juli 1906. Von Prof. E' R', Generalsekretär der Genfer Revisionskonferenz. [Mit 4 Tafeln. Hrg. vom Schweizerischen Roten Kreuz.] 91 S. 8. Bern, A. Francke, 1908. [fr. 1. 50]
Der Ertrag dieser Broschüre fällt dem schweiz. R' Kr' zu.

Röthlisberger, E., schriftstellerische Postulate zur Revision der Berner Konvention vom 9. Septbr. 1886. [Aus: „Deutsche Presse".] gr. 8. (26 S.) Berlin 893. C. Heymanns Verl. n. — 50

Röthlisberger, E[rnst]. Geistige Produktion. Sonderabdruck [aus:] Handwörterbuch der Schweizerischen Volkswirtschaft, Socialpolitik und Verwaltung. Hrg. von Dr. jur. N[aum] Reichesberg.... II S. + S. 203–211. 8. Bern, Verlag Encyklopädie, 1904.

Röthlisberger, Ernst. De la propriété littéraire et artistique en matière de presse par Ernest Röthlisberger ⟨Berne⟩. [Rapport présenté au] 8e Congrès international de la Presse, Berne, juillet 1902. 18 p. 8. [Berne, H. Jent.]

Röthlisberger, Ernst. Reise nach Bogotá. Hauptstadt der südamerikanischen Republik Colombia. [A.] 8. [Bern 1888.]

Röthlisberger, Ernst. Der interne und der internationale Schutz des Urheberrechts in den verschiedenen Ländern mit besonderer Berücksichtigung der Schutzfristen, Bedingungen und Förmlichkeiten übersichtlich dargestellt von Prof. Ernst Röthlisberger, Bern. 44 S. 4. Leipzig, Geschäftsstelle des Börsenvereins der Deutschen Buchhändler, 1901. [M. 3. —]

Röthlisberger, Ernst. **Der interne und der internationale Schutz des Urheberrechts in den verschiedenen Ländern, mit besonderer Berücksichtigung der Schutzfristen, Bedingungen und Förmlichkeiten übersichtlich dargestellt von Prof. E' R', Bern. 2. umgearb. und ergänzte Aufl. VIII + 116 S. 8. Leipzig, Börsenverein der Deutschen Buchhändler, 1904. [M. 3. —]**

Röthlisberger, Ernst. Die Sonder-Literarverträge des Deutschen Reiches, ausgelegt von Prof. E' R', Bern. VIII + 136 S. 8. Bern, A. Francke, 1909. [fr. 3. 75]

La statistique internationale des œuvres littéraires. Par Ernest **Röthlisberger,** Secrét. des Bureaux internat. *Berne: Impr. K. Staempfli & C. 1893.* (54 S., 3 Bl.) 1 Bd 8. 96. 11630

Röthlisberger, Ernst. Ein Streifzug in die Llanos von San Martin. Vortrag. SA. 8. [Bern 1893.]

Röthlisberger, Ernst. Südamerikanische Streitfragen zu Ende des XIX. und Beginn des XX. Jahrhunderts. (Separatabdruck aus der « Helvetia », politisch-literarisches Monatsheft der Studentenverbindung H' [Jahrg. 22 u. 23, 1903 u. 1904].) II + 54 S. 8. Bern, Buchdr. Büchler & Co. — *Aufdruck:* A. Francke, Verlags-Cto., Bern —, 1904. [fr. 1. —]

Röthlisberger, Ernst, die Berner Uebereinkunft zum Schutze von Werken der Literatur u. Kunst u. die Zusatzabkommen. Geschichtlich u. rechtlich beleuchtet u. kommentiert. (V, 362 S.) gr. 8. Bern 906. A. Francke. n. 6. —

— Urheberrecht u. Zeitungsinhalt, s. a. Abhandlungen zum schweizerischen Recht.

Röthlisberger, Ernst. Urheberrecht und Zeitungsinhalt. IV + 84 S. 8. Bern, Stämpfli & Cie., 1908. [fr. 2. —]
Abhandlungen zum schweizerischen Recht, hrg. von Dr. Max Gmür, Professor.... Heft 27.

Röthlisberger, Ernst. Zeit- und Streitfragen betreffend das Urheberrecht an Photographien. Von Prof. Ernst Röthlisberger. (Sonderdruck aus dem Börsenblatt für den deutschen Buchhandel, 1901, Nr. 251, 253, 254.) II + 12 S. 4. (Leipzig, Ramm & Seemann.)
(Ausarbeitung eines am 15. April 1901 in der bernischen Kunstgesellschaft gehaltenen Vortrages.)

Röthlisberger, G., s. Röthlisberger, Emma

(Röthlisberger, Manuel.) Der Kampf um den Pressartikel bei Anlass der Revision des Obligationenrechtes. Sonderabdruck aus Nr. 5 ⟨1910⟩ der «Helvetia», politisch-literarisches Monatsheft der Studentenverbindung Helvetia. 12 S. 8. Bern, Büchler & Co. (1910).

Röthlisberger, Manuel. Die modernen technischen Unternehmungen im Wallis. Sonderabdruck aus [Jahrg. 28,] Nr. 4/5 [u. 6] ... der «Helvetia», politisch-literarisches Monatsheft der Studentenverbindung H' 22 S. 8. Bern, Büchler & Co., [1909].

Roethlisberger, Paul. Über die Bedeutung des Badener Thermalwassers bei der Gicht. Vortrag, gehalten an der 6. Jahresversammlung der Schweizerischen Balneologischen Gesellschaft in Davos, Oktober 1905. Separatabdruck aus Heft 2 der Annalen der Sch' B' G'. II + 18 S. 8. Aarau, H. R. Sauerländer & Co., [1906].

Roethlisberger, [Paul]. Einige Betrachtungen über die Natur und den Thermalkurerfolg sämtlicher im Verlaufe der Saison 1903 von mir behandelten und nachbehandelten Ischiasfällen. [Von] Dr. med. R', Baden, Schweiz. Sonder-Abdruck aus dem Archiv für physikalisch-diätetische Therapie in der ärztlichen Praxis.... Jahrg. 7. Nr. 2. 1905 Februar 15. 9 S. gr.-8. Berlin, M. Richter.

Roethlisberger, P[aul] Neue Gesichtspunkte über Wesen und Behandlung der Gicht Sonder-Abdruck aus Archiv für Verdauungs-Krankheiten Bd. 12. H[eft] 3 S. 223-247 8. Berlin, S. Karger, [1906].

Roethlisberger, Paul. Zum Studium der kohlensäurehaltigen Chlornatrium-Schwefel-Thermen von Baden (Schweiz). Vortrag gehalten an der zweiten Jahresversammlung der schweizerischen balneologischen Gesellschaft in Baden am 13. Oktober 1901. Sonderabdruck aus der «Zeitschrift für diätetische und physikalische Therapie» 1901/1902 Band 5. Heft 8.... II + 12 S. 8. Leipzig, Georg Thieme.

Roethlisberger, Paul. Zum Studium der kohlensäurehaltigen Chlornatrium-Schwefel-Thermen von Baden (Schweiz). Vortrag, gehalten an der 2 Jahresversammlung der Schweizerischen Balneologischen Gesellschaft [am 13. Oktober 1901 in Baden. Mit Figuren. Sep.-Abdr. aus: Annalen der Sch' B' G', Heft 1] II + 39 S. 8. Aarau, H R Sauerländer & Co., [1905].

Geschichte der Königlichen Kriegsschule Glogau (Erfurt) zur Jubelfeier ihres 50jährigen Bestehens 1909 zsgest. von **Rothmaler**, Hauptm Glogau 1909 Flemming 92 S. 8° [illegible]

Rothmaler, Geschichte der königl. Kriegsschule Glogau (Erfurt) zur Jubelfeier ihres 50 jährigen Bestehens 1909. Im Auftrage des Kommandeurs zusammengestellt. (92 S. m. Abb., 1 farb. Karte u. 1 farb. Plan.) gr. 8. Glogau 909. (Hellmann.) Geb. in Leinw. nn 4.25

Rothmaler, Adolf

Rothmaler, A Carmen lugubre in obitum Caroli Aemilii Thomae collegae – Nordhausen Progr 1871

Rothmaler, A Emendationum Ovidiarum specimen 11 S – Nordhausen, Progr 1871

Rothmaler [illegible] Berlin, Phil Diss v [illegible] Mai [illegible]

Rothmaler, Adf., de Horatio verborum inventore. Dissert. inaug. Berlin 862. (Nordhausen, Haacke.) 8. (47 S.) 6 ngr.

Rothmaler Orestis tragoedia (ignoti poëtae Latini) emendatur 30 S – Nordhausen, Progr 1865

Rothmaler, Adf., Orestis tragoedia. Nordhausen 865. Haacke. 4. (30 S.) 7½ ngr.

Rothmaler, Aug. Botho. Cohortatio ad discipulos classis secundae superioris. 23 S.
Nordhausen, Progr. 1854

Rothmaler. A. B. Dissertatio de religionis doctrina in gymnasiis coram superiorum classium discipulis tradenda. 18 S. .
Nordhausen, Progr 1842

Rothmaler, A. B. Ueber d Unterr. in d. Philos. auf Gelehrten-Schulen. 29 S.
Progr. Nordhausen 1832

Rothmaler, Carl Wilhelm Adolf, s. Rothmaler, Adolf

Rothmaler, Christoph Johann von (Stolberg) A. S. 771/32

Dissertatio juris ecclesiastici, de conjuge bona gratia divertente. Präs. Tobias Jakob Reinhardt. Erfurt (Grosch) 13. III. 1716. 23 S. 29353

Rothmaler, Huld. Sigm., orator. Baumschule, worin Leichenabdankungen rc. 2 Thle. 8. Lpz. 711–13.

— stolberg. Gartenbau in allerhand Priestersermonen. 8. Lpz. Weidmann. 713.

Rothmaler, Joh. Aug. Karl, christl. Epistelpredigten, vor e. Landgemeinde geh., e. vollständ. Samml. f. alle Sonn- u. Festtage d. christl. Kirchenjahres. 2 Thle. gr. 8. (56½ B.) Sondershausen 838, Eupel.

Rothmaler, J. A. K., Erinnerung an einen theuren Entschlafenen, weil. Hrn. Hospitalpfarrer Bernh. Pröller. Erfurt 855. Keyser. gr. 8. (15 S.) nn. 2½ ngr.

Rothmaler, Joh. Aug. Carl, christl. Evangelienpredigten, vor einer Landgemeinde gehalten, eine vollständ. Sammlung f. alle Sonn- u. Festtage des christl. Kirchenjahres. 2 Thle. gr. 8. (62¼ B.) Sondershausen 844, Eupel.

Thl. 1. Die Predigten vom 1. Advent bis zum Trinitatisfeste.
" 2. Die Predigten der Trinitatissonntage u. der kleineren Festtage enthaltend.

—— Gedächtnißpredigt auf den in Gott ruhenden hochsel. König v. Preußen Friedrich Wilhelm III. gr. 8. (1 B.) Sondershausen 840, Eupel.

— Rede bei der Proselyten-Taufe des Hrn. Paul Stephan Cassel in Erfurt am 2. Pfingsttage, 28. Mai, 1855 in Büßleben, bei Erfurt, gehalten und zum Andenken für ihn und seine zahlreichen Freunde herausg. Ebend. 855. gr. 8. (11 S.) nn. 2½ ngr.

Rothmaler, Karl Wilhelm Adolf, s. Rothmaler, Adolf

Rothmaler, Ludwig A. S. 304/10

De secularisatione bonorum ecclesiasticorum, ex jure divino et humano, praesertim instrumentum pacis acnovissismis imperii constitutionibus.
Präs. Erich Mauritius.
Strassburg (Dulssecker) 1724. S. 416-460.
Diss. Kiel 1. X.
W. v. Präs. 29356

Rothmaler, Otto [app. Arzt aus Sangerhausen]: Aus d. Laboratorium d. pharmakognost. Sammlung in Kiel. Über die Wirkungskraft von Strychnin und Brucin ... Kiel, Druck v. A. F. Jensen, 1893; 24 S. 8.
Kiel, Med. Fak., Inaug.-Diss. v [20. März] 1893

Rothman, Armin. Patho-Histologie der Zahnpulpa u. Wurzelhaut. Gekrönte Preisschrift der königl. ung. Universität zu Budapest. Mit 16 lith. Taf. Lex.-8. (VI, 74 S.) Stuttg. 889, Enke. 6 —

Rothmann, Albert, a. Kreuznach (Rheinprov.): Zur Kenntnis der Dihydropyridinderivate. Heidelberg 1904: J. Hörning. (43 S.) 8°
Heidelberg, Naturw.-math. Fak., Ref. Curtius, Diss. v. 3. Nov. 1904
[Geb. 6. April 79 Kreuznach; Wohnort: Kreuznach; Staatsangeh.: Preußen; Vorbildung: Oberrealschule Wiesbaden Reife O. 99; Studium: Lausanne 1, Heidelberg 7 S.; Rig. 18. Mai 04.]

Rothmann, Armin, s. Rothman

Rothmann, Bernard, (geb. Wongrowitz in Posen 24. 8. 1833): De pyo-pneumothorace. Berolini (1858. 34 S.) 8°
Berlin, Med. Diss. v. 27. März 1858

Rothmann's, Bernh., Schriften. Herausg. von C. W. H. Hochmuth. I. (Heft.) Von verborgenheit der Schrifft des Rickes Christi vnd von dem dage des Herrn. Gotha 857. F. A. Perthes. gr. 8. (IV, 100 S.) n. 16 ngr.

Rothmann's, Bernh., Schriften. Hrsg. von C. W. H. Hochhuth. I. (Heft): Von verborgenheit der Schrifft des Rickes Christi vnd von dem dage des Herrn. gr. 8. (IV und 100 S.) Gotha 858, F. A. Perthes. *

Rothmann, Bernh., des münsterschen Wiedertäufers, zwei Schriften. Bearb. von Heinr. Detmer u. Rob. Krumbholtz. Mit e. Einleitg. üb. die zeitgeschichtl. Verhältnisse. (LXX, 132 S.) gr. 8. Dortmund 904. F. W. Ruhfus. n. 4. —

Rothmann, Carl, s. Rothmann, Karl

Rothmann, Ferd. (geb. Munster in Westf. 21. 5. 1843): De coxarthrocace. Berolini [o. J.] (32 S.) 8°
Berlin, Med. Diss.
nachgeliefert v. dem am 16. Juni 1866 auf Grund gedruckter Thesen promov. Verf.

Rothmann, Frid. Ludov. (geb. [illegible] 1798): De aquae [illegible] efficacia. Berolini (1823. 31 S.) 8°
Berlin, Med. Diss. v. 12. Dez. 1823

Rothmann, G.

Rothmann: Demosthenes der Patriot und seine Rednergabe. Charakterbild griechischen Lebens. 14 S.–Torgau. Progr. 1867

Rothmann, Henricus Gustavus Ludovicus: De enchondromate. Halis Saxonum (1855): Ploetz. 24 S. 8°
Halle-Wittenberg, Med. Diss. v. 21. Nov. 1855
Geb. Eisleben 18. 9. 1830. V.

Rothmann, J. G.

— **Beiträge z. Einführung in d. Verständnis d. griech. Tragoedie. I. Ueb. griech. Theaterwesen. — II. Eine Theatervorstell. im alten Athen. 1868. 40 S.** 1.—

Rothmann, J. G., Beiträge zur Einführung in das Verständniss der griechischen Tragödie. Zwei Vorlesungen. Leipzig 863. Teubner. gr. 8. (40 S.) 7½ ngr.

Rothmann Enarrationis de poetar. tragicor. ap. Graecos principibus Part. I. 12 S. . . . .
Torgau, Progr. 1836

Rothmann, J. G. Enarrationis de poetarum tragicarum apud Graecos principibus Part. II. 12 S. . . .
Torgau, Progr. 1843

Rothmann, Enarrationis de poetarum tragicorum apud Graecos principibus particula altera. Pr. 1845. 12 S. 4°. 1.—

— **Zwei Proben aus einer Vorschule zur griechischen Tragödie. (Begriff u. Wesen d. tragisch. Poesie. — Aufführ. d. Tragöd.) Pr. 1844. 16 S. 4°.** 1.—
Torgau

Rothmann. Das Theater-Gebäude zu Athen. 18 S. mit 3 Lithographien.
Torgau, Progr. 1852

Rothmann, J. G., das Theatergebäude zu Athen nebst 3 lith. Abbildungen. Ein Beitrag zum Studium d. griech. Tragödie. gr. 4. (20 S.) Torgau 852, Wienbrack. n. ⅓ ₰

Rothmann, Joachim, approb. Arzt aus Wongrowitz: **Über das Vorkommen von Hydrocele bei Kryptorchismus.** ***Kiel 1901: H. Fiencke.*** (23 S.) 8°
Kiel, Med. Diss. v. [28. Nov.] 1901

Rothmann, Karl

Rothmann, Carl [Gerichtsref.]: Ortskrankenkasse und freie Hülfskasse, ihre gegenseitigen Vortheile und Nachtheile ... Kreuznach, Druck v. F. Harrach, *1896;* 38 S., 1 Bl. 8.
Erlangen, Jur. Fak., Inaug.-Diss. v. 1896

Rothmann, C., Ortskrankenkasse u. freie Hülfskasse, ihre gegenseitigen Vorteile und Nachteile. 8⁰. Kreuznach 1897.

Rothmann, Max, Ernst v. Leyden's Bedeutung f. die Ausbildung der Uebungstherapie bei Erkrankungen des Centralnervensystems. gr. 8. (8 S.) Berlin 902. J. Goldschmidt. n. 1. —
Sonderabdruck aus: „Deutsche medicinische Presse".

Rothmann, Max [aus Berlin]: **Über die Leukoplakia lingualis et buccalis in ihrem Zusammenhang mit Carcinom. . . . Berlin, Buchdr. v. Gustav Schade (Otto Francke) (1889); 31 + 1 S. 8°**
Berlin, Med. Fak., Inaug.-Diss. v. 23. Aug. 1889

Rothmann, [illegible] De [illegible]. [illegible] 32 S. [illegible]
Berlin, Med. Diss. v. [illegible] März 1856

Rothmann, Salomon [app. Arzt aus Wongrowitz]: **Ein Fall von cystischem Endotheliom der maennlichen Brust. . . . Würzburg, Becker's Univ.-Buchdr., 1891; 17 S. 8°**
Würzburg, Med. Fak., Inaug.-Diss. v. 1891

Rothmantel, der, von Rummelsburg. Eine romantische Geistergeschichte der grauen Vorzeit. Dem Volke erzählt von V. Dom. gr. 16. (48 S.) Urfahr-Linz 877. Kraußlich. — 20

Rothmantel, Elias, die Kunst, ein vortreffliches baierisches Bier zu brauen. Nebst Anweisung, ein delicates Champagner-Bier u. Kartoffel-Bier zu bereiten rc. 12. Leipzig 844, Berger's Buchh. ½ ₰

Rothmäntelhauptmann, der, v. Aug. Braun, mit K. 8. Wien. (Leipz. H. Richter.) 814.

Roth- u. Schwarz-Mäntler, d. deutschen, eine Seiten-Patrouille zu d. französ. schwarzen u. weißen Jakobinern. 1s u. 2s Hft. 8. Neubrandenb., (Leipz., Wienbrack). 12 gr.

Rothmayr, Julius. Essbare und giftige Pilze der Schweiz (*Umschlag:* Die wichtigsten P' der Sch' für die Volksernährung). Für das Volk hrg. von J' R', Luzern. Mit 43 Pilzgruppen nach der Natur gemalt von Kunstmaler Georg Troxler, Luzern und auf neuestem, photomechanischem Wege reproduziert.... Mit deutschen, französischen und lateinischen Bezeichnungen nebst deren Synonymen. [Mit Vignetten und 40 Tafeln.] 80 S. 8. Luzern, Selbstverlag des Herausgebers — *Aufdruck:* E. Haag, Buchh. —, 1909. [fr. 3. —]
Rückseite der Tafeln mit erklärendem Text.

Rothmayr, Julius. Essbare und giftige Pilze des Waldes. Für das Volk hrg. von J' R', Luzern. Mit 43 Pilzgruppen nach der Natur gemalt von Kunstmaler Georg Troxler, Luzern und auf neuestem photomechanischem Wege reproduziert .... Mit deutschen, französischen und lateinischen Bezeichnungen nebst deren Synonymen. [Mit Vignetten und 40 Tafeln.] 2. Aufl. ⟨4.—7. Tausend.⟩ 80 S. 8. Luzern, E. Haag, 1910. [fr. 3.—]
Rückseite der Tafeln mit erklärendem Text.

Rothmiller, Nikol., der katholische Gottesdienst. Ein Lehr- und Gebetbuch, worin der ganze katholische Gottesdienst gemeinfaßlich beschrieben und erklärt wird und die kirchl. Andachten und Gebete enthalten sind. 8. (X und 762 S.) Schaffhausen 854, Hurter'sche Buchh.

Rothmiller, Nikolaus —. Der katholische Gottesdienst. Zum Gebrauche an katholischen Lehranstalten, beschrieben und erklärt von — —. Innsbruck, 1856. Druck und Verlag der Wagner'schen Buchhandlung. (X. 240 S. 8.)

Rothmiller, Nik., und J. C. **Mitterrutzner**, immerwährender katholischer Hauskalender. Ein vollständ. Hausbuch für kathol. Familien. Mit einer Vorrede des Fürstbischofs Vincenz von Brixen. 2. verm. und verb. Aufl. Mit vielen schönen Holzschn. 1.—15. Lfg. gr. 4. (1. Bd. VIII, 774 S.; 2. Bd. S. 1—424 mit Holzschntaf. in gr. 4. und qu. Fol.) Innsbruck 869—75, Wagner'sche Universitäts-Buchh. à Lfg. 70 Pf.

Rothmiller, Nik., und J. C. **Mitterrutzner**, immerwährender katholischer Hauskalender. Ein vollständiges Hausbuch fur kathol. Familien. Mit einer Vorrede des Fürstbischofs Vinzenz von Brixen. 2. verm. und verb. Aufl. Mit vielen schönen Holzschn.(-Taf.). 16. (Schluß-)Lfg. gr. 4. (2. Bd. S. 425—552 und Hauschronik 64 S.) Innsbruck 876, Wagner'sche Universitäts-Buchh.
1.—15. Lfg. Ebendas. 1869—75. à 70 Pf.

Rothmund, Alfred: **Fälle von congenitaler Verlagerung der linken Niere.** *Würzburg 1897: P. Scheiner.* (24 S. mit Taf.) 8°
Würzburg, Med. Diss. v. 1897

Rothmund, August von

Rothmund, A., üb. Behandlung d. Hornhaut-Geschwüres, s.: Mittheilungen u. Auszuge aus dem ärztl. Intelligenzblatt.

Rothmund jun., A. v., casuistischer Beitrag zur Lehre von der sogen. sympathischen Augenentzündung, s. Festschrift zur Feier des 300jähr. Bestehens der Julius-Maximilians-Universität.

Rothmund, Aug., Beiträge zur künstlichen Pupillenbildung. Eine Abhandlung. München 855. Kaiser. gr. 8. (46 S.) n. 12 *ngr.*

ROTHMUND, August (Volkach): Ueber die Exarticulation des Unterkiefers.- München: Kaiser 1853. 40 S., Taf.
27.7.1853 - Urk (Titel: De exarticulatione mandibulae.); F 68
Diss. Ingolst.-Landsh.-Mchn.

—— die Exarticulation des Unterkiefers. Inaugural-Abhandlung. Lex.-8. (40 S. mit 1 Stnt. in qu. Imp.-4.) München 853, Kaiser.

— über Radical-Operation beweglicher Leistenbrüche. Mit 8 (lith.) Kpfrtaf. (in 4.). München 853. Kaiser. gr. 8. (2 Bl., 172 S.) n. 1 *rf.* 15 *ngr.*

Rothmund, A. v., üb. den gegenwärtigen Standpunkt der Lehre v. den infektiösen Erkrankungen d. Auges, s.: Zur Aetiologie der Infectionskrankheiten.

—— über den Staat. Ein Vortrag im Münchener Volksbildungsverein gehalten. gr. 8. (12 S.) München 876, Th. Ackermann. *

Rothmund, Carl, s. Rothmund, Karl

Rothmund, F. Th., Referat über chirurgische Instrumente, s. Bericht der Beurtheilungs-Commission zu München.

Rothmund, *Ferdinand* [Prof.]: Festgruss zum 29. April 1852/1892. (Gedicht z. 40jähr. Reg.-Jub. d. Grosshzgs Friedrich v. Baden.) Karlsruhe, Buchdr. v. Malsch & Vogel, 1892; S. 4. 4.
Karlsruhe, R m. Fachkl. f. Kaufleute, MP 1892 (616)

Fr. Christoph Rothmund

Fr. Christ[ophorus] Rothmund: De Oscitatione. Wirceburgi 1824: Becker. 44 S. 8°
Würzburg, Med. Diss. v. 1824

Rothmund, J[ulius] A[lfred]. Zum Andenken an Wilheim Niedermann, Pfarrer in Oberuzwil, geboren den 26. November 1845, gestorben den 5. April 1906. Den trauernden Hinterlassenen gewidmet von J. A. R'.... [Mit 1 Porträt-Tafel.] 24 S. 8. (Zürich, Zürcher & Furrer, 1906.)

Rothmund, Karl

Rothmund, Carl, pract. Arzt in Mannheim: **Controlle der Pavy'schen Methode für die quantitative Zuckerbestimmung, nebst einem Beitrag zur normalen Reduktionskraft des Harnes.** *Heidelberg 1903: K. Rößler.* (32 S.) 8°
Heidelberg, Med. Diss. v. 1903

Rothmund, Viktor, u. A. Burgstaller

— — Über die Bestimmung von Ozon und Wasserstoffperoxyd (mit 1 Textfigur). S. 122. Hb. 75 . . . . . vgr.
Separatabdruck

Rothmund Viktor, Dr.: Über die Einwirkung des Acetons auf Alkalisalze. S 114. Hb. 1083 vgr.
Separatabdruck

— und Burgstaller A.: Über die Geschwindigkeit der Zersetzung des Ozons in wässeriger Lösung (mit 1 Taf. und 2 Textfiguren). S. 122. Hb. 47 . . . . . vgr.
Separatabdruck

Rothmund, Victor: **Die gegenseitige Löslichkeit von Flüssigkeiten und der kritische Lösungspunkt. M. 17 Fig. im Text.** *Leipzig: W. Engelmann 1898.* (64 S.) 8° ¶ (Aus: Zeitschrift für physikalische Chemie, Bd 26 H. 3.)
München, Phil. Hab.-Schr. v. 1898
(Nicht für den Austausch)

Rothmund, V., Löslichkeit u. Löslichkeitsbeeinflussung, s.a. Handbuch der angewandten physikal. Chemie. 7. Bd.

Löslichkeit und Löslichkeitsbeeinflussung von Dr. V(iktor) **Rothmund**, Prof., Prag. Mit 65 Fig. Leipzig: J. A. Barth 1907. (XI, 196 S.) 4°(8°)
— Handbuch d. Angewandten Physikal. Chemie. Bd 7. (07. 4630

Rothmund, Victor [aus München]: **Die Potentialdifferenzen zwischen Metallen und Elektrolyten ... (Aus: Zeitschr. f. physik. Chem., Bd XV.) Leipzig, W. Engelmann, 1894; 36 S. 8.**
München, Phil. Fak.. Inaug.-Diss. v. 1894

Rotholz, Jul., der kleine Rechenanwalt. Prakt. Hilfe f. alle vorkomm. Berechngn. in Haus u. Hof, Kontor u. Werkstatt. 8. (IX, 55 S.) Berlin 897. Ullstein & Co. n. — 60

Rotholz', W., Geld-, Bank- u. Börsenwesen. Praktischer Ratgeber f. den Verkehr m. der Bank u. m. der Börse. Mit vielen in den Text gedr. Beispielen u. in gemeinverständl. Darstellg. 2. neubearb. u. erweit. Aufl. v. Frz. Böttger. (Moderne kaufmänn. Bibliothek.) (VIII, 185 S. m. Abb.) 8. Leipzig (910). Verlag der modernen kaufmänn. Bibliothek. Geb. in Leinw. 2. 75

Rotholz, Wilh., praktische Wechselkunde. Bearb. auf Grundlage der deutschen u. österreich. Wechselordng. Mit 33 in den Text gedr. Beispielen u. m. Streiflichtern auf die wichtigsten ausländ. Wechselgesetzgebgn. Zum Schulgebrauch u. zum Selbstunterricht. Mit e. Anh.: „Vorschläge zur Vereinfachg. des Wechseltextes u. zur Schaffg. e. internat. Wechselrechtes". (Sammlung kaufmänn. Lehrbücher.) gr. 8. (XV, 76 S.) Leipzig (899). Dr. L. Huberti. Geb. in Leinw. n. 2. 75

Rotholz, Wilh., die europ. u. die wichtigsten aussereurop. Wechsel-Stempel-Gesetze m. bes. Berücksicht. Österreich-Ungarns. M. f. Kronen-Stempel berechn. Hilfs-Tabellen zur Bestimmg. der österreich. Stempels f. auf fremde Währgn. laut. Appoints u. e. Anh.: Ueber Devisen-Transitostempel-Arbitrage. 8. (VIII, 64 S.) Wien 898. A. Hartleben. Geb. n. 2. —

Rothpletz, A., s. Rothpletz, August

– s. Rothpletz, Karl August

Rothpletz, Anna

Rothpletz, ..., geb. Maiß, s. a. Rosalie Müller.

LEIDEN, Die, und Freuden einer Badereise (von *Anna Rothpletz*, geb. *v. Meiss*). Zürich 1830. 8⁰. 367 S. (6 Mk. Hugo Streisand, Berlin, 1908, welcher „J. M. Hauber" als Vf. nennt.)
Anon.-Lex. III. p. 43 (nach Anz. f. Bibliothekswiss., Kayser u. Engelmann).

Rothpletz, Rosalia, geb. v. Meiß, der Vorabend des Weihnachtsfestes s. a. Verein f. Verbreitung guter Schriften. Bern.

Rothpletz, (Anna). Der Vorabend des Weihnachtsfestes. Von Rosalia R', geb. v(on) Meiss. [Mit illustriertem Titel.] IV + 76 [+3] S. 8. Bern, Verein für Verbreitung guter Schriften (**Innentitel:* Haller'sche Buchdr.), Dezember 1909. fr. —. 15
Verein für Verbreitung guter Schriften. Bern, Nr. 75.

Rothpletz, Arnold. med. pract. von Aarau (Kt. Aargau): Beiträge zur Symptomatologie & Therapie der penetrirenden Gelenkwunden. (Nach Erfahrungen aus der Züricher Klinik in den Jahren 1881—1885.) Zür. F. Lohbauer Dr. 1886. 68 S., 2 Tab. 8⁰.
Zürich. Med. Diss. [v. 22. Nov. 1886].

Rothpletz, Aug., über Algen u. Hydrozoen im Silur v. Gotland u. Oesel. (Kungl. svenska vetenskapsakademiens handlingar. 43. Bd. Nr. 5.) (25 S. m. 6 Taf.) 31,5×25,5 cm. Uppsala 908. (Berlin, R. Friedländer & Sohn.) nn 3. —

Rothpletz, A., geologische Alpenforschungen. I. Das Grenzgebiet zwischen den Ost- u. West-Alpen u. die rhaet. Ueberschiebg. Mit 69 Fig., 4 Einlagen u. 1 Farbentaf. gr. 8. (VIII, 176 S.) München 900. J. Lindauer. n. 8. —

Rothpletz, Aug., geologische Alpenforschungen. II. Ausdehnung u. Herkunft der rhaet. Schubmasse. (VIII, 261 S. m. 99 Fig. u. 1 Karte.) gr. 8. München 905 J. Lindauer. n. 12. — (I u. II: n. 20. —

— Geologische Alpenforschungen. III. Die Nord- u. Süd-Ueberschiebgn. in den Freiburger Alpen. (IV, 130 S. m. 17 Fig. u. 7 Karten.) gr. 8. München 908. J. Lindauer. 12. —
I u. II. 900. 905. 20.—.

Meine Beobachtungen über den Sparagmit und Birikalk am Mjösen in Norwegen. Von A[ugust] **Rothpletz**. Mit 2 Taf. Vorgetragen 1910. München: Akad. 1910. 66 S. 8⁰
(Sitzungsberichte d. Kgl. Bayer. Akad. d. Wiss. Math.-physik. Kl. Jg. 1910, Abh. 13.) [11. 774] 3

Rothpletz. A. Der Bergsturz von Elm. 1881.

— über eigenthümliche Deformationen jurassischer Ammoniten durch Drucksuturen u. deren Beziehungen zu den Stylolithen. gr. 8. (S. 3—32 m. 1 Abbildg.) München 900. (G. Franz' Verl.) n. — 60
Sonderabdruck aus: „Sitzungsber. d. bayer. Akad. d. Wiss."

Rothpletz (A.), Das Diluvium um Paris und seine Stellung im Pleistocän. (Denkschr. d. schweizer. Ges. f. d. ges. Naturwissensch. Band XXVIII, Abth. II. 1881.) Basel, Genève und Lyon 1881. 4.

Rothpletz, A., das Diluvium um Paris und seine Stellung im Pleistocän. gr. 4. (132 S. mit 3 lithogr. Taf.) Basel 881, (Georg.) ** 6 40
Aus: Neue Denkschriften der allgemeinen schweizer. Gesellschaft für die gesammten Naturwissenschaften, besonders abgedruckt.

— Ueber die Einbettung der Ammoniten in die Solnhofener Schichten. (S. 311—337 m. 2 Taf.) Lex. 8. München 909. G. Franz' Verl. 1. 20
Sonderabdr. aus: „Abhandlgn. d. bayer. Akad. d. Wiss."

Rothpletz (A.), Die Flora und Fauna der Culmformation bei Hainichen in Sachsen. (Sep.-Abdr. d. 3. Gratisbeilage des „Botanischen Centralblattes" 1880.) (Ohne Druckort.) 8. Mit 3 Tafeln.

— geologischer Führer durch die Alpen, s. a. Sammlung geologischer Führer.

Rothpletz, A[ugust]. Geologischer Führer durch die Alpen. I: Das Gebiet der zwei grossen rhätischen Ueberschiebungen zwischen Bodensee und dem Engadin. Mit einundachtzig Figuren im Text. XIV + 258 S. 8. Berlin, Gebrüder Borntraeger, 1902. [geb. M. 4. —]
Sammlung geologischer Führer [Band] 10.

Rothpletz. A. Zum Gebirgsbau der Alpen beiderseits des Rheines. 1883.

Gedächtnisrede auf Karl Alfred v. Zittel ... von August **Rothpletz**. München: Akad. d. Wiss. 1905. (23 S.) 4⁰ [u6. 810] 3

— **Gedächtnisrede auf Karl Alfred v. Zittel, geh. in der öffentl. Sitzg. der k. b. Akademie der Wissenschaften zu München zur Feier ihres 146. Stiftungstages am 15. III. 1905. (23 S.) Lex.-8. München 905. (G. Franz' Verl.) n. — 60**

— über die Jodquellen bei Tölz. gr. 8. (S. 127—165 m. Fig.) München 901. (G. Franz' Verl.) n. — 60
Sonderabdruck aus: „Sitzungsber. d. bayer. Akad. d. Wiss."

Rothpletz, A., das Karwendelgebirge. [Aus: „Zeitschr. d. deutschen u. österr. Alpenver."] gr. 8. (75 S. m. 29 Fig., 1 Karte u. 9 Taf.) München 888. (J. Lindauer.) n. 4. —

Rothpletz, A., das Klima v. Tenerife. gr. 8. (29 S.) Halle a/S. 890. H. W. Schmidt's Verl. n. — 80

— s.: Majestäten, alpine, u. ihr Gefolge.

— über die Möglichkeit den Gegensatz zwischen der Contractions- und Expansionstheorie aufzuheben. gr. 8. (S. 311—325.) München 902. (G. Franz' Verl.) n. — 40
Sonderabdruck aus: „Sitzungsber. d. bayer. Akad. d. Wiss."

— geologisch-palaeontologische Monographie der Vilser Alpen, m. besond. Berücksicht. der Brachiopoden-Systematik. Mit 16 Taf. u. 1 Karte. [Aus: „Palaeontographica".] gr. 4. (180 S. m. 16 Bl. Erklärgn.) Stuttgart 886. Schweizerbart. n. 40. —

— die Perm-, Trias- u. Jura-Formation auf Timor u. Rotti im indischen Archipel. [Aus: „Palaeontographica".] gr. 4. (S. 57—106 m. Abbildgn., 6 Taf. u. 6 Bl. Erklärgn.) Stuttgart 892. E. Schweizerbart. n. 16. —

Rothpletz, A., das geotekton. Problem der Glarner Alpen. gr. 8. (VII, 251 S. m. 34 Fig.) M. e. Atlas. Imp.-4. (11 farb. Taf.) Jena 898. G. Fischer. n. 36. —

— geotektonische Probleme. Mit 107 Fig. u. 10 Einlagen. gr. 8. (175 S.) Ebd. 894. n. 8. —

Rothpletz, A. Ein geologischer Querschnitt durch die Ostalpen. Nebst Anhang über die sog. Glarner Doppelfalte. M. 2 Taf. u. 115 Abbild. im Text. Gr. in-8°. IV, 268 S. Stuttgart, E. Schweizerbart'sche Verlagshandl. (E. Koch). Mk. 10 — 1894.

Rothpletz. A. Radiolarien, Diatomaceen und Sphärosomatiten im silurischen Kieselschiefer von Langenstriegis (Sachsen). 1880.

Rothpletz (A.), Über Sphaerocodium Zimmermanni n. sp., eine Kalkalge aus dem Oberdevon Schlesiens. M. 2 Taf.
Aus: Jahrbuch d. Kgl. Preuss. Geol. Landesanstalt f. 1911, Bd 32, T. 2, H. 1.

Rothpletz. [Friedrich] A[ugust]. Die Steinkohlenformation und deren Flora an der Ostseite des Tödi. Mit 2 Tafeln. Abhandl. Schweizer. Paläont. Ges. Vol. 6. 4. Zürich. März 1880.

—— die Steinkohlenformation und deren Flora an der Ostseite des Tödi. gr. 4. (28 S. mit 2 lithogr. Taf.) Zürich 880. (Basel, Georg. — Berlin, Friedländer und Sohn.) ** 4 —
Aus: Abhandlungen der schweizerischen paläontologischen Gesellschaft, besonders abgedruckt.

Rothpletz, Dr. A. Das Thal von Orotava (Tenerife). Geognostische Skizze. 1 : 50 000. Gotha 1889. 1 Bl. c. L. NC.

— Tirol u. Vorarlberg, s.: Land u. Leute. 4. Bd. (Haushofer, Max.)

— Über die Ursachen des kalifornischen Erdbebens v. 1906, s.a. Sitzungsberichte der königl. bayerischen Akademie der Wissenschaften. Mathemat.-physik. Kl. 1910. VIII.

Über die Ursachen des kalifornischen Erdbebens von 1906 von A[ugust] Rothpletz. Mit 2 Taf. München: Akad. d. Wiss.; Franz in Komm. 1910. 32 S. 8°
(Sitzungsberichte d. Kgl. Bayer. Akademie d. Wiss. Math.-phys. Klasse. Jg. 1910, Abh. 8.) [10. 11233

Rothpletz, A[ugust]. Ueber den Ursprung der Thermalquellen von St. Moriz. [Mit 2 Figuren.] Separat-Abdruck aus den Sitzungsberichten der mathem.-phys. Classe der kgl. bayer. Akademie der Wissenschaften. Bd. 32 1902 Heft 2. II S. + S. 193—207. 8. München, Verlag der k. Akademie, Comm. G. Franz, 1902. [M. —. 40]

Rothpletz, A[ugust]. Die fossilen oberoligocänen Wellenfurchen des Peissenbergs und ihre Bedeutung für den dortigen Bergbau. [Mit 1 Tafel.] Separat-Abdruck aus den Sitzungsberichten der mathem.-phys. Klasse der Kgl. Bayer. Akademie der Wissenschaften. Bd. 34 1904 Heft 3. II S. + S. 371—382. 8. München, Verlag der K. Akademie, Komm. G. Franz, 1904. [M. —. 40]

Rothpletz, Carl August, s. Rothpletz, Karl August

Rothpletz, E., die schweizerische Armee im Felde. Eine Anleitung zum militair. Denken und Arbeiten. 3 Thle. 8. Basel, Schweighauser'sche Buchh. *M 10,50.; geb. *
Inhalt:
Thl. 1. Vom Kriege. 2. verb. Aufl. (VII, 279 S, mit 1 Tab. in gr. Fol.) 869. *M 3,50.
» 2. Die Heeresarbeit. (XIV, 540 S. mit eingedr. Holzschn. und 7 Tab. in Fol.) 871. *M 10,50.

Rothpletz, E. Die schweizerische Armee im Felde. 2 Bde. 8. Basel 1870.

Rothpletz, E. Die schweiz. Armee im Feld. 2. A. Basel 1877. 4 Bde. 12.

Rothpletz, E., Eröffnungsrede zu den Vorlesungen über Kriegswissenschaft am schweizerischen Polytechnikum. gr. 8. (21 S.) Zürich 878. Orell, Füssli & Co. in Comm. n. — 60

— Felddienst u. Taktik, s. Handbuch f. schweizerische Artillerie-Offiziere.

Rothpletz, E., eidgen. Oberstlieut. der Artillerie. Felddienst und Taktik der eidgen. Feldartillerie für die Officiere der Waffe als Leitfaden bearbeitet. Laut Beschluss des hohen Bundesrathes vom 15. Juni 1866 officiell genehmigte Ausg. kl. 8. Aarau 1866.

—— Feld-Instruction über den Sicherheitsdienst der Kavallerie und Infanterie. 1. und 2. Abdr. 16. (III, 98 S.) Ebendas. 877. cart. *

— die Führung der Armee-Division. Praktische Studie f. Offiziere aller Waffen u. Grade. 1. Thl: Bis zum Gefecht. 8. (VIII, 272 S. m. 2. Tab.) Zürich 876. Orell, Füssli & Co. Verl. n. 5. —
[Mehr nicht erschienen.]

Rothpletz, E., die Gefechtsmethode der drei Waffengattungen und deren Anwendung. I.—IV. 12. Aarau, Sauerländer's Verlag. cart. * 10 60
Inhalt:
I. Geschichtliche Entwicklung. (VII, 256 S.) 886. *M 3.—.
II. Die Infanterie. (IV, 213 S.) 887. *M 2.80.
III. Die Kavallerie. (IV, 89 S.) 886. *M 1.80.
IV. Die Artillerie. (III, 242 S.) 887. *M 3.—.

—— Grundzüge der Organisation des Sanitätsdienstes und der Sanitäts-Truppen der eidgenöss. Armee. [Referat II, III und IV.] gr. 8. (36 S.) Aarau 873, Sauerländer's Verlag.

Rothpletz, E., das Infanteriefeuer. 12. (VII, 229 S.) Frauenfeld 882, Huber. *M 2,40; geb. * 2 60

Rothpletz, E., Non possumus. 26 Stn. 8. Aarau, H. R. Sauerländer. 1873. —. 30

Rothpletz, E., die Organisation der Kunstpflege. Betrachtungen nach Schluss der „nationalen Kunstausstellg. der Schweiz 1890". 8. (47 S.) Zürich 890. Schulthess. n. — 80

—— Recognoscirungen etc., s. Handbuch für schweizer. Artillerie-Offiziere.

—— das System der Landesbefestigung. Eine strateg. Studie. 1. und 2. Aufl. gr. 8. (46 S.) Aarau 880, Sauerländer's Verlagsh. * — 70

—— die Terrainkunde. 12. (X, 324 S. mit eingedr. Fig.) Ebendas. 885. geb. * 3 60

Rothpletz, Emil [von Aarau]: Der Genfer Jean Gabriel Eynard als Philhellene (1821—1829). Zürich 1899. 95 S. 1 Bl 8°.
Zürich. Phil. Diss. I. S. 1899/1900.

Rothpletz, Emil, der Genfer Jean Gabriel Eynard als Philhellene (1821—1829). gr. 8. (95 S.) Zürich 900. Schulthess & Co. n. 1. 60

Rothpletz, E[mil]. Die Schlacht bei Martigny, 56. v. Chr. Zuschrift des Herrn ... E. R'... an den Verfasser der „Kirchengeschichte der Schweiz" [Emil Egli]. Extrabeilage zur „Schweizerischen Monatschrift für Offiziere aller Waffen" [Jahrgang 4]. 8. (Frauenfeld [1892].)

Die Schlacht bei Martigny, 56 v. Chr. Zuschrift d. Herrn Oberstdivisionär Prof. E[mil] **Rothpletz** in Zürich an d. Verf. d. 'Kirchengesch. d. Schweiz'. (Frauenfeld: J. Huber 1892.) (12 S.) 8°
=**Monatschrift**, Schweizerische, f. Offiz. aller Waffen. Jg. 4, No 7, Beil. [06.189]

Rothpletz, E[mil]. Zuschrift des Herrn ... E. R'... an den Verfasser der „Kirchengeschichte der Schweiz" [Emil Egli], enthaltend ein Gutachten über: Die Schlacht bei Martigny, 56. v. Chr. [SA.] 8. [Zürich-Aussersihl 1892.]

Rothpletz, Friedrich August, s.a. R o t h p l e t z , August

ROTHPLETZ, Friedrich August (Neustadt): De lepra norwegica. (Titel nach der Urkunde)
5.2.1841 - Urk; F 65 (= Rothplez)
Diss. Ingolst. - Landsh. - Mchn.

Rothpletz, G. Fr., s.: Assanierung, die, v. Zürich.

Rothpletz, Karl August

(Rothpletz, [Carl] A[ugust].) Der Freischarenzug der Berner Studenten im Jahre 1844. Nach den Aufzeichnungen eines Teilnehmers. [SA.] 8. [Bern 1894.]
_ Nicht im Buchhandel.

Rothpletz, Rosalia s. Rothpletz, Anna.

Rothplez, Johann Jakob (Aarau) A. S. 146/18

Dissertatio inauguralis iuridica de iurisconsulto a iurisperito, leguleio et rabula quam maxime diverso. Präs. Johann Christoph Spitz. Erfurt (Nonne) 18. IX. 1769. 32 S.

Gew.: Johann Jakob Rothplez (Vater). 29358

Rothrock, David Andrew, Bloomington, Indiana: **Invariants of the Finite Continuous Groups of the plane.** *Indianapolis 1899: W. B. Burford.* (32 S.) 8°
Leipzig, Phil. Diss. v. [17. Juli] 1899

Rothschild. Ein Urtheilsspruch vom menschlichen Standpunkte aus. 1. u. 2. Aufl. 12. (1 B.) Herisau 846, [Schläpfer.]

Rothschild. Ein Urtheilsspruch vom menschl. Standpunkte aus. 2. Aufl. 24. Herisau 846, Literar. Institut 3 *ngl*

Rothschild, die Familie, und die **Fugger**. Lebensgeschichte der Gründer u. der vorzüglichsten Glieder dieser Häuser. Leipzig, Verlag eines Vereines (C. G. Schmidt in Commiss.), o. J. (c. 1840?). Kl. 8°. Ppb., Tit. gestemp.
72 S. Der 1. Aufsatz von C. S., der 2. (nach H. K. Dippold u. A.) ohne Namen d. Verf. — Ueber das Haus Rothschild siehe „Jüdisches Athenäum", 1851, S. 197—207.

Rothschild, d. Haus. Seine Geschichte, s. Scherb, Frdr. Edler v.

—— das Frankfurter Haus, u. der Fall Jäger. Eine krit. Stimme. gr. 8. (16 S.) Frankf. a. M. 892, Kern u. Birner. — 50

Rothschild, Das Haus, seine Geschichte und seine Geschäfte. Prag 1857.

V: *Steinmann, Friedrich Arnold.* (RASS)

Rothschild. Das Haus —. Seine Geschichte und seine Geschäfte. Aufschlüsse und Enthüllungen zur Geschichte des Jahrhunderts, insbesondere des Staatsfinanz- und Börsenwesens. Zum erstenmale dargestellt. 1. Thl. Prag und Leipzig. Verlag von J. L. Kober. 1857. (1—3. Lief. S. 1—240. 8.)

Rothschild, Das Haus — Seine Geschichte und Geschäfte. Aufschlüsse und Enthüllungen zur Geschichte des Jahrhunderts rc. Prag und Leipzig. Verlag von J. L. Kober. 1857. 4. u. 5. Lieferung. (1. Theil. S. 241—320. 2. Theil. S. 1—80. 8.)

Haus Rothschild, Das. 6. und 7. Lieferung, (Schluss.) *Prag* und *Leipzig* 1857. *J. L. Kober. Prag*, Druck von *Kathar. Geržabek.* S. 81—221. 1 Bl. 8°.

Rothschild, das Haus. Seine Geschichte u. seine Geschäfte. Aufschlüsse u. Enthüllungen zur Geschichte des Jahrhunderts, insbes. des Staatsfinanz- u. Börsenwesens. Zum 1. Male dargestellt. 2 Thle. (in 1 Bde.). 2. Aufl. Hamburg, J. F. Richter, 1871. 8°. Hfrzb.
I: 320 S. II: 221 S. u. 3 S. „kritische Stimmen".

Rothschild. – Der k l e i n e Rothschild, s. R o t h s c h i l d , Louis

ROTHSCHILD, Leopold von. Eine Geschichte für jedes Jahrzehend von *F. S.* Frankfurt und Leipzig (Weimar, Hoffmann) 1791. 8°. Sehr selten! (10 Mk., etw. stockfl., Südd. Antiqu., München, 1907, Cat. 96, no. 332 a, sub F r a n k f u r t a. M a i n!)

Rothschild, Gebet- u. Religions-Büchlein für die erste israelitische Jugend. 16. (VII, 86 S.) Breslau 879. Hepner. cart. 1. —

Rothschild, Gebet- und Religions-Büchlein für die erste israelitische Jugend. 16. Breslau 879. Frankfurt a. M., Kauffmann. * 1 —

Rothschild, Gebet- und Religions-Büchlein für die erste israelitische Jugend. 16. Breslau 879, Preuß und Jünger. cart. 1 —
geb. 1 50

Rothschild's, ..., Gräber. gr. 8. Halle 766. Schwetschke u. S. 1 K

Rothschild's Conto-Buch f. Aerzte. Fol. (III, 240 S.) Frankfurt a/M. (899). (J. Alt.) Geb. n. 7. 50

Rothschild's moderne Lebensklugheit. Der beste Wegweiser f. das prakt. Leben zu Erfolg, Glück u. Wohlstand. (III, 248 S.) kl. 8. Leipzig (909). A. Donath. Geb. in Leinw. 2.—

—— **Spinoza.** Zur Rechtfertigung seiner **Philosophie** und **Zeit. Eine Denkschrift** zum 200jähr. **Todestage.** gr. 8. (32 S.) **Leipzig 877, Koschny.**

— Spinoza. Zur Rechtfertigung seiner Philosophie u. Zeit. Eine Denkschrift zum 200jährigen Todestage. gr. 8. (32 S.) Leipzig 877. Heidelberg, Weiss' Verl. n. — 75

Rothschild, der Synagogal-Cultus in historisch-kritischer Entwickelung populär dargestellt. 1. Thl. Die synagogalen Gebete. Alzey 870. Weiß. gr. 8. (XIX, 140 S.) 15 ngr

Rothschild's Taschenbuch moderner Lebensklugheit. Wegweiser f. das prakt. Leben zu Erfolg, Glück u. Wohlstand. 12. (III, 236 S.) Leipzig 893. E. Weidlich. n. 2.—

Rothschild's Taschenbuch mod. Lebensklugheit. Wegweiser f. d. prakt. Leben zu Erfolg, Glück u. Wohlstand. 2. (Titel=) Aufl. 12. (III, 236 S.) Leipzig (893) 896. J. Wilde. n. 1. —; geb. 2. —

Rothschild, v., s.: Von Kraft zu Kraft.

Rothschild, A. Frhr. v., offenes Sendschreiben an Hofprediger Stöcker in Berlin. Uebersetzt in's Hebräische von A. Rudoll. 8. (15 S. deutsch u. hebräisch.) Preßburg 880. (Wien, D. Löwy.) n. — 40

Rothschild, Alfred [app. Arzt aus Freiburg i. B.]: Ueber die Entstehung der Herzschwielen. . . . Freiburg i. B., Buchdr. H. Epstein, 1890; 53 S. 8°
Freiburg i. B., Med. Fak., Inaug.-Diss. v. 1890

Rothschild, Alfr., Lehrbuch der Urologie u. der Krankheiten der männlichen Sexualorgane. (XII, 522 S. m. 162 teils farb. Abb. u. 1 farb. Taf.) Lex. 8. Leipzig 911. Dr. W. Klinkhardt. 13.50; geb. in Leinw. 15. —

Rothschild, D., der Eid der Juden. Eine kritische Beleuchtung der für denselben in Preußen bestehenden Gesetze, vom jüdisch-theol. Standpunkt. gr. 8. (48 S.) Berlin 848, Friedländer. (Leipzig, Hunger.) 1/4 ₰

— die Psalme in Uebersetzung, Betrachtungen u. Gebeten. Ein Buch zur häusl. Andacht f. Israeliten. 1. Hft. gr. 8. (S. 1—38.) Bonn 850, Sulzbach. 1/8 ₰

—— offenes Sendschreiben an das preußische Staatsministerium zur practischen Beleuchtung der Idee eines christl. Staates. gr. 8. (20 S.) Hamm 845, Schulz'sche Buchh.

— offenes Sendschreiben an das Preußische Staatsministerium zur pract. Beleuchtung der Idee eines christl. Staates. gr. 8. (20 S.) Hamm 847, Schulz. 3 ngr

Rothschild, David: Beiträge zur Kenntnis der Zähigkeit der inneren Organe unserer wichtigsten Schlachttiere. *Würzburg 1897: H. Stürtz.* (39 S.) 8°
Würzburg, Med. Diss. v. 1897

ROTHSCHILD, David (Forchheim): De dysenteria.- Bambergae: Humann 1836. 15 S.
11.8.1834 - Urk; P 61
Diss. Ingolst.-Landsh.-Mchn.

Rothschild, Dav., Gedanken u. Erfahrungen üb. Kuren in Bad Soden a. T. (61 S.) gr. 8. Frankfurt a/M. 903. J. Alt. n.n. 1. —

Der Sternalwinkel (Angulus Ludovici) in anatom., physiol. u. pathol. Hinsicht von Dr. med. David Rothschild, Arzt in Soden a. T. *Frankfurt a. M.: J. Alt 1900.* (92 S.) 8° [ou. 1338

Rothschild, Dav., das Tuberkulin in der Hand d. prakt. Arztes. Eine Anleitg. zu seinem Gebrauch nebst Bemerkgn. üb. die Bedeutg. des Tuberkulins im Kampfe gegen die Tuberkulose. (V, 52 S.) Lex. 8. Wiesbaden 910. J. F. Bergmann. 1. 20

Rothschild, E. (Fabrikbes. in Stadtoldendorf), Ideen über Umwandlung sämmlicher deutscher Bahnen zu *Reichseisenbahnen.* Brnschw., A. Limbach, 1876. 8°. 15 S. Cart.

Rothschild, E., Ideen über Umwandlung sämmtlicher deutschen Bahnen zu Reichsbahnen. gr. 8. (15 S.) Braunschweig 876, (Ramdohr'sche Buchh.) *

Rothschild, E., die Sozialdemokratie, s.: Parteiwesen, deutsches.

Rothschild, Eugen, Rechtspraktikant in Freiburg: Die Haftung des Justizbeamten und des Staates aus unerlaubten Amtshandlungen mit besonderer Berücksichtigung des badischen Rechts. *Freiburg i. B. [1902]: K. Henn.* (131 S.) 8°
Freiburg i. B., Rechts- u. staatswiss. Diss. v. 1902

Rothschild, Baron Ferd. v., Vroni. Novelle. 8. (143 S.) Leipzig 879. Brockhaus. n. 3. —; geb. n. 4. —

Rothschild, Fred W. [aus New-York]: Ueber einige Harnstoffderivate der Amidozimmtsäuren. . . . Berlin, Druck v. H. S. Hermann, 1889; 47 + 1 S. + 1 Bl. 8°
Berlin, Phil. Fak., Inaug.-Diss. v. 28. Nov. 1889

Rothschild, Harry, appr. Arzt: Aus d. städt. Kaiser- u. Kaiserin Friedrich Kinderkrankenhause. Direktor: Geheimrat Professor Dr. Baginsky. Ueber zwei Fälle von Purpura haemorrhagica mit septischem Verlauf. Leipzig 1908: B. Georgi. (32 S.) 8°
Leipzig, Med. Fak., Ref. Hoffmann, Diss. v. 13. Febr. 1908
[Geb. 9. April 81 Borken; Wohnort: Berlin; Staatsangeh.: Preußen; Vorbildung: Wilhelms-Gymn. Cassel Reife M. 01; Studium: Halle 2, München 8 S.; Coll. 28. Febr. 08; Approb. 22. Jan. 08.]

Rothschild, Frau Baronin James v., Jugend-Gedanken. Aus den Heften e. jungen Mädchens. 12. (VI, 195 S.) Frankfurt a/M. 893. (J. Kauffmann.) Geb. in Leinw. n. 2. —

— dasselbe. 2., verm. Aufl. 12. (VI, 257 S.) Ebd. 893. Geb. in Leinw. n. 2. —

— dasselbe. 3., verm. Aufl. 12. (VI, 275 S.) Ebd. 894. Geb. in Leinw. n. 2. —

Rothschild, John [aus Homburg v. d. Höhe]: Zur Casuistik maligner Neubildungen am Halse . . . M. 2 Abb. Würzburg, Becker's Univ.-Buchdr., 1892; 26 S., 1 Bl., 1 Taf. 8.
Würzburg, Med. Fak., Inaug.-Diss. v. 1892

Rothschild, Julius, Medizinalpraktikant a. Wehrheim: Die Beziehungen der Pachymeningitis fibrosa chronica externa zu den mit ihr in Zusammenhang gebrachten Erkrankungen. München 1906: C. Wolf & Sohn. (21 S.) 8°
München, Med. Fak., Ref. v. Bollinger, Diss. v. 22. Sept. 1906
[Geb. 24. Juni 82 Wehrheim, Kr. Usingen, Prov. Hessen-Nassau; Wohnort: Frankfurt a. M.; Staatsangeh.: Preußen; Vorbildung: Goethe-Gymn. Frankfurt Reife O. 01; Studium: München 4, Berlin 2, München 3 S.; Coll. 22. Sept. 06; Approb. 7. Sept. 06.]

Rothschild, Julius, a. Schaafheim: I. Über die Einwirkung von Pyridin auf 1,5 Dichlor, 2,4 Dinitrobenzol. II. Über den Einfluß von Methylgruppen auf die Nüance zweier durch einen Glutakonaldehydrest verkuppelter Triphenylmethanabkömmlinge. Würzburg 1906: F. Freudenberger. (72 S.) 8°
Würzburg, Phil. Fak., Ref. Tafel, Diss. v. 23. April 1906
[Geb. 1. Jan. 82 Schaafheim, Hessen; Wohnort: Würzburg; Staatsangeh.: Hessen; Vorbildung: Realgymn. Würzburg Reife Juli 00; Studium: Würzburg 10 S.; Rig. 14. Nov. 05.]

Rothschild, des Frhrn. Karl v., Schatz, s. Luthmer, F.

Rothschild's, L., kurzgefaßtes Hand- u. Kontor-Lexikon für den gesamten Kaufmannsstand zum täglichen Gebrauch. Praktisches Nachschlagebuch des Wissenswerthesten aus dem Gebiete der Handelswissenschaft. Mit besonderer Berücksichtigung der Handelsgeographie, Kontorkunde, des Bank-, Börsen- u. Aktienwesens, der Waren-, Münz-, Maß- u. Gewichtskunde, sowie auch des Handelsrechts. 2 Bde. gr. 8. (508 u. 444 S.) Leipzig 881. Spamer. n. 8. —; geb. n. 9. —

Rothschild's, L., kurzgefaßtes Hand- u. Kontor-Lexikon f. den gesammten Kaufmannsstand zum täglichen Gebrauch. Praktisches Nachschlagebuch des Wissenswerthesten aus dem Gebiete der Handelswissenschaften. 2., wohlf. (Titel-) Ausg. 4 Abtlgn. gr. 8. (1. Bd. 508, 2. Bd. 444 S.) Leipzig 889. Spamer. à n. 1. —

Rothschild, Leopold, cand. phil., aus Waltersbrück: **Die Juden-Gemeinden zu Mainz, Speyer und Worms von 1349—1438. Ein Beitrag zur Geschte [!] d. Mittelalters.** *Marburg 1904: J. Hamel.* (VI, 118 S.) 8° ¶ (Forts. d. phil. Diss. Rost. 1900 von E. Carlebach: Die rechtl. u. soz. Verhältnisse d. jüd. Gem. Speyer, Worms u. Mainz von ihren Anfängen bis zur Mitte d. 14. Jhs.)
Marburg, Phil. Diss. v. [13. Mai] 1904

Rothschild, Leop., die Judengemeinden zu Mainz, Speyer u. Worms von 1349—1438. Ein Beitrag zur Geschichte des Mittelalters. (VII, 118 S.) gr. 8. Berlin 904. L. Lamm. n. 2. —

Rothschild, Leop., die Lösung des Finanzproblems. (8 S.) gr. 8. Berlin (909). Herm. Walther. — 10

Rothschild, Freifrau Lionel v., von Jauuar bis Dezember. Aus Natur- u. Menschenleben. Ein Buch f. Kinder. Aus d. 1873 erschien. engl. Orig.-Ausg. übers. gr. 8. (VII, 323 S.) Frankfurt a/M. 895. J. Kauffmann. n. 2. 40; geb. in Leinw. n. 3. —

Rothschild, Louis

— der österreichische Kaufmann, s. **Kaufmann**, der österreichische x.

— s.: **Leitfaden** f. den Unterricht in der Handelslehre.

Rothschild, der kleine. **Ein Buch für kleine Leute aus dem Handels- und Gewerbestand, welche durch Geschäftskenntniß, Erlangung von geschäftlicher Routine und ordnungsgemäßen Geschäftsbetrieb wohlhabend werden wollen. Zugleich ein Wegweiser für Zöglinge des Handels- und Gewerbestandes. Hrsg. vom Verf. von „Rothschild's Taschenbuch für Kaufleute." 1. Abdr. 1855. und 3. Ster.-Abdr. 8. (XII und 202 S.) Leipzig 856, Spamer. Thlr. ***

Rothschild, der kleine. Ein Buch für Alle aus dem Handels- u. Gewerbestand, welche durch Geschäftskenntniß, Erlangung von geschäftlicher Routine u. ordnungsgemäßen Geschäftsbetrieb wohlhabend werden wollen. Zugleich ein Wegweiser für Zöglinge des Handels- u. Gewerbestandes. Herausg. vom Verf. von „Rothschild's Taschenbuch für Kaufleute." 855. — 3. Stereot.-Abdr. Leipzig 857. Spamer. 8. (XII, 202 S.) 15 *ngr.*

Rothschild's Schatzkästlein f. junge Kaufleute. Praktisches Hand- u. Nachschlagebuch, enth. mehr als 300 Fragen u. Antworten über wichtige Gegenstände der Handels- u. Kontorwissenschaft: Warenhandel, Bank- u. Börsenwesen, Wechselkunde, Transport-, Zoll- u. Versicherungswesen, Steuern u. Abgaben, Umlaufmittel, Buchhaltg., Kontorarbeiten, kaufmänn. Fachwörterkunde u. s. w. Nebst e. Anh. Von Thdr. Huber. 31.—40. Taus. (VI, 151 S.) kl. 8. Stuttgart (905). Schwabacher. Geb. n. 1. 20

Rothschilds, L., Schatzkästlein d. kaufmännischen Wissens. 12. Stuttg. 888, Schwabacher. geb. * 1 —

Rothschild's, L., Schatzkästlein des kaufmännischen Wissens. Prakt. Hand- und Nachschlagebuch, enth. mehr als 300 Fragen und Antworten über wicht. Gegenstände der Handels- und Kontorwissenschaft: Warenhandel, Bankwesen, Wechselkunde, Transport-, Zoll- und Versicherungswesen, Steuern und Abgaben, Umlaufsmittel, Korrespondenz, Buchhaltung, Kontorarbeiten überhaupt, Handels-Geschichte und Geographie, kaufmännische Terminologie x. Nebst einem Anhang. Unter Mitwirkung mehrerer prakt. Geschäftsleute bearb. von L. F. Huber. 11.—17. Tausend. 12. (VI, 122 S.) Stuttgart 888, Levy und Müller. geb. * 1 —

Rothschilds Schatzkästlein d. kaufmänn. Wissens. Prakt. Hand- u. Nachschlagebuch, enth. mehr als 300 Fragen u. Antworten üb. wichtige Gegenstände der Handels- u. Kontorwissenschaft: Warenhandel, Bank- u. Börsenwesen, Wechselkunde, Transport-, Zoll- u. Versicherungswesen, Steuern u. Abgaben, Umlaufsmittel, Buchhaltg., Kontorarbeiten überhaupt, kaufmänn. Fachwörterkunde x. x. Nebst e. Anh. Nach L. F. Huber v. Thdr. Huber. 21.—30. Taus. gr. 16. (VI, 126 S.) Stuttgart 897. Schwabacher. Geb. in Leinw. n. 1. —

Rothschild, L.: „Taschenbuch für Kaufleute, insbesondere für Zöglinge des Handels. Enthaltend das Ganze der Handelswissenschaft in gedrängter Darstellung", 4 Hefte, Leipzig 1852. — Viele Neuauflagen, bis in die heutige Zeit; 61. Auflage, in 2 Büchern, Leipzig 1932 (G. A. Gloeckner), in Verbindung mit namhaften Fachmännern herausgegeben von Geh. Reg. Rat Professor Dr. Chr. Eckert, u. d. T.: „Rothschilds Taschenbuch für Kaufleute"; 1. Buch: „Allgemeine Grundlagen der kaufmännischen Tätigkeit", 2. Buch: „Kaufmännische Betriebswirtschaftslehre", von Professor Dr. Dr. e. h. E. Walb.

Rothschild, L., Taschenbuch für Kaufleute insbesondere für Zöglinge des Handels. Enthaltend das Ganze der Handelswissenschaft in gedrängter Darstellung. 4 Hefte. 8. (IV und 397 S.) Leipzig 851—52, Spamer. à Lfg. * 7½ Ngr. *

—— Taschenbuch für Kaufleute, insbesondere für Zöglinge des Handels. Enthaltend das Ganze der Handelswissenschaft in gedrängter Darstellung. 3. Aufl. 1852., 4. Aufl. 1854. und 6., umgearb. und verm. Aufl. Hrsg. von Ludw. Fort. 8. (XII und 416 S.) Leipzig 856, Spamer. *

Rothschild's, L., Taschenbuch für Kaufleute insbesondere für Zöglinge des Handels. Enthltd. das Ganze der Handelswissenschaft in gedrängter Darstellung. 4. durchges. u. sehr verm. Aufl. Herausg. von L. Fort. 854. (X, 392 S.) — 6. gänzlich umgearb. Aufl. Leipzig 857. Spamer. gr. 8. (X, 392 S.) n. 1 *ℛ*. 10 *ngr.*

Rothschild's, L., Taschenbuch für Kaufleute, insbesondere für Zöglinge des Handels. Enthaltend das Ganze der Handelswissenschaft in gedrängter Darstellung. 7., gänzlich umgearb. und verm. Aufl. Hrsg. von Jos. Odenthal. 9 Hefte. gr. 8. (XII und 488 S.) Leipzig 859,60, Spamer. à Heft * 5 Ngr. *

—— dass. — 8., gänzlich umgearb. und verm. Aufl. Für das Bedürfniß des gesammten Handelsstandes des österreich. Kaiserstaates, insbesondere für Zöglinge des Handels bearb. Durchgesehen und verb. von Jos. Odenthal. gr. 8. (XIV und 591 S.) Ebendas. 860. * 1 Thlr. 20 Ngr.; geb. *

—— dass. — 9., gänzlich umgearb. und stark verm. Aufl. gr. 8. (XII und 550 S.) Ebendas. 861. * 1 Thlr. 15 Ngr.; geb. *
Vgl.: **Kaufmann**, der österreichische.

Rothschild's, L., Taschenbuch für Kaufleute, insbesondere für Zöglinge des Handels. Enthaltend das Ganze der Handelswissenschaft in gedrängter Darstellung. 9—13., verm. u. vielfach verb. Aufl. Leipzig 865—68. Spamer. gr. 8. (XIV, 610 S.) n. 1 *ℛ* 15 *ngr.*; geb. n. 1 *ℛ* 25 *ngr.*

Rothschild's, L., Taschenbuch für Kaufleute, insbesond. für Zöglinge des Handels. Enthaltend das Ganze der Handelswissenschaft in gedrängter Darstellung. 10.—13., verm. und vielfach verb. Aufl. gr. 8. (XIV und 610 S.) Leipzig 862—68, Spamer. * 1 Thlr. 15 Ngr.; geb. *

Rothschild's, L., Taschenbuch für Kaufleute. Enthaltend das Ganze der Handelswissenschaft in übersichtlicher und gedrängter Darstellung. Leipzig. 11. Auflage. (1865). — 31. Auflage. 1888. — 47. Auflage. 1904. — 52. Auflage. 1909. — 53. Auflage. 1910.

— Hrsg. unter Mitwirkung von R. Andree, P. Barnewitz, O. Delitsch x. 14—16., verm. u. vielfach verb. Aufl. Ebend. 869—71. gr. 8. (663 S.) n. 1 *ℛ* 20 *ngr.*; geb. n. 2 *ℛ*

Rothschild's, L., Taschenbuch für Kaufleute, insbesond. für Zöglinge des Handels. Enth. das Ganze der Handelswissenschaft in gedrängter Darstellung. Hrsg. unter Mitwirkung von P. Barnewitz, O. Delitsch, J. Engelmann, Flinzer rc. 14.—16. Aufl. 1869—72. *M 5., und 17.—20., durchgehends auf Grund der neuen Reichswährung sowie der neuen Maße und Gewichte umgearb. und verm. Aufl. Mit zahlreichen Uebersichten und Tab. gr. 8. (XVI, 768 S.) Leipzig 875, Spamer. *
geb. *

Rothschild's, L., Taschenbuch f. Kaufleute, insbesondere f. Zöglinge d. Handels. Enthaltend das Ganze der Handelswissenschaft in gedrängter Darstellg. Hrsg. unter Mitwirkg. v. R. Andree, P. Barnewitz, O. Delitsch rc. 16., neugeordn., verb. u. verm. Aufl. Mit zahlreichen Uebersichten u. Tabellen. 3. Abdr. gr. 8. (XVI, 658 S.) Leipzig 872. Spamer. n. 5. —; geb. n. 6. —

Rothschild's, L., Taschenbuch für Kaufleute, insbesondere für Zöglinge des Handels. Enth. das Ganze der Handelswissenschaft in gedrängter Darstellung. Hrsg. unter Mitwirkung von P. Barnewitz, O. Delitzsch, J. Engelmann rc. 20., durchgehends auf Grund der neuen Reichswährung, sowie der neuen Maße und Gewichte umgearb. und verm. Aufl. 1.—4. Abdr. Mit zahlreichen Uebersichten und Tabellen. gr. 8. (XVI, 780 S.) Leipzig 876—79, [Spamer.] Glöckner. *M 6.; geb. *

—— Taschenbuch für Kaufleute, insbesondere für Zöglinge des Handels. Enthaltend: Das Ganze der Handelswissenschaft in gedrängter Darstellung. Hrsg. unter Mitwirkung von A. E. Amthor, P. Barnewitz, Bartenstein rc. Jubel-Ausg. 21. verb. und verm. Aufl. Mit zahlreichen Uebersichten und Tab. 13 Lfgn. oder 2 Bde. gr. 8. (XXI, 512; 344 S.) Ebendas. 880. à Lfg. * 50 Pf. * 6 50
geb. * 7 50

—— dass. — 22.—26. verb. und beträchtlich verm. Aufl. Mit zahlreichen Uebersichten und Tab. 2 Thle. in 1 Bde. gr. 8. (XVIII, 512; 380 S.) Ebendas. 880,81. * 6 50
geb. * 7 50

—— dass. — 27. verb. und verm. Aufl. Mit zahlreichen Uebersichten und Tab. 2 Thle. in 1 Bde. gr. 8. (XVIII, 512; 380 S.) Leipzig 882, Gloeckner. * 6 50
geb. * 7 80

—— dass. — Hrsg. unter Mitwirkung von R. Aé, A. E. Amthor, K. Birnbaum rc. 28. verb. und verm. Aufl. Mit zahlreichen Uebersichten und Tab. 2 Thle. gr. 8. (VIII, 640; 367 S.) Ebendas. 884. *M 6,50.; geb. * 7 50
In Liebhaberbd. * 9 —

Rothschild's, L., Taschenbuch für Kaufleute, insbesondere für Zöglinge des Handels. Enthaltend das Ganze der Handelswissenschaft in gedrängter Darstellung. Hrsg. unter Mitwirkung von R. Aé, A. E. Amthor, K. Birnbaum rc. 29. verb. und verm. Aufl. Mit zahlreichen Uebersichten und Tab. gr. 8. (VIII, 640, 384 S.) Leipzig 885, Gloeckner. *M 6.75.; geb. * 8 —
In 14 Lfgn. à * — 50

—— dass. — Hrsg. unter Mitwirkung von A. E. Amthor, Alb. Braune, O. Delitzsch rc. 30. verb. und verm. Aufl. Mit zahlreichen Uebersichten und Tab. gr. 8. (X, 643, 384 S.) Ebendas. 886. *M 7.—.; geb. * 8 —
Prachtausg. in 2 Halbfrzbdn. * 12 —

—— dass. — Hrsg. unter Mitwirkung von Manfr. Berliner, G. Heppe, Lagai rc. 31. wesentl. verb. und stark verm. Aufl. 1. und 2. Abdr. Mit zahlreichen Übersichten und Tab. gr. 8. (X, 602, 446 S.) Ebendas. 888. *M 7.50.; geb. * 8 50

— Taschenbuch f. Kaufleute. Enth. das Ganze der Handelswissenschaft in übersichtl. u. gedrängter Darstellg. Hrsg. unter Mitwirkg. v. M. Berliner, G. Heppe, Lagai rc. 31. u. 32., verm. Aufl. Mit zahlr. Uebersichten u. Tabellen. gr. 8. (X, 602 u. 446 S.) Leipzig 888. 890. Gloeckner. n. 7. 50; geb. n. 8. 50

Rothschild's, L., Taschenbuch f. Kaufleute. Ein Handbuch f. Zöglinge des Handels, sowie e. Nachschlagebuch f. jedes Kontor. Enth. das Ganze der Handelswissenschaft in übersichtl. u. gedrängter Darstellung. Hrsg. unter Mitwirkg. v. Manfr. Berliner, H. Gebauer, G. Heppe u. s. w. 33.—35. Aufl. Mit zahlreichen Übersichten u. Tab. gr. 8. (VIII, 602 u. 446 S.) Leipzig 892—894. G. A. Gloeckner. n. 7. 50; geb. in Leinw. n.n. 8.50; in Halbfrz. n.n. 9. —; auch in 15 Lfgn. à — 50

Rothschild's, L., Taschenbuch f. Kaufleute. E. Handbuch f. Zöglinge d. Handels, sow. e. Nachschlagebuch f. jedes Kontor. Enth. d. Ganze d. Handelswissenschaft in übersichtl. u. gedrängter Darstellg. Hrsg. unt. Mitwirkg. v. Manfr. Berliner, Fritz Elsner, Freund rc. 40. Aufl. M. zahlr. Übersichten u. Tabellen. gr. 8. (X, 649 u. 442 S.) Leipzig 898. G. A. Gloeckner. n. 8. —; geb. in Leinw. n.n. 9. —; in Halbfrz. n.n. 9. 50

Rothschild's, L., Taschenbuch f. Kaufleute. Ein Handbuch f. Zöglinge des Handels, sowie e. Nachschlagebuch für jedes Kontor. Enth. das Ganze der Handelswissenschaft in übersichtl. u. gedrängter Darstellg. Mit zahlreichen Übersichten u. Tabellen. Hrsg. unter Mitwirkg. angesehener Fachmänner v. Aug. Schmidt. Jubiläums-Ausg. 44. völlig neu bearb. Aufl. 2 Tle. in 1 Bd. gr. 8. (XII, 690 u. 410 S.) Leipzig 902. G. A. Gloeckner. n. 8. —; geb. in Leinw. n.n. 9. —; in Halbfrz. n.n. 9. 50

Rothschild's, L., Taschenbuch f. Kaufleute. Ein Handbuch f. Zöglinge des Handels, sowie e. Nachschlagebuch f. jedes Kontor. Enth. das Ganze der Handelswissenschaft in übersichtl. u. gedrängter Darstellg. Mit zahlr. Uebersichten u. Tabellen. Hrsg. von F. A. Treiber. 50. neu bearb. Aufl. 2 Tle. in 1 Bde. (XII, 701 u. II, 410 S.) gr. 8. Leipzig 907. G. A. Gloeckner. n. 8. —; geb. in Leinw. n. 9. —; in Halbfrz. n. 9. 50

Rothschild's, L., Taschenbuch f. Kaufleute. Ein Lehr- u. Nachschlagebuch der gesamten Handelswissenschaften in allgemeinverständl. Darstellg. In Verbindg. m. Bruns, Hans Hanisch, Knapmann u. a. hrsg. v. Christian Eckert. Mit zahlreichen Übersichten u. Tab. 53. vollständig neu bearb. Aufl. (XVI, 1091 S.) Lex. 8. Leipzig 910. G. A. Gloeckner. Geb. in Leinw. 10.—; in Halbldr. n 11.—

Rothschild, Max [aus Angenrod '(Oberhessen)']: Ueber die Eiweissausscheidung bei Enteritis acuta ... Würzburg, Becker's Univ.-Buchdr., 1895; 37 S. 8.
Würzburg, Med. Fak., Inaug.-Diss. v. 1895

Rothschild, Max [app. Arzt]: Aus d. geburtshilfl.-gynäkolog. Klinik zu Kiel. Ein Fall von fast ausgetragener gestielter Tubenschwangerschaft nebst e. Beitr. z. Operations-Statistik d. vorgerückten Tubenschwangerschaft ... Kiel, Druck v. H. Fiencke, 1897; 45 S. 8.
Kiel, Med. Fak., Inaug.-Diss. v. [29. März] 1897

Rothschild, Max: Über Synthesen ringförmiger Verbindungen mittelst Dipropylmalonylchlorid und Succinylchlorid. 1909. 44 S. 8°
München, Dr.-Ing.-Diss. v. 6. 8. 1909

Rothschild, Max: Über Synthesen ringförmiger Verbindungen mittelst Dipropylmalonylchlorid und Succinylchlorid. Diss. München. Hildesheim 1909

Rothschild, Maximilian: Über Lebercirrhose im Kindesalter. *Würzburg 1898: Becker.* (28 S.) 8°
Würzburg, Med. Diss. v. 1898

Rothschild, Moses [aus Randegg (Baden)]: Über Atresia ani.... Würzburg, Becker's Univ.-Buchdr., 1885; 30 S. + 1 Bl. 8°.
Würzburg, Med. Fak., Inaug.-Diss. v. 1885.

Rothschild, Moses, über Atresia ani. Diss. Würzburg 1885, Stahelsche Univ.-Buchh. 8°. 26 S.

ROTHSCHILD, Nathan (München): Ueber das Alter der Haemophilie.- München: Wolf 1882. 26 S. 28.7.1882 - Urk (Titel: De haemophiliae antiquitate.); Chr 1882/83,17
Diss. Ingolst. - Landsh. - Mchn.

Rothschild, *Robert* Otto [aus Frankfurt a. M.]: Aus d. medicin. Univ.-Klinik in Bonn. Elephantiasis scroti et penis ... Bonn, Druck v. E. Heydorn, *1895;* 66 S. 8.
Bonn, Med. Fak., Inaug.-Diss. v. [22.] Febr. 1895

Rothschild, Saly (Voehl)
Ueber den Anus Artificialis mit besonderer Berücksichtigung der Amussat'schen Methode.
Friedberg: Bindernagel & Schimpff 1861. 41 S.
Diss. med. Giessen 22.6.1861. vorh. 26. 7. 11.

Rothschild, Samson, aus Vergangenheit u. Gegenwart der israelitischen Gemeinde Worms. 3. verm. u. verb. Aufl. (53 S. m. 4 Phototyp.) 8. Frankfurt a/M. 905. J. Kauffmann. n. 1.—

Rothschild, Samson, aus Vergangenheit u. Gegenwart der israelitischen Gemeinde Worms. 4. verm. u. verb. Aufl. (VII, 52 S. m. 6 Phototypen.) 8. Frankfurt a/M. 909. J. Kauffmann. 1.—

Rothschild, Siegmund [approb. Arzt aus Rust (Baden)]: Untersuchungen über das Verhalten der Salzsäure des Magensaftes in den verschiedenen Zeiten der Verdauung beim gesunden Magen und beim Magengeschwür. Aus d. Laboratorium d. med. Klinik in Strassburg i. E. ... Mannheim, Dr. H. Haas'sche Buchdr., 1886; 20 S. 8°.
Strassburg, Med. Fak., Inaug.-Diss. v. 1886.

Rothschild, Siegmund, Untersuchungen über das Verhalten der Salzsäure des Magensaftes in den verschiedenen Zeiten der Verdauung beim gesunden Magen und beim Magengeschwür. Aus dem Laboratorium d. med. Klinik in Strassburg i. Els. Diss. Strassburg i. Els. 1886, Trübners Buchh. u. Antiqu. (E. d'Oleire). 8°. 20 S.

Rothschild, Walther, aus Barmen: Der **Gedanke** der geschriebenen Verfassung in der englischen Revolution. *Freiburg i. B. 1902: E. Kuttruff.* (61 S.) 8° ¶ [Erschien vollst. 1903 bei J. C. B. Mohr in Tübingen.]
Freiburg i. B., Phil. Diss. v. 1902

Rothschild, Walth., der Gedanke der geschriebenen Verfassung in der englischen Revolution. (VII, 170 S.) gr. 8. Tübingen 908. J. C. B. Mohr. n. 4.—

Rothschild, Walt., Paradiseidae, s.a. Tierreich, das.

Paradiseidae bearb. v. The Hon. Walter Rothschild. M. 15 Abb. im Texte. Ausgeg. im April 1898. *Berlin: R. Friedländer & Sohn 1898.* (VI, 52 S.) 4.(8.)
— Tierreich, Das. E. Zsstellg ... d. rezenten Tierformen. Lfg 2. [98. 4336

Rothschilder Lotterie-Anlehen, s. a. Lotterie-Anlehen.

Rothschilder Lotterie-Anlehen, das, von 20,800,000 Gulden im Verhältnisse der Abnehmer der Loose u. zu den Unternehmern des Anlehens, Hrn. D. Parish und A. M. v. Rothschild zu Frankfurt a. M., aus dem civilrechtlichen Gesichtspunkte gewürdiget. gr. 8. München, Fleischmann. 820.

Rothschild-Gruppe, die, und der „monumentale" Conversions-Schwindel von 1881. Eine zweite Anklage wider die Agiotage. Von Germanicus. 1. Aufl. (58 S.) 1881; 2.—4. Aufl. gr. 8. (59 S.) Frankfurt a. M. 882, Germanicus-Verlag. * 1 —

Rothschildt, Hermann Anton Moritz

Rothschildt, die bei dem Verkehre mit Wechseln zu beobachtenden Formen nach gem. Rechte u. d. braunschweig. Wechselordnung. gr. 8. (2½ B.) Braunschweig 841, Vieweg u. Sohn. *

— siehe: Handbuch f. Geschworene.

Rothschildt, (Herm. Anton Moritz), Handbuch zum Gebrauch bei dem Handelsgerichte in Braunschweig, enth. das Gesetz üb. die Errichtung eines Handelsgerichts nebst einschlagenden Titeln der Civilprozeßordnung, mit Anmerkungen u. Erläuterungen. 16. (46 S.) Wolfenbüttel 851, Holle. n. ⅙ ₰

Rothschildt (Hermann Anton Moritz): „Handbuch zum Gebrauch bei dem Handelsgerichte in Braunschweig, enth. das Gesetz über die Errichtung eines Handelsgerichts, nebst einschlagenden Titeln der Civilprozessordnung, mit Anmerkungen und Erläuterungen", Wolfenbüttel 1851 (Holte).

Rothschildt, die Kommunalverfassung der städtischen u. ländlichen Gemeinden des Herzogth. Braunschweig. gr. 8. (3⅞ B.) Braunschweig 844, Vieweg u. Sohn. *

—— Mittheilungen für das braunschweigsche Land, s. Mittheilungen.

— prakt. Rathgeber in Wechselsachen. gr. 8. (86 S.) Braunschweig 849, Vieweg & Sohn. n. 5/12 ₰

—— das braunschweig. Wechselrecht in Bezieh. auf Präsentationen, Respecttage u. Protestationen. Für Juristen u. Kaufleute. gr. 8. (2 B.) Braunschweig 841, Vieweg u. Sohn. *

Rothschildt, Ludw., die Kunst in kurzer Zeit e. reicher Mann zu werden. 2. Aufl. gr. 8. (24 S.) Leipzig 871. Minde. n. — 25

Rothscholz, Friedrich (Hrsg.), s. Arnd, Johann: Informatorium biblicum.

Rothscholz, F., Beytrag zur Historie der Gelehrsamkeit. 3 Thle. 8. Nrnb. Tauber. 725. 26.

[*Another copy.*] Bibliotheca chemica, oder Catalogus von Chymischen-Büchern, darinnen man alle diejenigen Autores findet, die von dem Stein der Weisen, von Verwandlung der schlechten Metalle in bessere, von Bergwercken, von Mineralien, von Kräutern, von Thieren, von Gesund- und Sauer-Brunnen, von Warmen- und anderen Bädern, von der Haushaltungskunst und was sonsten zu denen drey Reichen der Natur gehöret, geschrieben haben, und in der Roth-Scholtzischen Bibliothèque verhanden seyn. Samt einigen Lebens-Beschreibungen berühmter Philosophorum ans Licht gestellt. Nürnberg und Altdorff, 1727. Part I, pp. 14–48.
Also with a title-page: Catalogus von chymischen Büchern welche in der Roth-Scholtzischen Bibliothèque verhanden seyn.
Erstes Stück. Nürnberg und Altdorff, 1725. Frontispiece. Zweites Stück, 1727, pp. 49–96. Drittes Stück, 1727, pp. 97–172. Portrait of Nicolas Flammelle.

ROTH-SCHOLTZ, FRIEDRICH.
Bibliotheca chemica; h. e. collectio auctorum fere omnium qui de naturæ arcanis, re metallica et minerali, item de melioratione corporum artificiali, etc., hermetice scripserunt. Recensentur etiam diversæ librorum editiones aliaque hujus generis manuscripta hactenus inedita. Norimbergæ et Altdorfii. Fasciculus 1, 1727. pp. 80, 8vo.
Second edition, 1735.
Portrait of Roth-Scholtz.

— bibliotheca chemica. V Sect. 8. ibid. 735.

Bibliotheca chemica Rothscholtziana darinnen man alle diejenigen Autores findet, die von dem Stein der Weisen, von Verwandlung der schlechten Metalle in bessere, von Bergwercken, von Mineralien, von Kräutern, von Thieren, von Gesund- und Sauer-Brunnen, von Warmen- und anderen Bädern, von der Haushaltungskunst, und was sonsten zu denen drey Reichen der Natur gehöret, geschrieben haben, und in der Roth-Scholtzischen Bibliothèque verhanden seynd. Samt einigen Lebens-Beschreibungen berühmter Philosophorum ans Licht gestellt. Stück II–V. Nürnberg und Altdorff, 1727–29 (1733 completed). pp. 49–328 (imperfect pagination), 8vo.
Portraits of Flamel, J. F. Helvetius, O. Borrichius.

*Roth-Scholtzius, Fr., catalogus rariorum librorum et manuscriptorum magico-cabbalistico-chymicorum. Coll. I. Herrenst. 732. 8.

Roth-Scholtz, Friedrich.
Chymica curiosa variis experimentis adornata. Norimbergæ, 1720.
Cf. in Section I, Roth-Scholtz.

— icones bibliopolarum. III Tom. fol. ibid. 725–29.

FRIEDRICH ROTH-SCHOLTZ

Icones Consiliariorum De Illustri Republica Noribergensi Optime Meritorum Qui Ab Anno MCCCLXVI Ad Hunc Usque Diem Claruerunt Ex Monumentis Numis Plasmatibus Cereis Tabulisque Item Pictis Et Aeneis Hinc Inde Collectae Studio Atque Opera Friderici Roth-Scholtzii Hernstadio-Silesii. Noribergae et Altdorfii Apud Haeredes Joh. Dan. Tauberi. A. C. 1723.

34½ cm. 6 leaves, 153 portraits, 3 leaves.

— — eruditor. Acad. Altorf. fol. ibid. 721.

— — omnium ordin. eruditione opt. meritorum. V Part. fol. ibid. 725–28.

Roth-Scholtz, F. Klage bußfertigen Sünders ... Nebst etlichen andern geistreichen Betrachtungen ans Licht gestellet Durch Friederich Roth-Scholtzen, Herrnstadio-Silesium. 8. Auflage. Nürnberg & Altdorf, Taubers Erben. 1732. 96 S.

Veterum philosophorum sigla et imagines magicæ, cum catalogo variorum librorum magico-cabalistico-chemicorum. Herrnstadii, 1732.

— veter. sophorum sigilla et imagin. magicae. 8. Herrenst. 733.

Roth-Scholtz, Friedrich. [Editor].
* Deutsches Theatrum chemicum, auf welchem der berühmtesten Philosophen und Alchymisten Schrifften die von dem Stein der Weisen, von Verwandlung der schlechten Metalle in bessere, von Kräutern, von Thieren, von Gesund- und Sauerbrunnen, von warmen Bädern, von herrlichen Artzneyen und von andern grossen Geheimnüssen der Natur handeln, welche bisshero entweder niemahls gedruckt, oder doch sonsten sehr rar worden sind. Drei Theile. Nürnberg, 1728–1732. 3 vols., 12mo. Vol. I, pp. 26–[ii]–680–350 ; II, pp. 22–936 ; III, pp. 46–960. Portrait of Edward Kelley and plates.

— deutsch. theatrum chemic., a. welch. d. ber. Philosophen u. Alchymisten Schriften vorgest. worden. 3 Thle. 8. Nrnb. Felsecker. 728–32.

— thesaurus symbolor. et emblematum, s. insignia bibliopolarum et typographor. I. Sect. fol. Nrnb. Tauber. 730.

— Todtenschule wahrer Christen, s. einig. Sterbelieder. 8. Ebend. 724.

Rothschönberg, Otto, Samoa deutsch! Geographische Beschreibg. u. histor. Abriß der Beziehgn. Deutschlands zu denselben. gr. 8. (30 S.) Leipzig 900. [O. Gracklauer.] Leipzig. Verlags-Comptoir. n. — 50

Rothschuh, E., ärztliche Leiden u. Freuden in Zentral-Amerika. 1. Tl. (32 S.) gr. 8. München 907. Verlag der ärztl. Rundschau. — 75

Rothschuh, Ernst [cand. med. aus Aachen]: Ueber die Fussmuskeln der Primaten und des Menschen. Eine vergleichend-anatomische Studie. . . . *Aachen, Druck v. J. La Ruelle* (1888); 50 S. u. 1 Taf. 8°
München, Med. Fak., Inaug.-Diss. v. 1888

Rothschütz E.: Illustrirter Bienenzuchts-Betrieb ... Bd. I. Vorarbeiten in Theorie u. Praxis. Pösendorf (Wien) (1875). 462 S. Fig.
(S. 449-62 Bibliographie).

Rothschütz, Baron E., illustrirter Bienenzuchts-Betrieb. Ein Hilfs- u. Handwörterbuch f. Schule u. Haus. Mit 400 (eingedr. Holzschn.-)Illustr. 1. Bd. Vorarbeiten in Theorie u. Praxis. 2. Aufl. 8. (XXIII, 462 S.) Pösendorf 875. Wien, Faesy & Frick in Comm. n. 4. —

Rothschütz', E., illustrierter Bienenzuchtsbetrieb. Hilfs- u. Handwörterbuch. Naturgeschichte u. Betriebslehre m. Anh.: Die Krainer Biene u. ihre Zucht. Hrsg. v. Ph. Fr. Rothschütz. 2. Bd. 12. (X, 235 S. m. Abbildgn. u. 1 Karte.) Lpz. 892, (H. Voigt). * 1 60
1. Bd. Vorarbeiten in Theorie u. Praxis. (XXIV, 462 S.), kam nicht in d. Handel.

Rothschütz' illustr. Bienenzuchtsbetrieb. Hilfs- u. Handwörterbuch. I. Bd. 1.—3. Buch u. II. Bd. 1. Buch. 12. Wien, (W. Frick). n. 4. 80
I, 1. Bienenzuchtsflora. (IX, 165 S.) 893. n. 1. 80
2. Die Bienenzuchtsproducte: Honig u. Wachs, ihre Zusammensetzg., Scheidg. u. Verwertg. im Handel u. im Hause. (VIII, 175 S.) 894. n. 1. —
3. Die Bienenzuchtsgeräthe u. die Anfertigg. der Kunstwaben. (VII, 111 S.) 893. n. 1. —
II, 1. (X, 235 S. m. Abbildgn. u. 1 Karte.) 892. n. 1. 60

Rothschütz' illustr. Bienenzuchtsbetrieb als Führer f. Anfänger. (2. Bd. 2. Buch.) Nachschlags- u. Handwörterbuch in allen d. Bienenzucht betreffenden Fragen. Alphabet. geordn. unter Erklärg. e. jeden Wortes, Begriffes od. Gegenstandes. 2 Hfte. 12. (443 S.) Wien 896. 97. (W. Frick.) n. 1. 60 (kplt.: n. 6. 40)

Rothschütz', Br., illustrierter Bienenzuchtsbetrieb für Anfänger. 2 Bde. 3. Aufl. Nebst: Die erprobte Honig-Köchin. 12. Laibach (J. v. Kleinmayr & F. Bamberg). n. 5. —
1. Betriebslehre u. Nachschlagebuch. (XVI, 159 u. 443 S. m. Abbildgn. u. Bildnis.) Weizelburg 902.
2. Honig u. Wachs, Bienen-Nährpflanzen u. -Geräthe. (XI, 175, VII, 165 u. IV, 111 S. m. Abbildgn.) Weizelburg 902.
Die erprobte Honig-Köchin. Von Antonie Ravenegg, geb. Gräfin Lichtenberg. (VIII, 75 S.) Wien (893). Kart.

— dasselbe. Betriebslehre. (Sep.-Abdr. aus dem 1. Bde. des Gesammtwerkes.) 3. Aufl. 12. (XVI, 159 S. m. Abbildgn. u. Bildnis.) Weizelburg 902. (Laibach), J. v. Kleinmayr & F. Bamberg.) — 56

— die Volks- u. Mobilzucht der Krainer Biene in der Heimat. 12. (VI, 68 S. m. Abb.) Ebd. 902. n. 1. —

Rothschütz, P. von, s. Rothschütz, Therese von

Rothschütz, Therese von

Rothschütz, Th. v., Allerlei aus dem Leben. I—III. 12. (à 32 S.) Anklam 885. (Leipzig, Buchh. d. Vereinshauses.) cart. à n. — 20

— Alpenveilchen. 12. (VII, 97 S.) Ebend. 886. cart. n. 1. —; geb. n. 1. 20

Rotschütz, Th. (Therese Hobe), befiehl dem Herrn deine Wege. 8. (88 S. m. 3 Farbendr.) Berlin 897. Schriftenvertriebsanstalt. Kart. 1. 50

— bei Gott ist kein Ding unmöglich! Erzählung. 12. (33 S.) Ebend. 885. cart. n. — 20

— mein Blaubuch. gr. 8. (177 S.) Ebend. 886. n. 3. —; geb. n. 4. —; m. Goldschn. n. 5. —

— durch Nacht zum Licht. Erzählung. 12. (27 S.) Ebend 885. cart. n. — 20

– Friedel. s. Kleinkindergarten.

— führe uns nicht in Versuchung. Gerettet. Der Apothekergehülfe. Erzählungen. 12. (32 S.) Ebend. 885. cart. n. — 20

– Ein Gassenjunge. – Gerettet. s. Kinder-Bibliothek. Kolorierte. 11.

Rothschütz, T. v., Gottes Wege — nicht unsere Wege! Eine Erzählung. 16. (54 S.) Leipzig 883, Drescher. * — 60
cart. * — 70

Rothschütz, P. v., Gottes Wege nicht unsere Wege. Eine Erzählung. kl. 8. Leipzig 883, Wilh. Weber. [60 Pf.] * — 30
cart. [70 Pf.] * — 40

— Gabriels Heirat. Wider Wind u. Wellen. 2 Erzählgn. 12. (39 S.) Ebend. 885. cart. n. — 30

Rothschütz, Th. v., m. achtzig Jahren! Erzählung. 12. (20 S.) Anklam 887. Schmidt's Verl. cart. n. — 20

— ich will! Erzählung f. das Volk. 12. (67 S.) Ebd. 887. cart. n. — 50

— kurze Kinderpredigten. 16. (64 S.) Berlin 884, Deutsche Evangel. Buch- und Tractat-Gesellschaft. * — 40

— in Kriegsgefangenschaft. Erzählung. 12. (32 S.) Anklam 886. (Leipzig, Buchh. d. Vereinshauses.) cart n. — 20

– Die rote Laterne. – Tim. s. Kinder-Bibliothek. Kolorierte. 12.

— Näh-Gustel. Eine Erzählg. 8. (24 S.) Berlin 881 Deutsche evang. Buch- u. Traktat-Gesellsch. n. — 20

– Die rothen Nelken. s. Kleinkindergarten.

Rothschütz, Th. v., nur e. armes Tannenbäumchen, s.: Perlen.

Rothschütz, T. v., die Pantoffel-Lene. Eine Sonntagsschulgeschichte. 12. (19 S. mit 1 Farbendr.-Bild.) Barmen 883, Klein. *
Ausg. ohne Bild

Rothschütz, Th. v. Der Rat d. Paten. — Osterglocken. Zwei Erzählgn. 16. (32 S.) Anklam 887, Schmidt. cart. * — 20

– Der Sohn des Deichwärters, s. Kleinkindergarten.

— zwei Sommernächte u. ein Wintertag. Erzählung. 12. (71 S.) Anklam 885. Leipzig, Buchh. d. Vereinshauses. n. — 40

— der Steuermann der „Claudia". Erzählung. 12. (32 S.) Ebd. 887. cart. n. — 20

— ein Testament. Erzählung. 12. (115 S.) Ebend. 885. geb. n. 1. 20

— Treu. Eine Erzählg. f. d. Jugend u. ihre Freunde. 12. (59 S.) Basel 885. Spittler. — 30

— Treu. Eine Erzählg. f. die Jugend u. ihre Freunde. 2. Aufl. 12. (59 S.) Basel 892, [Spittler.] Jaeger u. Kober. * — 25

— unfehlbar. gr. 8. (II, 357 S.) Anklam 885. (Leipzig, Buchh. des Vereinshauses.) *M 4.40.; geb. * 5 40

— in der Verbannung, Drei Jahre aus der Geschichte der Waldenser. gr. 8. (IV, 251 S.) Ebd. 887. n. 2. 50

— Vergißmeinnicht. Ein neuer Märchen- u. Geschichtenstrauß f. Kinder. Mit 4 bunten Bildern v. Marie Stüler. 8. (150 S.) Breslau 886. Trewendt. geb. n. 3. —

— von der Schlange gebissen. Eine Erzählg. 12. (12 S.) Berlin 885. Deutsche Evangel. Buch- u. Tractat Gesellschaft. — 8

— die Witwe v Sarepta. Was Gott thut, das ist wohlgethan. Keinen Namen nennen! Erzählungen. 12. (31 S.) Barmen 885. Klein. cart. n. — 20

— die Wunderblume. Ein Märchen. Ein Sonntag-Nachmittag. Eine Erzählg. Ebend. 885. cart. n. — 20

H. u. D.: Die Rothseuche des Aals (über Unters. Feddersen/ Kopenhagen u. Canestrini/Italien.) München 1898.

Rothspoon, Wilhelm (Pseud.), s. a. Arnim, W. von

Rothspoon, Wilhelm von. Einfälle und Gedichte aus den höchstpersönlichen Akten des unvordenklichen Barons W. von R. aus dem Hause Clausdorf. 8. Bern 1845.

ROTHSPOON, Baron Wilh. („aus dem Hause Clausdorf", ps. für *W. v. Arnim*), Einfälle u. Gedichte ... Bern, Jenni (Sohn), 1845. 8°.

Rothstein, Arthur [aus Rheydt [Rheinl.]]: Aus d. pharmakol. Institut d. Univ. Würzburg. Beiträge zur Kenntnis der Veränderungen in der Leber bei der akuten Phosphor-Vergiftung ... Würzburg, P. Scheiner's Buchdr., 1895; 25 S. 8.
Würzburg, Med. Fak., Inaug.-Diss. v. 1895

Rothstein, Gustav: Die Dynastie der Lahmiden in al-Hîra. Ein Versuch zur arabisch-persischen Geschichte zur Zeit der Sasaniden. T. 1. *Göttingen 1898: Dieterich.* (40 S.) 8°
¶ (Erscheint vollständig bei Reuther & Reichard in Berlin.)
Halle, Phil. Diss. v. 18. Juli 1898

Rothstein, Gust., die Dynastie d. Lahmiden in al-Hîra. Ein Versuch zur arabisch-pers. Geschichte zur Zeit d. Sassaniden. gr. 8. (VII, 152 S.) Berlin 899. Reuther & Reichard. n. 4. 50

Leitfaden zum Unterricht im Alten Testament f. reifere Schüler u. Schülerinnen höherer Lehranstalten. (VI, 82 S.) 8. Halle 909. Buchh. d. Waisenhauses. — 80

- Lesebuch zum Unterricht im Alten Testament f. reifere Schüler u. Schülerinnen höherer Lehranstalten. (114 S.) gr. 8. Ebd. 909. 1. 20

Rothstein, Gustav: Proben neuarabischer Volkspoesie aus Palästina. Berlin 1908: Trowitzsch. S. 143—167. 8°
Berlin, k. Wilhelms-G, in Festschr. z. 50j. Jubil., P 1908** [S 08. 380

Rothstein, Gust., Israels Prophetentum, s.: Evers, M. u. F. Fauth.

Rothstein, Gust., Unterricht im Alten Testament. Hülfs- u. Quellenbuch f. höh. Schulen u. Lehrerbildungsanstalten, zugleich f. such. Freunde der Religion Israels u. ihrer Geschichte. In Verbindg. m. F. W. Rothstein verf. u. hrsg. 2 Tle. gr. 8. Halle 907. Buchh. des Waisenhauses. n. 5. —
1. Hülfsbuch f. den Unterricht im Alten Testament. (X, 230 S.) n. 2. 40
2. Quellenbuch f. den Unterricht im Alten Testament. (XII, 216 S.) n. 2. 60

Unterricht im Neuen Testament. Hülfs- u. Quellenbuch f. Religionslehrer u. Studierende, sowie f. reifere Schüler u. Schülerinnen. 2 Tle. gr. 8. Ebd. 910. 4. 40
I. Hülfsbuch f. den Unterricht im N. T. (X, 221 S.) 2. 40
II. Quellenbuch f. den Unterricht im N. T. (VI, 156 S.) 2. —

Rothstein, Hugo

Rothstein, H., Anleitung zum militär. Aufnehmen, als Mittel Terrainkenntniß zu erlangen. gr. 12. (9½ B., 3 Tab. u. 3 Stnt.) Magdeburg 837, [Fabricius u. Schäfer.]

Rothstein, H., Anleitung zum militairischen Aufnehmen, als Mittel, Terrainkenntniß zu erlangen. (Mit 3 Tabellen u. 3 Steintaf.) gr. 12. Magdeburg 837. Rubach. 1 Thlr

Rothstein, Hugo, Anleitung zum Bajonetfechten. 1. u. 2. unveränd. Abdr. 853. — 3. unveränd. Abdr. Mit 11 erläuternden Figuren. Berlin 857. Schroeder. 8. (19 S. u. 1 lith. Taf. in 4.) n. 3 ngr.

—— Anleitung zum Betriebe der gymnastischen Freiübungen in den Elementar-Schulen und den unteren Klassen anderer Lehranstalten. 1—8. Aufl. 8. (64 S. mit 2 lithogr. Figurentaf. in qu. gr. 4.) Berlin 857—61, Schroeder's Verlag. *

—— Anleitung zum Betriebe der gymnastischen Freiübungen bei den Truppen der königl. preuß. Armeen. (Auszug aus des Verf. Schrift: Die gymnastischen Freiübungen, reglementarisch dargestellt.) 8. (47 S. mit 1 Stnt. in qu. 4.) Berlin 856, Schröder's Verlag. *

Rothstein, Hg. Anleitung zum Betriebe der gymnastischen Freiübungen bei den Truppen der k. preuss. Armee. Auszug aus des Verfassers Schrift: Die gymnastischen Freiübungen, reglementarisch dargestellt. Mit 71 erläuternden Figuren. Berlin 1855. 2. Aufl. Mit einer Figurentaf. 8. Berlin 1857.

— Anleitung zu den Uebungen am Voltigirbock. Mit 15 erläuternden Figuren. Berlin 854. Schroeder. 8. (32 S. u. 1 lith. Taf. in Fol.) n. 5 ngr.

— das Bajonetfechten nach dem System P. H. Lings reglementarisch dargestellt. Mit 32 erläuternden Figuren (auf 2 lith. Taf. in Fol.). Berlin 853. Schroeder. 8. (VIII, 56 S.) n. 8 ngr.

—— das Bajonetfechten nach dem System P. H. Ling's reglementarisch dargestellt. 2. Aufl. Mit 32 erläuternden Figuren. 8. (72 S. mit 2 Stnt. in qu. Fol.) Berlin 860, Schroeder's Verlag. *

Rothstein, H.: Die Barrenübungen, in zwei Abhandlungen besprochen. Berlin 1862. 87 S. (Rothstein: Vermischte Schriften über Gymnastik. 1.)

— die gymnastischen Freiübungen nach dem System P. H. Ling's reglementarisch dargestellt. Mit 54 erläuternden Fig. (auf 2 lith. Taf. in Fol.) 853. (VII, 127 S.) — 2. durch Text u. Fig. verm. Aufl. Mit 71 erläuternden Fig. (auf 3 lith. Taf. in Fol.). Berlin 855. Schroeder. 8. (VIII, 152 S.) n. 20 ngr.

—— die gymnastischen Freiübungen nach dem System P. H. Ling's reglementarisch dargestellt. 3—5. Aufl. Mit 4 (lithogr.) Fig.-Taf. (in qu. Fol.), enthaltend 88 erläuternde Figuren. 8. (VIII und 176 S.) Berlin 860. 61, Schroeder's Verlag. *

—— die Geräth-Übungen und Spiele aus der pädagogischen Gymnastik. 8. (VII und 70 S. mit 40 erläut. Fig. auf 2 Stnt. in qu. Fol.) Berlin 862, Schröder's Verlag. *

Rothstein, Hugo, Die Gymnastik nach dem Systeme des schwedischen Gymnasiarchen Ling, m. Abb.
Abschn. 1: D. Wesen d. Gymnastik, Grundlegung u. Gliederung ihres Systems, 1848, 444 S., 3 Taf.
Abschn. 2: D. Pädagogische Gymnastik, 1847, 218 S.
Abschn. 3: D. Heil- —, 1847, 130 S.
Abschn. 4: D. Wehr- —, 1851, 280 S., 2 Taf.
Abschn. 5: D. Ästhetische —, 1854,9, 508 S., 2 Taf., Berlin, 8°. 5 Bde.

Rothstein, Hg., die Gymnastik, nach dem Systeme des Schwed. Gymnasiarchen P. H. Ling dargestellt. 1—5. Hft. gr. 8. 1. Hft. A. u. d. T.: 3. Abschnitt. Die Heilgymnastik. (140 S.) 2. Hft. A. u. d. T.: 2. Abschnitt. Die pädagogische Gymnastik. (218 S. m. 2 lith. Taf. in qu. Fol.) 3. Hft. enth.: den 1. Abschn. von § 1 bis § 81, nebst 1 Figurentaf. (248 S. m. 1 lith. Taf. in qu. Fol.) 4. Hft. enth. die Allgem. Einleitung u. den Schluß des 1. Abschnittes (§ 82—106). (LXX S. u. S. 249—444 m. 1 Stahlst.) 5. Hft. enth. den 4. Abschn.: Wehrgymnastik mit 2 Figurentaf. (VIII u. 280 S. m. 2 lith. Taf. in qu. Fol.) Berlin 847—51, Schroeder. (1. Hft.: n. ⅔ Thlr 2 u. 3. Hft.: à n. ⅚ Thlr 4 u. 5. Hft.: à n. 1 Thlr) n. 4⅓ Thlr

—— die Gymnastik, nach dem Systeme des schwedischen Gymnasiarchen P. H. Ling dargestellt. 6. und 7. Heft. 5. und 6. Abschnitt: Die ästhetische Gymnastik. 1. und 2. Heft. gr. 8. (296 S.) Berlin 854, Schröder's Verlag. à Heft * 20 Ngr. *
1—5. Heft. Ebendas. 1847—51. * 4 Thlr. 10 Ngr.

— die Gymnastik, nach dem Systeme des Schwedischen Gymnasiarchen P. H. Ling dargestellt. 6. u. 7. Heft. (5. Abschnitt. Die Aesthetische Gymnastik. Heft 1 u. 2.) Berlin 854, 55. Schroeder. gr. 8. (296 S.) Jedes Heft n. 20 ngr.

—— die Gymnastik, nach dem Systeme des schwedischen Gymnasiarchen P. H. Ling, dargestellt. 2. Abschnitt. A. u. d. T.: Die pädagogische Gymnastik. 2., umgearb. Aufl. gr. 8. (VIII und 287 S. mit 78 eingedr. Holzschn. und 1 Figuren-Tableau in qu. Imp.-Fol.) Berlin 857, Schroeder's Verlag. *

—— dass. — (8. Heft.) 5. Abschnitt: Die ästhetische Gymnastik. 3. Heft. gr. 8. (VIII und S. 297—508 [Schluß] mit 2 lithogr. Figurentaf. in 4.) Ebendas. 859. *
Das vollständige Werk in 8 Heften kostet * 7 Thlr.

— Leitfaden zur Instruction gymnastischer Gehülfen. Mit 18 anatomischen Abbildgn. (in Holzschn.) Ebend. 860. gr. 8. (64 S.) n. 10 ngr.

Rothstein, Hugo, Leitfaden zur Instruction der Lehrergehülfen für die gymnastischen Uebungen bei den Truppen. Neu bearb. von Stocken. Berlin 867. Schroeder's Verl. gr. 8. (41 S. mit 18 in den Text eingedr. anatom. Abbildungen in Holzschn. u. 1 Steintaf. in Imp.-Fol. mit Zeichnungen von Turngerüsten.) n. 10 ngr.

Rothstein, Hugo, Leitfaden zur Instruction der Lehrergehülfen f. die gymnastischen Uebungen bei den Truppen. Neu bearb. v. Stocken. 3. Aufl. Mit 18 eingedr. anatom. Abbildgn. u. e. (lith.) Taf. m. Zeichngn. v. Turngerüsten ec. (in qu. gr. Fol.) gr. 8. (41 S.) Berlin 870. Schröder. n. — 60

— die gymnastischen Rüstübungen nach P. H. Ling's System dargestellt. Mit 91 erläuternden Fig. 8. (VI und 120 S. mit 3 Stnt. in qu. Fol.) Berlin 855, Schröder's Verlag. *

— die gymnastischen Rüstübungen nach P. H. Ling's System dargestellt. 2. Aufl. Mit 91 erläuternden Figuren. 8. (VI und 136 S. mit 3 Stnt. in qu. Fol.) Berlin 861, Schroeder's Verlag. *

— vermischte Schriften über Gymnastik. 1. Heft: Die Barrenübungen, in 2 Abhandlungen besprochen. gr. 8. (87 S. mit 1 lithogr. Fig.-Taf. in qu. gr. 4.) Berlin 862, Schroeder's Verlag. *

— das Stoß- und Hiebfechten mit Degen und Säbel. 8. (79 S. mit 40 in den Text eingedr. Fig. in Holzschn.) Berlin 863, Schroeder's Verlag. *

Rothstein, Hugo, Die Kgl. Zentral-Turnanstalt zu Berlin. Berlin 1861 u. 1862, je 60 S., 1 Taf., 8°. 2 Bde.

Rothstein, Hugo, die Königliche Central-Turn-Anstalt zu Berlin. gr. 8. (VII und 60 S. mit 1 Stnt. Abbild. in qu. Fol.) Berlin 862, Schröder's Verlag. *

Rothstein, J. H., s. Alex. *Pope*, Eloisa.

Rothstein, Jh. l., verbesserte Zubereitung d. Flachses u. Hanfes, s. Magazin f. d. Flachs- u. Hanfbau.

Rothstein J.: Verbesserte Zubereitung d. Flachses u. Hanfes ohne Röste, durch Hülfe d. Christianschen Brech-Maschine ... Herausg. v. F. J. Bertuch. H. 1. Weimar 1819. 76 S. 7 Tvl. 4°. (= Magazin für den teutschen Flachs- u. Hanf-Bau ... H. 1). 417.

Grundzüge des hebräischen Rhythmus und seiner Formenbildung nebst lyrischen Texten mit krit. Kommentar. Von J[ohann] Wilhelm **Rothstein**, Prof., Halle. Leipzig: Hinrichs 1909. VIII, 397 S. 8°

Bilder aus der Geschichte des alten Bundes in gemeinverständlicher Form. Von J. W[ilhelm] **Rothstein**, Prof., Halle. H. 1. *Erlangen: F. Junge 1901.* 8° [F.] [01. 9369

Rothstein, J. W. [Dr. phil., Lic. d. Theol.]: Das Bundesbuch und die religionsgeschichtliche Entwicklung Israels. Erster Teil: Inhalt und Plan des Bundesbuches .... Halle (Druck v. E. Baensch jun. in Magdeburg), 1888; 2 Bl. + 76 S. 8°
Halle, Theol. Fak., Hab.-Schr. v. [16. Apr.] 1888

Rothstein, J. W., das Bundesbuch und die religionsgeschichtliche Entwicklung Israels. Erster Teil: Inhalt und Plan des Bundesbuches. Hab.-Schr. Halle 1888, Lippertsche Buchh. 8°. 76 S.

Rothstein, Io. Gvilelmvs, cand. theol. ev. (geb. am 19 März 1853 in Puhl Rgbz. Köln): De chronographo Arabe anonymo qvi codice Berolinensi Sprengeriano tricesimo continetvr ... Bonnae, typ. C. Georgi 1877. 2 Bl., 55 S., 1 Bl. 8. ¶ Erschien zugleich selbständig bei Habicht in Bonn.
Bonn, Phil. Fak., Diss. v. 17 März 1877

Rothstein, Jo. Guil., de Chronographo arabe anonymo, qui codice Berolinensi Sprengeriano XXX. continetur, commentatio. gr. 8. (55 S.) Bonn 877. (Habicht.) n. 1. 50

— die Genealogie des Königs Jojachin u. seiner Nachkommen. (1. Chron. 3, 17—24) in geschichtlicher Beleuchtung. Eine krit. Studie zur jüd. Geschichte u. Litteratur. Nebst e. Anh.: Ein übersehenes Zeugnis f. die messian. Auffassg. des „Knechtes Jahwes". gr. 8. (VII, 162 S.) Berlin 902. Reuther & Reichard. n. 5. —

Rothstein, J. Wilh., Geschichte u. Offenbarung m. Bezug auf Israels Religion. (23 S.) gr. 8. Stuttgart 903. Greiner & Pfeiffer. n. — 40
Sonderabdruck aus: „Die Studierstube".

— der Gottesglaube im alten Israel u. die religionsgeschichtliche Kritik. Ein Vortrag. gr. 8. (VI, 49 S.) Halle 900. C. E. Müller. n. 1. 20

Rothstein, J. Wilh., Grundzüge des hebräischen Rhythmus u. seiner Formenbildung, nebst lyrischen Texten m. krit. Kommentar. (VIII, 398 S.) gr. 8. Leipzig 909. J. C. Hinrichs' Verl.
12.40; geb. in Leinw. 13. 50

— Juden u. Samaritaner, die grundlegende Scheidung v. Judentum u. Heidentum, s. a. Beiträge zur Wissenschaft vom Alten Testament. 3. Heft.

Juden und Samaritaner. Die grundlegende Scheidung von Judentum u. Heidentum. Eine krit. Studie z. Buche Haggai u. z. jüd. Geschichte im ersten nachexil. Jh. von D. J[ohann] W[ilhelm] **Rothstein**, Prof., Halle. Leipzig: J. C. Hinrichs 1908. (82 S.) 8°
= Beiträge z. Wissenschaft v. Alten Testament. H. 3. [08. 11690

Rothstein, J. W., das Hohe Lied. Ein Vortrag, nebst e. m. Anmerkgn. verseh. Übersetzg. des Hohen Liedes. gr. 8. (IV, 61 S.) Halle a/S. 893. R. Mühlmann's Verl. n. 1. 20

— Die Nachtgesichte des Sacharja, s.: Beiträge zur Wissenschaft vom Alten Testament. 8. Heft.

Die Nachtgesichte des Sacharja. Studien z. Sacharjaprophetie u. z. jüd. Geschichte im ersten nachexilischen Jh. Von D. J[ohann] W[ilhelm] **Rothstein**, Prof. Leipzig: Hinrichs 1910. 218 S. 8°
(Beiträge z. Wissenschaft v. Alten Testament. H. 8.) [10. 5318

— Psalmentexte u. der Text des Hohen Liedes, rhythmisch u. kritisch bearb. [Sonderdr. zu Unterrichtszwecken aus des Verf. Grundzüge des hebr. Rhythmus.] (32 S.) gr. 8. Leipzig 909. J. C. Hinrichs' Verl. 1. [illegible]

– (Übers. u. Hrsg.). s. Smith, William Robertson: Das Alte Testament, seine Entstehung und Überlieferung.

— **ein Specimen criticum zum hebräischen Texte des Sirachbuches, s.: Studien, orientalische.**

Rothstein, Jo. Gvilelmvs (geb. am 19 März 1853 in Puhl Rgbz. Köln): Theses theologicae ... ad obtinendvm gradvm licentiati S. S. theologiae ... Bonnae, typ. C. Georgi (1878). 4 S., 1 Bl. 8.
Bonn, Ev.-theol. Fak., Thes. v. 28 März 1878

Rothstein, Maximil. (geb. Berlin [illegible]): De Tibulli codicibus [illegible] 1880 [illegible]
Berlin, Phil. Diss. v. 22 Sept. 188[illegible]

Rothstein, M., de Tibulli codicibus. gr. 8. (107 S.) Berlin 880. Mayer & Müller. n. 2. —

Rothstein, M., Nachträgliches zu Properz. S.-A. 1900. 25 S.

Rothstein, Max., quaestiones Lucianeae. gr. 8. (V, 140 S.) Berlin 888, Mayer und Müller. * 3 —

Illustrierter Führer durch Danzig u. Umgegend von Ph. **Rothstein** mit Plänen von d. Stadt u. d. Stadttheater. Danzig: Gebr. Zeuner (1906). (82 S.) 8° [·6. 9:6] 10

Rothwand [Schlagwort]

Rothwand, s.: Alpen. Waltenberger, A.

Rothweiler, A[lbert] M[ax]. Die Notenbanken im Finanzdienst des Staates unter besonderer Berücksichtigung der Schweiz. Nationalbank. Sonderabdruck aus der Schweizerischen Zeitschrift für kaufmännisches Bildungswesen. [Jahrg. 4, 1910, No. 6 u. 7/8.] II + 36 S. 8. Basel, G. Krebs, 1910. (fr. —.80)

Mitteilungen aus dem handelswissenschaftlichen Seminar der Universität Zürich .... Heft 5.

Rothweiler, Hugo

Rothweiler, H., Bileam, s. a. Weg, der, göttlicher Zeugnisse.

Bileam. Zum Verständnis s. Berufs u. Charakters. Für denkende Bibelleser. Vortrag von H[ugo] Rothweiler, Pastor in Elberfeld. *Elberfeld: Ev. Ges. 1901.* (24 S.) 8° [F.]
— Weg göttlicher Zeugnisse. Jg. 2, H. 2.

Rothweiler, H., der Brief an die Ebräer, s.: Wort, das, des Heils.

Haben wir genug am Wort der Gnade? Vortrag von H[ugo] Rothweiler, Pastor in Elberfeld. *Elberfeld: Ev. Ges. 1900.* (23 S.) 8° [F.]
— [Weg göttlicher Zeugnisse. Jg. 1, H. 6.]

Die Kirche und der Religionsunterricht an den höheren Lehranstalten unter besond. Berücks. d. gesetzl. Bestimmungen innerhalb d. preuß. evang. Landeskirche. Denkschrift. Verf. von H[ugo] **Rothweiler**, Pastor. Elberfeld 1905: Fastenrath. 27 S. 8°

— Dr. Johannes Müller's Vorträge üb. Erlösung, geh. vom 2. bis 23. I. in Barmen, f. die Gemeinde Jesu beleuchtet. 8. (63 S.) Elberfeld 899. Buchh. der ev. Gesellschaft. n. — 50

Rothweiler, Max [aus Görwyhl in Baden]: Ueber das Sarcom des Uterus .... Berlin, Buchdr. v. Gustav Schade (Otto Francke) (1886); 27 + 3 S. 8°.
Berlin, Med. Fak., Inaug.-Diss. v. 7. Aug. 1886.

Rothweiler, Max, über das Sarcom des Uterus. Diss. Berlin 1886, Mayer & Müller. 8°. 27 S.

Rothwell, B. v., Stimmen aus der Heimath. Gedichte. Leipzig 864. Gebhardt in Comm. 16. (VIII, 200 S.) 22½ ngr.

Rothwell, J. S. D., s. Rothwell, J. S. S.

Rothwell, J. S. S., illustrated poetical Album. A choice and varied selection of english poetry. The illustr. by Birket-Foster and other artists. Stuttgart 868. Neff. gr. 16. (XXIII, 384 S. mit 15 Holzschnitttaff.) In engl. Einb.] 2 ₰

Rothwell, J. S. S., Illustrated Poetical Album. A choice and varied selection of English Poetry. The illustrations (Holzschntaf.) by Birket-Foster and other artists. 1st edit. 1868, and 2d much improved edit. gr. 16. (XXIII, 384 S.) Stuttgart 873, Neff. geb. mit Goldschn.

Rothwell, J. S. S., Beweise über die Einfachheit der englischen Sprache, im Vergleich mit den andern Sprachen Europas. Ein untrügl. Wegweiser zum schnellen u. leichten Erlernen der engl. Sprache. gr. 12. (1⅔ B.) München 843, Franz.

— deutsch-englischer Briefsteller. Muster zu Briefen jeder Art. Mit der gegenübergedr. engl. Uebersetzung. Zum Gebrauch beim Unterricht, u. für Personen, welche engl. u. deutsche Aufsätze abzufassen haben. Mit einer vollständigen Handelscorrespondenz u. Formularen zu Geschäftsaufsätzen, Zeitungsanzeigen etc. Ebend. 870. gr. 16. (VII, 368 S.) 22½ ngr.

Rothwell, J. S. S., deutsch-englischer Briefsteller. Muster zu Briefen jeder Art. Mit der gegenübergedruckten engl. Uebersetzg. Zum Gebrauch beim Unterricht u. f. Personen, welche engl. u. deutsche Aufsätze abzufassen haben. Mit e. vollständ. Handelscorrespondenz u. Formularen zu Geschäftsaufsätzen, Zeitungsanzeigen etc. 2. sehr verb. Aufl. 8. (VIII, 368 S.) Ebend. 875. 2. 25; geb. n. 2. 75

Rothwell, J. S. S., deutsch-englischer Briefsteller. Muster zu Briefen jeder Art. Mit der gegenübergedruckten engl. Übersetzung. Zum Gebrauch beim Unterricht und für Personen, welche engl. und deutsche Aufsätze abzufassen haben. Mit einer vollständ. Handelskorrespondenz und Formularen zu Geschäftsaufsätzen, Zeitungsanzeigen etc. 3. sehr verb. Aufl. 8. (VIII, 368 S.) Stuttgart 885, Neff. ℳ 2.25.; geb. *

Rothwell, J. S. S., deutsch-englischer Briefsteller. Muster zu Briefen jeder Art. Mit der gegenübergedruckten engl. Übersetzg. 4. Aufl. 2 Tle. in 1 Bd. 12. Stuttgart 899. P. Neff Verl. Geb. in Leinw. n. 3. —
I. Familienbriefsteller. Neu bearb. u. verm. v. Phpp. Wagner. (VIII, 192 S.)
II. Handelsbriefsteller. Von John Montgomery. (192 S.)

Rothwell, J. S. D., deutsch-englischer Briefsteller. Muster zu Briefen jeder Art. Mit der gegenübergedruckten engl. Uebersetzg. 5. Aufl. I. Familienbriefsteller. Neubearb. u. verm. v. Philipp Wagner. II. Handelsbriefsteller. Von John Montgomery. (VIII, 192 u. 192 S.) kl. 8. Stuttgart (905). [P. Neff Verl.] Berlin-Schöneberg, Langenscheidt's Verl. Geb. in Leinw. n. 3. —

Rothwell, J. S. S., deutsch-englischer Briefsteller. Muster zu Briefen jeder Art. Mit der gegenübergedr. engl. Übersetzg. 5. Aufl. I. Familienbriefsteller. Neubearb. u. verm. v. Philipp Wagner. II. Handelsbriefsteller. Von John Montgomery. (Neue [Titel-]Ausg.) (VIII, 192 u. 192 S.) kl. 8. Berlin-Schöneberg [905] 907. Langenscheidt's Verl. Geb. in Leinw. 3. —

—— a select Collection of the beauties of modern english poetry with a biography and copious german notes, critical and explanatory. 12. (8 B.) München 844, Palm's Hofbuchh. *

Desk Dictionary English-German and German-English. By J. S. S. **Rothwell**, Prof. The pronounciation phonetically indicated. 4. enlarged and much improved ed. P. 1. 2 [in 1 Bd]. Stuttgart: P. Neff 1904. (Getr. Pag.) 8°
1. English-German. 2. Deutsch-Englisch.
[Nebent.:] Pult-Wörterbuch. Englisch-Deutsch u. Deutsch-Englisch von J. J. S. Rothwell [05. 8893

Rothwell, J. S. S., new english and german dialogues with the pronunciation phonetically indicated according to the best orthoepists of England, with constant reference to the rules of the grammar; proverbs, idioms etc., and a comparative table of english, french and german money; particularly adapted to facilitate the study of both languages. 1. Edit. (XVI und 339 S.) 1850. and 2. Edit. Augmented, improved and corrected. — Neue englische und deutsche Gespräche mit beigefügter Aussprache nach den besten Orthoepisten Englands etc. 2., verm. und vielfach verb. Aufl. 8. (XVI und 351 S.) München 852, Palm's Hofbuchh.

Rothwell, J. S. S., new English and German Dialogues with the Pronunciation phonetically indicated according to the best orthoepists of England, with constant Reference to the Rules of the Grammar; Proverbs, Idioms etc., and a comparative table of English, French and German Money; particularly adapted to facilitate the Study of both languages. 3. edition., Augmented, improved, and corrected. A. u. d. T.: Neue Englische und Deutsche Gespräche mit beigefügter Aussprache nach den besten Orthoepisten Englands, steter Hinweisung auf die Regeln der Grammatik rc. München 854. Palm. 16. (XVI, 351 S.) 22½ ngr.

Rothwell, J. S. S., new english and german dialogues with the pronunciation phonetically indicated according to the bests orthoepists of England, with constant reference to the rules of the grammar; proverbs, idioms etc., and a comparative table of english, french and german money; particularly adapted to facilitate the study of both languages. 3. Edition. Augmented, improved and corrected. — Neue englische und deutsche Gespräche mit beigefügter Aussprache nach den besten Orthoepisten Englands rc. 3., verm. und verb. Aufl. 8. (XVI und 351 S.) München 854, Palm's Hofbuchh. —

— and Edouard **Coursier**, a new and practical dictionary of the english and french languages. With the pronunciation and accentuation of every word in both languages phonetically indicated. Compiled from the best modern french and english authorities, and containing all the newest words and acceptations. With lists of abbreviations, baptismal and geographical names etc. Nouveau dictionnaire de la langue anglaise et française. — 2 parts. 16. (IX, 620 u. X, 494 S.) Stuttgart 880. Neff. 6. —; geb. in Leinw. n. 7. —; in Halbfrzbd. geb. 7. 15

— and Edouard Coursier, a new and practical dictionary of the English and French languages. Compiled from the best modern French and English authorities, and containing all the newest words and acceptations. With lists of abbreviations, baptismal and geographical names, &c. — Nouveau dictionnaire de la langue anglaise et francaise. 2. ed. (322 u. 383 S.) 16. Ebd. (906.) Geb. in Leinw. n. 3. —

A new and practical dictionary of the English and French languages. Compiled from the best modern French and English authorities ... By J. S. S. **Rothwell** and Édouard Coursier. 2. ed. P. 1. 2 [in 1 Bd]. Esslingen: P. Neff [1900]. (322, 383 S.) 8°
1. English-French. 2. Franç.-Anglaise.
[Nebent.:] Nouveau dictionnaire de la langue anglaise et franç. par J. S. S. Rothwell et É. Coursier. [illegible]

and Edouard **Coursier**, a new and practical dictionary of the English and French languages. Compiled from the best modern French and English authorities, and containing all the newest words and acceptations. With lists of abbreviations, baptismal and geographical names, &c. — Nouveau dictionnaire de la langue anglaise et française. 2. ed. (Neue [Titel-] Ausg.) (322 u. 383 S.) 16. Ebd. [906] 907. Geb. in Leinw. 3. —

Rothwell, J. S. S., neue englische und deutsche Gespräche mit beigefügter Aussprache nach den besten Orthoepisten Englands, steter Hinweisung auf die Regeln der Grammatik, Sprüchwörtern, Anglicismen rc. besonders geeignet das Studium beider Sprachen zu erleichtern. — New English and German dialogues etc. 6. Aufl. 1864. und 7., verm. und vielfach verb. Aufl. 8. (XVI und 351 S.) München 868, Grubert. -

—— neue englische und deutsche Gespräche mit beigefügter Aussprache nach den besten Orthoepisten Englands, steter Hinweisung auf die Regeln der Grammatik, Sprichwörtern, Anglicismen rc. besonders geeignet das Studium beider Sprachen zu erleichtern. — New English and German Dialogues. 8. und 9. Aufl. 1870, 72. ℳ 2,25., und 10. verm. und vielfach verb. Aufl. br. 8. (XVI, 351 S.) München 875, Grubert. geb.

Rothwell, J. S. S., neue englische und deutsche Gespräche, mit beigefügter Aussprache nach den besten Orthoepisten Englands, steter Hinweisung auf die Regeln der Grammatik, Sprüchwörtern, Anglicismen rc., besonders geeignet, das Studium beider Sprachen zu erleichtern. 11. verm. und vielfach verb. Aufl. 8. (XVI, 361 S.) München 876, Grubert. geb.

—— dass. — mit beigefügter Aussprache nach den besten Orthoëpisten Englands, stetem Bezug auf die Regeln der Grammatik, Sprüchwörtern, Anglicismen rc. Zur Erleichterung des Studiums beider Sprachen. 12. verm. und vielfach verb. Aufl. 12. (XII, 350 S.) Ebendas. 879. ℳ 2,30.; geb.

Rothwell, J. S. S., neue englische u. deutsche Gespräche, mit beigefügter Aussprache nach den besten Orthoëpisten Englands, steter Hinweisung auf die Regeln der Grammatik, Sprüchwörtern, Anglicismen rc., besonders geeignet, das Studium beider Sprachen zu erleichtern. 12., verm. u. vielfach verb. Aufl. 8. (XVI, 350 S.) München 879. Grubert. 2. 30; geb. 2. 70

Rothwell, J. S. S., neue englische und deutsche Gespräche, mit beigefügter Aussprache nach den besten Orthoëpisten Englands, stetem Bezug auf die Regeln der Grammatik, Sprüchwörtern, Anglicismen rc. Zur Erleichterung des Studiums beider Sprachen. 13. verm. und vielfach verb. Aufl. 12. (XII, 350 S.) München 882, Grubert. geb.

—— neue englische und deutsche Gespräche mit beigefügter Aussprache nach den besten Orthoëpisten Englands, stetem Bezug auf die Regeln der Grammatik, Sprichwörtern, Anglicismen rc. Zur Erleichterung des Studiums beider Sprachen. 14. verm. und vielfach verb., und 15. Ster.-Aufl. 8. (XIII, 350 S.) München 885, 88, Grubert. ℳ 2.30.; geb.

Rothwell, J. S. S., neue englische u. deutsche Gespräche m. beigefügter Aussprache nach den besten Orthoëpisten Englands, stetem Bezug auf die Regeln der Grammatik; Sprichwörtern, Anglicismen rc. Zur Erleichterg. d. Studiums beider Sprachen. 16. Aufl. 12. (XII, 361 S.) München 891. Grubert. 2. 30; geb. n. 2. 70

Rothwell, J. S. S., neue englische u. deutsche Gespräche m. beigef. Aussprache nach d. besten Orthoëpisten Englands, stetem Bezug auf die Regeln der Grammatik, Sprüchwörtern, Anglicismen rc. Zur Erleichterg. d. Studiums beider Sprachen. 18. Aufl. 12. (371 S.) München 898. J. Grubert. 2. 30; geb. n. 2. 70

— neue englische u. deutsche Gespräche m. beigefügter Aussprache nach den besten Orthoëpisten Englands, stetem Bezug auf die Regeln der Grammatik, Sprichwörtern, Anglizismen etc. Zur Erleichterg. des Studiums beider Sprachen. 29. Taus. (370 S.) kl. 8. München 904. [J. Grubert.] E. Mühlthaler. Geb. in Leinw. n. 2. 70

Rothwell, J. S. S., und N. **Montana**, neue vollständige, theoretisch-praktische Grammatik der spanischen Sprache. Für das Privat- und Selbst-Studium besonders bestimmt. Nach einem klaren, leichtfassl. System verfasst und reichl. mit Aufgaben, Gesprächen, Lesestücken etc. versehen, wodurch das Studium der Sprache sehr erleichtert wird. 8. (XVI, 408 S.) Stuttgart 874, Neff. ℳ 4,50.; geb. 5 —

- u. N. **Montaña**, neue vollständige, theoretisch-praktische Grammatik der spanischen Sprache. Für das Privat- u. Selbststudium besonders bestimmt. Nach e. klaren, leichtverständl. System vers. u. reichlich m. Aufgaben, Gesprächen, Lesestücken, Briefmustern, Privat- u. Handelskorrespondenz rc. versehen, wodurch das Studium der Sprache sehr erleichtert wird. (Neue [Titel-]Ausg.) (XVI, 406 S.) kl. 8. Berlin-Schöneberg [894] 907. Langenscheidt's Verl. Geb. in Leinw. 4. 50

—— vollständige, theoretisch-praktische Grammatik der engl. Sprache. Nach e. neuen Systeme bearb. ꝛc. Mit durchgehends beigefügter engl. Aussprache nach Webster. 1. Aufl. (40 B.) 845. u. 2., verm. u. verb. Aufl. gr. 8. (39½ B.) München 847, Palm's Hofbuchh. à

— vollständige, theoretisch-praktische Grammatik der englischen Sprache. Nach einem neuen Systeme bearb., mit vielen passenden Aufgaben versehen, durch zahlreiche Beispiele erläutert u. von mehr als 1200 erklärenden Anmerkungen begleitet ꝛc. Mit durchgehends beigefügter Aussprache, nach Webster ꝛc. Für Gelehrte u. Nichtgelehrte, besonders aber für Lehranstalten u. Solche, die ohne Lehrer die Sprache studiren wollen. 2. verm. u. vielfach verb. Aufl. gr. 8. (XXXII u. 595 S.) München 847, Palm. — 3. verm. u. vielfach verb. Aufl. gr. 8. (XXXII u. 598 S.) Ebd. 850. — 4. verm. u. vielfach verb. Aufl. gr. 8. (XXXII u. 598 S.) Ebd. 852. 1½ ℛ𝓉

— vollständige, theoretisch-praktische Grammatik der englischen Sprache. Nach einem neuen Systeme bearb., mit vielen passenden Aufgaben versehen, durch zahlreiche Beispiele erläutert, u. von mehr als 1200 erklärenden Anmerkungen begleitet ꝛc. Mit durchgehends beigefügter engl. Aussprache, nach Webster ꝛc. Für Gelehrte u. Nichtgelehrte, besonders aber für Lehranstalten, u. für Solche, die ohne Lehrer die Sprache studiren wollen. 5. verm. ꝛc. Aufl. München 854. Palm. gr. 8. (XXXII, 597 S.) 1 ℛ𝓉 15 ngr.

Rothwell, J. S. S., Schlüssel zu den Aufgaben darin. Mit vielen erklärenden Anmerkungen und Angabe der verschiedenen Art und Weise, wie die Sätze im Englischen gegeben werden können. Nebst Beispielen über das Analysiren und über die Interpunktion. Zum Gebrauch der Eltern, Gouvernanten und Derjenigen, welche die Sprache ohne Lehrer studiren wollen. Wissenschaftlich bearb. gr. 8. (IV und 88 S.) München 855, Palm's Hofbuchh.

Rothwell, J. S. S., vollständige theoretisch-praktische Grammatik der englischen Sprache. Nach dem gegenwärtigen Standpunkte der Wissenschaft. Mit vielen das gründliche Studium außerordentlich erleichternden praktischen Beispielen, erklärenden Anmerkungen und Aufgaben versehen, nebst durchgehends beigefügter englischer Aussprache. Für Lehranstalten und zum Selbststudium. Nach einem neuen Systeme bearb. 7., verm. und verb. Aufl. gr. 8. (XXVI und 603 S.) München 858, [Grubert.] Thlr.

— — Nach dem gegenwärtigen Standpunkte der Wissenschaft. Mit vielen, das gründliche Studium außerordentlich erleichternden prakt. Beispielen, erklärenden Anmerkungen u. Aufgaben versehen, nebst durchgehends beigefügter engl. Aussprache. Für Lehranstalten u. zum Selbststudium. Nach einem neuen Systeme bearb. 7. verm. ꝛc. Aufl. München 858. Palm. gr. 8. (XXVI, 603 S.) 1 ℛ𝓉 15 ngr.

—— vollständige, theoretisch-praktische Grammatik der englischen Sprache. Nach dem gegenwärt. Standpunkte der Wissenschaft. Mit vielen, das gründl. Studium außerordentlich erleicht. prakt. Beispielen ꝛc. 9., verm. und verb. Aufl. gr. 8. (XXVI und 604 S.) München 866, Grubert.

—— vollständige, theoretisch-praktische Grammatik der englischen Sprache nach dem gegenwärtigen Standpunkte der Wissenschaft. Mit vielen, das gründl. Studium außerordentl. erleichternden prakt. Beispielen, erklärenden Anmerkungen und Aufgaben nebst beigefügter engl. Aussprache. Für Lehranstalten und zum Selbststudium. Nach einem neuen Systeme bearb. 10. und 11. Aufl. 1869,72. ℳ 4,50., und 12. verm. und verb. Aufl. gr. 8. (XXVI, 604 S.) Ebendas. 875.

— vollständige, theoretisch-praktische Grammatik der englischen Sprache. Nach dem gegenwärtigen Standpunkte der Wissenschaft. Mit vielen, das gründliche Studium außerordentlich erleicht. prakt. Beispielen ꝛc. 9. u. 10., verm. u. verb. Aufl. Ebend. 866,70. gr. 8. (XXVI, 606 S.) 1 ℛ𝓉 15 ngr.

— Schlüssel zu den Aufgaben in Rothwell's vollständiger, theoretisch-praktischer Grammatik der englischen Sprache. Mit vielen erklär. Anmerkgn. u. Angabe der verschiedenen Art u. Weise, wie die Sätze im Englischen gegeben werden können. Nebst Beispielen üb. das Analysiren u. üb. die Interpunktion. Wissenschaftlich bearb. 2. verb. Aufl. gr. 8. (IV, 92 S.) Ebend. 875. 1. 20

—— vollständige, theoretisch-praktische Grammatik der englischen Sprache nach dem gegenwärtigen Standpunkte der Wissenschaft. Mit vielen, das gründl. Studium außerordentlich erleichternden prakt. Beispielen, erklär. Anmerkungen und Aufgaben nebst beigefügter engl. Aussprache. Für Lehranstalten und zum Selbststudium. Nach einem neuen Systeme bearb. 13. verb. Aufl. gr. 8. (XXIV, 598 S.) Ebendas. 883.

— vollständige, theoret.-prakt. Grammatik der englischen Sprache nach dem gegenwärt. Standpunkte der Wissenschaft. Mit vielen, das gründl. Studium außerordentlich erleicht. prakt. Beispielen, erklär. Anmerkgn. u. Aufgaben, nebst beigefügter engl. Aussprache. Für Lehranstalten u. zum Selbststudium. Nach e. neuen Systeme bearb. 14. verb. [Titel-]Aufl. gr. 8. (XXIV, 598 S.) München [883.] 900. J. Grubert. n. 4. —

—— erstes Lehrbuch der englischen Sprache. Nach einer verbesserten, leichten Methode, mit Berücksicht. der Grundlage der Grammatik und beigefügter Aussprache. Zum Schul- und Privatunterricht. gr. 8. (VIII und 192 S.) München 858, [Grubert.]

—— erstes Lehrbuch der englischen Sprache. Nach einer verb. leichten Methode mit Berücksicht. der Grundlage der Grammatik und beigefügter Aussprache. Zum Schul- und Privatunterricht. 2. sehr verm. und verb. Aufl. gr. 8. (VIII, 198 S.) Ebendas. 870.

— erstes Lehrbuch der englischen Sprache. Nach einer verbesserten, leichten Methode, mit Berücksichtigung der Grundlage der Grammatik u. beigefügter Aussprache. Zum Schul- u. Privatunterricht. 3., verm. u. verb. Aufl. gr. 8. (VIII, 198 S.) Ebend. 880. 1. 50

— erstes Lesebuch der englischen Sprache. Nach einer verbesserten, leichten Methode, mit Berücksicht. der Grundlage der Grammatik u. beigefügter Aussprache. Zum Schul- u. Privatunterricht. München 858. Palm. gr. 8. (VIII, 192 S.) 15 ngr.

English-German letter-writer. Models of letters ... with the German transl. opposite. By J. S. S. Rothwell, Prof. 5. ed. 1. Family-Letters. Rearranged ... by Philip Wagner, Prof., Stuttgart. 2. Commercial Letters. Rev. ... by John Montgomery. Stuttgart: P. Neff [1905]. (VIII, 192, 192 S.) 8°
[Nebent.:] Deutsch-Engl. Briefsteller ... Von J. S. S. Rothwell. 5. Aufl. ... ...

—— the Novelist. A Collection of Tales, Translations, Poems etc. etc. Particulary adapted as an aid to persons studying the English language. gr. 8. (17⅛ B.) Magdeburg 842, Baensch. *

— s. **Picard**, the nephew as uncle.

— a new and practical pocket dictionary english-german a. german-english. On a new system. The pronunciation phonetically indicated by means of german lettres. With copious lists of abbreviations, baptismal a. geographical names. — Neues, praktisches Taschen-Wörterbuch. Englisch-deutsch u. deutsch-englisch. Nach e. neuen System bearb. Die Aussprache phonetisch mittelst deutscher Buchstaben genau bezeichnet. Mit reichhalt. Verzeichnissen v. Abkürzgn., Tauf-, Länder- u. Völkernamen. — 2 Thle. 16. (XII, 371 u. XII, 359 S.) Ebend. 873. à 2. 25; geb. à 3. —

— Pult-Wörterbuch. Englisch-Deutsch u. Deutsch-Englisch. Mit genauer Aussprachebezeichng. 4. verm. u. vielfach verb. Aufl. (XIII, 388 S. u. XIII, 389 S.) 8. Stuttgart 904. [P. Neff Verl.] Berlin-Schöneberg, Langenscheidt's Verl. Geb. in Leinw. 3. —

— Pult-Wörterbuch. Englisch-Deutsch- u. Deutsch-Englisch. Mit genauer Aussprachebezeichng. 4. verm. u. vielfach verb. Aufl. (Neue [Titel-]Ausg.) (V, 388 u. XIII, 382 S.) 16. Berlin-Schöneberg [904] 907. Mentor-Verlag., Geb. in Leinw. 3. —

— the English-reader: a key to the English language and literature. A choice miscellany of anecdotes, moral tales, narratives, travels, historical pieces etc. selected from the best modern authors. The whole accomp. with questions for exercise, copious German notes, critical and explanatory; rules on the pronunciation etc. gr. 8. (XII u. 204 S.) München 848, Henzel. — 2. edition, augmented, improved and corrected. gr. 8. (X u. 204 S.) München 851, Palm. n. ½ ₰

—— the english-reader: a key to the english language and literature. A choice miscellany of anecdotes, moral tales, narratives, travels, historical pieces etc., selected from the best modern authors. The whole accompanied with questions of exercise, copious german notes, critical and explanatory etc. 4. Edition. Augmented, improved and corrected. gr. 8. (XII und 204 S.) München 854, Palm's Hofbuchh. *

Rothwell, J. S. S., the english-reader: a key to the english language and literature. A choice miscellany of anecdotes, moral tales, narratives, travels, historical pieces, etc. selected from the best modern authors. The whole accompanied with questions for exercise, copious german notes, critical and explanatory etc. 5. Edition. Augmented, improved, and corrected. gr. 8. (XII und 207 S.) München 857, [Grubert.] *

—— the English reader: a key to the English language and literature. A choice miscellany of anecdotes, narratives etc. selected from the best modern authors. 8. edit. augmented, improved and corrected. gr. 8. (XII und 218 S.) München 863, Grubert. *

—— the English Reader. A Key to the English Language and Literature. A choice miscellany of anecdotes, moral tales, narratives etc. selected from the best modern Authors. The whole accompanied with questions for exercise, copious German notes, critical and explanatory; concise, clear, and easy rules on the pronunciation, and particulary adapted for the use of schools, as well as for private study. 9th—11th edit. 1869—73. * ℳ 1,60., and 12th edit. augmented, improved and corrected. gr. 8. (XXII, 220 S.) Ebendas. 875. *

— the english reader. A key to the english language and literature. A choice miscellany of anecdotes, moral tales, narratives etc., selected from the best modern authors. The whole accompanied with questions for exercise, copious german notes, critical and explanatory; concise, clear, and easy rules on the pronunciation, and particularly adapted for the use of schools, as well as for private study. 13. ed., augmented, improved and corrected. gr. 8. (XII, 218 S.) Ebend. 877. n. 1. 70

—— the English Reader. A key to the English language and literature. A choice miscellany of anecdotes, moral tales, narratives etc., selected from the best modern authors. The whole accompanied with questions for exercise, copious German notes, critical and explanatory; concise, clear, and easy rules on the pronunciation, and particularly adapted for the use of schools, as well as for private study. 14th edit. Augmented, improved, and corrected. gr. 8. (XII, 218 S.) Ebendas. 881. *

—— The English reader. A Key to the English language and literature. A choise miscellany of anecdotes, moral tales, narratives, travels, historical pieces, biographies, fables, letters etc., selected from the best modern authors. The whole accompanied with questions for exercise, copious German notes, critical and explanatory; concise, clear, and easy rules on the pronunciation, and particularly adapted for the use of schools, as well as for private study. 15. ed., augmented, improved, and corrected. gr. 8. (X, 222 S.) Ebd. 889. * 1 70

Rothwell, J. S. S., the English reader. A key to the English language and literature. A choise miscellany of anecdotes, moral tales, narratives, travels, historical pieces, biographies, fables, letters etc., selected from the best modern authors. The whole accompanied with questions for exercise, copious German notes, critical and explanatory; concise, clear, and easy rules on the pronunciation, and particularly adapted for the use of schools, as well as for private study. 16. ed. Augmented, improved, and corrected. gr. 8. (X, 222 S.) Ebd. 896. n. 1. 70

—— vereinfachte, theoretisch-praktische Schulgrammatik der englischen Sprache. Nach einem neuen interlocutor. Systeme bearb., durch zahlreiche Beispiele erläutert und mit vielen passenden Aufgaben ꝛc. versehen, wodurch das Studium dieser Sprache einem Jeden leicht wird. Mit durchgehends beigefügter engl. Aussprache, nach Smart, Webster und den besten Orthoepisten Englands. Für das Privat-Studium, besonders aber für Gymnasien ꝛc. geeignet. 1. Aufl. 1849. und 2., verm. und verb. Aufl. gr. 8. (XVI und 286 S.) München 851, Palm's Hofbuchh.

—— vereinfachte theoretisch-praktische Schulgrammatik der englischen Sprache. Nach einem neuen interlocutor. Systeme bearb., durch zahlreiche Beispiele erläutert und mit vielen passenden Aufgaben ꝛc. versehen, wodurch das Studium dieser Sprache einem Jeden leicht wird. Mit durchgehends beigefügter engl. Aussprache, nach Smart, Webster ꝛc. Für das Privat-Studium, besonders aber für Gymnasien, höhere Mädchen-Schulen und andere Lehranstalten geeignet. 3., verm. und vielfach verb. Aufl. gr. 8. (XVI und 290 S.) München 854, Palm's Hofbuchh.

—— vereinfachte, theoretisch-praktische Schulgrammatik der englischen Sprache. Nach einem neuen interlocutorischen Systeme bearb., durch zahlreiche Beispiele erläutert, und mit vielen passenden Aufgaben ꝛc. ꝛc. versehen, wodurch das Studium einem Jeden leicht wird. Mit durchgehends beigefügter engl. Aussprache, nach Smart, Webster und den besten Orthoepisten Englands. Für das Privat-Studium, besonders aber für Gymnasien, höhere Mädchen-Schulen und andere Lehranstalten geeignet. 4., verm. und vielfach verb. Aufl. gr. 8. (XVI und 290 S.) München 857, [Grubert.]

—— vereinfachte, theoretisch-praktische Schulgrammatik der englischen Sprache. Mit durchgehends beigefügter engl. Aussprache, nach den besten Orthoepisten Englands. 5., verm. und vielfach verb. Aufl. gr. 8. (XVI und 290 S.) München 864, Grubert.

—— vereinfachte theoretisch-praktische Schulgrammatik der englischen Sprache. Nach einem neuen Systeme bearb., durch zahlreiche Beispiele erläutert und mit vielen Aufgaben ꝛc. zur Erleichterung des Studiums versehen. Mit beigefügter engl. Aussprache. Für das Privatstudium, besonders aber für Gymnasien, höhere Mädchenschulen und andere Lehranstalten. 6. und 7. verm. und verb. Aufl. gr. 8. (XVI, 290 S.) Ebendas. 868,75.

—— vereinfachte theoretisch-praktische Schulgrammatik der englischen Sprache. Nach einem neuen System bearb., durch zahlreiche Beispiele erläutert und mit vielen Aufgaben ꝛc. zur Erleichterung des Studiums versehen. Mit beigefügter engl. Aussprache. Für das Privatstudium, besonders aber für Gymnasien, höhere Mädchenschulen und andere Lehranstalten. 8. verm. und verb. Aufl. gr. 8. (XVI, 290 S.) Ebendas. 885.

— s. **Scribé, E.**, the Glass of Water.

—— my own story-book. Pretty little stories, tales, fables and rhymes for the instruction and amusement of good little children of 5 to 9 years of age. Original and select. 16. (VI und 202 S. mit 2 Lithogr.) Munich 855, Palm.

— neues praktisches Taschen-Wörterbuch deutsch-englisch u. englisch-deutsch. A new and practical pocket dictionary english-german and german-english. Nach einem neuen System bearb. Die Aussprache phonetisch mittelst deutscher Buchstaben genau bezeichnet. Mit reichhalt. Verzeichnissen u. Abkürzungen, Tauf-, Länder- u. Völkernamen. 2., verm. u. vielfach verb. Aufl. 2 Thle. 16. (XII, 383 u. XIII, 380 S.) Stuttgart 880. Neff. 4. 50; in 2 Bde. geb. n. 5. 50; in 1 Hfzbd. m. Kapsel n. 5. 60

— neues praktisches Taschen-Wörterbuch. Englisch-Deutsch u. Deutsch-Englisch. Nach e. neuen System bearb. Die Aussprache phonetisch mittels deutscher Buchstaben genau bezeichnet. Mit reichhalt. Verzeichnissen v. Abkürzgn., Tauf-, Länder- u. Völkernamen. 2 Tle. in 1 Bde. 3., verm. u. vielfach verb. Aufl. 16. (XIII, 388 u. XIII, 382 S.) Stuttgart 893. P. Neff. 2. 50; geb. in Leinw. 3.

— neues praktisches Taschen-Wörterbuch französisch-deutsch u. deutsch-französisch, s.: Coursier, E.

—— englisches Uebersetzungs-Buch, enthaltend stufenmäß. Aufgaben über alle Theile der Sprache etc. gr. 8. (21 B.) München 845, Palm's Hofbuchh.

— englisches Uebersetzungsbuch u. Briefsteller. Enthaltend stufenmäß. Aufgaben üb. alle Theile der Sprache, Muster zu Privatbriefen, e. vollständ. Handelscorrespondenz etc. Mit Anmerkgn. u. erläut. Beispielen unter Hinweisg. auf die Regeln der vollständ. theoretisch-prakt. Grammatik der engl. Sprache. 3. umgearb. u. verb. Aufl. gr. 8. (X, 313 S.) München 872. Grubert. 3. —

RÖTHY, MICHAEL. Predigt, welche ... zur Kreuzweihe, zugleich zur Erinnerung seines 25jährigen Pfarrer-Jubileums gehalten hat am 25ten Juni 1899 Michael Röthy, Dechant. Wesprim 1899: Diözesan-Druckerei, 7 S. - 8°

Roeting, Christian Friedrich (Soldin/Nm.) A. S. 569/60

Dissertatio juridica circularis de libertatis et servetutum natura, occasione 1. 8. C. d. servit. et aq.
Präs. Gottfried Weighard Ring.
Frankfurt/O. (Schwartz) 15. II. 1738. 14 S.

29121

Röting, G. E., s. Ingenieur, der.

Rotkäppchen. Staberl's Reiseabenteuer in München, s. a. Bilderbücher, kleine lustige. Nr. 5.

Rotkäppchen. 4. (12 S. m. farb. Bildern.) Leipzig-Reudnitz 889. Schmidt & Römer. cart. — 30

— Ausgestanzt. gr. 4. (8 in der Mitte geteilte Bildertaf. m. eingedr. Text.) München 892. Nürnberg, Th. Stroefer. n. 1. 50

— 8. (16 S. m. Illustr. u. 6 bewegl. Buntbildchen.) Stuttgart 892. F. Loewe. Kart. — 50

Rotkäppchen. 8. (6 S. m. 4 farb. Bildern.) Berlin 893. Friedrichs & Co. — 10

— Ausgestanzt. 12. (8 z. Tl. farb. S.) Weimar 893. A. Karrer. — 10

Rotkäppchen. (Ausgestanzt.) schmal Fol. (16 S. m. z. Tl. farb. Abb.) Nürnberg 898. Th. Stroefer. — 75

Rotkäppchen. gr. 4. (9 S. m. z. Tl. farb. Abb. u. 4 ausgestanzten Buntbildern zum Aufstellen.) Konstanz (900). C. Hirsch. — 75

— kl. 4. (12 S. m. z. Tl. farb. Abbildgn.) Stuttgart (901). G. Weise. n. — 10

Rotkäppchen. (16 S. m. z. Tl. farb. Abb.) 32,5×26 cm. Nürnberg (910). Th. Strofer. Kart. 1. 50

— klein. gr. 4. (14 S. m. 4 farb. u. 13 schwarzen Bildern.) Konstanz 895. C. Hirsch. — 75

Rotkehlchen, der, Heim. E. neues Panorama-Bilderbuch. 4. (50 S. m. z. Tl. farb. Abb. u. 4 ausgestanzten farb. Bild.) Nürnberg 896. Th. Stroefer. Kart. 3. —

Rotkirch, V. Frh. v., Stammbuch des Geschlechts von Rothkirch. Mit 4 color. Tfln. u. 16 Stammtfln. Breslau 1880. 4.

Rotky, H., die Pneumonie im Röntgenbilde, s.: Fortschritte auf d. Gebiete d. Röntgenstrahlen. 19. Erg.-Bd. (Jaksch, R. v.)

Rotmann, B., Restitution rechter u. gesunder christlicher Lehre, s.: Neudrucke deutscher Litteraturwerke d. XVI. u. XVII. Jahrh.

Rotmann, Franz [aus Ortelsburg]: Ein Fall von Cystofibromyoma Uteri ... Greifswald, Druck v. J. Abel, 1892; 30 S. 8.
Greifswald, Med. Fak., Inaug.-Diss. v. 10. Aug. 1892

Rotmann, Otto Fr., Referendar aus Burgsteinfurt: **Die Form der Rechtsgeschäfte im bürgerlichen Recht.** ***Marburg 1903:*** *J. A. Koch.* (65 S.) 8°
Marburg, Jur. Diss. v. [19. März] 1903

ROTNIG Josef. Medizinisch-politischer Vorschlag der Lustseuche in großen Städten, vorzüglich in Wien Einhalt zu tun. Von –. o. V. u. O. 1786. 1 vol. 78 S.

Rotondo, Ch. de, histoire descriptive, artistique et pittoresque du monastère royal de Saint Laurent connu sous le nom de l'Escurial. Livr. I—VI. Madrid 856. (Iserlohn, Baedeker.) gr. Fol. (Text: S. 1—24. mit Holzschn. u. color. Vignetten in Holzschn. im Text u. 12 lith. Taf. in Ton- u. Farbendr.) Jede Liefg. n. 25 ngr.

Rotsch, Fr., Heimatskunde d. Schulbez. Tetschen. Für d. Hand d. Schüler bearb. Hrsg. v. freien Lehrer-Verein d. polit. Bez. Tetschen. gr. 8. (39 S.) Tetschen 898. O. Henckel. n. — 40

[Lied.] An Amalia. Zur Vorfeier des hundertsten Geburtstages von Carl August in der ☐ Amalia zu Weimar am 1. Sept. 1857. [Am Ende:] Gedichtet von [Karl Edu.] Putsche, comp. von **Rötsch.** Weimar [1857]: Hof-Buchdr. 1 Bl. 8° [Kopftit.]
Ohne Noten: „Hoch, Amalia, gepriesen ...“

Rötsch, A., Plan der k. k. Haupt- und Residenzstadt Wien mit sämmtl. Vorstädten, gestochen von L. Ciliax, mit Wegweiser. (44 S. in gr. 8.) Imp.-Fol. Wien 847, Förster's artistische Anstalt. *

Rotscheidt, Wilh., das Abendmahl des Herrn, s.: Calvin, Johs.

Johann Calvin im Spiegel der Dichtung. Hrsg. von Wilhelm **Rotscheidt,** Pastor in Lehe. Lehe: Selbstverl. 1909. 164 S. 8° [10. 16674

Rotscheidt, Wilh., Johann Calvin im Spiegel d. Dichtung. (164 S.) 8. Lehe 909. (Elberfeld, Reformierter Schriftenverein.) 2. —

— Die religiöse Eigentümlichkeit der lutherischen u. der reformierten Kirche, s.: Goebel, Max.

— s.: Isaak, Stephan.

Rotscheidt, Wilh., Gottfried Daniel Krummacher. Lebensbild e. Zeugen der freien Gnade. Mit einem Anh. von 16 Briefen u. Bildnis. (66 S.) gr. 8. Elberfeld 903. Verlag d. Reform. Schriftenverein. n. — 40

— ein Martyrium in Köln im J. 1529, s.: Aus der Väter Tagen.

- s.: Monats-Hefte f. rheinische Kirchengeschichte.

Quellenkunde zur rheinischen evangelischen Kirchengeschichte. Im Auftr. d. Rheinischen Provinzial-Synode angefertigt von W[ilhelm] Rotscheidt, Pastor. Neuwied: Heuser 1910. VI, 184 S. 8° [11. 1131

— Quellenkunde zur rheinischen evangel. Kirchengeschichte. Im Auftrag der rhein. Prov.-Synode angefertigt. (XI, 184 S.) gr. 8. Neuwied 910. J. Meincke. 1. 60

— Reformation u. deutsches Volksleben, s.a. Bilder aus Deutschlands Werdezeit. 8. Bdchn.

Reformation und deutsches Volksleben. Von Wilhelm Rotscheidt. Mit 6 Abb. Gütersloh: C. Bertelsmann 1905. (116 S.) 8° [F.]
= Bilder aus Deutschlands Werdezeit. Bdch. 8.
= Jugendbibliothek, G. Nieritz'. No 253. [05. 10722 6

— s.a. Tersteegen, Gerh., tägliche Brosamen.

Gerhard Tersteegen. Tägliche Brosamen. Aus des Verf. 'Geistlichen Brosamen' ausgew. u. mit e. Schlußreim aus s. Liedern u. Spruchsammlungen versehen von P. Wilhelm Rotscheidt. Mit e. Vorw. von Hermann Krafft. Neukirchen: Erziehungsver. [1901]. (372 S.) 8° [F.] [05. 959

Rötscher, C. F. F., die Glaubenslehre des Christen nach Vernunft u. Bibel. 8. Hamb. Bohn. 815.

Rötscher, Felix: Versuche an einer 2000pferdigen Riedler-Stumpf-Dampfturbine. 1906. 59 S. 4° ¶ Auch als: Mitteilungen über Forschungsarbeiten auf d. Gebiete d. Ingenieurwesens. H. 50. 1908; Ausz. in: Zeitschrift d. Vereines deutscher Ingenieure. Bd 51. 1907, Halbj. 1.
Berlin, Dr.-Ing.-Diss. v. 15. 12. 1905

Versuche an einer 2000 pferdigen Riedler-Stumpf-Dampfturbine. Von Felix Rötscher. Berlin: J. Springer in Komm. 1908. (57 S.) 4°(8°) [Kopft.]
= Mitteilungen über Forschungsarbeiten auf d. Geb. d. Ingenieurwesens. H. 50. [08. 5569

Rötscher, G., u. F. A. Pischon, üb. die Verwaltung d. großen Friedrichswaisenhauses; eine Beleuchtung u. Berichtigung d. ähnl. Schrift zweier Curatoren d. Anstalt, L. Krug u. W. Junge. gr. 8. Berl. 822. Dümmler. 6 ℊ

Rötscher, Heinr. Thdr., dramaturgische u. ästhetische Abhandlungen. Gesammelt u. herausg. von Emilie Schröder. Leipzig 864. O. Wigand. 8. (VII, 192 S.) n. 25 ngr.

Rötscher, Heinr. Thdr., dramaturgische u. ästhetische Abhandlungen. Hrsg. von Emilie Schröder. Leipzig 867. F. Fleischer. 8. (VI, 170 S.) $22\frac{1}{2}$ ngr.

Rötscher, Heinr. Theod., Abhandlungen z. Philosophie d. Kunst. 1—4. Abthl. gr. 8. Berlin, (1. u. 2.) Duncker u. Humblot; (3. u. 4.) Thome.
Abthl. 1. Das Verhältniß d. Philosophie d. Kunst u. d. Kritik zum einzelnen Kunstwerke. — König Lear v. Shakspeare. (10 B.) 837. 20 Gr.
= 2. Die Wahlverwandtschaften v. Goethe in ihrer weltgeschichtl. Bedeut., ihrem sittl. u. künstler. Werthe nach entwickelt. ($12\frac{3}{4}$ B.) 838. 1 Thlr.
= 3. Der 2. Theil d. Göthischen Faust nach seinem Gedankengehalte entwickelt. ($13\frac{1}{2}$ B.) 840. 1 Thlr. 6 Gr.
= 4. Romeo u. Julia. — Der Kaufmann v. Venedig, mit besond. Bezieh. auf d. Kunst d. dramat. Darstell. entwickelt. ($12\frac{1}{4}$ B.) 842. 1 Thlr.

Rötscher, Heinr. Thdr., Abhandlungen zur Philosophie der Kunst. (5. Abthl.) A. u. d. T.: Dramaturgische Skizzen und Kritiken. gr. 8. (XII und 244 S.) Berlin 847, Thome.
1—4. Abthl. Berlin (1. und 2.) Duncker und Humblot (3. und 4.) Thome. 1837—42. 4 Thlr. $2\frac{1}{2}$ Ngr.

Rötscher, H. Thdr., Aristophanes u. sein Zeitalter. Eine philosoph.-philolog. Abhandl. gr. 8. Berl. 827. Voß. 1 ℛ 18 ℊ

— Entwickelung dramatischer Charaktere aus Lessing's, Schiller's u. Goethe's Werken mit steter Beziehung auf ihre Darstellung. Hannover 869. Rümpler. 8. (VIII, 339 S.) 1 ℛ

Rötscher, H. Th. Das Plat. Gastmahl, dargestellt als ein philosophisches Kunstwerk. 31 S. . . . .
Bromberg, Progr. 1832

Rötscher, H. Th. Judicia veterum et recentiorum de Aristophane poeta brevi in conspectu posita. 10 S. . . . . .
Bromberg, Progr. 1841

Rötscher, H. Th., Kritiken und dramaturgische Abhandlungen. gr. 8. (VIII und 271 S.) Leipzig 859, Engelmann.

—— die Kunst d. dramat. Darstellung. In ihrem organ. Zusammenhange wissenschaftl. entwickelt. gr. 8. (27 B.) Berlin 841, Thome. *

Rötscher, Heinr. Theod., die Kunst der dramat. Darstellung, 2. Thl., welcher das Gesetz der Versinnlichung dramat. Charaktere an einer Reihe dichterischer Gestalten wissenschaftl. entwickelt. A. u. d. Ttl.: Cyclus dramat. Charaktere. Nebst einer einleit. Abhandlung üb. das Wesen dramat. Charaktergestaltung. gr. 8. ($22\frac{1}{4}$ B.) Berlin 844, Thome.
1. Thl. Ebendas. 1841. 2 Thlr. 10 Ngr.

—— dass. 3. Thl. A. u. d. Ttl.: Cyclus dramat. Charaktere. 2. Thl. Nebst 2 Abhandlgn. üb. das Recht der Poesie in der Behandlg. des geschichtl. Stoffes u. üb. den Begriff des Dämonischen. gr. 8. ($21\frac{3}{4}$ B.) Ebds. 846.

— die Kunst der dramatischen Darstellung. In ihrem organischen Zusammenhange wissenschaftlich entwickelt. 2. verm. Aufl. Leipzig 864. O. Wigand. gr. 8. (XX, 453 S.) 2 ℛ 12 ngr.

—— Seydelmann's Leben u. Wirken, s. Seydelmann.

Rötscher, Heinrich Theodor, Manfred. Eine Tragödie von Lord Byron in ihrem Zusammenhange entwickelt. Eine Abhandlung zur Philosophie der Kunst. Progr. des Gymn. Bromberg 1844. 4°. 26 S.

—— Manfred. Eine Tragödie von Lord Byron, in ihrem innern Zusammenhange entwickelt. Eine Abhandlung zur Philosophie der Kunst. 4. ($3\frac{1}{2}$ B.) Berlin 844, Thome. *

Roetscher, Henr. Theod. (geb. Mittenwalde 20. 9. 1802): Disquisitionis de Aristophanei ingenii principio pars prior. Berolini (1825). (52 S.) 8°
Berlin, Phil. Diss. v. 27. Aug. 1825

— dramaturgische Probleme, Entwickelungen u. Kritiken zur Förderung u. Belehrung dramatischer Dichter u. darstellender Künstler. Dresden 865. Meinhold & Söhne. 4. (258 S. mit 1 lithogr. Portr.) 2 ₰
Neue Titel-Ausgabe der dramaturgischen Blätter 1860.

Rötscher, H. Th. De Aeschyli Eumenidum ratione et consilio. Disquisit. philosoph. 20 S. . . . .
Bromberg, Progr. 1837

Rötscher, H. Theod., Rede zur Feier d. Augsburg. Confessionsfestes. gr. 8. (1½ B.) Bromberg 830, [Hirschberg.] Thlr.

—— das Schauspielwesen, dargestellt auf dem Standpunkte der Kunst, der Gesetzgebung u. des Bürgerthums, v. Hebenstreit, vom Standpunkt heutiger Wissenschaft u. Civilisation beurtheilt. gr. 8. (3⅞ B.) Berlin 843, (Besser, Vrlgsh.) *
Aus: Jahrbücher f. wissenschaftl. Kritik etc., besond. abgedruckt.

Rötscher, Heinr. Thdr., Shakespeare in seinen höchsten Charactergebilden enthüllt und entwickelt und allen Bewunderern des Dichters gewidmet. Ein Buch zur Feier des 300jähr. Geburtsjahrs Shakespeare's. Lex.-8. (IX und 161 S. mit 1 Stahlst.) Dresden 864, Meinhold und Söhne.

Rotschi, L., Handbüchlein für Gesangschulen. 8. Solothurn 840. Kaßmus. ¼ ₰

Rotschi, L., Handbüchlein f. Gesangschulen. 8. (4½ B.) Solothurn 840, (Scherer'sche Buchh.)

Rotschütz, s. Rothschütz

Robert Volkmann. Violoncell-Konzert. A-moll, op. 33. Erl. von Dr. Hugo Rotstiber. *Leipzig: H. Seemann Nachf. [1901].* (11 S.) 8°
= Musikführer. No 249.

Rott a. Inn [Schlagwort]

Rott a. Inn, s.: Bayern. Karte.

Rott [Verfasser]

Rott. Die Atmosphäre unserer Erde 21 S.
Gleiwitz, Progr. 1855

Rott. Die Atmosphäre unserer Erde. (Forts.) 19 S.
Gleiwitz, Progr. 1860

Rott. Heimatskunde. Grundzüge d. Unterrichts für die Sexta höherer Lehranstalten. 1. u. 2. unveränd. Aufl. gr. 8. (32 S.) Berl. 891,92, Mittler u. Sohn. * — 60

Rott: Ueber die Nationalität der Kelten. 30 S. – Passau, Progr. 1866.

Rott, u. Frhr. v. **Kotz,** systematischer Vorgang bei der Ausbildung der Escadron im Nachrichten- u. Sicherungs-Dienste vom Beginne der Ausbildung des einzelnen Cavaleristen bis zur Beendigung der Escadrons-Uebungen. Lösungen der vom (militärwissenschaftl.) Vereine gestellten Preis-Aufgabe für das Jahr 1878. Mit 2 (lith.) Taf. gr. 8. (87 S.) Wien 880. (Seidel & Sohn.) n. 2. 40

Rott, Carl, s. Rott, Karl

Rott, Eduard

Rott, Ed., Histoire de la représentation diplomatique de la France auprès des cantons suisses, de leurs alliés et de leurs confédérés. I. 1430—1559. Ouvrage publié sous les auspices et aux frais des archives fédérales suisses. Lex.-8. (V, 608 S.) Berne 900. (Basel, Basler Buch- u. Antiquariatsh, vorm. A. Goering. n. 12.—

Rott, Edouard, Histoire de la représentation diplomatique de la France auprès des cantons suisses, de leurs alliés et de leurs confédérés. II et III. Ouvrage publié sous les auspices et aux frais des archives fédérales suisses. Lex.-8. Berne. (Basel, Basler Buch- u. Antiquariatsh. vorm. A. Geering.) n. 39. 20
II. 1559—1610. (VI, 724 S.) 902. n. 16. 80
III. 1610—1626. L'affaire de la Valteline (Ire partie) 1620—1626. (VIII, 1164 S.) 906. n. 22. 40
Vol. I. Ebd. 900. n. 12. —.

Rott, Edouard. Histoire de la Représentation Diplomatique de la France auprès des cantons suisses, de leurs alliés et de leurs confédérés. [Volume] 4: 1626—1635 ⟨1re Partie⟩. L'affaire de la Valteline. ⟨2e Partie⟩ 1626—1633. Ouvrage publié sous les auspices et aux frais des Archives fédérales suisses. VIII + 708 p. gr.-8. Bumpliz, Benteli S. A., 1909. [fr. 15. —]

Rott. Édouard. Inventaire sommaire des documents relatifs à l'histoire de Suisse conservés dans les archives et bibliothèques de Paris et spécialement de la correspondance échangée entre les ambassadeurs de France aux Ligues et leur gouvernement (1444–1700). Publié par ordre du Haut Conseil Fédéral Suisse. 5 parties. gr.-8. Berne 1882–1894.
1re partie: 1444 à 1610. 1882. – 2me partie: 1610 à 1648. 1885. – 3me partie: 1648–1684. 1888. – 4me partie: 1685 à 1700. 1891. – 5me partie: Tables onomastiques. Table des matières. 1894.

(Rott. [Édouard].) Rapport concernant le récolement des dépêches et autres papiers se rapportant aux Ambassadeurs de France en Suisse de 1444 à 1610. gr.-8. Berne 1882.

Rott, E., Méry de Vic et Padavino, s.a. Quellen zur Schweizer Geschichte.

Rott. Édouard. Méry de Vic et (Giovanni Battista) Padavino. Quelques pages de l'histoire diplomatique des Ligues suisses et grises au commencement du XVIIme siècle. Étude historique d'après des documents inédits. [Avec 1 planche.] Quellen Schweiz. Gesch. Band 5. 8. Basel 1881.

[S.] Der Dienst im Heere als Militärmusiker. Anleitg u. Winke f. diejenigen, welche sich als Musiker im Heeresdienste befinden, sowie f. die, welche sich diesem Dienste widmen wollen. System. Zsstellg. u. Bearb. d. einschlägigen Gesetze u. Verordngn v. Friedrich Rott, Justizr. . . . *Berlin: A. Parrhysius (1898).* (52 S.) 1 Bd 8.

Rott, Frdr., der Einjährig-Freiwillige u. der Reserve-Offizier im Heer u. in der Marine. Sämmtliche Bestimmgn. üb. die Dienstverhältnisse im aktiven u. Beurlaubtenstand, sowie im Landsturm. Nach amtl. Quellen systematisch bearb. gr. 8. (146 S.) Cassel 891. Brunnemann. n. 1. 50

— der Einjährig-Freiwillige u. d. Reserve-Offizier. Alle üb. d. Dienstverhältnisse im aktiven Dienst, Beurlaubtenstand u. Landsturm gelt. gesetzl. Bestimmungn., nach amtl. Quellen systemat. bearb. u. erläut. 2., verm., verb. Aufl. gr. 8. (IV, 160 S.) Kassel 896. M. Brunnemann. n. 2. —

Rott, Frdr., gerettet, s.: Lehmann's jüd. Volksbücherei.

Rott, F. Gesetze u. Verordnungen über die Wehrpflicht. Die deutsche Wehr-, Heer- u. Marine-Ordnung. Kassel 1891. 694 S.

Rott, F. Die Strafvorschriften über die Wehrpflicht-Verletzungen. Kassel 1896. 79 S.

— die **Wehrpflicht** im Deutschen Reich, systematisch bearb., erläutert u. hrsg. 1. Bd. Gesetze u. Verordngn. üb. die Wehrpflicht. 10 Lfgn. gr. 8. (XXII, 694 S. u. 2 Bl. Tekturen.) Ebd. 891. n. 10. —

— d. **Wehrpflicht** im Deutschen Reich, nach amtlichen Quellen systemat. bearb., erläut. u. hrsg. 2. (Schluß-) Bd. D. Strafvorschriften üb. d. Wehrpflicht-Verletzgn. D. auf d. Ahndg. d. Verstöße gegen d. Wehrpflicht bezügl. Strafbestimmgn. d. einschläg. Gesetze u. Verordngn. m. Berücksicht. d. Entscheidgn. höchster Instanzen systemat. dargest., erläut. u. hrsg. gr. 8. (XII, 79 S.) Ebd 896. n. 2. — (kplt.: n. 12. —)

Rott, Fritz, Assistenzarzt a. Halle a. S.: Zur **Alexander-Adamsschen Operation.** Halle a. S. 1905: C. A. Kaemmerer & Co. (23 S.) 8°
Halle, Med. Fak., Ref. Veit, Diss. v. 21. Juni 1905
[Geb. 15. April 78 Gleiwitz; Wohnort: Halle a. S.; Staatsangeh.: Preußen; Vorbildung: Realgymn. Nürnberg Reife M. 98; Studium: Halle 11 S.; Coll. 17. Juni 05.; Approb. 24. März 05.]

Rott, Georg, appr. Arzt a. Gleiwitz (Ober-Schlesien): Über Wandermilz. Halle a. S. 1905: C. A. Kaemmerer. (30 S.) 8°
Halle, Med. Fak., Ref. v. Bramann, Diss. v. 18. Nov. 1905
[Geb. 1. Juni 79 Gleiwitz; Wohnort: Halle a. S.; Staatsangeh.: Preußen; Vorbildung: Realgymn. Nürnberg Reife M. 00; Studium: Halle Phil. 3, Med. 6 S.; Coll. 13. Nov. 05; Approb. 24. Aug. 05.]

Rott, Hans, kleinasiatische Denkmäler aus Pisidien, Pamphylien, Kappadokien u. Lykien, s. a. Studien üb. christl. Denkmäler. Heft 5. 6.

Kleinasiatische Denkmäler aus Pisidien, Pamphylien, Kappadokien und Lykien. Darstellender Teil von Hans **Rott**. Nebst Beiträgen von Dr. K[arl] Michel, L[eopold] Messerschmidt u. Dr. W. Weber. Leipzig: Dieterich 1908. 8°
= **Studien** über christliche Denkmäler. H. 5 u. 6. [o8. 7469

Rott, Hans: Friedrich II. von der Pfalz und die Reformation. *Heidelberg: C. Winter 1904.* **(IX, 40 S.) 8° [F.] ¶(Erschien vollst. in: Heidelb. Abhandl. zur mittleren u. neueren Gesch., 1904.)**
Heidelberg, Phil. Diss. v. 1904

Rott, Hans, Friedrich II. von der Pfalz u. die Reformation, s. Abhandlungen, Heidelberger, zur mittleren u. neueren Geschichte. 4. Hft.

Friedrich II. von der Pfalz und die Reformation. Von Hans Rott. *Heidelberg: C. Winter 1904.* (X, 156 S.) 8° [F.]
= **Abhandlungen**, Heidelberger, z. mittleren u. neueren Geschichte. H. 4. [o4. 3117

— **Ott Heinrich u. die Kunst, s.: Mitteilungen zur Geschichte des Heidelberger Schlosses. V. 1. 2.**

Rott, Joseph

Rott, J., De interpolationibus Theogoniae Hesiodeae. Pr. 1850. 19 S. 4°.

Rott, Jos., de interpolationibus theogoniae Hesiodeae. Pro programmate scripsit. gr. 4. (19 S.) Monachii 850, Literarisch-artistische Anstalt in Comm. n. 9 ngr

Versuch über das verhältniss der semitischen und indogermanischen sprachen. Von Jos. Rott, G. P. — 1858. Ebend. — S. 2—23.
Progr. Kempten

Rott, Jos., griechisches Vocabularium in etymologischer Ordnung zum Auswendiglernen. Landshut 855. Krüll. gr. 8. (II, 111 S.) 12 ngr.

Rott, Josef: Vorschlag zur entgeltlichen Aufhebung des Propinationsrechtes in der Bukowina. Czernowitz 1865.

Rott, Karl

Rott, Carl, Beiträge zur Praxis der Eisengiesserei. I. Die Fortschritte in der Flusseisen-Darstellg. f. den Giessereibetrieb. — II. Die Gasfeuergn. f. die Trockenkammern des Giessereibetriebes. gr. 8. (32 S. m. Fig. u. 2 Taf.) Berlin 901. O. Elsner. n. 1.50
Sonderabdruck aus: „Eisen-Zeitung".

Rott, Carl, die Fabrikation des schmiedbaren und Tempergusses. gr. 8. (III, 17 S. mit 2 autogr. Taf.) Leipzig 881, Baumgärtner's Buchh. *
Aus: Der practische Maschinen-Constructeur, besonders abgedruckt.

Rott, Carl, die Fabrikation d. schmiedbaren u. Tempergusses. 2. Aufl. gr. 8. (II, 17 S. m. 2 autogr. Taf.) Leipzig 892. H. Mendelssohn. n. 1.20

— die Klein-Bessemerei für den Stahlformguss, Temperguss u. Feinguss. gr. 8. (24 S. m. 7 Abbildgn. u. 1 Taf.) Leipzig 900. Bureau des „Prakt. Maschinen-Konstrukteur". n. 1. —
Sonderabdruck aus: „Uhland's techn. Rundschau".

Rott, Otto, approb. Arzt: **Versuche** über die Zeit, welche schleimige Lösungen im Magen verweilen. *München 1900: Kastner & Lossen.* (18 S.) 8°
München, Med. Diss. v. 1900

Rott, Wenzel, der politische Bez. Podersam (Gerichtsbezz. Podersam u. Jechnitz.) Eine Heimatskunde f. Schule u. Haus. Unter Mitwirkg. der Bez.-Lehrerschaft u. vieler Förderer des Unternehmens verf. Hrsg. vom Bez.-Lehrervereine Podersam. 5 Lfgn. (918 S. m. Abbildgn., 28 Taf. u. 1 farb. Karte.) gr. 8. Podersam 905. Bezirkslehrerverein. n. 5. —

Rottal, das untere, m. besond. Würdigung seiner Pferdezucht u. Rindviehzucht (v. A. Feser u. A. Pfab). (VII, 49 S. m. Abb. u. 2 Karten.) Lex. 8. Landshut (910). J. Thomann. nn 2. —

Drei Lustspiele von O. S. v. **Rottau** [d. i. Hauptmann im Feld-Art.Regt No 73 Schlott]. Königsberg i. Pr.: Ostpr. Dr. & Verlagsanst. 1901. (117 S.) 8° [F.] [o1. 10067

Rottau, O. S. v. (O. Schlott v. Rottau), drei **Lustspiele.** (117 S.) 8. Königsberg 901. Steglitz-Berlin (Humboldtstr. 21), Hauptmann a. D. Schlott v. Rottau.
Geb. in Leinw. m. Goldschn. 2.50

— König **Saul.** Trauerspiel in 5 Aufzügen. (115 S.) kl. 8. Steglitz-Berlin (Humboldtstr. 21) (909), Hauptmann a. D. Schlott v. Rottau. 2. —

König Saul. Trauerspiel in 5 Aufz. Von O[skar] S[chlott] v. Rottau, [Hauptm. a. D.]. [Steglitz: Selbstverl. 1910.] 114 S. 8°

Rottboell, C. F., Anmerkungen und Erläuterungen zu Cato de re rustica. Götting. 798. 8.

***Rottböll*, C. F., descript. plantarum quarund. Surinamens. c. fig. Fol. Kopenh. 798. Schubothe 18 ℊ**

—Description. et icon. rariorum pro maxima parte novarum plantarum. N. Aufl. c. tab. XXI. aeneis. Fol. Kopenh. 785. (Gyldendal). 3 ß

— description. et iconum rarior., et pro max. p. novas plantas illustrantium. fol. Coph. Proft. 786.

Rottböll, C. F., Descript. et Icones rariorum pro maxima parte novarum plantarum. Ed. nov. c. tab. XXI. aeneis. fol. Hafniae, 786. Jetzt Gyldendal u. d. Preis Rthlr.

Rottburg, Fr., s. Belzebulo.

Röttcher, Martin, Referendar: Der Begriff 'desselben rechtlichen Verhältnisses' in § 273 Abs. 1 BGB. Borna-Leipzig 1910: Noske. VIII, 53 S. 8°
Breslau, Jur. Diss. v. 19. Jan. 1910, Ref. Schott, Leonhard
[Geb. 14. Nov. 87 Breslau; Wohnort: Neurode i. Schl.; Staatsangeh.: Preußen; Vorbildung: Heil.-Geist-Gymn. Breslau Reife O. 06; Studium: Breslau 4, Freiburg i. B. 1, Breslau 1 S.; Rig. 26. Nov. 09.] [U 10. 524

Rotteck, K. W. v., Rede üb. ihn, s.: Roepell, R.

Rotteck, Carl von, s. Rotteck, Karl von

Rotteck, Herm. v., Bildergallerie zur allgem. Weltgeschichte, s. Bildergallerie.

—— histor. Bildersaal, s. Bildersaal.

—— über Concurrenz der Verbrechen. Nach positivem u. vernünftigem Recht u. mit Bezug auf den neuen badischen Straf-Gesetz-Entwurf. gr. 8. ($2\frac{1}{2}$ B.) Freiburg 840, Herder'sche Vrlsh. Thlr. *

Rotteck, Herm. v., das Recht der Einmischung in die innern Angelegenheiten eines fremden Staates vom vernunftrechtlichen, histor. u. politisch. Standpunkte erörtert. gr. 8. ($8\frac{1}{4}$ B.) Freiburg 845, Emmerling. *

—— poetische Versuche. 16. ($10\frac{1}{2}$ B.) Freiburg 838, Wagner'sche Buchh.

Rotteck, Jul. v., über einige Brustkrankheiten, mit besond. Rücksicht auf ihre Diagnose aus physical. Zeichen. — Krankheiten d. Pleura u. Lungen-Emphysem. gr. 8. ($9\frac{1}{8}$ B.) Freiburg 840, (Emmerling.) *

Rotteck, K., Nouveau dictionnaire allemand-français et français-allemand, s.: Kister, G.

Rotteck, K., neues deutsch-französisches u. französisch-deutsches Taschenwörterbuch f. Litteratur, Wissenschaft u. Leben, enth. in alphabet. Ordng. sämmtl. gebräuchl. u. neugebildete Wörter beider Sprachen, die Namen der Personen, Länder, Städte 2c., sowie die Lösg. der Schwierigkeiten, welche Grammatik u. Spracheigenheiten darbieten. Neue verm. u. verb. Aufl. v. G. Kister. Mit Angabe, nebst der älteren, der neueren od. Puttkamerschen Orthographie. 12. (IV, 603 u. II, 439 S.) Paris 894. Gebr. Garnier. Geb. n. 4. 80

Rotteck, Karl von

Rotteck, Carl v., allgem. politische Annalen, s. Annalen.

— s. Annalen, neue polit.

Rotteck, Carl v. Archiv f. Landständ. Angelegenheiten 2c. s. Archiv.

Rotteck, K. v., u. Walchner, F. A. Bergbau, Bergwerk, Bergwesen, Bergrecht, Bergregal, Bergpolizei, Bergwissenschaft, Bergzehnt. Staatslexikon von Rotteck u. Welcker, 1858.

— s. Blätter, teutsche, Freiburg., u. setze hinzu: (v. K. v. Rotteck).

v. Rotteck, Karl, für die Erhaltung d. Universität Freiburg. 8. Freiburg. 818. Herder. 6 kr.

Rotteck, Karl v., f. die Erhaltung der Universität Freiburg. Aus Auftrag d. Prorektors u. Consistoriums geschrieben. Zu Rotteck's 100jahr. Geburtstag unverändert abgedr. gr. 8. (28 S.) Freiburg i/Br. 875. Herder. n. — 20

Rotteck, Carl v., Freiheit, s.: Vorkämpfer deutsch. Freiheit.

— Gedächtnißrede auf J. G. Jacobi. 8. Freiburg 814. Herder. 4 kr.

— Gedächtnißrede auf Jh. A. Mertens, bei dessen akadem. Todtenfeier in d. Universitätskirche zu Freiburg d. 9. Juni 1827 gehalten. 8. Freiburg 827. Herder. 3 kr.

— allgem. Geschichte, v. Anfang d. histor. Kenntniß bis auf unsre Zeiten. 6 Bde. gr. 8. Freiburg 813—18. 2e A. 822. 6e Aufl. 9 Bde. Mit Kpf. u. Tabb. 824—27. 7e unveränd. Aufl. 830. Herder. 14 fl. 24 kr. 7r—9r Bd. A. u. d. T.: Allgem. Geschichte neuerer Zeit. 1r—3r Bd. Mit 1 Kpf. gr. 8. Ebd. 824 — 27. 6 fl. 14 kr. Namen- u. Sachregister z. allgem. Geschichte in 9 Bdn. 8. Ebd. 827. 18 kr. 9e unveränd. Aufl. gr. 8. Ebd. 832 u. ff. Pränum.-Pr. 5 fl.

—— allgem. Geschichte v. Anfang d. histor. Kenntniß bis auf uns. Zeiten. Für denkende Geschichtfreunde bearb. 9 Bde. 9. u. 10. Orig.-Aufl. gr. 8. (à $211\frac{1}{4}$ B. u. $4\frac{3}{4}$ B. Tabn.) Freiburg 832—34, Herder. à

—— dass. 11., unveränd. Aufl. in 5 Bdn. gr. 8. ($134\frac{3}{4}$ B. u. $6\frac{1}{4}$ B. Tab. Fol.) Ebds. 835.

—— dass. — Supplementbd., s. Münch, E., Karl v. Rotteck 2c.

Rotteck, Carl v., allgem. Geschichte, vom Anfang d. histor. Kenntniß bis auf uns. Zeiten. Für denk. Geschichtsfreunde bearb. 3 Bde. 12. unveränd. Orig.-Aufl. gr. 8. (133 B. u. $7\frac{1}{4}$ B. Tab.) Freiburg 836, Herder'sche Buchh.
Neun Stahlstiche hierzu. Nach guten Orig.-Zeichn. gest. v. berühmten Künstlern. Zur 8—12. Aufl. d. Hauptwerkes, so wie z. Auszug aus demf. passend. 3 Lfgn. gr. 8. Berlin 837, 38, Heymann. * 1 Thlr. 3 Gr.
Vgl. auch: Bildergallerie zu Rotteck's Weltgeschichte.

—— dass. — 9 Bde. (od. 15 Lfgn.) 13. Orig.-Aufl. gr. 8. ($170\frac{3}{4}$ B., 9 Tab. u. 8 Kpfrt.) Ebds. 838, 39.

—— dass. — 9 Bde. 14. Orig.-Aufl. gr. 8. ($174\frac{1}{4}$ B. u. $3\frac{3}{4}$ B. Tab.) Ebds. 839, 40.
Hierzu: Namen- u. Sachen-Register. 3 Abthln. gr. 8. (6 B.) Ebendas. 839. gratis.

Rotteck, Carl v., allgem. Geschichte, vom Anfang d. histor. Kenntniß bis auf uns. Zeiten. Für denk. Geschichtsfreunde bearb. 9 Bde. (od. 20 Lfgn.) 15. Orig.-Aufl. gr. 8. ($183\frac{3}{4}$ B., 1 Tab. u. 20 Stahlst. v. Alfr. Rethel.) Braunschweig 841, 42, Westermann. * $6\frac{2}{3}$ Thlr., ohne Stahlst. Thlr. *
Landkarten hierzu, vgl. Löwenberg, Jul., histor.-geogr. Atlas 2c.
Hieran schließt sich:

—— dass. — 10. u. 11. Bd. Supplement. — A. u. d. T.: Geschichte d. letzten 25 Jahre. Von Karl Heinr. Hermes. 2 Bde. (à 6 Lfgn.) gr. 8. ($31\frac{1}{4}$ B. u. 38 B. u. 4 Stahlst.) Ebds. 841—44. * $3\frac{2}{3}$ Thlr., ohne Stahlst. *
11 Bde. vollständ. zusamm. genomm. * 10 Thlr., ohne Stahlst. * 8 Thlr.
Außerdem schließt sich an das Hauptwerk:

—— dass. — Fortsetzung zu allen Aufl.: Geschichte d. neuesten Zeit, enth. die Jahre 1815—1840. Nach dess. hinterlass. Vorarbeiten u. Materialien verf. u. hrsg. v. Herm. v. Rotteck. 2 Bde. (od. 9 Hfte.) gr. 8. ($83\frac{1}{4}$ B. u. 32 Stahlst.) Pforzheim 841—44. [Stuttgart, Scheible, Rieger u. Sattler.]

Rotteck, Carl v., allgemeine Geschichte vom Anfang der histor. Kenntniß bis auf unsere Zeiten. Mit Stahlst. nach Original-Compositionen v. Alfred Rethel. 40 Lfgn. 15. Original-Ausg. 3. Stereot.-Abdr. gr. 8. (190⅞ B., 21 Stahlst., 9 Tab. u. R's. Portr.) Braunschweig 844, Westermann. à Lfg. * 5 Ngr. Thlr. *
Ohne Illustrationen à Lfg. 3¾ Ngr. *
Vgl. unten Supplement.

—— dieselbe. Supplement. Geschichte der letzten 25 Jahre von Carl Heinr. Hermes. 2 Bde. (24 Lfgn.) Mit Stahlst. nach Original-Compositionen v. Alfred Rethel. oder Rotteck's Geschichte. 15. Aufl. 41—64. Lfg. 3. Stereot.-Abdr. gr. 8. (69 B. u. 4 Stahlst.) Ebds. 844. (à Lfg. * 3¾ Ngr.) *

Rotteck, Carl v., allgemeine Geschichte rc. 16. Aufl. Mit den Ergänzungen bis 1840 von C. H. Hermes. 11 Bde. (54 Lfgn.) 1. Stereot.-Ausg. in Taschenformat. 8. (... B., 24 Stahlst. u. R's. Portr. mit Tabellen.) Ebds. 845. *
Vgl. unten Supplement.

—— dieselbe. Supplement. Geschichte der letzten 25 Jahre v. Carl Heinr. Hermes. 3. Bd. 1—8. Lfg. Mit Stahlst. oder Rotteck's Geschichte. 16. Aufl. 12. Bd. 55—62. Lfg. 8. (39½ B. u. 1 Stahlst.) Ebds. 846, 47. à Lfg. *

Rotteck, Carl v., allgemeine Geschichte. 16., unveränd. Aufl. Mit den vollständ. Ergänzungen bis auf die neueste Zeit von Carl Heinr. Hermes. (12. Bd. 63—66. Lfg.) Supplement. Geschichte der letzten 25 Jahre von Hermes. 5., umgearb. und vervollständ. Aufl. 3. Bd. 9—12. (letzte) Lfg. 8. (S. 633 —818, 80 S. Register und 1 Stahlst.) Braunschweig 848, Westermann. à Lfg. * 6 Ngr. *
1—62. Lfg. Ebendas. 1845—47. * 12 Thlr. 12 Ngr. Die Geschichte der letzten 25 Jahre von Hermes 3 Bde. kostet * 5 Thlr. 12 Ngr.

—— dass. — Mit den vollständ. Ergänzungen bis auf die neueste Zeit von Carl Heinr. Hermes. 13. Bd. 1—3. Lfg. 8. (S. 1 —240.) Ebds. 852, à Lfg. * 8 Ngr. *

Rotteck's, Carl v., allgemeine Geschichte. Mit den vollständ. Ergänzungen bis auf die neueste Zeit von Carl Heinr. Hermes. 13. Bd. 4. und 5. Lfg. 8. (S. 241—430.) Braunschweig 853, Westermann. *

—— dass. — 14. Bd. (6 Lfgn.) Mit Namen- und Sachregister zum 10. — 14. Bd. 8. (415 und 96 S.) Ebds. 853—54. *
1—12. Bd. und 13. Bd. 1—3. Lfg. Ebendas. 1845—52. * 14 Thlr. Vgl.: Hermes.

—— dass. 17. Aufl. Mit den vollständ. Ergänzungen bis auf die neueste Zeit v. C. H. Hermes. 12 Bde. (57 Lfg.) 2. Stereot.-Ausg. in Taschenformat. 8. (316 B., 26 Stahlst., R's. Portr. u. 6 Tab.) Ebds. 846, 47. *

Rotteck, Carl v., allgemeine Geschichte, besorgt und ergänzt bis auf unsere Tage von Fr. Steger. 10 Bde. mit dem Portr. Rotteck's (in Stahlst.) Ehren-Ausg. zum Gedächtnisse Carl v. Rotteck's. 1. und 2., unveränd. Abdr. 8. (CXV und 3342 S. mit 9 Tab. in gr. 8., gr. 4. und gr. Fol.) Braunschweig 851, Westermann. Thlr. *

—— allgemeine Geschichte vom Anfang der historischen Kenntniß bis auf unsere Zeiten. Originalwerk in 9 Bdn. 19. Aufl. 1—27. Lfg. 8. (1. Bd. XXIV und 320 S. und 2—9. Bd. LXVII und 2535 S. mit 8 Tab. in 4. und qu. Fol. mit R's. Portr. in Stahlst.) Braunschweig 854, Westermann. à Lfg. * 4 Ngr. *

—— dass. — 28—37. Lfg. (10 Lfgn. des Ergänzungsbds.) 8. (VI und 578 S.) Ebds. 854. à Lfg. * 4 Ngr. *
Wurde auch unter dem Umschlagstitel: Deutsche Classiker ergänzt durch C. v. Rotteck's allgem. Geschichte ausgegeben.

Rotteck's, Carl v., allgemeine Geschichte vom Anfang der historischen Kenntniß bis auf unsere Zeiten. 11. Bd. (2. Ergänzungsbd.) Zur Vervollständigung der 1850 und 1851 erschienenen Ehren-Ausg. und als Anschluß an die 1853 bis 1855 erschienene Classiker-Ausg., 19. Aufl. des Originalwerkes. 9 Lfgn. 8. (644 S.) Braunschweig 858. 59, Westermann. *

—— allgemeine Geschichte vom Anfang der historischen Kenntniß bis zum neuesten pariser Frieden 1856. 20. Aufl. 11 Bde. oder 41 Lfgn. mit 24 Stahlst., dem Portr. des Verf. in Stahlst. und 16 Tab. (in gr. 8., gr. 4. und Fol.) 8. Braunschweig 857—59, Westermann. [1—4. Bd. (XLIV und 1100 S.) 5. Bd. (VII und VIII und 332 S.) 6—10. Bd. (XXXVII und 2079 S.) 11. Bd. (644 S.)] à Lfg. * 5 Ngr. *

Rotteck, Karl v. (1775—1840), allgemeine Geschichte vom Anfang d. histor. Kenntniss bis auf unsere Zeiten. Originalwerk in 9 Bdn. und 2 Ergänz.-Bdn. (zus. in 7 voll.). 20. Aufl. Mit 24 Stahlst. u. Portr. d. Verf. Braunschw., G. Westermann, 1858—59. Schillerformat. (Kl. 8⁰.) Stellenw. etw. papierfleckig, sonst schönes Expl. in eleg. roth. Hsrsbdn.
„Auffassung der Geschichte vom Standpunkte des Liberalismus; die Thatsachen mehr kritisirend als objectiv darstellend, indem sie an den Massstab eines bestimmten polit. Glaubens gehalten werden. Rhetorische Darstellung.“ (Schwab u. Klüpfel.) Die erste Aufl. dieser populären Weltgeschichte erschien in 9 Bdn. 1812—26.

—— allgemeine Geschichte vom Anfang der historischen Kenntniß bis auf unsere Tage. 23. Aufl. Erste Volksausg. Fortgesetzt bis auf unsere Tage. Mit 24 Stahlst. und dem Portr. Rotteck's (in Stahlst.) 45 Lfgn. 8. Braunschweig 860. 61, Westermann. [1—6. Bd. (LX und 1679 S.) 7. Bd. (VIII und 327 S.) 8—11. Bd. (XXX und 2004 S. mit 9 Tab. in gr. 8., 4. und qu. Fol. und Namen- und Sachregister 38 S.)] à Lfg. * 4 Ngr. *

Rotteck's, Karl v., allgemeine Geschichte vom Anfang der historischen Kenntniß bis auf unsere Tage. 24. Aufl. 48 Lfgn. 1863. * 6 Thlr. 12 Ngr. und 25. Aufl. 3., illustr. Volksausg. 11 Bde. in 50 Lfgn. mit 26 Stahlst. und dem Portr. Rotteck's. 8. (1.—7. Bd. XX und 2022 S. und 8. Bd. 364 S.) Braunschweig 866, Westermann. à Lfg. 4 Ngr. *

— — Ergänzungsheft zu allen 25 Aufl. 3 Hefte. Ebend. 868. 8. (244 S.) 21 ngr.

— allgem. Geschichte im Auszuge für das deutsche Volk, mit besond. Berücksichtigung der deutschen u. Kulturgeschichte. Nach der Original-Ausg. in 9 Bden. herausgeg. 2 Bde. mit 4 Stahlst. In 20 Liefg. gr. 8. Braunschweig 846, Westermann. (à n. 3 ngl) 2 ℛ (62¾ B. u. 4 Stahlst.)

Rotteck, Dr. K. v. über stehende Heere u. Nationalmiliz. Freyburg 1816. 140 S.

— üb. stehende Heere u. Nationalmiliz. 8. Freiburg 816. Herder. 1 ℛ

—— Histoire générale depuis les temps les plus reculés jusqu'a l'an 1832, mise à la portée de toutes les classes de la société. Trad. de l'Allemand par Simon-Günzer. Vol. I—III. gr. in-8. Carlsruhe, Velten. [I. (43 B. u. 1 Tab. Fol.) 833. 1 Thlr. 16 Gr., II. (54¾ B. u. 1 Tab. Fol.) 835. 1 Thlr. 18 Gr., III. (45¼ B. u. 1 Tab. Fol.) 836. 1 Thlr. 8 Gr.]

—— Histoire générale le depuis les temps les plus reculés jusqu'à l'an 1832, mise à la portée de toutes les classes de la société. Trad. de l'Allemand. IV. Vol. gr. in-8. (41⅛ B. u. 1 Tab.) Paris 836, (Carlsruhe,) Velten.
Vol. I—III. Le même. 1833—36. 4 Thlr. 18 Gr.

— Ideen üb. Landstände. gr. 8. Karlsr. 819. Müller. 12 ℊℊ

— s. S. Jordan, die Jesuiten.

Rotteck, Karl v., die Konstitution, ihr Wesen u. ihre Bedeutung, s.: Volksbibliothek, wissenschaftliche.

—— Lehrbuch d. Vernunftrechts u. d. Staatswissenschaften. 4 Bde. gr. 8. Stuttgart, [Hallberger.]
Bd. 1 Allgem. Einleitung in d. Vernunftrecht. Natürl. Privatrecht. (21 B.) 829. 2 Thlr.
„ 2. A. u. d. T.: Lehrbuch d. allgem. Staatslehre. (21 B.) 830. 2 Thlr.
„ 3. A. u. d. T.: Lehrbuch d. materiellen Politik. (33 B.) 834. 3 Thlr. 6 Gr.
„ 4. A. u. d. T.: Lehrbuch d. ökonom. Politik. (30½ B.) 835. 3 Thlr.

—— Lehrbuch d. Vernunftrechts u. d. Staatswissenschaften. 1. u. 2. Bd. 2., verb. u. verm. Aufl. gr. 8. Stuttgart, Hallberger'sche Vrlsh. 4 Thlr., Vlnp.
Bd. 1. Allgemeine Einleitung in d. Vernunftrecht. Natürliches Privatrecht. (21¼ B.) 840. 2 Thlr., Vlnp. 3 Thlr.
„ 2. Allgemeine Staatslehre. (22 B.) 840. 2 Thlr., Vlnp. 3 Thlr.
3. u. 4. Bd. Ebendas. 1834 u. 35. 6 Thlr. 6 Gr., Vlnp. 9 Thlr. 9 Gr.

— Motion wegen Ernennung einer Commission, welche damit beauftragt werde, den Zustand des Vaterlandes in Erwägung zu ziehen, und den Kammern die geeigneten Anträge darüber zu erstatten. 8. Karlsruhe 833. Groos. ¼ ngl

– s. de Pradt, üb. den Wiener Congreß, u. setze hinzu: (übers. v. K. v. Rotteck).

ROTTECK, C. v.: Die Cölnische Sache, betrachtet v. Standpunkt d. allgem. Rechts. *Speier*, *Landau* u. *Grünstadt*, Neidhard. 838. gr. 8. (9 Gr.)

—— die cölnische Sache, betrachtet vom Standpunkt d. allgem. Rechts. 1. Aufl. (3¾ B.) 838. u. 2., mit Betrachtn. üb. einige neuere Ereignisse u. Druckschriften verm., Aufl. gr. 8. (6 B.) Speyer 839, Neidhard's Buchh. à

— Samml. kleiner Schriften, meist histor. u. polit. Inhalts. 3 Bde. gr. 8. Stuttg. 829. Frankh. 5 ℔

—— Sammlung kleinerer Schriften, meist histor. u. polit. Inhalts. 1—3. Bd. gr. 8. (62¼ B.) Stuttgart 829, [Hallberger.]

—— Sammlung kleinerer Schriften, meist historischen u. polit. Inhalts. 4. u. 5. Bd. gr. 8. Stuttgart, [Scheible, Rieger u. Sattler.] à 2¼ Thlr.
A. u. d. Tiln.:
Bd. 4. Geschichte d. badischen Landtage, v. Einführung d. Verfassung (1819) bis 1832. (29 B.) 836.
„ 5. Landständische Vorträge, geh. v. 1819—1833. (22 B.) 837.
1—3. Bd. Stuttgart 829, Hallberger'sche Buchh. 5 Thlr.

—— Schriften. 1—4. Bd. A. u. d. T.: Lehrbuch des Vernunftrechts und der Staatswissenschaften. 1. Bd.: Allgemeine Einleitung in das Vernunftrecht. Natürl. Privatrecht. Wohlf. Ausg. gr. 8. (XX und 320 S.) Stuttgart 847, Hallberger'sche Vrlgsh. [1. Bd. 2. Aufl. (XX und 320 S.) 1 Thlr., 2. Bd. 2. Aufl. (XII und 340 S.) 1 Thlr., 3. Bd. (XIV und 510 S.) 1 Thlr. 15 Ngr., 4. Bd. (XIV und 480 S.) 1 Thlr. 15 Ngr. 847—48.]

—— dass. — 5—7. Bd. Sammlung kleinerer Schriften, meist histor. und polit. Inhalts. 1—3. Bd. Gr. 8. Ebds. 848.

—— gesammelte u. nachgelass. Schriften, mit Biographie u. Briefwechsel. Geordnet u. hrsg. v. sein. Sohne Herm. v. Rotteck. 8. Pforzheim 841. [Stuttgart, Scheible, Rieger u. Sattler.] à 1½ Thlr.
Bd. 1. Jugendliche Versuche. Literar. Erstlinge. Histor. Aufsätze. } (62¼ B.)
„ 2. Kritische Aufsätze. Vermischte Reden u. patriot. Phantasien. } (62¼ B.)
„ 3. Landständ. Vorträge üb. Verfassungs-Angelegenheiten, überh. üb. höh. od. allgem., geistige u. polit. Interessen. (27¾ B.)
Diese 3 u. die vorstehenden 2 Bde. wurden 1842 unter letzterm gemeinschaftlichen Titel ohne weitere Bemerkung nochmals in 5 Bden. (Stuttgart, Scheible, Rieger u. Sattler. 3 Thlr.) ausgegeben.

—— Spanien u. Portugal. Geograph., statist. u. histor. Schilderung d. pyrenäisch. Halbinsel. gr. 8. (33 B., 21 Stahlst., 1 ill. Karte u. 1 Tab.) Carlsruhe 839, Kunst-Verlag. *

—— Spanien u. Portugal. Geograph., statist. u. histor. Schilderung der pyrenäischen Halbinsel rc. (Neue Ausg.) — 1. Lfg. gr. 8. (4¾ B. u. 3 Stahlst.) Carlsruhe 842, Kunst-Verlag. *

—— und C. Welcker, das Staats-Lexikon, s. Staats-Lexikon, das.

—— Staatsrecht d. constitut. Monarchie, s. Aretin, J. Ch. v.

v. Rotteck, Karl, Trauerrede bei d. akadem. Todtenfeier Karl Friedrichs. 8. Freiburg 811. Herder. 3 ℔

—— allgem. Weltgeschichte f. alle Stände, v. den frühesten Zeiten b. zum J. 1831, mit Zugrundleg. sein. größeren Werkes. 4 Bde. Mit d. Bildn. d. Verf. 1. Aufl. (128½ B. u. 3 Tabn. Fol.), 2. A. ..., 3. A. (113 B. u. 4 Tab. Fol.) Stuttgart 835, [Hoffmann'sche Vrlsbuchh.] à Aufl.
Vgl. Bilder-Gallerie zu „Carl v. Rotteck's allgem. Weltgeschichte" rc.

—— allgem. Weltgeschichte f. alle Stände, v. d. frühesten Zeiten bis z. J. 1831, mit Zugrundlegung seines größ. Werkes bearb. 6 Bde. 4. Origausg. (137 B., R's. Portr. u. 2 Tab.) Stuttgart 839, Hoffmann'sche Vrlsh. — 4 Bde. 5., vom Verf. neu durchges. Origausg. (137 B., R's. Portr. u. 5 synchronist. Tab.) Ebds. 841. — 2., unveränd. Ausg. 16. (135⅛ B., 8 Stahlst. u. 5 synchronist. Tab.) Pforzheim 842. [Stuttgart, Scheible, Rieger u. Sattler.] à

—— allgemeine Weltgeschichte f. alle Stände von den frühesten Zeiten an, mit Zugrundelegung seines größeren Werkes bearb. 5. Bd. — Geschichte der neuesten Zeit, enthalt. die Jahre 1815—1840. Nach dessen hinterlass. Vorarbeiten u. Materialien verfaßt von Herm. v. Rotteck. gr. 8. (35¼ B.) Stuttgart 845, [Rieger'sche Vrlgsh.]

—— dass. (Taschen-Ausgabe.) 5. Bd. 16. (35⅛ B.) Ebds. 845. —
1—4. Bd. Ebendas. 1842. 2 Thlr. 15 Ngr.

—— allgemeine Weltgeschichte f. alle Stände, von den frühesten Zeiten bis zum Jahre 1840, mit Zugrundelegung seines größeren Werkes bearb. 6. Orig.-Aufl. 5 Bde. (oder 10 Thle.) 16. (117¾ B., 5 Tab. u. R's. Portr.) Stuttgart 846, [Rieger'sche Vrlgsh.] (à Thl. 6 Ngr.)

—— allgemeine Weltgeschichte für alle Stände von den frühesten Zeiten bis zum J. 1860. Mit Zugrundelegung seines größeren Werkes bearb. und hrsg. 7. Orig.-Aufl. Sorgfältig durchgesehen und bis auf die neueste Zeit fortgeführt von Wilh. Zimmermann. 30 Lfgn. Mit 40 Stahlst. gr. 16. Stuttgart 860. 61, Rieger'sche Verlagsh. [1. Bd. (480 S.) 2. Bd. (575 S.) 3. Bd. (486 S.) 4. und 5. Bd. (935 S.) 6. Bd. (688 S.)] à Lfg. 4 Ngr.

Rotteck, Karl v., allgemeine Weltgeschichte f. alle Stände von den frühesten Zeiten bis zum J. 1870. Mit Zugrundelegg. seines größeren Werkes bearb. 8. illustr. Orig.-Aufl. Sorgfältig durchgeseh. u. bis zum J. 1870 fortgef. v. Wilh. Zimmermann. Mit über 100 histor. in Holzschn. ausgeführten Portr. 29—37. Lfg. br. 8. (6. Bd. S. 233—375 u. 7. Bd. 509 S. m. 10 Holzschntaf.) Stuttgart 871. 72. Rieger. à — 40

— allgemeine Weltgeschichte für alle Stände von den frühesten Zeiten bis zum Jahre 1870. Mit Zugrundelegung seines größern Werks bearbeitet. 8. illustrirte Orig.-Aufl. Sorgfältig durchgesehen u. bis zum Jahre 1870 fortgeführt von Wilh. Zimmermann. Mit über 100 histor. in Holzschn. ausgeführten Portr. (In ca. 35 Liefgn.) 1—28. Liefg. Stuttgart 869,70. Rieger. br. 8. (1. Bd. 336 S., 2. Bd. 477 S., 3. Bd. 404 S., 4. Bd. 352 S., 5. Bd. 418 S. u. 6. Bd. S. 1—232.) Jede Liefg. 4 ngr

—— über Wesen u. Studium d. Vernunftrechts rc., s. Scheidler, K. H.

Rotteck, Tuiscon, Geographie v. Thüringen. Für die thüring. Volksschulen bearb. 8. (38 S.) Hildburghausen 886. Gadow & Sohn. n. — 20

Rotteck, Tuiskon, Geographie v. Thüringen. Für die thüring. Volksschulen bearb. 2. Aufl. Mit 1 (farb.) Eisenbahnkarte v. Thüringen. (39 S.) kl. 8. Hildburghausen (904). F. W. Gadow & Sohn. n. — 20

Rotteck, Tuiscon, specieller Lehrplan für die einklassige Volksschule. Auf Grund des allgem. Lehrplans für die Schulen des Herzogth. S.-Meiningen bearb. 8. (VIII, 80 S. m. 2 Tab.) Saalfeld 879. Niese. n. 1. 25

— Memorirstoff, als: Sittensprüche, Bibelsprüche, Gebetchen, Liederverse, Gedichtchen u. leichte Kinderlieder, in stufenmäß. Anordnung für die drei ersten Schuljahre zusammengestellt u. hrsg. 8. (V, 56 S.) Ebend. 879. cart. n. — 40

Rotteck, Tuiscon, deutsches Sprachbuch für die einklassige Volksschule. Ein Leitfaden für den Lehrer und zugleich ein Hülfs- und Uebungsbuch für den Schüler beim Unterricht in der Muttersprache in der kombinierten Mittel- und Oberklasse der ungeteilten Volksschule. Mit besond. Berücksicht. der neuen deutschen Rechtschreibung bearb. 8. (VII, 144 S.) Saalfeld 880, Niese. *

—— Unterredungen über 17 für die Volksschule ausgewählte Gleichnisreden Jesu. Ein prakt. Handbuch für Seminaristen und Volksschullehrer. 8. (VIII, 125 S.) Hildburghausen 883, Gadow und Sohn. *

— katechetische Unterredungen üb. ausgewählte Psalmen f. die Volksschule. Ein prakt. Handbuch f. Seminaristen u. Volksschullehrer. 1. u. 2. Hft. 8. (IV, 76 u. IV, 63 S.) Ebend. 884. 85. à n. — 60

Rotteck, T., katechetische Unterredung üb. ausgewählte Psalmen, f. die Volksschule. 3. Hft. 8. (III, 52 S.) Hildburghausen 887. Gadow & Sohn. n. — 40 (cplt.: n. 1. 60)

Rottée, G., Paris, s.: Grieben's Reiseführer. 21.

Roetteken, Hubert: Die Behandlung der einzelnen Stoffelemente in den Epen Veldekes und Hartmanns. Halle, Druck v. Ehrhardt Karras, 1887; VI + 66 S. 8°.
Würzburg, Phil. Fak., Inaug.-Diss. v. 1887.

Roetteken, Hubert, die Behandlung der einzelnen Stoffelemente in den Epen Veldekes und Hartmanns. Diss. Würzburg 1887. Halle, Max Niemeyer. 8°. VI, 66 S.

Roetteken, Hub., Heinrich v. Kleist, s. Wissenschaft u. Bildung.

Heinrich von Kleist. Von Dr. Hubert Roetteken, Prof. Mit 1 Portr. nach e. Miniatur. Leipzig: Quelle & Meyer 1907. (IV, 148 S.) 8° [J.]
= Wissenschaft u. Bildung. 22. [07. 14531]

Rötteken, Hub., über ästhetische Kritik bei Dichtungen. E. Vortrag. [Aus: „Allg. Zeitg., Beilage".] 8. (36 S.) Würzburg 897. Ballhorn & Cramer. n. — 80

Roetteken, Hub., die epische Kunst Heinrichs v. Veldeke und Hartmans v. Aue. Ein Beitrag zur mittelhochdeutschen Literaturgeschichte. gr. 8. (XV, 207 S.) Halle 887, Niemeyer. *

Roetteken, Hub., Poetik. (In 3 Tln.) 1. Tl. Vorbemerkgn. Allgemeine Analyse der psych. Vorgänge beim Genuß e. Dichtg. gr. 8. (XIII, 315 S.) München 902. C. H. Beck. n. 7. —; geb. in Leinw. n. 8. —

Roetteken, H., der zusammengesetzte Satz bei Berthold v. Regensburg, s.: Quellen u. Forschungen zur Sprach- u. Culturgeschichte der germanischen Völker.

Roetteken, Hubert: Die hypothetischen und relativen Satzverbindungen bei Berthold von Regensburg. (Separat-Abdruck aus den Quellen und Forschungen zur Sprach- und Culturgeschichte der germanischen Völker. Heft 53, S. I—LXIV. Strassburg, Karl J. Trübner, 1884. 8. 64 S.

Röttele, Karl, aus Wildthal b. Freiburg: Studien über die bromierten Derivate des p-Nitro- und p-Amido-chinolins. *Freiburg i. B. 1900: G. Mehlhase.* (36 S.) 8°
Freiburg i. B., Phil. Diss. v. 1900

Rottels, Fr. Joseph

Rottels, F. J. u. Theod., kritische Blätter z. Beurtheilung etc., s. Blätter.

Rottels, Fr. J., die Rechte der Altkatholiken. Rede geh. auf dem 2. Altkatholiken-Congresse zu Köln am 21. Sept. 1872. gr. 8. (23 S.) Leipzig 873. Mayer. — 50

Rottels, Fr. Jos., Herr Prof. Dr. C. Vogt als Lehrer „der Urgeschichte der Menschen" auf Reisen u. die Mission des Materialismus. Aachen 867. Jacobi & Co. 8. (232 S.) n. 15 ngr.

Rottels, J. Th., üb. positive Religion u. Geschichte, od. Beantwortung d. Frage: Was ist d. Folge f. Europa, wenn ihm seine positive Religion verschwindet? 8. (4¾ B.) Crefeld 833, (Funcke.)

Rottels, Johann Theodor

— u. J. F. Rottels, krit. Blätter zur Beurtheilung der Bewegungen unserer Zeit auf dem Gebiete des religiösen, politischen u. socialen Lebens, der Wissenschaft u. Kunst, vom Standpunkte des Christenthums. 1846. 12 Hefte. gr. 8. Neuß 846, Schwann. n. 4 ₰

Rottels, J. Th., Gottes Erziehung des menschlichen Geschlechtes in der Weltgeschichte durch Christus; oder: Auch eine Philosophie der Geschichte. gr. 8. (XX und 180 S.) Mainz 859, Kirchheim.

Rottels, J. Th., Erziehungs- u. Bildungslehre vom Standpunkte christlicher Philosophie. gr. 8. (XXIV u. 381 S.) Regensburg 852, Manz. 1½ ₰

Rottels, J. Th., Erziehungs-Philosophie. Münster 863. Theissing. gr. 8. (XVI, 352 S.) n. 1 ₰ 10 ngr.

Rottels, J. Th., Erziehungs-Philosophie. 2. (Titel-) Aufl. Düsseldorf 867. Mischel. gr. 8. (XVI, 352 S.) 1 ₰

Rottels, Joh. Theod., Kritik der Bildung in unserer Zeit. gr. 8. (14⅝ B.) Luzern 843, Meyer. *

Rottels, Joh. Theod., System d. Erziehung, od. philosoph. Grundlagen z. Erzieh. u. Bildung des Menschen. gr. 8. (15⅞ B.) Bonn 837, [König.] *

— s. Zeitschrift, kathol., f. Erziehung.

Rotten, M. M.: Die gegenseitige Abhängigkeit der Patentdauer in den wichtigsten Staaten. Berlin 1898

Rotten M M, Mitteilungen über die Patentgesetzgebungen im Auslande. Berlin 1884

Die Flora (d. Herzogt. Sachsen-Meiningen). Von Prof. H[einrich] **Rottenbach** (unter Mitarb. einheimischer Forscher). Hildburghausen 1905: F. W. Gadow & Sohn. (S. 527–618.) 8° [Umschlagt. F.]
= Landeskunde, Neue, d. Herzogt. Sachsen-Meiningen. H. 6.
= **Schriften** d. Vereins f. Sachsen-Meiningische Geschichte u. Landeskunde. H. 52. [c6 6634

Rottenbach, H. Zur Flora Thüringens, insbesondere des Meininger Landes. II.—VII. Beitrag. 32, 22, 11, 17, 20, 16 SS. [I:1872.]
Progr. Rg. *Meiningen* 1877. 1880. 1882. 1883. 1884. 1885.

Rottenbach, H. [Prof.]: **Zur Flora Thüringens, insbesondere des Meininger Landes. Achter Beitrag: Gramineen, Coniferen und Gefässkryptogamen. Meiningen, Druck d. Keyssner'schen Hofbuchdr.,** 1889; S. 3–18; 4°
Meiningen, herz. RG, OP 1889 (666)

Rottenbach, H., zur Flora Thüringens, insbesondere d. Meininger Landes. gr. 4. (18 S.) Meiningen 889. (v. Eye.) n. 1. —

Rottenbacher, Jos., nöthige Vorbegriffe f. angehende Zeichner, nebst Zeichnungsrequisiten-, Materialien- u. Farbenkunde. Ein Leitfaden zum Selbst- u. bei dem Privat-Unterrichte. 8. (8 B.) Gratz 843, [Kienreich's Vrlgs.-Compt.]

Röttenbacher, Leonhard: Die französischen Virginia-Dramen mit Einschluss derjenigen des Montiano, Alfieri und v. Ayrenhoff. Dessau 1908: Anhaltische Buchdr. Gutenberg. VIII, 152 S. 8°
München, Phil. Diss. v. 1. Juni 1908, Ref. Breymann, Schick
[Geb. 18. Dez. 82 Ansbach; Wohnort: Leipzig; Staatsangeh.: Bayern; Vorbildung: Gymn. Ansbach Reife Juli 01; Studium: München 7, Univ. Coll. London 1 S.; Rig. 1. Juni 08.] [U 09. 3508

Rottenberg, J., Zur Reorganisation des Wiener Zunftwesens um das J. 1600. Programm. 8°. Wien 1909.

Rottenberg, M. N., ein Wort zu seiner Zeit über hebräischen Unterricht u. confessionelle Schule. Pest 869. (Aigner.) gr. 8. (VI, 40 S.) n. 10 *ngr.*

Rottenburg [Schlagwort]

Rottenburg, s. a. Deutschland. Kürschner-Pein.

Rottenburg, Oberamt, s. a. Württemberg. Bauser, W.

Rottenburg, s. a. Württemberg. Höhenkurvenkarte.

Rottenburg. Fahrenwaldt, C., Karte des Oberamts Rottenburg. Hrsg. unter Mitwirkg. des gemeinschaftl. Oberamts in Schulsachen. 1 : 25,000. 2 Blatt à 96,5×63,5 cm. Farbdr. Tübingen 904. F. Fues.
Auf Leinw. m. Stäben u. lackiert n. n. 12. 50

Rottenburg - Niedernau. Karte von Rottenburg-Niedernau u. Umgebung. 1 : 200,000. Lith. Fol. Tübingen 890 Fues. n. — 80; auf Leinw. n. 1. 40

Rottenburg [Sachliches OW]

Rottenburg u. seine Umgebung. Mit Illustr. u. Karte der Umgegend. [Aus: „Tübingen u. s. Umgebg."] 8. (64 S.) Tübingen 887. Fues. n. 1. —

Rottenburg [Verfasser]

Rottenburg, Franc.: Disputatur de instrumentis in quemvis possessorem conceptis. Berolini (1865). (83 S.) 8°
Berlin, Jur. Diss. v. 12. Aug. 1865

Rottenburg, Frz. v., die Kartellfrage in Theorie u. Praxis. Ein offener Brief an Herrn Kommerzienrat Julius Vorster, Mitglied des Hauses der Abgeordneten. (X, 89 S.) gr. 8. Leipzig 903. Duncker & Humblot. n. 1. 80

Rottenburg, Frz. J., vom Begriff des Staates. 1. Bd.: Einleitung und Geschichte der französischen Staats-Theorien bis 1789. gr. 8. (XX, 355 S.) Leipzig 878, Duncker und Humblot.

Das Zukunftsprogramm unserer Schulgesetzgebung. Vortrag, geh. in Bonn 1905 u. mit einigen Zusätzen versehen. Von Franz I. v. **Rottenburg**. Bonn: C. Georgi 1906. (67 S.) 8° [F.] [06. 1591 6

Rottenburg, Heinr., Eduard Grützner. (S. 33—56 m. Abb. u. 7 Taf.) 36×27 cm. München (897). F. Hanfstaengl. 4. —

-- Benjamin Vautier †. (S. 29—46 m. Abb. u. 6 Taf.) 36×27 cm. Ebd. (898). 4. —
2 Sonderabdrucke aus: „Die Kunst unserer Zeit".

Rottenburg, Ldw. von, s. Rottenburg, Ludwig B. von

Rottenburg, Ludwig B. von

Rottenburg, L. B. v. Ansichten von verschiedenen Gegenständen der Kriegskunst, besonders der Reiterei. Dresden 1820. 155 S.

Rottenburg, L. B. v., Ansichten von verschiedenen Gegenständen der Kriegskunst, besonders der Reiterey. gr. 8. Dresden, Arnold. 820.

Rottenburg, L. B. v. Elementar-Taktik für die Reiterei. Mit Kpftaf. Berlin 1817. 247 S.

— — Elementartaktik für die Reiterey, anwendbar f. alle europäische Truppen dieser Gattung. Mit 6 Kupfert. gr. 8. Berlin, Enslin. 817.

Rottenfels, Luc., geistl. Früchte a. d. Gart. Gethsemane. 4. Nrnb. 726.

Rottengatter, Adalbertus Theodorus de: Res ab Innocentio III papa gestae. Vratislaviae 1831. (96 S.) 8° *(Auf Kosten d. Univ. gedruckt)* *[Buchausg. 1831 bei Max & Ko. in Breslau.]*
(Breslau, Ev.-theol. Preisschr., gekr. am 3. Aug. 1830)

Rottengatter, **Adalb. Theod. de, Res ab Innocentio III. Papa gestae. 8 maj. (6½ B.) Vratislaviae 831, Max et Soc.**

Aufgaben der Pfarrkonkurs-Prüfungen in der Diözese Würzburg seit dem Jahre 1855. Hrsg. von Gg. **Rottenhäuser**. Mit kurzer Literaturangabe im Anh. Paderborn: F. Schöningh 1907. (65, III S.) 8° [F.] [08. 8296

Rottenhäuser, Gg., Aufgaben der Pfarrkonkurs-Prüfungen in der Diözese Würzburg seit dem J. 1855. Hrsg. v. R. Mit kurzer Literaturangabe im Anh. (70 u. III S.) 8. Paderborn 908. F. Schöningh. — 80

Rottenhof, Johann Hieronymus (Nürnberg) A. S. 305/8

Dissertatio inauguralis de reticentia rerum collectis obnoxiarum, Von Verhaltung Steuerbahren Vermögens.
Altdorf (Meyer) 20. VI. 1701. 48 S.

Gew.: Stadt Nürnberg. 29365

Rottenhöfer, J., neue vollständige theoretisch-praktische Anweisung in der feinern Kochkunst mit besond. Berücksicht. der herrschaftlichen und bürgerlichen Küche. 12 Hefte. gr. 8. (942 S. mit eingedr. Holzschn. und 1 Titel in Holzschn.) München 858—60, Braun und Schneider. à Heft 10 Ngr.

Rottenhöfer, J., neue vollständige theoretisch-praktische Anweisung in der feinern Kochkunst mit besonderer Berücksichtigung der herrschaftlichen u. bürgerlichen Küche. 2., verm. Aufl. München 866,67. Braun & Schneider. gr. 8. (1024 S. mit eingedr. Holzschn.) 4 ℛ 10 ngr.; geb. 4 ℛ 21 ngr.

Rottenhöfer, J., neue vollständige theoretisch-praktische Anweisung in der feineren Kochkunst, m. besond. Berücksicht. der herrschaftl. u. bürgerl. Küche. 6. Aufl. gr. 8. (1024 S.) München 889. Braun & Schneider. geb. n. 14. —

Rottenhöfer, J., neue vollständige, theoretisch-praktische Anweisung in der feineren Kochkunst m. besond. Berücksicht. der herrschaftlichen u. bürgerlichen Küche. 7. Aufl. Lex.-8. (1023 S. m. Abbildgn.) München 893. Braun & Schneider. Geb. in Leinw. n. 14. —

Rottenhöfer, J., der elegante, wohlservirte Kaffee- u. Theetisch. Mit Abbildg. der Kaffee- u. Theepflanze u. mehrerer der neuesten Kaffee-Kochapparate. München 864. Braun & Schneider. gr. 8. (IV, 163 S. u. 2 Holzschntaf.) n. 1 ℛ 5 ngr.

Rottenhöfer, J., illustrirtes Kochbuch. Neue vollständ. theoret.-prakt. Anweisung in der feineren Kochkunst mit besond. Berücksicht. der herrschaftl. und bürgerl. Küche. 3.—5. Aufl. gr. 8. (1024 S. mit eingedr. Holzschn.) München 872—884, Braun und Schneider. geb. *

Rottenhöfer, J., illustr. Kochbuch. Neu bearb. von Frdr. Zanders. Mit Abbildgn. in Holzschn. nach Zeichngn. v. K. Doepler u. F. Quidenus. 10. Aufl. (1222 S.) gr. 8. München (904). Braun & Schneider.
Geb. in Leinw. n. 14. —

— die gute bürgerliche Küche in allen ihren Theilen. Ein auf langjähr. Erfahrungen gegründetes prakt. Handbuch. Den Frauen, Töchtern und Köchinen gewidmet. 9 Hefte. 8. (563 S. mit eingedr. Holzschn.) München 862,63, Braun und Schneider. à Heft * 5 Ngr.
geb. * 1

— dass. — die gute bürgerl. Küche in allen ihren Theilen. Ein auf langjähr. Erfahrungen gegründetes prakt. Handbuch. Den Frauen, Töchtern und Köchinnen gewidmet. 2.—5. Aufl. 8. (563 S. mit eingedr. Holzschn.) Ebendas. 866—881. *

Rottenmann. Historische Notizen . . . Leoben [1887]. V: *Pesendorfer, F.* (JOANSTYRA)

Rottenstein, J. B., das schmerzlose Ausziehen der Zähne mittelst des Galvanismus. Frankfurt a. M. 858. Keller. 8. (12 S.) n. 2 ngr.

— die Pflege und Behandlung der Zähne sowie ihre Wiederherstellung durch die Kunst. Nach den Grundsätzen der amerikan. Zahnheilmethode, zum prakt. Gebrauch für das Publikum u. für Zahnärzte. Mit 3 (lith.) Taf. Abbildgn. Frankfurt a. M. 857. Keller. 12. (VIII, 100 S.) n. 15 ngr.

Rottenstein, J. B., Untersuchungen über die Caries d. Zähne, s. Leber, Th.

Rottenstein, Siegfried, Referendar aus Nieheim (Kr. Höxter): **Die Aufbewahrungspflicht des Kaufmanns nach H. G. B. § 379 Abs. 1.** *Göttingen 1904: Dieterich.* (62 S.) 8°
Göttingen, Jur. Diss. v. [1. Aug.] 1904

Rottenstein, Siegfr., die Aufbewahrungspflicht des Kaufmanns nach H. G. B. § 379 Abs. 1. Diss. (62 S.) 8. Göttingen 904. (Vandenhoeck & Ruprecht.) n. 1. 40

Rottenwänder, Martin. Der barmherzige Samaritan oder: Vieharzt im eigenen Hause. 2. verb. u. verm. Aufl. St. Veit a. d. Glan. Schlick, 1893. 336 S.

Rotter. Lehrbuch der Weltgeschichte. III. Thl. 1. Buch. 1. Heft. Wien, Braumüller. 8. 1853

Rotter. Lehre der Weltgeschichte. III. Theil. Heft 1 u. 2. 8. (160 S.) Wien, W. Braumüller, Keck und Pierer Druck. 1853.

Rotter. Referat über die Verhandlungen des Sächsischen Gemeindetages zu Dresden vom 12. und 13. October 1877. (Berlin. 1877.) Siehe in: Deutsche Gemeinde-Zeitung. Jg. 16. Folge

Rotter, A. Plan von Zuckmantel in österr. Schlesien. 1 : 20,000. Hrsg. vom Verein zur Hebg. des Fremdenverkehrs in Zuckmantel. Lithogr. gr. Fol. Troppau 890. (Ziegenhals, Roelle.) * — 60

Rotter, Adalb., Handbuch der österreich. Veterinär-Vorschriften. Authentische Sammlg. aller einschläg. Gesetze, Verordngn., Erlässe, grundsätzl. Entscheidgn. Kundmachgn. der verschiedenen österreich. Zentralstellen, einschliessl. der Judikate des Reichsgerichtes, des Verwaltungsgerichtshofes u. des oberst. Gerichts- u. Kassationshofes sowie der wichtigsten Vorschriften f. den polit. Verwaltungsdienst. Zum Gebrauche für Tierärzte jeder Berufsstellung, sowie f. politische u. richterliche Beamte hrsg. 34 Lfgn. (1928 S.) Lex.-8. Wien 906. W. Braumüller. à n. 1. 20;
erh. Preis kplt. n. 42. —; geb. n. 48. 60

Rotter, Adolf, aus Wien: **Das Dipseudocumylphenylarsin, das m-Dixylylphenylarsin und ihre Derivate.** *Rostock 1902: C. Boldt.* (89 S.) 8°
Rostock, Phil. Diss. v. [19. Dez.] 1901

Rotter, Adf., vollständigstes u. gründlichstes Wein-Buch od. der vollkommenste Wein-Manipulant. 8. (296 S.) Neutitschein 876. Enders in Comm. n. 4. —

— dass. — 2. Aufl. 8. (296 S.) [Wien 878.] Neutitschein, Enders.

Rotter, Weinbuch, früher L. V. Enders in Neutitschein, nun Wien, H. Winkler. 2 fl. 1883

Rotter, Andreas Johann

Rotter, A. J., geistreiche Andachtsübungen eines Christen, in auserlesenen Gesängen u. Gebeten zum kathol. Gottesdienste, nebst besond. Andachten auf die hohen Feste d. Jahres. u. bei andern Gelegenheiten. gr. 8. Brünn 810. Traßler. 1 ℛ 16 ℛ

Rotter, Andr. Joh., geistr. Andachtsübungen e. kathol. Christen, in auserles. geistl. Gebethen z. kathol. Gottesdienste, nebst besond. Andachten auf d. hoh. Feste d. Jahres, u. bei and. Gelegenheiten. 7. Aufl. gr. 12. (20 B. u. 5 Kpfrt.) Wien 838, [Pfautsch u. Voß.]

— Gebet- u. Gesangbuch f. seine Pfarrkinder. Neue Aufl. 8. Brünn 815. Gastl. 9 ℊ

— christl. Opfer f. Verstorbene, d. i. heil. Ceremonie am Allerseelentage. 8. Brünn 814. Gastl. 16 ℊ

Rotter, Bernh., Kubik- u. Umrechnungs-Tabellen kantiger Holzmaterialien. M. Rücksicht auf Meter- u. Fussmass, sow. gleichzeit. Anwendg. beider Masse. (Ungarisch u. deutsch.) 2. [Titel-] Aufl. 12. (V, 207 S.) Wien (892) 897. (M. Perles.) Kart. n. 4. —

Rotter, Bernh. v., Luise, die schöne Pfarrerstochter von Taubenheim od.: Unschuldig unter dem Beile des Henkers. Sensationsroman, der Wahrheit gemäß geschrieben. 100 Hefte. (2398 S. m. je 1 Vollbild.) gr. 8. Dresden (903—905). R. Urban. à — 10

Rotter, C. Excursus ad Terentii Adelphos. 13 S. . .
Breslau, k., Progr. 1846

Rotter, C., Geschlechtsbeschreibung von den Grafen von Schwalenberg.

Rotter, C. De Horatii studiis Graecis. 17 S. . 4.° . . . . .
Gleiwitz, Progr. 1836

Rotter, C. B., s. Rotter, Karl Bruno

Rotter, Carl Bruno, s. Rotter, Karl Bruno

Rotter, Curt, s. Rotter, Kurt

Rotter Elisabeth: Das Altvatergebirge.
M. 1909 PN 2715 Diss. Wien Univ. 2409

Rotter, Emil, s. a Behandlung Verunglückter bis zur Ankunft des Arztes.

Rotter, Emil, die Behandlung Verunglückter bis zur Ankunft des Arztes. Anleitung zur Hilfeleistung in plötzlichen Lebensgefahren. Tabelle. 1.—5. Aufl. Imp.-Fol. Nebst Anlage: Wie muss der Unterricht an Nichtärzte zur Hilfeleistung in plötzlichen Lebensgefahren beschaffen sein? Für Fachgenossen bestimmt. 8. (15 S.) Nürnberg 882, v. Ebner'sche Buchh. *

Rotter, Emil, die Behandlung Verunglückter bis zur Ankunft d. Arztes. Anweisung f. Heilgehilfen, Polizei- u. Gemeindebedienstete, Schutz- u. Feuerwehrmannschaft, überhaupt f. diejenigen, welche die erste Hilfe bei Verunglückten leisten. Mit Holzschn. 6. Aufl. 12. (30 S.) Nürnberg 883. v. Ebner. n. — 50

Rotter, Emil, die Behandlung Verunglückter bis zur Ankunft des Arztes. Anleitung zur Hilfeleistung in plötzlichen Lebensgefahren. Mit 5 Holzschn. 7. verm. Aufl. Plakat. gr. Fol. Nürnberg 888, Ballhorn. *

Rotter, Emil. Die Behandlung Verunglückter bis zur Ankunft des Arztes. Anweisung f. Heilgehilfen, Polizei- u. Gemeindebedienstete etc. (Rettungsbüchlein.) 8. verm. Aufl. 12. (28 S. m. 7 Holzschn.) Nürnb. 891, Sebald. * — 45

— die persönliche Feldausrüstung d. deutschen Offiziers, Sanitätsoffiziers und Militärbeamten. Ein Vorschlag. 1.—3. Aufl. Lex.-8. (15 S.) München 887. J. A. Finsterlin. n. — 50

— 4. verm. Aufl. Nürnberg 1889.

— die Knöchelbrüche. gr. 8. (28 S. m. Abbildgn.) München 893. J. F. Lehmann's Verl. n. 1. —

Rotter, Emil, der Nothelfer in plötzlichen Unglücksfällen. Anleitung zur Behandlg. Verunglückter bis zur Ankunft des Arztes, f. Heilgehilfen, Polizei- u. Gemeindebedienstete, militär. Hilfskommandos bei allgemeinen Notständen, Schutz- u. Feuerwehrmannschaften, Radfahrer-Vereine bezw. Volksschullehrer, Fabrikherren, Vorstände d. Bahnstationen, Gutsherren u. A. u. überhaupt Alle, welche die erste Hilfe bei Verunglückten leisten u. lehren wollen, m. besonderer Berücksicht. der freiw. Sanitätskolonnen im Kriege. 9. verm. Aufl. 8. (III, 64 S. m. 24 Abbildgn.) München 899. J. F. Lehmann's Verl. n. — 50

— dasselbe. 10. neuerlich verm. Aufl. 8. (III, 68 S. m. 24 Abbildgn.) Ebd. 899. n. 1. —

Rotter, Emil, der Nothelfer in plötzlichen Unglücksfällen. Anleitung zur Behandlg. Verunglückter bis zur Ankunft des Arztes f. Heilgehilfen, Polizei- u. Gemeindebedienstete, militär. Hilfskommandos bei allgem. Notständen, Schutz- u. Feuerwehrmannschaften, Radfahrer-Vereine, Vorstände der Bahnstationen, v. Bergwerken, Lehrer, Fabrikherren, Gutsherren a. A. u. überhaupt Alle, welche die erste Hilfe bei Verunglückten leisten u. lehren wollen, m. besond. Berücksicht. der freiwillig. Sanitätskolonnen im Kriege. 17.—19. Taus. (III, 86 S. m. 31 Abb.) 11. 8. München 908. J. F. Lehmann's Verl. 1. —

Rotter's typische Operationen. Kompendium d. chirurg. Operationslehre m. besond. Berücksicht. d. topograph. Anatomie, sowie der Bedürfnisse des prakt. u. Feldarztes. 8. Aufl. Mit 221 Abb. u. 6 Dringlichkeits-Orientierungsbildern. Hrsg. v. Alfr. Schönwerth. (XII, 371 S.) 8. München 909. J. F. Lehmann's Verl. Geb. in Leinw. 8.

— die typischen Operationen u. ihre Uebung an der Leiche, m. specieller Berücksicht. der topograph. Anatomie, sowie der Bedürfnisse d. prakt. u. Feldarztes. 8. (XIV, 247 S.) Ebd. 887. geb. n. 6. —

— die typischen Operationen u. ihre Uebung an der Leiche, Compendium der chirurg. Operationslehre m. besond. Berücksicht. der topograph. Anatomie, sowie der Bedürfnisse d. prakt. u. Feldarztes. 2., erweit. Aufl. 8. (XVIII, 370 S. m. 71 Abbildgn.) Ebd. 891. Geb. in Leinw. n. 8. —

Die typischen Operationen und ihre Uebung an der Leiche. Compendium d. chirurg. Operationslehre mit besond. Berücks. d. topogr. Anatomie, sowie d. Bedürfnisse d. prakt. u. Feldarztes von Dr. Emil Rotter, Stabs- u. prakt. Arzte. 3. Aufl. Mit 110 Abb. München: J. F. Lehmann 1892. (XVI, 388 S.) 8° [07. 13446 6

Rotter, E. Die typischen Operationen u. ihre Übung an der Leiche. Compendien der chirurg. Operationslehre. Mit 115 Abbild. 4. Aufl. In-8°. 396 S. Zürich-Oberstrass, E. Speidel. 1895. geb. 10 —

Rotter, Emil, die typischen Operationen u. ihre Übg. an der Leiche. Compendium d. chirurg. Operationslehre m. bes. Berücksicht. d. topograph. Anatomie, sowie d. Bedürfnisse des prakt. u. Feldarztes. 5. Aufl. 8. (XI, 380 S. u. 5 Bl. m. 115 Abb. auf 18 Taf.) München 898. J. F. Lehmann's Verl. Geb. in Leinw. n. 8. —

— die typischen Operationen u. ihre Übung an der Leiche. Compendium der chirurg. Operationslehre m. besond. Berücksicht. der topograph. Anatomie, sowie der Bedürfnisse des prakt. u. Feldarztes. 6. Aufl. 8. (XI, 380 S. u. 6 Bl. m. 115 Abbildgn. im Text u. auf 18 Taf.) Ebd. 900. Geb. in Leinw. n. 8. —

Ein Volks-Ersatzgetränk für Alkohol, für daheim und draußen. Von Dr. Emil **Rotter**, Oberstabsarzt. München: J. F. Lehmann (1902). (19 S.) 8° [F.] [06. 15971 8

Rotter, Franz: Die Bildung der Stadtverordnetenversammlung im Bereich der preußischen Städteordnung vom 30. Mai 1853. Greifswald 1910: Adler. 66 S. 8°
Greifswald, Jur. Diss. v. 11. Juli 1910, Ref. Hubrich
[Geb. 3. Okt. 86 Komeise; Wohnort: Leobschütz; Staatsangeh.: Preußen; Vorbildung: Gymn. Leobschütz Reife O. 06; Studium: Greifswald 7 S.; Rig. 20. Juni 10.] [U 10. 1545

Rotter, Frz. Ferd., über Flachsbau u. Flachsspinnerei. (Internationaler land- u. forstwirthschaftl. Congress zu Wien 1890, 59. Hft.) gr. 8. (8 S.) Wien 890. (Frick.) n. — 60

Rotter, Frdr., vierzehn Tage im Arrest, s.: Volkstheater, Wiener.

Rotter, G., Anleitung zum Photographiren f. Amateure. 8. (VI, 16 S.) Dresden 890. (Leipzig, Gracklauer.) n.n. — 50

Rotter, G., Turnerstreben. Ein Mahnruf an Deutschlands Turner. Hrsg. vom Männerturnverein zu Crimmitschau. 8. (28 S.) Leipzig 873. Friese. n.n. — 25

— Wegweiser f. den photographischen Positiv-Process, mit prakt. Anleitg. nach Mittheilgn. bewährter Fachleute hrsg. Neu bearb. und ergänzt in Gemeinschaft m. A. L. Schneider. 2., verm. Aufl. 8. (34 S.) Ebd. 885. n.n. 1. —

Die deutschen Studenten- und Schüler- Herbergen 1884–1908 von Guido **Rotter**. Hohenelbe: Hauptleitung deutscher Studenten u. Schülerherbergen (1908). 91 S. 8°

Rotter H.: Über das Verhältnis zwischen Kaiserthum u. Senat unter Augustus u. Tiberius. 34. Prag R. II. 75.
Progr.

Rotter, Hans: Einordnung und Erklärung einiger Ennius-Fragmente. S. 3–24. 8. **Progr** K. k. Staats-Gymn. *Pola* 1908.

Rotter, Hans, deutsche Hallschrift in 2 Tln. I. Deutsche Stabg., e., auf den verwandtschaftl. Beziehgn. der Sprachhalle aufgebaute u. alle Sprachen gleichmässig darstell. Schrift. II. Deutsche Flugg., e., auf alle Sprachen gleichmässig anwendbare u. in wenigen Stunden erlernbare Schnellschrift (Stenographie). Erdacht u. f. d. Selbstunterricht verf. I. u. II. Tl. gr. 8. Leipzig 896. (J. H. Robolsky.) n. 4. 50
I. (123 S.) n. 3. —. — II. (52 S.) n. 1. 50.

Rotter, Heinrich: [Professor Dr. Adolf Hromada † 1. Juli 1905.] S. 78—79. 8.
K. k. Staats-Gymn. mit deutscher Unterrichtssprache *Prag-*
Progr. *Neustadt*, Graben 1905.

Rotter, Herm. De auctore libelli de Origine gentis Romanae. [Aur. Vict.] 74 S.
Cottbus, Progr. 1858

Rotter, H.: Über das Gerundium der lateinischen Sprache. 14 S.– Cottbus, Progr. 1871.

Rotter, J., im J. 1999. Autoris. Übersetzg. aus dem Holl. gr. 8. (32 S.) Seifhennersdorf 894. M. Großmann. n. — 40

Rotter, J. A., s. Rotter, Andreas Johann

Rotter Johann: Quaestiones Ennianae.
II. 1905 PN 1939 **Diss.** Wien Univ. 1597

Rotter, Joh. Em., Chorgesangschule. Zunächst für Lehrer- und Lehrerinnen-Bildungsanstalten. Wien 1894. Verlag der Manz'schen k. u. k. Hof-, Verlags- und Universitäts-Buchhandlung. (Min.-Erl. v. 26. August 1894, Z. 17577) 1894. —.60

Rotter, Joh. Nep. Ign., Jahrbuch f. d. kathol. Geistlichkeit 2c., s. Jahrbuch.

Rotter, Josef

Rotter, Jos., Systemat. Anleitung für d. Elementar-Unterricht im freien Zeichnen an d. Volksschule. 3. Aufl. 8. (VI u. 87 S. mit 51 eingedr. Figuren, dazu die Formensammlung mit 144 Blatt in 6 Heften. 8. (87 S.) Brünn, Karl Winiker. 40 kr. **1885.**

Rotter, J., s.: Chirurgie des Unterleibes.

Ueber Perityphlitis. Von Prof. Dr J[osef] **Rotter**, Dir. d. chirurg. Abt. d. St. Hedwig-Krankenh. in Berlin. M. 4 Abb. im Text u. 3 Taf. *Berlin: S. Karger 1896.* (103 S., 3 Tab.) 1 Bd 8. [96. 7388

Rotter, J., die Stichverletzungen der Schlüsselbeingefässe, s.: Sammlung klinischer Vorträge.

Rotter, J., s.: Verhandlungen der freien Vereinigung der Chirurgen Berlins.

Rotter, Karl, Gedichte. 12. (32 S.) Marburg a/D. (900). C. Scheidbach. — 80

Rotter, Karl, s.: Lieder eines Toten.

Rotter, Karl Bruno

Rotter, C. Bruno, e. Beitrag zur Unterrichtsstatistik der Schule Gabelsbergers. Unter Benutzg. d. im Jahrbuch niedergelegten statist. Materials bearb. u. zusammengestellt. 8. (40 S.) Dresden 876. Huhle. n. 1. 50

—— Gedenktafeln der Schule Gabelsberger's mit chronologisch geordnetem Vereinsanzeiger und einigen die Vereinsmitgliedschaft, Unterrichtsergebnisse und Lehranstalten betr. Tabellen. 1. und 2. Aufl. 8. (16 S.) Ebendas. 876. * *

— Gedenktafeln der Schule Gabelsberger's m. chronologisch geordnetem Vereinsanzeiger u. einigen die Vereinsmitgliedschaft, Unterrichtsergebnisse u. Lehranstalten betr. Tabellen. 2. Aufl. 8. (16 S.) Ebend. 876. n.n. 1. —

Rotter, Carl Bruno. Das königl. stenographische Institut zu Dresden in den J. 1839–1889. Ein Beitrag zu der anlässlich d. 50jähr. Jubelfeier dieser Staatsanstalt hrsg. Festschrift. gr. 8. (20 S.) Dresd. 889, G. Dietze. * — 50

Rotter, C. Br., Sammlung v. Ansprachen u. Reden aus der Zeit der 1892er Rundreise u. anlässlich der Feier d. 77. Geburtstages Sr. Durchl. d. Altreichskanzlers Fürsten Otto v. Bismarck. Für die Oberklassen höherer Lehranstalten in satzgekürzter Schrift nach Gabelsberger's Stenographie bearb. [Aus: „Echo".] gr. 8. (IV, 56 S.) Dresden 893. G. Dietze. n.n. 1. 30

Rotter, Kurt

Rotter, Curt: Der Schnaderhüpfl-Rhythmus. Vers- und Periodenbau des ostälpischen Tanzlieds. ⟨Einl. u. 1. Abschn.⟩ (Halle a. S. 1909: Karras.) 66 S. 8° ¶ (Ersch. vollst. in: Palaestra.) - D.S. 2812 [90]
Berlin, Phil. Diss. v. 24. Nov. 1909, Ref. Roethe
[Geb. 16. Nov. 81 Wien; Wohnort: Hallein b. Salzburg; Staatsangeh.: Österreich; Vorbildung: Elisabeth-Gymn. Wien Reife Juli 00; Studium: Wien 2, Berlin 10 S.; Rig. 4. Febr. 09.] [U 10. 245

*Rotter, Leopold: Geometrische Aufgaben und Beispiele in rationalen Zahlen. S. 3—42. 8.
Kaiser Franz Joseph-Gymn. (Landes-Unter- u. Communal-
Progr. Obergymn.) *Mähr.-Schönberg* 1901.

Rotter, Leop., Auswahl u. Vertheilung des Lehrstoffes aus den Realien auf die einzelnen Classen u. Abtheilungen der allgemeinen Volksschulen. Nach den Bestimmgn. d. hohen k. k. mähr. Landesschulrathes vom 4. IV. 1885 u. im Rahmen der m. dem Erlasse vom 20. IX. 1885 genehmigten Jahrescurse. Prog. v. der deutschen Bezirkslehrerconferenz d. Schulbez. M. Schönberg unter dem Vorsitze des L. R. 2. (Titel-)Ausg. gr. 8. (XLVI S.) Znaim 893. Fournier & Haberler. n. 1. —

Bestimmung der Lage der Hauptaxe des neuen Gymnasialgebäudes. 5. ibd. 97.
Progr.

— Bestimmung des Meridianes und der Hauptaxe des Gymnasialgebäudes in M. Schönberg. (Mit Dr. Karl Zirngast). 5. ibd. 96.
Progr.

Rotter Dr. L.: Über die Fehlergrenzen und die Verlässlichkeit der Rechnungsresultate, welche aus unvollständigen Decimalbrüchen abgeleitet werden. 38. Mähr.-Schönberg 79.
Progr.

— Lehrproben f. die sachlich-sprachliche Behandlung deutscher Lesestücke, s. a. Lehrer-Bibliothek, kleine.

Lehrproben für die sachlich-sprachliche Behandlung deutscher Lesestücke. Ausgearbeitet von Lehrern des Schulbezirkes Mährisch-Schönberg. 8. (29 S.) Znaim: Fournier & Haberler 1893 —.20

Rotter Dr. L.: Das Rechnen mit ganzen Zahlen und mit Decimalzahlen einheitlich behandelt. 13. Mähr.-Schönberg 87.
Progr.

Rotter, L., das Rechnen m. ganzen Zahlen u. m. Dezimalzahlen, einheitlich behandelt. Mit e. Anh.: Darstellung d. Rechnens auf den unteren Stufen d. Volksschulunterrichtes. gr. 8. (28 S.) Leipzig 888. Fock. n. — 60

*—: Das Sehnenviereck in rationalen Zahlen. S. 3—45. 8.
Kaiser Franz Joseph-Gymn. (Landes-Unter- und Kommunal-
Progr. Obergymn. *Mähr.-Schönberg* 1902.

Rotter, L. Die Stellung des Realgymnasiums zur Realschule und zur Bürgerschule. Mährisch-Schönberg, Rg., 1871. 10 S. **Progr.**

Rotter, L., und Aug. Murmann, Untersuchungen über die physikalischen Verhältnisse krystallisirter Körper, s. Murmann, Aug.

Rotter, Ludw., s. a. Reinhold, Leo v.

Rotter, Ludw., deutsche Aufgaben zum Schulgebrauch. 8. (63 S.) Wien 872, Hölder. *

Rotter, Ludw. (Leo v. Reinhold), Dreyfus frei! 2. Aufl. des Romans Emile Zola—Dreyfus. 8. (108 S.) Budapest 898. Sachs & Pollak. 3. —
Die 1. Aufl. erschien u. d. T.: Zola, Emil — Dreyfus.

Rotter, Ludw., der deutsche Sprachunterricht in der 6. Mädchenklasse. Ein Hilfsbuch f. Lehrer u. Schülerin. gr. 8. (V, 72 S.) Wien 872. Hölder. n. — 80

Rotter, Ludw. (Leo v. Reinhold), s.: Zola, Emile, — Dreyfus.

Rotter, P., Lehrbuch der englischen Sprache f. den Selbstunterricht. (Umschlag: Richtig Englisch durch Selbstunterricht. Englische Grammatik.) (Wissen ist Macht!) (Neue Aufl.) (188 S.) 8. Hannover (906). W. Ottens. 1. —

— Lehrbuch der französischen Sprache f. den Selbstunterricht. (Umschlag: Richtig Französisch durch Selbstunterricht. Französische Grammatik.) (Wissen ist Macht!) (Neue Aufl). (112 S.) 8. Ebd. (906.) 1. —

Rotter, Paula, es schickt sich nicht, s. a. Geschichten, intime.

Es schickt sich nicht! Die Geschichte einer Durchgebrannten von Paula **Rotter**. Berlin: Berliner Roman-Verl. [1904]. (48 S.) 8° [F.]
= **Geschichten,** Intime. 46. [05. 7308

Rotter, Richard

Rotter, R.: Zur Beleuchtung des Verhältnisses zwischen Schule und Leben. 31 S. 8°.– Oten OR., Progr. 1858.

Rotter, R.: Die Bildung von Kindergärtnerinnen. 66 S. – Troppau, Ln.-B.-A., Progr. 1875.

Rotter, Rich., die Bildung von Kindergärtnerinnen. gr. 8. (VIII, 66 S.) Wien 876. Pichler's Wwe. & Sohn. n.n. — 60

Rotter, Rich., der Bildungswerth u. die Reformbedürftigkeit d. österreichischen Realschulunterrichts der Gegenwart. gr. 8. (VII, 78 S.) Wien 873. Hölder. n. 1. 20

Rotter: Deutschlands Drangsale während d. Zeitraumes v. 1618–1648. Historiographische Studie. 58 S. 8° –Ofen OR., Progr. 1857

Rotter Dr. R.: Zur Frage der Kleinkindererziehung. Ein Wort an Eltern und Kinderfreunde. 47. Troppau Ln.-B.-A. 74.
Progr.

ROTTER, RICHARD: Michael Haas. Biographische Skizze, als Beitrag zu einer künftigen Geschichte des Schulwesens in Ungarn. In: 4. Jber. der Ofner Ob.-Rsch. 1859.

- Dass. SA. Ofen 1859: Martin Bagó. 31 S. - 200 mm

Rotter, Rich., Kaiser Joseph II. und sein „Kämpfen um ein morgenrothes Land". Vaterländ. Charakterbild. gr. 8. (15 S.) Troppau 881, Gollmann. *

— die Kleinkindererziehung im Lichte der Gegenwart. Ein Wort an Aeltern u. Kinderfreunde. gr. 8. (47 S.) Wien 874. Buchholz & Diebel. n. — 60

Rotter, Rich., Lehrbuch der allgemeinen Geschichte f. österreich. Gymnasien u. Realschulen, so wie zur Selbstbelehrung, mit Rücksicht auf Kultur überhaupt u. auf Wissenschaft, Kunst, Gewerbe, Industrie u. Handel insbesondere, nebst eingewebten erdkundlichen Abrissen. 2. Thl. A. u. d. T.: Lehrbuch der Geschichte des Mittelalters. gr. 8. (XXXII u. 204 S.) Wien 852, Braumüller. n. 1 ₰

Rotter, Richard, *Doct. d. Phil. o. ö. Lehrer d. Geschichte u. Erdkunde a. d. k. k. Oberrealschule zu Ofen etc.* Pädagogische Randzeichnungen aus Ungarn. *Wien* 1859. *A. Pichler's Wtw. & S.* XI u. 191 S. 8°.
INHALT. **I. Abth.** Allgemeines. — **II. Abth.** Knabenbildung. — **III. Abth.** Mädchenbildung.

Rotter, R.: Die Realschule in Ansehung ihrer geschichtlichen Entwicklung und ihres Zweckes überhaupt, sowie ihrer Bedeutung für Ungarn insbesondere. 56 S. 8°.– Ofen OR., Progr. 1856.

Rotter, Rich., die Realschule als Mitbegründerin eines freien Bürgerthums, in Ansehung ihrer geschichtlichen Entwicklung und ihres Zweckes im Allgemeinen, so wie ihrer Bedeutung für Oesterreich überhaupt und für Ungarn insbesondere dargestellt. 2., umgearb. und verm. Aufl. gr. 8. (XV und 205 S.) Wien (861)62, Pichler's Wwe. und Sohn. (Leipzig, Liebeskind.)

—— die Rettungsanstalten für sittlich verwahrloste Kinder, s. Erziehung, Unterricht, Schulwesen.

Rotter: Schlange und Hund in ihrer sinnbildlichen Bedeutung. Beitrag zur christlichen Thiersymbolik des Mittelalters. 51 S. 8°–Ofen OR., Progr. 1857

Rotter: Die christliche Thiersymbolik im Mittelalt er. 36 S. 8°–Ofen OR., Progr. 1856

ROTTER, RICHARD: Die christliche Thiersymbolik im Mittelalter, dargestellt im Allgemeinen und durch einige Beispiele erläutert. 1. Allgemeines. 2. Der Raabe. Die Eule. In: 1. Jber. der Ofner Ob.-Rsch 1856.

Rotter, Rich., Vaik-Stephan und Gisela, Franz Joseph und Elisabeth, zwei Herrscherpaare aus Oesterreich-Ungarns Vorzeit und Gegenwart. Culturgeschichtliche Parallele. gr. 8. (VIII, 111 S.) Troppau 879, Buchholz und Diebel. *

— das Wesen u. die culturgeschichtliche Bedeutung des antiken u. mittelalterlichen Romanes. Populär-wissenschaftlich bearb. Pest 859. (Geibel.) gr. 8. (IV, 65 S.) n. 12 ngr.

Rotter, Rich., Andreas Ritter v. Wilhelm. Biographischer Beitrag zur österreich. Schul- u. Staatsgeschichte in den letzten 75 Jahren. gr. 8. (XVI, 327 S. m. chemigr. Portr.) Wien 884. Graeser. n. 6. —

Rotter, R.: Ein Wort über den österreichischen Realschulunterricht der Gegenwart. 78 S. 7°–Linz OR., Progr. 1873.

Rotter, Thdr., u. Jos. Schams, d. Buchführung d. Webers. E. Buch zur Wiederholg. u. Übg. f. absolvierte Fachschüler u. zum Selbststud., erläut. an e. vollständ. Geschäftsgange. Lex.-8. (IV, 105 S.) Wien 897. A. Hartleben. Geb. n. 3. 60

[Ant. u. J.] **Rötter,** Eduard [Dr.]: De Heautontimorumeno Terentiana. Bayreuth, gedr. bei Th. Burger, 1892; 29 S. 8.
Bayreuth, k. Humanist. G, P 1892*

Roetter, F. E., s. Roetter, Friedrich Eduard

Roetter, Friedrich [aus Ansbach]: Über Entwicklung und Wachsthum der Schneidezahne bei Mus musculus. . . . (Aus: Morpholog. Jahrb. Bd. XV. H. 3.) Leipzig, Wilhelm Engelmann, 1889; 23 S. 8,
Erlangen, Phil. Fak., Inaug.-Diss. v. 1889

Roetter, Fridericus Eduardus: De Daetalensium fabula Aristophanis ex fragmentis in pristinum scaenarum ordinem ac seriem restituenda libellus, cui adiecta est de nubium vv 177–179 disputatiuncula . . . . Erlangae, typ. Jungii et filii, 1888; 56 S. 8°
Erlangen, Phil Fak., Inaug.-Diss v. 1888

Rötter, Henriette, das Kleidermachen zum Selbstunterrichte f. Frauen u. Töchter. Mit vielen in den Text gedr. Zeichngn. Fol. (61 S.) Wien 888. v. Waldheim. n. 2. 50

Rötter, Henriette, f. Frauen u. Töchter. Das Kleidermachen zum Selbstunterrichte. 2., verb. Aufl. Fol. (62 S. m. Zeichngn. u. 1 Taf.) Wien 892. R. v. Waldheim. n. 2. 50

Rötter, Henriette, zum Unterrichte wie zur Selbsterziehung: Bildung u. Anstand f. Schule, Haus u. Leben, der weibl. Jugend gewidmet. 2. verm. u. verb. Aufl. gr. 8. (55 S. m. 1 Abb.) Nürnberg (899). F. Korn. n. 1. —

Rötter, Henriette, zum Unterrichte wie zur Selbsterziehung: Bildung u. Anstand f. Schule, Haus u. Leben, der weibl. Jugend gewidmet. 2. verm. u. verb. Aufl. (55 S.) gr. 8. Nürnberg (903). F. Korn. n. 1. —

v. Rotterau, F. A., siehe: Kiwisch Ritter v. Rotterau.

Rotterdam [Schlagwort]

Rotterdam, s.: Woerl's Reisehandbücher.

Rotterdam [Verfasser]

Rotterdam, Johann v., s. Johann von Rotterdam.

Rottgardt, C. H., und H. Stolley, Lesebuch für die oberen Klassen deutscher Volksschulen. 8. (XII und 474 S.) Kiel 860, Schröder und Comp. *-

Rottgardt, C. H., u. H. Stolley, Lesebuch für die oberen Klassen deutscher Volksschulen. 861. (XII, 474 S.) — 2., verb. u. verm. Aufl. Kiel 863. Schröder & Co. 8. (XII, 443 S.) n. 17½ ngr.

Rottgardt, Karl: Der Kathodenfall in Argon ⟨Luft, Stickstoff, Wasserstoff⟩ und das periodische System der Elemente. (Berlin 1910: Ebering.) 55 S. 8°
Berlin, Phil. Diss. v. 1. Aug. 1910, Ref. Wehnelt
[Geb. 28. Juli 85 Neumünster; Wohnort: Charlottenburg; Staatsangeh.: Preußen; Vorbildung: Gelehrtenschule Kiel Reife O. 04; Studium: Berlin 13 S.; Rig. 7. Juli 10.] [U 10. 246

Röttgen, Alexander

Röttgen, *Jacob* Alexander [aus Köln a. Rh.]: 1. Ueber die quantitative Bestimmung des Fluors durch Austreiben desselben als Fluorwasserstoffgas. II. Ueber quantitative Metalltrennungen in alkalischer Lösung durch Wasserstoffsuperoxyd . . . Heidelberg, Univ.-Buchdr. v. J. Hörning, 1895; 36 S., 1 Bl., 1 Taf. 8.
Heidelberg, Naturw.-math. Fak., Inaug.-Diss. v. [7. Jan.] 1896

Röttgen, Alex., I. Ueber d. quantitative Bestimmg. d. Fluors durch Austreiben desselben als Fluorwasserstoffgas. II. Ueber quantitative Metalltrennungen in alkalischer Lösg. durch Wasserstoffsuperoxyd. Diss. gr. 8. (36 S.) Heidelberg 895. (J. Hörning.) n. — 80

Geschichtliche Nachrichten über Beeck. Festschrift z. Einweihung d. neuen kath. Laurentius-Kirche in Beeck 1900. Von Bernh. Röttgen. Duisburg-Ruhrort: Selbstverl. 1906. 174 S. 8° Ar 6015

Röttgen, Conrad Joseph, s. Röttgen, Konrad Joseph

Roettgen, Heinrich: Vokalismus des Alt-Genuesischen. . . . Bonn, Univ.-Buchdr. v. Carl Georgi, 1888; 53 S. + 1 Bl. 8°.
Bonn, Phil. Fak., Inaug.-Diss. v. 10. Okt. 1888

Röttgen, Jakob Alexander, s. Röttgen, Alexander

Röttgen, Konrad Joseph

Röttgen, Conr. Jos., Rath u. Hülfe für Bruchleidende. Eine auf langjährige praktische Erfahrungen gestützte Abhandlung über die richtige Behandlung resp. Heilung der Brüche, durch Anwendung eigenthümlich construirter Bruchbandagen. Bonn 861. Rheinische Verlags-Anstalt. 16. (51 S.) 6 ngr.

Röttgen, Conr. Jos., Rath und Hülfe für Bruchleidende. Eine auf langjähr. prakt. Erfahrungen gestützte Abhandlung über die richtige Behandlung resp. Heilung der Brüche, durch Anwendung eigenthümlich construirter Bruchbandagen. 16. (51 S.) Bonn 862, Rheinische Verlags-Anstalt.

Röttger's Volksbücherei. 10. Bd. 8. Kassel, E. Röttger. n. 1. —; geb. n. 1. 50
Der Feueranbeter. Von Joh. Dose. — Von meiner Mutter. Von Pet. Rosegger. (155 S.) (902.)
Vergl.: Volksbücherei.

Röttger, Rita, wie begründe ich mein Lebensglück? Ein Wegweiser zum Glücklichwerden u. Glücklichsein. gr. 8. (80 S.) Berlin (902). H. Steinitz. n. 1. —

Röttger, Carl, s. Röttger, Karl

Röttger, E. H., Briefe über Hinter-Indien während e. zehnjähr. Aufenthalts daselbst an seine lieben Freunde in Europa. Mit viel. (eingedr.) Abbild. gr. 8. (21 B., 1 Stnt. u. 1 Karte.) Berlin 844, (Enslin'sche Buchh.) *

Röttger, E. H., Thien, Ti, Hoih. Geschichte der Brüderschaft des Himmels u. der Erden der communist. Propaganda China's. Lex. 8. (16 S.) Berlin 852, Hertz in Comm. n. 1/3 ₰

Röttger, G. Realschulwesen. Vegesack, R., 1872. 19 S. 4.
Progr.

Röttger, (G. S.,) kirchl. Gebetübungen. Mit d. Bildn. d Verf. gr. 8. Bonn 824, Weber.

Röttger, G. S. Nachricht von der Klewenowschen Stipendienstiftung. 20 S. 8.
Progr. Magdeburg P. 1828

Röttger, Heinrich [app. Arzt aus Bergede i./W.]: Zur Kenntnis der Neubildungen an der Dura mater spinalis ... Erlangen, k. b. Hofbuchdr. v. A. Vollrath, 1895; 28 S., 1 Bl. 8.
Erlangen, Med. Fak., Inaug.-Diss. v. 1894

Röttger, Hermann

Röttger, H., kurzes Lehrbuch der Nahrungsmittel-Chemie, s.a. Bibliothek f. Nahrungsmittel-Chemiker.

Röttger, H.
Kurzes Lehrbuch der Nahrungsmittel-Chemie. Leipzig, 1894.
Vol. II of the Bibliothek für Nahrungsmittel-Chemiker.

Röttger, H., kurzes Lehrbuch der Nahrungsmittel-Chemie. 2., verm. u. verb. Aufl. (XIV, 698 S. m. 21 Abbildgn.) gr. 8. Leipzig 903. J. A. Barth. n. 11. —; geb. in Leinw. n. 12. 20

Lehrbuch der Nahrungsmittel-Chemie von Prof. Dr. H[ermann] **Röttger,** Würzburg. 3., verm. u. verb. Aufl. Mit 22 Abb. u. 1 Taf. Leipzig: J. A. Barth 1907. (XIV, 901 S.) 8° [07. 1098

Röttger, H., Lehrbuch der Nahrungsmittel-Chemie. 4., verm. u. verb. Aufl. (In 2 Bdn.) 1. Bd. (X, 601 S. m. 18 Abb. u. 1 Taf.) gr. 8. Leipzig 910. J. A. Barth. 11.—; geb. in Leinw. 12. —
3. Aufl. (in 1 Bde.) (XIV, 901 S. m. 22 Abb. u. 1 Taf.) 907. 16.— ; geb. 17. —

Röttger, Hermann [aus West-Rhauderfehn]: Kritische Studien über die chemischen Untersuchungsmethoden der Pfefferfrucht zum Zwecke der Beurtheilung der Reinheit .... München, Druck v. R. Oldenbourg, 1886; 48 S. 8°.
Erlangen, Phil. Fak., Inaug.-Diss. v. 1886.

Röttger, Hermann, kritische Studien über die chemischen Untersuchungsmethoden der Pfefferfrucht zum Zwecke der Beurtheilung der Reinheit. Diss. Erlangen 1886, Th. Blaesing. 8°. 48 S.

Röttger, J. C.

— s. auch Rötger.

Röttger, J. C., kurzgefasste vollständige Darstellung der v. Drieberg'schen Preisaufgabe, wodurch sie leicht zu lösen ist. gr. 8. (1 B.) Neuhaldensleben 845, Eyraud.

—— vollständige Darstellung der v. Driebergschen Preisaufgabe über den Druck der Luft. 2., verb. u. verm. Aufl. gr. 8. (1 ½ B.) Neuhaldensleben 845, Eyraud.
Vgl.: Darstellung der v. Driebergschen Preisaufgabe u. andere daselbst Röttiger in Röttger.

Röttger, J. C., Elementarphysik u. Physiologie. 2 Thle. Mit Steintaf. 8. Magdeb. 822 u. 25. (Creutz). 2 ₰ 12 gr

Röttger, J. C., Erklärung d. Lichts u. d. Dunkelheit, d. Reflexion u. Refraction. Nebst e. Widerleg. der Lehre v. d. Geschwindigkeit d. Lichts, aus d. Natur dess. u. d. einfach. Erklär. d. wahren Grundes v. dem Früher- u. Später-Eintreffen d. Jupiters-Mondfinsternisse. 8. (7 B.) Halle 828, (Anton.)

Röttger, J. C., die Falschheit der Lehre vom Drucke der Luft beleuchtet vom Standpunkte der rationalen Naturlehre im Gefolge der „Beweisführung" des Kammerherrn v. Drieberg, daß die Lehre der neueren Physiker vom Drucke der Luft u. des Wassers falsch ist. 8. (3¾ B.) Halberstadt 845, (Lindequist u. Schönrock.) Thlr. *

—— Kritik der Cholera nach physikal. Gründen, ermessen aus d. plebejischen Gange, den dies. durch die bei Magdeburg geleg. 5 Dörfer: Osterweddingen, Stemmern, Bahrendorf, Sülldorf u. Altenweddingen genommen hat, u. wo sie zuletzt wegen Mangel an genugsam. Verblendung üb. sie wirklich gestorben ist. Ferner: Ueber d. trügerischen Umtriebe d. Cholera im Reiche d. Luft. 8. (5½ B.) Halle 832, (Kümmel.)

Röttger, J. C., Kritik d. mathemat. Naturlehre u. Darstell. d. gänzlich falschen Grundverfass. dieser Lehre. 3. Thl. — A. u. d. T.: Rationale Naturlehre d. wichtigsten physikal. Gegenstände, als: der Wärme, des Lichts, der Luft, der Meteorologie, der Polarität etc. erfahrungsmäßig u. vernunftrichtig erklärt, im Vergleiche mit d. heutigen Schulphysik. 8. (16 B.) Neuhaldensleben 838, Eyraud.
1. u. 2. Thl. Ebendas. 1830, 32. 2 Thlr. 8 Gr.

Röttger, Karl

Röttger, Carl & Ludolf Stephani. Die Alterthümer von Kertsch in der Kaiserlichen Eremitage ... Direct nach den Originalen photographirt und herausgegeben von Carl Röttger ... Mit erläuterndem Text von Ludolf Stephani. I. Lieferung ... Das Grab der Demeter-Priesterin. St. Petersburg. ... H. Schmitzdorff (Carl Röttger) 1873.
Text: Tit., 1 Bl., 20 S. m. 1 Holzschn. 4°.
Atlas: 8 Taf. 2°.
Der ersten Lieferung sind noch 17 einzelne Tafeln beigefügt; mehr nicht erschienen.

Röttger, Karl, s.: Garten, der heilige.

Röttger, Karl, Glück u. Anderes. Gedichte. Umschlag von Heinr. Vogeler. Titelblatt v. Fidus. 8. (30 S.) Wien 902. Neue Literaturanstalt. n. 1. —

— Die moderne Jesusdichtung, s.a. Fruchtschale, die.

Die moderne Jesusdichtung. Eine Anthologie. Mit e. religiösen u. literar. Einl. hrsg. von Karl **Röttger.** München & Leipzig: Piper [1907]. L, 147 S. 8°
(Die Fruchtschale. Bd 16.) [11. 4167

— Kind u. Gottesidee, s.a. Führer ins Leben.

Karl **Röttger.** Kind und Gottesidee. Berlin: Modern-pädag. u. psycholog. Verl. 1908. 147 S. 8°
(Führer ins Leben. Bd 2.)

Röttger, Karl, das Leben, die Kunst, das Kind. Beiträge zur modernen Pädagogik. (110 S.) 8. Bremen (905). C. Schünemann. n. 1. 50; geb. n. 2. —

Tage der Fülle. Neue Lieder u. Landschaftsgedichte u. der Kreis d. Jahres. Karl **Röttger.** Groß-Lichterfelde: Charon-Verl. 1910. 140 S. 8° [11. 383

Wenn deine Seele einfach wird. Gedichte von Karl Röttger. Groß-Lichterfelde: Charonverl. 1909. 143 S. 8° [10. 2066

Röttger, L., Mastbaum u. Quirl, s.: Sonntagsschulgeschichten der Christuskirche.

Röttger, Rud., Blancos u. Colorados. Eine Erzählg. aus den Wirren der argentin. Revolution. Mit 10 Bildern v. Osk. Herrfurth. gr. 8. (216 S.) Weimar 891. Schriftenvertriebsanstalt. n. 1. —

— dasselbe, s.a. Familien-Bücherschatz.

Röttger, Rud., Blancos u. Colorados. E. Erzählg. aus d. Wirren d. argentin. Revolution. M. 10 Bildern v. Osk. Herrfurth. gr. 8. (218 S.) Berlin 897. Schriftenvertriebsanstalt. 1. —

Röttger, R., Erdbeben, s.a. Sammlung gemeinverständlicher wissenschaftlicher Vorträge.

Röttger R, Erdbeben. (Sammlung wissenschaitl. Vortr. NF 74) Hamburg 1889

Röttger, Rudolf, Magnetnadel. (Patentschrift No. 12315 des Kais. Patentamtes.) Berlin 1888

Röttger, Rud., der Schluß der Kette. Neu entdeckte Thatsachen, welche die Entwicklungslehre begründen, nachdem sie nach den Grundsätzen derselben gesucht waren. Die Verknüpfung des kosmopolitischen Bewegungsprinzips mit dem Lebensprinzip der organischen Wesen. Eine Denkschrift. gr. 8. (27 S.) Mainz 880. Diemer. n. — 60

Röttger, Rud., deutscher Schwerspath. Satyre aus der Gegenwart. Eine Monographie des Schundes und der Verfälschungen auf allen Gebieten, nach Thatsachen in erzählender Form zusammengetragen. gr. 8. (63 S.) Mainz 877, (Diemer.) *

Röttger, Rudolf, Ein Stuck modernen Jammers. Martyrthum eines deutschen Entdeckers. Zugleich eine Denkschrift für den Deutschen Reichstag. Hagen i/W. [o. J.]

Röttger, R., das Wetter u. die Erde. Eine Witterungskunde nach neuen Grundsätzen u. Entdeckgn., begründet durch zahlreiche Einzelbeweise u. durch die seit 1878 thatsächlich eingetretenen Katastrophen unseres Erdkörpers. Mit Illustr. gr. 8. (VI, 602 S.) Jena 885. Costenoble. n. 13. 50

— die außerordentliche Witterung des Jahres 1879, ihre Ursachen, ihre Fortdauer in der nächsten Zukunft. Einfluß der Störungen u. bewegende Ursachen auch auf den menschlichen Organismus. Nach Beobachtungen seit vorigem Jahre, seit Beginn der Hauptkrisis. gr. 8. (32 S.) Ebend. 879. n. — 40

Röttger, Theodor [app. Arzt aus Osterode a. H.]: Ueber **Pseudoleucaemia cutis** ... Jena, Druck v. B. Engau, 1893; 46 S., 1 Bl., 6 Taf. 8.
Jena, Med. Fak., Inaug.-Diss. v. [11. Dez.] 1893

Röttger, Werner [app. Arzt aus Heiligendorf in Hannover]: Aus d. medicin. Klinik zu Kiel. **Ein Beitrag zur Behandlung der Malaria mit Methylenblau** ... Kiel, Druck v. L. Handorff, 1895; 28 S., 3 Taf. 8.
Kiel, Med. Fak., Inaug.-Diss. v. [30. Dez.] 1895

Genussmittel – Genussgifte? Betrachtungen uber Kaffee u. Tee auf Grund e. Umfrage bei d. Aerzten von Dr. med. W[erner] **Röttger**, Berlin. Mit e. Vorw. von Geh. Med.R. Dr. Albert Eulenburg, Prof. Berlin: E. Staude 1900. (98 S.) 8° [0. 1942]

Röttgers, Benno: **Beziehungen** (Umschlagt.: Zusammenhang) zwischen Betonung und Syntax im Französischen. [1.] (Verbindungen zweier Substantive mit de.) *Berlin: R. Gaertner 1902.* (42 S.) 4° (Soll an anderer Stelle fortgesetzt werden.)
Berlin, Dorotheen-S, OP 1902

Röttgers, Benno, Beziehungen zwischen Betonung u. Syntax im Französischen. (Verbindungen zweier Substantive m. de.) Progr. 4. (42 S.) Berlin 902. [R. Gaertner.] Weidmann. n. 1. —

Röttgers, Benno, la France d'aujourdhui, s.: Bornecque, Henri.

Röttgers, Benno, d. altfranzösischen Lautgesetze in Tabellen. Zur Ergänzg. d. altfranzös. Grammatik. gr. 8. (31 S.) Leipzig 897. Renger. n. 1. 20

— Englische Lehrbücher f. höhere Lehranstalten. Ausg. B. 1. Tl. Englisches Lese- u. Übungsbuch f. die Unterstufe. (VIII, 236 S.) 8. Bielefeld 909. Velhagen & Klasing. Geb. 2. 40

Röttgers, Benno, englisches Lesebuch f. höh. Lehranstalten. Mit 35 in den Text gedr. Illustr. u. 3 farb. Uebersichtskarten. (XI, 352 S.) 8. Bielefeld 906. Velhagen & Klasing. Geb. n. 3. 50; Wörterbuch (116 S.) Geb. n. 1. —

Recueil de morceaux choisis d'auteurs français, s.: Bornecque, Henri.

— **Recueil de poésies françaises du 19me siècle, précédé d'un choix des fables de Lafontaine. Für den Schulgebrauch hrsg.** (309 S. m. 19 Abb.) 8. Leipzig 910. G. Freytag. — Wien, F. Tempsky. Geb. in Leinw. 2.50

Englische Schulgrammatik. Von Prof. Benno **Röttgers**, Oberl. Bielefeld & Leipzig: Velhagen & Klasing 1905. (XII, 280 S.) 8° [06. 4101

— das englische Schul- u. Erziehungswesen, s.a. England in deutscher Beleuchtung. 6. Hft.

Das englische Schul- und Erziehungswesen. Von Prof. B[enno] **Röttgers**. Halle a. S.: Gebauer-Schwetschke 1906. (66 S.) 8°
— **England** in deutscher Beleuchtung. H. 6. [06. 5883 3

Englisches Übungsbuch im Anschluß an d. Engl. Lesebuch u. d. Engl. Schulgrammatik von B. Röttgers bearb. von Prof. B[enno] **Röttgers** u. Dr. Max Kuttner. Bielefeld & Leipzig: Velhagen & Klasing 1906. (XI, 142 S.) 8° [F.] [07. 381]

Röttgers, W., und F. Heuser, praktisches Rechenbuch für Elementar- u. höhere Bürger-Schulen. 3 Hefte. Hagen 858. Butz. 8. 16 *ngr.*
1. Heft. (64 S.) $3\frac{1}{2}$ *ngr.* — 2. Heft. (84 S.) 5 *ngr.* — 3. Heft. (134 S. m. Holzschn. im Text.) $7\frac{1}{2}$ *ngr.*

Rotth, August W. H.

Elektrische Maschinen und Verkehrs-Maschinen, ihr Werden u. Wesen. Von Oberingen. A[ugust] **Rotth**. 2. Aufl. Berlin: A. Schall [1906]. (V, 410 S.) 8°
— [**Verein** d. Bücherfreunde. Jg. 15, 8.] [07. 10369

Vom Werden und Wesen der Maschine. Genesis d. mechan. Technik in allgemein verständl. Darstellung. Motoren von A. W. H. **Rotth**. Mit 53 Textbild. Berlin: A. Schall (1904). (VII, 304 S.) 8° [F.]
— [**Verein** d. Bücherfreunde. Jg. 13, 4.] [05. 1853

Rotth, Christian August 4° Thl. XII, 26/5

De eo, quod homini de religione constat e lumine naturae. Präs. Christian Gottlob Pitzschmann, Leipzig (Brandenburger) 7. VII. 1703. 20 S.

29367

Rotth, Christian Wilhelm (Halle) A. S. 111/4

Exercitatio iuridica sistens sicilimenta de foro continentiae causarum ex connexitate ad 1. 10. C. de iudiciis. Präs. Johann Philipp Carrach. Halle (Grunert) 6. IX. 1751. 51 S.

Gew.: Karl Ludolph v. Danckelmann.
W. v.: Johann Tobias Carrach, Präs., Christian August Rotth, August Benedikt Michaelis, August Gottlieb Maier, C. D. Lassahn (Opp.), Ernst Heinrich Johann Bordelius (Opp.). 29368

Rotth, Dietr. Aug., Lob- und Dankrede wegen des am 5. Dec. bey Leuthen erfochtenen Sieges, gehalten zu Dresden 1757. 4. (2 Bog.)

Rotthafft, Albrecht, Vergleichende Untersuchungen üb. Turnen u. Bewegungsspiel u. ihren Wert f. d. körperliche Erziehung, Braunschweig 1898, 40 S., 8°.

Rotthausen [Schlagwort]

Rotthausen, s.: **Gelsenkirchen.** Plan.

Rotthoff, Joseph: Etude sur le Mithridate de Jean Racine. Lübeck, Druck v. Gebr. Borchers, 1897; 1—24 S. 4.
Lubeck, Katharineum, OP 1897 (771)

Rottier, Colonel, ..., Description de Monumens de Rhodes. 1 Vol. 430 pages, in 4. accomp. de planches lith. in Fol. dont. color. Bruxelles 828—30. (Schmerber in Fkf.) 56 ℳ

Rottig, Karl Otto, s. R o t t i g, Otto

Rottig, Otto

Rottig, *Karl* Otto [aus Naumburg a. S.]: Die Verfasserfrage des Eneas und des Roman de Thèbes ... Halle a. S., Hofbuchdr. v. C. A. Kaemmerer & C., 1892; 41 S., 1 Bl. 8.
Halle, Phil. Fak., Inaug.-Diss. v. 28. Juni 1892

Rottig, Paul *Adolf* [app. Arzt aus Lützen]: Über den Wert der bakteriologischen Milchuntersuchung ... Halle a. S., Druck v. Wischan & Wettengel, 1896; 1 Bl., 22 S., 1 Bl. 8.
Halle, Med. Fak., Inaug.-Diss. v. 1. Aug. 1896

Röttig, Gf. Fr., Beweis, daß die Austrottung d. Blattern im Züllichauischen Kreise leicht zu Stande zu bringen sei. 8. Züllichau 802. (Baumgärtner in Leipz.) 5 gr

Röttigs Beweis, daß die Ausrott. der Blattern im Züllich. Kreise leicht zu Stande zu bringen sey ꝛc. 8. Züllich. Darnmann. 802.

Röttig, Julius

Röttig, J. Kurzer Abriß der Kirchengeschichte. Ein Leitfaden für den Unterricht in Sekunda. 18 S. **Progr.** *Zeitz* 1877.

Röttig, Jul., kurzer Abriß der Kirchengeschichte. Ein Leitfaden für den Unterricht in evangel. Gymnasien. gr. 8. (III, 31 S.) [Zeitz 877.] Halle, Strien Verlag.

Röttig, Jul., kurzer Abriß der Kirchengeschichte. Ein Leitfaden f. den Unterricht in evangel. Gymnasien. 2. Aufl. gr. 8. (34 S.) Halle 884. Strien. cart. n. — 60

Röttig, Jul., 1813—15 u. 1870—71. Rede geh. am Geburtstage Sr. Maj. d. Kaisers am 22. März 1871. 8. (15 S.) Zeitz 871. Huch. n. — 40

Röttig, J., Hilfsbuch f. den evangelischen Religionsunterricht in den oberen Klassen höherer Schulen. 8. (96 S.) Halle a/S. 889. Strien. cart. n. 1. 20

Röttig, J.: Der Evangelist L u c a s als Kenner der Verhältnisse seiner Zeit. 16 S. – Zeitz, Progr. 1871.

Röttig, Jul., der Evangelist Lucas als Kenner der Verhältnisse seiner Zeit. 2. Aufl. 8. (31 S.) Halle 894. E. Strien. n. — 40

[J.] Das Wunder der Heiligen Schrift. Seine Möglichkt u. s. gesch. Beglaubigg. E. Vortr. v. Dr. J u l i u s **Röttig**, Pastor ... in Zeitz. *Halle a. S.: E. Strien 1897.* (20 S.) 1 Bd 8. [98. 1144

Roettig, Theodorus *(geb. Mühlhausen in Thür. 3.7.1844)*: Num crimen haud idoneis opibus attentatum puniendum sit? Part. juris positivi. Vratislaviae (1867). (45 S.) 8°
Breslau, Jur. Diss. v. 16. Dez. 1867

Röttiger, A., Anleitung z. Zucht u. Pflege der *Fasanen* u. einiger Wildhühner-Arten. Mit 6 Abbild. (S.-A. aus den „Oest.-ung. Bll. f. Geflügel- und Kaninchenzucht".) Wien 1882. 12°. 103 S. Cart.

Röttiger, A., Anleitung zur Zucht u. Pflege der Fasanen. Nebst e. Anh.: Zucht u. Pflege d. Goldfasan u. der californ. Schopfwachtel v. J. Rossow. 8. (IV, 50 S.) Leipzig 893. Exp. der Geflügel-Börse (R. Freese). n. 1. —

Röttiger, A., Anleitg. zur Zucht u. Pflege d. Fasanen. Nebst e. Anh.: Zucht u. Pflege d. Goldfasan u. d. californ. Schopfwachtel v. J. Rossow. 2. Aufl. gr. 8. (IV, 50 S.) Leipzig (896) 897. Exped. d. Geflügel-Börse. 1. —

Röttiger, Karl Wilhelm Heinrich Gustav Adolf, s. R ö t t i g e r, Wilhelm

Röttiger, Wilhelm

Röttiger, Elternabende. Eine Sammlg. v. Vorträgen üb. Schul- u. Erziehungsfragen. (67 S.) Lex. 8. Hamburg 910. O. Meissner's Verl. 1. —

Röttiger, Karl Wilh., moderne Erzieher. Lustspiel in 4 Aufzügen. (113 S.) gr. 8. Ebd. 909. 2. —

Röttiger, Wilhelm [Dr.]: Der heutige Stand der Tristanforschung. Hamburg, gedr. bei Lütcke & Wulff, 1897; 1 Bl., 40 S. 4.
Hamburg, Wilhelm-G, OP 1897 (760)

Röttiger, Wilh., der heutige Stand der Tristanforschung. Progr. gr. 4. (40 S.) Hamburg 897. (Herold.) n. 2. —

Röttiger, W., der Tristran d. Thomas, e. Beitrag zur Kritik u. Sprache desselben. gr. 8. (56 S.) Göttingen 883. (Peppmüller.) n. 1. 20

Roettiger, [W i l h e l m]: Zur Vorschulfrage. Referat. Hamburg (1910). 8° *[Umschlagtit.]*

Rötting, E. G.

Rötting, ..., Predigt am 3n Säcularfeste d. Augsburg. Confession, d. 25. Juni 1830 gehalten. 8. Sondershaus. 830. Eupel. 1 gr

Rötting, E. G., Predigten am Tage meiner 50jähr. Amtsjubelfeier den 31. Mai u. meines Abschiedes von meiner Gemeinde in Bendeleben. Nebst noch einig. vorher gehaltenen Predigten. 8. Sondershausen 836. Eupel. 1/4 ℳ

R ö t t i n g e n, gem. 1825. grav. 1828. Vom K. St. K. 1:2,500. 1 Bl.

Röttinger A. C. und Wenzel Franz: Über die Eignung von Bromessigsäureestern für Grignardsche Synthesen. S. 122. IIb. 1109 . . . . vgr.
Separatabdruck

ROETTINGER, Franz (München): Ueber drei Fälle von Aneurysmen.- München: Wolf 1885. 23 S.
11.5.1885 - Urk (Titel: De aneurysmate.); Chr 1884/85,21
Diss. Ingolst.-Landsh.-Mchn.

Röttinger, H., die Entdeckung Amerika's durch die Normannen im 10. u. 11. Jahrh., s.: S t u d i e n, kleine.

Röttinger, Heinr., Breu-Studien, s.a. J a h r b u c h d. kunsthistor. Sammlgn. d. Allerh. Kaiserhauses. 28, II.

Breu-Studien. Von Heinrich **Röttinger**. Mit 8 Taf. u. 35 Textabb. Wien: Tempsky; Leipzig: Freytag 1909. S. 31–91. 2°(4°)
(Jahrbuch d. kunsthist. Sammlungen d. Allerh. Kaiserhauses. Bd 28, II. 2.) [09.11800

Röttinger Heinrich: Ueber die Quellen von Immermanns Trauerspiel in Tirol.
H. 1896 PN 965 **Diss.** Wien Univ. 74

— Hans Wechtlin, s.a. J a h r b u c h der kunsthistor. Sammlgn. des allerh. Kaiserhauses. 27, I.

Hans Wechtlin von Heinrich **Röttinger**. Mit 3 Taf. u. 41 Textabb. Wien: F. Tempsky; Leipzig: G. Freytag 1907. (54 S.) 2°
— **Jahrbuch** d. kunsthist. Sammlungen d. Allerh. Kaiserhauses. Bd 27, H. 1. [08. 920

Röttinger, Heinr., Hans Weiditz, der Petrarkameister, s.a. S t u d i e n zur deutschen Kunstgeschichte. 50. Hft.

Hans Weiditz, der Petrarkameister. Von Heinrich **Röttinger**. Mit 5 Abb., 29 Taf. in Strichätzung u. 2 Taf. in Lichtdr. (38 Abb. u. 2 Taf.). *Straßburg: J. H. E. Heitz 1904.* (XII, 112 S.) 4°(8°)
— **Studien** z. Deutschen Kunstgeschichte. H. 50. [04. 1576

Röttinger, Jos., zur Abschätzung v. Gebäudeanlagen. Eine Anleitg. zur Beurteilg. von Gebäudeanlagen u. Entwürfen. 2 Tle. in 1 Bde. (Neue [Titel-]Ausg. v. „Nationalökonomik techn. Anlagen, 2. u. 3. Bd.") Lex.-8. (VI, 70 u. 132 S. m. 64 Fig.) Leipzig [898.] 902. J. J. Arnd. n. 8. —

Röttinger, Jos., s.: Auskunftsbuch, bautechnisches.

Röttinger, Jos., die Bauführung. Abfassung u. Anfertigg. v. Projecten, Veranschlagg. derselben, Bauvergebg., Bauübernahme, Bauführg. im engeren Sinne u. Bauabrechng. 1. Hft. Anfertigung v. generellen Projecten. gr. 8. (102 S. m. 9 lith. Taf.) Wien 890. Brockhausen. n. 3. 20

Röttinger, Jos., s.: Bauindustrie-Kalender, Wiener.

Röttinger, Jos, Bonität u. Oekonomik von Gebäude-Grundrissen, } **s. a. Nationalökonomik techn. Anlagen u. Einrichtgn.**

Bonität und Oekonomik von Gebäude-Grundrissen. E. Studie üb. Gebäudegrundrisse u. die f. ihre Anlage massgebenden nationalökonomischen Momente v. Ing. Josef **Röttinger**, wirkl. Lehrer an d. k. k. Staatsgewerbeschule Wien I. M. 54 Ill. *Leipzig: J. J. Arnd 1899.* (XI, 132 S.) 1 Bd 4.(8.)
= Nationalökonomik technischer Anlagen u. Einrichtgn. Bd III. [98. 9379

— Massivbau u. Holzbau, } **s. a. Nationalökonomik techn. Anlagen u. Einrichtgn.**

Massivbau und Holzbau. E. Studie üb. d. nationalökon. Bedeutg d. beiden Bauweisen im Hochbau v. Ing. Josef **Röttinger**, wirkl. Lehrer an d. k. k. Staatsgewerbesch. Wien I. *Leipzig: J. J. Arnd 1898.* (XIV, 354 S.) 1 Bd 4.(8).
= Nationalökonomik technischer Anlagen u. Einrichtgn. Bd I. [98. 386

— Realwerthe, } **s. a. Nationalökonomik techn. Anlagen u. Einrichtgn.**

Realwerthe. E. Studie üb. Gut, Werth, Preis u. Geld im Allg. u. d. Arten d. Realwerthe im Bes. v. Ing. Josef **Röttinger**, wirkl. Lehrer an d. k. k. Staatsgewerbesch. Wien I. Bd I. *Leipzig: J. J. Arnd 1898.* (X, 70 S.) 1 Bd 4.(8).
= Nationalökonomik technischer Anlagen u. Einrichtgn. Bd II. [98. 366

— Vorlagen üb. Herde. Zum Gebrauche f. Schlosser, Feuerungsmaschinisten, Herdmacher u. Maurer, sow. als Unterrichtsbehelf an Gewerbe- u. Fortbildungsschulen hrsg. 4 Hfte. gr. Fol. (68 Taf. m. 2 Bl. Text.) Wien 897. A. Pichler's Wwe. & Sohn. à n. 7. —

Röttinger, Jos., Wertbestimmung v. Wasserkräften u. v. Wasserkraftanlagen. (XXX, 525 S.) Lex. 8. Leipzig 908. Dr. W. Klinkhardt. 22.—; geb. 24.—

— die Wertbestimmung v. Wohngebäuden u. v. Bauwerken industrieller Anlagen. 1. u. 2. Aufl. (IX, 113 S.) Lex.-8. Wien 903. 905. Lehmann & Wentzel. n. 5. —

Röttinger, Julius

— s. Jerusalem. Histor. Gemälde.

Röttinger, Jul., die Leiden der Katholiken in Irland. 8. (6 B.) Regensburg 844, Manz.
Vgl.: Bibliothek guter kathol. Bücher.

—— Leiden u. Verfolgungen der kathol. Kirche in Rußland u. Polen. Nach authent. Quellen dargestellt. 8. (7½ B.) Regensburg 844, Manz.
Vgl.: Bibliothek guter kathol. Bücher.

— s. Roselly de Lorgues, Christus u. das Jahrhundert.

Röttinger, K., die badische Verwaltungs-Rechtspflege, enth. das Gesetz vom 14. Juni 1884 m. Erläutergn. aus den Motiven d. Regierungsentwurfs u. den Commissionsberichten der beiden Kammern, die Vollzugsvorschriften hiezu u. die einschläg. Gesetze u. Verordngn. d. bad. Verwaltungsrechts. gr. 8. (X, 164 S.) Heidelberg 887. Emmerling & Sohn. n. 2. —

Röttinger, Konrad: Einführung in die Flora von Münnerstadt und der nächsten Umgebung. T. 1. Würzburg 1905: H. Stürtz. (41 S.) 8°
Münnerstadt, k. human. G P 1905*

Röttinger, M., die thermodynamischen Grundlagen der Wärmekraft- u. Kältemaschinen, s.a. Sammlung Göschen.

Die thermodynamischen Grundlagen der Wärmekraft- und Kältemaschinen von M. **Röttinger**, Dipl.-Ing. Mit 73 Fig. Leipzig: Göschen 1910. 149 S. 8°
(Sammlung Göschen. 2.) [11. 14910 II

Röttinger, M., nach dem Costumefest, s.: Theater-Repertoir, Wiener.

Röttinger, M., technische Wärmelehre (Thermodynamik), s.: Walther, K.

Röttinger, Michael: Zur Therapie der coxa vara rhachitica. Erlangen 1910: Junge. 18 S. 8°
Erlangen, Med. Diss. v. 14. Febr. 1910, Ref. Graser, v. Kryger
[Geb. 28. Okt, 82 Eltmann; Wohnort: Mannheim; Staatsangeh.: Bayern; Vorbildung: Gymn. Erlangen Reife 02; Studium: Erlangen 9, Marburg 1 S.; Coll. 20. Jan. 09; Approb. 23. Jan. 09.] [U 10. 820

Rottke, Georg

Rottke, G., prakt. Tierarzt in Tessin i. M.: Untersuchungen über die Konstitution des Eiweißes unter Berücksichtigung von C. Reichards Quecksilbersalz-Reaktionen. (Aus dem physiologischen Institut der tierärztlichen Hochschule in Hannover. Vorsteher: Prof. Tereg.) Magdeburg, Leistner & Drewfs, 1910. 40 S. 8°. [29. VI. 10.]
Bern. Vet.-Med. Diss. 1910/11.

Rottländer, kurzgefaßte preuß.-brandenburg. Geschichte, zum Gebr. als Lesebuch vorzugsweise in Regiments-, Bataillons- u. Compagnie-Schulen. 8. (20 B.) Trier 828, Gall.

Rottländer, Carl Heinrich, s. Röttländer, Karl

Rottländer, H., übersichtliche Darstellung des Handels von Cöln in den letzten 50 Jahren. Cöln. 12. *108 p.*
Schul-/Univ.-Schrift 1867

Rottländer, H., übersichtliche Darstellung des Handels von Cöln in den letzten 50 Jahren (1815—65). Cöln 867. Boisserée. gr. 12. (108 S.) n. 15 ngr.

Rottländer, Karl

Rottländer, Carl *Heinrich* [aus Bremen]: Der Bürgermeister Daniel von Büren und die Hardenbergischen Religionshändel in Bremen '(1555—1562)'. E. Beitr. z. Bremischen Gesch. ... Göttingen, Druck d. Dieterich'schen Univ.-Buchdr., 1892; 88 S., 1 Bl. 8.
Göttingen, Phil. Fak., Inaug.-Diss. v. [27. Febr.] 1893

Rottländer, Carl, der Bürgermeister Daniel v. Büren u. die Hardenbergischen Religionshändel in Bremen (1555—1562). Ein Beitrag zur Bremischen Geschichte. Diss. gr. 8. (88 S.) Göttingen 892. (Vandenhoeck & Ruprecht.) n. 1. 60

Rottländer, P., Kinderunterstützungsgesetz u. Junggesellensteuer. Beitrag zur socialen Frage. (30 S.) 8. Bonn 908. P. Hauptmann. — 40

Rottländer, Walther, Tierarzt: Aus d. Chir. Klinik d. Tierärztl. Hochsch. zu Dresden. Beiträge zur Aetiologie des Ekzems in der Fesselbeuge beim Pferde (sogenannte Mauke). Mit 7 Abb. Dresden 1908: Franke. 55 S. 8°
Leipzig, Veterinär-Med. Diss. v. 10. Dez. 1908, Ref. Röder
[Geb. 26. Mai 75 Grillenberg; Wohnort: Eckartsberga; Staatsangeh.: Preußen; Vorbildung: Realgymn. Erfurt Reife O. 96; Studium: Dresden Tierärztl. Hochsch. 7 S.; Coll. 18. Dez. 08; Approb. 16. Jan. 01.] [U 09. 2860

Rottländer, Wilh., Geschichte des preußischen Staates für Elementarschulen. Düsseldorf 868. Mischel. 8. (48 S.) n. 2½ ngr.

— Geschichte des preußischen Staates nebst einer Geographie für Elementarschulen. 2. neu umgearb., verm. u. verb. Aufl. Ebend. 869. 8. (58 S.) n. 2½ ngr.

Rottler, Ludwig August [aus Erlangen]: Über Pes varo-equinus paralyticus nach Verletzung des N. ischiadicus am Oberschenkel ... Greifswald, Druck v. J. Abel, 1897; 36 S. 8.
Greifswald, Med. Fak., Inaug.-Diss. v. 24. Juli 1897

Rottleuthner, Wilh., die alten Localmasse u. Gewichte nebst den Aichungsvorschriften bis zur Einführung d. metrischen Mass- u. Gewichtssystems u. der Staatsaichämter in Tirol u. Vorarlberg. gr. 8. (IV, 157 S.) Innsbruck 883. Wagner. n. 2. 40

Röttlin, Nikolaus (Kolmar) A. S. 796/38

Dissertatio juridica de usucapione.
Präs. Ulrich Marbach.
Strassburg (Pastor) 26. I. 1702. 21 S. 29129

Rottlinger, Karl, Handbuch d. Porzellan-Malerei. Oder gründl. Unterr. im Portraitiren u. Landschaftmalen auf Porzellan. 8. (6 B.) Quedlinburg 835, Basse.

Rottloff, Rich., das Black and tan-Kaninchen, s.: Poppe's, F., Bibliothek f. Kaninchenzüchter. VI.

Rottmann's, Karl, Biographie, s.: Reguet, C. A.

Rottmann, Ant. Ewald, das Betriebs-Reglement f. die Eisenbahnen Deutschlands vom 1. Juli 1874, nebst den Special-Bestimmgn. der einzelnen Eisenbahn-Verwaltgn., zusammengestellt nach dem bahnamtl. Material. 1. Thl. Allgemeine Bestimmgn. u. Personen-Beförderg. [§ 1—33 d. Betriebs-Reglements.] gr. 16. (120 S.) Bremen 876. Kühtmann & Co. n. 1. —; cart. n. 1. 20

Rottmann, Ant. Ewald, neues Börsensteuer-Gesetz. Gesetz, betr. die Erhebung von Reichsstempelabgaben vom 1. Juli 1881 und 29. Mai 1885. Textausg. nach der Bekanntmachung des Reichskanzlers vom 3. Juni 1885 mit Tabellen, nach den durch die Beschlüsse des Bundesraths festgestellten Mittelwerthen berechnet. 8. (39 S.) Bremen 885, (Rühle und Schlenker.) *
Mit Tabellen und ohne Ausführungsbestimmung *
Ohne Tabellen und Ausführungsbestimmung **
Erschien früher u. d. T.: Rottmann, das deutsche Reichs-Stempelgesetz.

Rottmann, Ant. Ewald, deutsches Reichs-Stempelgesetz. Gültig vom 1. Octbr. 1881 an. Textausg. mit Tab. und den Ausführungsvorschriften, nebst den Formularen. 1. und 2. Aufl. 8. (16 S.) Bremen 881, (Rühle und Schlenker.) *

—— dass. — Anhang: Neueste Vorschriften über die Verwendung der Wechselstempelmarken. 3.—12. Aufl. 8. (36 S.) (Ebendas.) 882. *

— dasselbe. Textausgabe mit den Ausführungsvorschriften u. den Bestimmungen des Bundesraths, nebst Erläuterungen u. Auslegungen u. Tabellen, hrsg. u. berechnet. 13. Aufl. gr. 8. (84 S.) Ebend. 882. geb. n. 2. —

— Verzeichniss der preussischen Oberlandes-, Land- u. Amtsgerichte mit Angabe der Provinzen, zu welchen die betreffenden Gerichte gehören. 16. (VII, 368.) Norden 879. Fischer Nachf. n. 1. —

Noch nicht nach allgemeiner Befriedigung gelöste Fragen. Hrsg.: C. **Rottmann.** No 1. Düsseldorf: Grubé in Komm. [um 1906]. 8° [F.] [07. 8633

Rottmann, Eduard, Handbuch f. den Gerichtsvollzieherdienst, nach den Reichsgesetzen u. der Neuorganisation des Gerichtsvollzieherinstitutes im J. 1900 m. den landesrechtl. Bestimmgn. im Königr. Bayern hrsg. 2. gänzlich umgearb. Aufl. m. ausführl. Sachregister u. 40 Formularien in 25 Beilagen. gr. 8. (XVI, 492 S.) Würzburg 902. 903. Stahel's Verl. n. 15. —; geb. n. 16.50
Erschien auch in 5 Lfgn. à n. 3. —.

Rottmann, Ed., Handbuch des Verfahrens in den bürgerlichen Rechtsstreitigkeiten einschlüssig des Wechsel- u. Merkantil-Prozesses in den k. bayr. Landestheilen diesseits des Rheins. Nach den Quellen bearb. Regensburg 855, 56. Manz. gr. 8. (XII, 124; XVIII, 583 S.) 2 ₰. 12 ngr.

Rottmann, Ed., Handbuch des Verfahrens in den bürgerlichen Rechtsstreitigkeiten einschlüssig des Wechsel- u. Merkantil-Prozesses in den königl. bayrischen Landestheilen dießseits des Rheins. Nach den Quellen bearb. 5. Abth. A. u. d. T.: Handbuch des Verfahrens in Wechsel- u. Merkantil-Streitigkeiten. Regensburg 860. Manz. gr. 8. (XXIV, 144 S.) 22½ ngr.

— die rechtliche Stellung des Gerichtsvollziehers nach d. Reichsgesetzgebung ab 1. I. 1900 unter Berücksicht. der preußischen, bayerischen, württembergischen, sächsischen u. badischen Verhältnisse. gr. 8. (VIII, 53 S.) Ebd. 900. n. 1.—

Rottmann, Ed., das bayerische Strafrecht in seiner gegenwärtigen Gestaltung. Nach der Artikelfolge des ersten Theiles des Strafgesetzbuches, aus den Strafgesetzen u. den dazu ergangenen Verordnungen u. Rescripten, mit Beibehaltung ihres Originaltextes zusammengestellt u. mit Anmerkgn. begleitet. gr. 8. (XII u. 176 S.) Erlangen 849, Palm. — 2. verb. u. verm. Aufl. gr. 8. (XIV u. 207 S.) Ebd. 851. ⅓ ₰

Rottmann, Ed., das bayerische Strafrecht in seiner gegenwärtigen Gestaltung. Nach der Artikelfolge des ersten Theiles des Strafgesetzbuches, aus den Strafgesetzen und den dazu ergangenen Verordnungen und Rescripten, mit Beibehaltung ihres Originaltextes zusammengestellt und mit Anmerkungen begleitet. 2., verb. und verm. Aufl. gr. 8. (XIII und 207 S.) Erlangen 851, Palm's Vrlgsh.
Vgl.: Strafrecht, das bayerische.

— das bayerische Strafverfahren. Nach dem Systeme des Gesetzes vom 10. Nov. 1848, die Abänderung des zweiten Theils des Strafgesetzbuches vom J. 1832 betr., unter Beibehaltung des Originaltextes, der Gesetzesartikel u. einschlägigen Verordnungen zusammengestellt. gr. 8. (XX u. 159 S.) Ebd. 849. ⅔ ₰ — 2. verm. u. verb. Aufl. gr. 8. (XXIV u. 232 S.) Ebd. 852. ⅚ ₰

Rottmann, Ed. Frdr., die Lehre von der Aus- u. Einwanderung im Königr. Bayern u. das Verfahren u. der Dienst der Verwaltungsämter diesseits des Rheins in Aus- und Einwanderungssachen. Würzburg 862. Stahel. Lex.-8. (XV, 275 S.) n. 1 ₰

Rottmann, F. K., über die warmen Quellen zu Baden im Aargau, oder die Trink- u. Badkuren daselbst. 2. Aufl. 12. Aarau 842, Sauerländer, Sorth.

Rottmann, Fr. Wilh. Unsere Heimat. II. Teil: Die Geschichte der Industrie bis zum Jahre 1806. Vortrag. 22 S. [I: 1874.]
Progr. *Lüdenscheid* 1879.

Rottmann, Frdr., Ueber Bildung des Hagels.

Rottmann, Friedrich Julius

— Beschr. d. Hochzeitgebr. d. meisten Völker. 8. Bremen, Sauermann. 715.

Rottmann, F. J., lustig. Historienschreiber v. 300 lächerl. Histor. 8. Freyst. Förster. 729.

§ **RUFIANDER,** Fab. Jocos. (d. i. *Friedr. Julius Rottmann*). — Curiöse INAUGURAL DISPUTATION von dem Recht, Natur, Eigenschafften, Privilegiis u. Prærogativen des Heut zu Tage bey Hohen u. Niedrigen weit u. breit regierenden CORNELII. Welche unter dem Præsidio Des durch u. durch gelahrten, tiefsinnigen u. weitberühmten Herrn Vespasiani Curidemi, omnium facultatum Doctoris & p. t. Collegii Corneliani Vicarii &c. Pro Gradu Privilegiis in dignitate A-Corneliorum rite capessendis in Collegio subterraneo, vulgò im Wein-Keller, zur öffentlichen Ventilation wider die Melancholicos darstellet *Fabius Jocosus Rufiander* Hierosolymitanus, Utriusque Vini ac Cerevisæ Candidatus. Teutschland, Gedruckt in denen Hundes-Tagen, 1716. 8⁰.

Derb-komische u. stellenw. pikante satyr. Erörterungen u. Erzählungen wider die Melancholie u. Grillenfängerei. 62 SS. Mit einigen lat. u. deutschen Versen. Die Zuschr. (S. 3—4) ist an die „Miltz-süchtigen Herren Langweile, Trauerkopff, Melancholico, Markolffes (sic!), Sauertopff, Einsiedler, Murbart (!), Denckviel, Afflicto de Afflictis, Kummer, Tummkopff, Maulaff, Einfalt, Phantastico u. Hornträger" gerichtet. — Sehr selten u. wenig bekannt! Von Weller ist der Pseud. nicht enthüllt.

— **luſt. Juriſt. 2 Thle. 8. Ebend. 738.**

Mägde-Heyrath, Die verthedigte (!), das ist: Kurtzer aber bewehrter Trost für alle Diejenige, so etwa ihre Mägde zu heyrathen sich resolviren; wodurch Sie (!) bey deßfals entstehender Melancholey u. Gewissens-Angst, sich nicht allein kräfftig trösten, sondern auch allen lasterhafften Mäulern ein Schloß anlegen können. Nebst dem untrieglichen Weiber Spiegel, aus freyen Stücken auffgesetzt von einem,
Der auff solchen Hochzeits-Fällen
Fleissig sich pflegt einzustellen,
und dann
Frölich Juchhey! **Rufft** *(Frdr. Jul. Rottmann).*
Mit TKpf. Cölln, bey Peter Marteau (Bremen, Saurmann). 1714. 8⁰. (In Stuttgart.) Tit. u. 44 S. (4 Mk. 50 Pfg. Max Harrwitz, Berlin, c. 1888; jetzt theurer!)
* — — Ebd. 1717. 8⁰.

Titelkpf., Titel, 44 S. S. 29—44: Der .... Weiber-Spiegel.

PHILOSOPHUS, Der Lustige, Welcher Mancherley lächerliche und ergetzende Fragen und Antworten, Gespräche und Distinctiones, so wol in die Philosophie, als Jurisprudentz und Medicin lauffend, vorbringet, Allen ernsthafften catonischen Gemüthern zu einer Aufmunterung zur Fröligkeit Dargestellt Und Mit einem Register versehen Von *F. J. R.* (d. i. *Friedr. Julius Rottmann*). J. U. P. (Jurius Utriusque Practicus, nicht Prof.). (Zierstock.) RINTEIN. Zu finden beym Buchdrucker, An. 1715. 8⁰. (In Breslau. Kgl. u. Univ.-Bibl.: Lit. teut. II 8⁰ 833.)

Titel, 2 Bll. Vorr., 602 S., 8 Bll. Reg. (incl. 1 S. „Errata extantiora". Enth. außer delicaten sexuellen Erörterungen auch drollige Liebesgeschichten mit ebensolchen Briefen und Reimen. ferner viel Studentisches in drastischer Darstellung. — S. 165—169 finden sich 31 fingirte Titel von Büchern u. Curiositäten. — Anon.-Lex. III. p. 273 (nach Hayn).

§ * — — Dasselbe. Von dem bekannten Auctore des lustigen Juristen *(Frdr. Jul. Rottmann).* Zweyte Auflage. Franckfurth u. Leipzig (Bremen, Saurmann) 1734. 8⁰. (In München: L. eleg. m. 602, mit 3 Beibdn.; auch in Breslau, Kgl. u. Univ.-Bibl., u. im British Museum.)

Tit. (roth u. schwarz gedr.), 2 Bll. Vorr. u. 444 SS., nebst 7 Bll. Reg. Mit pikanten Reimen.

— **luſt. Poet. 8. Hannov. Helwing. 718.**

vgl. Rottmann, Joh. Friedrich

* **WEIBER-PROCURATOR.** — Der Lustige Weiber-PROCURATOR, Welcher Das Weibliche Geschlecht Gegen Alle Spötter und Verächter Desselben, Bester massen defendiret, Ihm das gebührende Lob beyleget, Die beywohnenden Tugenden erhebet, Und Dessen sonderbare Gerechtigkeiten und Privilegia darstellet; Bey müssigen Stunden Entworffen Und mit einem Register versehen Von *F. J. R.* (d. i. *Friedr. Julius Rottmann*). J. U. P. (= Juris Utriusque Practicus, nicht Professor). Cölln, bey Peter Marteau (Bremen, Philipp Gottfr. Saurmann). 1714. 8⁰.

Weiber-Rock, Der wolvertheidigte (!) Steiffe und weite, Zu besserer Information Aller Derjenigen, Welche Dem Hochlöbl. Frauenzimmer so sehr verübeln, Daß es Mit denen jetzt üblichen Fischbeinen Röcken sich heutiges Tages so groß u. breit machet, Verfertiget u. auffs Neue vergrössert Von dem Authore *F. J. R.* (d. i. *Friedr. Julius Rottmann*). Frauenstadt (Bremen, Sauermann), Im Jahr 1715. 8⁰. (In Dresden: Lit. Germ. rec. C. 1169.) (4 Mk. Paul Neubner, Cöln, 1891; jetzt theurer!)

Derb-jocos. 78 S. (incl. Tit.). — Sehr selten!

WEIBER-SPIEGEL, Der ...., welcher durch emblemat. Darstellung einiger bekandten Thiere, die Natur und Eigenschafften des Frauenzimmers mit lebendigen Farben præsentiret .... Geschliffen von einem, der Frölich Juchhey! **Rufft** (d. i. *Friedr. Julius Rottmann*).

Hochzeitsscherz in Reimen, in: (Rottmann) Die verthedigte (!) Mägde-Heyrath .... Cölln (Bremen) 1714. 8⁰. S. 29—44. (In Stuttgart.) Rep. ibid. 1717. (In Berlin.)

Rottmann, Georg Adam (Geldersheim) A. S. 131/24

Observatio de testamento arcano ad l. XXI. C. de testamentis. Präs. Franz Christoph Wiesen. Würzburg (Nitribitt) 22. VIII. 1781. 21 S.

29369

Rottmann, Gotthilf, approb. Zahnarzt aus Hamburg: Über die Embryonalentwicklung der Radula bei den Mollusken. 1. Die Entwicklung der Radula bei den Cephalopoden. Mit 2 Taf. u. 4 Fig. im Text. *Marburg 1901: (Breitkopf & Härtel in Leipzig).* (31 S.) 8° ¶ (Aus: Zeitschr. f. wiss. Zool., Bd 70. H. 2.)

Marburg, Phil. Diss. v. [11. Dez.] 1901

Rottmann, Hans, die Armeen Serbiens u. Montenegros. (22 S. m. 4 farb. Taf.) 8. Leipzig (909). M. Ruhl. 1.50; geb. n 2. —

Rottmann, Hermann, aus Hamburg: **Über primäre Lungencarcinome.** *Würzburg 1898: H. Stürtz.* (52 S.) 8°

Würzburg, Med. Diss. v. 1898

Rottmann, Hermann, gepr. Rechtspraktikant: **Die rechtliche Stellung des Gerichtsvollziehers nach der Reichsgesetzgebung ab 1. Januar 1900.** *Würzburg: Stahel 1899.* (VI, 53 S.) 8° [F.]

Tübingen, Jur. Diss. v. 1899

Rottmann, J. F., s.a. J. Arnd, wahres Christenthum., im Auszuge.

Rottmann, J. F., s.a. Rottmann, Friedrich Julius

Rottmann, J. F., katechet. Ausz. a. Arndts Christenth. 8. Lpz. Heinsius. 763. 4Rthlr.

Rottmann, Joh. Friedr. (so!), Lustiger Poete. O. O. 1718. 8⁰.

vgl. Rottmann, Friedrich Julius

Rottmann, Johann Friedrich, Joh. Friedrich Rottmanns // C.U.C. // Lustiger // Poete /// Worinn die vornehmsten // Reguln der Poesie // Mit allerhand lustigen Exempeln /// Der angehenden Poetisirenden Jugend // Zu mehrer Auffmunterung /// zur Poesie // Andern aber zu einem kurtzweiligen // Zeit-Vertreib / erläutert // zusammen getragen /// und mit einem vollständigen Register // versehen. // Gedruckt im Jahr MDCCXIIX. - 411 Seiten und noch 10 Blatt (nicht paginiert) Register.

E. S. T. 8⁰.600.

Rottmann's, Karl, italienische Landschaften. Nach den Fresken in den Arkaden d. kgl. Hof-Gartens in München in Chromolith. ausgeführt v. R. Steinbock. 1—4. Lfg. qu. gr. Fol. (à 3 Chromolith.) München 875. 76. Bruckmann. à 30. —; einzelne Blätter à 12. —

Rottmann, Leop., Ornamente aus den vorzüglichsten Bauwerken Münchens. In Farbendruck. 1—5. Hft. gr. Fol. München, literar.-artist. Anstalt. à Hft. *

Hft. 1., 2. Pinakothek. — Bibliothek. (8 Bl.) 845.
- 3. Pinakothek. (Bl. 9—12.) 846.
- 4. —— Bl. 13., 14. Universität. Bl. 15., 16. 846.
- 5. Residenz von Bl. 17—20. Casetten a. d. Festsaalbau. 846.

Rottmann, Leop., Ornamente aus den vorzüglichsten Bauwerken Münchens. In Farbendruck. 6. Heft.: Ludwigskirche. gr. Fol. (4 Taf.) München 849, Literarisch-artistische Anstalt. *

1—5. Heft. Ebendas. 1845—46. * 16 Thlr. 20 Ngr.

Rottmann, Peter Joseph

Rottmann, P. J., Gedichte in Hunsrücker Mundart. 3. bedeutend verm. Aufl. Kreuznach 863. Voigtländer in Comm. 8. (X, 293 S.) n. 25 ngr; geb. n. 1 ₰ 5 ngr

Rottmann, P. J., Gedichte in Hunsrücker Mundart. 4. verm. Aufl. Mit dem Bildnisse d. Verf. (Holzschntaf.) 8. (VII, 286 S.) Kreuznach 874. Voigtländer. n. 2. 25; geb. n. 2. 80; eleg. geb. n. 3. 50

Rottmann, P. J., Gedichte in Hunsrücker Mundart. 5., verm. Aufl. Mit dem Bildniß des Verfassers (in Holzschn.). 8. (VIII, 360 S.) Kreuznach 877. Voigtländer. n. 2. 80; geb. n. 4. 25

Rottmann, P. J., Gedichte in Hunsrücker Mundart. 6. verm. Aufl. Mit dem (Holzschn.-)Bildniß und einer Lebensskizze des Verf. von Herm. Grieben. 8. (XXII, 360 S.) Trier 883, Lintz'sche Buchh. * M 2,80.; geb. *

Rottmann, P. J., Gedichte in Hunsrücker Mundart. 7. Aufl. Mit dem Bildniß u. e. Lebensskizze d. Verf. v. H. Grieben. 8. (XXII, 360 S.) Trier 889. Lintz. n. 2. 80

Rottmann, P. J., Gedichte in Hunsrücker Mundart. 8. Aufl. M. d. Bildnisse u. e. Lebensskizze d. Verf. v. Herm. Grieben. 8. (XXII, 360 S.) Trier 896. J. Lintz. n. 2. 80

Gedichte in Hunsrücker Mundart von P(eter) J(oseph) **Rottmann**. 9. Aufl. Mit d. Bildn. u. e. Lebensskizze d. Verf. von Dr. Hermann Grieben. Trier: J. Lintz 1907. (XXII, 360 S.) 8° [F.] [07. 4631 9

— neue Gedichte in Hunsrücker Mundart. 8. (IV, 70 S.) Ebend. 877. n. 1. —

Rottmann, S., um den Abend wird es licht sein, s.: Missions-Traktate, kleine. Nr. 61.

(ROTTMANN Vinzenz Ignaz Edler von). Betrachtungen über das Universum (von –). Swobodische Erben, Brünn 1780. 1 vol. 5 Bl. + 60 S. + 5 Bl.

Rottmann, W., A short handbook of bible knowledge. (Anyamesem mu nyansaksyerefo.) (120 S. m. 2 farb. Karten.) gr. 8. Basel 902. Basler Missionsbuchh. Geb. n. 2. —

Rottmann, W., der Götze Odente. Ein Bild aus dem westafrikan. Heidentum. 8. (16 S. m. Abb.) Basel 895. Missionsbuchh. n.n. — 10

Rottmann, W., der Götze Odente. Ein Nachtstück aus dem westafrikan. Heidentum. 2. Aufl. 8. (16 S. m. Abbildgn.) Basel 899. Missionsbuchh. n. — 10

Rottmann, Walt., Kälteerzeugung u. Eisfabrikation, s.: Uhland's Handbuch f. den prakt. Maschinen-Konstrukteur. IV, 2.

— Die Untersuchg. u. Verbesserung d. Wassers, s.a. Bibliothek der gesamten Technik.

Die Untersuchung und Verbesserung des Wassers für alle Zwecke seiner Verwendung. Von Walter **Rottmann**. Mit 71 Fig. Hannover: M. Jänecke 1907. (VIII, 160 S.) 8°
— **Bibliothek** d. gesamten Technik. Bd 67. [05. 11063 7

Rottmann, Wilhelm, aus Schweinfurt [Bayern]: Beiträge zur Lehre über die Wirkung der Alcaloïde. Zür. Zürcher u. Furrer Dr. 1874. 2 Bl., 23 S., 1 Bl. Thesen. 8°.
[Zürich]. Med. Diss. [v. 22. Aug. 1874].

Rottmann, Wilhelm: Ueber die Synthese n-propylirter und isopropylirter Benzolkohlenwasserstoffe. Heidelberg 1905: Heidelberger Verlagsanstalt und Druckerei. (34 S.) 8°
Heidelberg, Naturw.-math. Fak., Ref. Curtius, Diss. v. 28. Febr. 1905

[Geb. 25. März 74 Hacheney, Kr. Dortmund; Wohnort: Heidelberg; Staatsangeb.: Preußen; Vorbildung: Archi-Gymn. Soest bis II b, Apothekerapprob. Herbst 00; Studium: Kiel 4, Heidelberg 6 S.; Rig. 19. Febr. 04.]

Rottmanner, Ed., u. B. **Jahm**, Melodien zum Speyerer Diözesan-Gesangbuch. 3., verm. Aufl. Speyer 861. [Kleeberger.] 8. (122 S.) n. 4 ngr

— — Melodienbuch zum Speyerer Diöcesan-Gesangbuch. 2. Aufl. verm. u. verb. von J. B. Benz. Ebend. 868. qu. 4. (IV, 147 S.) 2 ₰

Rottmanner, Karl, Frühlingsblumen. 8. Münch. 808. Lindauer. 1 ₰

— Kritik d. Abhandl. F. H. Jacobi's üb. Gelehrte Gesellschaften, ihren Geist u. Zweck. gr. 8. Landsh. 808. 2e Aufl. 808. Thomann. 8 gr.

Rottmanner, M., s.a. Schlegel's, Frdr., Briefe an Frau Christine v. Stransky.

(F) **Rottmanner, M.**, Friedrich Schlegels Briefe an Frau Christine von Stransky geborene Freiin von Schleich. I. Bd. [Schriften des literarischen Vereines in Wien. VII.] 8°. (XX, 469 S.) geb. K 20.—

Rottmanner, M., s.: Siber's, Thaddäus, Selbstbiographie.

Rottmanner, Max, der Cardinal von Baiern. Mit Documenten aus d. J. 1736—1740. München 1877. Gr. 8°. 108 S. incl. S. 47 ff. Urkk. Cart. *)

Theodor, „der Cardinal", war der letzte Wittelsbacher, der die Priesterweihe empfing.

Rottmanner, Max, der Cardinal von Baiern. Mit Documenten aus den Jahren 1736—1740. gr. 8. (108 S.) München 877. Stahl. n. 2. -

Rottmanner, Odilo, der Augustinismus. Eine dogmengeschichtl. Studie. gr. 8. (30 S.) München 892. J. J. Lentner. n. — 80

Rottmanner, Odilo, O. S. B., Geistesfrüchte aus der Klosterzelle. Gesammelte Aufsätze. Zum ersten Jahrestage v. R.'s Tode (11. IX.) hrsg. v. Rupert Jud, O. S. B. Mit Portr. u. Lebensbild. (VI, 365 S.) gr. 8. München 908. J. J. Lentner. 6.—; geb. in Lw. 7. —

Rottmanner Odilo Pater O. S. B.: Bibliographische Nachträge zu Dr. Richard Kukulas Abhandlung: Die Mauriner-Ausgabe des Augustinus. S. 124'13 . . . .
Separatabdruck

—— Bibliographische Nachträge zu Dr. Richard C. Kukula's Abhandlung: „Die Mauriner Ausgabe d. Augustinus". Lex.-8. (12 S.) Wien 891, (Tempsky). * — 30

Aus: Sitzungsber. d. k. Akad. d. Wissensch., besonders abgedruckt.

Rottmanner, Odilo, O. S. B., Orate. Gebet- u. Andachtsbuch f. kathol. Christen. Aus kirchl. Quellen zusammengestellt. (Neue [Titel-]Ausg.) (XVI, 320 S. m. Farbdr.) kl. 8. Freiburg i/B. [902] 905. Herder. n. 4. 50; geb. in Ldr. m. Goldschn. n. 6. —

Rottmanner, Odilo, O. S. B., Predigt, geh. am 50. Jahrestage der Einweihung der Basilika, Sonntag den 25. XI. 1900. gr. 8. (11 S.) München 900. J. J. Lentner. n. — 20

Rottmanner, Odilo, Predigten u. Ansprachen. gr. 8. (VIII, 349 S.) München 893. J. J. Lentner. 4. 50; geb. n. 5. 50

— Predigten u. Ansprachen. 2. Bd. Anh.: Der Beruf der barmherz. Schwestern. Von Daniel Haneberg. gr. 8. (VIII, 368 S.) Ebd. 902. n. 4. 50; geb. n. 5. 50
Bd. 1 Ebd. 893. n. 4. 50; geb. n. 5. 50.

— Predigten u. Ansprachen. 1. Bd. 2. Aufl. (VIII, 862 S.) gr. 8. München 904. J. J. Lentner. n. 4. 50; geb. n.n. 5. 50

Predigten u. Ansprachen. 2. Bd. 2. unveränd. Aufl., hrsg. v. Rupert Jud, O. S. B. (X, 372 S. m. Bildnis.) gr. 8. Ebd. 908. 4.80; geb. in Leinw. 5. 80
1. Bd. Ebd. 904. 4.50; geb. 5.50.

Rottmanner, Simon

Rottmanner, Sim., († d. 5. Sept. 1813.)

– s.a. Abhandl. üb. die Brache.

S. **Rottmanner**, Abhandlung über die Brache oder der latheinische Wirth in Bayern, usw. Nürnberg 1
Der wichtigste Beitrag B.'s zum Streit über die Brache. Die anschließende Broschürenliteratur siehe Hoffmann, Nr. 256 S. 137/38. (W)

– s. Antwort an Neumann.

S. Rottmanner, Aufruf an meine Landsleute in B. zum häufigeren Anbaue des Hopfens sammt einem Katechismus vom Hopfenbaue usw. (W) München 1808

S. Rottmanner, Bedenken über die Fruchtwechselwirtschaft. Neubrandenburg 1809 (W)

– s.a. Beitr. zur Geschichte d. Frohne.

S. **Rottmanner,** Beytrag zur Geschichte der Frone oder Scharwerk in B. (W) Frankfurt/M. 1798

– s.a. Bemerk. üb. Laudemial.

S. **Rottmanner,** Bemerkungen über Laudemiale und andere grundherrliche Rechte in Bayern. (W) Frankfurt a. M. 1798

– s.a. Freiheit u. Eigentum.

Simon Rottmanner, Ueber Freiheit und Eigentum der alten baierischen Nation. (W) Frankfurt u. Leipzig 1801

– s. Td. Fröhlich.

– s.a. Grundzüge aus dessen Leben.

Rottmanner, S., Grundzüge aus dessen Leben. gr. 4. Landshut, Thomann. 815.

– s.a. Kenntnisse rc. des Forst- u. Jagdwesens.

ROTTMANNER, S.: Nothwendige Kenntnisse und Erläuterungen des Forst- und Jagdwesens in Bayern. - München 1780. 2 Tl. 668 S.

– s.a. Kulturproceß.

o. N. (S. Rottmanner), Neuester Kulturprozeß in Bayern aus aktenmäßigen Quellen. Landshut 1803
Behandelt die Weiden der Landshuter Schwaiger-Gemeinden. Als Anlage zwei Gutachten von Rottmanner. (W)

– s.a. *Ofellus* rusticus.

Rottmanner, Ofellus rusticus oder der Vertheidiger der Brache in Bayern. Frankfurt a. M. 1796 (W)

S. **Rottmanner,** Ofellus rusticus abnormis... oder Rhapsodie über ökonomische und kameralistische Gegenstände. Frankfurt a. M. 1795 (W)

o. N. (S. Rottmanner), Der neue ergänzte bayerische Ofellus rusticus. (W) München 1810

– s. Rhapsodie üb. ökonom.

– s. Samml. v. Beurtheil. e. polit. Druckschr.

– s.a. Schädlichkeit des Bierzwangs.

Schädlichkeit (Ueber die) des Bierzwanges (von S. Rottmanner). 8°. München, Fleischmann, 1799.

– s. Sendschreiben an Hertomm.

o. N. (**Simon Rottmanner**), Ueber die Unrechtmäßigkeit des kleinen Zehnts in B. o. O. 1784 (W)

– s.a. Unterricht e. alten Beamten.

o. N. (S. Rottmanner), Unterricht eines alten Beamten an junge Beamte, Kandidaten und Praktikanten. Linz 1783- 1787
3 Bde. Rottmanner, 1740—1813. „der Herr Vater von Ast", Bauernsohn. „einer der bedeutendsten Agrarjuristen und agrarpolitischen Publizisten B.'s." (W)

Rottmayer, Ant., statist.-topograph. Handbuch f. d. Unter-Mainkreis d. Königr. Bayern. Nach zuverläss. Quellen bearb. gr. 8. (38¼ B.) Würzburg 830 (Stahel.)

ROTTMEISTER, Josef (Hain): De rebus in meatum auditorium externum et cavum tympani et tubam Eustachii ingredientibus. (Titel nach der Urkunde)
21.7.1884 - Urk; Chr 1884/85,19
Diss. Ingolst.-Landsh.-Mchn.

Rottner, Alb., Abriss einer Literatur des Buchhandels, s.a. Abriss.

—— **Abriss einer Literatur des Buchhandels. hoch 4. Leipzig (861)62, (Brockhaus.)** **
Aus: Lehrbuch der Contorwissenschaft, besonders abgedruckt.

Rottner, Alb., Abriss einer Literatur des Buchhandels. (Abdr. aus der 2. Aufl. des Lehrbuchs der Contorwissenschaft für den deutschen Buchhandel.) Leipzig 862. Brockhaus in Comm. 4. (25 S.) n. 12 ngr.

Rottner, Alb., der Jahresabschluss des Buchhändlers. Eine kurze Anleitung, den Vermögensbestand buchhändler. und dem Buchhandel verwandter Geschäfte zu ermitteln. Suppl. zu des Verf. „Lehrbuch der Contorwissenschaft." hoch 4. (20 S.) Leipzig 856(57,) Brockhaus. **

Rottner, Alb., der Jahresabschluss des Buchhändlers. Eine kurze Anleitung den Vermögensbestand buchhändlerischer u. dem Buchhandel verwandter Geschäfte zu ermitteln. 2. Aufl. Supplement zu des Verf. Lehrbuch der Contorwissenschaft. Leipzig 868. (Brockhaus.) 4. (20 S.) n. 10 ngr.

Rottner, Albert, Lehrbuch der Buchhaltung für den deutschen Buchhandel. 2 Abthlgn. hoch 4. 1. Abth.: Theoretischer Theil der Buchhaltung. (VIII u. 58 S.) 2. Abth.: Praktischer Theil d. Buchhaltung. (S. 59—264.) Leipzig 852, Brockhaus. (I; baar n. 1⅓ ₰ II: baar n. 2⅔ ₰) n. 4 ₰

—— **Lehrbuch der Contorwissenschaft für den deutschen Buchhandel.** hoch 4. (XII und 418 S.) Leipzig 854—55, (Brockhaus.) **

Rottner, Alb., Lehrbuch der Contorwissenschaft für den deutschen Buchhandel. 2 Bde. 2. Aufl. hoch 4. Leipzig 861, (Brockhaus.) ** 5 Thlr. 15 Ngr.; geb. **

Inhalt:

Bd. 1. Die Contorwissenschaft. 3 Abthlgn. (XII und 386 S.) ** 3 Thlr. 15 Ngr.; geb. ** 4 Thlr.

„ 2. Die Buchhaltung. (XIII und 234 S.) ** 2 Thlr.; geb. ** 2 Thlr. 15 Ngr.

Rottner, Friedr. Chemie f. Gewerbetreibende. Eine Darstellung der Grundlehren der chem. Wissenschaft u. deren Anwendg. in den Gewerben. Mit 70 Abbildgn. 8. (XII, 500 S.) Wien 889, Hartleben. * 6 —; geb. * 6 80

Rottner F. Chemie für Gewerbetreibende. (Bibl. Chem.-techn. 170) Wien 1889

Rottner, J. Eugen., paraeneses marianae, seu exhortatoriae allocution. ad relig. sodales Marian. 4. Regensb. 771. Montag u. W. 20 ℛ

Röttner, Ferdinand, Ueber Reflexe von Punkten auf Kreisen oder die Umkehrung des Normalenproblems. (Sitzb. d. k. Akad. d. Wissensch.) 82 Bd. II. Abth. 1880. Nov. gr. 8. (11 S.) geh. In Comm. 13 kr. Wien: Carl Gerold's Sohn 1881.

Rottok, Carl, s. Rottok, Karl

Rottok, Ernst

Rottok, E., die Beruhigung der Wellen durch Oel, nebst Anweisg. für den Gebrauch desselben auf See. Durch den naut. Verein zu Hamburg preisgekrönte Schrift. gr. 8. (41 S.) Berlin 888. Mittler & Sohn. n. 1. 20

Rottok, Kapit.-Lieut., die Deviationstheorie und ihre Anwendung in der Praxis. gr. 8. (VI, 119 S. mit 3 lithogr. Fig.-Taf.) Berlin 881, D. Reimer. *

Rottok, E., die Deviationstheorie u. ihre Anwendung in der Praxis. Ein Handbuch üb. die Deviation der Schiffskompasse u. ihre Behandlg. 2. neu bearb. Aufl. (VIII, 215 S. m. 41 Fig.) Lex.-8. Berlin 903. D. Reimer. n. 12. —

Rottok, Heinrich Ludwig

Rottok, Die Bedeutung der Mathematik als Unterrichts-Gegenstand auf Gymnasien. Eutin 1853.

Rottok, H. L., neuere Geometrie für die oberen Klassen der Realschulen u. Gymnasien. Mit 51 (Holzschn.-)Fig. im Text. gr. 8. (III, 62 S.) Schleswig 877. Bergas. cart. n. 1. 50

— Die **Kegelschnitte**, eine analytische Abhandlung. Eutin 1856.

Von den Kettenbrüchen und ihrer Anwendung auf die Auflösung der unbestimmten Gleichungen des 1. und 2. Grades: v. [Heinrich Ludwig] **Rottok.** Rendsburg. 1860. 4°. Real-Gymn.-Progr.

Rottok, Heinr., Lehrbuch der Planimetrie. Zum Gebrauche an höheren Lehranstalten u. zum Selbst-Unterricht. Rendsburg 865. Ehlers. gr. 8. (79 S. mit 52 Fig. im Text.) gr. 8. cart. n. 18 ngr.

Rottok, Lehrbuch der Planimetrie. Zum Gebrauche an höheren Lehranstalten u. zum Selbst-Unterricht. 2. Aufl. [Mit 57 Fig. im Text.] gr. 8. (X, 74 S.) Leipzig 883. H. Schultze's Verl. cart. n. 1. 40

Rottok, Lehrbuch der Planimetrie. Zum Gebrauche an höheren Lehranstalten u. zum Selbst-Unterricht. 3., m. Aufgaben verm. Aufl. gr. 8. (96 S. m. 57 Fig.) Leipzig 888. H. Schultze Verl. n. 1. 20; geb. n. 1. 50

Rottok. Lehrbuch der Planimetrie. 3. Aufl. gr. 8. Lpz. 888. Meißen, Schlimpert. * 1 20; geb. * 1 50

— **Lehrbuch d. Stereometrie.** Zum Gebrauche an höheren Lehranstalten u. zum Selbstunterricht. Ebend. 865. gr. 8. (48 S. mit eingedr. Holzschn.) cart. n. 12 ngr.

— Lehrbuch der Stereometrie. Zum Gebrauche an höheren Lehranstalten u. zum Selbstunterricht 2. Aufl. [Mit 27 Fig. im Text.] gr. 8. (V, 59 S.) Ebend. 883. cart. n. 1. 25

— Lehrbuch der Stereometrie. Zum Gebrauche an höheren Lehranstalten u. zum Selbst-Unterricht. 3., verb. Aufl. gr. 8. (65 S. m. 28 Fig.) Ebd. 888. n. 1. 5; geb. n. 1. 35

— **Lehrbuch der ebenen u. sphärischen Trigonometrie.** Hamburg 867. Jowien. gr. 8. (IV, 79 S. mit eingedr. Holzschn.) n. 15 ngr.

Rottok: Ueber Reihen aus Binominalcoefficienten und Potenzen. 35 S.–Rendsburg RG., Progr. 1868

Rottok: Ueber die Ventilation in Schulen. 16 S. –Rendsburg. Progr. 1872.

Rottok, Karl

Untersuchung über die Aenderung der Temperatur-Koeffizienten a und b bei Chronometern. Von Carl **Rottok**, Korv.-Kap. a. D. *Hamburg 1901: Hammerich & Lesser in Altona.* (56 S.) 4°
— Archiv, Aus dem, d. Deutschen Seewarte. Jg. 24, No 4.

Rottsahl, C. Die Expedition der Athener nach Sicilien in den Jahren 415—413 v. Chr. Ein Stück sicilischer Geschichte. I. Abt. XXIII S. II. Abt. 22 S. **Progr.** *Langensalza* 1878. 1879.

Rottsahl, H., Rechenbuch, s.: Fölsing.

Röttscher, Adolf

Röttscher, A., die Aufhebung der Sklaverei durch das Christenthum im ost- u. weströmischen Reiche, s. a. Broschüren, Frankfurter zeitgemäße.

Röttscher, Adf., Die Aufhebung der Sklaverei durch das Christenthum im ost- und weströmischen Reiche. gr. 8°. Frankfurt a. M., Foesser Nachf., 1887. (Frankfurter zeitgenöss. Broschüren, Bd. 8, Heft 10.) 24 S.

Röttscher, A., Melchior v. Diepenbrock, } s.: Broschüren, Frankfurter zeitgemäße.

Röttscher, Adph., Dr. Martin Luther's dogmatisches Lehrsystem, seine Entstehung u. Würdigung. 1. Thl.: Das dogmatische Lehrsystem Luther's. Halberstadt 866. (Berlin, Jansen. — Paderborn, Schöningh.) gr. 8. (X, 156 S.) n. 15 ngr.

Röttscher, A., die Psalmen, s. Broschüren, Frankfurter zeitgemäße.

—— die Segnungen der Reformation, s. Broschüren, Frankfurter zeitgemäße.

Röttscher, Adolf, die *Segnungen der Reformation.* (Frankf. zeitgemässe Broschüren. N. F., hrsg. von Dr. *Paul Haffner.* Bd. V, Heft 1.) Frankfurt a. M., A. Foesser Nachf., 1883. Cart.
1 Bl. u. 20 S. — Beleuchtung vom kathol. Standpunkte.

— Unionsversuche zwischen Katholiken u. Protestanten Deutschlands, } s. a. Broschüren, Frankfurter zeitgemäße.

Röttscher, Ad., Unionsversuche zwischen Katholiken u. Protestanten Deutschlands. Frankfurt a. M., Fösser Nachfolger, 1885. gr. 8°, 40 S., 50 Pf. (Zeitgem. Brosch. V, 1.)

Röttscher, Adph., der Weihnachts-Festkreis in religiösen Conferenzen oder Jesus Christus u. das Geheimniß seiner Menschwerdung in ihrer Beziehung zu den Menschen u. ihren Bedürfnissen. Tübingen 860. Laupp. gr. 8. (X, 386 S.) 1 *ℛ* 3 *ngr.*

Roettscher, Adolph. Guil. (geb. Wiedenbrück 5. 5. 1806): De morbis testiculorum. Berolini (1830). (32 S.) 8° Jordan.
Berlin, Med. Diss. v. 16. Sept. 1830

Röttsches, Heinr., Elementargrammatik der englischen Sprache. Nebst Lektüre, Uebungsstücken u. Synonymen. 2., verb. u. verm. Aufl. [1. Teil der Grammatik der englischen Sprache.] 8. (III, 191 S.) Rostock 880. Werther. n. 1. 20

— Grammatik der engl. Sprache für höhere Lehranstalten ohne Latein u. zum Selbststudium. Nebst Lektüre, Uebungsstücken u. Synonymen. 1. u. 2. Thl. 8. Ebend. 879. 80. n. 3. 85
1. Elementar-Grammatik. (XII, 178 S.) n. 1. 60
2. Schulgrammatik der englischen Sprache. Nebst Lehre von der Aussprache, Formenlehre u. Anh.: Interpunktion u. Orthographie. (VIII, 288 u. Vocabular 44 S.) n. 2. 25

—— Schulgrammatik der englischen Sprache. Nebst Lehre von der Aussprache, Formenlehre und Anhang: Interpunktion und Orthographie. [Der Grammatik der englischen Sprache 2. Thl.] 8. (VIII, 288; Vocabular 44 S.) Ebendas. 880. *

Rottsieper, Werner: Über trizyklische Chinolinverbindungen. Hildesheim 1909: Lax. 87 S. 8°
Göttingen, Phil. Diss. v. 1. Aug. 1909, Ref. Wallach
[Geb. 15. Nov. 83 Ronsdorf; Wohnort: Ronsdorf; Staatsangeh.: Preußen; Vorbildung: Gymn. Elberfeld Reife O. 03; Studium: Marburg 2, München 1, Göttingen 9 S.; Rig. 19. Mai 09.] [U 09. 1398

Rottwälsch od. Kaloschensprache. Ein Blick in die Geheimnisse des Gaunertums. 16. (30 S.) Berlin (900). Graph. Verlag. n. — 10

Rottweil [Schlagwort]

Rottweil, s.: Deutschland. Kürschner-Peip.

Rottweil, Oberamt, s.: Württemberg. Bauser, W.

Rottweil, s.: Württemberg. Höhenkurvenkarte.

Rottwinkel, Heinr., Die Personentarif-Reform der deutschen Eisenbahnverwaltungen. Zeitgemässe Betracht. u. Vorschläge. Düsseldorf 1905. 8°.

Rottwinkel, Heinr., Wie-Wo-Wie? Wie heisst der Ort? Wo liegt der Ort? Wie wird er geschrieben? Ein deutsch-geograph. Merk- u. Postverkehrs-Buch f. jedermann, e. Ratgeber f. alle Büros, jeden Gross- u. Kleinkaufmann, jede Redaktion u. Expedition, jeden Lehrer, jeden Gebildeten u. Zeitungsleser, f. Schüler usw. 2. Aufl. (IV, 160 S.) 21×12,5 cm. M. Gladbach 909. A. Riffarth. Kart. 1. —

Rotureau, Aug., die Mineralquellen in Nauheim, nebst chemischen Erörterungen u. Analysen von A. Chatin. Uebers. von E. Bode. Friedberg 856. Bindernagel. 8. (X, 184 S. u. 1 lith. Taf.) n. 20 *ngr.*

Rotwitt, kurzgefaßte Darstellung einiger Punkte für die bevorstehende Synodalberathung. 8. (2¼ B.) Breslau 844, Gosohorsky's Buchh.

Rotz, Wilh[elm] Baron: Zucht nach Leistung. Wien o. J. [um 1895]. 184 S.

Roetz, Jean Godefroid: Täglich eröffnete Schule der Liebe im Hochwürdigsten Sacrament des Altars. Erster Theil. 1714.– Zweiter Theil. 1714.

Rötz, J. Gf., Schule d. Liebe im hochw. Sakram. d. Altars. 5 Thle. 8. Cöln, Nöthen. 726-33.

Roetz, Jean Godefroid: Die zum andermahl eröffnete Schule der Liebe im Hochwürdigsten Sacrament des Altars; das ist: Sacramentalisches Jahr-Buch. – Zweiter Jahrgang. Köln 1733. 3 Bde.

Roetz, Jean Godefroid: Himmlische Tisch- und Zucht-Schul; das ist: Sacramentalische Andachts-Übungen ... 1738.
[Übers. a. d. Franz.]

Rötzer, Carl, s. Rötzer, Karl

Rötzer, Frz. Xav., Übungsbuch f. Schwerhörige u. Ertaubte. Das Ablesen vom Munde. Mit 16 Lanttaf (V, 35 S.) gr. 8. München 908. R. Oldenbourg. Kart. 1.50

RÖTZER, Georg Anton (Neukirchen): Die wichtigsten unglücklichen Ereignisse und Zufälle während und nach der Operation des Aderlasses.- München: Schurich 1854. 15 S.
11.8.1854 - Urk (Titel: De eventibus infaustis maximi momenti inter et post operationem venaesectionis.); F 68
Diss. Ingolst.-Landsh.-Mchn.

Rötzer, Karl

FEIND, Ein, der Weiber. Humoristische (Wiener) Solo-Scene mit Gesang (von *Carl Rötzer*). Wien. o. J. (1890).
Anon.-Lex. V. p. 105 (Eigenbericht).

Rotzinger, Anselm, das hl. Evangelium Jesu Christi nach Matthäus. Uebersetzt u. erklärt. 2., verb. Aufl. (XXIII, 836 S. m. Titelbild.) 16. Dresden 905. J. Breyer. Geb. in Leinw. n. 1. 50

Rotzkrankheit, die, u. der **Milzbrand** der Pferde. Anh. zum III. Hauptstücke, IV. Abschnitte der Vorschriften üb. das Pferdewesen des k. u. k. Heeres (Dienstbuch C—7). 8. (59 S.) Wien 900. (Hof- u. Staatsdruckerei.) n. — 40

Rotzoll, Eva: Das Aussterben alt- und mittelenglischer Deminutivbildungen im Neuenglischen. Heidelberg: Winter 1909. VII, 56 S. 8° ¶ (Ersch. vollst. u. d. T.: Die Deminutivbild. im Neuengl. unter Berücks. d. Dialekte, in: Anglistische Forschungen.)
Heidelberg, Phil. Diss. v. 18. Febr. 1909, Ref. Hoops
[Geb. 22. April 83 Marienwerder Wpr.; Wohnort: Hannover; Staatsangeh.: Preußen; Vorbildung: Gymn. Goslar Reife O. 04; Studium: Göttingen 4, Heidelberg 6 S.; Rig. 18. Dez. 08.] [U 09. 2017

Die Deminutivbildungen im Neuenglischen unter besond. Berücks. d. Dialekte. Von Eva **Rotzoll**. Heidelberg: Winter 1910. X, 329 S. 8°
[Ein T. ersch. als Inaug.-Diss. Heidelberg 1909.]
(Anglistische Forschungen. H. 31.) [11. 1985

Rotzoll, F., d. Unterhaltg. d. Volksschule nach d. preuß. Schulordng. v. 11. XII. 1845. Gesetze, Verordngn. u. Entscheidgn., zum Handgebrauch f. d. Reg.-Bez. Gumbinnen zusammengest. u. erläut. gr. 8. (VII, 344 S.) Berlin 898. C. Heymann's Verl. n. 7. —

Rousch, Willy, Blicke in mei Kinderbaradies. (46 S.) 8. Dresden 908. (W. Baensch.) — 75

Rötzschke, die Kündigung von Miethräumen nach den im Königreich Sachsen geltenden Gesetzen. Zur Instruction für Vermiether u. Abmiether in Miethkündigungs-Angelegenheiten. Leipzig 870. Priber. gr. 8. (16 S.) 5 ngr.

Rouanet, Jean Pierre Barthélemy. Von Toulouse bis Beeskow. Lebens-Erinnerungen. ([Hrg. von] Martha Fritsch.) VIII + 226 S. 8. Berlin, F. Fontane & Co., 1904. (M. 3. —)
(*R' hat gelebt* 1747—1837.) — [Kapitel] I. In Frankreich und der Schweiz, *darin s. S. 81 ff. 96—108 (a° 1766); s. auch S. 110 f. 113 f. 119.*

Rouanet, Paul, Referendar in Leipzig: Die sogenannte Kontratabularersitzung des § 927 Bürgerlichen Gesetzbuchs. Borna-Leipzig 1907: R. Noske. (IX, 63 S.) 8° [F.]
Leipzig, Jur. Fak., Diss. v. 18. Juli 1907
[Geb. 30. Jan. 83 Mulda b. Freiberg i. S.; Wohnort: Leipzig; Staatsangeh.: Sachsen; Vorbildung: Kgl. Gymn. Chemnitz Reife O. 03; Studium: Leipzig 6 S.; Rig. 5. Juli 06.]

Rouard, de, Card. P. F. Pius Maria, Hieronymus Savonarola und das Lutherdenkmal in Worms. Aus dem Französischen. 2. Aufl. gr. 8. (64 S.) Wien, Sartori. 1869. 30 kr.

ROUBAL, Johannes: Lites de investitura episcopi Pragensis. — (1908) IX, 136 Bl. 4° (Handschr.) Diss. 571
Diss. Wien, Univ.

Roubaud, Synonymes franç. IV Vol. gr. 8. Strasb. König. 797.

Roubaud, Abbé, nouveaux Synonymes Français. IV Voll gr. 12. Berl. 787. (Köchly). 3 ß 18 gr. 8. Paris. Nouv Ed. 796. (Vieweg in Braunschw.) 3 ß

— — nouv. franç. IV Vol. gr. 12. Berl. Lagarde. 787.

Roubiček, Herm., Technik der Lebensversicherg. Ein Leitfaden f. Beamte, Agenten u. f. jeden, welcher f. das Versicherungs-Wesen e. Interesse hat. (109 S.) gr. 8. Prag 907. (K. André.) nn 3. —

de Roubigne, Julia, a Tale in a Series of Letters. N. Aufl. Mainz 815. Kupferberg. 12 gr

Roubigne, Julie von, eine Erzählung in einer Reihe von Briefen, aus dem Engl. 2 Theile, 8. Leipzig, 778. Weidmanns. 23 ggl.

— Julie; e. Erzählung in e. Reihe v. Briefen, von d. Verf. des Empfindsamen u. d. Weltmanns; aus d. Engl. v. Benzler. 8. Quedlinb. ... N. A. 809. Ernst. 18 gr

Roubo, A. J., theoretisches u. praktisches Handbuch der Bautischlerei. Elemente der prakt. Geometrie m. Bezug auf die Schreinerei, die Reißkunst, die Schnittlehre, die verschiedenen Holzverbindgn., die Profile, die Construction der Thüren, Thore, Fenster, Jalousieläden, Schaufenster, Ladenschränke, Treppen, Gewölbe, Kuppeln, Kanzeln, Chorstühle 2c. Neubearb. v. M. Dujournet. gr. 8. (351 S.) Nebst e. Atlas m. 127 Taf. Fol. (In Mappe.) Berlin 891. Hessling & Spielmeyer. n. 28. 80

— die Kunsttischlerei. Die Grundregeln der auf die Kunsttischlerei bezügl. Konstruktionen, beginnend m. den Elementen der Geometrie bis zur Darstellg. stylvoller Möbel jeder Art m. ihren Gesammtansichten, Aufrissen, Grundrissen u. Details in reicher u. einfacher Ausführg. f. Speisezimmer, Schlafzimmer, Salons, Bureaux, Wohnzimmer 2c. Neubearb. v. A. Trichet, E. Foussier u. A. gr. 8. (154 S.) Mit e. Atlas v. 100 Taf. gr. Fol. Ebd. 891. In Mappe. n. 32. —

Roubo, Tischlerkunst, s. Tischlerkunst.

Roubo, ... die Tischlerkunst in ihrem ganzen Umfang; nach d. französ. Original, mit Zuziehung J. J. Petuschnigk, bearb. u. mit Zusätzen u. e. Anh. versehen v. Chr. L. Seebaß. Mit 12 Kpft. gr. 4. Leipz. (803.) Magazin f. Ind. 3 ß Hbg. Pr. 2 ß

— Vorlagen f. Bautischlerarbeiten. Zimmerthüren, Hausthüren u. Thore, Wandvortäfelgn., Fenster u. Schaufenster, Ladenvorbaue, Ladeneinrichtgn. als Schränke, Ladentische u. Kassen, Treppen, Treppengeländer, Ballustraden, Kanzeln, Beichtstühle, Chorstühle, Orgeln etc. In Gesammtansichten m. Details, Profilen u. Grundrissen. Neubearb. v. E. Delbrel, R. Pfnor, J. Vorchère u. A. 2 Thle. à 50 (lith.) Taf. [Zugleich 1. u. 2. Suppl. zum Handbuch der Bautischlerei.] gr. Fol. (88 Sp. Text.) Ebd. 891. In 2 Mappen. n. 32. —

Roubz, Lourdes u. die Hysterie. Autoris. Uebersetzg. (Bibliothek der Aufklärg.) (47 S.) 8. Frankfurt a/M. (906). Neuer Frankfurter Verlag. n. — 50

Rouch, L., Une demeure royale à l'époque homérique: le palais d'Ulysse à Ithaque. S.-A. 1899. 52 S. 1.25

(Röuchlin. Esias Räuchlin. Landvogt zu Locarno.) Njbl. s. [Füssli, Hans Heinrich].

Roudolf, Wilhelm

Roudolf: Die astronomischen und kosmischen Anschauungen der älteren Zeit bis auf Aristoteles in ihrem Zusammenhange mit dem geistigen Entwickelungsgange der Menschheit dargestellt.
20 S.—Neuss, Progr. 1866

Roudolf, W. Bewegung eines von einer vollen Kugel angezogenen Punktes auf einer Kugelfläche, zugleich als allgemeinste Theorie des mathematischen Pendels. Erster Theil. 19 S.
Neuß, Progr. 1858

[F.] **Roudolf**, Wilhelm [Prof. Dr.]: Die Verteilung des mathematischen Lehrstoffes auf die einzelnen Klassen des Gymnasiums. Neuss, Buchdr. v. L. Schwann, 1893; 3—8 S. 4.
Neuss, k. G, P 1893 (454)

Roudolf, Wilh. Der aristotelisch-ptolemäische Weltbau als Abschlufs der älteren kosmischen Systeme. 11 S. Progr. *Neuss* 1878.

Roué, der, s. Bibliothek der besten englischen und französischen Romane.

ROUÉ, Der. Aus d. Engl. von Th. Ruprecht. 4 Bde Leipzig 1853. 8°. (3 Rthl.) (2 Mk. 50 Pfg. Jul. Neumann, Magdeb., 1907).

Roue ailée
v. Flügelrad — Roue ailée — Ruota alata.

Rouffaer, G. P., u. H. H. **Juynboll,** die indische Batikkunst u. ihre Geschichte. (In deutscher u. holländ. Sprache.) 1. u. 2. Bd. gr. 4. Haarlem, H. Kleinmann & Co. à 30. —
1. (VII, XXX, 24 S. m. 20 z. Tl. farb. Taf. u. 1 Karte.) (900.)
2. (S. 25—112 m. 20 z. Tl. farb. Taf.) (901.)

Rouffaer, G. P., u. H. H. Juynboll, die indische Batikkunst u. ihre Geschichte. (In deutscher u. holländ. Sprache.) 3. u. 4. Bd. gr. 4. Haarlem, H. Kleinmann & Co.) à n. 30. —
3. (S. 113—168 m. 20 z. Tl. farb. Taf.) (904.)
4. (S. 169—232 u. XI—XXV m. 20 z. Tl. farb. Taf.) (905.)

Rouffignac, Guido de A. S. 1154/41

Disputatio medica inauguralis, de dysenteria.
Präs. Rudolph Leusden.
Utrecht (Water) 15. XI. 1707. 8 S.

Gew.: Jacobus de Rouffignac (Vater), Rudolph Leusden, Joannes Munniks, David Martin, R. Ducane.
W. v.: F. le Bachellé, De L'Isle, C. A. le Bachellé, G. Maturin. 29370

Rouge et Noir, od. die Geschichte v. d. 4 Königen, s. a. Starklof, L.

Rouge et noir. Ballet in 1 Vorspiel u. 3 Bildern. Musik von J. Bayer. (Text.) 8. (15 S.) Wien 891, Künast. — 40

Le Rouge. Plan de Maestricht avec ses attaques, levé en juin 1748. Plan der Festung Maestricht nebst den Werken, w. Marsch. v. Löwendal 1748 die Festung zu berennen errichtet. fol. Frankfurt.

Rouge, Ernest. Le Lactarius sanguifluus Fr. et la lipase. (Avec 5 figures et 5 diagrammes. Abdruck aus dem Centralblatt f. Bakteriologie, Parasitenkunde u. Infektionskrankheiten. Abteilung II.... Band 18. 1907. No. 13/15 *u.* No. 19/21.) 8. Genève, Impr. Romet (* *Texte:* Verlag Gustav Fischer, Jena), 1907.
Ed. A: Thèse Sc. Genève. IV p. + p. 403—417 *et* 587—607.
Ed. B: II p. + p. 403—417 *et* 587—607. — [Travaux de l'] Institut de Botanique [de l'] Université de Genève.... VIIe Série. 6e Fascicule.

Rouge, Ferdinand (Hungen)
Beiträge zur Lehre des Geburtsmechanismus bei Doppelmißgeburten.
Giessen: W. Keller 1853. 70 S. (r. Δ m. f. Thesen)
Diss. med. 15.6.1853. vorh. 26. 7. 11. Δ.

ROUGE (I.). — *Erläuterungen zu Friedrich Schlegels* Lucinde. — *Lausanne*, 1904 in-8° [136 p.].
Paris. Th. let. 1904-1905, 870

Erläuterungen zu Friedrich Schlegels Lucinde von I. **Rouge**, Prof., Bordeaux. Halle: M. Niemeyer 1905. (130 S.) 8° [04. 766]

Rouge, Innoc. de [Pseud.]. s. a. H o b b h a n. Joh. Wilhelm

Rouge, Innoc. de, angetastete Jungferehre d. luther. Kirche. 8. Frkf. 720.

Rougé, Victe. Em. de, chrestomathie egyptienne. 3. et 4. Fasc. gr. 8. (II, 144 u. II, 102 S.) Paris 875. 76. Vieweg. à n. 20. —

— Rituel funeraire des anciens Egyptiens. Texte complet en écriture hiératique. Fasc. 5. (4 Blatt.) gr. Fol. Ebend. 876. n. 25. —

Rougemont, die Balspfaffen, od. die Familie du Plessis, nach d. französ. les Missionaires. Frei übers. v. J. F. Schinck. 2 Thle. 8. Berl. 820. Schlesinger. 2 ♂ 12 ℊ

Rougemont, Fredér. de, amour et foi. Impressions d'un pélerin. 8. (144 S.) Basel 872. Georg. n. 1. 60

v. **Rougemont,** Fr., Anfangsgründe der Erdbeschreibung. 1. Thl.: Unterricht an der Weltkarte. Aus d. Franz. von Ch. H. Hugendubel. gr. 12. (VI u. 71 S.) Bern 848, Dalp. 1/4 ♂

Rougemont, Frdr. v., die Bronzezeit oder die Semiten im Occident. Ein Beitrag zur Geschichte des hohen Alterthums. Verb., beträchtlich verm. u. vom Verfasser durchgesehene deutsche Ausgabe, übers. von Carl Aug. Keerl. Gütersloh 869. Bertelsmann's Verl. gr. 8. (XX, 475 S.) n. 2 ♂ 15 ngr.

Rougemont, Friedr. v., Christus und seine Zeugen. Oder: Briefe über die Offenbarung und die Inspiration. Mit Zustimmung, Verbesserungen und Abkürzungen des Verf. aus dem Französ. übers. von Ed. Fabarius. 4 Lfgn. gr. 8. (XX und 432 S.) Barmen 858. 59, Langewiesche's Verlagsh.

—— la Chute d'une idole. Page de l'histoire contemporaine. gr. 8. (79 S.) Basel 871, Georg. *

— les deux cités. La philosophie de l'histoire aux differents ages de l'humanité. 2 tms. gr. 8. (XXXVIII, 467 u. 617 S.) Paris 874. Sandoz & Fischbacher. n. 15. —

Rougemont, Fredér. de, les Conseillers bénévoles du roi Guillaume. 1re édit. (80 S.) ℳ 1,20., et 2e édit. revue, corrigée et considérablement augmentée. gr. 8. (IV, 196 S.) Basel 871, Georg. *

— les defenseurs de l'idole. Faisant suite à la chute d'une idole. gr. 8. (29 S.) Ebend. 871. n. — 80

Rougemont, Frdr. v., der Fall e. Götzen. Ein Blatt aus der Geschichte der Gegenwart. Deutsche autorisirte Ausg. v. Frdr. Merschmann. gr. 8. (71 S.) Basel 871. Georg. n. 1. 20

Rougemont, Friedr. v., Geographie des Menschen, ethnograph., statist. u. historisch. A. d. Franz. mit nachträgl. Verbessn. u. Bereichern. d. Verf. ins Deutsche übers. v. Ch. H. Hugendubel. 2 Bde. gr. 8. (30 B.) Bern 839, Dalp. [1. (30 B.) 1 1/2 Thlr., 2. (37 B.) 2 Thlr.]

Rougemont, Friedr. v., Geographie des Menschen, ethnographisch, statistisch u. historisch. A. d. Franz. mit nachträgl. Verbesserungen u. Bereicherungen des Verf. ins Deutsche übers. v. Ch. H. Hugendubel. 2 Bde. 2., durchges. Ausg. gr. 8. (63 B.) Bern 843, Dalp.

—— Geschichte der Astronomie in ihren Beziehungen zur Religion. Vom Verf. autoris. deutsche Ausg. Aus dem Französ. von B. T. gr. 8. (V, 110 S.) Gütersloh 869, Bertelsmann's Verlag.

Rougemont, Friedr. v., Geschichte der Erde nach der Bibel und der Geologie. Mit Zustimmung u. Verbesserungen des Verf. aus dem Französ. übers. von Ed. Fabarius. Stuttgart 856. (Gotha,) Besser. 8. (XVI, 271 S.) 1 ♂. 3 ngr.

—— Handbuch d. vergleich. Erdbeschreibung; deutsch bearb. mit vielen Zusätzen u. Berichtign. v. Ch. H. Hugendubel. gr. 8. (29 1/2 B.) Bern 835, Dalp.

—— Handbuch der vergleichenden Erdbeschreibung; deutsch bearb. mit viel. Zusätzen u. Berichtigungen von Ch. H. Hugendubel. 2., verb. u. verm. Aufl. Lex.-8. (... B.) Bern 843, Dalp.

—— dass. Neue wohlf. Ausg. für Schulen. gr. 8. (24 1/2 B.) Ebds. 846. *

—— les Individualistes, et l'essai de Vinet, sur la libre manifestation des convictions religieuses, et sur la séparation de l'église et de l'état. gr. in-8. (11½ B.) Neuchatel 844. (Basel, Bahnmeier's Buchh.) * –

— das Kreuz auf dem Rigi und die Seufzer der Kreaturen. Aus dem Französ. Halle 865. Fricke. 16. (98 S.) 12 ngr.

— das menschliche Leben m. u. ohne den Glauben. Meditationen u. Dialoge. Der größte Preis. Die Seligpreisgn. Das Gebet d. Herrn. Das menschl. Leben vor u. nach dem Glauben. Aus dem Franz. v. Carl Aug. Keerl. gr. 8. (VII, 208 S.) Gütersloh 872. Bertelsmann. n. 2. —

— Liebe u. Glaube. Eindrücke e. Pilgers. Vom Verf. autoris. deutsche Ausg. gr. 16. (126 S.) Ebend. 873. 1. 20

Rougemont, F. v., man muß wählen. Vertheidigung des Christenthums gegen den Deismus und Materialismus. Aus dem Französ. übers. von M. F. 8. (XVI, 248 S.) Hamburg 881, Agentur des Rauhen Hauses. *
geb. *

— der Mensch u. der Affe, oder der moderne Materialismus. Stuttgart 863. (Basel, Bahnmaier.) 8. (56 S.) 3 ngr.

—— du monde dans ses rapports avec Dieu d'après la bibel et d'après les philosophes. Leçons prélimin. d'un cours donné à Neuchatel en hiver 1841, sur l'histoire physique de la terre, d'après la bible et les traditions paiennes. gr. in-8. (5¼ B.) Neuchatel 841. (Bâle, Bahnmaier's Buchh.) *

Rougemont, F. de, Un mystère de la passion et la théorie de la rédemption. 8. Basel, Georg. 6. 25
1876

—— die Offenbarung Johannes erklärt durch die Schrift im Hinblick auf die Geschichte, mit vorangehender kurzer Erklärung der Weissagungen des Daniel. Deutsche autoris. Ausg. von Friedr. Merschmann. gr. 8. (XXIV, 344 S.) Gotha 869, Schloeßmann. *

—— die wohlwollenden Rathgeber des Königs Wilhelm. Aus dem Französ. von C. A. K. gr. 8. (70 S.) Gütersloh 871, Bertelsmann's Verlag. *

Rougemont, Fréd[éric] de. La Russie orthodoxe et protestante. 8. Genève et Bâle. Paris ... 1863.
(Les Conférences de Genève 1861. Rapports et Discours de l'assemblée de l'Alliance évangélique.)

Rougemont, Frdr. v., Sokrates u. Jesus Christus. Aus dem Französischen übers. von F. X. Wannenmacher. Basel 865. Schneider. 8. (56 S.) n. 7 ngr.

— das Uebernatürliche u. die natürl. Wissenschaften. Drei Vorträge. Autoris. deutsche Ausg. gr. 8. (76 S.) Ebend. 871. — 90

— der Unmensch, s.: Sammlung wissenschaftl. Vorträge.

—— erster Unterricht in d. Geographie, die Beschreibung d. Erdoberfläche od. d. topische Geographie umfassend; deutsch bearb. mit vielen Zusätzen u. Berichtign. v. Ch. H. Hugendubel. 1., u. 2. verb. Ausg. gr. 8. (à 12 B.) Bern 836, 40, Dalp. à

—— erster Unterricht in der Geographie, die Beschreibg. der Erdoberfläche oder die topische Geographie umfassend. Aus dem Französ. übers. v. Ch. H. Hugendubel. 2. umgearb. Aufl. gr. 8. (12¾ B.) Bern 846, Dalp. *

—— zweiter Unterricht in d. Geographie, d. polit. Erdbeschreib. nebst d. Elementen d. Ethnographie u. der histor. Geographie umfassend. A. d. Franz. übers. v. Ch. H. Hugendubel. 1. Aufl. 840., u. 2. Ausg. gr. 8. (à 24 B.) Bern 840, Dalp. à

— zweiter Unterricht in der Geographie, die politische Erdbeschreibung nebst den Elementen der Ethnographie u. der historischen Geographie umfassend. Aus dem Französ. übers. von Ch. H. Hugendubel. 2. Ausg. gr. 8. Bern u. Chur 842, Dalp. 1⅙ ₰

—— der Urmensch, s. Sammlung wissenschaftl. Vorträge.

[F.] ... Stammbaum der Familie Rougemont, zsgest. v. Georg Rougemont, Wandsbeck. *(Hamburg: Hof-Buchdr. F. W. Rademacher 1897.)* (20 S., 1 Taf.) 1 Bd 8. [98. 10206 Go

Rougemont, J. de, Eindrücke über die Erweckung in Wales. Vortrag, geh. bei der Konferenz christl. Freunde in Baden am 16. VII. 1906. (25 S.) 8. Basel 906. Kober. n. — 40

Rougemont, Joseph Claude

— Abhandl. v. d. Hundswuth; aus d. Französ, übers. von F. G. Wegeler. Mit 1 Kpf. gr. 8. Frankf. a. M. 798. Guilhaumann. 1 ₰ 8 gr XL, 400 S.

Joseph Claude Rougemont

Abhandlung über die erblichen Krankheiten. Eine ... Preißschrift. Verf. von Joseph Claudius Rougemont. Aus d. franz. Hs. übers. von Friedrich Gerh[ard] Wegeler. Frankf. a.M.: Fleischer 1794. VIII,196 S. 8°

— Abhandl. üb. d. erblichen Krankheiten, Preisschrift; aus d. Französ. v. Fr. G. Wegeler. gr. 8. Frankf. a. M. 794. Guilhaumann; (a. Fr. Fleischer in Leipz.) 14 gr

Rougemont, Jos. Claud., († d. 28 März 1818.) Bibliotheque de Chirurgie du Nord. Tom. I. P. I. II. 8. Bonn 788, 89.

ROUGEMONT, Jos. Claude (1756—1818), Etwas über Kleidertracht, in wie fern sie einen nachtheiligen Einfluss auf die Gesundheit hat. Bonn, o. J. 4°. (1 Mk. A. Bielefeld, vor 1885.)

— — Dasselbe, tit.: Ueber die Kleidertracht, insofern .... (wie vorhin). Ebd. 1786. 8°.
Ersch. III. I. 1822, Sp. 150, Nr. 1536.

— etwas über die fremden Körper in d. Luftröhre; ein Progr. 8. Bonn 792.

— Handbuch d. chirurg. Operationen; aus d. Französ. 1r Thl. gr. 8. Bonn 793. N. A. 798. (Guilhaumann in Frankf.) 1 ₰

Joseph Claude Rougemont

Joseph Claudius Rougemont's Handbuch der chirurgischen Operationen. Neue Aufl. Th. 1. Frankfurt a.M.: Guilhauman 1797. 8°

Th.1: 1797.

— üb. Kleidertracht, in wie ferne sie e. nachtheil. Einfluß auf die Gesundheit hat. 4. Bonn 786.

— üb. erbliche Krankh., Preisschr., a. d. Frz. gr. 8. Frkf. (B. Fleischer in Lpz.) 794.

— Rede üb. die Zergliederungskunst. 8. Bonn 789.

— s. A. G. Richter, traité de Hérules.

— Versuch üb. die Zugmittel in d. Heilkunde.; aus d. Französ. v. Fr. G. Wegeler. gr. 8. Frankf. a. M. 792. Guilhaumann. 1 ℛ 4 gℛ

— — dasselbe. gr. 8. Cöln, Fabricius. 792.

Joseph Claude Rougemont

Versuch über die Zugmittel in der Heilkunde. Von Joseph Klaudius Rougemont. Aus d. Franz. v. [Friedrich Gerhard] Wegeler. Frankfurt: Guilhauman 1798. XXXII,498 S. 8°

Rougemont, Michel-Nicolas

Rougemont, de, avant, pendant et après, s. : Répertoire du Théâtre fr.

Rougemont, de, avant, pendant et après, s.: Scribe, Eug.

Rougemont, de, et Scribe, Avant, pendant et après, s. Répertoire du théâtre français à Berlin. — Théâtre français.

de Rougemont, M., Est-çe un rêve, s. Théâtre français, 7. Série No. 41. — s. auch: Théâtre franç. p. Schütz, VI. Série No. 3.

— la fille de Cromwell. , s. Théâtre franç. Série I. Livr. 3. et Livr. 12.

Rougemont, ist es ein Traum? siehe: Bühnen-Repertoir, XVIII. Bd. Nr. 142.

——, Léon, Drame. Publié par Louis, s. Théâtre fr. Ser. 1.

— et Dupeuty, Pierre-le-Rouge, s. Répertoire du théâtre franç., 2. Série No. 41.

— Salvoisy, s. Répertoire etc.

Rougemont, V. Une vie manquée. Scènes de mœurs vaudoises. Gr. in-8°. 197 p. Berne, Ch. Grandpierre. 1895. 2 25

—— vorher, während u. nachher, s. Theater v. Scribe.

Rougeot, Raphaël, aus Porrentruy (Bern): Chemische Methoden zur Beurteilung von Steinkohlenbriketts. Zürich 1905. 76 S. 8°. [20. II. 06.]

Zürich. Phil. Diss. II. S 1905/1906.

Rougeot, Raphaël. Chemische Methoden zur Beurteilung von Steinkohlenbriketts. Diss. Phil. [II.] Univ. Zürich. 76 S. 8. Zürich, Aktien-Buchdr. Z', 1905.

Rouget, Charl., die Hausfrau, s. Franzosen, die, der neuesten Zeit.

Rouget, J. M., populäre Anleitung zur Xylographie oder Holzschneidekunst, sowie zur Modelstecherei. Nebst Anweisung zur Erlernung des Zeichnens. Ein nothwendiges Hülfsbuch für Künstler, Xylographen, Modelstecher, Buchdrucker u. Freunde dieser Kunst. Mit vielen Abbildgn. (Holzschn. im Text.). Ulm 855. F. Ebner. 12. (IV, 157 S.) 28 ngr.

Rouget J.M. kurze Geschichte der Holzschneidekunst. Stuttgart 1878

Rouget, N., Dictionnaire portatif de l'Ingénieur, ou aide-mémoire alphabétique du génie, pour servir à l'usage des jeunes gens, qui se destinent au service de la dite arme. (Mit 2 Tabellen.) gr. in-12. St. Pétersbourg 816. (Eggers et Pelz.) n. 3 ℛ

Rouget de Lisle, die Marseillaise. Illustrirt von Charlet. Für das Pianoforte arrangirt v. A. Aulagnier. Mit einer histor. Einleitung von A. de Lamartine. gr. 4. (15 S.) Leipzig 848, Weber. 1/6 ℛ

Rouget de Lisle, die öffentlichen und privatlichen Wasch-, Bleich- und Badeanstalten Frankreichs und Englands oder das Waschen und Appretiren der Leib-, Tisch- und Bettwäsche etc. mit unglaubl. Zeit- und Kostenersparniß, sowie auch das fabrikmäßige Bleichen der verschiedenen Gewebe etc. Nach der gekrönten Preisschrift des Herrn (Verf.) Von Chr. Heinr. Schmidt. 1. Aufl. (VI und 233 S. mit 7 Stnt. in qu. Fol.) 853. und 2., verm. Aufl. gr. 8. (VIII und 288 S. mit 10 Stnt. in qu. Fol.) Weimar 856, Voigt.

Rougnon, N. F., patholog.-semiot. Betrachtt. aller Verrichtt. d. menschl. Körpers; aus d. Latein. mit e. Vorrede u. Verbess. von K. G. Kühn, 2 Thle. 8. Leipz. 793. Reincke in Halle. 2 ℛ 18 gℛ

Rougnon, N. F., patholog.-semiot. Betracht. aller Verricht. d. menschl. Körpers, herausgeg. v. Kühn. 2 Thle. 8. Halle, Ruff. 801. (1r 1 Thlr. 6 gr. 2r 1 Thlr. 12 gr.)

Rougnon, (N. F.,) pathologisch-semiotische Betrachtt. aller Verrichtungen d. menschl. Körpers. Herausgeg. von Prof. Kühn. 2 Bde. gr. 8. Halle 801, ist Verl. v. Reinicke u. C.

Enthüllungen aus der Freimaurerei. Die Bedeutung des 33. Grad's. (Souverain Grand Inspecteur General) in der altschottischen Freimaurerei. Historisch und kritisch beleuchtet von Ch. E. Rouher. Budapest: Metzger, Wien: Hartleben 1876. 33 S. 8°

Verf. kommt zu dem Ergebnis, dass Lüge u. Betrug eine Rolle bei der Erfindung des 33. Grades spielten.

Rouhle, J., untrügl. Mittel, sich sowohl vor Zahnweh zu bewahren, als sich auch f. immer davon zu befreien. In Italien v. e. Frau auf d. Todtenbette mitgeth. Coblenz 834, Roschütz u. Comp. Verklebt Thlr.

Rouillier, Ch., études progressives sur la géologie de Moscou, s.: Bulletin de la société Imp. des naturalistes de Moscou, tome XXII, 1. partie.

— explication des planches appartenant aux études progressives sur la géologie des environs de Moscou, siehe: Bulletin de la société Imp. des naturalistes de Moscou, tome XXI, 1. partie.

Roullier. Naturhist. Notiz über die Umgegend von Moskau. (Aus d. Bull. de la Soc. Imp. des Nat. Moscou. 1844. 8.

Rouillon, deutsche, engl. u. französ. Gespräche, s. a. Gespräche.

Rouillon, Deutsche, englische u. französische Gespräche. Nach d. 7. Aufl. der englisch-französischen Gespräche hrsg. von Fror. Schott. Neue verb. Ausg. gr. 16. (VIII u. 264 S.) Leipzig 851, Kummer. 2/3 ℛ

Rouillon, Louis, das Zeichnen v. Hebedaumen, unrunden Scheiben usw. Mit 16 in den Text gedr. Schaubildern. Autoris. freie Uebersetzung aus dem Engl. v. Rob. Grimshaw. (20 S.) 8. Hannover 904. Dr. M. Jänecke. n. — 50

Roujoux, ..., der künstl. Glockengießer. Mit Kpf. 8. Augsb. 766. Bürglen. 9 ℊ

de Roujoux, Baron ..., s. P. Héliot, Geschichte der geistl. Orden.

Rouland, Nina, die geheiligte Leyer. Kathol. Gebeth- u. Erbauungsb. gr. 12. (9½ B. u. Ttlkpfr.) Wien 832, Gerold.

Roulant, P. N. s. (Damery, F. C. de.) Simple Correspondance.... En Suisse 1831.

Roulerius, Adrianus, Stuarta tragoedia, s. a. Literaturdenkmäler, lateinische, des XV. u. XVI. Jahrh.

Adrianus Roulerius [Adrien de **Roulers**]. Stuarta tragoedia. Hrsg. von Roman Woerner. Berlin: Weidmann 1906. (XX, 65 S.) 8°
= **Litteraturdenkmäler**, Lateinische, d. 15. u. 16. Jhs. 17. [c6. 1016]

Roulet et Comtesse, l'alcoolisme en Suisse et les moyens d'en combattre les progrès. Rapport, présenté à la Société suisse d'utilité publique à l'occasion de sa réunion annuelle de 1881 à Neuchâtel. gr. 8. (75 S.) Zürich 881, Herzog's Verlagsh. **
Aus: Schweiz. Zeitschrift für Gemeinnützigkeit, besonders abgedruckt.

Roulette, die, u. das Hellsehen. Von M. E. (22 S. m. 1 Fig.) 8. Leipzig (906.) O. Mutze. n. — 50

Roulettespiel. Einzig geschicktes u. positives Verfahren, sich der Bank gegenüber mit unbestreitbarem Vortheil stets zu behaupten, von 5 Specialtabellen begleitet u. zur Genüge durch eine auf Erfahrung gegründete Darlegung erwiesen von J. H. B*. Homburg 858. Fraunholz in Comm. gr. 8. (32 S. u. 1 lith. Taf.) 27 ngr.

Roulett-Spieler, der fertige, oder: Kurz gefaßte Anleitung, das Roulett ohne Risiko u. mit sicherem Gewinn zu spielen. Auf vieljähr. Erfahrung gegründet u. mit den nöthigen Beispielen dem Druck übergeben. 8. Kiel 846, (Naeck.) ** 4

Roulez, J., Lycurgue furieux. S.-A. 1846. 23 S.

Roulez, J., Notice sur un bas-relief funéraire du musée d'Arezzo, représentant une scène de toilette. S.-A. 1845. 14 S. u. 1 Taf. 4°. 1.—

Roulez, Jos. Imm. Gisl.

Roulez, J. J. G., Observationes criticae in Themistii orationes. Diss. 1828. 90 S.

Roulez, Jos. Imm. Gisl., Specimen literarium inaugurale, exhibens observationes criticas in Themistii Orationes. 8 maj. (6½ B.) Lovanii 828. (Aachen, Mayer.)

Roulez, M.

— nouvel examen de quelques questions de géographie ancienne de la belgique. gr. in-4. Bruxelles 839. (Bonn, Marcus.) n. ⅓ ℛ

Roulez, M., Le mythe de Dédale. S.-A. 1835. 16 S. 4°.

Roulez, M., Observations sur divers points obscurs de l'histoire de la constitution de l'ancienne Rome. S.-A. 1836. 29 S. 4°. 1.—

Roulez, M., Observations sur divers points obscurs de l'histoire de la constitution de l'ancienne Rome. (Extrait du tom. X, des Mémoires de l'Académie royale de Bruxelles.) gr. in-4. Bruxelles 836. (Bonn, Marcus.) n. ⅓ ℛ

— Recherches sur les associations politiques chez les Romains, suivies de considérations sur la condition politique des cliens dans l'ancienne Rome. gr. in-8. Bruxelles 839. (Bonn, Marcus.) n. ⅙ ℛ

Roullier, s. Rouillier, Ch.

Roullier-Arnoult, E., u. E. **Arnoult**, die künstliche Brut u. Aufzucht des wilden u. Hausgeflügels durch Hydro-Brutmaschinen u. Hydro-Glucken. Mit besond. Autoris. der Verf. übers. von A. Röttiger. 8. (IV, 87 S. mit eingedr. Holzschn.) Göttingen 880. Vandenhoeck & Ruprecht's Verl. n. 1. 60; geb. n. 2. —

Roullier-Arnoult, E., die rationelle Hühnerzucht durch Brutapparate m. e. Einleitung des Oberst X***, nebst Berichten des Hrn. Geoffroy Saint Hilaire u. des Hrn. Eug. Gayot. Praktische Anleitg. mit vielen Abbildgn. Autoris. Übersetzg. der 5. Aufl. 8. (103 S.) Leipzig 894. M. Erhardt. n. 2. 50

Roumchevitch, Wadim: Contribution à l'étude microscopique des modifications produites par la grossesse dans un utérus post abortum. ⟨Clinique obstétricale et gynécologique de l'Université de Genève. Prof. Beuttner.⟩ [Avec deux figures dans le texte.] Genève 1908. VIII + 24 p. et une planche. 8°. [15. VII. 08.]
Genève. Thèse méd. 1908/09.

Rouméjon, J. P., Elementarbuch der Umwandlung französischer Zeitwörter f. Schulen. Traité élémentaire de la conjugaison des verbes français. 8. (135 S.) Hamburg 871. Gräfe. n. 1. 20

— premier livre de lecture courante. gr. 16. (112 S.) Ebend. 871. geb. n. 1. 50

Roumieux, Charles

— Deuxième description de cent médailles genevoises inédites. In-8°, 52 p. et 4 pl. 1878. Bâle, Genève et Lyon, H. Georg. 3 —
*** Extraits du Bulletin de l'Institut national genevois.

Roumieux, (Charles), Description de cent médailles genevoises inédites, suivie de six planches. 50 pages et 6 pl. in-8. H. Georg. Genève et Bâle. 1876
*** Supplément à Blavignac, Armorial historique, monnaies etc. de Genève. 1849.

Roumieux, Ch. Description d'une 5e série de 100 médailles genevoises inédites suivie de 4 planches (12 fig.). In-8°. 45 p. Genève, Bâle, Lyon, H. Georg. 1892. Pour l'Étranger Mk. 3 —
*** Extrait du „Bulletin de l'Institut national genevois. Tome XXXI."

Roumowski, observations du passage de Vénus etc. voyez Observations etc.

Louis Rouppe

Ludewig Rouppe, [De Morbis navigantium liber unus. Deutsch:] Abhandlung vom Scorbute. Hrsg. u. mit e. Vorr. begleitet von Johann Christian Traugott Schlegel. Gotha: Ettinger 1775. X,132 S. 8°

Rouquette, Jul., der Frauen-Arzt. Roman. 3 Bde. Wien 866. Last. (C. A. Müller.) 8. (478 S.) n. 1 ℛ 15 ngr.

Rous, Frz. de, Handbüchl. d. wahr. Gottseligk. 12. Leipz. Förster. 727.

— interiora regni Dei. 12. Büding. Regel. 724.

Antonin ROUŠAL: Das Verhältnis zwischen Polen seit dem Erlöschen des Hanses der Jagellonen bis zur 1. Teilung Polens*) Phil. Diss., Prag 1882/83

Rouslane, B., der Jude v. Sofievka. Roman. Einzige autoris. Uebers. v. Adf. Schulze. 8. (224 S.) Berlin 884. F. Luckhardt. n. 3. —

Rousseau, s. Otto.
Schmidt, Otto.

—— als Botaniker, s. Jansen, A.

Rousseau, J. J., Leben, s. Gehrig, Herm.

Rousseau, Jean Jacques. Leben, Geistesentwickelung u. Hauptwerke, s. Mahrenholtz, Rich.

—— Leben und Werke, s. Meylan, A.

Rousseau's, J. J., Leben u. Wirken, s.: Reissig, A.

Rousseau, J. J., als Musiker, s.: Janson, A.

Rousseau. Jean Jacques R' vangé par son amie.... [Hollande] 1779 s. [La Tour, Marie-Anne de].

Rousseau u. s. Sohn, od. d. Selbstmörder zu Ermenonville, v. Saul Ascher. 8. Berlin, Braunes. Rthlr.

Rousseau, Züge aus dem Leben u. Sterben der siebenzig Diener Gottes, welche in China, Tonkin u. Cochinchina des Glaubens wegen den Märtyrertod erlitten u. von Papst Gregor XVI. „Ehrwürdig" erklärt wurden. Ins Deutsche übersetzt v. Ant. Merk. 12. (5⅝ B. u. 1 Stnt.) Einsiedeln 845, Gebr. Benziger.

Rousseau, Amédée [Wirkl. Name],
s. Beauplan, Amédée de [Pseud.]

Rousseau, C. J., s. Rousseau, Karl Jakob

Rousseau, Carl Friedrich, s. Rousseau, Karl Jakob

Rousseau, Charles, Korrespondenz f. Fabrik- u. Exportgeschäfte, s.: Meister, Emil.

Beurtheilung der beiden berühmtesten Heldenthaten, der Schlachten bei Thermopylä und Hemmingstedt, basirt auf eine Darstellung und Parallele der sozialen Zustände Sparta's und Dithmarschen's. Eine historische Abhandlung v. Emil Rousseau. München. 1838. 8°

Rousseau, F., die Strohhut-, Wasch-, Bleich- und Appretur-Methode nach neuester französischer u. schweizerischer Manier im Kleinen sowie im Großen ausführbar. Brieg 855. Schwartz. 8. versiegelt n. 15 ngr.

Rousseau, Georg Ludwig Claudius

— chem.-mineralog. Abhandl., welche in die Naturlehre, Arznei, Kameral- u. Polizeiwissenschaften einschlagen, u. d. Vorurtheilen u. Aberglauben entgegen stehen. 8. Nürnb. 790. Schneider u. W. 20 kr

Rousseau, L., chem. miner. Abhandlungen in d. Naturlehre, Arzn. u. a. Wissensch. gr. 8. Nrnb. Weigel. 790.

Rousseau, Geo. Ldw. Cld., (✝ d. 24. Jan. 1794.) Abhandl v. d. Salzen. 8. Eichstedt 781. Wiedemann. 12 kr

– s. Anfangsgründe d. Chemie.

– s. Anwendung d. Mineralien.

— in die Naturlehre, Arznei, Kameral. u. Polizeiwissenschaften einschlagende, d. Aberglauben entgegenstehende kurze Erinnerungen seiner chem.-mineralog. Lehrstunden. gr. 8. Ingolst. 789. (Schmidt in Leipz.) 20 kr

— Rede v. d. Einfluß d. Naturkunde u. Chemie auf die Wohlfahrt d. Staats. 8. Nürnb. ... 2e A. 771. Stein. 2 kr

ROUSSEAU, GEORG LUDWIG CLAUDIUS.
Vertheidigungsrede der Chemie wider die Vorurtheile der Zeit. . . .
Ingolstadt, 1774.

Rousseau, H., s.: Archiv f. Verwaltungsrecht.

— Ortsgesetze, s.: Stolp, H.

— s.: Stolp, H., Ortsgesetze.

Rousseau, H. M., Erhebungen des Geistes und Herzens über die Geheimnisse des heil. Rosenkranzes oder Betrachtungen und fromme Lesungen für den Monat Oktober, die Fastenzeit, den Maimonat und die hauptsächlichsten Feste des Jahres. Aus dem Französ. übers. von Bertha Arndts. 16. (380 S. mit 1 Stahlst.) Paderborn 885, J. Esser. *ℳ 1.40.; geb. *

Rousseau, H. M., Erhebungen d. Geistes u. Herzens üb. die Geheimnisse d. h. Rosenkranzes od. Betrachtgn. u. fromme Lesgn. f. den Monat Oktober, die Fastenzeit, den Maimonat u. die hauptsächlichsten Feste d. Jahres. Aus dem Franz. übers. v. Bertha Arndts. 16. (380 S. m. 1 Stahlst.) Paderborn 885. Schöningh's Sort. n. 1. 40; geb. n. 2. —

Rousseau, H. M., Rosenkranzbüchlein od. kleines, vollständ. Handbuch zum Gebrauch der Gläubigen u. besonders der Mitglieder der Rosenkranzbruderschaft. Aus dem Franz. übers. v. Bertha Arndts. 16. (68 S.) Paderborn 888. Schöningh's Sort. n. — 40

Rousseau, J. L.: Das Leben der Todten,
s. Rousseau, Johann Baptist

Rousseau, Jean Jacques

Rousseau, Jean Jacq., Abhandlung üb. d. Bürgervertrag, od. die Grundlage d. bürgerl. Rechtes. In d. Deutsche übers. v. J. H. Heusinger. ... 16. Leipzig 829, Hartleben's Vrls.-Expedit.

Rosseau, Jean Jacques.
Abhandlung: ob die Wissenschaften und Künste etwas zur Läuterung der Sitten beygetragen haben? a. d. Franz. Leipzig 1752.
Ü: *Titius, Johann Daniel.* (ErschDL)

— Abhandl. von dem Ursprung der Ungleichheit unter d. Menschen; aus d. Französ. (v. Moses Mendelssohn). gr. 8. Berl. 756. Voß. 12 kr — Dass. übers. v. G. H. Heusinger. 8. Lpz. 827. Hartleben. 9 kr

—— Abhandlung üb. d. Ursprung u. üb. den Grund d. Ungleichheit unt. d. Menschen. Uebers. v. J. H. Heusinger. ... 16. Leipzig 827, Hartleben's Vrls.-Expedit.

Eb. Abhandl. üb. d. Ursprung u. üb. d. Grund d. Ungleichh. unt. d. Menschen, übers. v. J. H. **Heusinger**. *Lpz.*, Hartleben's Verl.-Exped. 829. 16° 9 *gl*

— Abhandl. üb. d. Urvertrag, s. Dav. Hume.

Rousseau, Jh. Jak., Bekenntnisse; aus d. Französ. v. Adolph v. Knigge. 4 Thle. gr. 8. Berl. 786—790. (Christiani). 3 ℛ 4 *gl*

— — s. a. Bibliothek ausländ. Klassiker.

—— Bekenntnisse, s. a. Universal-Bibliothek Nr. 1603—1610.

Rousseau, J. Jac., Bekenntnisse, a. d. Frz. v. Knigge. 4 Thle. gr. 8. Berlin, Unger. 786—90. (1r u. 2r 1 Thlr. 3r u. 4r 2 Thlr.)

— **Bekenntnisse.** 3 Thle.; aus d. Französ. (enth. die Geschichte seines männl. Alters.) 8. Tübing. 790. v. Cotta. 2 ℛ Nachtrag zu seinen Bekenntnissen; aus d. Französ. 8. Hof 796. Grau. 8 *gl*

— **Bekenntnisse.** Neu übers. v. Jos. Hnr. Heusinger. 10 Bdchn. 16. Leipz. 830. Hartleben. 2 ℛ 12 *gl* (Vergl. **Voltaire's Werke.** 49r Bd.)

Rousseau, J. J.: Bekenntnisse. Übers. v. J. H. G. Heusinger. Neue Ausg. Leipzig 1840. 9 Bde (Rousseaus auserlesene Werke. 19—28.)

Rousseau, J. J., Bekenntnisse. 3. Aufl. Neun Theile in 2 Bdn. Leipzig 870. O. Wigand. gr. 16. (XV, 575 u. 586 S.) n. 1 ℛ 10 *ngr.*

Rousseau's [Jean Jaques] **Bekenntnisse.** Aus dem Französ. von Levin Schücking. 2 Thle. 8. (330; 470 S.) Leipzig 886, Bibliograph. Institut. geb. à Thl. *

Rousseau, J(ean)-J(acques). Bekenntnisse. Unverkürzt aus dem Französischen übertragen von Ernst Hardt. Zierleisten von A Gratz. [Mit 1 Porträt-Tafel.] II + 872 S. 8. Berlin, Wiegandt & Grieben, 1907. [geb. M. 10. —]

Rousseau, J. J., **Bekenntnisse.** Jetzt: Leipzig, G. K. Sarasin.

—— Betrachtungen üb. d. Verfassung Polens u. üb. deren vorgeschlag. Umbildung im April 1772; übers. v. Wilh. Grafen v. Hohenthal. gr. 8. (8½ B.) Leipzig 831, (Volckmar.)

J. J. Rousseau, Fontenelles, Bernard de, Physischer Beweis der Existenz Gottes. München, Lentner. 1817. 8°.

Rousseau, J. J., s.: Bibliothek, pädagog. Klassiker.

Rousseau, Jh. Jak., Botanik f. Frauenzimmer; aus d. Französ. 8. Leipz. 781. Göschen. 6 *gl*

— le Botaniste sans maitre, ou manière d'apprendre seul la Botanique, continuée et complettée par de C. 12. Winterthur 805. Steiner. 20 *gl*

— Briefe, a. d. Frz. 8. Königsb. Unger. 799.

— Briefe, s. a. Bücher der Weisheit u. Schönheit.

Rousseau, Jean-Jacques. J' J' Rousseaus Briefe. In Auswahl hrg. von Friedrich M Kircheisen (Genf, Petit-Lancy). 1. bis 5. Tausend. (Buchschmuck von Franz Stassen.) VI + 169 S. 8. (Stuttgart, Greiner & Pfeiffer, [1908].) (geb. M. 2.50)
Bücher der Weisheit und Schönheit. Herausgeber: Jeannot Emil Freiherr von Grotthuss.

J[ean] J[acques] **Rousseau's** Briefe über die Anfangsgründe der Botanik [Lettres élémentaires sur la botanique] übers. von M[artin] Möbius. Mit 6 Abb. *Leipzig: J. A. Barth* 1903. (105 S.) 8° [illegible] 11

— ausgewählte Briefe, s. a. Bibliothek ausländ. Klassiker.

Rousseau, [Jean-Jacques]. Rousseau's ausgewählte Briefe. Aus dem Französischen von Fr[iedrich] Wiegand. 8. Leipzig *o. J.* [ca. 1895].
(Meyers Klassiker-Ausgaben ...)

— Briefe an Beaumont; aus d. Französ. 8. Leipz. 799. (Gr. Fleischer). 16 *gl*

Rousseau, (J. J.) **Briefe üb. die Musik, ein Wort noch gültig für unsere Zeit; neu bearb. u. mit Anmerkk. beglcit. v. J Schlett.** 8. Sulzb. 822, v. Seidel.

Rousseau, Jh. Jak., Briefe einer italien. Nonne u. eines jungen Engländers; aus d. Nachlasse Rousseau's. 8. Leipz. 784, Weidmann. 8 *gl*

— ungedruckte Briefe mit Mad. Latour de Franqueville u. Hrn. du Peyron; aus d. Französ. von G. P. Stampeel. 3 Thle. 8. Leipz. 804—8. Schmidt. 3 ℛ 8 *gl*

— 4 Briefe an v. Malesherbes, üb. sich selbst: aus d. Französ. gr. 8. Braunschw. 779. Schulbuchh. 3 *gl*

— ungedruckt. Briefwechsel m. Mad. Latour de Franqueville u. Hrn. du Peyron, a. d. Frz. v. Stampeel. 3 Thle. 8. Leipzig, Schmidt. 804—808. (1r u. 2r 2 Thlr. 3r 1 Thlr. 8 gr.)

— Catéchisme de l'honnête homme. 12. Glogau ... C. F. Günther. 8 *gl*

— le Citoyen de Génève ou discours sur l'économie politique. 12. Lausanne 764. Pott. 4 *gl*

Rousseau, Jh. Jak., Collection complette de ses Oeuvres en XXX Tom. gr. 12. Leipz. 782. (W. Vogel). 20 ℛ

—— Confessions, s. a. France.

— les confessions suivies de reveries du promeneur solitaire. II Vols. 12. Bern 782. Typ. Soc. 1 ℛ 8 *gl*

— les confessions. IV Vols. gr. 8. Bern 789. Haller. 4 ℛ IV Vols. gr. 8. Leipz. 804. Gr. Fleischer. 3 ℛ — le même, avec les Noms, qui ne sont indiqués que par des Lettres initiales dans les éditions imprimées par Jh. Levasseur. 8. (Hof) 796. Grau. 8 *gl*

— les Confessions. 2 Vols. 16. Leipzig 846, B. Tauchnitz jun. 24 *ngl*

Jean-Jacques **Rousseau**. La première rédaction des Confessions. (Livres 1—4.) Publ. d'après le ms. autogr. par Théophile Dufour. (Genève: Jullien; Leipzig: Hiersemann 1908.) XVI, 300 S. 8°
(Annales de la Société Jean Jacques Rousseau. T. 4.) [illegible]

— du Contrat social, ou Principes du Droit politique. 8. Frcf. Esslinger. 762.

Rousseau, J. J., Du contrat sociale, ou principes du droit politique. 8⁰. Frankfurt (Schäfer) 1762. 8⁰. Amsterdam, chez Marc Michel Rey, 1762. 12⁰. Strassburg, Levrault, 1791. 12⁰. Leipzig, Er. Fleischer, 1796. N. A.. 1818. 12⁰. Paris 1836.

— — l. m. 12. Hamb. Fauchç. 796.

— — l. m. gr. 8. Paris. Treuttel. 796.

— Correspondance avec Léonard Usteri. Publiée par Paul Usteri et Eug. Ritter. (XII, 189 S. m. 1 Taf.) kl. 8. Zürich 910. Beer & Co. — Genf, Kündig. nn 2.50

— Dancourt. Arlequin de Berlin. 12. Lausanne 760. Pott. 12 gr

— Dictionnaire de musique. gr. 8. Paris 768. (Varrentrapp in Frankf.) 3 ß

— Discours sur l'inégalité. 18. Leipz. ... Ind.-Compt. 8 gr

Rousseau, Jean Jacques: „Discours sur l'origine et les fondements de l'inégalité parmi les hommes", Amsterdam 1755. Deutsche Uebersetzung: Berlin 1756.

— Discours sur la vertu du héros. 8. Lausanne 769. Pott. 2 gr

Rousseau, J. J., der Dorfwahrsager. (Deutsch u. französ.) von J. G. L. K. Dielitz. gr. 8. Berl. 819. L. Oehmigke. 1 ß

— über den Einfluß d. schönen Künste auf das Wohl des Staates. Aus d. Französ. von Inace Choke. (Mit der Büste des Perikles.) gr. 8. Sudenburg-Magdeburg 845, Baetz u. Comp. n. 1/3 ß

—— über den Einfluß der schönen Künste auf das Wohl des Staates. A. d. Franz. v. Inace Choke. gr. 8. (4½ B. u. Büste des Perikles.) Sudenburg-Magdeburg 845. [Schönebeck, Koch.] *

– Emil oder über die Erziehung

— dasselbe, s. a. Bibliothek, pädagogische.

— dasselbe, s. a. Klassiker, die, der Pädagogik. 20.

Rousseau, J. J., Emil od. über die Erziehung, frei a. d. Franz. übers. v. H. Denhardt, Leipzig, 349 u. 541 S., 8⁰. 2 Bde.

Rosseau, J. J. Aemile, oder von der Erziehung, a. d. Franz. ... Berlin, Frankf. u. Leipzig 1762. Ü: *Schwabe, Johann Joachim.* (ML)

— Emil, od. üb. die Erziehung; aus d. Französ. von K. Fr. Cramer. 4 Thle. 8. Braunschw. 789—91. Schulbuchh. 4 ß Dass., eine andere Uebersetz. 5 Thle. 8. Lpz. 762—80. Weidmann. 1 ß 15 gr s. auch unten: sämmtl. Werke.

— Emil, od. üb. die Erziehung, im Ausz. v. Ch. A. Struve. 1r Thl. (A. u. d. T.: Handbuch d. Erziehung f. Mütter, nach Rousseau's Emil). 8. Glogau 798. N. Günter'sche B. 12 gr

——, Emil, od. üb. d. Erziehung. In d. Deutsche übers. v. J. H. Heusinger. 8 Bdchn. 16. ... Leipzig 828, Hartleben's Verls.-Expedit.

—— Emil oder über die Erziehung. Deutsch von G. Große. 3. Aufl. gr. 16. (715 S.) Leipzig 854, O. Wigand. *

Rousseau, J. J., Emil oder über die Erziehung. Deutsch von K. Große. 3 Thle. 4. Aufl. Leipzig 863. O. Wigand. 16. (651 S.) n. 24 ngr.

— Emil oder über die Erziehung. Deutsch von K. Große. 5. (Titel-)Aufl. Leipzig 867. O. Wigand. gr. 16. (650 S.) n. 24 ngr.

— Emil od. üb. die Erziehung. Deutsch v. Karl Große. 6. Aufl. gr. 8. (VII, 461 S.) Leipzig 872. O. Wigand. 3. —

Rousseau, J. J., Emil oder über die Erziehung. Uebersetzt und mit Erläuterungen versehen von Karl Reimer. 2. Aufl. 12 Hefte. gr. 8. Leipzig 879, Siegismund und Volkening. à Heft * 50 Pf.; compl. *

—— dass. — s. a. Universal-Bibliothek Nr. 901—908.

— Emil oder über die Erziehung. Uebers. u. m. Einleitung u. Erläuterungen versehen v. Karl Reimer. 3., durchgeseh. u. verb. Aufl. gr. 8. (LXIV, 567 S.) Leipzig 881. Siegismund & Volkening. n. 5. 50

[Jean-Jacques] Rousseaus Emil. (Buch I–III.) Übers. u. mit e. Einl. u. erklär. Anm. vers. von Dr. Ludwig Wattendorff. *Paderborn: F. Schöningh 1899.* (339 S.) 8° [F.]
= Sammlung d. bedeutendsten pädag. Schriften. Bd 24.

Rousseau, [Jean-Jacques]. Rousseau's Emile. In verkürzter Darstellung hrg. von Dr. G[ustav] Hofmann, ... Wiesbaden. VI + 128 S. 8. Leipzig, Dürr, 1905. [M. 1. 50]

Rousseau, J. J., Emil od. Ueber die Erziehung, hrsg. v. Thdr. Tupetz, s. a. Schulausgaben pädagog. Classiker.

Rousseau, J(ean) J(acques). Emil oder Über die Erziehung. Hrg. von Dr. Theodor Tupetz.... Mit 1 Titelbild [Porträt]. 2. Abdruck der 1. Auflage in neuer Rechtschreibung. 112 S. 8. Wien, F. Tempsky; Leipzig, G. Freytag, 1905. geb. K. 1. 50 = M. 1. 20
Schulausgaben pädagogischer Klassiker. Hrg. von Dr. Th' T'. Heft 6.

— dasselbe, hrsg. v. Ludw. Wattendorff, s. a. Sammlung der bedeutendsten pädagog. Schriften. 24.

Rousseau, (Jean-Jacques). Rousseaus Emil. ⟨Buch I—III.⟩ Übersetzt und mit einer Einleitung und erklärenden Anmerkungen versehen von Professor Dr. Ludwig Wattendorff. 2., verbesserte Aufl. Mit Porträt Rousseaus [Tafel]. VIII + 343 S. 8. Paderborn, Ferdinand Schöningh, 1906. (M. 2. 40)
Sammlung der bedeutendsten pädagogischen Schriften aus alter und neuer Zeit. ... hrg. von Dr. J[ohann] Gansen..., Dr. A[dam] Keller ... [und] Dr. Bernh[ard] Schulz ... Band 24....

— Emil od. üb. d. Erziehg. Hrsg. von E. v. Sallwürk, s. a. Bibliothek pädagog. Klassiker, Bd. 7.

Rousseau, Jean Jacques. ... Emil, (in deutscher Sprache) bearb. ... s. Rousseau. Jean Jacques R'. Bearb. von Dr. G(ustav) Fröhlich.... 2. verbesserte Aufl. ... Langensalza ... 1907.

J[ean] J[acques] Rousseaus Emil oder Über die Erziehung (Émile ou de l'éducation). Übers. mit Biogr. u. Kommentar von Dr. E[rnst] v. Sallwürk. 4. Aufl. Langensalza: Beyer 1907. CXXII. 276 S. 8⁰
(Bibliothek pädagogischer Klassiker. Bd 6.)

J[ean] J[acques] Rousseaus Emil oder Über die Erziehung (Émile ou de l'éducation). Übers., mit Biographie u. Kommentar von Dr. E[rnst] v. Sallwürk. 4. Aufl. Bd 1. 2. Langensalza: Beyer 1907. 11. 8°
(Bibliothek pädagogischer Klassiker. Bd 6. 7.)

· dasselbe, s. a. Velhagen & Klasing's Sammlung pädagogischer Schriftsteller.

Rousseau, Jean-Jacques. Emil von J' J' R'. Zum Gebrauch an (Lehrer-) Seminarien hrg. von Justus Baltzer, Direktor... zu Halle a. S. Mit einem Bildnis [Tafel]. XXVIII + 132 S. 8. Bielefeld, Leipzig, Berlin, Velhagen & Klasing, 1910. [geb.] M. 1.—
(Velhagen & Klasings Sammlung pädagogischer Schriftsteller. Liefg. 11.)

Rousseaus Emil. (Buch 1–3.) Übers. u. m. e. Einl. u. erkl. Anm. vers. von Prof. Dr. Ludwig Wattendorff. Mit Rousseaus Portr. 3. verb. Aufl. Paderborn: Schöningh 1910. VIII, 341 S. 8°
(Sammlung d. bedeutendsten pädag. Schriften. Bd 24.) [10. 15134

— — Emile, ou de l'Education, 3 vol. in-18. (le même) (le même.)
(papier fin, 1 Thlr. 12 Gr. papier vélin, 3 Thlr. format in 12. pap. vél. 4 Thlr.)

Rousseau, J. J.: Collection complete des oeuvres. T. 8: (Emile ou de l'éducation. T. 2.) o. O. Société littéraire-typogr. 1783. [1. Aufl. 1762.]

— Emile, ou de l'Education. IV Tom. av. fig. gr. 8. Lond. Typ. 781.

— — l. m. IV Tom. 12. Lpz. G. Fleischer (a. Turneiseo à Cassel) 799.
Velinp.

— — l. m. IV Vol. 12. Lpz. Hinrichs. 803.

— Emile, ou de l'éducation. IV Vols. 12. Leipz. 799. Er. Fleischer. 1 ℛ 16 gr Ed. n. III Vols. 8. Ebd. 817. 2 ℛ — le même. IV Vols. 18. Strassb. 801. Levrault. 1 ℛ 16 gr — le même. IV Vols. 12. Leipz. 799. Rein. 1 ℛ 12 gr — le même. IV Vols. 12. Leipz. 804. Hinrichs. 1 ℛ 8 gr — le même. III Tomes. Nouv. Ed. 8. Zweibr. 829. Ritter. 1 ℛ 12 gr

——, Emile, ou de l'éducation. III Ts. Nouv. édit. gr. in-8. (62 B. u. Ttlvign.) Deux-Ponts 829, Ritter.

— **Emile ou de l'éducation. (Pages choisies.) Mit Biographie, pädagog. Anmerkgn. u. Sach- u. Worterläutergn. hrsg. v. N. Friedland. (XII, 122 u. 29 S.) 8. Leipzig 905. Dr. P. Stolte. Geb. in Leinw. u. geh. 1.60; Wörterverzeichnis. (31 S.) n. — 40**

Rousseau, J. J. Auserlesene Gedanken über verschiedene Gegenstände... O. O. 1764. Ü: *Heller, Joh. Adam.* (OL) (MGT)

Rousseau. Des Hrn. Johann Jacob Roußeau, Bürgers zu Genf, auserlesene Gedanken über verschiedene Gegenstände aus der Moral, der Politik, und den schönen Wissenschaften. Aus dem Französischen übersetzt [von J. A. Hiller]. Danzig & Leipzig, D. W. Wedel, 1764. 8°. 6 Bl. 304 S.

Rousseau's, Jh. Jak., auserlesene Gedanken üb. verschied. Gegenstände; aus d. Französ. 8. Leipz. 764. Jacobäer. (Auc in Altona). 12 gr

— Gedanken v. d. gesellschaftl. Leben d. Menschen, od. Staatsrecht. 8. Marb. 763. Müller. 12 gr

— u. Voltaire's Gedanken u. Meinungen üb. polit. Gegenstände rc. 2e Aufl. 8. Jena 809. Voigt. 12 gr

Rousseau. J[ean-]J[acques] R'. Gedenkblatt für die Jugend 2. Juli 1878. Einzige berechtigte deutsche Ausg. 8. Genf 1878.

— Geist, od. Auszug christl. moral. Grundsätze seiner hinterlass. Schriften. 8. Bregenz 797. Brentano. 16 gr

— Geist, Grundsätze u. Meinungen; nach d. Französ. v. J. C. Blößl. 8. Zwickau 803. Schumann. 1 ℛ 8 gr — Dass. Französ. 8. Marb. 791. Krieger. 20 gr

— Geschichte f. männl. Alters. 5 Bde. 8. Tüb. Cotta. 791. (sind die 5 Bde. f. Bekenntn. d. Tüb. A.)

—— vom Gesellschaftsvertrage rc., s. a. Miniaturbibliothek d. deutsch. Classiker, 12. u. 13. Bdchn.

—— der Gesellschaftsvertrag, s. a. Universal-Bibliothek Nr. 1769, 1770

Eb. **vom Gesellschaftsvertrage; a. d. Franz. v. G.. Werner.** *Hamb.* **u.** *Lpz.*, **Schuberth u. C. 840. 2 Thle. 32° 4 gr Min.-Bibl. d. ausl. Lit. 12-13s Bdch.**

— Ueber den Gesellschaftsvertrag oder Grundzüge des Staatsrechtes. Deutsch v. A. Marx. 16°. Leipzig, O. Wigand, 1843. (Der französische Classiker. Neue correcte und wohlfeilste Ausg. Rousseau's Werke, 10. Thl.) 4. Aufl., 1862. **120 S.**

— der Gesellschaftsvertrag oder Grundsätze d. öffentl. Rechtes. Nach dem französ. Orig. von Max Frhrn. v. Rast. gr. 8. (222 S.) Berlin 873. Kortkampf. n. 4. —

— d. Gesellschaftsvertrag od. Grundsätze d. Staatsrechts. Deut. von Denhardt. Leipz. 883.

Rousseau, J. J. Geständnisse. Berlin 1782. Ü: *Unger, Friederike Helene geb. v. Rothenburg.* (schl) (MGT) S. a. Nr. 12648.

Rousseau, J. J. Geständnisse, nebst den Selbstbetrachtungen des einsamen Naturfreundes. Riga 1782. Ü: *Schreiter, Carl Gottfried.* (Ky) (MGT) S. a. Nr. 12647.

— Geständnisse, nebst Selbstbetrachtt. d. einsamen Naturfreundes; aus d. Französ. (v. K. G. Schreiter). 2 Thle. 8. Riga 782. Hartknoch in Leipz. 1 ℛ 12 gr

— Glaubensbekenntniß, oder üb. nat. u. geoffenb. Rel. übersetzt v. J. H. G. Heusinger. 8. N. Strelitz, Michaelis. (Albanus) 796.

Rousseau, Jean-Jacques. J' J' Rousseaus Glaubensbekenntnis des savoyischen Vikars. Ins Deutsche übertragen, mit einer Vorrede und einem Anhange versehen von Dr. J(oh[anne]s) Reinke.... 120 S. 8. Heilbronn, Eugen Salzer, 1908. [M. 1. —, geb. 1. 60]

Rousseau, J. J. Die neue Heloise oder Briefe zweyer Liebenden aus einer kleinen Stadt am Fusse der Alpen ... a. d. Franz. Leipzig 1761—66. Ü: *Gellius, Johann Gottfried.* (Ky) (ML)

— die neue Heloise, od. Briefe zweier Liebenden rc.; aus dem Engl. (v. Jh. Gf. Gellius). 4 Thle. 8. Leipz. 761—66.

— Dass. deutsch. 6 Thle. Mit Anhang. 8. Leipz. 775. Weidmann. 3 ℛ 9 gr Anh. apart: Geschichte von Fd. Bomstons Liebe. 8. Ebd. 780. 2 gr

— Dass. übers. v. Karl Fr. Cramer. 4 Thle. 8. Berl. 785, 86. (Rauck). 3 ℛ 8 ℊ

Rousseau, Jean Jacques. Die neue Heloise. Neu übersetzt. Frankfurt a. M. 1800—1802. Ü: *Le Pique, Joh. Philipp.* (BGE VI³, 561)

—— die neue Heloise. Deutsch von G. Julius. (Französische Classiker. 1. Abthl.: J. J. Rousseau's Werke. 11—18. Lfg.) 2. Aufl. 4 Thle. (in 2 Bdn.) gr. 16. (XXXIX und 849 S.) Leipzig 859, O. Wigand. *

—— die neue Heloise. Deutsch von G. Julius. 3. Aufl. gr. 8. (XX, 553 S.) Leipzig 877, O. Wigand.

— — La nouvelle Héloïse, 4 vol. in-18. (le même) (le même.)
(papier fin, 2 Thlr. papier vélin, 4 Thlr. format in 12. papier vélin, 5 Thlr. 8 Gr.)

— Julie, od. die neue Heloise, s.a. Universal-Bibliothek.

Rousseau, (J. J.) Julie oder die neue Heloise. Aus den Franz. v. Th. Hell, s.a. Voltaire's u. Rousseau's Werke.

— le même. VI Vols. 12. Leipz., Hinrichs. 2 ℛ 8 ℊ

— le même livre. gr. 12. Basel 796. Thurneisen. 2 ℛ 12 ℊ

— le même. VI Vols. 12. Leipz. 799. Rein. 2 ℛ

— Julie, od. neue Heloise, übers. v. le Pique. 6 Thle. gr. 12. Frankf. 801, 2. Mohr in Heidelb. 5 ℛ 8 ℊ

— Julie, ou la nouvelle Heloise. IV Vols. 8. Leipz. 796. N. Aufl. 801. Er. Fleischer. 2 ℛ 16 ℊ

—— Julie oder die neue Heloise, s.a. Universal-Bibliothek Nr. 1361—1368.

——, Julie, od. d. neue Heloise, in Briefen zweier Liebenden, Bewohner e. kleinen Stadt am Fuße d. Alpen. A. d. Franz. übers. v. † Th. Hell. 8 Bde. 16. ... Leipzig 826, Hartleben's Verls.-Expedit.

Rousseau, Jean-Jacques. Kulturideale. [Von] J' J' R'. Eine Zusammenstellung aus seinen Werken mit Einführung von Eduard Spranger. Übersetzt von Hedwig Jahn. [Mit 1 Porträt.] IV + 335 S. 8. Jena, Eugen Diederichs, 1908. [M. 4.50, geb. 5.50]

— Lettres

— — nouv., V Vol. 12. Paris. 745—51.

— Lettres à Voltaire. 8. Lpz. Junius. 759.

— der Levit v. Ephrain; aus d. Französ. verändert; Meneläus bei David, nebst zwei krit. Abhandll. (v. J. J. Bodmer). 8. Zürich 782. Orell. 4 ℊ

Rousseau, J. J. Der Levit von Ephrain; a. d. Franz. Nürnberg 1794. Ü: *Büel, Joh. von.* (KY)

— der Levit v. Ephrain; aus d. Französ. (von J. Büel). 8. Nürnb. 794. Raw. 6 ℊ

— Menschen, seid menschlich. Rousseau-Worte, im Auftrage des großen Erziehers hrsg. v. Fritz Gansberg. (124 S.) 8. Leipzig 906. R. Voigtländer. n. 1.60

— Morceaux choisis, s.: Voltaire.

— Morceaux choisis des oeuvres, hrsg. v. Karl Rudolph, s.a. Prosateurs français.

Morceaux choisis des œuvres de Jean-Jacques **Rousseau**. Für d. Schulgebr. ausgewählt u. mit Anm. versehen von Dr. Karl Rudolph, Oberl. in Barmen. Mit 1 Portr. [Nebst] Anh. u. Wörterbuch. Bielefeld & Leipzig: Velhagen & Klasing 1905. 3 Bde 8°
— **Sammlung**, Velhagen & Klasings, franz. u. engl. Schulausgaben. Prosateurs franç. Lfg 158 B. [06. 4114

— über die polit. Oekonomie, a. d. Franz. gr. 8. Berlin. (Wilke in Warschau) 792.

—— über politische Oekonomie. Deutsch von Adf. Ellissen. 2. Aufl. gr. 16. (X und 61 S.) Leipzig 851(52,) O. Wigand.

[Rousseau, J. J.] Das Orakel. Lustspiel a. d. Französ. O. O. und J. 32 S.

Rousseau, Jean Jacques, oeuvres, s.a. Bibliothèque des Classiques français.

— — l. m. XVII Vol. ed. orig. 4. Génève. (Typ. Berne) 4

— — l. m. XII Vol. av. fig. sup. 4. London (Typogr. à Berne.)

— — les mêmes. XXXIII Vol. 12. Lyon. (Typ. à Berne) ;

— Oeuvres. XXIV Vols. gr. 12. Bern 782—791. Typogr. 20 ℛ — le même. XVII Vols. gr. 4. ibid. 53 ℛ 12 ℊ —.

— le même, ed. de Deux-Ponts. XXXIII Vols. 12. Strassb., Levrault. 11 ℛ 6 ℊ — le même. XXXIII Vols. et suppl. 12. Basel. 793—95. Thurneisen. 15 ℛ

— — Oeuvres. Nouv. édit. 20 vol. in-18. Paris, 820.

— Oeuvres choisies. XII Vols. 8. Leipz. 817. Er. Fleischer. 10 ℛ

— Oeuvres choisies à l'usage de Collèges. 12. Strassb. u. Paris 827. Levrault. 10 ℊ

Rousseau, Jean Jaques, Oeuvres complètes, s.a. Bibliothèque des classiques français.

— — compl. XXX Tom. gr. 12. Lpz. W. Vogel. 782.

— — compl. XXXIII Tom. et Suppl. 12. Basle, Thourneisen. 793—95. 1

— Oeuvres pothumes ou recueil de pièces manuscr. pour servir de Supplem. etc. IV Vols. 12. Basel 782. Serini. 4 ℛ 12 ℊ

Rousseau, J(ean)-J(acques). Pages choisies des œuvres de J.-J. R'. Ausgewählt und mit Anmerkungen für den Schulgebrauch hrg. von Dr. Albert Wüllenweber... . Mit einem Porträt [Tafel]. [2 Teile.] 8. Berlin, Weidmann, 1909. [geb. M. 1.60]
([Teil 1: Text.] VI + 126 S. — [Teil 2:] Anmerkungen. 40 S. Weidmannsche Sammlung französischer und englischer Schriftsteller mit deutschen Anmerkungen... .)

— dasselbe, s.a. Littérature, la, par les textes.

— Pensées. II Vols. 8. Berl. 773. Rottmann. 1 ℔ 8 ℊ

Rousseau, J. J. Politik. Neu übersetzt. Berlin 1787. Ü: *Cramer, Carl Friedrich.* (GGr)

— Pygmalion, s. a. Universal-Bibliothek.

Rousseau, J. J. Pygmalion, eine lyrische Handlung . . . a. d. Franz. Mannheim 1778. Ü: *Gemmingen, Otto Hnr. Freiherr von.* (GGr) (Flaischlen, Gemmingen. Stuttg. 1890. S. 55.) (Ky) (Mn)

— Dass.; aus d. Französ. (v. Otto Heinr. v. Gemmingen). 8. Manh. 778. Schwan u. G. 4 ℊ

Becker, G. Pygmalion par M. J.-J. Rousseau, publié d'après l'édition rarissime de Kurzböck, Vienne 1772, avec quelques notes préliminaires. XV et 15 p. In-16°. Genève et Bâle, Georg. 2 — 1878

— Pygmalion; aus d. Französ. übers. v. Landes. gr. 8. Wien 779. Kurzböck. 2 ℊ

Rousseau, Jean-Jacques: La première r é d a c t i o n des Confessions, s. R o u s s e a u : Confessions.

— Romane; aus d. Französ. 4 Thle. 8. Prag 788—94. Schönfeld. 3 ℔ 8 ℊ

Rousseau, J. J. Hrsg. von Thdr. Vogt und E. v. Sallwürk. 2 Hälften. gr. 8. (399; V, 398 S.) Langensalza 876—78, Beyer und Söhne. à Hälfte *M 3. *

Rousseau, J. J. Übers. u. erläutert v. E. v. Sallwürk. Mit e. Biographie Rousseau's v. Thdr. Vogt. 2. Aufl. 2 Bde. gr. 8. (XX, CXXIII, 268 u. VIII, 405 S.) Langensalza 883. Beyer & Söhne. à n. 3. —

— Bearb. v. G. Fröhlich, W. Glabbach u. G. Weber, s. a. Greßler's, F. G. L., Klassiker der Pädagogik. 20. Bd.

Jean Jacques Rousseau. Hrsg. von Dr. [Gust.] Fröhlich, Prof. [Wilhelm] Glabbach u. G. Weber. Mit e. Bildn. Rousseaus. T. 1. 2. *Langensalza: F. G. L. Gressler 1900.* (VIII, 356 S.) 8° [F.]
1. Fröhlich, Leben u. Lehre Rousseaus.
2. Rousseaus Emil, bearb. von Weber u. Glabbach.
= Klassiker d. Pädagogik. 20. (oo. 10) 3

Rousseau. Jean Jacques R'. Bearb. von Dr. G(ustav) Fröhlich, Prof. W[ilhelm] Glabbach und G Weber (Wiesbaden). Teil 1: Leben und Lehre Rousseaus, von Dr. Fr', neu bearb. von Prof. W. G'; Teil 2: Rousseaus Emil, bearb. von Prof. W. G' und G. W'. 2. verbesserte Aufl. Mit einem Bildnisse Rousseaus [Tafel]. VIII + 400 S. 8. Langensalza, F. G. L. Gressler, 1907. [M. 4. 80, geb. 5. 50]
Gresslers Klassiker der Pädagogik. ⟨Begründet von Dr. Gustav Fröhlich.⟩ Unter Mitwirkung ... hrg. von Dr. Hans Zimmer. Band 20... . *S. 1—56:* Teil 1 ...; — *S. 57—398:* Teil 2... .

Rousseau, Jean Jacques, in seinen Werken, bearb. v. Frdr. M. Kircheisen, s. a. A u s d. Gedankenwelt grosser Geister.

Rousseau, J(ean-) J(acques). J. J. R' in seinen Werken. Bearb. von Friedrich M Kircheisen (Genf, Pinchat). 283 S. 8. Stuttgart, Robert Lutz, (1908). (M. 2. 50, geb. 3. —)
Aus der Gedankenwelt grosser Geister. Eine Sammlung von Auswahlbänden. Hrg. von Lothar Brieger-Wasservogel. Band 12... .

— Samml. krit. Briefe an Brossete, nebst dessen Antwort; aus d. Französ. 8. Hamb. 750. (Campe). 12 ℊ

— Samml. krit. Briefe an Brossete, n. dessen Antwort. 8. Hamb. Hoffmann. 750.

Jean Jacques Rousseau

Von der Schädlichkeit des Kupfergeschirres in der Haushaltung. Ein Schreiben des [Jean Jacques] Rousseau aus Genf, an den Verf. des Mercure de France. Franckfurt & Leipzig 1754. 4 Bl. 8°

— Schreiben an Beaumont, a. d. Frz. 8. Riga. (Hartknoch in Lpz.) 767.

— kleine Schriften; aus d. Französ. 1r Thl. 8. Heidelberg 779. Pfähler. 12 ℊ

— nachgel. Schriften, s. dessen Briefwechsel.

— polit. Schriften, s. auch: sämmtl. Werke, 1r u. 2r Bd.

— politische Schriften. 2 Thle. 8. Berl. Nauck. Schreibp.

Rousseau, J. J. Selbstgespräche auf einsamen Spaziergängen . . . Berlin 1782. Ü: *Unger, Friederike Helene geb. v. Rothenburg.* (Schl) (MGT) Ü: *Schreiter, Carl Gfr.* (Ky)

— Selbstgespräche auf einsamen Spaziergängen; aus d. Französ. (v. K. G. Schreiter). 8. Berl. 782. (Christiani). 12 ℊ

— Selbstgespräche a. einsam. Spaziergängen. 8. Berlin, Unger. 782.

Rousseau, J. J. Sophie, aus R.s Emil; ein Bild schöner Weiblichkeit. Leipzig 1797. Ü: *Müller, Carl Ldw. Meth.* (NN)

— Sophie ou la femme, s. a. Collection pédagogique à l'usage des séminaires de jeunes filles.

Rousseau, Jean-Jacques. Sophie ou la Femme. Extraits choisis et annotés par MM. Henri Bornecque et Georges Lefèvre... . VI + 179 p. 8. Berlin, Weidmann, 1909. [relié M. 1. 80]
Collection pédagogique à l'usage des Séminaires de jeunes filles.

— einsame Spaziergänge, sein letztnachgelassenes Werk; aus d. Französ. 8. Münch. 783. (Fleischmann). 12 ℊ

— Spaziergänge n. Ermonville f. geliebten Einsiedeley, a. d. Frz. v. Matthison. m. K. 8. Lpz. Beygang. 808.

— üb. d. Staatsbürgervertrag, od. Grundsätze d. öffentl. Rechts, eine umgearb. Uebersetzung v. J. Schram. 8. Düsseld. 800. Schreiner. 1 ℔

— über den Staatsbürgervertrag, oder Grundsätze des öffentl. Rechts, eine umgearbeitete Uebersetzung v. Schwan. 8. Düsseld. Schreiner. 803.

— un testament litteraire, publié avec une introduction et des notes par O. Schultz-Gora. 8. (46 S.) Halle 897. M. Niemeyer. n. 1. —

Rousseau, Jean Jacques: „Traité sur l'économie politique", Genève 1782. — Deutsche Uebersetzung: Berlin 1792.

—— umowa towarzyska czyli zasady prawa politycznego. Napisał po francusku. Przetłomaczył Jós. Wien. Nowe wydanie. (Gesellschaftliche Uebereinkunft [Contracte sociale] oder die Grundlagen des politischen Rechts. Uebersetzt von Jos. Wien. Neue Ausg.) (Titel-Ausg.) gr. 8. (160 S.) Berlin (839)60, Behr's Buchh. Thlr.

— v. d. Ursprung der Ungleichheit unter den Menschen, a. d. Frz. gr. 8. Berl. Voß. 756.

— Vermächtniß; aus d. Französ. 8. Freiberg 787. Craz u. G. 3 gl

— Versuch üb. die prakt. Erziehung; aus d. Französ. übers. mit Anmerkk. v. Eph. Fr. Feder. 8. Berl. 792. Mylius. 10 gl

— der gesellschaftl. Vertrag, od. die Grundregeln d. allgem. Staatsrechts; aus d. Französ. mit Anmerkk. v. C. F. Geiger. 8. Marb. 763.

Rousseau, J. J. Vom gesellschaftlichen Vertrage, a. d. Franz. ... Frankf. 1800. Ü: *Jung, Frz Wilh.* (GGr) (HS) (Kn)

— v. gesellsch. Vertrage, oder üb. d. Grundsätze d. Staatslehre. 8. Frkf. Eßlinger. 800,

Schreibp.
Velinpap.

— v. gesellschaftl. Vertrage, od. üb. die Grundsätze d. Staatslehre; aus d. Französ. von Fr. W. Jung. 8. Frankf. a. M. 800. Schäfer. 1 ℔ Schrbp. 1 ℔ 8 gl

— patriot. Vorstellung gegen die Schaubühne in Genf; aus d. Französ. 8. Zürich 761. Orell. 5 gl

Rousseau, Jean Jaqu., Werke, s. a. Classiker, französische.

Rousseau's, J. J., Werke, s. a. Collection Spemann.
—— dass. — Übers. und erläut. von E. v. Sallwürk. Mit einer Biographie Rousseau's von Thdr. Vogt. 2. Aufl. 2 Bde. gr. 8. (XX, CXXIII, 268; VIII, 405 S.) Langensalza 883, Beyer und Söhne. à Bd. *ℳ 3. *

— auserles. Werke. In neuen Uebersetzungen. 28 Bdchn. in 41 Lieferr. 16. Leipz. 823. Hartleben. 5 ℔ 3 gl

—— auserlesene Werke. In neuen Uebersetzungen. 28 Bdchn. (od. 41 Lfgn.) 2. Ausg. 16. (24¼ B.) Leipzig 833, Hartleben's Vrls.-Expedit.
Lfg. 1—12. Bekenntnisse. Neu übers. v. J. H. Heusinger. 10 Bdchn.
„ 13—25. Julie, od. d. neue Heloise. Neu übers. v. † Th. Hell. 8 Bdchn.
„ 26—29. Abhandlungen üb. d. Bürgervertrag. Neu übers. v. J. H. Heusinger. 2 Bdchn.
„ 30—41. Emil, od. üb. d. Erziehung. Neu übers. v. J. H. Heusinger. 8 Bdchn.

(Jean-Jacques) **Rousseaus** Ausgewählte Werke. In 6 Bden. Übers. von J[ohann] H[einrich] G[ottlieb] Heusinger. Mit e. Einl. von Ph[ilipp] Aug[ust] Becker Bd 1–6. Stuttgart: Cotta [1898]. 8°
1.–3. Bekenntnisse. I.–III. 4. 5. Emil. I. II. 6. Abhandlungen über den Gesellschaftsvertrag u. über den Ursprung der Ungleichheit unter den Menschen.
(Cotta'sche Bibliothek der Weltlitteratur.) [10. 10571

— dasselbe, s. a. Bibliothek, Cotta'sche, d. Weltlitteratur.

— nachgel. Werke s. dessen Briefwechsel.

Rousseau, J. J. Philosophische Werke. Reval u. Wesenberg 1779—82. Ü: *Albrecht, Joh. Frdr. Ernst.* (GGr)

— philosoph. Werke. 4 Bde. 8. Reval 779—782. (Seger in Leipz.) 3 ℔

— sämmtl. Werke, neu übers. v. K. Fr. Cramer. 10 Thle. 8. Berl. 785—91. Nauck. 6 ℔ 20 gl Schweiz. Pap. mit Kpf. 9 ℔ 4 gl Holl. Pap. mit Kpf. 13 ℔ 14 gl 11r Thl. 1e Abtheil. 8. Leipz. 799. Gr. Fleischer. 16 gl (1r u. 2r Thl. Auch u. d. T.: Rousseau's Politik. 3r—6r Thl. Heloise. 7r—10r Thl. Emil).

Rousseau, J. J. Sämmtliche Werke; a. d. Franz. Berlin 1786—91. Ü: *Cramer, Carl Friedrich.* (Ebert) (ErschDL)

Rousseau, Jean Jacq., sämmtl. Werke. Deutsch bearb. v. K. Große u. J. G. Hanschmann. (Ausg. in 10 Bdn.) 1—4. Bd. Emil, od. üb. d. Erziehung. 4 Thle. 16. (60¾ B.) Leipzig 840, 41, Schreck.
Wurde nicht fortgesetzt, sondern erschien 1843 mit dem neuen einfachen Ttl.: Emil, od. üb. d. Erziehung 2c. Deutsch bearb. v. K. Große. 4 Bde. Ebendas. 2 Thlr.

— sämmtl. philosoph. Werke. 6 Bde. 8. Prag 779—89. Schönfeld. 5 ℔

— Henriette Wolmar. ou le mère jalouse de sa fille. 8. Münster 769. Coppenrath. 6 gl

J. J. **Rousseau-Worte,** ausgewählt v. Achim v. Winterfeld, s. a. Dietrich's, F., Auswahl-Bibliothek. 4.

Rousseau, J[ean-] J[acques]. J. J. R'-Worte. Ausgewählt und mit Einleitung versehen von Achim v[on] Winterfeld. 124 S. 8. Leipzig. Felix Dietrich, [1907]. (M. 1.50, [geb. 2.—])
(Dietrich's Auswahl-Bibliothek. Band 4.)

Rousseau, Johann Baptist

Rousseau, Joh. Bapt., Bernsteine. Dichtungen u. Novellen. 8. (15¼ B.) Frankfurt a. M. 831, [Wesché'sche Vrlsbuchh.]

Rousseau, (J. B.,) Buch der Sprüche. Für Freunde des Hafisklange. gr. 12. Hamm 824, Wundermann.

Rousseau, I. B., Chef-d'oeuvres lyriques. 12. Par. (Rottmann, Berl.)

—— Göthe's Ehrentempel. Eine Samml. aller an Göthe gericht. od. auf sein Leben u. Wirken Bezug habenden Poesieen sein. Zeitgenossen. Nebst d. Versuche e. Charakteristik sämmtl. dramat. Schriften Göthe's. 2 Bdchn. — A. u. d. T.: Göthe's Werke, Supplemente. 2 Bdchn. 16. (34½ B.) Hamm 827, 28, Schultz.

– s. Erheiterungen, poet.

— Gedichte. 12. Crefeld 823, (Köln, Bachem.)

– s. v. Kempen, Th., vier Bücher von der Nachfolge Christi.

—— Kunststudien. 8. (26½ B.) München 834, Fleischmann.

Rousseau, Joh. Bapt. Das Leben der Todten. Nachtstück. Hft. 1 u. 2. kl. 8. (40 und 41—80 S.) Wien, Edl. von Schmidbauer u. Holzwarth. 1853.

Rousseau J. L. »Das Leben der Todten.« Nachtstück. III. Heft. kl. 8. (von 83—120 S.) Wien, Edler v. Schmidbauer u. Holzwarth 1853. (849.)

Rousseau, Joh. Bapt., Legenden. 8. (13 B.) Hamm 835, Wundermann. (?)

— Legenden. 8. Münster 835. Wundermann. 1 ℛ

— Lieder v. Köllner Dome. 8. Köln 823, Schmidt.

Rousseau, Joh. Bapt., Madonna, s. Madonna.

- s. Madonna, in Liedern, Legenden rc.

—— Marienbüchlein. Gesänge aller Zeiten u. Völker zu Ehren d. allerheil. Jungfrau. Ein Buch d. Andacht u. frommen Erhebung. 16. (32½ B., 1 Stahlst. u. 1 Stnt.) Frankfurt a. M. 836, [Sauerländer's Verl.] 1 Thlr., in Saffian mit Goldschnitt. *
Ausg. gr. 16. in reich verziert. Saffiandecken *

Rousseau, (J. B.,) Michel Angelo. Trauersp. in 4 A., nebst einem Nachspiel. 8. Aachen 825, La Ruelle.

- s. Th. Moore, die Liebe der Engel.

- s. Musenalmanach aus Rheinland — Westphalen.

— das niederrheinische Musikfest v. 1824 beschrieben. gr. 8. Köln, Du-Mont-Schauberg.

Rousseau, Joh. Bapt., Muttergottesrosen. Legenden-, Sagen-, Romanzen- u. Liederkranz von der glorreichen Mutter des Herrn. Weih- u. Festgabe, Lese- u. Erbauungsbuch für Stadt u. Land 2. sehr verm. u. verb. Aufl. gr. 12. (430 S. m. 1 Stahlst. u. 1 Lith.) Wien 848. (Sallmayer & Co.) n. 1 ℛ

Rousseau, J. B., Odes, Cantates, Epitres, et poésies div., 2 vol. in-18. (Didot) (Leipzig, Fr. Fleischer.) -
(papier fin, 1 Thlr. papier vélin, 2 Thlr. format in-12, papier vélin. 2 Thlr. 16 Gr.)

Rousseau, Joh. Bapt. (1802—67), Dramaturgische Parallelen. Bd. 1 (einz.) München, E. A. Fleischmann, 1854. Gr. 8°. (18 ¼ B).
S. 187—197 Dan. Kasp. v Lohenstein, mit vollständigem Abdruck der obscönen Verführungsscene aus L's. „Agrippina".

— Poesien d. Liebe u. Freundschaft. 12. Hamm 822. Schulz.

—— Purpurviolen d. Heiligen, od.: Poesie u. Kunst im Katholizismus. Ein Buch d. Belehr. u. Unterhalt., d. Trostes u. Heiles, enth.: Die Gesänge, Legenden u. Volkssagen aller Zeiten u. Nationen zu Ehren d. Apostel, Märtyrer u. Heiligen, wie auch d. gottsel. Männer u. Frauen; Biographieen d. Heiligen in alphabet. Ordn., rc. 1—6. Bd. 8. (92¾ B.) Frankfurt a. M. 835, 36, [Varrentrapp's Verl.] à ⅔ Thlr., Velnp. à Thlr.

Rousseau, Joh. Bapt., poet. Reisetabletten aus Italien, Tyrol, Deutschland, dem Elsaß u. d. Schweiz. gr. 12. (10 B.) Frankfurt a. M. 836, [Varrentrapp's Verl.]

—— die Rose von Mantua. Novelle. 8. (7 B.) Aachen 837, [Kaatzers sel. Wwe.] *

Rousseau, Johann Baptist —. Russen-Büchlein. Gedichtet 1854 von ——. 8. (VIII, 100 S.) Wien. Gedruckt bei Edl. v. Schmidbauer und Holzwarth. 1854.

— auserlesene Sammlung Rheinischer Sagen in Volksgeschichten, Legenden u. Mythen vom Rhein u. seinen Nebenflüssen. Mit 12 Stahlst. u. einem allegor. Titelkpfr. hoch 4. (556 S. od. 36 B.) Coblenz 846, Müller. n. 1½ ℛ

- s. Scribe, die weiße Frau.

—— Spiele der Muse. Nebst e. Vorw. v. La Motte-Fouqué. 2., stark verm. Ausg. gr. 8. (16½ B.) Frankfurt a. M. 829, [Schmerber.]

— Spiele d. lyr. u. dramat. Muse. 1r Bd. gr. 8. Aachen 826. (Cremer). 2e verm. Ausg. Mit e. Vorwort von La Motte Fouqué. gr. 8. Frankf. a. M. 829. (Schmerber). 1 ℛ 3 𝔤𝔯

Zum 90. Stiftungsfeste der Freimaurerloge zur Harmonie in Chemnitz am 30. Mai 1889. Von Joh. Bapt. **Rousseau.** Chemnitz [1889]: Geidel. 1 Bl. 8°. [Kopftit.]
„Vater, der du bist die Liebe" ...

- s. Sue, E., der ewige Jude.

— Todtenfeier für Ferd. Ries. Ein Gedicht. gr. 4. Bonn 838. Dunst. ¼ ℛ — dass. mit Anhang, 3 Lieder mit Pianoforte-Begleitung von F. Ries. ⅝ ℛ

ROUSSEAU, K. Jul.: Entwurf e. system. Uebers. d. Gesch. d. röm. Rechts. *Jena*, Gabler. 807. 8. (16 Gr.)
vgl. Rousseau, Karl Jakob

ROUSSEAU, K. Jul.: De indole et vi praesumtt., quat. ad jus civil. pert. *Rudolst.*, Langbein und Klüger. 805. 8. (4 Gr.)
vgl. Rousseau, Karl Jakob

Rousseau, Karl Friedrich, s. Rousseau, Karl Jakob

Rousseau, Karl Jakob

Rousseau, C. J., Beyträge zur Deich- u. Flußbaupolizey-Gesetzgebung, nebst einem Anhange über die bey Hochgewässern oder Eisgange nothw. Vorkehrungen. Mit 1 Kpfrt. gr. 8. Nürnberg, Riegel u. W. 820.

Rousseau, Karl Jak., Beitr. z. Deich- u. Flußbaupolizei-Gesetzgebung, nebst e. Anh. üb. die bei Hochgewässern od. Eisgange nothwend. Vorkehrungen. Mit 1 Kpft. gr. 8. Nürnb. 821. Riegel u. W. 1 ℛ

— Entwurf e. systemat. Uebersicht d. Geschichte d. röm. Rechts. 8. Jena 807. Gabler. (Cnobloch in Leipz.) 16 𝔤𝔯
vgl Rousseau, K. Jul

— de indole et vi praesumtionum, quatenus ad jus civile pertin. 8. Rudolst. 805. (Hildebrand in Arnst.) 4 𝔤𝔯
vgl Rousseau, K. Jul.

— de indole et vi praesumtionum, quatenus ad jus civ. pertin. 8. Rudolst. Langbein (Klüger) 805.

Rousseau, Karl Jak., memoire sur le droit des rivieres. gr. 8. Sulzb. 812. v. Seidel. 8 𝔤𝔯

Rousseau, C. J., einige Worte üb. d. Bedürfniß uns. Zeit, besond. in Rücksicht auf Bayern. 2., verb. u. verm. Aufl. 8. (4 B.) Nürnberg 830, Riegel u. Wießner.

Rousseau, L., s. Rousseau, Georg Ludwig Claudius

Rousseau, Paulus, aus Berlin: **Aus d. 2. medizin. Klinik d. kgl. Charité zu Berlin. Direktor: Geh. Med.-Rath Prof. Dr. Gerhardt. Beiträge zur Kenntniss der Lues spinalis.** *(Berlin 1899: M. Buding.)* (31 S.) 8°
Erlangen, Med. Diss. v. 6. März 1899

Rousseau de la Parisière, Jh. Cäsar, (Bischof v. Nimes,) sämmtl. Predigten. 2 Thle. 8. Augsb. 768. Veith. 22 gr

Leben des Grafen Corfix [so statt Corfiz] **Ulfeld**, vormaligen Reichshofraths in Dänemark [v. Michael Achard Rousseau de la Valette]. Ein Pendant zum Leben des Staatsministers Grafen von Struensee. Breßlau u. Leipzig. 1790. 8°

Rousseau's, über J. J., Verbindung mit Weibern, mit einer Abhandl. üb. d. Geist u. die Geschichte d. Rousseauschen Bekenntnisse u. e. Beilagen (v. K. G. Lenz). 2 Thle. gr. 8. Halle 792. Reinicke u. C. 1 rthl 4 gr, Schrbp. 1 rthl 16 gr

Roussel, ..., Abrégé de la Geographie du Russie. 8. Braunschweig ... Pluchart. 12 gr

Roussel, sur les convenances gramaticales de la langue française. 12. Lyon, (Berne, Haller.) 797.

Roussel, ..., s. Mably, Staatsrecht.

Roussel, Adph., encyclopédie du droit. 2. éd. gr. 8. (XIV, 538 S.) Bruxelles 872. Leipzig, Brockhaus' Sort. in Comm. n. 9. —

Roussel, D. M., s. Roussel, Pierre

Roussel, J. M., s. Roussel, Pierre

Roussel, Napol., neue **Erzählungen**. Frei nach dem Franz. 12. (6 B. u. 6 Bilder.) Straßburg 842, Levrault'sche Buchh. Ill. -

— vier Erzählungen aus d. Franz.; enth. Adolph u. Jakob; Die Königin; Der kleine Kaminfeger. 2. Thl.; Die Geschwister. 2. Thl. 12. (6¼ B. u. 1 Stnt.) Straßburg 843, Levrault'sche Buchh. 6¼ Ngr.; ill.

Roussel, Napol., neue **Geschichten** f. meine Kinder. Aus dem Französ. 16. (5 B. u. 4 Abbildgn.) Leipzig 844, C. H. Reclam sen. Thlr.

Roussel, N., die Messe, s. a. Streitschriften, freundschaftliche.

Die Messe. Von Napoléon **Roussel**. Aus d. Franz. von H. W ... Barmen: D. B. Wiemann [1887]. (18 S.) 8° [F.]
— **Streitschriften**, Freundschaftliche. No 2.

Roussel, Napol., die Redensarten des Volkes u. was der Herr Jesus darauf antwortet. Aus dem Französ. übers. Autorisirte Ausg. eingeführt von Josenhans. Basel 867. Bahnmaier's Verlag. 8. (IV, 208 S.) 12 ngr.

Roussel, Napol., meine Reise nach Afrika, meinen Kindern erzählt. A. d. Franz. übers. v. L. H. 8. (9½ B. u. 4 Bild.) Leipzig 841, Friese.

— meine Reise nach Algier. Eine Erzähl. f. Kinder. gr. 12. (4¼ B.) Düsseldorf 841, Bötticher'sche Buchh.

— meine Reise um den Genfer See. Nach dem Franz. v. A. Reclam. 12. (4 B. u. 4 Abbild.) Leipzig 844, C. H. Reclam sen. -

Roussel, N., offenes Wort an die römisch-kathol. Priester, s. a. Streitschriften, freundschaftliche. Nr. 1.

Offenes Wort an die römisch-katholischen Priester [Appel aux prêtres]. Von N[apoléon] **Roussel**. Aus d. Franz. von A. F ... Barmen: D. B Wiemann [1888]. (15 S.) 8° [F.]
— **Streitschriften**, Freundschaftliche. No 1.

Offenes Wort an die römisch-katholischen Priester. Von N[apoleon] **Roussel**. Aus d. Franz. von A. F......haus. 2. Aufl. *Barmen: D. B. Wiemann [1899].* (10 S.) 8° [F.]
— **Streitschriften**, Freundschaftliche. No 1.

Pierre Roussel

(Système physique et morale de la femme. [Deutsch:]) Physiologie des weiblichen Geschlechts. Von D. M. Roussel [Pierre Roussel]. Aus d. Franz. übers. von Christian Friedrich Michaelis [1727 - 1804]. Berlin: Vieweg 1786. XXIV 204 S 8°

Rousselet, L., Mali, der Schlangenbändiger. Scenen aus dem ostind. Leben für die deutsche Jugend bearb. von L. Mannheim. Autoris. Ausg. 1. und 2. Aufl. gr. 8. (VII, 215 S. mit 16 Tontaf. und 52 Illustr. im Text.) Leipzig 879, Hirt und Sohn. M 4,50.; geb. M 5,25. und

Rousselet, L., Mali, der Schlangenbändiger. Scenen aus dem ostindischen Leben, für die deutsche Jugend bearb. v. L. Mannheim. Autoris. Ausg. Mit 16 Tontaf. u. 52 Illustr. im Text. 2. Aufl. gr. 8. (VII, 215 S.) Leipzig 880. Hirt & Sohn. 4. 50; geb. 6. —

Rousselet, L., Mali, der Schlangenbändiger. Scenen aus dem ostind. Leben, f. die deutsche Jugend bearb. v. L. Mannheim. Mit 8 Tonbildern u. 58 Holzschn. im Text. 3. Aufl. Rechtmäßige Ausg. gr. 8. (224 S.) Leipzig 894. F. Hirt & Sohn. 3. —; geb. in Leinw. 4. —

Rousselet, L., Mali, der Schlangenbändiger. Scenen aus dem ostind. Leben, f. die deutsche Jugend bearb. v. L. Mannheim. Mit 8 Tonbildern u. 58 Holzschn. im Text. 4. Aufl. gr. 8. (224 S.) Leipzig (899). F. Hirt & Sohn. 3. —; geb. in Leinw. 4. —

Rousselle, M., zwei deutsche Fürstinnen (Louise Henriette, Kurfürstin v. Brandenburg. Elisabeth Christine, Königin v. Preußen), s. a. Volksbücher, neue. 61. Bdchn.

Zwei deutsche Fürstinnen. Luise Henriette, Kurfürstin von Brandenburg. Elisabeth Christine, Königin von Preussen. Dem deutschen Volke erzählt von M. **Rousselle**. Mit 8 Ill. *Berlin: Schriftenvertriebsanst. 1900.* (116 S.) 8° [F.]
— **Volksbücher**, Neue. Bdch. 61.

Rousselot, die Wahrheit des Ereignisses von La Salette am 19. Septbr. 1846, oder der Bericht an den Herrn Bischof v. Grenoble über die zweien Hirtenkindern gewordene Erscheinung der lieben h. Jungfrau auf dem Gebirge von La Salette, Canton Corps, Arrondissement Isère, in Frankreich. Uebers. von Maria del Monte. Verm. mit einer neuntägigen Andacht beim Gebrauche des mirakulösen, zu den Füßen der h. Jungfrau hervorgesprudelten Wassers, dem Plane des Gebirges, der (lith.) Abbildung, wie die h. Jungfrau erschienen, u. der (lith.) Abbildung der Kinder Maximin u. Melanie. gr. 12. (VIII u. 256 S.) Coblenz 849, Hergt. n. ⅓ rthl

— die Wahrheit über das Ereigniß zu Salette am 19. Septbr. 1846 od. Bericht an den Hrn. Bischof v. Grenoble über die Erscheinung der heil. Jungfrau zweien Hirtenkindern auf dem Berge v. Salette in Frankreich, Canton Corps [Isère]. Aus d. Franz. v. W. Reithmeier. Mit 1 (lith.) Bilde. 8. (182 S.) München 849. (Lentner.) n. 8 ngr.

Rousselot, F., Führer durch Neuenburg, s.: Diacon, Max.

Principes de phonétique expérimentale par l'Abbé P.-J. **Rousselot,** Prof. T. 1. 2. Paris, Leipzig: Welter 1897–1908. 8°
1. (In 2 P.) 1897–1901. 2. 1901–1908.
(Collection de phonétique expérimentale. [1.]) 99. 10036

Précis de Prononciation Française par l'abbé [P.] **Rousselot** et Fauste Laclotte. Ouvr. orné de nombr. fig. Paris, Leipzig: H. Welter 1902. (255 S.) 8° 07. 7744

Rousselot, Pierre, pour l'histoire du problème de l'amour au moyen âge, s.a. Beiträge zur Geschichte der Philosophie des Mittelalters. VI, 6.

Pour l'histoire du problème de l'amour au Moyen Age par Pierre **Rousselot.** Münster: Aschendorff 1908. (104 S.) 8°
= **Beiträge** z. Geschichte d. Philosophie d. Mittelalters. Bd 6, H. 6. 08. 10413

Roussemain, aus Liebe gemordet, s.: Belot, Adphe., e. moderne Ehe.

Rousset, Ant., dictionnaire général des forêts. Recueil complet comprenant: Le résumé et l'analyse des lois, règlements, ordonnances, arrêts, décrets, décisions, arrêtés, circulaires etc., en vigueur, concernant les forêts appartenant à l'état, aux communes et établissements publics et aux particuliers. 2. Tirage. 8. (VII, 1177 S.) Paris 875. Berger-Levrault & Co. n. 21. 60

Rousset, Camille, die Freiwilligen von 1791 bis 1794. Aus dem Franz. Eingeleitet durch e. Rede d. Feldmarschalls Grafen Moltke u. e. Vorwort v. Karl Braun. 8. (XXXIV, 328 S.) Berlin 875. Janke. n. 4. —

Rousset, Jean

Rousset, ..., Geschichte d. Kriege zwischen Frankreich u. Oesterreich v. 1516 bis 1648. 2 Bde. 8. Mitau 770—72. Hinz. 1 ℔

— d. Ritter v. St. George, in s. Stand, als Jacob III. wieder hergestellt. 8. Leipz. Schmidt. 746.

Rousset, Léonce

Rousset, le blocus et la capitulation de Metz ... Aus R.'s histoire de la guerre franco-allemande in Auszgn. zum Schulgebrauch hrsg. v. Heinr. Gassner. Mit Wörterverzeichnis u. e. Karte. 8. (IV, 72 S.) München 899. J. Lindauer. n. — 70; geb. n. — 90

— la guerre franco-allemande, hrsg. v. R. Foss, s.a. Schulbibliothek französ. u. engl. Prosaschriften.

La guerre franco-allemande 1870—71. Par le Commandant [Léonce] **Rousset** de l'école sup. de guerre. Im Ausz. u. m. Anm. z. Schulgebr. hrsg. v. Prof. Dr. R[udolf] Foss. M. 6 Pl. [Nebst] Wörterbuch. *Berlin: R. Gaertner 1897.* 2 Bde 8.
[Text.] (VIII, 144 S.) Wörterbuch ... v. Dr. F. Adler. (24 S.)
= **Schulbibliothek** französ. u. engl. Prosaschriften aus d. neueren Zeit. Abt. 1. Bdch. 26. 98. 408

Rousset, L., histoire de la guerre franco-allemande, hrsg. v. O. Leichsenring, s.: Prosateurs français.

— Iéna, Waterloo, Sedan, s.: Lanfrey.

Rousset, Matthaeus Ios., directorium asceticum, in quo de viri spiritualis eruditione tutissima sanctorum patrum documenta traduntur. gr. 16. (VI, 306 S.) Freiburg i/B. 893. Herder. n. 1. 80; geb. in Leinw. n. 2. 40

Rousset, M. J., O. Dom., der hl. Dominicus, sein Geist u. sein Werk. Nach dem Franz. frei bearb. v. Fr. Domin. Maria Scheer. O. Pr. gr. 16. (VIII, 223 S.) Freiburg i/B. 899. Herder. n. 1. —; geb. in Leinw. n. 1. 50

(**Rousset de Missy, J.**) Histoire publique et secrète de la cour de Madrid depuis l'avènement du roi Philippe V. jusqu'au commencement de la guerre avec la France. [1700–1719] 12. Cologne 1719. 12. Liège 1719.

Roussin, Z., die Vergiftungen, s. Tardieu, A.

Roustaing, J. B., christlicher Spiritismus oder Offenbarung über die Offenbarung, die vier Evangelien in Gefolge der Gebote im Geiste und in der Wahrheit von den Evangelisten unter dem Beistande der Apostel und des Moises erklärt. Aus dem Französ. in's Deutsche übers. von Frz. Pavlíček. Unter Mitwirkung von Streiff v. Maxstadt. 3 Thle. in 1 Bd. gr. 4. (XVIII, 230; 294; 287 S.) Budweis 881. (Prag, Grégr und Valečka.) *

Roustan, Antoine Jacques. Antwort auf die Schwierigkeiten eines Deisten ... a. d. Franz. Basel 1771. Ü: *Grynaeus, Simon.* (MGT)

— Briefe z. Vertheidigung d. christl. Religion, neue Uebersetz. mit e. Anmerkk. v. Er. Jak. Danovius. Mit Danovius Lebensbeschreib. hrsgg. v. Chr. G. Schütz. 8. Halle 783. Gebauer. 1 ℔

Roustan, A. J. Briefe über den heutigen Zustand des Christenthums ... a. d. Franz. Basel 1768. Ü: *Grynaeus, Simon.* (MGT) »1768—71« (Ky)

— Briefe üb. d. heutigen Zustand d. Christenthums u. d. Betragen d. Ungläubigen; aus d. Französ. (von S. Grynäus). 2 Bde. 8. Basel 768, 71. Imhoff. 22 gr

— Briefe üb. d. Zust. des Christenth. u. d. Betrag. d. Ungläub. 2 Bde. 8. Basel, Imhof. (Lange in Berlin) 770–72.

Roustan, J. A., Catéchisme raisonné. 12. Lausanne 783. Pott. 12 gr

Roustan, A. J., Cathéchisme raisonné. 12. Londres. (Kupferberg à Mayence) 783.

Roustan, Paul, Grammaire allemande, à l'usage des collèges et des maisons d'éducation. 4. édit. 12. (18½ B. mit 2 Stnt.) Paris 846, Didot frères. *

Roustan, Paul, Französische Lesestücke nebst Wortformen u. Wörterbuch. Eine angewandte französ. Grammatik für Anfänger, zum Schul- u. Selbstunterricht hrsg. gr. 8. (IV u. 116 S.) Freiburg im Br. 852, Herder. 9 ngr

Routala ⟨Rosenqvist⟩, Oskar: Über die Bildung der Naphtene im Erdöl. 1909. 111 S. 8⁰ ¶ Vgl. Berichte d. Deutschen Chem. Gesellschaft. Jg. 42. 43. 1909. 10.
Karlsruhe, Dr.-Ing.-Diss. v. 18. 5. 1909

La route du Grimsel. 18 vues. Qu. in-12⁰. Berne, Nydegger & Baumgart. 1895. 2 50

Route de l'Inde av. une Charte géographique. gr. 8. Paris. (Sommer in Leipz.) 799. Rthlr.

Route. La r' du Simplon. Basle 1823 s.[Wessenberg, Johann Philipp von].

la Route du Simplon. Mit 1 Kpf. gr. 8. Basel 823. Neukirch. 10 gℛ

Route. La r' du Simplon et son exploitation par les diligences postales suisses. Publié par la Direction générale des postes suisses et l'Inspection fédérale des travaux publics. [Avec des illustrations et une planche.] 64 p. 4. Berne, Büchler & Co., 1906.

Route, la, du Simplon et son exploitation par les diligences postales suisses. Publié par la direction générale des postes suisses et l'inspectorat fédéral des travaux publics. (63 S. m. Abbildgn. u. 1 farb. Taf.) 4. Bern 906. (A. Francke.) n. 2. 50

Routen-Aufnahme-Buch. 12. (23 S. m. 2 Taf. u. liniirtem Schreibpap.) Berlin 893. D. Reimer. Geb. in Leinw. n. 1. 50

Routen-Führer, illustrirter, f. Deutschland, Oesterreich u. die Schweiz. Route: Nürnberg-München. Winter 1890—91. Mit Fahrplan, Plan v. München u. Nürnberg, Eisenbahn-Karte. 16. (32 S.) Nürnberg 890. Verlag der Routenführer (M. Krakowitzer). — 25

Routenkarte [Schlagwort]

Routenkarte. Glas, Gust., Routen-Karte zwischen München—Oberammergau—Linderhof—Hohenschwangau—Innsbruck—Kufstein—Herrenchiemsee—München. 1:280.000. (Ausg. 1900.) 52×57,5 cm. Lith. München, Mey & Widmayer Verl. 1. —

Routenkarte [Sachliches OW]

Routenkarte der wichtigsten Fahrstrassen, Touristenwege I. O., sowie Post- u. Omnibus-Linien im Harz. 1892. IV. Jahrg. 2. verb. Aufl. Hrsg. vom Harz-Klub. Farbendr. 40,5×56,5 cm. Mit Fahrplänen auf der Rückseite. Quedlinb., (Huch). — 25

[Umschlagt.:] **Routenkarte** der Haupt-Touristenwege, der wichtigsten Fahrstrassen, auch Eisenbahn-, Post- u. Omnibuslinien im Thüringerwald. Hrsg. v. Thüringerwald-Verein. (Bearb. v. Dr. J. Bühring.) ([Massst.] 1:150,000.) [Nebst] Routenverzeichnis. *Arnstadt: Commv. v. W. Jost; Dr. v. d. Ohlenroth'schen Buchdr. in Erfurt;* (Routenverz.: *Arnstadt: Hofbuchdr. v. E. Frotscher) 1897.* 2 Bde 8.
Routenkarte. 1—4. Taus. (1 Ktnbl. 5)
Routenverzeichnis ... m. Bezeichngs-Tabelle ... Jg. II. (42, 10 S.) [98. 409

Routenkarte für die Sektionsgebiete Lahr und Ettenheim-Herbolzheim des Bad. Schwarzwald-Vereins. Maasst. 1:100000 ... *Lahr: K. Veyhelmann [1896].* 1 Bl. 2. (5) [97. 3615

Routenkarte, praktische, für Touristen in's bayer. Hochland (von Bernhard). Fol. München 873, J. A. Finsterlin. *

Routenkarte der Touristenwege I. O., der wichtigsten Fahrstrassen sowie Eisenbahn-, Post- und Omnibus-Linien im Harz. VIII. Jg. Hrsg. v. Harzklub. (Bearb. v. W. Dammann.) *Quedlinburg: Comm.-V. v. H. C. Huch: Dr. v. H. Röhl 1896.* (1 Ktnbl. 5) 1 Bd 8. [96. 6979

Routenkarte der Touristenwege I. O., der wichtigsten Fahrstrassen sowie Eisenbahn-, Post- und Omnibus-Linien im Harz. 1898. X. Jg. Hrsg. v. Harzklub. (Bearb. v. W. Dammann.) (Maasst. 1:150,000.) *Quedlinburg: Commv. v. H. C. Huch; Dr. v. H. Röhl 1898.* (1 Ktnbl. 5) 1 Bd 8. [98. 11650

Routenskizze der Expedition in das Finisterre-Gebiet. (Neu-Guinea bei Constantinhafen.) 1 Bl. L. Ff.

Routes

— de postes par l'Allemagne et les pays limithrophes. Avec de notes très-utiles aux Voyageurs et un appendice concern. les voitures accélérées établies en Allemagne jusqu'à ce moment. 3e Ausg. 8. Frankf. a. M. 827. Fr. Wilmans. 16 gℛ (Vergl. Postbuch, a. Postrouten).

Routes des postes d'Allemagne, et reduction des monnaies. Breit 12. (2²/₃ B.) Aix-la-Chapelle 837, [Cologne,] Roschütz et Comp.

Routh, Edward John, die Dynamik der Systeme starrer Körper in 2 Bdn. m. zahlr. Beispielen. Autor. deutsche Ausg. v. Adf. Schepp. M. Anmerkungen v. Fel. Klein. gr. 8. Leipzig 898. B. G. Teubner.
Geb. in Leinw. n. 24. —
1. Die Elemente. (XI, 472 S. m. 57 Fig.) Geb. n. 10. —
2. Die höh. Dynamik. (X, 544 S. m. 38 Fig.) Geb. n. 14. —

Routh, Mart. Jos., s. Reliquiae sacrae.

Routillet, Franz

Routillet, Frz., Anleitung zur rationellen und gewinnbringenden Hühnerzucht. Prakt. Rathschläge für die Anzucht, Aufzucht und Mästung der Hühner, Masthühnchen und Kapaunen nach bewährter französ. Methode. Belehrungen über Legen, Brüten, Aufzucht der Küken, Heilung von Krankheiten, Auswahl der Zuchthühner, Herstellung von Ställen und Käfigen, Aufbewahrung der Eier ꝛc. 1. und 2. Aufl. 8. (VI, 44 S.) Leipzig 888, H. Voigt. *

Routillet, Frz., Anleitung zur rationellen u. gewinnbringenden Hühnerzucht. 3. (Titel-)Aufl. 8. (VI, 44 S.) Leipzig 891. H. Voigt. n. — 80

Routillet, Frz., neue Kunst, die Hühner, Hühnlein u. die Kapaunen zu erziehen, zu vermehren u. zu mästen. Ein Gewerbszweig, mittelst dem man sich jährlich eine Reineinnahme von 2000 bis 2500 Fr. [900 bis 1150 Fl.] verschaffen kann. Aus d. Franz. 2. Aufl. übers. 8. (48 S.) Mühlhausen im E. 852. (Frankfurt a. M., Völcker.) n. ¹/₃ ₰

Routier, Gaston, die spanische Wand. Roman. Autoris. Uebertragg. v. Ludw. Wechsler. 8. (283 S.) Leipzig 899. Berlin. H. Schmidt. n. 4. —

Routilliet, Franz, s. R o u t i l l e t

Routzeau, L., s. R o u s s e a u , Georg Ludwig Claudius

Roubaire, Adph. de, die Geschichte e. Glocke. Eine Erzählg. Aus dem Franz. Mit 3 Stahlst. (178 S.) Regensburg 871. Manz. 1. —

***Rouvier*, G., le Code Napoléon, considéré dans ses rapports avec l'ordre social et avec la législation, dont il fait partie. 8. Braunschw. 818. Pluchart. 1 ₰ 8 gℛ**

Rouvier, Paul, das Luftschiff, s.: Kriminal-Romane aller Nationen. 20. Bd.

Rouviere, s. Audin.

Rouvière, s. Audin-Rouvière.

ROUVILLE, ALEXANDER-JOSEPH DE: Der Geist der Tröster oder Betrachtungen über einige Worte des heiligen Geistes, zum Trost betrübter Seelen. Eingetheilt auf jeden Tag des Monats. Von einem Priester aus dem Französischen übersetzt. Preßburg 1787: Weberische Schriften. 154 S. - 170 mm
- Dass. Ofen 1788. Gedr. b. Katharina Landerin, Witwe. 160 S. - 180 mm

ROUVILLE, ALEXANDRE-JOSEPH DE: Geistliches Handbuch für fromme Christen. Eine Fortsetzung des Geistes des Trösters. Wien-Preßburg 1787: Doll-Schwaiger. 208 S. - 180 mm

Rouvroy, Friedrich Gustav von

Rouvroy, Frédér. Gust. de, Dictionnaire français-allemand cont. les termes techniques, usités dans l'art de l'artillerie et dans les sciences, les arts et les métiers y relatifs. — A. u. d. T.: Wörterbuch d. techn. Artillerie, ihrer Bedürfnisse u. der mit ihr in Beziehung stehend. Werkstätte. 8. (15 B.) Dresden 829, Arnold.

Rouvroy, F. G., das kleine Feuergewehr sowohl für das Fußvolk als für die Reiterey. Mit 1 Kpfert. gr. 8. Dresden, Arnold. 819.

Rouvroy, F. G. Das kleine Feuergewehr, sowohl für das Fußvolk als für die Reiterei. Mit 1 Taf. Dresden 1820. 136 S.

— Handbuch d. Batteriebaues, od. die Lehre v. d. Anlegung u. Erbauung d. Batterie beim Angriff fester Plätze. Mit ill. Kpf. gr. 8. Leipz. 809. Er. Fleischer. 1 Thlr. 12 gr. 158 S.

— s. Minerva, militär.

Rouvroy, Fr. Gust., Vorlesungen üb. die Artillerie, z. Gebr. d. königl. sächs. Militär-Akademie. 3 Thle. Mit 20 Kpft. u. 2 Tab. gr. 8. Dresd. 811—14. (1e Thl. 2e A. 821. 3e A. 830. 2r u. 3r Thl. 2e A. 823 u. 825.) (Arnold). 12 Thlr.

—— Vorlesungen üb. d. Artillerie, zum Gebr. d. Kgl. Sächs. Militär-Akademie. 3., ganz umgearb. Ausg. 1. Thl. M. 10 Kpfrt. (Fol.) gr. 8. (31½ B.) Dresden 830, Arnold.
2. u. 3. Bd. 2. Aufl. Ebendas. 1823, 25. 8 Thlr.

— Vorlesungen üb. einen Theil d. Geschützlehre für die königl. sächs. Artillerie-Schule. gr. 8. Lpz. 809. (Er. Fleischer). 5 Thlr.

Rouvroy, F. G., Premierlieut. im Feld-Artillerie-Corps. Vorlesungen über einen Theil der Geschützlehre, oder über den Bau und die Proporzionirung der Geschützröhre, Laffetten und Artilleriefuhrwerke, nebst deren Bespannung für die königl. sächsische Artillerieschule. (Mit 17 Taf. u. 17 Tab.) 8. Dresden 1811.

Rouvroy, F. G. v. Französisch-deutsches Wörterbuch der technischen Artillerie, ihrer Bedürfnisse und der mit ihr in Beziehung stehenden Werkstätte. Dresden 1829. 239 S.

Rouvroy, Jh. Geo Karl, († d. 7. Juli 1820.) s. Krieg, der, unter d. Erde.

Rouvroy, Wilh. Heinr. v., Leitfaden z. Unterricht in d. Mathematik. 4 Thle. gr. 8. Dresden u. Leipzig, Arnoldische Buchh.
Thl. 1. Zahlenrechnung u. Algebra. (12 B.) 836. 21 Gr.
" 2. Geometrie u. mathemat. Theorie d. Aufnehmens m. d. Meßtische. — Ebene u. sphär. Trigonometrie u. Theorie d. Richtens d. Geschütze. 2 Abthln. (14¼ B., 5 Stnt. u. 1 Tab.) 836. 1 Thlr. 8 Gr.
" 3. Infinitesimalrechnung. — Analyt. Geometrie u. mathemat. Geographie. (15½ B. u. 2 Stnt.) 836. 1 Thlr. 8 Gr.
" 4. Mechanik, nebst e. Anh. üb. d. Methode d. kleinsten Quadrate. (13 B. u. 3 Stnt.) 837. 1 Thlr. 6 Gr.

Rouvroy, W. H. v., Leitfaden zum Unterrichte in der Mathematik. 4. Theil: Mechanik nebst einem Anhange über die Methode der kleinsten Quadrate. Mit 3 Steintfln. 2. Ausg. Leipz. 1850. 8°.

Rouvroy, Wilh. Heinr. v., die Religion der Zukunft. Eine Studie. 8. (43 S.) Leipzig 875. O. Wigand. — 75

v. Rouvroy, Wilh. Heinr., Sammlung von algebraischen Aufgaben zum Gebrauch bei dem Unterricht. 2 Abthlgn. gr. 8. 1. Abth.: Aufgaben. (VIII u. 94 S.) 2. Abth.: Auflösungen. (64 S.) Dresden 848, Adler & Dietze. (1: ½ Thlr. 2: 12 ngr) 27 ngr

Rouvroy, Wilh. Heinr. v., Sammlung von algebraischen Aufgaben und deren Auflösungen zum Gebrauche bei dem Unterricht. 1. Abthl.: Aufgaben. 2., unveränd. Aufl. gr. 8. (IX und 94 S.) Dresden 856, Adler und Dietze.

Rouvroy, W. H. v., Theorie der Bewegung der Spitzgeschosse gezogener Feuerwaffen. Nebst 1 lith. Taf. (in Fol.) Dresden 862. Dietze. gr. 8. (2 Bl., 71 S.) n. 20 ngr

v. Rouvroy, W. H., Vorlesungen üb. die ersten Anfangsgründe d. Physik u. Chemie, insbesond. als Vorbereitung zu d. Studium d. Artillerie. Zum Gebr. d. königl. sächs. Militär-Akademie. Mit 1 Steintaf. gr. 8. Dresd. 8. Leipz. 820. Arnold. 1 Thlr. 6 gr.

Rouvroy, W. H. v., Vorlesungen üb. d. ersten Anfangsgründe d. Physik u. Chemie, ins Besond. als Vorbereit. zu d. Studium d. Artillerie. Zum Gebr. d. Kgl. Sächs. Militär-Akademie. gr. 8. (13 B. u. 1 Stnt.) Dresden 829, Arnold. Thlr.

— dynamische Vorstudien zu einer Theorie der gezogenen Feuerwaffen. Dresden 858. Adler u. Dietze. 8. (2 Bl., 29 S. u. 1 lith. Taf. in 4.) n. 10 ngr

Roux, le, Beobacht. üb. d. Blutflüsse d. Wöchnerinnen u. üb. e. Mittel, dieselben zu heilen. gr. 8. Königsberg, Hartung. (Unzer) 784.

de Roux, Hydrophobia. Mém. de la soc. de méd. ad 1782 et 83. II, 1. 37. Deutsch. Tüb. 1795. 8°. Salzb. med. chir. Zt. 1795, III, 279. Tüb. Anz. 1795 p. 497.

— üb. die Wuth, e. Preisschr., a. d. Franz. 8. Tübingen, Heerbrand. 796.

Roux, D. J. W., s. Roux, Johann Wilhelm

Roux, Franciscus (Grenoble) A. S. 816/53

De contractu in genere conclusiones.
Präs. Johann Bernhard Friese.
Jena (Müller) VIII. 1705. 27 S.

W. v.: L. C. Roux (Onkel), Th. Wilh. Friese, F. Allard.
29371

Roux, Frz., († 1750.) nouv. Dictionnaire français-allemand et allemand-français, cont. tous les mots usités des deux Langues etc. II Vols. gr. 8. Halle ... Ed. n. 760, 67. Ed. n. v. H. Fr. Roux. gr. 8. Ebd. 779 u. 788. 11e Aufl. 809. Waisenhaus-B. 3 Thlr.

Roux, F. Sur l'usage de la langue française en Allemagne. Diss. Jena 1713. 18 S. 4.

Roux, Franz [Praes.], s. Westenholz, Johann Friedrich von: Dissertation académique sur l'usage de la langue françoise en Allemagne.

Franz Ludwig Roux

Commentatio pathologico- anatomica de Carditide exsudativa. Auctore Francisco Ludovico Roux. Lipsiae: Reclam 1820. 48 S. 4°

[Erschien zuerst als Med. Diss. Leipzig 1819.]

Roux, Friedrich August Wilhelm Ludwig

Roux, F. A. W. L. Anweisung zum Hiebfechten mit graden und krummen Klingen . . Zweite Auflage. Mit . . Abbildungen. Jena. Druck und Verlag von Friedrich Mauke 1849. Tit., 57 – 60 S., 18 Taf. in Lithogr. 5
1. Aufl. 1840
Vgl. Gelli S. 278 79

Roux, F. A. W. L., Anweisung zum Hiebfechten mit graden u. krummen Klingen. 2. Aufl. Mit 36 Abbildungen. qu. 8. (117 S. m. 18 lith. Taf.) Jena 849, Mauke. 18 ngl

Roux, Friedr. Aug. Wilh. Ludw., deutsches Paukbuch. Imp.-4. (XII und 44 S. mit 8 Stnt. Abbildungen in Tondr.) Jena 857, Mauke. *

— deutsches Paukbuch. Mit 8 (lith.) Taf. Abbildgn. Jena 858. Mauke. gr. 4. (XII, 44 S.) n. 1 ₰. 10 ngr.

Roux, Friedr. Aug. Wilh. Ludw., deutsches Paukbuch. 2., verb. u. verm. Aufl. Jena 867. Mauke's Verl. Fol. (88 S. mit 6 Taft. photolithogr. Abbild.) n. 1 ₰ 20 ngr.

—— die Kreussler'sche Stossfechtschule. Zum Gebrauch für Academieen und Militärschulen nach mathemat. Grundsätzen bearb. Mit 120 nach der Natur gezeichneten Abbildungen. Imp.-4. (XII und 70 S. mit 20 Stnt. und dem lithogr. Portr. des Verf.) Jena 849, Mauke. *

Roux, F. A. W. L., die Kreussler'sche Stossfechtschule. Zum Gebrauch für Academieen u. Militärschulen nach mathemat. Grundsätzen bearb. Mit 120 nach der Natur gez. Abbildgn. (auf 20 lith. Taf.) u. dem (lith.) Porträt des Verf. 2. Aufl. Jena 857. Mauke. gr. 4. (XII, 70 S.) 1 ₰.

Roux, G., 400jährige Jubelfeier der Schlacht bei Murten am 22. Juni 1876, s. Jauslin, C.

Roux, G., lake a. mountain scenery from the Swiss alps, s.: Closs, G.

Roux, G., et J. Weber, Thoune et le lac de Thoune. Avec 23 Illustr. (eingedr. Holzschn. u. Holzschn.-Taf.) et 1 (chromolith.) carte. 8. (40 S.) Zürich 878. Orell, Füssli & Co. Verl. n. — 50

Roux, G., traité sur la rougeole. 8. Strasb. Levrault. 808.

Roux, G., Uebertritt und Entwaffnung der franz. Ostarmee bei Verrieres. Farbendruck von Hindermann & Siebenmann in Zürich. 1876. 5. —

Roux, Hnr. Fr.

— kurze Abhandl. der Zweydeutigkeiten, welche in der franz. Sprache sich ereignen können. 8. Ebend. 748.

— gründl. Anweis. zur französ. Sprache. 8. Jena 782. Cröcker. 20 gl.

Roux, Hnr. Fr., († d. 16. März 1791.) Dictionnaire nouv. français-allem. et allem.-français, s. a. Frz. *Roux*.

Roux, H. F., Dictionnaire nouv. franç. allem. et allem. franç, gr. 8. Halle, Waisenhaus. 809.

— Discours élémentaire et saisonn. sur les princip. Difficultés de la Langue franç. 8. Jena 778. Voigt. 8 gl.

— essai d'observations sur le stile epistolaire. 8. Jena 752. N. A. 755.

— s. Fénélon, Contes et Fables.

Roux, H. F., Théâtre français, ou recueil des plus belles pièces dramatiques, avec des remarques. 8. Jena 767. Fischer. 12 gl.

Roux, [Jacques-]Fréd[éric]. Aqueduc romain de Divonne à Nyon. Recherches sur cet aq' faites en 1875 et 1876. [Avec 1 planche.] E. 8. Zürich 1877.

Roux, J[acques]-Fréd[éric]. Notice biographique sur Samuel Baup (1791–1862), chimiste. Lue à la Société helvétique des Sciences naturelles, réunie à Lucerne en 1862 .... ⟨E.⟩ 8. Schaffouse (1862).

Roux, Jakob

Roux, ..., s. Ansichten, maler., v. Heidelberg.

Roux, J., die Farben. Beitrag zur Vervollkommnung d. Technik in mehr. Zweigen d. Malerei. 1—3. Hft. gr. 8. Heidelberg, Winter. [1. (4½-B.) 825., 2. (5 B.) 828. à 10 Gr., 3. (7 B. u. 1 Stnt.) 829. 14 Gr.]
Das 3. Hft. enth.: Entdeckungen aus d. Gebiete physikal. Farbenlehre, durch Versuche dargest.

Roux, J. W. D., s. Roux, Johann Wilhelm

Roux, Johann Adam Karl, s. Roux, Johann Adolph Karl

Roux, Johann Adolph Karl

Roux, Jh. Adm. Karl, theoret.-prakt. Anweis. zum Hiebfechten, e. Leitfaden f. d. mündl. Unterricht. gr. 8. Fürth 803. (Campe in Nürnb.) 10 gl. 88 S.

Roux, Joh. Adlf Karl, Die deutsche Fechtkunst, enthaltend eine theoretisch-praktische Anweisung zum Stoßfechten. Leipzig 1799. 8. . . . . (D.)

Roux, J. A. K., die deutsche Fechtkunst, enthaltend eine theoretisch-praktische Anweisung zum Stoßfechten. 2te Aufl. gr. 8. Leipzig, Barth (in Comm.) 817. 191 S.

Roux, Jh. Adm. Karl, Grundriß d. Fechtkunst, als gymnast. Uebung. gr. 8. Jena u. Leipz. 799. Barth. 10 gl. 2e Aufl. unt. d. T.: die deutsche Fechtkunst, enthalt. e. theoret.-prakt. Anweis. z. Stoßfechten rc. gr. 8. Ebd. 817. 18 gl.

Roux, Joh. Ad. Karl, über d. Verhältniß d. deutschen Fechtkunst zum Ehrenduell sowohl im Allgem., als auch f. Universitäten insbesond., mit Berücksichtigung d. Mittel d. Duelle zu verhüten rc. Zum Druck beförd. u. vollendet v. W. Roux. 8. (6 B.) Erfurt 841, Hennings u. Hopf.

Roux, J. A. K.: Worte zur Empfehlung der Leibesübungskunst. Erlangen 1820. 36 S.

Roux, Johann Wilhelm

Roux, J. W. D., Anleit. z. Fechtkunst nach mathemat. physikal. Grundsätzen, m. K. 4. Jena, Akadem. Buchhdl. 807.

Roux, Jh. Wlh., Anleit. z. Fechtkunst, nach mathemat.-physikal. Grundsätzen. Mit 10 Kpf. 4. Jena 807. (Hennings in Neisse). 21 Gr. — Dass. mit 5 Kpf. Ebd. 12 Gr.

Roux, Dr. J. W. Anleitung zur Fechtkunst nach mathem.-physik. Grundsätzen. Mit Kpf. Bd 1. (Mehr nicht erschienen.) Jena 1808. 96 S.

ROUX, Johann Wilhelm: Der Gewehrkenner oder theoretisch-praktische Anweisung, die Jagdgewehre, vorzüglich die Büchsen zu vervollkommnen etc. für Jäger, Jagd-Liebhaber, Scheibenschützen und Büchsenmacher. - Gotha 1821. 143 S.

— der Gewehrkenner, od. theoret.-prakt. Anweis., die Jagdgewehre, vorzügl. die Büchsen, zu vervollkommnen, ihre Fehler zu entdecken u. mit leichter Mühe zu verbessern. 8. Leipz. 822. Steinacker. 12 Gr.

Roux, Jules, cours complet de la phono-sténographie française, s.: Kreis, Charles.

Roux, Karl Joh. Adolph, s. Roux, Johann Adolph Karl

Roux, L., der Doctor, s. Franzosen, die, der neuesten Zeit.

Roux, Louis, in Lausanne (Schweiz): Ueber anaërobe Bakterien als Ursache von Nekrose und Eiterung beim Rinde. Jena 1905. II + 16 S. 8°. [12. V. 05.] Bern. Vet.-med. Diss. 1905 1906.

Roux, **Louis**. Ueber anaërobe Bakterien als Ursache von Nekrose und Eiterung beim Rinde. Diss. Vet.-Med. Bern. [Sep.-Abdr. aus: Centralblatt für Bakteriologie, Parasitenkunde u. Infektionskrankheiten. Abteilung I.... Originale. Bd. 39, Heft 5.] II + 15 S. 8. Jena, Gustav Fischer, 1905.

Roux, Ludwig Caesar

Roux, Ludw. Caes., die Hiebfechtkunst. Eine Anleitg. zum Lehren u. Erlernen d. Hiebfechtens aus der verhangenen und steilen Auslage m. Berücksicht. d. akad. Comments. Mit 100 nach photograph. Aufnahmen hergestellten Tondr.-Bildern. gr. 8. (XVI, 120 S.) Jena 885. Pohle. n. 4. 50; geb. 6. —

Roux, L. C., die Hiebfechtkunst. Eine Anleitung zum Lehren u. Erlernen der Hiebfechtkunst aus der verhangenen u. steilen Auslage m. Berücksicht. d. akadem. Comments. 2., verb. Aufl. gr. 8. (XVI, 120 S. m. 7 Textabbildgn. u. 24 Taf.) Jena 889. Pohle. geb. n. 3. —

Roux, Ludw. Caesar, die Hiebfechtkunst. Eine Anleitg. zum Lehren u. Erlernen der Hiebfechtkunst aus der verhangenen u. steilen Auslage m. Berücksicht. des akadem. Comments. Mit 24 Taf. in Tondr. u. 7 Abbildgn. im Text. 3. Aufl. gr. 8. (XVI, 120 S.) Jena 901. H. Pohle. Geb. in Leinw. n. 3. —

Roux, Paul, Das Säbelfechten „rechts gegen rechts" und „links gegen rechts", m. Abb., Jena 1899, XI u. 69 S., 21 Taf., 8°.

Roux, Paul, das Säbelfechten „rechts gegen rechts" u. „links gegen rechts". In Wort u. Bild veranschaulicht. Mit 42 abgebildeten Fechterpaaren u. 2 Abbildgn. im Text. gr. 8. (XII, 69 S.) Ebd. 901. n. 2. 65; geb. in Leinw. n. 3. —

Roux, Philibert Joseph.
Parallele der englischen und französischen Chirurgie ... A. d. Franz. Weimar 1817.
Ü: *Froriep, Ludw. Frdr. von.* (Ky)

Roux, Philibert Joseph: Parallele der Englischen und Französischen Chirurgie nach den Resultaten einer im Jahre 1814 nach London gemachten Reise. (Relation d'un voyage fait à Londres en 1814 ou parallèle de la chirurgie anglaise avec la chirurgie française, précédé de considérations sur les hôpitaux de Londres. Dt.) 260 S., gbd.

Weimar: Landes-Industrie-Comptoir 1817

JB 5.637

Philibert Jos. Roux (Leroux) relation d'un voyage fait à Londres en 1814, ou parallèle de la chirurgie anglaise avec la chirurgie française, précédée de considérations sur les hôpitaux de Londres. Paris 1815. 8. — *German.*: Parallele der Englischen und Französischen Chirurgie, mit Vorrede von Ludw. Friedr. von Froriep. Weimar 1817. 8. — *Nov. tit.* Weimar 1820. 8.

Philibert Joseph Roux

Ph[ilibert] Jos[eph] Roux [Mémoire sur la staphyloraphie. Deutsch:] Über die Staphyloraphie [Staphylorrhaphie] oder die Vereinigung der angebornen Spaltung des Gaumensegels. Aus d. Franz. mit einigen Anm. von J[ohann] F[riedrich] Dieffenbach. Berlin & Landsberg a.d.W.: Enslin 1826. IV,74 S. 8

Roux, T. A., Kunst- u. Modellbuch f. Schlosser, Architekten u. Bauherrn. Mit 6 Kpf. gr. 4. Leipz. 825. Mag. f. Ind. 18 Gr.

Roux, Vital, v. Einfluß d. Regierungen auf d. Wohlstand der Handlung; aus d. Franzöf. gr. 8. Dresd. 806. Walther. 1 Thlr. 16 Gr.

— s. auch Leroux u. Laserre.

Roux, W., Anweisung z. Hiebfechten mit graden u. krummen Klingen. Nebst e. Einleit. v. K. H. Scheidler. qu. gr. 8. (7¾ B. u. 36 Abbild.) Jena 840, Mauke.

Roux, W., s. Roux, Jh. Ad. K., über das Verhältniß der deutschen Fechtkunst zum Ehrenduell.

Roux, Wilh., ges. Abhandlgn. üb. Entwickelungsmechanik d. Organismen. 2 Bde. gr. 8. Leipzig 895. W. Engelmann. n. 48. —; geb. n.n. 53. —
1. Abhandlg. I—XII, vorwiegend üb. functionelle Anpassg. M. 3 Taf. u. 26 Textbild. (XV, 816 S.)
2. Abhandlg. XIII—XXXIII, üb. Entwickelungsmechanik d. Embryo. M. 7 Taf. u. 7 Textbild. (IV, 1075 S.)

Roux, Wilh., s.: Archiv f. Entwickelungsmechanik der Organismen.

Roux, Wilh., üb. die Bedeutung der Kerntheilungsfiguren. Eine hypothet. Erörterg. gr. 8. (19 S.) Leipzig 883. Engelmann. n. — 60

Academiae Fridericianae Halensis ... rector Gustavus Droysen cum senatu nomina civium suorum, qui in certamine litterario ... **praemia** reportaverunt, renuntiat novasque simul quaestiones in annum sequentem propositas promulgat. — Praemissa est commentatio Wilhelmi **Roux** Über die Bedeutung „geringer" Verschiedenheiten der relativen Grösse der Furchungszellen für den Charakter des Furchungsschemas nebst Erörterg über d. nächsten Ursachen d. Anordng u. Gestalt d. ersten Furchungszellen. Halis ... 1896; 43 S. 4.

Roux Wilhelm, Beitrag zur Entwicklungsmechanik des Embryo. Über die morphologische Polarisation von Eiern und Embryonen durch den elektrischen Strom sowie über die Wirkung des elektrischen Stromes auf die Richtung der ersten Teilung des Eies (mit 3 Taf.). S 101 III. 5 . . . .

Separatabdruck

Roux, Wilh., Beitrag zur Entwickelungsmechanik d. Embryo. (Nr. 6.) Über die morpholog. Polarisation v. Eiern u. Embryonen durch den elektr. Strom, sowie üb. die Wirkg. d. elektr. Stromes auf die Richtg. der ersten Theilg. d. Eies. [Aus: „Sitzungsber. d. k. Akad. d. Wiss."] Lex.-8. (208 S. m. 3 Taf.) Wien 892. (F. Tempsky.) n. 4. 50
Nr. 1–5 erschienen in verschiedenen Zeitschriften, jedoch nicht als Sonderabdrücke.

Roux, Wilh., Beiträge zur Morphologie der functionellen Anpassung. II. Ueber die Selbstregulation der morphologischen Länge der Skeletmuskeln. gr. 8. (70 S.) Jena 883, Fischer. *
Aus: Jenaische Zeitschrift für Naturwissenschaft, besonders abgedruckt.
Der erste Beitrag u. d. T.: Ueber die Structur eines hochdifferenzirten bindegewebigen Organes [der Schwanzflosse des Delphin], ist im Archiv für Anatomie und Entwicklungsgeschichte Jahrg. 1883 enthalten.

— s.: **Bibliotheca medica.**

—— Die Entwicklungsmechanik der Organismen, e. anatom. Wissenschaft der Zukunft. Festrede, in Anwesenheit Sr. Exc. d. Hrn. Unterrichtsministers Dr. Gautsch v. Frankenthurn zur Feier der Eröffng. d. neuen k. k. anatom. Institutes zu Innsbruck am 12. Novbr. 1889 geh. gr. 8. (26 S.) Wien 890, Urban u. Schwarzenberg. * 1 —

— **die Entwickelungsmechanik, ein neuer Zweig der biologischen Wissenschaft, s.a. Vorträge u. Aufsätze üb. Entwickelungsmechanik der Organismen. I.**

Die Entwickelungsmechanik, ein neuer Zweig der biologischen Wissenschaft. Eine Erg. zu d. Lehrbüchern d. Entwickelungsgesch. u. Physiologie d. Tiere. Nach e. Vortrag geh. in d. Versamml. deutscher Naturforscher u. Ärzte zu Breslau 1904 von Wilhelm **Roux.** Mit 2 Taf. u. 1 Textfig. Leipzig: W. Engelmann 1905. (XIV, 283 S.) 8°
— **Vorträge** u. Aufsätze über Entwickelungsmechanik d. Organismen. H. 1. [05. 9390

Roux, Wilh., der Kampf der Theile im Organismus. Ein Beitrag zur Vervollständigung der mechan. Zweckmässigkeitslehre. gr. 8. (VIII, 244 S.) Leipzig 881. Engelmann. n. 4. —

Roux, Wilhelm: Ueber die Leistungsfähigkeit der Principien der Descendenzlehre zur Erklärung der Zweckmässigkeiten des thierischen Organismus. Breslau 1880. (31 S.) 8°
[Im Buchhandel 1880 bei Köhler in Breslau.]
Breslau, Med. Fak., Hab.-Schr. v. 31. Juli 1880

—— über die Leistungsfähigkeit der Principien der Descendenzlehre zur Erklärung der Zweckmässigkeiten des thierischen Organismus. Habilitationsschrift. gr. 8. (31 S.) Breslau 880, (Köhler.) *

— s.: Monographien, anatom. u. entwicklungsgeschichtl.

— **Programm u. Forschungsmethoden der Entwickelungsmechanik d. Organismen, leichtverständl. dargest. Zugl. e. Erwiderg. auf O. Hertwig's Schrift: Biologie u. Mechanik.** [Aus: „Archiv f. Entwickelungsmechanik".] gr. 8. (III, 203 S.) Leipzig 897. W. Engelmann. n. 3. —

— Theorie der Gestaltung der Blutgefässe einschliesslich des Kollateralkreislaufs, s.: Vorträge u. Aufsätze üb. Entwickelungsmechanik der Organismen. 10. Heft.

Roux, Wilh., über die Verzweigungen der Blutgefässe. Eine morpholog. Studie. Inaugural-Dissertation. gr. 8. (64 S. mit 1 lithogr. Fig.-Taf.) Jena 878, Fischer.

– (Hrsg.), s. Vorträge und Aufsätze über Entwicklungsmechanik der Organismen.

—— über die Zeit der Bestimmung der Hauptrichtungen des Froschembryo. Eine biolog. Untersuchung. gr. 8. (28 S. mit 1 Taf.) Leipzig 883, Engelmann. *

Roux, Xavier

Roux, X., 16 Briefe einer Nihilistin aus den Gefängnissen in Sibirien. 8⁰. Leipzig 1880.

Roux, Xavier, Leon Gambetta und Karl Marx. Enthüllungen über das Treiben der Internationale, der Freimaurer, sowie der geheimen Secten überhaupt. Nebst Brief einer Nihilistin aus Sibirien. 1. und 2. Aufl. gr. 8. (70 S.) Leipzig 880, Minde. *

Roux, Xavier: Sein Schwanengesang, s. Duval, Georges.

Roux de Rochelle, Geschichte u. Beschreibung d. Vereinigten Staaten von Nordamerika, s.a. Weltgemälde-Gallerie, Amerika, 2. Bd.

Roux de Rochelle, Geschichte u. Beschreibung der Vereinigten Staaten von Nordamerika. Aus d. Franz. Mit 96 Kpfrn. u. 1 Karte. (Aus der Welt-Gemälde-Gallerie abgedruckt.) gr. 8. Stuttgart 839. Schweizerbart's Verlagsh. 2¼ ℛ

Rourelius, Grundlehren eines heiligen u. glückseligen Lebenswandels, a. d. Franz. 8. Augsb. Veith.

Rouyer, Franz Konrad

Rouyer, Frz. Conr., Anfangsgründe d. Geometrie, ist d. mathemat. Lehrb. 1n Bds. 2s Stck.

— Anfangsgründe d. Mechanik, ist d. mathemat. Lehrb. 2r Bd.

— Anfangsgründe d. Rechenkunst, ist d. mathemat. Lehrb 1n Bds. 1s Stck.

— Entwurf einer Naturlehre. Mit 2 Kpf. 8. Berl. 778. Nicolai. 4 ℊ

Rouyer, Frz. Konr., († d. 24. Jan. 1802.) mathemat. Lehrbuch, enthaltend Anfangsgründe d. mathemat. Rechnenkunst. 1r Bd. 1s u. 2s Stück. u. 2r Bd. Mit 9 Kpftaf. 8. Berl. 778. Nicolai. 18 ℊ (1r Bd. 1s Stück. Auch u. d. T.: Anfangsgr. d. Rechnenkunst. 4 ℊ 1r Bd. 2s Stck. A. u. d. T.: Anfangsgründe d. Geometrie. 6 ℊ 2r Thl. A. u. d. T.: Anfangsgründe d. Mechanik. 8 ℊ)

Rovaart, Hendrik van de, aus Middelharnis (Niederlande): Ueber Bromderivate des as. o-Xylenols. *Heidelberg 1898: Ph. Wiese.* (44 S.) 8°
Heidelberg, Naturw.-math. Diss. v. [31. Dez.] 1898

Rovara, Frdr., Gödöllö, s.: **Ripka, Frz.**

Rovelli, Franz: Die Agrarverfassung der Niederlombardei mit besonderer Berücksichtigung der Landarbeiter. Karlsruhe 1908: G. Braun. (228 S.) 8° ¶ [= Volkswirtschaftliche Abhandlungen d. Bad. Hochschulen Bd 10 Erg.-H. 1.]
(Nicht für den Austausch, lag nicht vor.)
Freiburg i. B., Rechts- u. staatsw. Fak., Ref. Fuchs, Diss. v. 1908
[Geb. 10. Jan. 70 Varese (Italien); Wohnort: Mailand (Italien); Staatsangeh.: Italien; Vorbildung: Gymn. Mailand Reife 94; Studium: Freiburg i. B. 4 S.; Coll. 29. Febr. 08.]

Rovelli, Francesco, die Agrarverfassg. d. Niederlombardei m. besond. Berücksicht. der Landarbeiter, s. a. Abhandlungen, volkswirtschaftl., der badischen Hochschulen. X. 1. Erg.-Heft.

Die Agrarverfassung der Niederlombardei mit besond. Berücks. d. Landarbeiter. Von Dr. Francesco **Rovelli.** Karlsruhe: G. Braun 1908. (X, 228 S.) 8°
[Erschien auch als Inaug.-Diss. Freiburg i. B. 1908.]
= **Abhandlungen,** Volkswirtschaftl., d. Bad. Hochschulen. Bd 10, Erg.H. 1.
[05. 14736

Rovelli, Jos., das cisalpinische Gallien, unt. d. Galliern Römern ꝛc. 8. Zürich, Ziegler u. S. 791.

Roven, Karl, politische und unpolitische Modethorheiten. 8. (69 S.) Wien 864, (Hoffmann und Ludwig.) [Teufen.] *

Rovenhagen, Ludwig

Rovenhagen, Ludw. Altenglische Dramen. Erste Abteilung. 39 S. **Progr.** Rg. *Aachen* 1879.

Rovenhagen, alt-englische Dramen. I. Die geistlichen Schauspiele. 4. (39 S.) Aachen 879, (M. Jacobi.) *

Rovenhagen, L., Deutschlands Erhebung unter Preussens Führung. Einige Jahre Geschichte in Gedichten. Mit einer Orig.-Zeichnung (in Holzschn.) von Alb. Baur. gr. 16. (V, 48 S.) Aachen 872, Jacobi. *

— das **Rathhaus zu Aachen.** Ein Führer f. Besucher u. Legende zu den Frescobildern d. Kaisersaales. gr. 16. (55 S.) Ebend. 871. n. 1. —

Rovenhagen, L., das Rathhaus zu Aachen. Ein Führer für Besucher und Legende zu den Frescobildern des Kaisersaales. gr. 16. (55 S.) Aachen 873, Jacobi. cart. *

Rovenhagen, Lessing's Verhältniss zu Shakespeare. Aachen. 4. *28 p.*
Schul-/Univ.-Schrift 1867

Roevenstrunck, I. W., meditationes aedilitiae de judicio equestri, tum redhibitorio, tum aestimatorio. 4. Augsb 704.

ROVENSZKY, Stephani: Doctrina S. Scripturae Novi Testamenti de or tione systematice proponatur. — (1905) 128 S. 4° (Handschr.) Diss. 8:
Diss. Wien, Univ.

Röver, Exercier-Reglement f. d. Braunschweig. Bürgergarde, } f. Exercier-Reglement ꝛc.
—— Bataillons-Exercier-Reglement f. d. Braunschweig. Bürgergarde, } f. Exercier-Reglement ꝛc.

Roever, August, aus Rostock: **Der untaugliche Versuch de lege lata und de lege ferenda.** Rostock 1905: C. Boldt. (102 S.) 8°
Erlangen, Jur. Fak., Diss. v. 14. Dez. 1904
[Geb. Rostock; Staatsangeb.: Preußen; Rig. 14. Dez. 04.]

Roever, Carl, s. Roever, Karl

Röver, Eugen, aus Osnabrück: **Zur Kenntnis der Einwirkung** von Bromcyan auf tertiäre Diamine. *Göttingen 1904: E. A. Huth.* (51 S.) 8°
Göttingen, Phil. Diss. v. [12. Juli] 1904

Röver, Eug., zur Kenntnis der Einwirkung v. Bromcyan auf tertiäre Diamine. Diss. (51 S.) 8. Göttingen 904. (Vandenhoeck & Ruprecht.) n. 1. —

Roever, F.: Ueber Schwerpunktscurven sowie über die zu gewissen Schwerpunktsfunctionen gehörenden Originalgebilde. 1873. 8⁰ Diss. Göttingen

Röver, Fr., Calvörde, wie es sonst war u. jetzt ist. Eine kurze topograph., histor. u. statist. Beschreib. des Herzogl. Braunschweig. Kreisamts gleiches Namens. gr. 8. Braunschw. 804. (Vieweg). 4 gr.

Röver, Friedrich

Röver F.: Populaire Diätetik, od. leicht fassliche Darstellung d. erprobtesten Regeln u. besten Mitteln, die Gesundheit zu bewahren, u. das Leben so lange als möglich zu erhalten ... 2. durchges. u. verb. Aufl. Magdeb. 1824. 292 S.

Röver, (Fr.) populaire Diätetik. Ein Haus- u. Handbuch f. Jedermann, besonders f. Landbewohner u. Schulen. 3e verb. Aufl. gr. 8. Magdeb. 824, Heinrichshofen.

Röver, Friedrich, approb. Arzt aus Hildesheim: Ein **Fall** von Nephritis syphilitica acuta praecox. *Göttingen 1902: Dieterich.* (29 S.) 8°
Göttingen, Med. Diss. v. [23. Aug.] 1902

Röver, Frdr, ein Fall von Nephritis syphilitica acuta praecox. Diss. (30 S.) gr. 8. Ebd. 902. n. — 80
Göttingen: (Vandenhoeck & Ruprecht.)

— über die unglücklichen Folgen der Unmäßigkeit im Trinken. Eine Predigt. ... Neuhaldensleben 835. Eyraud. 1/8 Thlr

— das Ganze der Obstbaumzucht (über d. Obstbau im Freien), oder Anweisung wie im nördl. Deutschland die Obstbaumzucht auf dem Lande, an Chausseen ꝛc. betrieben ꝛc. werden könne. 2e Aufl. 8. Leipzig 835. Schreck. 1/4 Thlr

Röver, Friedrich [ord. Lehrer am Realgymn. I zu Hannover]: Lord Byrons Gedanken über Alexander Popes Dichtkunst .... Hannover, Schrift u. Druck v. Fr. Culemann, 1886; 40 S. 8°.
Erlangen, Phil. Fak., Inaug.-Diss. v. 1886.

Röver, Friedrich, Lord Byrons Gedanken über Alexander Popes Dichtkunst. Diss. Erlangen 1886, Th. Blaesing. 8⁰. 40 S.

— üb. Gesundheit u. Wohlanständigkeit, z. Belehr. f. Landleute. 8. Götting. 803. Röwer. 10 gr.

— der Hausfreund auf d. Lande, od. Samml. erprobter Rathschläge, Recepte u. Mittel u. s. w. 1r Bd. 8. Magdeb. 819. 2e A. 821. 3e u. 4e A. 822. 1 Thlr 10 gr. 2r Bd. 821. 2e A. 822. 3e A. 823. 1 Thlr 10 gr. 3r Bd. 823. 1 Thlr 10 gr. 4r Bd. 831. 1 Thlr 10 gr. Heinrichshofen. alle 4 Bde. compl. 5 Thlr 10 gr.

Röver, F.: „Der Hausfreund auf dem Lande, enthaltend eine Sammlung erprobter Rathschläge, Recepte und Mittel zur eignen Berathung und Selbsthülfe", 2 Bändchen, 2. verm. und verb. Auflage, Halberstadt 1820 (Vogler) (Magdeburg, Heinrichshofen); 2. Bändchen a. u. d. T.: „Taschenbuch für Hausväter und Hausmütter". — 1. Bändchen 3. verm. und verb. Auflage ebenda 1821, 1. Bändchen 4. Auflage ebenda 1822. 1. und 2. Bändchen wohlfeile Ausgabe Halberstadt 1826 (Brüggemann); „Der Hausfreund auf dem Lande", 3. Bändchen, Magdeburg 1824 (Heinrichshofen); Ders. 4. Bändchen, ebenda 1832.

— Hausapotheke auf dem Lande. 8. Magdeb, 827, Heinrichshofen. 1 Thlr

Röver, Fr., der Hausfreund auf d. Lande, od. Samml. erprobt. Rathschläge, Recepte u. Mittel, zur eigenen Berathung u. Selbsthülfe, vorzügl. bei'm einsamen Landleben; f. Hausväter u. Hausmütter. 4. Bd. gr. 8. (21 B.) Magdeburg 832, Heinrichshofen.
1—3. Bd. neueste Aufl. Ebendas. 1823, 24. 4 Thlr. 6 Gr.

Röver, F.: „Die Hausfreundin auf dem Lande, oder möglichst vollständige Anweisung für Frauenzimmer, die ihrem ländlichen Haushalt mit Ehren und Vortheil vorstehen, die Geschäfte der Küche, des Kellers und der Vorrathsbehältnisse selbst besorgen und dabei ihre und der ihrigen Gesundheit berücksichtigen wollen. Ein ökonomisch-encyklopädischer Unterricht in alphabetischer Ordnung", 3 Bände, Magdeburg 1822, 1823 (Heinrichshofen).

Röver, Friedr., Heilkraft des kalten Wassers oder 188 Krankheiten u. Körperfehler durch kaltes Wasser heilbar. 3., wohlf. Ausg. 8. (19⅞ B. u. 1 lith. Portr.) Leipzig 845, Voigt u. Fernau.

—— Hydriasis, od. die Heilkraft d. kalten Wassers. Eine Anweis., wie durch d. kalte Wasser, als d. beste Heilmittel, 160 Krankheiten u. Körperfehler gründl. zu heilen sind. Nebst e. Anh., wie d. kalte Wasser in d. Thierarzneikunde anzuwenden sey. Aus alt. u. neueren Schriften zusammengetr. u. in alphab. Ordn. gebracht. 8. (20½ B.) Leipzig 832, [Franke'sche Vrls.=Expedit.]

Röver, Fr., Hydriasis, oder die Heilkraft des kalten Wassers. Eine Anweisung, wie durch das kalte Wasser, als das beste Heilmittel, 188 Krankheiten u. Körperfehler gründlich zu heilen sind. Nebst e. Anhange, wie das kalte Wasser in d. Thierarzneikunde anzuwenden sei. 2e verm. u. verb. Aufl. Mit d. Portrait des Dr. Hahn in Schweidnitz. 8. Leipzig 837. Franke. 1¼ Thlr.

Röver, Fr., Hydriasis, oder die Heilkraft des kalten Wassers. 3. wohlfeil. Ausg. Mit d. Portr. des Dr. Hahn in Schweidnitz. 8. Leipzig 842, Franke. ⅔ Thlr.

Röver, Friedr., Hydriasis, od. d. Heilkraft d. kalten Wassers. 2., verm. u. verb. Aufl. 837. 1⅓ Thlr., 3., verm. u. verb. A. 8. (à 20¼ B. u. Portr. d. Dr. Hahn in Schweidnitz.) Leipzig 842, Voigt u. Fernau.

— der Knecht auf d. Lande, in seinen Pflichten u. Verhältnissen. 8. Helmst. 825. Fleckeisen. 5 gr.

—— kleine Körper=, Gesundheits= u. Wohlanständigkeits=Lehre f. Kinder in Bürger= u. Dorfschulen. 8. (4 B.) Leipzig 832, [Franke'sche Vrls.=Expedit.]

— kleine Körper=, Gesundheits= u. Wohlanständigkeits=Lehre. 8. Leipzig 832. (Melzer.) ¼ Thlr.

— der Kuhhirt auf dem Lande, ein Buch f. Rindviehhirten u. Landleute, die Kühe halten 2c. 8. Magdeb. 824. Heinrichshofen. 16 gr.

— die Lehre Jesu. Ein Leitfaden f. Confirmanden, besond. auf d. Lande. Hildesh. 813. Gerstenberg. 4 gr. 3e verb. Aufl. 8 Leipz. 831. (Drobisch). 6 gr.

—— die Lehre Jesu. Ein Leitfaden f. Confirmanden, insbesond. auf d. Lande. 3., verm. u. verb. Aufl. 8. (8 B.) Leipzig 831, [Franke'sche Vrls.=Expedit.]

— üb. Mitwirkung d. Obrigkeit z. Religionskultus auf d. Lande. 8. Braunschw. 804. Reichard. (Vogler in Potsd). 3 gr.

Röver, Friedr., üb. d. Obstbau im Freien, od. Anweis., wie im nördl. Teutschland d. Obstbaumzucht auf d. Lande etc. betrieben werden könne. 8. Halberstadt, 1820. 2. T.-Ausg 1826. (Leipzig, Schreck.) — 7½

— üb. d. Obstbau im Freien, od. Anweis., wie im nördl. Deutschland die Obstbaumzucht auf d. Lande u. s. w. betrieben werden könne. 8. Halberst. 820. Vogler. 10 gr. 2e wohlf. Ausg. 8. Ebd. 826. Brüggemann. 8 gr.

Röver, Fr., einige der vorzügl. Pflichten der christl. Kinderzucht. gr. 8. Potsd. 820. Vogler. 18 gr.

— d. Schäfer auf d. Lande. 2e Aufl. 8. Magdeb. 826. Heinrichshofen. 16 gr.

—— Sendschreiben an d. Ortsvorsteher v. A bis Z. Wie man auf d. Lande die Klagen üb. schlechte Zeiten beurtheilen u. benutzen soll. 8. (4 B.) Leipzig 832, [Franke'sche Vrls.=Expedit.]

— Sendschreiben an die Ortsvorsteher von A—Z. Wie man auf dem Lande die Klage über schlechte Zeiten beurtheilen u. benutzen soll. 8. Leipzig 832. (Melzer.) ⅙ Thlr.

— Taschenbuch f. Hausväter u. Hausmütter. Enthalt. eine ausgesuchte Samml. erprobter Rathschläge u. Mittel, z. eigenen Berathung u. Selbsthülfe, vorzügl. auf d. Lande. gr. 8. Halberst. 820. 2e A. 822. 3e wohlf. Ausg. 826. Brüggemann. 16 gr.

—— medizin. Taschenbuch auf d. Lande 2c. 4., wohlf. Aufl. gr. 8. (27 B. u. 1 ill. Ttlkpfr.) Leipzig 835, Schreck.

— Taschenbuch f. Tischler, Drechsler u. Holzarbeiter., od. Anweis., wie sie ihre gefertigten Arbeiten zu lackiren, zu poliren, zu beizen, u. ihnen Glanz, Schönheit u. Dauer zu geben haben. 2e verm. u. verb. Aufl. Mit 1 lithogr. Abbild. 8. Braunschweig 826. (Vogler in Potsd.) 12 gr.

Roever, *Friedrich* Die Übertragung des Adjektivs bei Pindar. 8 (21 S.) **Progr.** G. u. Rprg. *Stolp* 1886 (131).

— meine kleine Vierfelderwirthschaft, in Briefen an einen Freund dargestellt u. allen Denen zugeeignet, deren Acker separirt ist, u. die sie ihrer Vorzüglichkeit wegen einführen wollen. gr. 8. Magdeb. 824, Heinrichshofen.

— üb. Waschen u. Baden, vorzügl. mit u. in kaltem Wasser, als d. vorzügl. Mittel, sich reine Haut, frische Farbe, rothe Backen, dauernde Gesundheit zu verschaffen. 8. Magdeb. 827. Heinrichshofen.

—— über Waschen u. Baden, vorzügl. mit u. in kaltem Wasser, als d. souverainsten Mittel, sich reine Haut, frische Farbe, rothe Backen, dauerhafte Gesundheit, u. e. kräft., vergnügtes Alter zu verschaffen. In Briefen an e. Freund. 2., unveränd. Abdr. 8. (5½ B.) Magdeburg 840, Heinrichshofen.

Röver, Gottlieb Jakob

— freimüth. Erinnerungen üb. die Abhandl.: „Ist die Agende ein Landesgesetz?" 8. Helmst. 797. Fleckeisen. 2 gr.

Röver, Gli. Jak., († d. 20. Sept. 1799.) Gespräch zwischen e. Deutschen u. Franken, üb. die menschl. Freiheit u. Gleichheit. 8. Helmst. 792. Fleckeisen. 3 gr.

— d. christl. kluge Haushalter, od. schuldige Sorge d. Christen für sein eigenes Glück u. Wohlergehen; in Abriß dargest. 8. Braunschw. 799. Reichard. 6 gr.

— Versuch e. katechet. Lehrbuchs f. fähige Confirmanden u. erwachsene Christen. 8. Braunschw. 784.

Roever, Gust., kritische u. experimentelle Untersuchung des Nerveneinflusses auf die Erweiterung u. Verengerung der Blutgefässe. [Gekrönte Preisschrift.] Rostock 869. Koch. gr. 8. (VI, 118 S. mit 2 Steintaff. in gr. 8. u. qu. 4.) n. 1 Thlr.

Röver, Heinr., s.: Eltern-Abende.

Roever, Karl

Roever, Carl, a. Clettenberg: Über das „Terpinen" aus Carvon und die Hydroxylaminderivate des Benzyliden-Menthons und des Citronellals. Greifswald 1905: H. Adler. (58 S.) 8°
Greifswald, Phil. Fak., Ref. Auwers, Diss. v. 11. März 1905
[Geb. 29. Jan. 76 Clettenberg, Kr. Nordhausen; Wohnort: Greifswald; Staatsangeh.: Preußen; Vorbildung: Gymn. Neuhaldensleben Reife O. 95; Studium: Charlottenburg T.H. 2, Berlin 5, Greifswald 4 S.; Rig. 30. Jan. 05.]

Roever, Wilh., die neue Aristocratie u. der Constitutionalismus. Ein Beitrag zu der Debatte üb. die mecklenburg. Verfassungsfrage. gr. 8. (24 S.) Rostock 875. Koch. n. — 50

Roever, Wilh., über die Bedeutung d. Willens bei Willenserklärungen. gr. 8. (64 S.) Rostock 874. Koch. n. 1. 20

[Rovéréa, Ferdinand de.] Hommage d'un Suisse, aux braves d'Unterwalden. Septembre; 1798. 8. *s. l.*

de Roverea, F., mémoires écrits par lui-même et publiés par C. de Tavel. 4 tomes. Avec le portr. de l'auteur et une préface de C. Monnand. gr. 8. (I: XVI u. 488 S. m. 1 Lith. II: 476 S. III: 464 S. IV: 492 S.) Berne 848. (Zürich, Schulthess.) (à n. 1⅞ ℛ) n. 7½ ℛ

[Rovéréa, Ferdinand de.] Opfer der Hochachtung den wackern Unterwaldnern dargebracht von einem Schweizer. 8. Zürich 1799.

Rovéréa, (Ferdinand) de. Précis de la Révolution de la Suisse, de Berne en particulier. 8. *s. l.* Avril, 1798.

Rovers, Ad. Car., Memoria Heusdii. 8maj. (16⅓ B.) Trajecti ad Rh. 841, Natan. (Lipsiae, Volckmar.) *

Rovers, J. A. C., de censorum apud Romanos auctoritate. 8maj. Utrecht. (Leipz., Fr. Fleischer). 1 ℛ

Rovers, J. A. C., Commentatio iuridica in M. Tullii Ciceronis orationem pro O. Roscio comoedo. Diss. 1826. 90 S.

Komtesse Baby. Roman von Gerolamo Rovotta. Einzig autor. Uebers. von Arthur Brehmer. *Berlin: H. Steinitz (1900).* (132 S.) 8° [F.]
= Bibliothek, Neue Realistische. Bd 4. [00. 8644

Rovetta, Gerolamo, Komtesse Baby. Roman. Einzig autoris. Uebersetzg. v. Arth. Bremer. (125 S.) 8. Berlin (903). Globus Verlag. n. — 80

Rovetta, Gerolamo, Dorina, s.: Universal-Bibliothek.

— das Idol, s.: Collection Hartleben. 8. Jahrg. 8. 9.

Rovetta, G. v., e. Lection, s.: Theater, neues Wiener.

— der erste Liebhaber, s.a. Collection Hartleben.

Collection Hartleben. II. Jahrgang.. 4. Band. Inhalt: Gerolamo Rovetta, Der erste Liebhaber. Roman. 8. (174 S.) In Lwd. geb. —.40
Wien: Hartleben 1893.

— Mater Dolorosa. Roman. Autoris. Uebersetzg. v. A. Berger. 2 Bde. 8. (288 u. 291 S.) Leipzig 892. B. Elischer Nachf. n. 6. —

[F.] Gerolamo Rovetta. Der Ulanenleutnant. Autoris. Übs. a. d. Ital. v. Lothar Schmidt [d. i. Goldschmidt]. *Berlin: Vita [1898].* (192 S.) 1 Bd 8. [98. 1108]

— die Unehrlichen, s.: Universal-Bibliothek.

— unter dem Wasser, s.: Reclam's Unterhaltungs-Bibl.

Rovetta, G., unter dem Wasser, s. Universal-Bibliothek Nr. 2098 und 2099.

Rovida Leopold, Dr.: Ein Beitrag zur Kenntnis der Zellen. S. 56. II. 98 . vgr.
Separatabdruck

Rovida, Leop., ein Beitrag zur Kenntniss der Zellen. Mitgetheilt von S. Stricker. [Aus den Sitzungsber. d. k. Akad. der Wiss.] Wien 868. (Gerold's Sohn.) Lex.-8. (3 S.) 1½ ngr.

di Rovigno, C. C., il pilota dell oceano atlantico o guida per la navigazione dallo stretto di Gibilterra a tutta la costa del Brasile, Montevideo e Rio della Plata, e dalla Manica d'Inghilterra fino a Londra, compresa la costa di Francia da Brest a Calais; dal canale di Bristol fino a Glocester, e da quello di S. Giorgio fino a Liverpool con la descrizione di tutte le isole, banchi etc. Compilato sulle migliori e più recenti direzioni Inglesi e Francesi ed aggiuntevi osservazioni pratiche e locali. gr. 8. (VIII u. 315 S.) Trieste 847, Favarger. 1¼ ℛ

Rovigo [Schlagwort]

Rovigo — Topografia del Polesine di — etc. colla direzione del Sigr. Alvise Milanovich Ten. Col. Ingegnere Direttore l'anno 1785. etc. Antonius Sandi incidit. Theodorus Viero direxit. In Vienna presso Artaria et Comp. 1: 55,000. 10 B.

Rovigo [Verfasser]

Rovigo, Hrzg. v., Denkwürdigkeiten, s. Napoleons Ehrentempel, 1—26. Bdchn.

v. Rovigo, (Herzog,) üb. die Hinrichtung d. Herzogs v. Enghien. Nach d. 4n Aufl. aus d. Französ. übers. u. verm. mit 11, den Tod des Herzogs betreffenden Aktenstücken u. d. Erklärung d. General Gr. Hullin, über denselben Gegenstand. gr. 8. Leipz. 824. Zirges. 12 gr

— Dass. im Auszuge; aus dem Französ. gr. 8. Stuttg. 824. Frankh. (Korniker). 12 gr

Rovigo, Duc de. — Memoiren des Herzogs von Rovigo als Beiträge zur Geschichte des Kaisers Napoleon. (Aus d. Französ.) 8 Bde. Leipzig 1828. 8°. (7 Mk. 50 Pfg., Hfrzbde., Oscar Rauthe, Berlin, 1908:)

— s. Memoires.

Rovigue, A., du Sarcôme de l'Utérus. Etude clinique. Dissertation inaugurale. 50 pp. in-8. Zürich, Imprimerie Zürcher & Furrer. 1876.

Rovin, M., Geist und Stoff. Versuch, die richtigste Weltanschauung wissenschaftlich und unwiderleglich zu begründen und die materialist. Hypothese als unberechtigt zu erweisen. Allen Freunden der Wahrheit und Erkenntnis gewidmet. 8. (114 S.) Dresden 888, Pierson's Verlag. *

Rovsing, Th., die Blasenentzündungen, ihre Aetiologie, Pathogenese u. Behandlg. Klinische u. experimentelle Untersuchgn. Autoris. Uebersetzg. aus dem Dän. gr. 8. (V, 225 S.) Berlin 890. Hirschwald. n. 6. —

Rovsing, Thorkild, die sog. Enteroptosis u. ihre chirurgische Behandlung, s. a. Sammlung klinischer Vorträge.

Die sog. Enteroptosis und ihre chirurgische Behandlung von Thorkild **Rovsing**, Kopenhagen. Leipzig: Breitkopf & Härtel 1906. (23 S.) 8° = **Sammlung** Klinischer Vorträge. N. F. No 431. [06. 10451

— hat das Jodoform eine antituberculöse Wirkung? Eine experimentelle Untersuchg. [Aus: „Fortschritte der Medicin".] gr. 8. (10 S.) Berlin 887. Fischer's med. Buchh. n. — 50

Klinische und experimentelle Untersuchungen über die infektiösen Krankheiten der Harnorgane v. Dr. med. Thorkild **Rovsing**, Privatd. ... in Kopenhagen ... Autoris. Übs. a. d. Dän. *Berlin: O. Coblentz 1898.* (2 Bl., 330 S.) 1 Bd 8. [97. 7868

Row, T. Subba, die Philosophie der Bhagavad Gita. Vorträge. Uebers. u. hrsg. v. Frz. Hartmann. 8. (124 S.) Leipzig (902). Lotus-Verlag. n. 3. —; geb. n. 4. —

Ⓢ **Row**, T. S., Philosophie d. Bhagavad-Gità. 902. (KBI. 32.) Jetzt: Leipzig, Theosoph. Verlagshaus.

Rowald, Paul, Stadtbauinsp. (i. Hannover): Beiträge zur Geschichte der Grundsteinlegung. 1904. 94 S. 8° ¶ Auch u. d. T.: Geschichte der Grundsteinlegung, bei Ernst in Berlin; aus: Zeitschrift f. Bauwesen. Jg. 54. Hannover, Dr.-Ing.-Diss. v. 28. 6. 1904

[J.] **Rowald** [Stadtbauinsp.]: Beschreibung des neuen Schulgebäudes. Hannover, Druck v. A. Grimpe, 1891; S. III–IV, 1 Taf. 4° Hannover, st. G I. II. an d. Goethestr., OP 1891 (299)

Rowald, Paul, bissula rediviva. Heitere Bilder aus den römisch-deutschen Grenzlanden. (IV, 76 S.) 8. Dresden (907). E. Pierson. 1.50; geb. n 2.50

Brauch, Spruch und Lied der Bauleute. Von Paul Rowald. Hannover: Schmorl & von Seefeld 1892. II, 183 S. 8°.

Rowald, Paul, Brauch, Spruch u. Lied der Bauleute. 2. vervollständ. Aufl. (IV, 196 S.) gr. 8. Hannover 908. Schmorl & v. Seefeld Nachf. n. 2.50; geb. in Leinw. n. 3. —

Rowald, die neueren Formen des städtischen Wohnhauses in Deutschland, gesammelt vom Verbande deutscher Architekten- u. Ingenieur-Vereine. [Aus „Zeitschr. d. Archit.- u. Ingen.-Vereins zu Hannover". Imp.-4. (50 Sp. m. 25 Taf.) Hannover 889. Schmorl & v. Seefeld. cart. n. 6. —

— Geschichte der Grundsteinlegung. (94 S. m. 19 Abbildgn.) Lex.-8. Berlin 904. W. Ernst & Sohn. n. 2. — Sonderabdruck aus: „Ztschr. f. Bauwesen".

Rowald, Die neuen städtischer Turnhallen, 1893, 8 S., 2°.

— die städtische Markthalle zu Hannover, s.: Bokelberg, G.

Rowald, P., Ortsanlagen. Gemeinnütz. baul. Einrichtgn. d. modernen Städte, s.: Buch, das, d. Erfindungen I.

Rowan, Will. Rob., zur Frage über Bau, Anlage, sowie Betriebsmittel v. Secundär-, resp. Strassenbahnen, insbesondere über die Benutzung mechan. Bewegungskraft auf denselben. Mit 7 (lith.) Taf. [Uebersetzung d. dän. Originals.] gr. 8. (31 S.) Berlin 877. Beelitz. n. 2. —

Rowan, W. R., ein System für Betrieb und Anlage von Localbahnen, nebst Beschreibung der Gribskovbahn [Dänemark]. [Aus dem dän. Orig. übers.] Lex.-8. (56 S. mit 14 in den Text gedr. Holzschn.) Berlin 881, Polytechn. Buchhandlung. *

Rowbotham, J., neuester sprachlicher Reisegesellschafter durch Deutschland, Frankreich, England u. Nordamerika, d. i.: unentbehrlichster Sprachstoff f. Deutsche, des Engl. u. Französ. unkundige Reisende, in deutscher, französ. u. engl. Sprache. — A. u. d. Ttln.: A new guide to the english, french and German conversation, intended for the use of travellers. — Nouveau guide de conversation franç., angl. et allem. à l'usage des voyageurs. 16. (24 B.) Grimma 840, Verlags-Comptoir.

Rowbotham, J., neuester sprachlicher Reisegesellschafter durch Deutschland, Frankreich, England u. Nordamerika rc. 2. Aufl. 16. (24 B.) Grimma 843, Verlags-Comptoir.

Rowbotham, J., der Tourist. Sprachlicher Reisegesellschafter durch Deutschland, Frankreich, England u. Nordamerika. Für deutsche, des Englischen u. Französischen unkundige Reisende, in deutscher, französischer u. englischer Sprache bearb. 3. (Titel-)Aufl. 16. (380 S.) Grimma (848) 850, Verlags-Comptoir. 1/2 ₰

Rowcroft, Charles

Rowcroft, Ch., Abenteuer eines Auswanderers, s. a. Bibliothek, Europäische, 707—710. Bd.

— Abentheuer eines Auswanderers, s. auch Weltpanorama, 72.—77. Bd.

Rowcroft, Charl., die Abenteuer eines Auswanderers. Erzählungen aus den Colonien von Van-Diemens-Land. Aus d. Engl. v. Friedr. Gerstäcker. 3 Bde. 8. (46 1/2 B.) Leipzig 845, Otto Wigand.
Vgl. Weltpanorama.

— die Ansiedler auf Van-Diemens-Land; für die Jugend bearb., s. a. Hoffmann, Jul.

Rowcroft, C. *Die Ansiedler auf Van-Diemens-Land.* Eine Erzählung aus dem australischen Ansiedlerleben von Charles Rowcroft. Für die Jugend bearbeitet von Julius Hoffmann ... Mit vier Kupfern [= kolor. Lithogr. F. Koska inv. et fc.]. Breslau, Trewendt & Granier, 1855. 2 Bl. 188 S. Hlwd. ★ 1. deutsche Ausg. 12.—

Rowcroft, Charles, Bilder aus Australien. Erzählungen aus den Colonien von Van-Diemens-Land. Deutsch von Friedr. Gerstäcker. 1. Abth.: Die Abenteuer eines Auswanderers. 3 Bde. (Neue Titel-Ausg.) Leipzig (845.) 853. O. Wigand. 16. (IV, 256; IV, 246; IV, 228 S.) 1 ₰. 15 ngr.

— — 2. Abth.: Der Buschrähndscher. 3 Bde. (Neue Titel-Ausg.). Ebend. (846.) 853. 16. (IV, 312; 268; 276 S.) 1 ₰. 15 ngr.

— Bilder aus Australien. Erzählungen aus den Colonien von Van-Diemens-Land. Deutsch von Friedr. Gerstäcker. 2 Abthlgn. 8. Leipzig 853, O. Wigand. à Abthlg. 1 Thlr. 15 Ngr.

Inhalt:
Abthl. 1. Die Abenteuer eines Auswanderers. 3 Bde. (Neue Titel-Ausg. von 1845.) (XII und 730 S.)
" 2. Der Buschrähndscher. 3 Bde. (Neue Titel-Ausg.) von 1846. (IV und 856 S.)

— der Buschläufer von Vandiemensland, s. Roman-Zeitung.

— d. Buschrähndscher, s. Buschrähndscher.

— Londoner Schuldthurmgeschichten, s.: Lese=Cabinet, belletrist., 21. Bd. od. Neue Folge 113—116. Lfg.

Rowe, Allan Winter: Die Geschwindigkeit der Knallgas-Reaktion. Göttingen 1906: Dieterich. (55 S.) 8°
Göttingen, Phil. Fak., Ref. Dolezalek, Diss. v. 18. Aug. 1906
[Geb. 31. Juli 79 Gloucester, Mass., Verein. Staaten; Wohnort: Gloucester; Staatsangeh.: Vereinigte Staaten; Vorbildung: Bachelor of Science Boston Massachusetts Institute of Technology; Studium: Middletown Conn. Wesleyan Univ. 4, Göttingen 4 S.; Rig. 24. Juli 06.]

Rowe, Eleonore, s. R o w e , Elisabeth

Rowe, Elisabeth

Rowe, Elisabeth. Geheiligte Andachts-Uebungen in Betrachtung, Gebet, Lobpreisung und Herzens-Gesprächen, Von der gottseligen und sinnreichen Frau Rowe. Auf ihre Ansuchung ... herausgegeben von ISAAC WATTS, Th. D. Nach der fünften Ausgabe aus dem Englischen übersetzt, Nebst beygefügtem ... Lebens-Laufe, vielen Gedichten u. a. ... aus ihren vermischten Werken, Wie auch einem Anhange poetischer Stücke von MILTON, DRYDEN, PRIOR, ADDISON, POPE, WATTS, YOUNG und andern. Frankfurt & Leipzig, 1754. 8°. *Gestoch. Frontispiz,* 3 Bl. 88 u. 328 S. Leicht berieb. Pbd. d. Z.

Zweite Ausgabe. G. IV[1], 367/68 f: „Lessing übersetzte nur den Anfang, den Rest angeblich Chn. Felix Weiße". Die Übersetzer sind nicht genannt.

Rowe, Elisab., geheime Andachtsübungen, in Betrachtt., Gebeten, Lobpreisungen; hersgg. v. Watt 2c.; aus d. Engl. (von Chr. F. Weisse). gr. 8. Frankf. u. Leipz. 774. Hertel. 16 gr.

— Dass. gr. 8. Zürich 759. Orell. 12 gr.

Rowe, E. Freundschaft im Leben ... a. d. Engl. Frankfurt u. Leipzig 1771. Ü: *Klausing, Anton Ernst.* (Adel) (MGT) (Ky)

— Freundschaft im Leben, in Briefen an Freunde; aus d. Engl. (v. A. E. Klausing). 8. Frankf. u. Leipz. 771. Hertel. 14 gr.

— Freundsch. nach d. Tode, in Brief. d. Verstorbnen. 8 Hannover. 745.

— die Freundschaft im Tode, in Briefen von Verstorbenen an Lebende; aus d. Engl. (v. Gust. Bergmann). 8. Frankf. u. Leipz. 770. Hertel. 16 gr.

Rowe, E. Freundschaft im Tode. Leipzig 1773. Ü: *Klausing, Anton Ernst.* (Adel) (MGT)

Rowe, E. Kaliste oder die schöne Büssende. Trauerspiel a. d. Engl. O. O. [1770?]. Ü: *Zinck, Sophia Maria geb. Grund.* (schr)
vgl. Rowe, Nicolas

Rowe, E. Lebensbeschreibung, Andachtsübungen und Herzensgespräch; a. d. Engl. Zürich 1761. Ü: *Burckard, Johann Jacob.* (MGT)

Rowe, E. Poetische Werke; a. d. Engl. Leipzig 1773. V: *Ebert, Johann Jacob.* (MGT)

Rowe, E. Vermischte poëtische Werke, nebst einigen prosaischen Gesprächen; a. d. Engl. ... Leipzig 1772. Ü: *Horn, Johann Georg* (MGT) oder: *Ebert, Joh. Jac.* (Ky) (JL)

— vermischte poet. Werke; aus d. Engl. (v. J. J. Ebert, oder Jh, Geo, Horn?) 8. Frankf. u. Leipz. 772. Hertel. 16 gr.

Rowe, Ernestus [Stetinensis]: Quaeritur quo iure Horatius in saturis Menippum imitatus esse dicatur ... Halae Saxonum, typ. Plootzianis (R. Nietschmann), 1888; 43 + 1 S. 8°
Halle, Phil. Fak., Inaug. Diss. v. [22. Jun.] 1888

Rowe, Ernst, quaeritur quo jure Horatius in saturis Menippum imitatus esse dicatur. Dissertatio inauguralis. gr. 8. (43 S.) Halis Sax. 888. (Leipzig, Fock.) *

Rowe, Leo S. [aus Philadelphia (V. St. N.-A.)]: Die Gemeindefinanzen von Berlin und Paris ... [Sep.-Abdr.] Halle a S., *Lippert & C., Naumburg a. S.,* 1893; XIV S., 1 Bl., 236 S. 8.
Halle, Phil. Fak., Inaug.-Diss. v. [24. Apr.] 1893

Rowe, Leo S., die Gemeindefinanzen v. Berlin u. Paris, s. a. Sammlung nationalökonomischer u. statistischer Abhandlungen d. staatswissenschaftlichen Seminars zu Halle a. d. S.

Rowe, Leo S. Die Gemeindefinanzen von Berlin und Paris. gr. 8°. Jena, Fischer, 1893. (Sammlg. nat.-ök. u. stat. Abh. des staatswiss. Sem. zu Halle a. d. S. 8. Bd., 5. Heft).

Rowe, Nicolas

— Kalliste, od. die büßende Schöne. Trspl., aus d. Engl. 8. Prag 783. Schönfeld. 6 gr.
vgl. Rowe, Elisabeth

Rowe, Nic., Jane Shore; Trspl. 8. [illegible] 774. Hartknoch in Leipz. 6 gr.

Rowe, Nicolas. Die ehrsüchtige Stiefmutter; ein Trauerspiel a. d. Engl. Frankf. u. Leipzig 1773. Ü: *Hase, Friedrich Traugott.* (Ky) (MGT) »1772« (Kläbe, Neuest. Gel. Dresden. Leipzig 1796.)

— die ehrsüchtige Stiefmutter. Trspl., aus d. Engl. (v. Fr. Tr. Hase). 8. Frankf. u. Leipz. 773. Hertel. 8 gr.

Rowe, Otto

Rowius [Rowe]. Otto: *Ἀνθολογία Θεολογουμένων* Graecorum. 43 [vielmehr: 44] S. 4° (2°)
Halle-Wittenberg, Phil. Diss. v. 7. Mai 1870
Geb. [Stettin 20. 4. 1846]

Rowe, Stuart H.: Herbarts Ansichten von dem Zwecke des lateinischen und griechischen Unterrichtes dargest. u. beurtheilt ... (Th. 1.) Jena, Druck v. B. Vopelius, 1895; 59 S. 8.
Jena, Phil. Fak., Inaug.-Diss. v. [27. Apr.] 1895

Rowed, R., Texas in sein wahres Licht gestellt, siehe: Walther, F. E.

Rowel, M., Briefe aus der Hölle. Frei nach dem Dän. 3.—12. unveränd. Aufl. (353 S.) 1883,84. *ℳ 3., geb. *ℳ 4.; 13. unveränd. Aufl. gr. 8. (353 S.) Leipzig 884, J. Lehmann. *ℳ 3.; geb. * geb. mit Goldschn. *
1. und 2. Aufl. s. Briefe aus der Hölle.

Rowel, M., Briefe aus der Hölle. Frei nach dem Dän. 21.—30. Tausend. 8. (353 S.) Leipzig 885, [Lehmann.] Fr. Richter. *ℳ 3.—.; geb. *ℳ 4.—.; mit Goldschn. *

—— unter Christi Kreuz. Erzählungen. Aus dem Dän. von Osk. Rothnagel. 1. Aufl. (205 S.) 1884; 2. Aufl. 8. (III, 205 S.) Ebendas. 885. *ℳ 3.; geb. * geb. mit Goldschn. *

Röwen, Jul., s. a.: Kuschar, Rud.

Röwen, Jul., Karl XII. Jugendliebe. Dramolet in 1 Acte. gr. 8. (18 S.) Graz 897. H. Wagner. n. —80

Röwen, Jul., die Lüge um's Glück. Volksstück m. Gesang in 4 Akten. gr. 8. (46 S.) Graz 900. H. Wagner. n. 1.20

— die Unehr. Ein Stück aus dem Volke in 4 Akten. Hrsg. v. der Literatur-Anstalt Austria, Wien. (62 S.) 8. Wien 905. J. J. Plaschka. n. 2.—

Ⓑ Röwen, J., die Unehr. 905. (KVL 34.) Jetzt: Wien, P. Knepler. Erh. Pr. 2.40

Rower, Mestens Tillavning, Behandling, og ferandling. 8. Kiel ... Bünsow. 1/12 ℛ

Roewer, der Schiffsarzt. Mittheilungen für Aerzte üb. Schifffahrtsgesellschaften, Engagementsbedingungen. ärztl. Dienst an Bord, besondere Krankheiten, Quarantänebestimmungen, Schemata zu Attesten etc. 12. (47 S.) Berlin 890. Hirschwald. n. 1.—

Roewer, C., Post-Handbuch f. Mecklenburg mit Genehmigung des großherz. Kammer- u. Forst-Collegii zu Neustrelitz. gr. 8. (4⅝ B. u. 1 Postkarte v. Mecklenburg.) Neubrandenburg 845, Brünslow. * —

Post-Karte der Grossherzogthümer Mecklenburg bearbeitet v. C. Roewer. Neustrelitz. 1855. Farbendruck. 1 Bl., 42 52 cm.

Roewer, C., Mecklenburgs Post- u. Eisenbahnverbindungen. Nach amtl. Mittheilungen zusammengestellt. Sommer 1847. qu. 16. (IV u. 83 S.) Neubrandenburg, Brünslow. — Winter 1848. qu. 16. (VI u. 81 S.) Ebd. (à n. 1/6 ℛ) n. 1/3 ℛ

Roewer, C. Fr., s. Roewer, Karl-Friedrich

Röwer, F., üb. Gesundh. u. Wohlanständigk., z. Belehr. f. Landl. 8. Göttingen, Röwer. 803.

— üb. Mitwirkung d. weltl. Obrigk. z. Religionscultus auf d. Lande. 8. Braunschw. Reichard. 804.

Roewer, Friedrich [aus Neustrelitz]: Beiträge zur Kenntniss der Imidoäther und Amidine, sowie einiger Derivate derselben ... Neudamm, Druck v. J. Neumann, *1892;* 42 S., 1 Bl. 8.
Rostock, Phil. Fak., Inaug.-Diss. v. [28. Apr.] 1892

Roewer, Frdr., Beiträge zur Kenntniss der Imidoäther u. Amidine, sowie einiger Derivate derselben. Diss. gr. 8. (42 S.) Neustrelitz 892. (R. Jacoby.) n. 1.—

Röwer, G. J., Gespräch zwischen e. Deutschen u. Franken, üb. d. menschl. Freyheit u. Gleichheit. 8. Helmstädt, Fleckeisen. 792.

— d. christl. kluge Haushalter, od. Sorge des Christen f. s. eignes Glück. 8. Braunschw. Reichard. 799.

Roewer, Gustav, Gerichtsassessor: Der Inhalt der §§ 182—184 des Bürgerlichen Gesetzbuches. Rostock 1905: Adlers Erben. (59 S.) 8°
Rostock, Jur. Fak., Ref. Bernhöft, Diss. v. 30. März 1905
[Geb. 26. Apr. 76 Strelitz i. M.; Wohnort: Friedland i. M.; Staatsangeh.: Mecklenburg-Strelitz; Vorbildung: Gymn. Carolinum Neustrelitz Reife M. 95; Studium: Berlin 1, München 1, Rostock 3 S.; Rig. 30. Jan. 05.]

Roewer, Karl Friedrich

Roewer, Carl-Friedrich, a. Neustrelitz i. Mecklbg.: Beiträge zur Histogenese von Cercariaeum helicis. Mit 5 Figuren im Text. Jena: G. Fischer 1906. (43 S.) 8°
Jena, Phil. Fak., Ref. Ziegler, Diss. v. 9. Mai 1906
[Geb. 12. Okt. 81 Neustrelitz; Wohnort: Neustrelitz; Staatsangeh.: Mecklenburg-Strelitz; Vorbildung: Oberrealsch. Weißenfels Reife M. 02; Studium: Jena 7 S.; Rig. 9. Nov. 05.]

Roewer, C. Fr., Revision der Opiliones Plagiostethi (= Opiliones Palpatores), s. a. Abhandlungen aus dem Gebiete der Naturwissenschaften. 4. Heft.

Revision der Opiliones Plagiostethi ⟨= Opiliones Palpatores⟩. Von C. Fr. Roewer, ⟨Hamburg-Bremen⟩. T. 1. Hamburg: Friederichsen 1910. 4°
(Abhandlungen aus d. Geb. d. Naturwissenschaften hrsg. v. Naturw. Verein in Hamburg. Bd 19, H. 4.) [11. 1076 10

Rowland, Rob., Wegweiser f. die Umgebung v. Löbau. (53 S.) kl. 8. Löbau 908. J. G. Walde. — 40

ROWLAND, William: Statistisch-topographische Beschreibung der Compossessorat-Herrschaft Arva mit besonderer Beziehung auf ihre Forste. - Nameszto o. J. 54 S.

Über die 'Federated Malay States' auf der Malayischen Halbinsel und deren Entwicklung unter Britischem Protektorat. Von William R. Rowland in Perhentian Tinggi Estate. T. 1. *Wien: R. Lechner 1903.* 4°(8°)
= Abhandlungen d. k. k. geograph. Gesellschaft. Bd 5, No 1. [04. 3018

ROWLANDSON, Thomas. Fünfzig erotische Grotesken. Handkolorierte Lichtdruck-Reproduktionen in der Größe der Originale. Wien, C. W. Stern, 1909. In eleganter Seidenstoffmappe.
Verb. Würzburg 29. 2. 09.

Rowley, Samuel, When you see me, you know me. A chronicle-history. Ed. with an introduction and notes by Karl Elze. gr. 8. (XXI, 109 S.) Dessau 874, Barth. *

Rowley, William

Rowley, W. Abhandlung über die vorzüglichsten Augenkrankheiten . . . Breslau 1792. Ü: *Michaelis, Christian Friedrich.* (Ky) (EngM)

Rowley, William: Abhandlung über die vorzüglichsten Augenkrankheiten nebst ihren Kurarten. Aus d. Engl. übers. Mit 6 Kupfertaf. Breslau u. Hirschberg 1792. LXXVIII, 416 S.

Rowley, Will., üb. die vorzügl. Augenkrankheiten, nebst ihren Kurarten; aus d. Engl. (von Chr. Fr. Michaelis II.) Mit 6 Kpft. gr. 8. Bresl. 792. J. F. Korn. 1 ℛ 16 ℊ

William Rowley
1742 - 1806

William Rowley's (An Essay on the malignant, ulcerated sore throat [Deutsch:]) Abhandlung über die bösartige Halsentzündung oder faulende Bräune nebst ihrer verbesserten Heilart aus d. Engl. übers. von Christian Friedrich Michaelis [1727 - 1804]. Breslau: Korn 1789. XXIII, 152 S. 8°

Rowley, William: Praktische Abhandlung über die Frauenzimmerkrankheiten, Nervenzufälle, das hysterische und hypochondrische Uebel, den Schlagfluß und die Lähmung, den Wahnsinn und Selbstmord nebst den nach neuern Grundsätzen eingerichteten Kurarten. (A Treatise on female, nervous, hysterical, hypochondriacal, bilious, convulsive disease, apoplexy and palsy, with thoughts on madness and suicide... Dt.) Übers.und mit Anmerkungen versehen von Christian Friedrich Michaelis. 617 S., gbd.

Breßlau: Korn 1790

JB 3.919

William Rowley
1742 - 1806

William Rowley's (A Treatise on the management of female breasts during childbed. [Deutsch:]) Abhandlung über die gefährlichen Zufälle an den Brüsten der Kindbetterinnen nebst verschiednen neuen praktischen Bemerkungen über den Krebs und dessen Heilarten. Nach d. 2. Ausg. Aus d. Engl. übers. u. mit einigen Anm. begleitet. [Übers.: Christian Friedrich Michaelis, 1727 - 1804.] Breslau & Hirschberg 1794: Korn. VI, 166 S. 8°

William Rowley
1742 - 1806

Wilhelm Rowley [A practical Treatise on the diseases of the breasts. Deutsch:] Praktische Anweisung für Wundärzte und Hebammen die Krankheiten der Brüste im Kindbette zu heilen und zu verhüten. Nach d. 2. Ausg. aus d. Engl. übers. u. mit einigen Anm. vers. [Übers.: Johann Christian Friedrich Scherf.] Gotha: Ettinger 1781. 50 S. 8°

— üb. regelmäßige, unregelmäß., aton. u. laufende Gicht, oder Podagra; aus d. Engl. gr. 8. Bresl. 794. J. F. Korn. 8 ℳ

Rowney, Thomas H (London)
On the action of Ammonia Sebacic Ether.
[In: Liebigs Annalen Bd 82. 1852. S. 123-127.]
Dr. phil. Giessen 27.7.1852.

Rowntree, Jos., u. Arth. Sherwell, englische Gasthäuser nach Gotenburger System, s.a. Studium zur Alkoholfrage. 3.

Englische Gasthäuser nach Gotenburger System. Von Joseph Rowntree u. Arthur Sherwell. Deutsche Bearb. von Wilhelm Plessing. Mit 5 Ill. Weimar: W. Bode 1902. (91 S.) 8° [5]
= Studien z. Alkoholfrage. H. 3.

Rowold, Joh(annes), pr. Tierarzt: Azeton und Azetessigsäure im Hundeharn. Hildesheim 1908: Lax. 34 S. 8°
Gießen, Veterinär-Med. Diss. v. 7. Nov. 1908, Ref. Geppert
[Geb. 2. Mai 81 Sorsum; Wohnort: Hannover; Staatsangeh.: Preußen; Vorbildung: Gymn. Hildesheim Reife O. 04; Studium: Tierärztl. Hochschulen Hannover 1, München 1, Hannover 5 S.; Rig. 30. Juli 08.] [U 09. 1166

Rowoldt, Gualtherus, Brunsvicensis: Librorum pontificiorum Romanorum de caerimoniis sacrificiorum reliquiae. Halis Sax. 1906: Wischan & Burkhardt. (96 S.) 8°
Halle, Phil. Fak., Ref. Wissowa, Diss. v. 27. Juli 1906
[Geb. 15. Febr. 83 Braunschweig; Wohnort: Halle a. S.; Staatsangeh.: Braunschweig; Studium: Gymn. Martino Katharineum Braunschweig Reife O. 02; Studium: Halle 8 S.; Rig. 14 Juni 06.]

Rowoldt, H., Liederbuch f. deutsche Schulen, s.: Mühe, W.

Rowson, Mrs., the darling seduced. A tale of truth. — A. u. d. T.: Die Getäuschte. Ein Gemälde aus d. wirkl. Leben. N. d. Engl. v. J. G. Flügel. (Deutsch u. Englisch.) 8. (20½ B.) Leipzig 835, Klinkhardt. Thlr.

Rowton, S. J., the inseparable co-operation of sense and intellect arriving at cognitions. London (Göttingen) 1864. VIII u. 34 S.
Schul-/Univ.-Schrift 1865

Rowuma [Schlagwort]

Rowuma, mittlerer, s.: Kolonialkarten.

Roxas, D. A. v., Leben des Geistes. 2 Thle. 8. Bamb. Gobhard. 762.

v. Roxas, D. A., Leben d. Geistes. 2 Thle. 8. Bamb. 762. (Wescho in Frankf.) 12 ℳ

Roxas, v., Leben Frz. Anton Graf v. Spork, m. K. 4. Amsterdam. 715.

Roxas Clemente y Rubio, Simon de,
s. Rojas Clemente y Rubio

Röxe [Schlagwort]

Röxe, s.: Stendal.

le Roy, s. Leroy.

Le grand Roy, le cours d'arithmétique: 2e partie: Fractions 132 pp. in-12. Genève et Bâle. H. Georg. 1875. 2. 20

— — 5e Cours: Règles d'intérêt — Escompte etc. 63 pp. in-12. Genève et Bâle. H. Georg. 1875. 2. —

Roy, le, Reise in Brasilien. gr. 8. Leipzig, Sommer. 809.

Roy, le, Staatsverfass. des Königr. u. d. St. Algier, a. d. Franz. 8. Hannover, Helwing. 752.

Roy, Adolphe le

— üb. d. Gebr. u. d. Wirk. d. Seidelbastrinde, Ecorce du garou. 8. Strasb. Treuttel. 773.

— Heilkunde f. Mütter, od. Kunst Kinder z. erziehen u. zu erhalten, a. d. Franz. v. E. Ph. Fischer. 8. Hildburgh. Hanisch. 805.

— Hygiena, als Mutter, od. d. Kunst d. Leben der Kinder zu erhalten, a. d. Franz. v. Hirsch. 2 Thle. 8. Bayreuth, Lübeck. 805.

Roy, Alph. le, Hygiea als Mutter, od. die Kunst das Leben d. Kinder zu erhalten, u. sie gesund zu erziehen. Aus dem Franz. mit Anmerk. von Chr. Fr. Hirsch. Neue vermehrte Ausg. 2 Bde. 8. Leipz. Hinrichs. 813.

Roy, Alph. le, Lehre v. d. Blutflüssen, während d. Schwangersch. b. u. nach d. Entbind., a. d. Franz. v. A. Sadig. 8. Breslau. Korn d. ält. 802.

— Mittel d. Kinder gesund, bes. beym Zähnen, z. erhalten. 8. Wien, Hörling. 787.

— Literarhist. u. prakt. Unterricht in d. Entbindungskunst. 8. Franck. Stettin. 779.

— — dass. in e. and. Uebers. v. Nusche. 8. Nürnb. Schneider. 779.

— v. d. Vorherverkündigungen in hitzig. Krankh., a. d. Franz. gr. 8. Leipzig, Weygand. 786.

— Vorles. üb. d. Gebärmutterblutflüsse währ. d. Schwangersch., a. d. Franz. 8. Leipz. Schäfer. (Kühn) 802.

Als neu das Deutsche Reich erstand ⟨1846–1871⟩. Von Berthold **Roy**. 3. (auf d. Umschl.: 2., verm.) Aufl. Altenburg: Geibel (1908). XVI, 304 S. 8°
(Roy: Deutschlands Frühling kehrte wieder. Bd 1.) [09. 18024

Als neu das Deutsche Reich erstanden war ⟨1871–1900⟩ ⟨Amerika u. d. Zukunft d. Germanen⟩. Von Berthold **Roy**. Altenburg: Geibel (1909). XVI, 340 S. 8°
(Roy: Deutschlands Frühling kehrte wieder. Bd 2.) [09. 18025

Roy, Berthold, Bilder aus Preußens u. Deutschlands neuester Geschichte (1861—1871). Vaterländisches Spiel f. Deutschlands Festtage 8. (23 S.) Berlin 894. Liebel. n. 1. —

Deutschlands Frühling kehrte wieder. Selbsterlebtes u. Empfundenes aus Kriegs- u. Friedenszeiten ⟨1846–1900⟩. In kleinen Kulturbildern ... geschildert von Berthold **Roy**. In 2 Bden. Bd 1. 2. Altenburg: Geibel (1908–09). 8°
1. Roy: Als neu das Deutsche Reich erstand ⟨1846–1871⟩. 3. Aufl. (1908.)
2. Roy: Als neu das Deutsche Reich erstanden war ⟨1871–1900⟩. (1909.)
[09. 18023

Roy, Berth. (Berthold Roi), Deutschlands Frühling kehrte wieder. Selbsterlebtes u. Empfundenes aus Kriegs- u. Friedenszeiten (1846—1900). In kleinen Kulturbildern f. jung u. alt geschildert in 2 Bdn. 2. Bd. 8. Altenburg (909). St. Geibel. 3.60, geb. 4.50
2. Als neu das Deutsche Reich erstanden war. (1871—1900.) (Amerika und die Zukunft der Germanen.) (Neue Auflage.) (XVI. 340 S.)

— Kind, Jüngling, Mann. Selbsterlebtes aus Kriegs- u. Friedenszeiten (1840—1871). In kleinen Culturbildern f. Jung u. Alt geschildert. 8. (XVI, 363 S.) Ebd. 895. n. 3.50; geb. n. 4.25

[F.] 2 Lieder. a) Bismarck-Hymne. b) Auf Bismarck's Tod. Comp. v. Willy Boehme, gedichtet v. Berthold **Roy**. Vf. d. 'Sechs neuen Nat.-Lieder' ... *Berlin: Liebel (1898).* 2 Bl. 8. [99. 3470

— zwei Sedanfeste. Vaterländisches Spiel in 3 Aufzügen. 8. (VII, 71 S.) Ebd. 894. n. 3. —

Roy, Berth., der Wiederaufbau Jerusalems. Zum Gedächtnis d. Einweihg. d. Erlöserkirche zu Jerusalem. gr. 8. (29 S.) Berlin 898. Wiegandt & Grieben. n. — 75

[F.] 1797. 22. März. 1897. Kaiser Wilhelm der Grosse. Lied nach d. Weise: 'Deutschland, Deutschland über Alles'. Gedichtet z. hundertj. Gedenkf. d. Geburtst. weiland S. Maj. Allerhöchstdesselben v. Berthold **Roy** ... *Berlin: (Selbstv. d. Vjs; [Dr. v.] R. Skrzeczek) (1897).* 2 Bl. 8. [97. 1703

Roy, C. Eugène. Méthode de cor de signal à clefs ... Supplément: Gamme pour le Cor de Signal de Basse, nommé Bombardone. [Text französisch und deutsch.] Mayence.

Roy, C. W. v., Ansichten üb. Entstehung u. Vorkommen d. Bernsteins, so wie prakt. Mittheiln. üb. d. Werth u. d. Behandl. dess. als Handelswaare. gr. 8. (3½ B.) Danzig 840. (Leipzig, Fort. ?) *

Roy, Charles S.: I. Über die isomeren Formen des 3-Methylcyklohexenons. II. Über die Bestimmung der elektrischen Leitfähigkeit sehr schwacher organischer Säuren und Basen. Weida i. Th. 1910: Thomas & Hubert. 65 S. 8°
Jena, Phil. Diss. v. 22. Juni 1910, Ref. Raabe
[Geb. 8. Febr. 85 London; Wohnort: London; Staatsangeh.: Großbritannien; Vorbildung: East London Coll. bis O. 03; Studium: London 6, Jena 4 S.; Rig. 11. Mai 10.] [U 10. 2364

Roy, F. X., ethica et ius naturae, v. Roi.

von Roy, Felix [aus Braunsberg (Ostpr.)]: Ueber die Antiseptische Wirkung des Natrium chloroborosum auf die gewöhnlichsten Mikroorganismen .... Würzburg, Druck d. Ferdinand Röhrl'schen Buchdr., 1888; 21 S. 8°
Würzburg, Med. Fak., Inaug.-Diss. v. 1888

Roy, Felix von, über die antiseptische Wirkung des Natrium chloroborosum auf die gewöhnlichsten Mikroorganismen. Diss. Würzburg 1888, Stahelsche Univ.-Buchh. 8°. 21 S.

ROY, FRANCISCUS XAVERIUS: Lob-Rede, dem Wundervollen heiligen Joanni von Nepomuck da von einer Hochlöbl. Kayserl. Königl. R. O. Regierung in der Kayserl. Hofkirche deren WW. EE. Augustiner Baarfüsser, dessen Gedächtnuss mit gröster Feyerlichkeit den 1. Jul. 1758. Zum erstehmal begangen worden. Verfasset und vorgetragen von P. Francisco Xaverio Roy, der Gesellschaft Jesu Priestern. Preßburg 1759. Gedr. b. Jos. Kurzböck in Wien. 12 f. - 4°

ROY, FRANCISCUS XAVERI S. J.: Lob-Rede auf den heiligen Udalricus Bischof zu Augsburg, als eine hochlöbliche in Wienn den 10. Julí 1763 versammelte Schwäbische Landesgenossenschaft in der Kaiserlichen Hofkirche der Wohlehrwürdigen PP. Augustinern Barfüsser bey Maria Loreto am siebenten Sonntag nach Pfingsten, als den loten Julij 1763 seinen Festtag mit jährlicher Andacht begieng. Vorgetragen von P. Franciscus Xaveri Roy, aus der Gesellschaft Jesu in dem Academischen Collegio besagter Gesellschaft Feiertagsprediger. Wien 1763. Gedr. bey Joseph Kurzböcken. 22 S. - 4°

ROY, FRANCISCUS, S. J.: Predigt am Festtage des heiligen Cassian.

ROY, FRANC(ISCUS): Predigt auf den vierten Sonntag im Advent am Vorabend des Festes der Geburt unseres Heilandes. Preßburg 1780: Bey Franz Augustin Patzko. 14 S. - 210 mm

ROY, FRANCISCUS: Rede bey dem Dankfeste, welches für Ihrer Majestät Maria Theresia Kays. Königinn glückliche Genesung von den Kinder-Pocken den 22-ten Junii 1767 in der Collegiat- und Stadtpfarrkirche zu Preßburg von einer löblichen k. Ungar. Hofkammer gehalten. Vorgetragen von Franciscus Roy. Preßburg 1767. Gedr. bey Joh. Mich. Landerer. 13 S. - 4°

ROY, FRANCISCUS XAVER.: Trauer- und Lobrede auf Franciscus den Ersten weiland Römischen Kaiser, Mitherrscher von Königreich Ungarn, da Sr. Kaiserl. Majestät Leichbesingnuss den 22., 23. und 24. October 1765. zu Pressburg gehalten wurde. Preßburg 1765. Gedruckt bey Johann Michael Landerer. 28 S. - 340 mm

ROY, FRANCISCUS: Trauerrede auf den Todesfall Sr. Excellenz Grafen Franz Zichy von Vásonkő Bischoffs zu Raab bey dem feyerlichen von einem löbl. Raaber Domkapitel zur schuldigsten Danksagung angeordneten Leichenbesingnisse in der dasigen Kathedralkirche den 11. Augustmonat 1783 vorgetragen von Franciscus Roy. Raab 1783. Gedr. bey Jos. Streibig. 19 S. - 230 mm

Roy, Henr. de (autor), Diss. inaug. med. de differentia actionis medicamentorum medicæ et physicæ. Halæ Magd. 1754. 4. P. [Præs. Andr. Elias Büchner].

Roy, Henri

Roy, H., Zinzendorfs Anweisungen f. die Missionsarbeit. [Erweit. u. verb. Abdr. aus: „Allg. Missions-Zeitschr."] 8. (34 S.) Gütersloh 893. C. Bertelsmann. n. — 50

Roy, Henri, Israel u. die Welt in Jesaja 40—55. Ein Beitrag zur Ebed-Jahwe-Frage. Progr. (VIII, 69 S.) gr. 8. Leipzig 903. F. Jansa. n. 2. —

Roy, H., die Volksgemeinde u. d. Gemeinde d. Frommen im Psalter, s.: Jahresbericht d. theolog. Seminarium d. Brüdergemeine in Gnadenfeld 1896/97.

Roy, J. J. de, s. Roy, Jakob de

Roy, J. J. E., Geschichte der Johanna v. Arc, genannt die Jungfrau v. Orleans, s.a Bibliothek f. die reifere christl. Jugend. 2.

Roy, J. J. E., Geschichte der Johanna d'Arc, genannt: Die Jungfrau von Orleans. Nach der 2., verb. Ausg. aus d. Franz. übersetzt. 8. (15 B.) Quedlinburg 842, Basse.

—— dass. (in anderer Uebersetzung) s.a Bibliothek f. die Jugend. 2. Bd.

Roy, J. J. E., Geschichte der Johanna v. Arc, genannt die Jungfrau von Orleans. Für die reifere christl. Jugend aus dem Französ. 3. und 4. Aufl. 8. (VIII, 264 S. mit 1 Stahlst.) Regensburg 869,83, Manz.

Roy, J. J. E. Jeanne d'Arc, die Jungfrau von Orléans. A. d. Französ. 12. Leipzig 1834.

ROY, Jacob de. — Merckwürdiges Leben und Reisen Jacobi de Roy gewesenen Capitains in Ost-Indien, Worinnen Dessen Flucht von Batavia, die er im Jahr 1691. nach der Insul Borneo und Königreich Atchin auf der Insul Sumatra, unternommen, Ingleichen Eine wahrhaffte Erzehlung seltsamer Avanturen; als Beraubung seiner Schiffe und Güter, erlittenen Hunger, Durst, Blöße, Armuth, allerhand Lebens-Gefahr und andern unaussprechlichen Elend, so er ausgestanden, ausführlich beschrieben wird. Erstlich Von dem Autore selbst in Holländischer Sprache geschrieben, hernach ins Hochdeutsche übersetzt. Zweyte Auflage. MDCCXLVI. (1746.) Kl. 8°. (In Dresden.)
Kippenberg: Titel, 7 unbez. S. Vorr., 294 bez. S. Text. — Erste Auflage vor dem Jahre 1743?

Roy, J. J. de, merkw. Leben u. Reisen n. d. Insel Borneo. 8. Frankf. 746.

Jul. Le Roy Anweisung die einfachen sowohl als Repetiruhren wohl einzurichten und zu gebrauchen. Dresden. 8. 1759.

Roy, Jul. Paul dú, s. Rol, Jul. Paul dú.

Roy, K. G. le, philosophische Briefe üb. d. Verstandes- u. Vervollkommnungsfähigkeit d. Jugend, a. d. Franz. übers. v. J. A. Muller. gr. 8. Nürnb. Wittwer. 808.

Bilder aus dem slovakischen Leben. Geborgen. Die Kinder d. Hausierer. Lebendig begraben. Von Kristina **Roy**. Striegau: Th. Urban [1907]. (75 S.) 8° [F.]
= **Volksbücher**, Urbans christliche. No 23. [08. 7069 2

Bez Boga na świecie. Opowiadanie z życia ludu słowackiego napisała Krystyna Royówna [Kristina **Roy**]. Tłom. z języka słowackiego ks. Karol Kulisz. Z 12 obrazk. Wyd. 3. Striegau: R. Urban 1905. (64 S.) 8°
[Ohne Gott in der Welt. Erzählung aus d. Leben d. slovak. Volkes übers. aus d. Slovak. 3. Ausg.] [06. 6638

Roy, Kristina, der Fischerknabe v. Galiläa oder Gestillte Sehnsucht, s.: Urban's christliche Volksbücher.

— Geborgen. Erfahrungen aus meinem Kinder-Asyl. (23 S.) kl. 8. Striegau (907). Th. Urban. — 15

Die Kinder der Hausierer. Bilder aus d. slovak. Leben von Kristina **Roy**. Übers. von M. R. *Striegau: R. Urban 1903.* (24 S.) 8° [F.] [03. 11541 2

— die Kinder der Hausierer. Bilder aus dem slovak. Leben. Uebers. v. M. R. 2. Aufl. (24 S. m. 1 Abbildg.) kl. 8. Ebd. 904. n. — 15

— Die Kinder der Hausierer. Bilder aus dem slovak. Leben. Übers. v. M. R. 3. Aufl. (24 S.) kl. 8. Striegau 907. Th. Urban. — 15

Der Knecht. Von Kristina **Roy**. Aus d. Slovakischen übers. von Božena Chorvát. Ill. von J. Warns. Striegau: R. Urban 1904. (85 S.) 8° [F.] [05. 11542 2

— dasselbe. (Slovakische Ausg.) Illustriert v. J. Warns. (80 S.) kl. 8. Ebd. 904. n. — 30

Der Knecht von Kristina **Roy**. Aus d. Slovakischen übers. von Božena Chorvát. Ill. von J. Warns. 2. Aufl. Striegau: R. Urban 1906. (85 S.) 8° [F.] [06. 11355 2

— dasselbe, s.a. Urban's christliche Volksbücher.

Der Knecht. Von Kristina **Roy**. Aus d. Slovak. übers. von Božena Chorvát. Ill. von J. Warns. 3. Aufl. Striegau: Th. Urban 1908. (85 S.) 8° [F.]
= **Volksbücher**, Urbans christliche. No 6. [08. 7068 2

Lebendig begraben. Eine verlorene Seele. Von Kristina **Roy**. Aus d. Slovak. übers. 3. Aufl. *Striegau: R. Urban 1903.* (15 S.) 8° [F.] [03. 11587 2

— Lebendig begraben. Eine verlorene Seele. Aus dem Slovak. übers. 4. Aufl. (15 S.) kl. 8. Ebd. 904. n. — 10

Lebendig begraben. Eine verlorene Seele. Von Kristina **Roy**. Aus d. Slovakischen übers. 5. Aufl. Striegau: R. Urban 1906. (15 S.) 8° [F.] [07. 10036 2

— Lebendig begraben. Eine verlorene Seele. Aus dem Slovak. übers. 6. Aufl. (15 S.) kl. 8. Striegau 907. Th. Urban. — 10

Glückliche Menschen. Von Kristina **Roy**. Deutsch von Božena Chorvát. Striegau: R. Urban 1906. (80 S.) 8° [F.] [06. 11356 2

— Ohne Gott in der Welt, s.a. Urban's christliche Volksbücher.

Ohne Gott in der Welt. Erzählung aus d. slovak. Volksleben von Kristina **Roy**. Ins Deutsche übertr. durch E. Z. u. R. A. Mit Titelbild. *Striegau: R. Urban 1902.* (64 S.) 8° [F.] [02. 10080 2

Roy, Kristina, ohne Gott in der Welt. Erzählg. aus dem slovak. Volksleben. Ins Deutsche übertr. durch E. Z. u. R. A. 2. Aufl. 12. (72 S. m. 12 Abb.) Striegau 902. R. Urban. — 80
1. Aufl. (64 S. m. Titelb.) Ebd. 902. — 80.

Roy, Kristina, ohne Gott in der Welt. Polnische Uebersetzg. v. Karol Kulisz. 2. Aufl. (64 S. m. 12 Abbildgn.) kl. 8. Striegau 904. Th. Urban. n. — 30

Ohne Gott in der Welt. Erzählung aus d. slovakischen Volksleben von Kristina **Roy**. Aus d. Slovakischen übers. Mit 12 Bild. 3. Aufl. *Striegau: R. Urban 1903.* (70 S.) 8° [F.] [03. 11588 2

Ohne Gott in der Welt. Erzählung aus d. slovak. Volksleben von Kristina **Roy**. Aus d. Slovak. übers. Mit 12 Bild. 5. Aufl. Striegau: R. Urban 1905. (70 S.) 8° [F.] [06. 11354 2

Ohne Gott in der Welt. Erzählung aus d. slovak. Volksleben von Kristina **Roy**. Aus d. Slovak. übers. Mit 12 Bild. 6. Aufl. Striegau: Th. Urban 1907. (70 S.) 8° [F.]
= **Volksbücher**, Urbans Christliche. No 4. [07. 11787

Kein Raum. Von Kristina **Roy**. Aus d. Slovakischen übers. von E. Z. *Striegau: R. Urban (1902).* (16 S.) 8° [F.] [03. 11590 2

— kein Raum. Aus dem Slovak. übers. v. E. Z. 3. Aufl. (16 S.) kl. 8. Ebd. (904). n. — 10

Kein Raum. Von Kristina Roy. Aus d. Slovakischen übers. von E. Z. 3. Aufl. Striegau: R. Urban [1906]. (16 S.) 8° [F.] [07. 10037 2

Kein Raum. Von Kristina Roy. Aus d. Slovak. übers. von E. Z. 4. Aufl. Striegau: R. Urban [1907]. (16 S.) 8° [F.] [07. 11111

— die Schwärmer. Eine Erzählg. aus der slovak. Gemeinschaftsbewegg. Ins Deutsche übertr. v. Božena Chorvát. (176 S.) kl. 8. Ebd. 904. n. 1. —; geb. in Leinw. n. 2. —

Die Schwärmer. Eine Erzählung aus d. slovak. Gemeinschaftsbewegung von Kristina Roy. Ins Deutsche übertr. von Božena Chorvát 2. Aufl. Striegau: Th. Urban 1908. (172 S.) 8° [F.] [08. 6478 2

Gestillte Sehnsucht. Eine Erzählung aus d. Tagen des Menschensohns von Kristina Roy. Aus d. Slovakischen übers. von Ján u. Božena Chorvát. Ill. von J. Warns. *Striegau: R. Urban 1903.* (58 S.) 8° [F.] [03. 8392

— gestillte Sehnsucht. Eine Erzählg. aus den Tagen des Menschensohns. Aus dem Slovak. übers. von Ján u. Božena Chorvát. Illustriert von J. Warns. 2. Aufl. (60 S.) 12. Ebd. 904. n. — 30

— Gestillte Sehnsucht. Eine Erzählung aus den Tagen des Menschensohnes. Aus dem Slovak. übers. von Ján u. Božena Chorvát. Illustr. v. J. Warns. 3. Aufl. (60 S. m. Abb.) kl. 8. Ebd. 906. — 30

— Im Sonnenlande, s.: Urban's christliche Volksbücher. Nr. 38, 39.

In der Verbannung. Erzählung von Kristina Roy. Übers. von M. Roy. Striegau: R. Urban 1906. (104 S.) 8° [F.] [07. 10034 2

— die Verlorenen. Eine Geschichte aus den Tiefen des slovak. Volkslebens. Ins Deutsche übertr. v. Božena Chorvát. (154 S.) 8. Ebd. 903. n. 1. —; geb. in Leinw. n. 1. 50

— Die Verlorenen. Eine Geschichte aus den Tiefen d. slovak. Volkslebens. Ins Deutsche übertr. von Božena Chorvát. 2. Aufl. (154 S.) 8. Striegau 907. Th. Urban. 1. —; geb. 1. 50

Wie ich zum Licht kam. Lebenserinnerungen von Kristina Roy. (Vorr.: Reinhold Urban.) Striegau: R. Urban 1905. (57 S.) 8° [F.] [06. 6497

Roy, Louis, a. Paris: Zur Kenntnis des Pulegons und der Synthese bicyclischer Systeme. (Berlin 1905: G. Schade.) (53 S.) 8°
Berlin, Phil. Fak., Ref. Fischer, Landolt, Diss. v. 18. Febr. 1905
[Geb. 14. Mai 77 Paris; Heimatsort: Paris; Staatsangeh.: Frankreich; Vorbildung: Paris (licence ès sciences physiques); Studium: Paris 6, Karlsruhe T.H. 2, Berlin 4 S.; Rig. 19. Dez. 04.]

Roy, Nicolas Caspar de. Beiträge zur Beförderung der nähern Vereinigung mit Gott ... Hamburg 1781. B: *Smissen, Jac. Gysbert von der.* (Ky)

de Roy, N. C., Beitr. z. Beförder. d. nähern Vereinigung mit Gott rc.; aus d. nachgelass. Schriften d. Verfass. gesammelt u. hrsgg. (v. J. G. v. d. Smyssen). 8. Hamb. 781. Hellmann. 18 gl

Beyträge zur Beförderung der nähern Vereinigung mit Gott, für gläubige Seelen. Aus den nachgebliebenen Schriften des Nicolaus Caspar de Roy gesammelt ... von einem seiner wahren Freunde. Altona. 1784. 8°.

Roy, N. C. de. Richtschnur des Lebens oder die Tugenden Jesu ... Hamburg 1784. H: *Smissen, Jac. Gysbert von der.* (Ky) »1782« (Kordes, Schlesw.-holst. u. eutin. Schriftst. Schlesw. 1797.) (MGT)

— Richtschnur d. Lebens, od. die Tugenden Jesu, allen, die gottselig leben wollen; hrsgg. (v. J. G. v. d. Smyssen). 8. Hamb. 784. Hellmann. 3 gl

Roy, Phil. le, Philosophia radicalis eclectica inter peripateticos et antiperipateticos media compilata. V Pts. fol. Antw. (W. Vogel, Lips.) 713.

Roy, Remmoson, Auflösung des Wedant oder Auflösung aller Wed's rc s. Auflösung.

Roy, Remmohon, s. Auflösung des Wedant.

Roy, Simon: Theses juridicae, s. Christ, Franz (Praes.)

Roy, Wilhelm: Der Schiffer als Vertreter der Ladungsbeteiligten. Borna-Leipzig 1909: Noske. VIII, 46 S. 8°
Heidelberg, Jur. Diss. v. 22. Dez. 1909, Ref. Schröder
[Geb. 2. Aug. 82 Neustadt, Kr. Neutomischel; Wohnort: Luisenhain; Staatsangeh.: Preußen; Vorbildung: Gymn. Schrimm Reife O. 05; Studium: Jena 1, Halle 5, München 2 S.; Rig. 27. Okt. 09.] [U 10. 1999

Roy Tellet, a draught of Lothe, } s.: Collection
— pastor and prelate, } of British authors.

Royaards, Hermann Johann

Royaards, H. J., Chrestomathia patristica. Ps. I. Selecta Apocryphorum et Patrum de Christo et Apostolis, uti et Patrum Apostolicorum, in usum lect. Academicarum collegit. 8 maj. (6 B.) Trajecti ad Rhenum 831, Altheer. (Lipsiae, Fr. Fleischer.)

Royaards, Herm. Joh., Compendium histor. eccles. christianae. In scholar. us. scripsit. Fasc. I. Historia eccles. antiqua et media. 8maj. (16¾ B.) Trajecti ad Rh. 840, Natan. (Lipsiae, Volckmar.) *

Royaards, Herm. Joh., Compendium historiae ecclesiae christianae. In scholarum usum. Fasc. II.: Historiae ecclesiae recentior. 8maj. (XVIII und 288 S.) Trajecti ad Rh. 845, (Kemink et filius.) *
Fasc. I. Ibid. 1840. * 1 Thlr. 20 Ngr.

— de altera Pauli ad Corinthios epistola et observanda in illa Apostoli indole et oratione. 8maj. Utrecht 818. (Lpz., Weidmann). 1 ₰ 12 gl.

Royal-Arch oder Königliches Capitel des Gewölbes in Jerusalem. [Rudolstadt ca. 1805—1806.] H: *Schröder, Friedrich Ludwig.* (TT 1400) (wolfstieg II, 623)

Royal-Arch oder königliches Capitel des Gewölbes in Jerusalem. (Rudolstadt, Geheimdruckerei ca. 1805.) 8. 56 S.
Fehlt bei Kloss. — Nr. 17 der Schröder'schen Ritualsammlung, nur für die Geheimsten des Engbundes gedruckt.

Die Royal-Engineers im südafrik. Kriege. T. 1. Berlin 1904. 8°. (Mitteilungen des Ing. Komitees. H. 37.)

Royalismus, der, des Preußischen Offiziercorps in seiner politischen u. historischen Bedeutung. Von einem Standesgenossen (v. Kleist). gr. 8. (54 S.) Berlin 852, Mittler's Sort.-Buchh. in Comm. n. 6 ngl

Royardt, H., diatribe de divinitate Iesu C. II Pts. 8. Ir. Frft. Weidmann. 791. (12 gr.) Ilr. Traj. ad Rhen. (Dänzer, D.) 792. (1 Rthlr. 8 gr.)

— diatribe de divinitate Jesu Christi. II Ptes. 8. Leyden 792. (Weidmann in Leipz.) 1 ₰ 20 ℊ

Royaule, la, de juillet et la révolution, par l'auteur de Deux ans de règne. 2 Vol. in-8. Paris 837. Brockhaus et Avenarius. (5 ₰ 4 gr.) 3 ₰

Royaume, le, de Bohême et l'état Autrichien. Lex. 8. (35 S.) Prag, Dr. E. Grégr. 1867 30 kr.

Royaume, le, de Westphalie, Jerome Buonaparte, sa cour, ses favoris et ses ministres. par un témoin oculaire. 8. Paris, 820.

v. Royaumont, s. *Sacy* le Maitre.

Royaumont, S. v., bibl. Gesch. d. Alt. u. N. Test. 4. Augsb. Wolf. 718.

— Gesch. d. Alt. u. N. Testaments rc. 8. Bamberg, Göbhard. 809.

— bibl. Geschichtsspiegel, od. hist. Ausz. aller Bücher A. u. N. Test. 8. Wien, Doll. 789. m. K.

— — ders. m. K. 8. Augsb. Wolf. 782.

— Histoire du vieux et du nouveau Testament, voy. Histoire.

Royce, Josiah, wie unterscheiden sich gesunde u. krankhafte Geisteszustände beim Kinde, s.: Magazin, pädagogisches.

(de Roye, Frc.): Canonici juris Institutt. lib. III. — c. annotat. Casp. Ziegleri. Lips. (685.) 699. 8. — Acc. Chr. Gfr. Hoffmann Praef. de juris Canon. apud Evangel. auctorit., ejusque juris recta discendi ratione. Lips. 722. 8.

Roye, Frz. de, de missis dominicis, earum officio et forensi disciplina. 8. Lips. Schuster. (F. C. W. Vogel) 744.

Adrian van Royen

(Prodromus florae Leydensis.) Phil[ippi] Frid[erici] Gmelin Otia botanica quibus in usum praelectionum academicarum de initionibus et observationibus illustratum reddidit Prodromum florae Leydensis Adriani van Royen... Tubingae 1760: Berger. 200 S. 8

Royen, Joseph van, Rhenanus: De vocabulis patronymicis et ethnicis a poetis Latinis per metonymiam nominum propriorum loco positis. *Halis Sax. 1900: typis Orphanotrophei.* (85 S.) 8°
Halle, Phil. Diss. v. 1900

Royer, A., die wahre Weisheit rc. 12. Wien, Gerold. 749. Rthlr.

Royer, Alfr., aus der Russischen Gefangenschaft, s. Conversations- und Reisebibliothek.

Royer, Alph., die Janitscharen. Uebers. v. Emilie Wille. 2 Thle. 8. (44 B.) Leipzig 843, Kollmann.

Royer, Alph., Robert Macaire im Orient. Uebers. v. Emilie Wille. 8. (18 B.) Leipzig 841, Kollmann.

—, Manoel. Roman. Uebers. v. Friedr. Pitt. 2 Bdchn. 8. (16¼ B.) Dresden u. Leipzig 835, Arnoldische Buchh.

— Eleonore v. Manteufel, s. Soulié, der verliebte Löwe.

—, Eleonore v. Montefeltro, s. Soulié, d. verliebte Löwe.

Royer, C. Dan., florilegium oratoriae. 8. Worms. 707.

ROYER, FRANC(ISCUS) SOL(ANUS): Inscrutabilis felicitas. Die unergründliche Glückseligkeit / Das ist: Schwere des allen menschlichen und englischen Verstand unergründlichen allerhöchsten Majestät Drey-einiger Gottheit, deren Göttlichen Dreyen Persohnen / und eintziger Weesenheit doch glückseligsten Geheimnus / oder Lob- und Ehren-Rede / ... an dem hohen Titular-Fest / der allerheiligsten Dreyfaltigkeit ... zu Gross-Commorn Anno 1742. dem 20. May vorgetragen. Preßburg 1742, gedr. b. denen Royerischen Erben. 6 f. - kl. 4°

[J.] Royer, Jakob [Dr.]: Die Eschatologie des Buches Job ... Regensburg, Druck d. Verl.-Anst. vorm. G. J. Manz, 1892; IV, 101 S. 8.
Würzburg, Theol. Fak., Inaug.-Diss. v. 1892

Royer, Jak., die Eschatologie des Buches Job, unter Berücksicht. der vorexil. Prophetie, s.a. Studien, biblische. VI. 5.

Die Eschatologie des Buches Job. Unter Berücks. d. vorexilischen Prophetie dargest. von Dr. Jakob Royer, Pfarrer. *Freiburg i. B.: Herder 1901.* (VIII, 156 S.) 8°
= Studien, Biblische. Bd 6, H. 5. [01. 9817

Royer-Collard, s. *Collard*.

Royko, Kaspar

— s. Dekret d. Versammlung.

— Einleit. in die christl. Religions- u. Kirchengeschichte. gr. 8. Prag 788. 2e A. 790. (Widtmann). 1 ₰ 12 ℊ

Royko, Kasp., († d. 20. April 1819.) Geschichte d. großen allgem. Kirchenversamml. zu Kostnitz. 4 Thle. nebst Regist. gr. 8. Prag 780—85. (1r u. 2r Thl. 2e Aufl. (nur neues Titelbl.) 796.) Widtmann. 4 ₰ 20 ℊ — Anmerkk. zu dems., s. Selig.

— Rede bei der Prager Universitätsfeier. 4. Prag 790. Widtmann. 5 ℊ.

— Rede b. d. Prager Universitäts-Feyer rc. 4. Ebend. 799.

— christl. Religions- u. Kirchengeschichte. 4 Thle. gr. 8. Prag 789—95. (Widtmann). 4 ₰ 22 ℊ

— Oratio inauguralis de studio historiae ecclesiasticae. 4. Grätz (Salzb.) 770. Mayr. 1¼ ℊ

— synopsis historiae religionis et ecclesiae Christianae methodo systematica adumbratae. 8maj. Prag 785.

Royko-Hussan, s. Hussan.

Royle, J. F., Versuch über das Alterthum d. indischen Medizin nebst e. Einleitungs-Vorlesung z. e. Cursus d. Materia medica u. Therapie. Aus d. Engl. übertr. v. J. Wallach, mit e. Einleitung von C. F. Heusinger. Neue Titel-Ausg. gr. 8. (13⅛ B.) Cassel 838. [Quedlinburg, Ernst'sche Bh.]

Royle, J. F., ein Versuch üb. d. Alterthum d. indischen Medicin, nebst e. Einleitungs-Vorles. zu e. Cursus d. Materia med. u. Therapie im King's College. A. d. Engl. übertr. v. J. Wallach, mit e. Einleit. u. mit Zusätzen vers. v. C. F. Heusinger. gr. 8. (14 B.) Cassel 839, Fischer.

Roys, H., Wolfach und sein Kiefernadel-Bad. Eine historisch-statistisch-topographische Beschreibung der Stadt Wolfach und Umgebung. 8. (72 S. mit 1 Chromolithogr.) Carlsruhe 857, (Geßner'sche Buchh.) *

Royt, W.

Royt: Anfänge der Stadt Znaim. 14 S. – Znaim, Progr. 1864.

Royt: Die Königinhofer Handschrift und ihre Würdigung in andern Literaturen. 8 S.–Znaim, Progr. 1857

Royzii Maurei, Petri, carmina, s.: Corpus antiquissimorum poetarum Poloniae latinorum. V.

1. Rožanczius Amžinas. 2. spaudimas. Dapildytas ir padidintas. 2. Draugystė Vaiku ir Augusiu dėl Iszpirkimo ir Auginimo Vaikų Kinų. Iszleidimas 2. Tilžėje: O. v. Mauderode [um 1900]. (47 S.) 8°
[1. Ewiger Rosenkranz. 2. Aufl. Verbessert u. verm. 2. Verein d. Kinder u. Erwachsenen f. Kauf u. Erziehung chines. Kinder. 2. Ausg.] [o5. 4182 10

Rožánek u. Morávek, ärztlicher Rathgeber zur Schönheitspflege. Verlässlichster Leitfaden f. die Frauenwelt. 8. (149 S.) Eger 902. J. Kobrtsch & Gschihay. n. 1. —

Jakob M. R. Lenz, der Dichter der Sturm- und Drangperiode. Sein Leben u. s. Werke. [Poèt perioda 'burnych stremlenij' Jakob Lenc, ego žizn' i proizvedenija.] Von M[atvej] N[ikan.] Rosanow [Rozanov], Privatd. Vom Verf. autor. u. durchges. Uebers. Deutsch von C[arl] v. Gütschow. Leipzig: Schulze 1909. VIII, 550 S. 8°

Rozard, Lieutenant-Colonel, Ingénieur de Son Altesse Serenissime electorale de Baviere. Nouvelle fortification française. Où il est traité de la construction des places, ensemble l'explication des trois systèmes du Maréchal de Vauban, la manière d'attaquer et de se défendre dans les forteresses, celle de camper les Armées en ligne et aux siéges, de mettre les troupes en bataille et de les faire combattre, soit en plaine, ou à la défense des retrachemens. (Mit 38 Taf.) (2 Bde.) 304 S. 4. Nuremberg 1731.

Rozbor staroceské literatury cjtaný we schuzkach králowské ceské spolecnosti nauk, sekcj filologické, R. 1840 a 1841. (Wynato z pogednánj kr. ceské spolecnosti nauk, rady V. djlu 2.) gr. 4. (13½ B.) Praze 842, Kronbergra. *

—— dass. R. 1843 a 1844. gr. 4. (9¾ B.) Ebds. 845. *

v. Rozdejczer, Karl: Untersuchungen über die Stickstoffernährung der Leguminosen ... Leipzig, Druck v. Sellmann & Henne, *1895;* 38 S., 1 Bl., 1 Tab. 8.
Leipzig, Phil. Fak., Inaug.-Diss. v. [3. Apr.] 1895

Ρόζε, Ἀχιλλεύς
s. Rose, Achilles. [o9. 1784 5

Roze - I. [Schlagwort]

Roze-J., Rhede von, s.: Seekarten.

Rožek, Joh. Alex., kurzer Abriß der lateinischen Formenlehre. gr. 8. (VII und 79 S.) Wien 862, Gerold's Sohn. *

Rožek, Joh. Alex., Beispiel- und Aufgaben-Sammlung zur Einübung der lateinischen Syntax. 1. Thl. [Für die 3. Classe der Gymnasien.] Umgearb. Aufl. des Uebungsbuches. gr. 8. (VI, 140 S.) Wien 875, Gerold's Sohn. *
—— dass. — 2. Thl. [Für die 4. Klasse der Gymnasien.] Verb. Aufl. des Uebungsbuches. gr. 8. (III, 164 S.) Ebendas. 877. *

Rožek, Joh. Alex., Beispiel- und Aufgabensammlung zur Einübung der lateinischen Syntax. 1. Thl. [Für die 3. Klasse der Gymnasien.] 2. Aufl. (154 S.) 1875; 3. unveränd. Aufl. gr. 8. (VI, 154 S.) Wien 881, Gerold's Sohn. *

Rožek, Gym.-Lehrer J. A., kurze Chrestomathie aus latein. Dichtern. kl. 8. (92 S.) Hermannstadt, Steinhaussen 1860 32 kr.

—— kurze Chrestomathie aus lateinischen Dichtern. Zusammengestellt und mit Anmerkungen versehen. Umgearb. und verm. Aufl. 8. (VIII und 80 S.) Hermannstadt 862, Steinhaussen's Buchh.

—— lateinisches Lesebuch für die erste und zweite Classe der k. k. Gymnasien des österreichischen Kaiserstaates. 2 Thle. gr. 8. Wien 860, Gerold's Sohn. [1. Thl. (VI und 75 S.) * 8 Ngr., 2. Thl. (VI und 121 S.) * 12 Ngr.] *

Rožek, Joh. Alex., lateinisches Lesebuch für die unteren Classen der Gymnasien. 1. Thl. 2. Aufl. 1866. u. 3., umgearb. u. verm. Aufl. Wien 868. Gerold's Sohn. gr. 8. (IV, 72 S.) n. 8 ngr.

— — 2. Thl. 2. Aufl. Ebend. 868. gr. 8. (IV, 112 S.) n. 12 ngr.

—— lateinisches Lesebuch für die unteren Classen der Gymnasien. 2 Thle. gr. 8. Wien 872, Gerold's Sohn. [1. Thl. 4. Aufl. (IV, 72 S.) * 80 Pf.; 2. Thl. 3. Aufl. (IV, 108 S.) * ℳ 1.20.] *

—— lateinisches Lesebuch für die unteren Classen der Gymnasien. 2 Thle. gr. 8. Ebendas. [1. Thl. 5. und 6. unveränd. Aufl. (IV, 72 S.) 875,79. * 90 Pf.; 2. Thl. (IV, 108 S.) 877. * ℳ 1,20.] *
—— dass. — Wörterverzeichniß. 2 Thle. gr. 8. Ebendas. [1. Thl. 5. und 6. Aufl. (60 S.) 876,79; 2. Thl. 4. Aufl. (78 S.) 877.] à Thl. ** 90 Pf. **

— dasselbe. 2. Thl. 5. Aufl. gr. 8. (IV, 128 S.) Ebend. 880. n. 1. 30

— lateinisches Lesebuch f. die unteren Classen der Gymnasien. 1. Thl. 7., unveränd. Aufl. gr. 8. (IV, 81 S.) Ebend. 881. n.n. — 90

— dasselbe. Wörter-Verzeichnis. 1. u. 2. Theil. gr. 8. Ebend. 882. à n. — 90
1. 7., unveränd. Aufl. (60 S.) — 2. 5. Aufl. (78 S.)

Rožek, Joh. Alex., lateinisches Lesebuch für die unteren Classen der Gymnasien. 1. Thl. 8. revid. Aufl. Approbiert mit h. Erlaß des Ministeriums für Cultus und Unterricht vom 31. Mai 1887, Z. 10,027. 8. (IV, 76 S.) Wien 887, Gerold's Sohn. *
—— dass. — Wörterverzeichniß zum 1. Thl. 8. revid. Aufl. 8. (84 S.) Ebendas. 887. *

—— dass. — Wörterbuch zum 2. Thle. 6. Aufl. 8. (126 S.) Ebd. 888.
1. Thl. Ebd. 1887. * — 80. * — 80

— Lese- u. Lehrbuch f. landwirtschaftliche Lehr- u. Fortbildungscurse, zugleich Hausbuch f. Landwirte. gr. 8. (VI, 384 S.) Wien 893. C. Graeser. Kart. n. 3. 20

— Lese- u. Lehrbuch f. landwirtschaftl. Lehr- u. Fortbildungscurse, zugl. Hausbuch f. Landwirte. 2., theilweise geänd. u. verb. Aufl. gr. 8. (VI, 384 S. m. 1 Bildn.) Wien 895. C. Graeser. Kart. n. 2. 80

Rožek, Joh. Alex., Lese- u. Lehrbuch f. landwirtschaftliche Lehr- u. Fortbildungscurse, zugleich Hausbuch f. Landwirte. 3., vielfach umgearb. u. erweit. Aufl. gr. 8. (VIII, 436 S. m. Abb.) Wien 899. C. Graeser & Co. Geb. in Leinw. n. 3. —

Rožek, Jos. Alex., Lese- u. Lehrbuch f. landwirtschaftl. Lehr- u. Fortbildungskurse, zugleich Hausbuch für Landwirte. 4., durchgeseh. u. erweit. Aufl. (VIII, 443 S. m. Abbildgn.) gr. 8. Wien 904. K. Graeser & Co. Geb. n. 3. 20

Rożek: De natura latinitatis Justinianae. 22 S. 8° – Herrmannstadt, kth., Progr. 1865.

— der Ortsschulrath u. sein Wirken. Ein Handbuch f. den Gebrauch der Ortsschulräthe. Ausg. f. das Herzogth. Steiermark. gr. 8. (V, 149 S.) Wien 892. A. Pichler's Wwe. & Sohn. n. 2. —; geb. in Leinw. n. 2. 40

Rożek, I.A.: Lexikalische Randglossen. 12 S. 8°.– Hermannstadt kath., Progr. 1863.

—— Schematismus der Volksschulen Steiermarks. [Abgeschlossen am 24. Decbr. 1876.] 8. (144 S.) Graz 877, (Ferstl'sche Buchh.)

—— dass. — [Abgeschlossen Ende Mai 1879.] gr. 8. (155 S.) (Ebendas.) 879. *

—— Übungsbuch zum Übersetzen aus dem Deutschen in's Lateinische. 2 Thle. gr. 8. Wien 863,65, Gerold's Sohn. *

Inhalt:
Thl. 1. (Casuslehre.) (VII und 124 S.) * 12 Ngr.
„ 2. (Tempus- und Modus-lehre.) (162 S.) * 16 Ngr.

—— Wörterbuch zu Hoffmann's historia antiqua, s.a. Wörterbuch.

— Wörterbuch zu Hoffmann's historia antiqua. Ebend. 859. 8. (IV, 305 S.) n. 20 ngr.

—— Wörterbuch zu Hoffmann's historia antiqua und Caesar de bello gallico. 8. (IV und 455 S.) Wien 863, Gerold's Sohn. *

— Wörterbuch zu Hoffmanns Historia antiqua u. Caesar de bello gallico. 3. Aufl. Ebend. 870. 8. (IV, 460 S.) n. 1 ₰

—— Wörterbuch zu Hoffmanns Historia antiqua und Caesar de bello gallico. 4. Aufl. 8. (IV, 460 S.) Wien 879, Gerold's Sohn.

Rožek, Wörterverzeichniß zum lateinischen Lesebuche. 2. Thl. 2. Aufl. 8. (77 S.) Wien, Gerold. 1867 40 kr.

—— Wörterverzeichniß zum 1. Theil seines lateinischen Lesebuches für die unteren Klassen der Gymnasien. 8. (65 S.) Wien 867, Gerold's Sohn. *

Rožek, J. A., Wörterverzeichniß zum 1. Theil seines lateinischen Lesebuches für die unteren Klassen der Gymnasien. 3. Auflage. 1871. 8. (61 S.) Wien, Gerold. 1870 40 kr.

—— Wörterverzeichnis zum lateinischen Lesebuche. 1. Thl. 4. Aufl. und 2. Thl. 3. Aufl. gr. 8. (60; 78 S.) Ebendas. 873. à Thl. * 90 Pf. *

— Wörter-Verzeichniß zum lateinischen Lesebuche. 1. Thl. 5. Aufl. u. 2. Thl. 3. Aufl. gr. 8. (60 u. 78 S.) Ebend. 873. à n. — 90

Rožek, J. A., Wörterverzeichniss zum ersten Theile des lateinischen Lesebuches. 7. Auflage. Wien 1882. K. Gerold's Sohn. Preis, 45 kr.

Rožek J. A., Wörterverzeichniss zum lateinischen Lesebuche. II. Theil. 5. Auflage. Wien 1882. K. Gerold's Sohn. Preis, 45 kr. (M.-E. v. 29. September 1882, Z. 16273.)

—— Wort-Register zum lateinischen Lesebuche. gr. 8. (96 S.) Wien 861, Gerold's Sohn. *

Rozenblat, Henryka, a. Warschau: Aus der experimentell-biologischen Abteilung des königlichen pathologischen Instituts zu Berlin. Experimentelle Untersuchungen über die Wirkung des Kochsalzes und des doppeltkohlensauren Natron auf die Magensaftsekretion. [Berlin] (1907): [J. Springer.] (44 S.) 8° ¶(Aus: Biochemische Zeitschrift 4.)
Berlin, Med. Fak., Ref. Orth, Diss. v. 6. Juli 1907
[Geb. 7. Febr. 80 Turek; Wohnort: Warschau; Staatsangeh.: Rußland; Vorbildung: Gymn. Warschau Reife M. 97; Studium: Genf 8, Zürich 4, Berlin 3 S.; Rig. 5. Juni 07.]

Rozenraad, C., die wirtschaftl. Entwicklg. Deutschlands. Vortrag, geh. am 21. III. 1899 in der „Society of arts, manufactures and commerse" zu London. Aus dem Engl. übertr. gr. 8. (36 S.) Berlin 899, Puttkammer & Mühlbrecht. n. 1.20

Rozenraad, Octave, approb. Arzt: Die neueren Ergebnisse in der Behandlung und Prophylaxis des Tetanus. *Leipzig 1902: B. Georgi.* (28 S.) 8°
Leipzig, Med. Diss. v. (26. Mai) 1902

Rozet, Claude Ant., Voyage dans la régence d'Alger, ou Description du pays occupé par l'armée française en Afrique. Avec un Atlas de 30 planches et 1 Plan. 3 Vol. in-8. Paris 833. Brockhaus et Avenarius. (12⅔ ₰) 4 ₰

Rozet, P., Algier, s. Weltgemälde-Gallerie, Afrika.

Rozet, P., Gemälde von Algier. Mit 8 Stahlst. gr. 8. Frankfurt 837. Schmerber. 1 ₰

— s. auch Gemälde der Länder u. Völker.

[Russ.] Ot rozgi k želtomu biletu. Novye podvigi pravitelstva i staryja dumy rabotnika. *Berlin: G. Štejnic (1903).* (43 S.) 8°
[Auf d. Umschl.:] Von der Peitsche zum gelben Billet. [Neue Heldentaten d. Regierung u. alte Gedanken e. Arbeiters.] Du fouet au billet jaune.
(Sobranie lučšich russkich proizvedenij. Č. 49.) [03. 10630

[Russ.] Pod rozgoj. Iz žizni soldata. *Berlin: G. Štejnic (1903).* (30 S.) 8°
[Auf d. Umschl.:] Unter der Knute.
(Sobranie lučšich russkich proizvedenij. Č. 50.) [04. [illegible]

Rozgonyi, Jos., Dubia de initiis transcendentalis Idealismi Kantiani. 8maj. Pest 792. Eggenberger. 12 gl

Rožic Justos, Dr.: Beitrag zur Theorie der Linde'schen Luftverflüssigungsmaschine (mit 3 Textfiguren). S. 115. [illegible]
Separatabdruck

Rožić, Just., Beitrag zur Theorie der Linde'schen Luftverflüssigungsmaschine. (12 S. m. 3 Fig.) 8. Wien (907). A. Hölder. — 50

— Über eine Methode der gleichzeitigen Messung von elektromotorischen Kräften und inneren Widerständen bei gleichzeitigen beliebigen kontinuierlichen Änderungen derselben (mit 3 Textfiguren). S. 117. [illegible]
Separatabdruck

— Über eine Methode der gleichzeitigen Messung von elektromotor. Kräften u. inneren Widerständen bei gleichzeitigen beliebigen kontinuierlichen Ändergn. derselben. (4 S. m. 3 Fig.) gr. 8. Ebd. 908. — 35
2 Sonderabdr. aus: „Sitzungsber. d. k. Akad. d. Wiss."

Rožice za mlade in odrašćene ljudi. Izdalo družtvo sv. Mohora. S podobo Blejskega jezera. Klagenfurt 859. Leon in Comm. gr. 8. (170 S.) n. 12 ngr.

Rozier, über d. geheim. Verirrungen d. weibl. Geschlechts, u. die durch dies. herbeigeführt. Krankheiten. A. d. Franz. übers. u. nach d. 3., verm. u. verb. Originausg. bearb. gr. 8. (16½ B.) Leipzig 831, Rein.

Rozier, François. Abhandlung von der besten Art, die Weine ... zu behandeln; a. d. Franz. Zerbst 1773. Ü: *Gladbach, Johann Adolph.* (Ky)

Rozier: Abhandlung von der besten Art die Weine theils zum gemeinen Gebrauch theils zum Versenden zu machen und zu behandeln. Ein allen Winzern nützliches Werk, welches nach dem Urtheil der Akademie zu Marseille im Jahr 1770 gekrönet worden ist. ... Aus d. Franz. übers. Zerbst: Zimmermann 1773. 325 S. -- 16.21°. UB Brünn
BJ: Rozier, F. -- Bibliotheca oenologica 1772. -- Weber: 1772.

—Abhandl. üb. die Kultur d. Getreides, s. Parmentier.

Rozier, Beobachtungen, s. Sammlung brauchb. Abhandlungen.

—über die chem. Eigenschaften d. Oels. 8. Augsb. 776. Lotter. 2 gl

Rozier, F. Sammlung brauchbarer Abhandlungen aus [den] Beobachtungen über die Natur und Kunst. Leipzig 1775. Ü: *Wünsch, Christian Ernst.* (EBHN) (Ky) (EngM)

Rozier, Vict., die öffentlichen Bälle in Paris, s. Curiosa et Jocosa etc.

ROZIER, Dr. V., Die öffentlichen Bälle und die Balldamen in Paris. Pariser Studien. Stuttgart 1857. 12°. (In Stuttgart.) (1/3 Rthl., Scheible. c. 1870.)
Curiosa et Jocosa . . . Bdchn. IX.
Orig.: Les bals publics à Paris. Paris 1856; 1857 12°. 160 pp. (Quérard, France litt. Forts.)

Rozier, Vict., die öffentlichen Bälle u. die Balldamen in Paris. Pariser Studien. Berlin 861. J. Abelsdorff. 16. (120 S.) n. 10 ngr.

Roziere, Carlet de la. Carte d'une partie du théâtre de la guerre présente en Allemagne, qui comprend le landgraviat de Hesse-Cassel, le comté de Waldeck, une partie du duché de Westphalie, l'évêché de Paderborn, une partie de l'électorat d'Hannovre et de la Thuringe, l'abbaie de Fulde, le comté d'Hanau, avec une grande partie de la Wetteravie. Francfort-sur-le-Mein (1761? 1 Bll. . . . . . .

Carlet de la Rozière. Carte d'une partie du théâtre de la guerre en 1762 en Allemagne compren. Hesse-Cassel, Waldeck, Westphalie, Paderborn, Hanovre, Thuringe, Fulda, Hanau av. la Vederavie. (4 f.) (1764.)

Rozinay, Stef. v., die Bauten von Budapest. In Lichtdr. ausgeführt von Carl Divald. 1.—6. Lfgn. Fol. (à Lfg. 6 Lichtdr. und 4 Stnt. mit 1 Bl. ungar., französ. und deutschem Text.) Eperies 883—85, Divald. à Lfg. *M 10. *

Rozlozsnik, Paul

— u. Koloman **Emszt,** Beiträge zur genaueren petrograph. u. chemischen Kenntnis der Banatite des Komitates Krassó-Szörény, s.: Mitteilungen aus dem Jahrbuche der kgl. ungarischen geolog. Landesanstalt. XVI, 1.

Rozlozsnik, Paul, über die metamorphen u. paläozoischen Gesteine d. Nagybihar, s.: Mitteilungen aus dem Jahrbuche der königl. ungarischen geolog. Anstalt. XV, 2.

ROŽMAN, Gregor: Wesen und Aufgabe der Kirche nach der Lehre des hl. Paulus im Epheser- und im Kolosserbrief. — (1910) VI, 138 Bl. 4° (Handschr.) Diss. 714
Diss. Wien, Univ.

Rozman, Jožef, Cvetje keršansko-slovenske zemlje. Pridnim mladenčem in deklicem v darilo nabral in v venec povil. Z 9 podobšinami (in Stahlst.) gr. 8. (VIII und 103 S.) Klagenfurt 856, Leon'sche Buchh.

Rozman, Jožef. Cvetje keršansko-slovenske zemlje. V Celovcu, Leon, 1857. 111 S.

— Katechetika ali poduk pervencow u sveti Jezusovi veri. gr. 8. (181 S.) Klagenfurt 855, Leon'sche Buchh.

Slava Gospodu! Molitvenik. V Celovcu, St. Hermagoras-Druck., 1902. 384 S. (Verf.: Jošef Rozman.)

Rozmiarek, Andreas ⟨**Andrzej**⟩: Untersuchungen über die Reparaturkosten- und Amortisationsfrage landwirtschaftlicher Baulichkeiten mit bes. Berücks. d. oberverwaltungsgerichtl. Entscheidungen. Merseburg 1909: Stollberg. 56 S. 8°
Bonn, Phil. Diss. v. 10. März 1909, Ref. Aereboe
[Geb. 24. Okt. 78 Czolowo; Wohnort: Kozy (Galizien); Staatsangeh.: Preußen; Vorbildung: Marien-Gymn. Posen Reife O. 02; Studium: Freiburg i. B. 2, Breslau 8, Bonn 2 S.; Rig. 29. Juli 08.] [U 09. 427

Rozmital, des Böhmischen Herrn Leo's v., Ritter-, Hof- und Pilgerreise durch die Abendlande 1465—1467. Hrsg. von J. A. Schmeller, s. Bibliothek des litterar. Vereins in Stuttgart., Bd. 7.

Rozmyślania o męce Chrystusa pana podług pisma świętego ojców i pisarzów kościelnych z dodaniem drogi krzyżowej. gr. 12. (XII u. 311 S.) Berlin 852, Behr. n. $1\frac{1}{2}$ ₰

Rozsa Sandor. Volksschauspiel in 3 Aufzügen frei für das Kindertheater bearb. Wien [ca. 1900]. V: *Neidl, Julius.* (EB)

Rozsa Sandor, der König der Zigeuner und Held der Pussta. Volksroman. (In 100 H.) (*Berlin: Verlagshaus [1902].*) (2400 S.) 8° [Umschlag:] [illegible]

Rózsa. Santa Barbara. — Seiner Waffe! Wien 1900. 56 S.

Rózsaági, L. C., s. Rózsaági, Martin L.C.

Rózsaági, Mart., spezielle u. allgemeine Buch-, Rechnungs- u. Geschäftsführung in Banken u. anderen Geldinstituten. Ein pract. Handbuch f. angeh. Bankbeamte aller Branchen, f. Handels- u. Industriebeflissene u. überhaupt f. diejenigen, die sich m. der bewährten Manipulazion u. Amtirg. der Banken u. sonst. Geldinstitute vertraut machen wollen. Nach eigener Erfahrg. u. den besten Quellen bearb. gr. 8. (61 S.) Budapest 873. Petrik. n. 1. 20

Rózsági, Martin. Universal-Zinsen-Tabelle, mittelst welcher man die Interessen zu jedem Procentfuße von welchem Kapitale immer von 1 Kreuzer bis über 10 Milliarden Gulden auf jede Zeitdauer leicht, schnell und mit Sicherheit bis auf Zehntel-Kreuzer bestimmen kann. Mit ungarisch-deutschem Texte entworfen und mit einer praktischen Anleitung in beiden Sprachen versehen. 2. Aufl. 8. Pest, Lampel. 1870. 50 kr.

— vollständigste Universal-Zinsen-Tabellen, mittelst welchen man die Interessen zu jedem Prozentfusse, v. welchem Kapital immer [von 1 Neukreuzer oder Centime an bis beispielsweise 100 Milliarden Gulden ö. W. oder Francs etc.] für jede Zeitdauer [in Tagen, Monaten u. Jahren ausgedrückt] leicht, überraschend schnell u. m. Sicherheit bis auf Hundertstel-Kreuzer, respective Centimes u. genauer bestimmen kann. Mit e. leicht verständl. Anleitg. versehen. 3. ganz umgearb. bedeutend verm. u. verb. Aufl. gr. 4. Ebend. 871. n. 2. —

Rózsaági. Martin L. C., *Inh. und Vorsteher der conz. Knaben-Lehr- und Erziehungs-Anstalt in Arad.* Heimatkunde vom Königreiche Ungarn. In gemeinnützlichen Lesestücken dargestellt zunächst für die Schüler der obern Hauptschulklassen, nicht minder der Handels- und Gewerbeschulen der Sonntags- oder Wiederholungsschulen und ähnlicher Lehranstalten, wie auch für den häuslichen Unterricht. *Arad* 1858. Verlag von *Gebr. Bettelheim. Pest* 1857. Dr. von *J. Herz.* 108 S. 8°.

Rózsaági, L. C., Heimatkunde vom Königreiche Ungarn. In gemeinnützlichen Lesestücken dargestellt zunächst für die Schüler der obern Hauptschulklassen, nicht minder der Handels- u. Gewerbschulen ɪc. Arad 858. Bettelheim. gr. 8. (108 S.) n. 10 ngr.

Rózsahegyi, A. v., hygienische Grundsätze bei der Reconstruction v. Städten m. besond. Rücksicht auf Szegedin. Ein Vortrag. gr. 8. (39 S.) Leipzig 884. G. Thieme. n. 1. —

Rózsakastély és egyébb elbeszélések, ifjuk számára átdolg. Zemplént P. Gy. 4 képpel. (Das Rosenschloß und andere Erzählungen.) 8. Wien: Deibler 1892. 1.80

Rózsay: Catalogus coleopterorum Posonii et Cassoviae inventorum. S. 13-20. -- Pressburg kth., Progr. 1868.

Rózsay, A., Tabelle der französischen unregelmässigen Zeitwörter. Pest 870. Fekete. Imp.-Fol. 7½ ngr.

Rozsek, Joh. Alex., üb. 5 Justinus-Handschriften. Lex.-8. (20 S.) Graz 871. (Leuschner & Lubensky.) n. — 60

Rozsondai, J., ungarisches Sprachbuch f. Volksschulen m. deutscher Unterrichtssprache. 2 Tle. gr. 8. Hermannstadt, W. Krafft. Kart. n.n. 1. 20
1. 6. Aufl. (48 S.) 893. n.n. — 40
2. 3. Aufl. (133 S.) 891. n.n. — 80

Roztočil, Gustav

Roztočil, G., s.a Rechtsprechung, die, des k. k. obersten Gerichtshofes.

Roztocil, Gustav, die Rechtsprechung des k. k. Obersten Gerichtshofes aus dem Jahre 1881 in Civil-, Handels- u. Wechselsachen, einschliesslich der Advocaten- u. Notariatsordnung, gesammelt aus allen deutschen und nichtdeutschen Fachzeitschriften. II. Jahrg. 2 Bände. (Band III IV der ganzen Sammlung.) 8°. (III. Bd. IV, S. 1—752; IV. Band S. 753—1480. Wien, Perles. fl. 5. —. — Dasselbe, elegant geb. Ebd. fl. 6.50. 1887.

Rozum, Jan Václav, Hádanky. Pro naši milou mládež vydal. 32. (63 S.) Prag 849, Hess.

Rozumek, Paul, Kattowitz: Die Unwirksamkeit der Verfügungen der Ehefrau über eingebrachtes Gut mit besonderer Berücksichtigung der Erbenauseinandersetzung. *Nicolai O.-S. 1903: C. Miarka.* (VIII, 59 S.) 8°
Leipzig, Jur. Diss. v. 1903

Rozwadowski, Jan v., Wortbildung u. Wortbedeutung. Eine Untersuchung ihrer Grundgesetze. (VIII, 109 S.) 8. Heidelberg 904. C. Winter, Verl. n. 8. —

Rozwadowski, Jean, s.: Revue slavistique.

Rozwadowski, Johs., Quaestiones grammaticae et etymologicae. [Aus: „Abh. d. Akad. d. Wiss. in Krakau".] Lex.-8. (46 S.) Krakau 897. (Buchh. d. poln. Verlags-Gesellschaft.) n. 1. 60

Rozwadowski, Johs. Mich., quaestionum grammaticarum atque etymologicarum series altera. Lex.-8. (15 S.) Krakau 899. (Buchh. d. poln. Verlags-Gesellsch.) n. — 30
Sonderabdruck a.: „Abhandlgn. d. Akad. d. Wiss. in Krakau".

-- s.: Universitas linguarum Lituaniae etc.

Rozwadowski, Ladisl. Graf, die Pferdezucht-Frage in den im Reichsrathe vertretenen Königreichen u. Ländern. gr. 8. (106 S.) Wien 875. (Faesy & Frick.) n. 3. —

Rózycki, Antoni [aus Sosnowice (Polen)]: Über einige Chalkonderivate und Synthese des 2-Brom-3-Aethoxy-3'-Nitroflavons. Bern 1900. 43 S. 8°.
Bern. Phil. Diss. 1900/1901.

Różycki, K. v., das Evangeliarum Prumense, ein Geschenk des Kaisers Lothar I. an das Kloster Prüm (a. 852). Pergamentkodex aus dem Anfang des IX. Jahrh. (16 S. m. 3 Taf.) 8. München 904. (F. Klüber's Nachf.) 2. —

Katalog der Bibliothek des verstorbenen Universitätsprofessors Konrad v. Maurer. (Verl.: K. v. Różycki, Pasing.) München 1903: Junge & Sohn, Erlangen. (XXII, 304, 106 S.) 8° [03. 9614

Różycki, K. v., die Kupferstecher Danzigs. Ein Beitrag zur Geschichte d. Kupferstichs. gr. 8. (44 S. m. Signaturen.) Danzig 893. Th. Bertling. n 2. —

Rozycki, Sam., Kriegsoperationen während d. poln. Krieges im J. 1831. Von ihm selbst dargest. A. d. Poln. v. W. A. Szerlecki. gr. 8. (7 B.) Freiburg 834, [Gebr. Groos Vrlg.-Expedit.]

RÖZYCKI, Leopold von (Zajwezkowo/Polen): Der Kropf und seine Behandlung. Eine monographische Skizze mit besonderer Berücksichtigung der Exstirpation desselben und mit einer statistischen Tabelle dieser Operation.- München: Weifenbach 1868. 56 S.,Tab.
4.1.1868 - Urk (Titel: De struma.); F 72; Chr1867/68,13
Diss.Ingolst.-Landsh.-Mchn.

Rozynski, Franz, Priester d. Diöz. Kulm: Die Leichenrede des hl. Ambrosius insbesondere auf ihr Verhältnis zu der antiken Rhetorik und den antiken Trostschriften untersucht. Breslau 1910: Schles. Volkszeitung. 120 S. 8°
Breslau, Kath.-theol. Diss. v. 1. Okt. 1910, Ref. Koenig
[Geb. 7. Aug. 76 Gr.-Falkenau; Wohnort: Pelplin; Staatsangeh.: Preußen; Vorbildung: Kath. Gymn. Kulm Reife O. 90; Studium: Pelplin Priestersem. 8, Münster 8 S.; Rig. 12. Juli 10.] [U 11. 563

Rożyński, Janusz: Ueber das m-Jodacetophenon und dessen Ueberführung in m-Jodmandelsäure. 1899. 33 S. 8⁰
Karlsruhe, Dipl.-Diss. v. 30. 6. 1899

Rrunn, H.

— Über das Alter der aegyptischen Bildwerke. München. 24 p.
Schul-/Univ.-Schrift 1867.

Rrunn, H., über die sogenannte Leukothea in der Glyptothek König Ludwigs I. Vortrag in den Sitzungen der kaiserl. Akademie der Wissenschaften. München. 4. 25 *p. mit eingedr. Holzschn.*
Schul-/Univ.-Schrift 1867

Rue, mein Vetter, d. Radfahrer, s.: Röse, Martha.

Rue, K. de la, Gelegenheitsreden. 8. Grätz, Tusch. 802.

— Lob- und Trauer-Reden, a. d. Frz. v. Wurz. 3 Thle. 8. Grätz, Tusch. (Mayr in Salzb.) 802.

— Predigten f. d. Adv. u. d. Fasten v. Lindemayer. 4 Thle. 8. Augsb. Wolf. 778.

— christl. Tugendschule. 4 Thle. Fol. Augsb. 739.

Ruatri, A., Ernst Kossak. Eine Schilderg. seines Lebens u. seiner Werke. Mit e. Bildnisse Kossak's im Lichtdr. 8. (128 S.) Berlin 884. Eckstein Nachf. n. 2. —

R. P. Caroli Ruaei e Societate Jesu. Tragoediae Duae, Ingolstadii, Sumptibus Joannis Andreae de la Haye ... 1722 ...

103 pages. Contains two plays, "Lysimachus" and "Cyrus," the former originally entitled "Agathocles" and subsequently rewritten by the author. Charles de la Rue (1643–1725) was a Jesuit and a famous preacher in Paris.

Rub, Karl, die Erkenntnistheorie v. R. A. Lipsius verglichen m. denjenigen A. E. Biedermanns u. A. Ritschls. Vortrag, geh. im wissenschaftl. Predigerverein zu Karlsruhe am 27. Juni 1893. gr. 8. (38 S.) Karlsruhe 893. (J. J. Reiff.) n. — 50

Rub, Otto, die dramatische Kunst in Danzig von 1615 bis 1893. gr. 8. (150 S.) Danzig 894. Th. Bertling. n. 2. 50

Rub, Rud., Gedichte. (222 S.) 8. Strassburg 906. J. Singer. n. 2. 50

Rüb, Eugen [pr. Arzt, Sonnenberg bei Wiesbaden]: Die Brüche der Wirbelsäule insbesondere Bruch des Proc. spin. des VI. Halswirbels.... Würzburg, Druck d. Bonitas-Bauer'schen Buchdr., 1889; 24 S. 8°
Würzburg, Med. Fak., Inaug.-Diss. v. 1889

Rüb, Friedrich, Geschichte der Gemeinde Gnadental, Bessarabien, 1830—1930, 301 S. IfA, UBT

Rüb, J., der pragmatische kgl. bayr. Civil-Staatsdiener, seine Standes- u. Besoldungsverhältnisse, ferner die Berechng. der Pension f. ihn nebst Wittwe u. Waisen, sowie die Bezüge aus Relikten-Unterstützungsvereinen u. Töchterkassen. Eine Zusammenstellg. der wichtigsten Dienstespragmatik- u. sonst. Bestimmgn. unter Beigabe e. Berechnungstabelle, sowie des neuen Gehaltsregulativs vom J. 1892. gr. 8. (35 S.) Würzburg 893. Stahel. n. 1. —

Rueb, J. A. Geographie d. Großh. Baden, f. Schulen u. Vaterlandsfreunde bearb. gr. 12. (13 B. u. 1 ill. Karte.) Freiburg 840, Herder'sche Brlsbuchh.

[Arab.] Diwan Ruba Ibn-al-'Aǵǵaǵ wa-abjat mufradat mansuba ilaihi. I'tana bi-taṣḥiḥihi wa-tartibihi William Ibn-al-Ward. *Berlin: Reuther & Reichard* 1903. (CXII, 122, 191 S.) 8°
[Nebent.:] Der Diwan d. Regezdichters Ruba Ben Ela'ǵǵāǵ hrsg. von W[ilhelm] Ahlwardt.
= Sammlungen alter arabischer Dichter. 3.

— dasselbe, s.a. Sammlungen alter arabischer Dichter. III.

Rūba ben El'Aǵǵaǵ, des Regezdichters, Diwān. Aus dem Arab. metrisch übers. v. W. Ahlwardt. (252 S.) gr. 8. Berlin 904. Reuther & Reichard. n. 8. —

(8) **Rūba ben El'Aǵǵāǵ**, Diwān. 904. (KBl. 34.) Jetzt: Leipzig, O. Harrassowitz. Erm. Pr. 3. -

Rubach, Stahlbad Boklet bei Kissingen. Physiologische Wirkungen seiner Quellen u. Bäder. [Aus: Verhandlungen der physikalisch-medizinischen Gesellschaft zu Würzburg.] Würzburg 867. Stahel'sche Buchh. gr. 8. (46 S.) 7½ *ngr.*

Rubach, Berth., Gedichte. Hrsg. v. Elisab. Rubach. (IV, 75 S.) 8. Dresden 902. E. Pierson. n. 1. 50; geb. n. 2. 50

(Rubach, Ferd.) Originalien aus dem Leben gegriffen, s. Originalien.

Johann Friedrich Wilhelm Rubach

Jo[annes] Frid[ericus] Guil[elmus] Rubach: De variis inflammationis mammarum Formis. Halae (1823:) Grunert. 26 S. 8°

Halle, Med. Diss. v. 20. Nov. 1823

2. Ex.: Mx 75 (9)

Rubach, Jos. Maria, nur drei Worte: Glaube, Hoffnung, Liebe, od.: der Wahrheit Sieg! als Motiv meines Uebertrittes z. Christenthume dogmat. u. systemat. bearb. 2c. 1. u. 2. Abthl. gr. 8. (26 B.) Bayreuth 829, 31. (Rothenburg, Beck.)

Rubach, Wilhelm (Krefeld)
Analyse eines warm- und kaltbrüchigen Stabeisens.
[In: Annalen d. Chemie u. Pharmacie Bd 74 (1850) 360.]
Dr. phil. Giessen 5.3.1850.

Ruban. Pochod bojarina i bolschowa polku wojewody Alexeja Ssem-Scheina ss Asowu, wsjatje sego i Lintika goroda. (Feldzug des Bojaren u. Wojewoden des Hauptheeres Alexej Ssem. Schein gegen Asow, Einnahme davon u. d. Stadt Lintik.) [1637.] (226 S.) 8. St. Petersburg 1773.

Ruban-Elissejewa, Eugenie, von Samara (Russland): Aus dem patholog. Institut und der Frauenklinik in Zürich. Über eine Doppelmissbildung Janiceps, Craniorhachischisis, Anencephalus. [Mit Tafeln.] Zürich 1905. 21 S. 8°. [3. VII. 05.]
Zürich. Med. Diss. 1904/1905.

Ruban-Elissejewa, Eugenie. Über eine Doppelmissbildung Janiceps, Craniorhachischisis, Anencephalus. Diss. Med. Univ. Zürich. [Mit 1 Figur und 3 Tafeln.] *Kopftitel:* Aus dem patholog. Institut und der Frauenklinik in Zürich. 21 S. 8. Zürich, A. Markwalder, 1905.

Rubanowitsch, Johs., das hl. Abendmahl, was u. f. wen es ist. (147 S.) 8. Neumünster (904). Vereinsbuchh. G. Ihloff & Co. n. 2. —

Rubanowitsch, Joh., arm im Geiste. Vorträge. 8. (125 S.) Neumünster (901). Vereinsbuchh. G. Ihloff & Co. n. — 75; geb. in Leinw. n. 1. 25

Rubanowitsch, Johs., verschiedene Beter. (2. Aufl.) (91 S.) 11. 8. Neumünster (906). Vereinsbuchh. G. Ihloff & Co. — 80

— fordert die Schrift Sündenbekenntnis vor Menschen? Zwei v. Theologen aufgeworfene Fragen, beantwortet. (10 S.) 8. Hamburg 904. (Neumünster, Vereinsbuchh. G. Ihloff & Co.) n. — 10

— habe acht auf dich selbst! Vorträge. 8. (144 S.) Neumünster (900). Vereinsbuchh. G. Ihloff & Co. n. 1. —

— irret nicht, liebe Brüder! (Jak. 1, 16.) I—III. 8. Ebd. n. 1. 25
I. Der Adventismus. (62 S.) (905.) n. — 2t
II. Die Sündlosigkeit im Leibe des Todes. (46 S.) (905.) n. — 25
III. Die Apostolischen (Irvingianer). (110 S.) (906.) n. — 75

— Irret nicht, liebe Brüder! (Jak. 1, 16.) I, IV, V. 8. Neumünster, Vereinsbuchh. G. Ihloff & Co. 2. 60
I. Der Adventismus. 2. verm. Aufl. (119 S.) (907.) — 80
IV. Die Tauflehre. (128 S.) (907.) — 80
V. Der Darbysmus. (120 S.) (908.) 1. —

Deines Wortes stille Kraft. Gedanken aus Vorträgen von Pred. Joh[annes] Rubanowitsch aus Strassburg. Nach Notizen zsgest. *Görlitz: Christl. Schriften-Niederlage [1901].* (38 S.) 8° [F.] [illegible] 9798 2

— deines Wortes stille Kraft! Gedanken aus Vorträgen. Nach Notizen zusammengest. 8. (38 S.) Görlitz (901). (Striegau, R. Urban.) — 20

— die Macht der Gnade! Nach Bibelstunden. 8. (64 S.) Frankfurt a/M. (901). Bonn, J. Schergens. — Solingen, E. Rauh. n. — 30

— Psalm 32. Glückseligkeit nach d. Schrift aus Erfahrg. (196 S.) kl. 8. Neumünster (907). Vereinsbuchhandlung G. Ihloff & Co. 1. 20

Des Christen Stellung zur Welt. Von Pred. Johannes Rubanowitsch in Strassburg. *Görlitz: Christl. Schriften-Niederlage [1901].* (16 S.) 8° [F.] [illegible] 2

— des Christen Stellung zur Welt. 8. (16 S.) Görlitz (901). (Striegau, R. Urban.) n. — 10

Dr. Joh. Lepsius' 'Ein menschlicher Tag'. Ein Wort z. Abwehr. Von Prediger [Johannes] Rubanowitsch. Neumünster: Ihloff [1904]. 68 S. 8° A 14. 7354

— Versöhnlichkeit. (56 S.) 8. Ebd. (906). — 50

Was sagt die Schrift? Organ d. Christl. Gemeinschaft 'Philadelphia', Hamburg-Holstenwall. Hrsg. von J(ohannes) Rubanowitsch. Jg. 1. Hamburg: 'Philadelphia' 1904. 8° A 12. 1169

Die Wege zur Demut. Von Pred. Joh[annes] Rubanowitsch in Strassburg. *Görlitz: Christl. Schriften-Niederlage [1901].* (12 S.) 8° [F.] [illegible] 2

— die Wege zur Demut. 8. (12 S.) Görlitz (901). (Striegau, R. Urban.) n. — 10

— Weinstock u. Rebe. Reden über Johannes 15, Vers 1—11. Geh. zu Berlin. 8. (120 S.) Berlin (900). Deutsche ev. Buch- u. Tractat-Gesellschaft. — Bonn, J. Schergens. n. — 50

— Das heutige Zungenreden. (120 S.) kl. 8. Neumünster (907). Vereinsbuchh. G. Ihloff & Co. 1. —

Rubarth, Herm. Ferd. (geb. Ahden in Westf. 15. 7. 1842): De tussi convulsiva. Berolini (1865). (32 [vielmehr 30] S.) 8°
Berlin, Med. Diss. v. 29. Juli 1865

Rubasch Franz: Aëtius und seine Zeit. 25. Göding R. 05.
Progr.

Rubatscher, Willib. Tutonis monachi O. S. B. sermones IV cum eiusdem epistola nunc primum editi. 18 S. 8. I. G. *Graz* 1880.
Progr.

Rubault, Landreise nach Galam, s. Bibliothek d. Reisebeschreibb. 9r Bd.

Rubben, P. P., l'Architecture italienne, conten. les plans et desseins. fol. Lips. 755.

Rube, Ernst Ludw., Anleitung z. Fabrikation d. Zuckers aus Runkelrüben, auf mehrjähr. prakt. Erfahr. gegründet. gr. 8. (5 B. u. 1 Plan.) Darmstadt 837, [Diehl.]

Rube, Er. Ldw., Anleitung zur Fabrikation d. Zuckers aus Runkelrüben. Nebst dem lithogr. Plane einer Zuckerfabrik. gr. 8. Darmstadt 837. Dingeldey. 1/2 ß

Rube, F. A., System d. Pharmakodynamik, z. Theil als Leitfaden f. seine Vorlesungen entworfen. 8. Marb. 825. Krieger. 1 ß 12 gr

— Versuch üb. die Wärme u. ihr Wechselverhältniß mit d. Organismus. 8. Marb. 824. Krieger. 4 gr

Rube, Johann Christoph (Saalfeld) A. S. 207/27

Theses inaugurales de jure principis circa haereticos. Präs. Christian Thomasius. Rec.
Halle (Salfeld) 1712. 25 S.

Diss. 11. XI. 1697. 29375

Rube, Johann Christoph (Saalfeld) A. S. 352/20

Theses inaugurales de jure principis circa haereticos. Präs. Christian Thomasius. Rec.
Halle (Salfeld) 1722. 25 S.

Diss. 11. XI. 1697. 29376

Walther, Heinrich Andreas [Präs.] u. Joh. Christoph Rube (Battenberg) [Resp.]
Disquisitio de lege naturali generatim, qua sententiae recentissimorum scriptorum partim illustrantur partim modeste refelluntur.
Giessae Oct. 1721: vidua J. R. Vulpii. 24 S. 4°

Walther, Heinrich Andreas [Präs.] u. Ludw. Felix Rube (Battenberg) [Resp.]
Selecta quaedam juris naturae et gentium de contractibus summorum imperantium.
Giessae Jan. 1728: Müller. (4), 20 S. 4°
publico eruditorum examini

Rube, Richard, a. Korbach ⟨Waldeck⟩: Aus d. kgl. chirurg. Universitäts-Klinik Bonn. Studie über die Geschichte und die Mechanik der Saugapparate. Bonn 1905: C. Georgi. (32 S.) 8°
Bonn, Med. Fak., Ref. Bier, Diss. v. 1. Dez. 1905
[Geb. 17. Nov. 79 Bieber, Hessen-Nassau; Wohnort: Bonn; Staatsangeh.: Preußen; Vorbildung: Gymn. Hersfeld Reife O. 00; Studium: Heidelberg 1, Jena 1, Erlangen 3, Marburg 1, Bonn 3 S.; Coll. 21. Juli 05; Approb. 1. Nov. 05.]

Rube, V. H. F., de remediis vesicantibus ac rubefacientibus. 8. Marb. 794. Krieger. 4 gr

Rube, Wolrad ⟨geb. am 5 Aug. 1845 in Korbach Waldeck⟩: Ueber Geschwülste der Beckenweichtheile und die durch sie bedingte [!] Geburtsstörungen ... Bonn, Schnellpressendr. v. J. Trapp (1870). 33 S., 1 Bl. 8.
Bonn, Med. Fak., Diss. v. 20 Juli 1870

Rube, Wolrad: Der fünffüssige Jambus bei Hebbel. Ein Beitr. z. Geschichte d. Metrums. Heidelberg 1910: Pfeffer. 95, II S. 8°
München, Phil. Diss. v. 19. Juli 1909, Ref. H. Paul, Muncker
[Geb. 1. Juli 83 Wiesbaden; Wohnort: Wiesbaden; Staatsangeh.: Preußen; Vorbildung: Gymn. Wiesbaden Reife O. 02; Studium: München 8, Kiel 1, Jena 1, Leipzig 2 S.; Rig. 19. Juli 09.] [U 10. 3691

Rubehn, Beiträge zu e. Idiotikon d. Oder-Bruchs, s.: Mittheilungen d. historisch-statistischen Vereins zu Frankfurt a/O.

Rubeis, Fr. Jo. Fr. Bern. M. de, de peccatu originali, ejusque natura, ac traduce, et poena: deque multiplici statu hominis, innocentis, lapsi, reparatique, aç de possibili purae naturae statu: tractatus theologicus: in quo haeresum historia diligentius enarratur, vindicantur fidei catholicae dogmata, ac solidiores quae agi solent in scholis, juxta S. Thomae Aquinatis doctrinam dirimuntur quaestiones. Recusus ad edit. prim. Venetam MDCCLVII apud Sim. Occhi. Wirceburgi 857. Stahel. gr. 8. (XXXII, 468 S.) n. 1 *n$.* 18 *ngr.*

Rubel, Christian Gottlieb (Öttingen) Halle 1725/6

Philosophica, eaque solemnis, dissertatio de iure subditorum eminente. Präs. Johann Fridemann Schneider.
Halle (Hilliger), IV. 1725. 44 S. 29377

Rubel, F., s. R ü b e l, Johann Friedrich

Rubel, Johann Friedrich (Bayreuth) A. S. 942/2

Dissertatio inauguralis medica de vera medendi methodo in genere.
Altdorf (Meyer) 24. VII. 1736. 8 S. 29378

Rubel Isidor: Die Familie des Kaisers Traian.
H. 1907 PN 2263 **Diss.** Wien. Uni. 959

Rubel, Otto [aus Halle a. S.]: Die Niederschlagsverhältnisse im Ober-Elsass ... (Aus: Geogr. Abh. aus Els.-Lothr., Heft 2.) Stuttgart, *k. Hofbuchdr. Zu Guttenberg '(C. Grüninger)'*, 1895; 4 Bl., 269–358 S., 1 Kt. 8.
Strassburg, Math.-naturw. Fak., Inaug.-Diss. v. 1894

Rübel, Maria, die Hellseherin v. St. Koetgen. Mit Anmerkk. v. Dr. Kieser. (Ist dessen Archiv IV. 3s Heft). gr. 8. Leipz. 819. Herbig. 1 *ß*

Rübel, Carl, s. R ü b e l, Karl

Rübel, Eduard. Über Derivate des p-Tolyl-α-Naphtylamins. Diss. Phil. [II.] Univ. Zürich von Eduard A Rübel. [Mit 2 Tafeln.] 66 S. 8. Zürich, Schulthess & Co., 1901.

Rübel, Eugen: Über das Gewicht der rechten und linken Grosshirn-Hemisphäre im gesunden und kranken Zustand. Würzburg 1908: Verlagsdr. 22 S. 8°
Würzburg, Med. Diss. v. 12. Juni 1909, Ref. Rieger
[Geb. 22. Nov. 83 Kaiserslautern; Wohnort: Würzburg; Staatsangeb.: Bayern; Vorbildung: Gymn. Kaiserslautern Reife Juli 02; Studium: Würzburg 11 S.; Coll. 28. Okt. 08; Approb. 11. Juni 08.] [U 09. 4140

Rübel, J. Casp., geistl. Jordanswasser, od. Betracht. d. vornehmst. Pflichten d. Gottseligk. 8. Solingen. 727.

Rübel, Johann Friedrich

— Abhandl. v. d. Irrthümern, betreff. die Besitzung d. Menschen v. Teufel, Hexerei ꝛc. 8. Bresl. 758.

— physikal. Abhandl. v. d. Gewalt d. Teufels in d. Körper. 2 Thle. 4. Nürnb. 751, 53. 8 *gr.*

RÜBEL, Johann Friederich. Systematische oder gründliche Abhandlung von denen fast allgemin eingerissenen Irrthümern betreffend die Besitzung des Menschen vom Teufel .... nach Physicalischen Lehrsätzen ausgeführt und erwiesen. O. O. 1758. 8°. 152 S. (5 Mk., schönes Expl., O. Rauthe, Friedenau-Berlin, 1908.)

— Abhandl., wie man aus d. Krankheiten, aus d. Urine, Schweiße u. aus d. Stuhlgange ein richtiges Urtheil fällen könne. 8. Augsb. 762. Lotter. 3 *gr.*

Rübel, Jh. Fr., († ...) physikal. u. medicin. Abhandll. u. Anmerkk.; nebst e. Anh. v. d. auro potabili, od. d. Gold-Tinctur wider viele u. schwere Krankheiten. 8. Frankf. u. Leipz. 755.

Rübel, Johann Friedrich: Wahrhaffte Phisicalische Beschreibung von den Eigenschafften des Wein und Wassers in Franckenland, besonders aber in der Reichsstadt Schweinfurth. Franckfurt & Leipzig 1753. 19 S. -- 14°
Dass. erschien auch u. d. T.: Rübel: Vera vini et aquae .... D. i. Wahrhaffte Physicalische Beschreibung von den Eigenschafften des Wein .... 1737. -- s. Nr 3505.
Bayerische Agrarbibliographie: Rubel, F. Nürnberg 1754. -- BJ: Rubel, F. Nürnberg 1754. -- Bibliotheca oenologica: Rubel, F. Nürnberg 1757. -- Boehmer: Rvbel, Jo. Frid. Nürnberg 1754. -- Gatterer: Rubel, F. Nürnberg 1757. -- Müller: Rubel, Joh. Fr. Nürnberg 1757. -- Thienemann: Rubels, J. Fr. Nürnberg 1757. -- Weber: Rubel, F. Nürnberg 1757.

— der Charakter u. die Eigenschaften e. Medici. 8. Frankf. u. Leipz. 755. 2e verm. Ausg. 4. Ebd. 758.

--- Ders.: Vera vini et aqvae constitvtio physica in Franconia, inprimis S. R. I. civitatis Svinfurti, cum variis et rarioribus observationibus medicis. D. i. Wahrhaffte Physicalische Beschreibung von den Eigenschafften des Wein und Wassers in Franckenland, besonders in des Heil. Reichs freyen Stadt Schweinfurt / nebst verschiednen und besondern Medicinischen Anm. [Schweinfurt] 1737. 29 S. -- 22°
Dass. erschien auch u. d. T.: Rübel: Wahrhaffte Phisicalische Beschreibung von den Eigenschafften des Wein .... 1753. -- s. Nr 3504.
Bayerische Agrarbibliographie: Rubel, F. -- BJ: Rubel, F. -- Boehmer: Rvbel, Jo. Frid. -- Müller: Rubel, Joh. Fr. -- Thienemann: Rubels, J. Fr.

— v. d. Gewalt d. Teufels in d. Körper. 2 Thle. 4. Nürnb. 753.

— v. Krankh. a. d. Urin, Schweiß ꝛc. 8. Augsb. Lotter. 762.

Rübel, J. F., v. Criminalrechte. 8. Frankf. Eßlinger. 763.

— vom Criminalrechte. 8. Frankf. a. M. 763. (Schäfer). 3 *gr.*

Johann Friedrich Ruebel

Medicinisch-und chirurgisches Lehrgebäude oder Auszug aller medicinisch- und chirurgischen Wissenschafften worinnen alles was zur Anatomie, Physiologie, Pathologie, Chirurgie...und Therapia gehöret ...nach mathematischer Lehrart abgehandelt worden.. von Johann Friederich Rübel. Augsburg: Lotter 1761. 422 S. 8°

Lat. Ausg.s. Ruebel: Novum Systema medicum et chirurgicum. 1765.

— medicin.-chirurg. Lehrgebäude, od. Auszug aller medicin. u. chirurg. Wissenschaften. 8. Augsb. 762. Lotter. 12 *gr.*

Johann Friedrich Ruebel

Materia medica oder Gründliche Abhandlung, von den 3 Reichen der Natur, worinnen alle in den Apothecken befindliche Medicamenta... nebst e. Einl. gegen alle Kranckheiten u. Zufälle ordentliche Recepte zu schreiben, nach alphab. Ordnung in ein Systema gebracht von Johann Friedrich Rübel. Nürnberg: Felßecker 1764. 436 S. 8°

Joh. Fridr. Rubelii Mathesis theorematica, problematica et definitiva secundum elementa Matheseos illustris *Wolfii* conscripta. Vitemb. sumptibus Joh. Joach. Ahlfeldi. 4. (9 gr.) 1735.

— Merkwürdigk. u. Begebenh. a. d. Reiche d. Natur, Chemie, Medicin u. Physik. 8. Frankf. Fleischer. (Guilhaumann) 762.

— die Mittel, wie denen hypochondricis, melancholicis, oder Wahnsinnigen zu helfen sei; nach physikal. Lehrsätzen ausgeführt. 8. Bresl. 758.

— observationes v. Fieber u. Fleckfieber. 4. Frankf. Fleischer. 742.

Johann Friedrich Ruebel

Joh[annis] Friderici Rubelii [Ruebel] Pathologiae et therapiae p.1-4. Secundum principia illustris Hoffmanni et Hambergeri methodo demonstrativa conscripta. Francofurti a.M.: Fleischer 1739-40. 1 Bd 8°

P.1: De febribus. 1739.
P.2: De symptomatibus. 1739.
P.3: De morbis conformationis vitiatae, solutae unitatis et tumoribus.1740.
P.4: De materia medica. 1740.

— das wahre Portrait eines geschickten u. erfahrenen Medici, Chirurgi u. e. Hebamme. 8. Frankf. u. Leipz. 766.

— d. Recht d. Natur. 8. Wittenberg. 735.

Johann Friedrich Ruebel

Novum Systema medicum et chirurgicum, tam theoreticum quam practicum secundum methodum mathematica conscriptum a Johanne Friderico Rübel. Francofurti & Lipsiae 1765. 358 S. 8°

Deutsche Ausg.s. Ruebel: Medicinisch-und chirurgisches Lehrgebäude.1761.

— novum Systema medicum et chirurg. 8. Leipz. (Esslinger, Francf.) 765.

— novum systema medicum et chirurgicum. 8. Leipz. 765. (Schäfer in Frankf.) 8 gl

— gründl. Untersuchung u. Beantwort. e. in die Medicin einschlagenden Aufgabe d. königl. Akad. d. Wissensch.: wie allen Arten von Friesel sowohl bei d. Kindbetterinnen, als auch bei andern Personen vorzubeugen 2c. u. zu kuriren sei? 8. Frankf. u. Leipz. 769.

— Wahrnehmungen v. d. febribus inflammator. 8. Nürnb. Pottmann. 764.

— merkwürd. medicin. Wahrnehmungen von d. Febribus inflammator. 8. Nürnb. 765. Pottmann. 4 gl

Rübel, Karl, s. Beiträge zur Geschichte Dortmunds und der Grafschaft Mark.

(KARL RÜBEL.) Dortmund gegen Ende des vierzehnten Jahrhunderts. Vortrag, gehalten in dem historischen Vereine für Dortmund und die Grafschaft Mark. Dortmund 1884. Druck von C. L. Krüger. 8°.

Rübel, Karl, Dortmunder Finanz- u. Steuerwesen. Hrsg. vom histor. Verein in Dortmund. 1. Bd. Das 14. Jahrh. gr. 8. (IX, 330 S.) Dortmund 892. Koeppen. n. 7. 50

Rübel, Carolvs (geb. am 24 Febr. 1848 in Wesel): De fontibvs qvatvor priorvm historiae Avgvstae scriptorvm Pars prior [*un.*] ... Bonnae, form. C. Georgi 1872. 2 Bl., 64 S., 1 Bl. 8.
Bonn, Phil. Fak., Diss. v. 20 Jan. 1872

Rübel, Carl. Die Franken, ihr Eroberungs- und Siedelungssystem im deutschen Volkslande. Von Dr. K. R. [Mit Kartenskizzen im Text.] XVIII + 562 S. 8. Bielefeld und Leipzig, Velhagen & Klasing, 1904. [M. 12. —, geb. 15. —]
Darin S. 40f. 46. 166/8. 219/24. 229. 244. 258. 289f. 319f. 420. 469f. etc. die Schweiz, *insbes.* St. Gallen, Reichenau, Einsiedeln *etc. betr.*

Die älteste Geschichte des Hellwegs und die Entstehung des Reichshofes Dortmund. Vortrag des Herrn Prof. K[arl] Rübel im histor. Verein. *Dortmund 1900: C. L. Krüger.* (31 S.) 8° [Umschlagt. F.] [00. 10915 7

Geschichte der Frei- und Reichsstadt Dortmund. Von Dr. Karl Ruebel. *Dortmund (1901): W. Crüwell.* (64 S.) 8° [F.] [01. 6556 0

Rübel, Karl, Geschichte der Frei- u. Reichsstadt Dortmund. gr. 8. (64 S.) Dortmund 901. (Köppen.) n. 1. — ; kart. n. 1. 50

— Geschichte der Frei- u. Reichsstadt Dortmund. 2. (verb. u. verm.) Aufl. (84 S.) 8. Dortmund 906. F. W. Ruhfus. n. 1. —

— Reichshöfe im Lippe-Ruhr- u. Diemel-Gebiete u. am Hellwege, s. a. Beiträge zur Geschichte Dortmunds u. der Grafsch. Mark.

Reichshöfe im Lippe-, Ruhr- und Diemel-Gebiete und am Hellwege. Mit 2 Kartenskizzen. Von Karl Rübel. *Dortmund: Köppen 1901.* (XII, 143 S.) 8° [F.]
— Beiträge z. Geschichte Dortmunds. 10. [01. 7716 5

Rübel, Karl, die Dortmunder Reichsleute, s. a. Beiträge zur Gesch. Dortmunds u. der Grafsch. Mark. XV.

Die Dortmunder Reichsleute. Von Dr. Karl Rübel. Dortmund: Hist. Ver. Dortmund 1907. (XV, 227 S.) 8° [F.]
— Beiträge z. Geschichte Dortmunds u. d. Grafschaft Mark. 15. [08. 4360

RÜBEL, Das Dortmunder Stadt-Archiv. Vortrag gehalten im historischen Verein für Dortmund und die Grafschaft Mark. Dortmund. 1874. Druck von Wilh. Crüwell. 8°

Rübel, Karl, s. Urkundenbuch, Dortmunder.

Rübel, Reinhard [aus Krefeld]: Die Condensation des Acetons mit Alkalien ... Bonn, Univ.-Buchdr. v. C. Georgi, 1896; 52 S. 8.
Bonn, Phil. Fak., Inaug.-Diss. v. 11. Aug. 1896*)

Rubeli, Oskar, s. Rubeli, Theodor Oskar

Die tierärztliche Lehranstalt in Bern in den ersten hundert Jahren ihres Bestehens. von Prof. Dr. Theodor Oscar Rubeli. Mit Unterstützung der h. Direktion des Unterrichtswesens herausgegeben von der veterinär-medizinischen Fakultät der Universität Bern. 276 S. 8°. Mit Porträts und Illustrationen. Bern 1907.
(Nicht im Schriftenaustausch.)

Rubeli, Theod. Osk., die tierärztliche Lehranstalt zu Bern in den ersten hundert Jahren ihres Bestehens. Mit Unterstützg. d. h. Direktion d. Unterrichtswesens hrsg. v. d. veterinär-medizin. Fakultät d. Universität in Bern. (276 S. m. Abb. u. 1 Taf.) gr. 8. Bern 906. (Haller'sche Buchdr.) Geb. in Leinw. nn 6. 50

Rubeli, O., üb. den Oesophagus d. Menschen u. verschiedener Hausthiere. Inaug.-Diss. gr. 8. (64 S. m. 3 Taf.) Berlin 890. (Bern, Huber & Co.) n. 1. 80

Rubeli, Osc. Ueber den Oesophagus d. Menschen u. verschiedener Hausthiere. Diss. gr. 8. (64 S. m. 3 Taf.) Berl. 890. (Bern, Körber.) * 1 80

Rubeli, Th[eodor] Oscar: Ueber Polydactylie beim Menschen und bei Tieren. Rektoratsrede gehalten an der 80. Stiftungsfeier der Universität Bern am 28. November 1914. Bern, Akad. Buchh. von Max Drechsel, 1915. Druck von Fr. Haggenmacher, Laupen-Bern. 36 S. 8°.
Bern. Univ.-Schr. 1915/16

Rubempré, s. a. Morel.

v. Rubempré, J. Morel, die Geheimnisse der Ehe, oder vollstand. Abhandlung über die Ursachen u. Wirkungen der Krankheiten des Zeugungsvermögens, der Impotenz, Unfruchtbarkeit ꝛc. u. die sichersten u. bewährtest. Mittel zu ihrer Heilung. Nach d. Franz. bearbeitet. 8. Melsungen 838. (Kassel, Krieger'sche Buchh.) geh. u. verklebt 7/8 ₰

Rubempré, J. Morel-, Geheimnisse d. Zeugung etc. A. d. Franz. 2., u. 3., sehr verb. Aufl. (à 9¼ B. u. 1 Stnt.) 12. Stuttgart 832, Scheible. à

— Geheimnisse der Zeugung, oder die Kunst, nach Willkühr Knaben oder Mädchen, geistvolle, schöne, gesunde u. starke Kinder zu erzeugen ꝛc. ꝛc. Aus d. Franz. 4e durchgeseh. Aufl. Mit Titelkpfr. 16. Ludwigsburg 835. Imle u. Krauß. 7/8 ₰ — 5e durchgeseh. Aufl. 16. Schwäb. Hall 839. Haspel. 7/8 ₰

— dass. übersetzt von van Layden. 12. Aachen 836. Roschütz u. Comp. 1/2 ₰

Rubempré, J. Morel, Geheimnisse der Zeugung, od. die Kunst, nach Willkür Knaben od. Mädchen, geistvolle, schöne, gesunde u. starke Kinder zu erzeugen; nebst Angabe derjenigen Mittel, welche die vollkommenste Zeugungsfähigkeit bis in's höchste Alter gewähren, u. vielen andern f. beide Geschlechter wicht. Mittheilgn. Aus dem Franz. 6. durchgeseh. Aufl. gr. 16. (159 S.) Altona 875. Verlags-Bureau in Comm. 3. —

— Genesis oder radicale Heilung der Unfruchtbarkeit u. Impotenz. Nach d. Franz. 2e Aufl. 8. Melsungen 839. (Cassel, Fischer.) verklebt 5/8 ₰

v. Rubempré, Morel, die radicale Heilung der Unfruchtbarkeit u. Impotenz. Nach d. Französ. 2. Ausg. kl. 8. Quedlinburg 841, Ernst. verklebt 5/8 ₰

—— der Lavater der Temperamente u. d. Constitutionen, od. die Kunst, durch untrügl. Zeichen an jed. Menschen zu erfahren, ob er mit e. sanguin., nervös., gallicht., musculös., melanchol. etc. Temperament begabt ist; die e. jeden ders. eigenen Krankheitszufälle zu verhüten etc. A. d. Franz. 1. u. 2. Aufl. (à 8¼ B.) 12. Stuttgart 832, Scheible. à

— der Lavater der Temperamente u. der Constitutionen. Aus d. Franz. 3e Aufl. 16. Schwäb. Hall 840. Haspel. 3/4 ₰

—— Schutz u. Hülfe vor u. bei d. Lustseuche. A. d. Franz. 12. (5 B.) Stuttgart 832, Scheible.

— Schutz und Hülfe vor und bei der Lustseuche. Aus d. Franz. 2e Aufl. 12. Schwäb. Hall 839. Haspel. 1/2 ₰

—— Venus. Ein höchst nützl. Taschenb. f. Alle, welche geheime od. Geschlechts-Krankheiten mit einfach. etc. Mitteln selbst heilen wollen. (A. d. Franz.) 1. u. 2. Aufl. (à 5½ B.) 12. Stuttgart 832, Scheible. à

— Venus. Ein höchst nöthiges Taschenbuch für Alle, welche geheime oder Geschlechtskrankheiten ohne einen Arzt selbst heilen wollen. 3e verb. Aufl. 16. Schwäb. Hall 839. Haspel. 1/2 ₰

—— der Weg zu e. hohen Lebensalter u. d. wahre Heilkunde ohne Arzt. Ein vollständ. Gesundheits-Handb. etc. Nach vieljähr. eigenen prakt. Erfahrn. u. nach d. berühmt. Aerzten aller Zeiten u. Völker bearb. A. d. Franz. d. 6. Aufl. 2 Bdchn. 1. Ausg. 832. 1 Thlr. 12 Gr., u. 2. A. (à 25 B.) 12. Stuttgart 835, Scheible. Thlr.

— der Weg zu einem hohen Lebensalter u. die wahre Heilkunde ohne Arzt ꝛc. Aus d. Franz. der 6n Aufl. 2 Bdchn. 2e Ausg. 12. Ludwigsburg 835. Imle u. Krauß. 7/8 ₰

Rubempré, J. Morel-, die Zeugung d. Menschen; die Stärkung d. geschwächt. männl. Vermögens u. d. Heilung d. Onanismus bei beiden Geschlechtern. Ein populärer Rathgeber ꝛc. A. d. Franz. 12. (5¼ B.) Stuttgart 832, Scheible.

— die Zeugung des Menschen; die Stärkung des geschwächten männlichen Vermögens u. die Heilung des Onanismus bei beiden Geschlechtern. Aus d. Franz. 2e Aufl. 12. Schwäb. Hall 839. Haspel. 7/12 ₰

Rubempré, J. Morel, die Zeugung des Menschen, die Stärkung des geschwächten männlichen Vermögens u. die Heilung d. Onanismus bei beiden Geschlechtern. Ein populärer Rathgeber für Alle, welche über diese wichtigen Gegenstände Belehrung suchen. Aus d. Franz. 2. Aufl. gr. 16. (70 S.) Stuttgart 848, Ullrich. 12 ngr

Rubempré, J. Morel, die Zeugung des Menschen, die Stärkung des geschwächten männl. Vermögens und die Heilung des Onanismus bei beiden Geschlechtern. Ein populärer Rathgeber für Alle, welche über diese wichtigen Gegenstände Belehrung suchen. Aus dem Französ. 2. Aufl. gr. 16. (70 S.) Stuttgart 851, Ullrich'sche Buchh.

Rubempré, J. Morel, die Zeugung des Menschen, die Stärkung des geschwächten männlichen Vermögens u. die Heilung des Onanismus bei beiden Geschlechtern. Ein populärer Rathgeber für Alle, welche über diese wichtigen Gegenstände Belehrung suchen. Aus dem Französischen. 4. Aufl. Stuttgart 867. Fischhaber. 16. (113 S.) 15 ngr

Ruben, Dietrich von,. Lustsp. v. Beil. gr. 8. Mannheim, Löffler. 809.

Ruben u. Leu od. die Rückkehr zur Bundeslade. Ein Vorspiel zu vielen Tragödien der Gegenwart. Von ***. gr. 8. (35 S.) Berlin 892. H. Lüstenöder. n. — 70

Ruben, Albert, aus Dortmund: Die Stellung des Reichsoberhauptes nach der Frankfurter Reichsverfassung vom 28. März 1849 unter Berücksichtigung der jetzigen Reichsverfassung. *Marburg 1901: J. A. Koch.* (66 S.) 8°
Marburg, Jur. Diss. v. [25. Mai] 1901

Ruben, Baruch, Anmerkungen zu dem Festgebete der Israeliten nach portugiesischem Ritus (מחזור כ״ר מנהג). 3 Bde. 8. Wien 860, Knöpflmacher und Söhne. [1. Bd. (220 S.) 2. (112 S.) 3. (144 S.)]

Ruben, Ed., das practische Christenthum nach der neuesten Offenbarung. Göttingen 866. (Deuerlich'sche Buchh.) gr. 8. (III, 283 S.) n. 20 ngr

—— Sendschreiben an die Vernunft über religiöse Zustände. gr. 8. (60 S.) Göttingen 867, Deuerlich'sche Buchh. *

Ruben, E., Wahrheit oder Vernichtung. 2. Fortsetzung des prakt. Christenthums. gr. 8. (III, 112 S.) Leipzig 868, Lißner. [Pfefferkorn.] *

Ruben, Ernst, Gläubiger u. Gemeinschuldner im Konkursverfahren, s.a. Wissen, eigenes, 24. Bd.

Ruben, E., Gläubiger u. Gemeinschuldner im Konkursverfahren. Praktische Anleitg., wie jedermann seine Rechte im Konkursverfahren als Gläubiger od. Gemeinschuldner selbst geltend machen kann. (39 S.) schmal gr. 8. Leipzig, Jacobi & Zocher. 1904 —. 50.

Ruben, Ernst, das Recht d. Testamente u. Erbverträge, s.: Rechtskatechismen, populäre.

Immanuel Ruben

Descriptio anatomica capitis foetus equini cyclopici. Berolini (1824:) Hayn. 16 S. 8°

Berlin, Med. Diss. v. 5. Apr. 1824

Ruben, J., descriptio anatomica capitis foetus equini cyclopici. Cum 2 tabb. aen. 4maj. Berl. 824. Maurers B. 8 gr

Ruben, Ludwig: Netzhautveränderungen bei experimenteller Naphthalinvergiftung. Heidelberg 1910: Hörning. 36 S. 8°
Heidelberg, Med. Diss. v. 12. Mai 1910, Ref. Leber
[Geb. 28. Aug. 82 Lübbecke; Wohnort: Heidelberg; Staatsangeh.: Preußen; Vorbildung: Lyz. II Hannover Reife O. 03; Studium: Phil. München 1, Med. Straßburg 2, München 3, Freiburg i. B. 1, Berlin 2, Heidelberg 2 S.; Coll. 23. Nov. 09; Approb. 15. Febr. 10.] [U 10. 2087

Ruben, Martha, u. Alfr. **Kleinicke,** modern. Studententum (Freistudententum). Doppelreferat. Geh. unter d. Vorsitz v. Frau Minna Cauer im Verein „Frauenwohl" am 2. V. 1907, im Architektenhaus zu Berlin. Ueberreicht zum 7. Freistudententag in Weimar. 21. bis 24. V. 1907. (16 S.) 8. Leipzig 907. Gautzsch, Fel. Dietrich. — 25

Ruben, Paulus [Hamburgensis]: **Clementis Alexandrini excerpta ex Theodoto ... (Enth.: Prolegomena.) Lipsiae, typ. B. G. Teubneri, 1892; XXXII S., 1 Bl. 8.**
Bonn, Phil. Fak., Inaug.-Diss. v. 10. Aug. 1892

Die geschichtlichen Urkunden aus Deutschlands eisernem Jahr 1914/15 in naturgetreuer Nachbildung der Originale sollen uns Zeitgenossen und Kindeskindern ein Merkstein sein für alle Zeiten! (Hrgg. im Auftrage des Wohlfahrtsausschusses für das Deutsche Heer v. **Paul Ruben**, Charlottenburg.) o. O. u. J. 4°

* **Rüben u. Kartoffeln als Surrogate des Rehbraten, od. üb. des Dr. Hufelands Proclamation die Biersuppe, als Surrogat des Caffees gr. 8. Berl. Soc. Buchhandl. 808.**

Rüben u. Kartoffeln als Surrogate d. Rehbraten, od. üb. des Dr. Hufelands Proclamation, die Biersuppe, als Surrogat d. Kaffee's. gr. 8. Telto 808. (Arnold in Dresd.) 4 gr

Rüben u. Kartoffeln als Surrogate d. Rehbraten, od. üb. d. Doctor Hufelands Proclamation d. Biersuppe als Surrogat d. Caffees. 8. Telto, Kron. (Schulze, Oldenburg.) 808.

Rueben, Heinr., u. Conr. **Hock,** Düsseldorfer Carneval 1886—1893. Sammlung v. 50 Liedern u. 15 Vorträgen in Düsseldorfer Mundart. 8. (168 S. m. Bildern.) Düsseldorf 893. (P. Wolfrum.) 1. —

Rüben, Ludwig (Pseud.), s.a. Bicking, Franz

Rüben, Ludw., Junius Brutus. Drama in 5 Akten. [Den Bühnen gegenüber Mscr.] gr. 8. (III, 95 S.) Berlin 868, Janke.

Rüben, Ludw., Cromwell. Drama in 5 Akten. (Den Bühnen gegenüber Manuscript.) 2. Aufl. Berlin 867. Janke. gr. 8. (III, 112 S.) 15 ngr.

— Jacob Molay,
— Muhamed, } f. Universal-Bibliothek.

Rübenach, Jul., Eisenbahnwörterbuch der deutschen und französischen Sprache. 2 Thle. Lex.-8. Berlin 881, Hermann. à Thl. * M 7. *
Inhalt:
Thl. 1. Französisch-Deutsch. (VIII, 201 S.)
» 2. Deutsch-Französisch. (222 S.)

Rübenach, Jul., **Eisenbahnwörterbuch.** Bau, Betrieb, Verwaltg. Techn. Wörterbuch d. deutschen u. französ. Sprache. Zum Gebrauche f. Eisenbahnverwaltgn., Beamte, Fabrikanten, Studierende usw. 2., durchgesch. u. stark verm. Aufl. Ergänzungswörterbuch zu allen technolog. Wörterbüchern. (2 Thle.) 1. Thl.: Deutsch-Französisch. Lex.-8. (VIII, 306 S.) Wiesbaden 896. C. W. Kreidel. n. 10. 65

Rübenbau zu Futterzwecken mit Anwendung auf die baltischen Provinzen. Zusammengestellt v. baltischen Samenverband. Dorpat 1907. 64 S. Fig. P.

Rubenbauer, Frz. Xaver, Männer-Terzette. Deutschem Sange zur Ehre, deutscher Tugend zur Wehre! Ein Hundert Original-Compositionen m. Beigabe einiger neuharmonisirter Volkslieder. Für die Sänger diesseits u. jenseits d. Oceans gesammelt. 2. vollständ. Ausg. qu. 4. (Partitur VII, 157 S. m. 3 Stimmenheften. 16. à XIV, 256 S.) Regensburg 872. Pustet. Partitur n. 4. 40; Stimmenhefte n. 3. 60

Rubenbauer, Jakob, aus Waldershof i. Fichtelg.: **Über Metallverbindungen von β-Diketonen und β-Diketonsäureestern.** *Kaiserslautern [1903]: Ph. Rohr.* (29 S.) 8°
Erlangen, Phil. Diss. v. 18. Dez. 1902

RUBENBAUER, Erhard (Sulzbach): De laceratione manuum ex vulneribus sclopetariis et de amputatione dein instituenda.- Monachii: Wolf 1833. 19 S.
30.3.1832 - Urk; F 60
Diss. Ingolst.-Landsh.-Mchn.

RUBENBAUER, Joseph (München): Ueber die Hämorrhoiden.- München: Franz 1849. 20 S.
21.8.1849 - Urk (Titel: De haemorrhoidibus.); F 67
Diss. Ingolst.-Landsh.-Mchn.

Rübencamp, R., Farbe im Druckgewerbe, s.a. Klimsch's graphische Bibliothek. 3. Bd.

Rübencamp, R., und P. **Klemm:** Farbe und Papier im Druckgewerbe. Frankfurt a. M. 1900. (Klimsch's Graphische Bibliothek Bd 3)

Rübencamp, R., Handbuch d. Farbenfabrikation, s.: Zerr, Geo.

RÜBENCAMP, ROBERT. Ueber einige Aldehyd- resp. Aethylidenabkömmlinge, und über die Grösse der Kohlenoxydaffinitäten des Kohlenstoffs. Jena, 1884.

Rübencamp, Rob., wie sollen Bücher u. Zeitungen gedruckt werden?, s.: Cohn, Herm.

Rübenkamp, Wilhelm

Rübenkamp, W., vaterländ. Erdkunde f. Volks-, Bürger- u. Mittelschulen. (VIII, 126 S. m. 32 Abb.) 8. Hannover 910. C. Meyer. — 70

Rübenkamp, W., vaterländische Geschichte in 2 Tln. Im Auftrage u. unter Mitwirkg. e. Kommission v. Krefelder Lehrern bearb. Ausg. A.: Für kathol. Volksschulen. gr. 8. Hannover, C. Meyer. n.n. — 75
1. Für die Mittelstufe. 4. Ster.-Aufl. (36 S. m. 11 Abbildgn.) 908. n. — 25
2. Für die Oberstufe. 3. Ster.-Aufl. (110 S. m. 23 Abbildgn.) 905. n.n. — 50

— dasselbe. Ausg. B: Für evangel. Volksschulen. Unter Mitwirkg. v. Johs. Meyer. Ebd. n.n. — 75
1. Für die Mittelstufe. 3. Ster.-Aufl. (36 S. m. 11 Abbildgn.) 906. n. — 25
2. Für die Oberstufe. (114 S. m. 23 Abbildgn.) 903. n. — 50

— dasselbe. Ausg. C: Für paritát. Volksschulen. Unter Mitwirkung v. Johs. Meyer. 2 Tle. gr. 8. Ebd. 903. n.n. — 75
1. Für die Mittelstufe. (36 S. m. 11 Abbildgn.) n. — 25
2. Für die Oberstufe. (110 S. m. 21 Abbildgn.) n.n. — 50

— dasselbe f. ein- bis vierklassige Volksschulen. Ausg. D: Für kathol. Schulen. (78 S. m. 24 Abbildgn.) gr. 8. Ebd. 906. n. — 35

— dasselbe. Ausg. E. Für evang. Volksschulen. Bearb. v. Johs. Meyer. (78 S. m. 22 Abb.) 8. Ebd. 906. n. — 35

-- Vaterländische Geschichte in 2 Tln. Im Auftrage u. unter Mitwirk. e. Kommission v. Krefelder Lehrern bearb. Ausg. A: Für kathol. Volksschulen. 8. Ebd. — 75
1. Für die Mittelstufe. 7. u. 8. (Ster.-)Aufl. (36 S. m. 11 Abbildg.) 909. — 25
2. Für die Oberstufe. 6. u. 7. (Ster.-)Aufl. (110 S. m. 23 Abb.) nn — 50

-- dasselbe. Ausg. B: Für evangel. Volksschulen. Unter Mitwirkg. v. Johs. Meyer. 8. Ebd. 908. nn — 75

Vaterländische Geschichte für die Mittelstufe der Volksschule. Im Auftr. u. unter Mitw. e. Kommission von Krefelder Lehrern bearb. von W[ilh.] Rübenkamp. Mit 10 Abb. *Hannover, Berlin: C. Meyer 1901.* (32 S.) 8° [F.] [01.7169 7

Rübenkamp, W., vaterländische Geschichte f. die Oberstufe der Volksschule im Auftrage u. unter Mitwirkg. e. Kommission von Krefelder Lehrern bearb. gr. 8. (92 S. m. 23 Abb.) Hannover 901. C. Meyer. Kart. n.n. — 50

— Ideengang u. Grundgedanke litterarischer Musterstücke. Nach Dichtungsarten geordnet. Ein Handbuch f. Lehrer u. Seminaristen, sowie f. Schüler höh. Lehranstalten. gr. 8. (XI, 123 S.) Paderborn 898. F. Schöningh. n. 1. 20

-- f.: Niederrhein, der deutsche, vom Erftgebiet bis zur Landesgrenze.

— Präparation u. Lehrstunde, f. a. Für d. Schule aus der Schule.

Präparation und Lehrstunde. Von W[ilhelm] Rübenkamp in Crefeld. *Neuwied & Leipzig: Heuser 1900.* (9 S.) 8° [F.]
= Schule, Aus der, für die Schule. H. 85. [01. 1565

Rübenkamp, W., 1200 der gebräuchlichsten französischen Sprichwörter, nebst Verdeutschung u. Erklärung. Zugleich e. Wegweiser durch den französ. u. deutschen Sprichwörterschatz. (IV, 192 S.) 8. Zürich 903. [C. Schmidt.] Schweizer Druck- u. Verlagshaus. n. 2. 40

Rübenkamp, W., tabellar. Übersicht d. preußischen Geschichte zum Gebrauche in Volks-, Bürger- u. Mittelschulen. gr. 8. (31 S) Hannover 898. C. Meyer. n. — 30

-- Der Unterricht in der deutschen Rechtschreibung mit besond. Berücksicht. der Wortbildung. Lern- u. Übungsbuch f. Volksschulen in 2 Stufen. (39 u. 48 S.) 8. Leipzig 908. F. Brandstetter. Kart. à — 35
1. Für die Mittelstufe. 3. (Ster.-)Aufl. (38 S. m. 11 Abb.) — 25
2. Für die Oberstufe. 3. (Ster.-)Aufl. (114 S. m. 23 Abb.) nn — 50

— wie sind d. Kinder e. Klasse auf e. einheitl. Standpunkt zu bringen?, f. a. Für d. Schule aus der Schule.

Wie sind die Kinder einer Klasse auf einen einheitlichen Standpunkt zu bringen? Von W[ilhelm] Rübenkamp in Crefeld. *Neuwied & Leipzig: Heuser 1900.* (12 S.) 8° [F.]
= Schule, Aus der, für die Schule. H. 84. [01. 1564

Rubenlechner, Mich. Mar., Der Traum in der Sylvester-Nacht. Eine dramatische Szene. Mit einer Musikbeilage. Gr.-8. (23 S.) —.30
Wien: Kirsch 1892.

Rüben- u. Hafernematoden (Heterodera Schachtii), die, u. ihre Bekämpfung, f. a. Flugblätter des kaiserlichen Gesundheitsamtes. Nr. 11.

Die Rüben- und Hafernematoden (Heterodera Schachtii) und ihre Bekämpfung. Von Dr. A[rnold] Jacobi [u. a.] *Berlin: P. Parey 1901.* (8 S.) 8° [Kopft. F.]
= Kais. Gesundheitsamt. Biolog. Abtheilung. Flugblatt No 11. [01. 3511

Die Rüben- und Hafernematoden (Heterodera Schachtii) und ihre Bekämpfung. Von Dr. A[rnold] Jacobi [u. a.]. 2. Aufl. Berlin: P. Parey 1905. (8 S.) 8° [Kopft. F.]
= Kais. Gesundheitsamt. Biolog. Abtheilung. Flugblatt. No 11. [06. 14815 2

Rubenow und die Universität Greifswald. Zur Erinnerung an die 4. Säcularfeier der Universität am 17ten—19. October 1856. O. O. u. J. V: *Gruber, Johann von.* (Erman & Horn, Bibliogr. d. dtsch. Universitäten. 2. Leipz. u. Berl. 1904.)

HENRICI RUBENOW juris utriusque doctoris et professoris, ... oratio de conditionibus, nominibus, privilegiis et insignibus doctoris juris utriusque, anno 1460 recitata. Edidit THEODORUS PYL. Gryphiswaldiae. 1877. Typis Friderici Guilelmi Kunike A. m. d. Umschlagtitel: Dr. HEINRICH RUBENOWs Promotionsrede v. J. 1460. Festschrift zur Jubelfeier des Herrn Geheimen Archivraths Dr. Friedrich Lisch am 16. October 1877 gewidmet von der Rügisch-Pommerschen Abtheilung der Gesellschaft für Pommersche Geschichte. Stralsund und Greifswald 1877. 8°.

Rubenows, H., Leben u. Geschichte seiner Vorfahren, f. Pyl, Th., pommer'sche Geschichtsdenkmäler.

Rubens', P. P., Biographie, f.: Goeler v. Ravensburg, F. Frhr.

Rubens', P. P., Biographie u. Charakteristik, s.: Lemcke, C.

Rubens, B., Handbuch f. Reisende durch Belgien nebst den Reiserouten nach Cöln, Paris u. London. 8. (22¼ B., 1 Karte u. 4 Pläne.) Brüssel 845, Muquardt. *

—— dass. 2. mit 100 Ansichten u. der Beschreibung der Eisenbahn nach Paris verm. Ausg. gr. 16. (18¾ B., 1 Karte u. 4 Pläne.) Ebds. 847. *

—— dass. Illustrationen hierzu, s. Illustrationen.

Rubens, Ferdinand

—— leichtfaßl. Anleitung zur Erziehung u. Behandlung des Weinstocks im Weinberge u. Garten, am Gebäude u. im Zimmer; zur Bereitung u. Behandlung des Weines 2c.; nebst e. systemat. Classification u. Beschreibung der vorzügl. Traubensorten. 8. (23 B. u. 2 Taf.) Mannheim 844, Hoff.

Rubens, Ferd., leichtfaßliche Anleitung zur Erziehung und Behandlung des Weinstocks im Weinberge und Garten, am Gebäude und im Zimmer; zur Bereitung und Behandlung des Weines 2c.; nebst einer systemat. Classification und Beschreibung der vorzüglichsten Traubensorten. Ein Handbuch für Freunde des Weinstocks. 2. (Titel-)Aufl. 8. (XVI und 352 S. mit 2 Stnt. in 4.) Stuttgart 850, Frz. Köhler.

Rubens, F. W., Anleitung zur Seidenraupenzucht, f. a. Belehrungen über die gesammten Zweige der Viehzucht.

Rubens, Ferd. W., Anleitung zur einträglichsten Seidenraupenzucht; sowie zur Pflege des Maulbeerbaums. Oder: der Seidenbau in Stadt u. Land als Mittel sich in 6 Wochen einen Reinertrag v. 100, ja 1000 Thlrn. u. mehr zu sichern. 2. Aufl. 8. (32 S.) Leipzig 852, Spamer. n. ⅙ ß

Rubens, Ferd., vollständ. Anleitung zur Obstbaumzucht nebst e. systemat. Classification u. Beschreibung der Obstsorten. Ein Handbuch f. Lehrer u. alle Freunde der Obstcultur bearb. 2 Bde. gr. 8. Essen, Bädeker.

A. u. d. Ttln.:

Bd. 1. Die Obstbaumzucht u. Benutzung des Obstes. (26½ B. u. 4 Taf.) 843. 1 Thlr. 10 Ngr.

" 2. Classification u. Beschreibung der Obstsorten. (34 B. u. 2 Taf.) 844. 1 Thlr. 20 Ngr.

— s. Bädeker's, F. G. H. J., kurzer Unterricht in d. Obstbaumzucht.

Rubens, Joh. Ferd., die Gährung des Weines und seine Behandlung: die Kellerwirthschaft. Für Winzer, Weinhändler, Weinwirthe, Liqueur-Fabrikanten &c. Mit Benutzung der besten und neuesten Werke bearb. 8. (VIII, 227 S. mit 11 in den Text gedr. Holzschn.-Abbild.) Hannover 876, [Cohen und Risch.] Cohen's Verlag.

Rubens, Ferd., der Garten- und Obstbau. Zwei stets fließende Quellen des Nutzens, des Vergnügens und der Erholung für den Bürger und Landmann. (Eine Preisschrift.) 2 Thle. gr. 8. Wesel 862, Bagel. cart. à Thl. 25 Ngr.

Inhalt:

Thl. 1. Gartenbau. (XVI und 320 S. mit 43 Abbild. auf 3 Stnt. und einem Garten-Kalender.)

" 2. Obstbau. (XVI und 264 S. mit 52 Abbild. auf 3 Stnt. und einem Obstbau-Kalender.)

—— der Gartenfreund. Leichtfaßl. Anleitung für den Bürger und Landmann den Garten zu einer reichen Quelle des Nutzens, der Erholung und des Vergnügens zu machen. Nach eigner Erfahrung und den besten Werken über Gartenbau bearb. 8. (X und 174 S.) Solingen 848, Pfeiffer.

Rubens, F., schädliche Insekten f. Obst- u. Weinbau. gr. 8. (IV, 64 S.) Berlin 872. Wiegandt, Hempel & Parey. n. 1. —

—— die Landwirthschaft. Lehrbuch für Ackerbauschulen, Landschulen und weiterstrebende Landwirthe. gr. 8. (IV und 334 S.) Leipzig 847, O. Wigand.

Rubens, Ferdinand: Leitfaden zum Weinbau nach der Reihenfolge der Arbeiten. Mit Benutzung der besten und neuesten Werke, bearb. von Johann Ferdinand Rubens. Mit 33 in den Text gedruckten Abb. Hannover & Leipzig: Cohen & Risch 1875.

X, 302 S. -- 36.121*. F 1

Simon: Bibliotheca vinaria: Rubens, Joh. Ferd.

Rubens, Ferd., pomolog. Lesebuch f. uns. Landschulen. 8. (13½ B. u. 32 Abbild.) Crefeld 838, Funcke.

— pomologisches Lesebuch f. unsere Landschulen. Enth.: d. Unterricht in d. Obstbaumzucht, f. Kinder u. Erwachsene, d. Bürger u. Landmann etc. Mit 32 Abb. 8. Crefeld, 1838. (Kühler.) — 15

— der Obstbau am Spaliere. Leichtfaßliche Anleitung zu einem sehr vortheilhaften u. angenehmen Betriebe der Obstbaumzucht an den Wänden der Gebäude, innerhalb des Hofraumes u. im Garten. Mit 22 in den Text gedr. Abbildgn. 8. (VI u. 187 S. m. Holzschn.) Leipzig 848, Weber. n. 1 ₰

Rubens, Ferd., der Obstbau am Spaliere. Leichtfaßliche Anleitung zu einem sehr vortheilhaften und angenehmen Betriebe der Obstbaumzucht an den Wänden der Gebäude, innerhalb des Hofraumes und im Garten. Mit 22 in den Text gedr. Abbildungen. 8. (VI und 187 S. mit Holzschn.) Leipzig 850, Weber. Thlr. *

—— immerwährender Obstbau-Kalender, oder Angabe der Arbeiten, welche der Obstbaumfreund im Laufe des Jahres nach und nach zu verrichten hat. Eine Zugabe zu des Verf. Handbuche über Obstbau &c. 8. (41 S.) Solingen 848, Amberger. *

— immerwährender Obstbau-Kalender, od. Angabe d. Arbeiten, welche d. Obstbaumfreund im Laufe d. Jahres nach u. nach z. verrichten hat etc. 8. Solingen, 1848. (Pfeiffer.) — 5

—— der Obstbaumfreund. Leichtfaßl. Unterricht in der Obstbaumzucht f. Landleute. 8. (19 B. u. 2 Stnt. mit 48 Abbild.) Stuttgart 846, Hoffmann'sche Vrlgsh.

—— der Obstbaumfreund. Leichtfaßlicher Unterricht in der Obstbaumzucht für Landleute. 2. Aufl. Mit vielen Abbildungen. br. 8. (VIII und 296 S. mit 2 Stnt.) Stuttgart 850, Hoffmann'sche Vrlgsh.

— die Schule der Landwirthschaft. Lehrbuch f. Ackerbauschulen, Landschulen u. weiterstrebende Landwirthe. 2. (Titel-) Aufl. gr. 8. (334 S.) Leipzig (847) 850, O. Wigand. 1 ₰

—— die Schule der Landwirthschaft. Lehrbuch für Ackerbauschulen, Landschulen und weiterstrebende Landwirthe. 2. (Titel-) Aufl. gr. 8. (334 S.) Leipzig 850, O. Wigand.

Rubens, Ferd., der kleine Weinbauer, od. kurze u. faßl. Anleitung zur naturgemäßen u. zugleich sehr einträglichen Behandlung des Weinstocks im Weinberge u. Garten, am Gebäude u. im Zimmer. Ein Volks- u. Schulbuch. 12. (6¼ B.) Mainz 845, Kupferberg. Thlr. -

Rubens, Ferd., neuester Weinbau-Kalender oder Angabe der Arbeiten, welche der Winzer im Laufe des Jahres nach und nach zu verrichten hat. Eine Zugabe zum Winzerbuche, sowie zu jedem anderen derartigen Werke. gr. 8. (24 S.) Leipzig 858, Spamer. *

Aus dem „Winzerbuche, Anleitung zum Weinbau im Kleinen und Großen" besonders abgedruckt.

Rubens, Ferdinand: Die Weinbereitung aus dem Obste der Fruchtsträucher und den Früchten der Obstbäume bearb. von Johann Ferdinand Rubens. Mit 12 Abb. Hannover & Leipzig: Cohen & Risch 1876. VIII, 170 S. -- 7.36*

Rubens, Joh. Ferd., Weinkarte von Europa. Mit besond. Berücksicht. der Weinorte Deutschlands. Fol. Hannover 875, Cohen und Risch. *ℳ 1.; cart. *

—— das Winzerbuch, s. Bibliothek, illustrirte, des landwirthschaftlichen Gartenbaues.

--- Ders.: Das Winzerbuch. Leichtfaßliche Anleitung zum Weinbau im Kleinen und Großen; mit bes. Berücks. der nördlichen Gegenden. Mit einem Anhange: I. Die Traubenkrankheit. II. Der Weinbaukalender. Mit 63 in den Text gedruckten Abb. Leipzig: Spamer 1855. XVIII, 262 S. (Illustrirte Bibliothek des landwirthschaftlichen Gartenbaues für Gärtner, Landwirthe und Gartenbesitzer. Abth. 3.) -- 14.17*. Frei 100. Rüd. *

--- Dass. 2., bedeutend verm. u. verb. Aufl. Mit 68 in den Text gedruckten Abb. und einer Karte der bedeutendsten Weinorte in Europa. Hannover & Leipzig: Cohen & Risch 1875. VIII, 465 S. -- 7.17.36.43.98*

Rubens, Ferd. W., s. Rubens, Ferdinand

Rubens, Harry. Der dte Tag. Festrede ... 3. Okt 1909. Chi, 1909.

Rubens, Heinrich, über die Abhängigkeit des Emissionsvermögens der Metalle v. der Temperatur, s.: Hagen, E.

— Über die Änderung des Emissionsvermögens der Metalle m. der Temperatur im kurzwelligen ultraroten Spektrum, s.: Hagen, E.

Rubens, H., über Beziehungen zwischen dem Reflexionsvermögen der Metalle u. ihrem elektrischen Leitvermögen, s.: Hagen, E.

Rubens, H., u. F. Kurlbaum, über die Emission langwelliger Wärmestrahlen durch d. schwarzen Körper bei verschiedenen Temperaturen. gr. 8. (18 S. m. 3 Fig.) Berlin 900. (G. Reimer.) n. — 50

Sonderabdr. aus: „Sitzungsber. d. preuss. Akad. d. Wiss."

— das Emmissionsvermögen der Metalle für lange Wellen, s.: Hagen, E.

— Gedächtnisrede auf Friedrich Kohlrausch. (11 S.) Lex. 8. Berlin 910. G. Reimer. 1. —

Sonderabdr. a.: „Abhandlgn. d. preuss. Akad. d. Wiss."

Rubens, Henricus (geb. 1808 in Siegburg): De laesionibus cerebri haud turbata functione . . . Bonnae, ex off. Neusseriana (1830). 3 Bl., 24 S. 8.
Bonn, Med. Fak., Diss. v. 6 Aug. 1830

— u. H. **Hollnagel,** Messungen im langwelligen Spektrum. (S. 26—52 m. 11 Fig.) Lex. 8. Ebd. 910. 1. —
Sonderabdr. a.: „Sitzungsber. d. preuss. Akad. d. Wiss."

Rubens, Heinrich [aus Frankfurt a. M.]: Die selective Reflexion der Metalle. . . . Berlin, Buchdr. v. Gustav Schade (Otto Francke) (1889); 34 S. + 1 Bl. u. 1 Taf. 8°
Berlin, Phil. Fak., Inaug.-Diss. v. 2. März 1889

— u. E. **Ladenburg,** d. Reflexionsvermögen d. Wassers. (11 S. m. Fig.) Lex. 8. Ebd. 908. — 50
Sonderabdr. a.: „Sitzungsber. d. preuss. Akad. d. Wiss."

Rubens, Joh. Ferd., s. Rubens, Ferdinand

Rubens, L., Analekten aus d. Geschichte Englands. Ein Lesebuch f. Englischlernende. gr. 8. Leipz. 822. Voß. 1 ℛ

Rubens, L., kurzgefaßter Auszug der gebräuchlichsten englischen Wörter mit ihren Ableitungen u. Zusammensetzungen f. Schulen zum Auswendiglernen. 12. (2 B.) Dessau 843, Aue.

— kritt. Blumenlese &c., s. **Blumenlese.**

Rubens, L., Brittische **Blumenlese** aus ältern u. neueren Dichtern. Mit biographischen u. literarischen Notizen, einer Prosodie und Erklärung schwieriger Wörter u. Stellen. 8. Dessau, Ackermann. 820.

Rubens, L., brittische Blumenlese aus ältern u. neuern Dichtern. Mit biograph. u. literar. Notizen, einer Prosodie u. Erklär. schwier. Wörter u. Stellen. 1. Bd. 2., verb. Aufl. — A. u. d. T.: British anthology selected from ancient and modern poets. II. edit. 8. (13¼ B. u. Byron's Bildn.) Leipzig 836, Dörffling.
2. Bd. Dessau 1823. [Ebendas.] 18 Gr.

— Leitfaden f. d. ersten Unterricht in d. Aussprache u. Grammatik d. Englischen. 8. Dessau 819. 2e A. 826. Ackermann. 12 gl.

Rubens, L., Leitfaden f. d. ersten Unterr. in d. Aussprache u. Grammatik d. Englischen; nach Walker, Nares, Stephen u. A. Mit e. Lesebuche u. Wortregister, &c. 3., verm. u. verb. Aufl. 8. (14 B.) Leipzig 837, Dörffling. Thlr.

Rubens, L. S., (Ldw. Seeger,) s. **Beranger's Lieder.**

Rubens, Max [aus Gelsenkirchen]: Ein Beitrag zur Lehre vom Tremor hereditarius. . . . Gelsenkirchen, R. Klestadt's Buchdr., 1891; 23 S. 8°
Würzburg, Med. Fak., Inaug.-Diss. v. 1891

Rubens, Peter Paul, antike Charakterköpfe. Eine Sammlg. v. 12 Bildnissen, nach antiken Büsten gezeichnet v. R., in Kpfr. gestochen v. L. Vorstermann, P. Pontius, H. Withous u. S. à Bolswert. Facsim.-Reproduction. Fol. (1 Bl. Text.) München 884. Hirth. n. 2. 50

Rubens, P. P., die Flucht nach Ägypten, s.: **Blätter, bunte, aus aller Welt.**

Rubens, P. P., Gemälde, m. Einleitg. v. Adf. Rosenberg, s. a. **Klassiker der Kunst. 5. Bd.**

P(eter) P(aul) **Rubens.** Des Meisters Gemälde in 551 Abb. Mit e. biogr. Einl. von Adolf Rosenberg. Stuttgart & Leipzig: Deutsche Verlagsanst. 1905. (XLII, 518 S.) 4°
= **Klassiker** d. Kunst in Gesamtausgaben. Bd 5. [05. 5518 11

P(eter) P(aul) **Rubens.** Des Meisters Gemälde in 551 Abb. Hrsg. von Adolf Rosenberg. 2. Aufl. Stuttgart & Leipzig: Deutsche Verl.-Anst. 1906. (XLII, 519 S.) 4°
= **Klassiker** d. Kunst in Gesamtausgaben. Bd 5. [06. 8894 5

— **spielende Kinder,** s.: **Meisterbilder.**

— **Landschaft m. Philemon u. Baucis,** s.: **Meisterbilder.**

— **Meisterbilder,** s. a. **Weicher's Kunstbücher. I.**

Die Meisterbilder von [Peter Paul] **Rubens.** Eine Auswahl von 60 Reprod. nach Franz Hanfstaengls Orig.-Aufnahmen. Leipzig: Weicher 1906. 72 S. 8°
(Weichers Kunstbücher. Nr 1.) [10. 17642

Rubens, Pet. Paul, s.: **Meisterbilder fürs deutsche Haus.**

— **Meisterwerke,** s.: **Röhring's Künstlermappen. 2. Bd.**

Rubens, Will., der alte u. der neue Glaube im Judenthum. Kritische Streiflichter über die Religion Israels nach rabbinischer Auffassung. Nebst einem Anh. über den Talmud. gr. 8. (IV, 96 S.) Zürich 878. Verlags-Magazin. n. 1. 20

Rubens, W., das Talmudjudenthum. Krit. Streifzug. 8. (IV, 96 S.) Zürich 893. Berlin, M. Poppelauer. 1. 20

Das Talmudjudenthum. Krit. Streifzug von Dr. W[illiam] **Rubens.** Nebst e. Anh. über d. Talmud. 2. Ausg. d. Buches: 'Der alte u. d. neue Glaube im Judenthum'. Zürich: Verl.-Magazin 1893. (IV, 96 S.) 8° [J.] [06. 15161

Rubens-Album. 30 Reproduktionen seiner berühmtesten Werke. (30 S.) 4. Berlin (904). Globus Verlag. Geb. n. 1. 20

Rubensbriefe, gesammelt u. erläutert von Adf. Rosenberg. gr. 8. (XV, 346 S.) Leipzig 881. Seemann. n. 8. —

Rubensohn, Geschichte des Aerzte-Vereins der Kreise Birnbaum, Bomst, Grätz, Meseritz, Neutomischel u. Schwerin, s.: **Festschrift, d. Aerztevereine der Kreise Birnbaum usw. gewidmet.**

Rubensohn, Carl Moritz, s. Rubensohn, Moritz

Rubensohn, Hugo, des **Kindes Pflege** u. Ernährg. in gesunden u. kranken Tagen. 12. (68 S.) Dessau 894. P. Baumann. n. 1. —

Rubensohn, Jac. (geb. Culm in Westpr. 19. 8. 1844): Ueber den Prager Handgriff bei Ausziehung des nachfolgenden Kopfes während der Geburt. Berlin (1867). (32 S.) 8°
Berlin, Med. Diss. v. 10. Aug. 1867

Das wiedergefundene Bildnis des jungen Schiller. Johannes Vahlen zu s. 80. Geburtstag von e. seiner Schüler gewidmet. (Verf.: Max **Rubensohn.**) (Braunschweig: Westermann 1910.) 5 S. 4°
Aus: Westermanns Monatshefte. 1910. [11. 16104 11

Rubensohn, Max, griechische Epigramme u. andere kleinere Dichtgn. in deutschen Übersetzgn. d. XVI. u. XVII. Jahrh., s. a. **Bibliothek älterer deutscher Übersetzgn.**

Griechische Epigramme und andere kleinere Dichtungen in deutschen Übersetzungen d. 16. u. 17. Jhs. Mit Anm. u. ausführl. Einl. hrsg. von Max **Rubensohn.** Mit 1 Zinkogr. Weimar: E. Felber 1897. (CCLXXVI, 210 S.) 8°
= **Bibliothek** älterer deutscher Übersetzungen. 2—5. [06. 377

Rubensohn, Maximilianus [Guestphalus]: Crinagorae Mytilenaei vita et epigrammata. Particula prior . . . . Berolini, typ. expr. Carolus Salewski, 1887; 2 Bl. + 49 S. 8°
Berlin, Phil. Fak., Inaug.-Diss. v. 7. Okt. 1887

Rubensohn, *Carl Moritz* [J.U. Dr., Referendar aus Hamburg]: Die Unterhaltspflicht der Eltern gegen ihre ehelichen Kinder nach gemeinem Recht und dem Bürgerlichen Gesetzbuch für das Deutsche Reich ... Hamburg, Druck d. Verlagsanst. u. Druckerei A.-G., 1896; 64 S. 8.
Erlangen, Jur. Fak., Inaug.-Diss. v. [17. Dez.] 1896

Rubensohn, Otto

Rubensohn, O., Elephantine-Papyri, m. Beiträgen v. W. Schubart u. W. Spiegelberg, s.: Urkunden, ägyptische, aus den kgl. Museen in Berlin. Sonderheft.

Rubensohn, Otto: Die Mysterienheiligtümer in Eleusis und Samothrake. Tl 1 ... [Erschien vollst. Berl. 1892.] Bonn, Univ.-Buchdr. v. C. Georgi, 1892; 1 Bl., 141 S., 1 Pl. 8.
Strassburg, Phil. Fak., Inaug.-Diss. v. 1892

Rubensohn, Otto, die Mysterienheiligtümer in Eleusis u. Samothrake. gr. 8. (240 S. m. Abbildgn. u. 2 Plänen.) Berlin 892. R. Gaertner. n. 7. —

Rubenson, Semmy

Rubenson, S., das Gotenburger System u. seine Anwendung in Stockholm, nebst geschichtl. Übersicht üb. die Branntweingesetzgebg. in Schweden. Übers. v. Ernst A. Meyer. (XIV, 281 S. m. Abb.) gr. 8. Stockholm (907). (Leipzig, F. A. Brockhaus' Sort.) nn 5. —

Das Gotenburger System und seine Anwendung in Stockholm nebst geschichtl. Übersicht über d. Branntweingesetzgebung in Schweden von S[emmy] **Rubenson,** weil. Polizeidir. Übers. von Ernst A(lfred) Meyer, Dr., weil. Uppsala. Stockholm: H. Geber (1907). (XIV, 281 S.) 8° [illegible]

Rubenstein, Alfred, Jung Ella's Brautstand. Eine Heiratsgeschichte aus dem Alltagsleben. 24. (24 S.) Temesvar, Ramel & Reitzer. n. —.25. 1887

Rübenstein Nathan: Über Darstellung von Funktionen durch periodische Reihen. 39. Mähr.-Ostrau R. 03.
Progr.

Rübenstrunk, Ad., wider die falschen Lutherverehrer. Allen Zeitgenossen im Jubelj. 1883 zur Beherzigg. gewidmet. gr. 8. (64 S.) Leipzig 883. Böhme. n. — 60

Rübenstrunk, Ernst: Beitrag zur Kenntnis der deutschen Trias-Myophorien. Heidelberg: Winter 1909. 164 S. 8°
¶ (Aus: Mitteilungen d. Großh. bad. geol. Landesanst. Bd 6.)
Heidelberg, Naturw.-math. Diss. v. 15. Okt. 1909, Ref. Salomon
[Geb. 1. Aug. 80 Frankfurt a. M.; Wohnort: Halle a. S.; Staatsangeh.: Preußen; Vorbildung: Realgymn. Düsseldorf Reife Juli 01; Studium: Leipzig 1, Heidelberg 11 S.; Rig. 27. Juli 08.] [U 10. 2204

Rübenzahl, s. R ü b e z a h l

Die *Rübenzucht* in Kleinwanzleben. Kleinwanzleben [189*]. 49 S. 6 fotogr. Tvl. 5 gr. Tvl. P.

Rübenzucker-Besteuerung, die, nach dem Gesetze vom 27. Juni 1878, dem Abänderungsgesetze vom 18. Juni 1880 u. den drei Vollzugsvorschriften vom 10. Juli 1880, betr. Pauschalirung, deren Maßstäbe u. das Zählwerk, dessen Verwendung, Beschreibung u. Zeichnung. Sammt den giltigen Vorschriften über Einhebung der Steuer u. deren Restitution bei der Ausfuhr, Formularien, Instruktionen u. 3 Bl. lith. Beilage. Nebst einem alphabet., nach Schlagwörtern abgefaßten Sachregister. 8. (84 u. Anh. 40 S.) Prag 880. Mercy. n. 1. 60

Rübenzuckerfabrikation, die, ihr volkswirthschaftlicher Nutzen u. ihre Besteuerung. gr. 8. (IV u. 60 S.) Halle 852, Pfeffer. 1/6 ₰

Rübenzuckerfabrikation, die, im Zollvereine; ihr Einfluß auf die Volkswirthschaft, die sie bedrohenden Gefahren und deren Beseitigung. gr. 8. (112 S.) Stuttgart 861, Metzler'sche Buchh. Verlags-Conto.

Rübenzucker-Fabriken, die, des Kaiserth. Oesterreich sammt jenen des deutschen Zollvereins, deren Standorte, Eigenthümer und Fabrikzeichen etc. im J. 1861. 4. (24 S.) Wien 861. (Prag, Credner's Verlags-Conto.) *

Rübenzucker-Industrie, die, in Oesterreich beleuchtet vom Standpunkte der Volkswirthschaft u. Finanzpolitik. Prag 857. Credner in Comm. gr. 8. (113 S.) n. 24 ngr.

Rübenzuckersteuer (Die) und die Melassebrenner. 8°. Berlin 1881.

Rübenzuckersteuergesetz, das, vom 27. Juni 1878, über die Pauschalirung der Rübenzuckersteuer, nebst den beiden Erlässen der Finanz-Minister vom 28. Juni 1878, betr. die neue Scala für die Betriebsperiode 1878—79, sowie die vereinbarten Vollzugsvorschriften über Einhebung der Steuer u. deren Restitution bei der Ausfuhr. Mit mehreren Formularien u. Instructionen, nebst einem alphabet., nach Schlagwörtern abgefaßten Sachregister. 8. (84 S.) Prag 878. Mercy. n. 1. 20

Rübenzuckersteuergesetze, die, vom 6. u. 9. Juli 1877, betr. die Aenderung der Bemessung der Verbrauchsabgabe, die neue Scala für die Bemessung der Leistungsfähigkeit der Saftpressen u. die Pauschalirung der Rübenzuckersteuer, nebst den einschlägigen Gesetzen vom 7. Sept. 1850 u. 18. Oct. 1865. Mit einem ausführl. alphabet., nach Schlagwörtern abgefaßten Sachregister. 8. (48 S.) Prag 877. Mercy. n. — 60

Ruber, Ign. Edler v., Beiträge zur Geschichte d. Vormundschaftsrechtes in Mähren. gr. 8. (VIII, 271 S.) Brünn 883. Winiker. n 4. —

— Beiträge zur Geschichte d. Vormundschaftsrechtes in Mähren. 2. Aufl. gr. 8. (X, 271 S.) Ebend. 885. n. 4. —

— Streifzüge durch die Rechtsgeschichte Mährens. 1. Abthl. [1.] und 2. Heft. gr. 8. Wien. (Brünn, Winiker.) à Heft *ℳ 2.—. *
Inhalt:
Abthl. 1. [1. Heft]: Geschichte des landrechtl. Verfahrens. (III, 103 S.) 885.
" 1. 2. Heft: Stellung der Parteien und proceßpräparator. Handlungen. (III, 92 S.) 886.
Vorstehende zwei Hefte sind aus: Zeitschrift für Notariat und freiwillige Gerichtsbarkeit, besonders abgedruckt.

Rüber, Ed., das Rasendach, die wohlfeilste, dauerhafteste u. feuersicherste Eindeckungsart für Stadt- u. Land-Gebäude. München 860. Literar.-artistische Anstalt. Lex.-8. (VII, 89 S. u. 3 lith. Taf. in Fol.) n. 1 ₰ 2 ngr.

Rueber, Ignaz (Übers.), s. C h a s s e l o u p : Versuche über einige Teile d. Artillerie. ...

Rueber, Joan. Justus (geb. Schönburg b. Coblenz 1807): De dispositione ad haemorrhagias lethales hereditaria. Berolini (1832). (27 S.) 8°
Berlin, Med. Diss. v. 27. Jan. 1832

Rueber, Karl Edler v., musikalischer Automat. qu. gr. 4. (2 Bl. m. 1 Bl. Erklärgn. in gr. 8.) Brünn 889. (C. Nitsch's Wwe.) In Karton. n. 2. 50

Ruberg, Hermann, Referendar aus Hohenlimburg: **Die Rechtsstellung der Agenten einer Versicherungsgesellschaft auf Aktien.** *Borna-Leipzig 1903: R. Noske.* (VIII, 72 S.) 8°
Leipzig, Jur. Diss. v. 1903

Rübers, Agnes, Jung-Preußen gratuliert, s.: Mädchen-Bühne.

Rüberg, M., s.: Kompaß, mein.

Rubes, C. M., Sammlung geistl. Lieder, ein Nachtrag zu neuen Gesangbüchern. 8. Gotha, Steudel. 815.

Rubes, C. M. G., Biographie G. Ch. Cannabichs in literar. Hinsicht. 8. Sondersh. 818. Voigt in Ilmenau. 3 gr.

Rubeš, Fr. J., spisy, s. Spisy výtečných českých básníků novověkých.

Rübesamen, erfordert das Interesse der Kirche e. Beseitigung od. e. Reform des jetzigen Pfründensystems? Vortrag, geh. auf der luther. Conferenz in Belgard am 28. Juni 1893. 8. (26 S.) Stettin 893. J. Burmeister. n. — 40

Rübesamen, Predigt im Synodal-Gottesdienst bei Eröffng. der 5. Pommerschen Provinzial-Synode am 9. Oktbr. 1887. gr. 8. (12 S.) Stettin 887. (Brandner.) n. — 20

Rübesamen, s.: Reden bei der Begräbnißfeier d. Gen.-Superint. Dr. Jaspis.

Rübesamen, Alfred: Landgraf Heinrich Raspe von Thüringen, der Gegenkönig Friedrichs II. Halle a. S. 1885: Plötz. 56 S. 8°
Halle-Wittenberg, Phil. Diss. v. [13. Apr.] 1885
Geb. Frankenhausen am Kyffhäuser (Schwarzb.-Rudolst.) 7. 2. 1863. V.

Rübesamen, A(lfred), Dr.: Das Fürstentum Schwarzburg-Rudolstadt im siebenjährigen Kriege. *Rudolstadt 1899: F. Mitzlaff.* (31 S.) 4°
Rudolstadt, fürstl. G u. RPG, OP 1899 (763)

Rübesamen, Fred., Grenzerleben. Bilder u. Skizzen aus dem „Wilden Westen". 8. (V, 167 S.) Chicago 894. (Koelling & Klappenbach.) Geb. in Leinw. 3. —

Rubesch, V. Historisch-malerische Beschreibung des Einsiedlersteines auf der Herrschaft Birkstein im Leitmeritzer Kreis in Böhmen. Leitmeritz. 1831. 8.

Rübezahl, eine Monatsschrift. Siebentes Jahr der Republik. Koblenz 1798. H: *Görres, Joh. Joseph von.* (Schulz, Görres. Berlin 1900. S. 3.) (GGr) (Kn)

Rübezahl, Der. Eine Monatsschrift hrsg. von Jos. Görres. Koblenz: Lasaulx 1798-99.

Rübenzahl; od. ächte Liebe. Oper in 2 A. 8. Görlitz, Anton in Comm.) 800.

Rübezahl oder Volkssagen im Riesengebirge. Jauer 1821. H: *Fischer, Christian Frdr. Emman.* (GGr) (Ky) (MGT)

Rübezahl, od. Volkssagen im Riesengebirge, (v. Chr. F. Em. Fischer). 8. Jauer 821. (Schöps in Zittau). 12 gr.

Rübezahl. Unterhaltungsblatt f. Literatur, Novellistik, Theater u. Kunst. Redig. v. G. Roland. Jahrg. 1834. 48 Nrn. (½ B.) gr 4. Breslau, Vrls.-Comtoir. hrbgs. Pr.

Rübezahl. Unterhaltungsblatt für Literatur, Novellistik, Theater u. Kunst. Redigirt von Gust. Roland. 2r Jahrg. 1834. 104 Numm. gr 4. Breslau 834. Verlags-Comtoir. n. 2⅔ rß

Rübezahl. Illustrirtes humoristisch-satyrisches Volksblatt. Red.: Ign. Ad. Schaiba. 1—3. Jahrg. 1859—61. à 36 Nrn. (à ½ Bgn. mit Holzschn.) Prag, Schaiba. (Silber.) gr. 4. Jeder Jahrg. 3 rß 6 ngr.

Rübezahl. Der schlesischen Provinzialblätter 72.—76. Jahrg. Neue Folge 7.—11. Jahrg. 1868—1872. Zugleich Organ für Mittheilungen und Berichte der Philomathieen zu Oppeln, Schweidnitz rc., des wissenschaftl. Vereins zu Breslau und des Verbandes der schles. Turnvereine. Hrsg. von Th. Oelsner. à Jahrg. 12 Hefte. gr. 8. (à Heft ca. 50—56 S. mit eingedr. Holzschn. und 10 Stnt.) Breslau, Gebhardi.
1868 à Heft * 60 Pf. *
1869—1872 à Heft * 75 Pf.: à Jahrg. *

—— dass. — 77. und 78. Jahrg. Der neuen Folge 12. und 13. Jahrg. 1873 und 1874, rc. und des Verbandes der schles. Turn-Vereine und des Breslauer Müsiker-Verbandes. Hrsg. von Th. Oelsner. à Jahrg. 12 Hefte. gr. 8. (à Heft 50—64 S. mit eingedr. Holzschn. und Holzschntaf.) Liegnitz, Cohn. à Heft * M 1.; à Jahrg. *

Rübezahl. Der schlesischen Provinzialblätter 79. Jahrg. Der neuen Folge 14. Jahrg. 1875. Zugleich Organ für Mittheilungen und Berichte der Philomathieen zu Oppeln, Schweidnitz rc., des wissenschaftl. Vereins zu Breslau, des Verbandes der schles. Turn-Vereine und des Breslauer Musiker-Verbandes. Hrsg. von Th. Oelsner. 1.—6. Heft. gr. 8. (à Heft ca. 50 S. mit eingedr. Holzschn.) Liegnitz, Cohn.
Nicht weiter erschienen.

Rübezahl. Eine Monatsschrift zur Pflege der schles. u. nord-böhm. Mundarten. Ausg. f. Deutschland. Hrsg.: Frz. Grundmann. Red.: Rob. Preußler. Neue Folge. 1. Jahrg. Oktbr. 1902—Septbr. 1903. 12 Nrn. gr. 4. (à ca. 8 S.) Friedland i. B. (Breslau, E. Wohlfarth.) n. 3. —

Rübezahl. Blätter f. Volkshumor, Mundart u. Heimatkunde. Hrsg.: Carl Klings u. F. Grundmann. Red.: F. Grundmann. 8. u. 9. Bd. Je 5 Bdchn. (8. Bd. 271 S.) 8. Schaumburg-Tannwald (905. 906). (Schweidnitz, L. Heege.) à Bdchn. — 50

Rübezahl. Blätter f. Volkshumor, Mundart u. Heimatkde. Hrsg.: Carl Klings u. F. Grundmann. Red.: F. Grundmann. 10. Bd. 5. Bdchn. (à ca. 64 S.) 8. Schumburg-Tannwald (908). Schweidnitz, L. Heege. — 50

Rübezahl, seine Begründung in der deutschen Mythe, seine Idee und die ursprünglichen Rübezahlmärchen. Hrsg. vom Oesterreich. Riesengebirgs-Verein. gr. 8. (IV, 170 S.) Hohenelbe 884. (Prag, Dominicus.) n. 3. —

Rübezahl, Der Berggeist. Wien [1900]. V: *Molitor, Therese v.* (EB) *Molitor, M.* [?]. (EB)

Rübezahl der Herr des Gebirges. Volkssagen aus dem Riesengebirge ... Leipzig 1845. 2. A. 1847. V: *Mosch, Carl Friedrich.* (LVS)

Rübezahl der Herr des Gebirges. Volkssage aus dem Riesengebirge. Für Alt u. Jung erzählt v. Kräuterklauber. 8. (10 B.) Leipzig 845, (Schreck.) *

Rübezahl der Herr des Gebirges. Volkssagen aus dem Riesengebirge. Für Jung u. Alt erzählt vom Kräuterklauber. 2. Aufl. 8. (154 S.) Leipzig 847, Jurany (jetzt: Kittler). ¼ rß

— in Hirschberg, s. a. Esser's, J., Sammlung leicht aufführbarer Theaterstücke.

Rübezahl in Hirschberg. Posse in 4 Akten. 2. Aufl. *Paderborn: J. Esser 1899.* (42 S.) 8° [F.]
— Sammlung, J. Esser's, leicht aufführb. Theaterstücke. II. 66.

— der jüngere, s. Abentheuer.

— der moderne, ein Cyclus von Reisenovellen aus d. Papieren eines Dichters. 2 Bde. 8. Breslau ... Friedländer. 2½ ₰

— u. der Rattenfänger v. Hameln. Mit 12 (chromolith.) Bildern v. Frz. Gehrts. 4. (11 S. Text.) Düsseldorf 884. A. Bagel. geb. 1. 80

Rübezahl auf Reisen. Kein Märchen, sondern Wahrheit! Eine rumor- und humoristische Studie von P. O. Warmbrunn [1903]. V: *Oels, P.* (Berl 1904, S. 495)

— auf Reisen. Kein Märchen, sondern Wahrheit! Eine rumor- u. humorist. Studie v. O. (47 S.) 12. Warmbrunn (903). M. Leipelt. n. — 50

— der, im Riesengebirge; e. abentheuerl. Mährchen d. Vorzeit. 8. Prag 796; Barth. 16 ₰

Der von neuen wegen seiner kurzweiligen Possen aufgelegte Schlesische Rübezahl. Bres. u. Leipz. 728. 8.

Der Schlesische Rübezahl nebst 15 beigefügten Plagegeistern und einem Trauer- u. Trostgedichte eines Rechtsgelehrten. s. l. et a. 8. Breslau 739. 8. s. l. 803. 8.

Rübezahl, Kuno

— Assessor Schneidigs Abenteuer, s.: Theaterstücke, sozialistische.

Rübezahl, K. (Wilh. Seyther), im Kampf ums Dasein, s.: Theaterstücke, sozialistische.

Rübezahl, Kuno (Wilh. Seyther), aus der „Ferienkolonie". Militärische Humoresken u. Skizzen. (71 S.) 8. Leipzig 903. R. Lipinski. — 60

— das Weinfaß. Komödie in 4 Aufzügen. (71 S.) 8. Stuttgart 905. Strecker & Schröder. n. 1. —

— der beste Wunsch, s.: Bühne, soziale. Nr. 1.

Rübezahl-Kalender für 1875. gr. 16. (140 S.) Breslau 874, Görlich. *

Rübezahl-Kalender, f. 1876. 2. Jahrg. gr. 16. (XXXII, 72 S. m. eingedr. Holzschn. u. e. Holzschntaf.) Breslau, Görlich. n. — 30

Rübezahl: Spiel, neues, oder: die Reise ins Riesengebirge. Zum Vergnügen f. die Jugend u. Erwachsene. Mit e. lithogr. Spielplane. gr. 8. Bresl. 832. Pelz. 12 ₰

Rubi. Eine Novelle von Aurelius. 8. (251 S.) Berlin 879. (Leipzig, Otto & Kadler.) 3. 50

Rubichon, von d. Bedeutung u. Wirksamkeit d. Klerus in d. modernen Staaten. Od. Mittheiln. aus d. kirchl., bürgerl., landwirthschaftl., literär. u. Kunstleben in England, Frankreich u. Spanien. A. d. Franz. übers. gr. 8. (14½ B.) München 830, Lindauer.

Rubichon et L. Mounier, extraits, s. Extraits.

Rubien, E. Beitrag zur Kenntniss der Acetylenreihe. Göttingen, 1867. 29 S.

Rubien, Emil, kurzes Lehrbuch der Chemie nach den neueren Ansichten der Wissenschaft f. Realschulen, höhere Bürgerschulen, Gewerbeschulen u. Ackerbauschulen. gr. 8. (IX, 259 S.) Wriezen 875. Riemschneider. n. 2. 25

Rubien, Emil, kurzer Leitfaden für den Unterricht in der unorganischen Chemie. Für höhere Bürgerschulen bearb. Wriezen 870. Riemschneider. 8. (VI, 69 S.) 7½ ngr.

Rubin, Adolph Freyherr v., e. Weibergeschichtchen. 2 Thle., s. neue Originalromane d. Deutschen nr. 10f.

Rubin, Adolph Freiherr von. Ein Weibergeschichtchen. Leipzig [1779]. V: *Cramer, Carl Gottlob.* (BGE)

Rubin, Adolf, Freyherr, von, ein Weibergeschichtchen, 2 Theile, 8. Leipz. 784. Lincke. 1 Rtl. 10sgl.

Rubin, Marschall, u. sein Sohn. Trsp. 8. Wien, Doll. 790. (Gräff in Lpz.)

Rubin: Anleitung zur Kenntniß der Munition aller Geschützgattungen und Handfeuerwaffen der Schweizerischen Armee. Biel 1891
Beigeb. Anh. 1894

Rubin, Arthur, approb. Arzt aus Karlsruhe: **Beiträge zur Anwendung des Murphy'schen Darmknopfes.** *Karlsruhe 1901: J. Liepmannssohn.* (32 S.) 8°
Heidelberg, Med. Diss. v. 1901

Rubin, Carl, s. Rubin, Karl

Rubin, David: Beiträge zur Geschichte der Anrede im Altfranzösischen gegen Ausgang des Mittelalters (ca. 1350—1500). Heidelberg 1910: Huber. 124 S. 8°
Heidelberg, Phil. Diss. v. 5. Sept. 1910, Ref. Neumann
[Geb. 12. Juli 85 Hamburg; Wohnort: Hamburg; Staatsangeh.: Hamburg; Vorbildung: Gelehrtensch. d. Johanneums Hamburg Reife O. 05; Studium: Berlin 6, Heidelberg 4 S.; Rig. 1. Febr. 10.] [U 11. 2300

Rubin, Hans, appr. Arzt: Ueber einen Fall progressiver Paralyse von abnorm langer Dauer. Heidelberg 1910: Hörning. 29 S. 8°
Heidelberg, Med. Diss. v. 4. Jan. 1910, Ref. Nißl
[Geb. 15. Dez. 84 Karlsruhe i. B.; Wohnort: Schloß Hornegg; Staatsangeh.: Baden; Vorbildung: Gymn. Karlsruhe Reife Juli 03; Studium: Straßburg 2, Heidelberg 3, Bonn 1, Berlin 1, Heidelberg 3 S.; Coll. 2. März 09; Approb. 15. Dez 09.] [U 10. 2088

Rubin, Jakob

Rubin, J., Grundzüge d. internen Arbeiterversichergs.-Medizin. (VI, 224 S.) gr. 8. Jena 909. G. Fischer. 4. 50

Rubin, Jak., († ...) s. Handveste d. St. Thun.

Rubin, Jacob, a. Berlin: Tuberkulose und Schwangerschaft. Berlin 1905: G. König. (44 S.) 8°
Freiburg i. B., Med. Fak., Ref. Krönig, Diss. v. 25. Dez. 1905
[Geb. 13. Aug. 81 Berlin; Wohnort: Freiburg i. B.; Staatsangeh.: Österreich; Vorbildung: Andreas-Realgymn. Berlin Reife O. 00, Ergänzungsprüf. Viktoriagymn. Potsdam Reife M. 00; Studium: Berlin 6, Freiburg i. B. 1, Berlin 1, Freiburg i. B. 2 S.; Coll. 7. Juli 05.]

Rubin, Jh., d. erste u. kürzeste Weg z. Glückseligkeit, für die Jugend zu Stadt u. Land, auch f. Erwachsene. 8. Bern 799.

— s. auch Weg z. Glückseligkeit.

Rubin, Karl

Rubin, Carl, aus Thun: Ueber Wolfram- und Siliciumbestimmungen im Stahl. Bern 1905. 41 S. 8°. [20. V. 03.]
Bern, Phil. Diss. 1904/1905.

Rubin, Carl. Ueber Wolfram- & Siliciumbestimmungen im Stahl. Diss. Phil. Bern ... von K' R' aus Thun. 41 S. 8. Bern, Neukomm & Zimmermann, 1905.

Rubin, Marcus, u. Harald Westergaard. Statistik der Ehen auf Grund der socialen Gliederung d. Bevölkerung. Nach Volkszählgn. u. Kirchenbüchern in Dänemark. gr. 8. (132 S.) Jena 890, Fischer. * 3 —

Rubin, Richard [aus Oberschlesien]: **Beitrag zur Casuistik der Resection sarcomatöser Oberkiefer ... Würzburg, Druck d. Stahel'schen Buchdr., 1877; 29 S. 8.**
Würzburg, Med. Fak., Inaug.-Diss. v. 1877

Rubin, Richard, approb. Arzt aus Gehlsheim i. Meckl.: ⟨**Aus d. anat. Institut in Rostock.**⟩ **Versuche über die Beziehung des Nervensystems zur Regeneration bei Amphibien.** Mit 1 Taf. u. 8 Fig. im Text. *Leipzig: W. Engelmann 1903.* (57 S.) 8° ¶(Aus: Archiv f. Entwickelungsmechanik, Bd 16, H. 1.)
Rostock, Med. Diss. v. [10. März] 1903

Rubin, Salomon

Rubin, S., Berossos od. chaldäische Alterthümer. Als, durch die neulich im Boden Assyriens ausgegrabenen Keilinschriften bestätigte, Seitenstücke zur Bibel. In 6 Büchern. (In hebr. Sprache.) 8. (160 S.) Wien 882. (D. Löwy.) n. 2. —

Rubin, Sal., das Buch der Jubiläen od. die kleine Genesis. In's Hebräische übers., m. e. Einleitg. u. m. Noten versehen. gr. 8. (XXX, 104 S.) Wien 870. Hölder. n. 4. —

Rubin, S., kurzgefasste Encyklopädie aller Wissenschaften m. Hinblick auf deren Gestaltung im Alterthum, resp. im biblischen Zeitalter. (In hebr. Sprache.) gr. 8. (80 S.) Wien 891. (Lippe.) n. 2. —

Rubin, S., d. Erkenntnistheorie Maimons in ihrem Verhältnis zu Cartesius, Leibniz, Hume u. Kant, s. a. Studien, Berner, zur Philosophie u. ihrer Geschichte.

Die Erkenntnistheorie Maimons in ihrem Verhältnis zu Cartesius, Leibniz, Hume u. Kant. Von Dr. S. **Rubin.** *Bern: Steiger & C. 1897.* (57 S.) 1 Bd 8.
= Studien, Berner, z. Philosophie u. ihrer Geschichte. Bd VII. [97. 1777]

Rubin, Salomon [Suczawa, Bukowina, Österreichisches Kronland]: Die Ethik Senecas in ihrem Verhältnis zur älteren und mittleren Stoa. Nördlingen 1901. 92 S. 8°.
Bern. Phil. Diss. 1900/1901.

Rubin, Salomon, die Ethik Senecas in ihrem Verhältnis zur älteren u. mittleren Stoa. gr. 8. (III, 92 S.) München 901. C. H. Beck. n. 2. 50

RUBIN, S., Geschichte des Aberglaubens. Aus d. Hebräischen übers. v. J. Stern. Leipzig, o. J. 8°. 159 S. (1 Mk. 50 Pfg. R. Bertling, Dresden, 1897.)

— Geschichte d. Aberglaubens. Aus dem Hebr. übers. v. J. Stern. 8. (159 S.) Leipzig 888. E. Thiele. n. 1. 50

[Hebr. u. Ant.] Hā-hajjim we-ham-māwet ... mēēt Dr. S[alomo] **Rubin.** *Krakau: Ch. Margulies 1898.* (42 S.) 8°
[Umschlagt.:] Leben und Tod in volksthüml. u. litterar. Vorstellungen u. Phantasiebildern aller Völker u. aller Zeiten von Dr. S. Rubin. Berdyczew. [99. 10340]

— Heidenthum u. Kabbala, auf gemeinschaftl. Principien zurückgeführt. [In hebr. Sprache.] 8. (182 S.) Wien 888. (Lippe.) n. 4. —

Rubin, S., Heidenthum u. Kabbala. Die kabbalist. Mystik, ihrem Ursprung wie ihrem Wesen nach, gründlich aufgehellt u. populär dargestellt. gr. 8. (114 S.) Wien 893. (Bermann & Altmann.) n. 2. —

— Jalkut Sch'lomo. Literar. Abhandlgn. (In hebr. Sprache.) gr. 8. (108 S.) Krakau 896. (Wien, Ch. D. Lippe.) n. 2. 40

Rubin, S., Kabbala u. Agada in mytholog., symbol. u. mystischer Personification der Fruchtbarkeit in der Natur. gr. 8. (68 S.) Wien 895. (Bermann & Altmann.) n. 1. 80

— Lob der Thoren od. das neueste Testament eines gläubigen Laugohr's in 15 Abschnitten. (In hebr. Sprache.) 8. (193 S.) Ebend. 880. n. 2. —

Rubin, Salomo, Sēfer jeṣīrā ... Al-kimia sive lapis philosophorum. Eine literar-historische Monographie. Wien 1874.

Rubin, Salomo —. Sitten-Spiegel. Enthält Weisheitssprüche sorgfältig gesammelt und gewählt aus den sinnreichsten Moral-Charakteristiken antiker und moderner Psychologen. Nebst moral-philosophischen Explikationen und linguistisch-polemischen, philologischen, etymologischen, exegetischen und grammatikalischen Anmerkungen, von — —. 8. (XIV, 74 S.) Wien. Druck und Verlag von Edl. von Schmidbauer und Holzwarth. 1854 (Hebräisch.)

Rubin, Salomo, Spinoza u. Maimonides. Ein psychologisch-philosophisches Antitheton. Wien 868. Herzfeld & Bauer. Lex.-8. (50 S.) n. 12 ngr.

Rubin, S., Spinoza und Maimonides. Lex.-8. Wien 868. Breslau, Preuss und Jünger.

Rubin, S., siehe: *Studien zur Philosophie.*

Rubin, Salomo, die Symbolik der Zahlen in der Philosophie und dem Mysticismus aller Völker. (In hebr. Sprache.) gr. 8. (66 S.) Wien 875, (Löwy.) *
Aus: Haschachar, besonders abgedruckt.

— die Symbolik der Zahlen in der Philosophie u. dem Mysticismus aller Völker. [Aus: „Haschachar."] (In hebr. Sprache.) gr. 8. (66 S.) Wien 875. (Brüder Winter.) n. 1. 60

— die Welträthsel nach Haeckel. Auszugsweise hebräisch frei bearb. gr. 8. (76 S. m. Bildnis.) Krakau 901. (Frankfurt a/M., J. Kauffmann.) n. 1. 50

Rubinen, Aechte, neuen Ursprungs. Zürich 1891. V: *Diener-Wyss, Hnr.* (Zuwachsverz. d. Bibliotheken in Zürich. Zürich 1898 ff. 7.)

Rubiner, B., geheime Mächte. Die große Erbschaft. In Blaubarts Kammer, s. a. Kürschner's, Jos., Bücherschatz.

Geheime Mächte. Kriminalnovelle. Die große Erbschaft. In Blaubart's Kammer. Von B. **Rubiner.** Mit Ill. von W. Roegge. *Berlin, Eisenach, Leipzig: H. Hillger [1903].* (108 S.) 8° | 𝔉.
= Bücherschatz, Kürschner's. No 374. [04. 998]

Die indischen Opale. Kriminal-Roman von Ernst Ludwig Grombeck (d. i. Ludwig **Rubiner**). Berlin, Leipzig: Hillger [1910] 112 S. 8°
(Kürschners Bücherschatz. Nr 736.)

Rubiner, Wilh., s. a. Stein, Gerh.

Rubiner, Wilh., der Diamantenmacher. Roman. (215 S.) 8. Leipzig (910). J. Püttmann. 2. —

Ein sonderbarer Fall. Kriminal-Gesch. von Gerhard Stein [d. i. Wilhelm Rubiner] Mit Ill. von W. Roegge. *Berlin, Eisenach, Leipzig: H. Hillger [1900]*. (125 S.) 8° [J̃.]
-- Bücherschatz, Kürschners. No 229.

Die Freunde. Eine Kleinstadtgesch. von Gerhard Stein [d. i. Wilh. Rubiner]. *Berlin: A. Weichert [1900]*. (48 S.) 8° [J̃.]
— Welt, Alle. Bd 38.

Rubini, Giov. Ferd., **alcuni ammaestramenti agli agricoltori italiani sulla necessità di proteggere gli animali che si rendono utili col distruggere i topi, i vermi e gl' insetti nocivi. Triest 865. Coen. 8. (68 S.)** n. 10 ngr.

—— dell' ozono. Monografia. 8. (39 S.) Triest 864, Coen. *

Rubinkam, Nathaniel J., **the second part of the book of Zechariah with special reference to the time of its origin.** Diss. gr. 8. (VII, 84 S.) Basel 892. R. Reich. n. 2. —

RUBINO, der furchtbare Führer. Ein wundervolles Gemälde der Vorzeit. 3 Theile. Leipzig, Joachim, 1813. 8°. ($2^1/_6$ Rthl.) Rar!

Rubino, J.. De Achaemenidarum genere. Pr. 1849. 21 S. 4°.

Rubino, J., Comment. inaug. de tribunitia potestate, qualis fuerit inde a Sullae dictatura usque ad primum consulatum Pompeii. 8maj. Cassellis 825. Krieger. 6 ℛ

Rubino, J.. De Servianis census summis. I. Pr. 1854. 32 S. 4°.

Rubino, J., De mortis Herodoti tempore. Pr. 1848. 12 S. 4°.

Rubino, J., Untersuchungen üb. röm. Verfassung u. Geschichte. 1. Thl. (Ueber d. Entwickelungsgang d. röm. Verfass. bis z. Höhepunkte d. Republik.) gr. 8. ($32^3/_4$ B.) Cassel 839, [Kriegersche Buchh.]

Rubino, J. C. F., De augurum et pontificum apud veteres Romanos numero. Pr. 1852. 15 S. 4°. 1.20

Rubino, Jos., Beiträge zur Vorgeschichte Italiens. Leipzig 868. Teubner. gr. 8. (VIII, 268 S.) n. 2 ℛ

Rubins Gedichte kritisch bearb. von **Jul. Zupitza.** Oppeln 867. Reisewitz. 8. (XII, 36 S.) n. 10 ngr.

Rubino, Gedichte. gr. 8. (35 S.) Bozen 877. (Innsbruck, Wagner.) n. 1. 8

Rubinski, Hugo [pr. Arzt]: Beitrag zu der Lehre von den angeborenen Cysten des untern Augenlides mit Microphthalmus: (Colobomcysten. . . . Königsberg i. Pr.. Druck v. H. Herrmann (1890): 2 Bl. + 26 S. + 1 Bl. u. 1 Taf. 8°
Königsberg. Med. Fak.. Inaug.-Diss. v. 6. März 1890

Rubinski, H., Beitrag zu der Lehre v. den angeborenen Cysten d. untern Augenlides m. Microphthalmus: [Colobomcysten]. Inaug.-Diss. gr. 8. (26 S. m. 1 Taf.) Königsberg i/Pr. 890. (Koch.) n. — 80

Rubinsky, Benjamin: Studien über den Kumiß, seine Geschichte, Bereitungsweise, Chemie und Mikrobiologie. Mit 1 Taf. Jena: Fischer 1910. 89 S., 1 Taf. 8° ¶ (Erweit. aus: Centralblatt f. Bakteriol. Abt. 2, Bd 28, Nr 6/8.)
Leipzig, Phil. Diss. v. 20. Okt. 1910, Ref. Kirchner, Pfeffer
[Geb. 23. Okt. 87 Menselinsk; Wohnort: Ufa; Staatsangeh.: Rußland; Vorbildung: Gymn. Ufa Reife Juni 05; Studium: Leipzig 9 S.; Rig. 7. Juni 10.] [U 11. 3296

Rubinstein, Anton. [Bonn 1893.] V: *Prieger, Erich.* (Berl)

[Anonym.] Anton Rubinstein [Lebensskizze.] Sonderabdruck aus der Neuen Bonner Zeitung vom 18. Februar 1893.

Rubinstein, Anton, ein Künstlerleben, s. Zabel, Eug.

Rubinstein, Alexander, aus Bialystock (Russland): Chronische alkoholische Geisteskrankheiten in der psychiatrischen Klinik zu Basel während der Jahre 1887—1907. Basel 1909. 26 S. 8°.
Basel, Med. Diss. 1908/09.

Rubinstein, Alexander. Chronische alkoholische Geisteskrankheiten in der psychiatrischen Klinik zu Basel während der Jahre 1887—1907. Diss. Med. Basel. 26 S. 8. Basel, Brin & Cie., 1909.

Rubinstein, Ant., Christus. Geistliche Oper in 7 Vorgängen, nebst e. Prolog u. e. Epilog nach e. Dichtung v. Heinr. Bulthaupt. Zu Musik gesetzt v. A. R. Op. 117. Textbuch. 8. (66 S.) Leipzig 894. B. Senff. n. 1. —

— Erinnerungen aus 50 Jahren. 1839—1889. Aus dem Russ. v. Ed. Kretschmann. Bericht. u. vervollständ. Ausg. 8. (V, 124 S. m. 5 Abbildgn. u. Bildnissen u. 1 Fksm.) Ebd. 893. n. 3. —; geb. in Leinw. n.n. 4. —

Anton **Rubinstein**. Erinnerungen aus fünfzig Jahren. 1839–1889. Aus d. Russ. von Eduard Kretschmann. Mit Portr. u. Abb. Berichtigte u. vervollst. Ausg. 2. Aufl. Leipzig: B. Senff 1895. (124 S.) 8° [F.]

Rubinstein's, Ant., Gedankenkorb. M. e. Vorwort v. Herm. Wolff. 8. (152 S.) Leipzig 897. B. Senff. n. 2. 50; geb. in Leinw. n. 3. —

— Harmonie und Melodie. Deutsche Ausgabe von Wilhelm Kleefeld. 2. Auflage. Berlin (1905).

Rubinstein, Anton. Catalog der im Druck erschienenen Compositionen. Nach der Opus-Zahl geordnet, mit Angabe der Dichter u. des Textes bei Gesangcompositionen, sowie der Tonarten, der Verleger, der Preise u. der vorhandenen Arrangements. Leipzig 868. Senff. gr. 8. (15 S.) $7^1/_2$ ngr.

Rubinstein, Ant. Catalog der im Druck erschienenen Compositionen v. Ant. Rubinstein. Jubiläums-Ausg. 1839—1889. Erschienen zur Feier des 50jähr. Künstler-Jubiläums v. Ant. Rubinstein am 30. Novbr. 1889. gr. 4. (III, 48 S.) Leipzig 889. B. Senff. 1. 50

(**Rubinstein, A.**) Leitfaden zum richtigen Gebrauche des Pianoforte Pedals. Mit Beispielen aus den historischen Conzerten von —. Leipzig (1896).

Rubinstein, Ant., die Meister des Klaviers. Musikalische Vorträge üb. die Entwicklg. der Klavier-Komposition, geh. zu St. Petersburg im Saal des Konservatoriums 1888—1889. Übers. v. M. Messimerkny. 8. (87 S. m. Bildnis.) Berlin 899. Harmonie. n. 2. 60; geb. n. 3. 60

Rubinstein, A[nton]: Melodie (f. Violine u. Pianof. arrang.). Elbing: C. J. Schultz [um 1900]. (5 S.) 4°
= **Schultz,** A.: Leichte klass. u. moderne Vortragsstücke. 4. [05. 7010 10

Melodie von A[nton] **Rubinstein** ⟨Op. 3, No 1⟩. Für Violine u. Klavier übertr. von Emil Kross. (Leipzig: Bosworth & Co. 1901.) (7 S., 1 Bl.) 4° [Kopft.]
(Blätter u. Blüten. Violon & Piano. No 83.) [07. 6905

Rubinstein, Ant. Die Musik u. ihre Meister. Eine Unterredg. 1.—4. Aufl. 8. (153 S.) Lpz. 891,92, B. Senff. * 2 50; geb. *

Rubinstein, Ant., s. Musikheroen der Neuzeit.

Rubinstein, Arth., üb. primären u. secundären Larynx-Lupus, s. a. **Klinik, Berliner.**

Ueber primären und secundären Larynx-Lupus, unter Mittheilung von vier Fällen. Von Dr. Arthur **Rubinstein.** *Berlin-Prag: Fischer 1896.* (25 S.) 8.
= **Klinik,** Berliner. H. 91. [96. 331

Rubinstein, Fr., Hamlet als Neurastheniker. gr. 8. (IV, 31 S.) Leipzig 896. H. Haacke. n. 1. —

Rubinstein, Friedrich [pr. Arzt aus Stettin]: Über das Carcinom der Niere, nebst statistischen Beiträgen. . . . Berlin, gedr. bei Julius Sittenfeld (1889); 80 S. 8°
Berlin, Med. Fak., Inaug.-Diss. v. 27. Jun. 1889

Rubinstein, J., Das Eigentum in der Vergangenheit, Gegenwart und Zukunft. Eine für jedermann leichtverständliche Darstellung zur Einführung in den wissenschaftlichen Socialismus mit einer Polemik gegen den deutschen Reichsrathsabgeordneten Eugen Richter. 8°. Krakau, Druck von Alex. Slomski, s. a.

Rubinstein, Moses, a. Irkutsk in Rußland: **Die logischen Grundlagen des Hegelschen Systems und das Ende der Geschichte.** Halle a. S. 1906: C. A. Kaemerer. (73 S.) 8°
Freiburg i. B., Phil. Fak., Ref. Rickert, Diss. v. 10. Apr. 1906
[Geb. 28. Juni 78 Irkutsk; Wohnort: Freiburg i. B.; Staatsangeh.: Rußland; Vorbildung: Gymn. Irkutsk Reife Juli 99; Studium: Kasan 1, Berlin 2, Freiburg i. B. 7, Heidelberg 1 S.; Rig. 27. Mai 05.]

Rubinstein, Frau N[adježda], a. Irkutsk ⟨Rußland⟩: **Über Reposition en masse von Hernien.** Freiburg i. B. 1905: A. Mehlhase. (30 S.) 8°
Freiburg i. B., Med. Fak., Ref. Kraske, Diss. v. 1905
[Geb. 29. Nov. 80 Irkutsk; Wohnort: Irkutsk; Staatsangeh.: Rußland; Vorbildung: Mädchengymn. Irkutsk Reife Juni 98; Studium: Berlin 3, Freiburg 8 S.; Rig. 14. März 05.]

Rubinstein, Selmann, aus Rußland: **Ein casuistischer Beitrag** zur Lehre von Complicationen der Gravidität und des Puerperiums mit Herzklappenfehlern. *Berlin: M. Günther 1902.* (29 S.) 8°
Berlin, Med. Diss. v. 31. Dez. 1902

Rubinstein, Solomon Joseph, aus Libau, Russland: **Zur Geschichte der Entstehung der samaritanischen Gemeinde. Kritisch-historische Untersuchung. Libau 1906. 41 S. 8°. [10. II. 06.]**
Bern. Phil. Diss. 1906/1907.

Rubinstein, Solomon Joseph. Zur Geschichte der Entstehung der samaritanischen Gemeinde. Kritisch-historische Untersuchung. Diss. Phil. Bern. 41 S. 8. Libau, J. Kostolanetz, 1906.

Rubinstein, Sophie, Krementschug (Russland): **Aus der geburtshülflichen Universitätsklinik Zürich. Ueber die in der geburtshülflichen Universitätsklinik zu Zürich vom 1. Januar 1884 bis zum 1. Januar 1904 stattgehabten Zwillingsgeburten. Zürich 1905.** 40 S. 8°. [29. XII. 05.]
Zürich. Med. Diss. 1905/1906.

Rubinstein, Susanna

— **Schillers Begriffsinventar, s. a. Magazin, pädagogisches.**

Schillers Begriffsinventar. Von Dr. Susanna **Rubinstein.** Langensalza: H. Beyer & Söhne 1905. (13 S.) 8°
= **Magazin,** Pädagogisches. H. 255. [06. 2224

Rubinstein, die Energie als Wilhelm v. Humboldts sittliches Grundprinzip, s. a. Magazin, pädagogisches.

Die Energie als Wilhelm v. Humboldts sittliches Grundprinzip. Von Dr. Susanna **Rubinstein.** Langensalza: H. Beyer & Söhne 1906. (14 S.) 8°
= **Magazin,** Pädagogisches. H. 272. [06. 6260 3

Rubinstein, Susanna, psychologisch ästhetische Essays. gr. 8. (199 S.) Heidelberg 878, C. Winter's Universitäts-Buchh. *

Rubinstein, Susanna, psychologisch-ästhetische Essays. 2. Folge. Mit dem (Lichtdr.-) Bildniß der Verf. gr. 8. (279 S.) Heidelberg 884. C. Winter. n. 8. — (1. u. 2.: n. 14. —)

Rubinstein, Susanna, psychol.-ästhet. Fragmente. gr. 8. (III, 100 S.) Leipzig 903. A. Edelmann. n. 2. —

Rubinstein, Susanna, aus dunklem Grunde. gr. 8. (61 S.) Leipzig 892. A. Edelmann. n. 1. —

Rubinstein, Susanna, aus der Innenwelt. Psychologische Studien. gr. 8. (V, 211 S.) Leipzig 888. Edelmann. n. 4. —

— zur Natur der Bewegungen. gr. 8. (64 S.) Ebd. 890. n. 1. 20

— e. individualistischer Pessimist. Beitrag zur Würdigg. Philipp Mainländers. gr. 8. (V, 116 S.) Ebd. 894. n. 2. 40

Rubinstein, Susanna, Schiller-Probleme. (III, 201 S.) gr. 8. Leipzig 908. A. Edelmann. 4. —

Rubinstein, Susanna, die sensoriellen u. sensitiven Sinne. gr. 8. (78 S.) Leipzig 874. Dürr'sche Buchh. 1. 80

— **Schillers Stellung zur Religion, s. a. Magazin, pädagogisches.**

Schillers Stellung zur Religion. Von Dr. Susanna **Rubinstein.** Langensalza: H. Beyer & Söhne 1906. (16 S.) 8°
= **Magazin,** Pädagogisches. H. 275. [06. 6063 3

Rubinstein, Susanna, e. Trias v. Willensmetaphysikern. Populär-philosoph. Essays. gr. 8. (V, 95 S.) Leipzig 896. A. Edelmann. n. 2.

Rubinstein-Drabkin, Chaja, von Mohilew a/D. (Russland): **Die Fälle von Syphilis hereditaria, die im Kinderspital Zürich in den Jahren 1884—1904 behandelt worden sind. Zürich 1905. 37 S. 8° u. 6 Tabellen.** [1. VIII. 05.]
Zürich. Med. Diss. 1904/1905.

Rubinstein-Drabkin, Chaja. Die Fälle von Syphilis hereditaria, die im Kinderspital Zürich in den Jahren 1884–1904 behandelt worden sind. Diss. Med. Univ. Zürich. [Mit 6 Tabellen.] 37 S. 8. Zürich, Kirsten & Zeisberg, 1905.

De ellipfibus infinitis propofitiones geometricae auctore *M. Chriftiano Aug. Haufenio.* Exponentur eodem praefide publica disputatione ad d. 14. Jul. a. 1714. horis ante- et po-meridianis. Defendet a meridie *Joh. Georgius Rubius* Sondershufa-Thuringus. In academia Lipfienfi impreff. formis Andreae Zeidleri. 4. 44 S. 1714.*

Rubke, Otto: Studien über die Chanson de Charles le Chauve (Inhalt, Quellen, Textprobe, Namenverzeichnis). Greifswald 1909: Adler. 113 S. 8°
Greifswald, Phil. Diss. v. 1. April 1909, Ref. Stengel
[Geb. 7. Nov. 84 Breckerfeld; Wohnort: Breckerfeld; Staatsangeh.: Preußen; Vorbildung: Realgymn. Hagen i. W. Reife O. 04; Studium: Greifswald 2, Göttingen 1, Berlin 2, Münster 1, Greifswald 2 S.; Rig. 27. Juli 08.] [U 09. 1559

Rübkinn, P., Die Cyklonenbahnen im europäischen Russland 1890–92. (148 S.) Petersburg 1898. 4°.

Rublack, A., s. R u b l a c k, Karl Friedrich August

Rublack, Aug., des Wildmeisters Kind. Historischer Roman. 2 Bde. 8. (III und 424 S.) Leipzig 851(52,) Schrey.

(Rublack, August)

Wittgens Raubschloß. Eine Sage. Dresden: Arnold 1825. 231 S. 8°

Rublack, Charlotte, meine Erfahrungen am Wochenbette. Zur Berathung f. Frauen u. Hebammen über Schwangerschaft, Geburt u. Kindespflege. Mit Vorw. von C. G. Carus. gr. 8. (8 B.) Dresden u. Leipzig 845, Arnoldische Buchh.

Rublack, Charlotte, meine Erfahrungen am Wochenbette. Zur Berathung für junge Frauen u. Hebammen über Schwangerschaft, Geburt u. Kindespflege. Mit einem Vorwort v. C. G. C a r u s. 2. (Titel-) Ausg. gr. 8. (VIII u. 119 S.) Leipzig (845) 848, Arnold. 12 ngl

Rublack, Fr. W., die Kuhpocken u. die Menschenblattern. Mittheil. aus d. Gebiet d. Erfahrung. 8. Dresd. u. Leipz. 816. Arnold. 6 gl

Rublack, (Fr. W.,) d. Kuhpocken u. die Menschenblattern. Mittheilungen aus d. Gebiet d. Erfahrung. 8. Dresd. u. Lpz. 826, Arnold.

Rublack, Karl Friedrich August

— Diss. inaug. de herniotomia crurati. 4. Leipz. 817.

Rublack, Karl Fr. Aug., der Tag d. Liebe. 8. Dresd. 817. Hilscher. 4 gl

– Taschenbuch dramat. Spiele zur Feier häusl. Feste. 1e Liefer. (Enthält: Spiele zur Feier von 1) Geburtstagen. Der Kranz; e. Pathengeschenk. — Das Fest d. Geburt. — Das Sträußchen des Glückes. — 2) Verlobungen. Der Tag d. Liebe. — 3) Polterabenden. Liebe u. Ehe; plastisch-mimische Darstellung. — Der erste Mai. — 4) Hochzeiten. Liebe u. Treue. — Jubelhochzeiten. — Der Sieg d. Liebe, v. Otto). 12. Dresd. 818. Hilscher. 12 gl

Rublack, A., Taschenbuch dramatischer Spiele zur Feyer häusl. Feste. 1ste Lieferung 1820. 12. Dresden, Hilscher. 819.

— — Taschenbuch zum geselligen Vergnügen für d. Jahr 1819. 12. Ebend.

— die Visconti; Trspl. in 4 A. 8. Leipz. 820. Cnobloch. 18 gl

Th. Rüblein, Statistische und agrikole Beschreibung des Landgerichtes Lichtenfels.
Bamberg 1831

Rubli, Franz v., in Wienn angestellter Haus-Artillerie-Zeugwahrt. A r t i l l e r i e - E x e r c i t i a und Experimenten, welche zu M o l d a u T h e i n anno 1749 in Beysein des Feldt-Marchal Fürsten Joseph Wenzel von L i e h t e n s t e i n, unter der Direction des Feld-Artillerie-Commandanten und Feldt-Marchal-Lieutenant von F e u e r s t e i n bewürcket worden. In aller Unterthänigkeit zusamen getragen. (Manuscript mit 11 Tafeln.) Fol. Wien 1750.

Rubli, Franz v., kayserl. Königl. Hauss-Artillerie-Zeug-Lieutenant. (Titel des Gesammtwerkes unbekannt.) VIII. Bd. 2. Th. Trigonometrie. (Trigonometrische Tafeln.) IX. Bd. 1. Th. (Alte schwere und verjüngte) Artillerie. Die Verfertigung und Auftragung derer Maasstäbe nach der Linea cubica und dann wie jedes fürkommendes G e s c h ü t z samt darzu gehörigen Lavetten, Achs und Rädern auch Eisenbeschläg p r o p o r t i o n i r t werden solle. (Mit 28 prachtvoll colorirten Tafeln enthaltend Abbildungen der Geschütz-Theile und ganzen Geschütze samt Bedienungsmannschaft.) X. Bd. 2. Th. Neue Artillerie. Von den Maasstäben, woraus selbe entstehen, wie man sie berechnet etc. (Mit 24 Taf.) XI. Bd. 3. Th. Neue Artillerie. Wie man die Längen derer schweren Batterie, leichten Batterie, dann Feld- und Gebürgs Stuck, zu ihren Ladungen und dem gewaltsamsten Trieb erweislich proportioniren etc. (Mit 14 Taf. Abbild.) (Manuscript.) (4 Bde.) Fol. Wien 1754.

Rubli, Gottfried [cand. med. aus Zürich]: **Ueber ein Fibro-Myxom des Darmes. . . .** Würzburg, Buchdr. d. „Neuen Bayer. Landeszeitung", 1891; 24 S., 2 Taf. 8°
Würzburg, Med. Fak., Inaug.-Diss. v. 1891

Rubner, Julius. Drama in drei Akten. Belle-Vue bei Constanz 1844. V: *Alban, Julius Thankmar.* (Erman & Horn, Bibliogr. d. dtsch. Universitäten. 1. Leipz. u. Berl. 1904.)

Rubner, H., s.: Bomhard's u. Stadelmann's Briefwechsel.

Rubner, Heinrich, appr. Arzt: **Aus d. Univ.-Augenklinik in Gießen. Weiterer Beitrag zur Lehre von der Episkleritis.** Giessen 1910: v. Münchow. 36 S. 8°
Gießen, Med. Diss. v. 14. Mai 1910, Ref. Vossius
[Geb. 10. Juli 82 Bad-Steben; Wohnort: Gießen; Staatsangeh.: Bayern; Vorbildung: Gymn. Koburg Reife O. 04; Studium: Erlangen 1, Würzburg 1, Erlangen 3, Leipzig 1, Gießen 1, München 1, Gießen 2 S.; Coll. 3. Aug. 09; Approb. 7. Mai 10.] [U 10. 1162

Kritische Beiträge zu Ciceros Werk vom Redner. — Von Heinrich R u b n e r, Stdl. — 1874. Hof, Mintzel. — S. 3—15⁴.
Progr. Hof, K. Gymn.

Rubner, Heinr. De Oratoris tulliani codice laurentiano disseruit collatumque protulit. 67 S. 8. Progr. *Speier* 1882.

Rubner, Hermann, Rechtspraktikant aus Hof: **Das gesetzliche Pfandrecht des Vermieters nach dem Bürgerlichen Gesetzbuche für das deutsche Reich.** *Regensburg 1901: H. Schiele.* (VII, 50 S.) 8°
Erlangen, Jur. Diss. v. 3. Juni 1900

Rubner, Jh. Geo., s. Otto, Jh. M., biblisches Spruch-Register.

Rubner, Konrad, Forstprakt.: Das Hungern des Cambiums und das Aussetzen der Jahrringe. Mit 28 Abb. (Ludwigsburg [1910]: Ungeheuer & Ulmer.) 53 S. 8° ¶(Aus: Naturwissenschaftl. Zeitschrift f. Forst- u. Landwirtsch. Jg. 8.)
München, Staatswirtsch. Diss. v. 18. Nov. 1909, Ref. v. Tubeuf
[Geb. 9. März 86 Nürnberg; Wohnort: Regensburg; Staatsangeh.: Bayern; Vorbildung: Altes Gymn. Regensburg Reife Juli 04; Studium: Aschaffenburg Forstl. Hochsch. 4, München 4 S.; Rig. 18. Nov. 09.] [U 10. 3466

Rubner, Max

Rubner, M. 4 Abhandl. üb. d. Kleidung. Berlin 1898.

Rubner, Max, zum Andenken an Max v. Pettenkofer. gr. 8. (29 S.) Berlin 901. A. Hirschwald. n. — 80
Sonderabdruck aus: „Berliner klinische Wochenschrift".

Rubner, Max, s.: Archiv f. Anatomie u. Physiologie.

Rubner, Max, s.: Archiv f. Hygiene.

RUBNER, Max (München): Ueber die Ausnützung einiger Nahrungsmittel im Darmkanal des Menschen.- München: Wolf 1880. 56 S.
25.7.1878 - Urk (Titel: De experimentis probandi quantum ex variis cibis ad corpus humanum alendum redundet.); Chr 1878/79,11
Diss.Ingolst.-Landsh.-Mchn.

— Beiträge zur Ernährung im Knabenalter m. besond. Berücksicht. der Fettsucht, nach gemeinsam m. Wolpert u. Kuschel vorgenommenen Untersuchungen. gr. 8. (80 S.) Berlin 902. A. Hirschwald. n. 2. —

— s.: Bibliothek der Gesundheitspflege.

— Festschrift zur Eröffnung d. Kaiserin Auguste Victoria-Hauses.

Zu der am 16. Oct. 1887 ... stattfindenden feierlichen Einführung des neuen Rectors ... ladet ein d. z. Rector Franz v. Liszt, Dr. u. o. Prof. d. Rechte. Dem beigefügten Jahresbericht ist vorausgeschickt: Biologische Gesetze von Max Rubner, o. ö. Prof. d. Hygiene u. Dir. d. hygien. Inst. Marburg, C. L. Pfeil'sche Univ.-Buchdr., 1887; 1 Bl. + 38 S. + 1 Bl. 4°

Rubner, M., biologische Gesetze. gr. 4. (32 S.) Marburg 887. [Sipmann.] Kraatz. n. 1. 80

— die Gesetze des Energieverbrauchs bei der Ernährung. gr. 8. (V, 426 S.) Wien 902. F. Deuticke. n. 16. —

— Grundlagen e. Theorie des Wachstums der Zelle nach Ernährungsversuchen an Hefe. (S. 164—179.) Lex. 8. Berlin 909. G. Reimer. — 50
Sonderabdr. a.: „Sitzungsber. d. preuss. Akad. d. Wiss."

Leitende Grundsätze für die Anlage von Krankenhäusern und über nothwendige Reformen der Zukunft v. Max **Rubner.** Siehe in: Drei Vorträge aus dem Gebiete der Hygiene. Leipzig. 1895. 8°.

— hygienisches v. Stadt u. Land. Nach e. am 10. 1. 1898 zu Berlin geh. Vortrage. gr. 8. (48 S.) München 898. R. Oldenbourg. n. 1. —

— Über Kompensation u. Summation v. funktionellen Leistungen des Körpers. (S. 316—324.) Lex. 8. Ebd. 910. — 50
Sonderabdr. a.: „Sitzungsber. d. preuss. Akad. d. Wiss."

— Kraft u. Stoff im Haushalte d. Natur. (181 S.) gr. 8. Leipzig 909. Akadem. Verlagsgesellschaft. 6.60; geb. in Leinw. 7. 50

— Lehrbuch der Hygiene. Systematische Darstellg. der Hygiene und ihrer wichtigsten Untersuchungs-Methoden. Zum Gebrauche f. Studierende der Medicin, Physikats-Canditaten, Sanitäts-Beamte, Aerzte, Verwaltungs-Beamte. Mit üb. 200 Abbildgn. Neubearbeitung als 3. Aufl. d. Lehrbuchs der Hygiene v. J. Nowak. 10 Lfgn. gr. 8. (X, 938 S.) Wien 888—890. Deuticke. n. 20. —; geb. n. 22. —

Rubner, Max, Lehrbuch der Hygiene. Systematische Darstellg. der Hygiene u. ihrer wichtigsten Untersuchungs-Methoden. Zum Gebrauche f. Studierende der Medicin, Physicats-Candidaten, Sanitäts-Beamte, Ärzte, Verwaltungs-Beamte. Mit 267 Abbildgn. 4. Aufl. 10 Lfgn. gr. 8 (IX, 947 S.) Wien 891. 892. F. Deuticke. n. 20. —; geb. in Halbfrz. n. 22. 50

— dasselbe. Mit 278 Abbildgn. 5. Aufl. gr. 8. (IX, 983 S.) Ebd. 895. n. 20. —; geb. in Halbfrz. n. 22. 50
1. u. 2. Aufl. bearb. v. J. Nowak.

— Lehrbuch der Hygiene. Systematische Darstellg. der Hygiene u. ihrer wichtigsten Untersuchungs-Methoden. Zum Gebrauch für Studierende der Medicin, Physicats-Candidaten, Sanitätsbeamte, Ärzte, Verwaltungsbeamte. Mit 295 Abbildgn. 6. Aufl. gr. 8. (XII, 976 S.) Ebd. 899. 900. n. 24. —; geb. n.n. 26. 50

— dasselbe. 7. Aufl. (In 12 Lfgn.) 1.—6. Lfg. gr. 8. (480 S.) Ebd. 903. à n. 2. —

— Lehrbuch der Hygiene. Systematische Darstellung der Hygiene u. ihrer wichtigsten Untersuchungsmethoden. Zum Gebrauche f. Studierende der Medizin, Physikats-Candidaten, Sanitätsbeamte, Aerzte, Verwaltungs-Beamte. Mit 295 Abbildgn. 7. Aufl. 7.—12. (Schluss-)Lfg. (XII u. S. 481—983.) gr. 8. Wien 903. F. Deuticke. à n. 2. — (vollständig geb. n.n. 26. 50)

— Lehrbuch der Hygiene. Systematische Darstellg. d. Hygiene u. ihrer wichtigsten Untersuchungs-Methoden. Zum Gebrauche f. Studierende d. Medizin, Physikats-Kandidaten, Sanitäts-Beamte, Ärzte, Verwaltungs-Beamte. 8. Aufl. (XII, 1029 S. m. 295 Abb.) Lex. 8. Wien 907. F. Deuticke. 25. —

—— Calorimetrische Methodik. gr. 4. (36 S. m. 2 lithogr. Taf. u. 5 Holzschn.) Marb. i. H. 891, Elwert's Verlag. * 2 20
Aus: Beiträge zur Physiologie, besonders abgedruckt.

— calorimetrische Methodik. [Aus: „Beiträge zur Physiologie".] gr. 4. (36 S. m. 2 lith. Taf. u. 5 Holzschn.) Marburg i/H. 892. N. G. Elwert's Verl. n. 2. 20

— Nahrungsmittel- u. Ernährungskunde, s.a. Bibliothek, illustr., der Gesundheitspflege. 20. Bd.

Unsere Nahrungsmittel und die Ernährungskunde. Von Prof. Dr. Max **Rubner.** Stuttgart: Moritz 1904. 116 S. 8°
(Bibliothek d. Gesundheitspflege. Bd 20.) [11. 918; 11

Nahrungsmittel- und Ernährungskunde von Prof. Dr. Max **Rubner,** Berlin. 2. verm. Aufl. Stuttgart: E. H. Moritz [1908]. (134 S.) 8° [S.]
— Bibliothek, Illustrierte, d. Gesundheitspflege. Bd 20. [08. 10637

— Das Problem d. Lebensdauer u. seine Beziehungen zu Wachstum u. Ernährung. (VIII, 208 S.) gr. 8. München 908. R. Oldenbourg. 5. —

— s.: Rundschau, hygienische.

— Über die Stellung d. Physiologie im Universitätsunterricht. Vortrag, geh. zur Eröffng. d. physiolog. Instituts am 4. V. 1909. (25 S.) gr. 8. Berlin 909. A. Hirschwald. — 60
Sonderabdr. a.: „Berliner klin. Wochenschr."

Rubner, M. Untersuch. üb. d. Bekleidung d. Menschen. Berlin 1895.

— Volksernährungsfragen. (IV, 143 S.) gr. 8. Leipzig 908. Akadem. Verlagsgesellschaft. 5.— ; geb. in Leinw. 6. —

— über Volksgesundheitspflege u. medizinlose Heilkunde. Festrede, geh. am Stiftungstage der Kaiser Wilhelms-Akademie f. das militärärztl. Bildungswesen, 2. XII. 1898. gr. 8. (44 S.) Berlin 899. A. Hirschwald. n. 1. —

Rubner, Max: Zur Vorgeschichte der modernen Hygiene. Berlin 1905: G. Schade. (36 S.) 4°
Berlin, Rede am Geburtstage d. Kaisers 1905

— Carl Fraenkel u. Dittmar Finkler, drei Vorträge aus d. Gebiete d. Hygiene, geh. im Sitzungssaale d. Abgeordnetenhauses. (Hrsg. auf Veranlassg. d. Grafen Douglas.) gr. 8. (IV, 130 S.) Leipzig 895. F. C. W. Vogel. n. 2. —

— Das Wachsthumsproblem u. d. Lebensdauer d. Menschen u. einiger Säugethiere, vom energetischen Standpunkte aus betrachtet. (16 S.) Lex. 8. Berlin 908. G. Reimer. bar — 50
Sonderabdr. a.: „Sitzungsber. d. preuss. Akad. d. Wiss."

Rubner, Max: Unsere Ziele für die Zukunft. Berlin 1910: G. Schade. 28 S. 4°
Berlin Univ., Rede zum Antritt des Rektorates 1910 [U 11. 351

— Unsere Ziele f. die Zukunft. Rede, zum Antritt d. Rektorates d. königl. Friedrich-Wilhelms-Universität in Berlin geh. in der Aula am 15. X. 1910. (40 S.) 8. Leipzig 910. Veit & Co. 1. 25

Rübner, ..., s. Cholera, die epidem., in Stettin.

Rübner, C., Kaiserlied, s.: Bierbaum, J.

Rübner, Cornelius, s. Rübner, Kornelius

Rübner, H., s. Monatsblatt d. Land-Feuersozietät.

Rübner, Heinr., weitere 25 Jahre Krebsgeschichte 1883—1907, s.: Kupfer, Emil.

Hermann Ernst Ludwig Ruebner

Hermann(us) Ern(estus) Ludov(icus) Rübner: De Acido pyrolignoso. Berolini 1824: Brüschcke. 88 S. 8°

Berlin, Med. Diss. v. 15. Okt. 1824

Rübner, Karl Moritz Rudolph, s. Rübner, Rudolph

Rübner, Kornelius

Der Loge Badenia zum Fortschritt [in Baden-Baden] gewidmet. Gruss der Loge. Lied für Bass Solo & Violine (ad libitum) mit Begleitung der Orgel oder des Pianoforte. comp. von Cornelius Rübner. (Op. 29,1.) [Gedichtet von Karl Alex. Herklots.] Baden-Baden: Sommermeyer o. J. 5,1 S. 2° [Lithogr.] [Umschlagtit.]
Recens: Al. 10 (1884) S. 296; L. 7 (1884) S. 152 (Schlemüller).
Mit Noten: „Reich' uns, Bruder, Deine Hand, . . ."

Rübner, Cornelius, Gut Heil! Turnerlied f. Männerchor, op. 21 Nr. 2, Leipzig u. Hamburg, 8°.

Rübner, *Karl Moritz* Rudolph [aus Leipzig]: Syntaktische Studien zu Bonaventure des Périers. E. Beitr. z. histor. Grammatik d. französ. Sprache ... Leipzig, Druck v. B. G. Teubner, 1896; 2 Bl., 58 S., 1 Bl. 8.
Leipzig, Phil. Fak., Inaug.-Diss. v. [13. Juli] 1896

Rubo, Ernst. Traug., Kommentar über das Strafgesetzbuch für den norddeutschen Bund u. das Einführungsgesetz vom 31. Mai 1870. Nach amtlichen Quellen. 1. Liefg. Berlin 870. Weidmann. gr. 8. (96 S.) n. 12 ngr

Rubo, Ernst Traug., Kommentar üb. das Strafgesetzbuch f. das deutsche Reich u. das Einführungsgesetz vom 31. Mai 1870. Nach amtl. Quellen. 1—6. Lfg. gr. 8. (S. 1—552.) Berlin 874. 76. Weidmann. à n. 1. 20

Rubo, Ernst Traug., Kommentar über das Strafgesetzbuch für das deutsche Reich u. das Einführungsgesetz vom 31. Mai 1870, sowie die Ergänzungsgesetze vom 10. Dezbr. 1871 u. 26. Febr. 1876. Nach amtl. Quellen. 7. Lfg. u. Schluß-Thl. gr. 8. (XV u. S. 553—1076.) Berlin 876. 79. C. Heymann's Verl. n. 9. 80
(cplt.: n. 20. —)

— dasselbe. 2., bericht. Ausg. gr. 8. (632 S.) Ebend. 878. n. 20. —

Rubo, Ernst Traug., zur Lehre von der Verleumdung mit besonderer Bezugnahme auf alle gegenwärtig geltenden deutschen Strafgesetzbücher. Berlin 861. Jonas' Verlag. gr. 8. (VII, 160 S.) 22⅓ ngr

Rubo, E. T., Militär-Strafgesetzbuch für das deutsche Reich. Text-Ausg. mit Anmerkungen und Sachregister. 16. (162 S.) Berlin 872. Weidmann'sche Buchh. cart. *

Rubo, E. T., Strafgesetzbuch f. das Deutsche Reich, s. a. Taschen-Gesetzsammlung.

— Strafgesetzbuch f. das deutsche Reich. Text-Ausg. m. Anmerkgn. u. Sachregister. 2. Aufl. 16. (XX, 165 S.) Ebend. 872. n. — 60

Rubo, E. T., Strafgesetzbuch für das Deutsche Reich. Text-Ausg. mit Anmerkungen und Sachregister. 3. verm. Aufl. 16. (VIII, 301 S.) Berlin 880, C. Heymann's Verlag. cart. *

— über den sogenannten Zeugnisszwang. Nach dem in Preussen geltenden Rechte. gr. 8. (34 S.) Ebend. 878. n. — 80

Rubo, J., die Rechtsverhältnisse der jüdischen Gemeinen in denjenigen Landestheilen des preuß. Staates, in welchen das Edict vom 11. März 1812 zur Anwendung kommt. Eine Beantwortung von 11 Fragen, mit besonderer Rücksicht auf die jüdische Gemeine in Berlin. gr. 8. (8 B.) Berlin 844, Veit u. Comp. —

Rubo, J., Versuch e. Erklär. d. Fragmente lex II., III., IV., LXXXV., Dig. de verborum obligationibus (45. 1.) Ueber die Theilbarkeit u. Untheilbarkeit d. Obligationen nach d. Grundsätzen d. röm. Rechts. 8. Berl. 822. Dümmler. 16 gr

Rubo, Julius: De jure accrescendi hereditate vendita. (Halae 1817:) Schimmelpfennig. 56 S. 8°
Halle-Wittenberg, Jur. Diss. v. [23.] Sept. 1817
Geb. [Halberstadt 10. 6. 1794]

Ruborn, J.: Beitrag zur Geschichte der St. Sebastianus-Bruderschaft oder der Schützenbruderschaft in Luxemburg. Luxemburg, 1895. 1853

Rugge, Willi: Die Schuldnot des ländlichen Grundbesitzes und die Verschuldungsgrenze als Mittel zu ihrer Abhilfe.- Coslin: Hendess 1901. 50 S.
23.7.1901 - Chr 1901/02,22; Jv 1901/02,266
Diss Ingolst.-Landsh.-Mchn.

Rubow, W., die hinterpommersche Landgemeinde Schwessin, die Lage ihrer Landwirte u. ihr Interesse an den Getreidezöllen, s.a Zeitfragen, volkswirtschaftl. 195. u. 196. Hft.

Die hinterpommersche Landgemeinde Schwessin, die Lage ihrer Landwirte u. ihr Interesse an d. Getreidezöllen. Von Dr. W[illi] Rubow. *Berlin: L. Simion 1903.* (68 S.) 8°
— **Zeitfragen. Volkswirtschaftliche.** H. 195/196.

Rubricae generalis Breviarii, od. Unterweis. d. groß. Tageszeit z. Beten. 8. Augsb. J. Wolf. 708.

Rubricae generales breviarii et missalis romani unacum additionibus et variationibus factis ex decreto diei XI. XII. MDCCCXCVII. 8. (116 S.) Regensburg 899. F. Pustet. n. — 70

Rubricae generales missalis romani juxta nuperrimam ss. rituum congreg. editionem, additis quibusdam specialiter observandis in missis solemnibus, in missa privata coram ss. sacramento nec non coram praelato in sua dioecesi. Accedunt etiam orationes pro praeparatione ad missam atque gratiarum actione. 24. (XV, 256 S. m. 1 Tab.) Taurini 891. (Donauwörth, L. Auer.) n. 1. —

Rubricae generales et speciales Breviarii et Missalis romani reformatae. 8. (60 S.) Kempten 884. Kösel. — 50

— Missalis in commodiorem celebrantium usum juxta exemplar Romae impressum. 12. Colon. Rommerskirchen.

Rubricae pro officiis et missis hebdomadis sanctae ritu pontificali peragendis ad faciliorem ecclesiarum cathedralium usum ex pontificali majoris hebdomadae seorsim impressae. 16. (129 S.) Monachii 848, (libr. Lindauer.) *

Rubriken; ein Lesebuch. 8. Kopenh. 802. (Barth in Leipz.) 1 ℛ 15 𝒢

Rubriken-Ordnung u. Nomenklatur d. k. u. k. Artillerie-Materials. 8. (XXV, 369 S.) Wien 896. (Hof- u. Staatsdruckerei.) n. 4. 60
Anh.: Complettierungs-Ausweise. (IV, 354 S.) n. 5. 40

Rubriken-Ordnung u. Nomenclatur des k. u. k. Artillerie-Materials. (Neue Aufl.) 1. u. 4. Heft. 8. Wien (Hof- & Staatsdruckerei). n. 3. 30
1. (76 S.) 898. — 80. — 4. (XII, 117 S.) 904. 2. 50.

Rubriken-Ordnung u. Nomenklatur des k. u. k. Artillerie-Materials. (Neue Aufl.) 3. Heft. (Evident geführt bis Ende April 1910.) (X, 209 S.) 8. Wien 910. Hof- u. Staatsdruckerei. 3. —

Rubriken-Ordnung u. **Nomenclatur** der Feld-Ausrüstung der k. k. Genie-Truppe u. ihrer Reserve-Anstalten. 8. (60 S.) Wien 887. Hof- u. Staatsdruckerei. n. 1. —

— — f. das k. u. k. Pioniermaterial. (H—Sa.) (Zu Abt. 8, Nr. 888 vom J. 1906. — Normalverordnungsblatt f. das k. u. k. Heer. 18. Stück.) (X, 99 S.) gr. 8. Ebd. 906. n. 2. —

Rubriken-Ordnung u. **Nomenclatur** d. k. k. Train-Materiales. 8. (XII, 140 S.) Wien 884. Hof- u. Staatsdruckerei. n. 1. 60

Rubriken-Ordnung und Nomenclatur des k. u. k. Trainmateriales. 2. Aufl. 8. (XIII, 179 S.) 1.20
Wien: Hof- und Staatsdruckerei 1897.

(F) C—13. 1. Nachtrag zu der Rubriken-Ordnung und Nomenclatur des k. u. k. Train-Materials. 2. Auflage vom Jahre 1896. (Zu Abth. 3, No. 3161, vom Jahre 1898. — Normal-Verordnungsblatt für das k. u. k. Heer 41. Stück.) Wien. [1899.] Hof- u. Staatsdruckerei. 8°. 20 S. fl. —.20

Rubrikwörterbuch, Alphabetisches, der höchst nothwendigen Russischen Wörter, Gespräche und Zahlen . . . Augsburg 1799. V: *Heinemeyer, Heinrich Conrad.* (Ky) (MGT)

Rubrikwörterbuch, alphabet., deutsch-russ., der höchstnothwendigsten russ. Wörter, Gespräche u. Zahlen, wie solche nach d. deutschen Mundart mit d. langen u. kurzen Zeichen ausgesprochen werden müssen, (v. H. K. Heinemeyer). 4. Augsb. 799. (Leipz., Joachim). 2 𝒢

Rubrom, Moritz, neues Wiener Börse-Buch. Handbuch der Börse-Speculation. Vollständige, rein prakt. Darstellung des gesammten Börsegeschäftes; als solider Handel mit Papieren zu Capitalanlage, — ferner als rationelle Speculation auf Praemien und Stellagen und schliesslich auch als freies Börse-Spiel nebst den dabei vorkommenden Ausschreitungen und Börse-Manoeuvres. Ein naturgetreues Bild von dem geschäftl. Leben und Treiben an der Wiener Börse. 1. und 2. Aufl. 1872. * ℳ 3., und 3. verb. und verm. Aufl. gr. 16. (XVIII, 236 S.) Wien 873, Perles. geb. *

Rubrom, Mor., der Wiener Börse-Speculant. Vollständige, rein praktische Erörterung des sinnreichen Mechanismus der gesammten Börse-Speculation, von den einfachsten Elementen des effectiven Geschäftes in Staats- u. Industrie-Papieren, Wechsel u. Münzen, bis zu den scharfsinnigsten Verwickelungen der Prämien, Stellagen u. der Nochgeschäfte. Ein naturgetreues Bild des geschäftlichen Lebens u. Treibens an der Wiener Geldbörse. 2., neu bearb. u. verm. Aufl. Wien 861. Schaumburg. 16. (VIII, 250 S.) 24 ngr.

Rubrom, Mor., der Wiener Börse-Speculant. Vollständige, rein practische Erörterung des sinnreichen Mechanismus der gesammten Börsen-Speculation in Staats- u. Industriepapieren, Wechsel u. Münzen etc. Ein naturgetreues Bild des geschäftlichen Lebens u. Treibens an der Wiener Geldbörse. Neue Ausgabe der 2. neu bearb. Aufl., verm. mit einem Nachtrage über die neuesten Actien u. über die Unification der österreichischen Staatsschuld. Wien 869. Schaumburg. 16. (IX, 266 S.) cart. **24 ngr.**

Rubrom, Mor., Grundriß d. Naturlehre, od.: Darstellung d. Undulation, als wesentl. Grundlage d. gesammten Naturkunde, u. als Schlüssel zu vielen Geheimnissen d. Natur. Mit sorgfält. Umgehung aller Hypothesen, auf rein mathemat. Principien gegründet. gr. 8. (19 B.) Wien 841, Singer u. Goering.

— die Liquidations-Noth an der Wiener Börse. Erörterung der Ursachen der von Zeit zu Zeit wiederkehrenden Schwierigkeiten bei der Abwicklung der Differenz-Geschäfte an der Börse. Beantwortung der von der k. k. Börsekammer an die Interessenten ausgesendeten Fragen nebst einem Vorschlage zur radicalen Abhilfe. gr. 8. (26 S.) Wien 873, Perles. *

— die Schmerzensrufe an der Wiener Börse. gr. 8. (23 S.) Ebend. 874. n. — 40

Rübsaamen, Carl, s. Rübsaamen, Karl

Rübsaamen, Ew. H., Mitteilungen üb. neue u. bekannte Gallen aus Europa, Asien, Afrika u. Amerika. gr. 8. (58 S. m. 18 Fig. u. 2 Lichtdr.-Taf.) Berlin 899. R. Friedländer & Sohn. n. 3. —
Sonderabdruck aus: „Entomolog. Nachrichten".

Rübsaamen, Ew. H., grönländ. Mycetophiliden, Sciariden, Cecidomyiden, Psylliden, Aphiden u. Gallen, s.a. Bibliotheca zoologica, Hft. 20, Lfg. 4.

Grönländische Mycetophiliden, Sciariden, Cecidomyiden, Psylliden, Aphiden und Gallen. Von Ew. H. Rübsaamen. M. 11 Textfig. u. Taf. v u. vi. *Stuttgart: E. Nägele 1898.* (1 Bl., 103 119 S., 2 Taf.) 4.
= Ergebnisse, Zoolog., der v. d. Gesellsch. f. Erdkunde zu Berlin . . . ausges. Grönlandsexped. [No] VIII.
= Bibliotheca Zoologica. H. 20, Lfg 4. [99. 426

Rübsaamen, Ew. H., Pteromaliden, s.a. Ergebnisse der Hamburger Magalhaensischen Sammelreise.

Pteromaliden bearb. von Ew[ald] H. Rübsaamen (Berlin). Mit 1 Taf. *Hamburg: L. Friederichsen & Co. 1902.* (7 S.) 4°(8°)
= Ergebnisse d. Hamburger Magalhaens. Sammelreise. Lfg 6, 6 [02. 26..

Rübsaamen, Ew. H., die wichtigsten deutschen Reben-Schädlinge u. Reben-Nützlinge. Auf Veranlassg. des preuß. Ministeriums f. Landwirtschaft, Domänen u. Forsten bearb. u. m. Unterstützg. der Landwirtschaftskammern zu Bonn u. Wiesbaden hrsg. (VII, 126 S. m. 41 Fig., 15 farb. Taf. u. 4 S. Erklärgn.) Lex. 8. Berlin (909). Deutsches Verlagshaus Bong & Co. 4. —

— die Reblaus u. ihre Lebensweise, s.: Ritter, C.

— üb. russ. Zoocecidien u. deren Erzeuger. [Aus: „Bulletin de la soc. impér. des naturalistes de Moscou".] gr. 8. (93 S. m. 6 Taf.) Moskau 896. (Berlin, R. Friedländer & Sohn.) n.n. 6. —

Rübsaamen, Karl

Rübsaamen, Carl [app. Arzt aus Homburg v. d. Höhe]: Über Pneumothorax, nebst e. Falle v. rechtsseitigem Pyopneumothorax m. enormer Organverdrängg ... Würzburg, Becker's Univ.-Buchdr., 1893; 21 S., 1 Bl. 8.
Würzburg, Med. Fak., Inaug.-Diss. v. 1893

Rübsaamen, Rosa, Gedichte. 12. (102 u. II S.) Berlin 900. Concordia. n. 2. —; geb. n. 3. —

Liobabüchlein. Leben d. heil. Lioba nebst e. Geschichte d. Petersberges. Im Anh. Gebete ... Von Pfr. (Augustin) **Rübsam**. Fulda: Actiendr. in Komm. 1910. 149 S. 8° [11. 2448 4

Rübsam, H., in französischer Kriegsgefangenschaft. Ein Erinnerungsblatt an 1870/71. 8. (63 S.) Salzungen 888. (Leipzig, Opetz.) n. — 50

Rübsam, J., Johann Baptista v. Taxis, e. Staatsmann u. Militär unter Philipp II. u. Philipp III. 1530—1610. Nebst e. Exkurs: Aus der Urzeit d. Taxischen Posten 1505—1520. gr. 8. (XLVIII, 258 S.) Freiburg i/Br. 889. Herder. n. 6. —; geb. n. 7. 50; Velinpap. geb. n. 9. —

Rübsam, Jos., Heinrich V. v. Weilnau, Fürstabt v. Fulda [1288—1313], nebst einem Excurs über die Quellen der Geschichte des Hochstifts. [Aus: „Ztschr. d. Ver. f. hess. Geschichte u. Landeskde."] gr. 8. (XVI, 207 S.) Kassel 881. Freyschmidt in Comm. n. 3. —

— dasselbe, nebst einem Rückblick auf die kirchen- u. staatsrechtliche Stellung der exemten u. reichsunmittelbaren Abtei Fulda. 1. Thl. Kirchen- u. staatsrechtl. Stellung der exemten u. reichsunmittelbaren Abtei Fulda. gr. 8. (VIII, 76 S.) Fulda 879. Mayer. n. 1. 60

Rübsamen, Chr. Schul-Wandkarte der Länder d. Heiligen Schrift. 1:2,125,000. 4 Blatt. qu. gr. Fol. Glogau 890, Flemming. 3 —
Auf Leinw. in Mappe * 7 —; m. rohen Holzrollen * 8 —
Mit polierten Holzrollen * 9 —

Rübsamen, Jakob David Ludwig: De aquis soteriis carbensibus . . ., s. Baumer, Johann Wilhelm [Praes.]

Rübsamen, Otto [pr. Arzt]: Ein Beitrag zur Kenntnis der Laryngitis hypoglottica chronica hypertrophica ... Königsberg i. Pr., Druck v. M. Liedtke, 1892; 2 Bl., 36 S., 2 Bl., 1 Tab. 8.
Königsberg, Med. Fak., Inaug.-Diss. v. 27. Apr. 1892

Rübsamen, Otto, e. Beitrag zur Kenntnis der Laryngitis hypoglottica chronica hypertrophica. Diss. gr. 8. (35 S. m. 1 Tab.) Königsberg i/Pr. 892. (W. Koch.) n. 1 —

Rübsamen, W(ilhelm), Medizinalprakt.: Aus d. pharmak. Inst. d. Univ. Heidelberg. Experimentelle Untersuchungen über die Gewöhnung an Morphin. Leipzig 1908: Hirschfeld. 18 S. 8° ¶(Aus: Archiv f. exper. Pathol. u. Pharmakol. Bd 60.)
Heidelberg, Med. Diss. v. 9. Dez. 1910, Ref. Gottlieb
[Geb. 1. Mai 86 Heidelberg; Wohnort: Bern; Staatsangeh.: Baden; Vorbildung: Realgymn. Mannheim Reife Juli 04; Studium: Heidelberg 10 S.; Coll. 30. Nov. 09; Approb. 3. Dez. 10.] [U 11. 2221

Rübsamen, Wilh. C., Beschreibung des Oberamts Tuttlingen, s. Schick, K.

Rübsamen, Wilh. C.: Karte d. Oberämter [v. Württemberg]. Farbendr. Stuttgart o. J. [etwa '08]. Fleischhauer & Spohn. Je — 40; erh. Pr. 1.—
Aalen. Bearb. v. Herm. Haigis. 1 : 100,000. 32,5×28 cm.
Backnang. 1 : 100.000. 22,5×25,5 cm.
Besigheim. 1 : 100,000. 27×23,5 cm.
Biberach. 1 : 100,000. 32,5×39 cm.
Blaubeuren. 1 : 100,000. 28,5×25 cm.
Böblingen. 1 : 100,000. 24×27 cm.
Brackenheim. 1 : 100,000. 23×30 cm.
Calw. 1 : 100.000. 28,5×31,5 cm.
Ehingen. 1 : 100,000. 27,5×31,5 cm.
Esslingen u. Cannstatt. 1 : 100,000. 30,5×25 cm.
Freudenstadt. 1 : 125.000. 29,5×25,5 cm.
Geislingen. 1 : 125,000. 27×28 cm.
Göppingen. 1 : 100,000. 23×28 cm.
Heidenheim. 1 : 125,000. 25×28 cm.
Heilbronn. 1 : 100,000. 24×29,5 cm.
Herrenberg. 1 : 100,000. 28,5×27,5 cm.
Horb. 1 : 100,000. 25×30,5 cm.
Kirchheim. 1 : 100.000. 27×25 cm.
Laupheim. 1 : 100,000. 30,5×21,5 cm.
Leonberg. 1 : 100.000. 24×28,5 cm.
Leutkirch. 1 : 100,000. 44×21,5 cm.
Ludwigsburg. 1 : 100,000. 23,5×27 cm.
Marbach. 1 : 100,000. 27,5×23,5 cm.
Maulbronn. (1 : 100,000.) 25×19,5 cm.
Mergentheim. 1 : 125,000. 21×29 cm.
Neckarsulm. 1 : 100,000. 28×30 cm.
Neuenbürg. 1 : 100,000. 29×27 cm.
Nürtingen. 1 : 100,000. 21×25,5 cm.
Ravensburg. 1 : 100,000. 28,5×30,5 cm.
Reutlingen. 1 : 100,000. 30,5×22,5 cm.
Riedlingen. 1 : 100,000. 25×33 cm.
Rottenburg. 1 : 100.000. 23×29 cm.
Schorndorf. 1 : 100,000. 23×27,5 cm.
Spaichingen. 1 : 100,000. 22×27 cm.
Stuttgart. 1 : 100,000. 27×24 cm.
Sulz. 1 : 100,000. 23×28 cm.
Tettnang. 1 : 100,000. 25×28,5 cm.
Tübingen. 1 : 100,000. 28×23 cm.
Ulm. 1 : 120,000. 28×27,5 cm.
Urach. 1 : 125,000. 20×27 cm.
Vaihingen a. E. 1 : 125,000. 22,5×17,5 cm.
Waiblingen. 1 : 100,000. 18×22 cm.
Weinsberg. 1 : 100,000. 21×29,5 cm.
Welzheim. 1 : 100,000. 27×24,5 cm.

Oberamt Tuttlingen. Bearb., Lit. & Druck von Wilh. **Rübsamen**, Stuttgart. (Maßst. 1 : 100.000.) [Mit 1 Nebenkarte.] Tuttlingen: E. L. Kling [1906]. (1 Kartenbl. 34×22 cm.) [kol.] [06. 10449

Ruby, Franz

Ruby: Maximilians I. Beziehungen zu den Niederlanden u. Frankreich bis zum J. 1486. 24 S. 8°–Iglau UR., Progr. 1867

Ruby: Der deutsche Handel im Norden Europas bis zum Jahre 1370. Gedrängte Darstellung der deutschen Handelsbewegungen besonders auf der Ostsee von ihren Anfängen bis zum Auftritte einer allgemeinen Hansa. 76 S. 8°–Troppau OR., Progr. 1863

Ruby, Frz., das Iglauer Handwerk, in seinem Thun und Treiben von der Begründung bis zur Mitte des 18. Jahrh. urkundlich dargestellt. Mit 2 Abbild. als artist. Beilagen: a) Stadt- und Festungsplan aus der Zeit des 30jähr. Krieges, b) Bäcker-Ordnung vom J. 1361. Hrsg. von der histor.-statist. Section der k. k. mähr.-schles. Gesellschaft zur Beförderung des Ackerbaues, der Natur- und Landeskunde. gr. 8. (IV, 256 S.) Brünn 887, (Winiker.) *

Ruby, Frz., Zeittafeln d. österr. Geschichte mit erklär. u. ergänz. Anmerkgn. u. e. historisch-geograph. Ortsverzeichnisse. gr. 8. (336 S. m. 1 Stammtaf.) Wien 895. Verlag „Austria". 4. 70; kart. n. 5. 10

Ruby, Rud.

Ruby, Rud. Festrede zum 25jährigen Ehejubiläum des Allerhöchsten Kaiserpaares am 24. April 1879. 5 S. 8. **Progr.** *Kremsier* 1879.

Ruby, R.: Nonnulla de Aiacis Sophocl. integritate. 10. Mähr.-Weißkirchen 84. Progr.

Ruby, Rud. Welcher Umfang könnte den philologischen Realien bei dem klassischen Sprachunterrichte am Gymnasium gestattet werden? 10 S. 8. **Progr.** *Kremsier* 1876

Oricellarius [d. i. **Rucellai**], Bern.: De magistratibus Romanorum veterum commentarius ex libro ms. Florentino ed. Jo. Ern. Imm. Walchius. Lipsiae 1752.

Rucellai, Giovanni, Opere. 8. Padova, (Pott in Lausanne) 772. Rthlr. ·

Ruch polski z 1861 roku. Rzut oka na rozwoj polityczny i społeczny w królestwie polskiem od roku 1831 do naszych czasów. Leipzig 862. Gerhard. gr. 8. (74 S.) n. 15 ngr.

Ruch, Fritz. prakt. Arzt in Sonvilier: Besteht ein Zusammenhang zwischen Struma und Cataract? Bern 1905. 54 + 1 S. 8°. [26. VII. 05.]
Bern. Med. Diss. 1904/1905.

Ruch, Fritz. Besteht ein Zusammenhang zwischen Struma und Cataract? Diss. Med. Bern. 55 S. 8. Bern, N. Dürrenmatt-Egger, 1905.

Ruch, *Georg:* **Zwei Fälle von spontaner Luxation des Hüftgelenkes nach akutem Gelenkrheumatismus . . . Leipzig, Druck v. J. B. Hirschfeld, 1892; 22 S. 8.**
Strassburg, Med. Fak., Inaug.-Diss. v. 1892

Rüchardt, G., Die Haare des Frauenzimmers, oder: Die Kunst, durch die Farbe derselben die Eigenschaften ihres Herzens erkennen zu lernen. (Wien) 1784. 8°. 31 S. Selten! (2 Mk. G. Priewe, Heringsdorf, 1895.)
Auct. Ritter v. Schwarz. Wien 1869. no. 334.

Ruchat, A[braham]. Abregé de l'histoire ecclesiastique du Pays de Vaud.... Accompagné de trois autres petites Piéces.... 8. Berne 1707.

la Ruche, ou lectures amusantes et instructives pour la jeunesse (par J. G. Rievethal). III Vols. 8. Riga 793—797. Hartknoch in Leipz. 1 ℔ 8 gl.

Ruche, la, ou lectures amusantes et instructives pour la jeunesse. III Tom. 8. Leipz. Hartknoch. 797-98. (I. 12 gr. II. 10 gr. III. 10 gr.)

General v. Rüchel. Nach hinterlassenen Papieren. 8 Berlin 1880.

Anrede an die militärische Gesellschaft, bei ihrer ersten Stiftungsfeyer zu Berlin: an dem so merkwürdigen 24sten des Jenner, gehalten in der Versammlung von dem General-Lieutenant von RÜCHEL. 1803. Berlin, gedr. bei den Gebr. Wegener. 8°.

Rüchel, Hermann, approb. Arzt aus Kammin i. P.: **Beitrag** zur Kenntnis des Verhaltens der Leucocyten bei der Blutgerinnung. *Greifswald 1903: H. Adler.* (28 S.) 8°
Greifswald, Med. Diss. v. 10. Nov. 1903

Ruchhöft, Wilhelm [aus Rostock]: Zur Kubatur der Malus'schen Wellenflächen.... Greifswald, Druck v. F. W. Kunicke (1885); 52 S. 8°.
Rostock, Phil. Fak., Inaug.-Diss. v. 12. Nov. 1885.

Ruchhöft, Wilhelm, zur Kubatur der Malus'schen Wellenflächen. Diss. Rostock 1885, G. B. Leopolds Univ.-Buchh. 8°. 52 S.

Ruchinger, G., Flora dei lidi Veneti. 8. Venezia. (Wien, Fr. Volke in Comm.) 818.

Unser Wandel ist im Himmel. Predigt über Philipper 3,20. gehalten am 2. Oct. 1868 bei der mit der Kirchenvisitation verbundenen Feier des hundertjährigen Jubiläums der Horster Kirche und der Vollendung des neu erbauten Thurmes v. Heinrich Leopold Ruchmann. Itzehoe. 1868. 8°.

Ruchmann, Ottilie, junge Herzen in Freud u. Leid. Drei Erzählgn. f. junge Mädchen v. 8—12 Jahren. Mit 4 Farbdr.-Bildern nach Aquarellen von L. v. Kramer. gr. 8. (111 S.) Stuttgart 885. Thienemann. cart. n. 3. —

Ruchmann, Ottilie, Luftschlösser. Eine Erzählung f. Mädchen von 10 bis 15 Jahren. Mit 4 Farbendruckbildern nach Aquarellen von Eug. Klimsch. gr. 8. (185 S.) Stuttgart 882. Thienemann. cart. n. 4. —

— der Mutter Trost. Eine Erzählg. für heranwachsende Mädchen. Mit 4 Farbdr.-Bildern nach Aquarellen v. R. E. Kepler. gr. 8. (168 S.) Stuttgart 888. Süddeutsches Verlags-Institut. cart. n. 3. —

Ruchneder, Franz, Schulzeit. I. Ueber die Entlastung der Nachmittage vom Unterrichte an den Volks- und Bürgerschulen der Stadt Wien. II. Die Unterrichtszeit der Volksschulen in fünfundzwanzig Städten Mittel-Europas. Mit drei Tabellen. Gr.-8. (VIII, 83 S.) —.90
Wien: Manz 1897

Ruchniewicz, Phpp., bellum Romanorum imprimis Constantio et Juliano ducibus cum Persis gestum. [338—363.] Pars I. [Usque ad mortem Constantii 361.] gr. 8. (42 S.) Münster 871. Theissing. n. — 60

Ruchonnet, Ch.: Expos. géometr. de prop. génér. de courbes. Zürich 1864. IV, 117 S. 2 Tfln. Schul-/Univ.-Schrift

Ruchonnet, Ch., Exposition géométrique des propriétés générales des courbes. 1. édit. 1864. * 1 Thlr. et 2. édit. Augmentée et en partie refondue. gr. 8. (240 S. mit 4 Stnt. in qu. 4.) Zürich 866, Orell, Fuessli und Comp. *

Ruchonnet, Ch., Exposition géométrique des propriétés générales des Courbes. 3. Edition. Paris, Lausanne, Zürich 1874. 8°.

Ruchte, Sebastian

Ruchte, S., die ersten Anfangsgründe der Chemie mit besonderer Rücksichtnahme auf ihre Anwendung in den Gewerben. Für den Unterricht in der Chemie an höheren Bürger- u. gewerblichen Fortbildungs-Schulen, sowie zum Selbstunterrichte bearb. Mit 14 erläuternden Vignetten (mit eingedr. Holzschn.). München 869. Huber. gr. 8. (VII, 175 S.) n. 10 ngr.

— die ersten Anfangsgründe der Naturgeschichte. Für den Unterricht in der Naturgeschichte an höheren Bürger- u. gewerblichen Fortbildungsschulen, sowie zum Selbstunterricht. Neuburg a. D. 869. Prechter. br. 8. (XII, 208 S.) n. 20 ngr.

Ruchte, Sebastian Dr. „Kurzer Besuch der Wiener Weltausstellung unter aufmerksamer Berücksichtigung und möglichster Vergleichung der auch 1867 zu Paris vertretenen naturwissenschaftlichen Gegenstände". pg. 3—26. 4°. Grießmayer'sche B.
Neuburg a. D., Progr. 1873/74

Ruchte, allgemeine Einleitung zum Studium der Chemie, nebst einer gedrängten Zusammenstellung der wichtigsten chemischen Prozesse mit stöchiometr. Aufgaben. 8. (III, 88 S.) Ingolstadt 881. Ganghofer. n.n. 1. 70

Ruchte, allgemeine Einleitung zum Studium der Chemie, nebst e. gedrängten Zusammenstellg. der wichtigsten chem. Prozesse m. stöchiometr. Aufgaben u. einigen gemeinnützl. Bemerkgn. 2., wesentlich erweit. Aufl. 8. (III, 140 S.) Ingolstadt 891. (A. Ganghofer.) Geb. n. 2. —

Ruchte, Sebastian Dr. „Kurzgefasste Geschichte der Chemie". pg. 3—12. 4°. Jos. Kindfleisch.
Neuburg a. D., Progr. 1864/65

— Grundriss der Chemie. Ein Leitfaden für den Unterricht an Gewerbeschulen u. verwandten Lehranstalten. Unter Berücksichtigung der Bestimmungen der Schulordnung für die technischen Lehranstalten bearb. Rosenheim 866. Huber'sche Buchh. gr. 8. (VII, 338 S.) n. 24 ngr.

—— Grundriss der Naturgeschichte. Ein Leitfaden für den Unterricht an Gewerbe-, Latein- und Präparanden-Schulen, sowie verwandten Lehranstalten. Unter Berücksichtigung der Bestimmungen der Schulordnung für die techn. Lehranstalten bearb. (In 3 Thln.) 1. Thl.: Zoologie. gr. 8. (VIII und 242 S. mit 140 zwischen den Text gedr. erläut. Abbild.) Rosenheim 868, Huber'sche Buchh.

—— Grundriss der Naturgeschichte. Ein Leitfaden für den Unterricht an Gewerbe-, Latein- und Präparanden-Schulen, sowie verwandten Lehranstalten. Unter Berücksicht. der Bestimmungen der Schulordnung für die techn. Lehranstalten bearb. 2. und 3. Thl. gr. 8. München 869, Huber. à Thl. *M. 1,80. *

Inhalt:
Thl. 2. Botanik. (VII, 263 S. mit 159 zwischen den Text gedr. erläut. Abbild. in Holzschn.)
» 3. Mineralogie. (V, 202 S. mit 69 zwischen den Text gedr. erläut. Abbild. in Holzschn.)
1. Thl. Ebendas. 1868. *M. 1,80.

Ruchte, Hand-Lexikon der wichtigsten Pflanzen unter Angabe ihrer deutschen u. latein. Benenngn., sowie der Classifikation nach Linné u. Decandolle, nebst e. Anh., enth. e. Blüthen-Kalender, sowie e. Anleitg. bezüglich d. Einsammelns u. Trocknens der Pflanzen für's Herbarium. gr. 8. (112 S.) Leipzig 876. G. W. Körner. n. 1. —

Ruchte, S., Lehr- u. Lesebuch für die mittleren u. oberen Klassen der deutschen Schulen. Aus der Naturgeschichte der Menschen, der Thiere, Pflanzen u. Mineralien. Landsberg a. L. 870. Verza. 8. (XII, 178 S.) 11 ngr.

—— Leitfaden für den ersten Unterricht in der Naturgeschichte des Tier- und Pflanzenreiches. 8. (VIII, 115 S.) Ebendas. 881. cart. **

— Repetitorium der Botanik. 44 Fragen aus der Botanik für Mediciner u. Pharmaceuten. München 869. Lentner. br. 8. (VIII, 344 S.) 1 ₰

—— Repetitorium der Botanik. 44 Fragen aus der Botanik für Mediciner und Pharmazeuten. br. 8. (VIII, 344 S.) München 869, Stahl. (*M. 3.) *

—— Repetitorium der Chemie. 71 Fragen aus der Chemie für Chemiker, Mediciner und Pharmaceuten. Ein Hilfsbuch für Examinatoren und Examinanden. br. 8. (VIII und 388 S. mit eingedr. Holzschn.) München 863, Gummi. geb. *

—— Repetitorium der Mineralogie. 23 Fragen aus der Mineralogie für Mediciner und Pharmaceuten. Ein Hülfsbuch für Examinatoren und Examinanden. br. 8. (III und 107 S. mit eingedr. Holzschn.) München 863, Gummi. *

— Repetitorium der Physik. Sechzig Fragen aus der Physik für Mediciner u. Pharmaceuten beantwortet. Ein Hilfsbuch für Examinatoren u. Examinanden. München 868. Gummi. br. 8. (VII, 326 S. mit eingedruckten Holzschn.) n. 1 ₰ 10 ngr.

—— Repetitorium der Zoologie. 29 Fragen aus der Zoologie für Mediciner und Pharmaceuten beantwortet. br. 8. (VI und 180 S.) München 866, Gummi. * —

Ruchte, S. Dr. „Stand des botanischen Gartens der Königlichen Realschule Ingolstadt 1892". pg. 2—21. 8°. C. Schröder.
Ingolstadt, Progr. 1891/92

Ruchte, S. Dr. „Stand des botanischen Gartens" etc. (Forts. und Schluss.) pg. 2—9. 8°. C. Schröder.
Ingolstadt, Progr. 1892/93

— Taschen-Wörterbuch der in der Chemie am häufigsten auftretenden Körper unter Angabe ihrer chemischen Formeln nach neuester Schreibweise. 8. (54 S.) Ebend. 876. n. — 36

— Zusammenstellung der wichtigsten chemischen Prozesse in Formeln. Mit stöchiometr. Aufgaben. gr. 16. (VIII, 72 S.) Neuburg a/D. 876. Prechter. n. 1. —

Rüchter, C. F., die Verkrümmungen des Körpers. Eine kurze, aber umfass. Anleitung für Eltern und Erzieher, die Verkrümmungen des Rückgrats, der Beine, die hohen Schultern rc. zu erkennen, sie zu verhüten und auf die zweckmäß. Weise zu heben. 12. (96 S.) Nordhausen 848, [Büchting.]

Rüchter, C. F., die Verkrümmungen des Körpers. Eine kurze, aber umfassende Anleitung f. Eltern u. Erzieher, die Verkrümmungen des Rückgrats, der Beine, die hohen Schultern rc. zu erkennen, sie zu verhüten u. auf die zweckmäß. Weise zu heben. 12. (96 S.) Nordhausen 848, Fürst. 1/3 ₰

Ruck, Der Prozess, gegen Stillwell betreffend Schadenersatzklage wegen widerrechtlicher Gefangenhaltung. Zürich [1860]. V: *Schneider, Albert.* (Cat. d. Stadtbibl. Zürich. Zürich 1864—97.)

Ruck: Über das Bedürfniss kaufmännischer Bildungsanstalten in unseren Tagen. Gratz 1865.
Schul-/Univ.-Schrift

Ruck, Handbuch d. Arbeiter-Versicherungsgesetzgebg. Zun. z. Gebrauch der Organe d. Armenpflege in Heilbronn bearb., u. hrsg. v. d. Armendeputation Heilbronn. gr. 8. (VIII, 78 S.) Heilbronn 896. (A. Scheurlen's Sort.) n. 1. 40

Ruck, Carl, s. Ruck, Karl

Ruck, Erwin

— Die Schulfrage u. ihre Lösung auf historisch-juristischer Grundlage. Verteidigung meiner Schrift: „Das Verhältnis v. Kirche u. Volksschule in Württemberg u. seine geschichtl. Entwicklg." gegen die Angriffe v. kathol. Seite. (IV, 80 S.) gr. 8. Tübingen 908. G. Schnürlen. 1. 20

Ruck, Erwin, Dr. jur.: Die Leibniz'sche Staatsidee. Aus den Quellen dargest. Tübingen 1909: Laupp. IV, 109 S. 8° ¶ (Ersch. auch als Buch b. Mohr, Tübingen.)
Tübingen, Jur. Hab.-Schr. v. 1909 [U 10. 4256
(Nur in beschränkter Anzahl für den Austausch)

Ruck, Erwin, die Leibniz'sche Staatsidee. Aus den Quellen dargestellt. (IV, 109 S.) gr. 8. Tübingen 909. J. C. B. Mohr. 3. —

Ruck, Erwin, Justizreferendar a. Bibersfeld: Das Verhältnis von Kirche und Volksschule in Württemberg und seine geschichtliche Entwickelung. Tübingen 1907: G. Schnürlen. (VIII, 140 S.) 8°
Tübingen, Jur. Fak., Ref. Rietschel, Diss. v. 20. Juli 1907
[Geb. 10. Aug. 82 Bibersfeld; Wohnort: Esslingen u. Achalm; Staatsangeh.: Württemberg; Vorbildung: Gymn. Reutlingen Reife M. 01; Studium: Tübingen 4, Leipzig 1, Königsberg 1, Tübingen 2 S.]

Ruck, Fridericus Augustus: De aphthis. Halis (1847): Ploetz. VI, 24 S. 8°
Halle-Wittenberg, Med. Diss. v. 1. Febr. 1847
Geb. Merseburg 16. 8. 1818. V.

Ruck, Karl

Ruck sen., Carl, Anstreicher, s.: Hagborn, Chr.

Rück, Andr., Margareta Friedlein. Trauerspiel in 5 Aufzügen. 8. (79 S.) Ansbach 894. M. Eichinger. n. 1. —

Rück, Andr. Die Schrauben d. Archimedes. Sophokleisch-aristophan. Bier-, Rühr-, Schauer- u. Trauerspiel in 5 Aufzügen v. Ἰωάννης Σαυφαύσιος Ῥύχος. 8. (23 S.) Ansbach 889, Eichinger. * — 80

Rück, C., s. Rück, Karl

Rück, Carl, s. Rück, Karl

Rueck, David, approb. Arzt aus Rittawen (Rußl.): Ein Fall von Bauchdeckendesmoid bei einem Manne, mit spezieller Berücksichtigung der Ätiologie. *München 1902: C. Wolf & Sohn.* (23 S.) 8°
München, Med. Diss. v. 1902

Rück, J. Verbesserte amerikanische Buchführung System „Rück". Anleitung mit vollständ. Durchbuchg. fingirter Geschäftsvorfälle. 2. Aufl. gr. 8. (20 S. m. ausgefüllten Formularen.) Stuttg. 891, Greiner u. Pfeiffer. * 2 —

Rück, Karl, Dr.: Die Anthropologie der Naturalis Historia des Plinius im Auszuge des Robert von Cricklade. Aus der Wolfenbütteler und Londoner Handschrift herausgegeben. Neuburg a. D. 1905: Griesmayer. (52 S.) 8°
Neuburg a. D., k. human. G P 1905*

Rück, Karl Auszüge aus der Naturgeschichte des C. Plinius Secundus in einem astronomisch-komputistischen Sammelwerke des achten Jahrhunderts. 8 (94 S.).
Progr. Ludwigs-G. *München* 1888.

Rück, Karl, das Exzerpt der naturalis historia des Plinius von Robert v. Cricklade. gr. 8. (S. 195—285.) München 902. (G. Franz' Verl.) n. 1. —
Sonderabdruck aus: „Sitzungsber. d. bayer. Akad. d. Wiss."

Rück, Karl, Dr., Prof.: Die Geographie und Ethnographie der Naturalis Historia des Plinius im Auszuge des Robert von Cricklade. *München 1903: F. Straub.* (54 S.) 8°
München, k. Ludwigs-G, P 1903*

Rück, Karl, d. Naturalis Historia des Plinius im Mittelalter. Exzerpte aus d. Naturalis Historia auf d. Bibliotheken zu Lucca, Paris u. Leiden. M. 1 Taf (Codex Vossianus latinus Nr. 69 der Leidener Univers.-Bibl., Bl. 45.) [Aus: „Sitzungsber. d. k. b. Akad. d. Wiss."] gr. 8. (III, 118 S.) München 898. (G. Franz' Verl.) n. 2. —

Nachruf auf den K. Oberstudienrat und Gymnasial-Rektor Johann Ev. Einhauser. — Von Dr. Karl Rück, G.-R. — Jahresbericht p. 38 und 39.
Progr. Neuburg a. D., K. Gymn.

Nekrolog auf den K. Gymnasialprofessor Franz Xaver Siessl. — Von Dr. Karl Rück, G.-R. — Jahresbericht p. 37 und 38.
Progr. Neuburg a. D., K. Gymn.

Rück, Karl De M. Tulli Ciceronis oratione de domo sua ad Pontifices. 62 S. 8. Progr. Wi. G. *München* 1881.

— s.: Pirckheimer's, Wilibald, Schweizerkrieg.

Rückantwort des Herrn Burgermeister Schnirkel an den Verfasser der Zigeuner. Strassburg, Frankfurt, Mainz u. Hanau [1777]. V: *Cranz, Aug. Friedrich* [?]. (Arch. f. Litt. IX, 194.)

RUCKARD'S, Geo. Chr., Lachende Schule, in auserlesenen und kurtzweiligen Historien. Halle 1725. 12°.
Stellenw. derb, doch nicht erot. — Rar!

Rückbeil, Günther Kleine Beiträge zur Litteratur Fischarts:
a) eine von Vilmar nicht gekannte Ausgabe des Bienenkorbs;
b) ein Fischart zugeschriebenes Werk; c) Fischarts Leben und Wirken besonders auf religiösem Gebiete. 31 S.
Progr. Rsch. *Sondershausen* 1880.

Rückbeil, G., Rechenbuch. 1. Thl. 1—4. Hft. 8. Sondershausen 872. Eupel. n.n. 1. 75
1. (IV, 30 S.) n.n. — 25. — 2. (S. 31—114.) n. — 60. — 3. (S. 115—174.) n. — 50. — 4. (S. 175—225.) n.n. — 40.

— Rechenbuch f. höhere Schulen, sowie zum Selbstunterrichte. 2 Abtheilgn. u. Antworten. gr. 8. Hannover 875. Hahn. 4. 5
1. Handbuch zum prakt. Rechnen. (X, 218 S.) 2. 10
2. Aufgaben zum prakt. Rechnen. (138 S.) 1. 20
Antworten. (76 S.) — 75

Rückblick, der. Unterhaltungszeitschrift für Geschichts- u. Literaturfreunde. 1. Jahrg. Novbr. 1898—Oktbr. 1899. 6 Nrn. 8. (192 S.) Weimar. Gablonz, H. Lüstenöder. 1. —; einzelne Nrn. — 30
Mehr nicht erschienen.

Rückblick auf 1885 bis 1910 der Steinbruchs-Berufsgenossenschaft. Fol. Berlin 1910.

Rückblick auf Algier und dessen Eroberung durch die königlich französischen Truppen im Jahre 1830 ... Wien 1837. V: *Schwarzenberg, Frdr. Fürst.* (KA) S. a. III, 12703.

Rückblick auf die Holsteinischen Angelegenheiten im Januar 1857. (Hamburg. 1857.) (Autographirter Druck!) 4°.

Rückblick und Aufblick
④ Berner Monatsblätter ⑤ Probeblätter auf Ende 1837; 6. 1. 1838—15. 12. 1838 ⑥ 8° ⑦ halbmonatlich, jeweils auf das Wochenende ⑧ Bern: L. A. Haller ⑪ Gottlieb Ziegler ⑫ Belehrungs- und Erbauungsblatt ⑬ Schweizerischer Beobachter Nr. 156 v. 30. 12. 1837 ⑭ Be: L ⑮ Beilage zum »Intelligenzblatt für die Stadt Bern« und zur »Allgemeinen Schweizerzeitung«.

Teschen R.: Rückblick auf den Aufwand für Lehrmittel im ersten Decennium der St.-R. und gegenwärtiger Stand der Lehrmittelsammlung von L. Rothe. 8. 1883.
Progr.

— u. **Ausblick.** Fastenmandat Sr. Gnaden des hochwürdigsten Herrn Augustinus (Egger), Bischof v. St. Gallen auf d. J. 1906. (26 S.) Lex.-8. St. Gallen 906. (J. & A. Köppel. n.n. — 30

— — dasselbe. (Neue Aufl.) Anh.: Ansprache des hochwst. Hrn. Dr. Rüegg, Domdekan, geh. bei der Beisetzungsfeier, m. dem Abschiedswort des hochwst. Bischofs an die Diözesangeistlichkeit. (IV, 35 S. m. 1 Bildnis.) 8. Ebd. (906). — 25

— u. **Ausblick** auf die theosophische Bewegung, nebst e. Chronologie der wichtigsten Ereignisse in der Geschichte d. theosophischen Bewegung. Ins Deutsche übertr. aus d. v. Katherine Tingley u. ihren Schülern hrsg. Werke „Die Mysterien d. Herzenslehre". (IV, 41 S.) gr. 8. Nürnberg (908). J. Th. Heller. 1. 50

Rückblick auf das Bergwesen der Pariser Weltausstellung 1900. Essen 1901.

Rückblick auf den 25jährigen Bestand des Vereines für Kindergärten in Klgft. 1873—1898. Klgft., Bertschinger. (1898). 23 S.

— beim 60jährigen Bestehen der städtischen Sparkasse zu Auerbach i. V. 5. VI. 1847 bis 5. VI. 1907. (38 u. 5 S. m. 1 Taf.) 8. Auerbach 907. (D. R. Haupt.) nn — 50

Verband der Prinz-Regent-Luitpold Kanoniere. Rückblick auf das 10jähr. Bestehen des Verbandes mit einem Rechnungsbericht pro 1901—1905 u. Mitgliederverzeichnis. München 1906. 41 S.

Rückblick auf die Bewegg. d. Bevölkerg. im preuss. Staate während des Zeitraums von 1816—74. Hrsg. v. kön. pr. Statist. Bureau. Berl. 876.

Rückblick auf die lebenden Bilder der Huldigungs-Festvorstellung vom 16. V. 1897. Pressb. 1897. V: *Batka, Joh.* (EB)

Gesellschaft zu gegenseitiger Hagelschäden-Vergütung in Leipzig. Ein Rückblick auf ihr Entstehen und ihre Entwicklung. Festgabe zur Feier der 50jährigen Versicherungszeit. Leipzig 1873.

Rückblick auf die Entstehung und den Bau der Gotthardbahn. Luzern [1882]. V: *Wanner, Martin.* (BSchwLkV, 9 h)

Rückblick auf die Entstehung und bisherige Entwicklung der Concordia Cölnische Lebensversicherungs-Gesellschaft (Köln a. Rh.). Gedenkblatt zur Feier d. 50jähr. Bestehens der Gesellschaft. (1853—1903.) — (Köln 1904: Bachem.) 28 S. 4° 38 A.

Rückblick auf die Entstehung und die Entwickelung des Geschäftes der Preußischen National-Versicherungs-Gesellschaft in Stettin. (1845—1895.) — Stettin (1895): Hessenland. 19 Bl. 4° 38 A.

•*Kölnische Rückversicherungs-Gesellschaft.* Rückblick auf die Entstehung und die Entwicklung des Geschäfts. Cöln 1903.

Rückblick auf die Entwickelung der deutschen Angelegenheiten im Jahre 1849 . . . Berlin 1850. V: *Canitz, Carl Wilh. Ernst Freih. von* [?]. (Ky) (Dn) (Wa)

Rückblick auf die Entwickelung der deutschen Angelegenheiten . . . Berlin 1850. V: *Canitz und Dallwitz, Carl Wilh. Ernst Freih. v.* (Gk)

Rückblick auf die Entwicklung der deutschen Angelegenheiten im J. 1849. Ein Bruchstück aus der innern Geschichte Deutschlands von 1848 bis . . . (von Frhrn. v. Canitz?). gr. 8. (VIII u. 72 S.) Berlin 850, G. Reimer. 1/3 ₰

Rückblick auf die Entwicklung des Geschlechts von Gottberg . . . Gera [1895]. V: *Gottberg, Frz. v. & Frz. Döring v. Gottberg.* (Berl)

Rückblick auf die Entwickelung der Maschinenfabrik Henschel und Sohn in Cassel. Cassel 1899.

Rückblick auf die Entwicklg. des Hülfskassenwesens u. 25 Jahre eingeschriebene Hülfskasse. 25jähriger Bericht der Kranken- u. Begräbniskasse des Verbandes deutscher Handlungsgehülfen zu Leipzig, 1883—1908, s.a. Schrift. 24., des Verbandes deutscher Handlungsgehülfen.

Rückblick auf die Entwicklung des Hülfskassenwesens und 25 Jahre eingeschriebene Hülfskasse 1883-1908. 25jähr. Bericht d. Kranken- u. Begräbniskasse d. Verbandes Deutscher Handlungsgehülfen eingeschriebene Hülfskasse zu Leipzig Leipzig: Verband Deutscher Handlungsgehülfen 1909. 102 S. 8°
(Schrift d. Verbandes Deutscher Handlungsgehülfen zu Leipzig. 24.) 10. 3031 2

auf die Entwicklung d. Technik während d. ersten Jahrzehntes d. Tätigkeit d. k. k. Patentamtes 1899—1908. (Hrsg. vom k. k. Patentamt.) (53 S.) Lex. 8. Wien 909. Lehmann & Wentzel. 1. 40

— auf die Entwicklung der ungar. Volkswirthschaft im J. 1894. Red. v. Karl Mandello. [Aus: „Pester Lloyd".] M. 2 Taf. (17 Tab.) gr. 8. (III, 199 S.) Budapest 895. (Berlin, Puttkammer & Mühlbrecht.) n. 8. —

Rückblick auf die jüngste Entwicklungsperiode Ungarns. Wien 1857. V: *Meyer, Bernhard Ritter von.* (Pk) (WFM) (Meyer, B. R. von. Erlebnisse. Wien u. Pest 1878.) (KA) *Bach, Alex. Freih. v.* [?]. (Klüpfel) (Bibl. der ev. Landeskirche in Siebenb.)

— auf die jüngste Entwicklungs-Periode Ungarns. (Unveränderter Abdr. der Orig.-Ausg. von 1857.) (Von Bernh. Mayer.) (78 S.) Lex.-8. Wien 903. G. Szelinski. n. 8. 50; Amateurausg., gr. 4. n. 17. —

Rückblick auf die religiös. u. kirchl. Ereignisse des Jahres 1845. 8. (3⅝ B.) Grimma 846, Verlags-Comptoir.

Rückblick auf d. Feldzüge v. 1805 bis 1815, an welchen d. vaterländ. Armeecorps Theil nahm, von e. Kampfgenossen jener Zeit z. Feier d. Erinnerung am Tage d. Austheil. d. Kriegs-Denk-Münze mit d. Bildn. Sr. Kgl. Hoheit d. Kronprinzen, damal. Heerführers, jetzigen Königs v. Würtemberg. gr. 4. (1¾ B. u. 1 Stnt.) Hall 841, (Haspel'sche Buchh.) **

Rückblick, Ein flüchtiger, auf die Geschichte des Fortschrittes in der Weinbereitung. Trier 1861. V: *Gall, Ldw.* (Ky)

Rückblick, ein flüchtiger, auf die Geschichte des Fortschrittes in der Weinbereitung. (Von Gall.) (Abdr. aus des Verf. Praktischen Mittheilungen.) Trier 861. (Gall.) gr. 8. (16 S.) 3 ngr.

— auf die Fortschritte der chemischen Grossindustrie im Jahre 1877. [Aus: „Zeitschr. f. d. chem. Grossgewerbe".] gr. 8. (57 S.) Berlin 878. Oppenheim. n. 1. 20

Rückblick auf die Geschichte des Herzogthums Cleve überhaupt, und der Stadt Wesel im Besonderen . . . Wesel 1829. 2. A. 1830. V: *Westermann, F. H.* (EngG) V: *Werres, F. H.* (Pr)

Rückblick auf d. Geschichte d. Hrzgth. Cleve überh., u. der Stadt Wesel im Besonderen, währ. d. Clev. Erbfolge-Streites v. J. 1609 bis 1666. — Bei der am 19. Aug. 1829 eingetret. 2. Säkular-Feier d. Befreiung Wesels aus d. Joche d. Spanier sein. Mitbürgern gewid. v. F. H. W***. 8. (17 B. u. 2 Bildn.) Wesel 830, Bagel.

Rueckblick auf die Geschichte der Handelskammer zu Mülheim (Ruhr) 1840—1910. Mülheim (Ruhr) 1910. 4°

Rückblick auf die Geschichte der Stadt Laufen . . . Burghausen 1860. V: *Koch-Sternfeld, Joseph Ritter von.* (Hr)

Rückblick auf die Geschichte des Frankfurter Liederkranzes. [Frankfurt a. M. 1902.] V: *Kramer, Carl v.* (Rothsch)

Rückblick auf die Geschichte der Turnvereine in Zürich von 1820 bis 1870; den Theilnehmern am 50jährigen Stiftungsfest gewidmet von einem Veteranen. Zürich 1870. V: *Bürkli, Conrad.* (ZZ) (BSchwLk V, 8. 1)

Rückblick, Geschichtlicher, auf die nordbayerischen Bestandtheile und vorzüglich auf Eger . . . O. O. 1805. V: *Aretin Gg Frh. v.* (Mitth. Dr. A. Goldmann.)

Geschichtlicher Rückblick auf die Entwicklung der Turngemeinde in Berlin von 1848—1898, Festschr., Berlin 1898, 90 S., 8°.

Rückblick auf Gründung und Wirksamkeit des Vereins Deutscher Eisenbahn-Verwaltungen. Berlin 1871. gr. 4.

In Fide Virtus! Ein Rückblick auf 25jährige Hammerführung. Dem Br [Jul.] Namslau gewidmet. Berlin 1906: Denter & Nicolas. 16 S. 4° [Umschlagtit.]
Gesch. der 1872 gegr. Loge zur Treue.

ALLEZEIT heilsamer Rückblick auf das von St. Heiligkeit Papst Leo XII. auf die ganze christkatholische Welt ausgedehnte und begangene Jubiläums-Jahr 1826. Oedenburg 1827. Gedr. bei Kath. v. Kultschar. 32 S. - kl. 8°

Historischer Rückblick über die Entwicklung der Königl. Bayer. Staatsbrauerei Weihenstephan, früher Brauerei des Benediktiner-Klosters Weihenstephan. — (Freising o. J.: Datterer.) 8 Bl. quer-8° 38 A.

Rückblick und Hoffnung am 18. März. (Wieder wehn des Frühlings erste Lüfte über Flur und Au'n.) Berlin, E. Löwenherz. 2 Bl. 4.
Flugblatt. Berlin, 1848/49.

Rückblick auf das Jahr 1900. Herausgegeben nur für die 11er Messe beim »grauen Bären« von ihr selbst. Innsbruck [1901]. V: *Innerhofer, Franz.* (Margr)

Rückblick auf das Jahr 1902 . . . Innsbruck [1903]. V: *Innerhofer, Franz.* (Margr)

Rückblick auf Tirols Kämpfe von 1363 bis zum heutigen Tage . . . Wien 1863. V: *Petrossi, Ferdinand.* (Margr)

Rückblick auf Tirols Kämpfe von 1363 bis zum heutigen Tage. Eine Festgabe zu den Jubeltagen 1863. Lex.-8. (68 S.) Wien 863, Geitler. *

Rückblick auf den Krieg gegen Rosas und die Schicksale der deutschen Truppe im Dienste Brasiliens. Von einem Augenzeugen. Berlin 854. (Leipzig,) Veit u. Co. gr. 8. (2 Bl., 179 S.) 22½ ngr.

Rückblick, Kurzer, auf die Entwicklungsgeschichte der Stadt Salzburg in den letzten Jahrzehnten. [Salzburg 1894.] V: *Spängler, Rudolph.* (Hr)

Rückblick, Kurzer, auf die Gründung und Wirksamkeit der gemeinnützigen Gesellschaft des Bezirkes Zürich 1861—1901. Zürich 1901. V: *Labhart-Hildebrandt, Joh. Jac.* (Zuwachsverz. der Bibliotheken in Zürich 1898ff., 6.)

Rückblick, kurzer, auf d. ersten 25 Jahre d. Marienstifts, evang.-lutherisches Diakonissenhaus zu Braunschweig. 8. (53 S. m. Abb.) Braunschweig 895. (Grüneberg.) n. — 50

Rückblick auf ein Memorial der neuen Landleute des altgefreiten Landes Schwyz an die alten Landleute desselben. (Schwyz im Hornung 1830. Auf Anordnung der H. Landesgemeinde... [hrg. von der] Kanzlei des altgefreiten Landes Schwyz.) 8. *o. O.* 1830.

—— auf unsere 150jährige Missionsarbeit. Hrsg. zur Feier des 21. Aug. 1882 von der Missions-Direktion der evangel. Brüder-Unität. gr. 8. (VIII, 50 S.) Herrnhut 882. (Gnadau, Unitäts-Buchh.)

Rückblick, Ein, auf die Wiener Moden-Industrie in der intern. Musik- und Theater-Ausstellung. Wien 1892. V: *Schack, Adolph Wilhelm.* (EB)

—— auf Johann Adam Möhler, von e. seiner Freunde. Fol. (1 B. u. M's. Bildn.) München 838, [Mey u. Widmayer.] *

— u. Nachruf eines Veteranen aus den Befreiungskriegen. Königsberg 866. Meyer & Co. gr. 8. (20 S.) 5 ngr.

— auf Oesterreich im J. 2000. Von Probus. gr. 8. (47 S.) Leipzig 898. O. Wigand. — 60

Rückblick auf Nikolaus Ontzen. nebst einigen auf seinen Tod verfassten Gedichten. Husum. 1827. 8°.

Rückblick, Philosophischer, auf das 18. Jahrhundert. Athen [Frankfurt] 1795. V: *Bürmann (Burmann, Burmane).* (Wr)

Rückblick, philos., a. d. 18ten Jahrh. (N. Tit. v. Bürmann, philos. Gemälde.) 8. Frankf. Zeßler. 795.

Rückblick eines evangelischen Predigers in der preussischen Provinz Sachsen, auf mehr als 50 Lebens- und mehr als 30 Amtsjahre. Nach dem Tode des Verf. herausg. von dem ältesten Sohne. Halberstadt 1841. V: *Weitze, Friedrich.* (Goethe, Gespr. V, 61) (Zeitschr. f. Büch. N. F. 15, 1923, S. 120)

—— eines evangel. Predigers in d. preuß. Provinz Sachsen, auf mehr als 50 Lebens- u. mehr als 30 Amtsjahre. Nach d. Tode d. Verf. hrsg. von d. ältesten Sohne. 8. (16½ B.) Halberstadt 841, (Lindequist u. Schönrock.)

Rückblick, Prüfung u. Wunsch, s. Baumeister, Hermann

Rückblick, Ein. 50jährige Regierung S. Königl. Hoheit des Grossherzogs Friedrich von Baden. Karlsruhe 1901. V: *Eltester, H. & G. Bratke.* (Berl)

— e., auf die 50jährige Regierung Sr. königl. Hoheit des Großherzogs Friedrich v. Baden. (Umschlag: Großherzog Friedrich. 1852—1902.) gr. 8. (75 S. m. 7 Taf.) Karlsruhe 901. F. Thiergarten. 1. —

Rückblick auf meine merkwürdige Reise über Hammelburg, 1818. Im ersten Jahre der konstitutionellen Preßfreiheit. [Erlangen] 1818. V: *Lang, Carl Heinrich Ritter von.* (GGr. IX, 171) S. a. III, 12700.

Rückblick auf eine merkwürdige Reise über Hammelburg . . . [Erlangen] 1818. 2. . . . Ausg. 1820. V: *Jäck, Heinrich Joachim.* (Ky) (MGT)

— auf meine merkwürd. Reise üb. Hammelburg ꝛc. (v. J. H. Jäk). 8. Erlang. 820. Palm u. E. 8 gr.

Rückblick auf die badische Revolution unter Hinweisung auf die gegenwärtige Lage Deutschlands. Von einem Mitgliede der badischen constituirenden Versammlung. — Oesterreich und seine Zukunft. Von Häfner aus Wien. Paris, Gesellschaft des Völkerbundes 1851. 141 S. 8.

Rückblick, Romantischer, in die Vergangenheit oder meine Wanderung nach Norden . . . Kiel 1801. V: *Schneider, Chn Jacob.* (LS) (Collin, Anonymer. Kiobenh. 1869.)

Rückblick, romantischer, in die Vergangenheit, od. meine Wanderung nach Norden; e. wahre Gesch. v. J. Grendro. 2 Thle. 8. Kiel. (Hammerich in Altona.) 802—3. (I. 1 Rthlr. 4 gr. II. 1 Rthlr.)

Rückblick auf die dritte Säcularfeyer der Schweizerischen Glaubensverbesserung. Zürich 1819. V: *Hottinger, Joh. Jac.* (Cat. d. Stadtbibl. Zürich. Zürich 1864—97.)

Rückblick auf den 7. September 1830. [Braunschweig 1830?] V: *Keitel, Marie.* (Mitth. Dr. H. Bäsecke.)

— statistischer, auf d. kgl. Theater zu Berlin, Hannover, Kassel u. Wiesbaden f. d. J. 1895, 1896 u. 1897. Lex.-8. (48, 48 u. 44 S.) Berlin 896—898. E. S. Mittler & Sohn. à n. 1. 25

— statistischer, auf die kgl. Theater zu Berlin, Hannover, Kassel u. Wiesbaden f. d. J. 1898—1901. Lex.-8. (43, 46, 43 u. 41 S.) Berlin 899—902. E. S. Mittler & Sohn. à n. 1. 25

Rückblick, statistischer, auf die königl. Theater zu Berlin, Hannover, Kassel u. Wiesbaden f. d. J. 1902 u. 1903. (à 42 S.) Lex.-8. Berlin 903. 904. E. S. Mittler & Sohn. à n. 1. 25

Rückblick, Statistischer, d. Königl. Theater zu Berlin f. 1908 ff. Berlin o. J. 8°

Statistischer Rückblick auf die Kgl. Theater zu München im J. 1869. 8°. 12 S. Cart. Etw. fleckig.

Rückblick und Stimmung im Herbst. Gedichte eines Unzufriedenen. Dresden 1903. V: *Zepler, Georg.* (Franz Brümmer, Lexikon der deutschen Dichter des 19. Jahrhunderts. 6. Aufl. Leipz. 1913 ff. VI, 83) (Hdschr. Mitth. von Friedrich Müller, München)

— u. Stimmung im Herbst. Gedichte eines Unzufriedenen. (XV, 224 S.) 8. Dresden 903. E. Pierson. n. 2. 50; geb. n. 3. 50

Rückblick auf die 25jährige Thätigkeit der Handelskammer zu Leipzig von 1868 bis 1893. gr. 8. (92 S.) Leipzig 893. (J. C. Hinrichs' Verl.) n. 1. 60

Rückblick auf die 25jähr. Thätigkeit der Handelskammer zu Sorau N.-L. Von 1871—1896. — Sorau N.-L. 1896: Rauert. 49 S. 4°

Rückblick auf die 50jähr. Thätigkeit der Bremischen Gewerbekammer von 1849—1899. — Bremen 1899: Guthe. 78 S. 8° 38 A. 89.

Rückblick auf die Thätigkeit der gemeinnützigen Gesellschaft . . . [Aussers. 1889.] V: *Fritschi-Zinggeler, Benj.* (Cat. d. Stadtbibl. Zürich. Zürich 1864—97.)

Rückblick auf die legislatorische Thätigkeit d. Kaisers Franz Joseph I. Eine Festschrift. gr. 8. (68 S.) Wien 874. Manz. n. 2. —

Kaufmännischer Verein Solothurn. Rückblick auf die vierzigjährige Tätigkeit (1862—1902, und) 40. Jahresbericht vom 1. Mai 1902 bis 30. April 1903. (Erstattet vom Vorstand....) IV + 53 S. 8. Solothurn, C. Gassmann, 1903.

Kaufmännischer Verein Zürich. Rückblick auf die 40-jährige Thätigkeit 1861—1901 und 40. Jahresbericht 1901. ([Nebst] Mitglieder-Verzeichnis. Bestand am 31. März 1902. [Sowie] 14. Jahresbericht der Handelsschule des ... Vereins ... 1901.) IV + 56 + *Beilagen* 38 + II + 32 S.

Rückblick, Ein, auf die Tätigkeit der Centralkommission für schweizerische Landeskunde... 1890—1900. [Bern 1900.] V: *Graf, Joh. Hnr.* (Zuwachsverz. d. Bibliotheken in Zürich 1898 ff.)

Das Kaiserliche Gesundheitsamt. **Rückblick** auf den Ursprung, sowie auf die Entwickelung... Zsgest. im Kais. Gesundheitsamte. Berlin 1886. 99 S. 4⁰

— auf die beabsichtigte Verbindung der Persante mit der Netze. Colberg 852. Post. 8. (28 S.) 5 *ngr.*

Stettiner Touristen-Klub 1882–1907. **Rückblick** auf 25 Jahre Vereinsarbeit. (Stettin 1907: Herrcke & Lebeling.) (32 S.) 8° [F.] [07. 17364 B

Rückblick auf die Verwaltung des Grossh. Hof- u. National-Theaters in Mannheim. 4 Blatt. Mannheim 866. Schneider. Imp.-Fol. n. 20 *ngr.*

RÜCKBLICK in die fromme Vorzeit unserer Väter. Bei Gelegenheit der Maria Empfängniss- oder Pest-Säule in der Festung Temesvár. Temesvár 1853: M. Hazay u. Sohn W. 23 S. - 8°

Rückblick auf Ludwig Barnay's Wirken am Hamburg-Altonaer Stadt-Theater [1875—1880], mit einleitender Biographie. 8. (16 S.) Hamburg 880. Kriebel. n. — 50

Rückblick auf das Wirken des nied.-österr. Gewerbe-Vereines. Wien 1865. V: *Burg, Adam Ritt. v.* (WFM)

Rückblick auf die Wirksamkeit der Universität Dorpat ... Dorpat 1866. V: *Keyserling, Alexander Graf.* (StadtBiblBerlin XI, S. 82)

Rückblick auf die Wirksamkeit der Sparkasse der Stadt Zürich von ihrer Gründung durch die Zürcher Hülfsgesellschaft im Jahre 1805 bis in die Gegenwart (1805-1905). [Mit 1 Tabelle und 3 Tafeln.] 20 S. 8. Zürich, Berichthaus, 1905.

Rückblick über die Wirksamkeit des Allerhöchst bestätigten deutschen Wohlthätigkeits-Vereins während der 50 Jahre seines Bestehens u. Bericht üb. das J. 1892 im Besonderen. *St. Petersburg: Buchdr. v. A. F. Marcks 1893.* (48 S.) 1 Bd 8. [98. 874 Ki

Rückblick, Ein, in die Zukunft. Begleitworte zu den Bildern im altägyptischen Tempel des Kunstgewerbe-Vereins... [Breslau 1899.] V: *Schweitzer, Philipp.* (Kat. d. Druckschr. üb. Breslau. Breslau 1903. S. 343.)

Rückblicke auf das livländische Landesgymnasium Kaiser Alexander II. zu Birkenruh, s.a. Bienemann, Friedrich

In Memoriam. **Rückblicke** auf das livländische Landesgymnasium Kaiser Alexander II zu Birkenruh. Zugleich als letzter Bericht über den Bestand der Anst. Nebst 3 Beil. — Riga 1892: Häcker. 286 S. 4°

Rückblicke auf Algier und dessen Eroberung durch die königl. französ. Truppen im J. 1830. *Wien.* Gedruckt bei *L. Grund.* 263 S. 1 Bl. 8⁰.
Mit dem Bilde Hussein Pascha's, letzten Dey's von Algier; 1 Karte zur Uebersicht der Expedition der k. französischen Armee nach Algier im J. 1830 und 1 Karte: Plan des Angriffes der k. franz. Truppen auf das Fort L'Empereur im J. 1830.

Rückblicke auf Algier u. dess. Eroberung durch die franz. Truppen im J. 1830. Von e. Offizier aus d. Gefolge d. Marschall Grafen Bourmont (Friedr. v. Schwarzenberg). Lex.-8. (14⅛ B., 1 Karte mit Ansichten, Imp.-Fol., 1 Plan, gr. Fol., Hussein Pascha's Bildn., u. 12 Vign.) Wien 837, Schaumburg u. Comp. *

— allgemeine, auf den Kulturkampf in seinen verschiedenen Phasen vom religiös-politischen Standpunkte. Eine Widmg. f. das deutsche Volk zur Erinnerg. an das Lutherjubiläum v. Wahrlieb Freimut. gr. 8. (64 S.) Barmen 883. Wiemann. n. 1. —

Rückblicke und Aussichten. Ein Wort an die Bürger des Kantons Luzern anlässlich der Integral-Erneuerung des grossen Rathes im Mai 1871. 8. Luzern 1871.
Ausg. A.
Ausg. B: Beilage zum „Wächter am Pilatus" Nr. 13. [Jahrg. 1871.]

Rückblicke auf die Belagerung von Bilbao unter den Generalen Villareal u. Eguia vom 23. Octbr. bis 25. Dec. 1836. Abdruck aus der Allgem. Militärzeitung. Mit 1 (lith.) Terrainskizze (in Fol.). Darmstadt 853. Leske. gr. 8. (77 S.) n. 10 *ngr.*

Rückblicke auf das 25jährige Bestehen des Dresdner Buchdruckervereins 1862—87. Dresden. V: *Steinbrück, H.* (Bibl. d. stat. Bureaus. Dresden 1890.)

Rückblicke auf die politische Bewegung in Oesterreich in den Jahren 1848 und 1849. Wien 1849. V: *Pillersdorf, Franz Xaver Freih. von.* (CBH) (Pk) (Ky) (Pr) (Wr)

Rückblicke auf die politische Bewegung in Oesterreich in den J. 1848 u. 1849 (von F. v. Pillersdorf). 2. Aufl. gr. 8. (81 S.) Wien 850, Jasper, Hügel & Manz. n. 16 *ngr.*

Rückblicke, 7 militair. Briefe. s.a. **Zeit- u. Streitfragen, militairische.**

C. v. B. Rückblicke. 17 militär. Briefe über Taktik u. Strategie, unter spec. Beleuchtung des Krieges in Böhmen 1866. [Militärische Zeit- u. Streitfragen 14.] (64.) 8. Leipzig 1873.

—— auf d. Ereignisse bei Kulm am 29. u. 30. Aug. 1813 u. Beschreib. d. feierl. Einweih. d. k. russ. Denkmals bei Priesten. (Nebst e. Anh., die Beschreib. d. Schlacht bei Kulm enth.) 8. (2 B. u. 3 Stnt.) Prag, Leitmeritz u. Teplitz 838, Medau.

Rückblicke auf d. neuesten Ereignisse uns. Zeit. Bruchstücke polit., histor. u. statist. Inhalts, f. gebild. Leser. Gesamm. v. J. W. Arndt. 8. (12½ B. u. Titkpfr.) Pesth 833. (Wien, Wenedikt.)

—— auf die Ereignisse d. Völker-Schlacht v. Leipzig am 14. bis 19. Okt. 1813 u. Leipzigs wundervolle Rettung. 8. (1 B. u. 1 Stndr.) Leipzig 838, Glück.

Rückblicke und **Erinnerungen** anlässlich ihres 25jährigen Jubiläums hrsg. von d. Buch- u. Kunstdr. Knorr & Hirth, Verl. d. Münchener Neuesten Nachrichten. *München: Knorr & Hirth 1900.* (94 S.) 4° [00. 8306

Rückblicke u. Erinnerungen aus d. Tagen meiner ruſſ. Gefangenſchaft. Mit 3 ill. Kpf. 8. Leipz. 816. Dyck. 18 ℊℊ

Rückblicke auf die Förderung d. Landwirtschaft in Bayern seit der 2. Hälfte d. 18. Jahrhunderts. Von E. v. W. München 1885. 42 S. P.

—— auf die Fortschritte und Leistungen in der Chirurgie während der J. 1850 und 1852. 1. und 2. Jahrg. Hrsg. von A. Wagner und Th. Ifé. gr. Lex.-8. Erlangen, Palm und Enke. [1. (98 S.) 851., 2. (93 S.) 852. à Jahrg. * 22 Ngr.] *
Aus Nachstehendem besonders abgedruckt.

—— auf die Fortschritte und Leistungen in der gesammten Medizin im Jahre 1850. Unter Mitwirkung von Credo, Friedberg, Führer etc. hrsg. von Behrend, Göschen, Krieger und Liman. 1. Halbjahr. (Bd.) 10 Hefte. (Januar — Juli.) gr. 8. (S. 1—1159.) Erlangen 850—51, Palm und Enke. [1—9. Heft. à * 16 Ngr., 10. Heft. * 8 Ngr.] *

—— dass. — Unter Mitwirkung Ders. etc. hrsg. von Dens. 2. Halbjahr. (Bd.) (Aug. — Decbr.) 7 Hefte. gr. Lex.-8. (S. 1—650.) Ebds. 851—52. *

Rückblicke auf die Fortschritte u. Leistungen in der gesammten Medizin im J. 1851. Herausg. v. einem Vereine prakt. Aerzte in Berlin. 1. Halbjahr. [Januar — Juni.] 4 Hfte. 2 Halbjahr. 5 Hfte. Lex. 8. (331 u. 479 S.) Erlangen 852, Palm & Enke. (I. 1 u. 2: n. 1 ℛℊ 6 ℊℊ 3 u. 4: n. 28 ℊℊ II. 1—5: à n. 18 ℊℊ) n. 5 ℛℊ 4 ℊℊ

— auf die Fortschritte u. Leistungen in der Pharmakologie u. Toxikologie während des J. 1850. 2 Halbjahre. [Januar bis Juni u. Juli bis Dezbr.] Hrsg. v. Riedel. [Abdr. aus den Rückblicken auf die Fortschritte u. Leistungen in der gesammten Medizin.] Lex. 8. (224 u. 69 S.) Erlangen 851, Palm & Enke. (1: n. 1 ℛℊ 2: n. 12 ℊℊ) n. 1 ℛℊ 12 ℊℊ

— dies. während des J. 1851. Hrsg. v. Geo. Lewin. [Abdr. aus den Rückblicken auf die Fortschritte u. Leistungen in der gesammten Medizin.] Lex. 8. (107 S.) Ebd. 852. n. 2/3 ℛℊ

18. Spt. 1844. 13. Octbr. 1883. 31. März 1887. Rückblicke auf die Geschichte der Altona-Kieler Eisenbahn-Gesellschaft. o. O. (1887.) 4° Umschlagt.

Rückblicke auf die Geſchichte der Bielefelder Turngemeinde, zum 40. Stiftungsf. 1888, 8 S., Kl.-8°.

Museums-Gesellschaft in St. Gallen. Geschichtl. Rückblicke und gegenwärtige Zustände, zugleich 1.–15. Jahresbericht (1856—1870) über die Museums-Gesellschaft v. A. Linden. St. Gallen, Druck v. M. Kälin. VI. u. 144 S. 8. 1871.

Rückblicke auf Preussens Gewehrumänderung nach Minié'schem System. Berlin 1857. V: *Rüstow*, *Cäsar*. (ADB)

— auf Preußens Gewehrumänderung nach Miniéſchem Syſtem. Berlin 857. Mittler's Sorthdlg. 8. (46 S.) 7½ ℊℊ

Rückblicke auf die inneren bayeriſchen Heeresverhältniſſe während des deutſch-franzöſiſchen Krieges 1870—71, ſ. a. Darſtellungen aus der bayeriſchen Kriegs- u. Heeresgeſchichte.

Rückblicke auf die inneren bayerischen Heeresverhältnisse während des deutsch-französischen Krieges 1870—1871. (Aus:) „Darstellungen aus der bayer. Kriegs- und Heeresgeschichte." 2. u. 3. Heft. München 1893—1894.

Fr. A-l-r, Historische Rückblicke auf die Landescultur im Königreich B., nebst Winken über den Einfluß des Laudemialwesens auf selbe. o. O. 1828

Deutscher Club. Hoboken, NJ. Rückblicke ... 1857-1907. N.p., 1907.

Rückblicke auf den Krieg 1866, enthaltend: I. Schlacht bei Königgrätz ... Wien 1868. V: *Nosinich*, *Joh.* (KA)

Rückblicke auf den Krieg 1866. enthaltend: I. Schlacht bei Königgrätz, II. Betrachtungen über die Schlacht, III. Moral der österreichischen und preussischen Armee. Von J. N. I. Bd. Mit 1 Plan. 8. (IV u. 352 S.) Wien, Dirnböck's B. (G. Draudt.) 1868. 3 fl.

— — Dasselbe. 2. Auflage. Mit 1 Plan. 8. (IV u. 352 S.) Ebds. 1868. 1 fl. 50 kr.

Rückblicke auf den, wenn Gott will, nun bald geendigten Krieg. 8. Bremen 795. Müller. 8 ℊℊ

Rückblicke auf den, wenn Gott will, für Teutschland nun bald geendigten Krieg. Kopenhagen 1795. V: *Knigge*, *Adolph Franz Friedrich Ludwig Freiherr von*. (ML) (Ky) (Roterm) (Rotermund, Gel. Hannover. Bremen 1823.)

Rückblicke auf den, wenn Gott will, für Deutschland nun bald geendigten Krieg. Nebst einigen Erläuterungen, die Propaganda, Jacobiner und Illuminaten betreffend. Coppenhagen: 1795. 119 S. 8°
Äusserst selten. Verf., gewesener Illuminat, verteidigt S. 93—113 die Illuminaten gegen den Vorwurf, verderbliche Pläne gegen Religion, Staat u. Sittlichkeit geschmiedet zu haben.

Rückblicke auf den Krieg in Italien 1859. 8. Wien 1873.

Rückblicke, kritische. Eine Erwiderung auf die „Gedanken über das Pferd" von Osw. Graf Wolkenstein. Von A. v. M. gr. 8. (25 S.) Wien 886, Verlag der Allgemeinen Sport-Zeitung. *
Aus: Allgemeine Sport-Zeitung, besonders abgedruckt.

Rückblicke, kurze, auf das Leben u. Wirken des heiligen Vaters Pius IX. 16. (4 S.) Altötting 878. Lutzenberger. pro Dutz. — 40

—— auf die erſte hannoverſche Landesſynode zum Verſtändnis und zur Verſtändigung. gr. 8. (52 S.) Berlin 870, Schlawitz. [Leipzig, Hinrichs' Verlag.] *

— ins Leben. Veranlaßt durch d. Jubelfeſt d. Hrn. Kanzler Dr. Niemeyer. gr. 8. Magdeb. 827. (Heinrichshofen). 8 ℊℊ

Rückblicke in das Leben Sr. Erzellenz des Hw. Hochgeb. Herrn Karl Borom. Hahnl, Biſchofes zu Königgrätz. Vorgetragen am Firmungstage zu Oberweiſelsdorf am 8. Juni 1853. (Gedicht.) 4. (1 Bog.) Prag, Gottl. Haaſe Söhne.

Rückblicke auf das Leben und Wirken des Hochw. Herrn Domkapitular Georg Sigrist (1788—1866). Als Anhang: Predigt bei dessen Leichenbegängniss von Nikolaus Schürch ... 8. Solothurn 1866.

Rückblicke auf die ersten 25 Lebensjahre des Architekten- und Ingenieur-Vereins in Hamburg. Im Auftrage des Vereins hrsg. von der Commission für das 25jähr. Stiftungsfest am 18./19. April 1884. gr. 8. (108 S. mit 1 Curventaf.) Hamburg 884, O. Meißner's Verlag. cart. *

Rückblicke, Livländische. Dorpat 1878. V: *Samson-Himmelstjerna, Hermann von.* (stadtBiblBerlin XII, S. 283.

— livländische. 3. Aufl. gr. 8. (129 S.) Dorpat 878. (Leipzig, K. F. Köhler.) n. 2. 50

Rückblicke des Männerturnvereins zu Merseburg am Tage seines 20 jähr. Bestehens, 18. 2. 1881, Merseburg 1881, 29 S., 8°.

Rückblicke, maritime. Die Marine-Verhältnisse in den J. 1820—38. Aus den hinterlassen. Papieren e. preuss. Generals. Hrsg. v. Ernst Teja Meyer. gr. 8. (VI, 86 S.) Rostock 901. C. J. E. Volckmann. n. 2. —

— auf die preuß. National-Versammlung von 1848 u. ihre Koryphäen. gr. 8. (60 S.) Berlin 849, Eichler in Comm. n. 1/3 ₰

Rückblicke, phänologische, auf das Jahr 1857. Linz 1858. *Eurich'sche* Buchdr. 4 Bl. 8°.
Besonders abgedruckt aus der „Linzer Zeitung".

Rückblicke auf d. Pilgerschaft eines Vielgeprüften, s. Brabbée, Gustav

Rückblicke, praktische, auf den Feldzug von 1866. Berlin 870. Dümmler's Verl. gr. 8. (III, 42 S.) n. 8 ngr.

— preußische, auf die Annexion des Königr. Hannover. Braunschweig 868. Bruhn. gr. 8. (15 S.) n. 3 ngr.

— auf das Allgem. Deutsche Sängerfest zu Lübeck in den Tagen des 26. bis 29. Juni 1847. Mit 5 Lith. gr. 8. (134 S.) Lübeck 847. (Boldemann. — v. Rohden.) n. 1 ₰

Rückblicke auf das Gaswerk St. Gallen 1857—1907. (51 S. m. Abb., 15 Taf. u. 4 Plänen.) 31×23,5 cm. St. Gallen 907. (Fehr.) Kart. 4. 50

Rückblicke auf das Gaswerk St. Gallen, 1857–1907. St. Gallen 1907: Honegger. (49 S.) 4° fol. 4733

Rückblicke am Tage der Goldenen Hochzeit unserer lieben Eltern . . . Wien 1898. V: *Stockert, Ldw. Ritt. v.* (EB)

Rückblicke, Taktische, auf 1866. Berlin 1869. 4. Aufl. 1873. V: *Bronsart v. Schellendorf.* (Pr) V: *Otto.* (KA)

—— taktische, auf 1866. 1.—3. Aufl. (67 S.) 1869, und 4. Aufl. gr. 8. (59 S.) Berlin 873, Dümmler's Verlag. *
Vgl.: Bronsart v. Schellendorff.

Rückblicke auf Temesvár bei der Enthüllungsfeier des Monuments am 17. Januar 1853 für die tapfere Vertheidigung der Festung im Jahre 1849. Mit 2 Plänen. 8. Temesvár 1853.

— auf die jüngste Vergangenheit in Briefen an eine Dame. Von einem Sachsen. 8. (55 S.) Bautzen 849, Helfer. 1/4 ₰

— auf die Verhandlungen der sächsischen Ständekammern im J. 1848. I. gr. 8. (4 S.) Leipzig 851, C. L. Fritzsche. n. 1 ngr

— u. **Vorblicke** im Kampfe gegen Eisenbahnwillkür. [Aus: „Handelsbericht v. Gehe & Co. in Dresden."] gr. 8. (15 S.) Berlin 875. Kortkampf. n. — 60

—— auf Böhmens früheste Vorzeit, in romant. Darstellungen v. Czechs Ankunft im Lande bis z. Ende d. so verheerenden als grausamen u. hartnäckigen Amazonen- od. Mädchenkrieges geg. d. Männer. 8. (8½ B., lith. Abbild. u. Ttl.) Prag 839, v. Mayregg. 3/4 Thlr., Schrbp.

Rückblicke in Deutsche Vorzeit. Wien [1844—46]. V: *Leber, Friedrich Otto Edler von.* (EB)

Rückblicke auf Ungarn's Zustände. Was that Ungarn für Oesterreich? Was that Oesterreich für Ungarn? Vom Jahre 1526 bis zum Landtage 1811. Fragmente aus d. Nachlasse eines Verstorbenen. gr. 8. (4½ B.) Wien 846, (Kaulfuss Wtwe., Prandel u. Comp.)

Ruckdeschel, der historisch-topographische Führer im Fichtelgebirge. 16. (VI und 166 S. mit 2 lithogr. artist. Beilagen.) Wunsiedel 856, Baumann'sche Buchh.

Ruckdeschel, der historisch-topographische Führer im Fichtelgebirge mit besonderer Berücksichtigung des Waldsteins. 856. (VI, 166 S.) — 2. verm. Aufl. Mit 2 (lith.) artist. Beilagen u. 1 (lith.) Profil-Riß des Fichtelgebirgs (in Fol.). Wunsiedel 858. Baumann. 16. (VI, 176 S.) 8 ngr.

Ruckdeschel, Geschichte der königl. bayerischen Stadt Wunsiedel, der ehemaligen Hauptstadt der Sechsämter nach schriftl. und gedr. Quellen bearb. gr. 8. (337 S.) Wunsiedel 855, (Baumann'sche Buchh.) Thlr. *

— Rathgeber für Latein- oder Gewerbschüler und deren Aeltern mit Berücksichtigung der Berufswahl. Wunsiedel 855. Baumann. 8. (41 S.) 5 ngr.

— die menschlichen Verhältnisse im Lichte des Christenthums und durch Erzählungen dargestellt. Nürnberg 855. Bauer u. Raspe. 8. (VIII, 119 S.) 10 ngr.

Ruckdeschel, Albert

Ruckdeschel, *Johann* Albert [aus Kulmbach]: Die Quellen des Dramas „The Downfall & the Death of Robert, Earle of Huntington, otherwise called Robin Hood" ... Erlangen, k. b. Hof- u. Univ.-Buchdr. v. F. Junge, 1897; 2 Bl., 72 S. 8.
Erlangen, Phil. Fak., Inaug.-Diss. v. 9. Nov. 1896

Ruckdeschel, C., Commentar zum Betriebsreglement für die Eisenbahnen Deutschlands u. Oesterreich-Ungarns, Bestimmungen für den Güterverkehr Abschnitt I, III, IV, unter eingehender Berücksichtigung der Rechtsprechung des Reichsoberhandelsgerichts u. anderer deutscher Gerichte. Lex.-8. (VIII, 272 S.) Weiden 880. Taubald. n. 5. —

Ruckdeschel, Christoph Friedrich (Bayreuth)
A. S. 67/23

Dissertatio iuridica de exceptionibus quibus oppositis onus probandi eas actori iniungitur.
Präs. Johann Ernst Schroeter.
Erlangen (Becker) 11. IV. 1744. 36 S.

W. v.: Präs. 29380

Ruckdeschel, Friedrich: Archaismen und Vulgarismen in der Sprache des Horaz. I. Teil. 88 S. 8.
Progr. Kgl. Maximilians-Gymn. *München* 1910.
II. Teil. 1911. 78 S. 8. Zweite erweiterte Ausgabe. *Erlangen: M. Mencke* 1911. 171 S. 8. M. 2.—.

Ruckdeschel, Friedrich: Archaismen und Vulgarismen in der Sprache des Horaz. München 1910: Straub. 167 S. 8°
Erlangen, Phil. Diss. v. 2. März 1910, Ref. Luchs
[Geb. 20. Febr. 78 München; Wohnort: München; Staatsangeh.: Schaumburg-Lippe; Vorbildung: Maximilians-Gymn. München Reife 97; Studium: München 4, Würzburg 2, Erlangen 4 S.; Rig. 12. Jan. 09.] [U 10. 893

Ruckdeschel, Fritz: Transformationen in Linien- u. Ebenenkoordinaten nach neueren Systemen. *Marburg 1897: J. Hamel.* (74 S. mit Taf.) 8°
Marburg, Phil. Diss. v. [26. Aug.] 1897

Ruckdeschel, J. Basil.

— Anfangsgr. d. dogmat. u. polem. Theologie. 8. Jena, Meyer. 742.

— Anfangsgr. d. moral. Theologie. 8. Ebend. 742.

Ruckdeschel, J. Basil., geistl. Blumengarten, od. Passionsandachten. 8. Leipzig. 725.

Ruckdeschel, J. Basil, Passionsgeschichte Jesu Christi; aus Rambachs Passion. 8. Halle 759. Waisenhaus-B. 6 gr.

Ruckdeschel, Johann Albert, s. Ruckdeschel, Albert

Ruckdeschel, Otto, Rechtspraktikant a. München: Inwieweit unterliegen die Staats- und Gemeindebetriebe der Reichsgewerbeordnung? Borna-Leipzig 1906: R. Noske. (VI, 69 S.) 8° [J.]
Erlangen, Jur. Fak., Ref. Rieker, Diss. v. 15. März 1906
[Geb. 6. Nov. 81 München; Wohnort: Erlangen; Staatsangeh.: Bayern; Vorbildung: Gymn. München Reife Juli 00; Studium: Erlangen 2, München 1, Erlangen 5 S.; Rig. 2. Nov. 05.]

Ruckdeschel, Robert: Studia in Aeschyli Orestiae aliquot locos exegetica et critica. P. 1. Rosenheim 1907: M. Niedermayr. (46, XIII S.) 8°
Rosenheim, k. G P 1907*

Ruckdeschel, Wolfg. Adam, Samml. latein. Vokabeln, e. Zugabe z. Schulgrammatik v. Otto Schulz. gr. 8. (3 B.) Nürnberg 840, [Geiger.]

Ruckdeschel, Wolfg. Adam, Sammlung lateinischer Vokabeln, eine Zugabe zur Schulgrammatik von Dr. Otto Schulz. gr. 8. Nürnberg 840. Stein. 1/8 ℛ

Rückel, Wilhelm, appr. Arzt a. Würzburg: Aus d. Universitäts-Augenklinik zu Gießen. Über das Lymphom resp. Lymphadenom der Lider und der Orbita. Mit 2 Abb. Halle: C. Marhold 1905. (40 S.) 8° ¶[= Sammlung zwangloser Abhandlungen a. d. Geb. d. Augenheilkunde Bd 6, H. 4.]
Gießen, Med. Fak., Ref. Vossius, Diss. v. 25. Sept. 1905
[Geb. 9. Juni 76 Würzburg; Wohnort: Würzburg; Staatsangeh.: Bayern; Vorbildung: Gymn. Hof Reife Juli 99; Studium: Würzburg 6, München 1, Kiel 1, Gießen 2 S.; Coll. 14 Juli 05; Approb. 16. Mai 05.]

Rückel, Wilh., über das Lymphom resp. Lymphadenom der Lider u. der Orbita, s. a. Sammlung zwangloser Abhandlungen aus dem Gebiete der Augenheilkunde. VI, 4.

Aus d. Univ.-Augenklinik zu Gießen. Über das Lymphom resp. Lymphadenom der Lider und der Orbita. Von Wilhelm **Rückel**, Arzt. Halle a. S.: C. Marhold 1906. (38 S.) 8°
= **Sammlung** zwangloser Abhandlungen aus d. Geb. d. Augenheilkunde. Bd 6, H. 4. [05. 11995 3

Ruckellngen, L. van. Belgien unter Maria Theresia. Aus dem Vlämischen, von Dr. Moriz v. Stubenrauch, Univ.-Prof. zu Wien. 8. Wien **1859.**

Ruckelshausen, Ludwig, appr. Tierarzt: ⟨Arbeit aus d. med. Veterinärklinik d. Univ. Gießen. Dir.: Gmeiner.⟩ Klinische und experimentelle Studien über das Arekolin. Mit 7 Pulskurven. Stuttgart 1910: Union. 97 S. 8° ¶(Aus: Monatshefte f. prakt. Tierheilk. Bd 21.)
Gießen, Veterinär-Med. Diss. v. 6. April 1910, Ref. Pfeiffer
[Geb. 6. Sept. 87 Ladenburg; Wohnort: Würzburg; Staatsangeh.: Baden; Vorbildung: Oberrealsch. Mannheim Reife M. 05; Studium: Tierärztl. Hochschulen Stuttgart 4, Berlin 2, Stuttgart 1 S.; Rig. 5. Nov. 09.] [U 10. 1248

Rückenmarksschwindsucht, die, u. andere Rückenmarkskrankheiten, s.: **Miniatur-Bibliothek.**

Rucker, F., s.: Rechnungs-Aufgaben f. Schüler der Volks- u. Bürgerschulen.

Rucker, Geo. Albr., († d. 26. Jan. 1804.) s. W. Hamilton, üb. Vulkane.

Rucker, Johann Daniel (Windsheim) A. S. 1234/14

Dissertatio medica de frigore morbifico.
Präs. Georg Erhard Hamberger.
Jena (Fickelscherr) 14. IV. 1725. 44 S.

W. v.: Präs. 29381

Rucker, Johann Konrad A. S. 124/27

Oratio de amoenitate studii juris civilis.
Leiden (Luchtmans) 17. IV. 1733. 54 S.

W. v.: D. V. Alphen, D. Zoon. 29382

Rucker, Kaspar Gottlieb (Nürnberg) A. S. 1379/14

... h. e. discrimen paschatis Aegyptiaci et generationum ad var. Scr. S. loca illustr.
Präs. Christoph Friedrich Tresenreuter.
Altdorf (Hessel) 8. VII. 1739. 34 S.

Gew.: Karl Benedikt Geuder, Christoph Gottlieb Volkamer.
W. v.: Präs., Jo. Georg Greiff, Benedikt Brunner, Jo. Ad. Riedel. 29383

Rucker, Ludwig Nikolaus (Rothenburg o. d. T.) A. S. 1348/3

Dissertatio de anima humana non medii generis inter simplicem et compositam substantia contra perillustrem et excellentissimum F. C. C. lib. bar. a Creuz.
Präs. Christian Heinrich Hase.
Jena (Schill) 7. IV. 1756. 30 S. 29384

Rucker, Ludwig Nikolaus (Rothenburg o. d. T.) A. S. 1348/14

Dissertatio de possibilitate entis finiti simplicis contra ... F. C. C. lib. bar. a Creuz cuius reliqua quaedam argumenta pro ente composito-simplici simul enervantur. Präs. Christian Heinrich Hase.
Jena (Schill) 14. IV. 1756. 30 S.

W. v.: Präs., Johann Stephan Tretzel. 29385

Rücker, Stanislaus, ein Wohlthäter Berlin's, s. Schön, Gust.

Rücker, A., Johannes Brenz, d. Reformator Württembergs, s.: Lebensbeschreibung, kurze, hervorrag. Christen.

Rücker, A., Lieder für Kirche u. Schule gesammelt. 2. Aufl. Glatz 865. Hirschberg's Buchh. 8. (64 S.) n. 2 ngr.

—— kleine Liedersammlung für Kirche und Schule, enth. 2-, 3- und 4stimm. Gesänge: bei der heil. Messe, der Anbetung des Allerheiligsten Altarssacraments &c. Für kathol. Volksschulen und kirchl. Vereine ausgewählt. Ausg. A. 3., verm. und verb. Aufl. 8. (47 S.) Glatz 867, Hirschberg's Buchh.
Ausg. B. mit Noten. (III und 140 S.) *

Rücker, A., kleine Liedersammlung f. Kirche u. Schule, enth.: 2, 3 u. 4 stimm. Gesänge bei der heil. Messe, der Anbetg. d. Altarsacraments, den Versammlgn. d. Kindheit-Jesu-Vereines &c. Für kathol. Volksschulen u. kirchl. Vereine ausgewählt. 3., verm. u. verb. Aufl. [2. unveränd. Abdr.] Ausg. A.: ohne Noten. 8. (47 S.) Glatz 871. Hirschberg. n. — 15

Rücker, Adolf, Repetent am fürstbischöfl. theol. Konvikt: Die Canones des Simeon von Rêvârdešîr.*) Leipzig 1908: W. Drugulin. (66 S.) 8°
Breslau, Phil. Fak., Ref. Fraenkel, Diss. v. 30. Juli 1908
[Geb. 26. Mai 80 Lichtenwalde; Wohnort: Breslau; Staatsangeh.: Preußen; Vorbildung: Gymn. Glatz Reife O. 03; Studium: Breslau 7 S.; Rig. 19. Febr. 08.]

*) vgl. Rechtsbücher, Syrische. Hrsg. v. Ed. Sachau, Bd. 3, 1914, S. XVII. = 4° Or. A 35

Rücker, Adolf, a. Altenkirchen ⟨Oberlahnkreis⟩: Über Hydrolyse von Ammoniumsalzen in siedender wässriger Lösung. Gießen 1906: Heppeler u. Meyer. (60 S.) 8°
Gießen, Phil. Fak., Ref. Naumann, Diss. v. 8. Mai 1906
[Geb. 28. Febr. 84 Altenkirchen; Wohnort: Gießen; Staatsangeh.: Hessen; Vorbildung: Realgymn. Gießen Reife O. 02; Studium: Gießen 6 S.; Rig. 12. Febr. 06.]

Rücker, Adf., s.: Simeon v. Rêvârdošîr, des, Canones.

Rücker, Ant., einiges üb. den Blei- u. Silberbergbau bei Srebrenica in Bosnien. Mit 3 Taf. u. 1 geolog. Uebersichtskarte v. Srebrenica u. Umgebg. gr. 8. (V, 54 S.) Wien 901. (F. Beck.) n. 3. —

Rücker, Ant., einiges üb. das Goldvorkommen in Bosnien. Monograph. Skizze. Mit 1 geolog. Karte u. 1 Karte üb. d. alten Römerstrassen u. d. goldführ. Flüsse. Lex.-8. (VI, 101 S.) Wien 896. (F. Beck.) n. 4. 60

Rücker, A., über die Schätzung v. Bergbauen. 2. Aufl. Ein Vorschlag. (24 S.) gr. 8. Wien 903. (F. Beck.) n. 1. —

Rücker, Aug.

— Auszug aus Minutolis Reise &c. s. Minutoli.

Rücker, Aug., nach Bethlehem! Ein Weihnachtsoratorium f. gemischten-, Männer- u. Frauenchor, Soli u. Duett m. Harmonium- od. Pianofortebegleitung. (59 S.) 8. Bremen (908). Buchh. u. Verlag d. Traktathauses. 1. —

Rücker, Aug., im höhern Chor. Auserwählte Lieder für Männerchöre. gr. 8. (128 S.) Bremen 898. Verlag des Tractathauses. Kart. 1. 80

— s. K. Curth's Corresp.

Rücker, Aug., das Reich d. Birmanen. Ein geograph. Versuch. 8. Berl. 824. Rücker. 8 gr.

— Zionsstimmen, s.: Kaufmann, J.

Rücker, Augustin Michael [Praes.], s. Herrnbauer, Joh. Friedrich: De natura aeris variis experimentis ad causas suas reductis illustrata.

Rücker, A. M. De natura aeris. Jenae 1719.

Rücker, C. G., General-Karte der Russischen Ost-See-Provinzen Liv-, Esth- u. Kurland, nach den vollständ. astronom.-trigonometr. Ortsbestimmungen u. den spec. Landesvermessungen auf Grundlage der Specialkarten v. C. Neumann, C. G. Rücker u. J. H. Schmidt. Fol. (4 Bl.) Reval 847, Kluge. n. 4 ℛ

Rücker, C. G., General-Karte der russischen Ostsee-Provinzen Liv-, Ehst- und Kurland, nach den vollständigsten astronomisch-trigonometr. Ortsbestimmungen und den speciellen Landesvermessungen auf Grundlage der Specialkarten von C. Neumann, C. G. Rücker und J. H. Schmidt hrsg. 1 : 605,000. 4. verb. Aufl. Kpfrst. und color. Imp.-Fol. Reval 883, Kluge's Verlag. * ℳ 10.; auf Leinw. in Carton *

Rücker, C. G. General-Karte der russischen Ost-See-Provinzen Liv-, Est- u. Kurland, nach den vollständigsten astronomisch-trigonometr. Ortsbestimmgn. u. den speciellen Landesvermessgn. auf Grundlage der Specialkarten v. C. Neumann, C. G. Rücker u. J. H. Schmidt hrsg. 1 : 605,000. 4 Bl. 5. Aufl. Farbendr. gr. Fol. Reval 890, Kluge. * 10 —

Rücker, C. G., Specialcharte von Livland, in 6 Blättern. Bearbeitet u. herausg. auf Veranstaltung der Livländ. Gemeinnützigen u. Oekonomischen Societät; nach Struves astronom.-trigonometr. Vermessung u. den vollständ. Specialmessungen gezeichnet; gestochen im Topograph. Depôt des Kaiserl. Generalstabes. Mit 1 Uebersichtsblatt. Olifant-Format. 840. (St. Petersburg, Eggers u. Comp.) n. 10 ℛ

Rücker, Carl Constans Victor,
s. Rücker, Karl Konstans Viktor

Rücker, Chr. Hnr. Er., Erläuter. d. Kästnerschen Anfangsgründe d. mechan. u. opt. Wissenschaften. Mit e. Vorrede v. A. G. Kästner. Mit 3 Kpft. 8. Leipz. 795. Schwickert. 18 gr

Rücker, Ernst Günther (Weimar) A. S. 1339/24

Dissertatio moralis de signis virtutum naturalium in genere. Präs. Jo. Friedrich Pfeiffer.
Jena (Marggraf) 15. V. 1751. 24 S. 29432

Dem eisernen Kanzler. Lied f. e. Singstimme oder einstimmigen Chor mit Klavierbegl. Text u. Melodie von Fr. **Rücker**. Bearb. von Aug. Rücker. *Dortmund: Ch. Garms [1895].* (3 S.) 4° [illegible] 6

Rücker, Franz, a. Mittelwalde i. Schles.: Beiträge zur Kenntnis der stetigen und stufenweisen Magnetisierung. Halle a. S. 1905: C. A. Kaemmerer & Co. (106 S.) 8°
Halle, Phil. Fak., Ref. Dorn, Diss. v. 10. Mai 1905
[Geb. 20. Juli 76 Mittelwalde i. Schl.; Wohnort: Halle a. S.; Staatsangeh.: Preußen; Vorbildung: Gymn. Patschkau Reife O. 99; Studium: Marburg 1, Berlin 1, München 1, Breslau 2, Halle 8 S.; Rig. 3. März 05.]

Ruecker, Frider(icus) Guilielmus: De nonnullis exemplis diastaseos nec non inversionis vesicae urinariae. Halis Saxonum (1832): Baentsch. 30 S. 8°
Halle-Wittenberg. Med. Diss. v. 10. Nov. 1832
Geb. Bendorf am Rhein 1804. V.

Rücker, G. Friedr. Wilh., Auswahl deutscher Gedichte f. d. unt. u. mittl. Klassen d. Gelehrten- u. höh. Bürgerschulen, nach d. Origin. u. mit Anmerkn. 1. u. 2. Abthl. gr. 8. Erlangen, Palm'sche Vrlsbh. [1. 1. Aufl. (10 B.) 837. u. 2., verm. u. verb. A. (12½ B.) 842. à ½ Thlr., 2. (13½ B.) 837. 7/12 Thlr.]

Rücker, G. Friedr. Wilh., Auswahl deutscher Gedichte für die untern u. mittlern Klassen der Gelehrten- u. höhern Bürgerschulen, nach den Originalien u. mit Anmerkungen. 1. Abthl. 2., verm. u. verb. Aufl. gr. 8. (12½ B.) Erlangen 842, Palm'sche Vrlgsbh.

—— Geschichte d. Gymnasiums zu Erlangen, s. Jahresbericht von der Studienanstalt rc.

Die Geschichte des Gymnasiums zu Erlangen. I. Entstehung des Gymnasiums. Von Dr. Friedr. Wilh. Rucker, P. — 1845. E., Kunstmann. — S. 1–38.
Progr. Erlangen

— Geschichte des Gymnasiums zu Erlangen. I. Entstehung des Gymnasiums. gr. 4. Erlangen 845. (Bläsing.) n. 5/12 ₰

— s. Jahresbericht von d. k. Studienanstalt zu Erlangen.

—— vom Tage d. Herrn. Mit besond. Berücksichtig. d. Schrift Liebetrut's: Der Tag d. Herrn u. seine Feier. gr. 8. (8½ B.) Erlangen 839, Palm'sche Vrlsbuchh.

Rücker, Georg Ludwig (Rothenburg o. d. T.)
A. S. 1315/32

Dissertatio physica de nubibus.
Präs. Johann Daniel Rücker (Bruder).
Jena (Müller) III. 1702. 83 S.

W. v.: Georg Albert Hamberger. 29433

Rücker, Gottfried, a. Kolberg a. Ostsee: Finanzgeschichte der Stadt Magdeburg im 19. Jahrhundert. Halle a. S. 1904: C. A. Kaemmerer & Co. (VIII, 117 S.) 8°
Halle, Phil. Fak., Ref. Conrad, Diss. v. 13. Sept. 1904
[Geb. 29. Sept. 78 Grimmen, Kr. Grimmen; Wohnort: Halle; Staatsangeh.: Preußen; Vorbildung: Gymn. Kolberg Reife O. 00; Studium: Halle Theol. 1, Phil. 8 S.; Rig. 26. Juli 04.]

Rücker, Gust., experimentelle und casuistische Beiträge zur Lehre von der Höhlenpression bei Schussverletzungen des Schädels. Inaugural-Dissertation. gr. 8. (47 S. mit 2 Stnt.) Dorpat 881, (Karow.) *

Rücker, H., die wichtigsten Bestimmungen der Warenzeichenrechte aller Länder, nebst dem Wortlaut der Markengesetze v. Deutschland, England, Japan, Österreich-Ungarn u. der Schweiz. Ein Nachschlagebuch f. Gerichte, Rechtsanwälte, Patentanwälte, Industrielle u. Kaufleute. gr. 8. (VII, 168 S.) Heidelberg 902. C. Winter. n. 3. 60; geb. in Leinw. n. 4. 60

Rücker, Hans, aus Berlin: Die **Busse des deutschen Reichsstrafrechts.** *Freiburg i. B. 1901: Ch. Lehmanns Nachf.* (66 S.) 8°
Freiburg i. B., Rechts- u. staatswiss. Diss. v. 1901

Rücker, Hans, aus Aachen: Zur **Kenntnis des Hämatoporphyrins und seiner Derivate.** (Aus d. physiol.-chemischen Institut d. Universität Strassburg.) *Strassburg i. E. 1901: C. & J. Goeller.* (22 S.) 8°
Strassburg, Med. Diss. v. 1901

Rücker, Hermann von [aus Hof (Bayern)]: Über die Einwirkung von Alkali-Persulfat auf Para- und Meta-Oxybenzoësäure. Lausanne 1900. 56 p. 8°.
Lausanne. Thèse sc. 1899/1900.

Rücker, J. E., de codicillis, quibus lex quaedam praescripta est. 8. Götting. 788. Brose. 3 ℊ

Rücker, Johann Christoph (Windsheim) 4° Thl. XV, 270/6

Inauguratio Christi ad docendum haud obscurior Mosaica, e spectaculis circa baptismum Christi ... (Disputatio) X.
Jena (Bielckius) 1717. 1 Bl. 29434

Rücker, Johann Daniel [Praes.], s. Rücker, Georg Ludwig: Dissertatio physica de nubibus.

Rücker, Johann Gothard (Königsberg/Pr.) A. S. 720/44

Ferton. h. e. disputatio numeralis juridica de quadrante et quaternione occasione aur. bull. tit. ult. § 1. vers. porro coeteri. Präs. Adrian Beier.
Jena (Werther) VII. 1700. 56 S.

W. v.: Hieronymus Vogler, Theodor Friedrich Rücker (Bruder), Johann Friedrich Held. 29435

Rücker, Johann Nikolaus (Frankfurt/M.) A. S. 17/30

Dissertatio inauguralis juridica de rationibus decidendi partibus et earum advocatis non temere, aut non integre communicandis. Präs. Immanuel Weber.
Giessen (Vulpius) 22. VII. 1721. 36 S.

W. v.: M. D. Grolman, Präs., Ier. Zang, Io. Georg Liebknecht, Heinrich Ehrenfried Luther, Johann Hektor Diez. 29436

Rücker, Julius

Rücker, Jul., s.: Amelang's Schulkalender.

Rücker, Jul. Choralbuch f. katholische Schulen. Enth. die Melodien jener Kirchenlieder, welche der amtl. Lehrplanentwurf für die Volksschulen zu lernen vorschreibt. Nebst e. Anh. u. den Responsorien. 8. (28 S.) Bresl. 890, Aderholz. ** — 10

Rücker, Jul., die Dezimal-Bruchrechnung u. deren Anwendung beim Rechnen mit den neuen Maßen u. Gewichten. Für den Schul- u. Selbstunterricht hersg. Breslau 869. Goerlich & Coch. 8. (16 S.) 1½ ngr.

— s.: Ebbecke's, Frdr., Schul-Kalender.

Rücker's, Jul., Gesang- u. Gebetbuch f. katholische Christen zum Gebrauch beim Gottesdienste, bei Begräbnissen rc. 16. (XIV, 261 S.) Breslau 873. Goerlich. n. — 60; geb. n. — 75

Rücker, Jul., Gesang- u. Gebetbuch für katholische Christen zum Gebrauch beim Gottesdienste, bei Begräbnissen rc. Nebst einer kurzen Heiligenlegende. 2. Aufl. 16. (XX, 276 S.) Breslau 879. Aderholz. geb. in Leinw. m. rothem Schnitt. n.n. — 75; m. Goldschn. n. 1. —

Rücker, Jul., Gesang- u. Gebetbuch f. katholische Christen zum Gebrauch beim Gottesdienste, bei Begräbnissen rc. Nebst e. kurzen Heiligenlegende. 3. Aufl. 16. (XX, 276 S.) Breslau 884. Aderholz. geb. m. Rothschn. n.n. — 75; m. Goldschn. n. 1. —

Rücker, Jul., Gesang- u. Gebetbuch f. katholische Christen in der Diöcese Breslau u. dem Delegaturbezirk zum Gebrauch beim Gottesdienste, bei Begräbnissen rc. Nebst e. kurzen Heiligenlegende u. der Ministratur. 4. Aufl. 16. (XX, 274 S.) Breslau 889. G. P. Aderholz. Geb. in Leinw. n.n. — 75; m. Goldschn. n. 1. —

— katholisches Gesang- u. Gebetbuch f. die Diözese Breslau u. den Delegaturbezirk. 2 Tle. gr. 16. Breslau (903) G. P. Aderholz. Geb. in Leinw. à n. — 50; in 1 Leinw.-Bd. n.n. — 75
1. Gesangbuch. 6. unveränd. Aufl. (XVIII, 210 S.)
2. Gebetbuch. Ein Lehr- u. Gebetbuch f. alle kathol. Christen. Mit besond. Berücksicht. der wicht. kirchl. Bruderschaften u. religiösen Vereine etc. bearb. 5., verm. Aufl. (IV, 105 u. XXIII S.)

Rücker, Jul., kathol. Gesang- u. Gebetbuch f. die Diözese Breslau u. d. Delegaturbezirk. 2 Tle. 16. Breslau (908). G. P. Aderholz. Geb. in Leinw. à nn — 50; in 1 Leinw.-Bd. nn — 75
1. Gesangbuch, nebst e. Andacht f. die Schulmesse, wie sie auf dem Muttergottesberge bei Grulich üblich ist. 7. unveränd. Aufl. (XVIII, 215 S.)
2. Gebetbuch. Ein Lehr- u. Gebetbuch f. alle kathol. Christen. Mit besond. Berücksicht. der wichtigsten kirchl. Bruderschaften u. religiösen Vereine etc. bearb. 7., unveränd. Aufl. (IV, 105 u. XXIII S.)

— deutscher Geschäfts-Kalender zum täglichen Gebrauch f. den gesammten Handelsstand, f. Amts- u. Gemeindevorsteher 2c. f. 1877. Mit 1 (lith.) Eisenbahnkarte v. Deutschland (in qu. 4.) 16. (219 S.) Berlin, Bichteler & Co. geb. n. 1. 20

—— deutscher Geschäfts-Kalender zum täglichen Gebrauch für den gesammten Handelsstand, für Amts- und Gemeindevorsteher 2c. für 1877. 16. (219 S. mit 1 lithogr. Eisenbahnkarte von Deutschland in qu. 4.) Berlin, Imme. geb. *

—— dass. — für 1878. 2. Jahrg. 16. (225 S. mit 1 lithogr. Eisenbahnkarte von Mittel-Europa in qu. 4.) Berlin, Bichteler und Comp. geb. *

—— deutscher Geschäfts-Kalender zum täglichen Gebrauch für Amts- und Gemeindevorsteher, Schiedsmänner, für den gesammten Handelsstand 2c. für 1879 und 1880. 3. und 4. Jahrg. 16. (234; 216 S. mit 1 lithogr. Eisenbahnkarte von Mittel-Europa.) [Berlin, Bichteler und Comp.] Straßburg, Schultz und Comp. geb. à Jahrg. *

—— deutscher Geschäfts- und Notizkalender für 1877—1883. 1.—7. Jahrg. 16. (à Jahrg. ca. 240 S.) Ziegenhals, Pietsch. geb. à Jahrg. *

—— dass. — Für 1884 und 1885. 8. und 9. Jahrg. 16. (237; 239 S.) Minden, Bruns' Verlag. geb. à Jahrg.

Rücker's, Jul., deutscher Geschäfts- und Notizkalender für die J. 1886—1889. Nebst je 1 Wandkalender. 10.—13. Jahrg. gr. 16. (à Jahrg. 240 S.) Minden, Bruns. geb. à Jahrg. *

—— Handbuch für den Unterricht in der Geschichte, Erdkunde, Menschenkunde, Naturbeschreibung, Naturlehre, im Rechnen, in der Raumlehre [Zeichnen] und in der deutschen Sprache. Für kathol. Elementarschulen bearb. gr. 8. (III, 88 S. mit 43 eingedr. Fig.) Minden 881, Hufeland. cart. *

— Handbuch für den Unterricht in der Geschichte, Erdkunde, Menschenkunde, Naturbeschreibung, Naturlehre, im Rechnen, in der Raumlehre [Zeichnen] u. in der deutschen Sprache. Für katholische Elementarschulen bearb. Mit 43 eingedr. Fig. 2., unveränd. Ausg. gr. 8. (III, 88 S.) Aachen 883. Jacobi & Co. cart. n. — 60

—— Handbuch für den Unterricht in der Geschichte, Erdkunde, Menschenkunde, Naturbeschreibung und Naturlehre. Nebst einem Anhang aus deutscher Sprache, Rechnen und Raumlehre. Für kathol. mehrklassige Elementarschulen. 3. unter Mitwirkung mehrerer Schulmänner bearb. Aufl. 8. (68; 59; 72; 48; 33 S. mit 123 Abbild.) Aachen 885, A. Jacobi und Comp. *

— Handbuch f. den Unterricht in der Geschichte, Erdkunde, Menschenkunde, Naturbeschreibung, Naturlehre, in der deutschen Sprache, im Rechnen u. in der Raumlehre [Zeichnen]. Für kathol. Elementarschulen bearb. Kleine Ausg. 4. Aufl. gr. 8. (120 S. m. Abbildgn.) Aachen 892. A. Jacobi & Co. Geb. n. — 60

Heiligenlegende ... bearb. von J. Rücker. 4. verm. Aufl. *Breslau: G. P. Aderholz (1900).* (40 S.) 8° [Umschlagt. F.] [ʷ⁰ 798, 2

Rücker, Jul., Heiligenlegende. 5. verm. Aufl. 8. (64 S.) Breslau (902). G. P. Aderholz. n.n. — 20

— kleine Heiligenlegende. 10. verm. Aufl. (40 S.) kl. 8. Ebd. (905). n.n. — 10

— kurze Heiligenlegende. Unter Berücksicht. d. amtl. Lehrplan-Entwurfs f. die kathol. Schulen der Provinz Schlesien hrsg. 16. (22 S.) Breslau 871. Aderholz. n. 1. 50

— u. O. Wilpert, Heimatkunde d. Kreises Breslau u. d. Wichtigste v. d. Prov. Schlesien. Hilfsmittel für den ersten geograph. u. geschichtl. Unterricht. Für Schüler unt. Benützg. amtl. Quellen bearb. 2., verb. Aufl. 8. (33 S. m. 2 Fig.) Groß-Strehlitz 898. A. Wilpert. n. — 20; m. 1 Karte v. Schlesien n. — 25; Karte allein n. — 05

— — dasselbe d. Kreises Groß-Wartenberg. 2., verb. Aufl. 8. (32 S. m. 2 Fig.) Ebd. 898. n. — 20; m. 1 Karte v. Schlesien n. — 25; Karte allein n — 05

— — dasselbe d. Kreises Neumarkt. 2., verb. Aufl. 8. (32 S. m. 2 Fig.) Ebd. 898. n. — 20; m. 1 Karte v. Schlesien n. — 25; Karte allein n. — 05

— — dasselbe d. Kreises Oels. 2., verb. Aufl. 8. (32 S. m. 2 Fig.) Ebd. 898. n. — 20; m. 1 Karte v. Schlesien n. — 25; Karte allein n. — 05

— — dasselbe des Kreises Oppeln. 2., verb. Aufl. 8. (33 S. m. 2 Fig.) Ebd. 898. n. — 20; m. 1 Karte v. Schlesien n. — 25; Karte allein n. — 05

— — dasselbe d. Kreises Pleß. 3., verb. Aufl. 8. (32 S. m. 2 Fig.) Ebd. 898. n. — 20; m. 1 Karte v. Schlesien n. — 25; Karte allein n. — 05

— u. O. Wilpert, Heimatkunde f. die Schulen der Prov. Schlesien. Zum Gebrauch bei dem ersten geograph. u. geschichtl. Unterricht hrsg. Mit e. Karte v. Schlesien. Ausg. A. (42 S.) 8. Groß-Strehlitz 904. A. Wilpert. n. — 25; ohne Karte n. — 20; Karte allein — 05

— — dasselbe des Kreises Steinau. 2., verb. Aufl. 8. (31 S. m. 2 Fig.) Ebd. 898. n. — 20; m. 1 Karte v. Schlesien n. — 25; Karte allein n. — 05

— — dasselbe d. Kreises Tarnowitz. 2., verb. Aufl. 8. (31 S. m. 2 Fig.) Ebd. 898. n. — 20; m. 1 Karte v. Schlesien n. — 25; Karte allein n. — 05

— — dasselbe d. Landkreises Tost-Gleiwitz u. d. Stadtkreises Gleiwitz. 6., verb. Aufl. 8. (32 S. m. 2 Fig.) Ebd. 898. n. — 20; m. 1 Karte v. Schlesien n. — 25; Karte allein n. — 05

—— Heimatskunde der Kreise: Beuthen, Breslau, Brieg, Falkenberg, Frankenstein, Glatz, Gleiwitz, Groß-Strehlitz, Guhrau, Kattowitz, Kosel, Kreuzburg, Militsch, Münsterberg, Namslau, Neurode, Neustadt, Nimptsch, Ohlau, Öls, Oppeln, Pleß, Polnisch-Wartenberg, Ratibor, Reichenbach, Rosenberg, Rybnik, Schweidnitz, Steinau, Strehlen, Striegau, Tarnowitz, Trebnitz, Wohlau, Zabrze und das Wichtigste von der Prov. Schlesien. Mit je 1 Karte. 8. (à Kreis 16 S.) Leobschütz 881, Kothe. à Kreis *

– dasselbe. Kreis Bolkenhain, Bunzlau, Freistadt, Glogau, Goldberg-Haynau, Görlitz, Grünberg, Hirschberg, Hoyerswerda, Jauer, Landshut, Lauban, Liegnitz, Löwenberg, Lüben, Rothenburg, Sagan, Schönau, Sprottau u. das Wichtigste von der Prov. Schlesien. Mit je 1 Karte. 8. (à 16 S.) Liegnitz 881. Zippel. à Kreis n. — 20; Karte ap. n. — 10

—— dass. — 2. unveränd. Ausg. gr. 8. (III, 88 S. mit 43 eingedr. Fig.) Aachen 883, Jacobi und Comp. cart. *

—— Heimatskunde der Kreise Beuthen — Großstrehlitz — Militsch — Neustadt und Oppeln und das Wichtigste von der Prov. Schlesien. Hilfsmittel für den ersten geograph. und geschichtl. Unterricht. Für Schüler unter Benutzung amtl. Quellen bearb. 5 Hefte. 2. verb. und verm. Aufl. 8. (à Heft 19 S. mit je 1 Karte von Schlesien.) Leobschütz 888, Kothe. à Heft *

—— dass. — des Kreises Gleiwitz. 3. verb. und verm. Aufl. 8. (19 S. mit 1 Karte von Schlesien.) Ebendas. 888. *

Rücker, Jul., Heimatskunde. Der Kreis Brieg u. d. Wichtigste v. d. Prov. Schlesien. Geographie u. Geschichte. Hilfsmittel f. d. ersten geograph. u. geschichtl. Unterricht. Für Schüler unt. Benutzg. amtl. Quellen bearb. Mit 1 Karte v. Schlesien. 3., erweit. Aufl. 8. (20 S. m. Fig.) Leobschütz 895. C. Kothe's Erben. n. — 20

Rücker, Jul., Heimatskunde. Der Kreis Falkenberg. 2., erweit. Aufl. 8. (20 S.) Ebd. n. — 20

— dasselbe. Der Kreis Gleiwitz. 5., verb. Aufl. 8. (20 S.) Ebd. 895. n. — 20

— dasselbe. Der Kreis Kattowitz. 4., verb. Aufl. 8. (20 S.) Ebd. 895. n. — 20

— dasselbe. Der Kreis Kreuzburg. 2., verb. Aufl. 8 (20 S.) Ebd. 895. n. — 20

— dasselbe. Der Kreis Leobschütz. 3., erweit. Aufl. 8. (20 S.) Ebd. 895. n. — 20

— dasselbe. Der Kreis Pleß. 2., verb. Aufl. 8. (20 S.) Ebd. 895. n. — 20

— s.: Helmich's, Aug., Schul-Kalender.

Rücker's, Jul., Karte von Schlesien. Lithogr. und color. qu. Fol. Liegnitz 881, Zippel's Buchh. *

— die Kirchengeschichte in kurzen Abrissen für katholische Schulen. Nebst einer Beschreibung von Palästina. 8. (40 S.) Breslau 879. Aderholz. n. — 30

Rücker, Jul., der heilige Kreuzweg. Aus dem Gebetbuche: „Hochgelobt und gebenedeit sei die allerheiligste Dreifaltigkeit!“ abgedr. und mit Kreuzweggliedern versehen. 16. (32 S.) Habelschwerdt 883, Franke's Buchh. *

Rücker, Jul., d. hl. Kreuzweg. Aus dem Gebetbuche: Hochgelobt u. gebenedeit sei die allerheiligste Dreifaltigkeit! M. Genehmigg. d. hochw. Herrn Verf. abgedr. u. m. Kreuzweggliedern vers. (Neue Ausg.) 16. (32 S.) Habelschwerdt 896. Franke. n. — 10

—— s. Lehrer-Kalender.

——'s deutscher Lehrer-Kalender für 1875. 5. Jahrg. 16. (219 S.) Berlin 874, Oppenheim. *

—— deutscher Lehrer-Kalender für 1876. 6. Jahrg. 16. (224 S.) Berlin, Oppenheim. geb. *

— deutscher Lehrer-Kalender f. 1877. 7. Jahrg. 16. (224 S. m. 1 lith. Eisenbahnkarte in qu. 4.) Berlin, Wichteler & Co. geb. n. 1. 20

—— dass. — für 1878—1880. 8.—10. Jahrg. 16. (228; 244; 212 S. mit 1 lithogr. Eisenbahnkarte von Mittel-Europa.) [Berlin, Wichteler und Comp.] Straßburg, Schultz und Comp. à Jahrg. *

— deutscher Lehrer-Kalender für 1881. 11. Jahrg. 16. (218 S.) Ziegenhals, Pietsch. geb. n. 1. 20

—— deutscher Lehrer-Kalender für 1881—1883. 11.—13. Jahrg. 16. (à Jahrg. ca. 220 S.) Ziegenhals, Pietsch. geb. à Jahrg. *

Fortsetzung u. d. T.: Rücker's, Jul., deutscher Schulkalender für Lehrer, Lehrerinnen &c.

— österreichischer Lehrer-Kalender f. 1875. Bearb. v. Ph. Brunner. 16. (216 S.) Wien, Perles. geb. n. 1. 60

— Liederbuch für einfache Schulverhältnisse. Enth. jene Schullieder, welche der amtl. Lehrplanentwurf f. die ein-, zwei- u. dreiklass. Volksschulen zu lernen vorschreibt. Mit c. Anh. 8. (32 S.) Breslau 890. Aderholz. n.n. — 10

—— die neue Maß- und Gewichtsordnung in kurzer Uebersicht mit Rücksicht auf die Verwandlung des alten Maßes und Gewichtes in das neue. Nebst Tab. zur Umrechnung der Preise. Für Schule und Haus, Handel und Gewerbe hrsg. 1.—6. Aufl. 8. (16 S.) Breslau 869—72, Goerlich. *

— die Mitwirkung der bürgerlichen Gesellschaft, besond. der Geistlichen, Lehrer, Amts- u. Gemeindevorsteher, Waisenräte, Ärzte, Anstalts- u. anderer Beamte, der Missions-, Fürsorge-, Erziehungs-, Schutz-, Vincenz-, Elisabeth-Vereine &c. bei Ausführung des preußischen Fürsorge-Erziehungs-Gesetzes v. 2. VII. 1900. Nebst dem Wortlaut des Gesetzes u. dessen Ausführungsbestimmgn. v. 18 XII. 1900 u. Formularen. 12. (52 S.) Wittenberg 901. R. Herrosé. Kart. n. — 50

Rücker, Jul., Naturlehre. Hilfsmittel f. den Naturlehr-Unterricht in den deutschen Elementar- u. Fortbildungsschulen. 8. (48 S.) Aachen 885. A. Jacobi & Co. n.n. — 25

— Prüfungs-Bestimmungen f. preuß. Präparanden, Seminaristen, Volksschullehrer, Mittelschullehrer u. Rektoren v. 1. VII. 1900 u. zwar I. Lehrpläne f. Präparandenanstalten u. Lehrerseminare, sowie method. Anweisgn. zu beiden Lehrplänen. II. Änderungen der Bestimmgn. üb. die Aufnahme in die Lehrerseminare u. üb. die Seminarentlassungsprüfg. III. Prüfungsordnung für die 2. Lehrerprüfg. IV. Prüfungsordnung f. Mittelschullehrer. V. Prüfungsordnung f. Rektoren. Nebst Auszügen aus den wichtigsten Schulgesetzen &c., e. Verzeichnis der preuß. Schulverwaltungsbehörden u. Titulaturen derselben. Als Anh.: 1. Vorschriften üb. die Aufnahmeprüfg. an den kgl. Schullehrer-Seminaren. Vom 15. 10. 1872. 2. Prüfungsordng. f. Volksschullehrer. Vom 15. 10. 1872. 12. (115 S.) Ebd. 901. Kart. n. — 80

— Rechenaufgaben, s.: Büttner, A.

—— Rechenaufgaben für die Volksschule, s. Büttner, A.

— Rechenbuch f. einklass. Volksschulen, s.: Büttner, A.

—— Sammlung derjenigen Kirchen- und Schullieder, welche in den kathol. Schulen der Regierungsbezirke Breslau und Liegnitz im amtl. Lehrplan-Entwurf zu lernen bezeichnet sind. Nebst den Responsorien. 16. (47 S.) Ebendas. 871. *

—— dass. — Nebst den Schulgebeten und Responsorien. Mit der kurzen Heiligenlegende. 6. Aufl. 16. (73 S.) Ebendas. 871. *

— Sammlung derjenigen Kirchen- u. Schullieder, welche in den katholischen Schulen der Regierungsbezirke Breslau u. Liegnitz im amtlichen Lehrplan-Entwurf zu lernen bezeichnet sind. Nebst den Schulgebeten u. Responsorien. gr. 16. (39 S.) Breslau 877. Aderholz. n.n. — 10

Amelangs **Schul-Kalender** für Schulaufsichtsbeamte, Lehrer u. Lehrerinnen ... d. Prov. Brandenburg. Hrsg. von Julius Rücker. [1.] Auf d. J. 1905–1906. Charlottenburg: Amelang (1905). 8° [F.] [05.10088

—— deutscher Schul-Kalender für Lehrer und Lehrerinnen, Seminarien und Präparanden-Anstalten Deutschlands, Oesterreichs und der Schweiz. 1884 und 1885. 14. und 15. Jahrg. à Jahrg. 2 Tle. 16. (232, 32; 232, 27 S.) Minden, Bruns' Verlag. geb. in 1 Bd. à Jahrg.

—— deutscher Schul-Kalender für Lehrer und Lehrerinnen, Seminarien und Präparanden-Anstalten Deutschlands, Oesterreichs und der Schweiz. Für die J. 1886 — 1889. 16.— 19. Jahrg. à Jahrg. 2 Tle. gr. 16. (à Jahrg. ca. 290 S. mit je 1 Wandkalender.) Minden, Bruns. geb. und geh. à Jahrg. *

—- Deutscher Schulkalender f. Lehrer u. Lehrerinnen, Seminarien u. Präparanden-Anstalten Deutschlands, Österreichs u. der Schweiz. Für d. J. 1891—1893. Mit je e. Wandkalender. 20.—22. Jahrg. gr. 16. (128; 112; 112 S.) Zittau, Pahl. geb. à Jahrg. * — 75

— deutscher Schul-Kalender f. Lehrer u. Lehrerinnen, Seminarien u. Präparanden-Anstalten Deutschlands, Österreichs u. der Schweiz. Für d. J. 1895. 24. Jahrg. 16. (116 S.) Zittau, Pahl. Geb. in Leinw. n. — 75

— deutscher Schul-Kalender f. Lehrer u. Lehrerinnen, Seminarien u. Präparanden-Anst. Deutschlands, Österreichs u. d. Schweiz. Für das J. 1898. 27. Jahrg. gr. 16. (IV, 124 S.) Zittau. Leipzig, Pahl. Geb. in Halbleinw. n. — 75

— deutscher Schulkalender f. Schulaufsichtsbeamte, Lehrer u. Lehrerinnen, Seminaristen u. Präparanden. Für d. J. 1903/04. 32. Jahrg. gr. 16. (IV, 158 S. m. Wandkalender.) Berlin, M. Rockenstein. Geb. in Leinw. n. — 75

— deutscher Schul-Kalender für Schulaufsichtsbeamte, Lehrer u. Lehrerinnen, Seminaristen u. Präparanden, 1906—1907. 35. Jahrg. (141 S. m. Abbildgn.) kl. 8. Leipzig, K. G. Th. Scheffer. Geb. in Leinw. — 75
Erscheint nicht mehr.

Friedrich Ebbeckes **Schul-Kalender** für Schulaufsichtsbeamte, Lehrer u. Lehrerinnen ... d. Prov. Posen u. Westpreußen. Hrsg. von Julius Rücker. [1.] Für d. J. 1905–1906. Lissa i. P.: F. Ebbecke (1905). 8° [F.] 05.14558

—— deutsche Sprache, Rechnen und Raumlehre. Hilfsmittel zum Gebrauch in den deutschen Elementar- und Fortbildungsschulen. 8. (33 S.) Aachen 885, Jacobi und Comp. **

—— Deutsches Taschenbuch u. Kalender f. alle Stände. Für die J. 1891—1893. Nebst je e. Wandkalender. 14.—16. Jahrg. gr. 16. (à Jahrg. 104 S.) Ebd. geb. à Jahrg. * — 75

— deutsches Taschenbuch u. Kalender f. alle Stände. Für d. J. 1895. 18. Jahrg. 16. (108 S.) Ebd. Geb. in Leinw. n. — 75

— deutsches Taschenbuch u. Kalender für alle Stände. Für d. J. 1898. 21. Jahrg. gr. 16. (IV, 114 S.) Ebd. 897. Geb. in Halbleinw. n. — 75

Rücker, Jul., deutsches Taschen-Buch u. Kalender für alle Stände. Für d. J. 1903/1904. 26. Jahrg. gr. 16. (IV, 142 S. m. Wandkalender.) Berlin, M. Rockenstein. Geb. in Leinw. n. — 75

— Taschen-Kalender f. alle deutschen Stände 1906. 29. Jahrg. (122 S.) kl. 8. Ebd. Geb. — 75
Erscheint nicht mehr.

Rücker, Jul., der Unterricht und die Erziehung nicht vollsinniger Kinder: der Idioten, Tauben und Blinden. Für Volksschule und Haus bearb. 2. erweit. Aufl. 8. (85 S.) Trier 885, Stephanus. * 80 Pf.; cart. *

—— Wand-Tafel des neuen Masses und Gewichtes für den Schul- und Privatgebrauch. 1.—7. Aufl. Imp.-Fol. Ebendas. 869—71. *

Rücker, Karl [aus Breslau]: Untersuchungen über komplexe Kobaltammoniaksalze. Breslau 1898. 2 Bl. 35 S. 8°.
Zürich. Phil. Diss. II. S. 1898/99.

Rücker, Karl Konstans Viktor (Frankfurt/M.)
A. S. 625/25

Dissertatio inauguralis iuridica de processu inquisitorio in iudiciis militaribus usitato.
Präs. Heinrich Brokes.
Jena (Schill) 5. X. 1748. 40 S.

W. v.: Karl August Tittel, Christ. Jak. Veiel (Opp.), Georg Friedrich Rücker (Opp.), Johann Daniel Claudi, G. W. Gilg, Johann Georg Petsch. 29437

Rücker, Lor. Jh. Jan.

— Entwurf e. physikal. Scheidekunst. 8. ... 769.

Rücker, Lor. Jh. Jan., erste Gründe d. Kriegsbaukunst, in e. Zusammenhange. 4. Würzb. 769.

Rücker, Paul, a. Berlin: Über die Einwirkung unsichtbarer Strahlen auf die Lichtenberg'schen Figuren. [1906:] O. Günther, Kyritz.) (21 S.) 8°
Rostock, Phil. Fak., Ref. Martens, Diss. v. 3. Mai 1906
[Geb. 20. Febr. 82 Berlin; Wohnort: Berlin; Staatsangeb.: Preußen; Vorbildung: Kölln. Gymn. Berlin Prima-Reife M. 99; Studium: Charlottenburg T.H. 7, Rostock 3 S.; Rig. 26. April 06.]

Rücker, S., de dono linguarum, invictissimo veritatis rel. chr. argumento. Lips 1742 4.

Die praktische Ausbildung und Schulung der Kompagnie. Von Wilhelm **Rücker,** Hauptm. T. 1. Berlin: Mittler 1909. 8° [05.10057

Rücker, Wilh., die praktische Ausbildung u. Schulung der Kompagnie. I. Tl.: Die Exerzier- u. Gefechtsausbildg. 2., auf Grund der neu erschienenen Deckblätter z. Exerzier-Reglement f. die Infanterie neu bearb. Aufl. (VI, 142 S.) 8. Berlin 910. E. S. Mittler & Sohn. 2.75; geb. 3.75

— Die Ereignisse vor der ersten Schlacht v. Plewna, s.a. Militär-Wochenblatt. 1908. Beiheft 10.

Die Ereignisse vor der ersten Schlacht von Plewna. Eine kriegsgeschichtl. Studie. Von Rücker, Hauptm. im Inf. Regt No 173. Mit Skizze. Berlin: E. S. Mittler & Sohn 1908. (S. 398–433.) 8° [Umschlagt. F.]
= Militär-Wochenblatt. 1908, Beiheft 10.

Rücker, das Gefecht bei Montebello am 20. V. 1859, s.a. Beiheft zum Militär-Wochenblatt. 1902. Hft. 7. 8.

Das Gefecht bei Montebello am 20. Mai 1859. Von Rücker, Oberlt. im 7. Lothr. Inf.Reg. Nr. 158. (Mit Skizzen im Text.) *Berlin: E. S. Mittler & Sohn 1902.* (S. 385–424.) 8° [F.]
= Militär-Wochenblatt. 1902. Beiheft 8.

Praktische Winke f. die Ausbildung des Infanterie-Rekruten. In 12 Wochenzetteln f. den Rekrutenoffizier nach den Dienstvorschriften zusammengestellt. 2., vollständig neu bearb. Aufl. (V, 83 S.) 16. Berlin 911. E. S. Mittler & Sohn. 1.—

Rückerinnerung

— der Anwesenheit aller Fremden, während der Wahl u. Krönungszeit Leopold II. 4. Frankf. a. M. 790. (Schäfer). 1 ℳ

— Dies. während d. Wahl u. Krönung Franz II. 4. Frankf. a. M. 792. (Schäfer). 1 ℳ

Rückerinnerung an unser Elend u. fromme Hoffnung v. d. Zukunft. 8. Mainz 814. Kupferberg. 10 gr

Rückerinnerung an den in Zürich entdeckten schweizerischen Communismus. gr. 8. (3 B.) St. Gallen u. Bern 843, Huber u. Comp.

Rückerinnerung an Dr Martin Luthers Name, Mönchthum ... Zum Andenken an die 300j. Gedächtnissfeier ... Güns 1846. V: *Turcsányi, Ludw.* (Pk) (KU)

Rückerinnerung, Schauderungsvolle, an die Schreckensscene, welche sich vom 13.—15. Oct. 1806 in Jena zugetragen usw. in Versen beschrieben. O. O. 1807. V: *Grieser, J. C. L.* Vgl. Max Perls XXVII. Aukt.-Kat. Berlin 1912. Nr. 337. (DARP)

Rückerinnerung an d. hochwürd. Hrn. Geo. Scheiblein, k. bayer. geistl. Rath etc., von Einem seiner Freunde. gr. 12. (1 B.) Aschaffenburg 840, Pergay.

Rückerinnerungen an das verflossene 18. Jahrhundert ... Breslau 1801. V: *Hagen, Johann Friedrich August.* (Kat. d. Druckschr. üb. Breslau. Breslau 1903. S. 26.)

Rückerinnerungen an Italien, s.a. Beauffort, Philippe Ernest M. de

Rückerinnerungen an Italien, ein Gegenstück zu „Corinna" v. Frau v. Staël-Holstein. gr. 8. Bremen, Müller. 20 gr

Rückerinnerungen an Italien, von einem Katholiken. Aachen 1843. V: *Beauffort, Louis Leopold Amédée Marquis de.* (Russell I, 13)

Rückerinnerungen f. d. Landschullehrer d. Gommerschen Inspection. 8. Zerbst, Füchsel. 807.

— f. die Landschullehrer d. Gommerschen Inspection. 8. Zerbst 807. (Kummer). 3 gr

Rückerinnerungen aus einem Mädchenleben, s.a. Nathusius.

Rückerinnerungen aus einem Mädchenleben. Von der Verf. des „Tagebuchs eines armen Fräuleins." (Marie Nathusius.) 8. (187 S.) Halle 855, Mühlmann.
Aus: Volksblatt für Stadt und Land, besonders abgedruckt.

Rückerinnerungen aus einem Mädchenleben. Von der Verf. des „Tagebuchs eines armen Fräuleins" (Maria Nathusius). 2. Aufl. 8. (189 S.) Halle 858, Mühlmann.
Aus „Volksblatt für Stadt und Land" besonders abgedruckt.

Rückerinnerungen an eine Reise in Österreich und Steiermark. Wien 1810. V: *Kleyle, Frz Joachim Ritter v.* (WBL)

Rückerinnerungen von einer Reise durch einen Theil von Deutschland, s.a. J. H. Liebeskind. 1795.

Rückerinnerungen von einer Reise durch einen Theil von Teutschland, Preussen, Kurland und Liefland ... Strassb. [Königsb.] 1795. V: *Liebeskind, Johann Heinrich.* (Fiker) (Ky) (EngG) (MGT) (R-N) (Wr) (BrMm) (Cat. d. Stadtbibl. Zürich. Zürich 1864—97.)

— von e. Reise durch e. Theil v. Deutschland, Preußen, Kurland u. Liefland während d. Aufenthalts in Mainz u. der Unruhen in Polen, (v. Jh. H. Liebeskind). 8. Straßb. 795. (Nicolovius in Königsb.) 1 ℳ 4 gr

— aus Spanien. 8. Aarau 810. Sauerländer. 1 ℳ

— aus d. Verfassungsgeschichte d. Herzogth. Schleswig u. Holstein. 8. Bremen 816. Heyse. 6 gr

Rückersdorf [Schlagwort]

Rückersdorf, s.: Sachsen. Karte, Messtischblätter.

Ruckersfelder, Abr. Fr.

— Compend. theologiae natural. Libri II. 8. Bremen, Förster. 770.

— s. J. Macknight, Commentar.

— observationes exegetico-philologico-criticae. 8. Bremen, Cramer.

— philosophiae de religione rationali libri II, sive theologia naturalis. 8. Bremen 770. Förster. 12 gl

— Prüfung u. Widerlegung des Wolfenbüttelschen Fragments wider die Geschichte d. Auferstehung Jesu Christi; hrsgg. v. Jh. Hnr. Pratje l. 8. Bremen 780. Förster. 4 gl

Ruckersfelder, Abr. Fr., († d. 15. Oct. 1799.) sylloge commentationum et observation. philolog. exeget. et crit. Fasc. I. 8maj. Bremen 762. Förster. 1 ℔ 12 gl

Ruckert, Alfred, aus Cassel: Phlebitis syphilitica. *Berlin (1899): G. Schade.* (38 S.) 8°
Berlin, Med. Diss. v. 5. Mai 1899

Ruckert, Alois Jos., Beispielsammlung über die gleich und ähnlich lautenden Wörter sowie über Wörter mit schwier., eigenthüml. Lautbezeichnung und über die gebräuchlichsten Fremdwörter. Alphabetisch zusammengestellt und bearb. nach den bestehenden Lehrordnungen für die Oberklassen der Volks- und Unterklasse höherer Schulen. 16. (43 S.) Schweinfurt 874, Stoer. * — 35

Ruckert's, Alois Jos., Briefsteller für den Bürger und Landmann. Enth. Briefe aus dem Leben, Geschäftsaufsätze, Quittungen, Scheine, Zeugnisse u. dgl. nebst einer faßl. Anleitung zum Briefschreiben. 3 Lfgn. 8. Würzburg 874, Keller. [1. Lfg. (S. 1—48.) 35 Pf.; 2. Lfg. (S. 49—96.) 35 Pf.; 3. Lfg. (S. 97—128.) 25 Pf.]

—— dass. — 2. Aufl. 8. (128 S.) Ebendas. 874. geb.

Ruckert's, Alois Jos., Briefsteller für den Bürger und Landmann. Enth. Briefe aus dem Leben, Geschäftsaufsätze, Quittungen, Scheine, Zeugnisse u. dgl., nebst einer faßl. Anweisung zum Briefschreiben. 3.—5. Aufl. 8. (128 S.) [Würzburg 874—76.] München, Keller. 75 Pf.; geb.

Ruckert's, Alois Jos., Briefsteller für den Bürger und Landmann. 5. Aufl. 8. Würzburg 876. Nürnberg, Korn'sche Buchh. geb. 1 —

— Briefsteller f. Volks- u. Fortbildungs-Schulen. Anleitung zum richt. Briefschreiben m. mehr als 200 ausgearbeiteten Briefen u. Geschäftsaufsätzen. 8. (128 S.) Ebend. 875. — 75; geb. 1. —

Ruckert, Alois Jos., Erläuterungen zu Alois Jos. Ruckerts kurzer bibl. Geschichte. Im Anschlusse an d. gebräuchl. kleinen Katechismen z. grundleg. Religionsunterricht in kathol. Volksschulen f. d. Hand d. Lehrers hrsg. gr. 8. (XII, 263 S.) Würzburg 898. F. X. Bucher. n. 3. 60

—— Fremdwörterbüchlein für Schule und Haus. 5. Aufl. 1874. 15 Pf., und 6. Aufl. Nach hohen Verordnungen bearb. 16. (24 S.) Schweinfurt 875, Stoer. *

Ruckert's, Alois Jos., Fremdwörter-Büchlein für Schule und Haus. 7. umgearb. und verb. Aufl. gr. 16. (34 S.) [Schweinfurt 879, Stoer.] Nürnberg, Korn'sche Buchh. * — 15

Ruckert's, Alois Jos., Fremdwörter-Büchlein für Schule und Haus. 8. umgearb. und verb. Aufl. gr. 16. (34 S.) Nürnberg 882, Korn'sche Buchh. * — 15

— Fremdwörterbüchlein f. Volksschulen u. Landleute. 3. Aufl. Enth. die im Munde d. Volkes gebräuchlichsten Fremdwörter. 16. (24 S.) Ebend. 873. — 15

—— kurze Geographie von Unterfranken für Volksschulen. 2. Aufl. kl. 8. (16 S. mit 1 Kärtchen.) Würzburg 886, Bucher.

Ruckert, Alois Jos., kurze Geographie v. Unterfranken f. Volksschulen. Mit 2 Kärtchen u. e. Anh. 3., verm. Aufl. 8. (23 S.) Würzburg 890. Bucher. n. — 20

Ruckert, Alois Jos. Kurze Geographie v. Unterfranken f. Volksschulen. Mit 2 Kärtchen u. e. Anh. 3. verm. Aufl. 8. (23 S.) Würzb. 891, Bucher Verlag. * — 20

Ruckert, Alois Jos., Biblische Geschichte des Alten u. Neuen Testaments für katholische Schulen. Unter Mitwirkg. hervorrag. Schulmänner geistl. u. weltl. Standes bearb. (Ausg. f. Mittel- u. Oberklassen.) 2 Tle in 1 Bd. 8. (112 u. 128 S. m. 45 Abbildgn. u. 2 Kärtchen.) Würzburg 901. F. X. Bucher. Geb. in Leinw. n.n. — 90

Ruckert, Aloys Jos., biblische Geschichte des Alten u. Neuen Testaments f. katholische Schulen. (Größere Ausg.) Unter Mitwirkg. hervorrag. Schulmänner geistl. u. weltl. Standes bearb. 5. Aufl. 2 Tle. in 1 Bd. (109 u. 130 S. m. 54 Abbildgn. u. 2 Kärtchen.) 8. Würzburg 905. F. X. Bucher. Geb. n.n. — 90

— kurze biblische Geschichte des Alten u. Neuen Testaments f. die unteren Klassen der katholischen Volksschule. Mit e. Vorworte von Jos. v. Schork. 17. verm. u. illustr. Aufl. 8. (48 S.) Ebd. 901. Kart. n.n. — 26

— kurze biblische Geschichte des Alten u. Neuen Testaments f. die unteren Klassen der katholischen Volksschule. Mit e. Vorworte von Jos. v. Schork. 19., nach der neuen Rechtschreibg. gesichtete illustr. Aufl. (48 S.) 8. Ebd. 905. Kart. n.n. — 25

Ruckert, Aloys Jos., kurze biblische Geschichte des Alten u. Neuen Testaments f. die unteren Klassen der kathol. Volksschule. Mit e. Vorwort des Jos. v. Schork. 27.—28. illustr. Aufl. (48 S.) 8. Würzburg 910. F. X. Bucher. Geb. nn — 25

Ruckert, Alois Jos., kurze biblische Geschichten d. alten u. neuen Testaments f. katholische Kinder. 8. (III, 32 S.) Würzburg 891. Bucher. n. — 20

—— Kurze biblische Geschichten d. alten u. neuen Testaments f. katholische Kinder. 8. (III, 32 S.) Ebd. 892. * — 20

— lustige Geschichten aus Franken. Illustr. v. Ferd. Brod, P. Würth u. a. 8. (207 S.) Stuttgart 895. A. Bonz & Co. n. 2. 50; geb. in Leinw. n.n. 3. 50

— u. Jak. Weisenberger, kurze Heimatkunde v. Unterfranken. M. e. Anh.: Das Maingebiet. gr. 8. (32 S. m. Abb., 1 eingedr. u. 1 farb. Karte.) Würzburg 896. F. X. Bucher. n.n. — 35

— u. Jak. Weisenberger, kurze Heimatkunde v. Unterfranken. Mit vielen Illustr., 2 Karten u. e. Anh.: Das Maingebiet. 3. verb. u. erweit. Aufl. gr. 8. (34 S.) Würzburg (900). F. X. Bucher. Kart. n.n. — 36

— u. Jak. Weisenberger, kurze Heimatkunde v. Unterfranken. Mit vielen Illustr., 2 Karten u. e. Anh.: Das Maingebiet. 4. Aufl. (34 S.) 8. Würzburg (904). F. X. Bucher. Kart. n.n. — 35

— Jungbrunnen. Goldener Humor aus liebem Kindermunde f. Eltern, Lehrer u. Kinderfreunde. Gesammelt u. hrsg. (VII, 169 S.) kl. 8. Paderborn (907). F. Schöningh. 1.40

— Kurzweil. Schnurrige Gedichte u. Geschichten in unterfränk. Mundart. 8. (VIII, 117 S.) Stuttgart 901. A. Bonz & Co. n. 1.20; geb. in Leinw. n. 2.20

—— Lachtäuwli. Gedichte in unterfränk. Mundart. [Der „Toganachtsveichali" 2. Bd.] gr. 8. (XIV, 97 S.) Maibach bei Schweinfurt 881. (Schweinfurt, Stöhr.) * 1 20

—— dass. — 2. verm. Aufl. gr. 8. (XIV, 97 S.) Würzburg 883, Stuber's Verlagsh. * 1 20

Ruckert, Alois Jos. Lachtäuwli. 2. Aufl. (Der Toganachtsveichali 2. Bd.) gr. 8. Würzb. 883. Stuttg., Bonz u. Comp. * 1 20; geb. * 2 —

—— Lernheft f. deutsche Steilschrift. 4. (16 S.) Ebd. 892. ** — 15

—— dass. — f. lateinische Steilschrift. 4. (16 S.) Ebd. 892. ** — 15

— Magister jovialis. Auslese der vortrefflichsten, heiteren Anekdoten in Prosa u. Versen aus dem Schul- u. Lehrerleben. 1. Bd. Ein Unterhaltungsbuch f. Lehrer u. Erzieher, sowie auch f. jeden Freund der Schule u. echt witz. Lektüre. gr. 8. (VI, 152 S.) Würzburg 873. Stuber. n. 1.20

—— Magister jovialis. Auslese der vortrefflichsten heiteren Anekdoten in Prosa und Versen aus dem Schul- und Lehrerleben. Ein Unterhaltungsbuch für Lehrer und Erzieher, sowie auch für jeden Freund der Schule und echt witziger Lektüre. 2. Bd. (VIII, 156 S.) [Würzburg 878.] München, Keller. * 1 20
1. Bd. [Würzburg 878, Stuber.] München, Keller. *ℳ 1.20.

— unterfränkische Mundart. Beiträge zu e. Sammlg. von Ausdrücken, Redensarten u. Sprichwörtern in unterfränk. Mundart. gr. 8. (204 S.) Würzburg (901). F. X. Bucher. n. 1.60

— illustrirte Naturgeschichte d. Thier-, Pflanzen- u. Mineralreiches nebst Menschenkunde f. Volks- u. Fortbildungsschulen. Mit 48 nach der Natur u. den besten Originalien gezeichneten Abbildgn. in naturgetreuem Colorit (auf 4 Steintaf.), mehreren (eingedr.) Holzschn. u. e. ausführl. Register. 8. (IV, 95 S.) Würzburg 875. Keller. n. 1. —

Ruckert, Alois Jos., nur gemüatli! Neue Gedichte in unterfränk. Mundart. gr. 8. (114 S.) Würzburg 887. Stuber's Verl. n. 1.20; auf feinerem Pap. geb. n. 2.50

— Rechenbuch f. d. Volksschule, s.: Küffner, Ed.

—— die neue Rechtschreibung für die Hand der Schüler zusammengestellt. 8. (4 S.) Schweinfurt 880, (Stöhr.) ** — 5

—— 1300 Sätze über gleich und ähnlich lautende Wörter, zumeist aus Classikern. Zum Gebrauche für Volks- und höhere Schulen. 3. gänzlich umgearb. Aufl. 8. (57 S.) [Schweinfurt 877, Stoer.] Nürnberg, Korn'sche Buchh. * — 80

—— 1300 Sätze über gleich und ähnlich lautende Wörter, zumeist aus Classikern. Zum Gebrauche für Volks- und höhere Schulen. 4. Aufl. 8. (57 S.) Nürnberg 877, Korn'sche Buchh. * — 80

—— Die Steilschrift d. deutschen u. lateinischen Alphabets und der Ziffern. Bearb. nach pädagogisch-hygien. Grundsätzen, m. method. Anleitg. zum Takt- u. Schnellschreiben f. Schulen u. zum Selbstunterrichte behufs Aneigng. e. schönen, deutl. Handschrift. gr. 8. (144 S. m. 305 eingedr. Formen.) Würzb. 892, Staudinger. * 3 —

—— Toganachtsveichali. Lustia und arnsta Gabichter nach frankisch'n Garäib. 1.—3. Aufl. 8. (96 S.) Maibach bei Schweinfurt 879,80. (Schweinfurt, Stöhr.) * 1 —

—— dass. — 4.—6. Aufl. gr. 8. (98 S.) Würzburg 881—83, Stuber's Verlagsh. * 1 10

— Toganachtsveichali. Lustia u. arnsta Gedichter nach fränkisch'n Geräib. 7., verm. Aufl. 8. (102 S.) Stuttgart 892. A. Bonz & Co. n. 1.10; geb. in Leinw. n. 2. —

— Vorbereitungsbuch f. die Aufnahme-Prüfung in die I. Klasse d. Gymnasiums u. der Realschule. Wiederholungen u. Ergänzgn. aus der deutschen Sprach- u. Rechtschreiblehre u. dem Rechnen. Nach den neuen Vorschriften u. d. neuesten Orthographie v. 1902 auf Grundlage von Aufgaben bei den Aufnahme-Prüfgn. bayer. Gymnasien u. Realschulen f. die Hand des Lehrers u. d. Schüler eingerichtet. gr. 8. (VII, 47 S. m. 1 Schrifttaf.) Würzburg 903. Stahel's Verl. n. — 90

— schlichte Weisen. Gedichte. 12. (VIII, 128 S.) Leipzig 886. Brauns. n. 1.60; geb. m. Goldschn. 2.50

— üb. das Wesen u. die Ziele der senkrechten Steilschrift. Offener Brief an e. Lehrer. Nicht minder lesenswert f. Eltern, Aerzte u. alle, denen das Wohl unserer Jugend am Herzen liegt. gr. 8. (27 S. m. Abbildgn.) Würzburg 893. J. Staudinger. n. — 40

Ruckert, C. H. E., Erläuter. d. Kästner. Anfangsgr. d. mech. u. d. opt. Wissensch. m. K. 8. Leipzig, Schwickert. 795.

Ruckert, Edward [approb. Arzt aus Grebenstein]: Ueber die Nachtheile zu schnellen Spontanaustritts der Placenta .... Marburg, Univ.-Buchdr. (R. Friedrich), 1886; 13 S. 8°.
Marburg, Med. Fak., Inaug.-Diss. v. 28. Jan. 1886.

Ruckert, Edward, über die Nachtheile zu schnellen Spontanaustritts der Placenta. Diss. Marburg 1886, N. G. Elwertsche Univ.-Buchh. 8°. 13 S.

Ruckert, G. C. A., s. Rückert, Geo. Chr. Albr.

Ruckert, J., s. Rückert, Jos.

Mich. Ruckert Analekten zur Geschichte des fränkischen Medicinalwesens. Würzburg 1840. 8. (De balneo olim usitato: Wildbad Castell am Steigerwaldgebirge; leges tempore pestis a. 1611 et quaedam ad historiam pestis et syphilidis in Franconia; cfr. Correspondenzblatt für bayersche Aerzte 1840. N. 17. sq.)

Ruckert, Reinhard, Assistenzarzt im 1. Ob.-Elsäss. Inf.-Reg. No 167, Cassel: Zur Kenntnis der Knochentumoren und der dabei vorkommenden Spontanfrakturen. *Göttingen 1904: L. Hofer.* (26 S.) 8°
Göttingen, Med. Diss. v. [25. Febr.] 1904

Ruckert, Rhard., zur Kenntniss der Knochentumoren u. der dabei vorkommenden Spontanfrakturen. Diss. (26 S.) 8. Göttingen 904. (Vandenhoeck & Ruprecht). n. — 80

Ruckert, W., die einfache u. doppelte italienische Buchführung m. Monats- u. Generalabschluß. Brieflicher Unterricht gr. 4. (60 S.) Nebst Leitfaden f. den Unterricht. gr. 8. (24 S.) Essen 888. Leipzig, E. Boltening. In Mappe. n. 12. —

Ruckert, Frau Wilh., jede Frau ihre eigene Schneiderin! Anleitung zur leichten u. gründl. Erlerng. der gesamten Damen-, Kinder- u. Wäsche-Schneiderei in Theorie u. Praxis. Einfachstes, v. Jedermann ohne Vorkenntnisse u. ohne mündl. Unterricht sehr leicht erlernbares Zuschneidesystem. Bearb. auf Grund 30jähr. prakt. Tätigkeit. 2. Aufl. (638 S. m. Fig., Bildnis, 1 Tab. u. 5 Schnittbog.) Lex.-8. Berlin (905). E. Herrmann.
Geb. in Leinw. n. 15.—

— die moderne Schneiderin. Lehrbriefe der gesamten Damen- u. Wäscheschneiderei. 6 Abtlgn. m. 325 Modellzeichngn. u. 4 bunten Modentaf., nebst e. Modellmappe, enth. 16 zusammenstellbare Modelle. Hrsg. auf Grund 30jähr. prakt. Thätigkeit. (VI, 264 S.) gr. 4. Ebd. (904).
Geb. in Leinw. n. 12.—

— die moderne Zuschneidekunst. Lehrbriefe zum gründl. Selbstunterricht in der gesamten Damen- u. Wäscheschneiderei, einschließlich Konfektion, Sport-, Mädchen- u. Knabengarderobe. Leichtfaßliche Anleitg. zur Zeichng. der Modelle, zum richt. Maaßnehmen, prakt. Zuschneiden, Modellieren, Drapieren u. Garnieren. Vorträge üb. Aesthetik u. Farbenharmonie. Mit 325 Modellzeichngn. (nie veralt. Grundaufstellgn.). (257 S.) gr. 4. Köln (a/R., Brandenburgerstr. 1), (903). W. Ruckert.
In Mappe n. 10.—

Rückert, Friedrich. Erinnerungen eines jüngern Freundes: Augsb. Allg. Ztg. 1873, Nr. 39 f. V: *Meyer, F. K.* Vgl. Euphorion 25 (1924), S. 424. (DARP)

Rückert, Friedr., Erinnerungen an ihn, s. Lagarde, P. de.

— u. Jos. Kopp, s.: Reuter, F.

— Lebensbild, s. Fischer, Konr.

— Lebens- u. Charakterbild, s.: Beyer, C.

Rückert, Frdr., u. das Regentenhaus v. S. Coburg-Gotha, s.: Beyer, C.

Rückert, Friedr., Vortrag üb. ihn, s.: Suphan, B.

Rückert, stumme Elementar-Wandkarte von Deutschland. 1:1,000,000. 6 Bl. Lithogr. und color. qu. gr. Fol. Berlin 885, D. Reimer. *
Auf Leinw. in Mappe * ℳ 11.—; mit Stäben *

Rückert, der Pentateuch im Lichte der neueren Forschung m. besond. Beziehung auf den Seminarunterricht, s.: Beiträge zur Lehrerbildung. 41. Heft.

Rückert, Verfassung des norddeutschen Bundes nach Entstehen u. Inhalt. Hildburghausen 867. Bibliographisches Institut. Lex.-8. (38 S.) n. 7 ngr.

Rückert, C., s. Rückert, Karl

Rückert, C. F., s. Rückert, Ernst Ferdinand

Rückert, Carl, s. Rückert, Karl

Rückert, Chr. Ehrenfr.

— Beschreib. v. d. Beschaffenheit, Nutzen u. Gebrauch d. mineral. Gesundbrunnens von Liegnitz. 4. ... 755.

Rückert, Chr. Ehrenfr., († ...) Früchte d. Einsamkeit, bestehend in phys.-medicin. Zeitverkürzung. 6 Stücke. 8. Bresl. 775, 76. W. G. Korn. 12 gr.

Rückert, E., s.a. Rückert, Ernst Ferdinand

Rückert, E., die Pfahlbauten u. Völkerschaften Osteuropa's, besonders der Donaufürstenthümer. Mit 1 Lith. Würzburg 869. Stuber. gr. 8. (VI, 76 S.) n. 15 ngr.

Rückert, E.: Der deutsche Civil- u. Straf-Proceß nach den Reichsjustiz-Gesetzen summarisch dargest. Meiningen 1878.

Rückert, Emil, Oberon u. Mons u. d. Pipine v. Nivella. Untersuchn. üb. d. Ursprung d. Nibelungensage. gr. 8. (8¼ B.) Leipzig 836, Weidmann'sche Buchh.

Rückert, Emil, Troja's Ursprung, Blüthe, Untergang u. Wiedergeburt in Latium. Eine mythologische, chronolog. u. ethnographische Untersuchung der trojanisch-römischen Stammsage. gr. 8. (22½ B.) Hamburg 846, Fr. u. Andr. Perthes. *

Rückert, Emil, Altensteins u. Liebensteins Vorzeit. Mit einem alten (lith.) Bilde der Burg u. einem (lith.) Situationsplane des Parks von Altenstein. 12. (162 S.) Hildburghausen 852. (F. Kesselring) n. 17 ngr.

Rückert, Ernst Ferdinand

— Beschreibung der am häufigsten wildwachsenden u. kultivirten phanerogamen Gewächse, Farrnkräuter, so wie einiger offizinellen Moose u. Schwämme Sachsens u. der angränz. preuß. Provinzen, mit Angabe ihrer nützl. u. schädl. Eigenschaften. Für Freunde der Botanik, Schullehrer u. Oekonomen bearbeit. 2 Thle. 8. Leipzig 840. Gravem. 2½ ℛ

Rückert, Ernst Ferd., Beschreibung der am häufigsten wildwachs. u. kultivirten phanerogamen Gewächse, Farrnkräuter, so wie einiger offizinellen Moose u. Schwämme Sachsens u. d. angränz. preuß. Provinzen, mit Angabe ihrer nützl. u. schädl. Eigenschaften. 2 Thle. 8. (38¾ B.) Leipzig 840, [Friedlein u. Hirsch.]

Rückert E. F.: Beschreibung d. Krankheiten d. Rindviehes, d. Schafe, Schweine, Ziegen u. Hunde, nebst Anleit. zu deren Heilung sowohl nach allöopath., wie nach homöopath. Grundsätzen . . . Leipz. 1841. 311 S.

— Beschreibung der Krankheiten des Rindviehes, der Schafe, Schweine, Ziegen u. Hunde, nebst Anleitung zu deren Heilung sowohl nach allöopathischen, wie nach homöopath. Grundsätzen. Bearbeitet für Oekonomen u. Gutsbesitzer. gr. 8. Leipzig 841. Gravem. 1¼ ℛ

—— Beschreibung d. Krankheiten d. Rindviehes, d. Schafe, Schweine, Ziegen u. Hunde, nebst Anleit. zu deren Heil. sowohl nach allöopath., wie n. homöopath. Grundsätzen. gr. 8. (20¼ B.) Leipzig 841, [Friedlein u. Hirsch.]

Rückert, Er. Fd., systemat. Darstellung aller bis jetzt gekannten homöopath. Arzneien, mit Inbegriff der antipsorischen, in ihren reinen Wirkk. auf d. gesunden menschl. Körper. 2 Bde. gr. 8. Leipz. 830 u. 31. Schumann. 7 ℛ 12 gr. 3r Bd. Als Nachtrag. gr. 8. Ebd. 832. 1 ℛ 12 gr.

Rückert, Ernst Ferd., systemat. Darstellung aller bis jetzt gekannt. homöopath. Arzneien, mit Inbegriff der antipsor., in ihr. reinen Wirkungen auf d. gesunden menschl. Körper. 3 Bde. 1. Aufl. (82¾ B.) 830—32. 9 Thlr., 2., umgearb. u. verm. A. 2 Bde. (100¾ B.) gr. 8. Leipzig 835, Schumann.

Rückert, E., der Dienst der Athena, nach sein. örtl. Verhältnissen dargest. gr. 8. (12½ B.) Hildburghausen 829, (Kesselring.)

Rückert E. F.: Die Erkenntniss u. Heilung d. wichtigsten Krankheiten d. Pferdes nach homöopathischen Grundsätzen bearb. Meiss. 1839. 279 S. 1 Tvl.

Rückert, Ernst Ferd., die Erkenntniß u. Heilung d. wichtigsten Krankheiten d. Pferdes, nach homöopath. Grundsätzen bearb. gr. 8. (18 B. u. 1 Stnt.) Meißen 839, Klinkicht u. Sohn. Thlr.

Rückert, Ernst Ferd., Flora von Sachsen, ein pract. u. bequemer Wegweiser auf heimatl. botan. Excursionen durch die Pflanzenwelt des Königr. Sachsen, der sächs. Herzogthümer u. sächs. Grenzprovinzen. 2 Thle. 8. (38⅝ B.) Grimma 844, Verlags-Comptoir. *

Rückert, E. F., Flora von Sachsen, ein pract. und bequemer Wegweiser auf heimathl. botan. Excursionen durch die Pflanzenwelt des Königr. Sachsen, der sächs. Herzogth. und sächs. Grenzprovinzen für unstudirte Freunde vaterländ. Pflanzenkunde, d. i. einfache und deutliche Beschreibung sämmtlicher, im Königreich Sachsen rc. wildwachsender Pflanzen rc. zum Handgebrauch und Selbstunterricht beim Botanisiren. 2 Thle. (Neue Titel-Ausg.) 8. (VIII und 609 S.) Grimma 850. [Wurzen,] Verlags-Comptoir.

— Grundzüge einer künftigen speciellen homöopath. Therapie, od. kurze Angaben gelungener homöopath. Heilungen u. prakt. Notizen, gesammelt aus den wichtigsten Zeitschriften der neuen Heillehre. gr. 8. Leipzig 837. Andrä. 2¾ ℳ Velinp. 3 ℳ

—— Grundzüge e. künft. speciellen homöopath. Therapie, od. kurze Angaben gelungener homöop. Heilungen u. prakt. Notizen, gesammelt aus d. wichtigsten Zeitschriften d. neuen Heillehre. 1. Aufl. 837. 2¾ Thlr., u. wohlf. Ausg. gr. 8. (à 33⅓ B.) Leipzig 841, Hunger.

Rückert's, E. F., Handbuch der Thierheilkunde nach homöopathischen Grundsätzen. Eine deutliche Anleitung, die Krankheiten der Pferde, Rinder, Schafe rc. sicher zu erkennen u. schnell durch Anwendung der Homöopathie zu heilen. 2., sorgfältig durchgesehene u. mit den neuesten Erfahrungen verm. Aufl. Mit 1 Abbildung (in Holzschn.). Leipzig 864. Wilfferodt. 8. (XVI, 186 S.) n. 22 ngr.

— — Handbuch d. Tierheilkunde nach homöopathischen Grundsätzen. (III.) Mit 1 Abbildung. Leipzig 73. Schwabe.

Rückert, E. F., Handbuch der Thierheilkunde nach homöopathischen Grundsätzen. Eine deutl. Anleitg., die Krankheiten der Pferde, Rinder, Schafe rc. sicher zu erkennen u. schnell durch Anwendg. der Homöopathie zu heilen. 3., sorgfältig durchgeseh. u. m. den neuesten Erfahrgn. verm. Aufl. Mit e. Abbildg. (Holzschntaf.) gr. 8. (XVI, 186 S.) Leipzig 873. Wilfferodt. n. 2. —

—— die Hautkrankheiten, od. systemat. Darstell. d. verschied. Ausschläge nach ihrer Form, nach d. begleit. Empfindungen, u. nach d. Theilen, woran sie erscheinen, bearb. auf homöopath. Weise. gr. 12. (9 B.) Leipzig 833, [Künzel.] 18 Gr., Vlnp.

— s. Jeanes, J., Erfahrungen im Gebiete der Homöopathie.

—— kurze Uebersicht d. Wirkungen homöopath. Arzneien auf den menschl. Körper, mit Hinweis. auf deren Anwendung in verschied. Krankheitsformen. 2 Bde. 1. Aufl. (48½ B.) 831, 32., 2., verm. A. (50 B.) gr. 8. Leipzig 834, 35, [Künzel.] à Aufl. 4 Thlr., hrbgf. Pr.

— kurze Uebersicht d. Wirkungen homöopath. Arzneien auf den menschl. Körper, mit Hinweis. auf deren Anwendung in verschied. Krankheitsformen. 1r u. 2r Bd. gr. 8. Leipz. 831, 32. Schumann. 4 ℳ

— kurze Uebersicht der Wirkungen homöopathischer Arzneien auf den menschl. Körper, mit Hinweisung auf deren Anwendung in verschied. Krankheits-Formen. 2 Bde. 2e verm. Aufl. gr. 8. Leipzig 834, 35. Schumann. 4 ℳ

—— die Wirkungen homöopath. Arzneien unt. gewissen Bedingungen, tabellarisch dargest. gr. 8. (11 B.) Leipzig 833, [Künzel.]

Rückert, Friedrich

Rückert, Fr., Amaryllis. Ein ländl. Gedicht, geschrieben 1812. gr. 8. Frankf. a. M. 825. Wesché. 6 gr

— s. Blätter, Bunte, aus Natur und Leben.

Rückert, Friedr., sieben Bücher morgenländ. Sagen u. Geschichten. 2 Thle. 8. (38½ B.) Stuttgart 837, S. G. Liesching.

Rückert, Frdr., Christofero Colombo, s.a. Burchard, Gust., Christoph Columbus.

Rückert, Friedr., Christofero Colombo oder die Entdeckung der neuen Welt. Geschichtsdrama in 3 Theilen. 12. (26 B.) Frankfurt a. M. 845., Sauerländer's Verl. *

— epische Dichtungen. Hrsg. von Conr. Beyer. Die Verwandlungen des Abu Seid u. Serug od. die Makamen des Hariri. — Volkssagen. — Kindermärchen. — Nal u. Damajanti. — Sawitri. — Hidimba. — Rostem u. Suhrab. 12. (532 S.) Leipzig (900). M. Hesse. Geb. in Leinw. 1. 20

— aus Saadis Diwan. Auf Grund d. Nachlasses hrsg. v. E. A. Bayer. 12. (XIV, 172 S.) Berlin 893. H. Lüstenöder. n. 3. —

— aus Saadis Diwan. Auf Grund d. Nachlasses hrsg. v. E. A. Bayer. Neue [Titel-] Ausg. 12. (XIV, 172 S.) Leipzig (893) 896. A. Warnecke. n. 1. 60; geb. 2. 50

— zwei Droh- u. Spottlieder, s. Zöllner, Karl.

—— Erbauliches u. Beschauliches aus d. Morgenland. 2 Bdchn. 16. Berlin, Bethge. [1. 1. Aufl. (10 B.) 837. u. 2. A. (11 B.) 839., 2. (10⅛ B.) 838. à * ⅔ Thlr.] *

—— brahmanische Erzählungen (Gedichte). gr. 12. (19 B.) Leipzig 839, Weidmann'sche Buchh.

— s.: Firdosi's Königsbuch (Schahname).

— s. Frauentaschenbuch.

– Gedichte

— dasselbe, s.a. Bibliothek d. Gesammtlitteratur des In- u. Auslandes.

Rückert's, Frdr., Gedichte, hrsg. v. Hugo Schladebach, s.a. Schulausgaben, deutsche.

– Dass., s.a. Universal - Bibliothek.

—— Gedichte. (Auswahl d. Verf.) gr. 12. (31½ B., Bildn. u. Facs. d. Verf.) Frankfurt a. M. 841, [Sauerländer's Verl.] * 1¾ Thlr., fein geb. *

Rückert, F.: Gedichte. Neue Aufl. Frankfurt a. M. 1843. 728 S.

—— Gedichte. (Auswahl des Verfassers.) Neue Aufl. gr. 12. (31 B., R's. Bildn. u. Facsim.) Frankfurt a. M. 843, Sauerländer's Verl. * 1 Thlr. 22½ Ngr.; in Sarsinet geb. *

—— Gedichte. Auswahl des Verf. (Miniatur-Ausg.) 2 Thle. 16. (46¼ B. u. 2 Stahlst.) Frankfurt a. M. 846, Sauerländer's Verl. In Leinw. geb. mit Goldschn.

Rückert, Frdr., Gedichte. Mit dem Bildniß u. Facsimile des Verf. Neue Aufl. gr. 12. (XII u. 635 S.) Frankfurt a. M. 847, Sauerländer. n. 1¾ Thlr

—— Gedichte. Auswahl des Verfassers. 2 Thle. 16. (XVI und 581 S. mit 2 Stahlst.) Frankfurt a. M. 851, Sauerländer's Verlag.

Rückert, Friedr., Gedichte. Auswahl des Verf. 2 Thle. 11. Aufl. Frankfurt a. M. 858. Sauerländer's Verlag. 16. (VIII, 264; VIII, 317 S. u. 2 Stahlst.) 2 Thlr. 18 ngr.

Rückert, Frdr., Gedichte. Auswahl des Verf. 12. Aufl. Mit dem Bildniß u. Facsimile des Verf. (in Stahlst.) Frankfurt a. M. 860. Sauerländer's Verlag. 8. (VIII, 636 S.) n. 1 Thlr 22½ ngr.

— — Auswahl des Verfassers. 2 Theile. 13. Aufl. (Miniatur-Ausg.) Ebend. 864. 16. (XV, 581 S. u. 2 Stahlst.) 2 Thlr 18 ngr.

— Gedichte. Auswahl des Verf. 2 Thle. 14. Aufl. Frankfurt a. M. 865. Sauerländer's Verl. 8. (VIII, 622 S. mit dem phot. Bildniß u. Facs. des Verf.) n. 1 Thlr 22½ ngr.

Rückert's, Friedr., Gedichte. Auswahl des Verf. 2 Thle. 15. Aufl. Frankfurt a. M. 868. Sauerländer's Verlag. 8. (VIII, 622 S. mit dem Portr. des Verf. in Stahlst.) n. 1 Thlr 22½ ngr.

Rückert, Friedr., Gedichte. Auswahl des Verf. 2 Thle. 16. Aufl. 16. (VII, 264; VIII, 317 S., mit 2 Stahlst.) Frankfurt a. M. 870, Sauerländer's Verlag. geb. mit Goldschn.

Rückert, Frdr., Gedichte. Auswahl d. Verf. 17. Aufl. Mit dem Bildniß d. Verf. (in Stahlst.) 8. (VIII, 622 S.) Frankfurt a. M. 872. Sauerländer. n. 5. 25

— dasselbe. 18. Aufl. Mit dem Bildniß d. Verf. (in Stahlst.) 8. (VIII, 620 S.) Ebend. 875. n. 6. —

— dasselbe. 2 Thle. in 1 Bde. 19. Aufl. 16. (VII, 295 u. VIII, 280 S. m. 2 Stahlst.) Ebend. 876. geb. m. Goldschn. 8. —

— Gedichte. Auswahl des Verf. 20. Aufl. Mit dem (phototyp.) Bildniß des Verf. 8. (VIII, 620 S.) Ebend. 879. n. 6. —

—— Gedichte. Auswahl des Verf. Mit Zugaben. 21. Aufl. Mit dem (Lichtdr.-)Bildnis des Verf. 8. (VIII, 636 S.) Frankfurt a. M. 884, Sauerländer's Verlag. * 5 —

Rückert, Friedr., Gedichte. Neue Auswahl. 22. Aufl. Min.-Ausg. gr. 16. (XI, 575 S. mit Lichtdr.-Portr.) Frankfurt a. M. 886, Sauerländer's Verlag. geb. mit Goldschn. *

— Gedichte. In neuer Auswahl. 23. Aufl. Mit dem Bildnis d. Verf. (in Lichtdr.). 8. (VIII, 647 S.) Frankfurt a/M. 892. J. D. Sauerländer. n. 5. —

— dasselbe. (Auswahl.) Für d. Schulgebrauch hrsg. v. Herm. Fietkau. 2 Bde. 12. Leipzig 896. G. Freytag. Geb. n. 1. 50
1. Gedichte deutscher Art. (188 S.) n. — 80
2. Aus d. Morgenlande. (135 S.) n. — 70

Rückert, Friedrich, Gedichte. (Auswahl.) Für den Schulgebrauch herausgegeben von Dr. Hermann Fietkau. I. Band. Gedichte deutscher Art. 8. (188 S.) Geb. —.40
— — II. Band. Aus dem Morgenlande. 8. (135 S.) Geb. —.35
Prag: Tempsky 1896.

— dasselbe, hrsg. v. B. Hubert, s. a. Velhagen & Klasing's Sammlg. deutscher Schulausgaben.

[F.] (Friedrich) Rückerts Gedichte. Auswahl. F. d. Schulgebr. hrsg. v. Dr. B. Hubert. *Bielefeld & Leipzig: Velhagen & Klasing 1897.* (XVI, 180 S.) 1 Bd 8.
= Sammlung, Velhagen & Klasings, Deutscher Schulausgaben. Lfg 77. 197. 5918

— Gedichte. Für Haus u. Schule ausgew. u. erläut. v. Bernh. Kuttner. M. e. Lebensabriß u. d. Bildnis des Dichters. 8. (XVI, 216 S.) Frankfurt a/M. 897. J. D. Sauerländer. Geb. in Leinw. n. 1. 50

— dasselbe. In neuer Auswahl. 24. Aufl. Mit e. Lebensabriß u. dem Bildnis des Dichters. 8. (XXVII, 566 S.) Frankfurt a/M. 897. J. D. Sauerländer. Geb. in Leinw. n. 3. —; m. Goldschn. n. 4. —

[F.] Gedichte v. Friedrich Rückert. Auswahl. M. d. Bilde Rückerts u. e. Vorbemerkg v. Dr. Oskar Linke. *Halle a. d. S.: O. Hendel (1897).* (VIII, 193—254 S., 1 Portr.) 1 Bd 8.
= Bibliothek d. Gesamtlitteratur d. In- u. Auslandes. No 1002. 1003.

— dasselbe. 8. (VIII, 884 S.) Leipzig 897. G. J. Göschen. Geb. in Leinw. od. imit. Halbfrz. n. 4. —

— Gedichte. Hrsg. v. Conr. Beyer. Mit 2 faksim. Gedichten u. e. Einleitg.: Friedrich Rückerts Leben u. Bedeutg. Pantheon. — Liebesleben. — Liebesfrühling. — 12. (456 S.) Ebd. (900). Geb. in Leinw. 1. 20

— ausgewählte Gedichte. Erläutert von Ernst Götzinger. gr. 8. (VII, 112 S.) Aarau 877. Sauerländer. n. 1. 60

Rückert, Friedr., †(Freimund Raimar,) gesammelte Gedichte. gr. 8. (28 B.) Erlangen 834, Heyder.

—— gesammelte Gedichte. 6 Bde. gr. 8. Erlangen, Heyder. [1. 2—5. Aufl. (à 31½ B.) 836—40. à 2 Thlr., 2. 1. Aufl. (32 B.) 836., 2. u. 3. A. (à 30 B.) 837, 39, à * 2 Thlr., 3. (33 B.) 837., 4. (28 B.) 837., 5. u. 6. (56½ B.) 838. à * 2 Thlr.] * 12 Thlr., hrbgs. Pr. *
5. u. 6. Bd. a. u. d. T.:
Haus- u. Jahrslieder. 2 Bde. 838.

Rückert, Frdr. Gesammelte Gedichte. Frankfurt 1843. III. H (vermutlich): *Kopp, Josef.* Vgl. Euphorion 25 (1924), S. 429. (DARP)

—— gesammelte Gedichte. 3 Thle. gr. 12. (82 B.) Frankfurt a. M. 843, Sauerländer's Verl. à *

— Gedichte f. d. Jugend, s. Universal-Bibliothek.

— nachgelassene Gedichte, s.: Beyer, C.

Rückert, Frdr., Grammatik, Poetik u. Rhetorik der Perser. Nach dem 7. Bande d. Heft Kolzum dargestellt. Neu hrsg. v. W. Pertsch. gr. 8. (XX, 414 S.) Gotha 874. F. A. Perthes. n. 24. —

– s. Hamâsa, oder die ältesten arab. Volkslieder.

—— Kaiser Heinrich IV. Drama. 2 Thle. gr. 12. Frankfurt a. M. 844, Sauerländer's Verl. à *

Thl. 1. Des Kaisers Krönung. (9¼ B.)
" 2. Des Kaisers Begräbniß. (11 B.)

—— Herodes der Große, in zwei Stücken. gr. 8. Stuttgart 844, S. G. Liesching, Verl. *

Stück 1. Herodes u. Mariamme. (13 B.) * 1 Thlr. 5 Ngr.
" 2. Herodes u. seine Söhne. (11¼ B.) * 1 Thlr.

—— s. Kalidasa, Sakuntala.

(——) s.a. Kampflieder, ein Dutzend, für Schleswig-Holstein.

Ein Dutzend Kampflieder für Schleswig-Holstein von F–r [d. i.: Friedrich **Rückert**]. 2. Aufl. Der Ertrag ist für die Schleswig-Holsteinische Kriegskasse bestimmt. Leipzig 1864. 8°

—— Kindertodtenlieder. Aus seinem Nachlasse. 16. (XVI, 408 S.) Frankfurt a. M. 872, Sauerländer's Verlag. geb. mit Goldschn.

Rückert, Friedrich, s. Klassiker, moderne.

Rückert, Frdr., der Koran, im Auszuge übers. v. F. R., hrsg. v. Aug. Müller. 8. (XII, 551 S.) Frankfurt a/M. 888. Sauerländer. n. 4. —; geb. n. 5. —

— Kranz d. Zeit, od. deutsche Gedichte. 2r Bd. gr. 8. Tübing. 817. v. Cotta. 1 ⁄⁄ 16 g⁄ 1r Bd. s. Fr. Raimar.

—— das Leben der Hadumod, s. Leben.

—— Leben Jesu. Evangelien-Harmonie in gebund. Rede. gr. 8. (17¾ B.) Stuttgart u. Tübingen 839, Cotta'sche Buchh.

— Leid u. Lied. Neue Ausg. 8. (VII, 248 S.) Frankfurt a/M. 881. Sauerländer. n. 4. —; geb. n. 5. 50

– Liebesfrühling

— dasselbe, s.a. Bibliothek d. Gesamtlitteratur d. In- u. Auslandes.

— Liebesfrühling, s.a. Elzevier-Ausgaben, illustr.

— dasselbe, s.a. Handbibliothek, Cotta'sche.

— dasselbe, s.a. Klassiker-Ausgaben, illustr., Minerva.

— dasselbe, s.a. Meyer's Volksbücher.

— dasselbe, s.a. Universal-Bibliothek.

Rückert, Friedr., Liebesfrühling. 8. (27 B. u. 1 Stahlst.) Frankfurt a. M. 844, Sauerländer's Verl. * 1 Thlr. 10 Ngr.; eleg. geb. Thlr. *

— Liebesfrühling. Pracht-Ausgabe. Mit 6 (lith.) Farbendruckblättern, gemalt von Franziska Schulze, ausgeführt von Storch u. Kramer in Berlin, 50 Holzschn. u. Initialen (im Text) nach Adph. Schrödter geschnitten von W. Pfnorr u. Gaber. Frankfurt a. M. (858.) Sauerländer's Verlag. gr. 4. (276 S.) n. 8 ⁄⁄.

—— Liebesfrühling. 3. Aufl. 16. (XVI und 319 S. mit 1 Stahlst.) Frankfurt a. M. 860, Sauerländer's Verlag. geb.

—— dass. — Pracht-Ausg. Mit 6 (lithogr.) Farbendruckblättern, gemalt von Franziska Schulze und 70 Initialen (in Holzschn.) nach Adph. Schrödter. 1. Aufl. 1858. und 2. Aufl. gr. 4. (VII und 268 S.) Ebendas. 861. *
geb. * 10 Thlr.; in Maroquin geb. mit Goldschn. *

—— Liebesfrühling. 5. Aufl. 16. (XVI und 319 S. mit 1 Stahlst.) Frankfurt a. M. 863, Sauerländer's Verlag. geb. mit Goldschn.

Rückert's. Frdr. (geb. 16. Mai 1788 zu Schweinfurt, † auf s. Gute Neusess bei Coburg, 31. Jan. 1866), Liebesfrühling. 6. Aufl. M. Frontisp. Frankf. a. M. 1866. 16°. Eleg. gepr. Orig.-Lwdb. m. G.
XIV–319 S. — Ed. I. ib. 1844. (S.-A. aus Bd. 1 s. gesammelten Gedichte.) 9. Aufl. 1874.

—— dass. — Pracht-Ausg. Mit 6 Farbendruckblättern gemalt von Franziska Schulze und 70 Initialen (Holzschn.) nach Adf. Schrödter. 3. Aufl. gr. 8. (268 S.) Ebendas. 868. cart. *
geb. in Lnwd. mit Goldschn. *
geb. in Leder mit Goldschn. *

—— Liebesfrühling. 8. Aufl. 1871, und 9. Aufl. 16. (XVI, 319 S. mit 1 Stahlst.) Ebendas. 874. geb. mit Goldschn.

— Liebesfrühling. 10. Aufl. 16. (XVI, 319 S. m. 1 Stahlst.) Ebend. 876. geb. m. Goldschn. n. 4. 60

— dasselbe. Pracht-Ausg. Mit 6 Farbendr.-Blättern, gemalt von Franziska Schulze, u. 70 Inititialen nach Schrödter & Klimsch. 4. Aufl. gr. 4. (III, 268 S.) Ebend. 876. cart. n. 25. —; in Cambric m. Goldschn. n. 32. —; in Maroquin m. Goldschn. n. 40. —

—— Liebesfrühling. Min.-Ausg. 11. Aufl. (XVI, 319 S.) 1880; 12. Aufl. 16. (XVI, 335 S.) Ebendas. 883. geb. mit Goldschn. * 4 60

—— Liebesfrühling. Pracht-Ausg. 5. Aufl. gr. 4. (V, 155 S. mit 4 Vollbildern in Lichtdr., gemalt von Herm. Kaulbach, und 80 Initialen nach v. Grundherr, Klimsch u. A.) Ebendas. 887. geb. mit Goldschn. *

— dasselbe. Min.-Ausg. 14. Aufl. 16. (XVI, 327 S. m. 1 Lichtdr.) Ebd. 889. geb. m. Goldschn. n. 4. 60

— Liebesfrühling. 15. Aufl. gr. 16. (XVI, 327 S. m. Titelbild.) Ebd. 891. Geb. m. Goldschn. n. 4. 60

— Liebesfrühling. 16. Aufl. 12. (XVI, 327 S. m. Titelbild.) Frankfurt a/M. 896. J. D. Sauerländer. Geb. in Leinw. m. Goldschn. n. 3. —

— dasselbe. Pracht-Ausg. m. 4 Vollbild., zahlr. Textbild. u. Initialen v. Herm. Kaulbach, A. v. Grundherr, A. Rothaug, G. Schöbel u. A. 6. Aufl. gr. 4. (VII, 127 S.) Ebd. 896. Geb. in Leinw. m. Goldschn. n. 15. —

Friedrich **Rückerts** Liebesfrühling. (Hrsg.: Oskar Linke.) Halle a. d. S.: O. Hendel (1897). (IV, 192 S., 1 Portr.) 1 Bd 8°
(Bibliothek d. Gesamtlitteratur d. In- u. Auslandes. No 1000. 1001.)

[F] [Friedrich] **Rückerts** Liebesfrühling. M. 3 Zeichngn i. Lichtdr. v. A. Zick. *Hannover: Dunkmann [1897].* (VI S., 1 Bl., 90 S., 3 Taf.) 1 Bd 4. [98. 1098 Go

— dasselbe. M. 3 Zeichngn. in Lichtdr. v. A. Zick. gr. 4. (VI, 96 S.) Hannover 897. Berlin, G. Minuth. Geb. in Leinw. n. 6. —

— dasselbe. 16. (VII, 339 S.) Leipzig 897. W. Fiedler. Geb. in Damast m. Goldschn. 2. —

— dasselbe. Illustr. v. Edm. Brüning. gr. 4. (128 S.) Ebd. 897. Geb. in Damast m. Goldschn. 8. —

— dasselbe. Illustr. v. Ant. C. Baworowski. 12. (XVI, 368 S. m. 14 Vollbild.) Stuttgart 897. Greiner & Pfeiffer. Geb. in Leinw. m. Goldschn. n. 3. 50

— dasselbe. gr. 16. (VII, 340 S.) Stuttgart 897. C. Krabbe. Geb. in Halbleinw. n. 3. —

— dasselbe. Illustrierte Ausg. gr. 8. (128 S. m. Bildn.) Leipzig 898. Verlag d. Literaturwerke „Minerva". Geb. in Leinw. 3. —

— dasselbe. Diamantausg. Mit 4 Kpfrdr. 16. (V, 319 S.) Berlin 899. G. Grote. Geb. in Leinw. m. Goldschn. n. 4. —; in Ldr. n. 6. —

— dasselbe, nebst „Vorfrühling"; Agnes' Totenfeier u. Amaryllis. 8. (358 S. m. Bildnis.) Stuttgart (900). J. G. Cotta Nachf. Geb. in Leinw. n. 1. —

Friedrich Rückerts Liebesfrühling nebst 'Vorfrühling'. Agnes' Totenfeier u. Amaryllis. *Stuttgart & Berlin: J. G. Cotta Nachf. [1902].* (358 S.) 8° [F.]
— Handbibliothek, Cotta'sche. No 32. [02. 14334

Rückert's, Frdr., Liebesfrühling. Mit e. Einleitg. hrsg. v Jul. Berstl. (292 S.) kl. 8. Leipzig (908). Hesse & Becker Verl. Geb. in Leinw. 1.20; in Geschenkbd. 1. 80

— Liebesfrühling. 2. Aufl. (VII, 340 S.) 16. Stuttgart (909). C. Krabbe. Geb. in Halbleinw. 3. —

— dasselbe. Illustriert v. Hans Koberstein. (160 S. m. 12 farb. Vollbild.) Lex. 8. Berlin (910). Neufeld & Henius. Geb. in Leinw. 7. 50

—— s. Liebes-Leben Italien's.

—— Lieder und Sprüche. Aus dem lyrischen Nachlasse des Verf. gr. 8. (VIII und 231 S.) Frankfurt a. M. 867, Sauerländer's Verlag.

— s.: Mahâbhârata.

— die Makamen des Hariri, s. a. Bibliothek der Gesamtlitteratur des In- u. Auslandes.

—— Makamen des Hariri, s. a. Volksbibliothek, deutsche.

[F.] Friedrich Rückert, Die Makamen des Hariri. M. d. Bilde Rückerts u. e. Vorbemerkg v. Dr. Oskar Linke. *Halle a. d. S.: O. Hendel (1897).* (IV, 224 S., 1 Portr.) 1 Bd 8.
= Bibliothek d. Gesamtlitteratur d. In- u. Auslandes. No 1007—1010.

Rückert, Friedrich: ... Metrik, s. Rückert, Friedrich Wilhelm

—— erlanger Musenalmanach, s. Musenalmanach.

— Aus Friedrich Rückert's Nachlaß. Hersg. von Heinr. Rückert. Leipzig 867. Hirzel. gr. 8. (VII, 429 S.) n. 2 ₰ 10 ngr.

Rückert, Fr., s. a. Nal u. Damajanti.

——, Nal u. Damajanti. Eine indische Geschichte. 2., verb. Aufl. 8. (19½ B. u. lith. Ttl.) Frankfurt a. M. 838, [Sauerländer's Verl.] *
Umrisse hierzu, gez. v. Joh. Jac. Jung. Mit erläut. Andeutungen v. C. F. Mietsch. qu. gr. 4. (9 Kpfrt. u. 6 Bl. Text.) Ebendas. 1839. * 1 Thlr. 8 Gr.

— Nal u. Damajanti. Eine indische Geschichte. 3. verb. Aufl. 16. Ebend. 845. n. 1⅓ ₰ — (Miniatur-Ausg.) Mit 1 Stahlst. 846. geb. n. 1½ ₰

—— Nal u. Damajanti. Eine indische Geschichte. 3., verb. Aufl. (Miniatur-Ausg.) 16. (14 B. u. 1 Stahlst.) Frankfurt a. M. 846, Sauerländer's Verl. In engl. Einb. m. Goldschn. *

—— Nal und Damajanti. Eine indische Geschichte. 4. Aufl. 16. (295 S. mit 1 Stahlst.) Frankfurt a. M. 862, Sauerländer's Verlag. Mit Goldschn.

— Nal u. Damajanti. Eine ind. Geschichte. 5. Aufl. 16. (295 S.) Ebend. 874. geb. m. Goldschn. 4. 50

— Nal u. Damajanti. Eine ind. Geschichte. 6. Aufl. 16. (230 S. m. 1 Stahlst.) Ebd. 889. geb. m. Goldschn. 4. 50

— Napoleon, polit. Comödie. 2 Stcke. gr. 8. Tübing. 816, 18. v. Cotta. 21 gr.

RÜCKERT, Friedrich (Meiningen): De oculi utriusque corneae opacitate congenita. (Titel nach der Urkunde) Diss. Ingolst.-Landsh.-Mchn.
23.12.1884 - Urk; Chr 1884/85,20

—— hebräische Propheten übers. u. erläut. 1. Lfg. Uebersetz. v. Jesaias 40—66. Uebersetz. v. Hosea, Joel, Amos, Obadia, Micha, Nahum, Habakuk, Sephania, Haggai, Zacharia, Maleachi. gr. 8. (9½ B.) Leipzig 831, Weidmann.

— Oestliche Rosen. 3 Lesen, mit Vign. 8. Leipz. 822, Brockhaus.

— Rostem und Suhrab. Eine Heldengeschichte in zwölf Büchern. gr. 12. Erlangen 838. Bläsing. n. 1⅙ ₰

——, Rostem u. Suhrab. Eine Heldengesch. in zwölf Büchern. gr. 12. (11 B. o. P.) Erlangen 838. [Stuttgart, S. G. Liesching.] *

—— Rostem u. Suhrab. Eine Heldengeschichte in 12 Büchern. 2. Aufl. 16. (16⅝ B.) Stuttgart 846, S. G. Liesching, Verl. In engl. Leinwandbd. m. Goldschn. *

Rückert-Nachlese. Sammlung d. zerstreuten Gedichte u. Uebers. Friedrich Rückerts hrsg. von Leopold Hirschberg. Bd 1. 2. Weimar: Ges. d. Bibliophilen 1910—11. 8°
(Publikationen d. Gesellschaft d. Bibliophilen. [15.]) [11. 15983

— s.: Saadi's Bostan.

— s.: Saadi's politische Gedichte.

—— Sakuntala, s. Kalidasa.

— Saul und David. Ein Drama der heiligen Geschichte. gr. 12. Erlangen 843, Heyder. 1½ ₰

—— Saul u. David. Ein Drama der heiligen Geschichte. 12. (12⅔ B.) Stuttgart 844, S. G. Liesching, Verl.

— Sawitri. [Aus: Brahmanische Erzählungen.] Leipzig 866. Hirzel. gr. 16. (39 S.) geb. mit Goldschn. n. 12 ngr.

Rückert, Fr., s. Schi-King. 1833.

— s. v. Skepsgardh, O., drei Vorreden.

—— poetisches Tagebuch. 1850—1866. [Aus seinem Nachlasse.] 8. (VI, 557 S.) Frankfurt a. M. 888, Sauerländer's Verlag. *M 5.—.; geb. *

— die Verwandll. d. Ebu Seid v. Seru'g od. die Makamen des Hariri in freier Nachbild. 1r Bd. 8. Stuttg. 826. v. Cotta. 4 ß

—— die Verwandlungen d. Abu Seid v. Serug od. d. Makamen des Hariri in freier Nachbildung. 2., vervollständ. Aufl. 2 Bde. gr. 8. (30⅓ B.) Stuttgart u. Tübingen 837, Cotta'sche Buchh.

—— die Verwandlungen des Abu Seid von Serug od. die Makamen des Hariri. 3. Aufl. 2 Bde. gr. 8. (30 B.) Stuttgart 844, Cotta'sche Buchh.

—— die Verwandlungen des Abu Seid v. Serug oder die Makamen des Hariri. 4. Aufl. gr. 8. (XIV und 332 S.) Stuttgart 864, Cotta'sche Buchh.

— die Verwandlungen d. Abu Seid v. Serug od. die Makamen d. Hariri. 5. Aufl. 16. (XVI, 444 S.) Stuttgart 875. Cotta. n. 6. —; geb. n. 7. 50

—— die Verwandlungen des Abu Seid von Serug oder die Makamen des Hariri. 6. und 7. Aufl. 8. (XVI, 340 S.) Stuttgart 878, Cotta'sche Buchh. *M 6.; geb. * 7 —

— Die Weisheit der Brahmanen

— dasselbe, Auswahl, s. a. Bibliothek d. Gesamtlitteratur d. In- u. Auslandes.

— dasselbe, s. a. Universal-Bibliothek.

—— die Weisheit des Brahmanen, e. Lehrgedicht in Bruchstücken. 6 Bdchn. gr. 12. Leipzig, Weidmann'sche Buchh. [1. 1. u. 2. Aufl. (à 10⅙ B.) 836, 38., 2. 1. u. 2. Aufl. (à 10⅓ B.) 837, 40., 3. 1. u. 2. Aufl. (à 10⅓ B.) 837, 41. à 1⅓ Thlr., 4. 1. u. 2. Aufl. à 14 B.) 838, 41. à 1⅓ Thlr., 5. (15¼ B.) 6. (15 B.) 839. à 1⅓ Thlr.]

—— die Weisheit des Brahmanen. Ein Lehrgedicht in Bruchstücken. Neue Ausg. in 1 Bde. gr. 12. (29⅓ B.) Leipzig 843, Weidmann'sche Buchh. *

—— die Weisheit des Brahmanen. Ein Lehrgedicht in Bruchstücken. 3. Aufl. gr. 12. (698 S.) Leipzig 851, [Hirzel.] *

— die Weisheit des Brahmanen. Ein Lehrgedicht in Bruchstücken. 3. Aufl. gr. 12. (698 S.) Leipzig 851, Weidmann. n. 2½ ß

— die Weisheit des Brahmanen. Ein Lehrgedicht. 4. Aufl. Leipzig 857. Hirzel. 8. (702 S.) n. 2 ß.

—— die Weisheit des Brahmanen. Ein Lehrgedicht. 5. Aufl. 1863. und 6. Aufl. 8. (702 S.) Leipzig 868, Hirzel. * geb. mit Goldschn. ** 2

—— die Weisheit des Brahmanen. Ein Lehrgedicht. 7.—9. Aufl. 8. (702 S.) Leipzig 870—75, Hirzel. * geb. mit Goldschn. **

Vgl.. Beyer, C. — Kern, Fz.

—— die Weisheit des Brahmanen. Ein Lehrgedicht. 10. Aufl. 8. (702 S.) Leipzig 878, Hirzel. * 6 —

—— die Weisheit des Brahmanen. Ein Lehrgedicht. 11. Aufl. 8. (702 S.) Leipzig 881, Hirzel. * 6 —

— die Weisheit d. Brahmanen. Ein Lehrgedicht. 12. Aufl. 8. (702 S.) Leipzig 886. Hirzel. n. 6. —; geb. n.n. 7. 50

— die Weisheit d. Brahmanen. Ein Lehrgedicht. 13. Aufl. 8. (702 S.) Leipzig 891. S. Hirzel. n. 6. —; geb. n.n. 7. 50

— d. Weisheit d. Brahmanen. E. Lehrgedicht. 14. Aufl. 8. (702 S.) Leipzig 896. S. Hirzel. Geb. in Leinw. n. 2. —

[F.] Friedrich Rückert, Die Weisheit des Brahmanen. Auswahl. (Hrsg.: Oskar Linke.) *Halle a. d. S.: O. Hendel (1897).* (IV, 355—539 S., 1 Portr.) 1 Bd 8.
— Bibliothek d. Gesamtlitteratur d. In- u. Auslandes. No 1004—1006.

Rückert, Frdr., die Weisheit des Brahmanen. Ein Lehrgedicht. Hrsg. v. Conr. Beyer. 12. (456 S.) Leipzig (900). M. Hesse. Geb. in Leinw. 1. 20

[F.] Friedrich Rückerts Werke in 6 Bdn. Hrsg. v. Ludwig Laistner. Bd 1. *Stuttgart: J. G. Cotta Nachf. (1895).* 8. [96. 1734

— dasselbe in 6 Bdn. Hrsg. v. Ludw. Laistner. (368 S. m. Bildn., 338, 471, 284, 304 u. 298 S.) Stuttgart 895. 96. J. G. Cotta Nachf. in 6 Leinw.-Bdn. à n. 2. —; in 3 Halbfrz.-Bdn. n. 15. — Erschien auch in 20 Lfgn. à — 40.

Friedrich Rückerts Werke in 6 Bdn. Hrsg. v. Ludwig Laistner. Bd 1—6. *Stuttgart: J. G. Cotta Nachf. [1896].* 6 Bde 8.
1. Inh.: Liebesfrühling. — Agnes' Totenfeier. — Amaryllis. (358 S.)
2. Inh.: Geharnischte Sonette. — Vaterland. Gedichte. — Bausteine. — Jugendlieder. — Italien. Gedichte, Oktaven etc. — Volkssagen etc. — Verm. Ged. (338 S.)
3. Inh.: Heimat u. Herd. — Poet. Tageb. — Jahreszeiten. — Herz u. Welt. — Kritik. — Selbstschau. — Zahme Xenien. — Oestl. Rosen. — Ghaselen. — Morgenl. Sagen etc. — Brahman. Erzählgn. . . Aus d. Schi-King. (471 S.)
4. Inh.: Die Verwandlgn d. Abu Seid v. Serug . . . (283 S.)
5. 6. Inh.: Die Weisheit d. Brahmanen. I. II. (303; 297 S.) [96. 7389

Friedrich Rückerts Werke. Auswahl in 6 Bdn. Mit e. biogr. Einl. von Richard Böhme. Bd 1—6. *Berlin: Bibliogr. Anst. [1897].* 6 Bde 8° [F.] [00. 11740 11

Friedrich Rückerts Werke. Auswahl in 6 Bden. Mit e. biogr. Einl. von Dr. Richard Böhme. Bd 1—6. *Berlin: A. Weichert [um 1897].* 6 Bde 8° [F.] [02. 13

— dasselbe. Auswahl in 1 Bde. m. d. Bilde Rückerts. (Liebesfrühling. — Gedichte. — Die Weisheit d. Brahmanen. — Die Makamen d. Hariri.) Hrsg. u. m. e. Einleitg. vers. v. Osk. Linke. 8. (XXIV, 762 S.) Halle 897. O. Hendel. Geb. in Leinw. 3. —; in Halbfrz. 4. 50

Rückert's, Frdr., Werke. Hrsg. v. Geo. Ellinger. Kritisch durchgeseh. u. erläut. Ausg. 2 Bde. 8. (52, 379 u. 386 S. m. Bildn. u. Faksm.) Leipzig 897. Bibliograph. Institut. Geb. in Leinw. n. 4. —; in Halbsaffian n. 6. —

Rückert's, Frdr., Werke in 6 Bdn. Hrsg. v. Conr. Beyer. M. litterar. Anmerkgn., Rückerts Portr., 2 Gedichten in Orig.-Handschr. u. e. Einleitg.: Friedrich Rückerts Leben u. Bedeutg. 12. (456, 520, 516, 544, 456 u. 532 S.) Leipzig 897. G. Fock Verl. n. 4. 80; in 3 Leinwbdn. 6. ; in 6 Leinwbdn. 8. —; feine Ausg. in 3 Halbfrzbdn. n. 9. 50

Friedrich **Rückerts** Werke in sechs Bänden. Hrsg. von Prof. Dr. Conrad Beyer. Mit litterar. Anm., Rückerts Bildnis, zwei Gedichten in Originalhandschrift u. d. Einl.: Friedrich Rückerts Leben u. Bedeutung. Bd 1–6. Leipzig: Hesse [1900]. 8°

1–4. Abt. 1: Lyrik. 5. Abt. 2: Didaktik. 6. Abt. 3: Epik. [10. 1337] 5

Rückert's, Frdr., Werke in 6 Bdn. Hrsg. v. Conr. Beyer. Mit litterar. Anmerkgn., Rückerts Portr., zwei Gedichten in Orig.-Handschrift u. der Einleitg.: Friedrich Rückerts Leben u. Bedeutg. 12. (456, 520, 516, 544, 456 u. 532 S.) Leipzig (900). M. Hesse. 4.—; in 3 Leinw.-Bdn. n. 6.—; in 3 Halbfrz.-Bdn. n. 9.50; in 3 Liebhaber-Halbfrz.-Bdn. n. 12.50

— dasselbe. Hrsg. v. Ludw. Laistner. (Cotta'sche Bibliothek der Weltlitteratur.) 8. (358, 338, 471, 284, 304 u. 298 S. m. Bildnis.) Stuttgart (900). J. G. Cotta Nachf. Geb. in Leinw. à n. 1.—; in 3 Leinw.-Bdn. n. 6.—; in 3 Halbfrz.-Bdn. n. 9.—

— Werke. Auswahl in 6 Bdn. Mit e. biograph. Einleitg. v. Rich. Böhme. 8. (XLII, 269; XI, 386; VIII, 320; IV, 270; III, 200 u. IV, 280 S. m. Bildnis.) Berlin (902). A. Weichert. Geb. in 2 Leinw.-Bdn. 4.20; in 3 Bde. 4.80

(Friedrich) **Rückerts** Werke. Auswahl in 8 T. Hrsg. u. m. Einl. vers. von Edgar Groß u. Elsa Hertzer. Berlin, Leipzig, Wien, Stuttgart: Bong [1910]. 8°

1. Vaterland. Mit e. Lebensbild vers. 2. Liebesfrühling. 3. Haus u. Jahr. 4. Wanderung. 5. Die Makamen d. Hariri. 6. Nal u. Damajanti. Sawitri. Rostem u. Suhrab. 7. Pantheon 1. Bausteine zu e. Pantheon. 8. Pantheon 2. Weisheit d. Brahmanen.

(Goldene Klassiker-Bibliothek.) [11. 4393

— ausgewählte Werke in 6 Bdn. Hrsg. u. eingeleit. v. Phpp. Stein. 12. (XXXII, 355; 412, 314, 496, 311 u. 587 S.) Leipzig 897. Ph. Reclam jun. 4.50; in 3 Leinwbdn. 6.—

Friedrich Rückerts gesammelte W e r k e . Neue ill. Ausg. Hrsg. von Prof. Dr. K[arl] Macke. Ill. von Edmund Brüning. 35. Aufl. Berlin: Herlet [1909]. XX, 444 S. 8°

Rückert's, Friedr., gesammelte poetische Werke. 12 Bde. in 45 Lfgn. 8. 1. Bd. (XV und 639 S. mit Portr. in Stahlst.) 2. Bd. (XII und 611 S.) 3. Bd. (VIII und 289 S.) 4. Bd. (VIII und 311 S.) 5. Bd. (367 S.) 6. Bd. (380 S.) 7. Bd. (VIII und 519 S.) 8. Bd. (III und 651 S. mit Portr. in Stahlst.) 9. Bd. (479 S.) 10. Bd. (648 S.) 11. Bd. (568 S.) 12. Bd. (472 S.) Frankfurt a. M. 867—69, Sauerländer's Verlag. à Lfg. * 8 Ngr. *

Rückert's, Friedr., gesammelte poetische Werke in 12 Bdn. Neue Ausg. 40 Lfgn. 8. Frankfurt a. M. 881,82, Sauerländer's Verlag. à Bd. * M 2. * 24 —

Inhalt:

1. Abthl.: Lyrische Gedichte.

Bd. 1. 1. Buch: Vaterland. 1. Geharnischte Sonette. 2. Zeitgedichte. 1814, 1815. 3. Zeitgedichte. 1816, 1817. 4. Kriegerische Spott- und Ehrenlieder. 5. Nach den Freiheitsjahren. — 2. Buch: Liebesfrühling. Vorfrühling: I. Amaryllis. II. Agnes. Liebesfrühling: Erster Strauß: Erwacht. Zweiter Strauß: Geschieden. Dritter Strauß: Gemieden. Vierter Strauß: Entfremdet. Fünfter Strauß: Wiedergewonnen. Sechster Strauß: Verbunden. (XVI, 639 S.)

„ 2. 3. Buch: Haus und Jahr. 1. Eigener Herd. 2. Fest- und Trauerklänge. 3. Des Dorfamtmannssohnes Kinderjahre. 4. Lenz. 5. Sommer. 6. Herbst. 7. Winter. (XII, 611 S.)

„ 3. 4. Buch: Erzählungen. 1. Heimath. 2. Winterträume. 3. Brahmanische Erzählungen. (VIII, 439 S.)

„ 4. 4. Buch: 4. Morgenländische Sagen und Geschichten. (VIII, 311 S.)

„ 5. 5. Buch: Wanderung. 1. Italienische Gedichte. 2. Lieder und Sprüche der Minnesänger. 3. Ghaselen. 4. Oestliche Rosen. (VIII, 367 S.)

„ 6. 5. Buch: Wanderung. 5. Erbauliches und Beschauliches. 6. Chinesisches Liederbuch. (XI, 380 S.)

„ 7. 6. Buch: Pantheon. 1. Kritik. 2. Selbstschau. 3. Kirchenjahr. 4. Mikrokosmus. 5. Zahme Xenien. (519 S.)

„ 8. 6. Buch: Pantheon. 6. Weisheit des Brahmanen. (651 S. mit Portr. in Stahlst.)

2. Abthl.: Dramatische Gedichte.

„ 9. 1. Saul und David. 2. Herodes der Große. (479 S.)

„ 10. 3. Kaiser Heinrich IV. 4. Christophero Colombo. (648 S.)

3. Abthl.: Epische Gedichte.

„ 11. 1. Leben Jesu. 2. Die Verwandlungen des Abu Seid oder die Makamen des Hariri. (568 S.)

Bd. 12. 3. Nal und Damajanti. 4. Rostem und Suhrab. 5. Hidimba. 6. Sawitri. 7. Räthselmann. 8. Der Blinde. 9. Herr Malagis. 10. Kind Horn. Eine altenglische Erzählung. 11. Rodach. Ein Denkmal der Gastfreundschaft. Anhang: Nachrichten von Fr. Rückert's Leben, von C. Beyer. (475 S.)

Einzelne Abthlgn. oder Bde. werden nicht abgegeben.

— s. Z e i t s c h r i f t für Kunde des Morgenlandes.

Rückert, Friedrich Wilhelm

Rückert, Dr. Fr. W., Lehrer am kgl. Friedr. Wilhelms-Gymnasium zu Berlin. Das römische Kriegswesen, ein Hilfsbuch zur Lectüre der römischen und griechischen Historiker. Mit 54 Abbild. auf 4 Kupfertaf. 8. Berlin 1850.

Rückert, Fr. W., das römische Kriegswesen, ein Hilfsbuch zur Lectüre der röm. u. griech. Historiker. Mit 54 Abbildgn. auf 4 Kupfertaf. Lex. 8. (VIII u. 86 S.) Berlin 850, Nauck & Co. in Comm. n. 5/6 ₰

Rückert, Fr. W., das römische Kriegswesen, ein Hilfsbuch zur Lectüre der röm. und griech. Schriftsteller. 2. Aufl. mit einer neuen Bearbeitung des Abschnitts über das Seewesen von Rud. Schultze. Mit 54 Abbildungen. Lex.-8. (VIII und 90 S. mit 4 Kpfrt.) Berlin 854, Nauck'sche Buchh.

Rückert, Friedr. Wilh., Leitfaden zum grammatischen Unterricht in der deutschen Sprache. gr. 16. (3½ B.) Berlin 845, [C. Heinr. Schultze.]

Rückert, Fr. Wlh., Leitfaden zum grammatischen Unterricht in der deutschen Sprache. gr. 16. Berlin 845, Wolff. 1/8 ₰

— antike u. deutsche Metrik. Zum Schulgebrauch bearb. gr. 12. (VI u. 142 S.) Berlin 848, Naucksche Buchh. n. 16 Ngr

— antike u. deutsche Metrik. Zum Schulgebrauch bearb. 2. Aufl. 8. (142 S.) Berlin 874. Nauck'sche Buchh. n. 1. 20

—— deutsche Metrik. Für Real- und höhere Bürgerschulen bearb. 1. Aufl. (VI und 64 S.) 1848. 7½ Ngr. und 2. Aufl. gr. 12. (VI und 66 S.) Berlin 852, Nauck'sche Buchh. *

— deutsche Metrik. Für Real- u. höhere Bürgerschulen. 3. Aufl. 8. (66 S.) Ebend. 874. n. 1. —

—— Vorschule für den lateinischen Unterricht. 1. Cursus. 8. (7½ B.) Berlin 845, [C. Heinr. Schultze.]

Rückert, Rev. G. Zur Erinng an die 50-jhr Jubsfeier d Ev St Stephans Gmde, 1.-4. Juni, 1903, Buffalo, NY. Buffalo, 1903.

Rückert, G. F. W., Darstellung des Veterinair-Wesens in Mecklenburg, sowie die nothwendige Reform desselben. Zum Besten der Thierärzte u. Landwirthe. 8. (23 S.) Teterow 850. Schwerin, Kürschner in Comm. (jetzt: Hildebrand). n. n. 1/12 ₰

— Grundzüge zur gerichtlichen Veterinair-Medicin nach dem gegenwärtigen Standpunkt dieser Wissenschaft, für Beamte, Juristen, Landwirthe u. Veterinair-Aerzte. gr. 8. (31 S.) Rostock 852, Stiller in Comm. n. 1/3 ₰

Rückert, Geo., Geschichte des Schulwesens der Stadt Lauingen vom Ausgange des Mittelalters bis zum Anfange des 19. Jahrh., s.a. Mitteilungen der Gesellschaft f. deutsche Erziehungs- u. Schulgeschichte. 5. Beiheft.

Georg Rückert: Geschichte des Schulwesens der Stadt Lauingen vom Ausgange des Mittelalters bis zum Anfange des 19. Jahrhunderts. *Berlin: A. Hofmann & Ko. 1904.* (72 S.) 8°
= Beiträge z. Gesch. d. Erziehung u. d. Unterr. in Bayern. H. 5.
= Mitteilungen d. Gesellschaft f. deutsche Erziehungs- u. Schulgeschichte. Beihefte. 5. [illegible]

RÜCKERT, Georg Chr. Albrecht: Chemisch-ökonomische Abhandlung über die Bestandtheile, den Anbau und Nutzung der Acacia. - Wien 1800. 111 S.

Rückert, Geo. Chr. Albr., chem.-ökonom. Abhandl. üb. die Bestandtheile, den Anbau u. Nutzen d. Acacie. 8. Wien 800. (Beck). 8 gr

Rückert, G. C. A., üb. d. Anbau u. Nutzen der Acacie. 8. Wien, Wappler. (Beck) 800.

— Bemerkungen üb. A. Thaers Einleitung z. Kenntniss d. englischen Landwirthschaft. Wien 1800. 137 S.
(Sml. 363).

— Bemerkk. üb. Thärs Einleit. z. Kenntniß d. engl. Landwirthschaft. 8. Wien 800. (Beck). 8 gr

— Bemerk. üb. Thaers englische Landwirthsch. 8. Wien, Wappler. (Beck) 800.

— d. Feldbau. chem. untersucht. 3 Bde. 8. Erlang. 789—91. Palm. 3 fl Schrbp. 4 fl

Rückert, Heinrich

Rückert, H., Annalen der deutschen Geschichte, s.a. Volk, das deutsche.

Rückert, Heinrich: Annalen der deutschen Geschichte. Abriß der deutschen Entwickelungsgeschichte in chronologischer Darstellung. Thl. 1—3 des Werkes: Das Deutsche Volk dargestellt in Vergangenheit und Gegenwart zur Begründung der Zukunft. Band 1—3. Leipzig, T. O. Weigel 1850. 1 Bd. 8.

Rückert, Heinr., Entwurf einer systematischen Darstellung der schlesischen Mundart im Mittelalter. Mit einem Anh., enth. Proben altschles. Sprache, hrsg. von Paul Pietsch. gr. 8. (VIII, 266 u. 90 S.) Paderborn 878. F. Schöningh. n. 4. —

Rückert, Heinr., deutsche Geschichte. 2. umgearb. Aufl. Leipzig 861. T. O. Weigel. gr. 8. (XVI, 712 S.) n. 2 thl 20 ngr.

—— Deutsche Geschichte. 2. umgearb. Aufl. bis zur Neubegründung des Reichs ergänzt. Leipzig 1873. 8.

—— Geschichte des Mittelalters. Lex.-8. (VI und 357 S.) Stuttgart 853, Franckh'sche Vrlgsh.
Aus: Neue Encyklopädie der Wissenschaften und Künste, besonders abgedruckt.

— Geschichte der Neuzeit. Stuttgart 854. Franckh. Lex.-8. (IV, 343 S.) 1 thl. 18 ngr.

Rückert, Heinr., Geschichte der neuhochdeutschen Schriftsprache. 1. u. 2. Bd. gr. 8. Leipzig 875. T. O. Weigel. à n. 7. —
1. Die Gründung der neuhochdeutschen Schriftsprache. (X, 400 S.)
2. Vom 16. bis zur Mitte des 18. Jahrh. (VI, 378 S.)

Rückert, Heinr., Culturgeschichte des deutschen Volkes in der Zeit des Uebergangs aus dem Heidenthum in das Christenthum. 2 Thle. Leipzig 853, 54. T. O. Weigel. gr. 8. VIII, 354 S.; VII, 527 S.) 1.: n. 2 thl.; 2.: n. 3 thl.

Rückert, Heinr., in seinem Leben und seinen kleineren Schriften dargestellt, s. Sohr, A., und A. Reifferscheid.

—— Lehrbuch der Weltgeschichte in organischer Darstellung. 2 Thle. gr. 8. (XII und 1534 S.) Leipzig 856(57,) T. O. Weigel. *

Rückert, Heinr., König Rother, s.: Dichtungen, deutsche. des Mittelalters.

Rückert, Hnr., Kleinere Schriften. Bd. 1. Weimar 1877. 8.
Enth.: Die deutschen Mundarten und die moderne Sprachwissenschaft.

—— und Alex. Flegler, allgemeine Weltgeschichte, s. Flegler, Alex.

Rückert, J., über die Abstammung der bluthaltigen Gefässanlagen beim Huhn u. üb. die Entstehung des Randsinus beim Huhn u. bei Torpedo. (S. 487—498 m. 1 Taf.) gr. 8. München 903. (G. Franz' Verl.) n. — 20
Sonderabdruck aus: „Sitzungsber. d. bayer. Akad. d. Wiss."

Rückert, J., zur Keimblattbildung bei Selachiern. Ein Beitrag zur Lehre vom Parablast. gr. 8. (58 S.) München 885, Rieger'sche Universitäts-Buchh. *
Aus: Sitzungsberichte der Gesellschaft für Morphologie und Physiologie in München, besonders abgedruckt.

Die neue anatomische Anstalt in München. Von Dr. J[ohannes] Rückert, Prof. Mit 18 Taf. Wiesbaden: Bergmann 1910. VII, 109 S. 8° [illegible]

RÜCKERT, Johannes (Coburg): Der Einfluss des Morphium auf die Temperatur einiger Warmblüter.- München: Riedel 1882. 42 S.,1 Bl.,Tab.
10.5.1879 - Urk (Titel: De vi quam morphium in temperaturam aliquot animalium thermosororum hebet.); Chr 1878/79,12
Diss.Ingolst.-Landsh.-Mchn.

Rückert, Johs., der Einfluss des Morphium auf die Temperatur einiger Warmblüter. gr. 8. (43 S. m. 9 lith. Curventaf.) München 882. Literar.-artist. Anstalt. n. 2. 40

Rückert, Johs., d. erste Entwickelung des Eies der Elasmobranchier. Imp.-4. (III, 124 S. m. 7 Textfig., 8 Taf. u. 8 Bl. Erklärgn.) Jena 899. G. Fischer. n.n. 20. —
Sonderabdruck aus: „Festschr. f. Carl v. Kupffer".

— üb. die Ossification d. menschlichen Fussskelets. gr. 8. (S. 65 — 72.) München 901. (G. Franz' Verl.) n. — 20
Sonderabdruck aus: „Sitzungber. d. bayer. Akad. d. Wiss."

— der Pharynx als Sprach- u. Schluckapparat. Eine vergleichend anatom. Studie. Mit 6 (lith.) Taf. Lex.-8. (X, 90 S.) Ebend. 882. n. 12. —

Rückert, Jos.

— üb. d. Charakter aller wahren Philosophie; ein Progr. 8. Bamb. u. Würzb. 805.
— s. Karl Joseph.

Rückert, Jos., († d. 7. Mai 1813.) der Realismus, od. Grundsätze zu einer durchaus prakt. Philosophie. 8. Leipz. 801. Göschen. 10 gr

Rückert, K. Th., nach Nord-Afrika. Nach seinem Tagebuch geschildert. Mit vielen Illustr. u. 1 Karte. gr. 16. (XI, 596 S.) Würzburg 884. Woerl. n. 5. —

Rückert, K. Th., Reise durch Palästina u. über den Libanon. Mit 4 Karten u. 2 Plänen (in Chromolith.). gr. 8. (VIII, 524 S.) Mainz 881. Kupferberg. 6. —

Rückert, K. Th., Religion vom apologetischen Standpunkte. 8. (220 S.) Tübingen 872—74. Fues. n. 4. 35

Rückert, Karl, Gerichtsass.: **Die Klagbarkeit der dinglichen** Einigung. (Hannover [1909]: Oldemeyer.) 47 S. 8°
Rostock, Jur. Diss. v. 25. Okt. 1908, Ref. Bernhöft
[Geb. 28. Juli 80 Förde; Wohnort: Hannover; Staatsangeh.: Preußen; Vorbildung: Gymn. Dortmund Reife O. 99; Studium: Marburg 5, Leipzig 1 S.; Rig. 4. Juni 08.] [U 09. 3691

Rückert, Carl, der Kreuzweg. Nebst einem Anhang der gewöhnlichen Gebete. Sigmaringen 865. (Tappen.) 8. (331 S.) n. 10 *ngr.*

Rückert, Karl, d. Lage d. Berges Sion, s. a. Studien, biblische.

Die Lage des Berges Sion. Von Prof. Dr. Karl Rückert. M. 1 Pl. ...
Freiburg i. B.: Herder 1898. (VI S., 1 Bl., 104 S., 1 Pl.) 8.
= Studien, Biblische. Bd III. H. 1. [98. 1065

Rueckert, Car. (geb. Coburg 10. 4. 1824): De clavo nonnulla. Berolini (1846). (31 S.) 8°
Berlin, Med. Diss. v. 19. Aug. 1846

Rückert, C., mit dem Tornister. Feldzugs-Erinnergn. e. Infanteristen aus dem J. 1870. gr. 8. (IV, 242 S.) Frankfurt a/M. 903. Neuer Frankfurter Verl. n. 8.—; geb. n. 4.—

Rückert, Carl Chr., das Theaterkind. Ein Roman aus der Gegenwart. (260 S.) 8. Straßburg 908. J. Singer. 3.—

Rueckert, Car. Henr. (geb. Coburg 14. 2. 1823): De Ebonis archiepiscopi Remensis vita. Berolini (1844). (37 S.) 8°
Berlin, Phil. Diss. v. 5. Aug. 1844

Rückert, Leop. Imman., das Abendmahl. Sein Wesen und seine Geschichte in der alten Kirche. Leipzig 856. Brockhaus. gr. 8. (VIII, 519 S.) n. 2 *Rthlr.* 20 *ngr.*

Rückert, L. J., auch der Völker Heil ruht allein in Christus. Predigt für's deutsche Volk, am 2. Ostertage 1848 gehalten. gr. 8. (16 S.) Jena 848, Frommann. 3 *ngr.*

Rückert, L. J., die Aufgabe der jenaischen Theologie im 4. Jahrhundert der Hochschule. Prorectoratsrede. gr. 8. (24 S.) Jena 858, Bran'sche Buchh.

Rückert, Leop. Imman., kleine Aufsätze für christliche Belehrung und Erbauung den Gebildeten im Volke dargeboten. Berlin 861. G. Reimer. gr. 8. (VII, 228 S.) 25 *ngr.*

Rückert, L. J., der Brief Pauli an die Epheser erläut. u. vertheidigt. gr. 8. (19¼ B.) Leipzig 834, Köhler.

Rückert, L. J., die Briefe Pauli an d. Korinther. 1. u. 2. Thl. gr. 8. Leipzig, [Köhler'sche Vrlsh.] à 2⅓ Thlr.
A. u. d. Ttln.:
Thl. 1. Der erste Brief Pauli an d. Korinther. (33⅓ B. u. 3½ B. griech. Text.) 836.
" 2. Der zweite Brief Pauli an d. Korinther. (29¼ B.) 837.

— ein Büchlein von der Kirche. Jena 857. Mauke. gr. 8. (204 S.) n. 1 *Rthlr.*

— ex platonis Dialogi, s. Platonis, Dialogi etc.

Rückert, L. J., de evangelio falso Joanni adscripto. Zittav. 1841. 4.

Rückert, L. J., Commentar üb. d. Brief Pauli an die Galater. gr. 8. Leipz. 833. (832.) Köhler. 1 *Rthlr.* 12 *gr.*

—— Commentar üb. d. Brief Pauli an die Römer. gr. 8. (45 B.) Leipzig 831, [Volckmar.]

—— Commentar üb. d. Brief Pauli an d. Römer. 2., umgearb. Aufl. 2 Bde. gr. 8. (54 B.) Leipzig 839, [Renger'sche Buchh.]

Rückert, L. J., Commentar über d. Brief Pauli an d. Römer. 2 Bde. 2e, umgearb. Aufl. gr. 8. Leipzig 839. Volckmar. 3½ *Rthlr.*

Rückert, L. J., das Leben im Geist. Pfingstpredigt im Blick auf Deutschlands Gegenwart gehalten. gr. 8. (16 S.) Jena 848. (Leipzig, Winter.) ⅙ *Rthlr.*

Rückert, (L. J.,) der akademische Lehrer, sein Zweck u. Wirken. Eine Reihe v. Briefen zur Belehrung studier. Jünglinge. 8. Leipz. 824, Hartknoch.

—— Magazin f. Exegese, s. Magazin.

—— offene Mittheilungen an Studirende üb. Studium u. Beruf. Als Anh. e. Predigt. gr. 8. (20 B.) Leipzig 829, Weidmann.

— christl. Philosophie, oder: Philosophie, Geschichte u. Bibel nach ihren wahren Beziehungen zu einander, dargestellt. 2 Bde. gr. 8. Leipz. 825, Hartmann.

— christl. Philosophie, od.: Philosophie, Geschichte u. Bibel, nach ihren wahren Beziehungen zu einander dargest. 2 Bde. gr. 8. Leipz. 825. (Lehnhold). 3 *Rthlr.*

— s. 1) Platonis Convivium — eclogae. 2) Propheten, die hebr., u. verbess. Fr. in L. J. Rückert.

—— der Rationalismus. gr. 8. (195 S.) Leipzig 858, [H. J. Purfürst.] *

— der Rationalismus. Leipzig 859. Haynel. (Purfürst.) gr. 8. (159 S.) n. 1 *Rthlr.* 10 *ngr.*

—— Rede am Verfassungsfeste d. 4. Sept. 1832, gehalt. im Gymnasium zu Zittau. gr. 8. (1¼ B.) Zittau 832, Schöpfische Buchh.

—— Theologie. 2 Thle. gr. 8. Leipzig, Breitkopf und Härtel. [1. (VIII und 379 S.) 851. 1 Thlr. 15 Ngr., 2. (IV und 611 S.) 852. 2 Thlr. 15 Ngr.]

— Luthers Verhältniß zum Augsburgischen Bekenntniß. Historischer Versuch. Jena 854. Doebereiner. gr. 8. (33 S.) n. 5 *ngr.*

—— die unentbehrlichste Wissenschaft f. jeden Christen. Pred. 2., unveränd. Aufl. gr. 8. (1 B.) Zittau 833, (Schöpfische Buchh.)

— sechs Zeitpredigten, in den J. 1848 u. 1849 gehalten. Als Anh. eine Altarrede. gr. 8. (IV u. 84 S.) Jena 850, Schreiber & Söhne. ⅓ *Rthlr.*

Rückert, Ludw., der Begriff des gemeinen deutschen Privatrechts. Erlangen 857. Enke. gr. 8. (IV, 122 S.) n. 20 *ngr.*

— der Leibrentenvertrag. Eine civilistische Abhandlung. Erlangen 857. Deichert. gr. 8. (2 Bl., 47 S.) 9 *ngr.*

Rückert, Ludov., principia juris Romani de exceptione quam vocant divisionis. Dissertatio. gr. 8. (69 S.) Gottingae 852. (Deuerlich.) n. ¼ *Rthlr.*

Rückert, Ludw., Untersuchungen über das Sachenrecht der Rechtsbücher, zunächst des Sachsenspiegels. Leipzig 860. Hinrichs. gr. 8. (VI, 226 S.) n. 1 *Rthlr.* 18 *ngr.*

Rückert, Mor. Heinr., de linguarum in scholis recte docendarum ratione ac via. Progr. des Gymn. Zittau 1848. 4°. 19 S.

Rückert, Osk., kleiner Führer durch Geschichte, Leben u. Hauptschwierigkeiten der deutschen Sprache, s.: Meyer, Joh.

Rückert, Oskar: Ulrich Zwinglis **Ideen** zur Erziehung und Bildung im Zusammenhang mit seinen reformatorischen Tendenzen dargestellt. *Gotha: E. F. Thienemann 1900.* (100 S.) 8° [Umschlagt.]
Leipzig, Phil. Diss. v. [3. Juli] 1900

Rückert, Osk.: Ulrich Zwinglis Ideen zur Erziehung u. Bildung, s.a. Beiträge zur Lehrerbildung. 17. Hft.

Ruckert, Oscar. Ulrich Zwinglis Ideen zur Erziehung und Bildung im Zusammenhang mit seinen reformatorischen Tendenzen dargestellt von Dr. Oskar R'. 8. Gotha 1900.
(Beitrage zur Lehrerbildung und Lehrerfortbildung. Hrg. von K[arl] Muthesius Heft 17)

— Deutsches Sprachbuch, s.: Meyer, Johs.

Rückert, Otto, Aufgabensammlung für Sprachlehre, Zeichensetzung u. Rechtschreibung. Im Anschluß an den 3. Thl. des Kinderfreundes bearb. 8. (23 S.) Hildburghausen 881. Gadow & Sohn. n. — 10

—— der geschäftliche Aufsatz. Für die Fortbildungsschule bearb. Nach amtl. Rechtschreibung. (20 S.) 1881; 2. verb. und verm. Aufl. 8. (28 S.) Ebendas. 884. * — 10

Rückert, Otto, der geschäftliche Aufsatz. Für die Fortbildungsschule bearb. 4. und 5. unveränd. Aufl. 8. (28 S.) Hildburghausen 886,87, Gadow und Sohn. *

Rückert, O., der geschäftliche Aufsatz. Für die Fortbildungsschule bearb. 6., unveränd. Aufl. 8. (28 S.) Hildburghausen 889. Gadow & Sohn. n. — 10

Rückert, Otto, der geschäftliche Aufsatz. Für die Fortbildungsschule bearb. 8. unveränd. Aufl. 12. (28 S.) Hildburghausen 891. F. W. Gadow & Sohn. n. — 10

Rückert, Otto, d. geschäftliche Aufsatz. Für die Fortbildungsschule bearb. 9., unveränd. Aufl. 12. (28 S.) Hildburghausen 892. F. W. Gadow & Sohn. n. — 10

Rückert, Otto, der geschäftliche Aufsatz. Für die Fortbildungsschule bearb. 11. verb. u. verm. Aufl. (34 S.) gr. 8. Hildburghausen 903. F. W. Gadow & Sohn. n.n. — 10

—— der geschäftliche Aufsatz und das geschäftliche Rechnen, s. Barnikol.

Die Geschichte des Seminars in Meiningen. Von Schulrat Dr. Otto **Rückert,** Sem. Dir., Hildburghausen. Hildburghausen 1906: F. W. Gadow & Sohn. (27 S.) 8° [F.]
= **Schriften** d. Vereins f. Sachsen-Meining. Geschichte u. Landeskunde. H. 53, 1. [04. 1166 9

— Jahresbericht auf das Schuljahr 1887/88 m. Rückblicken auf die seit Erlaß d. Volksschulgesetzes v. 22. März 1875 verflossene Zeit. 8. (48 S.) Ebd. 888. n. — 40

Rückert, Paul, d. wichtigsten Bestimmgn. d. Arbeiterschutzgesetze, des Einkommen- u. Gewerbesteuergesetzes, } s. a. Lehrhefte f. d. Unterr. an Fortbildungs-, Gewerk- u. Handwerkerschulen.
— d. Vorübgn. zur gewerbl. Buchführung. u. d. wichtigsten Bestimmgn. d. Gewerbeordnung, } s. a. Lehrhefte f. d. Unterr. an Fortbildungs-, Gewerk- u. Handwerkerschulen.

Rückert P, Vorübungen z. gewerbl. Buchführung u. den wichtigsten Bestimmungen d. Gewerbeordng. (16 S 3 Form.) 4° (Spetzler's Lehrhite. f. Fortb.-Sch. 1) Stuttgart 1897

Rückert, Th. J., die homöopathische Behandlung der asiatischen Cholera. Ein vollständiger Auszug der ganzen homöopathisch-klinischen Literatur bis zum Jahre 1850. Besonders abgedr. aus Klinische Erfahrungen in der Homöopathie. Eine vollstand. Sammlung aller, in der deutschen und ins Deutsche übertr. homöopath. Literatur niedergelegten Heilungen etc. Herausg. u. mit vergleichenden Bemerkungen versehen. Dessau 854. Katz. gr. 8. (XII, 94 S.) 15 ngr.

Rückert, Th. J., klinische Erfahrungen in der Homöopathie. Eine vollständ. Sammlung aller in der homöopath. Literatur niedergelegten Heilungen und prakt. Bemerkungen vom J. 1822 bis 1850. Hrsg. und mit vergleichenden Bemerkungen versehen. 1. Bd. 1—5. Lfg. gr. 8. (XVIII und S. 1—512.) Dessau 851(52,) Gebr. Katz. à Lfg. 15 Ngr.

—— Klinische Erfahrungen in der Homöopathie. Eine vollständ. Sammlung aller in der homöopath. Literatur niedergelegten Heilungen und prakt. Bemerkungen vom J. 1822—1850. 1. Bd. 6—18. Lfg. gr. 8. Dessau. [Leipzig, Haynel.] [Bd. 1. (XX und S. 513—1012) 853—54., Bd. 2. (VI und S. 1—466.) 854—55. Bd. 3. (S. 1—288.) 856. à Lfg. 15 Ngr.]
1—5. Lfg. Ebendas. 1851—52. 2 Thlr. 15 Ngr.

Rückert, Th. J., klinische Erfahrungen in der Homöopathie. Eine vollständige Sammlung aller, in der deutschen und ins Deutsche übertragenen homöopath. Literatur niedergelegten Heilungen und prakt. Bemerkungen vom J. 1822—1857. 19—32. (Schluss-)Lfg. gr. 8. Leipzig 857—61, G. J. Purfürst. [3. Bd. (V und S. 289—592.) 4. Bd. (VI und 1034 S.)] à Lfg. 15 Ngr.
1—18. Lfg. [Ebendas.] 1851—56. 9 Thlr.

Rückert, Th. J., klinische Erfahrungen in der Homöopathie. Supplementband, s.: Oehme, F. G.

Das deutsche Lied im Volkston. Neuestes Lieder-Album von Theodor Rückert. Leipzig: Rühle & Wendling (1904). (56 S.) 4° [F. u. Ant.] [05. ....

Rückert, Tobias Bogislaus (Schivelbein) A. S. 1194/61

Disputatio inauguralis medica, de haemorrhoidibus albis. Präs. Michael Alberti.
Halle (Henckel) XI, 1717. 40 S.

W. v.: Präs. 29439

Rückert, William, aus Dresden: Ueber **Doppelsalze des** Cobaltidcyanbariums. *Berlin 1903: O. Werner.* (42 S.) 8°
Berlin, Phil. Diss. v. 4. Juli 1903

Ruckes, Wilh., Untersuchungen über den Ausfluss komprimierter Luft aus Haarröhrchen u. die dabei auftretenden Wirbelerscheinungen, s.: Mitteilungen üb. Forschungsarbeiten auf dem Gebiete des Ingenieurwesens. 75.

Ruckes, Wilhelm, a. Friedrichssegen a. d. Lahn: Untersuchungen über den Ausfluß komprimierter Luft aus Kapillaren und die dabei auftretenden Turbulenzerscheinungen. Leipzig: J. A. Barth 1908. (48 S.) 8°
Würzburg, Phil. Fak., Ref. Wien, Diss. v. 7. März 1908
[Geb. 14. Mai 82 Friedrichssegen a. d. Lahn; Wohnort: Dortmund; Staatsangeh.: Preußen; Vorbildung: Realsch. Dortmund Reife Juli 98; Studium: Techn. Hochsch. Aachen 5, Univ. Würzburg 7 S.; Rig. 19. Dez. 07.]

Rückeshäuser, H., Die Eratiden auf Rhodos. Pr. 1886. 19 S.

Rückfahrt, die, des Kaisers, Schauspiel in 1 Aufzug von E. Veith. 8. Ebend. 814.

Rückfall, der; od. d. Tugend in Gefahr. Lustsp. a. d. Engl. 8. Götting. Vandenhök. 750.

Rückfall, der, e. Gesch. in 2 Thln., a. d. Engl. 8. Leipzig, Schwickert. 780.

Rückfälle, Die, oder die Stärke der Gewohnheit. Ein Originallustspiel in fünf Aufzügen. Wien 17?? V: *Weidmann, Paul.* (Jahrb. d. Grillp.-Ges. XIII.)

Rückflüge durch die zwei verflossenen Jahrhunderte. Aus Manuskripten und gedruckten Memoiren der Zeitgenossen. Jena 1823. V: *Vulpius, Chn. Aug.* Vgl. Jb. d. Samml. Kippenberg 6 (1926), S. 120. (DARP)

Rückflüge durch die zwei verflossenen Jahrhunderte aus Manuscripten u. gedruckten Memoiren d. Zeitgenossen. 1e Samml. gr. 8. Jena 823. Bran. 1 ℛ 6 ℊ

Rückforth, Geschichte des Kürassier-Regiments Graf Geßler Rhein. Nr. 8. Auf Befehl des Regimentskommandeurs zusammengestellt. Mit Illustr. v. Ernst Zimmer u. 2 Karten. (VIII, 399 S. m. 12 [3 farb.] Taf.) Lex. 8. Berlin 910. G. Stilke. Geb. in Halbleinw. 5.—; Offiziers-Ausg. (m. zahlr. Abbildgn., sowie Illustr. v. Ernst Zimmer u. 6 Karten). (XI, 424 S. m. 20 [3 farb.] Taf.) Geb. in Leinw. 20.—

Ruckgaber, Aemil, die Irrlehre des Honorius und das vaticanische Decret über die päpstliche Unfehlbarkeit. Ein Versuch zur Verständigung. gr. 8. (XII, 104 S.) Stuttgart 871, Cotta'sche Buchh. *
Vgl.: Honorius, Papst.

Ruckgaber, Aemil, die Diöcese Rottenburg u. ihre Ankläger. Tübingen 869. Laupp. gr. 8. (IV, 92 S.) n. 12 ngr.

Ruckgaber, Hnr., s. Classiker, die, d. Römer und Griechen, 12. Bd.

Ruckgaber, Hnr., Geschichte der Grafen von Zimmern. Ein Beitrag zur Geschichte des deutschen Adels nach d. besten Quellen. Mit 1 Kpfr. u. 1 Stammbaum. gr. 8. Rotweil 840. Herder. 1½ ℛ

Ruckgaber, Heinr., Geschichte d. Grafen v. Zimmern. Ein Beitr. z. Geschichte d. deutschen Adels, nach d. besten Quellen u. Hilfsmitteln bearb. gr. 8. (19½ B., 1 Abbild. u. 1 Stammbaum.) Rottweil 840, [Setzer'sche Buchh.]

Ruckgaber, H. Geschichte der Reichsstadt Rottweil. 3 Bde. 8. Rottweil 1835.

—— Geschichte d. Stadt Rottweil. 3 Bde. 8. (... B.) Rottweil 835, (Setzer'sche Buchh.)

Ruckgaber, Heinr., Handbuch der Universalgeschichte für die höhere Unterrichtsstufe und zum Selbststudium bearb. 1. Bd. 1. Hälfte: Einleitung in das Studium der Universalgeschichte, Geschichte der oriental. Völker und der Griechen. Lex. 8. (XII und 628 S.) Schaffhausen 853, Hurter'sche Buchh. Thlr.

—— dass. — 1. Bd. 2. Hälfte: Geschichte der Römer bis auf Constantin den Großen. Lex. 8. (VIII und 680 S.) Ebds. 854.

—— dass. — 2. Bd. 1. Abthl. Lex. 8. (S. 1—288.) Ebds. 856(57.)

Ruckgaber, Heinr., Handbuch der Universalgeschichte für die höhere Unterrichtsstufe und zum Selbststudium bearb. 2. Bd. 2. Abthl. und 3. Bd. in 2 Abthlgn. Lex. 8. Schaffhausen, Hurter'sche Buchh.

Inhalt:

Bd. 2. Abthl. 2. Geschichte des Mittelalters. 2. Abthl. (XV und S. 299—1048.) 857. 2 Thlr. 3 Ngr.
" 3. " 1. Neuere Geschichte. Die Entdeckung der neuen Welt. Das Reformationszeitalter. (VII und 442 S.) 858. 1 Thlr. 6 Ngr.
" 3. " 2. Neuere Geschichte. Vom 30jährigen Kriege bis zur französischen Revolution. Fortgesetzt von Ant. Hetzel. (861)62. 1 Thlr. 6 Ngr.

1. Bd. 1. und 2. Abthl. und 2. Bd. 1. Abthl. Ebendas. 1853—56. 4 Thlr. 12 Ngr.

Ruckgaber, Heinr., Handbuch der Universalgeschichte für die höhere Unterrichtsstufe und zum Selbststudium bearb. Fortgesetzt von Ant. Hetzel. Schaffhausen, Hurter. gr. 8.
3. Bd. 2. Hälfte: Neuere Geschichte. Vom 30jährigen Kriege bis zur französischen Revolution. 1. u. 2. Abth. 862, 63. (XIV, 1330 S.) 3 ℛ 18 ngr.

Ruckgaber, Heinr., Lehrbuch der Universalgeschichte f. die obern Classen gelehrter Unterrichtsanstalten u. zum Selbststudium. 1. Bd. Einleitung in das Geschichtsstudium u. Geschichte des Alterthums. 1. Abth. Geschichte der ältesten asiat. u. afrikan. Staaten. gr. 8. (XIV u. 315 S.) Rottweil 848, Setzer. ⅚ ℛ

Rückgang, der, der Viehpreise. Von G.-W. [Aus: „Landwirthschaftliche Thierzucht".] 8. (46 S.) Bunzlau 888. (Kreuschmer.) n.n. — 65

RUCKHABER, Die Gestaltung der evangelischen Kirche im neuen deutschen Reich. Thesen und Vortrag. Elberfeld, 1872. Gedruckt bei R. L. Friderichs u. Comp. 8o.

Des Daseins und Denkens M e c h a n i k und Metamechanik. Eine monistische widerspruchslose Philosophie von Erich Ruckhaber. Hirschberg i. Schl.: Springer in Komm. 1910. 626 S. 8°

Rückhaber, Chr. Dan., Bild eines gewissenhaften Lehrers d. christl. Religion. Eine moral. Abhandl. 8. Frankf. a. M. 791, Gebhardt u. K. 4 ℊ

Rückhard, Adf. Hurrah Germania. — Gute Kameraden, s. Festspiel-Sammlung.

Kants Stellung zur Metaphysik in seiner vorkritischen Periode. Von Artur **Rückheim.** Berlin: Borngräber 1910. 62 S. 8° [10, 1048]

Rückheim, Art., Kants Stellung zur Methaphysik in seiner vorkritischen Periode. (62 S.) 8. Berlin 910. Verlag Neues Leben. 2.—

Rückhelm, J. L., Martha u. Marie. Erzählung. 8. (59 S.) Berlin 889. E. F. W. Berg. n. — 75

— Sonnenflug d. Zollern-Aars. Gewidmet der deutschen Jugend. Lex.-8. (58 S.) Ebd. 889. n. 2.—; geb. n. 3.—

Rückheim, Johannes

— Hilfs- u. Übungsbuch für den Unterricht in der neuen deutschen Rechtschreibung. Für Volksschulen u. die unteren Klassen höherer Lehranstalten bearb. Mit dem Anh.: Tabellarisches Verzeichnis der gebräuchlichsten Wörter von schwankender Orthographie, zusammengestellt von H. Fechner u. H. Harz. 8. (III, 36 u. Anh. VII S.) Berlin 880. Keller. cart. n. — 40

Rückheim, Johs., Hilfs- und Uebungsbuch für den Unterricht in der neuen deutschen Rechtschreibung. 8. Berlin 880, Spamer. cart. * — 40

Rückheim, Johs., Hilfs- u. Übungsbuch f. den Unterricht in der neuen deutschen Rechtschreibung. Für Volksschulen u. die unteren Klassen höherer Lehranstalten bearb. Mit e. Anh.: Tabellarisches Verzeichnis der gebräuchlichsten Wörter v. schwank. Orthographie, zusammengestellt v. H. Fechner u. H. Harz. 2., erweit. Aufl. 8. (40 u. VII S) Berlin 891. H. Spamer. Kart. n. — 50

Rückheim, Joh., Hülfsbuch für den Unterricht in der Geographie. Nach den neuesten Hillfsquellen bearb. gr. 8. (III, 60 S.) [Berlin 880, Schlesier.] Graudenz, Gaebel's Buchh. * — 60

— Hülfsbuch für den Unterricht in der Naturkunde. Zoologie — Botanik — Mineralogie, nebst Physik u. Chemie. gr. 8. (VIII, 54 S.) Ebend. 880. n. — 60

– Hülfsbuch für den Unterricht im Rechnen in ausführlichen Beispielen zur praktischen Erlernung sämmtlicher Rechnungsarten. gr. 8. (III, 112 S.) Ebend. 880. n. 1. —

—— Hülfsbuch für den Unterricht in der deutschen Sprache, sowie zur Anfertigung schriftlicher Arbeiten, nebst einem Abrisse der deutschen Literatur. gr. 8. (III, 58 S.) Ebendas. 880. * — 60

Rückheim, Joh., Hülfsbuch für den Unterricht in der Weltgeschichte, nebst ausführl. Zeittafel der wichtigsten Begebenheiten. gr. 8. (III, 108 S.) Berlin 880. Schlesier. n. 1. —

Rueckheim, Mathilde. Von seiner Fülle, Erbauungsverse. Chicago, 1901. UC

Bahnunternehmung Wohlen-Bremgarten. Freihändiger Rückkauf des Anteils der Gemeinde Bremgarten. 8. [Bern, Stämpfli & Cie.,] 1902.
Botschaft des Bundesrates. ⟨Vom 25. März 1902.⟩ 10 S.
Bundesbeschluss. ⟨Vom 26. April 1902.⟩ 5 S.

Rückkauf der Gotthardbahn. Eine Entgegnung an die «Neue Zürcher Zeitung». Separatabdruck aus dem «Luzerner Tagblatt» vom 3., 5. und 6. Januar 1904. 19 S. 8. Luzern, H. Keller, 1904.

Rückkauf, Der, der Jura-Simplonbahn. Zürich 1902. V: *Brunner, Adolph.* (BBullSchw 3, 1903)

Ruckkehr, die,. Schsp. in 2 A. v. Verf. d. Amerikanerin. 8. Lpz. Solbrig.

Rückkehr, Die. Vom Verfasser der Briefe eines Verstorbenen. Berlin 1846—48. V: *Pückler-Muskau, Herm. Ldw. Hnr. Fürst v.* (BrMm) (Ky) (EngG) (ABJP)

Rückkehr. Die R' des Schultheissen (Johann) von Bubenberg im Jahr 1362. Njbl. Bern 1824 s.c.[Stierlin, Emanuel].

Rückkehr, Die, der Schultheissen von Bubenb. im Jahr 1362. Bern 1824. V: *Stierlin, Emanuel.* (Cat. d. Stadtbibl. Zürich. Zürich 1864—97.) »des Schultheissen« (AarK)

Rückkehr, Der glücklichen, unseres Grossmeisters in die Hallen unseres Tempels am 19. October 1805. O. O. V: *Thurn und Taxis, Carl Alex. Fürst von.* (Tt)

Rückkehr. der glücklichen, unsers hochverehrt. Merkel's (Mstr. v. St. d. Loge z. d. 3 Pfeilen) in den trauten Kreis seiner Freunde, geweiht den 7. März 1816. Nürnberg. 8. 2 Bl.
Fehlt bei Kloss. — Gedicht von E. v. L.

Rückkehr zu Gott . . . 4. Aufl. Wien 1826. V: *Schmid, Franz.* (Schmal)

RÜCKKEHR zu Gott: Kurzgefaßte Anleitung zum würdigen Empfang des hl. Sakramentes der Buße. Esztergom (Gran) 1893: Gustav Buzárovits. (2) 55 (1) S. - 140 mm

Die Rückkehr zur kath. Kirche. Eine Aufgabe unserer Zeit u. eine Stimme aus der Mitte der Protestanten. Leipzig, Jackowitz. 1851, 8°, 59 S., 7½ Bj.
Dazu Hist.-pol. Blätt. Bd. 29, S. 93—9.

Rückkehr, Die, des Königs von Preussen in seine Hauptstadt. Zur Erinnerung an den 23. Dec. 1809. Berlin 1809. V: *Müller, Adam Hnr.* (GGr)

Rückkehr, die, der Königinn von England. Aus authentischen Actenstücken. Aus dem Englischen. Mit dem Bildnisse der Königinn. Altona. 1821. (Portr. inglr. i K. B.).

— die, des Landboten vom letzten Warschauer Reichstage. Schspl. (v. S. G. Linde). 8. Straßb. 792. (Hamb., Campe; a. Leipz., W. Vogel). 9 gl.

— die, des Landboten, vom letzten Warschauer Reichstage. Schsp. 8. Strasb. (Hoffmann in Hamb. a. Vogel in Lpz.) 792.

Rückkehr, Die, des Landboten vom Warschauer Reichstage; ein Schauspiel; a. d. Poln. . . . Leipzig 1794. V: *Niemcewicz, Julian Ursin.* Ü: *Linde, Samuel Gottlieb.* (MGT) »Strassb. 1792« (Ky)

Rückkehr zur Natur. Populär-wissenschaftliche Blätter für Wahrheit in Heil- und Lebenskunst. Redig. von Paul Kadner. 1—3. Heft. à Heft 12 Nrn. (½ Bog.) Lex.-8. Dresden 858—60, (Brever.) à Heft ** 15 Ngr. **

— — 4. Heft 12 Nrn. (à ½ Bgn.) Dresden 861. Klemm in Comm. 4. n. 15 ngr.

—- zur Natur. Populär-wissenschaftliche Blätter für Wahrheit in Heil- und Lebenskunst. Redact.: P. Kadner. Mitredact.: G. Dieck. 5. Jahrg. 1862. 24 Nrn. (½ Bog.) Lex.-8. Dresden, (Klemm's Verlag.) *

—— dass. — Redact.: P. Kadner. Mitredact.: L. Baumgarten. 6. Jahrg. 1863. 24 Nrn. (½ Bog.) Lex.-8. Dresden, (Höckner.) *

—— dass. — Redact.: P. Kadner. Mitredact.: L. Baumgarten. 7.—9. Jahrg. 1864—66. à Jahrg. 24 Nrn. (½ Bog.) Lex.-8. Bautzen, Schmaler und Pech. à Jahrg. *

Rückkehr, Orions, zur friedlichen Insel. Gelegenheitsstück in 1 Aufz. Wien 1802. V: *Perinet, Joachim.* (GGr)

— die, aus Ostindien; oder wer andern eine Grube gräbt, fällt selber hinein. Lustsp. v. Kaffka. 8. Magdeburg, Creutz. 789.

Rückkehr, die, des Piraten. — Le retour du Pirate. Gemalt von Ed. Magnus. Lithogr. von Herm. Eichens. gr. Imp.-Fol. Berlin 837. Sachse u. Comp. 4 ₰

Rückkehre des Pabstes (!) *Pius VII.* nach Rom. Von der *bürgerl. Congregation* in München d. 15. May 1814 gefeyert. Nebst e. Beschreibung des *Bürgersaales* von *Ant. Baumgartner*, kgl.-baier. Baucommissions-Rathe. Mit Zängl'schen Schriften. (München 1814.) 8°. Ppb., gering fleckig.
40 S. Mit 1 Kpf. (Bürgersaal in d. Neuhauser-Gasse). — Rar!

Die **Rückkehr** der Päpste Urban v. und Gregor XI. von Avignon nach Rom. Auszüge aus d. Kameralregistern d. vatikanischen Archivs. Hrsg. v. Dr. Joh. Peter Kirsch, Prof. an d. Univ. zu Freiburg i. d. Schweiz. *Paderborn: F. Schöningh 1898.* (LXI, 328 S., 1 Bl.) 1 Bd 8.
— **Quellen** u. Forschgn aus d. Gebiete d. Geschichte ... hrsg. v. d. Görres-Gesellsch. Bd VI. (98. 9632

Rückkehr. Rükkehr in's Vaterhaus. ([Biographien einiger] der hervorragendsten deutschen und schweizerischen Konvertiten.) Mit besonderer Rücksicht auf [David August] Rosenthal's „Konvertitenbilder". Von einem St. Gallischen Priester. 8. Ingenbohl ... 1884.

Rückkehr, Die, ins Vaterland; ein Halbroman. Kopenhagen 1798. V: *Merkel, Garlieb Helwig.* (R-N) (MGT) (Ky) (NN)

Rückkehr, die, ins Vaterland. Ein Halbroman. 8. Copenhagen, Proft. 798. (Brummer.)

Rückkehr, Die, der Waldenser. Nach der von Henri Arnaud 1730 herausgegebenen Histoire de la Rentrée des Vaudois . . . Stuttg. 1876. V: *Flammberg, Gfr.* (Ky)

Rückkehre, s. Rückkehr

Rückkehrenden, Die. [Leipzig 1819.] V: *Müller, Louise.* (schl)

Rückkunft eines alten Karlsruhers im Jahr 1840 ... Karlsruhe 1840. V: *Vorholz, Chph.* (Ky) (EE) (ABJP)

Rückkunft ein. alten Karlsruhers im J. 1840. — Versuch z. Darstell. d. Karlsruher Volkssprache im vorigen Jahrh. (Gedicht v. Chrstph. Vorholz.) 8. (2½ B.) Karlsruhe 840, Macklot.

Rückle, Erwin: Ist die Melancholie ausschliesslich eine Psychose des Rückbildungsalters? *Schwäb. Gmünd (1898): F. Löchner.* (52 S.) 8°
Erlangen, Med. Diss. v. 4. März 1898

Rückle, Gottfried, aus Rödelheim b. Frankfurt a. M.: **Quadratische Reciprocitätsgesetze in algebraischen Zahlkörpern.** *Göttingen 1901: Dieterich.* (49 S.) 8°
Göttingen, Phil. Diss. v. [7. Mai] 1901

Rückle, Gfr., quadratische Reciprocitätsgesetze in algebraischen Zahlkörpern. Diss. gr. 8. (49 S.) Göttingen 901. (Vandenhoeck & Ruprecht.) n. 1.20

Rücklin, Frdr., der praktische Geschäftsbetrieb. Lehrbuch f. gewerbl. Fachschulen sowie zum Selbstunterricht. Nach der Inductionsmethode f. Schule u. Werkstatt. 8. (99 S.) Berlin 894. E. Goldschmidt. In Leinw. kart. n. 1. —

Rücklin, F., das neuzeitliche Handwerk, s.a. Zeitfragen des christlichen Volkslebens.

Rücklin, Frdr., Das neuzeitliche Handwerk. Eine socialpolitische Studie vom technisch - wirthschaftlichen Standpunkte. (Zeitfragen des christl. Volkslebens, Heft 30—31.) gr. 8°. Heilbronn 1880.

Rücklin, Friedr., die Volksgewerbschule, ihre sozialwirthschaftliche Aufgabe, ihre Methode und naturgemäße Gestaltung. gr. 8. (178 S.) Leipzig 888, Böhme Nachf. *

Rücklin, Frdr., **wie wird ein ertragsfähiges Kleinfabrikationsgeschäft m. dem geringsten Kapitalaufwand gegründet u. betrieben? (Dr. Ludw. Huberti's prakt. gewerbl. Bibliothek.) (IV, 112 S.) gr. 8. Leipzig 903. H. Klasing.** Geb. in Leinw. n. 2.40

Rücklin, R., das Schmuckbuch. Unter Mitwirkg. von A. Waag bearb. u. hrsg. Mit 200 Volltaf. u. 241 Abbildgn. im Text. gr. 4. (XII, 264 S.) Leipzig 901. E. A. Seemann. n. 25. —; geb. in 2 Leinw.-Bdn. n. 30. —
Erschien auch in 5 Lfgn. à n. 5.—.

Ruckmich, Wilh., Ulrich von Hutten. Ein Gedicht. gr. 8. (4½ B.) Karlsruhe 844, Artist. Institut. [Leipzig, Hermann.]
Aus: Europa, Zeitschrift 2c., besond. abgedruckt.

Ruckmich, Wlh., Ulrich von Hutten. Ein Gedicht. Besond. Abdruck aus der Zeitschrift „Europa." gr. 8. Karlsruhe 844, Gutsch u. Rupp. Artist. Institut. ¼ ₰

RUCKMICH, Wilh., Antipapistische Lieder. Belle-Vue bei Constanz 1845. 12°. 112 S. (2 Mk. 50 Pfg. Max Jaeckel, Potsdam, 1910.)

Rückner, Herm., Liebe?, s.a. Eckstein's Reisebibliothek.

[F.] Liebe? Erzählgn v. Hermann **Rückner.** 2. Aufl. *Berlin: R. Eckstein Nachf. [1896].* (126 S.) 1 Bd 8.
— **Reisebibliothek,** Ecksteins. No 162. (97. 4934

Rückner, Herm., Matrosen-Geschichten. 8. (113 S.) Großenhain 891. Baumert & Ronge. n. 1. —

— der alte Ommo u. s. Maat u. anderes. (Unterwegs u. Daheim.) schmal 8. (167 S.) Breslau 897. Schles. Buchdruckerei 2c. n. — 75; geb. n. 1. —

[F.] Der alte Ommo und sein Maat und anderes. Von Hermann **Rückner.** *Breslau: S. Schottlaender 1897.* (157 S.) 1 Bd 8. (Unterwegs u. Daheim.) (97. 6460

Rückoldt, Armin, englische Schulredensarten f. d. Sprachunterricht. 8. (52 S.) Leipzig 900. Roßberg'sche Verlagsbuchh. n. — 60

— französische Schulredensarten f. den Sprachunterricht. 8. (50 S.) Ebd. 900. n. — 60

Rückoldt, A., französische Schulredensarten f. den Sprachunterricht. 2. Aufl. (90 S.) 8. Leipzig 905. Roßberg'sche Verlagsbuchh. Geb. n. 1.20

Rückoldt, Armin [aus Jena]: Richelieus Stellung in der Geschichte der französischen Litteratur. Eine litterarische und grammatische Untersuchung ... Jena, Frommannsche Buchdr. Hermann Pohle, 1889; 2 Bl. + 66 S. 8°
Jena, Phil. Fak., Inaug.-Diss. v. 1889

Rückoldt, Armin. Richelieus Stellung in der Geschichte der französischen Litteratur. Eine litterar. u. grammat. Untersuchg. Diss. gr. 8. (66 S.) Jena 889, (Pohle). * 1 —

Rückoldt, Karl: Elektrische Entladungen in verdünnten Gasen. (Grundzüge e. Forschungsgeschichte im Zshange m. d. Entwicklg d. Hilfsmittel.) Weimar, Druck d. Hof-Buchdr., 1897; 16 S., 1 Bl. Taf. 4.
Weimar, Wilhelm-Ernstisches G. OP 1897 (704)

[J.] **Rückoldt, *Karl*** [Dr.]: Der gerade Kreiskegel und die Ebene. Eisenach, Hofbuchdr., 1891; S. 1--13; 4°
Eisenach, grossh. RG, OP 1891 (666)

Rückoldt, Carl: Ueber das logarithmische Potential einer halbkreisförmigen Platte und über eine damit im Zusammenhang stehende conforme Abbildung .... Jena, Druck v. Julius Hossfeld, 1885: 36 S. 8°.
Jena, Phil. Fak., Inaug.-Diss. v. 1885.

Rückoldt, Carl, über das logarithmische Potential einer halbkreisförmigen Platte und über eine damit im Zusammenhang stehende conforme Abbildung. Diss. Jena 1885, G. Neuenhahn. 8°. 36 S.

Rückruf ins Leipziger Schlachtfeld am preußisch-sächs. Bußtage 1818. gr. 8. Leipz. 818. Centr.-Compt. 2 gr

RÜCKSCHAU auf die Entwickelung u. 10jähr. Thätigkeit des Vereins für Geschichte der Neumark. (Landsberg a. W. (1899.) Dermietzel & Schmidt. Ohne bes. Titelbl.) 8°.

Eine historische Rückschau auf die 50jährige Tätigkeit des Ministeriums der Reichs-Vermögen. Teil 1 und 2. St. Petersburg 1888. (Über die deutschstämmigen Kolonisten)

Rück- und Vorschau für die bevorstehende Generalsynode der protestantischen Kirche Bayerns ... Mainz 1857. V: *Thomas*, *Georg Martin*. (Kat. d. Bibl. d. dtsch. Reichstages. Berl. 1882.)

Rück- und Vorschau für die bevorstehende Generalsynode der protestantischen Kirche Bayerns. Von einem Laien. Mainz 857. Kunze. gr. 8. (19 S.) 4 ngr.

Rückschreiben des Kts. St. Gallen an Appenzell A. Rh. betreff. Doppelverbürgerung. 19. Sept. 1851.

Rückschritt oder Fortschritt? Erwiederung auf Hrn. Candidaten Wallmann's Frage: Kirche oder Schule? Lex.-8. Leipzig 840. (Quedlinburg, Basse.) 5 gl

Rücksichten, über die zu nehmenden, bei der Wahl eines Hausarztes. Allen Familien-Vätern, Müttern u. Erziehern zur Beherzigung empfohlen v. einem prakt. Arzte. 8. Leipzig 840. Tauchnitz jun. 1/4 ℔

Rücksichten, zarte, oder die protestant. Leisetreterei unserer Tage. Ein Wort der Beherzigung an das protestant. Deutschland über die Stellung unserer Kirche u. ihre Zukunft. Auf Verlangen aus der Sächs. Kirchen-Zeitung besonders abgedruckt u. mit vielen gewichtigen Nachträgen u. Beilagen vermehrt. 8. Grimma 844, Verlags-Comptoir. 1/4 ℔

Rückständigkeiten. Von F. S. Wien 1905. V: *Siedler*, *Ferdinand*. (EB)

Rückständigkeiten. Von F. S. (176 S. m. 1 Karte.) gr. 8. Wien 905. (L. W. Seidel & Sohn.) n. 4. —

Ruckstuhl, C. Quaestiones Atlanticae. (Ueber d. Mythos d. Atlas, hist. u. erklärend.) 18 S.
Coblenz, Progr. 1826

Ruckstuhl, Joh. Jak., die schweizerische Telegraphen-Verwaltung im Lichte der Kritik. (66 S.) gr. 8. Zürich 903. F. Amberger. n. 1. —

Ruckstuhl, Joh[ann] Jac[ob]. Die schweizerische Telegraphen-Verwaltung im Lichte der Kritik. Von Joh. Jak. Ruckstuhl.... 104 S. 8. Zürich, Fritz Amberger, 1903 (*Umschlag: 1904). [fr. 1. —]

Ruckstuhl, Karl

Ruckstuhl, C[arl]. Anleitung zur Erteilung eines methodischen Gesangunterrichtes in der Primarschule (II. bis VIII. Klasse). Ein Handbuch für den Lehrer. [Mit Noten.] IV + 111 S. 4. Zürich, Art. Institut Orell Füssli, (1902). [geb. fr. 4. 50]

Ruckstuhl, v. der Ausbildung der deutschen Sprache, s.: Goethe, J. W. v., u. Ruckstuhl.

Ruckstuhl, Karl, Prolog auf die Errichtung eines Turnplatzes 1817 am Königl. Gymnasium zu Bonn, Bonn 1817, 81 S., 8°.

Ruckstuhl, Karl, ein Tag am Siebengebürg. 8. Crefeld 822. (Bachem in Cöln). 4 gr

Ruckstuhl, Werner, dipl. Chemiker, aus Aadorf Thurgau: I. Beitrag zur Kenntnis der Kalium-Bleidoppelchloride. II. Über die Bestimmung einer Überführungszahl bei der Elektrolyse der geschmolzenen Gemenge von Blei- und Kaliumchlorid. Leipzig 1906. 52 S. 8°. [9. VI. 06.]
Zürich, Phil. Diss. II. S. 1905/1906.

Ruckstuhl, Werner. 1. Beitrag zur Kenntnis der Kalium-Bleidoppelchloride; 2. Über die Bestimmung einer Überführungszahl bei der Elektrolyse der geschmolzenen Gemenge von Blei- und Kaliumchlorid. Diss. Phil. [II.] Univ. Zürich. [Mit Figuren.] 52 S. 8. Leipzig, Metzger & Wittig, 1906.

Rucktäschel, *Karl Theodor* [Oberl. Dr.]: Die Grafschaft Devon. Chemnitz, Druck v. J. C. F. Pickenhahn & Sohn, 1892; 28 S. 4.
Chemnitz, RG m. Realschulkl., OP 1892 (546 [vielm. 548])

Rucktäschel, Paul [Assist. an d. K. S. Techn. Hochsch. zu Dresden]: Über einige Kohlenstoff- und Siliciummetalle, sowie eine neue, allgemein anwendbare Methode zur Kohlenstoffbestimmung in Metallen ... Dresden, Druck v. B. G. Teubner, 1893; 43 S. 8.
Rostock, Phil. Fak., Inaug.-Diss. v. [1. Febr.] 1893

Rucktäschel, Theodor: Einige arts poëtiques aus der Zeit Ronsard's und Malherbe's. Ein Beitrag zur Geschichte der französischen Poetik des 16. und 17. Jahrhunderts.... Leipzig, Gustav Fock, 1889; 78 S. + 1 Bl. 8°
Leipzig, Phil. Fak., Inaug.-Diss. v. 2. Sept. 1889

Rucktäschel, Thdr. Einige arts poëtiques aus der Zeit Ronsards u. Malherbes. Ein Beitrag zur Geschichte der französ. Poetik d. 16. u. 17. Jahrhunderts. gr. 8. (78 S.) Lpz. 889, Fock. * 1 50

RUCKTESCHEL, Joh. — Der Rechte Gebrauch Und Mißbrauch im Ehestandt, in dreyen Predigten, ... In der Kirchen zu Marckt-Burckbernheimb (Franken), vorgestellet; .... Von *Johann Ruccteschéln*, Diacono daselbst. Gedruckt im Jahr Christi 1704. 8°. (In Breslau., Stadtbibl.: K 416, 8.)
Derbl 5 Bll., 67 S., 1 S. Druckf.

Nuckteschell, Nicolai v., die Diakonie d. Neuen Testaments im Hinblick auf die Diaconissenfrage. gr. 8. (63 S.) Riga 883. (Dorpat, Karow.) n. 1. 60

Nuckteschell, Nicolai v., Personalgemeinde od. Lokalgemeinde. gr. 8. (40 S.) Hamburg (897). (Herold.) n. 1. —
Sonderabdruck aus: „Zeitschr. f. d. ev.-luth. Kirche in Hamburg".

Nuckteschell, N. v., Schiller, der Prophet des deutschen Geistes u. deutschen Ideals. Festrede, geh. bei der öffentl. nationalen Schillerfeier. Nach stenograph. Aufzeichngn. wiedergegeben. (16 S.) gr. 8. Hamburg 905. Herold. n. — 30

— dasselbe, s.a. Schillerreden, 2, in Hamburg.

Nuckteschell, N. v., Gottes Weg in seinem Evangelium vom Auferstandenen. Predigt, geh. am 2. Ostertag 1890 in der Friedenskirche zu Eilbeck. gr. 8. (13 S.) Hamburg 890. Herold's Verl. — 30

Nuckteschell, Nicolai v., wer wächst richtig? Eine Predigt f. die Jugend u. die, welche sie lieb haben. 12. (16 S.) Hamburg 893. Herold's Verl. — 30

Rücktritt, über den, katholischer Geistlichen höherer Weihen in den Laienstand. Mit e. Vorrede u. mit Zusätzen begleitet von D. Fridolin Huber. gr. 8. Carlsruhe 833. (Freiburg, Herdersche Verlagsh.) 1/2 ℛ

Frankfurter Rückversicherungs-Gesellschaft (Frankfurt a. M.). (1857—1907.) — o. O. (1907). 6 S. 4° [Maschinenschr. hectogr.] [Kopft.] 38 A.

1885—1910. 25 Jahre Deutsche Rück- und Mitversicherungsgesellschaft, Berlin. Zum Geschäfts-Jubiläum am 12. März 1910. — Berlin (1910): Deuter & Nicolas. 6 Bl. 4° [Umschlagt.] 38 A.

Schweiz. Rückversicherungs-Gesellschaft in Zürich. 21. Geschäftsbericht für das Jahr 1884, vorgelegt der Generalversammlung der Aktionäre den 25. Mai 1885. In-4°, 14 S., m. Tafel.

Deutsche **Rückwandrer** aus Rußland. Ein Leitfaden f. ländl. Arbeitgeber. 1. Aufl. Als Ms. gedr. Bln '08. 138 S.

Rückwardt, Herm., Architektur der Neuzeit. Eine ausgewählte Sammlung moderner Façaden und Details. Photogr. Aufnahmen nach der Natur in Lichtdr. von H. R. 100 Taf. I. Serie. 1. Lfg. Fol. (20 Taf.) Berlin 888, Kanter und Mohr. In Mappe *

Rückwardt, Herm. **Architektur der Neuzeit.** Eine ausgewählte Sammlg. moderner Façaden u. Details. Photogr. Aufnahmen nach der Natur in Lichtdr. 100 Taf. I. Serie. 2.—5. (Schluss-)Lfg. Fol. (à Lfg. 20 Taf.) Berl. 889, Kanter u. Mohr.
In Mappe à Lfg. * 25 —; * 100 —
1. Lfg. Ebd. 1888. * 25 —. Forts. s.: Architektur der Neuzeit.

Rückwardt, Herm., Architektur der Neuzeit, Fortsetzung, s.: Architektur der Neuzeit.

Rückwardt, Herm., die Architektur der deutschen Schlösser. Photograph. Orig.-Aufn. nach d. Natur in Lichtdr. 1. u. 2. Bd. gr. Fol. (à 60 Bl.) Berlin, H. Rückwardt. In Mappe à n. 90. —
1. Das kgl. Schloss zu Berlin. 894. 95.
2. Das kgl. Schloss zu Charlottenburg. 894.

— **Architektur-Schatz.** 1. Serie. (In 10 Hftn.) 1.—4. Hft. gr. 4. (à 30 Lichtdr.-Taf.) Berlin-Gr. Lichterfelde 897. 98. (Leipzig, P. Schimmelwitz & Co.) Subskr.-Pr. à Lfg. n. 6. —

Rückwardt, Herm., Architekturschatz. Eine Sammlg. v. Aufnahmen mustergilt. Bauwerke, Architekturtheile u. Details v. Meistern der Baukunst aller Zeiten u. Länder. Nach eigenen Orig.-Aufnahmen hrsg. I. Serie. 5.—7. Hft. gr. 4. (90 Lichtdr.-Taf. m. 9 S. Text.) Leipzig (901. 902). Baumgärtner. à n. 6. —
1.—4. Hft. jetzt Ebd. 897. 898. à n. 6. —.

Rückwardt, Herm., Architekturschatz. Eine Sammlg. v. Aufnahmen mustergilt. Bauwerke, Architekturtheile u. Details v. Meistern der Baukunst aller Zeiten u. Länder. Nach eigenen Original-Aufnahmen hrsg. I. Serie. 8.—10. (Schluss-)Heft. (90 Taf. in Autotyp. m. 9 S. Text.) gr. 4. Leipzig (903). Baumgärtner. In Leinw.-Mappe à n. 6. —

— **malerische Architektur-Studien** v. Rothenburg ob der Tauber. Photogr. Orig.-Aufnahmen nach der Natur, in Lichtdr. hrsg. gr. Fol. (30 Taf.) Berlin 894. H. Rückwardt. In Mappe. n. 50. —

— malerische Architektur-Studien v. Rothenburg ob der Tauber. Photograph. Orig.-Aufn. nach der Natur in Lichtdr. (Neue [Titel-] Ausg.) Fol. (30 Taf.) Leipzig (894) 896. (P. Schimmelwitz & Co.) In Mappe n. 30. —

— Architekturtheile u. Details v. Bauwerken des Mittelalters bis zur Neuzeit. Photogr. Aufn. nach d. Natur in Lichtdr. hrsg. Abtheilg. A u. B. 3 Serien. gr. Fol. Berlin 894. H. Rückwardt. In Mappe n. 90. —
A. Alte Architektur. 1. Serie. (30 Taf.) n. 30. —
B. Neue Architektur. 1. u. 2. Serie. (60 Taf.) n. 60. —

— dasselbe. Abth. B.: Neue Architektur. III. Serie. gr. Fol. (30 Bl.) Ebd. 895. In Mappe n. 30. —

— Abth. A: Alte Architektur. II. Serie. gr. Fol. (30 Taf.) Leipzig 896. (P. Schimmelwitz & Co.) In Mappe n. 30. —

Rückwardt, Hermann. Photographische Aufnahme der Kunstakademie in Berlin vom Einzuge der Truppen am 16. Juni 1871. Berlin. Fol. (2 Exemplare.)

— **Details** aus dem königl. Schlosse zu Berlin. Portale, Thüren, Deckenstücke, Gesimse, Kapitäle, Pilaster, Supporten, Kamine, Konsoltische, Gueridons, Füllgn., Figuren, Bekröngn., Reliefs, Paneele, Bekränzgn. u. Innen-Ansichten. Photogr. Aufnahmen in Lichtdr. gr. Fol. (48 Taf.) Berlin 893. Hessling & Spielmeyer. In Mappe. n. 72.

—— Façaden u. Details moderner Bauten. Photogr. Aufnahmen nach der Natur, in Lichtdr. hrsg. 3 Tle. gr. Fol. (150 Taf.) Berl. 892, Hessling u. Spielmeyer. In Mappen * 150 —

— **Façaden** und Details moderner Bauten. Photograph. Orig.-Aufn. nach d. Natur in Lichtdr. 1. Serie. (In 15 Lfgn.) 1.—5. Lfg. gr. Fol. (à 10 Taf.) Ebd. 896. 97. à Lfg. n. 5. —

Schloss Friedrichshof bei Cronberg im Taunus. Photogr. Original-Aufn. nach d. Natur in Lichtdr. Hrsg. v. Hermann **Rückwardt**, Archit. ... *Berlin: H. Rückwardt; Leipzig: P. Schimmelwitz [1896].* (2 Bl., 57 Taf., 3 Pl.) 1 Bd gr. 2. [97. 1641]

Rückwardt, Herm., die königl. Technische Hochschule Berlin-Charlottenburg. Photographische Orig.-Aufnahmen nach der Natur, Lichtdr. u. hrsg. v. H. R. gr. Fol. (19 Taf. m. 5 S. Text.) Berlin 885. Rückwardt. In Mappe. 60. —

— moderne Holz-Bauten. Villen u. Landhäuser, Pavillons, Erker, Parkthore etc., sowie Entwürfe f. Schweizerhäuschen, Försterhäuser u. andere kleine ländl. Gebäude, ausgeführt v. der Wolgaster Actien-Gesellschaft f. Holzbearbeitg. vorm. J. Heinr. Kraeft in Wolgast. Photogr. Orig.-Aufnahmen in Lichtdr. 24 Taf. gr. Fol. Ebd. 893. In Mappe. n. 24. —

— moderne Holz-Bauten. Villen u. Landhäuser, Pavillons, Erker, Parkthore etc., sowie Entwürfe f. Schweizerhäuschen, Försterhäuser u. and. kleine ländl. Gebäude. Nach photograph. Orig.-Aufnahmen in Lichtdr. hrsg. (Neue [Titel-] Ausg.) Fol. (24 Taf.) Ebd. (893). 896. In Mappe n. 20. —

Rückwardt H., Konkurrenz-Entwürfe wegen Bebauung der Museumsinsel zu Berlin. (46 T.) fol Berlin 1884

—— Berliner Neubauten. Photogr. Orig.-Aufnahmen in Lichtdr., im Anschluss an die architekton. Studien-Blätter hrsg. 4 Lfgn. gr. Fol. (40 Bl.) Berl. 890—92, [Dierig u. Siemens]. Siemens. In Mappe à Lfg. * 12 50; * 50 —

—— dass. — Neue Ausg. gr. Fol. (40 Taf. in Lichtdr.) Berl. 892, Hessling u. Spielmeyer. In Mappe * 48 —

— Berliner Neubauten. Eine Sammlg. der schönsten Façaden der in den letzten Jahren in Berlin ausgeführten Bauten. Photographische Orig.-Aufnahmen, in Lichtdr. hrsg. 1. Serie. (Neue Ausg.) gr. Fol. (40 Taf.) Ebd. 892. In Mappe. n. 48. —

— dasselbe. II. Serie. 1. Lfg. gr. Fol. (10 Lichtdruck-Taf.) Ebd. 892. n. 12. —

— Berliner Neubauten. Neue Folge. Photograph. Orig.-Aufnahmen nach d. Natur in Lichtdr. gr. Fol. (25 Taf.) Berlin-Gr. Lichterfelde 898. Ebd. In Mappe n. 25. — (I. u. II.: n. 73. —)

—— Cölner Neubauten. Eine Sammlung der schönsten Façaden der in der Neuzeit in Cöln a. Rh. ausgeführten Bauten. [Sep.-Ausg. der Architecton. Studienblätter.] Photogr. Orig.-Aufnahmen nach der Natur, in Lichtdr. und hrsg. von H. R. 1. Serie, 1. und 2. Aufl., und 2. Serie. Fol. (à Serie 30 Taf.) Berlin 886—88, Claesen und Comp. In Mappe à Serie *ℳ 36.—. *

—— Cölner Neubauten. Eine Sammlg. der schönsten Façaden der in der Neuzeit in Cöln a. Rh. ausgeführten Bauten. Photogr. Orig.-Aufnahmen nach der Natur, in Lichtdr. 3. Serie. 30 Taf. gr. Fol. Ebd. 891. In Mappe * 36 —
1. u. 2. Serie. Ebd. 1886—88. à * 36 —.

— Cölner Neubauten. Eine Sammlg. d. schönsten Façaden d. in d. Neuzeit in Cöln a/Rh. ausgeführten Bauten. Photograph. Orig.-Aufn. nach der Natur in Lichtdr. 3. [Titel-] Aufl. 1.—6. Lfg. Fol. (à 10 Taf.) Berlin (891) 896—898. M. Spielmeyer. à Lfg. n. 12. —

— das erbprinzliche Palais zu Dessau. Photograph. Orig.-Aufn. nach d. Natur. gr. Fol. (17 Lichtdr.-Taf. m. 4 S. Text.) Berlin (890). (Leipzig, P. Schimmelwitz & Co.) In Mappe n. 50. —

— das Reichsgerichtsgebäude in Leipzig. Photograph. Orig.-Aufn. nach der Natur in Lichtdr. (In 5 Lfgn.) 1. Lfg. gr. Fol. (12 Taf.) Leipzig 898. P. Schimmelwitz & Co. In Mappe n. 15. —

— Sammlg. v. öffentlichen Bauten, Regierungs- u. Gerichtsgebäuden, Rathhäusern, Museen, Theatern, Bahnhöfen, Postbauten u. Schulen. (Façaden, Details u. Innenräume.) Auswahl aus „Architekton. Studienblätter, ausgewählt von H. Ende", photograph. Orig.-Aufn. nach d. Natur in Lichtdr. 100 Blatt. gr. Fol. (1 Bl. Text.) Berlin 895. H. Rückwardt. In Mappe n. 100. —

— Sammlg. v. Innenräumen, Fest- u. Speisesälen etc. Vestibüle, Empfangszimmer, Boudoirs, Salons, Treppenhäuser, Details u. Decken. Auswahl aus: „Architekton. Studienblätter, ausgewählt v. H. Ende", photograph. Aufnahmen nach d. Natur in Lichtdr. gr. Fol. (45 Bl. m. 1 Bl. Text.) Ebd. 895. In Mappe n. 45. —

Rückwardt, Herm., Sammlg. von Kirchenbauten, Kanzeln etc., sowie Grabdenkmälern. Auswahl aus „Architekton. Studienblätter, ausgewählt v. H. Ende". Photograph. Orig.-Aufn. nach d. Natur in Lichtdr. gr. Fol. (60 Bl.) Berlin 895. H. Rückwardt. In Mappe n. 60. —

— Sammlg. von Schlössern, Palais, bes. Details aus Schloss Benrath, Brühl, Dessau, Dresden, Kopenhagen, Merseburg u. Potsdam. Auswahl aus: „Architekton. Studienblätter, ausgew. von H. Ende". Photograph. Orig.-Aufn. nach d. Natur in Lichtdr. gr. Fol. (45 Bl. m. 2 Bl. Text.) Ebd. 895. In Mappe n. 45. —

— Sammlg. v. Villen. Auswahl aus: „Architekton. Studienblätter, ausgew. von H. Ende". Photograph. Orig.-Aufn. nach d. Natur in Lichtdr. gr. Fol. (50 Bl. m. 1 Bl. Text.) Ebd. 895. In Mappe n. 50. —

— Sammlg. v. Wohn- u. Geschäftshäusern, Hôtels, Restaurants etc. Auswahl aus: „Architekton. Studienblätter, ausgewählt v. H. Ende". Photograph. Orig.-Aufn. nach d. Natur in Lichtdr. 1. u. 2. Bd. gr. Fol. (à 100 Bl. m. je 2 Bl. Text.) Ebd. 895. In Mappe à Bd. n. 100. —

Rückwardt H., das königliche Schloss zu Brühl a. Rh. (30 Blatt Photographien mit Text) Imp. In Mappe. Berlin 1878

Rückwardt, Herm.: Sculpturenschmuck am Königl. Zeughause zu Berlin. Photogr. Originalaufnahmen nach der Natur. Mit Text von Arth. Pabst. Berlin 1885. Fol.
1. Serie. Thürfüllungen. (25 Blatt.)

—— Architektonische Studien-Blätter, s. Ende, H.

—— Architektonische Studienblätter aus Budapest. Eine Sammlg. der schönsten Façaden u. architekton. Details der in der Neuzeit in Budapest ausgeführten öffentl. u. privaten Bauten. Photogr. Aufnahmen nach der Natur, in Lichtdr. 2 Thle. Fol. (à Thl. 30 Lichtdr.-Taf.) Berl. 889,90, [Claesen u. Comp.]. Hessling u. Spielmeyer. In Mappe à Thl. * 36 —; * 72 —

— architektonische Studienblätter aus Budapest. Eine Sammlg. der schönsten Façaden u. architekton. Details der in der Neuzeit in Budapest ausgeführten öffentl. u. privaten Bauten. Photographische Aufnahmen nach der Natur, in Lichtdr. v. H. R. 2. (Schluss-)Thl. Fol. (30 Lichtdr.-Taf. m. 2 S. ungar. u. deutschem Text.) Ebd. 891. In Mappe. n. 36. — (kplt.: n. 72. —)

— architekton. Studienblätter aus Budapest. Eine Sammlg. d. schönsten Façaden u. architekton. Details der in der Neuzeit in Budapest ausgef. öffentl. u. privaten Bauten. Photograph. Aufn. nach d. Natur, in Lichtdr. hrsg. 2. [Titel-] Aufl. 60 Taf. gr. Fol. (2 S. ungar. u. deutscher Text.) Berlin (889) 896. B. Hessling. In Mappe n. 72. —

—— Villen-Neubauten der Umgebung v. Berlin. Photogr. Orig.-Aufnahmen nach der Natur, in Lichtdr. 1. Serie. 30 Taf. gr. Fol. Berl. 892, Hessling u. Spielmeyer. In Mappe * 36 —

— dasselbe. II. Serie. 30 Taf. gr. Fol. Ebd. 893. 894. In Mappe. n. 36. —

— Villen-Neubauten d. Umgebg. v. Berlin. Nach photograph. Orig.-Aufn. in Lichtdr. III. Serie. gr. Fol. (24 Taf.) Leipzig 898. P. Schimmelwitz & Co. In Mappe n. 24. — (I.—III.: n. 84. —)

— der Zwinger in Dresden. Details. (Erbaut von Mathäus Daniel Pöppelmann.) [Aus: „Eudo, architekton. Studienblätter."] Photograph. Orig.-Aufn. nach d. Natur in Lichtdr. gr. Fol. (10 Bl. m. 1 Bl. Text.) Berlin 895. H. Rückwardt. n. 10. —

Rückwärts! Flugschriften polit. u. histor. Inhalts. 5 Hefte. gr. 8. Marb. 819. (Krieger). 1 ℔ 17 ℊ

Rückwärts! Betrachtungen zur Gegenwart, v. e. Fortschrittler. (III, 132 S.) 8. Berlin 908. Herm. Walther. 2. —

Rückwirkung, Lustspiel aus dem Franz. des Picard, von A. W. Iffland. 8. Berlin, Braunes. (Sommerbrodt.)

Rückwirkung. Lustsp. in 1 A. a. d. Franz. d. Picard. v. E. Iffland. 8. Berl. Braunes.

Rückwirkung der Reform-Acte auf die Organisirung der österreichischen Monarchie. Von einem Mitgliede des ungarischen Oberhauses. 2. Aufl. Preßburg 863. (Leipzig, Hinrichs.) Lex.-8. (19 S.) 6 ngr.

Rückwirkung der Reform-Acte auf die Organisirung der österreichischen Monarchie. gr. 8. (19 S.) Pest, Grill. 1864. 30 kr.

Der **Rueckzug** der Franzosen. Und ein Bewohner Moskwas an seine Landsleute im Oktbr 1812. Neueste Ausgabe. o. O. 1812. 32 S.

Rückzug der Franzosen v. ein. Bewohner Moskaus an seine Landsleute im Octob. 1812, mit Beyträgen. 8. Berlin, Sommerbrodt. Rthlr.

Rückzug d. Franzosen, mit e. Liste d. gefangenen französischen Generale u. einem Aufrufe an die Deutschen ꝛc., mit K. 8. Moskau. (Leipz. Rein u. Comp.) 814.

— der Franzosen v. Moskau im Jahre 1812. 8. Frankf. a. M. 813. Eichenberg. 3 ℊ Dass. (a. Kolb in Speier). 6 ℊ

— — dass. von Moskau, nebst Anhang von Fluchtliedern. 8. Lüneb. Herold u. Wahlst. 813.

Rückzug d. Franzosen v. Moskau bis z. Nimen, im Dec. 1812. 8. Lüneb. 813. Herold u. W. 8 ℊ

— der Franzosen v. Moskau bis Wilna. St. Petersb. 813. Plüchart in Braunschw. 4 ℊ

Rückzug der Franzosen bis zum Niemen, nebst einer Liste der gefangenen Generale. Mit nöthigen Nachträgen vermehrt etc. 8. Wilna 1813.

— der Franzosen im Oct. 1812 von e. Bewohner Moskaus an seine Landsleute. Mit Beitrr. 8. Berl., Sommerbrodt. 8 ℊ

— — dass. nach d. Schlacht bei Leipzig, im Oct. 1813. Seitenstück zum Rückzug derselben aus Moskau. Nebst e. Beschreibung d. Schlacht u. Darstellung d. wichtigsten Begebenheiten, die sich in u. bei Leipzig dabei zutrugen ꝛc. Leipz. Joachim. 814.

— d. Franzosen nach d. Schlacht bei Leipzig im Oct. 1814. Seitenstück z. Rückzug derselben aus Moskau. Nebst e. Beschreib. d. Schlacht u. Darstell. d. wichtigsten Begebenheiten, die sich in u. bei Leipz. dabei zutrugen ꝛc. Leipz. 814. Joachim 6 ℊ

Rückzug, Der, der Nordarmee vom Schlachtfeld des 3. Juli mit Benutzung der Feldakten des k. u. k. Kriegsarchivs bearbeitet von einem Generalstabsoffizier. Wien 1907. V: *Steinitz, Eduard Ritter von.* (EB)

Rückzug, der, der Nordarmee vom Schlachtfeld des 3. VII., s.a. Von Königgrätz bis an die Donau.

Der **Rückzug** der Nordarmee vom Schlachtfeld des 3. Juli. Mit Benützung d. Feldakten d. k. u. k. Kriegsarchivs bearb. von e. Generalstabsoffizier. Mit e. Generalkarte 1:200.000 d. Operationsraumes, 6 Beilagen u. 1 Textskizze. Wien: L. W. Seidel & Sohn 1907. (IX, 188 S.) 4°(8°)
— **Königgrätz**, Von, bis an d. Donau. [1.] [07. 3718

Ručnj Knjžka pro bratry a sestry třetjho Rádu sw. Frantisska Assiského, obsahugjc: I. Reguli Rádu; II. Wýklad regule a ustanowenj Rádu; III. k žiwotu řeholnjmu přináležjcj modlitby, obřady, odpustky a kalendář ꝛc. 2. opravené wydánj. Troppau 857. Schüler. 8. (307 S.) n. 10 ngr.

Rüd, Erwin: Die deutsche Dorfgeschichte bis auf Auerbach. Tübingen 1909: Laupp. VIII, 63 S. 8°
Tübingen, Phil. Diss. v. 16. April 1909, Ref. v. Fischer
[Geb. 5. Febr. 86 Steinbach, O.-A. Backnang; Wohnort: Tübingen; Staatsangeh.: Württemberg; Vorbildung: Gymn. Tübingen Reife M. 03; Studium: Tübingen 9, Halle 1 S.; Coll. 4. März 09.] [U 09. 3961

Rüd, W., s. Anshelm.

Ruda [Schlagwort]

Ruda, s.: Bergbau. Spezialkarte.

Ruda [Verfasser]

Ruda, Jos., tabák kurlavý a šňupavy kouření a šňupání, neboli tabák považován v ohledu na dějepis, rostlin opis etc. S 4 tabulkami. Prag 864. (Kziwuatz.) 12. (XIV, 166 S.) n. 12 ngr.

Ruda-Machotka, Jos., loterie hrst naděje a pytel nejistoty, nebo-li: Co jest loterie? — Mame-li v ni sázeti? — Jakého štěstí můžeme se z hry té naditi? Ebend. 863. qu. 4. (76 S. u. 2 Tab. in Fol.) n. 12 ngr.

Rudakow, C. v., kurze Anleitung zur Analyse des menschlichen Harns, bearb. nach E. Schmidt, G. Bizzozero, G. Neubauer u. Jul. Vogel. gr. 8. (20 S. m. 1 Taf.) Riga 893. (H. Heede.) n. 2. —

RUDAKOW, C. VON.
Kurze Anleitung zur Analyse des menschlichen Harns, bearbeitet nach E. Schmidt, G. Bizzozero, G. Neubauer und J. Vogel. Riga, 1894. 8vo. III.

Rudau [Schlagwort]

Rudau, s.: Preussen. Messtischblätter.

Rudawski, Laur. Jo. Historiarum Poloniae ab excessu Uladislai IV ad pacem Olivensem libri IX, seu annales regnante Joanne Casimiro ab ao 1648 ad an. 1660. Edid., notas et historiam ab ao 1660 ad 1668 adjecit Laur. Mizlerus. (516) fol. Varsaviae et Lipsiae 1755.

Rudawsky, Laur. J., historiae Poloniae l. IX. s. Annales regni J. Casimir ab anno 1648 usque 1660. Fol. Warschau 755. (Leipz., Brockhaus). 3 ℔ 12 ℊ

Rudawsky, Laur. I., histor. Poloniae l. IX. s. Annales regn. I. Casimir ab ao. 1648 usq. 1660. fol. Warschau. (Gleditsch, Lips.) 755.

Rudbeck, Olaf., nota Samolad. s. Lapponia illustr. 4. Upsala 784. Kiesewetter. 12 ℊ

Rudbeck, T. G., Stockholms Vorzeit, siehe: Ausland, das belletristische, 828—835. Bbchn.

Rudberg, F., das Ausdehnungsgesetz der Gase, s.: Ostwald's, W., Klassiker der exakten Wissenschaften.

— Untersuchung über die Brechung des farbigen Lichts im Arragonit und im farblosen Topase. (Aus: Ann. der Physik, Bd. 90, St. 1, J. 1829, St. 9.)

Rudberg, F., Untersuchungen über die Brechung des farbigen Lichtes im Bergkrystall und Kalkspath. (Aus: Ann. der Physik, Bd. 90, St. 1, J. 1828, St. 9.)

RUDBERG, Gunnar.
Textstudien zur Tiergeschichte des Aristoteles. Inaugural-Dissertation von Gunnar Rudberg. Upsala 1908. 8:o. xxvi + 104 s. (Ur: Upps. univ. årsskr., 1908.)
Diss. Uppsal. phil.

Rudberg, Gunnar, Textstudien zur Tiergeschichte des Aristoteles. (Uppsala universitets årsskrift 1908. Filosofi, språkvetenskap och historiska vetenskaper. 2.) (XXVI, 107 S.) gr. 8. Uppsala 908. Akadem. Buchh. nn 3.—

Ruddimanni, (Th.,) institutiones grammaticae latinae, cur. G. Stallbaum II. Partes. 8 maj. Lips. 823, Hartmann. 4 Rthl. Schreib-P.

Ruddimanni, Th., institutiones grammaticae latinae, cur. G. Stallbaum. II Ptes. 8maj. Leipz. 823. (Lehnhold). 4 ℔ Schrbp. 6 ℔

Rude, s.: Herbart u. d. Herbartianer.

Rude, Adf., der Hypnotismus u. seine Bedeutung, namentlich die pädagogische, s.a. Magazin, pädagogisches.

Der Hypnotismus und seine Bedeutung, namentlich die pädagogische. Von Adolf **Rude**, Rektor. 2., verm. u. verb. Aufl. Langensalza: H. Beyer & Söhne 1903. (68 S.) 8°
= Magazin, Pädagogisches. H. 150. [06. 2003

Methodik des gesamten Volksschulunterrichts. Unter bes. Berücks. d. neueren Bestrebungen. Von Adolf **Rude**, Rektor. Bd 1. *Osterwieck, Harz: A. W. Zickfeldt 1903.* 8° [F.]
= Bücherschatz d. Lehrers. Bd 8. [03. 11570 3

— **Methodik des gesamten Volksschulunterrichts, s.a. Bücherschatz, der, des Lehrers. Bd. 8. 9.**

Methodik des gesamten Volksschulunterrichts. Unter besond. Berücks. d. neueren Bestrebungen. Von Adolf **Rude**, Rektor. 2., verm. u. verb. Aufl. Bd 1. 2. Osterwieck/Harz: A. W. Zickfeldt 1904–05. 2 Bde 8° [F.]
1. Methodik d. Gesinnungs- u. d. Sprachunterrichts... 1904.
2. Methodik d. naturkundl.-math. u. d. techn. Unterrichts... 1905.
= **Bücherschatz**, Der, d. Lehrers. Bd 8. 9. [06. 4916

Methodik des gesamten Volksschulunterrichts. Unter besond. Berücks. d. neueren Bestrebungen v. Adolf **Rude**. Bd 1. 2. Osterwieck/Harz & Leipzig: Zickfeldt 1908. 8°
1. Methodik d. Gesinnungs- u. d. Sprachunterrichts ... 6., verb. Aufl.
2. Methodik d. naturkundlich-mathem. u. d. techn. Unterrichts ... 5., verb. Aufl. (Der Bücherschatz d. Lehrers. Bd 8.9.)

Methodik des gesamten Volksschulunterrichts. Unter besond. Berücks. d. neueren Bestrebungen. Von Adolf **Rude**, Rektor. Kath. Ausg. Bd 1. 2. Osterwieck/Harz & Leipzig: Zickfeldt 1910. 8°
1. Methodik d. Gesinnungs- u. d. Sprachunterrichts. 9. verb. Aufl. d. Gesamtausg. ⟨1. Aufl. d. kath. Ausg.⟩
2. Methodik d. naturkundl.-math. u. d. techn. Unterrichts. 8. verb. Aufl. d. Gesamtausg. ⟨1. Aufl. d. kath. Ausg.⟩
(Der Bücherschatz d. Lehrers. Bd 8. 9.) [10. 15595

Methodik des gesamten Volksschulunterrichts. Unter besond. Berücks. d. neueren Bestrebungen. Von Adolf **Rude**, Rektor. Evang. Ausg. Bd 1. 2. Osterwieck/Harz & Leipzig: Zickfeldt 1910–11. 8°
1. Methodik d. Gesinnungs- u. d. Sprachunterrichts. 8. verb. Aufl. 1910.
2. Methodik d. naturkundl.-math. u. d. techn. Unterrichts. 9., m. d. 7. u. 8. übereinstimmende Aufl. 1911.
(Der Bücherschatz d. Lehrers. Bd 8. 9.) [10. 15994

Rude, Adf., die Herbartische Pädagogik in der Litteratur. 1. Ergänzg. der Herbart-Bibliographie. gr. 8. (40 S.) Dresden 900. Bleyl & Kaemmerer. n. 1.20
Sonderabdruck aus: „Pädagogische Studien".

Rude, Adf., Quellen im Geschichtsunterricht, s.: Zeit- u. Streitfragen, pädagogische.

Rude, Adf., Quellenlesebuch f. d. Geschichtsunterr. in Volks- u. Mittelschulen. gr. 8. (X, 168 S.) Langensalza 895. H. Beyer & Söhne. n. 1.60

— Quellenlesebuch f. den Geschichtsunterricht in Volks- u. Mittelschulen. 2., völlig umgearb. Aufl. (XI, 221 S.) 8. Osterwieck 906. A. W. Zickfeldt. Geb. n. 2.70

— Quellenlesebuch f. den Geschichtsunterricht. 3. Aufl. (XVI, 236 S.) 8. Osterwieck 909. A. W. Zickfeldt. Geb. 3.—

— die bedeutendsten evangelischen Schulordnungen des 16. Jahrh. nach ihrem pädagogischen Gehalte, s.: Magazin, pädagogisches.

— s.: Warte, pädagogische.

Rude, E., Emilius od. d. Verfolger seines eigenen Sohnes, s.a. Esser's, J., Sammlung leicht aufführb. Theaterstücke.

Emilius oder Der Verfolger seines eigenen Sohnes. Schausp. in 5 Aufz. von E. **Rude**. Aus d. Ital. ins Deutsche übertr. von J[os.] Buhr, Priester. *Paderborn: J. Esser 1899.* (76 S.) 8° [F.]
= Sammlung, J. Esser's, leicht aufführb. Theaterstücke. H. 63. [00. 464

Rude, Maxime, der Roman e. Hofdame, s.: Collection Figaro.

Rüde, Georg Wilhelm

— faßl. Anleit., die Reinheit u. Unverfälschtheit d. vorzügl. chem. Fabrikate einfach u. doch sicher zu prüfen. 8. Kassel 806. (Luckhardt). 6 ℔

Rüde, G., Anleitung d. Unverfälschtheit etc. d. chemischen Fabrikate einfach u. doch sicher zu prüfen. 8. Cassel, Griesbach. 806.

Rüde sen., G. W., populäre Anweis. zur analyt. Prüfung d. vorzügl. chem. Heilmittel, od.: Chem. Probirkabinet f. angeh. Aerzte u. Apotheker. 3., wohlf. Aufl. 8. (14 B.) Cassel 828, Luckhardt.

Georg Wilhelm Ruede

Pharmaceutische Erfahrungen vorzüglich die Receptirkunst betr. ...Von George Wilhelm Rüde. Th.1.2. Leipzig: Fleischer 1815. 8°
Th.1: Mit e. Vorr. des [Konrad] Mönch. Neue unveränd. Ausg.
Th.2: Nebst einer fasslichen Anleitung zur besten Fabrication eines sauren und reinen Essigs. Mit e. Vorr. des (Joh[ann] Bartholomäus) Trommsdorff.

Rüde, Geo. Wlh., pharmaceut. Erfahrr., vorzügl. Receptirkunst betreff. Mit e. Vorrede v. K. Mönch. 2 Thle. 8. Leipz. 804. (anonym.) 2e Aufl. 2 Thle. 8. Ebd. 816. Fr. Fleischer. 2 ℔

— chem. Probirkabinet, od. faßl. Anleit. zur einfachen Prüfung chem. Fabrikate f. Apotheker etc. 8. Cassel 821. 2e verb. Aufl. 822. Luckhardt. 14 ℔

— — chemisches Probir-Kabinet für Apotheken-Visitatoren. 8. Cassel, Luckhardt. 821.

Rüde, Paul, a. Lübben ⟨Spreewald⟩: Über den Versuch einer Modifikation der Esbachschen Eiweißbestimmungsmethode durch Zuhilfenahme der Zentrifuge. Greifswald 1905: H. Adler. (30 S.) 8°
Greifswald, Med. Fak., Ref. Moritz, Diss. v. 15. März 1905
[Geb. 25. März 77 Lübben; Wohnort: Greifswald; Staatsangeh.: Preußen; Vorbildung: Gymn. Guben Reife O. 96; Studium: Jena 2, München 1, Leipzig 2, Greifswald 6 S.; Coll. 15. Juli 03; Approb. 8. Juli 03.]

Ruedebusch, Emil F., die Eigenen. Ein Tendenzroman f. freie Geister. Mit Buchschmuck v. Fidus. (369 S.) 8. Berlin (903). J. Räde. n. 4.—; geb. in Leinw. n. 5.—

— u. Helmar Lerski, lebt die Liebe! Aphorismen. Zeichnung (Titelbild) v. Fidus. (88 S.) 8. Schmargendorf-Berlin 905. Verlag „Renaissance". n. 1. —; geb. n. 2. —

Rüdebusch, Emil F., Freie Menschen in der Liebe und Ehe. 8°. Mayville, Wis. 1895.

Rudeck, Eug., Edgar vom Flyns. Ein Sang aus der Ritterzeit. 8. (230 S.) Berlin 887, Parrisius. * geb. *

— üb. u. gegen das Gift der Schlange u. Fliege. gr. 8. (21 S.) Berlin 887. [Parrisius.] Leipzig, Brehse. n.n. — 50

Rudeck, Wilhelm

Rudeck, Wilh., Geschichte d. öffentlichen Sittlichkeit in Deutschland. Moralhistor. Studien. Mit 33 histor. Illustr. gr. 8. (VI, 447 S.) Jena 897. H. Costenoble. n. 10. —; geb. in Halbfrz. n.n. 12. —

Rudeck, Wilh., Geschichte der öffentlichen Sittlichkeit in Deutschland. Moralhistorische Studien. Mit 33 histor. Illustr. (Neue [Titel-]Ausg.) gr. 8. (VI, 447 S.) Berlin [897.] 902. H. Barsdorf. 10. —; geb. 11. 50

RUDECK, Dr. Wilh., Geschichte der öffentlichen Sittlichkeit in Deutschland. Moralhistorische Studien. Zweite vermehrte u. verbesserte Auflage. Mit 58 Illustrationen. Berlin W. 30., H. Barsdorf, 1905. Gr. 8°. VII und 514 S. (Br. Mk. 10—; Lwdbd. 11,50; Hfrzbd. 12—.) (10 Mk. Oskar Rauthe, Friedenau-Berlin, 1908.)

Hauptheil IV, Cap. 5: Der kirchliche Hexenglauben: Unheilvoller Einfluss der Kirche durch Ausbildung des Hexenwahns. — Die Teufelsbuhlschaft. — Der Hexenhammer. — Inkubi und Sukkubi. — Auszüge aus dem Hexenhammer. — Folterungen. — Erlöschen des Hexenwahns im 18. Jahrhundert.

Besprochen von Karl Reiskel in: Anthropophyteia II. p. 455—456.

Zuerst gedr. Jena 1897. Gr. 8°. 514 S. Mit 33 histor. Illustr. (Mk. 12—.) (6 Mk., Hfzbd., 5 Mk., br., wie neu, Adolf Weigel, 1908.)

Rudeck, Wilh., Geschichte der öffentlichen Sittlichkeit in Deutschland. Mit 58 histor. Illustr. 2. verb. u. verm. Aufl. (VII, 514 S.) gr. 8. Berlin 905. H. Barsdorf. n. 10. —; geb. in Leinw. n. 11. 50; in Halbfrz. n. 12. —

— die Liebe. Kultur- u. moralhistor. Studien üb. d. Entwicklungsgang deutschen Gefühls- u. Liebeslebens in allen Jahrhunderten. 8. (VI, 256 S. m. Abb.) Leipzig 896. G. Weigel. n. 4. —; geb. n. 5. —

Rudeck, W., Medizin u. Recht. Geschlechtsleben u. -Krankheiten in medizinisch-juristisch-kulturgeschichtl. Bedeutg. Ein Handbuch bei Ehescheidungs- u. Vaterschaftsklagen, in Sachen des ärztl. Berufsgeheimnisses u. des Operationsrechtes, bei stritt. Dispositionsfähigkeit u. s. w. Mit den gesetzl. Bestimmgn. Deutschlands, Österreichs u. der Schweiz, sowie den Entscheidgn. der obersten Gerichtshöfe. 2. [Titel-]Aufl. (VI, 473 S.) gr. 8. Berlin 1899, H. Barsdorf. 10. —; geb. 11. 50.

Rudeck, W. Medizin und Recht. Medizinisch-juristisches Handbuch in Ehescheidungs- u. Vaterschaftsklagen, in Sachen des ärztl. Berufsgeheimnisses u. des Operationsrechtes, bei stritt. Dispositionsfähigkeit u. s. w. Mit den gesetzl. Bestimmgn. Deutschlands, Oesterreichs und der Schweiz, sowie den Entscheidungen der obersten Gerichtshöfe, unter Berücksichtig. des neuen bürgerl. Gesetzbuches. Gr. 8°. VI, 473 S. Jena, Herm. Costenoble. 1899. 13 35; geb. 16 70

— Medizin u. Recht. Geschlechtsleben u. -Krankheiten in medizinisch-juristisch-kulturgeschichtl. Bedeutg. Ein Handbuch bei Ehescheidungs- u. Vaterschaftsklagen, in Sachen des ärztl. Berufsgeheimnisses u des Operationsrechtes, bei stritt. Dispositionsfähigkeit u. s. w. Mit den gesetzl. Bestimmgn. Deutschlands, Österreichs u. der Schweiz, sowie d. Entscheidgn. d. oberst. Gerichtshöfe. 2. [Titel-]Aufl. gr. 8. (VI, 473 S.) Ebd. [899.] 902. 10. —; geb. 11. 50

— pharmacopoea poetica. Merkverse f. d. Maximaldosen d. Arzneibuchs f. d. Deutsche Reich. F. Ärzte, Apotheker u. Studierende. 12. (22 S.) Jena 898. H. Costenoble. n. 1. —

Syphilis und Gonorrhoe vor Gericht. Die sexuellen Krankheiten in ihrer jurist. Tragweite nach d. Rechtsprechung Deutschlands, Österreichs u. d. Schweiz. Von Dr. med. Wilhelm Rudeck. *Jena: H. Costenoble 1900.* (148 S.) 8° [F.] [00. 5159

Syphilis und Gonorrhoe vor Gericht. Die sexuellen Krankheiten in ihrer jurist. Tragweite nach d. Rechtsprechung Deutschlands, Österreichs u. d. Schweiz. Von Dr. med. Wilhelm Rudeck. 2. Aufl. *Berlin: H. Barsdorf 1902.* (148 S.) 8° [F.] [02. 8493 11

Rudel, Grabrede gehalten am 19. Febr. 1860. Mit einem Vorworte zur Abwehr eines Mißbrauches der Presse und zur Wahrung der Redefreiheit des Geistlichen von Schönberg. Leipzig 860. Naumann. gr. 8. (13 S.) n. 2 ngr.

Rudel, Grabrede gehalten am 19. Febr. 1860. Mit einem Vorworte zur Abwehr eines Mißbrauches der Presse und zur Wahrung der Redefreiheit des Geistlichen, von Schönberg. gr. 8. (13 S.) Leipzig und Dresden 861, Naumann. *

Rudel's Jahrbuch der Papier-Fabrikation. 2. Ausg. 1873. ** ℳ 6., und 3. Ausg. 1874. 8. (159 S.) Dresden. (Leipzig, Wagner.) ** geb. ** ℳ 4.; in Leder **

Rudel, Alwin, Adressen-Jahrbuch der Papier- und Papierstoff-Fabriken des europäischen Kontinents. 4. Ausg. 1878/79. qu. 8. (160 S.) Dresden, (v. Zahn und Jaensch Verlag.) geb. **

—— dass. — 5. Ausg. 1881. qu. 8. (IV, 184 S.) (Ebendas.) **

— dasselbe, nebst Bezugsquellen für deren Maschinen- u. Material-Bedarf. 5. Ausg. 1882. qu. 8. (IV, 184 S.) Dresden 882. (Leipzig, Wagner.) n.n. 7. —; geb. n.n. 8. —

Rudel, Alwin, kurze praktische Anleitung zur Untersuchung u. Werthbestimmung der in den Gewerben gebräuchlichsten chemischen Materialien u. Farben. Für Gewerbsmänner, Kaufleute, besonders aber f. Papierfabrikanten bearb. gr. 8. (VI u. 100 S.) Halle 851, Pfeffer in Comm. n. 2/3 ₰

Rudel, Caspar, s. Rudel, Kaspar

Rudel, Ernst Dr. „Die Orientierung photogrammetrischer Aufnahmen bei vertikaler Bildebene unter Benutzung magnetischer Azimute". pg. 3—40. 8°. Mit Textfiguren und 2 Tafeln. J. Waldkirch & Cop.
Ludwigshafen a. Rh., Progr. 1911/12

Rudel, Eugen [cand. med. aus Landau (Rheinpfalz)]: Beitrag zur Pathologie der Menstruatio praecox.... Würzburg, Druck d. Bonitas-Bauer'schen Buchdr., 1889; 81 S. 8°
Würzburg, Med. Fak., Inaug.-Diss. v. 1889

Rudel, Gotthard (Cottbus) A. S. 38/6

Dissertatio inauguralis iuridica de adiecto, Germanis: Von denen in Obligationen, Contracten und Testamenten angehängten Bedingnüssen, in wie ferne solche für gültig oder ungültig zu halten sind.
Jena (Heller) 1757. 40 S.

Diss. Altdorf 18. I. 1692. 29390

Rudel, Gotthard Karl Wilhelm (Wandsbeck)
A. S. 632/13

Disputatio philosophica de historiae patriae utilitate. Präs. Christian Masius.
Erlangen (Walther) IX. (korr.: 7. X.) 1768. 28 S.

W. v.: Präs. 29391

Rudel, H. A., Hilfstabellen beim Multipliciren u. Dividiren. 1 Bl. in qu. gr. 4. Mit: Bemerkungen. (8 S. in gr. 8.) Eibenstock 848. (Schneeberg, Goedsche.) n. 1/12 ₰

Rudel, J., der Oberamtsbez. Ludwigsburg. Heimatkunde. Mit reichem Bilderschmuck v. G. Bertsch u. 1 Oberamtskarte, gezeichnet v. Fr. Wagner. (64 S.) 8. Stuttgart-Cannstatt (908). G. Hopf. — 50

Rudel, Jh. Hnr. Dn., kurze Erklärr. u. erbaul. Betrachtt. üb. die im Königr. Sachsen bei dem sonntägl. Vormittagsgottesdienste 1820 angeordn. bibl. Texte. 8. Chemn. 820. (Kretschmar). 16 gl.

— Liebesopfer beim frühen Tode hoffnungsvoller Kinder. 8. Zwickau 819. 2 gl.

Rudel, Joh. Heinr. Dan., höchst nöthige u. neue Mittheilungen, um d. abscheuliche Beraubung d. Bienen darzustellen, durch polizeil. u. a. Mittel zu erschweren, zu verhindern u. dadurch d. Bienenpflege in Deutschland sehr zu befördern, als Nachtrag zu Bienenbüchern. gr. 12. (2 B.) Leipzig 838, C. H. Reclam. Thlr.

— letzte Predigt vor d. Einreißen d. alten Kirche zu Ebelsbrunn d. 19. März 1820. 8. Zwickau 820.

— zwei Predigten; ein Versuch, die Einimpfung d. Schutzblattern bei d. gemein. Manne als Pflicht zu empfehlen u. zu verbreiten. 8. o. O. 805.

Grundlagen zur Klimatologie Nürnbergs. Ergebnisse 20-jähr. Wetterbeobachtungen zu Nürnberg 1881 bis 1900. Bearb. von Prof. [Joh. Kasp.] **Rudel**. T. 1–3. Nürnberg: Edelmann (2. 3: Nürnberg: Dr. von Stich) 1903–06. 8°

1. Luftwärme. 1903. 2. Luftdruck, Wind u. Bewölkung. 1904. 3. Luftfeuchte, Niederschläge, Gewitter. Mit e. Anh.: Das phänolog. Jahr Nürnbergs von Apotheker Fr[iedrich] Schultheiss. 1906.

(3: Jahresbericht d. Kgl. Industrieschule zu Nürnberg f. 1905/06. Wiss. Beigabe.)
[11. 1810

Rudel, Grundlagen zur Klimatologie Nürnbergs. Ergebnisse 20jähr. Wetterbeobachtgn. zu Nürnberg 1881 bis 1900. 3 Tle. gr. 8. Nürnberg, M. Edelmann. n. 11. —
1. Luftwärme. (77 S. m. 3 graph. Taf.) 903. n. 4. —
2. Luftdruck, Wind u. Bewölkg. (38 S. m. 2 graph. Taf.) 904. n. 2. —
3. Luftfeuchte, Niederschläge, Gewitter. Mit e. Anh.: Das phänolog. Jahr Nürnbergs v. Fr. Schultheiss. (92 S. m. 3 graph. Taf.) 906. n. 5. —

Rudel, Johann Michael A. S. 307/2

Dissertatio inauguralis de successione in regimine Vom Regierungs-Nachfolger.
Altdorf (Kohles) 3 IV. 1727. 32 S. 29392

Rudel, (Rudl?) Johanne Sophie, das Ganze der Kochkunst nach süddeutschem Gebrauch, worin die Zubereitung von 1390 Speisen u. Getränken in 5 Hauptabtheilungen gelehrt wird, nebst e. Anh. u. Speisezetteln z. belieb. Gebrauch f. alle Tage des Jahres. 6 Lfgn. gr. 8. (35 1/2 B.) Dresden 844, 45, (Grimm u. Comp.) à * 5 Ngr. *

—— neuestes dresdner Kochbuch, od. gründl. Anweisung z. Erlernung dessen, was von einer guten Köchin verlangt wird; worin die Zubereitung von 1390 Speisen in 5 Hauptabtheil. gelehrt wird; nebst einem Anhange u. Speisezetteln zum belieb. Gebrauch f. alle Tage des Jahres. gr. 8. (35 1/2 B. u. Titlbld.) Dresden 842, (Korische Buchh.) **

Rudel, Johannes (Benno Paul) (geb. Trieglaff in Pomm. [6. 6. 1858]): Ein Wort für die primäre Amputation bei cariös tuberkulöser Fussgelenkserkrankung. Berlin (1883). (31 S.) 8°
Berlin, Med. Diss. v. 19. Febr. 1883

Über eine Gattung von Körpern höherer Dimension. Beitrag zu den Elementen einer n-dimensionalen Geometrie. — Von K. Rudel. — 1887, Nürnberg, Bieling-Dietz. — S. 3–32.
Progr. Nürnberg, Realgymn.

Rudel, K., über e. Gattung von Körpern höherer Dimension. (Sep.-Abdr.) gr. 8. (32 S.) Fürth 887. Schmittner. n. — 40

Rudel, K. Georg Philipp Harsdörfer als mathematischer und naturphilosophischer Schriftsteller. Nürnberg 1894.

Rudel, K., vom Körper höherer Dimension. Beiträge zu den Elementen e. n-dimensionalen Geometrie. Progr. (56 S.) 8. Kaiserslautern 882. (H. Kayser.) 1. 20

Rudel, K. Ueber Rechnen mit Messungsergebnissen. (Auszug aus einem Vortrage. Nürnberg 1893. Mit ergänzender Berichterstattung von J. C. V. Hoffmann).

— die Verwertung der Symmetrie im Geometrieunterricht. Ein Beitrag zur Methodik. gr. 8. (47 S.) Nürnberg 890. Heerdegen-Barbeck. n. 1. —

Rudel, Kaspar

Rudel, Caspar „Die ersten Elemente der darstellenden Geometrie in gedrängter Uebersicht zusammengestellt". pg. 2—30. 8°. C. H. Kunstmann'sche Universitäts-Buchdruckerei.
Erlangen, Progr. 1869/70

Rudel, K., die ersten Elemente der darstellenden Geometrie in gedrängter Uebersicht. gr. 8. (30 S.) Erlangen 871. Deichert. n. — 50

Rudel, K., von den Elementen u. Grundgebilden der synthetischen Geometrie. Versuch einer Erweiterung der Lehre von den Formen unserer Raumanschauung. gr. 8. (28 S.) Bamberg 877. Schmidt. n. — 60

Rudel, Otto, alphabetisches Register zu Alwin Rudel's Central-Blatt für deutsche Papierfabrikation, Bd. I—X, 1850—1859. gr. 8. (31 S.) Dresden 862. Leipzig, Wagner. *

—— dass. — Bd. XI—XV., 1860—64. gr. 8. (34 S.) Ebendas. 865. *

Rudel, R., geistliche Volkslieder. qu. gr. 8. (16 S.) Kropp 882. Buchh. „Eben-Ezer". n. — 40

Das Wachstum des Christen. Von R. Rudel, Superint. a. D. *Elberfeld: Luth. Bücherverein 1897.* (32 S.) 8° [F.]
= Saatkörner aus d. Evang.-Luth. Kirche. No 6. [00. 6205 6

Rudel, Rhold., die schönsten Stauden f. die Schnittblumen- u. Gartenkultur, s.: Hesdörffer, Max.

Rudel, Rich., Adel u. Demokratie. Ein Beitrag zur Geschichte des Feudalismus. 1. Bd. gr. 8. (IV, 525 S.) Berlin 880. Münchhoff. n. 9. —

Rudel, Rich., Geschichte d. Liberalismus u. der deutschen Reichsverfassung. gr. 8. (VI, 887 S.) Guben 891. F. Krollmann. n.n. 5. —

— ist die Pferdezucht Ostpreussens auf dem richtigen Wege? Hie Bauer- hie Rennpferd! Eine Frage u. Antwort f. die Landwirthe d. Ostens. 8. (32 S.) Leipzig 892. A. Jahnke. n. — 60

Ist die Pferdezucht Ostpreußens auf dem richtigen Wege? Hie Bauer-, hie Rennpferd! Eine Frage u. Antwort f. d. Landwirthe d. Ostens von Richard Rudel. Leipzig: A. Jahnke [um 1900]. (32 S.) 8° [05. 911 10

Rudel, Rich., Lehrbuch d. Landwirtschaft. D. Thätigkeit d. Landwirtes in Hof, Hufe, Hain, Haus u. Heimat. 1. Hft. Der Hof. 8. (IV, 116 S.) Leipzig 896. O. Lenz. n. 1. 20

— woher u. wohin? Ein Wort gegen staatsfeindl. Bestrebungen. gr. 8. (IV, 88 S.) Leipzig 880. Friedrich. n. 1. —

Rudel, Rich., Zionsklänge, s. a. Zionsklänge.

Rudel, Rich., Zionsklänge. Gedichte u. Lieder gesammelt u. herausg. Stettin 861. Nagel. 16. (VIII, 247 S. u. 16 lith. S. Musikbeil.) n. 18 ngr.

Rudel, Th., illustr. Weltgeschichte, s.: Manitius, Max.

Rudel, Th., kurzgefaßte Weltgeschichte, s.: Schwahn, Walth.

Rudel, Theodor [aus Trieglaff i. P.]: Über die Römermonate .... Halle, Druck v. Ehrhardt Karras, 1886; 2 Bl. + 44 S. + 1 Bl. 8°.
Halle, Phil. Fak., Inaug.-Diss. v. [1. Dez.] 1886.

Rudel, Theodor, über die Römermonate. Diss. Halle 1886, Lippertsche Buchh. 8°. 44 S.

Rüdel, s. Sedan-Festreden, sechs.

Rüdel, Carl ..., s. Rüdel, Karl ...

Rüdel, Fritz [aus Jena, Assist. am chem. Laborat. d. Univ. Jena]: Über Abkömmlinge des 1.3Diketo-R.-pentens ... Jena, Univ.-Buchdr. G. Neuenhahn, 1896; 36 S., 1 Bl. 8.
Jena, Phil. Fak., Inaug.-Diss. v. [21. Dez.] 1895

Rüdel, Geo. C., schwer gefallnes u. exemplar. bestraftes Sodom, in 22 Bußpredigten. 4. Magdeburg. 706.

Rüdel, Gotthard [aus Jena]: Über die Beziehungen der rechtsseitigen Wanderniere zum Magen und zu den Gallenwegen.... Jena, Frommannsche Buchdr., 1890; 2 Bl., 36 S., 1 Bl. 8°
Jena, Med. Fak., Inaug.-Diss. v. [13. Sept.] 1890

Rüdel, G., über die Beziehungen der rechtsseitigen Wanderniere zum Magen und zu den Gallenwegen. Inaug.-Diss. gr. 8. (36 S.) Jena 890. (Pohle.) n. — 75

Rüdel, Hermann [app. Arzt aus Kiel]: Zwei Ovariotomien mit letalem Ausgange aus seltoneren Ursachen. ... Marburg, Univ.-Buchdr. (R. Friedrich), 1888; 25 + 1 S. 8°
Marburg, Med. Fak., Inaug.-Diss. v. [22. Dez.] 1888

Rüdel, J. F., Merkwürdigkk. aus d. Reiche d. Natur, od. phys.-medicin.-chem. u. chirurg. Untersuchungen. 8. Frankf. a. M. 762. Guilhaumann. 3 gr.

Rüdel, Karl

Rüdel, Carl *Heinrich Johann Friedrich* [aus Kiel]: Beiträge zur Kenntniss der Alkaloide von Berberis aquifolium und Berberis vulgaris ... Marburg, 1891; 64 S., 1 Bl. 8.
Marburg, Phil. Fak., Inaug.-Diss. v. [10. Sept.] 1891

Rüdel, Karl Ernst Gottlieb

Rüdel, K. E. G., Abendmahls- u. Konfirmationsreden rc. 1s Bdchen. 8. Leipz. Köhler. 815.

Rüdel, Karl Er. Gtl., Abendmahls- u. Confirmationsreden, nebst einigen Predigten verwandten Inhalts. 6 Bdchen. 8. Leipz. 817—33. (1s Bdchn. 2e A. 821. 3e A. 831. 14 gr. 2s Bdchn. 2e A. 821. 3e A. 827. 16 gr. 3s Bdchn. 2e A. 828. 18 gr. 4s Bdchn. 821. 18 gr. 5s Bdchn. 826. 18 gr. 6s Bdchn. 833. 21 gr.) Köhler. 4 Thlr. 12 gr.

Rüdel, (K. E. G.,) Abendmahls- u. Confirmationsreden, nebst einigen Predigten verwandten Inhalts. 1s Bdchn. 2e Aufl. 821. 14 gr. — 4s Bdch. 824. 21 gr. 5s Bdch. 826. 18 gr. 8. Leipz., Köhler.

Rüdel, Karl Ernst Gtli., Abendmahls- u. Konfirmationsreden, nebst einigen Predigten verwandt. Inhalts. 1—3. u. 6. Bdchn. 8. Leipzig, Köhler. [1. 3. Aufl. (16 B.) 831. 14 Gr., 2. 3. A. (14 B.) 827. 16 Gr., 3. 2. A. (16 B.) 828. 18 Gr., 6. (17 B.) 833. 21 Gr.]
4. u. 5. Bdchn. Ebendas. 1821, 29. 1 Thlr. 15 Gr.

Rüdel, Karl Ernst Gtli., Abendmahls- u. Konfirmationsreden, nebst einigen Predigten verwandten Inhalts. 4. u. 5. Bdchn. 2. Aufl. 8. Leipzig, [Köhler'sche Vrlsh.] [4. (18 B.) 835. 7/8 Thlr., 5. (14 1/4 B.) 836. 3/4 Thlr.]
1—3. u. 6. Bdchn. Ebendas. 1827—33. 2 Thlr. 21 Gr.

Rüdel, Karl Er. Gtl., bestehet in d. Freiheit, damit uns Christus befreit hat. Confirmationsrede am Palmsonntage 1831. gr. 8. Leipz. 831. Köhler. 3 gr.

—— daß d. schonende Liebe vorzügl. in d. bewegt. Zeit ihren Werth offenbare. Eine Pred., gehalt. am 22. Sonnt. n. Trinit. in d. Nicolaikirche. gr. 8. (1½ B.) Leipzig 830, Köhler.

— durch d. Segen d. Frommen wird unsere Stadt erhoben; e. Predigt beim Rathswechsel in Leipzig. gr. 8. Leipz. 822.

—— Festpredigten u. Amtsreden. (1. Thl.) gr. 8. (20 B.) Leipzig 830, Köhler.

—— dass. 2. Bd. — A. u. d. T.: Predigten üb. Gegenstände d. bürgerl. Lebens. gr. 8. (14¾ B.) Ebds. 832.

—— die Gedächtnißfeier d. evangel. Helden zu Augsburg in ihrer Wichtigkeit f. d. Jugend. Eine Pred., gehalt. zur Schulfeier in d. Nikolaikirche am 3. Jubelfeste d. Uebergabe d. Augsburg. Glaubensbekenntnisses. gr. 8. (1½ B.) Leipzig 830, Köhler.

— Gedächtnißpredigt am Jahrestage nach der Schlacht bei Leipzig, nebst e. Tischrede. gr. 8. Leipz. 815. Köhler. 3 gr.

—— über d. Gemeingeist als d. besten Pfleger gemeinschaftl. Wohlfahrt. Eine Pred., gehalt. beim Raths-Wechsel in Leipzig. gr. 8. (1½ B.) Leipzig 829, Köhler.

— der König steht fest! Predigt am 4. Sonntage nach Trinit. gr. 8. Leipz. 815. Köhler. 3 gr.

— Luther, der große Wohlthäter d. Jugend; eine Predigt, gehalten am 2. Reformat.-Feiertage. gr. 8. Leipz. 817. Köhler. 3 gr.

— Predigt am 21. Sonnt. p. Trinit. gr. 8. Ebend. 815.

— einige Predigten. gr. 8. Leipz. 801. Köhler. 14 gr.

— Predigten. gr. 8. Leipz. 816. Köhler. 1 Thlr. 4 gr.

—— Reden u. Gesänge bei Dr. Friedr. Aug. Wolf's, Frühpredigers zu St. Petri, feierl. Beerdigung am 15. Aug. 1841. gr. 8. (1½ B.) Leipzig, [Köhler'sche Vrlsh.]

— Tauf- u. Traureden. 1s Bdchn. 8. Leipz. 815. 2e A. 818. 3e A. 825. Köhler. 12 gr. 2s Bdchn. 8. Ebd. 818. 2e A. 822. 3e A. 829. 16 gr. 3s Bdchn. 822. 2e A. 829. Ebd. 16 gr.

—— Tauf- u. Traureden. 4., verm. Aufl. 3 Bde. gr. 8. (31 B.) Leipzig 840, [Köhler'sche Vrlsh.]

—— an meine jüngste Tochter am Tage ihrer Konfirmation. gr. 8. (1½ B.) Leipzig 829, Köhler.

—— was d. Mensch säet, das wird er ernten. Konfirmationsrede am Palmsonnt. 1828. gr. 8. (2 B.) Leipzig, Köhler.

— wie viel das Leben durch die neueste Erinnerung an unerwartete Rettung aus großen Gefahren gewinne. Eine Predigt am 21. Sonntage nach Trinitatis gehalten. gr. 8. Leipz. 815. Köhler. 3 gr.

Rüdel, Carl Ernst Gottlieb.
Worte der Erbauung und des Trostes bei besonderen Veranlassungen gesprochen ... Leipzig 1843. H: *Tempel.* (Ky)

Rübel, Carl Ernst Glieb., Worte der Erbauung u. des Trostes bei besondern Veranlassungen gesprochen. Nach seinem Tode hrsg. (v. Tempel). gr. 8. (21¼ B.) Leipzig 843, Hartknoch.

— Worte e. Vaters an seine Söhne am Tage ihrer Confirmation. gr. 8. Leipz. 824. Köhler. 4 gl.

(——) Worte e. Vaters an seine Tochter am Tage ihrer Konfirmation, s. Worte.

— Worte e. Vaters an seine Tochter am Tage ihrer Confirmation. gr. 8. Leipz. 823. Köhler. 4 gl.

Ruedel, Karl Gottlob (Reinsdorf) A. S. 577/15

Quaestio iuris controversi an venditor hereditatis debitum aditione hereditatis confusum recte exigat ab emtore. Präs. Christian Heinrich Breuning. Leipzig (Rumpf) 6. III. 1772. 8 S. 29449

Rüdel, Konrad

—— der westphälische Friede. Eine Festgabe zur zweiten Säcularfeier desselben für das deutsche Volk evangel. Bekenntnisses. 8. (VI und 73 S.) Nürnberg 848, Raw'sche Buchh.

Rüdel, Conr., die würdige Gedächtnißfeier der Reformation u. des Westphäl. Friedens. Predigt am Feste der Reformation u. des Jubiläums des Westphäl. Friedens, den 29. Oktbr. 1848 gehalten. gr. 8. (16 S.) Nürnberg 848, Raw. $^1/_{24}$ ß

—— lasset euch nicht verführen durch vergebliche Worte. Predigt gehalten (zu Nürnberg) am Sonnt. Oculi den 26. März 1848. gr. 8. (16 S.) Nürnberg 848, Raw'sche Buchh.

—— lasset euch versöhnen mit Gott. Antritts-Predigt über 2. Korinther 5, 19 und 20. gehalten am Sonnt. Rogate, den 5. Mai 1850. Nebst Einführungsrede von Carl Fikenscher. gr. 8. (27 S.) Nürnberg 850, Raw'sche Buchh.

Rübel, Conr., letzte Mahnung eines scheidenden Seelsorgers. Abschieds-Predigt. Gehalten am Sonnt. d. 19. April 1846. gr. 8. (1 B.) Memmingen, Besemfelder'sche Buchh.

—— der Segen der Gottseligkeit für dies zeitliche Leben. Predigt über 1. Timoth. 4, 8—10 gehalten am 15. Septbr. 1850. 8. (16 S.) Nürnberg 850, Raw'sche Buchh.

—— die Warnung des Herrn vor den falschen Propheten. Predigt über d. sonntägl. Evangelium Matth. 7, 15—23. gehalt. d. 2. Aug. 1846. gr. 8. (1 B.) Nürnberg, Raw'sche Buchh.

Rüdel, Otto, aus Ansbach: Ein Fall von hochgradiger Cystitis follicularis. *Erlangen 1900: E. Th. Jacob.* (26 S.) 8°
Erlangen, Med. Diss. v. 5. Juli 1899

Rüdel, Otto, d. Lage d. Eingeweide, s.: Hermann, F.

Rüdel, (Rud. Rob.) Otto (geb. Berlin 23. 1. 1860): Ueber Osteotomien mit besonderer Berücksichtigung der in den Jahren 1882—1884 im Kgl. Klinikum zu Berlin ausgeführten. Berlin (1884). (33 S.) 8°
Berlin, Med. Diss. v. 11. Dez. 1884

Meine Welt. Von Otto Rüdel. *Berlin: Vita [1902].* (120 S.) 8° [F.]

Rüdel, Otto, systematische Zusammenstellung der Thätigkeit der 8 bayer. Aerztekammern in den 10 ersten Jahren ihres Bestehens von 1872 bis 1881, f. die mittelfränk. Aerztekammer zusammengestellt. gr. 8. (24 S.) Nürnberg 883. (v. Ebner.) n. — 75

Rüdel, Rud. Rob. Otto, s. Rüdel, Otto

Rübel, Wilh., zur Nationalfeier am 2. September 1888. Festrede, gehalten im großen Rathhaussaale zu Nürnberg. gr. 8. (7 S.) Nürnberg 888, Raw'sche Buchh. *

Rudelbach, Andr. Gottl., s. Kaiser, C. R.

Rudelbach, Andr. Gli., s. Rudelbach, Andreas Gottlob

Rudelbach, Andreas Gottlob

Rudelbach, Andr. Gtlo., der Abschied des Fremdlings. Abschiedspredigt bei der Amtsniederlegung am 26. Sonnt. nach Trinitatis 1845. gr. 8. (2 B.) Magdeburg, Falckenberg u. Cmp. *

—— über die Bedeutung des apostol. Symbolums u. das Verhältniß desselben zur Confirmation. Mit Beziehung auf die leipziger Confessionswirren. Offenes Sendschreiben an von Wietersheim. gr. 8. (5 B.) Leipzig 844. [Berlin,] Gebauer'sche Bh. *

—— **Bericht** üb. die in Leipzig am 7. u. 8. Sept. 1843 gehaltene erste allgemeine Conferenz v. Gliedern der evang.-lutherischen Kirche. Extract aus den darüber gehaltenen Protocollen. gr. 8. (6 B.) Leipzig 843, C. L. Fritzsche. *

– s. Bildersaal der Zeugen und Helden aus der Reformationszeit.

— christelig Biographie. 1—3. Hft. gr. 8. (S. 1—192.) Kiøbenhavn 847, Reitzel. (à n. 9 ngl) n. 27 ngl

Rudelbach, A. G., christliche Biographie. Lebensbeschreibungen der Zeugen der christlichen Kirche als Bruchstücke zur Geschichte derselben. 1. Bd. 7 Lfgn. 1: Thascius Cäcilius Cyprianus. 2: Ambrosius. 3: Johannes Tauler. 4 u. 5: Heinr. Voes, Joh. Esch, Lamp. Thorn u. Heinr. v. Zütphen, Jesper Swedberg. 6: Hans Egede. 7: Joh. Heinr. Jung, mit dem Schriftstellernamen: Heinr. Stilling. Lex. 8. (VIII u. 522 S.) Leipzig 849. 50, Dörffling & Franke. (1: n. 12 ngl 2: n. 16 ngl 3: n. 8 ngl 4 u. 5: n. 18 ngl 6: n. ⅓ ß 7: n. 12 ngl) n 2 ß 16 ngl

Rudelbach, Andr. Gtlo., histor.-krit. Einleitung in d. augsburg. Confession. Nebst erneuerter Untersuchung d. Verbindlichkeit d. Symbole u. d. Verpflicht. auf dieselben. gr. 8. (16½ B.) Dresden 841, Naumann.

Rudelbach, A. G., historisch-kritische Einleitung in die Augsburgische Confession. Nebst erneuerter Untersuchung der Verbindlichkeit der Symbole und der Verpflichtung auf dieselben. Neue wohlf. (Titel-)Ausg. Dresden u. Leipzig (841.) 853. Naumann. gr. 8. (VIII, 2 Bl., 252 S.) n. 20 ngl

—— die Einsetzung d. christl. Hirtenamts, Homilie üb. Evangel. Joh. 21, 15—19. gr. 8. (2 B.) Dresden 829. (Leipzig, Reclam.)

— s. Francke, Emil, Lehrbuch d. christl. Religion.

—— der Glaube an d. eingebor. Sohn Gottes ist d. Einzige, was uns volle Freudigkeit geben kann in d. Todesstunde. Pred. üb. Joh. 14, 1—6. gr. 8. (1¼ B.) Leipzig 837, C. H. Reclam. *

— s. Grundtvig's Uebersicht der Welt-Chronick.

—— die Grundveste d. luther. Kirchenlehre u. Friedenspraxis. — Streitschr. wider K. H. Sack in Bonn u. F. C. Baur in Tübingen. Zugleich e. nothwend. Beil. zu d. Schrift: „Reformation, Lutherthum u. Union." gr. 8. (7½ B.) Leipzig 840, B. Tauchnitz jun.

—— amtl. Gutachten üb. d. Wiedereinführung der Katechismus-Examina im Königr. Sachsen, nebst histor. Erörterung d. Katechismus-Anstalten in der evangel.-luther. Kirche Deutschlands. Als Anh.: Erfahrungen v. Fr. Lindner üb. d. Nothwendigkeit der zweckmäss. Belebung u. Erneuerung d. Kirchenkatechisationen z. Förderung d. relig. Lebens im Volke. gr. 8. (6½ B.) Dresden 841, Naumann. *

Rudelbach, Andr. Gtlo., theolog. Gutachten üb. die Frage betreff. das Verhältniß der Baptisten zur Kirche und zum Staate u. die denselben zu gewähr. Religionsfreiheit. Zugleich e. Beitrag z. Kirchengeschichte. gr. 8. (5½ B.) Magdeburg 846, Falckenberg u. Comp. Thlr.

—— theologisches Gutachten in Betreff d. preuß. Union m. besond. Rücksicht auf einen speciellen vorliegenden Fall. Ein Sendschreiben an D. G. in H. gr. 8. (1¼ B.) Leipzig 846, C. L. Fritzsche.

—— statistisches Handbuch der Monarchien u. Republiken mit der Genealogie der regierenden u. standesherrlichen Häuser auf die J. 1844—46. gr. 16. Grimma, Verlags-Comptoir. [1844. (16½ B.) 1845. (21 B.) à 1 Thlr., 1846. (20⅞ B.) 22½ Ngr.] :

—— der Herr kommt. Eine Samml. christl. Predigten u. Homilien auf alle Sonn- u. Festtage d. Kirchenjahres. 2 Bde. (od. 12 Hfte.) gr. 8. Leipzig, Reclam.
Bd. 1. Hft. 1. u. 2. Advent bis zum Sonnt. nach d. neuen Jahr. (12 B.) 12 Gr. — 3. u. 4. Fest Epiphanias b. z. Sonnt. Estomihi. (12 B.) 12 Gr. — 5—7. Sonnt. Invocavit b. Sonnt. Rogate. (18 B.) 18 Gr.
= 2. Hft. 1—2. Himmelfahrt b. z. 12. Sonnt. n. Trinit. (18 B.) 18 Gr. — 4. u. 5. Vom 13. b. z. 26. Sonnt. n. Trinitatis. (15¾ B.) 16 Gr.

— der Herr kommt. Eine Sammlung christl. Predigten u. Homilien auf alle Sonn- u. Festtage des Kirchenjahres. 1r Bd. 1s—7s u. 2r Bd. 1s—8s Hft. gr. 8. Leipzig 833—35. Reclam. Subscr.-Pr. n. 3⅙ ℛ

—— Kampf mit d. Welt u. Friede mit Christo. Eine Samml. christl. Predigten u. Homilien. gr. 8. (28 B.) Leipzig 830, Fr. Fleischer.

—— die Kennzeichen der falschen Propheten. Pred. gr. 8. (1¾ B.) Berlin 829, [Stuhr.]

—— Kirchenspiegel. Ein Andachtsbuch z. häusl. Erbauung an allen Sonn- u. Fest-Tagen in einer Reihe dogmatisch-moralischer Vorträge über gewählte Abschnitte aus den Evangelien u. der Apostelgeschichte. 1. Bd. Advent bis Pfingsten. 6 Hfte. gr. 8. (... B. u. R's lith. Portr.) Erlangen 845, 46, Heyder.

—— Kirchenspiegel. Ein Andachtsbuch zur häusl. Erbauung an allen Sonn- und Festtagen, in einer Reihe dogmatisch-moral. Vorträge über gewählte Abschnitte aus den Evangelien und der Apostelgeschichte. 2. Bd.: Pfingsten bis 25. Sonnt. nach Trinitatis. gr. 8. (VIII und 594 S.) Erlangen 850. [Frankfurt a. M.] Heyder und Zimmer.
1. Bd. Ebendas. 1846. 1 Thlr. 15 Ngr.

Rudelbach, Andr. Gilo., die Augsburg. Confession 1530. Histor. Darstellung aus u. nach d. Quellen, f. christl. Leser insgemein. gr. 8. (3¼ B.) Leipzig 830, Reclam.

—— Reformation, Lutherthum u. Union. Eine histor.-dogmat. Apologie d. luther. Kirche u. ihres Lehrbegriffs. gr. 8. (43 B.) Leipzig 839, B. Tauchnitz jun.

—— das Reich Jesu Christi. Predigt üb. d. Brief an die Hebräer 12, 28. gr. 8. (1¼ B.) Waldenburg 829. (Leipzig, Reclam.)

—— die Sache Schleswig-Holsteins, volksthümlich, historisch-politisch, staatsrechtlich und kirchlich erörtert. Nebst einer Apologie der Lehre und Praxis der evangelisch-luther. Kirche hinsichtlich des Gehorsams gegen die Obrigkeit, des Eides und der Fürbitte für die weltl. Fürsten. In einem Sendschreiben an den hochwürd. Hrn. Dr. Claus Harms. Lex.-8. (VIII und 153 S.) Stuttgart 851, S. G. Liesching.

—— die Sacrament-Worte, od. d. wesentl. Stücke d. Taufe u. d. Abendmahls, histor.-krit. dargestellt. Nebst zwei theol. Gutachten üb. d. sächs. Kirchen-Agende v. 1812, u. üb. d. Perikopen-System. gr. 8. (9 B.) Leipzig 837, K. Tauchnitz.

Rudelbach, A. G., die Sacrament-Worte oder die wesentlichsten Stücke der Taufe u. des Abendmahls, historisch-kritisch dargestellt. Nebst 2 theolog. Gutachten über die Sächs. Kirchen-Agende von 1812, u. über das Perikopen-System. 2. wohlf. (Titel-)Ausg. gr. 8. (IV u. 133 S.) Nördlingen (837) 851, Beck. n. 5/12 ℛ

—— Hieronymus Savonarola u. seine Zeit. A. d. Quellen dargestellt. gr. 8. (32½ B.) Hamburg 835, Fr. Perthes.

—— der Segen d. luther. Reformation. Reformations-Pred. gr. 8. (1¼ B.) Leipzig 836, (C. H. Reclam.) *

—— vierzehn Thesen üb. d. vorgeschlag. Errichtung v. Presbyterien u. Synoden im Königr. Sachsen. Ein theolog. Bedenken. gr. 8. (1½ B.) Leipzig 832, [Berger's Vrlsbuchh.]

—— bibl. Wegweiser in e. vollständ. Samml. christl. Predigten u. Homilien auf alle Sonn- u. Festtage d. Kirchenjahres. 1. Bd. Advent bis Palmarum. gr. 8. (29½ B.) Leipzig 840, (B. Tauchnitz jun.) *

—— biblischer Wegweiser in einer vollständigen Sammlung christl. Predigten u. Homilien auf alle Sonn- u. Festtage des Kirchenjahres. 2. Bd. Ostern bis zum Schlusse des Kirchenjahres. gr. 8. (38¼ B.) Leipzig 844, Bernh. Tauchnitz jun. *
1. Bd. Ebendas. 1840. * 1 Thlr. 15 Ngr.

—— das Wesen d. Rationalismus u. d. Verhältniß dess. zur christl. Kirche u. zum christl. Staate. Ein theolog. Votum, zunächst mit Beziehung auf d. Schriften D. Bretschneiders u. D. Ullmanns. Zugleich e. Denkschr. z. 3. Jubelfeier d. Augsburg. Confession. gr. 8. (10½ B.) Leipzig 830, Reclam.

Rudelbach, A. G., die Zeichen der Zeit innerhalb der evangelisch-lutherischen Kirche, namentlich auf dem Lehrgebiete derselben. Ein Conferenz-Vortrag gehalten in Leipzig. gr. 8. (40 S.) Leipzig 857, Dörffling und Franke. *
Aus: Zeitschrift für die gesammte lutherische Theologie und Kirche, Jahrg. 1857, besonders abgedruckt.

—— Zeitschrift f. luther. Theologie u. Kirche, s. Zeitschrift.

—— evangel. Zeugnisse, s. Zeugnisse.

Rudelgast, Franz Michael (Neustadt/Saale)
A. S. 1242/6

Theses inaugurales medicae, de empyemate.
Präs. Justus Vestis.
Erfurt (Grosch) 6. VII. 1707. 8 Bl. 29393

Rudelgast, J. H., Apoplexia. 11 pp. Herbipoli. 4°. 1702

Rudelgast, Johann Georg Lorenz Anton (Kemnath)
F. zc: 15

Cicatrix et callus idea nutritionis. Dissertatio inauguralis chirurgico medica.
Präs. Heinrich Friedrich Delius.
Erlangen (Tetzschner) 6. VIII. 1755. 26 S.

Gew.: Franz Konrad Gf. von u. zu Stadion. 29394

Rudeli. Der Toggenburger R'. Lichtensteig 1825 s. [Franz, Johann Friedrich].

Rudelius, Carl. Platina propylsulfinföreningar. Lund, 1886. 4to.

Rudell, C., die hannoversche Katechismus-Angelegenheit und der neue Glaube. Eine Antwort aus dem Volke. Göttingen 862. Rente. gr. 8. (28 S.) n. 5 ngr.

Rüdell, Alexander

Rüdell, Alex., die Kahrie-Dschamisi in Constantinopel. Ein Kleinod byzantin. Kunst. Hrsg. m. Unterstützg. der kgl. preuss. Ministerien der geistl., Unterrichts- u. Medizinalangelegenheiten, der öffentl. Arbeiten u. f. Handel u. Gewerbe v. der Louis Boissonnet-Stiftg. (1887) der königl. techn. Hochschule zu Berlin. Mit 10 Farben- u. 21 Lichtdr.-Taf. (IV, 24 S. Text m. Abbildgn.) 55×38 cm. Berlin 908. E. Wasmuth.
In Halbleinw.-Mappe 60. —

Rüdell, Eduard [pr. Arzt aus Trier]: **Über die Beziehungen der Schilddrüse zu den Rekurrens-Nerven** ... Bonn, Buchdr. J. Bach Wwe, 1893; 1 Bl., 5—35 S., 1 Bl. 8.
Bonn, Med. Fak., Inaug.-Diss. v. [30.] Dez. 1893

Rudelli, W. [Pseud.], s.a. Wolff, Rudolf [wirkl. Name]

Rudelli, W. (Rud. Wolff), Frühlingsweben. Roman. (510 S. m. Bildnis.) 8. Leipzig-Gohlis 908. Raschwitz, B. Volger. 4.

Rudelli, W., auf brauner, dürrer Heide. 8. (360 S.) Bonn 899. A. Falkenroth. n. 4. 50; geb. in Leinw. n. 6. —

Rudelli, W., unsere lieben kleinen Lämmer. Eine Erzählg. 8. (80 S.) Bonn 897. A. Falkenroth. n. 1. —; geb. in Leinw. n. 1. 80

Rudelli, W. (Rud. Wolff), Else Leonhard, s.: Sonntagsbibliothek.

[F.] Lieb ohn' Lied. Von W. Rudelli. *Bonn: A. Falkenroth 1898.* (120 S.) 1 Bd 8. [98. 1879 Bo

— Miserere domine. gr. 8. (248 S.) Ebd. 899. n. 4. —; geb. in Leinw. n. 5. —

— Der Werwolf. Roman. (150 S.) 8. Dresden (908). C. Heinrich. 2. 50

Rudeloff. Die Beziehungen zwischen der Zugfestigkeit von Drahtseilen und deren Construction. Berlin. 1889.

Rudeloff, Friedrich [approb. Arzt aus Stargard, Mecklenburg-Strelitz]: Ueber Spaltung der hinteren Urethralwand und über Defect des ganzen Septum urethrovaginale. Strassburg, Universitäts-Buchdruckerei von Johann Heinrich Eduard Heitz, 1881. 8. 30 S.

Rudeloff, Hans, approb. Arzt aus Magdeburg: **Über Hirntuberkel und seine chirurgisch-operative Behandlung.** *Halle a. S. 1902: C. A. Kaemmerer & Co.* (47 S.) 8°
Halle, Med. Diss. v. 10. Apr. 1902

Rudeloff, Ludw. (Frd.) (geb. Quedlinburg 28. 4. 1860): De [illegible] hystericis. Berolini (1885). (26 S.) 8°
Berlin. Med. Diss. v. 11. Juni 1885

Rudeloff, Max

Rudeloff, M. Bericht üb. die im Auftrage d. Hrn. Ministers f. Landwirthschaft, Domänen u. Forsten ausgeführten Holzuntersuchungen, s.a. Mittheilungen aus den königl. techn. Versuchsanstalten zu Berlin.

RUDELOFF, M.: Bericht über die im Auftrage des Herrn Ministers für Landwirthschaft, Domänen und Forsten ausgeführten Holzuntersuchungen. - Berlin 1889. 46 S. Text, m. Tab. u. Taf.

Bericht über die im Auftrage des Herrn Ministers für Landwirthschaft ... ausgeführten Holzuntersuchungen. Erstattet von M[ax] Rudeloff. Mit 2 Taf. Berlin: J. Springer 1889. (70 S.) 4° [F.]
= Mittheilungen aus d. Königl. techn. Versuchsanstalten zu Berlin. Jg. 7. Erg.H. 3.

Rudeloff, M., Bericht des königl. Materialprüfungsamtes zu Gross-Lichterfelde-West über die ihm übertragenen Versuche m. Eisenbetonsäulen, s.: Ausschuss, deutscher, f. Eisenbeton. 5. Heft.

Rudeloff, M., 7. Bericht üb. Untersuchungen von Eisen-Nickel-Legierungen, s.: Verhandlungen des Vereins zur Beförderung des Gewerbfleisses.

— s.: Dingler's polytechnisches Journal.

Rudeloff M, Einfluss voraufgegangener Formänderungen auf die Festigkeitseigenschaften der Metalle. (76 S 1 T) (Mitteilungen aus den Technischen Versuchsanstalten Berlin 1901. Ergänzungsheft 1) 4° Berlin 1901

Rudeloff, Max (geb. Neuhaldensleben 14. 3. 1848): Ueber den Einfluss körperlicher Uebungen auf den menschlichen Organismus, mit specieller Berücksichtigung der Militair-Gymnastik. Berlin (1873). (32 S.) 8°
Berlin. Med. Diss. v. 2. Aug. 1873

— s.: Handbuch der Ingenieurwissenschaften. IV. Bd. 3. Abtlg. 5. Lfg.

— der heutige Stand der Holzuntersuchungen. Vortrag, geh. auf der Hauptversammlg. des deutschen Verbandes f. die Materialprüfg. der Technik am 29. IX. 1900. (9 S. m. Fig.) hoch 4. Stuttgart 900. Freiburg i/B., J. Bielefeld. 1. —

(B) — Stand d. Holzuntersuchungen. 900. (KBL 34.) Erh. Pr. 2. 50

RUDELOFF, M.: Untersuchung über den Einfluss des Blauwerdens auf die Festigkeit von Kiefernholz. - Berlin 1897. 46 S. - (Mitt. a. d. Kgl. techn. Versuchsanst. Berlin. Jg. 15, H. 1)

Rudeloff, M., Untersuchungen üb. den Einfluß voraufgegangener Formänderungen auf die Festigkeitseigenschaften der Metalle, s.a. Mitteilungen aus den königl. techn. Versuchsanstalten zu Berlin. 1901. Erg.-Hft. 1.

Untersuchungen über den Einfluss voraufgegangener Formänderungen auf die Festigkeitseigenschaften der Metalle, ausgeführt von M[ax] Rudeloff, Prof. Mit Abb. u. 1 Taf. *Berlin: J. Springer 1901.* (76 S.) 4° [F.]
= Mitteilungen aus d. Königlichen techn. Versuchsanstalten zu Berlin. 1901. Erg.H. 1. [02. 9135

Rudelsberger, Hans, deutsches Erbrecht. Ein Leitfaden f. Erblasser u. Erben, sowie f. Vermächtnisnehmer u. Nachlaßgläubiger. (VIII, 152 S.) kl. 8. München 909. Ph. L. Jung. In Leinw. kart. 1. 50

Rudelsberger, Karl, deutsches Wohnungsmietrecht. Ein Leitfaden vornehml. f. Mieter u. Vermieter. (VIII, 180 S.) kl. 8. München 909. Ph. L. Jung. In Leinw. kart. 1. 50

Rudelsberger-Moltan, Hans, s. a.: Moltan, Hans.

Arabisch [für Deutsche]. (Verf.: H[ans] R[udelsberger]-M[oltan].) Mit genauer Angabe d. Aussprache. Bonn: C. Georgi [1904]. (24 S.) 8° [Umschlagt.]
= **Kuntze**, Polyglott. [23.] [06. 6558

Persisch (für Deutsche). (Verf.: H[ans] **Rudelsberger-Moltan.**) Mit genauer Angabe d. Aussprache. Bonn: C. Georgi [1904]. (24 S.) 8° [Umschlagt.]
= **Kuntze**, Polyglott. [24.] [06. 6559

— Streifzüge durch Nord-Afrika. Reisebilder aus Tunis, Algier u. Marokko. (61 S.) 8. Berlin 902. G. Wattenbach. n. 1. 50

Rudelsburg

— die, od. der wilde Jäger, (v. H. A. Kerndörfer). 8. Leipz. 806. Schmidt. 1 ℛ 16 gℛ

Rudelsburg, die. Naumburg 1870?

Rudelsburg, die. 7 Blatt Ansichten in Lichtdr. (auf schwarzem Glacékarton). Orig.-Aufn. v. E. Mertens & Co. in Berlin. qu. gr. 4. Leipzig 895. Freund & Wittig. In Leinw.-Mappe n. 10. —

Rudelsburg, Die. Zum 57. Stiftungsfest des Vereins jüngerer Buchhändler zu Halle a. S. Halle a. S. 1901. V: *Strien, Kurt.* (Berl)

Rudelsburg, die, u. ihre Bewohner, u. Heinrich d. Vogler, König d. Deutschen; nebst einigen and. romant. Gemälden d. Vorzeit. 8. Leipz., Joachim. 1 ℛ

Rudelsburg, Die, und die wilden Jäger. Leipzig 1806. V: *Kerndörffer, Heinrich August.* (GGr) »Der wilde Jäger« (Ky)

Rüdelsburg, Die, oder die wilden Jäger ... Leipzig 1806. V: *Kerndörffer, Hnr. Aug.* (NN) (MCT)

Rüdemann, Alb., Leitfaden zur Erlernung der doppelten Buchführung. gr. 8. (70 S.) Coburg 891. Bonsack. n. — 80

Rüdemann, Johann Friedrich (Gadebusch) A. S. 579/18

Dissertatio inauguralis iuridica, de cive involuntario maxime ex delicto, vulgo: Von dem, der wider seinen Willen, irgendwo Bürger werden muste.
Präs. Ernst Johann Friedrich Mantzel.
Rostock (Adler) 7. I. 1749. 16 S.

Gew.: Den Herren von Bernstorf.
W. v.: Präs. 29453

Rüdemann, Jul. Conr., altmärk.-histor. Sachen. 3 Thle. 8. Salzwed. 726-28.

Rüdemann, Rudolf [aus Coburg]: **Die Contacterscheinungen am** Granit der Reuth bei Gefrees .... **(Aus: N. Jahrb. f. Min. etc.** Beilagebd. V.) **Stuttgart, E. Schweizerbart'sche Verlagsh. (E. Koch),** 1887; 1 Bl. + S. 613–676 u. 1 Taf. 8°
Jena, Phil. Fak., Inaug.-Diss. v. 1887

Ruden, Joseph. Familien-Statistik der löblichen Pfarrei von Zermatt, mit Beilagen. Gesammelt und geordnet von J. R.... [Mit 1 Tafel.] 8. Ingenbohl ... 1869.

Rüdenberg, Paul, Gerichtsreferendar in Köln: Das Notwegrecht. Bonn 1905: C. Georgi. (XII, 137 S.) 8°
Bonn, Jur. Fak., Ref. Zitelmann, Diss. v. 25. Mai 1905
[Geb. 7. Jan. 82 Cöln; Heimatsort: Cöln; Staatsangeh.: Preußen; Vorbildung: Marzellen-Gymn. Köln Reife O. 00; Studium: Freiburg i. B. 1, Bonn 1, München 1, Berlin 1, Bonn 2 S.; Rig. 24. Febr. 05.]

Rüdenberg, Paul, das Notwegrecht. (XII, 137 S.) gr. 8. Bonn 905. L. Röhrscheid. n. 2. —

Rüdenberg, Reinhold: Energie der Wirbelströme in elektrischen Bremsen und Dynamomaschinen. 1906. 102 S. 8° ¶ Auch als: Sammlung elektrotechn. Vorträge. Bd 10, H. 8/10.
Hannover, Dr.-Ing.-Diss. v. 24. 7. 1906

Rüdenberg, Rhold., Energie der Wirbelströme in elektrischen Bremsen u. Dynamomaschinen. (III, 102 S. m. 21 Abb.) Lex.-8. Stuttgart 906. F. Enke. n. 3. 60
Sonderabdruck aus: „Sammlg. elektrotechn. Vorträge".

Theorie der Kommutation in Gleichstromdynamomaschinen, insbes. beim Gebr. von Wendepolen u. breiten Kollektorbürsten. Von Dr. Ing. Reinhold **Rüdenberg**, Göttingen. Mit 35 Abb. Stuttgart: F. Enke 1907. (S. 371–462.) 8° [Umschlagt.]
= **Sammlung** Elektrotechn. Vorträge. Bd 10, H. 11/12. 07 3119

Rudenick, Georg: Lateinisches ego im Altfranzoesischen. Halle a. S. 1885: Ploetz. 44 S. 8°
Halle-Wittenberg. Phil. Diss. v. [7. Juli] 1885
Geb. Seeburg (Ostpr.) 4. 12. 1859. V.

Rudenko, A., Bakteriologische Untersuchungen der Lymphdrüsen im Kehlgange rotzkranker Pferde. S.-A. Jena 89. Fischer.

Ruder, C. J., einige Bemerk. üb. Portugal in Briefen, a. d. Schwed. m. Anm. v. H. F. Link. gr. 8. Rostock, Stiller. 807.

Ruder, C. J., Reise durch Portugal, nach d. schwed. Original bearb. v. H. G. A. Gerken. 8. Berlin, Voß. 808. Rthlr.

Ruder, Carl, s. Ruder, Karl

Ruder, Fr. E., Chronik der Pfarrei Unterlauter. 8. (63 S.) Koburg 881. Riemann'sche Hofb. n. 1. 20

RUDER, Joseph M. (Biberach): De hypopyo et ejusdem medela.- Monachii: Giesser (1835). 18 S.
25.7.1835 - Urk; F 62
Diss. Ingolst.-Landsh.-Mchn.

Ruder, Karl

Ruder, Carl, aus München: Über einige **Abkömmlinge** des Propargylaldehyds. *Kiel 1904: H. H. Peters.* (78 S.) 8°
Kiel, Phil. Diss. v. [11. Juni] 1904

Rueder, August Wilhelm, s. Rueder, Wilhelm

Rüder, Friedr. Aug., Algier. Zusammengedrängte Nachrichten u. Bemerkn. üb. dies. Staat u. dess. Hauptstadt. gr. 8. (5 B., 1 ill. Karte u. 1 Kpfr.) Altona 830, Hammerich. Thlr.

Rüder, Friedr. Aug., über d. Ansprüche d. brit. Garde-Obersten Augustus v. Este, ehel. Sohnes d. brit. Pairs, Herzogs v. Sussex, K. H., auf Titel u. Familienrechte e. Prinzen in Großbritannien u. besond. Hannover; wider d. beifällige Deduction d. Staatsraths Klüber. gr. 8. (2 B.) Hannover 835, Helwingsche Hofbuchh.

—— bescheid. Bemerkungen üb. d. Bundestagsbeschlüsse v. 28. Juni, 5. u. 19. Juli 1832, u. deren mögl. Folgen. gr. 12. (3½ B.) Altenburg, [Pierer.]

— bescheidene Bemerkk. üb. die Bundestagsbeschlüsse vom 28. Juni, 5. u. 19. Juli 1832 u. deren mögl. Folgen. gr. 12. Altenb. 832. Literat.-Compt. 8 gr.

– (Hrsg.), s. Beobachter, Der literarische.

– s.a. Blicke in das Ständewesen ... in Holstein.

Blicke in das Ständewesen und in die Entwickelung der Landes- und Gutshoheit in Holstein. [Von Friedrich August **Rüder.**] Kiel. 1817. 8°.

– s. Clemens XIV. u. Carlo Bertinazzi.

– (Übers.), s. Cooper: Geschichte Englands.

—— die Domainen d. Hauses Hannover, u. was jetzt der Regierung u. d. Landtage am wichtigsten sein dürfte. gr. 12. (1½ B.) Leipzig 832, Literar. Museum.

—— Drang nach e. bessern Verfassung u. wohlthät. Erweiterungen d. Nahrungsquellen in Sachsen, mit Bemerkn. üb. Badens Verfass. u. manche Andeutn. f. and. werdende Verfassn. gr. 12. (3¾ B.) Leipzig 831, Glück.

RÜDER, F. A.: Ueber die Ernährung der Pflanzen und die Statik des Landbaues mit Bezug auf die gekrönte Preisschrift des Dr. Hlubeck. - Leipzig 1843. 54 S.

Rüder, F. A., über die Ernährung der Pflanzen u. die Statik des Landbaues in Bezug auf die gekrönte Preisschrift des Prof. Dr. Hlubeck. gr. 8. Leipz. 843, Peter. (Keßling.) ⅓ Thlr.

— Erörterungen f. meine Zeit. 1r Bd. 4 Hfte. 8. Schmalkald. 824. (Keyßner in Meiningen). 2 Thlr.

Rüder, (F. A.,) Erörterungen f. meine Zeit. 1r Bd. 1s—4s Heft. 8. Schmalkalden 824, Varnhagen.

— ders. 1—4s Heft. A. u. d. T.: Polit. Schriften 2r Thl. 8. Schmalk. 825, Varnhagen.

—— Erwartungen vom mitteldeutsch. Handelsvereine u. dem Casseler Congreß. Nebst Beantwort. der Frage: Ist d. Abschaffung d. Conventionsfußes f. d. Königr. Sachsen vortheilhaft? gr. 8. (4 B.) Ilmenau 828, [Weimar,] Voigt.

– (Hrsg.), s. Europa. Ein statist.- herald.- genealogisches Taschenbuch für 1818, 19 u. 21.

– (Bearb.), s. Freiheitskampf, Der, der Griechen gegen die Türken ...

—— Geschichte d. National-Krieges auf d. pyrenäischen Halbinsel unter Napoleon. (1807—1814.) M. 1 großen ill. Charte. gr. 8. (10½ B.) Leipzig 829, Hinrichs.

—— Geschichte d. Deutsch. Reiches, s. Kotzebue, A. v.

– s. Hallam, Henry: Die Geschichte d. Verfass. von England ...

— genealogisch-statistisches Handbuch für Zeitungsleser u. zum Hausgebrauch. Mit der Genealogie der regierenden Häuser u. Standesherren u. der kurzen Statistik der Monarchien u. Republiken. gr. 12. Leipzig 837. Nauck. ½ ₰ — Für 1841. Ebd. 840. ½ ₰

—— genealog.-statist. Handbuch f. Zeitungsleser u. z. Hausgebrauch. Mit d. Genealogie d. regier. Häuser u. Standesherren u. d. kurzen Statistik d. Monarchien u. Republiken. (Jahrg. 1838, 41 u. 42.) gr. 12. Leipzig, Nauck. [838. (5⅔ B.) 837., 41. (5⅚ B.) 840., 42. (5¾ B.) 841. à ½ Thlr.]

— genealogisch-statistisches Handbuch für Zeitungsleser u. zum Hausgebrauch. Mit der Genealogie der regierenden Häuser u. Standesherren u. der kurzen Statistik der Monarchien u. Republiken. 5. J. 1841. gr. 12. Leipzig 841, Nauck. ½ ₰

— statistisches Handbuch der Monarchieen und Republiken mit der Genealogie der regierenden und standesherrlichen Häuser auf das Jahr 1844, 1845, 1846. gr. 16. Grimma 844, 45, Verlags-Comptoir. 1. 2. J. à n. 1 ₰ 3. J. ¾ ₰

– (Bearb.), s. Hübner, Johann: Reales Staats-, Zeitungs- und Conversations-Lexikon.

—— genealog.-geschichtl.-statist. Jahrbuch f. d. J. 1831—35, enthalt. d. Genealogie der Dynastien u. Standesherren u. kurze Statistik d. civilisirt. Staaten in u. außer Europa, mit Bemerkn. üb. d. Religion, den jetzigen Handel, den geist. u. materiell. Verkehr, die Bevölkerung, den Kriegsstand, die Verfassungen, d. Verwaltung u. d. Staatseinkommen, auch Blicke in d. nahe Zukunft d. erschütt. Staaten. (1—5. Jahrg.) Leipzig, Köhler. [831. gr. 4. (11 B.) 14 Gr., 32. gr. 8. (14 B.), 33. (13½ B.), 34. (12 B.), 35. (10½ B.) à 16 Gr.]

—— genealog.-geschichtl.-statist. Jahrbuch f. 1836. Neue Folge. 1. Jahrg. 16. (21 B.) Leipzig 835. [Berlin, Klemann.] *
Dass., genealog.-gesch.-statist. Jahrb. f. 1831—35. Leipzig, [Köhler's Vrlsb.] 3 Thlr. 6 Gr.

— dass. für 1836. Neue Folge. 1r Jahrg. 16. Leipzig 835. Georg Wigand. n ⅔ ₰

—— ist d. jetzige französische Revolution dem Hort gerechter Monarchieen gefährlich? 8. (4¼ B.) Leipzig 830, Köhler.

– s. Kirchhoff, J. B. L.: Über die Wohlthätigkeitskolonien ...

– s. Kotzebue, August von: Geschichte des deutschen Reichs ...

— Leben, Thaten u. Ende d. Kaisers Napoleon. Mit Benutz. aller bis jetzt bekannten Quellen. Mit 1 Bildn. 12. Ilmenau 827. Voigt. 12 gr. Weiß Pap. 16 gr.

Rüder, F. A. Leben, Thaten und Ende des Kaisers Napoleon. 12 Ilmenau 1827. — 12. ib 1829.

— s. Le Couteur, J., über die Varietäten 2c. des Weizens.

— das türkische Reich in Beziehung auf seine fernere Existenz u. die Sache der Griechen. 8. Leipz. 822, Klein.

—— das türkische Reich in Beziehung auf seine fernere Existenz u. d. Sache der Griechen. Erwogen in Darstell. sein. Verfass. u. Verwaltung, so wie in Schilderung d. vier Hauptvölker der europ. Türkei. 2. Ausg. verm. mit e. Nachtr. üb. dess. neueste Verhältnisse durch d. europ. Intervention u. durch den russ. Krieg. 8. (21 B.) Leipzig 828, Klein.
Der Nachtrag apart (3¼ B.), 6 Gr.

– (Übers.), s. Russell, Mich.: Palästina ...

– (Übers.), s. Say, Jean Bapt.: Handbuch der praktischen National-Oekonomie ...

— polit. Schriften. gr. 8. Leipz. 824. (Brockhaus). 2 ₰

— politische Schriften. gr. 8. Leipz. 824, Gleditsch.

– (Übers.), s. Tocqueville, Alexis von: Über die Demokratie in Nordamerika.

— üb. die neuesten Verhältnisse d. türk. Reichs durch die europ. Intervention u. durch d. russ. Krieg. Als zeitgemäßer Nachtr. zu d. Schrift: das türk. Reich in Beziehung auf seine fernere Existenz u. die Sache d. Griechen. 8. Leipz. 828. Klein. 6 gr.

– (Übers.), s. Ward, H. G.: Gedrängtes Gemälde des Zustandes von Mexiko ...

— was kann in Holstein die Regierung f. allgem. Landeswohlfahrt thun? gr. 8. Altona. 817. Hammerich. 16 gr.

Was kann in Holstein die Regierung für allgemeine Landeswohlfarth thun? Von Friedrich August Rüder. Altona. 1818. 8°.

— Winke f. die Bildung Holstein. Landesverfassung. gr. 8. Altona 817. Hammerich. 18 gr.

Winke für die Bildung Holsteinischen Landtags und neuer Verfassung. Von Friedrich August Rüder. Altona. 1817. 8°.

—— einige Worte üb. d. Entwurf der am 1. März 1831 den Landständen übergeb. sächs. Verfassungsurkunde. 8. (3¼ B.) Leipzig 831, (Kayser.)

— einige Worte, über den Entwurf der am 1. März 1831 den Landständen des Königreichs Sachsen übergebenen sächs. Verfassungsurkunde. 8. Leipzig 831. (Melzer.) ¼ ₰

— Einige Worte üb. d. Entwurf d. am 1. März 1831 d. Landständen übergebenen sächs. Verfassungsurkunde. 8. Leipz. 831. Wolbrecht. 6 gr.

—— allgem. landwirthschaftl. Zeitung, s. Zeitung.

– (Hrsg.), s. Zeitung, Landwirthschaftliche ...

Rüder, J. P. C., Versuch e. Beschreib. der seit einigen Jahrh. geprägten Nothmünzen. 8. Halle 791. Hendel. 6 gr. (Vergl. H. Bünting, Beschreibung 2c.)

Handbuch zur Kenntniß der Particular-Gesetzgebung des Fürstenthums Lübeck (v. **M. H. Rüder**). Abth. 1. 2. Eutin. 1836—37. 8°
1: Verordnungen und Bekanntmachungen aus den Jahren von 1622 bis 1804. 1837.
2: Verordnungen und Bekanntmachungen aus den Jahren von 1804—1835. 1836.

[F.] Die Artillerie-Patrouille. Von [Max] **Rüder**, Oberstlt. ... im Feldart.-Reg. ... Nr. 18. *Berlin: E. S. Mittler & Sohn 1897.* (2 Bl., 69 S.) 1 Bd 8. [98. 66]

Über kriegsgemäße Ausbildung der Feldartillerie. Erfahrungen u. Gedanken von M[ax] **Rüder**, Gen.Major z. D. Berlin: E. S. Mittler & Sohn 1906. (49 S.) 8° [F.] [06. 7637]

Rüder, Mar. Hnr., s. Jahresbericht, 3. 4., des literar.-geselligen Vereines zu Oldenburg.

Rüder, Rudolf, Referendar: Die Fürsorgeerziehung Minderjähriger im Königreich Sachsen. Dargestellt an dem sächsischen Gesetze über d. Fürsorgeerziehung vom 1. Febr. 1909 in Verbindung mit d. Ausführungsverordnung vom 6. Mai 1909, der Anleitung f. d. Verwaltungsbehörden vom 10. Juni 1909 u. d. Verordnung d. Justizministeriums über d. Fürsorgeerziehung vom 23. Juni 1909. Roßwein 1909: Pflugbeil. 43 S. 8°
Leipzig, Jur. Diss. v. 18. Nov. 1909
[Geb. 18. Okt 83 Ehrenfriedersdorf; Wohnort: Roßwein; Staatsangeh.: Sachsen; Vorbildung: Gymn. Wurzen Reife O. 04; Studium: Tübingen 2, Leipzig 5 S.; Rig. 16. Jan. 09.] [U 10. 2851

Rueder, Walther [app. Arzt aus Oldenburg in Gr.]: Zwei Fälle von Ovarialerkrankung (Cysto-Sarkom und Fibrom). . . . Wurzburg, Köhl & Hecker'sche Buchdr., 1888; 20 S. 8°
Würzburg, Med. Fak., Inaug.-Diss. v. 1888

Rueder, Wilhelm

Rueder, (August) Wilh. (geb. Oldenburg im Grossh. Oldenb. 15. 1. 1857): Ueber Epithelialcarcinom der Haut bei mehreren Kindern einer Familie. Berlin (1880). (28 S.) 8°.
Berlin, Med. Diss. v. 30. Juli 1880

Ruder- und Segel-Almanach, deutscher, für das Schaltj. 1876, hrsg. von W. S. jun. 16. (IV, 239 S. mit 2 Tab. in gr. 8., 2 Photogr. und 2 chromolithogr. Flaggentaf. in 8.) Hamburg, Grädener. geb. * 3 —
—— dass. — für das J. 1877, hrsg. vom Norddeutschen Regatta-Verein in Hamburg. 16. (IV, 312 S.) Ebendas. geb. * 3 —

Ruder- und Segel-Almanach, deutscher, für die J. 1879—1881, hrsg. vom Norddeutschen Regatta-Verein in Hamburg. 16. (330; VIII, 280; XLV, 280 S.) Hamburg, Grädener. geb. à Jahrg. *
Jahrg. 1878 ist nicht erschienen.

—— —— dass. — pro 1882 und 1883. Begründet vom Norddeutschen Regatta-Verein. 16. (224; XXXII, 176 S.) Berlin, Verlag des Wassersport. geb. à Jahrg. *

—— —— dass. — pro 1884. Redig. und hrsg. von der Redaction des „Wassersport". 9. Jahrg. 16. (296 S.) Ebendas. geb. *

Ruder- u. Segel-Almanach f. 1886. Mit Berücksicht. der verwandten Sportzweige Schwimmen u. Eislauf. Begründet vom Norddeutschen Regatta-Verein. Red. u. hrsg. v. der Redaktion des „Wassersport". 11. Jahrg. 16. (294 S.) Berlin, Wassersport (C. Otto). geb. n. 1. 50

Ruder- u. Segel-Almanach. Fortsetzung, s. Wassersport-Almanach.

Ruderbuch für 1882 und 1883. Hrsg. von Vict. Silberer unter Mitwirkung von Geo. Ernst. 16. (à Jahrg. ca. LIX, 182 S.) Wien, (Seidel und Sohn.) geb. à Jahrg. *
Nicht weiter erschienen.

Ruderbuch, Hamburger. Hrsg. vom norddeutschen Regatta-Verein. Unter freundl. Mitwirkg. v. Lange, Busse, C. Boie sowie v. Mitgliedern der hies. Verbands-Rudervereine. (72 S.) kl. 8. Hamburg (905). [Verlagsanstalt u. Druckerei.] Berlin, K.W. Mecklenburg. Kart. n. 1.50

Ruderer, Der freie. Monatl. Offenbach a. M. Seit 1909. 4° jährl. M. 1.20

Ruederer, Jos., s.: Auf drehbarer Bühne.

Josef **Ruederer**. Die Fahnenweihe. Eine Komödie in 3 Akten. München: Rupprecht (1895). 164 S. 8° [10. 8746

Josef **Ruederer**. Die Fahnenweihe. Eine Komödie in 3 Akten. 2. Aufl. Berlin: Bondi [München: Süddeutsche Monatshefte] 1900. 158 S. 8° [A 12. 15391]

Ⓑ — Die Fahnenweihe. 1900. (H 01/09. K 32. 36.) Jetzt: München, Georg Müller.

Ⓑ **Ruederer,** Jos., die Fahnenweihe. 900. (KVL 32.) Jetzt: München, Süddeutsche Monatshefte.

Ruederer, Jos., geopfert! Eine Episode aus dem Leben e. Offiziers. In Versen erzählt. 8. (VII, 162 S.) Leipzig 892. W. Friedrich. n. 2. —

Ruederer, Jos., die Morgenröte. Eine Komödie aus d. J. 1848. In 5 Akten. 1. u. 2. Tausend. (127 S.) 8. Berlin 905. G. Bondi. n. 2. —; geb. n. 3. —

Ruederer, Jos., die Morgenröte. Jetzt: München, Süddeutsche Monatshefte.

— München. s. a. Städte u. Landschaften.

München von Josef **Ruederer**. Stuttgart: C. Krabbe (1907). (227 S.) 8° = **Städte** u. Landschaften. [1.] [07. 8148

RUEDERER, Josef (in München, geb. ebd. 15. Octob. 1861), Münchener Satiren. München, Georg Müller, 1906. 8°. (Mk. 1—.)

— Münchener Satiren. 2. Aufl. (64 S.) 8. München 907. G. Müller. 1. —

— höllischer Spuk. E. Münchner Erlebnis. 8. (60 S.) Berlin 897. G. Bondi. n. — 80

Ⓑ Ruederer, Josef: Höllischer Spuk. 1897. (H 98/00. 08/09. K 30. 36.) Jetzt: München, Georg Müller.

Ⓑ — Höllischer Spuk. 897. (KVL 30.) Jetzt: München, Süddeutsche Monatshefte.

[F.] Josef **Ruederer**. Tragikomödien. Fünf Geschichten mit Zeichngn v. Louis Corinth. *Berlin: G. Bondi 1897.* (4 Bl., 354 S., 7 Taf.) 1 Bl. 8. [97. 4778

— Tragikomödien. (423 S.) 8. München 908. Süddeutsche Monatshefte. 5. —; geb. in Leinw. 6. 50

— e. Verrückter. Kampf u. Ende e. Lehrers. 8. (VIII, 253 S.) München 894. Dr. E. Albert & Co., Sep.-Cto. n. 3. —; geb. n. 5. —

— ein Verrückter. Kampf u. Ende e. Lehrers. 2. (Titel-) Aufl. 8. (VIII, 253 S.) München (894). C. Rupprecht. n. 3. —; geb. n. 4. 50

— Ein Verrückter. Kampf u. Ende e. Lehrers. 3. Aufl. (260 S.) 8. Ebd. 908. 3.50; geb. in Leinw. 4. 50

Ruederer, Jos., Wallfahrer-, Maler- u. Mördergeschichten. 1. u. 2. Taus. 8. (256 S.) Berlin 899. G. Bondi. n. 2. 50; geb. n. 3. 50

Ⓑ — Wallfahrer-, Maler- u. Mördergeschichten. 899. (KVL 32.) Jetzt: Ebd.

— Wolkenkuckucksheim. Komödie in 3 Akten. (160 S.) 8. München 909. Süddeutsche Monatshefte. 2.50; geb. in Leinw. 3. 50

Ruderers, d., Freud' u. Leid. 8. (57 S. m. Illustr.) Wien 884. Verl. der „Allg. Sport-Zeitg." 2. —

Rüders, C. J., s. R u d e r , C. J.

Rüdersdorf(er Kalkberge) [Schlagwort]

Rüdersdorfer Kalkberge, s. a. **Erkner.**

Rüdersdorf, s. a. Mark. — Wanderkarten.

Rüdersdorf, s. a. **Preussen. Messtischblätter.**

Rüdersdorf. Straube, Jul., Spezialkarte der Rüdersdorfer Kalkberge. (Umgegend v. Woltersdorf u. Erkner.) 1 : 25,000. 43×32 cm. 6farbig. Berlin 894. J. Straube. n. — 75

Rudersdorff, Mathilde, einige Worte über das Erlernen des Gesanges. Für Dilettanten. Jena 869. F. Mauke. gr. 8. (16 S.) n. 5 *ngr.*

Rudershausen, *Adam:* Pretiöse Charactere und Wendungen in Corneilles Tragödien. Mainz, Druck v. H. Prickarts, 1894; 35 S. 4.
Mainz, grossh. G. P 1894 (634)

Rudershausen, Karl [z. Z. **Assistenzarzt** a. d. **med.** Poliklinik zu Strassburg]: **Die Castration der Frauen bei nervösen** Leiden . . . Würzburg, **Paul Scheiner's Buchdr., 1886;** 78 S. + 1 Bl. 8°.
Strassburg. Med. Fak., Inaug.-Diss. v. 1886.

R u d e r s h a u s e n, K a r l, die Castration der Frauen bei nervösen Leiden. Diss. Strassburg i. Els. 1886, Trübners Buchh. u. Antiqu. (E. d'Oleire). 8°. 78 S.

Rudert, B., Herzog A l b r e c h t der Beherzte v. Sachsen, der Stammvater unseres Königshauses. Ein Lebensbild, dem sächs. Volke dargeboten. Mit dem Denkmal Albrechts im Hofe der Albrechtsburg zu Meißen u. 5 Wandbildern aus dem Albrechtszimmer daselbst. gr. 8. (32 S.) Dresden (900). Niederlage des Vereins zur Verbreitung christl. Schriften. n. — 20

— s.: **K i n d e r f r e u n d,** deutscher.

Rudert, Bernh., lies deine Bibel!, s.: B a u s t e i n e, kleine. 2.

Rudert, Erich, **Referendar a. Hannover: Die subjektive und objektive Seite im Tatbestande des untauglichen Versuches. Borna-Leipzig** 1907: **R. Noske. (VIII,** 77 **S.) 8° [F.]**
Leipzig, Jur. Fak., Diss. v. 15. Juni 1907
[Geb. 28. Febr. 84 Lichtenau i. W.; Wohnort: Hannover; Staatsangeh.: Preußen; Vorbildung: Gymn. Bochum i. W. Reife O. 02; Studium: Heidelberg 3, Berlin 1, Bonn 2 S.; Rig. 5. Aug. 05.]

Rudert, Ernst: **Grundlagen** zu einer Geometrie der Kugel nach Grassmanns Ausdehnungslehre. ***Leipzig 1899: B. G. Teubner.*** (44 S.) 4°
Leipzig, III. st. R, OP 1899 (604)

Rudert, Ernst, Oberl. an d. III. städt. Realsch. zu Leipzig: **Über** kleine **Kugelkreise.** Eine Anwendung von Grassmanns Ausdehnungslehre. *Leipzig 1900: B. G. Teubner.* (S. 45—77.) 4° ¶(Forts. d. Progr. Leipzig, III. st. Realsch. 1899: Grundlagen zu einer Geometrie d. Kugel nach Grassmanns Ausdehnungslehre.)
Leipzig, Phil. Diss. v. [26. Sept.] 1900

Rudert, Gerhardt: Änderung des Leitvermögens von festem Kupferjodür im Licht. Leipzig: J. A. Barth 1909. 43 S. 8° ¶(Aus: Annalen d. Physik. F. 4, Bd 31, H. 3. 1910.)
Jena, Phil. Diss. v. 19. Nov. 1909, Ref. Winkelmann
[Geb. 28. März 86 Borna b. Leipzig; Wohnort: Borna; Staatsangeh.: Sachsen; Vorbildung: Realgymn. Borna Reife O. 05; Studium: Leipzig 2, Jena 7 S.; Rig. 16. Juli 09.] [U 10. 2365

R u d e r t, H., s. **F r o h w e i n,** Eug. Hauptregeln der griechischen Syntax.

Rudert, H., De iure municipum Romanorum belli Latini temporibus Campania dato. Diss. 1879 41 S. [illegible]

R u d e r t, *Heinrich* Zwei Kapitel aus der griechischen Schulsyntax. 4 (24 S.). **Progr.** G. Rutheneum u. Vorsch. *Gera* 1889 (673).

Rudert, H. [Dr.]: **Zwei Kapitel aus der griechischen Schulsyntax.** Gera, Druck v. Th. Hofmann, 1889; **24 S. 4°**
Gera, fürstl. G Rutheneum, OP 1889 (673)

Rudert, Paul [Apotheker, aus Dresden]: Ueber die Einwirkung von Phosphoroxychlorid und Phosphorsulfochlorid auf einige aromatische Amine . . . Rostock, Univ.-Buchdr. v. Adler's Erben, 1892; 50 S., 1 Bl. 8.
Rostock, Phil. Fak., Inaug.-Diss. v. [6. Aug.] 1892

Rudert, Th., S k i z z e e. Moralsystems als praktische Grundlage der künftigen Weltreligion. Gemeinverständliche Ausführgn. zum „Letzten Wort der Philosophie". (41 S.) 8. Leipzig 905. Th. Knaur. n. 1. 50

— das letzte W o r t der Philosophie. (36 S. m. 1 Tab.) gr. 8. Ebd. 904. n. 2. 50

Rudert, Thdr., die K u n s t, sich glücklich zu fühlen. Ein Zwiegespräch üb. Welt u. Leben. (100 S.) Lex. 8. Halensee-Berlin 909. Verlag f. aktuelle Philosophie. 2.75; erm. Pr. 1.80

— Neue T h e o r i e n üb. die geschlechtliche Liebe, die geschlechtlichen Perversionen, die Charakterverschiedenheit der Geschlechter, das sexuelle Problem als Weltanschauungsfrage. Mit e. bunten Auswahl charakterist. Stellen aus unveröffentlichten allgemeinphilosoph. Werken des Verf. als Anh. (IV, 159 S.) gr. 8. Ebd. (910). 2. 50

— Der W e g zum Liebesglück. Das sexuelle Problem in allgemein-menschl. Fassg.; zeitgemäße prakt. Richtlinien f. Vorleben, Liebe, Verlöbnis u. Ehe. (88 S.) gr. 8. Ebd. (910). 1. 80

Rudert, Willy, aus Wunden tief. — **Gedichte.** (48 S.) kl. 8. Leipzig (909). Verlag f. Literatur, Kunst u. Musik. 1. 20

Der Deutsche Ruderverband 1883—1908. **Berlin** 1908. 141 **S. m. Abb.**

Ruder-Verein des Realgymnasiums zu Dortmund. 4 (S. 23). **Progr.** Städt. Rg. *Dortmund* 1900

Rude's, François, Biographie, s.: R o s e n b e r g, A.

Rüdesheim [Schlagwort]

Rüdesheim, s.: Geologische Karten. Preussen 111.

Rüdesheim, s.: Preussen. Messtischblätter.

Rüdesheim [Verfasser]

Rüdesheim, Lothar von [Pseud.], s. a. B a c m e i s t e r, Lucie

Rüdesheim, Loth. v., d. Büchlein v. d. Lorelei, } s.: R h e i n -
— wie d. Nibelungenschatz gehoben ward, } K i e s e l.

R ü d g a r, Fürst, und die Seinen, Geschichte der Vorzeit von Fr. Gleich. Mit 1 Kupf. 8. Leipzig, Hinrichs. 820.

R ü d g e r M a n e ß, ein vaterländ. Schauspiel f. d. Jugend, siehe M a n e ß.

RÜDGERS, HEINRICH. Zur Kenntniss einiger Abkömmlinge des Paradichlorbenzols. Basel, 1893.

Rüdgisch, Otto von. Wo kriegen wir Brot her? Ein Wort für den kleinen Mittelstand und Arbeiter. Lejeunesche Offizin. 1 Bl. Fol.
Flugblatt. Berlin, 30. April 1848.

Rüdgisch, R. v.

Rüdgisch, v., s.a. Anleitung zur Anfertigung von Recognoscirungsberichten und Croquis.

Ruedgisch, R. v. Anleitung zur Anfertigung von Rekognoszierungsberichten u. Krokis. Metz 1873. 61 S.

— die Bergzeichnung auf Plänen. Ein Lehrbehelf. Mit (lith.) Fig.-Taf. (in gr. 8. u. qu. gr. 4.) gr. 8. (125 S.) Metz 874. deutsche Buchh. n. 4. 50

Die militärische Gelände-Beurtheilung nebst Anleitg z. Anfertigg v. Krokis u. Skizzen. Von [R.] v. **Rüdgisch**, Oberstlt. M. 9 Figurentaf. 3., theilw. umgearb. Aufl. v. A[ugust] Kuhn Major a. D. Berlin: Liebel 1899. (VII, 176 S., 9 Taf.) 1 Bd 8°

Die militärische Gelände Beurteilung und Gelände-Darstellung. Von [R.] v. **Rüdgisch**. 4., vollst. umgearb. Aufl. von [Camillo] Rayle. Mit vergleich. Zeichenerklärung. Berlin: Liebel 1904. (VIII, 205 S.) 8° [5.] 25.90

Rüdgisch v. Die Gelände-Erkundung. 3. Aufl. Leipzig 1893. 8°. (1. Aufl. 1871.)

Rüdgisch, v., die Gelände-Erkundung m. Rücksicht auf die Truppenführung, nebst Anleitg. zum Krokiren u. Abfassen der Berichte. 3., vollständig umgearb. Aufl. gr. 8. (XV, 184 S. m. 9 Taf.) Leipzig 893. G. Lang. n. 4. —

—— Instrumente und Operationen der niederen Vermessungskunst. Mit 170 Fig. (in eingedr. Holzschn.). 1. und 2. Abthl. gr. 8. Ebendas. 875. [1. Abthl. (VIII, S. 1—228.) *M 4,50; 2. Abthl. (IV, S. 229—436 mit 1 Stnt. in qu. Fol.) *M 3,50.] *

Rüdgisch, v., die neueren Breithaupt'schen Messtisch- u. Kippregel-Constructionen u. ihr Werth für die topographische Messkunst. Mit 2 lith. Taff. (in qu. Fol.) Cassel 868. Krieger. gr. 8. (28 S.) n. 12½ ngr

— der Breithaupt'sche Normal-Menselapparat f. die königl. preuss. topograph. Abtheilung. Eine Monographie im Anschluss an die Schrift: Die neueren Breithauptschen Messtisch- u. Kippregel-Constructionen etc. Mit 3 Fig. (Holzschn.) gr. 8. (13 S.) Kassel 874. Kay. n. — 60

Rüdgisch, v., Plan von Colombey und des Gefechtsfeldes des VII. Armee-Corps am 14. Aug. 1870. 1 : 8000. 4 Bl. Lithogr. und color. Imp.-Fol. Berlin 875, Schropp'sche Landkartenh. * 5 —

— s.: Terraindarstellung.

— die Terrain-Recognoscirung m. Rücksicht auf die Truppenführung nebst Anleitg. zum Croquiren u. Abfassen der Berichte. Mit Fig. (auf 2 lith. u. 1 chromolith. Taf.) gr. 8. (IV, 176 S.) Metz 874. deutsche Buchh. n. 3. 20

Rüdgisch, v., die Terrain-Rekognoszirung m. Rücksicht auf die Truppenführung, nebst Anleitg. zum Krokiren u. Abfassen der Berichte. 2. Aufl. Mit 6 Fig.-Taf. gr. 8. (XI, 187 S.) Metz 886. Lang. n. 3. —

— — Die Terrain-Rekognoszierung mit Rücksicht auf die Truppenführung nebst Anleitung zum Krokieren u. Abfassen der Berichte. Mit Fig. Metz 1874. 176 S.

— — 3. Aufl. u. d. T.: Die Gelände-Erkundung ꝛc. Leipzig 1893.

Rudhardt, Geo. Thom., s. Rudhart

Rudhardt, J., s. Rudhart, Ignaz von

Rudhart, Fr. M., Geschichte der Oper am Hofe zu München. Nach archival. Quellen bearb. 1. Thl.: Die italien. Oper von 1654—1787. Freising 865. Datterer. gr. 8. (XII, 194 S.) n. 1 ₰

Rudhart, Geo. Thomas, über d. Behandlungsweise d. bayer. Geschichte. gr. 8. (3 B.) Hamburg 835, Fr. Perthes.

Rudhart, Geo. Thom. v., Erinnerungen an Johann Georg von Lori. Eine Rede vorgetragen in der öffentlichen Sitzung zur Feier des akademischen Saecularfestes am 29. März 1859. München 859. (Franz.) 4. (39 S.) n. 18¾ ngr

Rudhart, Geo. Thomas, älteste Geschichte Bayerns u. der in neuester Zeit z. Königr. Bayern gehör. Provinzen Schwaben, Rheinland u. Franken. Ein Beitr. z. Specialgesch. Süd- u. Mitteldeutschlands. gr. 8. (47¼ B.) Hamburg 841, Fr. Perthes. Thlr. *

Ist die Altenburg bei Bamberg wirklich das Castrum Babenbergk Regino's zu den Jahren 902. 906, und die civitas Papinberc der Urkunde vom J. 973? Blicke in die Urgeschichte der Stadt Bamberg. Von Dr. G. Thom. Rudhart, P. d. Gesch. am L. — 1835. Ebend. — S. 3—44.
Progr. Bamberg

—— ist Regino's Babenbergk d. Altenburg bei Bamberg? Blicke in d. Urgesch. d. Stadt Bamberg. 8. (6 B.) Nürnberg 836, Fr. Campe.

Rudhardt, Geo. Thom., Lebensbeschreibungen der berühmten Männer, deren Brustbilder in Bayerns Ruhmeshalle aufgestellt sind. Im Auftrage Sr. Majestät König Ludwig I. des erhabenen Gründers der Ruhmeshalle verfaßt. 8. (III und 103 S.) München 851, Franz. *
Aus: Taschenbuch für die vaterländ. Geschichte 1854/55, besonders abgedruckt.

Rudhart, G. Th., Thomas Morus. Aus d. Quellen bearb. gr. 8. (29¼ B. u. M's. Bildn., nach Holbein v. Fleischmann gest.) Nürnberg 829, Campe.

Rudhart, Geo. Thom., Thomas Morus. Aus den Quellen bearb. Neue verm. Ausg. gr. 8. (XIV u. 468 S. m. Portr. in Kpfrst.) Augsburg 852, Kollmann. 1 ₰ 9 ngr.

—— Rede auf Sir Thomas Babington Macaulay, den Essayisten und Geschichtschreiber Englands. Vorgetragen in der feierlichen Versammlung der k. Akademie der Wissenschaften am 28. März 1860. gr. 4. (16 S.) München 860, (Franz.) * *

Rudhart, Georg Thomas s. Regesta sive Rerum Boicarum Autographa .... Monaci 1822–1854.

Rudhart, G. Th., üb. d. Unterschied zwischen Kelten u. Germanen, mit besond. Rücksicht auf die baiersche Urgeschichte. 8. Erlang. 826. Palm u. E. 10 gr.

— einige Worte über Wallenstein's Schuld. Fest-Rede, gelesen in der öffentl. Sitzung der k. bayer. Akademie der Wissenschaften zu München zur Feier ihres 91. Stiftungstages am 28. März 1850. gr. 4. (45 S.) München 850. (Franz.) n. n. 12 ngr

— — s.a. Rudhart, Ignaz von

Rudhart, Ignaz von

Rudhart, Ign.: Abriss der Geschichte der bair. Gesetzgeb., besond. Erinnerungen an d. Einfluss der Staatsverfass. auf die Gesetzgeb. Eine Vorlesung. *München*, Lindauer. 821. gr. 4. (8 Gr.)

— Abriß d. Geschichte d. baierischen Gesetzgebung. 4. Münch. 822, Lindauer.

— Abriß d. Geschichte d. baier. Gesetzgebung. gr. 4. Münch. 827. (Lindauer). 12 gr (Franz). 9 gr.

v. Rudhart, Ign., († d. 11. Mai 1838), üb. den Entwurf eines Gesetzbuches über das Verfahren in Strafsachen. Aus dessen Nachlasse hrsg. von Gust. Hohe. gr. 8. (288 S.) Regensburg 848, Pustet. 1 ß

— Encyklopädie u. Methodologie d. Rechtswissenschaft. gr. 8. Würzb. 812. Stahel. 2 ß

— Geschichte d. Landstände in Baiern. 2 Bde in 4 Büchern. gr. 8. Heidelb. 816. Mohr. 1 ß 20 gr — Dass. 2 Bde. unveränd. Ausg. 8. Ebd. 819. Finsterlin. 1 ß 8 gr

— — Dasselbe. 2 Bde. Unveränd. Ausgabe. 8. München, Thienemann. 819.

Rudhart, Ign. v., polit. Glaubensbekenntniß. Mit Genehmig. d. k. bayer. Ministeriums d. Innern, nebst e. Vorw. hrsg. v. Friedr. Wilh. Bruckbräu. 8. (21¼ B. u. R's. Bildn.) Paßau 840, (Pustet'sche Buchh.) *

— die Heimath, Ansässigmachung u. Verehelichung u. das Gewerbwesen. Eine Rede, gehalten in d. baier. Kammer d. Abgeordneten. gr. 8. Münch. 825. Fleischmann. 6 gr

RUDHART, Ign.: Ueber d. v. Mehrern begang. Homicidium als exeget. Erkl. d. 148n Art. d. P. H. G. O. Karls V. a. d. leg. 11. ad L. Aquil. *Würzb.* 815. 8.

—— die Industrie in d. Unterdonaukreise d. Königr. Bayern. gr. 8. (5 B.) Paßau 835, (Ambrosi's Buchh.) *

— historische Karte des Unterdonaukreises. Größtes Landkartenformat. Passau 837. Pustets Buchh. 1⅝ ß

— Controversen im Code Napoleon; nach d. Artikelfolge erläut. 1e Abtheil. 8. Würzb. 813.

—— Lebens-Abriß, von ihm selbst verfaßt. Seinen Freunden u. Verehrern zum Andenken. Hrsg. v. Heinr. Holzschuher. gr. 12. (1 B. u. R's Bildn. m. Facsim., Kpfrst.) Nürnberg 837, Riegel u. Wießner.

— Pro Memoria für einen teutschen Prinzen im J. 1823 üb. den Unterschied der unbeschränkten Monarchie von der constitutionellen u. über die Anwendung der Staatsgewalten. Aus des Verf. Nachlasse hrsg. von Gust. Hohe. gr. 8. (IV u. 54 S.) Regensburg 848, Manz. ¼ ß

— das Recht d. deutschen Bundes. Ein Lehrbuch zu d. Gebrauche bei Vorlesungen an deutschen Universitäten. 8. Stuttg. 822. v. Cotta. 1 ß 12 gr

—— Rede üb. d. Finanzverwaltung d. Königr. Bayern im J. 18²⁵/₂₆, aufgenomm. v. d. Geschwindschreibern d. Kammer d. Abgeordneten zur Ständeversamml. gr. 8. (4 B.) München 828, Finsterlin.

—— Rede üb. d. Gesetzesentwurf zu e. Zollordnung, gehalt. in d. Kammer d. bayer. Ständeversamml. in München am 5. Juny 1828. gr. 8. (4 B.) Nürnberg, Riegel u. Wießner.

—— Rede üb. d. Gewerbswesen in Bayern. gr. 4. ... Nürnberg 831, Riegel u. Wießner.

—— Rede üb. d. Militär-Budget. gr. 4. ... Nürnberg 831, Riegel u. Wießner.

Rudhart, Ign., Rede üb. d. Civilliste. gr. 4. ... Nürnberg 831, Riegel u. Wießner.

—— Rede üb. d. Civilliste. Gehalt. in d. St. V. 21. Mai 1834. gr. 4. ... Nürnberg, Riegel u. Wießner.

— Rede üb. neue Zolltarife. gr. 4. Nürnb., Campe. 6 gr

— über die politische Stellung des Königr. Bayern im J. 1833. Aus des Verf. Nachlasse hrsg. von Gust. Hohe. gr. 8. (IV und 96 S.) Regensburg 848, Manz.

— üb. das Studium d. Rechtsgeschichte. gr. 8. Würzb. 811. (Palm in Erlang.) 6 gr

— Uebersicht der vorzügl. Bestimmungen verschied. Staats-Verfassungen üb. Volks-Vertretung. Fol. Würzb. 818. (Finsterlin in Münch.) 1 ß 8 gr

— — Uebersicht der vorzüglichsten Bestimmungen verschiedener Staats-Verfassungen über Volks-Vertretung. Fol. Ebend. 819.

RUDHART, Ignaz (Weismain): Untersuchung über systematische Eintheilung und Stellung der Verträge für Doctrin und Legislation.- Nürnberg: Schrag 1811. XVI,352 S.,1 Bl.
29.8.1810 - Pe 312; F 48
Diss.Ingolst.-Landsh.-Mchn.

— üb. die Verwaltung der Justiz durch die administrativen Behörden. Eine juridische Skizze, als ein Beitr. zur Revision der Gesetzgebung in Baiern. 8. Würzb. 817. (Kunz in Bamb.) 4 gr

— — über die Verwaltung der Justiz durch die administrativen Behörden. Eine juridische Skizze, als ein Beytrag zur Revision der Gesetzgebung in Baiern. 8. Würzburg, (Stahel.) 817.

—— Verzeichniss d. histor. Denkwürdigkeiten des Unterdonaukreises. Gez. v. Leythäuser. In Stein grav. v. L. Zertahelly. (1 Bl. m. 1 Karte u. Randverziern. Imp.-Fol.) Passau 837, [Pustet'sche Buchh.] *

— Verzeichniß der histor. Denkwürdigkeiten des Unterdonaukreises. Gezeichnet von Leythäuser. 1 Blatt mit 1 Karte u. Randverzierungen. Imp.-Fol. Passau 837. Winkler. n. 1⅔ ß

—— Verzeichniss d. vorzüglichsten Denkwürdigkeiten d. Regenkreises nach d. vorzügl. Strassenzügen. Gez. von v. Sutor. (1 lith. Bl. u. 1 Karte m. vielen Randbemerkn. Imp.-Fol.) Regensburg 835, (Pustet.) *

—— einige Worte über Wallenstein's Schuld. Festrede, gelesen in der öffentl. Sitzung der k. bayer. Akademie der Wissenschaften zu München zur Feier ihres 91. Stiftungstages am 28. März 1850. gr. 4. (45 S.) München 850, (Franz.) **

— — s.a. Rudhart, Georg Thomas

Rudhart, Ign., üb. die Censur d. Zeitungen im Allgemeinen u. besond. nach d. baier. Staatsrechte. 8. Erlang. 826. Palm u. E. 6 gr

— üb. den Zustand des Königr. Baiern, nach amtl. Quellen. 1r Bd. gr. 8. Stuttg. 825. v. Cotta. 2 ß 8 gr 2r Bd. A. u. d. T.: über die Gewerbe, d. Handel u. d. Staatsverfassung d. Königr. Baiern. Mit 4 Tabb. gr. 8. Erlang. 827. Palm u. E. 3 ß 12 gr 3r u. letzter Bd. A. u. d. T.: die Finanzverwaltung, Rechtspflege u. die Kriegsanstalten des Königr. Baiern. gr. 8. Ebd. 827. 2 ß 16 gr

Rudhart, Pet., s.: Luther, Dr. Martin, u. die die Reformation fordernden Churfürsten u. Herzoge zu Sachsen Landgrafen zu Thüringen.

a) *Thiersch*, Fr. v., über Lor. v. Westenrieder im Verhältnisse zu seiner Zeit. b) *Rudhart*, Dr. (Thom.), über Lor. v. Westenrieder, als Geschichtsschreiber seines Volkes. (Zus. 6 Bll. à 2 Col.) München 1854. 8°. Cart.
Reden, geh. in öffentl. Sitzung d. k. Akad. d. Wiss., bei Enthüllung des Denkmals von Lor. v. Westenrieder, am 1. Aug. 1854.

Rudhey, Gert, Skizzenbuch. (V, 58 S.) 8. Dresden 905. E. Pierson. n. 1.50; geb. n. 2.50

Rudi, Paul, Zeugnisse e. elsäss. evangel. Glaubenshelden Joh. Georg Wegelin (geb. 1647 zu Wolfisheim u. gest. 1711 zu Leutkirch), Pfarrer zu Reitweiler, Ringendorf, an der Adelphi-Kirche zu Neuweiler u. zu Leutkirch (Württ.). (115 S. m. Abb.) gr. 8. Neuweiler-Kr. Zabern (Unter-Elsaß) 910. Pfarrer Rudi. nn 2.—

Ruedi, Thomas [med. pract. von Thusis]: Anatomisch-physiologische Befunde bei Mikrotie mit Atresia auris congenita. Wiesbaden 1899. 42 S. 2 Taf. und 3 Diagramme im Text. (Sep.-Abdr. aus Zeitschrift für Ohrenheilkunde, 34. Bd.)
Basel. Med. Diss. 1898,99.

RUDICH, JOSEPH, Pfarrer zu Ercsi: Rede über die Wichtigkeit des Seelsorger-Amtes als der wohlehrwürdige Herr Philipp Clementis in der Kronortschaft Bogdan in das Amt eines Seelenhirten und Dechanten etc. feyerlich eingeführt wurde, gehalten den 18. May 1806. Ofen 1806. Gedr. mit Kön. Universitäts-Schriften. 29 S. - 8°

Rudies, Heinr., Walpurgisnachtstraum. 8. (VII, 96 S.) Dresden-Blasewitz 899. H. Minden. n. 1. —

Rüdiger, v., preuß. Ausführungs-Anweisg. zu § 16 u. ff. der Reichs-Gewerbe-Ordng. betr. Genehmigg. gewerbl. Anlagen, s.: Guttentag's Sammlg. preuß. Gesetze, Nr. 16.

Rüdiger, de Christo per primum (בראשית) et ultimam (Ἀμήν) S. S. vocem indicato. Giess. 1724. 4.

RÜDIGER, Aus harter Jugendzeit. Leipziger Verlag, G. m. b. H. (c. 1910).
Confiscirt anfangs 1912.

— d. Sonntagsruhe im Gewerbebetriebe auf Grund d. kaiserl. Verordng. u. Bekanntmachg. v. 4. u. 5. Febr. 1895. Zum Gebrauche f. Behörden, Fabrikanten, Handwerker, Arbeitgeber u. Arbeitnehmer. gr. 8. (XII, 162 S.) Berlin 895. C. Heymann's Verl. n. 1. 60

Rüdiger, v., die Sonntagsruhe im Handelsgewerbe auf Grund der Gewerbeordnung f. das Deutsche Reich. Zum Gebrauche f. Behörden, Kaufleute, Gastwirthe, Handwerker, Arbeitgeber u. Arbeitnehmer dargestellt. 1. u. 2. unveränd. Aufl. gr. 8. (VIII, 42 S.) Berlin 892. C. Heymanns Verl. Kart. n. 1. —

Rüdiger, ..., (Propst zu Wettin,) s. Urkunden, die ältesten, der Hebräer.

Rüdiger, A., der Kirchenbau-Verein Kaiserslautern u. mein Verhältniß zu demselben. 8. (14 S.) Kaiserslautern 883. A. Gotthold's Verl. n. — 20

Rüdiger, A., Normal-Modelle des Taillenschnittes, s.: Klemm, H.

Rüdiger, A., De orationibus quae in rerum scriptoribus Graecis et Latinis reperiuntur imprimis Herodoti et Sallustii ratione habita. Pr. 1875. 20 S. 4°.

Rüdiger, A. T., De aliquot Sophoclis et Aeschinis locis. Gel. 1863. 22 S.

Rüdiger, Adf., Dante's Beatrice. Eine Laienstudie üb. e. theolog. Thema. 12. (57 S.) Augsburg 899. München (Schützenstr. 5), Rechtsanwalt Rüdiger. 1. —
Sonderabdruck aus: „Augsburger Postzeitung".

— Katalog der Bücherkammer des deutschen Vereins f. Versicherungs-Wissenschaft, in systematisch-alphabet. Ordng. bearb. gr. 8. (III, 96 S.) Berlin W. 902. Bibliograph. Institut f. Versicherungs-Wissenschaft. 1. 80

Katalog der Bücherkammer des Deutschen Vereins für Versicherungs-Wissenschaft, in systemat.-alphab. Ordnung bearb. von A[dolf] **Rüdiger**. Berlin: Deutscher Ver. f. Versicher.-Wiss. 1902. (96 S.) 8°

Rüdiger, Adf., die Rechte der Versicherungs-Gesellschaften auf Gegenseitigkeit. gr. 8. (43 S.) Wien 887. (Berlin, Mittler und Sohn.) *
Aus: A. Ehrenzweig's Assecuranz-Jahrbuch, 9. Jahrg., besonders abgedruckt.

Rüdiger, Adf., die Rechtslehre vom Lebensversicherungsvertrag, aus den wirtschaftl. Grundlagen d. Geschäfts entwickelt u. unter besond. Berücksicht. der Ergebnisse der Rechtsprechg. bearb. gr. 8. (IX, 345 S.) Berlin 885. Mittler & Sohn. n. 8. —

— die Rechtsprechung d. deutschen Reichsgerichtes in Versicherungssachen. gr. 8. (123 S.) Wien 899. F. Deuticke. n. 2. 50
Sonderabdruck aus: „Oesterr. Revue"

— Vereine u. Genossenschaften. Ein Beitrag zum Verständnis der Vereins- u. Genossenschafts-Gesetzgebg. 2. Aufl. gr. 8. (23 S.) München 890. Schweitzer. n. — 60

— das Versicherungsbüchlein. Ein Rathgeber f. Versicherte u. Solche, die es werden wollen, m. e. Anh., enth. e. Abhandlg. üb. den Lebensversicherungs-Vertrag. gr. 8. (48 S.) Berlin 887. Mittler & Sohn. n. — 60

Rüdiger, Ad. Praktischer Wegweiser zur Anwendung des Gesetzes v. 11. V. 1896, die staatl. Viehvers. in Bayern betr. München 1896.

— s.: Zeitschrift f. d. gesammte Versicherungs-Wissensch.

Rüdiger, Alfred: Die links der Elbe gelegenen Burgen im Königreich Sachsen. Berlin: Wasmuth 1909. VII, 125 S. 4°
¶ Auch als: Beiträge zur Bauwissenschaft. H. 14.
Dresden, Dr.-Ing.-Diss. v. 15. 5. 1908

Rüdiger, Alfr., die links der Elbe gelegenen Burgen im Königr. Sachsen, s.a. Beiträge zur Bauwissenschaft. 14.

Dipl.-Ing. Alfred **Rüdiger**. Die links der Elbe gelegenen Burgen im Königreich Sachsen. Berlin: Wasmuth 1909. VII, 125 S. 4°(8°)
Von d. Kgl. Techn. Hochschule zu Dresden genehmigte Doktordiss.
(Beiträge z. Bauwissenschaft. H. 14.) [10. 1186]

Rüdiger, Alfr., Kunst u. Liebe. Komödie in 1 Aufzuge u. 1 lyr. Vorspiel. (66 S.) kl. 8. Leipzig 907. Verlag f. Literatur, Kunst u. Musik. 2.—; geb. n 3. —

Rüdiger, Andreas

— Anweis. z. Zufriedenh. d. menschl. Seele. 8. Leipzig, Corner. 736.

Rüdiger, Andr., de Diaeta humanae naturae etc. 8. Lips. Crusius (F. C. W. Vogel.) 737.

Rüdiger, Andr., diaeta hum. naturae ad conservand. et propagand. vitam. 8. Lips. Weidmann. 737.

— Gegenmein. v. Wesen d. Seele rc. ctra Wolf. 8. Ebend. 727.

— institutiones eruditae s. philosophia synthetica tribus libris compreh. 8. ibid. 717.

— institutiones philosophiae systemat. 8. ibid. 718.

— Moralität d. Streitschriften. 8. Leipzig, Heinsius. (Gleditsch) 723.

Rüdiger, Andreas [Praes.], s. Müller, August Friedrich: De eo, quod omnes ideae oriantur a sensione.

Rüdiger, Andreas [Praes.], s. Nörner, Joh. Christoph: De novis ratiocinandi adminiculus, ubi ostenditur Quomodo aliquis sine syllogismorum cognitione, ex una Propositione rite cognita, Myriades Conclusionum novarum elicere possit.

Rüdiger, Andreas [Praes.], s. Nörner, Joh. Georg: De usu et abusu terminorum technicorum in philosophia.

— obiectiones contra physicam divinam, c. notis auctoris phys. div. et dupl. append. 4. ibid. 717.

Andreae Ridigeri, philos. et medici, philosophia pragmatica, methodo apodictica et quoad ejus licuit, mathematica conscripta. Lips. apud Joh. Christoph Coerner, 8. 2½ Alph. 1 Kupf.
1723.

— philosophia pragmatica methodo apodictica et mathematica conscr. 8. Lips. Weidmann. 729.

— Physica divina, inter superstition. et atheism. media, etc. 4. ibid. 716.

Ruediger, Andreas (Comm):

s.: Santori, Santorio de': Aphorismi de medicina statica. Lipsiae: 1762

JB 942

— de sensu veri et falsi, libri IV. 4. ibid. 722.

Rüdiger, Anton

— v. d. Anfangsgründen der Körper. 4. Münck., G. Franz. 5 gl.

Rüdiger, Ant., († d. 17. Nov. 1783.) systemat. Anleit. zur reinen u. überhaupt applicirten od. allgem. Chymie. Mit Kpf. 8. Leipz. 756. Dyck. 1 rthl 8 gl.

— s. S Sanctorii, aphorismi.

Rüdiger, C. A., s.a. Rüdiger, Karl August

Rüdiger, C. A., Antritts-Predigt über Phil. 2, 17—18 am 21. Sonnt. n. Trin. 1844 gehalten. 8. (1 B.) Neubrandenburg 845, Brünslow.

—— die heilige Passion Jesu Christi. Eine Reihe von Fastenpredigten, in Neustrelitz gehalten. gr. 8. (8¼ B.) Ratzeburg 846, Linsen.

Rüdiger, C. F., die Sterblichkeit der Kinder im 1. Lebensjahre. Beleuchtung dieser Thatsache u. ihrer Ursachen, sowie Vorschläge zur Abhilfe. Aus Veranlassung der Diöcesan-Synoden von Ulm u. Blaubeuren auf Grund der denselben erstatteten Berichte u. unter Benutzung ärztlicher Mittheilungen zusammengestellt. Blaubeuren 868. Mangold. 8. (30 S.) n. 2 ngr.

Rüdiger, Chr., Feldblumen. Gedichte. 8. (660 u. VI S.) Hameln 891. (Th. Fuendeling.) n. 3. —; geb. n. 4. —; m. Goldschn. n.n. 4. 60

Rüdiger, Christian Friedrich

— Anleit. zur Kenntniß des Himmels, der Erde, nach der Zeitrechnung, auch z. Verzeichnung regulärer Sonnenuhren. Nebst e. astronom. Handatlas in 76 Karten, gezeichn. v. A. G. Meißner II. gr. 8. Leipz. 805. (W. Vogel). 6 rthl Der Atlas besonders. 3 rthl 12 gl.

— Anleit. zur Kenntniß des gestirnten Himmels. Mit 35 Kpf. Leipz. 786. (Joachim). 16 gl.

— prakt. Anweis. zur Berechnung d. mit Hadleyischen Spiegel-Sextanten angestellten Beobachtungen am Himmel, m. K. (ist d. Handbuchs d. rechn. Astronomie 3r.)

Christian Friedrich Ruediger

Praktische Anweisung zur Berechnung ebener und sphärischer Dreiecke, durch Aufgaben aus der Astronomie erl. von Christian Friedrich Rüdiger. 2.Ausg. Leipzig: Joachim 1802. VIII,220 S. 8°

(= Rüdiger: Handbuch der rechnenden Astronomie. Bd 2.)

— prakt. Anweis. z. Berechn. d. Sonn- u. Mond-Finsternisse. (ist d. Handbuchs d. rechn. Astronomie 1r.)

— prakt. Anweis. zur Berechnung u. Verzeichnung der Sonnen- u. Mondfinsternisse, näml. in Rücksicht auf die des J. 1797. 8. Leipz. 796.

— astronom. Anzeige u. Beschreib. der großen Sonnenfinsterniß, welche sich d. 11. Febr. 1804 ereignete, wie auch die vorausgehende Mondfinsterniß f. d. Meridian v. Leipzig, als Suppl. zu seinem Handb. d. rechnenden Astronomie. Mit 4 Kpf. gr. 8. Leipz. 803. Joachim. 16 gl.

Christian Friedrich Ruediger

Astronomische Anzeige und Beschreibung der grossen Sonnenfinsternis, welche sich d.11.Febr.1804 ereignen wird, auch d.selbiger vorausgehenden Mondfinsternis für den Meridian von Leipzig. Von Christian Friedrich Rüdiger. Leipzig: Joachim 1804. 52 S. 8°

(= Ruediger: Handbuch der rechnenden Astronomie. Suppl.)

— Bestimmung der Länge von Leipzig aus d. Sonnenfinsterniß d. 24. Juni 1797. gr. 8. Leipz. 802. (Joachim). 8 gl.

– s. Bicquilley, C. F. de: Die Rechnung des Wahrscheinlichen.

— Darstell. d. neuen Methode d. du Sejour, Sonnen- u. Mondfinsternisse zu berechnen. Mit 2 Kpf. gr. 8. Lpz. 794. (Kühn). 8 gl.

Rüdiger, C. F., Handbuch d. rechnend. Astronomie. 3 Bde. m. K. gr. 8. Leipzig, Müller. (Joachim) 801. (1r 1 Rthlr. 20 gr. 2r 1 Rthlr. 8 gr. 3r 1 Rthlr. 12 gr.)

Rüdiger, Chr. Fr., († d. 5. Juni 1809.) Handbuch der rechnenden Astronomie. 3 Bde. (1r u. 2r Bd. 2e Aufl.) Mit 13 Kpf. gr. 8. Leipz. 802. (Joachim). 4 rthl 16 gl. (1r Bd. A. u. d. T.: prakt. Anweis. zur Berechnung d. Sonn- u. Mond-Finsternisse. 1 rthl 20 gl., 2r Bd. A. u. d. T.: prakt. Anweis. z. Berechnung ebener u. sphär. Dreiecke 2c. 1 rthl 8 gl., 3r Bd. A. u. d. T.: prakt. Anweis. z. Berechnung der mit Hadleyischen Spiegel-Sextanten angestellt. Beobachtt. am Himmel. 1 rthl 12 gl.)

Christian Friedrich Ruediger

(Handbuch der rechnenden Astronomie.) Von Christian Friedrich Rüdiger. (Bd 2.) Leipzig: Joachim 1802. 8°

(Bd 2 [u.d.T.]:) Rüdiger: Praktische Anweisung zur Berechnung ebener und sphärischer Dreiecke, durch Aufgaben aus der Astronomie erl. 2.Ausg. 1802.

Christian Friedrich Ruediger

[Handbuch der rechnenden Astronomie.] Von Christian Friedrich Rüdiger. [Nur] Suppl. Leipzig: Joachim 1804. 8°

Suppl.: Ruediger: Astronomische Anzeige und Beschreibung der grossen Sonnenfinsternis, welche sich d.11.Febr.1804 ereignen wird, auch der selbiger vorausgehenden Mondfinsternis für den Meridian von Leipzig. 1804.

Rüdiger, Chr. Friedr.: Immerwährender Kalender. Leipzig 1789.

Christian Friedrich Ruediger

Immerwährender Kalender nebst einer Ostertabelle für die Jahre nach Christi Geburt 1 bis 2700. Von Christian Friedrich Rüdiger. 2., verm.Ausg. Leipzig: Schwickert 1799. 32,204 S. 8°

— immerwährender Kalender, nebst e. Ostertabelle, von 1700—2000. gr. 8. Leipz. ... 2e A. 799. Schwickert. 20 ℊ

Specimen analyticum de lineis curvis secundi ordinis, in dilucidationem analyseos finitor. Kaestnerianae, auct. *Chr. Frid. Rüdigero* c. praef. *Car. Frid. Hindeburgii* Prof. Lipf. Lipsiae apud Müller. 4. (16 gr.) Die Vorrede 48 Seit. die Schrift 74 S. 4 Kupfert. 1784.

— Specimen analyticum de lineis curvis secundi ordinis in dilucidationem analyseos finitorum Kaestnerianae. Cum praef. Carol. Fr. Hindenburg. Cum IV tab. aen. 4. Leipz. 784. Müller. (Joachim). 20 ℊ

— Rechenbuch. 8. Leipzig, Müller. 786.

— s. Schröter, Chrys. Erdm.: Anleitung zum Rechnen.

Liebknecht, Joh. Georg [Präs.] u. Chrph. Ludw. Rüdiger (Giessen) [Resp.]
Dissertatio mathematica de impotentia in mechanica potentia.
Giessae die 4. post Jubilaei Academici Festum 1707:
Henning Müller. A - E und 2 Tab. m. Abb., 4°

Rüdiger, Christoph Ludwig (Giessen) A. S. 1329/27

De non-ente mathematicorum, puncto linea et corpore. Präs. Jo. Christoph Meinig.
Leipzig (Richter) 28. VI. 1710. 40 S. 29456

Rüdiger, Christoph Ludwig A. S. 1318/10

Pyrometria seu ignis mensurandi et intendendi novum ac generale specimen. Präs. Johann Georg Liebknecht.
Giessen (Vulpius) X. 1714. 40 S., 1 Taf.

29457

Dan. Lud. Rüdiger (praes. Guil. Godofr. Ploucquet) diss. de praestantia cystotomiae Celsianae. Tubing. 1808. 4.

Rüdiger, Dn. Ldw., († d. 1. April 1816.) üb. die Rettungsmittel, so bei Ertrunkenen anzuwenden sind. Mit e. Vorrede v. Karl Fr. Closſius. 8. Tübing. 794. (Osiander). 3 ℊ

— kurzer Unterr. üb. die Kuh- u. Schutzpocken-Impfung, in Fragen u. Antworten. 8. Tübing. 815. (Osiander). 5 ℊ; (be Laupp das. 825.) 4 ℊ

Rüdiger, Frau E. v., s. a. Hohenhausen, Baronin E. v.

Rüdiger, E., Christblumen. Weihnachtslieder und Geschichten für kleine und große Kinder. gr. 8. (VIII und 166 S.) Stuttgart 861, Mäcken.

Rüdiger, E, Christblumen. Weihnachtslieder u. Geschichten f. kleine u. große Kinder. gr. 8. (VIII, 166 S.) Cannstatt 884. Boßheyer. cart. 1.50

Rüdiger, E., Christblumen. gr. 8. Cannstatt 884. Straßburg, Straßb. Druckerei und Verlagsanstalt. cart. * 1 50

Ruediger, Edgar, pr. Arzt: Die Bedeutung der Masturbation für die Entstehung von Harnröhren- und Blasenverletzungen. Leipzig 1908: Lehmann. 36 S. 8°
Leipzig, Med. Diss. v. 24. Okt. 1908, Ref. Trendelenburg
[Geb. 7. Okt. 78 Rosenberg O.-S.; Wohnort: Marburg; Staatsangeh.: Preußen; Vorbildung: Friedrichs-Gymn. Breslau Reife M. 98; Studium: Breslau 9, Heidelberg 2 S.; Coll. 29. Okt. 08; Approb. 23. Aug. 04.] [U 09. 2861

Ruediger, Edg., üb. Ordnung, Aufstellung u. Katalogisierung medicinischer Bibliotheken. Mit e. biograph. Einleitg. (72 S.) gr. 8. Marburg 910. N. G. Elwert's Verl. 2.—

Rüdiger, Eug. v., die Tochter des Waldwarts. Novelle. [Aus: „Waldhütte“.] 8. (92 S.) Prag 877. Kosmack & Neugebauer in Comm. n. 1. 70

Rüdiger, F., alles verkehrt, s. a. Bloch's, Ludw., Damen-Bühne. 6.

[F.] Alles verkehrt! Lustsp. in 1 Aufz. v. F. Rüdiger. *Berlin: E. Bloch (1893).* (22 S.) 1 Bd 8.
= Damen-Bühne, Ludwig Blochs. No 6. [96. 5034

— Columbia, s. a. Theater, kleines.

Columbia. Lustspiel in 1 Aufz. von F. Rüdiger. *Paderborn: B. Kleine [1902].* (47 S.) 8° [F.]
— Theater, Kleines. H. 319. [03. 9053

Rüdiger, F., e. Familientag, s.: Bloch's, Ed., Dilettanten-Bühne.

Rüdiger, F. Angenehme Gäste, s. Theater, kleines.

— das Fräulein v. Hohenstein, s.: Mädchen-Bühne.

Rüdiger, Friedr., die Kunst in einer Stunde auf dem Accordion oder der Zieh-Harmonika ohne Lehrer u. ohne Notenkenntniß ein Stück spielen zu lernen. Nebst e. Anh. von 50 leichten u. bekannten Musikstücken. 1. Aufl. (2 B.) 842. * 10 Ngr. u. 2., verb. u. verm. Aufl. 8. (5 B.) Berlin 844, Recht. *

Rüdiger, Frdr., die Kunst, in einer Stunde auf dem Accordion oder der Zieh-Harmonika ohne Lehrer u. ohne Notenkenntniß ein Stück spielen zu lernen. Nebst einem Anh. von 50 leichten u. bekannten Musikstücken. 3. Aufl. qu. 8. (67 S.) Hamburg 852, G. W. Niemeyer. 1/3 ℊ

Rüdiger, Fr., die Kunst — in einer Stunde auf dem Zieh-Harmonika (Accordion), auch Diejenigen, die keine Noten kennen, ohne Beihülfe eines Lehrers, ein Stück zu spielen, sei es Choral, Arie, Tanz, Marsch u. dgl. Nebst e. Auswahl beliebter Choräle, Arien, Tänze rc. 8. Berlin 842. (Recht.) n. 1/3 ℊ — 2. verb. Aufl. 8. Ebend. 844. n. 1/2 ℊ

Rüdiger, G. A. v., s. Handelsgesetze des Erdballs.

Rüdiger, Georg, a. Ballenstedt a. H.: Zauber und Aberglaube in den Englisch-Schottischen Volksballaden. Halle a. S. 1907: H. John. (49 S.) 8°
Halle, Phil. Fak., Ref. Wagner, Diss. v. 24. Mai 1907
[Geb. 24. März 84 Ballenstedt a. H.; Wohnort: Halle a. S.; Staatsangeh.: Anhalt; Vorbildung: Ludwigs-Gymn. Cöthen Reife O. 02; Studium: Halle 2, Freiburg i. B. 1, Halle 7 S.; Rig. 19. Febr. 07.]

Rüdiger, Gerhard, approb. Arzt aus Lübeck: Zur Casuistik erfolgreicher chirurgischer Eingriffe bei Hysteria gravis. *Kiel 1903: Schmidt & Klaunig.* (16 S.) 8°
Kiel, Med. Diss. v. [10. März] 1903

Rüdiger, Hans, Referendar in Barby a. d. Elbe: Das Kündigungsrecht bei der Miete nach gemeinem Recht und dem bürgerlichen Gesetzbuch. *Greifswald 1900: J. Abel.* (89 S.) 8° [F.]
Greifswald, Jur. Diss. v. 1900

Rüdiger, Hugo [aus St. Gangloff (Sachs. Altenb.)]: Ueber die Silur-Cephalopoden aus den mecklenburgischen Diluvialgeschieben. ... (Aus: Arch. Ver. Frde. d. Naturg. Meckl. 1891.) Güstrow, Rathsbuchdr. v. C. Michaal & A. Schuster, 1889; 1 Bl., 86 S., 3 Taf. 8°
Rostock, Phil. Fak., Inaug.-Diss. v. [11. März. 1890

Rüdiger, J. Th., s. a. Rüdiger, Samuel Theophil

Rüdiger, J. Th. De Curialibus Imp. Rom. post Constantinum M. 26 S.
Breslau, M., Progr. 1837

Rüdiger, J. Th. De cursu publico imperii Romani. 22 S.
Breslau, M., Progr. 1846

Rüdiger, Jac. C. Cph., s. Rüdiger, Johann Christian Christoph

[RÜDIGER, JOHANN ANDREAS]. Klugheit Zu Leben und zu Herrschen, nach dem Sinn und Lehr-Art Eines wahrhafftig Hochgelahrten Mannes, und mit eigenen Gedancken des Verfassers untermischet. Leipzig, Joh. Chr. Cörner, 1722. 8°. *Frontispiz*, gedruckter Titel, 6 Bl. 708 S. 10 Bl. Leicht fleckiger HPgtbd. (Rücken neueren Datums).

Schwedt: **Chronik der St. Johannis-Loge: Tempel der Tugend in Schwedt. Zur Säkular-Feier derselben am 4. Juni 1878. Von [Joh. Aug.] Rüdiger. Ms. f. Brr. [Schwedt 1878: Feyhoff.] 54 S. 8°**
Nebst Verzeichn. der Mitgl. der Loge.

Rüdiger, Joh. Barth. [Präs.] u. Joh. Mich. Caspari (Rhoda-Durlacensis) [Autor et Resp.]
Dissertatio theologica de agno occiso ab origine mundi, Apoc. 13, 8.
Giessae Aug. 1719: Joh. Müller. (4), 28 S. 4°

Rüdiger, Joh. Bartholomaeus [Praes.] u. Joh. Wilh. Erhard (Speyer) [Resp.]
Το του θεου ἀπειρον, sive de infinitate dei, disquisitio philosophica.
Gissae 15. Juli 1700: Henning Müller. 38 S. 4°
publico . . . eruditorum examini

Rüdiger, Joh. Barthol. [Präs.] u. Justus Petrus Goenner (Seelheim)
Disquisitio academica de aeternitate rerum temporalium philosophica.
Giessae 18. Oct. 1706: Joh. Reinh. Vulpius. 34 S. 4°
pro summis in philosophia honoribus rite obtinendis

Rüdiger, Joh. Barthol. [Präs.] u. Heinr. Walther Gerdes (Hamb.)
Dissertatio theologica inauguralis de Christo unico Abrahami semine, cui, absque ulla alia meditatione, omnis κληρονομία ex promissione debetur, ad explicationem loci Gal. III, v. 20.
Giessae 2. Sept. 1723: J. R. Vulpius. (2), 166 S. 4°
pro gradu doctorali rite obtinendo

Rüdiger, Joh. Barthol [Präs.] u. Joh. Heinr. Lessler (Setze) [Resp.]
Ex theologia morali de conscientia scrupulosa exercitatio academica.
Giessae-Hassorum 18. Dez. 1714: Joh. Müller.

Rüdiger, Joh. Barthol. [Präs.] u. Conr. Valentini [Resp.]
Disquisitio philosophica de angelorum corpore subtili et assumto.
Giessae 4. Juni 1707: Vulpius. (2), 24 S. 4°
pro supremo in philosophia honoris gradu

Rüdiger, Joh. Barthol. [Präs.] u. Joh. Ludw. Stumpf [Resp.]
Dissertatio inauguralis de justificatione Abrahae ex Genes. XV, 6.
Giessae 6. Oct. 1707: Vulpius. 32 S.

Rüdiger, Joh. Bartholomäus [Präs.] u. Conr. Valentini (Leihgestern)
Disputatio philosophica de natura Dei perfectissime simplici.
Giessae 5. März 1706: Henning Müller. 36 S. 4°
Exercitii academici gratia

Rüdiger, Johann Christian (Penig) A. S. 575/86

Specimen continens caput iuris controversum ad legem Laetoriam. Präs. Christian Heinrich Breuning. Leipzig (Langenheim) 2. X. 1767. 8 S. 29458

Rüdiger, Johann Christian Christoph

— Anfangsgründe der allgem. Staatslehre, mit e. kurzen Lehrbegriff der ökonom. Polizei. 8. Halle 795. Waisenhaus-B. 20 gr 2r Thl. od. Lehrbegriff der persönl. Polizei- u. Finanzwissenschaft. 8. Ebd. 795. 10 gr

— Anweis. zur guten Schreibart in Geschäften der Wirthschaft, Handlung, Rechtspflege ꝛc. 8. Halle 792. (Laue in Berl.) 15 gr

Rüdiger, Johann Christian Christoph: „Anweisung zur guten Schreibart in Geschäften der Wirthschaft, Handlung und Rechtspflege", Halle 1792 (Lust). — Vorh.: Preuß. Staats-Bibl. Berlin und UB Halle.

— s. Awelar Kalviorhudum.

Rüdiger, Jh. Chr. Cph., († d. 21. Oct. 1822.) Briefe an Geschäftsmänner üb. den kleinen Dienst. 1s Heft. Ueber d. Geschäftsstyl; an Hrn. v. Sonnenfels. 8. Halle 791.

Rüdiger, Jh. Chr. Cph., jurist.-physiokrat. Briefwechsel über Büchernachdruck u. Eigenthum an Geisteswerken, mit Hrn. v. Sonnenfels, Ehlers, Becker u. Krause. 1s u. 2s Stck. 8. Halle 791. Dreyßig. 5 gr (Vergl. Büchernachdruck, über.)

— jurist.-physiokrat. Briefwechsel üb. Verlagseigenthum u. Nachdruck, auch andere Gegenstände d. deutschen Literaturpolizei. 1s Sendschreiben. 8. Dessau 783.

— Grundriß e. Geschichte der menschl. Sprache zu ihrer Kenntniß nach allen Mund- u. Schriftarten. 1r Thl. 8. Leipz. 782. Reinicke u. C. in Halle. 6 gr

— Grundr. e. Gesch. d. menschl. Sprache ꝛc. 8. Lpz. (Ruff, Halle.) 782.

Rüdiger, (J. C. C.,) Grundriß e. Geschichte d. menschlichen Sprache nach allen bisher bekannten Mund- u. Schriftarten ꝛc. 1r Thl. 8. Halle 782, in Verl. v. Reinicke u. C.

Rüdiger, Johann Christian Christoph: „Grundriss des wahren Physiokratismus und preussischen Cameralwesens zum Gebrauch beim mündlichen Unterricht" (in Tabellen), Halle 1781 (Johann Jakob Curts). — Vorh.: Preußische Staatsbibliothek Berlin — Gt. 2950.

— Grundriß des wahren Physiokratismus u. Preuß. Kameralwesens. 8. Halle 781. (Laue in Berl.) 6 gr

Rüdiger, Johann Christian Christoph: „Die akademische Laufbahn für Oekonomen und Cameralisten, nach dem Ursprung vertheidigt und nach Verschiedenheit der Umstände vorgezeichnet", Halle 1783. — Vorh.: Preußische Staatsbibliothek Berlin. — Signatur: F. 5575.

— d. akadem. Laufbahn f. Oekonomen u. Cameralisten. 8. Halle, Curt. 784.

— die akadem. Laufbahn f. Oekonomen u. Kameralisten. 8. Halle 784. (Laue in Berl.) 6 gr

Rüdiger, J. C. C. Lehrbegriff der persönlichen Polizei- und Finanzwissenschaft. 1795. 2. Thl. der Anfangsgründe der allg. Staatslehre. 8°. Halle, Waisenhausbuchhdlg., 1795.

— Lehrbegriff des Vernunftrechts u. der Gesetzgebung. 8. Halle 798. Renger. 1 rthl 12 gr

Rüdiger, Jac. C. Cph., Nachrichten für die Gärtnerey, Haus- u. Landwirthsch., mit Abbild. 1s u. 2s Heft. gr. 8. Lpz. Steinacker. 803. Rthlr.

Rüdiger, J. C. C. (Herausgeber): „Nachrichten der hallischen Gesellschaft von Wirthschaftsfreunden", 2 Stücke, Leipzig 1805 (Steinacker).

Rüdiger, Joh. Chr. Chrph., kurze Nachrichten f. d. Gärtnerei, Haus- u. Landwirthschaft. Mit ill. Abb. 2 Hfte. gr. 8. Leipzig, 1803. Steinacker. — 10

— s. Nachrichten d. Hallischen Gesellsch. v. Wirthschaftsfreunden. 1s 2s Stck. gr. 8. Leipzig, Steinacker. 805. (à 4 gr.)

— Taschenbuch d. Haus- Land- u. Staats-Wirthschaft, mit K. 12. Halle, Hemmerde u. S. 797.

— Taschenbuch der Haus-, Land- u. Staatswirthschaft auf 1797. Mit Kpf. 12. Halle 797. Schwetschke u. S. 20 gr

Rüdiger, Johann Christian Christoph: „Ueber die systematische Theorie der Cameralwissenschaften", Halle 1777. — Vorh.: Preußische Staatsbibliothek Berlin (Signatur Fe 2116).

Rüdiger, Jac. C. Cph., systemat. Theorie d. Cameralwissensch. gr. 8. Halle, Curt. 778.

Rüdiger, Jh. Ch. Cph. Ueber die systemat. Theorie der Kameralwissenschaften. gr. 8°. Halle 1778. (Laue in Berlin.)

— wirthschaftl. Vermächtnisse für das neue Jahrh. 16 Stck. 8. Leipz. 805. Steinacker. 8 Gr.

— neuester Zuwachs der deutschen, fremden u. allgem. Sprachenkunde. 5 Stcke. 8. Halle 782—96. 1s Stck. N. A. 796. (Reinicke u. C.) 1 Thlr 22 Gr. Aus d. 1n Hfte ist abgedr.: Schreiben an Nicolai üb. die Völkerstämme u. Kelt. Namen. 4 Gr.

Rüdiger, J. C. C., Neuester Zuwachs der teutschen, fremden und allgemeinen Sprachkunde . . . Stück 4. Leipzig 1785. 8.
Enth.: Übersicht der neuern Literatur der teutschen Sprachkunde seit Gottscheden . . .

— neuest. Zuwachs d. deutsch. fremd. u. allgem. Sprachkunde. 1s—5s Stck. 8. Halle, Ruff. 796. (1s 12 gr. 2s—4s à 6 gr. 5s 16 gr.)

Vitae clarissimorum in re literaria Virorum. Das ist: Lebens-Beschreibung etlicher Hauptgelehrter Männer so von der Literatur profess gemacht. Entworffen v. Adolpho Clarmundo [d. i.: Johann Christoph Rüdiger]. Th. 5—8, oder 2. Centurie. Th. 1—4. Wittenberg. 1708—11. 8°.

Rüdiger, Jh. Geo. Gli., († 1808 od. 1809.) physische Ketzereien, od. Versuch, e. leichtere Erklärungsart in d. Naturlehre einzuführen. 8. Leipz. 798. Weygand. 8 Gr.

Rüdiger, Johann Ludwig (Nidda) A. S. 632/11

Dissertatio inauguralis medica de variabili hypochondriacorum mente. Präs. Johann Juncker. Halle (Hilliger) X. 1746. 29 S.

Gew.: Baron von Münigerode, von Schwartenau, von Wieger, Hoffmann, Lidholtz, Johann Juncker, Jo. Eberhard Juncker.

W. v.: Präs., M. J. G. Rüdiger (Vater), Johann Michel Hoffmann, W. A. Lindener, Friedrich Christian Juncker (Opp.), F. A. Cramer, J. S. Kingling, J. C. Stockmann.

29460

Rüdiger, Karl [aus Homburg v. d. Höhe]: Beitrag zur Kenntnis der Gesteine im Quellengebiet von Homburg v. d. Höhe ... Frankfurt a. M., C. Naumann's Druckerei, *1894*; 34 S., 2 Taf. 8.
Erlangen, Phil. Fak., Inaug.-Diss. v. 1894

Rüdiger, Karl, Rechtsanw.: Die Vergütung des Handlungsgehülfen nach dem Handelsgesetzbuche. Leipzig 1909: Ramm & Seemann. 80 S. 8°
Leipzig, Jur. Diss. v. 20. Sept. 1909
[Geb. 11. Dez. 75 Leipzig; Wohnort: Leipzig; Staatsangeh.: Sachsen; Vorbildung: Nikolaisch. Leipzig Reife O. 00; Studium: Freiburg i. B. 1, Leipzig 6 S.; Rig. 15. Juni 03.] [U 10. 2852

Rüdiger, Karl August, s. A r c h i v, Neues, für Philologie und Pädagogik.

Rüdiger, C. A., Diss. de canone Philippicarum Demosthenis. Friberg. 820. 8 (26 S.)

— M. C. A., De codice Demosthenis Dresdensi. Gel. 1845. 12 S.

— s. Demosthenes Philippicae.

Rüdiger, Karl Aug., De fide historica Taciti in Germania describenda. Fribergae 1823. 4.

Rüdiger, Karl Aug., de Joannis Boceri Fribergo in Misnia disseruit. 4. Freiberg 822.

Rüdiger, (Carl Aug.,) christl. Gesangbuch f. höhere u. mittlere Schulen. 8. Freyburg 827, (Craz u. G.)

— Horae latinae. Auswahl v. Stellen aus latein. Klassikern f. die mittlern Klassen an Gelehrten-Schulen, mit steten Hinweisungen auf Bröders u. Zumpts latein. Grammatiken, u. erläut. Anmerkk. 8. Freiberg 828. (Craz u. G.) 10 Gr. 831. (Leipz., Weidmann). 10 Gr.

Ruediger, Car. Aug., Lectionum Demosthenicarum. Spec. I. II. 4. Lipsiae 836, (libr. Weidmann.) [I. (2½ B.), II. (1½ B.) à * ⅙ Thlr.] *

— s. Lichtfreund, Der.

Rüdiger, C. A., De aliquot locis lib. II. Ciceronis de oratore. Pr. 1892. 12 S. 4°.

— Disp. de nonnullis locis Demosthenis. Friberg. 817. 4.

Rüdiger, C. A., Prolusio de Quintiliano paedagogo. Friberg. 820. 4. (9 S.)

— Uebersicht d. menschl. Erkenntnisse. Fol. Freiberg 819.

— Uebersicht d. Weltgeschichte. Nach Bredow, verm. u. verändert. Fol. Freiberg 821.

Rüdiger, Carl Aug., über d. Verbindung d. Sprach- u. Realwissenschaften auf Gelehrten-Schulen. Andeutn. u. Wünsche. gr. 8. (3 B.) Freiberg 833, Engelhardt

— üb. die Vortheile des öffentl. Unterrichts. Eine Antrittsrede. 8. Freiberg 820. (Craz u. G.) 3 Gr.

— einige Worte über den Zweck d. Schulbildung, nebst Nachrr. v. Gymnasium zu Freiberg. 4. Freiberg 821. (Craz u. G.) 3 Gr.

Rüdiger, L., kurzer Unterricht üb. Kuh- od. Schutzpocken-Impfung in Frag und Antwort. 8. Tübingen, Osiander. 815.

Rüdiger, (L.,) kurzer Unterricht üb. Kuh- od. Schutzpockenimpfung in Frag u. Antwort. 8. Tüb. 825, Laupp.

Rüdiger, Ludw., Lehrbuch der Politik. Dresden 856. Meinhold. gr. 8. (IV, 83 S.) 12 ngr.

Rüdiger, Ludwig: Die Notadresse. Heidelberg 1910: Rössler & Herbert. 50 S. 8°
Heidelberg, Jur. Diss. v. 16. Aug. 1910, Ref. v. Lilienthal
[Geb. 2. März 85 Roßla; Wohnort: Roßla; Staatsangeh.: Preußen; Vorbildung: Gymn. Schleswig Reife O. 06; Studium: Berlin 4, Genf 1, Heidelberg 2 S.; Rig. 18. Juli 10.] [U 10. 2000

Rüdiger, M.

— an den Menschen e. Wohlgefallen, s.: Kinderfreund, der. Nr. 48.

Rüdiger, M., Antworten auf Ungefragtes. Ein Büchlein f. meine jungen Freundinnen in u. nach der Konfirmationszeit. gr. 8. (78 S.) Cöthen 896. Schriften-Niederlage des evangel. Vereinshauses. Geb. in Leinw. m. Goldschn. n. 2. —

Rüdiger, M., Antworten auf Ungefragtes. Ein Büchlein f. meine jungen Freundinnen in u. nach der Konfirmationszeit. 2.—5. Aufl. 8. (à 125 S. m. Titelbild.) Schwerin 901. F. Bahn. n. 1. —; geb. in Leinw. n. 1.20; feine Ausg. n. 2. —

— Barbara. Roman. 1. u. 2. Aufl. 8. (208 S.) Schwerin i/M. 894. F. Bahn. Geb. in Leinw. n. 3.50

Rüdiger, M., Barbara. Roman. 3. Aufl. 8. (203 S.) Schwerin 897. F. Bahn. Geb. in Leinw. n. 3.50

— Barbara. Roman. 4. Aufl. 8. (203 S.) Ebd. 899. n. 2.50; geb. in Leinw. n. 3.50

Rüdiger, M., Barbara. Roman. 5.—7. Aufl. (Je 196 S.) 8. Schwerin 910. F. Bahn. 2.50; geb. n 3.50

— s.: Damen-Kalender.

Rüdiger, M. In der Dämmerstunde. Plaudereien. Illustr. v. E. H. Walter. 8. (240 S. m. Farbendr.-Bildern.) Dresd. 892, Alex. Köhler. geb. * 3 —

— In der Dämmerstunde. Plaudereien. Mit Bildern u. Buchschmuck v. Fr. Opdenhoff u. a. 2. Aufl. (6. Taus.) (198 S.) 8. Schwerin 908. F. Bahn. Geb. in Leinw. 3. —

— Frau Dämmerung. Eine Erzählg. (122 S.) 8. Konstanz (908). Zürich, Christl. Buch- u. Kunstverlag C. Hirsch. Geb. in Leinw. n. 1. 50

— Ehen werden im Himmel geschlossen. 3 Novellen. 2. Aufl. 12. (171 S.) Ebd. 899. Geb. in Leinw. n. 1. 60

— von e. frommen u. getreuen Einhüterin. E. heilsame Kur, s.: Volksbücher, Nr. 3.

— Der Einsiedler v. Falkenhorst. Erzählung. (218 S.) 8. Ebd. 908. 2.80; geb. 3. 50

— er suchet das Verlorene. Erzählgn. fürs Volk. 8. (III, 285 S.) Eisleben 894. Christl. Verein im nördl. Deutschland. Geb. in Halbleinw. 1. 80

— Bobbis Erlebnisse u. andere Erzählungen. (96 S. m. 4 farb. Vollbildern.) kl. 8. Reutlingen (910). Enßlin & Laiblin. Geb. — 50

— s.: Ewald's Fahrt m. dem Christkinde.

— die Frau d. Ratmannen. Eine Erzählg. aus Lübecks Vergangenheit. 1. u. 2. Aufl. 8. (299 S.) Schwerin i/M. 893. F. Bahn. n. 3. —; geb. n. 4. —

— d. Frau d. Ratmannen. E. Erzählg. aus Lübecks Vergangenheit. 4. Aufl. 8. (298 S.) Schwerin 898. F. Bahn. n. 3. —; geb. n. 4. —

Rüdiger, M., die Frau des Ratmannen. Eine Erzählung aus Lübecks Vergangenheit. 5. u. 6. Aufl. (à 275 S.) 8. Schwerin 906. F. Bahn. n. 1. 60; geb. n. 2. —

— Ganz glücklich, s.: Ähren, goldene.

Rüdiger, M., geduldig in Trübsal, s.: Bücherei, Bilder u. Sprüche f. das christliche Haus.

— die Geschichte David's. Ein bibl. Bilderbuch. gr. 4. (16 S. m. z. Tl. farb. Abbildgn.) Konstanz (899). C. Hirsch. — 75

— die Geschichte Moses'. Ein bibl. Bilderbuch. gr. 4. (16 S. m. z. Tl. farb. Abbildgn.) Konstanz (899). C. Hirsch. — 75

— die Geschichte Simson's. Ein bibl. Bilderbuch. gr. 4. (16 S. m. z. Tl. farb. Abbildgn.) Konstanz (899). C. Hirsch. — 75

— ernsthafte Geschichten. (Der Novellen 2. Bd.) 1. u. 2. Aufl. 8. (à 236 S.) Schwerin 902. F. Bahn. n. 2. 80; geb. in Leinw. n. 3. 80

— getreu, s.: Sonntags-Palmen.

— um des Glaubens willen. 4 Erzählungen aus der Reformationszeit. 8. (V, 118 S.) Schwerin i/M. 895. F. Bahn. Kart. n. 1. 20

— um des Glaubens willen. 4 Erzählgn. aus der Reformationszeit. 2. Aufl. 8. (III, 108 S.) Ebd. 898. Geb. in Leinw. n. 1. 20; fein geb. n. 2. —

— Um des Glaubens willen. 4 Erzählungen aus der Reformationszeit. 3.—5. Aufl. (Je 130 S.) 8. Schwerin 909. F. Bahn. Geb. in Leinw. 1.20; m. Goldschn. n 2. —

— Gloria in Excelsis! Historien f. d. hl. Weihnacht. 8. (92 S.) Ebd. 897. Kart. n. 1. 50

— zwei Glückstage, s.: Himmelsblumen, Nr. 2.

— Gott befohlen! Eine Handreichung fürs Leben. Mit 2 Illustr. nach Originalen von Pfannschmidt u. M. v. Arnswaldt. gr. 8. (87 S.) Ebd. 902. Kart. n. — 60

— Gott dienen, s.: Kinderglocken.

— Gott mit dir. Freundesworte f. stille Stunden. 8. (IX, 72 S. m. Titelbild.) Schwerin 895. F. Bahn. Geb. in Leinw. n. 1. 50

— dasselbe. 2., verm. Aufl. 8. (96 S. m. Zierleisten u. 3 Bild.) Ebd. 898. Geb. in Leinw. n. 2. —

— An Gottes Hand. Ein Wandergruß. Mit (farb.) Illustr. v. W. Bode. 8. (120 S.) Ebd. 899. Geb. in Leinw. n. 2. —

— Heckenrosen. Ein Jahrbuch für junge Mädchen. 8. (160 S.) Groß-Lichterfelde-Berlin 898. E. Runge. n. 1. 50; geb. n. 2. 25

Heckenrosen. Ein Jahrbuch f. junge Mädchen von M. Rüdiger. *Gr.-Lichterfelde-Berlin: E. Runge [1899].* (159 S.) 8° [F.]

— Heino u. Helene, s.: Gott zum Gruß.

— der Herr ist mein Hirte. Geschichten aus dem Leben unseres Heilandes. (32 S. m. Abbildgn.) gr. 8. Konstanz (908). Zürich, Christl. Buch- u. Kunstverlag C. Hirsch. n. — 15

— Himmelsschlüssel. Erzählungen f. Jung u. Alt. 1.—4. Hft. gr. 8. (Mit Abbildgn.) Schwerin i/M. 894. F. Bahn. n.n. — 65
1. Geduldig in Trübsal. (24 S.) n.n. — 20
2. Die Gottseligkeit ist zu allen Dingen nütze. (16 S.) n.n. — 15
3. Wie Christinchen gehorsam, demütig u. selbstlos ward. (24 S.) n.n. — 20
4. Siehe, Ich verkündige euch große Freude! (12 S.) n.n. — 10

— Himmelsschlüssel. Erzählgn. f. Jung u. Alt. 5.—23. Hft. gr. 8. (M. Abb.) Schwerin, F. Bahn. n.n. 2. 85 (1—23: n.n. 3. 50)
5. Die beiden Schwestern. (24 S.) 895. n. — 20
6. Die goldene Himmelsthür. (20 S.) 895. n. — 20
7. In Gottes Schule. (12 S.) 895. n.n. — 10
8. Heimgekehrt. E. Weihnachtsgeschichte. (12 S.) 895. n.n. — 10
9. Jugendfreundschaft. (12 S.) 895. n.n. — 10
10. Die Geschichte e. Krüppels, d. viel lernte u. allezeit fröhlich war. Erzählg. f. Jung u. Alt. (12 S.) 896. n.n. — 10
11. Treue Freundschaft. Erzählg. f. Jung u. Alt. (12 S.) 896. n.n. — 10
12. Also hat Gott die Welt geliebt. Erzählg. f. Jung u. Alt. (20 S.) 896. n. — 20
13. E. Segenskind. Erzählg. f. Jung u. Alt. (19 S.) 896. n.n. — 15
14. Siehe, dein König kommt zu dir sanftmütig. Erzählg. f. Weihnachten. (16 S.) 896. n.n. — 10
15. Für Dich! Bilderbuch f. meine kleinen Freunde. (16 S.) 896. n.n. — 10
16. Gesiegt. Erzählg. f. Jung u. Alt. (20 S.) 897. n. — 20
17. Eigene Wege u. Gottes Wege. Eine Weihnachtsgeschichte. (20 S.) 897. n. — 20
18. Betglockenklänge. Erzählg. f. Jung u. Alt. (12 S.) 897. n.n. — 10
19. Der Herr führet in die Tiefe, aber er führet auch wieder heraus. Erzählg. f. Jung u. Alt. (12 S.) 897. n.n. — 10
20. Das schenk ich Dir! Bilderbuch (m. Versen) f. meine kleinen Freunde. (16 S.) 897. n.n. — 10
21. Gottes Zeit, rechte Zeit. Erzählg. f. Jung u. Alt. (20 S.) 898. n. — 20
22. Durch Liebe überwunden. (20 S.) 898. n. — 20
23. Schwesternliebe. Erzählg. f. Jung u. Alt. (40 S.) 898. n. — 30

— Himmelsschlüssel. 24.—39. Hft. gr. 8. (Mit Abbildgn.) Ebd. n.n. 2.—

24. Die zerbrochene Puppe. Erzählung f. Jung u. Alt. (16 S.) (899.) n.n. —10
25. Unser Kind. (24 S.) (899.) n. —20
26. Aus der ersten Schulzeit. (16 S.) (899.) n.n. —10
27. Die Liebe ist langmütig. (12 S.) (899.) n.n. —10
28. Wenn das Kind lesen kann. Ein Bilderbuch mit Versen. (16 S.) (900.) n.n. —10
29. Lilly's Ferien. Erzählg. f. Jung u. Alt. (16 S.) (900.) n.n. —10
30. Gott hilft. Erzählung f. Jung u. Alt. (16 S.) (900.) n.n. —10
31. In die Welt hinaus. Erzählung für Jung u. Alt. (24 S.) (900.) n. —20
32. Der Mutter Sorgenkind. Erzählung. (24 S.) (901.) n. —20
33. Die rechte Hilfe. (16 S.) (901.) n. —10
34. Das Missionsfest. (16 S.) (901.) n.n. —10
35. Der tapfere Kleine. (16 S.) (901) n.n. —10
36. Ein guter Sohn. Erzählung. (32 S.) (902.) n. —20
37. Vertrau auf Gott, er hilft in Not. Erzählung. (16 S.) (902.) n.n. —10
38. Glückskinder. Erzählung. (16 S.) (902.) n.n. —10
39. Geschwisterliebe. Selig sind die Barmherzigen. (16 S.) (902.) n.n. —10

— **Himmelsschlüssel. 40. Heft. Heini u. das 4. Gebot. Erzählung für Jung u. Alt. (16 S. m. 1 Abbildg.) 8. Schwerin (905). F. Bahn. n.n. —10**

— s.: Hirte, der gute.

— **die Jagd nach dem Glück, s.: Volksbücher. Nr. 10.**

— durch das hl. Land. Eine Reise durch's gelobte Land, in Briefen f. Jung u. Alt erzählt. qu. gr. 4. (19 S. m. z. Tl. farb. Abbildgn.) Ebd. (899). 1. 20

Rüdiger, M., lasset die Kindlein zu mir kommen! Ein bibl. Bilderbuch für die Jugend. gr. 8. (32 S. m. Abb.) Konstanz (900). C. Hirsch. —15

— lasset uns Ihn lieben! Geleitworte fürs Leben. 8. (157 S. m. 4 Farbdr.) Schwerin 900. F. Bahn. Geb. in Leinw. m. Goldschn. n. 3.—

— **das Leben Joseph's. Ein bibl. Bilderbuch. gr. 4. (16 S. m. z. Tl. farb. Abbildgn.) Konstanz (899). C. Hirsch. —75**

Rüdiger, M., die Letzten ihres Geschlechtes. Erzählg. aus der Zeit Gregors VII. 1.—3. Aufl. (232 S.) 9. Schwerin 910. F. Bahn. 3.20; geb. n 4. 20

— **Lust u. Leid der Kinderzeit. 8. (III, 184 S. m. 4 Farbendr. u. 19 Holzschn.) Bremen 893. J. Morgenbesser. Kart. n. 3. —**

Rüdiger, M., treue Minne. Aufzeichnungen Bruder Ellands, des Pfarrers zu Buchhorn. 8. (V, 115 S.) Schwerin 899. F. Bahn. n. 1. 50; geb. in Leinw. n. 2. 50

— **die eigensinn. Nestküken, s.: Kinderfreund, der, Nr. 3.**

— Novellen. 1. u. 2. Aufl. 8. (167 S.) Schwerin 900. F. Bahn. n. 2. 20; geb. in Leinw. n. 3. —

— s.: Nußbaumkrause, der.

— **Habermanns Pflegesohn. Erzählg. 2. Aufl. 8. (III, 195 S.) Ebd. 896. n. 2. 20; geb. n. 3. —**

— Habermanns Pflegesohn. Erzählung. 3. u. 4. Aufl. 8. (à 199 S.) Ebd. 901. n. 2. 20; geb. n. 3. —

— **Radiana od. „Der Meister ruft mich!", s.: Grüß Gott, Hft. 10.**

— **aus freien Reichsstädten.** Erzählungen aus Hamburgs u. Lübecks Vergangenheit. (Der Kinderbischof. — Von Einem, den sein Schwur gereute. — Werner vom Calven. — Johann Kletze.) 2. Aufl. 8. (138 S.) Schwerin 899. F. Bahn. n. 1. 50; geb. n. 2. 50

— die Ritter v. der Hopfenburg. 1. u. 2. Aufl. gr. 8. (312 S.) Cöthen 892. 895. Schriften-Niederlage des evangel. Vereinshauses. Geb. in Leinw. n. 4. 60

— die Ritter v. der Hopfenburg. 3. Aufl. 8. (312 S.) Dessau 900. [Buchh. des ev. Vereinshauses.] Schwerin, F. Bahn. n. 3. 20; geb. in Leinw. n.n. 4. —

— **Rosen am Strauch. Geschichten f. Kinder von 10 bis 13 Jahren. (96 S. m. 4 Farbdr.) kl. 8. Reutlingen (906). Enßlin & Laiblin. Geb. —50; m. Dorn, e. jugendl. Held in 1 Bd. geb. (192 S. m. 8 Farbdr.) 1. 20**

— Rückblicke. (156 S.) 8. Schwerin 909. F. Bahn. 2.—; geb. 2. 80

— Sara, s.: Grüß-Gott.

— aus Großmutters Schatzkästchen. Geschichten u. Märchen. 4. (VII, 184 S. m. Abb. u. 4 Farbendr.) Ebd. 896. Geb. in Leinw. n. 3. —

— Seines Unglücks Schmied. Nach e. wahren Begebenheit erzählt. (160 S. m. Titelbild.) 8. Reutlingen (908). Enßlin & Laiblin. Geb. in Leinw. 1. 75

— **aus Stadt u. Land. Erzählungen. 1. u. 2. Aufl. (Je IV, 196 S. m. 8 Vollbildern.) 8. Schwerin 905. F. Bahn. n. 2. —; geb. n. 2. 50**

— auf rechter Straße. **Erzählung aus längstvergang. Tagen. 8. (307 S.) Schwerin 898. F. Bahn. n. 3. 50; geb. n. 4. 50**

— auf rechter Straße. Erzählung aus längstvergangenen Tagen. 2. u. 3. Aufl. 8. (à 307 S.) Schwerin 898. 903. F. Bahn. n. 3. 50; geb. n. 4. 50

– Suchen und Finden, s. Volksbücher. Nr. 2.

— **zwei Tage aus großer Zeit. Aufführg. f. Jungfrauenvereine. 12. (20 S.) Cöthen 896. Dessau, Buchhdlg. d. evang. Vereinshauses. n. —40**

— **ein Traum unter d. Christbaum, s.: Kinderfreund, der, Nr. 7.**

— **Treu erfunden. Vergeben u. vergessen. Zwei Erzählgn. f. jung u. alt. (159 S. m. Titelbild.) 8. Reutlingen (906). Enßlin & Laiblin. Geb. in Leinw. 1. 75**

— **Treue um Treue. Eine Geschichte f. die Jugend u. ihre Freunde. Mit 5 farb. Bildern u. 12 Illustr. nach Tuschzeichngn. v. M. Schubert. 2. Aufl. gr. 8. (III, 221 S.) Schwerin i/M. 895. F. Bahn. n. 3. —; geb. n. 3. 80**

— **Treue um Treue. Eine Geschichte für die Jugend u. ihre Freunde. Mit 17 Illustr. v. M. Schubert. 5. Aufl. (224 S.) 8. Schwerin 906. F. Bahn. n. 2.—; geb. n. 3.—**

— auf Umwegen. Roman. 8. (322 S.) Ebd. 903. n. 4. —; geb. n. 4. 50

— **Unvergessenes. Erinnerungsblätter. 1. u. 2. Aufl. (Je VII, 200 S.) 8. Ebd. 904. n. 2. 80; geb. in Leinw. n. 3. 50**

— **verloren u. wiedergefunden. Folge mir nach!, s.: Grüß Gott, Hft. 1.**

— **versöhnt, s.: Sonntags-Palmen.**

— Waldtraut. Nach der Chronik d. Pfarrers zu Hinrichshagen erzählt. 1. u. 2. Aufl. 8. (195 S.) Ebd. 891,92. geb. * 3 60

— **Waldtraut. Nach der Chronik des Pfarrers zu Hinrichshagen erzählt. 4. Aufl. 8. (195 S.) Cöthen 891—895. Schriften-Niederlage des evangel. Vereinshauses. Geb. in Leinw. n. 3. 60**

— **Waldtraut.** Nach d. Chronik d. Pfarrers zu Hinrichshagen erzählt. 6. Aufl. 8. (195 S.) Cöthen 897. Dessau, Buchhdlg. d. evang. Vereinshauses. n. 2. 80; geb. in Leinw. n. 3. 60

— dasselbe. Illustriert v. H. Ströse. 1., illustr. Aufl. 7. Textaufl. Lex.-8. (161 S.) Dessau 899. Buchh. d. evangel. Vereinshauses. Geb. in Leinw. n. 8. —

— Waldtraut. Nach der Chronik des Pfarrers zu Hinrichshagen erzählt. 11. u. 12. Aufl. 8. (à 203 S.) Schwerin 902. F. Bahn. n. 2. 80; geb. in Leinw. n. 3. 60

— **Waldtraut. Nach der Chronik des Pfarrers zu Hinrichshagen erzählt. Illustriert v. H. Ströse. 13. illustr. Aufl. (260 S.) 8. Ebd. 907. Geb. in Leinw. n. 4. —**

— durch tiefe Wasser. Roman. 1.—3. Aufl. 8. (à 324 S.) Ebd. 901. n. 4. —; geb. in Leinw. n. 4. 80

— Durch tiefe Wasser. Roman. 4.—6. Aufl. (Je 328 S.) 8. Schwerin 910. F. Bahn. 4. —; geb. n 4. 80

— Auf falschem Wege u. andere Erzählgn. f. d. Jugend. (96 S. m. 4 Farbdr.) kl. 8. Reutlingen (908). Enßlin & Laiblin. Kart. — 50

— Harte Wege. Erzählung. Mit 2 (Voll-)Bildern v. E. Wesche. (92 S.) 8. Schwerin 911. F. Bahn. — 90; geb. 1. —

— **Großmutter Lores Weihnachten. — Samariterdienst, s.: Grüß Gott.**

— weißt du, wie viel Sternlein stehen? Erzählgn. u. Gedichte f. d. Jugend u. ihre Freunde. M. vielen Illustr. nach Zeichngn. v. M. Schubert u. a. 8. (88 S.) Schwerin 898. F. Bahn. Kart. n. 1. —

— wie die Saat, so die Ernte, } s.: Volksbücher, Nr. 1.

Rüdiger, Max. Beiträge zur Kenntniss der Baum- u. Strauch-Gewächse der Umgegend v. Frankfurt a. O., s.a. Sammlung naturwissenschaftlicher Vorträge.

RÜDIGER, Max: Beiträge zur Kenntniss der Baum- und Strauch-Gewächse der Umgegend von Frankfurt a.O. - Berlin 1889. 24 S., 1 Taf.

Rüdiger, Max, aus Forst i. L.: Über Kondensationsprodukte des Indens mit Oxalester. München 1902: V. Höfling. (50 S.) 8°
München, Phil. Diss. v. 1902

Rüdiger, Max, wohin am Sonntag? Breslauer Wanderschildergn. I. Bdchn. 1.—5. Aufl. u. II. Bdchn. 1.—3. Aufl. (95 u. 96 S.) kl. 8. Breslau 909. 10. W. Zimmer. à — 60

Rüdiger, Minna

— **genommen u. gegeben, s.a. Weihnachts-Rosen.**

Genommen und gegeben. Eine Erzählung aus d. Zeit Luthers von M[inna] **Rüdiger**. Cöthen: Ev. Vereinsh. [Berlin: Sonntagsschulbuchh. 1895]. (9 S.) 8°
(Weihnachts-Rosen. H. 8,1.)

— **Heimgebracht, s.a. Weihnachtsrosen.**

Heimgebracht. Eine Erzählung aus d. Zeit d. Kinderkreuzzüge von M[inna] **Rüdiger**. Cöthen: Ev. Vereinsh. [Berlin: Sonntagsschulbuchh. 1896]. (16 S.) 8°
(Weihnachts-Rosen. H. 15.)

Rüdiger, M., Annchens Puppe u. andere Erzählungen, s.a. Kindergarten. Nr. 63.

Annchens Puppe u. andere Erzählungen. Von M[inna] Rüdiger. *Berlin: Schriftenvertriebsanst. 1903.* (16 S.) 8° [F.]
— **Kindergarten.** 63. [04 11073]

Sonnenstrahlen. Ein neues Buch f. d. Kinderwelt von M[inna] **Rüdiger.** Mit zahlr. Ill. Berlin: Schriftenvertriebsanst. 1905. (135 S.) 8° [F.] [05.13384]

— Gottes Wege, rechte Wege. Zwei Erzählgn. f. jung u. alt. 1. u. 2. Aufl. (157 S.) 8. Lengerich 908. 09. Bischof & Klein. Geb. in Leinw. 1. 80

Rüdiger, Otto, malerische Ecken u. Winkel Hamburgs, s.: Haase, H.

OTTO RÜDIGER, **Barbarossas Freibrief für Hamburg vom 7. Mai 1189. Festschrift zum siebenhundertjährigen Gedenktage. Mit einer Nachbildung der Urkunde in Lichtdruck. (Den Freunden vaterstädtischer Geschichte gewidmet vom Verein für Hamburgische Geschichte am Tage seines fünfzigjährigen Bestehens 9. April 1889.) Hamburg 1889. In Komm. bei Lucas Gräfe. 4°.**

Rüdiger, Otto. Barbarossa's Freibrief f. Hamburg vom 7. Mai 1189. Festschrift zum 700jähr. Gedenktage. Mit e. Nachbildg. der Urkunde in Lichtdr. gr. 4. (27 S.) Hamb. 889. (Gräfe u. Sillem). * 1 —

Rüdiger, Otto, Geschichtstabelle m. besond. Berücksicht. der neuesten Geschichte. Für den Schulgebrauch zusammengestellt. gr. 8. (IV, 36 S.) Hamburg 900. Schröder & Jeve. Kart. n. 1. —

Rüdiger, Otto, hamburgische Geschichtstabelle, für Schüler u. Freunde d. hamburg. Geschichte zusammengest. gr. 8. (III, 8 S.) Hamburg 898. Schröder & Jeve. Mit Schreibpap. durchsch. — 30

— **s.: Hamburg vor 200 Jahren.**

Rüdiger, Otto, ältere hamburgische u. hansestädtische Handwerksgesellendocumente. Nachtrag zu den „ältesten hamburg. Zunftrollen u. Brüderschaftsstatuten", gesammelt u. m. Glossar versehen. [Aus: „Zeitschr. d. Ver. f. hamburg. Geschichte. VI."] gr. 8. (VIII, 66 S.) Hamburg 875. Gräfe. n. 1. 50

— Klopstock in d. Mädchenschule. Dramat. Zeitbild aus Hamburgs Vergangenheit. In 1 Aufz. m. Gesang. Dabei e. Komposition v. Wilh. Koehler-Wümbach. gr. 8. (VIII, 55 u. Musikbeilage 2 S.) Ebd. 898. n. 1. —

Rüdiger, Otto, Küstenfahrten an der Nord- und Ostsee, s. Vaterland, unser, in Wort und Bild.

Rüdiger, Otto, die letzten Marienbilder. Eine Lübecker Künstlererzählg. 8. (262 S.) Hamburg 886. Voß. n. 3. 50; geb. n. 4. 50

Rüdiger, Otto, Siegfried Bunstorp's Meisterstück. Kulturgeschichtlicher Roman aus der Zeit der Zunftunruhen. 2 Bde. 8. (349 u. 370 S.) Jena 878. Fischer. n. 6. —; geb. n. 7. —

Rüdiger, Otto, Caroline Rudolphi. Eine deutsche Dichterin u. Erzieherin, Klopstocks Freundin. (XVI, 263 S. m. 1 Bildnis.) gr. 8. Hamburg 903. L. Voß. n. 3.50

– (Hrsg.), s. Schmid, Karl Ludwig: Lebenserinnerungen.

Caspar von Voght. Ein hamburgisches Lebensbild von Dr. Otto **Rüdiger.** Hamburg: (Commeter [in Komm.]) 1901. 60 S. 8°
(Hamburgische Liebhaberbibliothek.) A 12.8135

Rüdiger, Otto, Ref. in Glauchau: Das Wesen des Kontokurrentvertrags im Sinne des HGB. vom 10. Mai 1897. Borna-Leipzig 1906: R. Noske. (53 S.) 8° [F.]
Leipzig, Jur. Fak., Diss. v. 20. Febr. 1906
[Geb. 27. Sept. 77 Kirchberg; Wohnort: Glauchau; Staatsangeh.: Sachsen; Vorbildung: Gymn. Zwickau Reife O. 98; Studium: Kiel 1, Leipzig 3, Kiel 1, Leipzig 4 S.; Rig. 26. Juli 02.]

Rüdiger, Otto, **die ältesten hamburgischen Zunftrollen und Brüderschaftsstatuten. Gesammelt und mit Glossar versehen. Hrsg. von Bürgermeister Kellinghusen's Stiftung. gr. 8. (XVI, 350 S.) Hamburg 874, (Gräfe.)** *

Hamburger Zunftrollen, hrsg. v. Rüdiger. 8°. Hamburg 1874.

Rüdiger, Paul (Altenburg) A. S. 720/41

Disputatio inauguralis iuridica, de reiectione ab actis. Präs. Johann Samuel Stryk.
Halle (Henckel) 3. V. 1700. 89 S. 29461

Rüdiger, Samuel Theophil, s.a. Rüdiger, J. Th.

Rüdiger, S. T., De curialibus imperii Romani post Constantinum M. Pr. 1837. 28 S. 4°.

Rüdiger, Sam. Theoph., de curialibus Imperii Romani post Constantinum M. 4maj. (3½ B.) Vratislaviae 838, Hirt. *

– De cursu publico imperii Romanii. Pr. 1848. 22 S. 4°.

Rüdiger, (S. Theoph.,) **de statu et conditione paganorum sub imperatoribus christianis post Constantinum,** 8 maj. Vratisl. 825. **Max et soc.**

Rüdiger, W. v: **Das neue Oder-Spree-Kanal-Projekt der Kottbuser Handelskammer.** Berlin 1884

Rüdiger, Wilhelm

– **Marcellus Virgilius Adrianus aus Florenz,** s.a. **Studien zur humanist. Litteratur Italiens.**

Marcellus Virgilius Adrianus aus Florenz. E. Beitr. z. Kenntn. s. Lebens u. s. Wirkens v. Wilhelm **Rüdiger,** Dr. phil. *Halle a. S.: M. Niemeyer 1897* (a. d. Umschl. *1898*). (3 Bl., 65 S.) 1 Bd 8.
= **Studien** z. humanist. Litteratur Italiens. H. III. [98. 2531

Rüdiger, Wilh., **Andreas Dactius aus Florenz,** s.a. **Studien zur humanist. Litteratur Italiens.**

Andreas Dactius aus Florenz. E. biograph. Versuch v. Wilhelm **Rüdiger,** Dr. phil. *Halle a. S.: M. Niemeyer 1897.* (4 Bl., 70 S.) 1 Bd 8.
= **Studien** z. humanist. Litteratur Italiens. H. II. [98. 2531

Rüdiger, v., **die Concessionirung gewerblicher Anlagen in Preußen. Sammlung aller darauf bezügl. Reichs- und preuß. Gesetze, Ausführungs-Bestimmungen, Ministerial-Verordnungen und techn. Anleitungen, nebst Beispielen zu Concessions-Gesuchen und Concessions-Urkunden.** 8. (XXVII, 452 S.) Berlin 886, Guttentag. * ℳ 6.–; geb. *

Rüdiger, W. v., Konzessionirung gewerbl. Anlagen in Preußen, s.a. Guttentag's Sammlung preuß. Gesetze.

Konzessionirung Gewerblicher Anlagen in Preussen. Preuss. Ausführungs-Anweisung zu §§ 16 u. ff. d. Gewerbeordnung betr. Genehmigung gewerbl. Anlagen. Text-Ausg. mit Anm. u. Sachreg. von Dr. W[ilhelm] v. **Rüdiger,** Geh. Reg.R. 2. Aufl. *Berlin: J. Guttentag 1901.* (197 S.) 8° [F.]
= **Sammlung,** Guttentag'sche, Preussischer Gesetze. No 16. [01. 7171

Rüdiger, Wilh. v., **die Methode der kleinsten Quadrate, abgeleitet aus der Wahrscheinlichkeitslehre u. ihre Anwendg. auf naturwissenschaftl. Messgn. Inaugural-Dissertation. gr. 8. (48 S.) Frankfurt a/O. 876. (Jena, Deistung.)** n. 1. –

Rüdiger, W. v., die Methode der kleinsten Quadrate abgeleitet aus der Wahrscheinlichkeitslehre u. ihre Anwendung auf naturwissenschaftliche Messungen zum Selbstunterricht. gr. 8. (49 S.) Berlin 877. R. Kühn. n. 1. 50

Ruediger, Guilelmus [**Homburgensis**]: **Quibuscum viris fuerit** Statio poëtae usus consuetudo **familiaritas** .... **Marburgi Cattorum,** typ. Friederici typogr. acad., 1887; 2 Bl. + 39 S. 8°.
Marburg, Phil. Fak., Inaug.-Diss. v. [30. **Jan.**] 1887.

Ruediger, Guilelmus, quibuscum viris fuerit Statio poëtae usus consuetudo familiaritas. Diss. Marburg 1887, N. G. Elwert'sche Univ.-Buchh. 8°. 39 S.

Petrus Victorius aus Florenz. Studien zu e. Lebensbilde v. Wilhelm **Rüdiger,** Dr. phil. *Halle a. S.: M. Niemeyer 1896.* (VIII, 150 S., 1 Bl.) 1 Bd 8.
= [**Studien** z. humanist. Litteratur Italiens. No 1.] [98. 1943

—— **Wegweiser zur Aufstellung v. Arbeitsordnungen auf Grund d. Arbeiterschutz-Gesetzes vom 1. Juni 1891** [R.-G.-B. Nr. 18]. **Zum Gebrauche f. Behörden, Arbeitgeber u. Arbeiter.** 1.—3. unveränd. Aufl. gr. 8. (VIII, 128 S.) Ebd. 892. cart. * 2 —

—— dass. — Nebst den preuß. Ausführungs-Bestimmgn. vom 26. Febr. 1892. 4. verm. Aufl. gr. 8. (VIII, 176 S.) Ebd. 892. cart. * 3 —
Ausführungsverordnungen allein (64 S.) * 1 —

Wegweiser zur Aufstellung von Arbeitsordnungen auf Grund des Arbeiterschutz-Gesetzes vom 1. Juni 1891 nebst den Preuss. Ausführungs-Bestimmungen vom 26. Febr. 1892. Für Behörden, Arbeitgeber u. Arbeiter von Dr. [Wilh.] v. **Rüdiger,** Reg.R. 5. verm. Aufl. *Berlin: C. Heymann 1892.* (VIII, 176 S.) 8° [F.] [00. 471

Rüdiger-Miltenberg, Adolf

Rüdiger-Miltenberg, A., **keine Wohnungsnot mehr. Ein Vorschlag zur billigsten Geldbeschaffg. f. Gartenstadt- u. Kleinwohnungsbau.** (69 S.) gr. 8. München (Karlstr. 53) 911. Verlag „Soziale Reform". 1. —

Rüdiger-Miltenberg, A., der gerechte Lohn. Ein neuer Versuch u. Vorschlag zur Lösg. der sozialen Frage. (119 S.) gr. 8. Berlin 904. Bamberg, Bibliograph. Institut f. Versicherungs-Wissenschaft. n. 2. 60

Rüdiger-Schabol, s. Schabol.

Rudigier, Franz Josef, Bischof von Linz. Ein Abriss seines Lebens und Wirkens ... Innsbruck 1885. V: *Vonbank, Johann Georg.* (Margr)

Rudigier, Bischof von Linz, Franz Josef. **Ein Abriß seines Lebens und Wirkens von der Jugend bis zum Grabe.** Von J. G. V. 8. (VI, 111 S. mit Holzschn.-Portr.) Innsbruck 885, Vereins-Buchhandlung und Buchdruckerei. *

Rudigier, Franz Josef, Bischof v. Linz. Ein Bild seines grossen Lebens u. erbaulichen Sterbens. Ergänzungsheft z. Jahrg. 1885 d. Quartalschrift. 8. (56 S.) Linz, *Quirin Haslinger. 50 kr.

Rudigier, Frz. Jos., Bischof von Linz. Sein Leben und Wirken, s. Meindl, Konr.

—— Lebens- und Sterbensbild, s. Quartal-Schrift, theologisch-praktische, Ergänzungsheft zum Jahrg. 1885.

Rudigier's, Frz. Jos., kirchenpolitische Actenstücke, gesammelt aus dem Diöcesanblatte. Hrsg. v. Frz. Maria Doppelbauer. gr. 8. (IV, 343 S.) Linz 890. (Qu. Haslinger.) n. 4. —

Rudigier, Franz Josef —. Andenken an das heilige Jubiläum. Drei Predigten, gehalten während der h. Jubiläumszeit von Seiner bischöflichen Gnaden dem hochwürdigsten Herrn Herrn — —, Bischof zu Linz ꝛc. Herausgegeben von der Redaktion der katholischen Blätter. Linz. 1855. Druck von J. Feichtinger's Erben. (32 S. 8.)

Rudigier, Frc. Jos., exercitia spiritualia. Edita a Frc. Doppelbauer. 8. (VII, 164 S.) Lincii 887. (Wien, Mayer und Comp.) *

— dasselbe, I. et II. editionis supplementum. 8. (IV, 88 S.) Ebd. 887. n. — 60

— exercitia spiritualia. Edita ab episcopo praelato Frz. Doppelbauer. Ed. III. aucta. 8. (VIII, 250 S.) Ebd. 887. n. 2. 40

—— dass. — Supplementum. 8. (88 S.) (Ebendas.) 888. **

Rudigier's, Frz. Jos., Hirtenschreiben. Mit e. Anh. gr. 8. Linz 888, (Haslinger). * 5 20

— Hirtenschreiben. Mit e. Anh. Hrsg. v. F. Doppelbauer. gr. 8. (XIII, 498 S.) Ebd. 888. n.n. 5. 20

Rudigier, Franz Jos., Zwei Hirtenschreiben über das Konkordat u. den modernen Liberalismus. Linz, Danner, 1868, 4°, 32 S., 4. Aufl., 25 Pf.

Rudigier, Frz. Jos., Predigten. Hrsg. v. Frz. Maria Doppelbauer. 1. Bd.: Ueber die wahre Religion Jesu Christi u. das Leben nach derselben. (Aus der bischöfl. Zeit.) gr. 8. (VI, 254 S.) Urfahr-Linz 900. Verlag des kathol. Preßvereines. n. 2. 50

Rudigier, Frz. Jos., Predigten. Hrsg. v. Frz. Maria Doppelbauer. II. Bd. (aus der bischöfl. Zeit). 52 vermischte Predigten. (III, 256 S.) gr. 8. Linz 903. Preßverein. n. 2. 50

RUDIGIER, Franz Joseph
(F) Predigten des Dieners Gottes, Franz Joseph Rudigier, Bischofs von Linz. Herausgegeben von Franz Maria Doppelbauer. I. Bd.: Ueber die wahre Religion Jesu Christi und das Leben nach derselben. (Aus der bischöflichen Zeit.) Linz. 1900. Pressverein. Gr.-8°. 254 S. K 3.—

Rudigier's, geistliche Reden. Hrsg. von Frz. Doppelbauer. 1. Bd.: Sonntags-Predigten. [Aus der vorbischöfl. Periode.] gr. 8. (XVI, 454 S.) Linz 886. (Wien, Mayer & Co.) n. 4. —

—— geistliche Reden. Hrsg. von Frz. Doppelbauer. 1. und 2. Bd. gr. 8. (Ebendas.) **

Inhalt:

Bd. 1. Sonntags-Predigten. [Aus der vorbischöfl. Periode.] (XVI, 454 S.) 886; 2. Aufl. (III, 441 S.) 888. **M 4.—.
2. Festtags- und Gelegenheits-Predigten. [Aus der vorbischöfl. Periode.] (XXXI, 567 S.) 887. **M 5.20.

—— geistliche Reden. Hrsg. v. Frz. Maria Doppelbauer. 2. Bd. Festtags- u. Gelegenheits-Predigten. [Aus der vorbischöfl. Periode.] 2. Aufl. gr. 8. (VIII, 578 S.) Ebd. 891. * 5 20
1. Bd. Ebd. 1887. * 4 —.

RUDIGIER
(F) Bischof Rudigier's Geistliche Reden. (Aus der vorbischöflichen Periode.) Herausgegeben von Franz Maria Doppelbauer. I. Bd. Sonntags-Predigten. 3. Auflage. Linz. 1901. Pressverein. Gr.-8°. XX, 363 S. K 4.80

RUDIGIER
(F) Bischof Rudigier's geistliche Reden. (Aus der vorbischöflichen Periode.) Herausgegeben von Franz Maria Doppelbauer. II. Bd.: Festtags- und Gelegenheits-Predigten. 3. Auflage. Linz. 1902. Pressverein. Gr.-8°. VIII, 546 S. K 6.—

—— politische Reden. Mit e. Anh. Hrsg. v. Frz. Doppelbauer. gr. 8. (XXXIV, 554 S.) Ebd. 889. * 5 20

— vita beati Petri, principis apostolorum, XXXVI lectionibus sacerdotibus maxime proposita. Edita ab episcopo praelato Frz. Maria Doppelbauer. gr. 8. (VII, 501 S.) Ebd. 890. n. 5. 20

Rudigier's, Bischof, Werke. Herausgegeben von Monsignore Dr. Franz Doppelbauer. I. Band 2. Aufl. Inhalt: Sonntags-Predigten. Gr.-8. (XVI, 441 S.) Linz: Haslinger 1891. 2.—

— — VI. Band. Inhalt: Vita beati Petri, principis apostolorum XXXVI lectionibus sacerdotibus maxime proposita Gr.-8. (501 S.) Ebd. 2.60

— — VII. Band. Inhalt: Exercitia spiritualia. Editio tertia aucta. 8. (250 S.) Ebd. 1.20

— — VIII. Band. Inhalt: Exercitiorum spiritualium primae et secundae editionis supplementum. 8. (88 S.) Ebd. —.30

Rudigièr, P., Harmonik f. Zitherspieler od. Anleitg. f. den Zitherspieler zum Präludiren u. Moduliren, enth. das Wissenswertheste aus der Harmonielehre m. erläut. Beispielen u. e. pract. Anh. v. Präludion u. Modulationen in 15 auf der Zither übl. Tonarten, leicht verständlich verf. 2 Thle. [Aus: „Zither-Signale".] gr. 8. Trier, P. E. Hoenes. à 1. 20
I. Harmonik. (III, 51 S.) 881.
II. Praktischer Thl., enth.: Cadenzen, Praeludien u. 210 Modulationen in 15 auf der Zither übl. Tonarten. (VI, 44 S.) 882.

Rudigièr, P. Harmonik f. Zitherspieler od. Anleitg. f. den Zitherspieler zum Präludiren u. Moduliren etc. 2 Thle. gr. 8. Trier, Hoenes. à Thl. 1 20; 2 40
Aus: Zither-Signale, besonders abgedruckt.
I. Harmonik. (III, 51 S.) 881.
II. Praktischer Thl., enth.: Cadenzen, Praeludien u. 210 Modulationen in 15 auf der Zither übl. Tonarten. (VI, 44 S.) 882.
Vgl.: Schlesinger-Stephani, Marie. Elementar-Theorie der Musik.

Rudigier, Paul, die Elemente des Zitherspiels in Theorie u. Praxis. Mnemotechn.-prakt. Vorteile u. Hilfsmittel beim Erlernen des Zitherspiels. E. Beigabe zu jeder Zitherschule. 8. (IV, 30 S. m. 1 Notenbeilage.) Tölz 895. F. Fiedler. n. —.60

Rudimenta historica, sive brevis facilisque Methodus Juventutem orthodoxam notitia historica imbuendi . . . Augustae Vind. 1727. V: *Dufrène, Maximilian.* (Jes) »1726—36« (so)

Rudimenta historica, oder kurze u. leichte Weise, der kathol. Jug. in d. Historie zu unterr. 6 Thle. 8. Augsb. J. Wolf. 732.

Rudimenta, historica, od. Gesch. aller christl. Kaiser im Orient u. Occident. 8. Augsb. 799. Kranzfelder. 8 gl

— hist. in 6 opusc. 8. Constanz. 749.

— linguae graecae. 8. Augsb. I. Wolf. 748.

Rudimenta, Linguae Graecae. Berolini 1776. V: *Burja, Abel.* (Ky) (MGT)

—linguae latin., oder Anfangsgründe der latein. Sprache nach Art des Alvarez, zum Gebrauch d. Schulen. 8. Constanz 786. (Rieger in Augsb.) 8 gl

Rudimenta rhetor., in us. scholar. deposita. 8. (2 B.) Fuldae 835, libr. Müller.

Rudimente der Hydrognosie . . . Berlin 1839. V: *Rühle von Lilienstern, Joh. Jac. Aug. Otto.* (BrMm)

Rudimenti di Geografia e storia dell' evo antico, medio e moderno a seconda del manuale di Guglielmo Pütz con ispeciale rilievo della storia austriaca e con osservazioni prammatiche per uso delle classi ginnasiali superiori. *Vienna* 1858. Tip. *C. Gerold figl.* Parte III. Evo moderno. VIII. 644 S. 8°. l. 6. 30.

Rudin, Ernst [aus Basel]: Ueber Versuche zur Darstellung der Vinyl-Propionsäure und über α-Methyl-$\beta\gamma$-pentensäure. Basel 1903. 61 S. 8°.
Basel. Phil. Diss. 1902/1903.

Rudin, Ernst. Ueber Versuche zur Darstellung der Vinylpropionsäure und über α-Methyl-$\beta\gamma$-pentensäure. Diss. Phil. Basel. 61 S. 8. Basel, Schweizer. Verlags-Druckerei, 1903.

Rudin, S., Bericht über den II. Schweizerischen Bildungskurs für Lehrer an Handfertigkeits- und Fortbildungsschulen vom 19. Juli bis 14. August 1886. Dem Schweizer. Handels- und Landwirthschafts-Departement und der Erziehungsdirection des Cantons Bern erstattet. 8. (51 S.) Basel 887, Jenke Verlag. * 1 —

Rudin, S., siehe: *Pionier.*

Ruedin, A., mémoire sur les orgines de la langue et de la littérature françaises. Luzern 870. (Raeber.) gr. 4. (14 S.) n. 5. ngr.

Ruedin, A., Origines de la langue et de la littérature françaises. Luzern 1870. Progr.

Ruedin, A., principes de formation de la langue française, s. a. Jahresbericht über die Kantonsschule u. die Theologie zu Luzern.

Jahresbericht über die Kantonsschule und die Theologie zu Luzern für das Schuljahr 1881/82. Beilage: 1. Principes de formation de la langue française. Par A. Ruedin, Prof. 2. Biographien der ehemaligen Professoren Aebi und Greber von den Professoren J. Schmid und J. Bucher. In-4°, 38 und 37 S., geh. Luzern, Gebr. Räber. 1882. 1 —

Rüdin, E., s.: Archiv f. Rassen- u. Gesellschafts-Biologie.

Rüdin, Ernst [med. pract., Assistenzarzt der Irrenklinik Heidelberg]: Über die klinischen Formen der Gefängnispsychosen. Berlin 1901. 18 S. 8°.
Zürich. Med. Diss. 1900/1901.

Rüdin, Ernst, Dr. med., wissensch. Assist. d. psychiatr. Universitätsklinik zu München: Über die klinischen Formen der Seelenstörungen bei zu lebenslänglicher Zuchthausstrafe Verurteilten. München 1909: Wolf. 151 S. 8° ¶(Teil e. Studie über d. klin. Formen d. Gefängnis-Psychosen überhaupt, welche im Jahre 1909 erscheinen soll.)
München, Med. Hab.-Schr. v. 1909
(Nicht für den Austausch) [U 09. 3539

Rüdin, Pauline, med. pract. aus St. Gallen: Beitrag zur Extrauteringravidität und deren Behandlung. Zür. Hofer u. Burger Dr. 1890. 25 S. 8°.
Zürich. Med. Diss. [v. 28. Juni 1890].

Rudinger, Karl, s.: Biologie des Menschen.

(RÜDINGER, ANDR. CPH.), Anmerkungen über Minorca, als ein Auszug aus Capit. Armstrongs im J. 1740 in englischer Sprache herausgekommenen Geschichte dieser Insel. Mit Veränderungen und Zusätzen. Geschrieben in August 1770. Hamburg. 1771. (Under Dedikationen A. C. R.).

Ruedinger, Andreas Christoph (Bearb.). s. Armstrong, John: Anmerkungen über Minorca. . .

Rüdinger, Frdr. Christian v., Handausgabe der deutschen Wehr-Ordnung. gr. 8. (XIII, 468 S.) Stuttgart 876. Kohlhammer. n. 6. —

Rüdinger, Friedrich Christian v., k. württemb. Oberregierungsrath, etc. Handausgabe der deutschen Wehr-Ordnung mit ihren Ergänzungen und Aenderungen. 2. Auflage. gr. 8. Stuttgart 1881.

Rüdinger, Friedr. Chrn. v., Handausgabe der deutschen Wehr-Ordnung mit ihren Ergänzungen und Aenderungen. 2. Aufl. gr. 8. (XIII, 444 S.) Stuttgart 884, Kohlhammer. *

Rüdinger, G., Panorama von Stuttgart, vom Stiftskirchenthurm aus gesehen. Chromolithogr. qu. schmal Fol. Stuttgart 881, Neff. In qu.-8. gefalzt *

Rüdinger, Gertrud Schleicher-
s. Schleicher-Rüdinger. (10. 16027

Rüdinger, Gustav [app. Arzt aus Babenhausen]: Ein Fall von congenitaler Atresie des Oesophagus mit Tracheo-Oesophagealfistel. '(M. 2 Abb.)' ... München, kgl. Hofbuchdr. Kastner & Lossen, 1897; 21 S., 2 Taf. 8.
München, Med. Fak., Inaug.-Diss. v. 1897

Rüdinger, Herm., die Bierbrauerei u. Malzextract-Fabrikation. Eine Darstellg. aller in den verschiedenen Ländern übl. Braumethoden zur Bereitg. aller Biersorten, sowie der Fabrikation d. Malz-Extractes u. der daraus herzustell. Producte. Ein Handbuch f. Brauerei-Besitzer, Brauerei-Leiter u. Malzextract-Fabrikanten. Mit 20 erläut. (eingedr. Holzschn.-)Abbildgn. 8. (VIII, 456 S.) Wien 876. Hartleben. 6. —

Ruedinger H. Bierbrauerei u Malzextraktfabrikation. (Bibl. Chem.-techn. 6) Wien 1876

Rüdinger, Herm., die Bierbrauerei und die Malzextract-Fabrikation. Eine Darstellung aller in den verschiedenen Ländern übl. Braumethoden zur Bereitung aller Biersorten, sowie der Fabrikation des Malz-Extractes und der daraus herzustellenden Producte. Ein Handbuch für Brauerei-Besitzer, Brauerei-Leiter und Malzextract-Fabrikanten. 2. sehr. verm. und verb. Aufl. 8. (VIII, 460 S. mit 33 erläut. Abbild.) Wien 887, Hartleben. * 6 —

Rüdinger, Herm., die Bierbrauerei u. die Malzextrakt-Fabrikation. Darstellung der Malzbereitung u. der Braumethoden sowie der Fabrikation des Malzextraktes. Ein Handbuch f. Brauereibesitzer, Brauereileiter u. Malzextrakt-Fabrikanten. Mit 66 erläut. Abb. 3., vollst. neu bearb. Aufl. (VII, 402 S.) 8. Wien 908. A. Hartleben. 6.—; geb. 6. 80

Rüdinger, Joachim Christian U. S. Erfurt 1729, 1

Disputatio inauguralis juridica de avo paterno ad alimenta nepoti illegitimo praestanda obstricto.
Erfurt (Grosch) 8. X. 1729. 36 S. 29462

Rüdinger, Karl August

Erich und Abel, Könige von Dänemark. Ein vaterländisches Trauerspiel in 5 Aufzügen v. Carl August **Rüdinger.** Schleswig. 1796. 8°

Rüdinger, Karl Aug., Erich u. Abel, Könige von Dänemark Trspl. 8. 796. (Hammerich in Altona). 16 ℛ

— Tillner u. seine Freunde. Schspl. in 3 A. 8. Hamb. 800.

Rüdinger, Maximilianus, De coloniarum quarundam Phoeniciarum primordiis cum Hebraeorum exodo conjunctis. Gr.-8. (38 S.) —.50
Wien: Tempsky 1892.

Rüdinger, Nikolaus

Rüdinger, N. Abhandlungen aus dem anatomischen Institute, s. Abhandlungen, Münchener medicinische. 7. Reihe.

Rüdinger, Th., die Anatomie der menschlichen Gehirn-Nerven für Studirende und Aerzte. Mit 14 Taf., enth. 46 Fig. Nach Albert'schen Photographieen in Stahl gestochen von A. Meermann und H. Bruch. hoch 4. (IV, 64 S. und 15 Bl. Erläuterungen.) München 868, Literar.-artistische Anstalt. geb. *

Rüdinger, N., die Anatomie des peripherischen Nervensystems des menschlichen Körpers für Studirende u. Aerzte. Mit 37 Taff. nach Albert'schen Phot. in Stahl gest. von A. Meermann u. H. Bruch. 1. Abthl. A. u. d. T.: Die Anatomie der menschlichen Gehirns-Nerven. Mit 14 Taff., enthld. 46 Fig. in Stahl gest. 1. u. 2. verm. Aufl. Stuttgart 868, 70. Cotta'sche Buchh. Lex.-8. (VII, 64 S. u. 15 Bl. Taf.-Erklärgn.) n. 3 ℛ 20 ngr.

Rüdinger, die Anatomie d. peripherischen Nervensystems d. menschlichen Körpers f. Studirende u. Aerzte. Mit 37 Taf. nach Albertschen Photogr. in Stahl gest. v. A. Meermann u. H. Bruch. 2. Abth. A. u. d. T.: Die Anatomie der menschlichen Rückenmarks-Nerven. Mit 23 Taf., enth. 40 Fig. hoch 4. (III, 42 S. Erläutergn.) Stuttgart 870. Cotta. geb. n. 16. — (1. 2.: n. 27. —)

Rüdinger, N., zur Anatomie der Prostata, des Uterus masculinus und der Ductus ejaculatorii beim Menschen. Lex.-8. (23 S. mit 3 Taf. in Farbendr.) München 883, Rieger'sche Universitäts-Buchh. *
Aus: Festschrift, dem ärztlichen Verein München zur Feier seines 50jährigen Jubiläums gewidmet, besonders abgedruckt.

—— topographisch-chirurgische Anatomie des Menschen. 1.—3. Abthl. Lex.-8. Ebendas. * 40 —
Inhalt:
Abthl. 1. 2. [Brust und Bauch.] Mit 16 Taf., enth. 36 Fig. in Lichtdruck von Max Gomoser und 10 Fig. in (eingedr.) Holzschn. (VI, 162 S.) 873. *ℳ 18.
3. 1. Hälfte. [Der Kopf.] Mit 7 Taf., enth. 20 Fig. in Lichtdruck von Max Gemoser, 4 Stahlsttaf. und 12 Fig. in (eingedr.) Holzschn. (IV, S. 1—122.) 874. *ℳ 11. — 2. Hälfte. [Der Hals und die obere Extremität.] Mit 10 Taf., enth. 40 Fig. in Lichtdr. von Max Gemoser. (IV, S. 123—260 und 14 S. Taf.-Erklärungen.) 875. *ℳ 11.

Rüdinger, [Th.], topographisch-chirurgische Anatomie des Menschen. 4. Abthl.: Die Beckengegend und die untere Extremität. Mit 10 Taf., enth. 36 Fig., in Lichtdr. von Max Gemoser und 5 (eingedr.) Holzschn. Lex.-8. (IV, 192 S. mit 10 S. Tafel-Erklärungen.) Stuttgart 878, Cotta'sche Buchh. * 12 —

—— dass. — Suppl. Mit 6 Fig. (4 chromolithogr. Taf.), darstellend sagittale und frontale Durchschnitte des Rumpfes. Lex.-8. (15 S.) Ebendas. 879. * 4 50
1.—3. Abthl. Ebendas. 1873—75. *ℳ 40.

Rüdinger, N., Arbeiten aus d. anatom. Instituto, s.: Kupffer, C. v.

— Atlas des menschlichen Gehörorganes. Nach der Natur phot. von J. Albert. (In 3 Liefgn.) 1. u. 2 Liefg. München 866, 867. Lentner'sche Buchh. hoch 4. (à Liefg. 4 Chromolith. u. 8 Phot. u. 12 Blatt Text.) [1. Liefg. n. 4 ℛ 28 ngr., 2. Liefg. n. 5 ℛ 6 ngr.] In Mappe n. 10 ℛ 4 ngr.

Rüdinger, Atlas d. menschlichen Gehörorganes. Nach der Natur photogr. v. Gemoser u. Wolff. 3. (Schluss-) Lfg., enth. 14 Taf. Photogr. m. 53 Fig. u. den beschreib. Text. gr. 4. (38 S.) München 875. Stahl. n. 24. — (cplt.: n. 60. —)

Rüdinger, (N.), Atlas des peripherischen Nervensystems des menschlichen Körpers. Mit einem Vorwort von Th. W. L. Bischoff. Nach der Natur photographirt von Jos. Albert. — Atlas du système nerveux périphérique du corps humain. (In 10 Lfgn.) 1—4. Lfg. gr. Fol. (III und 28 S. Text mit 20 Photogr.) München 861. 62, Literarisch-artistische Anstalt. à Lfg. * 3 Thlr. 24 Ngr. *

—— Atlas des peripherischen Nervensystems des menschlichen Körpers. Nach der Natur photographirt von Jos. Albert. — Atlas du système nerveux périphérique du corps humain. — 5.—10. (Schluss-)Lfg. gr. Fol. (30 Photogr. mit 28 S. Text.) München 863—67. [Stuttgart, Cotta'sche Buchh.] [5.—9. Lfg. à * 3 Thlr. 24 Ngr., 10. Lfg. * 6 Thlr.] In Mappe. *
1.-4. Lfg. [Ebendas.] 1861,62. * 15 Thlr. 6 Ngr.

— Atlas des peripherischen Nervensystems des menschlichen Körpers. Mit einem Vorwort von Th. W. L. Bischoff. Nach der Natur photogr. von Jos. Albrecht, vervielfältigt mittelst Lichtdr. von M. Gemoser. — Atlas du système nerveux périphérique du corps humain. 2. Aufl. gr. Fol. (52 Taf. mit 23 Bl. Text.) Stuttgart 872, Cotta'sche Buchh. In Mappe. * 96 —

— ein Beitrag zur Anatomie der Affenspalte und der Interparietalfurche beim Menschen nach Race, Geschlecht und Individualität. gr. 4. (13 S. mit 4 lithogr. Taf.) Bonn 882, Cohen und Sohn. *
Aus: Beiträge zur Anatomie und Embryologie, als Festgabe J. Henle dargebracht von seinen Schülern, besonders abgedruckt.

— ein Beitrag zur Anatomie u. Histologie der Tuba Eustachii. [Aus: ärztliches Intelligenzblatt.] München 865. Lentner'sche Buchh. gr. 8. (16 S. mit 1 lith. Abbildg. in 4.) 7½ ngr.

Rüdinger, N., ein Beitrag zur Anatomie des Sprachcentrums. Lex.-8. (59 S. mit 5 lithogr. Doppeltaf.) Stuttgart 882, Cotta'sche Buchh. *
Aus: Beiträge zur Biologie, als Festgabe dem Anatomen und Physiologen Th. L. W. v. Bischoff gewidmet, besonders abgedruckt.

Rüdinger, N., ein Beitrag zur Mechanik der Aorten- und Herzklappen. Erlangen (857.) Enke. gr. 8. (16 S.) n. 4 ngr.

Rüdinger, N., ein Beitrag zur Mechanik der Aorten- und Herzklappen. Lex.-8. (16 S.) Erlangen 858, Enke's Verlagsbuchh. Thlr. *

— Beiträge zur Anatomie des Gehörorganes, der venösen Blutbahnen der Schädelhöhle, sowie der überzähligen Finger. Mit 6 Taf. in (color.) Lichtdr. u. e. Taf. in Lith. gr. 4. (IV, 41 S.) München 876. Literar.-artist. Anstalt. n. 12. —

Rüdinger, N., Beiträge zur vergleichenden Anatomie u. Histologie der Ohrtrompete. Mit 65 lith. Abbildungen, ausgeführt nach mikro-phot. Aufnahme in Farbendruck auf 11 Taff.) München 870. Lentner'sche gr. 4. (VIII, 59 S.) n. 4 ₰

— Beiträge zur Histologie des Gehörorganes. Mit 5 Taff. in Holzschn. Ebend. 870. gr. 8. (III, 30 S.) n. 1 ₰

— Beiträge zur Histologie d. mittleren Ohres. Mit 12 lith. Taf. gr. 4. (IV, 34 S.) München 872. Stahl. n. 8. 40

— Beiträge zur Morphologie des Gaumensegels und des Verdauungsapparates. Lex.-8. (V, 49 S. mit 5 Taf. in Farbendr., gr. Fol. in Mappe, und 2 eingedr. Holzschn.) Stuttgart 879, Cotta'sche Buchh. * 16 —

— s. Bischoff's, Th. L. W. v., Führer bei den Präparirübungen.

— Führer bei d. Präparirübgn., s.: Bischoff, Th. L. W. v.

— die Gelenknerven des menschlichen Körpers. Imp.-4. (30 S. mit 6 Stnt.) Erlangen 857, Enke's Verlagsbuchh. *

— Cursus der topographischen Anatomie. Mit 51 z. Thl. in Farben ausgeführten Abbildgn. 1. u. 2. Aufl. gr. 8. (VIII, 200 S.) München 891. 892. J. F. Lehmann's Verl. n. 9. —; geb. n.n. 10. —

— dasselbe. 3., verm. u. erweit. Aufl. gr. 8. (VIII, 221 S. m. 79 z. Tl. farb. Abbildgn.) Ebd. 894. n. 9. —; geb. u.n. 10. —

Rüdinger, N., Cursus der topograph. Anatomie. 4. Aufl. Bearb. v. Wilh. Höfer. Mit 80 z. Thl. in Farben ausgeführten Abbildgn. gr. 8. (XII, 221 S.) München 899. J. F. Lehmann's Verl. n. 9. —; geb. n. 10. —

— vorläufige Mittheilungen über die Unterschiede der Grosshirnwindungen nach dem Geschlecht beim Foetus und Neugeborenen mit Berücksichtigung der angeborenen Brachycephalie und Dolichocephalie. hoch 4. (24 S. mit 3 lithogr. Taf.) München 877, Literar.-artist. Anstalt. * 3 —
Aus: Beiträge zur Anthropologie und Urgeschichte Bayerns, besonders abgedruckt.

— s.: Monatsschrift f. Ohrenheilkunde.

— die Muskeln der vorderen Extremitäten der Reptilien u. Vögel mit besond. Rücksicht auf die analogen u. homologen Muskeln bei den Säugethieren u. dem Menschen. Gekrönte Preisschrift. Haarlem 868. Loosjes Erben. gr. 4. (VIII, 187 S. mit 15 Steintaff.) cart. n. 5 ₰

— die Rassenschädel u. Skelette in der königl. anatomischen Anstalt in München, s.: Sammlungen, die anthropologischen, Deutschlands.

— über die Rückenmarks-Nerven der Baucheingeweide. München 866. Lentner'sche Buchh. Lex.-8. (31 S. mit 2 Steintaff.) 16 ngr.

Rüdinger, N., über künstlich deformirte Schädel u. Gehirne v. Südseeinsulanern [Neue Hebriden]. Mit 3 Taf., enth. 11 Fig. (Aus: „Abhandlgn. d. k. b. Akad. d. Wiss."] gr. 4. (33 S.) München 887. (Franz' Verl.) n.n. 1. 50

— über die Verbreitung des Sympathicus in der animalen Röhre, dem Rückenmark und Gehirn. Lex.-8. (VII und 88 S. mit 6 Abbild., wovon 2 lithogr. und 4 chromolithogr., in Lex.-8., 4. und Fol.) München 863, Lentner'sche Buchh.

— über die willkürlichen Verunstaltungen d. menschlichen Körpers, s.a. Sammlung gemeinverständl. wissenschaftl. Vorträge.

Rüdinger, über die willkürlichen Verunstaltungen des menschlichen Körpers. (Slg gemeinverständlicher wissenschaftlicher Vorträge 215) Berlin 1874

Rüdinger: Über die willkürlichen Verunstaltungen des menschlichen Körpers. Berlin 1874. 93 S. m. Abb.

— über die Wege u. Ziele der Hirnforschung. Festrede, geh. in der öffentl. Sitzg. der k. b. Akademie der Wissenschaften zu München am 22. Novbr. 1893. gr. 4. (25 S.) München 893. (G. Franz' Verl.) n.n. — 70

Rüdinger, Th., s. Rüdinger, Nikolaus

Rüdinghof, eine Geschichte in Briefen, 8. Daselbst, 780. Weidmanns. 15 sgl.

Rudinghoff; e. Geschichte in Briefen. 8. Leipz. 784. Weidmann. 12 gl.

Rüdinghoff; e. Gesch. in Briefen. 8. Leipz. Weidmann. 784.

Rudio, Ferdinand (Hrsg.), s. Abhandlungen, Vier, über die Kreismessung.

Rudio, F., üb. den Antheil der mathematischen Wissenschaften an der Kultur der Renaissance, s.a. Sammlung gemeinverständlicher wissenschaftlicher Vorträge.

Rudio F. über den Anteil der mathematischen Wissenschaften aus der Kultur der Renaissance. (Sammlung wissenschaftlicher Vorträge NF 142) Hamburg 1892

— Archimedes, Huygens, Lambert, Legendre. Vier Abhandlgn. üb. die Kreismessg. Deutsch hrsg. u. m. e. Übersicht üb. die Geschichte d. Problems v. der Quadratur d. Zirkels, von den ältesten Zeiten bis auf unsere Tage, versehen. gr. 8. (VIII, 166 S. m. Fig.) Leipzig 892. B. G. Teubner. n. 4. —

Rudio, F. Eine Autobiographie von Gotthold Eisenstein. Mit ergänzenden biographischen Notizen. Leipzig 1895.

Rudio, Ferdinand. Kleine Bemerkungen zur zweiten Auflage von [Moritz Benedict] Cantors «Vorlesungen über Geschichte der Mathematik. Sonderabdruck aus Bibliotheca Mathematica. III. Folge. (Band) 6 (Heft 1). II + 3 S. 8. Leipzig, B. G. Teubner, (16. Mai 1905).

Rudio, Ferdinand. Der Bericht des Simplicius über die Quadraturen des Antiphon und des Hippokrates. Von Ferdinand Rudio in Zürich. [Mit 8 Figuren.] ([Ausschnitt aus:] Bibliotheca Mathematica. III. Folge. [Band] 3. [Heft 1.] 1902.) S. 7—62. 8. [Leipzig, B. G. Teubner.]

Rudio, F. Über die Bewegung dreier Punkte in einer Graden. Berlin 1887. 4.

Rudio, F. Direktoren und ehemalige Professoren d. eidg. polyt. Schule. Biographische Skizzen. Zürich 1894.

Rudio, Ferd, die Elemente der analyt. Geometrie, s.a. Ganter, H.

— die Elemente der analytischen Geometrie d. Raumes. Zum Gebrauche an höheren Lehranstalten, techn. Hochschulen, sowie zum Selbststudium dargestellt u. m. zahlreichen Übungsbeispielen versehen. Mit 12 in den Text gedr. Fig. gr. 8. (X, 156 S.) Leipzig 891. B. G. Teubner. n. 2. 40

Rudio, F. Die Elemente der analytischen Geometrie des Raumes. 2. Aufl. Leipzig 1899.

Rudio, Ferd., die Elemente der analytischen Geometrie. Zum Gebrauche an höh. Lehranstalten sowie zum Selbststudium. Mit zahlr. Übungsbeispielen. 2. Tl. Die analyt. Geometrie des Raumes. 3., verb. Aufl. gr. 8. (X, 186 S. m. 12 Fig.) Leipzig 901. B. G. Teubner. Geb. in Leinw. n. 3. —
Tl. 1, s.: Ganter, H., u. F. Rudio.

Rudio, Ferd., die Elemente der analytischen Geometrie. Zum Gebrauche an höh. Lehranstalten sowie zum Selbststudium. Mit zahlr. Übungsbeispielen. 2. Tl. Die analyt. Geometrie des Raumes. 4., verb. Aufl. (X, 194 S. m. 20 Fig.) gr. 8. Leipzig 908. B. G. Teubner.
1. Tl., s.: Ganter, H., u. F. Rudio. Geb. 3. —

Rudio, F. Erinnerung an Moriz Abraham Stern. Mit Portrait und dem vollständigen Verzeichnis der Publikationen Sterns. Zürich 1894. 4.

Rudio, Ferd., Leonhard Euler, s.a. Vorträge, öffentliche, gehalten in der Schweiz.

Rudio, F[erdinand]. Leonhard Euler (1707–1783). Vortrag, gehalten ... in Zürich am 6. December 1883. 8. Basel 1884.
(Oeffentliche Vorträge gehalten in der Schweiz. Band 8. Heft 3.)

Rudio, Ferdinand. Leonhard Euler. (Vortrag, gehalten im Rathaus in Zürich am 6. Dezember 1883. Separatabzug aus der Vierteljahrsschrift der Naturforschenden Gesellschaft in Zürich, Jahrg. 53, 1908.) II + 15 S. 8. Zürich, Zürcher & Furrer, 1909.

Rudio, F. Über eine specielle Fläche vierter Ordnung mit Doppelkegelschnitt. Berlin 1889. 4.

Rudio, Ferd. (geb. Wiesbaden 2. 8. 1856): Ueber diejenigen Flächen, deren Krümmungsmittelpunktsflächen confokale Flächen zweiten Grades sind. Berlin (1880). (17 S.) 4°
Berlin, Phil. Diss. v. 23. Juni 1880

Rudio, Ferd., über diejenigen Flächen, deren Krümmungsmittelpunktsflächen confokale Flächen 2. Grades sind. Inaugural-Dissertation. 4. (17 S.) Berlin 880. (Mayer & Müller.) n. 1. 50

Rudio, F. Über den Cauchy'schen Fundamentalsatz in der Theorie der algebraischen Gleichungen. Zürich 1894

Die analytische Geometrie des Raumes. Von Dr. Ferdinand Rudio. Mit 12 Fig. 3. verb. Aufl. Leipzig & Berlin: B. G. Teubner 1901. (x, 186 S.) 8°
= Ganter, Heinrich: Die Elemente d. analyt. Geometrie. T. 2. [06. 8686 4

Rudio, Ferdinand. Die analytische Geometrie des Raumes. Leipzig und Berlin 1908 *s.* Ganter, H[einrich], und Rudio, Ferdinand.

Rudio, F. Die naturforschende Gesellschaft in Zürich 1746–1896. Erster Teil der Jubiläumsschrift. Zürich 1896.

R[udio], F[erdinand]. † Professor Dr. Walter Gröbli. Sonder-Abdruck aus der «Schweizerischen Bauzeitung» Bd. 42 Nr. 1 [1903 Juli 4]. [2 S.] 8. [Zürich, Zürcher & Furrer.]

Rudio, F. Über einige Grundbegriffe der Mechanik. Zürich 1886.

Rudio, F. Über primitive Gruppen. Berlin 1888. 4.

Rudio, F. Über die Convergenz einer von Vieta herrührenden eigenthümlichen Productentwickelung. (Aus einem Schreiben an M. Cantor). Leipzig 1891.

Rudio, Ferdinand. Die Möndchen des Hippokrates. Sonderabdruck aus Jahrg. 50, 1905 [der] Vierteljahrsschrift der Naturforschenden Gesellschaft in Zürich.... [2 Teile.] 8. Zürich, Zürcher & Furrer.
[Teil 1: Mit Figuren.] II S. + S. 177—200.
[Teil 2] *u. d. T.:* Nachtrag zu der Abhandlung: «Die M' des H'». [II S. + S. 224.]

— zum 100. Neujahrsblatt d. naturforsch. Gesellschaft, s.a. Neujahrsblatt, hrsg. v. d. naturforsch. Gesellschaft in Zürich.

Zum hundertsten Neujahrsblatt der Naturforschenden Gesellschaft in Zürich. Von Ferdinand Rudio. *Zürich: Dr. v. Zürcher & Furrer (1898).* (10 S.) 4.
— Neujahrsblatt d. Naturforschenden Gesellschaft in Zürich. 1898. [No] 100, [1]. [98. 873

Rudio, Ferdinand. Notizen zu dem Berichte des Simplicius. Sonderabdruck aus Jahrg. 50, 1905 [der] Vierteljahrsschrift der Naturforschenden Gesellschaft in Zürich.... II S. + S. 213—223. 8. Zürich, Zürcher & Furrer, [1905].

Rudio, Ferdinand, und Schröter, Carl. Notizen zur schweizerischen Kulturgeschichte. Sonderabdruck aus ... [der] Vierteljahrsschrift der Naturforschenden Gesellschaft in Zürich.... 8. Zürich, Zürcher & Furrer.
[Nummer 1:] (1—6.) Sond' aus Jahrg. 46, 1901.... II S. + S. 331—367.
[Nummer 2:] 7. Die Abtretung der Bibliothek der schweizerischen naturforschenden Gesellschaft an die Stadtbibliothek in Bern; 8. Nekrologe ...; 9. Die akademischen Rathausvorträge in Zürich. Sond' aus Jahrg. 47, 1902.... II S. + S. 437—468.
[Nummer 3:] 10. Die projektierte zürcherische Zentralbibliothek; 11. Nekrologe ⟨Walter Gröbli, Hermann Pestalozzi, Friedrich Goll⟩. Sond' aus Jahrg. 48, 1903. II S. + S. 473—483.
[Nummer 4:] 12. Die Bibliothek des eidg. Polytechnikums; 13. Nekrolog ⟨Viktor Merz⟩. Sond' aus Jahrg. 49, 1904. II S. + S. 392—395.

Rudio, Ferdinand, und Schröter, Carl. Notizen zur schweizerischen Kulturgeschichte. [Nummer 5.] Sonderabdruck aus Jahrg. 50, 1905 [der] Vierteljahrsschrift der Naturforschenden Gesellschaft in Zürich.... 8. Zürich, Zürcher & Furrer.

[Nummer 5:] 14. Der internationale Botanikerkongress in Wien, 11.—18. Juni 1905, und die Rolle der Schweiz auf diesem Kongresse; 15. Ein neu zu Ehren gezogener Schweizer Botaniker (Friedrich Ehrhart); 16. Das fünfzigjährige Jubiläum des eidgenössischen Polytechnikums in Zürich; 17. Die Vierteljahrsschrift der Naturforschenden Gesellschaft in Zürich; 18. Nekrologe.... Sond' aus Jahrg. 50, 1905. II S. + S. 543—573.

Rudio, Ferdinand, und Schröter, Carl. Notizen zur schweizerischen Kulturgeschichte. [Nummer 6.] Sonderabdruck aus dem Jahrg. 51, 1906 [der] Vierteljahrsschrift der Naturforschenden Gesellschaft in Zürich.... 8. Zürich, Zürcher & Furrer.

[Nummer 6:] 19. «Naturschutz» in der Schweiz; 20. Nekrologe ‹Arnold Bodmer(-Beder). Wilhelm Ritter, August Weilenmann›. II S + S. 502—521.

Rudio, F. Das Problem von der Quadratur des Zirkels. Zürich 1890.

Rudio, Ferdinand. Zur Rehabilitation des Simplicius. Von Ferdinand Rudio in Zürich. ([Ausschnitt aus:] Bibliotheca Mathematica. III. Folge. [Band] 4. [Heft 1.] 1903.) S. 13—18. 8. [Leipzig, B. G. Teubner.]

Rudio, Ferdinand. Wilhelm Schmidt ‹1862—1905›. (Mit Bildnis [und] Verzeichnis der Publikationen von W' Sch' in chronologischer Folge.) Von F' R' in Zürich. Sonderabdruck aus Bibliotheca Mathematica. III. Folge. (Band) 6. (Heft 4. Ausgegeben am 4. Mai 1906.) II S. + S. 354—386. 8. Leipzig, B. G. Teubner.

— s.: Simplicius, der, Bericht üb. die Quadraturen des Antiphon u. des Hippokrates.

Rudio, F. Zur Theorie der Flächen, deren Krümmungsmittelpunktsflächen confokale Flächen zweiten Grades sind. Berlin 1883. 4.

Rudio, F. Zur Theorie der Strahlensysteme, deren Brennflächen sich aus Flächen zweiten Grades zusammensetzen. Zürich 1886.

— s.: Verhandlungen des 1. internat. Mathematiker-Kongresses.

— s.: Vierteljahrsschrift d. astronom. Gesellschaft.

— s.: Vierteljahrsschrift d. naturforschenden Gesellschaft in Zürich.

(Rudio, F[erdinand].) Georg Heinrich von Wyss. 1862—1900. (Nach Mitteilungen der Familie.) Separatabdruck aus der Beilage «Nekrologe» zu den Verhandlungen der schweiz. naturf. Gesellschaft. Zofingen 1901. III S. 8. [Zürich, Zürcher & Furrer.]

Rudionna, der Räuberhauptmann; dramatische Geschichte. Ofen 1821. V: *Bornschein, Johann Ernst Daniel.* (Ky)

Rudionna, der Räuberhauptmann; dramat. Geschichte, (v. Er. Bornschein). 8. Ofen 821. (Mayer in Wien. 10 gr.

Rudis, P. P., Katholisch oder Humbug? Offene und freie Fragen an Dr. F. Michelis, Professor der Philosophie. gr. 8. (40 S.) Regensburg 869, Manz. — 60
— dass. — Zum zweitenmal vorgelegt und mit einigen zeitgemäßen Zusätzen für alle Gegner der Unfehlbarkeit des Papstes bereichert. 2., sehr verm. Aufl. gr. 8. (52 S.) Ebendas. 870. — 75

— πέτρα romana, oder die Lehre von der Unfehlbarkeit des Papstes zeitgemäß beleuchtet u. gewürdigt. Ebend. 869. gr. 8. (412 S.) 1 ₰ 15 ngr.

— Prolog u. Epilog zur 2. unveränd. Aufl. der Petra romana. Eine Rechtfertigung gegen das Referat des Prof. Dr. Reusch im Bonner Lit.-Bl. 1869. Nr. 12. Mit Berücksichtigung der Coblenzer Laien-Adresse u. der Civiltà cattolica. Ebend. 869. 8. (20 S.) 2 ngr.

Rudisch, Ludolf Jos., O. Präm., das Heldenmädchen (die sel. Johanna d'Arc). Drama in 5 Aufzügen u. 1 Schlußbilde. (Enth. nur Frauenrollen.) (71 S.) kl. 8. Paderborn 910. Bonifacius-Druckerei. 50

— Katechetisches Hilfsbüchlein. a) Katechesen f. das 1. Schulj.; b) zugleich Katechismuserklärgn. u. Lehrplan f. das 2. u. 3. Schulj. in 1- u. 2klass. Schulen; c) Erstbeichtunterricht f. das 3. Schulj., dem vom österr. Gesamtepiskopat approbierten kleinen Katechismus u. der Bilderbibel angepaßt. (VIII, 148 S.) 8. Wien 910. H. Kirsch. 1. 80

RUDISCH, Ludolf Jos.

(F) Der Jungfrauenbund. Hilfsbüchlein bei der Gründung und Leitung eines Jungfrauenvereines. Von Ludolf Jos. Rudisch, O. Präm. Mit Genehmigung des hochwürdigsten bischöfl. Ordinariates St. Pölten und Erlaubnis der Ordensobern. Wien. 1901. Kirsch. 8°. 134 S. K 1.60

Rudisch, Ludf. Jos., O. Präm., die Karwoche in Kirchen m. nur e. Priester. Im Anh.: Eine Kreuzwegandacht f. Priester. (64 S.) kl. 8. Linz 906. Preßverein. n. — 70

— neue Kreuzwegandacht. (18 S.) kl. 8. Ebd. 906. n. — 20

— Krippenandacht. (51 S.) 16. Ebd. 907. n. — 20

— Marienleben in Mailesungen. (Geh. in der Pfarrkirche zu Blumau a. d. Wild.) (V, 170 S.) kl. 8. Ebd. 909. 2. 40

— aus dem Tagebuche e. Arztes od. Arznei der Seele. (III, 186 S.) 8. Graz 906. Styria. n. 1. 40

— Trostreiche Wahrheiten. (III, 72 S.) gr. 8. Ebd. 908. — 60

— Marianische Wallfahrtspredigten. (VII, 131 S.) gr. 8. Regensburg 907. Verlagsanstalt vorm. G. J. Manz. 2. —

— der Weg ins Heiligtum. Ein Büchlein f. Studenten. (V, 99 S.) 16. Wien 906. H. Kirsch. n. — 80

— der Weg ins Kloster. Ein Büchlein f. fromme Mädchen. gr. 16. (V, 112 S. m. Titelbild.) Ebd. 901. n. 1. —

— der Weg ins Kloster. Ein Büchlein f. fromme Mädchen. 2., verm. Aufl. (V, 114 S. m. Titelbild.) kl. 8. Ebd. 905. n. 1. —

— Der Weg ins Kloster. Ein Büchlein f. fromme Mädchen. 3. Aufl. (V, 114 S. m. Titelbild.) 16. Wien 910. H. Kirsch. 1. —; geb. n 1. 40

— die Wunderdoktorin, s. a. Schul- u. Vereinsbühne, christliche.

(F) Rudisch, L., Die Wunderdoktorin. Lustspiel in einem Aufzuge. [Christl. Schul- und Vereinsbühne. 16. Bd.] 8°. (18 S.) Linz: Urfahr. Verlag des katholischen Pressvereins 1904. K —.24

Rudisch, Maria Anna, Kochbuch. 8. Wien, Wappler. 788.

RUDISCH Maria Anna. Mein eigenes geprüftes Kochbuch ... enthaltend eine ganz neue Sammlung der ausgesuchtesten, niedlichsten und besten Speisen ... von –. Binz, Wien ... 1789–1811. 4 Tle in 4 vol.

Rudisch, Maria Anna, mein eigenes geprüftes Kochbuch. 4 Thle. 8. Wien 789—99. (Beck). (1r u. 2r Thl.) 16 gr. N. A. 4 Bde. 8. Ebd. 811. K. Haas. 3 ₰ 8 gr.

Rüdisser, J. Ad., Chrysostomus. Ein Reformplan der kathol. Kanzelberedsamkeit. gr. (9¼ B.) Lindau 845, Stettner.

Rüdisser, J. Adolph, Geschichte Gottes des Vaters, des Sohnes u. des heil. Geistes. Als Leseübung u. Leitfaden zum religiösen Wiederholungsunterricht. Neue Ausg. 12. (71 S.) Lindau 847, Stettner. 6 ngr.

Rüdisühl, Hermann. Eine Auswahl der hervorragendsten Werke des Künstlers in Lichtdr. gr. Fol. (39 Taf. u. 2 Bl. Text m. 2 Bildnissen.) Basel u. München (899). (München, C. Haushalter.) In Leinw.-Mappe n. 40. —

Rüdisühli, J. L., das Schweizerland in Bild und Wort, s. a. Schweizerland.

Rüdisühli, J. L., das Schweizerland in Bild und Wort. Malerische Orig.-Ansichten. Mit geschichtlich-, topo- u. orographisch, physikalisch- u. ethnographisch erläuterndem Text von H. A. Berlepsch. 1—14. Liefg. Basel 862—64. Bahnmaier in Comm. gr. 4. (Sp. 1—328.) Jede Liefg. mit 4 Stahlst. n. 16 ngr.

Rüdisühli, J. L., das Schweizerland in Bild u. Wort. Malerische Orig.-Ansichten. Mit geschichtlich-, topo- u. orographisch, physikalisch- u. ethnographisch erläuterndem Text von H. A. Berlepsch. 15—38. Liefg. Basel 865—68. Krüsi. gr. 4. (Sp. 329—896.) Jede Liefg. mit 4 Stahlst. n. 16 ngr.

Rüdisüle, Alois, aus Amden (St. Gallen): Beiträge zur Kenntnis der Arsenvanadinmolybdate. Bern 1906. 46 + 2 S. 8°. [26. VII. 06.]
Bern. Phil. Diss. 1905 1906.

Rüdisüle, Alois. Beiträge zur Kenntnis der Arsenvanadinmolybdate. Diss. Phil. Bern. 47 S. 8. Bern, Buchdr. Berner Tagblatt, 1906.

Rüdisüle, A[lois]. Die Untersuchungsmethoden des Eisens und Stahls. [Mit 8 Tafeln.] 395 + *Tafeln* XVI S. 8. Bern, Max Drechsel, 1910. [fr. 13.50, geb. 15.50]

Rudkowski [Wilhelm], Dr.: Gottfried August Bürger als Übersetzer Virgils. Breslau 1907: Graß, Barth u. Comp. (S. 3—16.) 4°
Breslau, st. ev. G zu St. Elisabeth P 1907 (220)

Rudkowski, Wilhelm, Dr.: Gottlob **Krantz**, Inspektor der evangelischen Schulen, Rektor, Professor u. Bibliothekar zu St. Elisabet (1666—1733). *(Breslau 1903: Graß, Barth & Co).* (S. 33—58.) 8°
Breslau, st. ev. G zu St. Elisabet, Festschr. 1903 (200)

Rudkowski, Wilhelm [aus Sieroja in West-Galizien]: Landeskunde von Aegypten nach Herodot .... Halle a. S., Druck v. Gundlach & Eggers, 1888; 1 Bl. + II + 74 S. + 1 Bl. 8°
Halle, Phil. Fak., Inaug.-Diss. v. [10. März] 1888

Rudkowski, Wilhelm. Landeskunde von Aegypten nach Herodot. Diss. Halle 1888, Lippertsche Buchh. 8°. II, 74 S.

Rudkowski, Wilh., Seminarbildung u. Studium d. Volksschullehrer in Preußen. (50 S.) gr. 8. Gelsenkirchen 906. E. Kannengießer. — 80

Rudkowski, Wilhelm, Dr.: Die **Stiftungen** des Elisabet-Gymnasiums. T. 1. 1293—1500. Im Anh.: Urkunden zur Schlesischen Schulgeschichte. *Breslau (1899): Grass, Barth & Co.* (81 S.) 8°
Breslau, st. ev. G zu St. Elisabet, OP 1899 (183)

Rudkowski, Wilhelm, Dr.: Die **Stiftungen** des Elisabet-Gymnasiums. T. 2. 1501—1670. *Breslau (1900): Grass, Barth & Co.* (S. 83—129.) 8° ¶ [Forts. d. P-Beil. 1899.]
Breslau, st. ev. G zu St. Elisabet, OP 1900 (186)

Rudkowski, Wilhelm, Dr.: Die **Stiftungen** des Elisabet-Gymnasiums. T. 3. 1671—1776. *Breslau 1901: Grass, Barth & Co.* (S. 131—192.) 8° ¶ [Forts. d. P-Beil. 1899. 1900.]
Breslau, st. ev. G zu St. Elisabet, OP 1901 (188)

Rudkowski, Wilhelm, Dr.: Die **Stiftungen** des Elisabet-Gymnasiums. T. 4. 1777—1900. *Breslau (1902): Graß, Barth & Co.* (S. 193—272.) 8° ¶ [Schluß d. P-Beil. 1899—1901.] (Das Ganze erschien u. d. T.: Die Stiftungen d. Gymn. zu St. Elisabet in ihren Urkunden u. ihrer Geschichte seit Begründung ... 1293 bis 1900.)
Breslau, st. ev. G zu St. Elisabet, OP 1902 (193)

Rudl, s. a. Rudel.

Rudl, Johanne Sophie

— das Ganze der Kochkunst nach süddeutschem Gebrauch, worin die Zubereitung von 1390 Speisen u. Getränken in 5 Hauptabtheilungen gelehrt wird, nebst einem Anhange und Speisezetteln zum beliebigen Gebrauch für alle Tage des Jahres. In 6 Liefg. gr. 8. Dresden 844, 45, Grimm. (à n. ⅙ ₰) n. 1 ₰

Rudl, geb. Naumann, Johanne Sophie verehl., neuestes Dresdner Kochbuch, oder gründl. Anweisung zur Erlernung dessen, was von einer guten Köchin verlangt wird; worin die Zubereitung von 1390 Speisen in 5 Hauptabtheil. gelehrt wird; nebst e. Anhange u. Speisezetteln z. belieb. Gebrauch für alle Tage des Jahres. (Mit Titelbild.) gr. 8. Dresden 842. (Grimmer'sche Buchh.) baar 1½ ₰

Rudl, Joseph —. Das heilige Leben der seligsten Jungfrau Maria dargestellt in 15 Bildern und Betrachtungen. Von — —. 8. (16 S.) Prag. Druck bei M. J. Landau. 1853.

Rudl, Joseph —. Napoleon, der große Feldherr, in seinen Siegen und in seinen Schicksalen, mit Einschluß des deutschen Befreiungs-Krieges 1813 im geschichtlichen Zusammenhange Ein Volksbüchlein aus dem Gebiete historischer Wahrheit von einem Vaterlandsfreunde. Mit Kupfern nach französischen Meistern herausgegeben, im Selbstverlag von — — 1. Heft. (S. 1—32 und 1 Abbildg.) 12 Prag. Druck von Friedrich Rohlicek. 1854. Das ganze Werk erscheint vom 1. Juni 1854 an, monatlich ein Heft und wird aus 6—8 Heften bestehen. Der Pränumerationspreis für's Ganze mit einem Titelbilde ist 30 kr. C. M.

Rudl, Josef — Napoleon, der große Feldherr in seinen Siegen und Schicksalen, mit Einschluß des deutschen Befreiungskrieges 1813 im geschichtlichen Zusammenhange. Ein Volksbüchlein aus dem Gebiete historischer Wahrheit von einem Vaterlandsfreunde. 2. Heft. Mit Kupfern nach französischen Meistern. Prag, 1855. Im Selbstverlage bei — —. Druck von F. Rohlicek. (S. 33—64. 12.)

Rudl, Jos. Jh., bibl. Geschichte. Ein Geschenk für fromme u. fleißige Kinder. Bearb. nach Chr. Schmid. Mit 30 Kpfrn. u. 1 Karte. Altes Test. 8. Prag 841, Haase Söhne. n. 2/3 ₰

Rudl, Jos. Jh., s. K. Haul, die sieben heiligen Sakramente.

Rudl, Otto, lustige G'schichtlen vom Tiroler Hiesl. 8. (76 S.) Leipzig 894. Baemeister. n. — 80

Rudl, Otto, lustige G'schichtlen vom Tiroler Hiesl. Erzählt in Meraner Mundart. 4. verb. Aufl. (V, 105 S.) 8. Innsbruck 905. Wagner. n. 1. 25

— neue lustige G'schichtlen vom Tiroler Hiesl. Erzählt in Meraner Mundart. (V, 215 S. m. Titelbild.) kl. 8. Ebd. 905. n. 2. 50

Rudland, R., der steinerne Jäger. Ein Erzählg. in Versen. (110 S.) kl. 8. Dresden (909). E. Pierson. 1.50; geb. n 2.50

Rudlidge, le train de Paris, ou le bourgeois du tems. 8. Lausanne 787. Pott. 8 *ℊ*

Rudlieb. Uebertragg. d. ältesten deutschen Heldenromans v. Mor. Heyne. gr. 8. (VIII, 95 S.) Leipzig 897. S. Hirzel. n. 1. 80

Rüdliger, Al., der Wappenschild d. schweizerischen Piusvereins. Predigt geh. bei der Generalversammlg. in Einsiedeln. gr. 8. (15 S.) Einsiedeln 872. Benziger. — 20

Rudliger, [Alois]. Die uralte Kirchhöre Jonschwil-Oberutzwil-Bichwil. Ein Zeitbild der Vergangenheit, dargestellt von Decan R'... 8. Rorschach 1875.

Rüdlin, Rudolf *Theodor August Hermann* **[app. Arzt aus Woldenberg]: Über den Mechanismus des zweiten Zwillings ... Berlin, Buchdr. v. G. Schade,** *1892;* **30 S., 1 Bl. 8.**
Marburg, Med. Fak., Inaug.-Diss. v. [11. Febr.] 1892

[**Rüdlinger, Heinrich.**] Hinter den Mauern einer kantonalen Strafanstalt. Mitteilungen eines Aufsehers an einen nahen Verwandten. 8. fr. —. 80
[1. Tausend.] II + 42 S. [St. Fiden, J. K. Zehnder, 1906.]
2.—5. Tausend. Mit 4 Illustrationen. 48 S. St. Fiden, J. K. Zehnder, [1906].

Rudlof Karl: Verzeichnis der gebräuchlicheren Personennamen. 21. Gmunden 04.
Progr.

Rudloff, von

— die Lehre vom Menschen nach Geist, Seele und Leib, sowohl während des Erdenlebens, als nach seinem Abscheiden aus demselben. Begründet auf der göttlichen Offenbarung. Leipzig 858. Bredt. gr. 8. (XXI, 426 S.) n. 2 ₰. 10 ngr.

v. Rudloff, die Lehre vom Menschen auf dem Grunde der göttlichen Offenbarung. 2 Thle. 2. erweiterte Aufl. Gotha 863. F. A. Perthes. gr. 8. (XXII, 666 S.) n. 3 ₰ 6 ngr.

Rudloff, v., die Lehre vom Menschen auf Grund der göttlichen Offenbarung. 3. (Titel-)Ausg. 2 Thle. in 1 Bde. gr. 8. (XVI, VI, 666 S) Leipzig (1863) 878. Siegismund & Volkening. 9 60

Rudloff, der Plenarsitzungssaal im Gebäude der Königlichen Regierung zu Frankfurt a. O., s. **Mittheilungen des historischen Vereins für Heimatkunde zu Frankfurt a. O.**

Rudloff, s.: Zum Entwurf e. deutschen bürgerlichen Gesetzbuches.

B i l d e r aus der Mecklenburgischen Geschichte. Im Auftrage einer Sektion des Ver. Meckl. Schulmänner unter Mitwirkg. v. Oberl. Dr. [Robert] Beltz-Schwerin, Oberl. Dr. [Wilhelm] Kraner-Doberan, Oberl. Dr. [Richard] Wagner-Schwerin hrsg. v. Gymnasialprof. Dr. A[ugust] **Rudloff**-Schwerin. Berlin-Leipzig: W. Süsserott (1898). (3 Bl., 147 S., 2 Bl.) 1 Bd 8°

Rudloff, A., Geschichte Mecklenburgs vom Tode Niclots bis zur Schlacht bei Bornhöved, s. a. **Geschichte**, mecklenburgische, in Einzeldarstellungen. 3. Hft.

G e s c h i c h t e Mecklenburgs vom Tode Niclots bis zur Schlacht bei Bornhöved. (Zeit d. Christianisierung u. Germanisierung.) Von Gymn. Prof. Dr. (A[ugust]) **Rudloff**. Berlin: W. Süsserott 1901. (178 S.) 8°
(Geschichte, Mecklenburgische, in Einzeldarstell. H. 3.)

Rudloff, [August], Prof. Dr.: **Welche Aufgaben werden durch die Forderung, die gesellschaftlichen und wirtschaftlichen Verhältnisse zu berücksichtigen, an den Geschichtsunterricht gestellt?** *Schwerin 1903: W. Sengebusch.* (39 S.) 4°
Schwerin, großh. RG, OP 1903 (758)

Rudloff, Bertha v., geb. v. Trauwitz, Gedichte. Hildesheim 864. Gerstenberg. 8. (232 S.) n. 25 ngr.

Rudloff, C. Chr., über die Gemeindenutzungen nach dem Rechte des Großherzogthums Sachsen. Weimar 862. Böhlau. gr. 8. (61 S.) n. 10 ngr.

Rudloff, Erich, vom Wege. Gedichte. (78 S.) Lex.-8. Magdeburg (906). R. Zacharias. n. 2. 50

Rudloff, Fr. Über Uhlands dichterischen Entwickelungsgang. 19 S. **Progr.** Rsch. *Coburg* 1883.

Rudloff, Franz: Ueber Tetanus neonatorum. Halle (1877): Plötz. 28 S. 8°
Halle-Wittenberg, Med. Diss. v. 16. Mai 1877
Geb. Naumburg a. d. S. 7. 9. 1846. V.

Rudloff, Frdr., die deutsche Bürgerkunde, unter besond. Berücksicht. der preuß. Verhältnisse f. Landwirte, Kaufleute, Gewerbetreibende u. Schulen kurz dargestellt. (35 S.) 8. Halle 910. O. Thiele. — 50

Rudloff, Friedrich August von, s. B e r i c h t , Unpartheiischer, v. d. Turnus ...

v. Rudloff, Fr. Aug., Codex diplomat. etc., od. Urkundenlieferungen zur Kenntniß d. Mecklenburg. Vorzeit. 2 Hfte. 4. Wismar 789. Bödner. 1 *ℊ* 16 *ℊ* Hbg. Pr. 20 *ℊ*

Rudloff, F. A., Codex diplomat. etc., oder Urkundenliefer. z. Kenntn. d. meklenb. Vorzeit. 2 Hefte. 4. Wismar, Bödner. (Gräff in Lpz.) 789.

— Handb. d. meklenburg. Gesch. 1r 2r, u. 3n Thls. 1e Abth. gr. 8. Ebend. 781—94. (1r 20 gr. 2r 1e bis 4e Abth. 2 Rthl. 18 gr. 3n Th. 1e Abth. 1 Rthlr.)

—pragmat. Handbuch d. Mecklenburg. Geschichte. 2 Thle u. 3r Thl. 1e Abtheil. gr. 8. Wismar 781—94. Bödner. 4 *ℊ* 14 *ℊ* 3r Thl. 1r u. 2r Bd. A. u. d. T.: neuere Geschichte v. Mecklenburg. 1r u. 2r Bd. 2e A. gr. 8. Rostock 821. Stiller. 3 ₰

— de literis convocatoriis ad comitia. 4. Gott. Dieterich. 767.

— — s.a. R u d l o f f , Wilhelm August

– s.a. Präsentationsrecht, Das, bei Pfarrbesitzungen des Fürstenthums Schwerin.

(Rudloff, F. A.:) Das Präsentationsrecht bei Pfarrbesetzz. d. Fürstenth. Schwerin; e. Beitr. z. Mecklenb. geistl. Recht. *Schwerin*, Bärensprung. 801. 8.

– s. Promemoria, die Ansprüche des Herzogl. Mecklenburg. Hauses ... betreffend.

– s. Reichskontingent, Das Mecklenburg ...

– s. Tableau de parentage ...

— das ehemal. Verhältniß zwischen dem Herzogth. Mecklenburg u. dem Bisthum Schwerin. 4. Wismar 790. Bödner. 6 gr

— Versuch üb. die Zulässigkeit u. Unzulässigkeit herzogl. Bedienten bei landständ. Berathschlagungen. 4. Wism. 774. Bödner. 4 gr

— Zu- od. Unzulässigkeit herzogl. Bedient. b. Landständ. Versamml. 4. Ebend. 790.

Rudloff, Frid[ericus] Theod(orus): Observationes in orationem Herodoteam. Halis Saxonum 1879: Hendel. 30 S. 8°
Halle-Wittenberg, Phil. Diss. v. [21. März] 1879
Geb. Bitterfeld 27. 8. 1844. V.

Rudloff, Frdr. Wilh., Vorgedanken zur Beurtheilung des von Preußen vorgeschlagenen Reichs-Verfassungs-Entwurfes. Den Deutschen, wie insbesondere den Preuß. Urwählern u. Wahlmännern gewidmet. gr. 8. (14 S.) Magdeburg 849, Heinrichshofen in Comm. 1/6 Thlr

Rudloff, G., zum innern Frieden. Stunden der Erbauung für die Christenwelt. (In 12 Hftn.) 1—3. Hft. Gera, 870. Kanitz' Verl. 8. (VI u. S. 1—242.) Jedes Heft n. 5 ngr.

Rudloff, G., zum inneren Frieden. Stunden der Erbauung für die Christenheit. (In 3 Bdn.) 1. Bd. in 4 Lfgn. 8. (VIII, 326 S.) Gera 870,71, Kanitz' Verlag.
Subscr.-Pr. (à Lfg. * 50 Pf.) 2 —
Laden-Pr. * 2 50

Rudloff, G., zum innern Frieden. Stunden der Erbaug. 2. Aufl. 8. (VIII, 326 S.) Gera 876. Kanitz' Verl.
n. 2. 50; geb. n. 3. —

Rudloff, G., gothaisches Kirchen- u. Pastoralrecht. Sammlung aller auf die gothaische Landeskirche u. die Berufsstellg. d. gothaischen Geistlichen bezügl. u. noch gegenwärtig gültig erschein. Gesetze u. Verordngn. In Gemeinschaft m. R. Felsberg u. G. Thielemann hrsg. gr. 8. (VII, 184 S.) Gotha 883. Thienemann.
n. 4. 50

Rudloff, G., gothaisches Kirchen- u. Pastoralrecht. Sammlung aller auf die gothaische Landeskirche u. die Berufsstellung d. gothaischen Geistlichen bezügl. u. noch gegenwärtig gültig erschein. Gesetze u. Verordnungen. In Gemeinschaft m. R. Felsberg u. G. Thielemann hrsg. 2., verm. Aufl. gr 8. (VIII, 215 S.) Gotha 892. E. F. Thienemann's Verl. n.n. 5. —

—— Materialien für liturgische Gottesdienste, s. Haupt, C.

Rudloff, G., Menschliches u. Göttliches in der Bibel. gr. 8. (20 S.) Gotha 888. Thienemann. — 30

Rudloff, G., D. Carl Schwarz. Eine Lebensskizze. gr. 8. (68 S.) Gotha 887, Thienemann. * 1 20

Rudloff, Gust., die Grundsätze des Kirchenrechts der evangel. Landeskirchen der Herzogtümer Sachsen-Coburg u. Gotha, s.: Strenge, Karl Frdr. v.

... Rectore academiae magnificentissimo ... Carolo Alexandro ... prorectore ... Gottlobo Linck ... ex decreto ordinis theologorum decanus Carolus Siegfried ... in virum plurimum reverendum Gustavum Rudloff ... doctoris theologiae dignitatem iura et privilegia contulit, collata publico hoc diplomate ... promulgari iussit. Ienae d. XVI. m. Februarii a. 1897. *Ienae*, typ. Neuenhahni, *1897*; 1 Bl. 2.
(Nicht für den Austausch)

Rudloff, Hans [aus Berlin]: **Beiträge zur Kenntnis der 1,5-Diketone und δ-Ketonsäureester ... Heidelberg, Univ.-Buchdr. v. Ph. Wiese, 1896; 56 S., 1 Bl. 8.**
Heidelberg, Naturw.-math. Fak., Inaug.-Diss. v. [23. Mai] 1896

Rudloff, Johann Heinrich (Halle) A. S. 190/17

Dissertatio juridica inauguralis de involucro, Vom Couvert oder Umschlage bey Testamenten und andern Briefschaften.
Präs. Jakob Friedrich Ludovici. Rec.
Halle (Sympherus) 1741. 40 S.

Diss. 28. VI. 1713. 29402

Rudloff, Karl Gustav von

v. **Rudloff**, Karl Gust., Geschichte der Reformation in Schottland mit besonderer Berücksichtigung der in ihr sich offenbarenden Kraft christlichen Glaubens im Leben, Kämpfen u. Leiden. 1. Thl. gr. 8. (XIV u. 391 S.) Berlin 847, Thome (jetzt: Wiegandt & Grieben). — 2. Thl. 2 Abschnitte. gr. 8. (X u. 454 S.) Berlin 849, Wiegandt & Grieben. (I: n. 1 1/2 Thlr II. 1: n. 5/6 Thlr II. 2: n. 1 Thlr) n. 3 1/3 Thlr

v. **Rudloff**, Geschichte der Reformation in Schottland mit besonderer Berücksichtigung der in ihr sich offenbarenden Kraft christlichen Glaubens im Leben, Kämpfen und Leiden. Neue wohlfeilere (Titel-)Ausg. 2 Thle. Berlin (847—49.) 854. Wiegandt u. Grieben. gr. 8. (VIII, 391; VIII, 451 S.)
n. 1 Thlr. 20 ngr.

v. Rudloff, K. G., Handbuch des Preuß. Militärrechts, oder Darstell. der im Preuß. Heere bestehend. Grundsätze über militär. Rechts- u. Polizei-Verhältnisse, Disciplin u. Justizverwaltung. Mit Genehmigung Sr. Maj. des Königs herausgg. 2 Bde. gr. 8. Berl. 826. Rücker. 4 Thlr 3 gr Schrbp. 4 Thlr 16 gr

Rudloff, K. G., Handbuch d. preuß. Militairrechts od. Darstell. d. im preuß. Heere besteh. Grundsätze üb. militair. Rechts- u. Polizei-Verhältnisse rc. 3 Thle. gr. 8. (... B.) Berlin 830—35, Rücker u. Püchler.

Rudloff, R., Caspar Gans zu Putlitz, s.a. Volksbücher, Prignitzer.

Caspar Gans zu Putlitz. Ein Prignitzer Edelmann vor 500 Jahren. Von R. **Rudloff**, Pastor. Pritzwalk: Tienken [1909]. 16 S. 8°
(Prignitzer Volksbücher. H. 15.)

Rudloff, R., F. Claussen u. O. Günther, die Bremerhavener Hafen- u. Dock-Anlagen u. deren Erweiterung in den J. 1892—1899. (IV S. u. 188 Sp. m. 20 Abbildgn. u. 14 Taf.) gr. 4. Hannover 903. Dr. M. Jänecke.
Geb. in Leinw. n. 20. —
Sonderabdr. aus: „Ztschr. f. Architektur- u. Ingenieurwesen".

— Im Kampfe um die Prignitz, s.a. Volksbücher, Prignitzer.

Im Kampfe um die Prignitz. Bilder aus längstvergangener Zeit. Von R. **Rudloff**, Pastor in Putlitz. Pritzwalk: Tienken [1909]. 20 S. 8°
(Prignitzer Volksbücher. H. 18.)

Rudloff, R., s.: Wassorbau, dor.

Rudloff, Rhold., die Landwirtschaft Ungarns, in Reisebriefen geschild. M. 31 Vollbild. u. 16 Text-Abb. gr. 8. (201 S.) Schöneberg-Berlin 897. F. Telge. Kart. n. 6. —

Rudloff, Rich. Armin. (geb. Stepenitz in d. Mark 25. 8. 1841): De Aristophane Euripidis irrisore. Berolini (1865). (70 S.) 8°
Berlin, Phil. Diss. v. 8. Apr. 1865

Rudloff, Rich. Armin., de Aristophane Euripidis irrisore. Dissertatio inauguralis. Berlin 865. (Calvary & Co.) gr. 8. (72 S.) n. 10 *ngr.*

Rudloff, Rud., Seekanäle, Strommündungen, Seehäfen, s.: Franzius, Ludw.

Rudloff, W. Chr., s. J. Rosenkranz, holländ. Gärtner.

Rudloff, Wilh. Aug.: Abhandl. von der Aehnlichkeit d. deutschen Hofgerichte mit d. kaiserl. u. Reichskammergericht. Bützov 1770. 4°

— von der Aehnlichkeit d. deutschen Hofgerichte mit d. kaiserl. u. Reichskammergericht, 4. Bützov 770.

— standhafte Behauptung d. Freiheit des Ehestandes d. evangel. Domkapitularen zu Osnabrück. Fol. u. 8. Hamb. 775.

Rudloff, W. Aug.: Unparth. Bericht von dem Turnus oder persönl. Reihe im Referiren am Kayserl. und Reichs-Kammergericht. 771. 4.

Rudloff, Wilhelm August A. S. 568/40

De confirmatione Caesarea iuris primogeniturae in familiis illustribus Germaniae in primis intuitu feudorum imperii commentariolum.
Bützow (Berger) 1771. 24 S. 29406

Rudloff, Wilhelm August A. S. 562/1

De consensu in alienationem feudi interposito retractum non excludente exercitatio.
Bützow (Fritzius) 1770. 79 S. 29404

Rudloff, Ritter Wilh. Aug., de consensu in alienationem feudo interposito retractum non excludente exercitio. 4. Wismar 770. Bödner. 5 ℛ

Rudloff, Wilhelm August [Praes.], s. Cremer, Johann Wilhelm: De jure senii in familiis illustribus.

Rudloff, Wilhelm August A. S. 562/3

De revisionis effectu suspensivo in caussis ecclesiasticis et religionis ad illustrandam sanctionem recessus imperii a. 1654 §. 124 liber singularis.
Hamburg, Bützow (Berth) 1772. 110 S.

Diss. Bützow.
Gew.: Johann Stephan Pütter. 29408

— de reversionis effectu suspensivo in caussis eccles. et religionis. 4. Hamb. 772. Perth. 6 ℛ

— Einleit. zur Gesch. d. Verfass. d. chur- u. fürstl. Häuser. 1r Thl. 8. Gött. Dieterich. 768.

— commentat. de jure Germanico justa methodo tractando. 4. Götting. 767. Dieterich. 3 ℛ

— de jure senii in familiis illustribus. 4. Wismar 770. Bödner. 3 ℛ

— de literis convocatoriis ad comitia. 4. Götting. 767. Dieterich. 4 ℛ

— — s.a. Rudloff, Friedrich August von

Rudloff, Wilhelm August (Mecklenburg) A. S. 563/13

De ordine succedendi ex iure primogeniturae inter coinvestitos in feudis imperii speciatim in dynastia imp. Schven. Präs. Georg Ludwig Boehmer.
Göttingen (Barmeier) VIII. 1765. 122 S.

Gew.: Gottlob Otto Fhr. von Grote. 29403

Rudloff, Wilhelm August A. S. 568/41

De pactis successoriis illustrium et nobilium Germaniae speciatim iis quae pacta confraternitatis adpellantur libellus singularis.
Rostock (Koppe) 1770. 90 S.

Gew.: Achaz Ludwig Karl Schmid. 29405

Rudloff, Guil. Aug.: De pactis successoriis illustr. et nobil. Germaniae, praecipue iis, quae pacta confraternitatis appellantur. *Rostock*, Koppe. 771. 4. (6 Gr.)

Rudloff, Wilhelm August A. S. 562/2

Petitio renovationis investiturae quovis modo neglecta feudum amitti.
Bützow (Berger) 1771. 32 S. 29407

— über die sogen. entscheidende Stimme des Kammerrichters bei e. Stimmengleichheit d. Beisitzer. 4. Hannov. 773. (Hahn). 6 ℛ

— über die sogen. entscheid. Stimme des Kammerrichters b. ein. Stimmengleichh. der Beysitzer. 4. Hannov. Schmidt. (Hahn.) 773.

— Versuch e. pragmat. Einleit. zur Geschichte der Verfassung der kurfürstl. Häuser. 1r Thl. 8. Götting. 768. Dieterich. 20 ℛ

— Versuch von d. Senaten am Kammergericht. 4. Rostock 769. Koppe. 8 ℛ

Rudloff, Wilh. Aug.: Versuch von den Senaten am Kayserlichen und Reichs Cammergericht. Bützow 1769.

— Vorbereitung zu e. Collegium üb. das deutsche Recht u. den Reichsproceß, an seine Zuhörer. 8. Bützov 768.

Rudloff-Grübs, R., die neuesten Erfahrungen über Kompressions-Kälte-Maschinen in Theorie u. Praxis. Zusammengestellt u. — soweit die Arbeiten v. Raoul Pictet herrühren — aus dem Franz. übers. hoch 4. (V, 150 S. m. 12 Anlagen.) Berlin 888. Verlag d. „Wassersport“ (A. Braun & Co.). 10. —

Rudloff-Grübs, R., unser deutsches Credit-System, dessen Krankheit u. Heilung. gr. 8. (67 S.) Berlin 877. Puttkammer & Mühlbrecht. n. — 80

Rudmasch, S., Beiträge aus der allgemeinen Unterrichts- und Erziehungslehre, s. Beiträge.

Rudmasch, S. — Beiträge aus der allgemeinen Unterrichts- und Erziehungslehre zu dem in den k. k. österreichischen Schulen vorgeschriebenen Methodenbuche. 8. (VIII, 72 S.) Klagenfurt. Druck und Verlag der Johann Leon'schen Buchhandlung. 1854.

RUDNAY, ALEXANDER: Fürst Alexander von Rudna und Divék-Ujfalu aus Gottes Gnaden und apostolischen Stuhls Gnaden der Graner Metropolitan-Kirche Erzbischof . . . den ehrwürdigen Brüdern unserer Metropolitan- sowohl als auch der Pressburger Collegiatkirche Domherren . . . Gruß und väterlichen Segen. 18. Dezember 1820. o. O. o. J. o. Dr. 8 S. - 220 mm OSZK

RUDNAY, ALEXANDER: Alexander Rudnay von Rudna und Divék-Ujfalu Durch Gottes und des heiligen Apostolischen Stuhles Gnade, Bischof von Siebenbürgen, Seiner K. K. Apostolischen Majestät wirklicher Geheimer, und in dem Großfürstenthum Siebenbürgen Gubernial Rath, Doctor der Theologie. An die seinem Hirten-Amte anvertraute Geistlichkeit, und an das Volk, bey Gelegenheit seiner feyerlichen Einführung. Im Jahr 1816 den 14. July. Hermannstadt 1816. Gedr. bei Martini edlen von Hochmeister. 29 S. - 210 mm

Rudnewa, Barbara [Tula (Russland)]: **Über Parenchymzellenembolie, ihre Entstehung und Bedeutung. Zürich 1901.** 29 S. 8°.
Zürich. Med. Diss. 1900/1901.

Rudnewa, Barbara. Ueber Parenchymzellenembolie, ihre Entstehung und Bedeutung. Diss. Med. Univ. Zürich. *Kopftitel:* Aus dem pathologischen Institut der Universität Zürich. 29 S. 8. Zürich, Buchdr. des Schweiz. Grütlivereins, 1901.

Rudnick, siehe: Hutten, Heinr. (Pseud.)

Rudnick, W., Chorgesänge für Sopran, Alt, Tenor und Baß. 1.—3. Aufl. gr. 8. (32 S.) Demmin 883, Frantz. *
cart. *

—— dass. — 4. Aufl. gr. 8. (32 S.) Ebendas. 884.

Rudnick, W., Chorgesänge für Sopran, Alt, Tenor und Baß. 5. Aufl. gr. 8. (32 S.) Demmin 885, Frantz'sche Buchh. * — 50

Rudnick, W., Chorgesänge f. Sopran, Alt, Tenor u. Baß. 5. Aufl. gr. 8. (32 S.) Leipzig 885. Verlags-Institut. n. — 50

Rudnick, Wilh. Geistliche Gesänge f. vierstimmigen Männerchor. Für Gymnasien, Seminarien u. kirchliche Männerchöre komponiert. 1.—4. Aufl. gr. 8. (24 S.) Berl. 890,91, Frantz. — 75

Drei Pommern-Lieder für eine Singstimme mit Pianoforte komp. von W[ilhelm] Rudnick. Op. 140. 3 Bde. Wolgast: Preiser [1909]. 4°
1. Pommern, du mein Heimatland. 'Heimatland, so treu u. bieder.'
2. Die pommerschen Farben. 'Das blaue Meer, der weisse Strand.'
3. Mein Pommernland. 'Wenn in stiller Stunde.'

Rudnicki, Max, Referendar: Der nicht rechtsfähige Verein. Erfurt 1910: Ohlenroth. 56 S. 8°
Jena, Jur. Diss. v. 8. Juli 1910, Ref. Danz
[Geb. 3. Juni 87 Erfurt; Wohnort: Tennstedt; Staatsangeh.: Preußen; Vorbildung: Gymn. Erfurt Reife M. 06; Studium: Jena 1, Genf 1, Berlin 1, Jena 3 S.; Rig. 31. Mai 10.] [U 10. 2266

Rudnicki Dr. Stef.: Zusammenhang zwischen der periodischen Tätigkeit der Sonne und der Temperatur der Erdatmosphäre. (ruth. Text). (35). Lemberg Ak. G. 02.
Progr.

Die sanitären Verhältnisse des politischen Bezirkes Storożynetz 1888–1890. Von Dr. Moritz Anton **Rudnik.** (Czernowitz: H. Pardini in Comm. 1894.) (IV, 200 S.) 4°
= **Mittheilungen** d. Statist. Landesamtes d. Hzgth. Bukowina. H. 2. [94. 6334

Rudnikl, Heinz v., die berühmtesten Wallfahrtsorte der Erde. 18 Lfgn. gr. 8. (VII, 576 S. m. Holzschn.) Paderborn 890. F. Schöningh. n. 5. —

Rudnikl, Heinz v., die berühmtesten Wallfahrtsorte d. Erde. Mit 38 eingedr. Holzschn. Neue [Titel-]Ausg. (In 4 Tln.) 1. u. 2. Tl. gr. 8. (IV u. S. 1–288.) Paderborn (890) 897. F. Schöningh. à 1. 25

Rudnikl, Heinz v., die berühmtesten Wallfahrtsorte der Erde. Mit 38 eingedr. Holzschn. Neue [Titel-]Ausg. 3. u. 4. (Schluß-)Tl. gr. 8. (S. 289—576.) Paderborn [890] 897. F. Schöningh. à n. 1. 25; (kplt. n. 5. - ; geb. n. 6. 20)

Rudnitzky, Naphtali

Rudnitzky, N., Johannes der Täufer ist der verheißene Prophet Elias. Ein Schriftbeweis. (20 S.) 8. Königsberg 904. Berlin, Emil Richter. n. — 20

Johannes der Täufer ist der verheißene Prophet Elias. Ein Schriftbeweis von Prediger Naphtali **Rudnitzky**. Königsberg i. Pr.: Selbstverl.; [Gräfe & Unzer] 1904. (20 S.) 8° [F.] [05. 6434 10

Rudnitzky, Naphtali, Melchisedek, der Priesterkönig zu Salem. (67 S.) 8. Dresden (Huttenstr. 11) 910. Dresdner Druckindustrie P. Tietz. — 60

— Die Reichsherrlichkeit Israels u. die Herrlichkeit des Wortes Gottes. (32 S.) gr. 8. Berlin (907). Emil Richter. — 50

Sind Christen verpflichtet, den alttestamentlichen Sabbat zu feiern? Vortrag von N[aphtali] **Rudnitzky**, Pred. Königsberg i. Pr.: Baptistengemeinde 1905. (20 S.) 8° [F.] [07. 8113

Sind Christen verpflichtet, den alttestamentlichen Sabbat zu feiern? Von N[aphtali] **Rudnitzky**, Pred. 2. verb. u. verm. Aufl. Berlin: 'Bethel' 1906. (32 S.) 8° [F.] [07. 8113

Rudno|Rudzinski, Albin von, aus Liptin: **Über die Bedeutung der Pentosane als Bestandteile der Futtermittel, insbes. des Roggenstrohes.** *Halle 1903: (M. Du Mont Schauberg, Straßburg).* (74 S.) 8°
Halle, Phil. Diss. v. 1903

RUDNYÁNSZKY, JOSEPH: Die Ehe in einer Predigt dargestellt, welche bey Gelegenheit, als auf wohlthätige Unterstützung des Ofner Frauen-Vereins Karl und Eleonora Rheinthaler das Jubelfest ihrer goldenen Hochzeit in der Ofner Landstrassen-Pfarrkirch zum heiligen Erzmärtyrer Stephan, am 4-ten May 1817. feyerten, vorgetragen wurde von Joseph Rudnyánszky von Dezsér, Archivar des Graner General Vicariats. Ofen 1817. Gedr. mit kön. hung. Universitäts-Schriften. 31 S. - 8°

RUDNYÁNSZKY, JOSEPH: Gründe für die Mildthätigkeit gegen die Armen, bey der feyerlichen Uibersetzung des Ofner städtischen Armenhauses zu den W. E. E. Barmherzigen Brüdern, daselbst am 3-ten August 1817 vorgetragen. Ofen (1817). Gedr. bey Anna Landererin. 31 S. - 8°

Sammlung der kräftigsten Gebeter, oder königlicher Zierde. Pest 1817. - 8°

Rudolf, Kronprinz, ... Druck u. Verlag v. E. Bartels in Berlin (1889).
Verboten vom K.-G. Leitmeritz, 15. Mai 1889. § 64.

Kronprinz Erzherzog Rudolf †. (Separatbeigabe zur „Die österr.-ung. Monarchie" etc. Wien im Februar 1889.) Mit 1 Facsimile des Kronprinzen. 8. Wien 1889.

Rudolf, Kronprinz. Des österreich. Kaisersohnes trag. Ende. Neueste Enthüllungen e. österreich. Adligen. schmal 8. (128 S.) Dresden (900). Verlag „Meteor". 1. —

Rudolf von Habsburg, s.a. Rudolph

Rudolf v. Habsburg, s.a. Riotte, Herm.

Rudolf von Habsburg. Hist. Schauspiel in 5 Acten. Wien: Austria 1898. (107 S.) 8° [F.] [07. 7149

Rudolf von Habsburg und die Basler. Neujahrsblatt XXXV. (26.) 4. Basel 1857. 0,80.

Rudolf, König von Frankreich, s. Lippert, Wold.

Rudolf, Kronprinz von Oesterreich-Ungarn

—— s. D'Albon. — Enthüllungen, authentische. — Hantschel, F. — Kronprinz-Rudolf-Lieder. — Schram, Wilh.

Rudolf, Kronprinz von Oesterreich-Ungarn als Forscher und Weidmann... Wien [1889]. V: *Dombrowski, Raoul Ritt. von.* (EB)

Rudolf, Kronprinz v. Oesterreich-Ungarn als Forscher u. Weidmann. Gedenkblätter v. *** Lex.-8. (80 S. m. Bild u. 3 Ansichten.) Wien 889. Perles. n. 3. —

— u. das Verbrechen der Vetsera. Dargestellt nach den Veröffentlichgn. der Prinzessin Odescalchi. 1.—75. Taus. 8. (à 40 S. m. Abbildgn.) Leipzig 900—902. Leipziger Verlags-Comptoir. n. — 75

Rudolf, Kronprinz, u. das Verbrechen der Vetsera. Dargestellt nach den Veröffentlichungen der Prinzessin Odescalchi. 81.—85. Taus. (40 S. m. Abbildgn.) 8. Leipzig (904). Leipziger Verlags-Comptoir. — 75

Rudolf, Kronprinz, u. das Verbrechen der (Baronesse) Vetsera. Dargestellt nach den Veröffentlichungen d. Prinzessin Odescalchi. 86.—90. Taus. (40 S. m. Abb.) 8. Leipzig (907). Leipziger Verlags-Comptoir. — 75

[F.] Rudolf II. Kaiser von Deutschland. Von J. St. *Berlin: H. Baake [1895].* (63 S.) 1 Bd 8.
— Häupter, Gekrönte. No 23. [97. 5127

Rudolf v. Ems, Barlaam u. Josaphat, s.a. Dichter d. deutschen Mittelalters, 3. Bd.

Rudolph v. Ems, Barlaam u. Josaphat, s.a. Stecher, Ch., deutsche Dichtung.

Barlaam und Josaphat von RUDOLF von MONTFORT herausgegeben und mit einem Wörterbuche versehen von FR. KARL KÖPKE. Königsberg 1818. Fr. Nicolovius. 8°.

Dasselbe. 2. Ausgabe. Leipzig 1838. Gebhardt u. Reisland. 8°.

Ein neues Bruchstück aus Rudolfs von Ems Weltchronik. Von Dr. V[iktor] Junk, Privatd., Wien. Wien: A. Hölder in Komm. 1906. (21 S.) 8°
= Sitzungsberichte d. Kais. Akademie d. Wiss. in Wien. Phil.-hist. Kl. Bd 153, 7. [06. 11748 9

Rudolf von Ems, der gute Gerhard, eine erzählung. Hrsg. v. Mor. Haupt. gr. 8. (15 B.) Leipzig 840, Weidmann'sche Bh.

Rudolf's v. Ems Willehalm v. Orlens, hrsg. v. Vict. Junk, s.a. Texte, deutsche, des Mittelalters. II.

Rudolfs von Ems Willehalm von Orlens hrsg. aus d. Wasserburger Codex d. fürstl. Fürstenbergischen Hofbibliothek in Donaueschingen von Victor Junk. Mit 3 Taf. Berlin: Weidmann 1905. (XLIII, 276 S.) 8°
= Texte, Deutsche, d. Mittelalters. Bd 2. [05. 8118

Rudolf von Fulda, Leben der heiligen Lioba, s. Geschichtschreiber, die, der deutschen Vorzeit.

Rudolf von Fulda. Leben der heiligen Lioba s. Wilibald. Leben des h. Bonifazius. Berlin 1863.

Rudolf (von Fulda) und Meginhart. Die Uebertragung des h. Alexander, von Ruodolf und M. Nach der Ausgabe der Monumenta Germaniae übersetzt von B. Richter. 8. Berlin 1856.
(Die Geschichtschreiber der deutschen Vorzeit.... IX. Jahrhundert. Band 7.)

(Rudolf, Seine k. k. Hoheit Kronprinz Erzherzog.) Allerlei gesammelte ornithologische Beobachtungen. gr. 8. Wien 1880.

Rudolf, Kronprinz Erzherzog, Jagden und Beobachtungen. gr. 8. (IV, 692 S.) Wien 887, Künast. * 8 —
geb. ** 10 —

— — Einige Jagdreisen in Ungarn. gr. 8. Wien 1881.

— Klonaleson de Löstän-Nuglin, Lefüdänatäv. Lovepolam dülü lautol subimik fa Dr. Siegfr. Lederer. Ko demag e disaponäd Klonalesona. Dilstel in tanad bal. (Eine Orientreise v. weil. Kronprinz Rudolf v. Oesterreich-Ungarn, in Volapük v. S. Lederer.) 8. (XXII, 140 u. 161 S.) Leipzig 889. E. H. Mayer. n. 4. 50

Rudolf, Kronprinz v. Österreich, e. Orientreise, s.a. Bibliothek, Gabelsberger stenographische.

(Rudolf, Se. k. k. Hoheit Kronprinz Erzherzog.) Eine Orientreise. (2 Bde.) gr. 8. Wien 1881.

Rudolf, Kronprinz von Oesterreich. Eine Orientreise. Illustrirt nach Orig.-Zeichnungen von Frz. v. Pausinger. Mit 37 Radirungen von J. Klaus und 100 Holzschn. von F. W. Bader. Fol. (VII, 170 S.) Wien 884, Hof- und Staatsdruckerei. *
geb. *

—— dass. — (Populäre Ausg.) Illustrirt mit Holzschn. nach Orig.-Zeichnungen von Frz. v. Pausinger. 15 Lfgn. hoch 4. (III, 364 S.) Ebendas. 885. à Lfg. 50 Pf. *
geb. *

Rudolf von Oesterreich, Kronprinz. Eine Orientreise vom Jahre 1881. Wien, K. K. Hof- und Staatsdruckerei 1885.
36: S. m. zahlr. Abb., 1 Taf. 4°.

(Rudolf, Seine k. k. Hoheit Kronprinz Erzherzog.) Fünfzehn Tage auf der Donau. gr. 8. Wien 1878.

—— fünfzehn Tage auf der Donau. Jagd-Tagebuch. Mit Höchstdessen Bewilligung in stenogr. Uebertragung hrsg. von Jos. Fuchs. gr. 8. (VI, 74 autogr. S.) Wien 881, Braumüller. *

—— fünfzehn Tage auf der Donau. Jagd-Tagebuch. Mit höchstdessen Bewilligung in stenograph. Uebertragung hrsg. von Jos. Fuchs. 2. Aufl. gr. 8. (VI, 174 S.) Wien 885, Braumüller. * 3 —

Rodolphe, Archiduc d'Autriche: Voyage en Orient. Traduit de l'allemand. Illustrations d'après les dessins originaux de Franz von Pausinger. Eaux-fortes de J. Klaus. Bois gravés par F. W. Bader. Vienne-Paris 1885. 3, 170 S., 37 Tf. Fol.

Rudolf von Montfort, s. Rudolf von Ems

Rudolf, ..., s. Blätter, bunte, Erzähll., Satyren, Einfälle, u. sehe hinzu: (v. ... Rudolf). 12 gr

[F.] Edda, Runen aus germanischem Urwalde. Beiträge z. Dtsch. Götterlehre v. Adalbert Rudolf. *Hamburg: G. A. Rudolf 1898.* (154 S.) 1 Bd 8. [98. 660

Rudolf, C., Erzählungen. 8. (III und 235 S.) Stuttgart 851, Krabbe.

†Rudolf, C., [Gottschall, Rudolf], ein Vater auf Kündigung, s. Universal-Bibliothek.

Rudolf, Dora, aus Zürich: Konrad Meyer und sein Freundeskreis. Ein Zürcher Literaturbild aus dem 19. Jahrhundert. Zürich 1909. VIII + 164 S. 8°.
[15. XII. 09.]
Zürich. Univ. Phil. Diss. I. S. 1909/10.

Rudolf, Dora. Konrad Meyer und sein Freundeskreis. Ein Zürcher Literaturbild aus dem 19. Jahrhundert. Diss. Phil. I. Univ. Zürich. VIII + 164 S. 8. Zürich, Juchli & Beck, 1909.

Rudolf, E., die gesammte Indigo-Küpenblau-Färberei, Reservage- und Aetz-Druckerei [Blaudruck] auf Baumwolle und Leinen. Enth. die in neuerer und neuester Zeit in Aufnahme gekommenen Herstellungsmethoden, Reservagen und Aetzungen, auch farb., auf indigoblauem Grunde. Nach Mittheilungen und Notizen von Persoz, Mercer, Walter Crum ꝛc. Aus den Jahrg. 1875—1885 der Färberei-Muster-Zeitung gesammelt und zusammengestellt. [Als Mscr. gedr.] 8. (VI, 104 S.) Leipzig 885, O. Weigel. * 6 —

Rudolf, Eduard [aus Solothurn, app. **Arzt]: Ein Fall von Primärem Leberkarzinom mit Einwucherung in die Lunge** ... *Hof, Druck d. Mintzel'schen Buchdr., 1896;* 14 S. 8.
München, Med. Fak., Inaug.-Diss. v. 1896

Rudolf, Ernst, aus Iserlohn: **Die englische Orthographie von Caxton bis Shakespeare.** ***Marburg 1904: R. Friedrich.*** (49 S.) 8°
Marburg, Phil. Diss. v. [9. Febr.] 1904

Rudolf, F., 99 Punkte. Singspiel in Versen m. Keulenschwingen u. Freiübungen. gr. 8. (29 S.) Hof 893. R. Lion. n. 1. —

Rudolf, Ferd., die Anfangsgründe des Schach-Spieles, s.: Hagemann, Paul.

Rudolf, Ferd., Erklärgn. zu 62 Kirchenliedern aus d. Freiburger Diöcesangesangbuch „Magnificat" u. d. „Psälterlein" v. Mohr. Auch zu gebrauchen f. die Diöcesen Bamberg, Speier, Würzburg, Salzburg u. Seckau. M. e. Konkordanz zwischen Katechismus u. Gesangbuch. gr. 8. (VIII, 236 S.) Freiburg i/B. 897. Herder. n. 1. 80; geb. in Halbleinw. n. 2. 40

— neuer Kneip-Humor. Eine Sammlg. laun. Reden, Lieder u. Scherze f. Turnerkneipen. 8. (120 S.) Leipzig 901. E. Strauch. n. 1. 20

— prakt. Schachbuch, s.: Breda, Alfons v.

Rudolf, Ferd., Wegweiser f. Priester, besonders f. jüngere Geistliche. (X, 190 S.) kl. 8. Freiburg i/B. 908. Herder. 1.30; geb. in Leinw. 1.80

Rudolf, Franz: Ueber die Einwirkung von Chlorkohlenoxyd auf Pikraminsäure ... o. O., 1892; 32 S., 1 Bl. 8.
Jena, Phil. Fak., Inaug.-Diss. v. 1892

Rudolf, Frz., Hauptschwierigkeiten der neuen Rechtschreibung. gr. 8. (3 S.) Wien 902. A. Pichler's Wwe. & Sohn. n. — 04

Rudolf, Frz., Hauptschwierigkeiten der neuen Rechtschreibung. 3. Aufl. (8 S.) gr. 8. Wien 903. A. Pichler's Wwe. & Sohn. n. — 04

Rudolf, Frz., s.: Jugend, deutsche.

Rudolf, Franz (Red.), s. Jugend, Österreichs deutsche.

— s.: Jugend-Schatz.

– Deutsches Lesebuch f. österr. Bürgerschulen, s. Frisch, Frz.

— s.: **Oesterreichs deutsche Jugend.**

RUDOLF, Franz
(F) Sprachbuch für Bürgerschulen. Von Franz Rudolf. Mit Erlass vom 17. Januar 1901, Z. 3628⁰, als zulässig erklärt. Wien. [1901.] Pichler's W. & S. Gr.-8°. 84 S Geb. K 1.—

— Sprachbuch f. Bürgerschulen. 2. Aufl. Inhaltlich unveränd., nach der neuen Rechtschreibg. hergestellter Abdr. der approbierten Aufl. gr. 8. (84 S.) Wien 903. A. Pichler's Wwe. & Sohn. Geb. in Leinw. n. 1 —

(F) **Rudolf, F., Sprachbuch für Bürgerschulen. 3. Aufl.** Gr.-8°. (84 S.) Wien: Pichler 1904. **geb. K 1.—**

— Sprachbuch für Bürgerschulen. 4. Aufl. Unveränd. Abdr. der zulässig erklärten Aufl. (84 S.) gr. 8. Wien 905. A. Pichler's Wwe. & Sohn. Geb. n. 1. —

(F) Rudolf, F., Deutsches Sprachbuch für österreichische Bürgerschulen. 5. Aufl. Gr.-8°. (V, 120 S.) geb K 1.[illegible]
Wien: Pichler 1909.

Rudolf Franz, Deutsches Sprachbuch für österreichische Bürgerschulen. 5., nach dem Normallehrplane vom 15. Juli 1907, Z. 2368, umgearbeitete Auflage. Wien 1909. A. Pichlers Witwe und Sohn.

— Deutsches Sprachbuch f. österreichische Bürgerschulen. 6. Aufl. Nach dem neuen Lehrplan. Unveränd. Abdr. der 5. Aufl. (V, 120 S.) 8. Wien 910. A. Pichler's Wwe. & Sohn. 1. 20

Rudolf, Frz., die Wiener Straßennamen. Erklärt v. R. 8. (80 S.) Wien 901. F. Matzner. n. — 70

— Wie ich schreiben soll? (8 S. m. Text auf dem Umschlag.) 8. Reichenberg (908). P. Sollor's Nachf. — 10

Rudolf, G., die Tomate (Paradiesapfel), s.: Mager's Bibliothek der Praxis. 5. Bd.

de Rudolf, Geo. Melch.: **Collectio quorundam statutorum provincialium et urbium Germaniae.** ***Wetzlar.*** **734. 4.**

Rudolf, H., Winterblumen, siehe: Bibliothek ausgew. Romane, 2. Bd.

Rudolf, Hans. Strafgesetzbuch f. unsere Kleinen, s. Reichsgesetzgebung, deutsche.

Rudolf, J. M(artin)

Rudolf, J. M., die Freiheitskriege der Eidgenossen seit Gründung des Schweizerbundes bis zu Ende des Burgunderkrieges. Mit (7 lith.) Schlachtplänen u. Beilagen. gr. 8. (188 S. m. 1 Portr. in Stahlst.) Baden 847, Zehnder. n. 16 ngr

Rudolf, J. M. Die Freiheitskriege der Schweizer Eidgenossen seit Gründung des Schweizer Bundes bis zum Ende des Burgunderkrieges. (188.) 8. Mit 7 Pl. Baden 1847. 1,60.

—— der Freischaarenzug gegen Luzern am 31. März, 1. und 2. April 1845 und seine nächsten Folgen ꝛc. Nebst einer Beschreibung der seitherigen Ereignisse und Dr. Jak. Rob. Steiger's Leben, Prozeß und Befreiung von J. J. Leuthy. gr. 8. (V und 318 S. mit 1 lithogr. Plan in qu. Imp.-4.) Zürich 846, Leuthy's Verlags-Büreau.

— die Geschichte der Ereignisse in der Schweiz seit der Aargauischen Klosteraufhebung 1841 bis zur Auflösung des Sonderbundes u. der Ausweisung der Jesuiten. Mit einer geschichtl. Einleitung der Ereignisse von 1830 bis 1840; nebst Darstellg. der Begebenheiten in Frankreich, Deutschland u. Italien bis zum Juni 1848. Mit besonderer Berücksichtigung der Militärverhältnisse der schweizer. Eidgenossenschaft u. des Auslandes. Mit 3 lith. Portr. (auf 1 Taf.) u. 1 Plane (in Kpfrst.) gr. 8. (VIII u. 648 S.) Zürich 848, Köhler's Buchdr. 1 ½ ß

Rudolf, J. M[artin]. Geschichte der Feldzüge und des Kriegsdienstes der Schweizer im Auslande.... Aus den zuverlässigsten Quellen bearbeitet. 1. [einziger] Band. [Mit 2 Tafeln, 8 Plänen und illustriertem Vortitel.] Baden 1845 (*Vortitel: 1844). — *A. u. d. T.*: Die Kriegsgeschichte der Schweizer seit Gründung des Schweizerbundes bis zum ewigen Frieden mit Frankreich.... 8. Baden 1847.

Rudolf, J. M., Geschichte der Feldzüge u. des Kriegsdienstes der Schweizer im Auslande. Seit Beendigung des Burgunderkrieges bis auf d. jetz. Zeit. Als Beitrag zur Gesch. der schweiz. Eidgenossenschaft. A. u. d. Ttl.: Die Kriegsgeschichte der Schweizer seit Gründung des Schweizerbundes bis z. ewigen Frieden mit Frankreich. Aus den zuverläss. Quellen bearb. 8 Lfgn. Lex.-8. (39¾ B., Pläne, 1 Portr., 1 Bl. m. 5 Bildn. u. Ttl. in Farbendruck.) Baden 845, Zehnder. à Lfg. 9 Ngr.

Rudolf, J. M., Geschichte d. Feldzüge u. des Kriegsdienstes der Schweizer im Auslande. Seit Beendigung des Burgunderkrieges bis auf d. jetzige Zeit. Als Beitrag z. Gesch. der schweiz. Eidgenossenschaft, aus den zuverläss. Quellen bearb. 1. Bd. 8 Liefg. Mit 1 Portrait u. Plänen. Lex.-8. Baden 845, 46, Zehnder. à 9 ngl

—— und J. J. Leuthy, die Hülfs- und Freischaarenzüge der Schweizer seit der Gründung der Eidgenossenschaft bis zum Einfall in den Kanton Luzern im März 1845. Mit geschichtl. Erörterungen und biograph. Notizen 2c. (2. Heft des Werkes: „der Freischaarenzug gegen Luzern.) gr. 8. (IV und 127 S.) Zürich 846, Leuthy's Verlags-Büreau.

Das vollständige Werk wurde auch u. d. T.: Die Kriegsgeschichte der Schweizer seit Gründung des Schweizerbundes bis zum ewigen Frieden mit Frankreich 2c., ausgegeben.

— der kleine Krieg, für schweizerische Offiziere bearbeitet, siehe: v. Decker, C.

Rudolf, J. M. Kriegsgeschichte der Schweizer seit der Gründung des Schweizerbundes bis zum ewigen Frieden mit Frankreich. (628) 8. Baden 1845. 7,20.

Rudolf, J. M. Die Kriegsgeschichte der Schweizer seit Gründung des Schweizer Bundes bis zum ewigen Frieden mit Frankreich. Mit Portr. u. Tab. Baden 1847. 628 S.

—— Leitfaden für den Unterricht in der Militairadministration u. im Rapportwesen. In Fragen u. Antworten. Zum Gebrauch der Offiziere u. Unteroffiziere d. eidgenöss. Armee. 2., nach dem neuen Reglement über die eidg. Kriegsverwaltung verm. u. verb. Aufl. 8. (11½ B.) Baden 846, Zehnder.

— schweizerischer Militair-Almanach für Offiziere u. Militair-Personen. Mit 1 Plane u. 2 Portraits. 1.—4. Jahrg. 16. Ebend. 843—45. à n. 1 ₰

— Schweizerischer Militair-Almanach f. Offiziere u. Militairpersonen. 5. Jahrg. gr. 16. (394 S. m. 2 lith. Plänen in Fol.) Basel 848, Fischer. n. 1⅙ ₰

—— schweizerischer Militair-Almanach für Offiziere und Militairpersonen. 5. Jahrg. gr. 16. (394 S. mit 2 lithogr. Plänen in Fol.) Basel 848, [Kolb'sche Buchh.] *

Rudolf, J. M., kleine Militair-Bibliothek f. schweizer. Offiziere u. Unteroffiziere. 1. u. 2. Bdchn. 16. Solothurn, Jent u. Gassmann.

A. u. d. Ttln.:

Bdchn. 1. Militair. Taschen-Bibliothek f. d. Offiziere u. Unteroffiziere d. eidgenöss. Truppen. (20 B. incl. 7 Tab., 24 Holzschn. u. 3 lith. Planen.) 841. 1 Thlr. 6 Gr.

- 2. Die Brigade-Schule, die Linien-Evolutionen, der Dienst d. Generalstabes, der Felddienst u. die Verrichtungen d. Infanterie-Offiziers. (13¾ B., 18 lith. Fig. u. 1 Tab.) 842. 1 Thlr.

—— schweizerischer Militairpersonen-Almanach f. Offiziere u. Militair. 2—4. Jahrg. 16. Baden, Zehnder. [2. (22 B., 1 Plan u. 2 Portr.) 844, 3. (14 B., 1 Plan u. 2 Militairgruppen.) 45. 4. (21½ B.) 46. à * 1 Thlr.] *

1. Jahrg. ??

— der Parteigänger-Krieg im Geiste der neuern Kriegführung. Mit besond. Rücksicht auf die Militairverhältnisse der Schweiz. Nebst einem Anh., als Schluß des „kleinen Krieges." Nach d. System des Generals v. Decker bearb. gr. 8. (VI u. 186 S. m. 2 lith. Plänen in 8. u. qu. 4.) Zürich 847, Leuthy. 24 ngl

Rudolf, J. M. Geschichtlicher Überblick des Kriegswesens der Eidgenossenschaft in den Schweizer u. Burgunder Kriegen.

Rudolf, Jul., Herzblut. Gedichte. 8. (53 S.) Zürich 897. A. Müller's Verl. n. 1. 20

Rudolf, K., Erzählungen. 8. (IV u. 235 S.) Stuttgart 851, Krabbe. 27 ngl

Rudolf, K., Selbsterkenntnis u. Selbstzucht, s. a. Broschüren-Folge „Continent", Nr. 7.

Selbsterkenntnis und Selbstzucht. Ein Weckruf an d. deutsche Volk von K. Rudolf. Berlin: Continent [1904]. (45 S.) 8°
= Continent, Broschüren-Folge. No 7. [c5. 1142]

Rudolf, Karl Johann Georg (wirkl. Name), s. Döhn, Rudolf (Pseud.)

Rudolf, Leo [aus Solzach, Kt. Solothurn]: Beiträge zur Kenntnis der Aminoxyde. Zürich 1902. 92 S. 8°.

Zürich. Phil. Diss. II. S. 1902/1903.

Rudolf, Leo. Beiträge zur Kenntnis der Aminoxyde. Diss. Phil. [II.] Univ. Zürich. 92 S. 8. Zürich, J. Frank, 1902.

Rudolf, M., die neue Frauentracht — e. Gebot der Schönheit, Sittlichkeit u. Gesundheit. Lose Gedanken. (19 S. m. 4 Abbildgn.) 8. Rochlitz 905. R. Zimmermann. n. — 30

Rudolf, M. (Hrsg.), s. Mosen, Julius: Ausgewählte Dichtungen.

— vom Vugtland nach d'r Aeberlausitz. Ausgewählte sächs. Dialektdichtgn. v. E. Leinweber (W. E. Leonhardt), A. Cl. Meyer, Emil Müller u. a. Hrsg. v. R. (99 S.) 8. Ebd. 905. n. 1. 50

Rudolf, Max H., aus Zürich: Das Recht der Börsenagenten in Frankreich und der Schweiz. Zürich, Juchli & Beck, 1913. XII,86 S. 8°. [8. VII. 13.]

Zürich Univ. Staatswiss. Diss. 1912/13.

Rudolf, Rud., üb. die Einwirkung v. Chlorkohlenoxyd auf Pikraminsäure. Diss. gr. 8. (32 S.) Jena 892. (Rudolstadt, H. Dabis.) n. — 60

Rudolf, U. J., an abridgment of the history of english literature, for the use of the upper classes in gymnasiums and industrial schools. 8. (VI, 35 S.) Solothurn 881. Jent & Gassmann. n. — 80

Rudolf, Vikt., Skizzen aus e. Magdalenenstift. Feuilleton. (10 S.) gr. 8. Leipzig 906. Verlag der Monatschrift f. Harnkrankh. n. — 60

Sonderabdruck aus: „Monatschr. f. Harnkrankh. etc."

David RUDOLFER Maimonides' Commentar zum Traktat Chagiga
Phil. Diss., Prag 1904/1905

Rudolff, E [Pseud.]
s. Jarke, Franziska [Wirkl. Name]

Rudolffi, Jos., die Brandlöschung od. die technische Lösung einer chemischen Verbindung. (49 S.) gr. 8. Leipzig 903. O. Mutze. n. 1. —

Rudolffi, Jos., die Brandlöschung vom wissenschaftl. Standpunkt aus betrachtet. Eine chemisch-physikal. Studie. gr. 8. (VIII, 74 S.) Leipzig 901. O. Mutze. n. 2. —

— die Entwickelung der Brandlöschung m. Hinweis auf die Katastrophen zu Budapest, Chicago u. Aalesund. Zur Erinnerg. an den im J. 1904 zu Budapest abzuhalt. 1. internationalen Feuerwehrkongress. (58 S.) gr. 8. Ebd. (904). n. 1. 20

— der **Theaterbrand zu Barmen** m. Hinweis auf den Warenhausbrand zu Budapest. Ist e. ähnl. Brand zu überwältigen, zu löschen möglich? (28 S.) gr. 8. Ebd. 903. n. — 50

Rudolfi, Albert, die Schule der Bildung oder: Wie geht man aus allen Verhältnissen des Lebens als vollkommener, gesitteter u. gebildeter Mann hervor? 8. (10⅛ B.) Berlin 845, Moeser u. Kühn.

Rudolfi, Carl W., s. Rudolfi, Karl W.

Rudolfi, Ernst, Leutnant a. D. aus Wien: **Die Molekulargrösse** der Metallchloride. *Kiel 1904: H. H. Peters.* (46 S.) 8° Kiel, Phil. Diss. v. [23. Juli] 1904

Rudolfi, F. T., kurze Lebensgeschichte und Andachtsübungen zur heiligen Mutter Anna. 2. Aufl. 16. (66 S.) Innsbruck, A. Witting 1853.

Rudolfi, Jos., ob es möglich wäre, während e. Bühnenbrandes jede Gefahr, unter allen Umständen, sowohl f. das Publikum, als auch f. das Theater zu beseitigen. gr. 8. (15 S.) Szegedin 890. (Traub & Co.) n. — 60

Rudolfi, Karl W.

Rudolfi, Carl W., die Askese u. ihre Verirrungen, s.a. Beiträge zu e. Geschichte der menschlichen Verirrungen.

RUDOLFI, Carl W., Die Askese und ihre Verirrungen. Ein Wegweiser durch das Labyrinth dogmatischer Irrtümer. Mit Illustrationen. Leipziger Verlag, G. m. b. H. (190*). (Mk. 6—)

Inh.: Vorwort. — Kap. 1. Was ist Askese? 2. Alter und Ausbreitung. 3. Anachoretentum. 4. Säulenheilige oder Styliten. 5. Das Sündenlamm in vorchristlicher Zeit. 6. Wer war Christus? 7. Keuschheitsopfer als Askese. 8. Schamlose Nacktheit und asketische Verhüllung. 9. Asketische Keuschheitsgelübde und Zölibat. 10. Die Geissler- oder Flagellanten-Sekten. 11. Das Gebet als Askese. 12. Erbauungslektüre als Askese. 13. Die Taufe als Askese. 14. Die Beichte. 15. Das Fasten. — Schlussbetrachtgn.

RUDOLFI, Carl W., Die Askese und ihre Verirrungen. Ein Wegweiser durch das Labyrinth dogmatischer Irrtümer. Mit Illustrationen. Leipziger Verlag, G. m. b. H., 1908. 8°. (Mk. 6— oder Kr. 7,20.) (4 Kr. Carl Greif, 1908.)

Kurze Anleitung zum betrachtenden Gebete. Von P. Nikolaus Rudolfi. General d. Dominicanerordens. Uebers. von P. Reginald M. Schultes. *Dülmen: A. Laumann 1902.* (XII, 130 S.) 8° [F.] [03. 4817

Rudolfi, Xav., der Fronleichnams-Tag wie er in den Landgemeinden Tirols gefeiert wird. 8. (9 S.) Innsbruck 850. (Wagner.) 1½ ngr

— hundert goldene Lehren für christl. Jungfrauen. 32. (48 S. m. 1 Holzschn.) Innsbruck 849. (Pfaundler.) n. 2 ngr

Rudolfin, e. Roman f. wenige Leser, herausg. v. Gustav Stello. 8. Jena, Stahl. 803.

Rudolfo, A., Deutsche Auswanderung nach Peru, deutsch von H. Hersch. 8°. Berlin 1851.

Rudolf's Geburtstags-Geschenk. Eine Erzählg. f. Jung u. Alt v. der Verf. v. „Mathilden's Genesg." Mit 2 (lith. u.) color. Bildern. gr. 16. (68 S.) Basel 870. Spittler. geb. n. — 80

Rudolf's Geburtstags-Geschenk. Eine Erzählung für Jung und Alt von der Verf. von „Mathildens Genesung". 2. Aufl. 16. (46 S.) Basel 877, Spittler. cart. * — 30

Rudolf's Geburtstags-Geschenk. Eine Erzählung für Jung u. Alt von der Verf. von „Mathildens Genesung". 3. Aufl. 16. (48 S.) Basel 880. Spittler. cart. n. — 30

Rudolfs, des Missionars, Schiffbruch xc., s. Errettung, die wunderbare.

Rudolfswaldau [Schlagwort]

Rudolfswaldau, s.: **Geologische Karten. Preussen** 115.

Rudolf-Töpffer-Album, s. Rudolph-Töpffer-Album.

Die goldene Rudolf Virchow-Medaille, überreicht am 13. Oct. 1891. Rechenschaftsber. d. geschäftsführ. Ausschusses. *Berlin: (Dr. v. O. v. Holten) 1893.* (30 S., 2 Taf.) 1 Bd 4.(S.) [94. 0705

Rudolph u. Angelika, 2 Kinder d. Liebe, v. Verf. d. Brockenmädchens. 2 Thle. 8. Chemnitz, Jacobäer. (Maucke.) 804. (I. 20 gr. II. 1 Rthlr. 12 gr.)

RUDOLPH und Angelika. Eine (zahme) Familiengeschichte. Vom Verf. des Grafen Zerner. Neue Ausgabe. 2 Thle. Mit 1 Kpf. Chemnitz, 1814, bei Wilh. Starke. 8°.

Tit., 248 u. 426 S., nebst 1 Bl. Druckf. — Zuerst gedr. ebd. 1804. (2⅓ Rthl.) (5 Mk. Max Perl, Berlin, 1904.)

— der **Barde** v. Seleucia, od. die Geheimnisse der alten Felsenburg. Eine romant. Erzählung aus dem Mittelalter, m. 1 K. 8. Quedlinb. Basse. 811.

— der Barde v. Seleucia. 8. Quedlinb. 812. Basse. 22 gr

Rudolph der Branntweinsäufer, s.a. Scheuß, A.

Rudolph der Branntweinsäufer. Eine Geschichte aus dem Leben v. Pfr. Ab. Scheuß. Zur Warnung für das Volk herausgeg. von der appenzellischen gemeinnützigen Gesellschaft. 8. 842. (St. Gallen, Scheitlin u. Zollikofer.) ⅓ ngr

Rudolph v. Eichenhorst; e. lehrreiche Geschichte. 8. Freiberg 791. Craz u. G. 8 gr

Ritter Rudolph von Erlach und die Schlacht bei Laupen im Jahre 1339. (53.) 8. Mit 1 Tfl. Bern 1849 0,50.

Rudolph von Falkenstein, Der Junker. Gegenstück zu der Pfarrers Tochter von Taubenhain. Leipzig [1805]. V: *Brückner, Johann Jacob.* (Ky) (BGE)

Rudolph von Felseck, oder die Schwarzthaler Mühle. Ein Ritterschauspiel in 5 Aufz. Leipzig 1794. V: *Korompay, Jos.* (GGr) (Ky)

Rudolph von Habsburg, s.a. Rudolf

— v. Habsburg, Kaiser, v. Klein. 8. Leipz. Sommer.

Rudolph von Habsburg; ein Schauspiel in fünf Aufzügen. Wien 1775. V: *Werthes, Frdr. Aug. Clemens.* (Ky)

Rudolph v. Habsburg, Kaiser, Trsp. v. Klein. gr. 8. Mannheim, Löffler. 789.

— — dasselbe. 8. Mannheim, Schwan. m. K.

— v. Habsburg, e. histor. romant. Gemälde, v. Fr. Schlenkert. m. K. 8. Leipz. Voß. 792—94. (I. II. u. IV. à 1 Rthlr. III. 1 Rthlr. 4 gr.)

Holl. Pap. (I. II. u. IV. à 1 Rthlr. 8 gr. III. 1 Rthlr. 12 gr.)

Rudolph von Habsburg, u. König Ottokar v. Böhmen. Schausp. in 6 Akten, von A. v. Kotzebue. 8. Leipzig, Kummer. 815.

Rudolph von Habsburg. Historisches Schauspiel ... Wien 1898. V: *Vincent, F.* (EB)

Rudolph u. Hugo. Ritter- u. Räubergeschich. a. d. Zeiten d. Vehme. 2 Bde. 8. Nordh. 821, Fürst.

Rudolph und Hugo. Eine Ritter- und Räubergeschichte aus den Zeiten der Vehme. Vom Verf. d. Ruinen der Teufelsburg. 2 Bände. 8. Sondershausen, Voigt. 821.

— u. Hugo; e. Ritter- u. Räubergeschichte. 2 Bde. 8. Sondersh. 821. a. 828. Fürst in Nordh. 2 ₰

Rudolph u. Hugo. Eine Ritter- u. Räubergeschichte aus den Zeiten der Vehme, v. Verf. der „Ruinen der Teufelsburg" ꝛc. 2 Bde. Mit 1 lith. Abbild. 2. verb. Aufl. kl. 8. Nordhausen 842, Fürst. 1½ ₰

Rudolph u. Hugo. Eine Ritter- u. Räubergeschichte aus den Zeiten der Vehme, v. Verf. der „Ruinen der Teufelsburg" ꝛc. 2 Bde. 2., verb. Aufl. 8. (27 B. u. 1 Abbild.) Nordhausen 842. [Leipzig, Literar. Museum.] Thlr.

— u. Julie, v. Lafontaine, 2 Thle. s. Gemälde d. menschl. Herzens 5r 6r Bd.

Rudolph der Kühne, Raugraf von Dassel, Dramatisirt ... Zweite ... Aufl. Leipzig 1840. V: *Cramer, Carl Gottlob.* (BrMm)

Rudolph von der Linden. Freiberg 1802. V: *Schulze, Friedrich Aug. (Friedrich Laun).* (NN)

Rudolph und Margarethe. Ein Festspiel zur Jubelfeier der Vereinigung Tirols mit Österreich ... Bozen [1863]. V: *Streiter, Josef.* (margr)

Rudolph, Herzog, der Sohn König Rudolph II. von Burgund und der Königin Berta. [Bern 1892.] V: *Wyss, Georg v.* (Cat. d. Stadtbibl. Zürich. Zürich 1864—97.)

—— u. Viktor, s. a. Kersting, H.

Rudolph u. Victor oder das gute Beispiel. Eine von der franzöſ. Academie gekrönte Jugendschrift. Nach dem größern Werke der Madame Guizot bearb. von H. Kersting. 2 Bde. 12. Münster 845, Deiters. 1 ₰

— dass. 3. Bd. A. u. d. T.: Drei Erzählungen für die reifere Jugend. Nach d. Französ. der Madame Guizot frei bearb. 12. Ebend. 846. ¼ ₰

Rudolph von Weidungen und seine Tochter; ein Ritterschauspiel. Breslau 1796. H: *Krebs, Carl Joseph.* (Ky) (Adel) (MGT)

Rudolph von Werdenberg. s. a. Werdenberg.

Rudolph von Werdenberg; eine Rittergeschichte aus den Revolutionszeiten Helvetiens. Berlin 1793. V: *Lafontaine, August Heinrich Julius.* (MGT)

Rudolph von Werdenberg. Romantisches Schauspiel in 4 A. Nach Lafontaines Roman gleichen Namens. Prag [vor 1811]. V: *Polt, Johann Joseph.* (GGr VI, 757) (Zeitschr. f. Büch. N. F. 15, 1923, S. 120)

Rudolphi I. Rom. regis. *Codex epistolaris*, locupletior ex Mss. edid. et comm. illustr. M. Gerbert. St. Blas. 772. f. 12 rthl.

— *Codex epistolaris*, contin. ejus epist. 230 anecdotas. Ex cod. Ms. evulg. binoquo auctar. instr. F. J. Bodmann. Cum tab. aen. Lips. 806. 8. 1 rthlr. 18 gr.

Pace, Bernardino, comite de. Divi Rudolphi II., Imperatoris Caesaris Augusti. Epistolae ineditae desumptae ex codice manu exaroto caesareo classis jur. civ. LXXVII. 4. Viennae 1771.

Rudolph, Imperat. Caes. Aug., epistolae ineditae ex biblioth. reg. caes. aul. 4 maj. Wien 771. (Heubner). 1 ₰ 14 ℊ

Rudolph, Imp., Epistolae ineditae ex biblioth. reg. caes. aul. 4. maj. Vien. Kurzboeck. (Camesina.) 772.

Rudolph II., Kaiser

— Bergwerksordnung u. Freiheiten in Schlesien. gr. 4. Wien 767. Trattner. 3 ℊ

Rudolph II., Kaiser, Majestätsbrief v. J. 1609, übersetzt u. hrsgg. v. J. Borott. gr. 8. Görl. 803. Anton in Halle. 8 ℊ

— Polizeiverordnung für Böhmen 1605; aus d. Böhm. übers. (v. J. Wander v. Grünwald). gr. 8. Dresd. 792. Walther. 5 ℊ

Rudolph von Ems, s. Rudolf

Rudolph, Diss. de antipathia humana. Bas. 4°. 1700

Rudolph, Blaukreuzarbeit — Jesusarbeit. Predigt über Lukas 19, 10, geh. zum 1. Blaukreuzfest in der Kirche zu Eibenstock am Sonntag, den 30. IX. 1906. (14 S.) 8. Chemnitz (908). Buchh. des Gemeinschaftsvereins. p — 10

Rudolph, Festschrift für das Gauturnfest des Mittelelbe-Turngaues in Radebeul 10.—11. 7. 1909, Radebeul-Dresden 1909, 56 S., 8°.

Rudolph, Führer durch den Brautstand, s.: Im Kampfe ums Dasein! 6. Bd.

Rudolph, Gemeinde-Matrikel. Verzeichnis der Gemeinde-Angehörigen der Stadt Bozen nach dem Stande vom 30. XI. 1907. (135 S.) 31×22,5 cm. Bozen (908). (F. Moser.) 3. 50

— Ein Kind. Gegenseitige Rechte u. Pflichten zwischen Eltern u. Kindern. Das Erbrecht der Kinder. Die Rechte der unehel. Kinder, s. a. Im Kampf ums Dasein! 7. Bd.

Rudolph, Ein Kind. Gegenseitige Rechte u. Pflichten zwischen Eltern u. Kindern. Das Erbrecht der Kinder. Die Rechte der unehel. Kinder. Ein Ratgeber f. Eltern u. Kinder, sowie f. Mütter, Väter u. Vormünder v. ausserehel. Kindern. (79 S.) gr. 8. Pössneck, H. Schneider Nachf. 1908.
„Im Kampf ums Dasein", 7. Bdch.

Rudolph, (Prediger zu Reckan,) s. Sittenbuch f. Gesinde.

Rudolph, was sollen u. wollen die Tractate? Predigt bei der Jahresfeier d. Stettiner Tractatvereins am 29. Septbr. 1889 in der Peter-Pauls-Kirche zu Stettin üb. Apostelgeschichte 16, 23—24. 8. (12 S.) Berlin 890. Deutsche Evangel. Buch- u. Tractat-Gesellschaft. n. — 10

D'Bumb'. Schwank in elsäss. Mundart u. in 1 Aufzug von A. Rudolph. Strassburg i. E.: Treuttel & Würtz 1910. 31 S. 8° III. 7437

Rudolph, A., neuer Führer durch Danzig und Umgegend. Mit 1 (lithogr. und color.) Plan der Stadt. 12. (30 S.) Danzig 882, Axt. cart.

Rudolph, A., neuer Führer durch Danzig u. Umgegend. Mit e. Plan der Stadt. 2. Aufl. 16. (32 S.) Danzig 885. Axt. — 75

Rudolph, A., neuer Führer durch Danzig und Umgegend. Mit 1 Plan der Stadt. 2. verb. Aufl. (32 S.) 885; 3. verb. Aufl. 12. (36 S.) Danzig 887, Axt. cart. — 75

Rudolph, A., neuer Führer durch Danzig u. Umgegend. Mit 1 Plan der Stadt. 4., verb. Aufl. 12. (69 S.) Danzig 889. Axt. geb. n. 1. 50

Rudolph, A., vaterländische Geschichte. Ein Schülerhandbuch f. einfache utraquist. Schulen. 2. Aufl. 8. (25 S.) Lissa 899. F. Ebbecke. n.n. — 15

Vaterländische Geschichte. Nach d. minister. Generalverordnung vom 18. Okt. 1899 u. unter bes. Berücks. d. behördl. Ausführungs-Bestimmungen als Schülerhandbuch f. einf. utraquist. Schulen von A. Rudolph, Lehrer. 3. Aufl. *Lissa i. P.: F. Ebbecke 1900.* (25 S.) 8° [Umschlagt. F.]

– Vaterländische Geschichte. Nach d. minist. Generalverordnung vom 18. Okt. 1890 u. unter bes. Berücks. d. behördl. Ausführungs-Bestimmungen. Ausg. A. Schülerhandb. f. einfache konfessionell gemischte Schulen auf Grund d. Schülerhandb. f. einfache utraquist. Schulen von A. **Rudolph**. Lehrer, bearb. durch Pastor W. Bickerich. 4. Aufl. Lissa i. P.: F. Ebbecke 1900. (26 S.) 8°

Vaterländische Geschichte. Nach d. minist. Generalverordnung vom 18. Okt. 1890 u. unter bes. Berücks. d. behördl. Ausführungsbestimmungen. Ausg. B. Schülerhandb. f. einfache ev. Schulen auf Grund d. Schülerhandb. f. einfache utraquist. Schulen von A. Rudolph, Lehrer, bearb. von Pastor Dr. Rang, Ortsschulinsp. 5. Aufl. (1. der Neubearb.) *Lissa i. P.: F. Ebbecke 1900.* (26 S.) 8° [Umschlagt. F.]

Vaterländische Geschichte. Nach d. minist. Generalverordnung vom 18. Okt. 1890 u. unter bes. Berücks. d. behördl. Ausführungs-Bestimmungen. Ein Schülerhandb. f. einfache utraquist. Schulen Ausg. C. f. kath. Schulen von A. Rudolph, Lehrer. 8. Aufl. *Lissa i. P.: F. Ebbecke 1902.* (26 S.) 8° [Umschlagt. F.]

— dasselbe. Nach der ministeriellen Generalverordng. vom 18. X. 1890 u. unter besond. Berücksicht. der behördl. Ausführungs-Bestimmgn. Ausg. A. Schülerhandbuch f. einfache konfessionell gemischte Schulen, auf Grund des Schülerhandbuches f. einfache utraquist. Schulen v. R. bearb. durch W. Bickerich. 10. Aufl. (2. der Neubearbeitg.) gr. 8. (26 S.) Ebd. 902. n.n. — 15

— dasselbe. Ausg. B. Schülerhandbuch f. einfache evangel. Schulen, auf Grund des Schülerhandbuchs f. einfache utraquist. Schulen v. R. bearb. v. Rang. 9. Aufl. (2. der Neubearbeitg.) gr. 8. (26 S.) Ebd. 902. n.n. — 15

— dasselbe. Ein Schülerhandbuch f. einfache utraquist. Schulen. Ausg. C f. kathol. Schulen. 11. Aufl. gr. 8. (32 S.) Ebd. 903. n.n. — 15

— dasselbe. Ausgabe C für kathol. Schulen. 14. Aufl. (42 S. m. 1 Kartenskizze.) 8. Ebd. 904. n. — 20

Rudolph, A., vaterländische Geschichte. Nach der ministeriellen Generalverordng. vom 18. X. 1890 u. unt. besond. Berücksicht. der behördl. Ausführungs-Bestimmgn. Ein Schülerhandbuch für einfache Schulen im Osten der Monarchie. 17. Aufl. (51.—53. Tausd.) (44 S.) 8. Lissa 906. O. Eulitz. n. — 20

Rudolph, A., vaterländische Geschichte. Nach d. ministeriellen Generalverordng. vom 18. X. 1890 u. unter besond. Berücksicht. der behördl. Bestimmgn. Schülerhandbuch f. einfache Schulen im Osten der Monarchie. 21. Aufl. (62.—64. Tausd.) (44 S. m. 3 farb. Karten.) 8. Lissa 909. [O. Eulitz.] Breslau, F. Goerlich. — 20

— dasselbe. Ausg. B. Für evangel. Schulen. 11. Aufl. (3. der Neubearbeitg.) (48 S. m. 8 farb. Karten.) Ebd. 909. — 20

Heimatkunde des Kreises Samter. Unter Benutzung amtl. Quellen bearb. von A. **Rudolph**. Lehrer in Szczepankowo. Lissa i. P.: F. Ebbecke. 1899. (21 S.) 8°

Rudolph, A., die Lösung der Rechenmaschinen-Frage. (20 S. m. Abbildgn.) 11. 8. Berlin (O. 17, Rochowstr. 12) 910. Lehrer A. Rudolph. — 40

Rudolph, A., die edlen Metalle u. Schmucksteine od. die Gold- u. Silberarbeiter-, Scheide- u. Probir-Kunst, Vermischungsrechnung u. Edelsteinkunde. Das Wissenswürdigste f. Juweliere, Gold- u. Silberarbeiter, welche sich prüfen lassen, sowie f. Alle, welche sich über Gehalt u. Werth der Metalle u. Edelsteine unterrichten wollen. Mit Abbildungen von Schleifformen der Schmucksteine. gr. 8. (VI u. 115 S. m. 1 lith. Taf.) Breslau 851, Verlags-Comtoir. ½ ₰

Rudolph, A., die edlen Metalle und Schmucksteine, oder die Gold- und Silberarbeiter-, Scheide- und Probirkunst, Decimal- und Vermischungsrechnung, Münz- und Edelsteinkunde. Mit 37 Tab. Ein prakt. Handbuch für Juweliere, Gold- und Silberarbeiter, sowie für Alle, welche sich über Gehalt und Werth des Gold und Silbers, der Edelsteine und Münzen unterrichten wollen. Mit Abbildungen von Schleifformen der Schmucksteine (auf 1 Stnt.) 3., verm., nach dem 1000theiligen Gehalt, dem Zollvereinsgewicht und dem 30 Thaler-, 45- und 52½ Guldenfuß umgearb. Aufl. gr. 8. (VI und 178 S.) Breslau 859, Verlags-Comptoir.

Rudolph, A., die Metalle und Schmucksteine, oder die Gold- und Silberarbeiter-, Scheide- u. Probirkunst, Vermischungs-Rechnung, Münz- und Edelsteinkunde. Ein praktisches Handbuch für Gold-, Silber- und jeden Metallarbeiter, sowie für Alle, welche sich über Gehalt u. Werth der Metalle, Edelsteine und Münzen unterrichten wollen. Mit Abbildgn. von Schleifformen der Schmucksteine. 2. durchaus verm. u. verb. Aufl. Breslau 854. Verlags-Comtoir. gr. 8. (3 Bl., 130 S. u. 1 lith. Taf. in 4.) 15 ngr.

Rudolph, A., Stadtplan von Zittau. Nach der neuesten Vermessung zusammengestellt, vervollständigt und gezeichnet. 1:10,000. Aubeldr. Imp.-Fol. Nebst einem Verzeichnisse der Strassen, Plätze und öffentl. Gebäude etc., sowie der Sehenswürdigkeiten Zittaus. 8. (6 S.) Zittau 879, Oliva's Sortimentsb. **

Rudolph. Stadtplan von Zittau. 1:4000. Leipzig 1895. 1 Bl. c. L.

Rudolph A. Universal-Buchführungs-System für das Schneiderhandwerk. qu 4° Stuttgart (1898)

Rudolph, A. F., über Judenemancipation u. jüdische Verhältnisse, mit Berücksichtigung des Gesetzes vom 23. Juli 1847. gr. 8. (28 S.) Nordhausen 847, Büchting. n. ⅙ ₰

Rudolph, Ad., Thassilo, Herzog der Bayern. Ein dramat. Heldengedicht. (Den Bühnen gegenüber als Mscr. gedruckt.) gr. 8. (136 S.) Gotha 850, (Thienemann.) *

Rudolph, Ad., Thassilo, Herzog der Bayern. Ein dramatisches Heldengedicht. [Den Bühnen gegenüber als Mscr. gedr.] gr. 8. (136 S.) Gotha 851, Thienemann in Comm. n. ⅔ ₰

Rudolph, Albert, (geb. Anklam 5. 9. 1829): De hydrocelés curatione. Berolini (1858). (29 S.) 8°
Berlin, Med. Diss. v. 13. März 1858

Rudolph, Albert: Lydgate und die Assembly of Gods. Eine Untersuchung über die Autorschaft dieses Werkes auf Grund einer Stilvergleichung. Berlin: Trenkel 1909. 87 S. 8°
Würzburg, Phil. Diss. v. 21. Sept. 1909, Ref. Förster
[Geb. 12. März 81 Würzburg; Wohnort: Windsheim; Staatsangeh.: Bayern; Vorbildung: Realgymn. Würzburg Reife Juli 99; Studium: Würzburg 8 S.; Rig. 20. Febr. 09.] [U 10. 4400

Rudolph, Alfons, Referendar: Der Statthalter in Elsaß-Lothringen. Göttingen 1905: L. Hofer. (114 S.) 8°
Göttingen, Jur. Fak., Ref. Schoen, Diss. v. 6. Jan. 1906
[Geb. 5. Mai 80 Eischleben; Wohnort: Meiningen; Staatsangeh.: Sachsen-Koburg-Gotha; Vorbildung: Gymn. Arnstadt Reife M. 99; Studium: Halle 1, Göttingen 4, Jena 2 S.; Rig. 24. Juli 05.]

Rudolph, Alfred [aus Neustadt a. d. Orla]: Ueber traumatische Endocarditis ... Berlin, C. Vogts Buchdr., *1896*; 32 S., 2 Bl. 8.
Berlin, Med. Fak., Inaug.-Diss. v. 14. Aug. 1896

Rudolph, Alfred: Das deutsche Fleischergewerbe. Eine Darstellung d. volkswirtschaftl. Bedeutung s. techn. Entwicklung. Gotha 1910: F. A. Perthes. VI, 125 S. 8°
München, Staatswirtsch. Diss. v. 9. Juli 1910, Ref. Sinzheimer, Brentano
[Geb. 6. Febr. 87 Gotha; Wohnort: Gotha; Staatsangeh.: Sachsen-Koburg-Gotha; Vorbildung: Gymn. Gotha Reife O. 06; Studium: Phil. München 1, Staatsw. 4, Berlin 2, München 2 S.; Rig. 9. Juli 10.] [U 10. 3467

Rudolph, Alfr., über die Vengeance Fromondin, s. a. Ausgaben und Abhandlungen aus dem Gebiete der romanischen Philologie.

Rudolph, A. Ueber die Vengeance Fromondin, die allein in Hs. M^a erhaltene Fortsetzung der Chanson de Girbert de Mez. Diss. Marburg 1884. 44 S.

Rudolph, Anton

Rudolph, Ant., d'schön Berthe. Komödie in 3 Aufzügen in Elsässer Mundart. (63 S.) 8. Straßburg 907. Schlesier & Schweikhardt. 1.50

Rudolph, Ant., der Kuss. Lustspiel in 1 Aufzug. 8. (38 S.) Strassburg 900. L. Boust. n. 1.—

Rudolph, Ant., († d. 24. Juli 1791.) s. 1) Lehrgebäude d. Diplomatik. 2) Tassin, gel. Geschichte.

Rudolph, Ant. Andr., responsa iuris feudalis canon. civil. et criminal. 4. Bamb. Goebhard. 745.

Rudolph, Ant. Andr.: Responsa juris feudalia, canon., crim. et civil. *Bambergae*, (Wesché in *Frankfurt*.) 745. 4. (1 Thl. 4 Gr.)

Rudolphus. Ant. Andr.: Responsa juris feudalia, canonica, criminalia et civilia. Bambergae et Lipsiae 1754.

Rudolph, Ant. Wilh., die teutsche Kirche. Kirchl.-polit. Warnungen, Befürchtungen u. Wünsche in geschichtl. Gewande rc. 8. (14 B.) Halle 839, [Knapp.]

Rudolph, Ant. Wilh., die teutsche Kirche. Kirchlich-polit. Warnungen, Befürchtungen u. Wünsche in geschichtlichem Gewande, dem Adel teutscher Nation dargebracht. 8. Halle 839. Kummel. ¾ ♃ Schreibp. 1 ♃ Velinp. 1 ♃

Rudolph, Ant. Wilh., die Orthographie d. deutsch. Sprache nach Heyse's System. Durch metr. Regeln, 231 Vorlegebl. u. eine darauf besond. berechn. Methodik, ingl. durch e. orthograph. Wörterb., enthalt. d. Stamm-, Fremd- u. klangverwandt. Wörter, so wie d. christl. Taufnamen mit ihrer Sinnerklär., dem Lehr- u. Lern-Publicum erleichtert. 8. (16 B. u. 29 B. nur auf e. Seite bedruckt, auf starkes Pap.) Ilmenau 834, [Weimar,] Voigt.

Rudolph, A. W., nöthigster Sprachunterricht f. die Jugend des deutschen Volks, in einer kurzen Sprachlehre, 171 Vorlegeblätter u. e. auf dieselben besond. berechnete Methode; unter beständiger Rücksicht auf Heyse's Darstell. der deutschen Sprachlehre bearb. 4. u. gr. 8. Hannov. 831. Hahn. 16 ♃

Rudolph, August Friedrich

Rudolph, A. F., Anweisung zum Kopfrechnen mit hinlängl. Aufgaben verbunden und zum Gebrauch in Bürger- und Landschulen sowohl, als auch zur eigenen Belehrung ausgearbeitet. 8. Pegau. (Leipzig, Hartmann.) 819.

Rudolph, Aug. Friedr., Anweisung zum Kopfrechnen, mit hinlängl. Aufgaben verbunden u. zum Gebr. in Bürger- u. Landschulen sowohl, als auch z. eigenen Belehr. ausgearb. 2., verb. u. verm. Aufl. 8. (7¼ B.) Leipzig 829, Serig.

Aug. Frid. Guil. Rudolph diss. de antiquitate et auctore libelli de rerum natura, Ocello Lucano adscripti. Viteb. 1794. 4. (Auctor, gymnasii Zittaviensis rector, Ocelli editionem graec. curav. Lips. 1801. 8.)

— Arithmetik, als Stoff zur Uebung im wissenschaftl. Denken. 8. Zittau 815.

Rudolph, August Fried. Wilhelm [Praes.], s. Hoppe, Ernst August Dankegott: De sede deorum Homericorum domestica.

— s. 1) Luciani Samos. quaestio: Quomodo historia. 2) Ocellus de rer. natura.

Rudolph, Aug. Frdr. Wilh., Über Reinheit der Sprache. Stück 2. Zittau o. J.
Lat.-Schr. Gymn. Zittau 1816. . . . . (1)

Rudolph, A. F. W., Diss. de sede deorum Homericor. domestica. Witteb. 794. 4.

— was ist Reinheit d. Sprache? 1s u. 2s Stck. 4. Zittau 815, 16.

Rudolph, B., drei Kostümfest-Aufführungen. (Ausflug in die Kolonien, Nordlandsfahrt, Bundesschießen.) Anh.: Maskenball-Programm, i.: Fastnachts-Aufführungen.

— 4 Kostümreigen. (18 S. m. Fig.) 8. Leipzig (909). G. Richter. 2.—

Rudolph, Bernhard, Referendar, aus Lichtenberg b. Berlin: **Die Ansprüche des redlichen Besitzers wegen seiner vor der Litiskontestation gemachten Verwendungen.** *Greifswald 1901: H. Adler.* (VIII, 68 S.) 8°
Greifswald, Jur. Diss. v. [8. März] 1901

Rudolph, Bruno, Blumen. (Gedichte.) 16. (III und 212 S.) Leipzig 854, Hartknoch.

Rudolph u. Seydel, Geschichte des 6. pomm. Infanterie-Regiments Nr. 49, bearb. von der Gründung bis zum J. 1870 durch R., vom Feldzuge 1870/71 bis zum J. 1910 durch S. (V, 356 S. m. Abbildgn., Kartenskizzen, 5. Taf., 6 Karten u. Plänen.) Lex. 8. Berlin 910. R. Eisenschmidt. 10.—; geb. 12.—

Rudolph, Bruno, Wörterbuch der Botokudensprache. (VIII, 85 S.) Lex. 8. Hamburg 909. F. W. Thaden. 3.60

Rudolph, C., üb. Nitroanilide u. deren Verhalten bei der Reduction. Inaugural-Dissertation. gr. 8. (29 S.) Hannover 876. (Göttingen, Vandenhoeck & Ruprecht.) n. — 60

Rudolph, C. A., s. Rudolph, K. A.

Rudolph, C. H., Choralbuch. Enthltd. 130 nach Hiller in Partitur gesetzte Choräle, die Litanei und Responsorien, nebst einem Anhange: 22 Choräle für Männerstimmen. Freiberg (853.) Wolf. 4. (VI, 98 S.) n. 15 ngr.

Rudolph, C. H., Choralbuch f. höhere Lehranstalten, insbesondere f. Seminarien. 2. Aufl. gr. 4. (VIII, 112 S.) Döbeln 876. Schmidt. n. 3. 50

—— 22 Choräle für vierstimm. Männerchor. 4. (14 S.) Freiberg 853, Wolf.

Rudolph, Carl, s. Rudolph, Karl

Rudolph, Christian David (Görlitz) A. S. 135/30

Dissertatio juridica de jure pedum, Von Rechte der Füsse. Präs. Johann Gottlieb Siegel. Rec. Leipzig (Stopffel) 1744. 40 S.

Diss. 3. V. 1726. 29410

BUCHBINDERGESELLE, Der reisende, oder merkwürdige und bewunderungswürdige Fata eines Buchbindergesellen, so ihm in Portugall in Lissabon, in der Inquisition begegnet und wie er durch Vorbitte der Königin vom Feuer erloest worden. (Vf.: *Chrn. Frdr. Rudolph.*) Mit Titelkpfr. Stockholm 1756. 8°. (3 Mk. Franz Teubner, c. 1895; jetzt theurer!) (In Leipzig, Bibl. d. Börsenvereins d. d. Buchhändler.)
Enthält pikante Details über die „Serails" der Inquisitoren.

Rudolph, Clara, s. Rudolph, Klara

Rudolph, Conrad, s. Rudolph, Konrad

Rudolph, Dn. Glo., († d. 18. Febr. 1768.) Anfangsgründe der Arithmetik, Geometrie u. Trigonometrie. Mit 13 Kpf. 8. Leipz. 757. (Brockhaus). 20 gr

Rudolph, Dan. Gl., Anfangsgr. der Arithmetik, Geom. und Trigonometrie, mit Kupf. 8. Leipz. Junius. (Glebitsch.) 757. Rthlr.

* *Dan. Gottl. Rudolph's* A. M. Anfangsgründe der Arithmetik, Geometrie und Trigonometrie. Leipz. Junius. 8. 636 S. nebst XIII Kupf. (20 gr.) 1757.

— Handbuch, od. Anweis., wie man Naturaliensammlungen betrachten soll. 8. Kopenh. 760. Rothe. 14 gr

— ob man sich vor Cometen zu fürchten habe? 8. Ebend. 760.

— Sendschreiben wegen einiger scheinbaren Schwierigkeiten bei d. Multiplication u. Division d. positiven u. negativen Größen. 8. Leipz. 757. (Brockhaus). 2 gr

— Untersuchungen d. Frage: Ob man Ursache habe, sich vor den Kometen zu fürchten? 8. Leipz. 760. (Brockhaus). 3 gr

Rudolph, E.: Ueber submarine Erdbeben und Eruptionen .... Stuttgart. E. Schweizerbart'sche Verlagsh. (E. Koch), 1887; 1 Bl. + 94 S. u. 3 Taf. 8°.
Strassburg, Phil. Fak., Inaug.-Diss. v. 1887.

Rudolph, E. Kriegserinnerungen eines 102ers aus dem Feldzuge 1870/71. Dresden 1904. 4°

Rudolph, E., Lehrgang f. d. unterste Stufe d. elementaren Zeichenunterrichts in d. Volksschule. klein 4. (8 S. m. 13 lith. Taf.) Leipzig 898. F. Fleischer, Verl. n. — 80

Rudolph, Emil, s.: Beiträge zur Geophysik.

Seismometrische Beobachtungen über japanische Fernbeben in den Jahren 1893–1897. Von Emil **Rudolph**. *(Leipzig: W. Engelmann 1903.)* (S. 378–480.) 8°
Zur Begrüßung d. 2. Internat. Seismolog. Konferenz 24.–28. Juli 1903.
= **Beiträge** z. Geophysik. Bd 6, H. 3. (03. 10307

Rudolph, E., Heimatkunde d. Reichslandes Elsaß-Lothringen. Zunächst zur Ergänzg. der Schulgeographie von E. v. Seydlitz hrsg. 8. (48 S. m. 4 Kartenskizzen u. 1 Bilderanhang.) Breslau 893. F. Hirt. Kart. n. — 60

Rudolph, E., Heimatkunde d. Reichslandes Elsaß-Lothringen. Zunächst zur Ergänzg. d. Schulgeographie von E. v. Seydlitz hrsg. Mit 4 Kartenskizzen u. e. Bilderanh. 2., durchgesch. Aufl. gr. 8. (48 S.) Breslau 900. F. Hirt. Kart. n. — 60

Rudolph, Emil, Katalog der im J. 1903 bekannt gewordenen Erdbeben, s.a. Beiträge zur Geophysik. III.

Katalog der im Jahre 1903 bekannt gewordenen Erdbeben. Im Auftr. d. Kais. Hauptstation f. Erdbebenforschung zu Straßburg i. E. zsgest. u. hrsg. von Prof. Dr. E[mil] **Rudolph**. Mit 7 Karten. Leipzig: W. Engelmann 1905. (XVII, 674 S.) 8°
— **Beiträge** z. Geophysik. Erg.Bd 3. (06. 911

Landeskunde des Reichslandes Elsaß-Lothringen von Prof. Dr. E[mil] **Rudolph** in Straßburg i. E. 3., verb. Aufl. Mit e. Bilderanh. Breslau: F. Hirt 1907. (56 S.) 8° [Umschlagt. ℞.]
(Heimatkunden, zunächst z. Erg. d. Schulgeogr. von E. v. Seydlitz.) (08. 3037

Seismogramme des nordpazifischen und südamerikanischen Erdbebens am 16. August 1906. Auf Beschluß d. Permanenten Komm. d. Internat. Seismolog. Assoziation hrsg. von d. Zentralbur. u. d. Kaiserl. Hauptstation f. Erdbebenforschung. Begleitworte u. Erl. von E[mil] **Rudolph** u. E. Tams. Mit 1 Karte. [Nebst] Taf. Straßburg 1907: M. DuMont Schauberg (Taf.: J. Manias & Cie). 1 Bd 4°(8°), 1 Bd gr. 2° (08. 6980

RUDOLPH, Erdm. Fr. Ludwig: **Bruchstücke aus dem praktischen Forst- und Cameralwesen.** - Weimar 1794 u. 1795. 2 Tl. 160 S., 5 Taf. u. 116 S., 1 Taf.

Rudolph, Erdm. Fr. Ldw., Bruchstücke aus d. prakt. Forst- u. Kammerwesen gesammelt. 2 Thle. Mit Kpf. gr. 8. Weimar 794 u. 95. Industr.-Compt. 1 ₰ 2 gr

Rudolph, Ernst, die Berufswahl unserer Söhne m. besond. Berücksicht. der gewerblichen Berufsarten. gr. 8. (VII, 192 S.) Wittenberg 885. Herrosé Verl. n 1. 50

Rudolph, Ernst, Bilder aus dem deutschen Familienleben. gr. 8. (X, 143 S.) Chemnitz 879. Bülz. n. 3. —

Rudolph, Ernst (H.). Briefe an Deutschlands Töchter. Mitgabe auf ihren Lebensweg. 8. (III, 188 S.) Dresd. 891, Reuter. * 2 20
geb. ** 2 60

Rudolph, Ernst, Briefe an Deutschlands Töchter. Mitgabe auf ihren Lebensweg. 8. (III, 188 S.) Dresden 893. W. Reuter. n. 2. 20; geb. in Leinw. n. 2. 60

Rudolph, Ernst, die intellectuelle Erziehung im Lichte d. Psychologie. Pädagogischer Vortrag auf d. II. Thüring. Lehrerversammlg. zu Jena geh. gr. 8. (16 S.) Gera 873. Issleib & Rietzschel. n. — 50

Rudolph, Ernst [aus Jauer]: Das Krebsgeschwür nach Heinrich von Mondeville ... Quedlinburg, C. Voges Buchdr., *1896*; 32 S., 2 Bl. 8.
Berlin, Med. Fak., Inaug.-Diss. v. 24. Juli 1896

— **Ratgeber** bei der Berufswahl unserer Söhne in Bezug auf die gewerblichen Berufsarten u. die Beamtenlaufbahn. 2., veränd. u. verm. Aufl. gr. 8. (VII, 180 S.) Wittenberg 893. R. Herrosé. n. 1. 80

Rudolph, Ernst, Schule und Elternhaus. 3 Briefe. 8. Gera 872. Crossen a. O., Mrose. * ℳ 2,25.; geb. * 3 —

—— Schule und Elternhaus. Drei offene Briefe aus der Schule an das Elternhaus geschrieben und allen Eltern und Erziehern gewidmet. 1. Brief: Die Zeit der Vorbereitung auf die Schule. 1. Aufl. 1871, und 2. verb. Aufl. 8. (XII, 71 S.) Gera 872, Strebel. [F. E. Köhler's Verlag.] * — 75
—— dass. — Praktische Winke für die Erziehung in drei offenen Briefen. 2. und 3. Brief. 8. Ebendas. 872.
à Brief * 75 Pf. * 1 50
3 Briefe complet geb. * 3 —
Inhalt:
Brief 2. Das vereinte Wirken von Haus und Schule. (67 S.)
" 3. Die Erziehungsthätigkeit des Hauses nach der Schulzeit. (79 S.)

Rudolph, Ernst, Schule und Elternhaus. Drei offene Briefe, aus der Schule an das Elternhaus geschrieben. 1. Brief: Die Zeit der Vorbereitung auf die Schule. 3. (Titel-)Aufl. 8. (X, 71 S.) Berlin 882, Mrose. *

Rudolph, Ernst, Waaren-Verzeichniss zum Gesetz, betr. die Statistik d. Waarenverkehrs d. deutschen Zollgebiets m. dem Auslande. Unter Angabe der lauf. statist. Nummern. In alphabet. Ordng. nach Massgabe d. amtl. Waarenverzeichnisses zum Zolltarif d. deutschen Zollgebietes in der vom 1. Febr. 1892 gelt. Fassg. 8. (226 S.) Berlin 892. Funcke & Naeter. n. 1. 20; geb. n. 1. 70

Rudolph, F., De fontibus quibus Aelianus in Varia Historia componenda usus sit. I. Diss. 1884. 48 S. —.75
— — Complett. 137 S. 2.50

Rudolph, F., das neue Gaswerk der Haupt- u. Residenzstadt Darmstadt. (23 S. m. 13 Abbildgn. u. 4 Taf.) Lex.-8. München 905. R. Oldenbourg. n. 2. 50
Sonderabdr. aus: „Journal f. Gasbeleuchtung u. Wasserversorgung".

– Gotha diplomatica, s. Rudolphi, Friedrich

Rudolph, F., Münchens Octoberfeste. Ein Gedenkbüchlein bei Gelegenheit der Vermählung des Kronprinzen von Bayern. Mit 2 Portraits (Max II. u. Maria von Preussen). München 1842. 8⁰. (1 Kr. 60 H. Gilhofer & Ranschburg, Wien, 1908.)

Rudolph, F., Münchens Oktoberfeste. Ein Gedenkbüchlein, der bayer. Nation gewidmet bei Gelegenheit der Vermählung Sr. Kgl. Hoheit d. Kronprinzen (*Maximilian*) von Bayern. 2. Aufl. Mit 2 Stahlst. (Portr. d. Kronprinzen u. s. Gemahlin *Marie*.) München o. A. d. V. u. Dr.; 1842. 8⁰. Cart.

Rudolph, Felix

Rudolph, Fel., die Freilandzucht des Pfirsichbusches im deutschen Klima. Eine neue Erwerbsquelle f. Gartenbesitzer u. Landwirte, sowie e. Quelle erhöhter Gartenfreude f. Liebhaber. (V, 47 S. m. 15 Abbildgn.) gr. 8. Frankfurt a/O. 906. Trowitzsch & Sohn. n. 1. 20

Rudolph, Felix, die Quellen u. die Schriftstellerei d. Athenaios. [Aus: „Philologus".] gr. 8. (52 S.) Göttingen 891. Dieterich's Verl. n. 1. 20

Rudolph, Felix [Dr.]: Die Schlacht von Platää und deren Überlieferung. Dresden, Druck v. B. G. Teubner, 1895; 3—32 S. 4.
Dresden, Vitzthumsches G, OP 1895 (540)

Rudolph, Fr., Thomas Thyrnau. Schausp. in 6 Acten. Nach d. Roman gleichen Namens. 8. (11 ½ B.) Wismar 844, Schmidt u. v. Cossel's Raths-Buchh. *

Rudolph, Friedrich [app. Arzt aus Wollbrandshausen '(Hannover)']: Beitrag zu den Missbildungen des weiblichen Genitaltractus ... Würzburg, Druck v. F. Fromme, 1894; 70 S., 1 Bl. 8.
Würzburg, Med. Fak., Inaug.-Diss. v. 1894

Rudolph, Friedrich, a. Homburg v. d. H.: Die Entwickelung der Landeshoheit in Kurtrier. Trier 1905: F. V. Lintz. (65 S.) 8°
Tübingen, Phil. Fak., Ref. v. Below, Diss. v. 10. Juli 1905
[Geb. 7. Nov. 61 Hersfeld; Wohnort: Homburg v. d. Höhe; Staatsangeh.: Preußen; Vorbildung: Gymn. Hersfeld Reife S. 81; Studium: Marburg 5, Bonn 1 S.; Rig. 25. Jan. 05.]

Rudolph, Frdr., die Entwickelung der Landeshoheit in Kurtrier bis zur Mitte des 14. Jahrh., s. a. Archiv, trierisches. 5. Erg.

Die Entwickelung der Landeshoheit in Kurtrier bis zur Mitte des 14. Jahrhunderts. Von Dr. Friedr. **Rudolph**. Trier: F. Lintz 1905. (65 S.) 8°
— Archiv, Trierisches. Erg. H. 5. [05. 10,87 S

Rudolph, Friedrich: Die Welt des Sichtbaren in ihrer Darstellung bei Jeremias Gotthelf. Bern 1906. VIII + 94 S. 8⁰. [14. VII. 05.]
Basel. Phil. Diss. 1905/1906.

Rudolph, Frdr., die Welt des Sichtbaren in ihrer Darstellung bei Jeremias Gotthelf. (VII, 93 S.) gr. 8. Bern 906. K. J. Wyß. n. 1. 50

Rudolph, Fritz [aus Ebersbach i. d. Oberlausitz]: **Beitrag zur Petrographie der Anden von Peru und Bolivia ....** (Aus: **Mineralog. u. Petrograph. Mittheilungen. IX. Bd.**) Wien, Alfred Hölder, k. k. Hof- u. Univ.-Buchh., 1887; 1 Bl. + S. 269—317 + 1 Bl. 8°
Leipzig, Phil. Fak., Inaug.-Diss. v. 6. Dez. 1887

Rudolph, Geo., Leben u. Liebe. Vier Schicksale. 8. (III, 162 S.) Dresden 902. E. Pierson. n. 2. 50; geb. n. 3. 50

Rudolph, Georg [aus Posen]: **Die Zersetzung von Chloroformdämpfen durch Gaslicht ... Würzburg, Becker's Univ.-Buchdr.,** 1891; 22 S. 8.
Würzburg, Med. Fak., Inaug.-Diss. v. 1891

Rudolph, Georges, aus Paris: Aus dem Hygienisch-Bakteriologischen Laboratorium des eidgenössischen Polytechnikums. Vorstand: Prof. Dr. O. Roth. Weitere Beiträge zur Kenntnis der Wirkung von Bakterien auf Gemüsekonserven mit spezieller Berücksichtigung ihres Blei- und Zinngehaltes. Zürich 1907. 78 S. 8⁰. [15. VI. 07.]
Zürich. Phil. Diss. II. S. 1906/1907.

Rudolph, Georges. Weitere Beiträge zur Kenntnis der Wirkung von Bakterien auf Gemüsekonserven, mit spezieller Berücksichtigung ihres Blei- und Zinngehaltes. Diss. Phil. [II.] Univ. Zürich. [Mit Figuren.] *Kopftitel:* Aus dem Hygienisch-Bakteriologischen Laboratorium des eidgenössischen Polytechnikums. Vorstand: Prof. Dr. O[tto] Roth. 78 S. 8. Zürich, Gebr. Leemann & Co., 1907.

Rudolph, Glo. Trgtt., († d. 1. April 1820.) anatom.-medicin.-chirurg. Taschenbuch f. Feld- u. Wundärzte. Mit 3 Kpf. 8. Berl. 816. Maurers B. 1 ℔ 8 ℊ

Rudolph, Guillaume Adolphe: Lateinische Oden. Wesel 1907.

Rudolph, Gustav

Rudolph, G., der Deutschunterricht. Entwürfe u. ausgeführte Lehrproben f. einfache u. gegliederte Volksschulen. 1. u. 2. Abtlg. 1.—3. Kurs. gr. 8. Leipzig 889. 890. Wunderlich. à Abtlg. n. 2. —
1. Abtlg. 1. u. 2. Kurs. (VIII, 164 S.) — 2. Abtlg. 3 Kurs. (VIII, 168 S.)

Rudolph, Gust., der Deutschunterricht. Entwürfe u. ausgef. Lehrproben f. einfache u. geglied. Volksschulen. I. Abtlg.: Unter- u. Mittelstufe. 2. Aufl. gr. 8. (VIII, 192 S.) Leipzig 897. E. Wunderlich. n. 2. —; geb. n. 2. 50

— dasselbe. III. Abtlg. Wortkunde im Anschluß an den Sachunterricht. Materialien zu e. element. Onomatik u. Phraseologie. gr. 8. (VIII, 160 S.) Ebd. 898. n. 2. —; geb. n. 2. 50

Rudolph, Gust. (Rud. Schubert), der Deutschunterricht. Entwürfe u. ausgeführte Lehrproben f. einfache u. gegliederte Volksschulen. I. u. II. Abtlg. gr. 8. Leipzig, E. Wunderlich. à n. 2. —; geb. à n. 2. 50
I. Unter- u. Mittelstufe. 3. Aufl. (XVI, 189 S.) 908.
II. Oberstufe. 2. Aufl. (XX, 176 S.) 900.

Rudolph, Gust. (Rud. Schubert), der Deutschunterricht. II. u. III. Abtlg. gr. 8. Leipzig, E. Wunderlich. n. 4. —; geb. n. 5. —
II. Entwürfe u. ausgeführte Lehrproben f. einfache u. gegliederte Volksschulen. 2. Abtlg.: Oberstufe. 3. verm. Aufl. (200 S.) 906. n. 2. —; geb. n. 2. 50
III. Wortkunde im Anschluß an den Sachunterricht. Materialien zu e. elementaren Onomatik u. Phraseologie. 2. verb. Aufl. (VIII, 168 S.) 906. n. 2. —; geb. n. 2. 50

Rudolph, Gust. (Rud. Schubert), der Deutschunterricht. Entwürfe u. ausgeführte Lehrproben f. einfache u. gegliederte Volksschulen. I. Abtlg.: Unter- u. Mittelstufe. 4. u. 5. Aufl. (VIII, 204 S.) gr. 8. Leipzig 908. E. Wunderlich. 2.—; geb. n 2. 50

Rudolph, Gustav [aus Zschepplin]: Der Gebrauch der Tempora und Modi im anglonormannischen Horn . . . . Braunschweig, Druck v. George Westermann, 1885; 2 + 70 + 1 S. 8°.
Halle, Phil. Fak., Inaug.-Diss. v. '21. Dez.' 1885.

Rudolph, Gustav, der Gebrauch der Tempora und Modi im anglonormannischen Horn. Diss. Halle 1885, Lippertsche Buchh. 8°. 70 S.

Rudolph, Gustav [Dr.]: **La Poésie pastorale dans le Roman et sur la Scène du xvIIe Siècle. Altenburg i. S.-A., Pierer'sche Hofbuchdr.,** 1897; 16 S. 4.
Altenburg, herz. Ernst-RG, OP 1897 (714)

Rudolph, Gust., la poésie pastorale dans le roman et sur la scène du XVIIe siècle. Progr. 4. (16 S.) Altenburg 897. (Schnuphase.) n. 1. —

Rudolph, Gustav, (Dr. med.), aus Wollbrandshausen ⟨Hann.⟩: Ueber **Vereiterung und Verjauchung der Uterusmyome.** *(Dresden [1901]: F. Hermanns.)* (31 S.) 8°
Würzburg, Med. Diss. v. 1901

Rudolph, H., s.a. Adressbuch des deutschen Grosshandels und Fabrikstandes...

Rudolph, H., Adressbuch des deutschen Grosshandels und Fabrikstandes incl. aller Spedition-, Commission-, Incasso-, Export-, Bank- und Wechselgeschäfte. 1852—1856. Nebst Supplementen. Leipzig u. Hainichen. 8. . . . . (HC.; D. z. T.)

Rudolph, H., Adressbuch des Grosshandels und Fabrikstandes in Deutschland und der österreichischen Monarchie, einschliesslich aller Bank-, Commissions-, Speditions- etc. Geschäfte, mit Angabe der tüchtigsten Rechtsconsulenten aller Orten, wo deren wohnen. Enthaltend gegen 50,000 Adressen in ca. 2000 Orten. 2., verm. und gänzlich umgearb. Aufl. 3 Lfgn. br. 8. (1. Lfg. 256 Sp.) Leipzig 860, Selbstverlag. (A. Hoffmann.) Subscr.-Pr. * *

Rudolph, H., Adressbuch des Grosshandels u. Fabrikstandes in Deutschland u. in der Schweiz, einschliesslich aller Bank-, Commissions-, Speditions- etc. Geschäfte, mit Angabe der tüchtigsten Rechtsconsulenten aller Orten, wo deren wohnen. Enth. gegen 50,000 Adressen in ca. 3000 Orten. 3., verm. u. gänzlich umgearb. Aufl. 4 Liefgn. Leipzig 866,67. Pardubitz. 8. (1146 Sp. u. Nachtr. 30 Sp.) Jede Liefg. n. 1 ℛ; compl. geb. n. 5 ℛ; Ermässigter Preis n. 3 ℛ 15 ngr; cart. n. 3 ℛ 20 ngr; geb. n. 3 ℛ 25 ngr

Rudolph, H., Adressbuch d. Grosshandels u. Fabrikstandes in Deutschland, der österr. Monarchie u. in der Schweiz einschliesslich aller Bank-, Commissions-, Speditions-, Agentur-, Export- u. Import- etc. Geschäfte. m. Angabe der tüchtigsten Rechtsconsulenten aller Orten, wo deren wohnen. Enthaltend üb. 50,000 Adressen in ca. 3000 Orten. 3. verm. u. gänzlich umgearb. Aufl. nebst Nachtr. aller während d. Druckes entstandener Firmen-Aendergn. 8. (III, 1176 Sp.) Leipzig 871. Serbe in Comm. 11. 40

– s. Adressbuch der die Leipz. Messe besuchenden Grosshändler.

Rudolph, H., Dr., Die Bedeutung des Drachenballons für die Lösung der Frage nach der Herkunft der atmosphärischen Elektrizität u. ihrer Mitwirkung bei der Wolkenbildung u. anderen Vorgängen. [Sond.-Abdr. aus No. 4, Jahrg. 1898 der Illustrirten Aëronautischen Mittheilungen]. Nebst Patentschrift No. 93180.
— — Netz zum Sammeln atmosphärischer Elektrizität, 1897. P. No. 93283.
— — Fesselballon mit Drachenfläche, 1897. Strassburg [o. J.]

Rudolph, H., die mechanische Erklärung der Naturerscheinungen, insbesond. der Relativbewegung des Planckschen Wirkungselements u. der Gravitation. (IV, 63 S.) gr. 8. Coblenz 910. W. Groos. 2. —

Rudolph, H., kurze Geschichte der Erfindung der Buchdruckerkunst im Jahre 1440. Eine Vorbereitungsschrift auf die Vierte Säcularfeier dieser Erfindung im Jahre 1840, für Schule und Haus bearbeitet. Mit Gutenbergs Portr. 8. 840. (Meißen, Klinkicht u. Sohn) n. 1/4 ℛ

Die Constitution der Materie und der Zusammenhang zwischen ponderabler und imponderabler Materie v. Dr. H. **Rudolph.** *Berlin: Comm.-V. v. R. Friedländer & Sohn; (Druck v. A. Hopfer, Burg) 1898.* (33 S.) 1 Bd 8.
[97. 7870

Rudolph, H., alte u. neue Lesebücher, s.: Zur Volksschulpädagogik. 5. Heft.

Rudolph, H., Luftelektrizität u. Sonnenstrahlung. (24 S. m. Fig. u. Kurven.) gr. 8. Leipzig 903. J. A. Barth. n. 1. —

—— s.a. Mess-Adressbuch, Leipziger.

Rudolph H, Leipziger Messadressbuch. XI. Jahrgang. Leipzig 1861

— **Leipziger Mess-Adressbuch.** 19. u. 20. Jahrg. 1869 u. 1870. Durchgängig neu bearb. Leipzig 869, 70. Priber. gr. 16. (19. Jahrg. 211 S. mit 1 lith. Plane in gr. 4.; 20. Jahrg. 213 S.) Jeder Jahrg. n. 15 ngr
Vergl. Mess-Adressbuch, Leipziger.

— Leipziger, Frankfurt a/O. u. Braunschweiger Mess-Adressbuch f. 1873. (23. Jahrg.) Durchgängig neu bearb. 8. (173 S.) Leipzig 873. Vollrath. 1. 50

— vollständiges geographisch-topographisch-statistisches Orts-lexikon von Deutschland. Enthaltend: alle Städte, Flecken, Pfarr-, Kirch- u. andere Dörfer u. s. w. der gesammten deutschen Bundesstaaten, sowie der unter Oestreichs u. Preussens Botmässigkeit stehenden nicht deutschen Länder. Für Gerichts-, Verwaltungs-, Polizei- etc. Behörden, sowie für Kaufleute, Fabrikanten u. s. w. 1—39. Liefg. Leipzig 859—64. A. Hoffmann. (Zürich, Ernst.) 4. (Sp. 1—3744.) Jede Liefg. 10 ngr.

— vollständigstes geographisch-topographisch-statistisches Orts-Lexikon von Deutschland, sowie der österreichisch-ungarischen Monarchie u. aller unter Oesterreichs u. Preussens Botmässigkeit stehenden nichtdeutschen Länder. Enth.: alle Städte, Flecken, Pfarr-, Kirch- u. andere Dörfer, Ort- u. Bauerschaften, Kirchspiele, Schlösser, Rittergüter, Vorwerke, Bergwerke, Fabriken, Weiler, Hüttenwerke, Mühlen, Höfe, Förstereien, merkwürdige Ruinen, Krüge, Einschichten, Einöden, Berge u. s. w. mit Angabe deren geograph. Lage u. Entfernungen von Hauptstädten, Regierungsbezirk, Einwohnerzahl, der Postanstalten, Dampfschiff-, Eisenbahn- u. Telegraphen-Stationen u. s. w. 40—56. (Schluss-)Liefg. Leipzig u. Zürich 865—68. Zander. 4. (Sp. 3745—5341.) [40—55. Liefg. à 10 ngr.; 56. Liefg. 5 ngr.] 5 ℛ 15 ngr.
Complet in 2 Bdn. Ermässigter Preis 5 ℛ
geb. 6 ℛ 15ngr.

Rudolph, H. Vollständiges geographisch-topographisch-statistisches Orts-Lexikon von Elsass-Lothringen. Enthaltend: alle Städte, Flecken, Dörfer, Schlösser, Gemeinden, Weiler, Berg- und Hüttenwerke, Höfe, Mühlen, Ruinen, Mineralquellen u. s. w. mit Angabe der geographischen Lage, Fabrik-, Industrie- und sonstigen Gewerbthätigkeit, der Post-, Eisenbahn- und Telegraphen-Stationen und geschichtlichen Notizen etc. Nach amtlichen Quellen bearbeitet. Zugleich als Supplement zu H. Rudolph's Orts-Lexikon von Deutschland und der ganzen österreichisch-ungarischen Monarchie. 8. Leipzig 1872.

—— vollständiges geographisch-topographisch-statistisches Orts-Lexikon von Elsass-Lothringen. Enth. alle Städte, Flecken, Dörfer etc. Nach amtl. Quellen bearb. Zugleich als Suppl. zu H. Rudolphs Orts-Lexikon von Deutschland und der ganzen österreichisch-ungar. Monarchie. Lex.-8. (III S., 78 Sp.) Leipzig 872, Zander. * 1 50
Orts-Lexikon von Deutschland. Ebendas. 1863—68. *ℳ. 16,50.; geb. *ℳ. 21,50.

Rudolph, H. Vollständigstes geographisch-topographisch-statistisches Orts-Lexikon sowie der unter Oesterreichs und Preussens Botmässigkeit stehenden nichtdeutschen Länder. Enthaltend: alle Städte, Flecken, Pfarr-, Kirch- und andere Dörfer, Ort- und Bauernschaften, Kirchspiele, Schlösser, Rittergüter, Vorwerke, Weiler, Hüttenwerke, Mühlen, Höfe, merkwürdige Ruinen, Krüge, Einschichten, Einöden u. s. w. Für Gerichts-, Verwaltungs-, Polizei-, Post-, Eisenbahn- und Militär-Behörden, Bibliotheken, Lehranstalten, sowie für Geistliche, Lehrer, Naturforscher, Kaufleute, Fabrikanten, Spediteure, Agenten, Gasthäuser, Reisende u. s. w. kl. 4. Zürich 1868.

Rudolph, H.: De urina sanguinis, potus et chyli. Inaug.-D. Marburg. 1854.

Rudolph, H., üb. die Ursache der Sonnenflecken. gr. 4. (20 S.) Wien 899. (C. Gerold's Sohn.) n. 1. 40
Sonderabdruck aus: „Denkschrift d. k. Akad. d. Wiss."

Rudolph, H., s.: Zum Entwurf e. deutschen bürgerlichen Gesetzbuches.

Rudolph, H. G., kurze Geschichte des Rettungshauses zu Schreiberhau, s. Geschichte.

Rudolph, H. G., von der sogenannten Unsterblichkeit d. Seele. 12. (VI u. 50 S.) Schreiberhau 851. (Breslau, Dülfer & Geiser.) n. 4 ngr.

Rudolph, Heinrich [Assist. am math.-physik. Inst. d. Univ. Marburg]: Anwendung der akustischen Methode der Längenmessung zur Bestimmung der linearen Ausdehnungscoefficienten von Stäben, unter Benutzung einer einfachen Vorrichtung zur Ermittelung der Aenderung der Schwingungszahl einer Saite ... Marburg, Univ.-Buchdr. (R. Friedrich)', 1892; 49 S., 1 Taf. 8.
Marburg, Phil. Fak., Inaug.-Diss. v. [10. Dez.] 1892

Rudolph, Heinrich (Hrsg.), s. Anzeiger für Industrie u. Technik.

Rudolph, Heinr., der Ausdruck der Gemütsbewegungen des Menschen. Dargestellt u. erklärt auf Grund der Urformen u. der Gesetze des Ausdrucks u. der Erregungen. (XIV, 228 S. m. 44 Abbildgn.) gr. 8. Hierzu e. Atlas m. 680 Köpfen auf 183 Taf. (in gr. 4.) Dresden 903. G. Kühtmann. Geb. in Leinw. n. 48. —

Rudolph, Heinr., Bemerkungen zu d. Schrift d. Superint. Keller in Sprottau: Die Lasten d. Patronats in d. evangel. Kirche. 8. (1⅛ B.) Glogau 840, Flemming.

Erdmagnetismus und Luftelektrizität von Dr. Heinrich Rudolph, Oberl. Coblenz: Selbstverl. 1906. (49 S.) 8° [08. 5166]

Rudolph, Heinr., Kausalität und Weltanschauung. E. Beantwort. erkenntnistheoret. u. psycholog. Fragen im Anschluss an die Programmabhandl. „Über die Unzulässigkeit der gegenwärtigen Theorie d. Materie." Coblenz 1905. 8°.

Rudolph, Heinrich: Über die Unzulässigkeit der gegenwärtigen Theorie der Materie. Zwei Vorträge gehalten am 1. und 13. Dezember 1904 im Wissenschaftlichen Verein zu Coblenz. (Umschlagtitel: ... Materie.) 36 S. 4. Städt. Realgymn. mit Realschule i. E. *Coblenz* 1905 (570).
Progr.

Rudolph, Heinrich, Dr.: Über die Unzulässigkeit der gegenwärtigen Theorie der Materie. Coblenz 1905: H. L. Scheid. (36 S.) 4° [F.]
Coblenz, st. RG m. R i. E. OP 1905 (570)

Rudolph, Hermann, approb. Arzt aus Dortmund: Aus d. Chirurg. Klinik zu Kiel. Kasuistischer Beitrag zur Würdigung und Methodik plastischer Operationen bei Narbenkontrakturen durch Verbrennung. *Kiel 1903: P. Peters.* (24 S.) 8°
Kiel, Med. Diss. v. [30. Mai] 1903

Rudolph, Herm., Bilder u. Klänge aus Gera in Volksmundart. 2. Hftchn. 16. (IV, 137 S.) Gera 876. Rudolph & Müller. 1. —

— dasselbe. 3. Hftchn. 16. (V, 167 S.) Gera 879. (Burow.) n. 1. 20; geb. m. Goldschn. n. 2. —

– Die Ehe und die Geheimlehre, s. Vorträge, Geheimwissenschaftliche.

— Gibt es eine Weiterbildg. der Religion, s.: Flugschriften, theosophische.

– Karma, das Gesetz der Wiedervergeltung und Harmonie im Weltall, s. Vorträge, Geheimwissenschaftliche.

Rudolph, Herm., s.: Kulturmission, die, der theosophischen Gesellschaft.

Rudolph, Herm., Kunst u. Religion, s.: Vorträge, geheimwissenschaftliche. 25. Heft.

— die Lebendigen u. die Toten,
— der Patriotismus u. die theosophische Verbrüderung der Menschheit,
— die Religion der Zukunft,
— der verlorene Sohn,

s.: Vorträge, geheimwissenschaftliche.

— Unser Sonnensystem, s.: Flugschriften, theosophische.

— s.: Vorträge, geheimwissenschaftliche.

Rudolph, J. A., neuverm. Heraldica curiosa, oder Wappenbuch. 2 Thle. mit Kupfern. Fol. Frankfurt und Leipzig. 718.

Rudolph, J. G., Introductio ad Ciceronis Amaltheam. Gel. 1724. 87 S. 4°.

Rudolph, J. K., die Hausmaurerkunst. Handb. zum prakt. Unterr. f. Maurer u. Steinhauer, insbesond. zum Gebr. bei d. Bauhandwerksschulen in Kurhessen. gr. 4. (30 B. u. 19 lith. Taf. gr. Fol.) Cassel 827, (Luckhardt.)

Rudolph, J. K. Die Hausmaurerkunst. Handbuch zum praktischen Unterrichte für Maurer u. Steinhauer. Cassel 1829. 4. Atl. Fol.

Rudolph, J. M., s. Rudolf

Rudolph, Ida, u. Martha Riemschneider, Volks-Kochbuch. Ausführliche Anleitg., billig, kräftig u. schmackhaft zu kochen. Zum Gebrauch in Haus u. Schule. 2. verb. u. verm. Aufl. (3.—10. Tausd.) (XX, 120 S.) 8. Salzungen 910. L. Scheermesser. Geb. in Leinw. 1.25; Vorzugspreis f. Schulen 1. —

Rudolph, Joh., Anemonen. Einfache Geschichten aus d. Leben. 8. (128 S.) Stuttgart 896. D. Gundert. Geb. in Leinw. n. 1. —

— dasselbe, s. a. Sonntagsbibliothek, Nr. 3.

— Gedichte. 12. (116 S.) Stuttgart 895. Greiner & Pfeiffer. n. 2. —; geb. in Halbleinw. n. 2. 50

— himmelan!, s.: Sonntagsbibliothek, Nr. 8.

— aus Welt, Zeit u. Herz. Gedichte. gr. 16. (VII, 44 S.) Stuttgart 897. Greiner & Pfeiffer. Geb. in Leinw. m. Goldschn. n. 2. —

Rudolph, Johann Achaz (Erlangen) A. S. 187/18

De iure reinfeudandi beneficia imperio aperta sive maiora, sive minora, durante interregno... haud competente commentatio.
Erlangen (Kunstmann) 1793. 31 S. 29414

Rudolph, Johann Achaz (Erlangen) A. S. 153/28

Dissertatio inauguralis iuridica de poena delictorum extra territorium admissorum.
(Erlangen) III. 1790. 36 S. 29413

Rudolph, Johann Christoph A. S. 48/21

Dissertatio inauguralis iuridica de accessione picturae.
Erlangen (Camerarius) 16. X. 1756. 36 S.

29416

Rudolph, Johann Christoph [Praes.], s. Beseke, Carl Ferd. Wilh.: De criminibus delictorum carnis utplurimum accessoriis diss.

Rudolph, Johann Christoph [Praes.], s. Biermann, Johann Christoph: De transplantatione subditorum in locum emigrationis vel expulsionis religionis causa non substituenda ad J. P. O. art. V § 36.

Rudolph, Johann Christoph A. S. 48/24

De codice canonum quem Hadrianus I. Carolo M. dono dedit disquisitio.
Erlangen (Camerarius) (11. XI.) 1754. 16 S.

29415

Rudolph, Jh. Cph., († d. 28. Febr. 1792.) nova commentatio de codice canonum, quem Hadrian. J. P. R. Carolo M. dono dedit. 8. Erlang. 777. Palm. 6 gr.

Rudolph, Jh. Cph., Entwurf e. allgem. Geschichte der deutschen Reichsgesetze. 8. Nürnb. 758. Stein. 4 gr.

— Entw. e. Geschichte d. deutsch. Reichsgesetze. 8. Nürnb. Palm. 758.

Rudolph, Johann Christoph [Praes.], s. Geyer, Johann Achaz: De ultimis voluntatibus jure naturae validis.

— s. Guion, Geschichte v. Ostindien.

Rudolph, Johann Christoph [Praes.], s. Haerter, Johann Friedrich Julius: Observationes de jure emigrandi et transmigrandi subditorum eorumque expulsione et transplantatione in genere.

Rudolph, Johann Christoph [Praes.], s. Maier, Friedr. Franc. Erasm.: De effectu metus in pactis et contractibus.

— Vindiciae territorialis potestatis Imperii Rom.-Germ., advers. exemtiones nobilium et repetitae vindiciae territorialis potestatis adversus exemtiones nobilium, Göttingens. vindiciis libertatis oppositae. 4. Erlang. 753—755. Palm. 2 Rthl. 8 gr.

Rudolph, Joh. Frz. Valtin, physiolog.- u. patholog.-semiot. Betrachtung d. menschl. Zaehne u. d. Zahnfleisches. Inaug.-Abhandl. gr. 8. (4½ B.) Würzburg 834. (Nürnberg, Stein.)

Rudolph, Johann Friedrich

Rudolph, Joh. Fr., Erfahrungen u. Vorschläge über den Anbau einheim. Gewerb- u. Fabrikhölzer u. über deren zweckmäß. gewerbl. Benutzung, zur Beförderung inländ. Industrie. Eine Abhandlung. 8. (4½ B.) Leipzig 843, [Kößling'sche Buchh.]

RUDOLPH, Johann Friedrich: Erfahrungen und Vorschläge über den Anbau einheimischer Gewerb- und Fabrikhölzer und über deren zweckmässigste gewerbliche Benutzung zur Beförderung inländischer Industrie. Eine Abhandlung. - Leipzig 1846. 65 S.

Rudolph, Ioan. Frid. (geb. Rio Essequebo 23. 11. 1793): De morborum reversionibus. Berolini (1820). (40 S.) 8°
Berlin, Med. Diss. v. 24. März 1820

Rudolph, Johann Philipp Julius (Erlangen)
Erlg. G. R. 1792.

De opii in luis Venereae sanatione efficacia commentatio.
Erlangen (Palm) 1792. 30 S. 29419

— Progr. de evacuatione abscessuum artificiali. 4maj. Erlang. 793

Rudolph, Johann Philipp Julius (Erlangen)
Erlg. Med. 1790/4a

Dissertatio inauguralis medica de partu sicco.
Erlangen (Kunstmann) III. 1790. 52 S.

29418

Rudolph, Jh. Ph. Jul. II., († d. 1. Dec. 1801.) Diss. de partu sicco. 4maj. Erlang. 790. Palm. 6 *gl*

— Progr. de tumore cancroso, singulari amputatione feliciter sanato. 4. Erlang. 770. Palm. 3 *gl*

Rudolph, Jh. Ph. Jul. I., († d. 5. März 1797.) Diss. de ustione cranii in epilepsia. 4. Erlang. 768. Palm. 3 *gl*

Rudolph, Johann Philipp Julius (Marburg)
Erlg. Med. 1768/1

Dissertatio inauguralis chirurgico-medica de ustione cranii in epilepsia.
Präs. Heinrich Friedrich Delius.
Erlangen (Walther) 23. I. 1768. 62 S.

W. v.: Johann Friedrich Doerffler (Opp.), Johann Gottfried Heumann (Opp.). 29417

Rudolph, Johs., Allerlei aus Gottes Schule. 8. (III, 99 S.) Leipzig 902. K. Kaupisch. n. 1. —; geb. in Leinw. n. 1. 60

Rudolph, Johannes. Allerlei aus Gottes Schule. [Titel-Ausgabe.] IV + 104 S. 8. Basel, Ernst Finckh, [1905]. [geb. fr. 2. —]

Orig.-Ausgabe: Leipzig, Karl Kaupisch, 1902. [M. 1. —, geb. 1. 60]

Rudolph, Johannes. Gedichte. NY, 1878.

— **Parochie Leisnig**, s.: Robbe.

--Luise. Aus d Leben einer Emanzipierten. Newark, 1908.

--Monatsrosen: Erzählungen. 1.-3. Sammlung. 3v. Newark, n.d.

— **die Pascher.** Eine Erzählg. von der schlesisch-böhm. Grenze. 8. (III, 118 S.) Leipzig 901. K. Kaupisch. n. 1. 25; geb. n. 2. —

Rudolph, Johannes. Die Pascher. Eine Erzählung von der schlesisch-böhmischen Grenze. [Titel-Ausgabe.] IV + 118 S. 8. Basel, Ernst Finckh, [1905]. [geb. fr. 2. 50]

Orig.-Ausgabe: Leipzig, Karl Kaupisch, 1901. [M. 1. 25, geb. 2. —]

Rudolph, Johs., praktische Winke aus der Pädagogik für deutsche christliche Sonntagsschul-Arbeiter. Vortrag. 12. (31 S.) Newark, N. J. 887. (Philadelphia, Schäfer und Koradi.) * — 75

Rudolph, Joh(annes) Carol(us) Frid(ericus) Aug(ustus): De hydrope ex scarlatina oriundo. [Praeses:] Curtius Sprengel. Martisburgi (1824): Kobitzsch. 31 S. 8°

Halle-Wittenberg, Med. Diss. v. 23. Okt. 1824

Geb. Teuchern bei Weissenfels 17. 11. 1801. V.

Rudolph, Josef: Aus d. chirurg. Abt. d. Städt. Krankenh. zu Krefeld. Eine Hemmungsbildung weiblicher Geschlechtsorgane. Rostock 1908: Adler. 34 S. 8°

Bonn, Med. Diss. v. 25. Sept. 1908, Ref. Fritsch

[Geb. 6. Okt. 81 Kempen a. Rh.; Wohnort: Kempen a. Rh.; Staatsangeh.: Preußen; Vorbildung: Gymn. Kempen a. Rh. Reife O. 02; Studium: Freiburg i. B. 1, Marburg 1, Würzburg 3, Straßburg 1, Bonn 4 S.; Coll. 25. Okt. 07; Approb. 31. Juli 08.] [U 09. 365

Rudolph, Jos., kurze Volkspredigten f. die Sonn- u. Festtage des Jahres. 1—4. Thl. 8. Regensburg, Manz.

Thl. 1., 2. Vom Advent bis auf den letzten Sonntag nach Pfingsten. (47 B.) 843. 1 Thlr. 25 Ngr.
" 3. Fasten- u. Festtagspredigten. (17 B.) 845. 22½ Ngr.
" 4. Fastenpredigten in 2 Jahrgängen, nebst einigen Sonn- u. Festtagspredigten. (16 B.) 846. 22½ Ngr.

Rudolph, Jul., Anleitg. zur Deklaration f. d. Einkommensteuer. (Hauptsächl. berechnet f. Hausbesitzer.) 2. Aufl. gr. 8. (8 S.) Leipzig 897. Siegismund & Volkening. n. — 10

Rudolph, Jul., Bekenntnisse. Ein Sendschreiben gerichtet an die sogenannten Deutsch-Katholiken bei meiner Rückkehr zur kath. Kirche. gr. 8. (2 B.) Leipzig 846, Liebeskind. *

Rudolph, Julius, approb. Arzt aus Breunigweiler ⟨Rheinpfalz⟩: Über einen Fall von Vergiftung durch Einatmen von Terpentinöldämpfen. *München 1901: C. Wolf & Sohn.* (26 S.) 8°
München, Med. Diss. v. 1901

Rudolph, K., lateinische Satzlehre, s.: Michaelis, G.

Rudolph, K. A., Geschichte des Papstthums, der Päpste, und der berühmtesten Bischöfe u. Kardinäle. Der deutschen Nation gewidmet. 6 Lfg. 8. Berlin 845, (46,) Vossische Buchh. (à n. $^1/_6$ *ß*) n. 1 *ß*

Rudolph, Karl: Bestimmung der Positionen einer Anzahl von Sternen zwischen + 89° und + 83° Deklination mittelst des Repsold'schen Heliometers der Göttinger Sternwarte. Königsberg i. P. 1910: Leupold. 51 S., 1 Taf. 4°

Königsberg, Phil. Diss. v. 17. Nov. 1910, Ref. Battermann

[Geb. 26. Febr. 85 Metz; Wohnort: Königsberg i. P.; Staatsangeh.: Preußen; Vorbildung: Gymn. Ludwigsburg Reife Juli 04; Studium: Berlin 2, Tübingen 2, Göttingen 8, Königsberg 1 S.; Rig. 23. Febr. 10.] [U 11. 2708

Rudolph, Karl, approb. Arzt aus Breitenworbis ⟨Prov. Sachsen⟩: Aus d. pathol. Institute zu Kiel. Über zwei Fälle von grossen Defecten der Vorhofsscheidewand des Herzens. *Kiel 1900: H. Fiencke.* (17 S.) 8°
Kiel, Med. Diss. v. [5. Aug.] 1900

Rudolph, K., Psaronien und Marattiaceen, vergleichend anatomische Untersuchung. Besonders abgedruckt a. d. LXXVIII. Bd. d. Denkschriften d. mathem.-naturw. Klasse d. k. Akad. d. Wiss. (37 S. mit 3 Tafeln.) † Wien: Gerold 1905. K 3.80

Rudolph, Karl, Psaronien u. Marattiaceen. Vergleichend anatom. Untersuchg. (37 S. m. 3 Taf. u. 3 Bl. Erklärgn.) 4. Wien 905. (A. Hölder.) n. 3. 80
Sonderabdruck aus: „Denkschr. d. k. Akad. d. Wiss."

— Der Spaltöffnungsapparat der Palmenblätter (mit 2 Taf. und 10 Textfiguren). S. 120. [illegible] 2.20
Separatabdruck

Rudolph, Karl [aus Schmalkalden]: Das Verhältnis der beiden Fassungen, in welchen die Chanson Garin de Monglane überliefert ist, nebst einer Untersuchung der Enfances Garin de Monglane. . . . Marburg, Buchdr. Oscar Ehrhardt, 1890; 74 S. + 2 Bl. 8°
Marburg, Phil. Fak., Inaug.-Diss. v. [30. Apr.] 1890

Karl Christian Georg Rudolph

Car(olus) Christ(ianus) Georg(ius) Rudolph: De Necrosi. Berolini (1827:) Nitack. VI,37 S. 8°

Berlin, Med. Diss. v. 8. Sept. 1827

Rudolph, [illegible]
[illegible]
Berlin, Med. Diss. v. 12. März 1831

Rudolph, Klara

Rudolph, Clara (geb. Schumacher), Heimweh. Eine Sammlg. v. Zeichngn. nach Motiven aus der Heimat. (55 S.) 32×25 cm. Berlin-Zehlendorf (910). R. Eckstein Nachf. Geb. in Leinw. 6. —

Rudolph, Konrad, Referendar: Besteht für denjenigen, welcher einen Vertrag durch Ausübung eines Rücktrittsrechtes auflöst, ein Anspruch auf Schadensersatz gegen den Gegner? Greifswald 1906: J. Abel. (47 S.) 8° [F.]
Greifswald, Jur. Fak., Ref. Stampe, Diss. v. 19. Febr. 1906
[Geb. 10. Dez. 82 Lichtenberg, Brandenburg; Wohnort: Lichtenberg; Staatsangeh.: Preußen; Vorbildung: Gymn. Berlin Reife O. 01; Studium: Berlin 3, Greifswald 2, Berlin 2, Greifswald 2 S.; Rig. 21. Dez. 05.]

Rudolph, Conrad: De corporibus alienis in organismo humano. Halae (1839): Semmler. 30 S. 8°
Halle-Wittenberg, Med. Diss. v. 22. Juni 1839
Geb. Artern (Kr. Sangerhausen) 5. 9. 1815. V.

Rudolph, Konrad [Dr.]: Über die geeignetste Form einer Nibelungenübersetzung. Berlin, R. Gaertners Verlagsbuchh., 1890; 21 S. 4°
Berlin, Köllnisches G, OP 1890

Rudolph, [Konrad]: [Nachruf bei der Gedächtnisfeier für Professor Dr. Otto Hoffmann.] S. 16—19. 4. Köllnisches Gymn. *Berlin* 1904 (64).
Progr.

Rudolph, Konrad, Referendar in Oels i. Schl.: Die Parteifähigkeit der offenen Handelsgesellschaft. Borna-Leipzig 1905: R. Noske. (IX, 64 S.) 8°
Breslau, Jur. Fak., Ref. Fischer-Brie, Diss. v. 19. Dez. 1905
[Geb. 25. Juni 81 Oels; Wohnort: Oels; Staatsangeh.: Preußen; Vorbildung: Gymn. Oels Reife O. 00; Studium: Breslau 4, München 1, Berlin 1 S.; Rig. 9. Nov. 05.]

Rudolph, K[onradus]: * Quaestiones metricae. 100 S. 4° (2°)
Halle-Wittenberg, Phil. Diss. v. 14. Dez. 1875
Geb. [Sausenberg b. Rosenberg (Schles.) 21. 12. 1849]

Rudolph, [Konrad]: [Rede bei der Schiller-Gedächtnisfeier.] S. 17 bis 24. 4. **Progr.** Köllnisches Gymn. *Berlin* 1906 (67).

Rudolph, L.: Über Diesterwegs didaktische Prinzipien. Berlin 1867. Schul-/Univ.-Schrift

Rudolph, L., D. Turners Testament, f. e. Singstimme m. Pianoforte, op. 6, Chemnitz, 4°.

Rudolph, Ludw., praktische Anleitung zur Ertheilung eines naturgemäßen Unterrichtes in unserer Muttersprache. 4 Thle. 8. Berlin, Nicolai'sche Verlagsb. [1. Thl. (X, 172 S.) 876. * ℳ 1,60.; 2. Thl. (XI, 344 S.) 877. * ℳ 3.; 3. Thl. (XI, 304 S.) 879. * ℳ 3.; 4. Thl. (X, 390 S.) 879. * ℳ 4.] *

Rudolph, Ludw., Atlas der Pflanzengeographie über alle Theile der Erde f. Freunde u. Lehrer der Botanik u. Geographie nach den neuesten u. besten Quellen entworfen u. gez. (24 S. m. 10 lith. Taf. wovon 5 in Farbendr.) Berlin 852, Nicolai. n. 5 ℛ

Rudolph, Ludw., Atlas der Pflanzengeographie über alle Theile der Erde für Freunde und Lehrer der Botanik und Geographie nach den neuesten und besten Quellen entworfen und gezeichnet. 2. Aufl. Berlin 864. Nicolai'sche Verlhdlg. gr. Fol. (10 lith. Bl. in Farbendr. u. 11 Bl. Text.) 4 ℛ

Rudolph, Ludw., s.: Collection d'auteurs français.

Rudolph, Ludw., Deutschlands Dichter für Schule und Haus. Mit erläut. Anmerkungen versehen und zum mündl. Vortrage eingerichtet. 8 Tle. 8. Berlin, Reinecke. cart. * 17 75
Inhalt:
Tl. 1. Für Kinder von 6—7 Jahren. [1. Schulj.] (XV, 119 S.) 887. * ℳ 1.50.
" 2. Für Kinder von 7—8 Jahren. [2. Schulj.] (XII, 140 S.) 887. * ℳ 1.75.
" 3. Für Kinder von 8—9 Jahren. [3. Schulj.] (XII, 155 S.) 887. * ℳ 2.—.
" 4. Für Kinder von 9—10 Jahren. [4. Schulj.] (XII, 171 S.) 887. * ℳ 2.25.
" 5. Für das Alter von 10—11 Jahren. [5. Schulj.] (XII, 179 S.) 888. * ℳ 2.40.
" 6. Für das Alter von 11—12 Jahren. [6. Schulj.] (XII, 196 S.) 888. * ℳ 2.50.
" 7. Für das Alter von 12—13 Jahren. [7. Schulj.] (XV, 208 S.) 888. * ℳ 2.60.
" 8. Für das Alter von 13—14 Jahren. [8. Schulj.] (XVI, 224 S.) 888. * ℳ 2.75.

— **Adolf Diesterweg,** der Reformator d. deutschen Volksschulwesens im 19. Jahrh. Festschrift zur Feier seines 100jähr. Geburtstages, den 29. Oktbr. 1890. gr. 8. (X, 229 S. m. Portr. in Kpfrst.) Berlin 890. Nicolai's Verl. n. 3. 50

— s.: **Diesterweg's Wegweiser.**

—— und Gust. Leop. Staedler, zur Erinnerung an Schiller's 100jährigen Geburtstag, s. Staedler, Gust. Leop.

Rudolph, Ludw., die Hand. Eine populäre Vorlesung. 16. (78 S.) Berlin 859, Nicolai'sche Verlagsbuchh.

—— **praktisches Handbuch für den Unterricht in deutschen Stilübungen.** 1—4. Abthl. 8. Berlin, Nicolai'sche Verlagsbuchh. [1. Abthl. (XVII und 152 S.) 859. * 15 Ngr., 2. Abthl. (VII und 250 S.) 859. * 25 Ngr., 3. Abthl. (VII und 330 S.) 860. * 1 Thlr., 4. Abthl. (XII und 436 S.) 861. * 1 Thlr. 10 Ngr.] *

—— praktisches Handbuch für den Unterricht in deutschen Stilübungen. 4 Abthlgn. 8. Berlin, Nicolai's Verlag. [1. Abthl. 2. Aufl. 1863. und 3. Aufl. (XV und 166 S.) 866. * 15 Ngr., 2. Abthl. 2. Aufl. (VII und 255 S.) 864. * 25 Ngr., 3. Abthl. 2. Aufl. (VII und 340 S.) 865. * 1 Thlr., 4. Abthl. 2. Aufl. (XII und 450 S.) 865. * 1 Thlr. 10 Ngr.] *

—— praktisches Handbuch für den Unterricht in deutschen Stilübungen. 4 Thle. 8. Berlin, Nicolai's Verlag. [1. Thl. 4. Aufl. (XV, 184 S.) 1871, und 5. Aufl. (XIV, 176 S.) 875. * ℳ 1,50.; 2. Thl. 3. Aufl. 1869. * ℳ 2,50., und 4. Aufl. (V, 266 S.) 873. * ℳ 3.; 3. Thl. 3. Aufl. 1870, und 4. Aufl. (VI, 352 S.) 874. * ℳ 3.; 4. Thl. 3. Aufl. (XII, 464 S.) 872. * ℳ 4,50.] * 12 —

— **praktisches Handbuch f. den Unterricht in deutschen Stilübungen. 1—4. Thl. gr. 8. Berlin 873—75. Nicolai's Verl.** n. 12. —
1. 6. Aufl. (XV, 176 S.) n. 1. 50. — 2. 4. Aufl. (V, 266 S.) n. 3. —. — 3. 4. Aufl. (VI, 352 S.) n. 3. —. — 4. 4. Aufl. (XII, 452 S.) n. 4. 50.

—— **praktisches Handbuch für den Unterricht in deutschen Stilübungen.** 4 Thle. 8. Ebendas. [1. Thl. 6. Aufl. (XV, 176 S.) 877. * ℳ 1,50.; 2. Thl. 5. Aufl. (VI, 270 S.) 877. * ℳ 3.; 3. Thl. 5. Aufl. (VI, 352 S.) 880. * ℳ 3.; 4. Thl. 4. Aufl. (XII, 452 S.) * ℳ 4,50.] *

Rudolph, Ludw., praktisches Handbuch für den Unterricht in deutschen Stilübungen. 1., 2. und 4. Thl. 8. Berlin, Nicolai'sche Verlagsb. [1. Thl. 7. Aufl. (XV, 176 S.) 880. * ℳ 1,50.; 2. Thl. 6. Aufl. (VII, 270 S.) 883. * ℳ 2,50.; 4. Thl. 5. Aufl. (XII, 452 S.) 882. * ℳ 3,50.] *
3. Thl. Ebendas. 1880. * ℳ 3.

Rudolph, Ludw., praktisches Handbuch f. den Unterricht in deutschen Stilübungen. 1. u. 2. Tl. 8. Berlin, Nicolai's Verl. n. 4. —
1. 8. Aufl. (XIV, 176 S.) 886. n. 1. 50
2. 6. Aufl. (VII, 270 S.) 887. n. 2. 50

—— Praktisches Handbuch f. den Unterricht in deutschen Stilübungen. 3. u. 4. Tl. 6. Aufl. 8. Ebd. [3. Tl. (VII, 355 S.) 890. * 2 50; 4. Tl. (XII, 452 S.) 893. * 3 50.] * 6 —
1. u. 2. Tl. Ebd. 1886,83. * 4 —.

— prakt. Lehrbuch f. den ersten Unterricht in der franz. Sprache, nach method. Grundsätzen bearb. gr. 8. (X u. 252 S.) Berlin 848, Logier. n. 2/3 Thlr

Rudolph, Ludw., praktisches Lehrbuch für den ersten Unterricht in der französischen Sprache, nach methodischen Grundsätzen bearbeitet. 2. verb. u. verm. Aufl. Berlin 853. Logier. gr. 8. (XVI, 303 S.) n. 20 ngr.

— praktisches Lehrbuch für den ersten Unterricht in der französischen Sprache, nach methodischen Grundsätzen bearb. Berlin 863. Logier. 8.
2. Abth.: Französisches Lesebuch für Mittelschulen. 3. verm. Aufl. (X, 180 S.) n. 10 ngr.

Rudolph, Ludw., praktisches Lehrbuch für den ersten Unterricht in der französischen Sprache nach method. Grundsätzen bearb. 1. Abthl. Lehr- u. Uebungsbuch. 3., vollständig umgearb. Aufl. Ebend. 866. br. 8. (IX, 238 S.) cart. n. 15 ngr.

—— die Pflanzendecke der Erde. Populäre Darstellung der Pflanzengeographie für Freunde und Lehrer der Botanik und Geographie. Nach den neusten und besten Quellen zusammengestellt und bearb. gr. 8. (XV und 416 S.) Berlin 853, Nicolaische Buchh.

—— die Pflanzendecke der Erde. Populäre Darstellung der Pflanzengeographie für gebildete Naturfreunde. Nach den neuesten und besten Quellen zusammengestellt und bearb. 2., verm. Ausg. gr. 8. (XV und 450 S. mit 1 lithogr. Titelbilde in Farbendr. und 12 Stnt. in Tondr., gezeichnet von H. Krämer.) Berlin 859, Nicolai'sche Verlagsbuchh. *

Rudolph, Ludw., die Pflanzendecke der Erde. Populäre Darstellung der Pflanzengeographie für gebildete Naturfreunde 2c. Supplementheft. Abdr. für die Besitzer der 1. Aufl. Mit 1 (lith.) Titelbilde in Farbendr. u. 12 (lith.) Taf. in Tondr., gezeichnet von H. Krämer. Ebend. 859. gr. 8. (34 S.) n. 1 Thlr 7½ ngr.; ohne Tafeln n. 7½ ngr.

— Schiller-Lexikon. Erläuterndes Wörterbuch zu Schiller's Dichterwerken. Unter Mitwirkg. v. K. Goldbeck bearb. 2. (Titel-)Ausg. 2 Bde. 8. (XVIII, 560 u. 603 S. m. Portr.) Ebd. 890. n. 6. —; geb. n. 8. —

—— die Stellung der Schule zu dem Kampfe zwischen Glauben und Wissen. Ein Beitrag zur Verständigung für Eltern, Lehrer und Erzieher. gr. 8. (VII, 178 S.) Berlin 881, Nicolai'sche Verlagsb. *

— der deutsche Stil od. prakt. Anleitung zur Anfertigg. deutscher Aufsätze. Ein Handbuch f. Lehrer u. Lernende. 8. (VI, 134 S.) Ebend. 872. n. 1. 20

— der deutsche Stil od. prakt. Anleitg. zur Anfertigg. deutscher Aufsätze. Ein Handbuch f. Lehrer u. Lernende. 2. Aufl. [Aus: „R.'s Handb. f. den Unterricht in deutschen Stilübgn., 6. Aufl."] 8. (IV, 135 S.) Ebd. 893. n. 1. 20

— über Luthers Verdienste um unsere Muttersprache. Drei Vorträge, während der Sommermonate d. J. 1883 in dem Berliner Verein f. höhere Töchterschulen geh. [Aus: „Rhein. Blätter f. Erziehg. u. Unterricht".] gr. 8. (47 S.) Frankfurt a/M. 884. Diesterweg. n. — 40

— was heißt Toleranz in der Schule? Ein Wort zur Abwehr der in der Berliner Stadtverordneten-Versammlg. am 16. März 1876 gegen mich gerichteten Angriffe. gr 8. (16 S.) Ebend. 876. n. 1. 30

— erläuterndes Wörterbuch zu Schillers Dichterwerken. Unter Mitwirkung von Karl Goldbeck bearb. Mit dem Bildnisse Schillers in Kpfrst. 2 Bde. Ebend. 869. 8. (XX, 506 S. u. III, 603 S.) n. 3 Thlr

Rudolph, M., Lieder f. die Jugend. Zum Gebrauche f. Schule u. Haus gewählt u. zum Theil neu bearb. 1. u. 2. Hft. Riga 875. Betz. n. — 50
1. 74 zweistimmige Lieder nebst e. Anh. enth. 18 Canons. (VI, 66 S.) n. — 50
2. 56 dreistimm. Lieder, m. wenigen Ausnahmen auch zweistimmig zu singen. (VI, 104 S.) n. — 80

Rudolph, M., Lieder für die Jugend. Zum Gebrauche für Schule u. Haus ausgewählt u. zum Theil neu bearb. 1. Hft. 74 zweistimmige Lieder, nebst einem Anh., enth. 13 Canons. 2. Aufl. 8. (IV, 72 S.) Riga 879. Kymmel. cart. n. — 60

Rudolph, M., Lieder f. die Jugend. Zum Gebrauche f. Schule u. Haus ausgewählt und zum Theil neu bearb. 1. Hft. 74 zweistimm. Lieder, nebst e. Anh., enth. 13 Canons. 3. Aufl. 8. (IV, 76 S.) Riga 886. Kymmel's Verl. cart. n. — 75

Rudolph, Max., für wen? Gedichte. 12. (280 S.) Leipzig 886. Baldamus. geb. m. Goldschn. n. 4. —

Rudolph, M., für wen? Gedichte. 2. Aufl. gr. 16. (280 S.) Leipzig 889. Baldamus. geb. m. Goldschn. n. 3. —

Rudolph, Max: Zur Kenntnis der Phosphorsulfide, insbesondere des Tetraphosphortrisulfides. (Berlin 1910: Imberg & Lefson.) 44 S. 8°
Berlin, Phil. Diss. v. 16. Febr. 1910, Ref. E. Fischer
[Geb. 22. Nov. 83 Landsberg a. W.; Wohnort: Essen a. R.; Staatsangeh.: Preußen; Vorbildung: Hohenzollernsch. Gymn. Abt. Schöneberg Reife O. 05; Studium: Berlin 10 S.; Rig. 4. Nov. 09.] [U 10. 347

Rudolph, Max Willibald, aus Hamburg: **Über Verdampfung** von Quecksilber aus Unguentum hydrargyri cinereum. *Leipzig [1900]: O. Leiner.* (19 S.) 8°
Würzburg, Med. Diss. v. 1900

Rudolph, Moritz

Rudolph, M., Rigaer Theater- u. Tonkünstler-Lexikon, nebst Geschichte d. Rigaer Theaters u. der musikal. Gesellschaft. (In ca. 20 Lfgn.) 1. Lfg. gr. 8. (32 S.) Riga 889. (Kymmel's Sort.) n. 1. 20

Rudolph, Mor., Rigaer Theater- u. Tonkünstler-Lexikon, nebst Geschichte d. Rigaer Theaters u. der musikal. Gesellschaft. 2.—9. Lfg. gr. 8. (1. Bd. VI u. S. 33—282.) Riga 889. 890. (N. Kymmel's Sort.) à n. 1. 20

Rudolph, O., Märchen aus 1001 Nacht. Für die Jugend bearb. Mit 4 Bildern in Farbendr. 8. (232 S.) Nürnberg 877. Neugebauer. cart. 1. 70

[F.] ... Memorandum für die Gesangsgrundregeln z. Gebr. in Schulen u. Gesangvereinen nach Grell, Hennig u. W. Kothe f. d. Hand d. Sängers bearb. v. O[scar] Rudolph, Musikdir. ... zu Erfurt. *Erfurt: F. Bartholomäus 1896.* (19 S.) 1 Bd 8. [98. 7619

RUDOLPH, Oswald (Ziegenhain): Über Ohraffektionen bei Masern. (Titel nach der Urkunde)
4.3.1891 - Urk; Chr 1890/91,20
Diss. Ingolst.-Landsh.-Mchn.

Rudolph, Otto, bekehrt. Lebensbild in 4 Akten. Anhang: Gedichte. 12. (63 S.) Darmstadt 888, (v. Aigner.) — 75

Rudolph, Otto [aus Darmstadt]: Ueber die Phenylhydrazone einiger aromatischer Aldehyde.... Wurzburg, k. Universitätsdr. v. H. Stürtz, 1888; 21 S. 8°
Wurzburg, Phil. Fak., Inaug.-Diss. v. 1888

Rudolph, Otto Ernst

Rudolph, Otto E., die Göttergestalt der Frigg in ihrem historischen Entwickelungsgange dargestellt. 8. (46 S.) Leipzig 875. Brockhaus' Sort. n. — 80

Rudolph, P: Anleitung zur Auswahl der Zeiß-Objektive. 4. Ausg. Jena 1903

Rudolph, P: Anleitung zur Auswahl der Zeiß-Objektive. 5. Aufl. Jena 1906

Rudolph, P.: Die Eigenschaften der einem Kegelschnitt ein- und umschriebenen regulären Dreiecke. Kahla 1884. 8°
Diss. Jena

Rudolph, P: Die lichtstarken Objektive im Dienste der Photographie. Jena 1902

Rudolph, Paul, aus Marbach i. Sa.: Über die Einwirkung aromatischer Aminbasen auf aliphatische Disulfochloride. *Freiburg i. B. 1902: C. A. Wagner.* (44 S.) 8°
Freiburg i. B., Phil. Diss. v. 1902

Rudolph, Paul, neue Einzelformen f. moderne Flächenverzierung. (8 Taf.) 33×49 cm. Plauen (910). Ch. Stoll. 8. —

— Moderne Flächen-Muster. (4 Lichtdr.-Taf.) 32,5×49 cm. Ebd. (909). In Umschlag 6. —

Rudolph, Ph., einfache Buchführung des Gewerbetreibenden. Für gewerbl. Fortbildungsschulen u. zum Selbstunterricht. (II, 50 S.) 8. Giessen (909). E. Roth. — 40

— dasselbe des Landwirts. Für ländl. Fortbildungsschulen u. zum Selbstgebrauche. (II, 58 S.) 8. Ebd. (908). — 40

Festschrift z. 50jähr. Jubelfeier d. Kgl. Bismarck-Gymnasiums zu Pyritz. Victor Hugo. Ein Beitrag zu s. Würdigung. Von Prof. Robert Rudolph. Pyritz 1909: Backe. 16 S. 8° A 11.5729

Rudolph, Robert [Kammergerichtsref.]: Das Fideikommiss des Ueberrestes nach gemeinem und nach preussischem Rechte ... Berlin, Druck v. Trowitzsch & Sohn, 1897; 3 Bl., 28 S., 1 Bl. 8.
Erlangen, Jur. Fak., Inaug.-Diss. v. 1897

Rudolph, S., das Buch der Vortheile u. nützlichen Wunder für Haushaltungen, Landwirthe, Künstler &c. Getreue Enthüllung meist geheim gehaltener u. erprobter Vorschriften zum Gewinn u. Vergnügen der mannigfachsten Art. Aus den Papieren eines Tausendkünstlers in Haus u. Hof, in Flur u. Wald. 4 Bde. Stuttgart 866. Scheible. 16. (1280 S.) 2 ₰ 4 ngr

Rudolph, Theodor [app. Arzt, aus Forst '(Preussen)']: Beitrag zur Casuistik der paranephritischen Abscesse ... Erlangen, k. b. Hofbuchdr. v. A. Vollrath, 1893; 34 S. 8.
Erlangen, Med. Fak., Inaug.-Diss. v. Jan. 1893

Rudolph, Theodor [aus Berlin]: Die niederländischen Kolonien der Altmark Brandenburg im XII. Jahrhundert. I. Teil .... Berlin, Walther & Apolant, 1888; 58 S. + 1 Bl. 8°
Berlin, Phil. Fak., Inaug. Diss. v. 14. März 1888

Rudolph, Th., die niederländischen Kolonien der Altmark im XII. Jahrh. Eine quellenkrit. Untersuchung. gr. 8. (VIII, 109 S.) Berlin 889. Walther & Apolant, Verl. n. 3. —

Rudolph, W., Lehrplan der ersten Volks-Knabenschule zu Magdeburg. gr. 8. (30 S.) Leipzig 871. Siegismund & Volkening. n. — 40

Rudolph, Wilhelm, approb. Arzt aus Braunschweig: Zwei Fälle von membranöser Bronchitis. *Kiel 1903: Schmidt & Klaunig.* (22 S.) 8°
Kiel, Med. Diss. v. [10. Apr.] 1903

Rudolph, Wilh., die Tonwarenerzeugung (allgem. Keramik), s.a. Bibliothek der gesamten Technik.

Die Tonwarenenerzeugung ⟨allgemeine Keramik⟩ m. besond. Berücks. d. chem. Grundlagen. Von Wilhelm **Rudolph**. Mit 48 Abb. Hannover: Jänecke [1910]. VIII, 184 S. 8°
(Bibliothek d. gesamten Technik. Bd 139.) [II. 11719 7]

Rudolph, Willy: Klinische Erfahrungen auf dem Gebiete der Nierenchirurgie unter Berücksichtigung des Materiales der Greifswalder chirurgischen Klinik ⟨Prof. Helferich⟩. *Greifswald 1898: J. Abel.* (40 S.) 8°
Greifswald, Med. Diss. v. 14. März 1898

Rudolphi. Etymologische Abhandlung über die Wurzel des Verbum substantivum. Rietberg, Pg., 1858. 23 S. 4. Progr.

Rudolphi: De Horatii Lib. III. carmine tertio. 12 S. –Brilon, Progr. 1861

Rudolphi: Über die Erweiterung der Wurzelsilbe deutscher Wörter durch die Nasale m u. n. Erfurt 1864. 38 S. Schul-/Univ.-Schrift

Rudolphi, Kindermärchen. Illustriert von Herm. Vogel. (168 S.) Lex.-8. München (905). Braun & Schneider. Geb. in Leinw. n. 4. 50

Rudolphi: Kaspar Stieler der Spate. Eine wissenschaftliche Abhandlung. 26 S.– Erfurt, Progr. 1872.

Rudolphi, s.a. Wechselordnung, die allgemeine deutsche.

Rudolphi, die allgemeine deutsche Wechselordnung nebst Einführungsgesetz für das Königreich Hannover. Mit Erläuterungen. Hannover 1850

Rudolphi, A.

Rudolphi, (Destillateur), die Destillation auf kaltem Wege, oder vollständ. Anweisung alle Sorten doppelte u. einfache Branntweine u. Liqueure auf kaltem Wege eben so gut, u. um 20% billiger, als auf der Blase, zu bereiten &c. Nebst e. Anweisung den Spiritus zu rectificiren &c. &c. 12. Berlin 836. (Bade.) geh. u. verklebt n. 1 ₰

Rudolphi, die Destillation auf kaltem Wege. Nebst e. Anweis. d. Spiritus zu rectificiren, die z. Färbung d. Branntweine nöthigen Farben, verschied. Sorten gewürzte Branntweine, Liqueure u. e. guten Punsch-Extract zu bereiten. 1—3. Aufl. Berlin 836—41, (Bade.) à *

Rudolphi, A., (Destillateur,) die Destillation auf kaltem Wege. Nebst einer Anweisung den Spiritus zu rectificiren, die zur Färbung der Branntweine nöthigen Farben, verschied. Sorten gewürzte Branntweine, Liqueure u. einen guten Punsch-Extract zu bereiten. 3. Aufl. Ein verklebtes Couvert. Berlin 841. (Bade.) n. 1 ₰ — baff. Quedlinb. (846), Ernst. 1/2 ₰

Rudolphi, A., die Destillation auf kaltem Wege, oder prakt. Anweisung, alle Sorten Branntweine u. Liqueure auf kaltem Wege eben so gut, u. um 20% billiger, als auf der Blase zu bereiten, rc. Nebst 46 Anweisungen, den Spiritus zu rectificiren, die zur Färbung der Branntweine nöthigen Farben u. s. w. zu bereiten. 3., verb. Aufl. 16. Quedlinburg 846, Ernst'sche Bh.

Rudolphi, A., die Destillation auf kaltem Wege, od. vollständ. Anweisung, alle Sorten doppelte u. einfache Branntweine u. Liqueure auf kaltem Wege eben so gut, u. um 20 % billiger, als auf der Blase, zu bereiten rc. Nebst 46 Anweisungen, den Spiritus zu rectificiren, die zur Färbung der Branntweine nöthigen Farben rc. zu bereiten. 3. verb. Aufl. gr. 16. (40 S.) Quedlinburg 851, Ernst. Verklebt. ½ ₰

— Verhältniß des neuen Preußischen oder Zoll-Gewichts zu dem alten Preußischen, dem Gold- oder Dukaten-, Juwelen- und Apotheker-Gewicht, und der Letzteren zu dem Ersteren, so wie Werthbestimmung des alten und neuen Gewichtes nach Preuß. Gelde. Auf 9 Tabellen nebst Gewichts-Eintheilung. Breslau (857.) Verlags-Comptoir. gr. 8. (26 S.) 3 ngr

— s.: Verhandlungen der 2. internat. seismolog. Konferenz.

Rudolphi, A., wie lehrt man Kinder richtig denken u. sprechen, oder lehrreiche Unterhaltungen mit Kindern für Aeltern u. Lehrerinnen. 1s Hft. Mit 13 Kpfrtaf. 8. Leipzig 836. Leo. 5/6 ₰

Rudolphi, Adolph. (geb. Mirow in Meckl.): De haemostatice. Berolini (1851). (23 [vielmehr 32] S. 8°
Berlin, Med. Diss. v. 29. Aug. 1851

Rudolphi, Aloys (Meinerzhagen)
Die künstliche Ernährung des Kindes im ersten Lebensjahr.
Giessen: W. Keller 1879. 26 S.
Diss. med. 1879. vorh. 26. 7. la.

Rudolphi, August

— anschauliche Belehrungen über gemeinnützige Kenntnisse für die Jugend. Mit ill. Kupfer. 2. verm. Aufl. Leipzig 841, Serig. ¾ ₰

Rudolphi, Aug., anschaul. Belehrungen üb. d. Natur nach ihrer zeitgemäßen Entwickelung. Lehr- u. Lesebuch f. Schule u. Haus. 4 Thle. gr. 8. Leipzig, Hinrichssche Buchh.
à 1⅓ Thlr., zusamm. genomm. nur *
Thl. 1. Frühling. (21 B.) 841.
„ 2. Sommer. (21 B.) 841.
„ 3. Herbst. (24 B.) 842.
„ 4. Winter. (21 B.) 842.

Rudolphi, Aug., anschauliche Belehrungen über die Natur nach ihrer zeitgemäßen Entwickelung. Lehr- und Lesebuch für Schule und Haus. 2., wohlf. Ausg. 4 Thle. (in 1 Bd.) nebst einem vollständ. Register. gr. 8. (XXVI und 1363 S.) Leipzig 852(53,) Hinrichs'sche Buchh.

Rudolphi, Aug., anschauliche Belehrungen über die Natur nach ihrer zeitgemäßen Entwickelung. Lehr- und Lesebuch für Schule und Haus. 2. wohlf. (Titel-)Ausg. 4 Thle. nebst einem vollständigen Register. Leipzig 853. Hinrichs. gr. 8. (XII, 324; VI, 329; IV, 332; IV, 378 S.) n. 2 ₰.

Rudolphi, A., der Pflanzensammler. Eine allgemein faßliche Anleitung für Schule und Haus zur Betrachtung und Kenntniß der am meisten vorkommenden inländischen Pflanzen. 8. (X und 230 S.) Leipzig 857, Dürr'sche Buchh.

Rudolphi, Aug., lehrreiche Unterhaltungen f. Kinder. 2. Ausg. 8. (4¾ B. u. 13 Kpfrt.) Leipzig 846, Herm. Fritzsche. *

Rudolphi, Bern. (geb. Friedland in Meckl. 24. 3. 1799): De morbis simulatis nonnulla. (Berolini 1821.) (21 S.) 8°
Berlin, Med. Diss. v. 17. Dez. 1821

Rudolphi, C., Arbeiten üb. Zürcher Druckwerke, Nachtrag, s.: Heitz, Paul, die Zürcher Büchermarken.

Rudolphi, C. A., s. Rudolphi, Karl Asmund

Rudolphi, C. Ed., s. Rudolphi, Karl Eduard

Rudolphi, Caroline, s. Rudolphi, Karoline

Rudolphi, E. Camillo, die Buchdrucker-Familie Froschauer in Zürich 1521—1595. Verzeichniss der aus ihrer Officin hervorgegangenen Druckwerke. Zürich 869. Orell, Füssli & Co. gr. 8. (VII, 93 S.) n. 1 ₰ 10 ngr.

— neuer Führer durch Zürich u. seine Umgebungen. Nebst einem Plane der Stadt Zürich u. ihrer Umgebungen (in Kpfrst. in gr. Fol.) bis u. mit Uetliberg, Waid, Zürichberg u. Züricher-See; neu bearb. von A. Vögeli, gestochen von H. Müllhaupt & Sohn in Bern. Zürich 869. Leuthold. 16. (27 S.) 14 ngr.

— nouveau guide de l'étranger à Zurich et dans ses environs. Avec un plan de la ville et des environs jusques et y compris Uetliberg, Waid, Zurichberg (in Kpfrst. in gr. Fol.). Ebend. 869. gr. 16. (27 S.) n. 14 ngr.

Rudolphi, Eduard. Dreissig Jahre in Russland. (2 Bde.)
8. Zürich 1845.

Rudolphi, Emil, urkomische Vorträge f. Deklamation u. Gesang. 16. (94 S.) Köln 892. J. Püttmann. — 30

Rudolphi, F. J., s.a. Rudolphi, J. J.

Rudolphi, F. J., Kindermährchen. Mit 4 lithogr. Bildern. gr. 12. Heidelberg 838. Winter. 7/12 ₰

Rudolphi, F. J., Kindermährchen. 12. (5 u. 4 lithogr. Bild.) Frankfurt a. M. 844, Brönner.

— Schneeglöckchen. Ein Mährchenkranz für Kinder. 2e mit 4 color. Kpfrn. verm. Aufl. 16. Frankf. 835. Sauerländer. 1 ₰

Rudolphi, Fr. C. L., Systema orbis vegetabilium. Dissertat. inaug. 8 maj. (5¼ B.) Gryphiae 830, (Mauritius.)

Rudolphi, Friedrich

Rudolph, F., Gotha diplomat., od. ausführl. Beschreibung d. Fürstenth. Sachsen-Gotha. mit Kupf. Fol. Frankfurt. 711—718.

Rudolphi, F., Gotha diplomatica oder Histor. Beschreibg. d. Fürstenthums Sachsen-Gotha. 3. Bd. Frankfurt (1717). fol.

Rudolphi, F., Gotha diplomatica. Anhang. Tabulae genealogicae von H. v. Gleichenstein. Frankfurt (1717). fol.

Rudolphi, G., die kaufmänn. Fabrikbetriebsbuchführung u. -Verwaltung, s.a. Bibliothek der ges. Technik. 5. Bd.

Rudolphi. G., Die kaufmännische Fabrikbetriebsbuchführung und -Verwaltung. Hannover, 1906. 48 S.

Rudolphi, Gustav [app. Arzt aus Stendal]: Aus d. Laboratorium d. pharmakognost. Sammlung in Kiel. Beitrag zur Kenntnis der Wirkung des Cyankalium . . . Kiel, Druck v. L. Handorff, 1891; 14 S., 1 Bl. 8°
Kiel, Med. Fak., Inaug.-Diss. v. [12. Mai] 1891

Rudolphi, Gust., Beitrag zur Kenntnis der Wirkung d. Cyankalium. Diss. gr. 8. (14 S.) Kiel 891. (Gnevkow & v. Gellhorn.) n. 1. 20

Rudolphi, Hans: Die Bedeutung der Wasserscheide für den Landverkehr. Halle a. S. 1910: Gebauer-Schwetschke. 155 S. 8° ¶ (Auch als: Angewandte Geographie. Ser. 4, H. 2.)
Leipzig, Phil. Diss. v. 1. Sept. 1910, Ref. Partsch, Lamprecht
[Geb. 29. Mai 85 Leipzig; Wohnort: Leipzig; Staatsangeh.: Sachsen; Vorbildung: Petrisch. Leipzig Reife O. 04; Studium: Greifswald 1, Berlin 2, Leipzig 8 S.; Rig. 21. Dez. 09.] [U 11. 3298

Rudolphi, Heinr., Geschichten und Mährlein. Der lieben Jugend erzählt. Stuttgart 861. J. F. Steinkopf. 8. (179 S.) 20 nor

Rudolphi, J. J., s.a. Rudolphi, F. J.

Rudolphi, J. J., Kindermährchen. gr. 12. (5 B. u. 4 Stnt.) Heidelberg 838, C. F. Winter.

Rudolphi, J. J., Schneeglöckchen. Ein Mährchenkranz f. Kinder. 8. Frkf. a. M. 825. Sauerländer. 1 ∡ 4 ℊ

—— Schneeglöckchen. Ein Mährchenkranz f. Kinder. 2., verm. Aufl. 16. (17¼ B. u. 4 col. Kpfrt.) Frankfurt a. M. 835, [Sauerländer's Verl.]

Rudolphi, J. J., Schneeglöckchen. Ein Mährchenkranz für Kinder. 3. Aufl. 16. (16½ B. u. 4 ill. Kpfr.) Frankfurt a. M. 845, Sauerländer's Verl.

Rudolphi, Joh. Chr., Predigt am 50jähr. Amtsjubiläum den XII. p. Trinit. geh. zu Röhrsdorf. 8. Dresd. Meinhold 810.

Rudolphi, Johann Christian

— Beitrr. zur Nelkentheorie, in e. Briefe an e. Freund. 8. Meißen 787. 2e verm. A. gr. 8. Ebd. 799. Goedsche. 1 ∡ 12 ℊ

Rudolphi, Johann Christian. Bemerkungen über Erd- und Düngungsmittel. Meissen 1802. V: *Ranft, Johann Friedrich* [?]. (Ky)

Rudolphi, Jh. Chr., († d. 28. März 1813.) Bemerkk. über Erd- u. Düngungsmittel. 8. Meißen 802. (Goedsche). 4 ℊ (Soll von Jh. Fr. Ranft seyn.)

Rudolphi, J. C., Bemerkungen über Erd- und Düngungsmittel. 8. Meißen, Erbstein. (Gödsche.) 802.

Rudolphi, Joh. Chr., Bemerk. üb. Erd- u. Düngungsmittel, zunächst f. Gartenbesitzer u. Blumenliebhaber etc. (Aus d. Gartenkalender). 8. Meissen, 1802. (Leipzig, Jackowitz.) — 5

— Beschreib. zum Riß einer z. gesunden Wachsthum d. Pflanzen vortheilhaften Nelken- u. Aurikel-Stellage. gr. 8. Freiberg 788.

— Gartenkalender auf das ganze Jahr, nach 40jähr. Erfahrung. 8. Meißen 802. N. A. 816. Goedsche. 14 ℊ

— Nelkentheorie od. e.. in systemat. Ordnung nach d. Natur gemalte Nelkentabelle. gr. 8. Meissen, 1787. 2. Aufl. 1799. (Weimar, 1816. Ind.-Compt. — 17¼) Ebend. (1¼ —) — 25
— — Beilage z. Nelkentheorie. in e. Brief an e. Freund. 8. Meissen, 1787. 2. Aufl. 1799. (Gödsche.) (Mit jener 1. Aufl.) 1. 15

— Nelkentheorie, od. eine in systemat. Ordnung nach d. Natur gemalte Nelkentabelle. gr. Fol. Weim. 816. Ind.-Cpt. 12 ℊ

Rudolphi, Johann Emanuel (Leuchtenburg) A. S. 197/14

Dissertatio juris publici specialis de statibus provincialibus Von Land-Ständen.
Präs. Christian Wildvogel.
Jena (Müller) XII. 1711. 50 S.

Gew.: Johann Friedrich Bachov, Adolph Christian Avemann, Anton Ludwig von Schwartzenfels.

29422

Rudolphi, Johns., 1842. Das verhängnißvolle Jahr. Ein Gedenkbuch. 8. (10⅝ B.) Leipzig 843, [Renger'sche Buchh.]

Rudolphi, Johannes, 1842. Das verhängnißvolle Jahr. Ein Gedenkbuch. 8. Leipzig 843, Volckmar. ¼ ∡

— s. Lamennais gesammelte Werke.

—— Scharfenstein. Erzählung. 2 Bde. 8. (29 B.) Leipzig 845, Kollmann.

—— (Verf. des „Steffano Carini"), die freien Schützen. Ein Roman. 2 Thle. gr. 16. (34⅝ B.) Leipzig 843, Voigt u. Fernau.

Rudolphi, Johannes

Die freien Schützen. Roman. Von Johannes Rudolphi [d. i. Rudolph Jahn]. Th. 1.2.
Leipzig: Berger 1848. 8°

—— Valerie. Novelle. 8. (15½ B.) Leipzig 842, Kollmann.

—— Waldrosen. Gesammelte Novellen u. Skizzen. 8. (18½ B.) Leipzig 843, C. L. Fritzsche.

Rudolphi, Karl Asmund

— anatom.-physiolog. Abhandll. Mit 8 Kpft. gr. 8. Berl. 802. Reimer. 1 ∡ 16 ℊ

Karl Asmund Rudolphi

Anatomisch-physiologische Abhandlungen. Von Karl Asmund Rudolphi. Berlin: Verl. der Realschulbuchh. 1802. X, 251 S. 8°

Rudolphi, Ritter Karl Asm., († d. 29. Nov. 1832.) über Anatomie. (Aus d. medicin.-chirurg. Wörterbuche abgedr.) gr. 8. Berl. 828. Boike. 8 ℊ

Rudolphi, Karl Asmund, über Anatomie. gr. 8. (2 B.) Berlin 828, [Veit u. Comp.]
Aus dem „Encyclopäd. Wörterbuch d. med. Wissenschaften" besond. abgedruckt.

Rudolphi, K. A., über Anatomie. (Aus d. 2n Bde. der medicin. chirurg. Encyklopadie besond. abgedruckt.) gr. 8. Berlin 837. Veit u. Comp. ⅓ ∡

RUDOLPHI, Karl Asm.: Anatomie der Pflanzen. Gekrönte Preisschrift. - Berlin 1807. XVI, 286 S.

— Anatomie der Pflanzen; e. gekr. Preisschrift. Mit 6 Kpf. gr. 8. Berl. 807. Mylius. 1 ∡ 16 ℊ

— schwed. Annalen d. Medicin, 1r Bd. 1s u. 2s Stck. gr. 8 Berlin, Lange. 799—800. (1s 20 gr. 2s 16 gr.)

— Schwedische Annalen d. Medicin. 1r Bd. 1s u. 2s Stck. gr. 8. Berl. 799—800. (Reimer). 1 ∡ 12 ℊ

Rudolphi, C. A., schwedische Annalen der Medizin u. Naturgeschichte. 2 Hefte. gr. 8. Berlin. 799. 800. Jetzt Reimer.

— s. Archiv, neues, nordisches rc.

— Beitrr. f. die Anthropologie u. allgem. Naturgeschichte. gr. 8. Berl. 812. Haude u. Sp. 1 ∡

— Bemerkungen f. Naturforscher, Aerzte u. Thierärzte, a. e. Reise n. Frankr. ges. 2 Thle. gr. 8. Ebend. 804—5. (1r 1 Rthlr. 8 gr. 2r 1 Rthlr.)

— Bemerk. a. d. Gebiete d. Naturgeschichte, Medicin rc. a. e. Reise d. e. Theil v. Deutschland rc. ges. 2 Thle. gr. 8. Berl. Realschulbuchhandl. 804 — 5. (1ster 1 Rthlr. 8 gr. 2ter 1 Rthlr.)

— Bemerkk. aus d. Gebiete d. Naturgeschichte, Medicin u. Thierarzneikunde, auf e. Reise durch e. Theil von Deutschland, Holland u. Frankreich gesammelt. 2 Thle. gr. 8. Berl. 804 u. 5. Reimer. 2 ∡ 8 ℊ

Rudolphi, Car. Asmund, praes., Theiner, Joan. Godofr., [resp.] auctor: Dissertatio sistens casum epilepsiae per terebrationem cranii feliciter sanatae. Berolini (1811). (56 S.) 8°
Berlin, Med. Diss. v. 16. Apr. 1811

Karl Asmund Rudolphi

Descriptio oculorum scombri thynni et sepiae. [Resp.:] Ferdinandus Christophilus Massalien. Berolini (1815): Starck. 16 S. 4°

Berlin, Med.Diss.v.8.Juni 1815

Rudolphi, Car. Asmund, praes., Hohlfeld, Ferd. Joan., [resp.]: Dissertatio sistens disquisitionem de pupillae artificialis conformatione. Berolini (1815). (24 S.) 8°
Berlin, Med. Diss. v. 25. Febr. 1815

Rudolphi, Car. Asmund, praes., Schiege, Ioan. Augustus [resp.] auctor: Dissertatio sistens disquisitionem quaenam in operatione cataractae methodus sit optima. Berolini 1815. (36 S.) 8°
Berlin, Med. Diss. v. [4. Febr.] 1815

— Gedichte. 8. Berl. u. Greifsw. 798. (Reimer). 16 gl

Karl Asmund Rudolphi

Grundriss der Physiologie. Von Karl Asmund Rudolphi. Bd 1.2. Berlin: Dümmler 1821-28. 8°

Bd 1: 1821.
Bd 2,Abth.1.2: 1823-28.

— Entozoorum sive vermium intestinalium historia naturalis. III Voll. Mit Kupf. 8. Amsterd. 808. Brockhaus in Leipz. 7 ℛ 12 gl

— Entozoorum, sive vermium intestinalium historia naturalis. III Vol. 8. Amstelod. Kunst- u. Ind. Comt. 808-810. 7 12

— historia vermium intestinalium. Tom. I. 8maj. Amsterdam 808.

Rudolphi, Karl Asmund: Viro illustri Christophoro Knape...honores doctorales decem ante lustra rite acceptos sincere gratulatur. Inest index numismatum in virorum de rebus medicis aut physicis meritorum memoriam percussorum. 100 S., gbd., 1 Taf.(fehlt!)

Berolini: typ.Starck 1823

JB 910

— Index numismatum in virorum de rebus medicis vel phys. meritorum memor. percuss. Progr. J. F. Blumenbachio physiophili Germanici gratulatur. 8maj. Berlin 825. (Dümmler). 6 gl

— de sanguinis missione in febribus. 8. ibid. 780. — 5

Car. Asmund Rudolphi recentioris aevi numismata virorum de rebus medicis et physicis meritorum memoriam servantia. Berol. 1829. 8. (Similes numismatum indices jam bis R. ediderat, primum anno 1823, qui continebat CCCXC num., alterum anno 1825, enumerantem DXXIII num.; hi duo indices venales non extabant, sed programmata erant gratulatoria in jubilaeis Knapei et Blumenbachii, quorum numismata addebantur tabulis aeri incisis. Tertius index anno 1829 venalis prodiit et DCCXX numismata describit additis notitiis biographicis.)

—— Recentioris aevi numismata virorum rebus medicis et physicis meritorum memoriam servantia coll. et recens. 8maj. (12 B.) Berolini 829, Dümmler.

Rudolphi, C. A., recentioris aevi numismata virorum de rebus medicis et physicis meritorum memoriam servantia denuo edid., emendavit et auxit Carol. Ludov. de Duisburg. Danzig 862. Bertling. Lex.-8. (XIII, 258 S.) n. 1 ℛ 25 ngr.

— — Supplementum. Ebend. 863. Lex.-8. (IV, 16 S.) n. 5 ngr.

Rudolphi, C. A., recentioris aevi numismata virorum de rebus medicis et physicis meritorum memoriam servantia denuo ed., emendavit et auxit Carol. Ludov. de Duisburg. Supplementum II. Danzig 868. Bertling. Lex.-8. (32 S.) n. 10 ngr.

Rudolphi, Car. Asmund, praes., Breyer, Frid. Guil., [resp.] auctor: Observationes anatomicae circa fabricam Ranae Pipae. Berolini: F. Maurer (1811). (22 S.) 4°
Berlin, Med. Diss. v. 28. Aug. 1811

Karl Asmund Rudolphi

Carol[us] Asmund Rudolphi: Observationes circa dentitionem. [Resp.:] Johannes Ludovicus Held. Gryphiae (1809:) Eckhardt. 18 S. 8°

Greifswald, Med. Diss. v. 23. Juni 1809

Rudolphi, Car. Asmund, praes., Tesmer, Joan. Godofr., [resp., auctor]: Dissertatio anatomica sistens observationes osteologicas. Berolini (1812). (16 S.) 4°
Berlin, Med. Diss. v. 17. Okt. 1812

Karl Asmund Rudolphi

De ranis nonnullis Observationes anatomicae. [Resp.:] Guilielmus Augustus Steffen [Wilhelm August Steffen]. Berolini (1815): Starck. 24 S. 4°

Berlin, Med. Diss. v. 24. Juni 1815

Rudolphi C. A.: Observationes circa vermes intestinales. Pars (1)-2. (1 Vol.). Diss. Gryphisw. 1793-95. (65) S.
(Hertil: Programma, quo C. E. Weigel dissertationem ... C. A. Rudolphi ... II ... indicit ... Sst. 1795. 14 S.).

Karl Asmund Rudolphi

De Organo vocis mammalium. [Resp.] Ludovicus Wolff [...]. Berolini: Verf. (1812). X, 46 S. 4°

Berlin, Med. Diss. v. 23. Mai 1812

Rudolphi K. A.: *Peter Simon Pallas* ... Berl. 1812. 78 S. 1 Portr.

Karl Asmund Rudolphi

Carolus Asmund Rudolphi: De solidorum c.h. Partibus similaribus. Gryphiae (1809:) Eckhardt. 8 S. 8°

[Einladungsschrift zur Dr. med.- Promotion von Johann Ludwig Held, Greifswald, 23. Juni 1809.]

— de peritonaeo. 4. Berl. Lange. 780. — 3

Karl Asmund Rudolphi

Spicilegium observationum anatomicarum de hyaena. [Resp.:] Carolus Guilielmus Eduardus Reimann. Berolini (1811): Maurer. 24 S. 4°

Berlin, Med. Diss.v.30.Nov. 1811

— spicilegium observationum de Hyaena. Cum tab. aen. 4maj. Berl. 812. Maurers B. 16 gl

Karl Asmund Rudolphi

Entozoorum Synopsis,cui acc.mantissa duplex et ind. locupletissimi. Auct. Carolo Asmund Rudolphi. Berolini: Rücker 1819. X,811 S. 8°

Rudolphi, Car. Asmund, praes., Hertel, Adolph. Bogislaus [resp.]: Theses medicae. Berolini (1813). (6 S.) 8°
Berlin, Med. Thes. v. 17. Febr. 1813

Rudolphi, Car. Asmund, praes., Kühlbrand, Gottlieb, [resp.] auctor: Theses medicae. Berolini (1813). (2 Bl.) 4°
Berlin, Med. Thes. v. 10. März 1813

Rudolphi, Car. Asmund. praes., **Fowe,** Anton. Ferd., [resp.]: Theses medicae. Berolini (1813). (2 Bl.) 4°
Berlin, Med. Thes. v. 4. Mai 1813

Rudolphi, Car. Asmund. praes., **Kloetzke,** Joan. Christ. Guil. [resp.]: Theses medicae dissertationi inaugurali amphibiorum anatomen illustraturae praemissae. Berolini (1813). (2 Bl.) 4°
Berlin, Med. Thes. v. 31. Juli 1813

Rudolphi, Car. Asmund, praes., **Gantzer,** Car. Frid. Ludov., [resp.]: Dissertatio anatomica musculorum varietates sistens. Berolini (1813). (10 S.) 8°
Berlin, Med. Diss. v. 13. März 1813

Rudolphi, C. Asm., De ventriculis cerebri. 43 pp. Gryph. 4°. 1796

— de ventriculis cerebri. 4. Greifsw. (Lange, Berol.) 797. — 6

— (Hrsg.), s. Wörterbuch, Encyklopädisches, der medicinischen Wissenschaften.

Karl Eduard Rudolphi

Monstrorum trium praeter naturam cum secundinis coalitorum Disquisitio. Berolini (1829:) Petsch. 17 S. 8°

Berlin, Med. Diss. v. 18. Mai 1829

Rudolphi, C. Ed., Monstrorum trium praeter naturam, cum secundinis coalitorum disquisitio. Acced. tab. aen. III. 4 maj. (3 B.) Berolini 829, Dümmler.

Rudolphi, Karoline Christ. Louise, († d. 15. April 1811.) Gedichte; hrsgg. u. mit einigen Melodien begleitet v. J. F. Reichard. 8. Berl. 781. 2e A. 8. Wolfenb. 787. 2r Thl.; herausgg. v. J. H. Campe. 8. Braunschw. 788. Schulbuchh. 2 ℛ

— Gedichte. 8. Berl. Lange. 798.

Rudolphi, Karol. L., Gemälde weibl. Erziehung, 2 Thle. mit Kupf. 8. Heidelb. Mohr u. Zimmer. 807. Rthlr. Schreibp. Velinp.

— Gemälde weibl. Erziehung. 2 Thle. Mit Kpf. 8. Heidelb. 807. Winter. 3 ℛ Schrbp. 3 ℛ 20 gℊ 2e Aufl. Mit e. Vorr. v. Kirchenrath Schwarz. 8. Ebd. 815. 3 ℛ

RUDOLPHI, CAROLINE. *Gemälde weiblicher Erziehung*. Zweite Auflage. Mit einer Vorrede von dem Kirchenrath [F. H. Chr.] Schwarz. 2 Bde. Heidelberg, bei Mohr und Winter. 1815. Mit 2 Titelkupfern (Madonnen, gestochen von LIPS u. KARCHER nach Fr. Bartolommeo und Raffael). 8°. Schöne braun-violette Halbmaroquinbde. d. Z. mit hübscher Rv. (Rücken leicht verblaßt). 24.—
Goed. VII, 407, 7. Sehr schönes Ex. aus der Bibliothek Leuchtenberg.

Rudolphi, Caroline, Gemälde weibl. Erziehung. 2 Thle. 3. Ausg. Mit e. Vorr. v. F. H. C. Schwarz. 8. (36¾ B.) Heidelberg 838, C. F. Winter. Thlr.

Rudolphi, Caroline, Gemälde weiblicher Erziehung. 2 Thle. 4. Aufl. br. 8. (601 S.) Leipzig und Heidelberg 856(57.) C. F. Winter'sche Vrlgsh. *

—— schriftlicher Nachlaß. 8. (9 B. u. Portr. d. Verfin.) Heidelberg 835, J. C. B. Mohr.

— neue Samml. v. Gedichten. gr. 8. Leipz. 796. Göschen. 1 ℛ 4 gℊ Velinp. 1 ℛ 16 gℊ

Winterthurer: *Hülfsgesellschaft.* Nr. 17. Die bedeutendsten Schriftstellerinnen auf dem Gebiete der Erziehung, von *Karoline Rudolphi.* I. In-8°, 49 S. Druck von Bleuler-Hausheer & Cie. 1880.

Rudolphi, Kaspar Heinrich (Erfurt) A. S. 569/21

Dissertatio inauguralis juridica, de con- et disconvenientia juris Romani et statutarii Erffurtensis in materia successionis conjugum ab intestato.
Präs. Konrad Wilhelm Strecker.
Erfurt (Hering) 20. VII. 1743. 27 S.

W. v.: J. G. A. Fabricius, Heinrich Ernst Seebach.

29425

Rudolphi, L. E. G., († d. 10. Dec. 1798.) s. 1) Erziehung, üb. die häusl. 2) J. Loke, über Erziehung.

Rudolphi, Leop., die Geometrie und das geometrische Zeichnen in praktischer Anwendung auf die Berufsarbeiten der Künstler und Handwerker. Zum Selbstunterricht. Mit 4 (lith.) Taf. (in 4.) Weimar 862. Voigt. 8. (VI, 129 S.) 15 *ngr.*

Rudolphi M.: Ueber die Gültigkeit d. Ostwaldschen Formel z. Berechnung d. Affinitätskonstanten. Leipz. 1895. 42 S. (Særtr.). P.

Rudolphi, Max, die Bedeutung der physikalischen Chemie f. den Schulunterricht. Vortrag, geh. am 26. X. 1900 zur Erlangg. der venia legendi f. Physik u. physikal. Chemie an der grossherzogl. techn. Hochschule zu Darmstadt. gr. 8. (20 S.) Göttingen 900. Vandenhoeck & Ruprecht. n. — 60

Rudolphi, Max, s.: Centralblatt, physikalisch-chemisches.

— **allgemeine u. physik. Chemie,** s. a. Sammlung Göschen.

RUDOLPHI, M.
Allgemeine und physikalische Chemie. Leipzig, 1898. 12mo. Ill.
Zweite Auflage. Leipzig, 1901. 12mo.

Rudolphi, M: Allgemeine und physikalische Chemie. 2. Aufl. Leipzig 1907. (Sammlung Göschen Bd 71)

Allgemeine und physikalische Chemie. Von Prof. Dr. Max **Rudolphi.** 2. verb. Aufl. 4. Abdr. Leipzig: Göschen 1910. 188 S. 8°
(Sammlung Göschen. 71.) [11. 14307] 11

— **Einführung in das physikalische Praktikum.** gr. 8. (VIII, 186 S. m. 43 Fig.) Göttingen 900. Vandenhoeck & Ruprecht. Geb. in Leinw. n. 3. 20

Rudolphi, Max [aus Stendal]: **Ueber Lösungs- und Dissociationswärmen einiger organischer Silbersalze ... Berlin, C. Vogts Buchdr.,** *1895;* 75 S., 2 Bl. 8.
Berlin, Phil. Fak., Inaug.-Diss. v. 13. März 1895

Rudolphi, Max, Dr.: Die Molekularrefraktion fester Körper in Lösungen mit verschiedenen Lösungsmitteln. Ravensburg: Maier 1900. 57 S. 8° ¶ Buchausg. 1901.
Darmstadt Te. H., Hab.-Schr. v. 6. 12. 1900

— **d. Molekularrefraktion fester Körper in Lösungen m. verschiedenen Lösungsmitteln.** gr. 8. (57 S. m. Fig.) Ravensburg 901. O. Maier. n. 1. 20

Rudolphi, Paul, Führer durch Zell am See u. Umgebg. Mit Textillustr. u. Orientierungskarte. (43 S.) kl. 8. Salzburg (907). E. Höllrigl. — 35

Rudolphi, R. A., s. Rudolphi, Karl Asmund

Rudolphi, W., zur Frage der Kirchendotation. gr. 8. (63 S.) Bonn 887. Hauptmann. n. — 50

Rudolphi, Walter: Beitrag zu Helmholtz' Theorie der Dispersion und Theorie der Doppelbrechung nach den Principien von Helmholtz. Halle a/S. 1883: (Haenel in Magdeburg). 28 S. 8°
Halle-Wittenberg, Phil. Diss. v. 14. Nov. 1883
Geb. Magdeburg 4. 8. 1860. V.

Rudolphi, Walter, Referendar in Hamburg: Das **Differenzgeschäft** des § 764 B.G.B. nach früherem und heutigem Recht. *Berlin 1902: W. Pilz.* (X, 79 S.) 8°
Rostock, Jur. Diss. v. [24. Dez.] 1902

Rudolphi, Wern. Ern., Diss. inaug. med. de Peritonaei diverticulis, illisque inprimis, quae per umbilicum et lineam albam contingunt. 4. Götting. 780. Dieterich. 2 gr.

[F.] Zur Kirchenpolitik Preussens. Von Dr. W[ilh.] Rudolphi, Mitgl. d. dtsch. Reichst. ... *Paderborn: F. Schöningh 1897.* (2 Bl., 182 S., 1 Bl.) 1 Bd 8. (97. 8693

[F.] Zur Kirchenpolitik Preussens. Von Dr. W[ilh.] Rudolphi, Mitgl. d. dtsch. Reichst. ... 2., verb. u. verm. Aufl. *Paderborn: F. Schöningh 1897.* (2 Bl., 196 S.) 1 Bd 8. (97. 8694

Rudolphi, Guil. Augustus (geb. Arneburg bei Stendal 5. 8. 1835): De imperforatione ani. Berolini (1860). (32 S.) 8°
Berlin, Med. Diss. v. 28. Apr. 1860

Rudolphi, Wlh. Eph. Ldw., latein. Schulbuch f. den ersten Unterricht, nebst Wörterbuch. 2 Thle. 8. Stendal 810. Franzen u. Gr. 16 gr.

Rudolphi, Wilh. Thdr., observationes grammaticae et criticae in P. Cornelii Taciti Germaniam. Dissert. philolog. Monasterii 855. Cazin. 8. (2 Bl., 43 S.) 15 ngr.

Rudolphio, die junge Hellseherin. Wichtige Mittheilungen der Somnambule Iphigenia Stradella über das Jenseits, von ihren Reisen in den Mond, die Sonne u. die Sterne. Nebst einem Anhang von vortrefflichen Heilmitteln. Nach dem Italien. 857. (118 S.) 7½ ngr. — 2. verm. u. verb. Aufl. 858. — Der 2. verm. u. verb. Aufl. 2. Abdr. Tübingen 858. Riecker. 8. (VIII, 128 S.) 9 ngr.

Rudolphson, Gustav [aus Prenzlau]: Zur Kenntniss und klinischen Bedeutung der idiomusculären Wulstbildung. (Schiff's „idiomusculäre Contraction.") ... Berlin, gedr. bei L. Schumacher, 1888; 28 S. 8°
Jena, Med. Fak., Inaug.-Diss. v. [26. Nov.] 1888

Rudolph Töpffer - Album. Töpffer's komische Bilder-Romane. Lustige Geschichten und Karrikaturen des berühmten Verfassers der Genfer Novellen. 1. Lieferung. In-4°, 16 S. Stuttgart, Paul Neff. 1887. — 80

Rudolf Töpffer - Album. Töpffer's komische Bilderromane. 3.—5. Liefg. In-4°, 48 S. Stuttgart, Paul Neff. 1887. à — 80

Rudolf Töpffer - Album. Töpffer's komische Bilderromane. 8—11. Liefg. In-4°, 64 S. Stuttgart, Paul Neff. 1887. à — 80

Rudolf Töpffer-Album. Töpffers komische Bilder-Romane. 17.—20. (Schluss-) Liefg. In-4°, 66 S. Stuttgart, Paul Neff. 1887. — 80

Rudolphus, s.a. Rudolph

§ **RUDOLPHUS,** V. P. F., Capuc. (Suitens., d. i. aus Schwyz), Ausforderung mit allerdemüthigsten Vernunft-Trutz an alle Atheisten, Machiavellisten, gefährliche Romanen und falschen politischen Weltkindern zu einem Zweikampf auf den Plan kurtzweiliger Dichtung . . . , also ein Gedicht mit Wahrheit besprengte Historia von Philologo, einem portugiesischen Cavalieren und Carabella einer Kaiserin in China. 3 Bde. Zug 1686—87. 8°. (In München: P. o. germ. 1431.) (2½ Rthl. Scheible, 1868.) (2 Thle. in Aarau, Cantonsbibl.; Bd. 2 in 2 Abthlgn., 365 u. 432 Seiten, in d. Kgl. u. Univ.-Bibl. zu Breslau.)

— — Dasselbe. 3 Thle. Augspurg 1749. 8°.
Cat. Fritz, München 1770. 8°. p. 467. — Sämmtlich rar!

— — Dasselbe. 3 Thle. in 4 Bdn. Luzern 1749. 8°. (6 frcs. Hanke, Zürich, Cat. 94.)

Rudolphy, Friedrich: Ein glandulärer maligner angeborener Sacraltumor. *Greifswald 1897: J. Abel.* (30 S.) 8°
Greifswald, Med. Diss. v. 19. Aug. 1897

Rudolphy, John, pharmaceutical Directory der gebräuchlichsten rohen Arzneistoffe, ihre Abstammung u. Namen in alphabetischer Reihenfolge. — Pharmaceutical directory of all the crude drugs now in general use etc. — Ein unentbehrl. Handbuch für Droguisten, Apotheker, Aerzte rc. New-York 866. (Philadelphia, Schäfer & Koradi.) hoch 4. (116 S.) geb. n. 4 ℳ

Rudolphy, Karl, aus Rendsburg: Beitrag zur Kenntnis der Längsbrüche des Radiusköpfchens. *Greifswald 1899: H. Adler.* (28 S.) 8°
Greifswald, Med. Diss. v. 9. März 1899

Rudolstadt [Sachliches OW]

Rudolstadt, Schwarzatal u. Umgebung. Hrsg. v. Thüringerwald-Verein, Zweigverein Rudolstadt. 6. Aufl. (IV, 128 S. m. Abb., 1 farb. Karte u. 1 farb. Stadtplan.) kl. 8. Rudolstadt 910. (K. Keil's Nachf. — Müller.) 1. —

Rudolstadt [Schlagwort]

Rudolstadt, s.a. Deutschland. Karte (Abt. Preussen).

Rudolstadt, s.a. Preussen. Messtischblätter.

Rudolstadt. s.a. Thüringen. Gräf.

Rudolstadt. Himmelreich, Karte v. Rudolstadt u. Umgegend. Nach amtl. Quellen bearb., durch Neuaufnahmen ergänzt u. gezeichnet. 1 : 25,000. 54 × 58,5 cm. Aufdr. Rudolstadt 894. (K. Keil.) n.n. 1.—

Rudolstadt. Karte der Umgegend von Rudolstadt u. Saalfeld. Entworfen u. gez. von H. Reinhardt. 1 : 88,500. Rudolstadt 887. Klinghammer. — 30

Rudolstädter, Chr. Gli., (+ . . .) kurze Abhandl. von dem jetzt herumgehenden Fieber. 8. Jena 774. Melchior; (a. Gnobloch in Leipz.) 6 gr.

Rudolstädter, C. G., kurze Abh. v. d. jetzt herumgeh. Fieber. 8. Jena, Melchior. (Gabler.) 774.

— medicin. Bemerkk., besonders üb. das hitzige Fieber. 8. Bremen 782.

Christian Gottlieb Rudolstaedter

Nonnullis Morbis ex abundantia sanguinis oriundos.
Helmstadii (1777:) Schnorr. XXII S. 8°
Helmstedt, Med. Diss. v. 23. März 1777

Rudorf, August, s. Rudorf, August Gottlieb

Rudorf, Aug. Gli., Abhandl. vom ökonom. Feldmessen, vermittelst d. Meßtisches rc. Mit 17 Kpft. gr. 8. Leipz. 797. 2e A. 813. Gr. Fleischer. 1 ℳ 8 gr.

Rudorf, A. G., v. ökonom. Feldmessen rc. m. K. gr. 8. Lpz. G. Fleischer. 799.

Rudorf, August Gottlieb. Abhandlung von dem ökonomischen Feldmessen, wie solches vermittelst des Messtisches, ohne Zuziehung irgend eines anderen Winkel-Instrumentes accurat und richtig etc. verrichtet werden kann, nebst einem Anhange, in welchem gezeigt wird, wie man einzelne Flächen etc. durch Hilfe der Kette und Stäbe aufnehmen und im Grund legen kann, in gleichen eine umständliche Berechnung der Flächen etc. 2. Aufl. Mit 17 Kupfertafeln. 8. Leipzig 1813.

— Tabellen üb. das Längen-, Flächen- u. Körpermaaß ꝛc. (Aus Cotta's Waldbau abgedr.) qu. Fol. Dresd. 813. Arnold. 8 gr.

Rudorf, (Aug. G.,) Tafeln zur Bestimmung des Inhalts der runden Hölzer. Nach e. neuen Theorie bearbeitet. gr. 8. Dresden 825, Hilscher. 1 Rthl. 4 gr. Schreib-Pap. mit breitem Rande.

Rudorf, Aug. Gli., Tafeln zur Bestimmung des Inhalts der runden Hölzer. 2e Aufl. 8. Dresden 825. (Leipzig, Melzer.) 3/4 ₰

— Tafeln zur Bestimmung des Inhalts der runden Hölzer. Nach e. neuen Theorie bearbeitet. gr. 8. Dresd. 825. (Reimann in Leipz.) 1 ₰ 4 gr. Schrbp. mit breitem Rande. 1 ₰ 8 gr.

RUDORF, August: Tafeln zur Bestimmung des Inhaltes der runden Hölzer. Nach einer neuen Theorie bearbeitet. - Dresden 1825. XIV, 95 S. - 2. Aufl. Leipzig 1837. XIV, 95 S.

Rudorf, B., auf Zivil-Versorgung, s.: Bloch's, Ludw., Militär-Festmappe. 71. Heft.

Rudorf, C. H., Gott geheil. Sabbaths- u. Ruhestunden, 4 Zehende. 8. Erfurt, Jungnickel. 745.

Rudorf, C. H., Zufriedenheit, od. die Ruhe der Seelen. 3 Zehende. 8. Gotha 756. Dieterich in Götting. 8 gr.

Rudorf, Georg: Die Wirkung des Stickstoffs in den festen und flüssigen Auswurfstoffen von Rind, Pferd und Schaf bei einem Feldkulturversuche mit Hafer. *Bautzen 1897: E. M. Monse.* (63 S.) 8°
Leipzig, Phil. Diss. v. [20. Sept.] 1897

Rudorf, George, B. Sc. ⟨Lond.⟩, aus London: Aus d. Chemischen Institut d. Universität Breslau. Zur Kenntnis der Leitfähigkeit und innern Reibung von Lösungen. Mit 5 Fig. im Text. *Leipzig: W. Engelmann 1903.* (54 S.) 8° ¶(Aus: Zeitschr. f. physikal. Chemie, Bd 43, H. 3.)
Breslau, Phil. Diss. v. 14. März 1903

Rudorf, George, die Lichtabsorption in Lösungen vom Standpunkt der Dissociationstheorie. (80 S. m. 1 Abbildg.) gr. 8. Stuttgart 904. F. Enke. n. 2. 40
Sonderabdruck aus: „Sammlung chem. u. chemisch-techn. Vorträge".

Das periodische System, seine Geschichte u. Bedeutung für die chemische Systematik [Periodic classification and problem of chemical evolution] von George Rudorf ⟨London⟩, verm. u. vom Verf. vollst. umgearb. deutsche Ausg. Die Übers. unter Mitw. von Dr. Hans Riesenfeld, Breslau. Mit 11 Fig. *Hamburg & Leipzig: L. Voß 1904.* (XV, 370 S.) 8° (04.307)

Rudorf, Johann Ludwig [Praes.], s. Pflugk, Johann Christian: De infelici apotheoseos vivorum exitu.

Rudorfer, Jos. Ant., Unterricht zur Bienenzucht für die kurbaier. Landesbewohner. 8. Münch. 777.

[F.] Geschichte des Westfälischen Jäger-Bataillons Nr. 7 von seiner Errichtung bis zur Jetztzeit. Im Auftrage d. Bataillons bearb. v. Rudorff, Hauptm. . . . im Jäg.-Bat. . . . No 5. M. 8 Sk. im Text. *Berlin: E. S. Mittler & Sohn 1897.* (VI, 159 S.) 1 Bd 8. (98.1942)

Rudorff, Geschichte d. Westfälischen Jäger-Bataillons Nr. 7 v. s. Errichtg. bis z. Jetztzeit. Im Auftrage des Bataillons bearb. M. 8 Skizzen im Text. gr. 8. (VI, 159 S.) Berlin 898. E. S. Mittler & Sohn. n. 2. —; geb. in Leinw. n. 3. 25

Rudorff, Ad. Aug. Friedr., s. Rudorff, Adolf Friedrich

Rudorff, Ad. Aug. Friedr., das Ackergesetz d. Sp. Thorius wiederhergest. u. erläutert. gr. 8. (12 1/2 B. u. 1 große Tab.) Berlin 839, Nicolaische Buchh.
Aus: Zeitschrift f. geschichtl. Rechtswissensch., 10. Bd., bes. abgedruckt.

[Rudorff, Adolphus Augustus Fridericus: De actione per sponsionem commentatio.] Berolini (1850). (S. 3-9) 4°
Berlin, Ind. lect. W. S. 1850-51

— ad legem Aciliam de pecuniis repetundis, latam anno ab urbe condita 631 vel 632. Commentatio. Berlin 862. Dümmler's Verlhdlg. in Comm. gr. 4. (145 S.) n. 1 ₰ 12 ngr.

Rudorff, Ad. Friedr.: Legum saecularium Constantini, Theodosii et Leonis capita ad ordinem privatorum judiciorum pertinentia exposuit. Berolini 1868.
(In: Symbolae Bethmanno-Hollwegio oblatae.)

Rudorff, Adolph. Augustus Frid.: Gnaei Vergilii Capitonis praefecti Aegypti edictum. Ed. et illustr. A. A. F. Rudorff. Berolini: F. Dümmler 1834. (16 S.) 4°
Berlin, Jur. Fak., Antrittsprogr. v. 1834

Gnaei Vergilii Capitonis, praefecti Aegypti edictum. Edid. et illustr. Ad. A. Fr. Rudorff. *Berol.*, Dümmler. 834. 4maj. (6 Gr.)

Rudorff, Adf. Friedr., über die lexicalen Excerpte aus den Institutionen des Gaius. [Aus den Abhandlgn. der königl. Akad. der Wiss. zu Berlin.] Berlin 866. (Dümmler's Verlag.) gr. 4. (45 S.) cart. n. 16 ngr.

Festrede auf der Universität zu Berlin gehalten am 22. März 1865 von Adolf Friedr. Rudorff, d. Z. Decan der jurist. Fac. [über die Preussische Justizreform des 18. Jahrh.]. Berlin 1865. (34 S.) 4°

Rudorff, Adf. Frdr., Gedächtnissrede auf Friedrich Carl v. Savigny. (Aus den Abhdlgn. der k. Akad. der Wissensch. zu Berlin.) Berlin 862. Dümmler's Verlhdlg. in Comm. gr. 4. (24 S.) n. 10 ngr.

—— über die Glossare des Philoxenus und Cyrillus. gr. 4. (150 S. mit 1 Stnt.) Berlin 866, (Dümmler's Verlag.) cart. *
aus: Abhandlungen der k. Akademie der Wissenschaften zu Berlin, besonders abgedruckt.

— s. Gnaei Virgilii etc.

—— Grundriss zu Vorlesungen üb. d. Gesch. d. röm. Rechts bis Justinian. gr. 8. (11 1/2 B.) Berlin 841, Dümmler.

Rudorff, Ad. Aug. Friedr., Grundriß zu Vorlesn. üb. d. gemein. Deutschen u. Preuß. Civilprozeß. Zum Gebr. neben sein. Prozeßvorträgen. gr. 8. ... Berlin 832, Dümmler.

—— Grundriss zu Vorlesungen üb. d. gemeinen u. preuss. Civilprozess. gr. 8. (14 B.) Berlin 837, Dümmler.

—— Grundriß zu Vorlesn. üb. d. gemein. Civilrecht. Zum Gebr. neben sein. Vorträgen üb. Pandecten u. Erbrecht. gr. 8. (10 B.) Berlin 833, Dümmler.

Rudorff, Ad. Aug. Friedr., Grundriss zu Vorlesungen über das gemeine Civilrecht mit einer Sammlung von Beweisstellen u. Ausführung einzelner Lehren. 2. Ausg. gr. 8. (26 1/4 B.) Berlin 843, Dümmler, Vrlgsh.

—— de juris dictione edictum. Edicti perpetui quae reliqua sunt. gr. 8. Leipzig 869, Hirzel. *

Rudorff, Adolf Friedr., de majore ac minore Latio ad Gajum 1, 95. 96. disputatio critica. gr. 4. (29 S.) Berlin 860, (G. Reimer.) *

—— über die Laudation der Murdia. Imp.-4. (47 S.) Berlin 869, (Dümmler's Verlag.) *
Aus: Abhandlungen der k. Akademie der Wissenschaften zu Berlin, besonders abgedruckt.

Rudorff, Adolph. Aug. Fr.: De lege Cincia. Berolini (1825). (47 S.) 8°
Berlin, Jur. Diss. v. 28. März 1825

Rudorff, Dissert. de lege Cincia. 8. Berl. 825, Dümmler.

[Rudorff, Adolphus Augustus Fridericus: De venditionum locationumque legibus a M. Porcio Catone traditis commentatio prior.] Berolini (1846). (S. 1-6) 4° * Commentatio II im Ind. lect. 1846-47.
Berlin, Ind. lect. S. S. 1846

[Rudorff, Adolphus Augustus Fridericus: De venditionum lacationumque legibus a M. Porcio Catone traditis commentatio posterior.] Berolini (1845). (S. 3-6) 4° ¶ Commentatio I im Ind. lect. 1846.
Berlin, Ind. lect. W. S. 1846-47

—— über den Liber de officio proconsulis. gr. 4. (90 S.) Berlin 866, (Dümmler's Verlag.) curt. *
Aus: Abhandlungen der k. Akademie der Wissenschaften, besonders abgedruckt.

[Rudorff, Adolphus Augustus Fridericus: De municipibus et municipiis commentatio.] Berolini (1848). (S. 3-7) 4°
Berlin, Ind. lect. W. S. 1848-49

—— Pandectenstellen. gr. 8. (... B.) Berlin 838, Dümmler.

— s. Puchta, G. F., Geschichte des Rechts.

—— s. Puchta, G. F., Cursus der Institutionen.

—— das Recht d. Vormundschaft aus den gemein. in Deutschland geltenden Rechten entwickelt. 1—3. Bd. gr. 8. Berlin, Dümmler. [1. (29¼ B.) 832. 1 Thlr. 20 Gr., 2. (30¼ B.) 833. 2 Thlr., 3. (18¾ B.) 834. 1 Thlr. 4 Gr.]

Rudorff, Adf. Friedr., römische Rechtsgeschichte. Zum akademischen Gebrauch. 1. Bd. Rechtsbildung. Leipzig 857. B. Tauchnitz. gr. 8. (XII, 396 S.) 1 ℛ. 22½ ngr.

— römische Rechtsgeschichte. Zum akademischen Gebrauch. 2. Bd. Rechtspflege. Leipzig 859. B. Tauchnitz. gr. 8. (VIII, 496 S.) 2 ℛ

Rectoratsreden von Adolf Friedr. Rudorff, d. Z. Rector der Königl. Friedrich-Wilhelms-Universität zu Berlin. I. Antrittsrede am 15. Oct. 1857 gehalten. [Über die Lebensbedingungen der Universitäten.] II. Oratio natalicis Regis conditoris celebrandis d. 3. m. Aug. a. 1858 habita... De iuris scholarum et meritis et rationis. Berlin 1858. (24 S.) 4°

— Friedrich Carl v. Savigny. Erinnerung an sein Wesen u. Wirken. (Abdr. aus der Zeitschrift für Rechtsgeschichte.) Weimar 862. Böhlau. gr. 8. (68 S.) n. 12 ngr.

Quinti et Marci Minuciorum sententia inter Genuates et Viturios dicta. Viro illustrissimo ... Frid. Car. de Savigny, rei iudiciariae ... administro intimo, mandatum a Rege ... illustre officium ex decreto ordinis iuris consultorum Berolinensium ut gratularetur, ed. et illustr. Adolph. Augustus Frid. Rudorff. Berolini 1842. (IV, 20 S.) 4°

Rudorff, Adf. Friedr., über den Ursprung und die Bestimmung der Lex Dei oder Mosaicarum et Romanarum legum collatio. gr. 4. (34 S.) Berlin 869, (Dümmler's Verlag.) *
Aus: Abhandlungen der k. Akademie der Wissenschaften zu Berlin, besonders abgedruckt.

— s. Zeitschrift f. geschichtl. Rechtswissenschaft.

Rudorff, E., schlichte Größe, s. Bachem's Novellen-Sammlung.

Rudorff, E.

—— durch Leid zum Licht. Preisgekrönte Erzählung. 2 Bde. 8. (IV, 237; 202 S.) Berlin 870, Boettcher. [Haack.]

Rudorff, E. (Frau Franziska Jarke), lasset eure Kinder gedeihen! Ein Wort an Mütter üb. die körperl. u. geist. Erziehg. des Kindes in den ersten Lebensjahren. 8. (80 S.) Bielefeld 893. Schriften-Niederlage der Anstalt Bethel. n. — 75

Rudorff, E., deutsches Leben. Erzählungen. 2. Aufl. 8. (326 S.) Jena 874. Mauke. n. 4. —

Rudorff, E., ideale Lebensbilder in Dichtersprüchen. Eine Gabe f. das Frauenherz. 8. (XV, 325 S.) Gotha 888. F. A. Perthes. geb. n. 4. —

— Stunden der Weihe. Eine Sammlung von Aussprüchen Friedr. Schleiermachers. Ebend. 870. gr. 16. (VII, 171 S.) 15 ngr.; in engl. Einb. mit Goldschn. 25 ngr.; Prachtausg. 22½ ngr.; in engl. Einb. mit Goldschn. 1 ℛ 7½ ngr.

Rudorff, E., die Tochter des Nabob. Roman. 2. (Titel-)Aufl. 8. (251 S.) Stuttgart (875), 77, Hallberger. * geb. *

Rudorff, E., die Tochter des Nabob. Roman. 2. (Titel-) Aufl. 8. (251 S.) Stuttgart (1875) 877. Deutsche Verlags-Anstalt. n. 1. —

Rudorff, Ernst

Rudorff, E., Onkel Born, s. Bachem's Novellen-Sammlung.

Rudorff, Ernst, Heimatschutz. [Aus: „Die Grenzboten".] Lex.-8. (31 S.) Leipzig 897. F. W. Grunow. — 60

Rudorff, Ernst, Heimatschutz. 2. Tausd. 8. (112 S.) Berlin 901. [G. H. Meyer.] München, Geo. Müller. n. 1. —; geb. in Leinw. n. 2. —

Rudorff, Ernst, Heimatschutz. 3. unveränd. Aufl. (116 S.) 8. München 904. [G. Müller.] G. D. W. Callwey. n. 1. 50; geb. n. 2. 50.

—— an den Stufen des Thrones, s. Bachem's Novellen-Sammlung.

— unterwegs, s.: Collection Meinhold.

Rudorff, Ernst, über das Verhältniß des modernen Lebens zur Natur. [Aus: „Preuß. Jahrbb."] gr. 8. (18 S.) Berlin 880. G. Reimer. — 30

— verloren, s.: Bachem's Novellen-Sammlung.

— s.: Weber, Carl Maria v., Briefe an Hinrich Lichtenstein.

— am Ziel, s.: Collection Meinhold.

Rudorff, Geo., lustige Erinnerungen aus meiner Militärzeit, s.: Nagel's Bibliothek illustr. Humoresken.

Rudorff, Hermann, Kammergerichtsreferendar: Beiträge zum Gästerecht der mittelalterlichen deutschen Städte. Breslau: M. & H. Marcus 1906. (37 S.) 8° ¶ (Ersch. vollst. in Untersuchungen zur Deutschen Staats- und Rechtsgeschichte.)
Berlin, Jur. Fak., Ref. Gierke, Diss. v. 16. Juli 1906
[Geb. 2. Dez. 77 Groß-Lichterfelde; Wohnort: Groß-Lichterfelde; Staatsangeh.: Preußen; Vorbildung: Gymn. Groß-Lichterfelde Reife O. 96; Studium: Tübingen 1, Berlin 1, Bonn 3, Berlin 1 S.; Rig. 6. März 06.]

Rudorff, Herm., zur Erklärg. des Wormser Konkordats, s. a. Quellen u. Studien zur Verfassungsgeschichte des Deutschen Reiches. I, 4.

Zur Erklärung des Wormser Konkordats von Hermann Rudorff. Weimar: H. Böhlaus Nachf. 1906. (VIII, 65 S.) 8°
= Quellen u. Studien z. Verfassungsgeschichte d. Deutschen Reiches in Mittelalter u. Neuzeit. Bd 1, H. 4. [06. 7601]

Rudorff, Herm., zur Rechtsstellung der Gäste im mittelalterlichen städtischen Prozess, s.d. Untersuchungen zur deutschen Staats- u. Rechtsgeschichte. 88. Heft.

Zur Rechtsstellung der Gäste im mittelalterlichen städtischen Prozess. Vorzugsweise nach norddeutschen Quellen von Dr. jur. Hermann **Rudorff**. Breslau: M. & H. Marcus 1907. (XII, 202 S.) 8°
— **Untersuchungen** z. Deutschen Staats- u. Rechtsgeschichte. H. 88. [07. 5118

Rudorff, Otto, die Ausführungs-Gesetze, -Verordnungen und -Verfügungen zu den vier großen Reichsjustizgesetzen von 1877 [Gerichtsverfassungsgesetz, Civilprozeß-, Strafprozeß- und Konkurs-Ordnung], für den Handgebrauch zusammengestellt und mit Parallelstellen und Anmerkungen, sowie einem chronolog. Inhaltsverzeichniß und einem Sachregister versehen. 8. (XVI, 1288 S.) Kassel 880, Kay. geb. * 8 —

—— dass. — Nachtrag, enthaltend die seit Febr. 1880 erschienenen Ausführungsgesetze und -Verfügungen nebst chronolog. Inhaltsverzeichnisse, Sachregister und Anmerkungen. 8. (XXVI, 261 S.) Ebendas. 880. * 2 —

Rudorff, Otto, freiwillige Gerichtsbarkeit u. Notariat in Bayern u. Baden. gr. 8. (VI, 417 S.) Berlin 895. H. W. Müller. n. 5. —

—— die Gesetze betreffend das Notariat in der Rheinprovinz, mit Anmerkungen, Gebührentabellen und Sachregister versehen. 12. (VI, 337 S.) Düsseldorf 881, Schwann'sche Verlagsh. * 3 50

— Handelsgesetzbuch v. 10. V. 1897. M. Erläutergn. gr. 8. (VIII, 364 S.) Stuttgart 898. F. Enke. n. 6. —; geb. in Leinw. n. 7. —

—— das Hinterlegungswesen bei den Amtsgerichten nach der Hinterlegungsordnung vom 14. März 1879 und der Verfügung vom 9. Juli 1879, mit Anmerkungen und Sachregister. 12. (IV, 130 S.) Ebendas. 880. * 1 —

Rudorff, Otto. Kamporitsu od. Hiakkajo, e. japan. Rechtsbuch aus der Mitte d. vor. Jahrh., hrsg. gr. 4. (XXII, 45 S. m. 3 Taf.) Berl. 889, (H. W. Müller). * 2 40

Rudorff, O., die deutschen Klagenverjährungsgesetze. Eine Zusammenstellg. sämmtl. in Deutschland gelt. Gesetze üb. die Verjährg. persönl. Ansprüche, besonders zum Gebrauche im Falle der sogenannten Kollision der Statuten. gr. 8. (IV, 196 S.) Düsseldorf 883. Schwann. n. 3. —

—— das hannoversche Privatrecht. Eine systemat. Zusammenstellung der in der Prov. Hannover geltenden Partikulargesetze unter Berücksicht. der hannoverschen Rechtsprechung und Litteratur. gr. 8. (XXXII, 572 S.) Hannover 884, Norddeutsche Verlagsanstalt. * ℳ 12.; geb. * 13 —

Das Reichs-Civilrecht. Die Reichsgesetzgebung über Bürgerliches Recht u. Civilprocess. Mit Anm. u. Sachreg. von O[tto] **Rudorff**, Oberl. Ger. R., u. Dr. [Bruno Luis] Schäfer, Landrichter. (In 2 Hälften.) *Berlin: H. W. Müller (1899–)1900.* (VI, 1427 S.) [F.] [00. 6492

Rudorff, Otto, systematische Sammlung der f. das gegenwärtige Recht v. Bedeutung gebliebenen Entscheidungen des Reichsgerichts in Civilsachen, nach der Gesetzes-Ordnung zusammengestellt aus den amtlichen Entscheidungen des Reichsgerichts, Blums Annalen, Gruchots Beiträgen, der juristischen Wochenschrift u. Seufferts Archiv. 3 Bde. gr. 8. Berlin, J. Guttentag. n. 58. —; geb. in Halbfrz. n.n. 64. —

1. Bürgerliches Gesetzbuch m. Einführungsgesetz. (VIII, 1162 S.) 903. n. 18. —; geb. n.n. 20. —
2. Handelsgesetzbuch; Börsen-, Binnenschiffahrts-, Genossenschafts-, Gesellschafts-Gesetz; Wechselordnung; Warenzeichen-, Patent-, Musterschutz-, Wettbewerbs-Gesetz; Gewerbeordng.; Haftpflichtgesetz. (XIII, 1359 S.) 904. n. 20. —; geb. n.n. 22. —
3. Gerichtsverfassungsgesetz; Civilprozeßordng.; Konkursordng., Anfechtungsgesetz 1879—1906. (III, 1255 S.) 906. n. 20. —; geb. n. 22. —

Rudorff, Otto, die Seegesetzgebung des Deutschen Reiches, s.: Guttentag's Sammlung deutscher Reichsgesetze. (Knitschky, W. E.)

Rudorff, Otto, die Seegesetzgebung des Deutschen Reiches, s.: Knitschky, W. E.

—— Tokugawa-Gesetzsammlung. hoch 4. (IX, 143 S.) Tokio 889. Berl., H. W. Müller. * 4 —

—— dass. — s.d. Mittheilungen der Deutschen Gesellschaft für Natur- u. Völkerkunde Ostasiens.

— die Vorschriften über die Führung des Handelsregisters, sowie der Schiffs-, Genossenschafts-, Muster- u. Zeichen-Register. 1. Thl. Die Vorschriften über die Führung des Handelsregisters. gr. 8. (V, 375 S.) Hannover 882. Meyer. n. 5. —

— die Zwangsvollstreckung in das unbewegliche Vermögen im Geltungsgebiete der preußischen Grundbuchordnung. gr. 8. (XIV, 366 S.) Berlin 883. H. W. Müller. n. 6. —; cart. n. 6. 50

Rudorff, W., Handbüchlein zum Gebrauch bei Abrichtung des Remontepferdes. gr. 16. (VIII, 79 S.) Hannover 878, Helwing'sche Verlagsh. *

Rudorff, W., Handbüchlein zum Gebrauch bei Abrichtung des Remontepferdes. 2., mit einem Anh.: „Betrachtung des äußern Pferdes in Rücksicht auf mechanisches Gebäude u. Tüchtigkeit zum Reitdienst", verm. Aufl. 12. (VIII, 79 u. Anh. 20 S.) Hannover 880. Helwing's Verl. n. 1. —

— Leitfaden zur Beurtheilung des Pferdes für den Reitdienst. gr. 8. (60 S.) Hannover 878. Schmorl & v. Seefeld. n. 1. —

Rüdorff: Über d. Darstellung d. festen Phosphorwasserstoffs. 2 S. – Berlin Gw., Progr. 1866.

Rüdorff, F.

— Untersuchungen über das Gefrieren des Wassers aus Salzlösungen. Mitgetheilt von Magnus. (Auszug aus dem Monatsber. der Königl. Akad. der Wissensch. zu Berlin. 18. April 1861.)

Rüdorff, Fr. Photometrische Studien I—III. München 1869.

Rüdorff, Friedrich

Rüdorff, Fr., Anleitung zur chemischen Analyse für Anfänger, besonders für den Unterricht an Real- u. Gewerbeschulen. 1. u. 2. Aufl. Berlin 867. 70. Guttentag. 8. (V, 46 S.) n. 6 ngr.

Rüdorff, Fr., Anleitung zur chemischen Analyse für Anfänger, besonders für den Unterricht an Real- und Gewerbeschulen. 2.—4. verb. Aufl. gr. 8. (48 S.) Berlin 870—75, Guttentag. [H. W. Müller.] *

Rüdorff, Fr., Anleitung zur chemischen Analyse für Anfänger, besonders für den Unterricht an Real- und Gewerbeschulen. 5. verb. Aufl. gr. 8. (47 S.) Berlin 877, H. W. Müller. *

Rüdorff, Fr., Anleitung zur chemischen Analyse für Anfänger, besonders für den Unterricht an Real- u. Gewerbeschulen. 6. Aufl. gr. 8. (46 S.) Berlin 880. H. W. Müller. n. — 60; cart. n. — 80

Rüdorff, Fr., Anleitung zur chemischen Analyse f. Anfänger, besonders f. den Unterricht an höheren Lehranstalten. 7. Aufl. gr. 8. (46 S.) Berlin 886. H. W. Müller. n. — 60; Einbd. n.n. — 20

Rüdorff, F. Anleitung zur chemischen Analyse f. Anfänger, besonders f. d. Unterricht an höheren Lehranstalten. 8. Aufl. gr. 8. (48 S.) Berl. 892, H. W. Müller. * — 60; cart. * — 80

Rüdorff, Fr., Anleitung zur chemischen Analyse f. Anfänger, besonders f. den Unterricht an höheren Lehranstalten. 8. Aufl. gr. 8. (48 S.) Berlin 893. H. W. Müller. n. — 60; kart. n. — 80

Rüdorff, Fr., Anleitg. zur chemischen Analyse f. Anfänger, bes. f. d. Unterricht an höh. Lehranstalten. 9. Aufl. gr. 8. (48 S.) Berlin 897. H. W. Müller. n. — 60; kart. n. — 80

Rüdorff, Fr., Anleitung zur chemischen Analyse f. Anfänger, besonders f. den Unterricht an höheren Lehranstalten. 10. Aufl. gr. 8. (48 S.) Ebd. 901. n. — 60; kart. n. — 80

Anleitung zur chemischen Analyse nebst e. Anh.: Quantitative Übungen. Für d. Unterricht an höh. Lehranst. Von Dr. Fr[iedrich] **Rüdorff.** 11. neu bearb. Aufl. (Hrsg.: Dr. Arthur Krause, Prof. an d. Luisenstädt. Oberrealschule.) Berlin: H. W. Müller 1905. (58 S.) 8° (07. 5563 II

— dasselbe, Erläuterungen, s.: Thürling, Gust., der wahlfreie Unterricht in der Chemie.

Rüdorff, Fr., Anleitung zur chem. Analyse, nebst e. Anh.: Quantitative Übungen. Für den Unterricht an höheren Lehranstalten. 12., verb. Aufl. (62 S.) gr. 8. Berlin 908. H. W. Müller. Kart. — 80

Rüdorff: Anleitung z. chemischen Analyse für Schüler. 25 S. – Berlin Gw., Progr. 1866.

RÜDORFF, FRIEDRICH.
*Die Fortschritte der Chemie in den letzten fünfundzwanzig Jahren. Rede zum Geburtsfeste Seiner Majestät des Kaisers und Königs in der Aula der königlichen technischen Hochschule zu Berlin am 21. März, 1887. Berlin, 1887. pp. 16, 4to.
A brief sketch for a popular audience.

—— Grundriß der Chemie für den Unterricht an höheren Lehranstalten. gr. 8. (VIII, 311 S. mit in den Text gedr. Holzschn.) Berlin 868, Guttentag. *

—— dass. — 2. Aufl. (VIII, 320 S. mit in den Text gedr. Holzschn.) 870. *M 3,50., und 3.–5. Aufl. gr. 8. (VIII, 301 S. mit 1 chromolithogr. Spectraltaf.) Berlin 871—74, Guttentag. [H. M. Müller.] * geb. **

—— Grundriss der Chemie für den Unterricht an höheren Lehranstalten. 6. verb. Aufl. gr. 8. (VIII, 286 S. mit in den Text gedr. Holzschn. und 1 chromolithogr. Spectraltaf.) Ebendas. 877.

— Grundriss der Chemie für den Unterricht an höheren Lehranstalten. Mit in den Text gedr. Holzschnitten u. einer (chromolith.) Spectraltafel. 7. Aufl. gr. 8. (VIII, 284 S.) Ebend. 880. n. 3. 70

— Grundriss der Chemie f. den Unterricht an höheren Lehranstalten. Mit Holzschn. u. 1 (chromolith.) Spektraltaf. 8. Aufl. gr. 8. (VIII, 280 S.) Ebend. 884. n. 3. 70

—— Grundriss der Chemie für den Unterricht an höheren Lehranstalten. 9. Aufl. gr. 8. (VIII, 277 S. mit in den Text gedr. Holzschn. und 1 Spectraltaf.) Ebendas. 888. * 3 70
Daraus allein:
—— dass. — 1. Tl.: Anorganische Chemie. gr. 8. (VII, 186 S.) Ebendas. 888. * 2 80

Rüdorff, Fr., Grundriss der Chemie f. den Unterricht an höheren Lehranstalten. 1. Tl. Anorganische Chemie. Mit in den Text gedr. Holzschn. u. 1 (farb.) Spektraltaf. 10. Aufl. gr. 8. (VIII, 186 S.) Berlin 893. H. W. Müller. n. 2. 80

— Grundriss d. Chemie f. d. Unterricht an höh. Lehranst. M. in d. Text gedr. Holzschn. u. 1 (farb.) Spektraltaf. 11. Aufl. gr. 8. (VIII, 274 S.) Ebd. 897. n. 3. 70; Einbd. n.n.n. — 30; 1. Tl. Anorgan. Chemie, einzeln (VIII, 186 S. m. Holzschn. u. 1 Spektraltaf.) n. 2. 80; Einbd. n.n.n. — 30

— Grundriss der Chemie f. den Unterricht an höh. Lehranstalten. Völlig neu bearb. von Rob. Lüpke. 12. Aufl. gr. 8. (XIV, 532 S. m. 294 Abbildgn. u. 2 [1 farb.] Taf.) Ebd. 902. n. 5. —; geb. n.n. 5. 60; 1. Tl., anorgan. Chemie, allein (XV, 446 S. m. 290 Abbildgn. u. 2 [1 farb.] Taf.) n. 4. 20; geb. n.n. 4.80

— Grundriss der Chemie f. den Unterricht an höh. Lehranstalten. Mit in den Text gedr. Holzschn. u. 1 (farb.) Spektraltaf. Ausg. B. 13. Aufl. (VI, 289 S.) gr. 8. Berlin 904. H. W. Müller. n. 3. 60; geb. n. 4. —; 1. Tl., anorgan. Chemie allein. (VII, 224 S. m. Abb. u. 1 farb. Taf.) n. 2. 80; geb. n. 3. 20

— dasselbe. Mit zahlr. Holzschn. u. 1 (farb.) Spektraltaf. Ausg. B. 14. Aufl. (VII, 312 S.) gr. 8. Ebd. 908. 3.60; geb. 4.—; 1. Tl., anorgan. Chemie, allein. (VII, 240 S. m. Abbildgn. u. 1 farb. Taf.) 2.80; geb. 3. 20

— Grundriss der Chemie f. den Unterricht an höh. Lehranstalten. Mit 293 Holzschn. u. 1 (farb.) Spektraltaf. Ausg. A, Bearbeitg. v. Rob. Lüpke. 15., verb. Aufl. v. H. Böttger. (XII, 591 S.) gr. 8. Ebd. 909. 5.20; geb. n 5.80; 1. Tl. Anorganische Chemie, allein. Mit 287 Holzschn. u. 1 (farb.) Spektraltaf. (XII, 511 S.) 4.40; geb. n 5. —

—— Grundriss der Mineralogie für den Unterricht an höheren Lehranstalten. Mit in den Text gedr. Holzschn. 1. Aufl. (IV, 95 S.) 1875; 2. verb. Aufl. gr. 8. (IV, 98 S.) Berlin 876, [Guttentag.] H. W. Müller.

— Grundriss der Mineralogie für den Unterricht an höheren Lehranstalten. Mit in den Text gedr. Holzschnitten. 3. Aufl. gr. 8. (IV, 94 S.) Ebend. 880. n. 1. 20; cart. n. 1. 40

— Grundriss der Mineralogie f. den Unterricht an höheren Lehranstalten. Mit Holzschn. 4. Aufl. gr. 8. (IV, 98 S.) Ebend. 884. n. 1. 20

**—— Grundriss der Mineralogie für den Unterricht an höheren Lehranstalten. 5. Aufl. gr. 8. (IV, 98 S. mit in den Text gedr. Holzschn.) Ebendas. 887. * 1 20
cart. * 1 40**

— Grundriss der Mineralogie. Für den Unterricht an höheren Lehranstalten. 6. Aufl. gr. 8. (IV, 98 S. m. Holzschn.) Ebd. 892. n. 1. 20; kart. n. 1. 40

Grundriss der Mineralogie und Geologie f. d. Unterr. an höh. Lehranst. von Dr. Fr[iedrich] **Rüdorff.** Mit zahlr. Holzschn. u. e. geol. Übersichtskarte von Mittel-Europa. 8., umgearb. Aufl. (Vorr.: Dr. Arthur Krause, Prof. an d. Luisenst. Oberrealschule.) Berlin: H. W. Müller 1906. (124 S.) 8° (07. 9555

Ruedorff, Frid. (geb. Werl in Westf. 3. 11. 1832): Quam vim sales ad aquam congelandam habeant. Berolini (1861). (32 S.) 8°
Berlin, Phil. Diss. v. 5. Aug. 1861

Rüdorff, Fritz, Kammergerichtsref. in Charlottenburg: **Wann beginnt die Antragsfrist beim Ehebruch?** *Berlin 1900: E. Brückmann.* (31 S.) 8°
Freiburg i. B., Rechts- u. staatswiss. Diss. v. 1900

Rüdorff, Fritz, wann beginnt die Antragsfrist beim Ehebruch? Diss. gr. 8. (32 S.) Berlin 900. (C. Skopnik.) n. — 50

Rüdorff, Hans, das Bundes-Strafgesetzbuch vom 31. Mai 1870 erläutert. gr. 8. (1. u. 2. Lfg. 240 S.) Berlin 871. Guttentag. n. 3. 60

— Kommentar zum Strafgesetzbuch f. das Deutsche Reich. 4. Aufl. Hrsg. v. M. Stenglein. Ergänzungen. gr. 8. (12 S.) Ebd. 893. Unentgeltlich.

— Militär-Strafgesetzbuch f. das deutsche Reich. [Gegeben Schloß Babelsberg, den 20. Juni 1872.] Text-Ausg. m. Anmerkgn. u. Sachregister. 32. (XI, 60 S.) Ebend. 872. n. — 50

Rüdorff, Hans, Militär-Strafgesetzbuch für das Deutsche Reich. Text-Ausg. mit Anmerkungen. 2., durch die preuß. Militär-Straf-Prozeß-Ordnung vom 3. April 1845, die Disciplinarstraf-Ordnung für das Heer vom 31. Oktober 1872, die Verordnung über die Ehrengerichte vom 2. Mai 1874 u. die inzwischen ergangenen Entscheidungen verm. Aufl. von W. L. Solms. 16. (XIV, 343 S.) Berlin 878. Guttentag. cart. n. 2. —

Rüdorff, Hans, Militär-Strafgesetzbuch f. das Deutsche Reich, 3. Aufl., s.: Solms, W. L.

Rüdorff, H., Strafgesetzbuch für den norddeutschen Bund [Gegeben Schloß Babelsberg den 31. Mai 1870]. Text-Ausg. mit Anmerkungen. Berlin 870. Guttentag. 16. (XVI, 141 S.) cart. n. 5 ngr.

—— deutsches Strafgesetzbuch. [Gegeben Schloß Babelsberg, den 31. Mai 1870.] Text-Ausg. mit Anmerkungen und vollständ. Sachregister. 2. und 3. verb. Aufl. 16. (XVI, 141 S.) Ebendas. 871. cart. *

— Strafgesetzbuch f. das Deutsche Reich. Nebst den gebräuchlichsten Reichs-Strafgesetzen [Post, Impfen, Presse, Personenstand, Nahrungsmittel, Kranken-, Unfall-, Alters-, Invaliditätsversicherg. u. Gewerbeordng.], s. a. Guttentag's Sammlung deutscher Reichsgesetze.

—— dass. — s. a. Reichsgesetzgebung, deutsche.

Rüdorff, Hans: Strafgesetzbuch für das Deutsche Reich. Mit Commentar. Berlin 1871.
— 2. Aufl. 1877.
— 3., mit bes. Berücks. der Praxis des Reichsgerichts bearb. Aufl., hrsg. von M. Stenglein. Berlin u. Leipzig 1881.

— 4. Aufl. [Nebst] Ergänzungen. Berlin 1892. 93.

Rüdorff, H.: Strafgesetzbuch für das Deutsche Reich (Neue Fassung) nebst dem Reichs-Gesetz über die Presse etc. 6. Aufl. Berlin 1875.

— 7. Aufl. 1876.

— 8. Aufl. 1876.

— 10. Aufl. Nebst den gebräuchlichsten Reichs-Strafgesetzen. 1879.

— 11. Aufl. Berlin u. Leipzig 1881.

— 14. Aufl. 1887.

— 16. Aufl. von H. Appelius. Berlin 1892.

— Strafgesetzbuch f. das deutsche Reich. Mit Commentar. gr. 8. (XXIV, 512 S.) Ebend. 871. n. 6. —

— dasselbe. Ausg. f. Bayern. 4. Aufl. 16. (XXIV, 260 S.) Ebend. 872. n. 1. 20

—— Strafgesetzbuch für das deutsche Reich. [Gegeben Berlin, den 15. Mai 1871.] Nebst den Einführungsgesetzen für das Reich und für Elsaß-Lothringen. Text-Ausg. mit Anmerkungen und vollständ. Sachregister. 4. und 5. Aufl. 16. (XXIV, 165 S.) Ebendas. 872,73. cart. *

Rüdorff, Hans, Strafgesetzbuch für das deutsche Reich vom 15. Mai 1871 nebst den Einführungsgesetzen und dem Gesetz über die Presse vom 7. Mai 1874. Text-Ausg. mit Anmerkungen und vollständ. Sachregister. 6. Aufl. 16. (XXIV, 180 S.) Berlin 875, Guttentag. cart. *

—— dass. — Nebst dem Reichs-Gesetz über die Presse ꝛc. Text-Ausg. mit Anmerkungen. 7. Aufl. (XXVIII, 211 S.) 1876; 8. Aufl. (XXVIII, 212 S.) 1876; 9. Aufl. 16. (XXVIII, 207 S.) Ebendas. 878. cart. *

Rüdorff, H., Strafgesetzbuch für das Deutsche Reich. Mit Kommentar. 2. Aufl. gr. 8. Berlin 877. Trier, Stephanus. 10 —

— Strafgesetzbuch für das Deutsche Reich. Mit Kommentar. 2. Aufl. gr. 8. (VI, 609 S.) Ebend. 877. n. 10. —

—— dass. — Nebst den gebräuchlichsten Reichs-Strafgesetzen. Text-Ausg. mit Anmerkungen. 10. Aufl. 16. (XXXI, 222 S.) Berlin 879, Guttentag. cart. * ℳ 1.; geb. *

Rüdorff, Hans, Strafgesetzbuch für das Deutsche Reich. Mit Kommentar. 3. mit besond. Berücksicht. der Praxis des Reichsgerichts bearb. Aufl., hrsg. von M. Stenglein. 2 Hälften. gr. 8. Berlin 881, Guttentag. [1. Hälfte. (S. 1—320.) * ℳ 6.; 2. Hälfte. (VIII, S. 321—806.) * ℳ 9.] * 15 —
—— dass. — Nebst den gebräuchlichsten Reichs-Strafgesetzen [Post, Impfen, Presse, Markenschutz, Personenstand, Socialdemokratie, Wucher, Nahrungsmittel ꝛc.]. Text-Ausg. mit Anmerkungen. 11. Aufl. (XXXII, 235 S.) 1881; 12. Aufl. 16. (XXXII, 240 S.) Ebendas. 883. cart. * 1 —

Rüdorff, Hans, Strafgesetzbuch für das Deutsche Reich. Nebst den gebräuchlichsten Reichs-Strafgesetzen [Post, Impfen, Presse, Markenschutz, Personenstand, Sozialdemokratie, Wucher, Nahrungsmittel, Schankgefäße, Sprengstoffe ꝛc.] Text-Ausg. mit Anmerkungen. 13. durchges. und verm. und 14. Aufl. 16. (XXXII, 252 S.) Berlin 885,87, Guttentag. cart. * 1 —

Rüdorff, H., Strafgesetzbuch f. das Deutsche Reich. Nebst den gebräuchlichsten Reichs-Strafgesetzen [Post, Impfen, Presse, Markenschutz, Personenstand, Wucher, Nahrungsmittel, Schankgefäße, Sprengstoffe, Sozialdemokratie ꝛc.]. Text-Ausg. m. Anmerkgn. 15. Aufl. 16. (XXXII, 254 S.) Berlin 890. Guttentag. cart. n. 1. —

— dasselbe. Mit Kommentar. 4., m. Berücksicht. der Praxis d. Reichsgerichts neu bearb. Aufl., hrsg. v. M. Stenglein. gr. 8. (VIII, 809 S.) Berlin 892. J. Guttentag. n. 15. —; geb. in Halbfrz. n.n. 17. —

Rüdorff, Hans, Strafgesetzbuch f. d. Deutsche Reich, 18. Aufl. v. H. Appelius, s.: Guttentag's Sammlung deutscher Reichsgesetze, Nr. 2.

Rüdorff, Hans, Strafgesetzbuch f. das Deutsche Reich, 21. Aufl. v. H. Appelius, s.: Guttentag's Sammlung deutscher Reichsgesetze.

Ruedorff. Hans, Strafgesetzbuch für das Deutsche Reich. Nebst d. gebräuchlichsten Reichs-Strafgesetzen: Presse ... Text-Ausg. m. Anmerk. u. Sachreg. 22. Aufl. von H. *Appelius*. Berlin 1907. 8°.
(Guttentagsche Sammlung Deutscher Reichsgesetze Nr 2)

Rüdorff H, Strafgesetzbuch für das Deutsche Reich mit Anmerkungen. 22. Auflage von H Appelius. (479 S) (Guttentagsche Sammlung 2) Berlin 1907

Rüdorff, Hans (u. H. **Appelius**), Strafgesetzbuch f. das Deutsche Reich, 23. Aufl. von Frz. v. Liszt u. Ernst Delaquis, s.a. Guttentag's Sammlung deutscher Reichsgesetze.

Ruedorff. Hans: Strafgesetzbuch für das Deutsche Reich Text-Ausg. mit Anm. u. Sachreg. 23. Aufl. bearb von Franz v. *Liszt* u. Ernst *Delaquis*. Berlin 1910. 8°

Johann Friedrich Ludwig Ruedorff

Joann(es) Frid(ericus) Ludov(icus) Rüdorff: De Corporibus alienis oculo illapsis. Berolini (1826:) Brüschcke. 39 S. 8°

Berlin, Med. Diss. v. 20. März 1826

Ruedorff, Car. Frid. (geb. Werl in Westf. 13. 5. 1840): De sceleti humani compositione. Berolini (1865). (30 S.) 8°
Berlin. Med. Diss. v. 13. Okt. 1865

J. A. Ruedorffer, Unterricht zur Bienenzucht für die churb. Landeseinwohner. München 1776.

Rüdorffer, Adelph, († d. 16. Dec. 1801.) Abhandl. v. d. Stifterin d. fürstl. Probstei Berchtesgaden. 4. Münch., (G. Franz). 4 gl.

— zuverläss. Nachr. v. den alten Erbhofbeamten des ꝛc. Klosters Rot am Inn. 4. Münch., (G. Franz). 2 gl.

Rudovsky, J. Die Viehversicherung. Brünn 1896.

Rudovsky, Josef

- -- Frommes österr. Kalender für Tierärzte. Siehe: Kalender.

Rudovsky, Jos., die Rindviehzucht in der Markgrafsch. Mähren, s.: Rinder-Racen, die österr.

Rudovsky, Jos., d. Rotzkrankheit d. Pferde u. d. Anwendg. d. Malleins z. Sicherstellg. dieser Krankheit. gr. 8. (39 S. m. 3 Taf.) Brünn 895. (C. Winkler.) n. 1. —

Rudow [Schlagwort]

Rudow-Johannisthal, s.: Berlin.

Rudow [Verfasser]

Rudow, *Arthur* [aus Perleberg]: Ueber einen Fall von Cystenbildung am Boden der Mundhöhle m. Berücks. d. Terminologie dieser Gebilde ... München, J. G. Weiss'sche Buchdr., 1893; 21 S. 8.
München, Med. Fak., Inaug.-Diss. v. 1893

Rudow, C. Fr. W., s. Rudow, Karl Friedrich Wilhelm

– s. Rudow, W.

Rudow, Christ. Ed.: Von d. Rechten, welche e. Regent üb. auswärtiger Regenten vornehme Diener in gewissen Fällen besitzt. *Jena.* **756. 4.**

RUDOW, F.: Die Pflanzengallen Norddeutschlands und ihre Erzeuger. - Neubrandenburg 1875. 96 S., 1 Taf.

Rudow, Ferd. Hymenopterologische Beobachtungen aus der Mark Brandenburg. 24 S. **Progr.** *Perleberg* 1877.

[F.] **Rudow,** *Ferdinand* [Dr.]: Ueber die Kunstfertigkeit einiger Hautflügler. Perleberg, Druck v. F. Jacobson, 1893; 1—24 S. 4.
Perleberg, k. RG, OP 1893 (109)

Rudow, [Ferdinand], Prof. Dr.: Die Wohnungen der Raub-, Grab- und Faltenwespen. Sphegiden, Crabroniden, Vespiden. Perleberg 1905: Ferd. Mancke. (48 S.). 8° [F. u. Ant.]
Perleberg, k. RG P 1905 (119)

Rudow, Karl Friedrich Wilhelm

Rudow, Carl **Friedrich** Wilhelm [aus Salzwedel]: Verslehre und Stil der rumänischen Volkslieder .... Halle a. S., Ploetz'sche Buchdr. (R. Nietschmann). 1886: 44 S. 8°.
Halle, Phil. Fak., Inaug.-Diss. v. [26. Jul.] 1886.

Rudow, C. Fr. W., Verslehre und Stil der rumänischen Volkslieder. gr. 8. (43 S.) Leipzig 886, Fock. * 1 —

Rudow, Th., dissertatio de argumentis historicis, quibus recenter epistolarum pastoralium origo Paulina impugnata est. [Commentatio in certamine literario civium Academiae Georgiae Augustae die 4. Junii 1850 praemio regio ornata.] gr. 4. (VI u. 53 S.) Gottingae 852, Dieterich. n. 16 ngl.

Rudow, W.

—— s. Brandes, Geo., Hauptströmungen.

— der Charakter. Nach dem Engl. des Sam. Smiles f. das deutsche Volk bearb. 2., durchgeseh. Aufl. gr. 8. (VII, 326 S.) Heidelberg 895. G. Weiß, Verl. n. 2. 80; geb. in Leinw. n. 3. 80

— Geschichte d. rumänischen Schrifttums bis zur Gegenwart. Ausgearb. m. Unterstützg. der angesehensten Schriftsteller. Durchgesehen u. ergänzt im Auftrage d. Bukarester Kultusministeriums v. J. Negruzzi u. G. Bogdan. Hrsg. m. Unterstützg. d. kgl. preuss. Kultusministeriums. gr. 8. (240 S.) Ebd. 892. n. 4. —

(H) **Rudow,** W., Gesch. d. rumän. Schrifttums. 892. (KBl. 28.) Jetzt: Leipzig, O. Harrassowitz. Erm. Pr. 2. --

— dasselbe. Nachtrag. gr. 8. (XXXII S. m. 2 Bildnissen.) Ebd. 894. — 30

—— u. J. Nastasi. Deutsch-englisches u. englisch-deutsches Handlexikon zu jeder englischen Handelskorrespondenz, s. Handbibliothek der gesamten Handelswissenschaften.

—— u. Werner. Deutsch-französisches u. französisch-deutsches Handlexikon zu jeder französischen Handelskorrespondenz, s.a. Handbibliothek der gesamten Handelswissenschaften.

Rudow u Werner, deutsch-französisches und französisch-deutsches Handlexikon. (Handbibliothek der Handelswissenschaften 17) Stuttgart (1891)

— Harzblüten. Den Bewohnern u. Freunden d. Harzes. 16. (112 S.) Ebd. 891. n. — 60; kart. n. — 75

—— Lucifer. Ein Dichterleben 8. (131 S.) Ebd. 891. * 1 60
geb. * 2 60

—— Mädchenliebe u. Mannesliebe. 8. (47 S.) Ebd. 891. * — 60
geb. * 1 60

Rudow, W., Martin, der Maschinenführer. Ein Sang aus dem Westen. 2. Aufl. 12. (78 S.) Leipzig 886. Huth. geb. n. 2. —

—— s. Smiles, S., der Charakter.

Rudow, W. Spezialwörterbuch, s. Echo d. rumän. Umgangssprache.

— der Weg zur Selbsterziehung. Nach dem Engl. des Samuel Smiles f. das deutsche Volk bearb. 2., durchgeseh. Aufl. Neue [Titel-]Ausg. (v. „Der Charakter"). 8. (VII, 326 S.) Kassel [895.] 902. G. Weiß. n. 2. 80; geb. in Leinw. n. 4. —

Rudow, Wilhelm

Rudow, W., s.: Bombe, die.

Rudow, W., um die Erde. Eine Auswahl der schönsten u. kennzeichnendsten Dichtgn. d. wichtigsten Kultursprachen, übers. 8. (XVI, 294 S.) Wernigerode 891. Leipzig, K. Kaupisch. n. 2. 50; geb. n. 3. 50

Rudow, W. Um die Erde. Eine Auswahl der schönsten u. kennzeichnendsten Dichtgn. der wichtigsten Kultursprachen, übers. 8. (XVI, 294 S.) Wernigerode 891, Rudow. * 3 50; geb. * 4 50

Rudow, W[ilhelm]. Um die Erde. Eine Auswahl der schönsten und kennzeichnendsten Dichtungen der wichtigsten Kultursprachen, übersetzt von W. R'.... [Titel-Ausgabe.] XVI + 296 S. 8. Leipzig, Karl Kaupisch, [1891 – ca. 1900] — **Aufdruck:* Basel, Ernst Finckh, [1905] —. [M. 2. 50, geb. 3. 50]

1. Ausg. ersch. 1891 zu Wernigerode im Selbstverlag des Verf., die Titel-Ausg. zu Leipzig zwischen 1899 und 1902. — Darin S. 115 – 121: Ladinisch.

Rudow, W., Wittekind der Sachsenherzog. Vaterländische Dichtg. 1. Ausg. (f. Protestanten.) gr. 8. (VII, 183 S.) Okrös 893. Leipzig, K. Kaupisch. n. 1. 50; geb. n. 2. 30

[F.] Wittekind der Sachsenherzog. Vaterländ. Dichtg v. W[ilh.] Rudow. *Okrös '(Bihar, Ungarn)': W. Rudow 1893.* (VII, 183 S.) 1 Bd 8. [96. 1597]

— dasselbe. 2. Ausg. (f. Katholiken). gr. 8. (VIII, 183 S.) Ebd. 894. n 1. 50; geb. n. 2. 30

Rudowski, Wilh., Seminarbildung u. Studium der Volksschullehrer in Preußen. (50 S.) gr. 8. Gelsenkirchen 906. E. Kannengießer. n. — 80

Rudowsky, C. F. T., Verzeichniß der gesammten Ortschaften des Königreichs Sachsen mit Angabe deren Lage nach der Kreisdirection, des Appellationsgerichts, der Amtshauptmannschaft, des Bezirksgerichts rc., endlich der Zahl der Einwohner, der Wohngebäude und der Familien-Haushaltungen nach der Zählung vom 3. Dezbr. 1855. Dresden 857. (Adler u. Dietze.) Lex.-8. (2 Bl., 84 S.) n. 20 ngr

Rudowsky, Jos., s. Rudovsky

Rudraṭa's Çṛṅgâratilaka and Ruyyaka's Sahṛdayalilâ, with an introduction and notes edited by R. Pischel. gr. 8. (135 S.) Kiel 886. C. F. Haeseler. *

Rudrauf, des alten Kilian, weil. der h. Schrift Doctor u. Professor zu Gießen, Erklärung des kleinen lutherischen Katechismus u. der hessischen Fragestücke. Zum Gebrauche in Kirche, Schule u. Haus von neuem nach der 8. Ausgabe des Buches herausg., für das Bedürfniß unserer Zeit bearb. u. mit einigen Zusätzen versehen von Karl Ludwig Leimbach. Schmalkalden 870. (Wilisch.) gr. 8. (VIII, 184 S.) n. 10 ngr

— prophetoria theologica aucta a I. B. Rudiger. 4. Giess. Müller. 711.

Rudrauf, Kil., Sylloge controversiar. theol. 4. Giess. 719. •

Rudrauff, G. Fr., Beitrr. zur Hydrostatik u. Aräometrie, angewandt auf die Ausübung der Apothekerkunst. gr. 8. Hadamar 818. (Lanz in Weilb.) 12 gr 2e Aufl. Mit 12 Steintaf. gr. 8. Bern 831. Jenni. (Frankf., Streng). 1 ß 4 gr

Georg **Rudroff**. Lustige Erinnerungen aus meiner Militärzeit. Mit 16 Ill. von Hans Leiter. Berlin-Schöneberg: G. E. Nagel [1907]. (86 S.) 8° [F.]
— **Bibliothek**, Nagel's, ill. Humoresken. Bd 18/19. [07. 11413]

Rudse, Friedrich, aus Kurland: Synthese eines Isomeren des Quercetins. Bern 1905. 30 S. 8°. [8. XII. 05.]
Bern. Phil. Diss. 1905/1906.

Rudse, Friedrich. Synthese eines Isomeren des Quercetins. Diss. Phil. Bern. 30 S. 8. Bern, W. Wälchli, 1905.

Rudsit, Selma, aus Kurland (Russland): Beitrag zur Frage der Gastrostomie bei Carcinoma oesophagi. Ueber 37 Fälle von Gastrostomie bei Carcinoma oesophagi unter Berücksichtigung des postoperativen Verlaufes. (Aus der chirurg. Klinik des Herrn Prof. Kocher in Bern.) Bern 1908. 29 S. 8°. [18. XII. 07.]
Bern. Med. Diss. 1907/08.

Rudsit, Selma. Beitrag zur Frage der Gastrostomie bei Carcinoma oesophagi. Ueber 37 Fälle von G' bei C' oes' unter Berücksichtigung des postoperativen Verlaufes. Diss. Med. Bern. *Kopftitel:* Aus der chirurgischen Klinik des Herrn Prof. Dr. Th[eodor]) Kocher in Bern. 29 S. 8. Bern, Unionsdruckerei, 1908.

Rüdt, Martin Luther u. seine Lehre im Lichte der Geschichte u. der heutigen Weltanschauung. Vortrag, geh. zu Remscheid am 8. Septbr. 1889, nebst darauf folgender Diskussion m. Hrn. Past. Thümmel. Auf Grundlage e. stenograph. Niederschrift. gr. 8. (66 S.) Mannheim 889. Genschel. n. — 75

Rüdt, Aug. Leop. v., vom Jagdrechte, u. dess. Beeinträchtigung, d. sogen. Wildiebstähle. Eine Inaug.-Abhandl. gr. 8. (2¾ B.) München 835, (Franz.)

Rüdt, Hermann: Ueber die Kondensation aromatischer Alkohole mit Nitrokohlenwasserstoffen ... Heidelberg, Univ.-Buchdr. v. J. Hörning, 1895; 39 S., 1 Bl. 8.
Heidelberg, Naturw.-math. Fak., Inaug.-Diss. v. [7. Mai] 1895

Rüdt, P. A., Charles Robert Darwin, s.: Volksschriften zur Umwälzung der Geister.

Rüdt, P. A., unsere Schule u. unser Bildungswesen, s.: Volksschriften zur Umwälzung der Geister. 38. Hft.

Rüdt, P. A., s.: Volksschriften zur Umwälzung d. Geister.

— Christliche u. sozialistische Weltanschauung, s.: Volksschriften zur Umwälzung der Geister.

Rüdt, Frau Sophie v., Probleme beim Rettungswerk an den gefallenen Töchtern unseres Volkes. gr. 8. (8 S.) Carlsruhe 886, Evangel. Schriften-Verein für Baden.
Aus: Monatsblätter für innere Mission, besonders abgedruckt.

Rüdt von Collenberg, L(udwig) Graf: Das Recht am eigenen Bild. Heidelberg 1909: Rössler & Herbert. 57 S. 8°
Heidelberg, Jur. Diss. v. 2. Febr. 1909, Ref. Schröder
[Geb. 9. Sept. 85 Kaltenleutgeben; Wohnort: Karlsruhe i. B.; Staatsangeh.: Baden; Vorbildung: Gymn. Karlsruhe Reife Juni 04; Studium: Heidelberg 1, Lausanne 1, München 3, Heidelberg 1, Berlin 1 S.; Rig. 16. Dez. 08.]
[U 09. 1887

Rudtorfer, Franz Xaver von, s. Rudtorffer

(Rudtorffer, Franz von.) Die schweizerische Eidgenossenschaft. ([Ausschnitt aus:] Militar-Geographie von Europa. Von F' Ritter von R'.... 2.... Aufl. ....) West-Europa. Mittlerer Theil. 4. Prag 1839.

Rudtorffer, Frz. v., Militär-Geographie v. Europa. 4 Hfte. In Tabellen. gr. Fol. Prag 835, 36, Haase Söhne. à 2 1/3 Thlr.
Hft. 1. Orograph. u. hydrograph. Uebersicht v. Europa. — Die pyrenä. Halbinsel. Spanien u. Portugal. — Die ital. Halbinsel. — Die schweizer. Eidgenossenschaft. — Das Königr. Frankreich. (22 Tab.)
- 2. Der österreich. Kaiserstaat. — Die Königr. Belgien, d. Niederlande u. d. Grossh. Luxemburg. — Das Königr. Preussen. (25 Tab.)
- 3. Der deutsche Staatenbund. — Das Königr. Dänemark. — Die brit. Monarchie. (27 Tab.)
- 4. Die scandinav. Halbinsel, Schweden u. Norwegen. — Das Kaiserth. Russland u. d. Freistaat Krakau. — Das osman. Reich in Europa. — Das Königr. Griechenland. — Republik d. jonischen Inseln. (24 Tab.)

—— dass. — 2., verb. u. bedeut. verm. Aufl. d. Militär-Geographie in Tabn. gr. 4. (81 B.) Ebds. 839.

Rudtorffer, F. Ritt. v. Militär-Geographie von Europa in Tab. Prag 1835. 16 Tab. 4°
— — 2. Aufl. 1839. 582 S. 2°

Franz Xaver von Rudtorffer

Franz Xaver [von] Rudtorffers [Rudtorffer] Abhandlung über die Operation des Blasensteines nach Pajola's Methode. Leipzig: Böhme 1808. XVI,66 S. 4°

Rudtorfer, Frz. Xav., Abhandl. üb. die Operation des Blasensteins, nach Pajola's Methode. Mit 5 Kpft. 4. Wien 808. (Liebeskind in Leipz.) 20 gr N. A. Mit 5 Kpf. gr. 4. Wien 817. Geistinger. 1 ß 16 gr

— Abhandlung über die peration des Blasensteins nach Pajola's Methode. Mit 5 Kpf. gr. 4. Wien 817, Geistinger. (Landshut, Krüll.)

Rudtorffer, F. X., Abhandlung von der Operation des Blasensteins nach Pajola's Methode. Mit 5 Kupfert. gr. 4. Wien, Geistinger. (Leipzig W. Vogel.) 818.

Rudtorffer, Franz Xaver (von): Abhandlung über die einfachste und sicherste Operations-Methode eingesperrter Leisten- und Schenkelbrüche. Nebst einem Anhange merkwürdiger auf den operativen Theil der Wundarzneykunst sich beziehender Beobachtungen. Bd 1 - 2, gbd., Abb.

Wien: Degen 1805 - 1808

JB 3.339

— Abhandl. üb. die einfachste u. sicherste Operationsmethode eingesperrter Leisten- u. Schenkelbrüche; nebst e. Anhang merkwürd., auf den operativen Theil d. Wundarzneikunst sich beziehender Beobachtt. Mit 9 Kpf. 2 Thle. gr. 8. Wien 805,8. Neue Aufl. 2 Bde. Mit 9 Kpf. gr. 8. Ebd. 817. (Gerold). 1 ß 16 gr Hbg. Pr. 1 ß

— — Abhandlung über die Operationsmethode eingesperrter Leisten- u. Schenkelbrüche ꝛc. 2 Bände, mit 9 Kupfert. gr. 8. Ebend. (Leipzig, W. Vogel in Com.) 818.

— Abhandl. über die Verbesserung der zur Wiederbelebung der Scheintodten erforderl. Instrumente, Geräthe u. Nebenerfordernisse. gr. 8. Wien 821. (Schaumburg u. C.) 18 gr

Rudtorffer, Franz Xaver von: Abhandlung über die Verbesserung der zur Wiederbelebung der Scheintodten erforderlichen Instrumente, Geräthe und Nebenerfordernisse. Nebst einer kurzen Übersicht des Rettungsverfahrens bey dem am oftmahligsten vorkommenden Scheintode erwachsener Personen. 63 S., gbd.

Wien: typ.Strauss 1821

JB 5.243

Rudtorffer, Franz Xaver (von): Kurzer Abriß der speciellen Chirurgie. Bd 1, 409 S., gbd., 1 Taf.

Wien: Degen 1812

JB 3.340

v. Rudtorffer, (F. X. E.,) kurzer Abriß der speciellen Chirurgie f. angehende Wundärzte. 1r Bd. gr. 8. Wien 817, Geistinger. (Landshut, Krüll.)

— kurzer Abriß d. speciellen Chirurgie. 1r Bd. gr. 8. Wien 812. Neuer Abdruck 817. (Gerold). 1 ß 16 gr Hbg. Pr. 1 ß

— — kurzer Abriß der speciellen Therapie für angehende Wundärzte. 1r Bd. gr. 8. Ebend. (Leipz. W. Vogel) 818.

Rudtorffer, Franz Xaver von: Armamentarium chirurgicum selectum, oder Abbildung und Beschreibung der vorzüglichsten älteren und neueren chirurgischen Instrumente. (Nebst) Atlas, gbd., Abb.

Wien: Selbstverlag (typ.Strauss) 1817

JB 6.330

Franz Xaver [Edler] von Rudtorffer

Armamentarium chirurgicum selectum, oder Abbildung der vorzüglichsten älteren und neueren chirurgischen Instrumente. Von Franz Xaver Edlen von Rudtorffer. [Nebst] Tabulae. Wien: Verf. [1818]. gr. 2° u. 8°

[Text unvollst., nur 32. Erg.-H. vorh.]
Tab.: gestochen von [Kilian] Ponheimer [*1757].

— Armamentarium chirurg. selectum, od. Abbild. u. Beschreib. der vorzügl. ältern u. neuern chirurg. Instrumente. 16—32s Heft, jedes mit 1 großen Kpft. in Roy.-Fol. gr. 4. Wien 817—821. (Gerold). (à 1 ß 16 gr) 53 ß 8 gr

Rudtorffer, Franz Xaver von: Tabulae armamentarii chirurgici selecti, oder Abbildung der vorzüglichsten älteren und neueren chirurgischen Instrumente. Wien: 1817

s.: Rudtorffer, F.X.von: Armamentarium chirurgicum selectum, oder Abbildung und Beschreibung der vorzüglichsten älteren und neueren chirurgischen Instrumente. Atlas.

JB 6.330/Atlas

Rudy, Charles, the Chinese Mandarin Language, s. Ban-Zai-Sau.

— o new method of learning to read, write and speak a language by Dr. H. G. Ollendorff, adapted to the chinese mandarin language. With the authoriz. of Ollendorff's widow. [Aus: „Ban-Zai-Sau."] [In 3 vols.] Vol. I. gr. 8. (III, 248 S.) Genf 874. (Basel, Georg.) n.n. 16. —

Rüdy, J., Bassist Brummel od. die geschwänzte Singstunde, s.a. Dilettanten-Theater 71. Heft.

Bassist Brummel oder die geschwänzte Singstunde. Schwank in 1 Akt von J. **Rüdy**. Paderborn: F. Schöningh [1904]. (12 S.) 8° [F.]
= Dilettanten-Theater. H. 71. [05. 1061

Rudziok, Kurt, aus Lyck (Ostpr.): Über die α-Hydrazino-β-nicotinsäure und ihre Derivate. *Berlin (1903): G. Schade.* (35 S.) 8°
Berlin, Phil. Diss. v. 14. März 1903

Rudzinski A. v. R.: Ueber die Bedeutung d. Pentosane als Bestandteile d. Futtermittel, insbes. d. Roggenstrohes. Diss. Halle 1903. 75 S.

RUDZINSKI-RUDNO, EDUARD VON. Untersuchungen über die Constitution der Camphansäure. Ein Beitrag zur Feststellung der Campherformel. Würzburg, 1879.

Rudzki, Józef [app. Arzt aus Posen]: Ueber sechs vaginale Totalexstirpationen des Uterus, die in den letzten fünf Jahren an der kgl. bayer. Universitäts-Frauen-Klinik zu München ausgeführt worden sind. . . . München, Buchdr. v. M. Ernst, 1889; 43 + 1 S. 8°
München, Med. Fak., Inaug.-Diss. v. 1889

Rudzki, Maurycy P.: Ueber die Gestalt elastischer Wellen in Gesteinen. 4. Studie aus der Theorie der Erdbeben. ([S.-A.] Bulletin de l'Academie des Sciences de Cracovie. Juillet 1899. p. 373—384.) (Krakau 1899.) 12 S. 8°.

Rudzki, M. P., Physik der Erde. (VIII, 584 S. m. 60 Abb. u. 5 Taf.) gr. 8. Leipzig 911. Ch. H. Tauchnitz. 14.—; geb. in Leinw. 15. —

Rudzki, Maurycy P.: Weitere Untersuchungen über die Deformationen der Erde unter der Last des Inlandeises. ([S.-A.] Bulletin de l'Académie des Sciences de Cracovie. November 1899. p. 445—468.) (Krakau 1899.) 24 S. 8°.

Rudzki, Thaddeus: Ueber Ampère's und Darboux's Integrations-Theorie der partiellen Differentialgleichungen 2ter O. . . . Leipzig-Neuschleussig, Druck v. Kühn & Richter, 1896; 51 S., 1 Bl. 8.
Leipzig, Phil. Fak., Inaug.-Diss. v. [29. Sept.] 1896

Rüe, de la, s. Larüe, de.

Rüedi, Alb., klin. Beiträge zur Flammentachographie, s.: Mitteilungen aus Kliniken u. medicin. Instituten d. Schweiz, III. 5.

Rüedi, Chr., d. Honigbiene u. ihre nächsten Verwandten: Hummeln, Wespen u. Ameisen. E. Präparation f. Oberklassen der Volksschule. Ein Beitrag zur Förderung der Bienenzucht. 8. (49 S.) Aarau 898. H. R. Sauerländer & Co. n. — 60

RÜEDI, J.: Beiträge zur Forstgeschichte des Kantons Zürich 1882-1907. - Zürich 1908

RÜEDI, J. u. C. BURGEOIS: Der Nonnenspinner (Liparis monacha). Volksthümliche Schrift zur Verbreitung der Kenntnis dieses Insektes und der Massnahmen zu seiner Bekämpfung. Zürich 1891. 10 S., 1 Taf.

Rüedin, A., Letah lovelogik glamata vpa. — Uebersichtliches Tableau der Volapük-Grammatik. A. gr. 8. (Foliotaf. in Umschlag gefalzt.) St. Gallen 888. (Hasselbrink.) — 75

Rüedy, J., Gheel, eine Reisestudie od. Colonie u. Asyl. Beitrag zur Geschichte der prakt. Psychiatrie. gr. 8. (86 S.) Bern 874. Huber & Co. in Comm. n. 1. 80

Rüedy, J., Arzt, Chaux-de-Fonds. Der sociale Kampf ums Dasein. Eine Beleuchtung des eidgenöss. Fabrikgesetzes für das Volk. 8. 71 S. Biel, A. Schüler. 1877.

Rüeff, Jos. Leonh.

Rüeff, Leonh., s.a. Rieff, Leonh.

— kurze prakt. Anleit. zum Krankenbesuche. 8. Kempt. 809. 2e Aufl. 829. Dannheimer. 3 gr.

Rüeff, Jos. Leonh., kurze prakt. Anleitung zum Krankenbesuche (f. Seelsorger). 2. Aufl. 8. (4 B.) Kempten 829, Dannheimer.

Rüeff, Jos. Lhrd., Beispielsreden auf d. Fasten. 3 Bdchn. 8. Augsb. 794—805. (Reitmayr in Regensb.) 1 Rthlr.

– s. Entwurf zu sittlichen, kurzen Leichenreden.

— kurze wörtl. u. sittl. Erklärungen üb. die tägl. u. Fasten-Evangelien z. Erbauung des Volkes. 8. Augsb. 822. Wolff. 10 gr.

— kl. Geschenk f. Schulkinder in Lehren u. Beispielen z. Bildung guter Sitten. Sammt e. Kindergespräche üb. das Briefschreiben. 8. Augsb. 823. (Landsh., Krüll). 6 gr.

— kurze Homilien auf besond. Festtage d. Jahres. 8. Augsb. 820. Wolff. 12 gr.

— kurze Homilien auf alle Sonntage d. Jahres. 2 Bdchen. 8. Augsb. 818. Wolff. 14 gr.

— histor. Lesebuch, aus d. heil. Schrift, Kirchen- u. Weltgeschichte. 2 Thle. gr. 8. Augsb. 791. Rieger. 2 Rthlr. 16 gr.

Rueff, Jos. Leonh., histor. Lesebuch aus der heil. Schrift. 2 Thle. gr. 8. Augsburg 792. M. Rieger. 2 2/3 Rthlr. jetzt 1 1/6 Rthlr.

Rüeff, (Jo. L.) primae Lineae historico-theologicae, ad usum Candidator. ss. Theologiae. Pars I — III. 8 maj. Solisbaci 824 — 27, de Seidel. à 1 Rthl.

– (Übers.), s. Officium oder der Gottesdienst der heiligen Charwoche.

— kurze Patrologie, oder kurzer histor. Unterricht v. den heil. Vätern u. ihren Werken zusammengestellt. 8. Sulzb. 827, v. Seidel.

— kurze Patrologie, ob. kurzer histor. Unterricht v. den heil. Vätern u. ihren Werken zusammengestellt. 1s Heft. 8. Sulzb. 828. v. Seidel. 9 gr.

— geistl. Reden auf verschied. Festtage u. besond. Feierlichkeiten d. Jahres. 8. Augsb. 791. Doll. 12 gr.

— geistl. Reden auf alle Sonntage d. Jahres. 2 Bde. gr. 8. Augsb. 792, 93. Wolff. 1 Thlr. 16 gr.

– s. Sittenreden, Kurze praktische, am Grabe.

Rüeff, J. L., kurzer, faßlicher, doch vollständiger Unterricht zum Generalbaß; theor. u. prakt. Fol. Ulm, Stettinische Buchh. 817.

— zwanzig Vorlesungen beim Krankenbesuch, als Anhang seiner prakt. Anleit. des Krankenbesuchs. Regensb. 808. Reitmayr. 1¼ gr.

– s. Wahrheits- und Glückseligkeitslehre ...

Rüefli, J. Zur Ableitung der Zeichenregel für die Multiplication entgegengesetzter Grössen. 1885.

Rüefli, Johann

Rüefli, J., Anhang zu den kleinen Lehrbüchern der Geometrie u. Stereometrie. gr. 8. (12 S.) Bern 884. Schmid, Francke & Co. n. — 40

Rüefli, J., Aufgaben zur Anwendung der Gleichungen auf die geometrischen Berechnungen. Zum Gebrauche an Sekundarschulen [Realschulen] und Gymnasialanstalten bearb. 2. umgearb. Aufl. 8. (IV, 63 S.) Bern 881, [Dalp'sche Buchh.] Schmid, Francke und Comp. cart. * — 80
1. Aufl. erschien im Selbstverlage des Verfassers.
—— dass. — Auflösungen. 2. umgearb. Aufl. gr. 8. (75 S.) Ebendas. 881. * 1 60

Rüefli, J[ohann]. Aufgaben zum schriftlichen Rechnen für Mittelschulen bearb. von J. Rüefli.... Heft 3. 4. Aufl. Obligatorisches Lehrmittel für die deutschen, bernischen Sekundarschulen und Progymnasien. II + 34 S. 8. Bern, J. Kuhn, 1903. [fr. —. 25]

Rüefli, J. Offene Briefe an J. C. V. Hoffmann. Redacteur der Zeitschrift für math. und naturwiss. Unterricht. Zürich 1884—85.

Rüefli, J., Grundlinien der mathematischen Geographie. Für Sekundarschulen bearb. 8. (40 S. m. 14 Fig.) Bern 897. Schmid & Francke. n. — 50

Rüefli, J[ohann]. Grundlinien der mathematischen Geographie. Für Mittelschulen bearbeitet. 2. Aufl. [Mit Figuren.] 46 S. 8. Bern, A. Francke, 1905. (fr. —. 60)

— Pestalozzi's rechenmethodische Grundsätze im Lichte der Kritik. gr. 8. (127 S.) Ebd. 890. n. 1. 50

— Lehrbuch der ebenen Geometrie, nebst einer Sammlung von Uebungsaufgaben. Zum Gebrauche an Sekundarschulen [Realschulen] u. Gymnasialanstalten. gr. 8. (IV, 238 S. mit eingedr. Holzschn.) Ebend. 880. n. 3. —

Rüefli, J., Anhang zu dem Lehrbuche der ebenen Geometrie u. zu dem Lehrbuche der Stereometrie. Die Resultate u. Andeutungen zur Auflösung der in diesen Lehrbüchern befindlichen Aufgaben enthaltend. gr. 8. (71 S. m. eingedr. Holzschn.) Bern 881. Dalp. n. 1. 25

Rüefli, J., Lehrbuch der ebenen Geometrie nebst einer Sammlung v. Übungsaufgaben. Zum Gebrauche an Sekundar- (Realschulen) u. Gymnasial-Anstalten. 2. Aufl. 8. (VI, 182 S.) Bern 887. Schmid, Francke & Co. n. 2. —

Rüefli, J., Lehrbuch der ebenen Geometrie nebst e. Sammlung v. Übungsaufgaben. Zum Gebrauche an Sekundarschulen (Realschulen) u. Gymnasial-Anstalten, sowie zum Selbststudium bearb. 4. Aufl. (VIII, 199 S. m. 246 Fig.) 8. Bern 907. A. Francke. Geb. 2. 40

— kleines Lehrbuch der ebenen Geometrie, nebst einer Sammlung von Übungsaufgaben. Zum Gebrauche an Sekundarschulen. gr. 8. (III, 108 S.) Ebend. 882. cart. n. 1. 20

Rüefli, J. Kleines Lehrbuch der ebenen Geometrie, nebst e. Sammlg. v. Übungsaufgaben. Zum Gebrauche an Mittelschulen bearb. 3. umgearb. Aufl. 8. (VI, 76 S. m. 100 Fig.) Bern 892, Schmid, Francke u. Comp. cart. * — 80

Rüefli, J., Anhang zu den kleinen Lehrbüchern der Geometrie. 8. (8 S.) Bern 892. Schmid, Francke & Co. n. — 40

Rüefli, J[ohann]. Kleines Lehrbuch der ebenen Geometrie, nebst einer Sammlung von Übungsaufgaben. Zum Gebrauche an Mittelschulen bearbeitet. 5. durchgesehene Aufl. [Mit 100 Figuren im Text.] IV + 84 S. 8. Bern, Schmid & Francke, 1901. [cart. fr. —. 90]

Rüefli, J[ohann]. Kleines Lehrbuch der ebenen Geometrie, nebst einer Sammlung von Übungsaufgaben. Zum Gebrauche an Mittelschulen bearbeitet. 6. Aufl. [Mit Figuren.] IV + 86 S. 8. Bern, A. Francke, 1907. [cart. fr. —. 70]

—— kleines Lehrbuch der Stereometrie, nebst einer Sammlung von Übungsaufgaben. Zum Gebrauche an Sekundarschulen. gr. 8. (III, 90 S. mit eingedr. Holzschn.) Ebendas. 882. cart. * 1 20

– kleines Lehrbuch der Stereometrie, nebst e. Sammlung v. Übungsaufgaben. Zum Gebrauche an Mittelschulen bearb. 2., umgearb. Aufl. 8. (IV, 55 S. m. 55 Fig.) Ebd. 892. Kart. n. — 80

— kleines Lehrbuch der Stereometrie, nebst e. Sammlg. v. Uebungsaufgaben. 4. Aufl. (61 S. m. 55 Fig.) 8. Ebd. 905. Kart. n. — 80

— Lehrbuch der Stereometrie, nebst einer Sammlung von Uebungsaufgaben. Zum Gebrauche an Sekundarschulen [Realschulen] u. Gymnasialanstalten bearb. gr. 8. (IV, 219 S.) Ebend. 880. n. 3. —; geb. n. 3. 40

— Lehrbuch der Stereometrie, nebst e. Sammlg. v. Übungsaufgaben. Zum Gebrauche an Sekundarschulen (Realschulen) u. Gymnasial-Anstalten bearb. 2., umgearb. Aufl. gr. 8. (VII, 119 S. m. Fig.) Ebd. 893. Kart. n. 1. 60

— Lehrbuch der Stereometrie, nebst e. Sammlung v. Uebungsaufgaben. Zum Gebrauche an Sekundarschulen (Realschulen) u. Gymnasial-Anstalten bearb. 3. Aufl. (VII, 119 S. m. 111 Fig.) gr. 8. Ebd. 904. Kart. n. 1. 60

—— Lehrbuch der ebenen Trigonometrie, nebst einer Sammlung von Uebungsaufgaben. Zum Gebrauche an Sekundarschulen [Realschulen] und Gymnasialanstalten bearb. gr. 8. (IV, 108 S. mit eingedr. Holzschn.) Ebendas. 880. * 1 60
cart. * 1 80

Rüefli, J[ohann]. Lehrbuch der ebenen Trigonometrie nebst einer Sammlung von Übungsaufgaben. Zum Gebrauche an Sekundarschulen (Realschulen) und Gymnasialanstalten bearbeitet. 3. Aufl. [Mit 56 Figuren.] 100 S. 8. Bern, Schmid & Francke, 1901. [cart. fr. 1.60]

Rüefli, J[ohann]. Anhang zum Lehrbuch der ebenen Trigonometrie. 32 S. 8. Bern, Schmid & Francke, 1902. [fr. —. 80]

— Leitfaden der mathematischen Geographie. Für den Unterricht an mittlern Schulanstalten, sowie zum Selbststudium bearb. 8. (IV, 96 S. m. eingedr. Holzschn.) Ebend. 884. cart. n. 1. 80

— Leitfaden der mathematischen Geographie. Für den Unterricht an mittleren Schulanstalten, sowie zum Selbststudium bearb. 2. Aufl. 8. (VI, 96 S. m. Fig.) Ebd. 890. cart. n. 1. 20

— Referat über die Frage der religiösen Lehrmittel in der Schule, gehalten an der bern. Schulsynode. 8. (59 S.) Ebend. 881. n. — 60

Rüefli, J[ohann]. Elementare Theorie der Maxima und Minima, nebst Aufgaben zur Uebung. VIII + 80 S. 8. Bern, A. Francke, 1908. (cart. fr. 2.50)

Rüeger, J[acob]. Anleitung zur Buchführung zum Gebrauche an Fortbildungsschulen für Mädchen, sowie zum Selbstunterricht. Mit einem Anhang: Hauswirtschaftliche und geschäftliche Rechnungsaufgaben. 2. Aufl., bearb. von J. R' ..., mit Benutzung der von Frau L[ina] Äppli-Eschmann verfassten 1. Aufl. [Mit 1 Vignette.] 85 S. 8. Zürich, Verlag der Schweiz. Fachschule für Damenschneiderei und Lingerie (Buchdr. W. Coradi-Maag), 1904. (fr. —. 80, partienweise —. 75)

Rüeger, J(acob). Anleitung zur Buchführung, mit Rechnungsaufgaben und Einführung in die Preisberechnung (*Umschlag: Buchf' mit Rechnen und Pr') zum Gebrauche an Fortbildungsschulen für Mädchen. 3. Aufl. IV + 83 S. 8. Zürich, Verlag der Schweiz. Fachschule für Damenschneiderei und Lingerie (Buchdr. W. Coradi-Maag), 1908. [cart. fr. 1. —]

J[ohann] J[akob] Rüeger. Chronik der Stadt und Landschaft Schaffhausen. Hrsg. vom Hist.-Antiquar. Verein d. Kantons Schaffhausen. Bd 1. 2. [Nebst] Reg. Schaffhausen: Schoch in Comm. (Reg.: Buchdr. Kühn) (1880–)1910. 4°
1. 18(80–)84. 2. 18(84–)92. Reg. (bearb. von Prof. Georg Wanner).

Rüeger, J. J., Chronik der Stadt u. Landschaft Schaffhausen. Hrsg. vom histor.-antiquar. Verein des Kantons Schaffhausen. 1. Hälfte. 4. (IV, 408 S. mit 2 Lichtdr., 1 Chromolith. u. 1 autograph. Taf.) Schaffhausen 880. Schoch. n. 14. —

Rüeger, J. J, Chronik der Stadt u. Landschaft Schaffhausen. 2. Hälfte. 2 Thle. Hrsg. vom historisch-antiquar. Verein d. Kantons Schaffhausen. gr. 4. (1. Thl. S. 409—784.) Schaffhausen 884. (Schoch.) n. 14. — (cplt.: n. 28. —)

Rüeger, J. J. Chronik der Stadt u. Landschaft Schaffhausen. Hrsg. vom historisch-antiquar. Verein d. Kantons Schaffhausen. 2. Hälfte, 2. (letzter) Thl. gr. 4. (V, 115 S. u. S. 785—1169 m. genealog. Tab. u. 9 farb. Taf.) Schaffhausen 892, (Schoch). * 14 —
1. Hälfte u. 2. Hälfte, 1. Thl. (Ebd.) 1880,84. * 28 —.

Rüeger, J(ohann) J(acob). Chronik der Stadt und Landschaft Schaffhausen. Register. Schaffhausen 1910 s. a. (Wanner, Georg).

Rüeger, J. J., Chronik der Stadt u. Landschaft Schaffhausen. Hrsg. vom historisch-antiquar. Verein des Kantons Schaffhausen. Register. (Bearb. v. Geo. Wanner.) (III, 227 S.) Lex. 8. Schaffhausen 910. Historisch-antiquar. Verein. (Nur direkt.) 8.—; f. frühere Abnehmer der Chronik 4. 50

Rüegg, Ansprache bei der Beisetzungsfeier des Bischofs Augustinus Egger, s.: Rückblick u. Ausblick.

Rüegg, Arnold. Die Beziehungen Calvins zu Heinrich Bullinger ... s. Schulthess-Rechberg, Gustav von. Der Kardinal Jacopo Sadoleto .... Zürich 1909.

Rüegg, Arnold. Der Apostel Paulus und sein Zeugnis von Jesus Christus. Von A' R' (Pfarrer, Birmensdorf b. Zürich). 132 S. 8. Leipzig, Dörffling & Franke, 1906. [M. 1. 60]

Rüegg, A[rnold]. Perlen der Schrift. 12. (12 S.) Zür. 890, Orell, Füßli. * — 20

— der Sonntagsschullehrer. Ein Rathgeber für die rechtzeitige christl. Unterweisg. unserer Kinder. 8. (152 S.) Ebd. 889. n. 1. 20

Rüegg, Arnold. Der Sonntagsschullehrer. Ein Ratgeber für die rechtzeitige christliche Unterweisung unserer Kinder. 2. Aufl. 175 S. 8. Zürich, Art. Institut Orell Füssli, 1901. [fr. 1. 50]

— auf hl. Spuren abseits vom Wege. Bilder u. Erinnergn. aus dem Morgenlande. Mit 78 Illustr., 2 Planskizzen u. 2 Karten. (X, 301 S.) 8. Zürich (904). Art. Institut Orell Füßli. n. 4. —; geb. in Leinw. n. 5. —

Rüegg, Arnold: Die Neutestamentliche Textkritik seit Lachmann. Ein Versuch zur Orientierung. Zür. Orell Füssli 1892. VIII. 97 S., 1 Tab. 8°.
[Zürich. Theol. Fac.. Habilitationsschrift].

Rüegg, Arnold, die neutestamentliche Textkritik seit Lachmann. Ein Versuch zur Orientierg. gr. 8. (VIII, 97 S. m. 1 Beilage.) Zürich 892. Art. Institut Orell Füßli, Verl. n. 2. 40

Rüegg, Arnold, s.: Vinet, Alex., Gedanken.

Rüegg, Aug., Anleitung zur Erlernung des Maschinenschreibens auf allen Systemen m. Universalklaviatur f. den Schul- u. Selbstunterricht. 8. (VI, 55 S. m. 2 Flsms.) Basel 900. Helbing & Lichtenhahn. Kart. n. 1. 20

Rüegg, August, aus Basel: Beiträge zur Erforschung der Quellenverhältnisse in der Alexandergeschichte des Curtius. Basel 1906. 120 S. 8°. [4. VII. 05.]
Basel. Phil. Diss. 1905/1906.

Rüegg, August. Beiträge zur Erforschung der Quellenverhältnisse in der Alexandergeschichte des Curtius. Diss. Phil. Basel. 120 S. 8. Basel, Emil Birkhäuser, 1906.

Rüegg, August. Theramenes. Wissenschaftliche Beilage zum Bericht über das Gymnasium [in Basel], Schuljahr 1909—1910. II + 40 S. 4. Basel, Kreis & Co., 1910.

Rüegg, Carl, s. Rüegg, Karl

Ruegg, E., d. Schrotflinte. Geschichte u. Entwicklg. bis z. Gegenwart, sow. ihre Verwendg. z. Jagd. M. 87 in d. Text gedr. Holzschn. u. 1 Titelbild in Farbendr. nach Orig.-Zeichngn. d. Verf. gr. 8. (VII, 206 S.) Zürich 896. Art. Institut Orell Füßli, Verl. Geb. in Leinw. n. 7. 50

Rüegg, E., siehe: *Zeitschr. d. Bern. Juristenvereins*.

Rüegg, Erwin, s.: Monatsblatt f. bern. Rechtsprechg.

[Rüegg,] Ferdinand. Die Christlichen Eheleute. Fastenmandat ... des ... Herrn Ferdinandus, Bischof von St. Gallen, auf das Jahr 1909. 20 S. 8. St. Gallen, Buchdr. «Ostschweiz», 1909. [fr. —. 30]

Rüegg, Ferdinandus, s.a. Erziehung, die, der reiferen Jugend.

[Rüegg,] Ferdinand. Die Erziehung der reiferen Jugend. Fastenmandat ... des ... Herrn Ferdinandus Bischof von St. Gallen, auf das Jahr 1908. 20 S. 8. St. Gallen, Buchdr. «Ostschweiz», 1908. [fr. —. 30]

— Fastenmandat, s.: Schützet die Unschuld.

Rüegg, Ferd., s.a. Gruß, der apostolische: „Gnade sei Euch u. Friede".

[Rüegg,] Ferdinand. Der apostolische Gruss: «Gnade sei Euch und Friede». Hirtenschreiben ... des ... Herrn Ferdinandus, Bischof von St. Gallen, beim Antritt seines bischöflichen Amtes. (1906 Juni 11.) 15 S. 8. St. Gallen, Buchdr. der «Ostschweiz», 1906. [fr. —. 15]

[Rüegg,] Ferdinand. Die Kommunion der Kinder. Fastenmandat ... des ... Herrn Ferdinandus, Bischof von St. Gallen, auf das Jahr 1911. [Mit 1 Vignette.] 14 S. 8. St. Gallen, Buchdr. «Ostschweiz», 1911.

Rüegg, Ferdinand. Die öftere heilige Kommunion. Ein Wort der Belehrung u. Aufmunterung an das katholische Volk. 4. Tausend. 77 S. 8. Einsiedeln..., Benziger & Co. A. G., (1910). [fr. —. 25]

— Die öftere hl. Kommunion. Ein Wort der Belehrg. u. Aufmunterg. an das kathol. Volk. 18. Taus. (79 S.) 16. Einsiedeln (910). Verlagsanstalt Benziger & Co. p — 30

[Rüegg,] Ferdinand. Machet Euch Verdienste für den Himmel! Fastenmandat ... des ... Herrn Ferdinandus, Bischof von St. Gallen, auf das Jahr 1910. [Mit 1 Vignette.] 15 S. 8. St. Gallen, Buchdr. «Ostschweiz», 1910.

[Rüegg,] Ferdinand. Schützet die Unschuld! Fastenmandat ... des ... Herrn Ferdinandus, Bischof von St. Gallen auf das Jahr 1907. II + 16 S. 8. St. Gallen, Buchdr. der «Ostschweiz», 1907. [fr. —. 35]

Rüegg, F[ridolin]. Referat über die Automobil-Probefahrten, gehalten ... am 8. November 1903 von F. R', Präsident des Aktions-Komite für Einführung des Automobil-Verkehrs (Rapperswil-St. Gallenkappel etc.), vervollständigt durch seitherige persönliche Erhebungen des Referenten.... (1903 November/Dezember.) 7 S. 4. [Rapperswil, Albert Bauer.]

Rüegg, H. R., 600 geometrische Aufgaben. Für schweizer. Volksschulen gesammelt. 8. (55 S.) Zürich 881. Orell, Füßli & Co. cart. n. — 60

— Schlüssel zu den 600 geometrischen Aufgaben für schweizerische Volksschulen. 8. (27 S.) Zürich 882. Orell, Füssli & Co. Verl. n. — 60

Rüegg, H. R., pädagogische Bausteine. Für Volksschullehrer u. Schulbehörden. 8. (IV, 216 S.) Bern 886. Schmid, Francke & Co. n. 1. 60

— über Bildung u. Freizügigkeit der Lehrer an schweizerischen Volks- u. Mittelschulen, s.a. Zeitfragen, Schweizer.

Ruegg, H. R. (Prof. in Bern). Ueber Bildung und Freizügigkeit der Lehrer an schweiz. Volks- u. Mittelschulen. In-8°, 18 S. Zürich, Orell Füssli & Cie. 1880. — 60
*** „Schweizer Zeitfragen", Heft 12.

— essai de géographie locale. Traduction libre du livre de lecture par A. Perriard. 8. (32 S. m. eingedr. Holzschn.) Zürich 882. Orell, Füssli & Co. cart. n. — 50

Rüegg, H. R., Fibel. Erstes Sprachbüchlein für schweizer. Elementarschulen. 8. (44 S. mit eingedr. Holzschn.) Zürich 877, Orell, Füßli und Comp. cart.

— Fibel. Erstes Sprachbüchlein für schweizer. Elementarschulen. 2.—27. Ster.-Aufl. 8. (44 S.) Ebendas. 880—83. cart. **

— dass. — In Rundschrift für schweizerische Elementarschulen. Des ersten Sprachbüchlein's 24.—27. Aufl. 8. (51 S. mit Illustr.) Ebendas. 883. cart. *

— dass. — In Rundschrift f. schweizerische Elementarschulen. Des ersten Sprachbüchlein's 28. Aufl. 8. (51 S. m. Illustr.) Ebd. 883. cart. ** — 35

Rüegg, H. R. Fibel. Erstes Sprachbüchlein f. schweizer. Elementarschulen. 29. Ster.-Aufl. 8. (52 S.) Zür. 889, Orell, Füßli. cart. ** — 35

— dass. — Ausg. f. d. Kanton Bern. 8. (51 S. m. Illustr.) Ebd. 889. ** — 35

Rüegg, H. R., Fibel. 1. Sprachbüchlein f. schweizer. Elementarschulen. 29., ganz umgearb. Aufl. 8. (50 S. m. Abbildgn.) Zürich 892. Art. Institut Orell Füßli, Verl. Kart. n.n. — 35

— dasselbe. Ausg. f. den Kanton Bern. (Neudr.) 8. (51 S. m. Abbildgn.) Ebd. 893. Kart. n.n. — 35

— Fibel in Rundschrift f. schweizerische Elementarschulen. Des 1. Sprachbüchleins 28. Aufl. 8. (51 S. m. Abbildgn.) Ebd. 893. Kart. n.n. — 35

— Fibel m. Steilschrift f. schweizerische Elementarschulen. 8. (51 S. m. Abbildgn.) Ebd. 894. Kart. n.n. — 35

Rüegg, H. R., Grundriß der Seelenlehre. Ein Leitfaden für den Unterricht an Lehrerseminarien u. das Selbststudium. 2. Aufl. Bern 864. Dalp. gr. 8. (IV, 143 S.) n. 16 ngr

— Lehr- und Lesebuch für die mittlern Klassen schweizerischer Volksschulen. Mit eingedr. Holzschn. 3 Tle. 8. Ebendas. [1. Tl. (IV, 174 S.) 881; 2. und 3. Aufl. (IV, 170 S.) 882,83; 2. Tl. (188 S.) 882; 3. Tl. (204 S.) 883.] cart. à Tl. ** 90 Pf. **

— Lehr- u. Lesebuch f. die mittleren Klassen schweizerischer Volksschulen. In 3 Tln. (Mit eingedr. Holzschn.) 8. Ebd. [1. Tl. (172 S.) 885; Neudruck. 886. cart * — 70; 2. Tl. (188 S.) 886; Neudruck. (190 S.) 891. cart. * — 75; 3. Tl. (206 S.) 885; Neudruck. (203 S.) 887, Ausg. f. den Kanton St. Gallen. (207 S.) 889. cart. * — 75.] cart. * 2 20

— dass. — 1. Tl. Ausg. in Rundschrift. 8. (206 S.) Ebd. 888. cart. * — 70

— Lehr- u. Lesebuch für die mittleren Klassen schweizerischer Volksschulen. 1.—3. Tl. Ausg. f. den Kanton St. Gallen. 8. Ebd. 888. 889. geb. n. 2. 20
1. 4. Schuljahr. (194 S. m. Abbildgn.) n.n. — 70
2. 5. Schuljahr. (205 S. m. Holzschn.) n.n. — 75
3. 6. Schuljahr. (207 S.) n.n. — 75

— Lehr- u. Lesebuch f. die mittleren Klassen schweizerischer Volksschulen. 3 Tle. (Neudr.) 8. (Mit Abbildgn.) Ebd. Kart. n.n. 2. 20
1. 8. Aufl. (170 S.) 898. n.n. — 70. — 2. 7. Aufl. (190 S.) 891. n.n. — 75. — 3. 4. Aufl. (203 S.) 888. n.n. — 75.

— dasselbe. Ausg. f. den Kanton St. Gallen. 3 Tle. 5. Aufl. 8. (Mit Abbildgn.) Ebd. 898. Kart. n.n. 2. 20
1. 4. Schulj. (194 S.) n.n. — 70. — 2. 5. Schulj. (205 S.) n.n. — 75. — 3. 6. Schulj. (207 S.) n.n. — 75.

Rüegg, H. R., Lehrbuch der Psychologie. 3., ganz umgearb. Aufl. gr. 8. (IV, 299 S.) Bern 876. Dalp. n. 3. 20

—— Lehrbuch der Psychologie. Für den Unterricht an Lehrerbildungsanstalten und die Selbstbelehrung. 4. vereinfachte Aufl. 8. (211 S.) Ebendas. 885.

— die Normalwörtermethode. Nach ihrer geschichtl. Entwickelg. dargestellt u. beleuchtet. gr. 8. (22 S.) Zürich 876. Orell, Füßli & Co. n. 1. —

—— die Normalwörtermethode. Ein Begleitwort zur Fibel. 2. umgearb. und verm. Aufl. 8. (70 S.) Ebendas. 884.

—— die Pädagogik in übersichtlicher Darstellung. Ein Handbuch für Lehramtskandidaten, Volksschullehrer und Erzieher. 2 Hälften. gr. 8. Bern 864,65, Dalp'sche Buchh. [1. Hälfte. (S. 1—160.) * 12 Ngr., 2. Hälfte. (S. 161—377.) * 18 Ngr.] *

Rüegg, H. R., die Pädagogik in übersichtlicher Darstellung. Ein Handbuch für Lehramtskandidaten, Volksschullehrer u. Erzieher. 2. Hälfte. Bern 867. Dalp'sche Buchh. gr. 8. (S. 161—377.) n. 18 ngr.

Rüegg, H. R., die Pädagogik in übersichtlicher Darstellung. Ein Handbuch für Lehramtskandidaten, Volksschullehrer und Erzieher. 4. Aufl. gr. 8. (IX, 473 S.) Bern 874, Dalp'sche Buchh. *

—— die Pädagogik in übersichtlicher Darstellung. Ein Handbuch für Lehramtskandidaten, Volksschullehrer und Erzieher. 5. Aufl. gr. 8. (IX, 432 S.) Bern 878, Dalp'sche Buchh. *

—— die Pädagogik in übersichtlicher Darstellung. Ein Handbuch für Lehramtskandidaten, Volksschullehrer und Erzieher. 6. Aufl. 8. (VI, 424 S.) Bern 885, Schmid, Francke und Comp.

— die Raumlehre. Ein Leitfaden f. den Unterricht in Volksschulen. 1. u. 2. Hft. 8. Bern 870. (Huber & Co.) n. — 70
1. Lehr- u. Uebungsstoff f. die mittleren Klassen. (32 S.) n. — 30
2. Lehr- u. Uebungsstoff f. die obere Klassen. (54 S.) n. — 40

— die Raumlehre. Ein Leitfaden für den Unterricht in Volksschulen. 2 Hfte. 2. Aufl. 8. (Mit eingedr. Holzschn.) Bern 877. (St. Gallen, Huber & Co.) n. — 70
1. Lehr- u. Uebungsstoff für die mittlern Klassen. (IV, 32 S.) n. — 30
2. Lehr- u. Uebungsstoff für die obern Klassen. (57 S.) n. — 40

—— das Rechnen in der Elementarschule. Ein Wegweiser für Lehrer und Lehrerinnen. 2. Aufl. gr. 8. (VI, 60 S.) Bern 869, Dalp'sche Buchh. — 75

— das Rechnen in der Elementarschule. Ein Wegweiser für Lehrer und Lehrerinnen. 4., durchgesch. Aufl. 8. (58 S.) Bern 888. Schmid, Francke & Co. n. — 75

Ruegg, H. R., erstes Schulbüchlein für die Unterschule. Für den ersten Jahreskurs bestimmt. 1—3. Aufl. St. Gallen 857, 58. Scheitlin u. Zollikofer. 8. (34 S.) 1⅓ ngr.

—— Schulbüchlein f. das 4. Schuljahr. Ausg. f. den Kanton Zürich. 8. (176 S. m. Illustr.) Ebd. 889. geb. ** — 70
Vgl.: Hunziker, Friedr. Der elementare Sprachunterricht.

—— zweites Sprachbüchlein für schweizerische Elementarschulen. 2. Aufl. 8. (136 S.) Zürich 878, Orell, Füßli und Comp. *

—— zweites Sprachbüchlein für schweizerische Elementarschulen. 3.—14. Aufl. (136 S. mit eingedr. Holzschn.) 1880—82; 15.—17. Aufl. 8. (132 S.) Ebendas. 882,83. cart. **

—— dass. — Ausg. in Rundschrift. 1.—3. Aufl. 8. (122 S.) Ebendas. 883. cart. **

—— zweites Sprachbüchlein für schweizerische Elementarschulen. Unveränd. Ster.-Aufl. 8. (132 S. mit eingedr. Holzschn.) Zürich 885, Orell, Füßli und Comp., Verlag. cart. **

—— Zweites Sprachbüchlein f. schweizerische Elementarschulen. In neuer Rechtschreibg. 8. (136 S. m. eingedr. Holzschn.) Ebd. 889. cart. * — 50
Ausg. für den Kanton Bern. (133 S. m. Abbildgn.) 890. cart. ** — 50.

—— dass. — Ausg. in Rundschrift. 8. (122 S. m. eingedr. Holzschn.) Ebd. 889. cart. * — 50

— 2. Sprachbüchlein f. schweizerische Elementarschulen. Ausg. f. den Kanton Bern. 8. (133 S. m. Abbildgn.) Ebd. 890. cart. n.n. — 50 (1. u. 2.: n.n. — 85)

— 2. u. 3. Sprachbüchlein f. schweizerische Elementarschulen. Ausg. in Rundschrift. 3. Aufl. 8. (122 S.) Ebend. 883. cart. à n.n. — 60

— zweites u. drittes Sprachbüchlein f. schweizerische Elementarschulen. 8. Mit eingedr. Holzschn. Ebend. cart. n.n. 1. 40
2. 18. Aufl. (132 S.) 885. n.n. — 60
3. 16. Aufl. (174 S.) 884. n.n. — 80

— 2. u. 3. Sprachbüchlein f. schweizerische Elementarschulen. Unveränderte Ausg. 8. (Mit Bildern.) Ebd. Kart. n.n. 1. 10
2. 24. (Ster.-)Aufl. (136 S.) 892. n.n. — 50. — 3. 18. (Ster.-)Aufl. (162 S.) 893. n.n. — 60.

— dasselbe. Ausg. in Rundschrift. Unveränd. Ster.-Aufl. 8. (Mit Abbildgn.) Ebd. Kart. n.n. 1. 10
2. (122 S.) 894. n.n. — 50. — 3. (148 S.) 893. n.n. — 60.

— dasselbe. Ausg. f. den Kanton Bern. 8. (Mit Abbildgn.) Ebd. Kart. n.n. 1. 10
2. 5. Aufl. (133 S.) 893. n.n. — 50. — 3. (174 S.) 891. n.n. — 60.
Das zugehörige 1. Sprachbüchlein ist die Fibel desselben Verf.

—— drittes Sprachbüchlein für schweizerische Elementarschulen. 1. und 2. Aufl. 8. (174 S. mit eingedr. Holzschn.) Ebendas, 878,79. cart. **

—— drittes Sprachbüchlein für schweizerische Elementarschulen. Mit eingedr. Holzschn. 3.—15. Aufl. (174 S.) 1880—84; 16. Aufl. 8. (169 S.) Ebendas. 884. geb. **

—— dass. — Ausg. in Rundschrift. 8. (150 S.) Ebendas. 884. **

— 3. Sprachbüchlein f. schweiz. Elementarschulen. 16. Aufl. In-8⁰. Zürich, Orell Füssli & Cie. Geb. 1 —

—— Drittes Sprachbüchlein f. schweizerische Elementarschulen. Unveränd. Ster.-Aufl. 8. (169 S. m. eingedr. Holzschn.) Ebd. 885. cart. * — 60

—— dass. — Ausg. in neuer Orthographie. 8. (162 S. m. eingedr. Holzschn.) Ebd. 889. cart. * — 60

—— dass. — Ausg. in Rundschrift. 8. (148 S. m. eingedr. Holzschn.) Ebd. 890. cart. * — 60

— Sprache, Zahl und Form in der Unterschule. St. Gallen 860. Scheitlin & Zollikofer. gr. 8. (2 Bl., 104 S.) n. 8 ngr.

— der Sprachunterricht in der Elementarschule. Ein Wegweiser f. Lehrer u. Lehrerinnen. gr. 8. (VIII, 240 S.) Bern 871. Dalp. n. 2. 40

—— der Sprachunterricht in der Elementarschule. Ein Wegweiser für Lehrer und Lehrerinnen. 3. umgearb. und verm. Aufl. 8. (IV, 328 S.) Bern 885, Schmid, Francke und Comp. *

—— die Stylübungen in der Volksschule. Eine Wegleitung für die Hand des Lehrers. 1. Aufl. (73 S.) 1871, und 2. verm. Aufl. gr. 8. (80 S.) Ebendas. 874. * — 80

Ruegg. H[ans] R[udolf]. A(dolf) Diesterweg (1790–1866) und (Ignaz) Th(omas) Scherr (1801–1870). (Zwei Schulmänner.) Nach ihrer praktisch-pädagogischen Wirksamkeit dargestellt. 8. Bern 1871.

Ruegg, H. R., zwei Schulmänner. A. Diesterweg und Th. Scherr. Nach ihrer practisch-pädagog. Wirksamkeit dargestellt. 64 Stn. 8. Bern, Dalp'sche Buchh. (K. Schmid.) 1871. —. 80.

Rüegg, H[ans] R[udolf]. Rede zur Erinnerung an Fürsprech A(ndreas) Matthys, gehalten bei der Todtenfeier in Bern am 16. Juni 1872. 8. Bern 1872.

Rüegg, Heinr., Bilder aus der Naturkunde für die Mittelstufe schweizerischer Volksschulen [4., 5. u. 6. Klasse]. Hrsg. aus dessen hinterlassenen Handschriften von F. Mayer. 3 Hfte. in 1 Bd. 8. (74, 91 u. 100 S.) Zürich 880. Schultheß. n. 2. 80

Rüegg, Heinr., Bilder aus der Schweizergeschichte für die Mittelstufe der Volksschule. gr. 8. (122 S.) Zürich 875, Schultheß. *

Rüegg, Heinr., Bilder aus der Schweizergeschichte f. die Mittelstufe der Volksschule. Hrsg. v. J. J. Schneebeli. 2. durchgeseh. u. etwas veränd. Aufl. gr. 8. (124 S.) Zürich 876. Schultheß. n. 1. 20

— Bilder aus der Schweizergeschichte für die Mittelstufe der Volksschule. Hrsg. von J. J. Schneebeli. 3., durchgeseh. Aufl. 8. (124 S.) Ebend. 878. n. 1. 20

— Bilder aus der Schweizergeschichte für die Mittelstufe der Volksschule. Hrsg. von J. J. Schneebeli. 4. durchges. und illustr. Aufl. 8. (IV, 122 S. mit 6 Holzschntaf.) Ebendas. 882. * 80 Pf.; cart. *

Rüegg, Heinrich. Bilder aus der Schweizergeschichte für die Mittelstufe der Volksschule. Hrg. von J[ohann] J[acob] Schneebeli.... 8. Zürich.
[1. Aufl.] 1875.
2. durchgesehene und etwas veränderte Aufl. 1876
3. durchgesehene Aufl. 1878
4. durchgesehene und illustrirte Aufl. 1882.
5. durchgesehene und illustrirte Aufl. 1884.

Rüegg, Heinrich. Bilder aus der Schweizergeschichte für die Mittelstufe der Volksschule. Hrg. (*Umschlag:* Neue Bearbeitung) von J[ohann] J[acob] Schneebeli.... 7., illustrirte Aufl. 8. Zürich 1888.

Rüegg, H. Bilder aus der Schweizergeschichte für die Mittelstufe der Volksschule. Der neuen Bearbeit. zweite Aufl. v. *J. J. Schneebeli*. In-8°. 134 S. Zürich, F. Schulthess. 1892. 1 20

Rüegg, Heinrich. Bilder aus der Schweizergeschichte für die Mittelstufe der Volksschule. Hrg. von J[ohann] J[acob] Schneebeli.... 9., illustrirte (*Umschlag:* Der neuen Bearbeitung 3.) Aufl. 8. Zürich 1894.

Ruëgg, H. Bilder aus der Schweizergeschichte f. d. Mittelstufe der Volksschule. Der neuen Bearb. 5. Aufl. von *J. J. Schneebeli*. 11. Aufl. Mit 12 Abb. In-8°. 134 S. Zürich, Fr. Schulthess. 1 — 1898.

Rüegg, Heinrich. Bilder aus der Schweizergeschichte für die Mittelstufe der Volksschule. Hrg. von J[ohann] J[acob] Schneebeli.... 11. (*Umschlag:* Der neuen Bearbeitung 5.) Aufl. Mit zwölf Bildern. 8. Zürich 1899.

Rüegg, Heinr., Bilder aus der Schweizergeschichte f. die Mittelstufe der Volksschule. Hrsg. v. J. J. Schneebeli. 12. Aufl. gr. 8. (VI, 158 S. m. 42 Abb.) Zürich 902. Schultheß & Co. n. 1. —; kart. n. 1. 20

Rüegg/Schneebeli. Bilder aus der Schweizergeschichte.... 13. Aufl. Zürich 1910 s. a. Rüegg, Heinrich.

Rüegg, [Heinrich]. Bilder aus der Schweizergeschichte für die Mittelstufe der Volksschule. [Von] Rüegg/Schneebeli. Neu bearb. von Dr. Heinrich Flach, Seminarlehrer. 13. Aufl. Mit einundvierzig Bildern [wovon 1 Tafel, und illustriertem Umschlag]. VI + 158 S. 8. Zürich, Schulthess & Co., 1910. [cart. fr. 1. 20]

Rüegg, Heinr., Saatkörner. Erzählungen u. Gedichte f. den sittlich-religiösen Unterricht. Gesammelt u. f. den Schulzweck bearb. Im Einverständniß m. mehreren Freunden desselben hrsg. v. F. Mayer. 3 Hfte. 4—6. Schulj. 8. (64, 65 u. 77 S.) Zürich 877. Schultheß. à — 45

— — Saatkörner. Erzählungen und Gedichte für den sittlich religiösen Unterricht. Gesammelt und für den Schulzweck bearb. Im Einverständniß mit mehreren Freunden desselben hrsg. von F. Mayer. 3 Hefte: 4.—6. Schuljahr. 8. Ebendas. [1. Heft. 2.—5. Aufl. (64 S.) 880—84; 2. Heft. 2.—5. Aufl. (65 S.) 880—84; 3. Heft. 3. und 4. Aufl. (78 S.) 881,84.] à Heft * 40 Pf. *

Rüegg, Heinr., Saatkörner. Erzählungen u. Gedichte f. den sittlich-religiösen Unterricht. Gesammelt u. f. den Schulzweck bearb. Im Einverständnis m. mehreren Freunden desselben hrsg. v. F. Mayer. I.—III. Heft. 8. Zürich, Schultheß & Co. à n.n. — 40; kart. à n.n. — 50
I. 4. Schulj. 18. durchgeseh. Aufl. (64 S.) 904.
II. 5. Schulj. 14. durchgeseh. Aufl. (65 S.) 905.
III. 6. Schulj. 12. durchgeseh. Aufl. (77 S.) 901.

Ruegg, Heinrich. Ueber Schafzucht und Schafzucht-Genossenschaften. Vortrag, gehalten am 12. Mai 1907 in Malans (Kt. Graubünden). II + 16 S. 8. Chur, Jos. Casanova's Erben, 1908. [fr. —. 50]

Ruegg, Heinrich. Ziegenmilch im Winter! Eine Studie über die Frage: Ist es möglich, zu verschiedenen Zeiten des Jahres — nicht blos im Frühjahr — frischmilchende Ziegen zu erhalten? Von H' R' (*S. 1 u. 22: Rüegg*).... [Mit 2 Tafeln.] (Separat-Abdruck aus No. 10 vom Jahrg. 1904 des «Landwirtschaftlichen Jahrbuches der Schweiz.» — 2. Aufl.) IV + 22 S. 8. Aarau, Emil Wirz, 1905. [fr. —. 50]

[F.] **Rüegg, Heinrich: Die Wirkungen der Sankt Gotthardbahn... Leipzig, Duncker & Humblot, 1891; VI S., 1 Bl., 120 S. 8.**
Leipzig, Phil. Fak., Inaug.-Diss. v. [20. Okt.] 1891

Rüegg, Heinr., die Wirkungen der Sankt Gotthardbahn. [Aus: „Jahrbuch f. Gesetzgebg. etc."] gr. 8. (VIII, 120 S.) Leipzig 892. Duncker & Humblot. n. 2. 40

Ruegg, J. J., Seminardirektor in Münchenbuchsee, Gutachten betr. die Einklassenschulen. Der Erziehungs-Direktion des Kant. Zürich abgegeben. 16 Stn. 8. Zürich, Druck v. J. Schabelitz. 1875.

Rüegg, Joseph Ferdinand: Heinrich Gundelfingen. Ein Beitrag zur Geschichte des Deutschen Frühhumanismus und zur Lösung der Frage über die ursprüngliche Königsfelderchronik. Freiburg (Schweiz), Gebrüder Fragnière, 1910. 116 S. 8°. S.-A. aus: Freiburger Historische Studien. Heft 6.

Heinrich Gundelfingen. Ein Beitrag z. Geschichte d. deutschen Frühhumanismus u. z. Lösung d. Frage über d. ursprüngl. Königsfelderchronik. Von Joseph Ferdinand **Rüegg**, Dr. phil. Freiburg ⟨Schweiz⟩: Univ.-Buchh. 1910. 123 S. 8°
[Ersch. auch als Inaug.-Diss. Freiburg i. Schw. 1910.]
(Freiburger Historische Studien. 6.) [11. 5107

Rüegg, Karl

Rüegg, Carl, Aufgabensammlung f. grammatisch-stylistische Uebungen auf der Stufe der Sekundarschule. gr. 8. (80 S.) Zürich 875. Schulthess. — 75

Rüegg, Carl, Aufgabensammlung für grammatisch-stylistische Uebungen auf der Stufe der Sekundarschule. 2., erweit. Aufl. 8. (103 S.) Zürich 878. Schulthess. 1. 20

Rüegg, Carl, Aufgabensammlung für grammatisch-stylistische Uebungen auf der Stufe der Sekundarschule. 3. Aufl. 8. (102 S.) Zürich 885, Schulthess.

— der Geschäftsmann. Aufgabensammlung f. Secundar- u. Gewerbeschulen sowie zum Selbstunterricht. gr. 8. (35 S. m. 2 Tab. in qu. gr. 4.) Ebend. 876. — 90

Rüegg, C., der Handwerker. Kurze Anleitung zur Vermessung und Zeichnung von Flächen und Körpern. gr. 8. (63 S. mit 140 Holzschn. im Texte.) Zürich 882, Schultheß.

(Rüegg, Carl.) Zum 50jährigen Stiftungsfest der Scaphusia [Gymnasial-Verein in Schaffhausen]. ([Mit Illustrationen, 2 Tafeln und] Anhang: Mitglieder-Verzeichnis 1858—1908. Bearb. von Dr. jur. Heinr[ich] Pletscher.) II + 86 + *Anhang* II + X S. 8. (Schaffhausen, Kühn & Comp., 1908.) [fr. 5. —]

Rüegg, Rhld., Blätter zur Feier d. 50jähr. Jubiläums d. Zürcher Stadttheaters am 10. u. 11. Novbr. 1884. gr. 8. (III, 100 S.) Zürich 884. (Verlags-Magazin.) n.n. 1. 30

Ruegg, Reinhold. Frei durch die Welt. Kalender pro 1883. In-8°. Zürich, Th. Schröter. 1 —

Rüegg, Rhold., die Sängerwoche. Plaudereien. Erinnerungs-Blätter an das Eidgenöss. Sängerfest in Zürich 1880. [Aus: „Züricher Post".] 8. (32 S.) Zürich 880. Verlags-Magazin. n. — 60

Rüegger, Julius. Werden, Leben und Vergehen der stadtluzernischen Bevölkerung im abgelaufenen Viertel-Jahrhundert 1876—1900. Statistischer Rückblick und gleichzeitige Jubiläumsarbeit. [Mit 4 Tabellen.] 28 S. 8. Luzern, J. Burkhardt, 1901.

Ruelle, C.-F., Bibliotheca latina. Bibliographie annuelle des études latines. Tome I. 2e semestre 1904—1er semestre 1905. (72 S.) 8. Paris 905. Haar & Steinert. n. 2. 40

Ruelle, C. E., bibliotheca latina. Bibliographie annuelle des études latines. Tome II. 2e semestre 1905—1er semestre 1906. (90 S.) 8. Paris 907. Haar & Steinert. 2. 40

Rüenzler, Friedrich. Die Aussprache der englischen Wörter. Eine Einleitung zum systematischen Unterricht in der englischen Sprache. II + 34 S. 8. Luzern, E. Haag, 1910. [fr. —. 60]

Rüetschi, Gustav [aus Wittnau, Aargau]: Zur Kenntnis des Rofnagesteines. Ein Beitrag zur Gesteinsmetamorphose. Mit einer Kartenskizze des Rofnagebietes in 1 : 104,000 und einer Tafel. (S.-A. aus: Eclogae geol. Helv. Bd. VIII.) Lausanne 1903. 45 + 2 S. 8°. [12. IX. 03.]
Zürich. Phil. Diss. II. 8. 1903/1904.

Rüetschi, Gustav. Zur Kenntnis des Rofnagesteines. Ein Beitrag zur Gesteinsmetamorphose. Mit einer Kartenskizze des Rofnagebietes in 1 : 104,000 und einer Tafel. Diss. Phil. [II.] Univ. Zürich. (Extrait des Eclogæ Geologicæ Helvetiæ, Volume 8, N° 1.) 47 S. 8. Lausanne, Georges Bridel & Cie., 1903.

Rüetschi, M. H., geb. Bitzius (Marie Walden), Gedichte. Nebst Lebensbild der Verewigten. 12. (136 S.) Bern 892. K. J. Wyß. n. 1. 80

Rüetschi, Max, eine Lebensfrage. Eine Antwort auf die „Zeit u. Lebensfragen" v. Hrn. Georg Glaser (Münsingen). (60 S.) 8. Bern 906. Stämpfli & Co. n. 1.—

Rüetschi, R., der Prophet Jeremia. Ein Vortrag, gehalten in Bern. Bern 868. Heuberger. gr. 8. (40 S.) 6 *ngr.*

Rüetschi, Rud., Geschichte u. Kritik der kirchlichen Lehre von der ursprünglichen Vollkommenheit u. vom Sündenfall. Eine von der Haager Gesellschaft zur Vertheidigung der christlichen Religion gekrönte Preisschrift. gr. 8. (VIII, 234 S.) Leiden 881. Brill. n.n. 4. 50

Rüetschi, R[udolf]. Ninive und seine Geschichte, zur Erläuterung der Bibel. Ein Vortrag, gehalten zu Bern vor einem gemischten Auditorium. 8. Bern 1868.

Rüetschi, Rud., Welches ist das Prinzip des evangelischen Protestantismus? Referat für die Jahresversammlung der Predigergesellschaft des Kantons Bern in Thun, den 23. Septbr. 1879. gr. 8. (85 S.) Bern 879, (Fiala's Buchh.) * 1 20

Ruëtz, Joh. Maria. Die Finanzzustände im Erzstift Köln, während der ersten Regierungsjahre des Kurfürsten Ernst von Baiern 1584—1588. 8°. Bonn, Druck von Georgi, 1901. (Bonner philos. Doctordissert.)

Rüetz, Caspar. Widerlegte Vorurtheile von der heutigen Kirchenmusik und von der Lebensart einiger Musicorum. Lübeck 1752.

Ruf, ein ernster, an die Christenheit. Dem Schweizervolke gewidmet v. einem seiner Bürger. 8. (3 B.) Zürich 845, (Hanke.)*

Ein Ernstlicher Ruf an die Deutschen in Pennsylvanien. Von einem ihrer Landsleute. Dem die Ehre des Deutschen Namens theuer und werth ist. Lancaster, Pa.: Albrecht. [1799]. 15 S. 8°.
New York Public Library
Evans 35450.

Ruf der Freude an die Bewohner der Stadt Liegnitz bei der Einweihung der ... Curatial-Kirche ... Liegnitz 1804. V: *Bernardus.* (Nent)

— der, Gottes an uns. Eine Rede, gehalten in einer Generalversammlung eines Mäßigkeits-Vereins von ....n. 8. Oldenburg in Holstein 842, Fränkel. (Leipz., Theile.) 1/24 ℛ

Ruf, der gute, der deutschen Unteroffiziere. Von P. v. S. [Aus: „Unteroffizier-Zeitg."] 8. (4 S.) Berlin 892. Liebel. n.n. — 5

Ruf zum guten Hirten. Nr. 1—6. 16. (à 16 S.) Dillenburg 897. (Frankfurt a/M., J. Schergens.) à — 06

Ruf, Der hoeere. [Wetzlar ca. 1768.] V: *Goué, August Siegfried von.* (schstr S. 147)

Ruf, Der hoeere. Gedruckt bei Georg Ernst Winkler. 2. ... Aufl. ... Nebst einem Parallele genannt: der feinere Pfif. Wezlar 1769. V (Ruf): *Goué, Aug. Siegfr.* (Pfiff): *Opitz, Johann Ferdinand.* (VLBS VI, 147) (ML, (KY) »1771« (Rotermund, Gel. Hannover. Bremen 1823.)

Ruf des armen Jacob, der genug hat, an seine verirrten Landsleute, die nach Preuß. Polen auswandern wollen. 8. Stuttg. 800. Sonnewald. 6 ℛ

Ruf in der Kette. (Am Schlusse der Trauerloge in der Loge zum goldnen Apfel in Dresden am 30. Dez. 1807 gesprochen.) »Ew'ger Meister ...« Dresden 1807. V: *Böttiger, Karl August.* (wolfstieg II, 827)

Ruf der Kirche. Trost u. Mahnworte kathol. Bischöfe an ihre Diöcesanen in den Tagen der gegenwärt. Bedrängniß. 1—8. Hft. (3 B.) gr. 8. Würzburg 873—75. Woerl. à Hft. — 40

Ruf der Kirche. Trost und Mahnworte kathol. Bischöfe an ihre Diöcesanen in den Tagen der gegenwärt. Bedrängniß. Jahrg. 1873. 12 Hefte. (à 3 Bog.) gr. 8. Würzburg 874, Woerl. à Heft 40 Pf. 4 80

Ruf, der, der Kirche. Trost- u. Mahnworte d. kathol. Episcopats. Neue Folge. 1—10. Hft. gr. 8. (S. 1—436.) Würzburg 885. 86. Woerl. à n. — 50

— dasselbe. Neue Folge. 2. Bd. 1—3. Hft. gr. 8. (S. 1—144.) Ebend. 886. à n. — 50

Ruf, der, der Kirche. Trost- u. Mahnworte d. kathol. Episcopates. Neue Folge. 2. Bd. 4.—12. (Schluß-)Hft. gr. 8. (IV u. S. 145—576.) Würzburg 887—889. Woerl. à Hft. n. — 50 (1. u. 2. Bd. n. 11.—)

Ruf an die Schweizer-Nation ... O. O. [1845]. V: *Albrecht, C.* (AARK)

—— ein, für Palästina. Geschrieben im Jahre 1841. 12. (3/4 B.) München 842, (Lentner'sche Buchh.) *

Ruf, der, nach einer verbesserten Truppen-Ausbildung. Ein Wort für beide Theile von einem deutschen Offizier. Darmstadt 859. Zernin. gr. 8. (VI, 58 S.) 15 ngr

Ruf des Vaterlandes. Roman v. C. v. Germar. 8. Berl. Nicolai. 814.

Ruf eines Volks- und Vaterlandsfreundes an seine Mitbürger in Berlin. Potsdam. Druck von A. Arndt. 1 Bl. Fol.
Flugblatt. Berlin, 31. März 1848.

— zur Wohlthätigkeit. 8. Leipz., Linke. 2 ℛ

— eines Würtembergers über Holzmangel. Mit 3 Kpf. gr. 8. Ulm 795. Stettin. 6 ℛ

Ruf, A. S., der Psalter als ein Lese-, Lehr- u. Betbuch, einzeln oder Gemeindeweise auf Brevierart nützlich zu gebrauchen. 8. Ebend. 779.

Ruf, F., s.: Kommentar zum Lesebuch f. die kathol. Volksschulen Württembergs.

Ruf, Lehr- u. Lesebuch f. weibliche Sonntags- u. Fortbildungsschulen. Hrsg. unter Mitwirkg. prakt. Schulmänner geistl. u. weltl. Standes. gr. 8. (VIII, 168 S.) Horb 893. H. Christian. Geb. in Leinw. 1. 50

Ruf, F., Lehr- u. Lesebuch f. weibliche Sonntags- u. Fortbildungsschulen. Hrsg. unt. Mitwirkg. prakt. Schulmänner geistl. u. weltl. Standes. 2. (Titel-) Aufl. gr. 8. (VIII, 168 S.) Horb (893) 895. P. Christian. Kart. n.n. — 60

Ruf, F., Rechtschreib- u. Sprachlehrhefte,
— Winke u. Diktate f. den Unterricht in der Rechtschreibung u. Sprachlehre,
— deutsches Wörterbuch,
} s.: Schneiderhan, J.

Ruf, F., der kleine Zeichenkünstler. 60 Vorlagen zur nützl. u. unterhalt. Beschäftigg. der Jugend. 12. (4 S. Text.) Stuttgart 892. [W. Nitzschke.] K. Wittwer's Verl. In Karton. n. 1. —

Ruf, Felix, Referendar: Gibt der § 812 Abs. 1 Satz 1 BGB. einen einheitlichen Bereicherungsanspruch? Ein Beitr. z. Lehre von d. Voraussetzungen d. Bereicherungsanspruchs, insbes. vom Begriff d. rechtl. Grundes. Borna-Leipzig 1908: Noske. IX, 84 S. 8°
Leipzig, Jur. Diss. v. 8. Sept. 1908
[Geb. 15. Mai 83 Leipzig; Wohnort: Gotha; Staatsangeh.: Sachsen; Vorbildung: Gymn. Gotha Reife O. 02; Studium: Leipzig 6, München 1 S.; Rig. 22. Febr. 06.] [U 09. 2653

Ruf, Friedrich: Woher beziehe ich meine Badischen, Elsässischen und Pfälzischen Weine am vorteilhaftesten? Ein Nachschlagebuch für alle Weinkonsumenten. Karlsruhe: Fidelitas in Komm. 1903. 50 S. -- 107*

Ruf, Frdr., woher beziehe ich meine badischen, elsäßischen u. pfälzischen Weine am vorteilhaftesten? Ein Nachschlagebuch f. alle Weinkonsumenten. (67 S.) gr. 8. Karlsruhe 903. (J. Linck.) n. 1. —

Ruf, Geo.

— u. F. Dumhof, unser Austritt aus den freien Gemeinden, s.: Dumhof, F.

Ruf, Geo., was läßt sich erwiedern auf den Vorwurf: Wir sind keine Christen? Predigt, gehalten vor der deutschkathol. Kirchengemeinde München am 22. Sept. 1850. 8. (12 S.) München 850, Franz. 2 ngr

Ruf, Geo. Fr., ABC= u. Sylbenbuch zum ersten Leseunterricht auf Elementartafeln gegründet u. f. mehrere Methoden brauchbar. Karlsr. 809. Verf.

— Einleit. in die Weltgeschichte nach Maßgabe dreier histor. Elementarkarten f. Anfänger ꝛc. Mit 3 Karten in gr. Fol. gr. 8. Karlsr. 818. Verf. Stuttg., Steinkopf. 5 ƒ 12 gr Elementar-Karte zur Weltgeschichte besonders. Ebd. 12 gr

— Elementarabriß d. Weltgeschichte, f. Anfänger in Stadt= u. Landschulen, auf 2 histor. Karten gegründet. 1 Buch. gr. 8. Karlsr. 807.

— method. Elementarbuch f. Stadt= u. Landschulen ꝛc. 8. Erlang. 804. Palm. 16 gr Daraus apart: ABC= u. Syllabirbuch. 2 gr u. elementar. Buchstabir= u. Lesebuch. 5 gr

— — Elementar=Karte zur Weltgeschichte besonders. Ebend.

— der lernbegierige Schüler hinter seiner deutschen Declinationstabelle. gr. 8. Stuttg. 822. Steinkopf. 6 gr

— kurzer Ueberblick der drei histor. Elementar-Karten, als eine method. Vorbereitung z. Einleit. in d. Weltgeschichte. gr. 8. Stuttg. 824. Steinkopf. 12 gr

— method. Vorschriften. 1r Abschn., für untere Schüler. 12 lith. Bl. in 8. Karlsr. 830. Marx. 12 gr 2r u. 3r Abschn., für mittlere u. obere Schüler. 4. Ebd. 831. 8 gr

Ruf, Heinrich, appr. Arzt a. Grünstadt (Rheinpfalz): Aus d. pathol. Institut zu Freiburg i. B. Untersuchungen über das Verhalten der solitären und agminierten Darmfollikel des Kindes bei Enteritis und acuten Infektionskrankheiten. Freiburg (Baden) 1904: E. Kuttruff. (35 S.) 8°

Freiburg i. B., Med. Fak., Ref. Ziegler, Diss. v. 1904

[Geb. 29. Juli 79 Grünstadt, Rheinpfalz; Wohnort: Grünstadt; Staatsangeh.: Bayern; Vorbildung: Gymn. Neustadt a. H. Reife Juli 99; Studium: München 1, Straßburg 4, Berlin 1, Freiburg 3 S.; Coll. 24. Juni 04; Approb. 5. Juli 04.]

Ruf, Jos., Frau Sage in Todtmoos. 12. (24 S. m. 4 Taf.) Waldshut 900. (H. Zimmermann.) n. — 40
Sonderabdruck aus: „Alb-Bote".

Ruf, Josef: Unterschiede und Zusammenhänge zwischen dem dinglichen und obligatorischen Vorkaufsrechte. Diessen 1909: Huber. 61 S. 8°

Würzburg, Jur. Diss. v. 17. März 1909, Ref. Mendelssohn-Bartholdy

[Geb. 19. Juni 79 Kötzting; Wohnort: München; Staatsangeh.: Bayern; Vorbildung: Gymn. München Reife Juli 99; Studium: München 11 S.; Rig. 21. Dez. 08.] [U 09. 4054

Ruf, S., der Geigenmacher Jakob Stainer v. Absam in Tirol geboren 1621 — gestorben 1683. Eine Lebensskizze nach Urkunden bearb. gr. 16. (VIII, 63 S.) Innsbruck 872. Wagner. n. — 80

Ruf, S. Jakob Stainer, e. Lebensskizze, s. Stainer, Jak.

Ruf, Sebast., Chronik von Achenthal. Nach urkundlichen Quellen. Innsbruck 865. Wagner'sche Universitätsbuchh. 8. (VII, 92 S.) n. 12 ngr.

Ruf, Sebast., die Delirien. Die Visionen u. Hallucinationen des Tag= u. Nachtlebens und die phantastischen Zustände. Innsbruck 856. Wagner. gr. 8. (XI, 131 S.) 21 ngr.

Ruf, S., die Criminaljustiz. Ihre Widersprüche und die Zukunft der Strafrechtspflege. Criminal-psychologische Studien. gr. 8. (VIII, 123 S.) Innsbruck 870, Wagner'sche Universitäts-Buchh. * 1 60

Ruf, Sebast., psychische Zustände. Ein Beitrag zur Lehre von der Zurechnung, mit besonderer Rücksicht auf die psychischen Störungen. Ein Büchlein f. weltl. u. geistl. Richter, f. Leib= u. Seelenärzte. gr. 8. (145 S.) Innsbruck 852, Wagner. 18 ngr.

Ruf, T., Aufgabensammlung zur Einführung in das metrische Maß= u. Gewichtssystem. Für die Volks= u. Fortbildungsschule, wie zum Selbstunterricht bearb. Nördlingen 870. Beck. 8. (24 S.) 1½ ngr.

Ruf, T., und J. L. **Schmidt**, Handkarte vom Deutschen Reich ... Nördlingen 1876. (Br. Mus.)

Ruf, T., bayerische Heimathskunde I. Das Wichtigste aus der Heimathskunde v. Schwaben. Mit e. Worte üb. Heimathskunde als Vorschule d. Geographieunterrichts in der Volksschule, angeschlossen an die Heimathskunde d. Rieses, nebst 2 (chromolith.) Karten (in 4. u. Fol.) Unter Mitwirkg. mehrerer Schulmänner bearb. gr. 8. (52 S.) Nördlingen 873. Beck. n. — 80

— bayerische Heimathskunde I. Das Wichtigste aus der Heimathskunde von Schwaben und Neuburg. Mit einem Worte über Heimathskunde als Vorschule des Geographieunterrichts in der Volksschule, angeschlossen an die Heimathskunde des Rieses, nebst 2 (chromolithogr.) Karten (in 4. und Fol.). Unter Mitwirkung mehrerer Schulmänner bearb. 1. Aufl. 1873, und 2. bericht. Aufl. gr. 8. (52 S.) Ebendas. 875. * — 80

Hieraus einzeln:

— das Wichtigste aus der Heimathskunde von Schwaben und Neuburg. [Bayerische Heimathskunde I.] Unter Mitwirkung mehrerer Schulmänner bearb. 1. Aufl. 1873, und 2. Aufl. gr. 8. (20 S. mit 1 chromolithogr. Karte in Fol.) Ebendas. 875. * — 30

— zur Heimathskunde d. Rieses. Das Wichtigste aus der Geographie u. Geschichte d. Rieses. gr. 8. (16 S. m. 1 chromolith. Karte in 4.) Ebend. 873. n. — 40

— Hilfsbüchlein zur Einführung in das metrische Maß= u. Gewichtssystem, nebst einer kurzen Anweisung zum Rechnen mit Decimalbrüchen, mit angehängten Umrechnungstabellen für den prakt. Gebrauch. Für die Volks= u. Fortbildungsschule, wie zum Selbstunterricht bearb. Ebend. 870. 8. (56 S.) cart. 5 ngr.

Ruf, T., erstes Lesebuch für Volksschulen. 2. Abthl. Unter Mitwirkung mehrerer Schulmänner bearb. 2. Aufl. 8. (IV und 124 S.) Nördlingen 868, Beck'sche Buchh. *

— erstes Lesebuch für Volksschulen. 2. Abthl. Unter Mitwirkung mehrerer Schulmänner bearb. 3. Aufl. 8. (124 S.) Ebendas. 873. * — 35
1. Abthl. 3. Aufl. Ebendas. 1867. * 25 Pf.

— Münzrechner für Süddeutschland zur Umwandlung der Gulden und Kreuzer in Mark und Pfennig. Ein Hilfsmittel für Haus und Geschäft. 16. (24 S.) Ebendas. 873. * — 20

Ruf's, T., Münzrechner für Süddeutschland und Umwandlung der Gulden und Kreuzer in Mark und Pfennig. Ein Hülfsmittel für Haus und Geschäft. 2. und 3. unveränd. Abdr. 16. (24 S.) Nördlingen 874, Beck'sche Buchh. * — 25

— kleine Schulgeographie. Ein Merk= und Aufgabenbüchlein für die Volksschule. 2 Abthlgn. gr. 8. Ebendas. à Abthl. * 20 Pf. * — 40
Inhalt:
Abthl. 1. Deutschland. (32 S.) 876.
„ 2. Die fünf Erdtheile. (27 S.) 875.

Ruf, T., kleine Schulgeographie. Abtlg. II. Die fünf Erdteile. Ein Merk= u. Aufgabenbüchlein f. die Volksschule. 3. durchgeseh. Aufl. gr. 8. (32 S.) Nördlingen 888. München, Beck. n. — 20

Ruf, T., und J. Schmidt, Schulkarte des Deutschen Reichs und der angrenzenden Länder. Für die Volksschule zum Gebrauch beim Unterricht in der Vaterlandskunde. 1 : 3,000,000. Fol. Nördlingen 876, Beck'sche Buchh. * — 40

— Tafel zur Umrechnung der Guldenwährung in die Markwährung, enth. die Werthe von 1/8 Kreuzer bis 10 Millionen Gulden in Markwerthen u. umgekehrt. Mit Berücksicht. der amtlich vorgeschriebenen Abkürzgn., zum Handgebrauch bei allen Umrechnungsarbeiten f. Haus u. Büreau bearb. Lex.-8. (4 S. auf Carton.) Ebend. 875. — 40

—— Wandfibel. Ein Hilfsmittel zur Betreibung des ersten Leseunterrichts in Volksschulen, zugleich Beigabe zu dem ersten Lesebuch für Volksschulen. 1. Section. 8 Taf. Die kleinen Buchstaben. gr. Fol. Nördlingen 866, Beck'sche Buchh. *

— das Wichtigste aus der Heimathskunde v. Schwaben. [Bayerische Heimathskunde I.] Unter Mitwirkg. mehrerer Schulmänner bearb. gr. 8. (20 S. m. 1 chromolith. Karte in Fol.) Ebend. 873. n. — 40

— das Wissenswürdigste aus der allgemeinen Geographie u. von den fünf Erdtheilen. In zwei Lehrstufen u. vielen Aufgaben. Ein geograph. Merkbüchlein für die obern Klassen der Volksschulen, höhere Töchterschulen ꝛc. 4. bericht. Aufl. Ebend. 870. gr. 8. (38 S.) n. 3 ngr.

— das Wissenswürdigste aus der allgemeinen Geographie u. v. den 5 Erdtheilen. In 2 Lehrstufen m. vielen Aufgaben. Ein geograph. Merkbüchlein f. die obern Klassen der Volksschulen, höhere Töchterschulen ꝛc. zugleich Erläutergn. zu den Wandkarten der östl. u. westl. Halbkugel v. Dewald u. Winkelmann. 5. bericht. u. erweit. Aufl. 8. (55 S.) Ebend. 873. — 35

Ruff, Wendelin, de calore, atq. calorico. 4. maj. Mainz, (Esslinger, Frcf.) 797. •

Ruf, Wendelin, († d. 20. März 1808.) de calore, atq. calorico. 4maj. Mainz 797. (Schäfer in Frankf. a. M.) 10 gr.

— Propädeutik der Heilkunde u. Heilkunst. 8. Frkf. a. M. 804. Andreä. 14 gr.

Ruf. Propädeutik d. Heilkunde u. Heilkunst. Frankfurt a. M. 1805.

— s. G. E. Stahl, Theorie d. Heilkunde.

— de rationum chymicarum in medicina usu et abusu. 4. maj. Frcf. Esslinger. 804.

— de rationum chymicarum in medicina usu et abusu. 4maj. Frankf. a. M. 804. (Schäfer). 9 gr.

Ruef, Ant. Sebast., († ...) der Psalter Davids, als e. Lese-, Lehr- u. Betbuch auf Brevierart. 8. (Augsb.) 779. Wagner. 14 gr.

Ruef, Friedrich. Das Kreuz-Kirchlein am See. Nach einer alten Schweizersage von F. R. Mit Kunstbeilage [Tafel, und illustriertem Umschlag]. 1. Aufl. 48 S. 8. Wettingen, Selbstverlag: F. Ruef-Hirt, 1909 (Buchdr. Kopp-Tanner, Zürich, 1910). (fr. —. 90)

Ruef, J. Melch.: Ueb. d. Aufhebung d. Zehnten. *Freiburg*. 831. (6 Gr.)

Ruef, (Melch.), über d. Aufhebung des Zehnten. gr. 8. (2¾ B.) Freiburg 831, [Gebr. Groos Verls.-Expedit.]

— Handbuch zur christl. (kathol.) Moral. 3 Bde. 8. Dillingen 824 u. 25. Roßnagel. (Leipz., Centr.-Compt.) 3 ℛ 4 gr. 2e Aufl. gr. 8. Münch. 829. (Jaquet). 3 ℛ 12 gr. (Ebner in Ulm). 3 ℛ 14 gr.

Ruef, (M.,) Leitfaden zur christlichen Moral. 3 Bände. 8. Dilingen 824 u. 25, Roßnagel. (Leipz., Central-Compt.)

— Pastoral-Unterweisungen, zunächst f. Candidaten des Priesterstandes. 2 Bde. 8. Dillingen 825. Roßnagel. (Leipz., Centr.-Compt.) 2 ℛ (Ebner in Ulm). 2 ℛ 9 gr.

— Predigten üb. die wichtigsten Gegenstände des göttl. Christenthums in vollständ. Ausarbeitungen u. Skizzen. 2 Bdchn. 8. Augsb. 820. Wolff. 1 ℛ 12 gr.

Ruef, Jak., s.a. Rueff

Ruef, Jac., s. Spyl, ein hüpsch vnd lustig. — Tell, Wilhelm. Ein hüpsch vnd lustig Spyl ꝛc.

Ruef, Jh. Geo., die Bibel, unter welchen Bedingungen e. Lehr- u. Lesebuch, s. Bibel, u. setze hinzu: (v. J. G. Ruef).

— s. Unterricht f. christl. Eheleute.

Ruef, Johann Kaspar

-- (Hrsg.), s.a. Beiträge, Freiburger, zur Beförderung...

Ruef, Cas., Freyburger Beyträge zur Beförderung d. ält. Christenth. 24 Hefte. 8. Ulm, Wohler. 788—93. (à 8 gr.)

Ruef, Jh. Ksp., consultationes medicae. 8. Augsb. 777.

— allgem. Encyklopädie, oder Darstell. aller Wissenschaften u. ihrer Zweige. gr. 8. Ulm 795.

– (Hrsg.), s. Freimüthige, Der.

Ruef, Johann Kaspar: Von der Hornviehseuche. De Lue Boum grassante. 22 S. (S.181 - 202). Nürnberg: 1777

s.: Ruef, J.K.: Unterricht von Criminalfällen, und wie sich ein Arzt in Abgebung seines Gutachtens hierüber zu verhalten habe. Anhang.

JB 5.302

Ruef, Kaspar, Repertorium der neuesten philosophischen und theologischen Litteratur des katholischen Deutschlandes für Freunde der Aufklärung. Ulm, 1790, gr. 8°, 11½ Bogen. Bd. I.
Blieb ohne Fortsetzung. Der vorliegende Bd. enthält d. philos. u. theol. Litteratur von 1787 an und zählt im ganzen 204 Schriften auf, von denen 6 ausführlich, 198 kurz besprochen werden.

— Repertorium d. neuesten theolog.-philosoph. Literatur d. kathol. Deutschlands. 1r Bd. gr. 8. Ulm 790. Stettin. 1 ℛ

— Sätze aus allen Theilen d. Jurisprudenz u. aus d. polit. Wissenschaften. 4. Freiburg 785.

Ruef, Johann Kaspar: Unterricht von Criminalfällen, und wie sich ein Arzt in Abgebung seines Gutachtens hierüber zu verhalten habe. Nebst einem Anhang von der Hornviehseuche. 202 S., gbd.

Nürnberg: Schwarzkopf 1777

JB 5.302

Ruef, Jh. Ksp., Unterricht von Criminalfällen, u. wie sich ein Arzt in Abgeben seines Gutachtens zu verhalten hat. 8. Nürnb. 777. (Stein). 14 gr.

— de vita et scriptis Conradi Celtis Protucii, s. a. Engelb. Klüpfel.

Ruef, J. C., de vita et scriptis Conradi Celtis Protucii praecipui renascentium in Germania Literarum restauratoris primique Germanorum Poetae laureati. Opus posthumum B. Engelb. Klüpfalii. 8maj. Friburg. Herder. 814. –

Ruef, Jos., der christliche Dichter auf den Gräbern seiner Lieben. Gesammelte Grabgedichte. 2 Thle. 16. (336 S.) Wiesensteig 860. (Gmünd, Schmid.)

Ruef, Kaspar, s. Ruef, Johann Kaspar

Ruef, M., s. Ruef, J. Melch.

Ruef, Max, Code Napoléon. Badisches Landrecht mit Anmerkungen. 4 Liefgn. Freiburg im Br. 867, 68. Wagner'sche Buchh. gr. 8. (627 S.) n. 3 Thlr 6 ngr.

Ruef, Max, Code Napoléon. Badisches Landrecht m. Anmerkungen. 2., m. e. Nachtrag verm. Ausg. gr. 8. (627 S.) Freiburg i. B. 872. Wagner. 4. 80

Ruef, Melch., s.a. Ruef, J. Melch.

Ruef, Melch., üb. die Ehebeförderungsgesetze der Alten. 8. Freiburg 788. (Wohler in Ulm). 3 gr.

Ueber die Ehebeförderungsgesetze der Alten, und insbesondere das sogenannte Hagestolzenrecht der Deutschen (von *Melchior Ruef*). Freyburg im Breisgau (Ulm) 1788.
Anon.-Lex. IV. p. 216 (nach Weller).

Rufe, Katholische, aus den Rheinlanden an alle Kristen .... Altenburg 1838. V: *Wedel, Gg Wolfg. Ulr.* (zu)

Rufe, katholische, aus d. Rheinlanden an alle Kristen. Von e. rhein-preuß. Katholiken. 8. (4½ B.) Altenburg 838, Pierer.

Allgemeiner deutscher Sprachverein. Zweigverein Berlin. — RUFE FÜR REIGEN UND HOFTANZ. Herausgegeben vom Berliner Zweigverein. (Berlin. Druck von Pass & Garleb.) kl. 8°.

Rüfenacht, Herm. Das litterarische u. künstlerische Urheberrecht in der Schweiz m. besond. Rücksicht auf die bestehenden Staatsverträge. Preis-Aufgabe der jurist. Fakultät der Universität Bern pro 1891. Diss. gr. 8. (IV, 174 S.) Bern 892, Wyss. * 2 40

Rufener, Fried. Alex., nouvelle bride dite à voile pour arrêter à volonté les chevaux emportés ou qui ont pris le mors aux dents. — Neuer Schleierzaum, um die ungestümen oder durchgehenden wilden Pferde nach Belieben aufzuhalten. gr. 8. (52 S. mit 1 Stnt. in gr. Fol.) Freiburg (Schweiz) 860. (Bern, Blom.) *

—— die landwirthschaftliche Gesundheitslehre der Hausfäugethiere, oder die Art und Weise, die Gesundheit der Hausthiere zu erhalten, sie aufzuziehen, zu mästen, ihre Racen zu veredeln und die Castration zu vollziehen 2c. zum Gebrauche für Landwirthe, Oekonomen 2c. 8. (291 S. mit 1 Tab. in Imp.-Fol.) Freiburg (Schweiz) 860. (Bern, Blom.) *

—— die Kunst wie man wilde, stätige und bösartige Pferde und Ochsen binnen einer Stunde bändigen und dressiren kann. Als Anhang: Der Bienen-Bezauberer. — Das Leben des Gaoucho in Südamerika. — Der Perrare'sche Zaum ohne Gebiß und Kinnkette. Ein Buch für alle Pferdeliebhaber, Bereiter, Offiziere u. s. w. gr. 8. (IV und 167 S. mit 17 lithogr. Zeichnungen.) Freiburg (Schweiz) 859. (Bern, Blom.) *

Die Trottoirfrage im Lichte der in der bayerischen Pfalz geltenden Gesetze von Landger.R. a. D. B. E. Rufer. Ludwigshafen a. Rh.: J. G. Biller 1895. (39 S.) 8° [F.] (o. 17363

Rufer, H., die Bienenzucht, s.: Ehrenfels, J. M.

Rufer, H. Exercices et lectures, cours élémentaire de la langue française à l'usage des écoles allemandes. Première partie: Avoir; Être. In-8°, 76 p. Bern, Schulbuchhandlung Antenen. 1 — 1881.

— — Deuxième partie: Verbes réguliers. In-8°, 119 p. Bern, Schulbuchhandl. Antenen. 1881 1 20

Rufer, H., exercices et lectures. Cours élémentaire de langue française à l'usage des écoles allemandes. 1er—3e partie. 8. Bern. (Leipzig, K. F. Köhler.) cart. *

Inhalt:
Part. 1. Avoir et Être. 7. Aufl. (IV, 88 S.) 887. ** 90 Pf.
» 2. Verbes réguliers. 6e édit. (IV, 124 S.) 888. *ℳ 1.—.
» 3. Verbes irréguliers. — Lectures graduées. 2e édit., entièrement refondue. (II, 284 S.) 888. cart. *ℳ 1.70.

Rufer, H. Exercices et lectures. Cours élémentaire de langue française à l'usage des écoles allemandes. 1e partie. 17e éd. In-8°. II, 80 p. Bern, Schulbuchhdlg. Antenen (W. Kaiser), 1890. Cart. — 90

— — 2e partie: Verbes réguliers. 13e éd. In-8°. II, 124 p. Ebd. Cart. 1 80

Rufer, H. Exercices et Lectures. Cours élémentaire de langue française à l'usage des écoles allemandes. 3 part. 8. Bern, Kaiser. * 3 50

1. Avoir et Être m. Vocabulaire. 24. Aufl. (I, 79 S.) 892. ** — 90. — 2. Verbes réguliers m. Vocabulaire. 16. Aufl. (II, 124 S.) 892. ** 1 —. — 3. Verbes irréguliers. 7. Aufl. (III, 282 S.) 891. ** 1 60.

Rufer, H., exercices et lectures. Cours élémentaire de langue française à l'usage des écoles allemandes. 1.—3. partie. 8. Bern, W. Kaiser. Kart. n. 3. 80
1. 26. éd. (IV, 79 S.) 894. n. 1. —. — 2. Verbes réguliers 16. éd. (IV, 124 S.) 892. n. 1. 10. — 3. Verbes irréguliers. — Lectures graduées. 8. éd. (IV, 284 S.) 893. n. 1. 70.

Rufer, H., exercices et lectures. Cours élémentaire de langue française à l'usage des écoles allemandes. 3. partie. Verbes réguliers et irréguliers. 11. éd. 8. (IV, 192 S.) Biel 903. E. Kuhn. Kart. n.n. 1. 60

Rufer, H., exercices & lectures. Cours élémentaire de langue française à l'usage des écoles allemandes. 1. partie. Avoir être-aimer. 41. éd. (VIII, 94 S.) 8. Biel 907. E. Kuhn. Geb. nn 1. - -

Rufer, Joh., wilde Rosen. Gedichte. 1. Bdchn. 8. (179 S.) Bern 876. Lang & Co. n. 1. 20

Rufer, Johs., weg m. d. Kunst! E. Flugschrift. gr. 8. (17 S.) Leipzig 895. W. Friedrich. n. — 50

Rüfer, Phpp., Merlin, gr. Oper, s. Breitkopf und Härtel's Text-Bibliothek Nr. 184.

Gedanken über die Kleidertracht in Wien und mir gut scheinende Kleiderordnung, von *R-u-ff.* Wien 1781. 8°. 19 S. (In Wien, Hofkammerbibl.)

Ruff, A. F.

— Beantw. d. Zweifel, welche der Kaufmann H. L. Melchin üb. meine Abhandlung d. Einricht. d. Werk= u. Zuchthäuser betr., öffentl. hat bekannt machen lassen. 4. Ebend. 784.

— von der vortheilhaften Einrichtung der Werk= und Zuchthäuser, Beantwort. e. Preisfrage. gr. 8. Ebend. 785.

Ruff, A. F., Versuch z. Beantw. d. Frage, wie sind Waisenhäuser anzulegen rc. gr. 8. Gött. Dieterich.

Ruff, Andr., die neue, kürzeste u. nützl. Scheidekunst od. Chymie. 8. Nürnb. 788. Zeh. 12 gr. Hbg. Pr. 4 gr.

Waldhofen a./Y. LUR.: Die Bibliothek d. n. ö. LUR. in Waidhofen a./Y. 91—96 v. Ferdinand Ruff. (88. 42. 21).
Progr.

Ruff Ferd.: Die drei Feldzüge des Königs Pyrrhus in Italien. 26. Waidhofen a/Y. R. 81.
Progr.

Ruff, Ferdinand: Über die chronologische Folge der Dichtungen Hartmanns von Aue. 21 S. Waidhofen a/Y, R., Progr. 1882.

Ruff Ferdinand: Zum 50jährigen Regierungsjubiläum Sr. Majestät des Kaisers Franz Jos. I. 13. Waidhofen a./Y. R 99.
Progr.

Ruff Ferdinand: Joh. Gabriel Seidl. 5. Wiener-Neustadt R. 04.
Progr.

Ruff, Frz., Auskunftsbuch f. statische Berechnungen (Schnellstatiker). Kräftepläne zu Fachwerken, Tabellenmagazin, Vorschriften üb. stat. Berechngn. etc. auf dem Gebiete des Bau- u. Ingenieurwesens, in neuester Anordng. Zum Gebrauche f. Baubehörden, Architekten, Ingenieure, Techniker etc. f. die Praxis hrsg. (3. Taus.) (144 S. m. 159 Fig.) 8. Frankfurt a/M. 903. (Leipzig, K. F. Koehler.) Geb. in Leinw. n. 3. 50

— dasselbe, f. statische Berechnungen der Maschinen (Schnellstatiker). Kräftepläne zu Auslegern v. Kranen, Achsen, Tabellenmagazin, stat. Berechngn. auf dem Gebiete des Maschinenbaufaches etc. in neuester Anordng. zum Gebrauch f. Ingenieure, Maschinenkonstrukteure etc. f. die Praxis hrsg. 2. Bd. (110 S. m. 110 Fig. u. 2 Taf.) 8. Ebd. 906. Geb. in Leinw. n. 4. 50

Ruff, Frz., endgültige Lösung der Hausschwamm-Frage! Auskunftsbuch üb. Entstehg., Diagnose rc., beurteilt vom bautechn., botan., chem., hygien., jurist. u. volkswirtschaftl. Standpunkte. Zum Gebrauch f. Baubehörden, Baumeister, Architekten, Ingenieure, Juristen, Hausbesitzer, Mieter rc. f. die Praxis hrsg. (57 S.) 8. Frankfurt a/M. 910. Leipzig, K. F. Koehler. 2. 50

Ruff Heinrich: Die Gleichung der Kegelschnittstangente. Mit 1 Figurent. 25. Wien XVIII. R. 03.
Progr.

Ruff, J. C. C., de differentia praescriptionis. 4. Helmst. 800. Fleckeisen. 6 gr

(Ruff, J. G.,) Handbuch der allgemeinen deutschen Synonymik, bearb. nach dem grösseren Work Eberhard's. Halle 1802. 8.

Ruff, Jac., Adam u. Heva, s. a. Bibliothek der deutschen National-Literatur. I. Abth. 26. Bd.

Jacob Ruffs Adam und Heva. Erläutert und herausgegeben von Hermann Marcus Kottinger, Sekundarlehrer. XXVI. Band der Bibliothek der deutschen National-Literatur. Quedlinburg und Leipzig. MDCCCXLVIII. 8⁰.

Abdruck dieses Zuricher Spiels nach der ersten Ausgabe vom J. 1550. S. G. S. 302 Nr. 67 u. Das alte Volks-Theater der Schweiz von Weller S. 169—175. S. oben Nr. 1093 u. 1109.

— Etter Heini uss dem Schwizerland, s.a. Bibliothek der deutschen National-Literatur. I. Abth. 14. Bd.

Jacob Ruffs Etter Heini uss dem Schwizerland, sammt einem Vorspiel. Erläutert und herausgegeben von Hermann Marcus Kottinger, Sekundarlehrer. Quedlinburg und Leipzig. MDCCCXLVII. 8⁰.

Zuricher Neujahrsspiel (1538). Abgedruckt aus einer Handschrift. S. G. S. 299 Nr. 45 u. S. 302 Nr. 62. Eine zweite Handschrift mit Melodieen vom J. 1542: „Eyn nüwes spil vom wol vnd übelstand eyner loblichen eydgnoschafft.“ angeführt in: Das alte Volks-Theater der Schweiz von Weller S. 158—162.

Ruff, Josef

Ruff, J., die Diabetes-Kur in Karlsbad. Ein Ratgeber f. Zuckerkranke. 12. (IV, 62 S.) Karlsbad 888. Stark. n. 1. 60

Ruff, Jos., die Karlsbader Diät vor, während u. nach der Kur m. einleitenden Bemerkungen üb. Diät u. Krankenpflege im Allgemeinen, s.: Feller's diätetische Führer.

Ruff, Jos., Diät u. Wegweiser f. Gallensteinleidende m. e. Anh.: Karlsbader Kur od. Operation? 2., neu bearb. Aufl. (63 S.) 8. Berlin (904). H. Steinitz. n. 1. —

— Diät u. Wegweiser f. Gallen- u. Nierensteinleidende, s. Sammlung medizinischer Wegweiser.

— Diät u. Wegweiser f. Nierensteinleidende, s. a. Sammlung medizinischer Wegweiser. 16. Bd.

Diät und Wegweiser für Nierenleidende von Dr. J[osef] Ruff. 2. umgearb. Aufl. Berlin: H. Steinitz (1905). (54 S.) 8° [5.]
= Sammlung medizinischer Wegweiser. Bd 16. 1.6. 533

Ruff, Jos., illustrirtes Gesundheits-Lexikon. Ein populäres Handbuch für Jedermann zur Belehrung und Berathung in gesunden und kranken Tagen, mit besond. Berücksicht. der Gesundheitslehre und Krankenpflege in der Familie, Unterweisung zu den von Laien ausführbaren Hülfeleistungen, leichten Operationen, in der Behandlung von Verletzungen, im Anlegen von Verbänden und Bandagen und in der Bereitung von Hausmitteln nebst deren Anwendung rc. 20 Lfgn. gr. 8. (XXII, 733 S. mit 430 eingedr. Holzschn.-Abbild.) Straßburg 881,82, Schultz und Comp. à Lfg. 40 Pf.

—— dass. — 2. und 3. Aufl. gr. 8. (XX, 733 S. mit 430 eingedr. Holzschn.-Abbild.) Ebendas. 883,84. geb. *

Ruff, Jos., illustrirtes Gesundheits-Lexikon. Ein populäres Handbuch f. Jedermann zur Belehrg. u. Berathung in gesunden u. kranken Tagen. Mit 430 Abbildgn. 4. Aufl. m. Suppl. gr. 8. (XX, 807 S.) Straßburg 886. Schultz & Co. 8. 80; geb. n. 11. —

—— illustrirtes Gesundheits-Lexikon. Ein populäres Handbuch für Jedermann zur Belehrung und Berathung in gesunden und kranken Tagen, mit besond. Berücksicht. der Gesundheitslehre und Krankenpflege in der Familie, sowie der Unterweisung in den von Laien ausführbaren Hülfeleistungen, leichten Operationen, in der Behandlung von Verletzungen, im Anlegen von Verbänden und Bandagen und in der Bereitung von Hausmitteln nebst deren Anwendung rc. 4. Aufl. mit Suppl. 22 Lfgn. gr. 8. (807 S. mit 430 eingedr. Holzschn.-Abbild.) Straßburg 886, Straßburger Druckerei und Verlagsanstalt. à Lfg. 40 Pf. compl. geb. *

—— dass. — Suppl. zur 1.—3. Aufl. gr. 8. (S. 729—807.) Ebendas. 887. cart. *

— illustr. Gesundheits-Lexikon. Ein populäres Handbuch f. jedermann zur Belehrg. u. Beratg. in gesunden u. kranken Tagen, m. besond. Berücksicht. der Gesundheitslehre u. Krankenpflege in der Familie, sowie der Unterweisg. in den v. Laien ausführbaren Hülfeleistgn. u. leichten Operationen, in der Behandlg. v. Verletzgn., im Anlegen v. Verbänden u. Bandagen u. in der Bereitg. v. Hausmitteln nebst deren Anwendg. ꝛc. Mit 465 (Holzschn.-)Abbildgn. 5., gänzlich umgearb. Aufl. 22 Lfgn. gr. 8. (XX, 804 S.) Straßburg 893. 894. Straßburger Druckerei u. Verlagsanstalt. 9. —; geb. in Halbfrz. n. 11. —

Ruff, Jos., illustr. Gesundheits-Lexikon. E. populäres Handbuch f. jedermann zur Belehrg. u. Beratg. in gesunden u. kranken Tagen, m. bes. Berücksicht. d. Gesundheitslehre u. Krankenpflege in d. Familie, sow. d. Unterweisung in d. v. Laien ausführbaren Hülfeleistungen u. leichten Operationen, in d. Behandlg. v. Verletzgn., im Anlegen v. Verbänden u. Bandagen u. in d. Bereitung v. Hausmitteln nebst deren Anwendg. ꝛc. M. 465 (Holzschn.-) Abb. 6., unveränd. Aufl. gr. 8. (IV, XX, 804 S. m. 2 Taf. u. Bildnis.) Straßburg 897. Straßburger Druckerei u. Verlagsanstalt. 9. —; geb. in Halbfrz. n. 11. —

Ruff, Jos., illustriert. Gesundheits-Lexikon. Ein populäres Handbuch f. jedermann zur Belehrg. u. Beratg. in gesunden u. kranken Tagen, m. besond. Berücksicht. der Gesundheitslehre u. Krankenpflege in der Familie, sowie der Unterweisg. in Hülfeleistgn. bei plötzl. Erkrankgn., Unglücksfällen u. Verletzgn., im Anlegen v. Verbänden u. Bandagen u. in der Bereitung v. Hausmitteln nebst deren Anwendg. usw. Mit 452 Abb. 7., gänzl. umgearb. Aufl. (XX, 906 S. m. Bildnis u. 2 Taf.) gr. 8. Straßburg 908—10. Straßburger Druckerei u. Verlagsanstalt. 10. —; geb. in Halbfrz. 12. —; auch in 25 Lfgn. à — 40

— Karlsbad als Kurort, s.: Cartellieri, Paul.

— die junge Mutter. Ärztliche Ratschläge u. Winke f. junge Frauen. Mit 11 Abbildgn. gr. 16. (241 S.) Straßburg 888. Straßburger Druckerei u. Verlags-Anstalt. geb. m. Goldschn. n. 3. 50

Ruff, Jos, Schutz der Gesundheit f. Jedermann. Illustr. Handbuch der öffentl. u. privaten Gesundheitspflege. 8. (XVI, 343 S.) Straßburg 893. Straßburger Druckerei u. Verlagsanstalt. Kart. n. 3. —

— das Stottern, s.: Hausbücher, medicinische.

— die Zuckerkrankheit [Diabetes mellitus], ihre Erscheinung u. ihre Behandlung. gr. 8. (V, 113 S. m. eingedr. Illustr.) Tübingen 887. Laupp. n. 2. —; geb. n.n. 2. 60

Ruff, Karl, Geographie f. Militäranwärter. (III, 160 S.) kl. 8. Straßburg 904. F. Engelhardt. Geb. in Leinw. n. 2. 40

Ruff, Karl, Geographie f. Militäranwärter. 2. verb. Aufl. (III, 159 S.) kl. 8. Straßburg 909. J. Singer. Geb. in Leinw. 2. 40

[J.] Die Trappistenabtei Oelenberg und der Reformierte Cistercienser-Orden. Von Karl Ruff unter Mitarb. v. Joseph Greff. M. 8 Abb.... *Freiburg i. B.: Herder 1898.* (VI S., 1 Bl., 127 S., 7 Taf.) 1 Bd 8. 98. 3553

Ruff, Karl, Weißenburg u. Wörth. gr. 8. (186 S. m. 10 Abb., 2 Bildn. u. 2 Karten.) Straßburg 895. (J. Noiriel.) n. 1. 60

Ruff, Otto: Ueber die Reduction einiger tertiärer Nitroverbindungen. *Berlin 1897: A. W. Schade.* (32 S.) 8°
Berlin, Phil. Diss. v. 20. Nov. 1897

Ruff, P., Die drei Feldzüge des Königs Pyrrhos in Italien. Pr. 1881. 28 S.

Ruff, S., Breviarium rerum gestarum populi romani, ed. Tschucke. 12. Lips. W. Vogel. 795.

Ruff, Wendelin, s. Ruf

Rueff, zur Geschichte der Hufbeschlagkunde. (Programm der Akademie Hohenheim) Plieningen 1864

Rueff, A. v., das Äussere d. Pferdes u. seine Fehler. 8 lith. Taf. qu. gr. 4. Mit Text. gr. 8. (IV, 56 S.) Stuttgart 885. Ulmer. In Mappe. n. 4. —

Rueff, Dr. über Bau u. Einrichtung der Pferdestallungen. Mit Abb. Weimar 1857. 156 S.

Rueff, A. v., Bau und Einrichtung der Stallungen und Aufenthaltsorte unserer nutzbaren Hausthiere. Vom bautechn., diätet. und naturwissenschaftl. Standpunkte besprochen für Landwirthe, Baubeamte, Thierärzte und jeden Freund und Besitzer von Thieren. gr. 8. (XIV, 338 S. mit 84 eingedr. Holzschn.) [Stuttgart 875, Schickhardt und Ebner.] Berlin, Parey. *

Rueff, A., über den Bau u. die Verrichtungen des Körpers unserer Hausthiere. Anatomisch-physiologische Einleitung in die Thierzüchtungskunde, bearb. f. den Landwirth, Gestütsbeamten, Thierbesitzer ꝛc. gr. 8. (85 S.) Stuttgart 852, Ebner & Seubert. n. 12 ngl

Rueff, A., über den Bau und Verrichtungen des Körpers unserer Hausthiere. Anatomisch-physiologische Einleitung in die Thierkunde und Thierzucht, bearb. für den Landwirth, Gestütsbeamten, Thierbesitzer ꝛc. 2., durch Zusätze und (eingedr.) Holzschn. verm. Aufl. gr. 8. (VI und 108 S.) Stuttgart 859, Ebner und Seubert.
Vgl.: Baumeister, W., Handbuch der landwirthschaftlichen Thierkunde.

Rueff, A., über Bau und Verrichtungen des Körpers unserer Hausthiere. Anatomisch-physiologische Einleitung in die Thierkunde und Thierzucht bearb. für den Landwirth, Gestütsbeamten, Thierbesitzer ꝛc. 3. durch Zusätze und (eingedr.) Holzschn. verm. Aufl. gr. 8. (VII, 118 S.) Stuttgart 870, Ebner und Seubert. [Schickhardt und Ebner.]

Rueff, A., über Bau und Verrichtung des Körpers unserer Hausthiere. 3. Aufl. Stuttgart 870. Berlin, Parey. * 1 50

—— s. Baumeister's Anleitung zum Betriebe der Pferdezucht.

— die Beschlagkunde, s.a. Thaer-Bibliothek.

Rueff A.: Die Beschlagkunde. Berl. 1876. 168 S. Fig. (Thaer-Bibliothek. Bd. 22).

— die Farrenhaltung in Württemberg. Das Gesetz vom 16. Juni 1882 m. Vollzugsverfügg. vom 30. Octbr. desselben Jahres u. zwei Mustern f. Farrenhaltungs-Verträge. Nebst erläut. Anmerkgn. u. e. Anh.: Praktisch-thierärztl. Rathgeber zur richt. Auswahl u. Behandlg. der Zuchtstiere in den Gemeinden. 16. (XII, 133 S.) Stuttgart 883. Metzler's Verl. n. 1. —

Rueff, A., das Fleisch als menschliches Nahrungsmittel in seiner national-ökonomischen, politischen und diätetischen Bedeutung. Seine Werthverhältnisse nach Zubereitung und Conservirung derselben, nach Gattung, Alter, Mastzustand ꝛc. der Thiere populär besprochen. gr. 8. (48 S.) Stuttgart 866, Ebner und Seubert.

— — Das Fleisch als menschliches Nahrungsmittel in seiner nationalökonomischen, politischen u. diätetischen Bedeutung. Seine Wertverhältnisse noch Zubereitung und Konservierung desselben nach Gattung, Alter, Mastzustand, Fütterung, Tötungsweise der Tiere. Populär besprochen. 8. (48 S.) Ebd. 66. Schickhardt u. Ebner. M. 1.—

— — Über die Gewährleistung beim Handel mit Haustieren. Eine kritische Beleuchtung der Gesetze über Gewährsmängel im allgemeinen, nebst Mitteilung der betr. Rechtsnormen in Württemberg. Hohenheim 52.

— die **Hundswuth**, ihr Wesen, ihre Erkennung u. Ursachen, die Vorbeugungsmittel gegen dieselbe, nebst Kritik der betr. polizeil. Massregeln. 8. (IV, 48 S.) Stuttgart 876. Schickhardt & Ebner. n. — 80

Rueff, A. v., die Impfung beim Kampfe gegen die Lungenseuche im Gegensatz zu den Tilgungsmassregeln der modernen Seuchen-Polizei, s.a. Vorträge für Thierärzte.

Rueff A. v.: Die Impfung beim Kampfe gegen die Lungenseuche im Gegensatz zu den Tilgungsmassregeln d. modernen Seuchen-Polizei. Jena 1881. 74 S.
(Vorträge f. Thierärzte. Ser. 3 H.) 10/11. 327.

— — Die Impfung im Kampfe gegen die Lungenseuche im Gegensatz zu den Tilgungsmassregeln der modernen Seuchen-Polizei. S.-A. (74 S.) Jena 81. Dege & Hänel. (Dürselen, Wiesbaden.) M. 1.50

— das **Pferd** in seinen Racen, Farben u. Gangarten. Eine hippolog. Monographie. Zugleich Text f. die Wandtafeln zur Darstellg. der Racen, Farben u. Gangarten d. Pferdes. gr. 8. (VIII, 102 S.) Stuttgart 873. Ulmer. n. 1. —

— **Race**, Haar u. Gang d. Pferdes. Eine hippolog. Monographie. Mit 32 in Farbendr. ausgeführten Abbildgn. gezeichnet u. lith. v. C. H. Votteler. qu. 4. (VII, 68 S.) Ebend. 874. geb. m. Goldschn. 12. —

— die **Racen** d. Rindes, deren Verbreitg. u. Nutzen. 1. Lfg. Mit 16 in Farbendr. ausgeführten Abbildgn. gezeichnet u. lith. v. C. H. Votteler. qu. gr. 4. (IV, 43 S.) Ebend. 876. n. 7. —

— die Racen des Rindes, deren Entwickelung, Verbreitung u. Nutzungen. 2. (Schluss-)Lfg. Mit 16 in Farbendr. ausgeführten Abbildungen, gezeichnet u. lith. von C. H. Votteler. qu. gr. 4. (V—VI u. S. 45—78.) Stuttgart 877. Ulmer. cart. à n. 7. —
(cplt. geb.: n. 15. —)

—— praktischer Rathgeber für die mit der Aufsicht über die Farrenhaltung beauftragten Behörden und die Gemeindefarrenhalter. Ueber Bedeutung der Farrenhaltung für die Landesviehzucht und das Nationalvermögen, die verschiedenen Nutzungszwecke, die Rassen. Ueber Vererbung, Behandlung der Farren im Stall und bei der Zuchtverwendung. Einrichtung der Farrenställe und Sprungplätze. Geschlechtskrankheiten, Verhalten bei Seuchen in Rücksicht auf das Reichsseuchengesetz ꝛc. Mit einem Sachregister. 16. (IV, 79 S.) Stuttgart 883, Metzler'sche Buchh. * — 80

— das Scheeren unserer Hausthiere [Klipping tondage] vom diätetischen, physiologischen, geschichtlichen u. practischen Standpunkt. 8. (32 S.) Berlin 873. Wiegandt, Hempel & Parey. n. — 50

— die königl. württembergische **Thierarzneischule** zu Stuttgart nach ihrem 50jährigen Bestehen. gr. 8. (VII, 208 S.) Stuttgart 871. E. Müller in Comm. n. 2. 70

— — allgemeine Thierzuchtlehre, s.a. Thaer-Bibliothek.

Rueff, A. v., allgemeine Thierzuchtlehre. Zeugung, Züchtung, Erziehung. 8. (VIII, 136 S.) Berlin 878. Parey. geb. n. 2. 50

Rueff, A. v., Wandtafeln zur Beurteilung d. Aeusseren d. Pferdes u. seiner Fehler. 2 (lith.) Taf. qu. gr. Fol. (auf Leinw.). Mit Text. gr. 8. (IV, 56 S.) Stuttgart 885. Ulmer. In Mappe. n. 5. 60

— **Wandtafeln** zur Darstellung der Racen, Gangarten u. Farben d. Pferdes. Zwei in Farbendruck ausgeführte Tableaux gezeichnet u. lith. v. C. H. Votteler. Imp.-Fol. Stuttgart 873. Ulmer n. 6. —

— Wandtafeln zur Darstellung der Racen, Gangarten u. Farben des Pferdes. 2 in Farbendr. ausgeführte Tableaux (in Imp.-Fol.). 2. Aufl. Mit Text. gr. 8. (VI, 106 S.) Stuttgart 877. Ulmer. In Mappe. n. 7. —; Text ap. n. 1. —

— **Wandtafeln** zur Darstellung der Racen, Schläge u. Farben d. Rindes. 1. Lfg. gr. Fol. (2 Chromolith.) Mit Text. gr. 8. (IV, 64 S.) Ebend. 875. In Mappe. n. 5. —; Text apart n. 1. —

— Wandtafeln zur Darstellung der Racen, Schläge u. Farben des Rindes. 2. (Schluss-)Lfg. gr. Fol. (2 Chromolith.) Mit Text. gr. 8. (V—VI u. S. 65—114.) Ebend. 877. In Mappe. n. 5. —; Text ap. n. 1. —
(cplt.: n. 10. —; Text ap. n. 2. —)

Rueff, Hans: Zur Entstehungsgeschichte von Goethes 'Torquato Tasso'. Marburg 1910: Koch. 72 S. 8° ¶(Ersch. auch als: Beiträge z. dtsch. Literaturwiss. Nr 18.)
Marburg, Phil. Diss. v. 2. Aug. 1910, Ref. Elster
[Geb. 31. Aug. 86 Würzburg; Wohnort: Marburg; Staatsangeh.: Württemberg u. Bayern; Vorbildung: Neues Gymn. Würzburg Reife Juli 05; Studium: Jura Würzburg 2, Phil. München 3, Marburg 2 S.; Rig. 4. Aug. 09.] [U 10. 3386

Buchausg. vorh. als Repr. 1968, als: Beiträge zur deutschen Literaturwissenschaft. Nr. 18.
= D.S. 1163 P [18]

Rueff, Hans, zur Entstehungsgeschichte v. Goethes „Torquato Tasso", s.a. Beiträge z. deutschen Literaturwissenschaft. Nr. 18.

Zur Entstehungsgeschichte von Goethes 'Torquato Tasso'. Von Dr. Hans **Rueff**. Marburg: Elwert 1910. 72 S. 8°
(Beiträge z. deutschen Literaturwissenschaft. Nr 18.) [10. 1291]

Rueff, J. A., resp. J. A. **Sigwart**, De casu puellae post mensium suppressionem epilepticae et postea sub fluxu eorum difficili hystericae cum epicrisi. 24 pp. Tub. 4°. 1780

Rueff, Jakob

— Predigten auf die vornehmsten Feste u. Brüderschaften Mariä. 4. Augsb. 776. Wolff. 14 gr

Rueff, Jak., († ...) vermischte Predigten, od. Ehren-, Seelen-, Fasten- u. Bittreden. 4. Augsb. 774. Wolff. 1 ℳ

— Sittenpredigten auf alle Sonntage des Jahres. 3 Jahrgg. 4. Augsb. 771—73. Wolff. 5 ℳ

Ruffant, Adf., s.: Tage-Buch der königl. sächs. Hoftheater.

Ruffer (Resp.): Diss. de salutaribus et noxiis dolorum effect., s. Buechner, Andr. El. (Praes.)

Ruffer, Adalb. — Seelenführer in den Himmelssaal, oder: Der geistige Spiegel in welchem deutlich zu lesen, ob das menschliche Herz eine Wohnung Gottes oder Satans sei. Sinnlich dargestellt in 10 Abbildungen von — —. 8. (4 Blätter VIII, 368 S.) Prag. Druck der C. Vetterl'schen Buchdruckerei. Verlag von Friedrich Stýblo. 1854.

Ruffer Ad. Winke, wie Bücher zu brauchen sind u. s. w. Prag, Wenzel Heß. 1852. 8.

Die Ausbildung des Kavalleristen im Fußgefecht. Von Georg v. Ruffer, Major. Berlin: E. S. Mittler & Sohn 1908. (87 S.) 8° [F.] 108. 1910

Ruffer, Geo. v., die Ausbildung der Kavalleristen im Fußgefecht. 2. Aufl. unter Berücksicht. des Exerzier-Reglements f. die Kavallerie vom 3. IV. 1909, der Schießvorschrift vom 2. XII. 1909 u. der Felddienst-Ordng. vom 22. III. 1908. (VI, 99 S.) Berlin 910. E. S. Mittler & Sohn. Geb. 1.50
1. Aufl. (IV, 87 S.) 908. Kart. 1.20

Ruffer, Geo. v., die Offizier-Patrouille im Rahmen der strategischen Aufgabe der Kavallerie, s.: Kleist, v.

Ruffer, G. v. Die Tätigkeit der Kavallerie im deutschen Kaisermanöver 1910. München 1910. 4°.

Ruffer, B., Historie Wyssehradská, neb wyprawowánj o hradu, o kapitole a městu Hory Wyssehradu u Prahy w králowstwj Českém. Prag 861. (Silber.) gr. 8. (XV, 484 S.) n. 1 ℛ 10 ngr.

Rüffer, Adam Gottlob (Wittenberg) A. S. 566/37a

Dissertatio inauguralis iuridica de falsis quae bona mente committuntur. Präs. Augustin von Leyser. Wittenberg (Scheffler) XI. 1748. 24 S. 29467

Rüffer, C. F. (C. T.?)

Rüffer, (C. T.,) Grammaire allemande à l'usage des commençans, cont. les principales règles de la langue allemande enseignées d'après une méthode claire et facile. 8. Leipz. 823, Reclam.

Rüffer, C. T., Grammaire allemande, à l'usage des commençants. I. Part., cont. les principales règles de la langue allemande, enseignées d'après une méthode claire et facile; suivie de thèmes allemands et français et de modèles décriture. 4. edit., revue, corr. et augm. gr. in-12. (16½ B. u. 2 Bl. Vorschriften.) Leipzig 839, Hermann.

Rüffer, C. F., grammaire Allemande, à l'usage des commençants. 1. partie, cont.: les principales règles de la langue Allemande, enseignées d'après une méthode claire et facile; suivies de thèmes Allemands et Français et de modèles d'écriture. 6. édition, revue, corrigée et augmentée. gr. 12. (IV u. 392 S.) Anvers 850, Kornicker. 1 ℛ

Rüffer, vocabulaire grammatical allem. français. 8. Tübingen, Laupp. 818.

Rüffer, C. T., Vocabulaire grammatical allemand franç., cont. dans un ordre graduel les mots les plus nécessaires pour parler les deux langues, et suivi de phrases élémentaires et faciles. 2. édit. corr. et entièrem. refondue, servant de supplém. à la grammaire allemande du même auteur. gr. in-12. (5 B.) Tubingue 834, Laupp. Thlr.

Rüffer, Eduard

Rüffer, Ed., Aspromonte. Historischer Roman. Prag 865. Dominicus. 8. (VIII, 388 S.) 1 ℛ

— die Balkanhalbinsel u. ihre Völker vor der Lösung der orientalischen Frage. Eine politisch-ethnographisch-militär. Skizze. Bautzen 869. Leipzig, Schmaler & Pech. gr. 8. (86 S.) 15 ngr.

Rüffer, Ed., une Cause célèbre. Analyse des débats du procès J. S. Skrejšovský. 8. (94 S.) Prag 873, Skrejšovský. * 1 —

Rüffer, Ed., Gedichte. Gotha 863. Gläser. 16. (VIII, 124 S.) n. 20 ngr.

—— das Geheimniß des Sieges. Historischer Roman aus der Zeit der Heldenkämpfe von 1870 und 1871. 1. Lfg. 8. (48 S.) Schleiz 871, Hübscher'sche Buchh. [Gotha, Heyn.] — 30

— die Goldgräber. Orig.-Volksroman aus der Jetztzeit. (In 24 Lfgn.) 1—5. Lfg. gr. 8. (S. 1—240.) Leipzig 876. Richter. à — 30

Rüffer, Ed., die Goldgräber. Orig.-Volksroman aus der Jetztzeit. 9—20. (Schluß-)Lfg. gr. 8. (S. 385—966.) Leipzig 877. Richter's Verl.-Anst. à — 30

Rüffer, Ed. (II.), die Goldgräber. Orig.-Volksroman aus der Jetztzeit. 20 Lfgn. oder 2 Bde. 1. und 2. (Titel-)Aufl. gr. 8. (966 S.) Leipzig 876,77, Richter's Verlags-Anstalt. à Lfg. 30 Pf. 6 —

- die Hermannsschlacht. Drama in 5 Aufzügen. Gotha 862. Opetz in Comm. '12. (2 Bl., 90 S.) 7½ ngr.

—— die Hermannsschlacht. Drama in 5 Aufzügen. (Den Bühnen gegenüber Mscr.) 12. (III und 90 S.) Gotha 862, [Windaus' Verlag.] 7⅓ Ngr.; cart. mit Goldschn. * —

Rüffer, Eduard, Die Hussitenbraut. (Nevěsta husitská.) (Grosse romantische Oper in fünf Acten. Text. Musik von Karl R. Šebor Inhalt und Scenarium. 8. (16 S.) - .10
Prag: Böhm. Nationaltheater 1892.

— die Jakobiner in Oesterreich. Historischer Roman. Prag 865. Steinhauser. gr. 8. (302 S.) 1 ℛ

— der deutsch-französische Krieg im J. 1870. Politisch-strategisch dargestellt. 1. Hft. Prag 870. (Gregr & Dattel.) gr. 4. (16 S. mit eingedr. Holzschn.) n. 4 ngr.

— der deutsch-französische Krieg im J. 1870. Politisch-strategisch dargestellt. 2—6. Hft. gr. 4. (S. 17—96 m. eingedr. Holzschn.) Prag 872. Bartel. à n. — 40

Rüffer, E. Der deutsch-französ. Krieg 1870–1871. 4. m. Holzschn. Prag 1872. 1873.

Rüffer, E., Land u. Leute von Bosnien u. der Hercegovina. Nach den besten Quellen bearb. Mit einer ausführl. (lith.) Specialkarte (1:1,000,000 in Fol.) nach den neuesten Aufnahmen u. m. Berücksicht. der vom Berliner Congresse modificirten Gebietsgrenzen. 16. (96 S.) Prag 878. Bellmann. n. 1. 60

Rüffer E, Graf Cavours Leben und Wirken. Jena 1874

Rüffer, Ed., Lurelei. Dramatisches Gedicht in 5 Aufzügen. (Den Bühnen gegenüber Mscr.) 12. (III und 83 S.) Gotha 862, [Windaus' Verlag.]

—— das Mittelmeer und seine Strategie. Aus dem Nachlasse des Verstorbenen. gr. 8. (86 S.) Ebendas. 879. * 2 —

Rüffer, Ed., aus den Papieren eines Todten oder die Geheimnisse von Prag in den Jahren 1848, 1849 u. 1850. Prag 865. (Steinhauser.) 16. (351 S.) 15 ngr.

— Ein Phantasiekrieg gegen Rußland. Wien 1870. 51 S.

— Plevno. Ein Denkstein der modernen Kriegs-Geschichte. Nach den bestvorhandenen Quellen dargestellt u. m. krit. Bemerkungen, sowie einer vorzügl. (lith.) Karte des Umgebungsterrain von Plevno versehen. gr. 8. (108 S.) Prag 878. Bellmann. n. 1. 60

—— der letzte Römer. Trauerspiel in 5 Aufzügen. (Den Bühnen gegenüber Mscr.) 16. (100 S.) Prag 865, Steinhauser. *

Rüffer, Ed., Sophonisbe. Trauerspiel in 5 Acten. (Den Bühnen gegenüber Mscr.) 18. (V und 85 S.) Gotha 857, Thienemann.

— die Strategen u. die Strategie der neuesten Zeit. Kriegsgeschichtliches Skizzenbuch. Prag 869. Hunger. gr. 8. (III, 226 S.) n. 1 ℛ︎ 15 ngr.

—— die Strategen und die Strategie der neuesten Zeit. Kriegsgeschichtliches Skizzenbuch. gr. 8. (III, 226 S.) Prag 869, Satow. [Kosmack und Neugebauer.] * 4 50

Rüffer, E., die politische Strategie oder Kriegspolitik, s.: Sammlung gemeinnütziger populär-wissenschaftl. Vorträge.

Rüffer, Eduard, Eine strategische Studie über Dalmatien, Montenegro, Bosnien und die Hercegovina. Mit 1 Karte des Insurrections-Schauplatzes. 1870. gr. 8. (52 S.) Prag, Satow. 60 kr.

— die letzten Tage v. Alt-Oesterreich. Historischer Roman. gr. 8. (438 S.) Prag 872. (Gregr & Dattel.) n. 4. —

— König Victor Emanuel in seinem Leben u. Walten. Nach den besten Quellen dargestellt. Mit dem (Holzschn.-) Portr. Victor Emanuels. gr. 8. (VIII, 232 S.) Wien 878. Hartleben. 3.

—— die Walpurgisnacht. Lustspiel in 3 Aufzügen. (Den Bühnen gegenüber als Mscr.) 18. (III und 58 S.) Gotha 863, Gläser. *

Rüffer, Friedrich

Rüffer, Frdr., Agis der Dritte, König v. Sparta. Tragödie in 5 Aufzügen. 8. (VIII, 134 S.) Leipzig 876. Webel. 3. —

— ein Armband. Lustspiel in 3 Aufzügen. 16. (48 S.) Leipzig 874. Exped. der „Literatur." — 75

Rüffer, Friedr., die Braut, s. Bibliothek, neue, für das deutsche Theater.

Rüffer, Frdr., Geschichte des Leipziger Stadttheater unter der Direction Dr. Förster. Ein Beitrag zur Specialgeschichte des deutschen Theaters. [Aus: „Leipziger Intelligenzblatt".] 8. (VIII, 96 S.) Leipzig 880. Freyer. cart. n. 2. —

Rueffer, Frdr., die Heldin der Revolution, s.: Universal-Bibliothek.

Rueffer, Frdr., vom deutsch-französischen Krieg bis z. Gegenwart. 25 Jahre deutscher Geschichte in Gedichten. 8. (IV, 116 S.) Leipzig (Körnerstr. 36, I) 895. Selbstverlag. n. 2. —

— vom deutsch-französ. Krieg bis z. Gegenwart. 25 Jahre deutsch. Geschichte in Gedichten. 8. (IV, 116 S.) Leipzig 895. Breslau, E. Wohlfarth. 2. —; ermäß. Pr. n. 1. —

Rüffer, Fr., der Wildfang, s.: Bücher-Schätze.

Rüffer, F., der Wildfang, s. Haus-Bibliothek.

Rüffer, Fritz: Die Kauf- und Pachtpreise landwirtschaftlicher Liegenschaften im Großherzogtum Baden nach natürlichen Zonen dargestellt. Heidelberg 1904: K. Rössler. (108 S.) 8°
Heidelberg, Phil. Fak., Ref. Rathgen, Diss. v. 21. Sept. 1904
[Geb. 6. März 78 Nieder-Hermsdorf (Preußen); Staatsangeh.: Preußen; Vorbildung: Realgymn. Freiburg i./Schl., Landwirtschaftsschule Liegnitz; Studium: Breslau 5, Jena 1, Rostock 1, Heidelberg 8 S.; Rig. 26. Febr. 04.]

Rüffer, Fritz: Das gewerbliche Recht des Allgemeinen Landrechts für die Preußischen Staaten vom 1. Juni 1794 und die Preußische gewerbliche Gesetzgebung von 1810 und 1811. Geschichte -- Darstellung — Vergleich. *(Leipzig-R. [1902]: Illgner & Enslin.)* (XXIII, 327 S.) 8°
Tübingen, Staatswiss. Diss. v. 1902

Rüffer, Fritz, das gewerbliche Recht des allgem. Landrechts f. die preuss. Staaten vom 1. VI. 1794 u. die preuss. gewerbl. Gesetzgebung v. 1810 u. 1811. Geschichte. — Darstellg. — Vergleich. (XXIII, 327 S.) gr. 8. Tübingen, 903. H. Laupp. n. 6.40

Rüffer, J. G., neue Gelegenheits-Gedichte für Geburtstage, Neujahr, Polterabende ꝛc. Liegnitz 867. (Krumbhaar.) 8. (XII, 132 S.) 12½ ngr.

Rüffer, P., De philosophiae Xenophanis Colophonii parte morali. Diss. 1868. 35 S.

Graf v. Götzen, ein schlesischer Held in trüber Zeit des preußischen Vaterlandes. Zeit- u. Charakterbild aus d. Jahren vor d. Befreiungskriegen. Von Paul Rüffer. Breslau: Schles. Bund Ev. Männer- u. Jünglingsvereine; Ev. Buchh. [in Komm.] 1905. 72 S. 8° (ll. 1555)

Rüffer, Paul, Graf v. Götzen, e. schlesischer Held in trüber Zeit des preuß. Vaterlandes. Zeit- u. Charakterbild aus den Jahren vor den Befreiungskriegen. 1. u. 2. Aufl. (72 S.) 8. Breslau 905. (Ev. Buchh.) n. — 50

Rüffer, Theodor

Rüffer, Thdr., Lehrbuch des Rentenwesens und Beleuchtung der Renten-Versorgungs-Anstalten zu Wien, Stuttgart, Karlsruhe, Berlin und München, sowohl nach ihren statutenmässigen Bestimmungen, als auch nach ihren bisherigen Leistungen. gr. 8°. Leipzig, O. Wigand, 1840.

Rüffer, Theod., Nachweis, daß die preuß. Rentenanstalt zu Berlin nicht nur die Zinsen, sondern auch das gesammte Einlagenkapital jeder Jahresgesellschaft an die Theilnehmer derselben zurückzahlt, u. Beleuchtung der sächs. Rentenanstalt rc. gr. 8. (3 1/2 B.) Rudolstadt 842. (Leipzig, Geuther.)

Rüffer, Thdr., Widerlegung der von dem D. und C. Croncke gegen die Renten-Anstalten herausgegebenen Schrift, betitelt: „Ueber Rentenanstalten“. gr. 8⁰. Leipzig, O. Wigand, 1840.

Rüffer, Walter, Volontärarzt an d. Univ.-Augenheilanst. zu Leipzig: Ueber diabetische **Keratitis im Anschluss an eine Beobachtung**. *Leipzig 1902: B. Georgi.* (31 S.) 8°
Leipzig, Med. Diss. v. (24. Juni) 1902

Ruffert, B., Volapük-Liederbuch. 16. (39 S.) Hamburg 888. Kriebel. n. — 50

Ruffert, Bernhard: Belagerung und Einnahme der Stadt und Festung Neisse im Jahre 1807. Mit 1 Pl. Neisse 1908: Bär. 49 S. 8° ¶[Erscheint später vollst. im Buchhandel.]
Neiße, k. kath. G P 1908 (263)** [S 08. 387

Ruffert, Bernh., Belagerung u. Einnahme der Stadt u. Festung Neisse im J. 1807 u. ihre Drangsale bis zum Abzuge der Franzosen im J. 1808. Mit e. Plane d. Belagerg. (108 S.) 8. Neisse 909. J. Graveur's Verl. 1.50

Kurze Chronik von Neisse. Mit e. Pl. von Neisse aus d. J. 1596. Von Bernhard Ruffert. Neisse: Graveur 1910. 56 S. 8° [11. 1551

— s.: **Pedewitz, Ioa. Fel., historia ecclesiastica ecclesiae parochialis S. Jacobi Nissae.**

Aus Neißes Vergangenheit von Bernhard **Ruffert**, Gymn.-Oberl. *Neiße: Graveur in Komm. 1903.* (66 S.) 8° [F.]
Erschien zuerst seit 1899 in d. Neißer Zeitung u. in d. Jahresberichten d. Kunst- u. Altertumsver. zu Neiße. [03. 1345

Rüffert, F. W., mikroskopische Fleischbeschau. Mit 28 in den Text gedr. (Holzschn.-)Abbildungen. 8. (XII, 73 S.) Leipzig 880. Weber. geb. n. 1. —

Rüffert, F. W., mikroskopische Fleischbeschau. 2., verb. u. stark verm. Aufl. Mit 40 in den Text gedr. Abbildgn. 8. (XII, 87 S.) Leipzig 887. Weber. geb. n. 1. 20

Rüffert, F. W., Das deutsche Handwerk, seine jetzige Lage und Zukunft und die zu seiner Förderung dienenden Massregeln. gr. 8⁰. Leipzig, F. Luckhardt, 1896. (54 S.)

Rüffert, F. W., d. Hebg. d. Erwerbes d. Uhrmachers. gr. 8. (31 S.) Döbeln 898. Jacobi & Zocher. n. — 50

Rüffert, F. W., Katechismus der mikroskopischen Fleischbeschau, s. Weber's, J. J., illustrirte Katechismen.95.

Rüffert, F. W., Katechismus der Trichinenschau. 3., verb. u. verm. Aufl. 12. (XVI, 106 S. m. 52 Abb.) Leipzig 895. J. J. Weber. Geb. in Leinw. n. 1. 80

Rüffert, F. W., Katechismus der Uhrmacherkunst, s. Weber's illustr. Katechismen.55.

— Katechismus der Uhrmacherkunst. 3., vollständig neu bearb. Aufl. Mit 229 Abbildgn. u. 7 Tab. 8. (VIII, 228 S.) Ebend. 885. geb. n. 4. —

Rüffert, F. W., Leitfaden zum Selbst-Studium f. Uhren-Besitzer, -Liebhaber u. -Interessenten. Kurz zusammengefasst u. m. 22 Abbildgn. versehen. (80 S.) gr. 8. Berlin (C 19, Grünstr. 3—4), (903). Jul. Busse. n. — 15

— der Uhrmacher, s.: Beruf, mein künstlder, 59.

— s.: Uhrmacher-Kalender.

Ruffi, Hans [aus Burgdorf (Ct. Bern Schweiz)]: **Ueber Derivate des Normalpropylthiophens und einige Glyoxylsäuren der Thiophenreihe** .... Göttingen, Druck d. Dieterich'schen Univ.-Buchdr. (W. Fr. Kästner), 1887; 34 S. + 1 Bl. 8°.
Göttingen, Phil. Fak., Inaug.-Diss. v. 17. Mai 1887.

Ruffi, Hans, über Derivate des Normalpropylthiophens und einige Glyoxylsäuren der Thiophenreihe. Inaugural-Dissertation. gr. 8. (34 S.) Göttingen 887, (Vandenhoeck und Ruprecht's Verlag.)

Ruffi, (Jord.,) Calabriensis Hippiatria. Nunc primum edente Hieronym. Molin. gr. 8. Padua 821. (Wien, Volke.)

Ruffieux, Louis. I. Contribution à l'étude de la flore cryptogamique fribourgeoise: Les champignons observés dans le canton de Fribourg. II p. + p. 165—214. 8. Fribourg (Suisse), Fragnière Frères, 1904. fr. 1. 50
Mémoires de la Société fribourgeoise des Sciences naturelles.... Botanique. Vol. 1, Fasc. 8....

Ruffieux, Louis. La préparation méthodique des champignons: Désignation de 101 espèces de champignons comestibles des plus remarquables ... et modes de conservation et de préparation culinaire méthodique de ces végétaux, accompagnés d'une notice sur la culture rationnelle des truffes. Publié sous les auspices du Département de l'Agriculture du canton de Fribourg. (Extrait du journal le Messager [Supplément à la 17e année] 1904.) 103 p. 8. Fribourg, Fragnières Frères, 1904. (fr. 1. 50)

Ruffin, Josef Frh. v.: Über Emporbringung der L. und Schafzucht in Bayern. München 1821.

v. Ruffin, Frhr., über höhere Schafzucht. 8. Münch. 825. Finsterlin. 12 gr

Ruffin v.: Ueber höhere Schafzucht. Münch. 1825. (10) 160 S.

Ruffina, Donna; aus d. Span. 2 Thle. 8. Wien 791. Alberti. 19 gr

Ruffini, Francesco, s.: Festschrift, Emil Friedberg gewidmet.

Ruffini, G., Lavinia, Roman. Aus dem Engl. übersetzt von Auguste Lewald. Mit einer Einleitung von Adph. Stahr. 4 Bde. Berlin 869. Janke. 8. (VIII, 242, 244, 256 u. 244 S.) n. 2 Thlr 20 ngr.
Vgl.: Ruffini, John.

Ruffini, John

Ruffini, J., le docteur Antonio. Traduit sous les yeux de l'auteur par Octave Sachot. Leipzig 858. A. Dürr. 12. (389 S.) n. 1 ℛ𝓅.

—— s. Antonio, Doctor.

Ruffini, John, Carlino, s. Collection of British Authors.

Ruffini, J., Découverte de Paris par une famille anglaise. Traduit par G. Lisse et P. Pétros. 12. (248 S.) Leipzig 860, A. Dürr.

—— Lavinia. Roman. Aus dem Englischen übersetzt von Henriette Lewald. Mit einer Einleitung von Adph. Stahr. 4 Bde. 8. (VIII, 242; 244; 256; 244 S.) Berlin 869, Janke. * 8 —

Vgl. Ruffini, G.

Ruffini, John, a quiet nook in the Jura, } s. Collection of British Authors.

—— the Paragreens, s. Collection of British Authors.

— ein stilles Plätzchen im Jura. Eine Schweizergeschichte. Aus dem Engl. (Internationale Bibliothek.) Berlin 867. Lesser. 8. (III, 264 S.) 15 ngr.

Ruffini, J., Vincenzo, s. Collection of British Authors.

—— Vincenzo oder verborgene Klippen. Autoris. Ausg. 3 Bde. 8. (IX und 691 S.) Leipzig 864, [Hartknoch.]

— Vincenzo oder verborgene Klippen. Autorisirte Ausg. 3 Bde. Leipzig 864. Wiedemann. 8. (IX, 691 S.) 2 ℛ𝓅 12 ngr.

Ruffiny, Sam., (gewes. Prediger,) der prakt. Bienenvater, od. Anleit. zu e. zweckmäß. Bienenzucht; mit besond. Hinsicht auf kältere Gegenden. Mit Bezug auf die neueren Verbesserungen bearb. von e. Freunde u. Liebhaber der Bienenzucht. Mit 1 Steintaf. 8. Leipz. u. Kaschau 832. Wigand. 16 gr.

Ruffiny S.: Der praktische Bienenvater od. Anleitung zu einer zweckmässigen Bienenzucht m. besond. Rücks. auf kältere Gegenden ... bearb. v. einem Freunde u. Liebhaber d. Bienenzucht. Leipz. u. Kaschau 1832. 239 S. 1 Tvl.

Ruffmann, Eduard. (geb. Kobbelbude in Ostpr. 1820): Tumoris osteoidis casus singularis. Berolini (1843). (28 S.) 8°
Berlin, Med. Diss. v. 6. Jan. 1843

Ruffmann, Walter, Referendar a. Königsberg (Preußen): Das receptum cauponum et stabulariorum des gemeinen Rechts und der Gastaufnahmevertrag des Bürgerl. Gesetzbuches für das Deutsche Reich. Borna-Leipzig 1905: R. Noske. (X, 57 S.) 8°
Rostock, Jur. Fak., Ref. Bernhöft, Diss v. 15. Okt. 1905
[Geb. 17. Febr. 80 Königsberg i. Pr.; Wohnort: Königsberg; Staatsangeh.: Preußen; Vorbildung: Gymn. Königsberg Reife O. 90; Studium: Freiburg i. B. 2, München 2, Königsberg 2 S.; Rig. 23. Mai 05.]

Ruffner-Casper, Nicol., das Englische als Universal-Sprache der Zukunft. Ueber Verkehrs-Hindernisse und Verkehrs-Erleichterungen. 1. Thl. gr. 8. (X, 88 S.) Bellagio 874. (Chur, Gsell.) [Basel, Meyri's Buchh.]

Ruffs, Jac., Adam und Heva, —— Etter Heini uss dem Schwizerland, } s. Bibliothek der National-Literatur.

Ruffus, Jordanus: Hippiatria. Nunc primum edente Hieronymo Molin. Patavii 1818. LXIII, 121 S.

Ruffy, Paul v., Tabellen zur Berechnung von Futtermischungen, nach Emil Wolff's Analysen ausgearb. 2. verb. Aufl. gr. 8. (56 S.) Léva 888. (Wien, Frick.)

Rufin (Rüfin), Alfred

Rufin, Alfr., der Flachsbau des Erdballs. Studien über die Naturgeschichte, Geographie, Geschichte und Statistik des Flachses und der Flachs-Cultur aller Cultur-Länder der Erde. Ein Lehr- und Handbuch für Landwirthe und Industrielle, für landwirthschaftliche Vereine und Lehranstalten, sowie für die gesammte National-Oeconomie. (In 2 Bdn. oder ca. 10 Lfgn.) 1. Bd. 1. und 2. Lfg. gr. 8. (IV, S. 1—156.) Berlin 878,79, R. Kühn. à Lfg. * ℳ 2. * 4 —

Rufin, Alfr., der Flachsbau des Erdballs. Studien über die Naturgeschichte, Geographie, Geschichte und Statistik des Flachses und der Flachs-Cultur aller Cultur-Länder der Erde. Ein Lehr- und Handbuch für Landwirthe und Industrielle, für landwirthschaftl. Vereine und Lehranstalten, sowie für die gesammte National-Oeconomie. 1. Bd. 3. (Schluß-)Lfg. gr. 8. (S. 157—236 S.) Berlin 881, R. Kühn.
1. Bd. 1. und 2. Lfg. Ebendas. 1878,79. à * ℳ 2.

Rüfin, Alfr., der Flachsbau u. die Flachsbearbeitung in Belgien. Ein Leitfaden f. deutsche Flachszüchter nebst den nothwendigen Notizen f. diejenigen, welche den Flachsbau u. die Flachsbearbeitung, oder die Landwirthschaft überhaupt, in Belgien selbst besehen wollen. 12. (3⅙ B. u. 1 Stnt. mit Abbild.) Wesel 844, Bagel.

Rüfin, Alfr., der Flachsbau und die Flachsbereitung in Deutschland. Breslau 853. Korn. gr. 8. (VII, 116 S.) 12 ngr.

—— die deutsche Flachszucht u. ihre Verbesserung. Eine gründliche Belehrung über Anbau, Zurichtung u. Verwerthung des Flachses. 8. (13 B. u. 1 Taf. Abbild.) Glogau 846, Wagner.

—— zwanzig Fragen über den Stand und die Verhältnisse der Flachskultur und Leinenindustrie in Preußen; aufgestellt für die Berathung der Spinner- und Weberangelegenheiten in der 2. Kammer des J. 1850 vom königl. Landes-Oekonomie-Collegio. Beantwortet, mit Ergänzungen herausgeg. und dem hohen Hause der Abgeordneten von 1855 und 1856 in tiefster Ehrfurcht gewidmet. br. 8. (66 S.) Glogau 856, Flemming's Verlag.

Rüfin, Alfr., der sichere und lohnende Gewinn vom Anbau des Flachses. Eine von dem Central-Ausschuß der königl. hannov. Landwirthschafts-Gesellschaft zu Celle gekrönte Preisschrift. Für den gesammten Flachsbau Deutschlands hrsg. gr. 8. (VI und 39 S.) Quedlinburg 857, Basse.

Rüfin, Alfr., landwirthschaftliche Hilfstabellen zur leichten und schnellen Ausführung aller in der Landwirthschaft vorkommenden Berechnungen, als: Pachtzinse, Renten, Interessen, Arbeitslöhne, Futter-Verbrauch 2c. Für Gutsbesitzer, Domainenpächter u. jeden Landwirth überhaupt, sowie für Wirthschafts-Inspectoren u. Oekonomie-Verwalter insbesondere. Quedlinburg 859. Basse. 8. (VII, 149 S.) 20 ngr.

— Mittheilungen über Flachsbau, Flachsbereitung, Flachshandel, Leinen-Industrie u. Bezügliches. Mit 1 lith. Abbildung. Nordhausen (857.) Büchting. gr. 8. (318 S.) n. 1 ℛ𝓅. 10 ngr.
Neuer Titel zu „Zeitschrift f. Flachsbau 2c." 1. Jahrg.

—— Mittheilungen über Flachsbau, Flachsbereitung, Flachshandel, Leinen-Industrie und Bezügliches. gr. 8. (318 S. mit 1 lithogr. Abbild.) Nordhausen 857. [Leipzig, Wilfferodt.] *
Enthält den 1. Jahrg. der „Zeitschrift für Flachsbau 2c." Hrsg. von A. Rüfin.

— die Rieselwirthschaft grosser Städte u. deren vortheilhafteste Ausnutzung durch sachgemäße Fruchtfolgen in Verbindung m. rationeller Flachscultur. 8. (VII, 55 S.) Berlin 877. (Lorentz.) n. 1. 50

— Schauspiele für Thierfreunde. Ein Cyclus dramatischer Darstellungen zur Bildung für Geist u. Herz. Herausg. vom Dresdner Thierschutzverein. Mit 2 Abbildgn. (in Holzschn.) Dresden 862. Zeh. 8. (XII, 140 S.) n. 12 ngr.

Rufin, Alfr., das erste Semester d. Turnunterrichts in der Volksschule. 8. (40 S.) Wiesbaden 872. Limbarth. n. — 50

Rufin, A.: Die Verwertung des Turnunterrichts für die erziehlichen Aufgaben der Schule. Homburg v. d. H. 1878. S. 1—19. Friedrichsdorf. Garnier'sche Unterrichts- u. Erz.-Anstalt P 1878.

Rüfin, Alfr., die Wiederkehr sicherer Flachsernten als Anleitung zur Erzielung zeitgemäßer Bodenerträge u. die Ergänzung der mineralischen Pflanzennährstoffe, insbesondere des Kali's u. der Phosphorsäure, in ihrer Wichtigkeit für Flachs, Klee, Hack-, Hülsen- u. Halmfrucht. Breslau 866. Trewendt. 8. (70 S.) 7½ ngr.

Rüfin, Alfred (Hrsg.), s. Zeitschrift für Flachsbau, ...

Rufina, Donna, aus dem Spanischen, 2 Theile mit Kupf. 8. Wien, 791. Degen. 1 Rthl.

— Donna, a. d. Span. 2 Thle. m. K. 8. Wien, Alberti. 791.

Rufina, der Donna, einer berufenen spanischen Courtisane, Leben, m. K. 8. Frankf. 732.

Rufinatscha, Pirmin

Rufinatscha: Zur Genealogie der Rhäter. 18 S. Fortsetz. im Progr. 1865.–Meran, Progr. 1863

Programm des k. k. Gymnasiums in Meran für das Schuljahr 1853. 4. (28 S.) Innsbruck. Gedruckt in der Wagner'schen Buchdruckerei 1853. Inhalt: Ueber Ursprung und Wesen der romanischen Sprache. Von Pirmin Rufinatscha. — Schulnachrichten.

Rufini, Graf, Denkwürdigkeiten eines Conspiranten. Mit merkwürdigen Aufschlüssen über die geheimen Bündnisse der Carbonari, des jungen Italiens, über Mazzini etc. Nach dem Französischen von Ferd. Frhr. von Biedenfeldt. 2 Bde. 8°. Weimar 1856.

(**Rufini**,) Denkwürdigkeiten eines Conspiranten, s. Denkwürdigkeiten.

Rufinus

Rufini commentarii de metris comicorum et de numeris oratorum, s.: Grammatici latini.

Die Summa Magistri **Rufini** zum Decretum Gratiani. Mit e. Erörterung über d. Bearbeitungen derselben hrsg. von Dr. Joh. Friedrich v. Schulte, Geh. Justizr. u. Prof. in Bonn. *Gießen: E. Roth 1892.* (LXXIX, 496 S.) 8°

Rufinus, summa decretorum. Hrsg. v. Heinr. Singer. Mit Unterstützg. der Gesellschaft zur Förderg. deutscher Wissenschaft, Kunst u. Litteratur in Böhmen. gr. 8. (CLXXXVIII, 570 S.) Paderborn 902. F. Schöningh. n. 26. —

Rufinus, Tyrannius

Rufini liber de adulteratione librorum Origenis, s.: Origenes.

Rufini, Tyrannii, orationum Gregorii Nazianzeni novem interpretatio, ed. Aug. Engelbrecht, s.: Corpus scriptorum ecclesiasticorum latinorum.

Ruffin, Leben u. Thaten der heil. Einsiedler u. Mönche in der Thebaide, s. Leben u. Thaten d. h. Altväter, 1. u. 2. Lfg.

Rufinus' apostolisches Symbolum, s.: Bibliothek der Kirchenväter

Rufinus, lateinische Uebersetzung der Kirchengeschichte des Eusebius, s.: Schriftsteller, die griechischen christlichen, der ersten 3 Jahrhunderte.

Rufka. Ein neues russisches Damenspiel. Nürnberg, Zeh. 813.

Rufus, Ephesius, opuscula et fragmenta, graece. Post editt. Parisinam 1554 et Londinens. 1726 novis accessionibus quadruplo auctiora ex codd. Mosquensi et Augustano edidit et notationes subjecit Chr. Fr. Matthaei. Acc. diversae lectt. ad Galeni libellum *τινα δει καθαιρειν*, ex uno cod. August., nec non Dioclis Carystii epistola ad Antigonum regem, ex tribus codd. August. 8. Moskau 806.

Rufi, M. Caelii et M. Tullii Ciceronis epistolae mutuae. Edid. W. H. D. Suringar. gr. 8. (13¼ B.) Leyden 846, S. et J. Luchtmans.

Rufus, Mutianus, s. Briefwechsel.

Rufus, Mutianus, Briefwechsel, s. Zeitschrift des Vereins für hessische Geschichte und Landeskunde.

Rufus, Sextus, übers. v. Fr. Hoffmann, s. Prosaiker, röm.

S. Rufus. Abriss der römischen Geschichte, übersetzt von Friedrich Hoffmann. Stuttgart 1830. 8°.

Rufi, Sexti, Breviarium rerum gestarum populi romani etc., vide Corpus historicorum latinorum. Tom. XV.

Rufi, Sexti, Breviarium rerum gestarum populi romani, (ed. K. H. Tzschucke). 12. Leipz. 793. (W. Vogel). 4 gr.

Rufus Festus, Sextus. Breviarium rerum gestarum populi romani ... Lipsiae 1793. H: *Tzschucke, Carl Heinrich.* (ErschDL) (Ky) (Gi) (Ebert)

— id. lib. lectionum varietate adjecta recogn. Wlh. Münnich. 8. Hannov. 815. Hahn. 5 gr.

Rufi Festi breviarium rerum gestarum P. R. Rec. Wendelinus Foerster, praemittitur dissertatio de Rufi breviario ejusque codicibus. gr. 8. (23 S.) Wien 874. Hölder. n. 1. 20

Rufus, Sextus, s. Messala.

— de Regionibus urbis Romae, vide Corpus historic. latin. Tom. XV. P. II.

— — et *Publ. Victoris* Breviarium de regionibus urbis. Dessav. 782. 4. 6 gr.

— de Regionibus urbis Romae libellum edidit et commentario instruxit Wlh. Münnich. Annexa est charta Romae. 8maj. Hannov. 815. Hahn. 5 ℊ

RUG, Joseph (Soufleur [sic!] des Nürnberger Theaters), Bertha von Lichtenstein, oder das weibliche Vehmgericht. Ein Trauerspiel in 5 Akten. (Italien. Motto.) O. O. (Nürnb.) 1822. 8⁰. 152 S. (2 Mk. 50 Pfg. Ernst Geibel, Hannover, 1909.)

Rügamer, Wilhelm: Die Lehre von den drei Wegen in der deutschen Literaturgeschichte des Mittelalters. T. 1. Die Lehre von den drei Wegen in d. mittelalterl. Poesie d. deutschen Volkes. Heiligenstadt (Eichsfeld) 1909: Cordier. 84 S. 8°
Münnerstadt, k. G P 1909* [S 09. 390

Rügamer, Wilhelm [Dr. theol. P. O. S. A.]: Leontius von Byzanz. E. Polemiker aus d. Zeitalter Justinians ... Würzburg, Druck v. A. Göb & C., 1894; VIII, 176 S. 8.
Würzburg, Theol. Fak., Inaug.-Diss. v. 1894

Rugard, M., bunte Bilder. 16. (VIII, 160 S.) Danzig 869, (Kafemann.) geb. mit Goldschn. * 2 —
—— dass. — 2. Aufl. 16. (VIII, 160 S.) Elbing 872, Neumann-Hartmann's Verlag. geb. mit Goldschn. * 3 —

—— ein Gang durch die Wiener Weltausstellung des J. 1873. 8. (36 S.) Ebendas. 874. — 75

Rugard, M., Krim- u. Kaukasus-Fahrt. Bilder aus Russland. Nach eigener Anschaug. u. authent. Berichten. 8. (240 S.) Breslau 891. Schles. Verlags-Anstalt. n. 4. —; geb. n. 5. —

—— Verlauf und psychisches Gemälde eines Nervenleidens. Ein Beitrag zur Nervenkunde. 8. (IX, 47 S.) Ebendas. 874. * 1 20

Rugard, M., Verlauf u. psychisches Gemälde e. Nervenleidens. Ein Beitrag zur Nervenkunde. 8. (123 S.) Breslau 886. (Schottländer.) n. 1. 50

— **Verlauf u. psychisches Gemälde e. Nervenleidens. Ein Beitrag zur Nervenkunde. 2., erweit. Aufl. gr. 8. (133 S.) Ebd. 894.** n. 1. 50

Rugard, M., aus Welt und Herz. Reisebriefe. 1. Thl.: Bilder aus Südfrankreich, Algerien, Spanien, den Pyrenäen **und der Schweiz. 1. und 2. (Titel-)Aufl. 2 Bde. Lex.-8. (804 S.) [Elbing 877,78, Neumann-Hartmann's Verlag.] Leipzig, Reichardt's Verlag.** * 8 —

Ruge, Arnold, die Akademie, s. Akademie.

Ruge, Arn. (Hrsg.), s. Actenstücke zur Censur, Philosophie u. Publicistik a.d. Jahre 1842.

Ruge, Arnold, Anecdota, s. Anecdota.

Ruge, Arn., die Platon. Aesthetik. gr. 8. (15½ B.) Halle 832, Buchh. d. Waisenhauses.

Ruge, Arn., Aufruf zur Einheit. Berlin 866. A. Jonas. gr. 8. (16 S.) n. 1 ngr

Ruge, Arnold, kritische Betrachtung u. Darstellung des deutschen Studentenlebens in seinen Grundzügen. (XI, 184 S.) Tübingen 906. J. C. B. Mohr. n. 2.40; geb. n. 3. 20

— Bianca della Rocca, s. Durangelo, R.

—— poetische Bilder aus der Zeit,
—— politische Bilder aus der Zeit, } s. Bilder.

Ruge, Arnold. Politische Bilder aus der Zeit. 2 Thle. Leipzig, Verlagsbüreau 1847—48. 390, 385 S. 8.

Ruge, Arnold. Ein Brief an die Berliner. Halle, 26. Januar 1849. Buchdruckerei der Reform. 1 Bl. Fol.
Flugblatt. Berlin, 26.Jan.1849.

Ruge's, Arnold, Briefwechsel und Tagebuchblätter aus den J. 1825—1880. Hrsg. von Paul Nerrlich. 2 Bde. gr. 8. Berlin 886, Weidmann'sche Buchh. *
Inhalt:
Bd. 1. 1825—1847. (XXXIX, 442 S. mit 1 Portr.) * ℳ 10.—.
» 2. 1848—1880. (VIII, 456 S. mit Lichtdr.-Portr.) * ℳ 10.—.

—— s. Buckle, H. Th.

— Cabet und der Humanismus. (Ruge: Zwei Jahre in Paris, 1. Bd., 1846.)

Ruge, Arnoldus: Libri, in quo de pulchritudine arteque praesertim poetica apud Platonem scriptum est, aliquot capita. Halae (1831): Orphanotropheum. 18 S. 8°
Halle-Wittenberg, Phil. Hab.-Schr. v. 31. Dez. 1831
Entspricht S. 1—24 in des Verf. erweit. dtsch. Buche: Die Platonische Aesthetik. Halle: Waisenhaus 1832. XIV, 233 S.

Ruge, Arnold (Rügen)
Criticus de Satira, Juvenalis_que poetae et decimae ejus satirae indole commentarius, criticis iisdem in ipsum carmen adjectis annotationibus.
MS. 20 Bl. 2⁰
Diss. phil. Giessen 30.9.1830. vorh. Univ.-Archiv.

Ruge, Arnold, Dr.: Die Deduction der praktischen und der moralischen Freiheit aus den Prinzipien der kantischen Morallehre. Tübingen 1910: Laupp. 78 S. 8° ¶ (Ersch. vollst. als Buch b. Mohr, Tübingen u. d. T.: Das Freiheitsproblem bei Kant. Ein Versuch über die Prinzipien der kritischen Philosophie.)
Mit: Einladung zur ... Probe-Vorlesung ... d. 16. Juli 1910 ... Thema: Das Problem der Persönlichkeit in Beziehung auf Kants Ethik. Heidelberg (1910): Hörning. 1 Bl. 8°
Heidelberg, Phil. Hab.-Schr. v. 1910 [U 10. 2216

—— der Demokrat. Novelle aus unserer Revolution. 8. (V und 220 S.) Leipzig 850, Verlagsbureau.

— zwei Doppelromane in dramatischer Form, Marie Bluntfield u. der Probekuß. Berlin 865. F. Duncker. gr. 16. (V, 386 S.) n. 1 ℛ 10 ngr

Ruge, Arnold: Die transzendentale Freiheit bei Kant. Leipzig 1908: F. Eckardt. (82 S.) 8° ¶ (Erscheint vollst. u. d. T.: „Das Freiheitsproblem b. Kant, Versuch, e. Kernproblem d. ges. Philosophie aus d. Prinzipien d. Kantischen Lehre zu begreifen.")
Heidelberg, Phil. Fak., Ref. Windelband, Diss. v. 27. April 1908
[Geb. 1. Jan. 81 Görlitz; Wohnort: Heidelberg; Staatsangeh.: Preußen; Vorbildung: Gymn. Berlin Reife M. 02; Studium: Zürich 2, Straßburg 2, Heidelberg 5 S.; Rig. 2. März 07.]

Ruge, Arnold, kurzer Gesamt-Bericht über die Tätigkeit in den Sektionen u. allgem. Sitzungen des 3. internat. Kongresses f. Philosophie, Heidelberg 1908, im Auftrage des Präsidiums auf Grund v. authent. Auszügen aus den Vorträgen bearb. Nr. 8 des Kongress-Tagesblattes. (24 S.) Lex. 8. Heidelberg 908. J. Hörning. 1. —

Arn. **Ruge**'s Gesch. d. neuesten Poesie u. Philos. seit Lessing, od. uns. Classiker u. Romantiker. *Mannh.*, Grohe. 848. 8⁰ m. d. Bildn. d. Vfrs. 1 ℛ Jetzt *Eb.* sämmtl. Werke. 3ᵉ A. 1ʳ Bd.

Ruge, Arnold, Geschichte unsrer Zeit von den Freiheitskriegen bis zum Ausbruche des deutsch-französischen Krieges. gr. 8. (VIII, 292 S.) Leipzig 881, C. F. Winter'sche Verlagsh. *

Ruge, Arnold, Die Gründung der Demokratie in Deutschland oder der Volksstaat und der social-demokratische Freistaat. Leipzig, Verlagsbureau, 1849. IV, 78 S. 8⁰.

— die Gründung der Demokratie in Deutschland oder der Volksstaat und der social-demokrat. Freistaat. 2. Aufl. 8. (IV und 78 S.) Leipzig 849, Verlagsbureau.

— Jahrbuch des Volks. 1. Heft. Hamburg 865. O. Meißner. 8. (100 S.) 6 ngr.

— Vide: Jahrbücher (Deutsch-franz.).

— und Th. Echtermeyer, hallische Jahrbücher, s. Jahrbücher.

— zwei Jahre in Paris. Studien u. Erinnerungen. 2 Thle. 8. (55½ B.) Leipzig 846, Jurany.

— u. Otto Wigand, an die hohe zweite Kammer der Sächs. Ständeversammlung. Beschwerde über die durch ein H. Ministerium des Innern angeordnete u. am 3. Jan. 1843 ausgeführte Unterdrückung der Zeitschrift: „Deutsche Jahrbücher f. Wissenschaft u. Kunst.“ gr. 8. Braunschw. 843, Otto. 6 ngr

— u. Otto Wigand, An die hohe zweite Kammer rc., s. A n.

— der Krieg u. die Entwaffnung. Berlin 867. A. Jonas. gr. 8. (30 S.) 3 ngr.

Ruge, Arnold. Die Loge des Humanismus. O. O. 1852. 46 S. 8.

Die Loge des Humanismus. Von Arnold Ruge. 2. Aufl. [Bremen]: Selbstverl. 1852. 46 S. 8⁰ [Umschlagtit.]
Wesen d. Frmrei, Aufgabe d. Frmr. 23.

Ruge, Arnold, deutscher Musenalmanach, s. Musenalmanach.

— an die deutsche Nation. Manifest. 2. Aufl. Hamburg 866. O. Meißner. gr. 8. (8 S.) 1 ngr.

Ruge, Arn., Novellen aus Frankreich u. der Schweiz. 8. (340 S.) Leipzig 848, Verlagsbureau. 1½ ₰

Ruge, Arnold
Der Novellist. Eine Geschichte in 8 Dutzend Denkzetteln aus dem Taschenbuche des Helden. Hrsg. von Arnold Ruge. Mit 1 Kupfer.
Leipzig: Wigand 1839. 445 S. 8⁰

— s.: Philosophie, die, der Gegenwart.

— Preußen u. die Reaction. Zur Gesch. uns. Zeit. gr. 8. (11 B.) Leipzig 838, Otto Wigand.

Das Problem der Freiheit in Kants Erkenntnistheorie. Von Arnold **Ruge**, Dr. Leipzig: Eckardt 1910. 82 S. 8⁰
[Ersch. zuerst in d. Zeitschrift f. Philos. u. philos. Kritik. Bd 132. 133. 1908 u. d. T.: Die transzendentale Freiheit bei Kant.] (10. 17305 11

— **Das Problem der Freiheit in Kants Erkenntnistheorie.** (VII, 84 S.) Lex. 8. Leipzig 910. [F. Eckardt.] Fel. Meiner. 1.50

Ruge. Arnold, Rede über die Bildung der provisorischen Centralgewalt. Leipzig, Verlags-Bureau, 1848. 16 S. 8⁰.

Ruge, Arnold. Acht Reden ü die Religion "an die Gebildeten unter ihren Verehrern." StL, 1868.

— Reden über Religion, ihr Entstehen u. Vergehen an die Gebildeten unter ihren Verehrern. 1. u. 2. Aufl. Berlin 869. Stuhr'sche Buchh. gr. 8. (III, 120 S.) n. 1 ₰

Ruge, Arnold, Reden üb. Religion, ihr Entstehen u. Vergehen an die Gebildeten unter ihren Verehrern. Volks-Ausg. gr. 8. (IV, 120 S.) Berlin 875. Stuhr. n. 2. —

— Die Religion unserer Zeit. 8⁰.
Leipzig 1849.

Ruge, Arnold. Kurze Replik auf das Schreiben eines alten Republicaners. Leipzig. O. Wigand. 1842. 15 S. 8.

Ruge, Arnold. Die preußische Revolution seit dem siebenten September und die Contrerevolution seit dem zehnten November. Tagebuch. Leipzig, Verlagsbureau 1848. 157 S. 8.

— Revolutionsnovellen. 2 Thle. 8. 1. Thl. a. u. d. T.: Der Demokrat. Novelle aus unserer Revolution. (VI u. 220 S.) 2. Thl. (VI u. 340 S.) Ebd. 850. (1: 1 ₰ 2: 1¼ ₰) 2¼ ₰

Ruge, Arn., Schill u. die Seinen. Trauersp. in 5 Aufz. 8. (3 B.) Stralsund 830, Löffler.

— gesammelte Schriften. 4 Bde. 8. (106½ B.) Mannheim 846, Grohe.

— dass. 5—9. Bd. 8. Ebds. 847.
A. u. d. Ttln.:
Bd. 5., 6. Studien u. Erinnerungen aus den Jahren 1843—45. 2 Thle. (55¾ B.) * 2 Thlr. 20 Ngr.
" 7. Edmund. Humorist. Memoiren. (28⅙ B.) * 1 Thlr. 10 Ngr.
" 8. Junius' Briefe. Deutsch v. A. Ruge. (......) * 2 Thlr.
" 9. Polemische Briefe. (26 B.) * 1 Thlr. 15 Ngr.

— gesammelte Schriften. 10. Bd. A. u. d. T.: Poesie und Philosophie. 8. (VIII und 454 S.) Mannheim 848, Grohe. *
1—9. Bd. Ebendas. 1846—47. * 13 Thlr. 15 Ngr.

Ruge, Arnold, s. Sophocles: Oedipus.

— **unser System. Hrsg. v. Clair J. Grece, L. L. D. Zum 100. Geburtstage des Verf. m. e. Vorwort v. Paul Nerrlich u. e. Nachwort des Hrsgs. (16, 66, 63; VI, 86 u. 8 S. m. Bildnis.) gr. 16. Frankfurt a/M. 903. Neuer Frankfurter Verlag. n. 3. —; geb. n. 4. 50**

— an's Volk u. an Politiker. Zur Förderung des Umschwungs seit 1866. Ebend. 869. gr. 8. (IV, 84 S.) n. 20 ngr.

Ruge, Arnold. Die drei Völker und die Legitimität oder die Italiener, die Ungarn und die Deutschen beim Sturze Oesterreichs. London und Brighton. (Hamburg, O. Meißner) 1860. VII 56 S. 8.

— neue Vorschule d. Aesthetik. Das Komische mit e. kom. Anhange. 1. Aufl. 836., u. neue Ausg. gr. 8. (à 17 B.) Halle 837, Buchh. des Waisenhauses. à

— Was wir brauchen. Ein Memento mori für das Preußen des Staatsstreichs. Fortsetzung der Schrift: „Die drei Völker u. die Legitimität.“ Bremen 861. Strack. 8. (63 S.) n. 10 ngr.

Ruge, Arn., die neue Welt. Ein Trauerspiel in 5 Aufz. Mit einem Vorspiel: Goethe's Ankunft in Walhalla. Leipzig 856. Brockhaus. 16. (142 S.) n. 20 ngr.

— sämmtliche Werke. 2. Aufl. 1—7. Bd. 8. (XL und 2958 S. mit dem Portr. des Verf. in Stndr.) Mannheim 847—48, Grohe. à Bd. * 1 Thlr.

— dass. — 3. Aufl. 1. Bd.: Geschichte der neuesten Poesie und Philosophie seit Lessing, oder unsere Klassiker und Romantiker. 8. (XVI und 424 S. mit dem Portr. des Verf. in Stndr.) Ebds. 848.

— aus früherer Zeit. 4 Bde. 8. Berlin, F. Duncker. [1. Bd. (VII und 394 S.) 862. * 1 Thlr. 20 Ngr., 2. Bd. (IV und 387 S.) 862. * 1 Thlr. 20 Ngr., 3. Bd. (VI und 469 S.) 863. * 2 Thlr., 4. Bd. (XII und 622 S.) 867. * 2 Thlr. 20 Ngr.]

Ruge, August

Ruge, Aug., Gedichte. gr. 12. Bremen 825. Heyse. 1 ℛ 8 gl

Ruge, D. Aug., Hygea; ein Gedicht. gr. 8. (Berlin, Enslin in Comm.) 817.

Ruge, Carl, s. R u g e , Karl

Ruge Emil, Dr.: Beiträge zur Kenntnis der Darmgase. S. 41. II. 739 . . . . vgr.
Separatabdruck

Ruge E.; Beiträge z. Kenntniss d. Darmgase. (Wien) [1861]. 24 S. (Særtr.). P.

Ruge, Emil, von Kopenhagen [aus Swendborg, Dänemark]: Beiträge zur Kenntniss der Wismuthverbindungen. [S. A. aus: Vierteljahrsschrift der Naturforsch. Ges. in Zür., Bd VI, S. 35—61]. Zür. Zürcher u. Furrer Dr. 1860. 37 S., 1 Bl. 8°.
Zürich, Phil. Diss. v. 15. Dec. 1860.

Ruge, Ernst L(udwig), aus Görlitz a. d. Neiße: **Die Entwicklungsgeschichte des Skeletes der vorderen Extremität von Spinax niger.** Mit 1 Taf. u. 13 Fig. im Text. *Leipzig: W. Engelmann 1902.* (31 S.) 8° ¶ Aus: Morphol. Jahrbuch, Bd 30, H. 1/2.
Würzburg, Med. Diss. v. 1902

Ruge, F., und H. Dreßler, Bezeichnung der Aussprache und Betonung geographischer und geschichtlicher Fremdnamen. 12. (II, 38 S.) Rendsburg 888, (W. Berger.)

Ruge, G., Heimatskunde d. Kreises Lebus, s.: Bieder, H.

Ruge, Georg

Ruge, G., Anleitungen zu d. Präparierübungen an der menschlichen Leiche. 1. u. 2. Tl. gr. 8. Leipzig 888. Engelmann. n. 6.—; geb. n. 6. 50
1. Allgemeines, Muskelsystem, Leibeshöhle u. die Organe in ihr, Kehlkopf, Damm, Uro-Genitalsystem. Mit 34 Fig. in Holzschn. (VIII, 218 S.) n. 4.—
2. Präparation der Blutgefässe u. d. Nervensystemes. Mit 18 Fig. in Holzschn. (V, 109 S.) n. 2.—

Ruge, Geo., Anleitgn. zu d. Präparierübungen an d. menschl. Leiche. 2., verb. Aufl. gr. 8. (XII, 313 S. m. 51 farb. Holzschn.) Leipzig 896. W. Engelmann. n. 6.—; geb. n.n. 7. 20

Ruge, Georg. Anleitungen zu den Präparierübungen an der menschlichen Leiche von Georg Ruge, o. ö. Professor ... in Zürich. 3., verbesserte und vermehrte Aufl. Mit 133 Figuren im Text. XII + 376 S. 8. Leipzig, Wilhelm Engelmann, 1903. [geb. M. 10.—]

Ruge, Georg. Anleitungen zu den Präparierübungen an der menschlichen Leiche. 4., verbesserte und vermehrte Aufl. 2 Bände. 8. Leipzig, Wilhelm Engelmann, 1908.
Band 1. Mit 148 Figuren im Text. X + 418 S. [geb. M. 9.—]
Band 2. Mit 71 Fig. im Text. VI + 204 S. [geb. M. 5.—]

Ruge, Georg [aus Neuhaus a. d. Oste '(Hannover)']: Beiträge zur Kenntniss der Vegetationsorgane der Lebermoose ... (Aus: Flora oder allg. Bot. Zeitg. 1893 Heft 4.) München, Druck v. V. Höfling, 1893; 38 S., 1 Taf. 8.
München, Phil. Fak., Inaug.-Diss. v. 1893

Ruge, Georg (geb. Berlin 19. 6. 1852): Beiträge zum Wachsthum des menschlichen Unterkiefers. Berlin (1875). (35 S.) 8°
Berlin, Med. Diss. v. 4. Dez. 1875

— üb. d. periphor. Gebiot d. Nervus facialis boi Wirbelthieren, s.: Festschrift z. 70. Geburtstago v. Carl Gegenbaur.

— s.: Gegenbaur's, C., morphologisches Jahrbuch.

— d. Hautmusculatur d. Monotremen u. ihre Beziehgn. zu dem Marsupial- u. Mammarapparate, s.: Denkschriften d. medicinisch-naturwissenschaftl. Gesellschaft zu Jena, 5. Bd., 2. Lfg.

Ruge, Geo., s.: Jahrbuch, morphologisches.

Ruge, Geo., Untersuchungen üb. die Gesichtsmuskulatur der Primaten. Mit 8 lith. Taf. Imp.-4. (III, 130 S.) Leipzig 887. Engelmann. cart. n. 24.—

Ruge, Hans [aus Berlin]: Ueber Defecte der Vorhofsscheidewand des Herzens ... M. e. Taf. (Aus: Virchow's Arch. f. path. Anat. 126. Bd. 1891.) Berlin, *G. Reimer*, 1891; 55 S., 1 Taf. 8.
Heidelberg, Med. Fak., Inaug.-Diss. v. [16. Juni] 1891

Ruge, Hermann, aus Berlin: **Über einen Fall von mächtiger retroperitonealer Dermoidcyste beim Manne.** *Jena: G. Fischer 1903.* (14 S.) 8°
Erlangen, Med. Diss. v. 28. März 1903

Ruge, Herm., Gedanken üb. allerhand Materien, die Gottesgelahrtheit, die Sitten- u. Naturlehre betreff.; aus d. Dän. (v. Chr. G. Mengel). 8. Kopenh. 757. Pelt. 12 gl

Ruge, Hermann. Gedanken über allerhand Materien, die Gottesgelahrtheit, die Sitten- und Naturlehre betreffend; a. d. Dän. Kopenhagen 1757. Ü: *Mengel, Christian Gottlob.* (Ky)

Ruge, Carl, appr. Arzt aus Berlin: **Über die puerperale Blase und die puerperale Ischurie.** *Berlin: S. Karger 1904.* (24 S.) 8° ¶ (Aus: Monatsschrift f. Geburtsh. u. Gynaek., Bd 20.)
Erlangen, Med. Diss. v. 9. Dez. 1903

Ruge, C., u. J. Veit, der Krebs der Gebärmutter. Mit 7 lith. Taf. gr. 8. (157 S.) Stuttgart 881. Enke. n. 6.—

Ruge, Carl, Lehrbuch der gynäkolog. Diagnostik, s.: Winter, Geo.

Ruge, Carl, Arzt: Kugeliges Myom mit Schleimhaut führender Cyste. Mit 2 Abb. im Text u. 1 Lichtdrucktaf. Jena 1910: Frommann. 25 S. 8°
Jena, Med. Diss. v. 21. April 1910, Ref. Franz
[Geb. 24. Sept. 84 Berlin; Wohnort: Berlin; Staatsangeh.: Preußen; Vorbildung: Friedrichs-Werdersches Gymn. Berlin Reife M. 03; Studium: Jena 5, Berlin 3, Jena 2 S.; Coll. 23. März 10; Approb. 31. Dez. 09.] [U 10. 2308

—— und J. Veit, zur Pathologie der Vaginalportion. Erosion und beginnender Krebs. gr. 8. (68 S. mit 5 lithogr. und chromolithogr. Taf.) Stuttgart 878, Enke. * 3 60
Aus: Zeitschrift für Geburtshülfe und Gynaekologie, besonders abgedruckt

Ruge, C., üb. das Verhalten v. Harn u. Nieren der Neugeborenen, s.: Martin, A.

Ruge, Carl Arnold (geb. Berlin 24. 9. 1840): Einige Beiträge zur Lehre von der Tuberculose. Berlin (1869). (32 S.) 8°
Berlin, Med. Diss. v. 13. Aug. 1869

Ruge, Kurt, appr. Arzt a. Berlin: Aus dem Hafenkrankenhause zu Hamburg. Über angeborene Herzfehler mit besonderer Berücksichtigung der entzündlichen Stenose und Atresie der Aorta. Kiel 1905: H. Fiencke. (15 S.) 8°
Kiel, Med. Fak., Ref. Heller, Diss. v. 7. Dez. 1905
[Geb. 9. März 79 Berlin; Wohnort: Berlin; Staatsangeh.: Preußen; Vorbildung: Französ. Gymn. Berlin Reife M. 98; Studium: Tübingen 2, Berlin 2, Tübingen 2, Berlin 2, Tübingen 3 S.; Coll. 10. Aug. 05; Approb. 26. März 04.]

Ruge, L., Ueber Findelhäuser. Ein Vortrag. 8°. Berlin 1863.

Ruge, L., Soden und seine Heilquellen. Nach eigener Erfahrung dargestellt. Berlin 854. Mittler's Sortbhdlg. 16. (46 S.) n. 8 ngr.

Ruge, Ludwig, Referendar am Kgl. Amtsgericht I in Berlin: Das Wegnahmerecht (jus tollendi). Berlin 1905: H. John, Halle a. S. (X, 99 S.) 8°
Berlin, Jur. Fak., Ref. Seckel, Diss. v. 19. Juni 1905
[Geb. 19. Jan. 79 Berlin; Heimatsort: Berlin; Staatsangeh.: Preußen; Vorbildung: Friedrichs-Werdersches Gymn. Berlin Reife O. 98; Studium: Jena 2, Freiburg i. B. 1, Berlin 4 S.; Rig. 14. Febr. 05.]

Ruge, Ludw., das Wegnahmerecht (jus tollendi). Abhandlung. (X, 99 S.) 8. Berlin 905. Mitscher & Röstell. n. 1. 40

Ruge, Ludov(icus) Magn[us] Guilielm[us]: De summa anatomiae pathologicae in medicina auctoritate et praestantia. Halae (1839): Grunert. 34 S. 8°
Halle-Wittenberg, Med. Diss. v. 3. Mai 1839
Geb. [Bisdamitz] (Rügen) 1. 7. 1814 [vielmehr: 3. 7. 1812 KB. Bobbin]. V. Verf. erlebte die Diplomerneuerung 1889 als Medizinalrat a. D. in Berlin-Steglitz.

Ruge, M. F., De ablativi in veteribus linguis Italicis forma et usu locali. Diss. 1877. 32 S. 1.—

Ruge, Max, Bemerkungen zu den griechischen Lehnwörtern im Lateinischen. gr. 8. (32 S.) Berlin 881. Weidmann. n. — 60

Ruge, Max: Bemerkungen zu dem Vaticinium Lehninense. Berlin, R. Gaertners Verlagsbuchh. H. Heyfelder, 1889; 25 S. 4°
Berlin, G z. grauen Kloster, OP 1889 (61)

— die Lehninsche Weissagung üb. d. Geschicke Preußens u. Deutschlands. Vortrag. gr. 8. (20 S.) Berlin 888. Schneider & Co. n. — 40

Ruge, Paul Ludw. (geb. Berlin 15. 12. 1847): Zwanzig Fälle geheilter Schädelverletzung. Berlin (1869). (40 S.) 8°
Berlin, Med. Diss. v. 13. Aug. 1869

Ruge, Paul. Die Prognose der Laparotomieen, s. Klinik, Berliner.

Ruge, Reinhold [aus Dresden, Unterarzt an d. Königlichen Charité]: Antipyrin und die antipyretischen Mittel in der Behandlung des Gelenkrheumatismus .... Berlin, Buchdr. v. Gustav Schade (Otto Francke) (1885); 30 + 2 S. 8°.
Berlin, Med. Fak., Inaug.-Diss. v. 7. Dez. 1885.

Ruge, Reinhold, Antipyrin und die antipyretischen Mittel in der Behandlung des Gelenkrheumatismus. Diss. Berlin 1885, Mayer & Müller. 8°. 30 S.

Ruge, Rhold., die mikroskopische Diagnose des anteponierenden Tertianfiebers. — Der Anopheles maculipennis (Meigen) als Wirt e. Distomum, s.: Festschrift zum Geburtstage von Robert Koch.

Ruge, Rhold., Einführung in das Studium der Malariakrankheiten m. besond. Berücksicht. der Technik. Ein Leitfaden f. Schiffs- u. Colonialärzte. Mit 2 photograph. sowie 1 lith. Taf., 19 Abbildgn. u. 27 Fieberkurven im Text. gr. 8. (V, 139 S.) Jena 901. G. Fischer. n. 4. —; geb. n. 5. —

Einführung in das Studium der Malariakrankheiten mit besond. Berücks. d. Technik von Dr. Reinhold **Ruge**, Marine-Gen.-Oberarzt. 2., gänzl. umgearb. Aufl. Mit 2 photogr. sowie 2 farb. Taf., 1 lith. Taf. 124 Abb., 3 Taf. u. 23 Fieberkurven. Jena: G. Fischer 1906. (IX, 420 S.) 4°(8°) [06. 8106

Ruge, Reinhold, Dr., Marine-Oberstabsarzt: Fragen und Probleme der modernen Malariaforschung. *Kiel 1902: (Frommann in Jena).* (26 S.) 8° ¶ (Erscheint mit Abb. in: Centralblatt f. Bakteriologie.)
Kiel, Med. Hab.-Schr. v. [19. Aug.] 1902

Ruge, R. Schiffsärztliches aus d. 17. u. 18. Jahrh. (S.-A. a. Mar.-Rundsch. 1900.)

Ruge, Rich. (geb. Halle a. S. 3. 7. 1835): Diabetae melliti specimen cum disquisitionibus de acidis volatilibus ex fermentatione urinae diabeticae evadentibus. Berolini (1858). (32 S.) 8°
Berlin, Med. Diss. v. 4. Sept. 1858

Ruge, Sophus, Abhandlungen und Vorträge zur Geschichte der Erdkunde. gr. 8. (VI, 268 S.) Dresden 888, G. Schönfeld's Verlag. *M 5.—.; geb. * 6 —

(Ruge, [Sophus] :) Beiträge zur Literaturgeschichte der Sächsischen Schweiz. Dat. Dresden 1902. 78 S. 8° [Umschlagt.]

Ruge, Sophus, Christoph Columbus, s. a. Geister, führende.

Ruge, Sophus: Christoph Columbus. (Führende Geister. Eine Sammlung von Biographieen. Herausgegeben von Anton Bettelheim. Bd. 4.) Dresden 1892. 164 S., 1 Tf., 1 Krt. 8°. [A 2109

[F.] Christoph Columbus. Von Sophus **Ruge**, Prof. and. Techn. Hochsch. Dresden. *Berlin: E. Hofmann & C. 1894.* (2 Bl., 163 S., 1 Portr., 1 Kt.) 1 Bd 8.
— Geisteshelden. (Führende Geister.) (Sammlg. I.) Bd 5. [98. 9645 Ko

Ruge, Sophus: Columbus. 2. Aufl. Mit 3 Bildn. u. 2 Karten. Berlin: E. Hofmann & Co. 1902. (214 S.) 8°
= Geisteshelden. Bd 5.

Dresden und die Sächsische Schweiz. Von Prof. Dr. Sophus **Ruge**. Mit 148 Abb. nach photogr. Aufn., 2 Skizzen u. 1 Karte. *Bielefeld & Leipzig: Velhagen & Klasing 1903.* (175 S.) 4°(8°) [F.]
— Land u. Leute. 16. [04. 3039

Die (trans)sibirische Eisenbahn. Vortrag, geh. in d. Gehe-Stiftung z. Dresden 1901 von Dr. Sophus **Ruge**, Prof. in Dresden. *Dresden: v. Zahn & Jaensch 1901.* (52 S.) 8° [F.]
— Jahrbuch d. Gehe-Stiftung zu Dresden. Bd 8, H. 1. [06. 12259

[F.] Die Entdeckung des Seewegs nach Ostindien durch Vasco da Gama 1497/8. Vortrag, geh. in der Gehe-Stiftg zu Dresden am 9. Okt. 1897 v. Prof. Dr. S[ophus] Ruge. Nebst 2 Kt. *Dresden: v. Zahn & Jaensch 1898.* (47 S., 2 Sk.) 1 Bd 8.
= Vorträge, Staatswiss., u. Jahrb. d. Gehe-Stiftung zu Dresden. [H. 12.] [98. 3043

— die Entdeckungs-Geschichte der neuen Welt. [Aus: „Hamburg. Festschrift zur Erinnerung an die Entdeckung Amerikas".] Lex.-8. (132 S.) Hamburg 892. L. Friederichsen & Co. n. 5. —

Ruge, Sophus: Die Entwickelung der Kartographie von Amerika bis 1570. Festschrift zur 400jährigen Feier der Entdeckung Amerikas. Mit 32 Kärtchen auf 2 Tafeln. Gotha 1892. (II), 86 S.
= Ergänzungsheft zu Petermann's Geographischen Mittheilungen. No. 106. 8°. [Z 25

— die Entwickelung der Kartographie v. Amerika bis 1570, s.a. Petermann's, A., Mittheilungen aus Just. Perthes' geographischer Anstalt.

Ruge, Sophus: Fretum Anian. (Die Geschichte der Beringstrasse vor ihrer Entdeckung.) ([S.-A.] Programm der Annen-Realschule. 1873.) Dresden 1873. 14 S. in: Ruge: Das Verhältniss der Erdkunde zu den verwandten Wissenschaften. 1873. S. 19—32. 8°. [A 5828

Ruge, Sophus, Geographie für Handelsschulen und Realschulen. 1. Aufl. 1864. * 24 Ngr. und 2., umgearb. und verm. Aufl. gr. 8. (IV und 295 S.) Dresden 867, Schönfeld's Buchh. *

— — 3. verm. Aufl. Ebend. 870. gr. 8. (VIII, 307 S.) n. 1 ℛ

Ruge, Sophus, Geographie insbesondere für Handelsschulen und Realschulen. 3. und 4. Aufl. 1870,72. * ℳ 3., und 5. umgearb. und verb. Aufl. gr. 8. (VI, 348 S.) Dresden 874, Schönfeld's Verlag. * 3 60

Ruge, Sophus, Geographie, insbesondere für Handelsschulen und Realschulen. 6. umgearb. und verb. Aufl. (VI, 352 S.) 1876; 7. umgearb. und verb. Aufl. gr. 8. (VI, 355 S.) Dresden 878, Schönfeld's Verlag. * 3 60

Ruge, Sophus, Geographie insbesondere für Handelsschulen und Realschulen. 8. umgearb. und verb. Aufl. gr. 8. (VIII, 357 S.) Dresden 881, Schönfeld's Verlagsb. *

—— Geographie insbesondere für Handelsschulen und Realschulen. 9. umgearb. und verb. Aufl. (VIII, 358 S.) 885; 10. umgearb. und verb. Aufl. gr. 8. (VI, 361 S.) Ebendas. 887. * 3 60

—— Geographie insbesondere f. Handelsschulen u. Realschulen. 11. umgearb. u. verb. Aufl. gr. 8. (VI, 362 S.) Dresd. 891, Schönfeld. * 3 60

— Geographie insbesondere f. Handelsschulen u. Realschulen. 12., umgearb. u. verb. Aufl. gr. 8. (VIII, 363 S.) Dresden 894. G. Schönfeld. n. 3. 60

— Geographie, insbesondere f. Handelsschulen u. Realschulen. 13. umgearb. u. verb. Aufl. gr. 8. (IV, 372 S.) Dresden 900. Leipzig [G. Schönfeld.] Dr. Seele & Co. n. 3. 60

— Geographie insbesondere f. Handelsschulen u. Realschulen. 14., umgearb. u. verb. Aufl. (IV, 388 S.) gr. 8. Leipzig 904. Dr. Seele & Co. n. 3. 60

Ruge, Sophus, Geographie insbesondere f. Handelsschulen u. Realschulen. 15. umgearb. u. verb. Aufl. Besorgt v. Ernst Friedrich u. Walth. Ruge. (IV, 413 S.) gr. 8. Leipzig 910. Dr. Seele & Co. Geb. in Leinw. 4. 10

— kleine Geographie. Für die untere Lehrstufe in 3 Jahreskursen entworfen. 8. Ebend. 877—79. n. 2. 50
1. Deutschland. (VIII, 79 S.) n. — 70
2. Europa. (III, 123 S.) n. — 90
3. Die außereuropäischen Erdtheile. (III, 128 S.) n. — 90

— kleine Geographie. Für die untere Lehrstufe in 3 Jahreskursen entworfen. 2. Aufl. 8. (VIII, 258 S.) Ebend. 884. n. 2. —

—— kleine Geographie. Für die untere Lehrstufe in drei Jahreskursen entworfen. 3. verb. Aufl. 8. (VIII, 262 S.) Ebendas. 887. * 2 —

—— Kleine Geographie. Für die untere Lehrstufe in 3 Jahreskursen entworfen. 4. verb. Aufl. 8. (VIII, 264 S.) Ebd. 891. * 2 —

— kleine Geographie. F. d. unt. Lehrstufe in 3 Jahreskursen entworfen. 5., verb. Aufl. 8. (VIII, 264 S.) Dresden 895. G. Schönfeld. n. 2. —

— kleine Geographie. Für die untere Lehrstufe in 3 Jahreskursen. 6. verb. Aufl. 8. (VIII, 264 S.) Ebd. 900. n. 2. —

— kleine Geographie. Für die untere Lehrstufe in 3 Jahreskursen entworfen. 7., verb. Aufl. Besorgt v. Walth Ruge. (VIII, 284 S.) 8. Ebd. 904. Geb. in Leinw. n. 2. 50

— Kleine Geographie. Für d. unt. Lehrstufe in 3 Jahreskursen entworfen. 8., verb. Aufl. Besorgt v. Walth. Ruge. (VIII, 304 S.) 8. Ebd. 909. Geb. 2. 50

— Geschichte des Augustusbades bei Radeberg. Mit 5 photolith. Ansichten 8. (IV, 72 S.) Dresden 880. Axt. n. 1. 50

—— Geschichte des Zeitalters der Entdeckungen, s. Geschichte, allgemeine, in Einzeldarstellungen.

Ruge, Sophus: Ueber Compas und Compaskarten. ([S.-A.] Programm der Handels-Lehranstalt in Dresden. 1868.) Dresden (1868). 28 S., 1 Krt. 8°. [A 5195

—— Deutsches Lesebuch f. Handelsschulen rc., s. Benser, Alb.

—— und A. Benser, Dresdener Lesebuch, s. Benser, A.

Norwegen. Von Prof. Dr. Sophus Ruge. Mit 115 Abb. nach photogr. Aufn. u. 1 Karte. *Bielefeld & Leipzig: Velhagen & Klasing 1899.* (140 S.) 4°(8°) [F.]
= Land u. Leute. 3. [00. 147

Norwegen. Von Prof. Dr. Sophus Ruge. 2. Aufl. bearb. von Prof. Dr. Yngvar Nielsen in Kristiania. Mit 119 Abb. u. 1 Karte. Bielefeld & Leipzig: Velhagen & Klasing 1905. (151 S.) 4°(8°) [F.]
= Land u. Leute. 3. [06. 4008

— s.: Oeder, M., die erste Landesvermessung d. Kurstaates Sachsen.

Ruge, Sophus: Zur Pathogenese der Syringomyelie. *Greifswald 1898: C. Sell.* (44 S.) 8°
Greifswald, Med. Diss. v. 26. Juli 1898

—— s. Schöppner, Alex., Hausschatz der Länder- und Völkerkunde.

—— der Chaldäer Seleukos. Eine krit. Untersuchung aus der Geschichte der Geographie. gr. 8. (28 S.) Dresden 865, Schönfeld's Buchh.

Topographische Studien zu den portugiesischen Entdeckungen an den Küsten Afrikas. Von Sophus **Ruge**. 1. *Leipzig: B. G. Teubner 1903.* 4°
— **Abhandlungen** d. k. Sächs. Gesellschaft d. Wiss. Philol.-hist. Kl. Bd 20, No 6. [03. 6594

Ruge, Sophus: Das Verhältniss der Erdkunde zu den verwandten Wissenschaften. (S.-A.) Programm der Annen-Realschule. 1873.) Dresden 1873. 18 S. 8°. [A 5828

—— das Verhältniss der Erdkunde zu den verwandten Wissenschaften. gr. 8. (20 S.) Dresden 874, Schönfeld's Verlag. * — 60

—— die Weltanschauung des Columbus. Die Turanier in Chaldäa. [Die Akkadier.] Zwei Vorträge. gr. 8. (44 S.) Dresden 876, Schönfeld's Verlag. * 1 —

Ruge, Th., von der Schlüsselgewalt. Predigt über Evangelium Matthäi 9, 1—8, am 19. Sonntage nach Trinit. Stade 862. Schaumburg. gr. 8. (12 S.) 1½ ngr.

RUGE, Theodor (Linden): Einige Fälle von infantilem Hydrocephalus.- München: Wolf 1893. 32 S. 19.5.1893 - Chr 1892/93,18; Jv 1892/93,211
Diss. Ingolst.-Landsh.-Mchn.

Ruge, Thies, „ut swore Tiden". De Parchimsch Chronik nahvertellt. (134 S.) kl. 8. Parchim 910. H. Freise. 2.—

Ruge, Walter

Ruge, W., Archäologische Karte von Kleinasien. 1899. 8 S. Bemerk. u. Reg. m. 2 Nebenkarten. —.75

Ruge, Walther, quaestiones Artemidoreae, s. Commentationes Philologae quibus Ottoni Ribbeckio congratulantur Discipuli Lipsienses.

Ruge, Gualtherus [Dresdensis]: **Quaestiones Strabonianae** . . .
Lipsiae, *Jenae, typ. H. Pohle*, 1888; 2 Bl. + 107 + 1 S. 8°
Leipzig, Phil. Fak., Inaug.-Diss. v. 26. Jul. 1888

Ruge, Walter: Strassen im östlichen Kappadokien. *Leipzig 1897.*
in: **Beiträge**, Philologisch-histor., C. Wachsmuth z. 60. Geburtstage überreicht. [97. 3344

Ruge, Wilhelm

Ruge, Guil., de hepatis abscessibus. Dissert. inaug. medica. Kiliae 854. (Akademische Buchhdlg.) 4. (14 S.) n. 3 ngr.

Ruge, Willy: Die **Blüthezeit** der deutschen Schulen Lübecks in der 2. Hälfte des 16. Jahrhunderts. Nach urkundl. Quellen dargest. *Lübeck 1900: H. G. Rahtgens.* (V, 137 S.) 8° [J.]
Leipzig, Phil. Diss. v. [18. Apr.] 1901

Rüge, Gebührende, einer ungebührlichen Recension, betreffend die allgemeine Encyklopädie von Ersch und Gruber. [Braunschweig] 1818. V: *Schütz, Frdr. Carl Julius.* (Ky)

— gebührende, einer ungebührl. Recension, betreff. d. allgem. Encyklopädie von Ersch u. Gruber, (v. Fr. K. Jul. Schütz). gr. 4. (Braunschw.) 818. (Leipz., Brockhaus). 6 gr.

Rüge, gebührende, einer ungebührlichen Recension betreff. d. allgem. Encyclopädie von Ersch u. Gruber herausgegeb. gr. 4. Braunschweig, Lucius (in Comm.) 818.

Rüge einiger Mängel u. Absurditäten der allgem. Literaturzeitung. 8. Eisenach 787. (Bärecke). 6 gr.

Rüge einig. Mängel u. Absurditat. d. allgem. Literaturzeitung. 8. Eisen. Wittekind. 787.

Rüge, Oeconomische, (die Benutzung der Küche betreffend). Wien 1817. V: *Lewenau, Jos. Arn. von.* (Engoec)

Rüge eines Uebelstandes und Vorschlag zu dessen Abhülfe. [Breslau 1810.] V: *Menzel, Carl August.* (Nowack, Schles. Schriftst.-Lex. Bresl. 1836—43. I, 93.)

— der ungebührl. Uebertreibungen in der Cholerapredigt, welche Hr. Hülfsprediger Fr. Arndt am 19. Juni 1831 im Dome zu Magdeburg gehalten, u. nachmals durch den Druck verallgemeinert hat. gr. 8. Burg 831. Otto. (Leipz., Kollmann). 2 gr.

Rüge des litterarischen Unfugs, oder gänzliche Enthüllung und Aufdeckung der wahren Gestalt des Recensirhandwerks . . . Germanien [Coburg] 1801. V: *Fikenscher, Georg Wolfgang Augustin.* (Ky) (cb) (MGT)

— des literar. Unfugs, od. gänzl. Enthüllung u. Aufdeckung der wahren Gestalt d. Recensirhandwerks rc., (v. G. W. A. Fikenscher). 8. (Coburg) 801. Sinner. 12 gr.

Rüge einer Zudringlichkeit. [Oldenburg 1781.] V: *Öder, Georg Chn.* (Bruun, Bibl. Danica III, 1587.)

Rügegericht, literarisches, Frühlingsgericht. 8. Amsterd. 786. (Vieweg in Braunschw.) 6 gr.

Rugel, (Jos. Alex.) Augustin, s. Bestimmung d. kathol. Geistlichen ..., Mönche ...

Rugel, Augustin, Kosmokratie u. Theokratie in ihrer wechselseitigen Verbindung. Mit einem Auszuge aus dem neuen Leviathan u. Prüfung seiner religiösen Ideen. Freiburg u. Konstanz, Herder, 1812. 8°. XII u. 150 S., 1.50 Mk. (Fehlt.)

Rugel, (Jos. Alex.) Aug., Kosmokratie u. Theokratie, in e. wechselseit. Verbindung. Mit e. Auszuge aus d. neuen Leviathan. 8. Freiburg 813. Herder. 12 gr.

Rugel, August., zwei Reden üb. Frankreichs Staatsumwälzung. Kempt. 794. Kösel. 4 gr.

— bibl. Religionsunterricht. Alter Bund. Neuer Bund. 8. Freiburg ... 2e A. 813. Herder. (Alter Bund 2 gr. Neuer Bund 12 gr.) 14 gr.

Rugel, Augustin, s. Secte d. Ilsarianer.

Rügelieder d. Troubadours gegen Rom u. die Hierarchie. Originale m. deutsch. Uebersetz. v. Ed. Brinckmeier. gr. 8. (5½ B.) Halle 846, Schwetschke u. Sohn.

Rugemer, Andr. Jos., Diss. de symptomatibus morbosis laesae actionis cibos appetentis. Wirceb. 1751. 4°.

Rügemer, Jo. A. J., Diss. de epilepsia. Wirceb. 4°.

Rügemer, Karl, Kösener Korps-Listen von 1798 bis 1904. Eine Zusammenstellung aller Korpsangehörigen m. Angabe d. Rezeptionsjahr, Chargen, Stand u. Wohnort, beziehungsweise Todesjahr. Im Auftr. des Verbandes alter Korpsstudenten bearb. u. hrsg. (VIII, 861 S.) gr. 8. München (905). Verlag der academ. Monatshefte. Geb. in Leinw. 4. 70

Rügen [Sachliches OW]

Rügen. Führer für Reisende, s. Brockhaus' Reise-Atlas.

Rügen, s.: Woerl's Reisehandbücher.

Rügen. Ein Reisehandbuch für Besucher der Insel . . . Stralsund 1846. V: *Schönholz, Fr. von.* (Mitth. Prof. Dr. K. Albrecht Oldenburg.)

Rügen, altes u. neues, od. Nachr., was s. m. d. Fürstenth. Rugen bis auf jetz. Zeit zugetr. 2 Thle. Greifsw. 730. 38.

Rügen, Freimüthige und bescheidene, einiger Hamburgischer Polizeimängel . . . Hamb. 1810. V: *Scholz, Joseph Heinrich.* (GGr)

Rügen, die Insel, s.: Grieben's Reise-Bibliothek.

Rügen, die Insel, e. Taschenbuch f. Reisende. 12. (6½ B. u. 1 gest. Karte.) Stettin 836, Saunier.

Rügen, die Insel. Ein Taschenbuch für Reisende. 2. verm. u. verb. Aufl. Mit e. in Kupfer gestoch. Karte. 16. Stettin 844. Morin'sche Buchh. (Saunier.) n. ⅔ ₰

Rügen, Die Insel. Praktischer Führer auf und nach der Insel. Achte Aufl. Berlin 1887. V: *Albrecht, Carl.* (Mitth. Prof. Dr. Karl Albrecht-Oldenburg.)

Die Insel **Rügen**. Prakt. Führer nach u. auf d. Insel. 13. Aufl., neu bearb. v. Dr. phil. Karl Albrecht. M. 5 Kt.-Beil. u. Ill. *Berlin: A. Goldschmidt 1896.* (IV, 96, 12 S., 5 Kt.) 1 Bd 8.
= Reisebücher, Griebens. Bd 65. [96. 6673

Die Insel **Rügen**. Prakt. Führer nach und auf der Insel. 14. Aufl., neu bearb. v. Dr. phil. Karl Albrecht. M. 5 Kt.-Beil. u. Ill. *Berlin: A. Goldschmidt 1898.* (IV, 111, 16 S., 5 Kt.) 1 Bd 8.
= Reisebücher, Griebens. Bd 65. [98. 4685

Die Insel **Rügen**. Prakt. Führer nach u. auf d. Insel. 15. Aufl., neu bearb. von Dr. Karl Albrecht. Mit 5 Kartenbeil. *Berlin: A. Goldschmidt 1900.* (IV, 100 S.) 8°
= Reisebücher, Griebens. Bd 65. [00. 10619

Die Insel **Rügen**. Prakt. Führer nach u. auf d. Insel. 16. Aufl. neu bearb. von Prof. Dr. Karl Albrecht. Mit 5 Karten. *Berlin: A. Goldschmidt 1902–03.* (IV, 100 S.) 8°
= Reisebücher, Griebens. Bd 65. [illegible]

Die Insel **Rügen**. Prakt. Führer nach u. auf d. Insel. 17. Aufl. neu bearb. von Prof. Dr. Karl Albrecht. Mit 6 Karten. Berlin: A. Goldschmidt 1904–05. (IV, 102 S.) 8° [J. u. Ant.]
— Reiseführer, Griebens. Bd 65. [06. 8340

Die Insel **Rügen**. Prakt. Führer nach u. auf der Insel. 18. Aufl., neu bearb. von Prof. Dr. Karl Albrecht. Mit 6 Karten. Berlin: A. Goldschmidt 1906–07. (IV, 108, 28 S.) 8° [J. u. Ant.]
— Reiseführer, Griebens. Bd 65. [07. 8313

Die Insel **Rügen**. Prakt. Reiseführer. 19. Aufl. neu bearb. von Prof. Dr. Karl Albrecht. Mit 6 Karten. Berlin: A. Goldschmidt 1908–09. (120, 24 S.) 8°
= Reiseführer, Griebens. Bd 65. [08. 15558

Die Insel **Rügen**. Prakt. Reiseführer. 20. Aufl. neu bearb. von Prof. Dr. Karl Albrecht. Mit 6 Kt. Berlin: A. Goldschmidt 1910–11. 123 S. 8°
(Griebens Reiseführer. Bd 65.) [10. 9393

Insel Rügen. Ein Album mit 29 Ansichten in Autotypie u. 1 Grav. (Verf.: Dr. Georg **Malkowsky**.) Berlin: Gesellsch. z. Verbreitung klass. Kunst [1907]. (32 S.) 8° [J.] [07. 13433 9

– Insel. Ein Album m. 29 Ansichten in Autotyp. u. e. Gravure. (32 S.) 21,5×28 cm. Berlin (907). (Stettin, A. Schuster). 2. —

Rügen, Insel. (18 Taf.) 15×21 cm. Stettin (910). (A. Schuster). 1. —

— die Insel. Neuester Führer m. 3 (farb.) Spezialkarten u. 1 (farb.) Uebersichtskarte f. d. Reise nach u. durch Rügen, wie e. Tab. der zwischen Sassnitz u. Stubbenkammer angebrachten Farbentaf. zur Bezeichng. der Wege. 10. neubearb. Aufl. 1910—1911. (72 S.) kl. 8. Sassnitz, E. Fack. Geb. 1. —

RÜGEN einiger Mißbräuche und Inkonvenienzen unsers sogenannten philosophischen Jahrhunderts. Athen, und zu finden in allen Buchhandlungen Deutschlands (Köthen, Aue). 1795. 8°. VIII, 133 S. (5/12 Rthl.) (4 Mk. Taussig, Prag, 1907.)
Leihhäuser, Tollhäuser, Lotterie, Tanzen, Menschenhandel, etc. — Weller, fing. Dr.

Patriotische Rügen eines Holsteiners, über das Post- und Poststrassen-Wesen in Holstein. Braunschweig. 1830. 8°

— an d. bürgerl. Verfass. u. jetz. Zustand Ch. Sachsens. 8. Dresd. (Heinsius in Gera.) 795.

— an der bürgerl. Verfassung u. jetzigen Zustand Kursachsens. 8. Dresd. 796. (Heinsius in Gera). 16 gl

Rügen mit Vorpommern (Stralsund-Greifswald-Anklam-Wolgast-Swinemünde). Massst. 1 : 142,500. Nebst 3 Specialkarten: Putbus-Lauterbach, Binz-Sellin-Göhren, Sassnitz-Stubbenkammer-Lohme, Greifswalder Oie, Insel Vilm, Massst. 1 : 35,500; u. 1 Eisenbahnkarte (Massst. 1 : 1,000,000). (Gr. Ausg. 1902.) *Stettin: H. Saran (1902).* (1 Kartenbl. 55×74 cm.) 8° [kol.]
[Umschlagt.]: Neue Karte von Rügen mit Vorpommern ...
(Herm. Saran's wohlfeile Touristenkarten.) [02. 7491

— u. Vorschläge über verschied. Gegenstände. gr. 8. Berl. 817. Reimer. 12 gl

Rügen [Schlagwort]

— s. a.: Kreiskarten.

— s.a.Pommern. Hagenow, Fr. v.

— s. a.: **Radfahrerkarten. Mittelbach.**

— s.a.Seekarten.

— s. a.: Vorpommern.

Rügen. Dunker, H., Karte von Rügen (Umschlag: Specialkarte v. R.). Nach den neuesten Aufnahmen entworfen u. gezeichnet. 1 : 140,000. 41,5 × 40,5 cm. Farbdr. Bergen 898. F. Becker. — 50

Rugiae — Insulae et Principatus — cum vicinis etc. Tabula edita à Joh. Baptista Homanno Noribergae. 1: 218,000. 1 Bl.

— **Kaiser, H.**, Karte der Insel Rügen, gezeichnet nach d. neuesten Vermessgn. 1 : 125,000. 46 × 42,5 cm. Nebst (farb.) Specialkarten von der Stubnitz, 28,5 × 19 cm., v. Putbus u. Umg., 14 × 26,5 cm., v. Mönchgut, 12,5 × 18,5 cm., u. v. der Gränitz, 18 × 14 cm. Farbdr. Greifswald 898. F. Bärwolff. n.n. — 75

Rügen — Charte von dem Fürstenthum — Berichtigt herausgegeben von Homanns Erben. Nürnberg 1806. 1: 160,000. 1 Bl.

Rügen. Karte der Insel Rügen. Hrsg. v. der kartograph. Abtheilg. der k. preuss. Landes-Aufnahme. 1 : 100,000. Lith. u. color. gr. Fol. Berlin 889. (Eisenschmidt.) n.n. 2. —

Rügen. Karte der Insel Rügen. 1 : 100,000, auf Grund der Karte des Deutschen Reiches gezeichnet. 57 × 50,5 cm. Farbdr. Rostock 899. C. J. E. Volckmann. — 60

— — dasselbe, auf Grund der Karte des Deutschen Reiches gezeichnet. 1 : 100,000. 3. Aufl. 57 × 50,5 cm. Farbdr. Rostock (903). C. J. E. Volckmann Nachf. n. — 50

-Karte
— neue, der Insel Rügen. 1 : 125,000. [Aus: „Grieben's Reisebücher".] 46 × 41 cm. Farbdr. Berlin 902. 903. A. Goldschmidt. In Tasche n. — 50

Rügen. Karte der Insel Rügen. [Aus: „Grieben's Reiseführer".] 1 : 125,000. 45,5 × 41 cm. Farbdr. Berlin 904. 905. A. Goldschmidt. In Mappe — 50

Rügen. Karte der Insel Rügen. 1 : 125,000. 45 × 40 cm. Farbdr. Sassnitz (907). (E. Fack.) — 50

— — dasselbe, bearb. v. W. Brendel, s.: Richter's Reiseführer u. Karten

— **Liebenow, W.**, grosse Karte der Insel Rügen. 1 : 125,000. Ausg. 1898. 45,5 × 41 cm. Farbdr. Berlin 898. A. Goldschmidt. In Futteral n. — 50

— **Liebenow, W.**, Karte der Insel Rügen. 1 : 125,000. Chromolith. Fol. Berlin 889. Alb. Goldschmidt. In Futteral. n. — 50

— **Müller, Gust.**, grosse Karte der Insel Rügen. 1 : 75,000. Nebst 5 Specialkarten der Umgegend von Putbus, Göhren, Binz, Sassnitz, Stubenkammer. 1 : 25,000. Nach den neuesten amtl. Aufnahmen bearb. Chromolith. Imp.-Fol. Greifswald 887. Bamberg. n. 3. 50; auf Leinw. n. 4. 75; in Mappe n. 5. —; m. Stäben n. 5. —

— — dasselbe. 1 : 75,000. Nebst 5 Specialkarten der Umgegend v. Göhren, Binz, Sassnitz, Stubenkammer, Putbus. 1 : 25,000. Nach den neuesten amtl. Aufnahmen bearb. Billige Ausg. in 4 farb. Druck. Imp.-Fol. Ebd. 888. 1. 50

Rügen. Müller, Gust., grosse Karte der Insel Rügen, 1 : 75,000, nebst 5 Spezialkarten der Umgegend v. Putbus, Göhren, Binz, Sassnitz, Stubbenkammer, 1 : 25,000, in 6 farb. Druck nach den neuesten amtl. Aufnahmen bearb. Rev. 1892. 76,5 × 71,5 cm. Greifswald, L. Bamberg. n. 2. —; auf Leinw. n. 3. 25; in Mappe n. 3. 75; m. Stäben n. 3. 50

— — grosse Reisekarte der Insel Rügen, 1 : 75,000, nebst 5 Specialkarten der Umgegend v. Göhren, Binz, Sassnitz, Stubbenkammer, Putbus, 1 : 25.000, nach den neuesten amtl. Aufnahmen bearb. Billige Ausg. in 4 farb. Druck. Rev. 1892. 75,5 × 69 cm. Ebd. 1. 50

— — Reisekarte der Insel Rügen. 1 : 110,000. Nach den neuesten amtl. Aufnahmen bearb. 2. Aufl. Lith. Fol. Ebd. 890. — 60

— — Reisekarte der Insel Rügen. 1 : 110,000. Nach den neuesten amtl. Aufnahmen bearb. 3. Aufl. Farbendr. 50,5 × 46 cm. Ebd. 892. — 60

— **Müller, Gust.**, Reisekarte der Insel Rügen, nach den neuesten amtl. Aufnahmen u. eigenen Erkundiggn. bearb. 1 : 125,000. 5. rev. Aufl. 44,5 × 41,5 cm. Farbdr. Stettin (905). A. Schuster. n. — 50; auf Leinw. n. 1. 25

— — Touristenkarte f. das Ostsee-Gebiet Rügen-Swinemünde-Stettin. Nebst Uebersichtskarte Berlin-Kopenhagen u. e. kolor. Flaggenkarte. 1 : 300,000. 2. Aufl. 52,5 × 47 cm. Farbdr. Ebd. (901). n. — 75

— **Volckmann, E.**, Wander-Karte v. Rügen. 45,5 × 37 cm. Autogr. u. kolor. Görlitz 895. C. A. Starke. n. — 50

Rügen [Verfasser]

Rügen, Ernst. Dollariaden. Geschichten aus dem Dollarlande. 8. (111 S.) Berl. 892, H. Steinitz, Verlag. 1 —

Ruegenberg, Friedrich [cand. med.]: **Die Methoden der Behandlung bei unstillbarem Erbrechen Schwangerer ... Bonn, Buch- u. Steindr. J. Bach Wwe, 1897; 56 S., 1 Bl. 8.**
Bonn, Med. Fak., Inaug.-Diss. v. [6. Juli] 1897

Ruegenberg, Godofr. (geb. Olpe in Westf. 2. 4. 1845): De hydrocephalo acuto. Berolini (1866). (32 S.) 8°
Berlin, Med. Diss. v. 2. Juni 1866

Ruegenberg, Godofr. (geb. Olpe 11. 3. 1808): De putrescentia uteri. Berolini (1833). (32 S.) 8°
Berlin, Med. Diss. v. 18. Okt. 1833

Ruegenberg, Hubert, appr. Arzt: Aus d. Univ.-Frauenklinik in Giessen. Zur Keilresektion des Uteruskörpers nach Pfannenstiel. Prag: Selbstverl. 1910: Bellmann. 16 S. 8°
¶ (Aus: Prager med. Wochenschrift. 35.)
Gießen, Med. Diss. v. 26. Aug. 1910, Ref. v. Franqué
[Geb. 20. Sept. 78 Olpe i. W.; Wohnort: Olpe; Staatsangeh.: Preußen; Vorbildung: Gymn. Koesfeld Reife O. 00; Studium: Würzburg 2, Kiel 5, Bonn 1, Gießen 6 S.; Coll. 29. April 10; Approb. 28. Jan. 09.] [U 11. 1250

Ruegenberg, Joseph (geb. Olpe in Westf. 14. 12. 1837): De herniarum abdominis incarceratarum curatione. Berolini (1862). (32 S.) 8°
Berlin, Med. Diss. v. 28. März 1862

Rugendas, Georg Philipp. [Die Belagerung der Stadt Augsburg durch die französischen und bayerischen Truppen im Jahre 1704.] Georg Philipp Rugendas Pictor del. et fecit. Ieremias Wolff [Taf. 2 u. 4: Ioh. Georg Hertel] excudit Aug. Vind
6 Taf. in Rad. 2
Titel nach Nagler, Künstler-Lexikon XIV. 17

Rugendas, Georg Philipp. [Folge von Kriegsszenen aus den Jahren 1694—1698.] Augusta Vindelicorum, Christian Rugendas [1740].
9 Bl. in Aquatinta. gr 2°.

Rugendas, (Joh.) Moritz

Rugendas, Moriz: Das Merkwürdigste aus der malerischen Reise in Brasilien. Mit 10 lithographirten Tafeln Abbildungen. Schaffhausen 1836. 51 S. Fol. [M 2488

Rugendas, (Joh.) Mor., malerische Reise in Brasilien. 4 Abthln. 20 Lfgn. Roy.-Fol. Paris (u. Mühlhausen a. R.), Engelmann u. Comp. à Lfg. 4 Thlr., Chin. Pap. 5 —
Abthl. 1. Landschaften. No. 1—6. (30 Stnt. u. Text.) 827—34.
(Des Hauptwerks Lfg. 1. 5. 9. 13. 17. 19.)
- 2. Trachten u. Portraits d. schwarzen u. weissen Einwohner. No. 1—4 (20 Stnt. u. Text.) 827—32.
(Des Hauptwerks Lfg. 2. 6. 10. 14.)
- 3. Sitten u. Gebräuche d. Indier u. der Europäer. No. 1—6. (30 Stnt u. Text.) 827, 35.
(Des Hauptwerks Lfg. 3. 7. 11. 15. 18. 20.)
- 4 Leben u. Gebräuche der Neger. No. 1—4. (20 Stnt. u. Text.) 827—31.
(Des Hauptwerks Lfg. 4. 8. 12. 16.)
Sämmtliche Lfgn. vereinigt auch e. Haupttitel mit d. Jahrzahl 1835. — Mit franz. Text ist dies Werk unter gleichen Bedingungen zu haben.

Rugendas, Mor., malerische Reise in Brasilien. 15e Lfrg. oder 3e Abthl.: Sitten u. Gebräuche der Indier u. der Europäer. No. 4. Mit 5 Steintaf. Roy.-Fol. Paris, Mühlhausen u. London 835. Engelmann u. Comp. (Leipz., Pietro del Vecchio.) 3½ ℛ — Chines. Papier 4 5/12 ℛ

Rügenfahrten, od.: Wie kann man, je nach Zeit u. Umständen, die Insel Rügen am angenehmsten, billigsten u. nützlichsten bereisen? Von Fr. von Sch. 16. (7 B. u. 1 ill. Karte d. Insel Rügen.) Stralsund, 842. [Berlin, Danz.]

Rügenfahrten, oder: Wie kann man, je nach Zeit u. Umständen, die Insel Rügen am angenehmsten, billigsten u. nützlichsten bereisen? Von Fr. von Sch. Nebst 1 genauen Karte der Insel Rügen. 16. Berlin u. Stralf. 842, Cornelius. n. ½ ℛ

v. Rugenroth, Graf S., s. a. Schlag v. Rugenroth.

v. **Rugenroth**, (Gr. S.,) Gott u. Welt, oder wie Gott stets waltet, u. die Welt oft schaltet. 16 Bdchen. 8. Leipz. 822, G. Fleischer.

— Sonntags-Erzählungen ꝛc., s. W. **Harnisch**.

Rugenstein, Hugo [aus Rostock]: Nikolaus III. Fürst von Werle-Güstrow ... Rostock, C. Boldt'sche Hof-Buchdr., 1895; 92 S., 1 Bl. 8.
Rostock, Phil. Fak., Inaug.-Diss. v. [12. März] 1895

Rugenwald, Johann (Güstrow) A. S. 840/30

**Dissertatio solennis de errore diaeta in potu.
Präs. Johann Gottfried Berger.
Wittenberg (Gerdes) 13. VII. 1709. 31 S.**

Dass. 2.Ed.1718.

Rugenwald (Resp.): De errore diaetae in potu,
s. a. B e r g e r, J. G. (Praes.)

Rügenwald, Sim. Jos., Humor aus dem jüd. Leben. Jn Versen wiedergegeben. Zur Unterhaltg. f. jung u. alt (VIII, 93 S.) Frankfurt a/M. 903. J. Kauffmann. n. 1. —

Rügenwalde [Schlagwort]

Rügenwalde, s. Geologische Karte. Preussen. 83.

R ü g e r, Adrian. Aus dem Leben eines schweizerischen Schulmeisters oder Ideale und Wirklichkeit. Von A' R', gewesenem Lehrer in Kleinhüningen. 8. Schaffhausen 1883.

Bericht über die feierliche Grundsteinlegung zum Neubau des Progymnasiums. — Von Dr. Anton Rüger, R. — Jahresbericht p. 27—31.
Progr. Forchheim, Progymn.

Geschichte der Forchheimer Mittelschule. I. Teil: Von den ältesten Anfängen bis zur Säkularisation. Mit 3 Bildertafeln. (Festgabe zur Einweihung des neuen Progymnasiums am 13. Juli 1904). — Von Dr. Anton Rüger, R. — 1904, Forchheim, F. A. Streit. — P. 3—80 und I—XIII (Anmerk.).
Progr. Forchheim, Progymn.

Rüger, Anton [Dr.]: Präpositionen bei Johannes Antiochenus. 1. Tl. Dritte Forts. d. Beiträge z. histor. Syntax d. griech. Sprache. [Vgl. d. Vfs: Die Präpositionen bei Pausanias. Beitrag z. histor. Syntax d. griech. Sprache. Inaug.-Diss. v. Erlangen 1889; Studien zu Malalas ... Beitrag ... Kissingen 1895.] Münnerstadt, Buchdr. v. G. Blatz, 1896; 38 S. 8.
Münnerstadt, G, P 1896*

Rüger, Anton [Dr., k. Präfect im Freih. v. Aufsess'schen Studienseminar]: Die Präpositionen bei Pausanias. Beitrag zur historischen Syntax der griechischen Sprache. Bamberg, W. Gärtner's Buchdr. (D. Siebenkees), 1889; 1 Bl. + 72 S. 8°
Erlangen, Phil. Fak., Inaug.-Diss. v. 1889

Rüger, Anton: Prolog zum ersten, in der neuen Aula gefeierten Maifeste. Seinen Schülern und der Stadt Forchheim gewidmet vom derzeitigen Vorstande der Anstalt. S. 28—31. 8.
Progr. Kgl. Lateinschule *Forchheim* 1902.

Rüger, Ant., Studien zu Malalas. Präpositionen u. Adverbien. Das 18. Buch. Die konstantin. Excerpte. Die tuskulan. Fragmente. Beitrag zur histor. Syntax der griech. Sprache u. zur Quellenkritik des Malalas. gr. 8. (56 S.) Kissingen 895. F. Weinberger. n. 1. —

Rueger, Bonavent., De eo, quod historia sacra, profana et litteraria ad s. Scripturae intelligentiam confert. Öttingen, 1775. 8°.
Recens. Litterat. d. kath. Deutschl., Bd. III (1779), S. 56—66.

Rüger, C., über Bestattungsmethoden. Vortrag. 8. (23 S.) Leipzig 887. Thiele. — 30

Rüger, Dr. C. Ueber Bestattungsmethoden mit Rücksicht auf die Feuerbestattung. Vortrag, gehalten behufs Unterschriftensammlung der Petition an den Deutschen Reichstag betr. die fakultative Einführung der Feuerbestattung. Elberfeld 1891. Selbstverlag. Buchdruckerei Grimpe.

– das Freidenkerthum im Lichte des 19. Jahrh. Vortrag. 8. (22 S.) Ebd. 887. — 30

—— über Glauben und Religion, gestützt auf „Nathan der Weise" von Lessing. Vortrag, gehalten im Freidenker-Verein zu Barmen. 8. (35 S.) Elberfeld 885, (Bädeker'sche Buchh.) * — 50

—— Instinct und Verstand. Ein Beitrag zur Aufklärung. Vortrag. 8. (30 S.) Leipzig 887, Thiele. — 30

—— über religiöse und wissenschaftliche Weltanschauung. Vortrag. 8. (41 S.) Ebendas. 887. — 30

Rüger, D., die neue chemisch-praktische Milch-, Butter- u. Viehwirthschaft. Bearb. nach den Erfahrungen des Dr. Trommer, Dr. Johnston, Thomas u. A. Mit 41 lith. Abbildgn. versehen. 2 Thle. 8. (56 u. 80 S. m. 21 Taf.) Löbau 851, Dümmler in Comm. (1: n. ¼ ℛ 2: n. ½ ℛ) n. ¾ ℛ

Rüger, Friedr. Ernst, Gewerbsteuer-Ordnung f. das Großherzogth. Baden m. den nachgefolgten Modifikationen, Verordnungen, Paralellstellen u. Allegaten aus den Instruktionen üb. das jährl. Ab- u. Zuschreiben der Gewerbsteuer. gr. 8. (7 B.) Mannheim 844, Bensheimer.

Rüger Georg, Beiträge zur Kenntniss der Gattung Carica. Diss. Erlangen 1887, Th. Blaesing. 8°. 30 S.

Rüger, Heinrich

Rüger, (Wilh.) Heinr. (geb. Wissen im Rheinl. 25. 1. 1860): Die Erfolge der Sclerotomie bei Glaucom nach 21 in der Königlichen Augenklinik zu Berlin operirten Fällen. Berlin (1884). (32 S.) 8°
Berlin, Med. Diss. v. 13. Okt. 1884

Rüger, J. F. W. R., die Baumschule. Vollständige Anleitung zur Anzucht der Obstbäume, zum Betriebe der Baumschulen und zur Gewinnung neuer Obstsorten aus Samen. Mit Benutzung der neuesten und besten Quellen bearbeitet. (In 2 Heften.) 1. Heft. Dutendorf 857. (Sondershausen, Eupel.) 8. (31 S.) n. 3 ngr.

Rüger, J. F. W. R., das Wissenswürdigste aus der Geographie u. Geschichte Bayerns. Bearb. als Handbüchlein für die Schüler deutscher Schulen Bayerns. 8. (16 S.) Wunsiedel 851, Grau in Comm. 1½ ngr.

Rüger, Johann Gf.

Rüger, Jh. Gf., († d. 4. Oct. 1813.) Gesch. u. Beschreib. des kurfürstl. sächs. Soldatenknaben-Instituts zu Annaburg. gr. 8. Leipz. 787. Kummer. 16 gr.

Rüger, Karl Gottlob

— vollständ. Cursus der Zeichenkunst f. wohldenkende Aeltern u. neuangeh. Hauslehrer. 4. Gera 793.

Rüger, Karl Glo., († d. .. Aug. 1799.) Taschenbuch f. Maler u. Zeichner in Rücksicht auf Farbenbereitung. 8. Gera 789. 2e Aufl. 791. N. A. 796 u. 815. (Joachim in Leipz.) 12 gr.

Rüger, K. Glo., Taschenbuch f. Maler und Zeichner in Rücks. a. Farbenbereit. 8. Gera, Rothe. (Haller.) 796.

— Zeichenmeister. 1r Bd. gr. 8. m. K. in gr. 4. Leipz. Crusius. (F. C. W. Vogel.) 794.

— Zeichenmeister, od. Lehrbuch d. Zeichenkunst. 1r Bd. Mit 15 Kpf. gr. 8. Leipz. 794. W. Vogel. 1 rß 4 gr.

Rüger, Karl Konrad (Dresden) A. S. 577/101

Exercitatio iuridica quaestionem continens utrum vidua, quae existentibus liberis portionem hereditariam petit, propria bona conferre teneatur.
Präs. Friedrich Gottlieb Zoller.
Leipzig (Breitkopf) 11. V. 1769. 12 S. 29470

Rüger, Konrad

Rüger, Conradus, Dr.: **Oratio** de corona navali num a Demosthene scripta sit, inquiritur. *Dresden 1900: Ramming.* (36 S.) 4°
Dresden, Wettiner G, OP 1900 (573)

Rüger, Conr. [aus Brandis]: **Prolegomena in Demosthenis quae fertur orationem adversus Olympiodorum. . . . Lipsiae, Druck v. J. Klinkhardt, 1885; 88 + 1 S. 8°.**
Leipzig, Phil. Fak., Inaug.-Diss. v. 6. Nov. 1885.

Rüger, Conr., Prolegomena in Demosthenis quae fertur orationem adversus Olympiodorum. Diss. Leipzig 1885, Gustav Fock. 8°. 88 S.

Rüger, Otto, Festschrift zum 25jähr. Bestehen des Verbandes deutscher Chokolade-Fabrikanten. gr. 8. (47 S. m. 1 Bildnistaf.) Dresden 901. (C. Heinrich.) Kart. n. 2.50

Rugeroeh, Johann (Camburg) A. S. 605/37

Disputatio inauguralis de vera sponsalium de praesenti et nuptiarum differentia.
Präs. Johann Bernhard Friese.
Jena (Gollner) 27. VII. 1711. 43 S. 29495

Ruegg, s. Rüegg.

Rüggeberg, Felix, aus Neheim a. R. (Westf.): **Synthesen mit disubstituierten Formamidinen.** ***Freiburg i. B.: Speyer & Kaerner 1904.*** (38 S.) 8°
Freiburg i. B., Phil. Diss. v. 1904

Rüggeberg, Hermann: Die **Lichenen des östlichen Weserberglandes.** Göttingen 1910: Riemschneider, Hannover. 82 S. 8° ¶ (Aus: Jahresbericht d. Niedersächs. botan. Ver. 3.)
Göttingen, Phil. Diss. v. 10. Dez. 1910, Ref. Peter
[Geb. 24. Okt. 86 Lilienthal, Kr. Osterholz; Wohnort: Hardegsen; Staatsangeh.: Preußen; Vorbildung: Gymn. Northeim Reife O. 06; Studium: Göttingen 4, München 1, Göttingen 4 S.; Rig. 6. Juli 10.] [U 11. 1534

Rüggericht, gehalten von Minos, Rhadamantus und Aeakus . . . Berlin 1786. V: *Afsprung, Joh. Michael.* (Wr) (GGr)

Ruggieri, Claude-Fortuné

Ruggieri, Handbüchlein der Lustfeuerwerkerei. Eine prakt. Anweisung zur Anfertigung aller Gegenstände der Lustfeuerwerkkunst, als: Schwärmer, Raketen, Räder rc., so wie vollständiger Land- u. Wasser-Feuerwerke. Besonders für Dilettanten. 2. Aufl. 8. (12 B. m. 29 Abbild.) Quedlinburg 845, Basse.

Ruggieri, Handbuch der Lustfeuerwerkerei. Eine praktische Anweisung, alle Gegenstände der Lustfeuerwerkekunst, als Schwärmer, Raketen, Räder, Sonnen rc. anzufertigen. Für Alle, welche sich mit dieser Kunst beschäftigen, insbesondere aber für Dilettanten. 3., verb. Aufl. Nach den neueren Werken von F. M. Chertier und L. C. Audot umgearb. 8. (XI und 268 S. mit Abbildungen auf 6 Stnt. in 4) Quedlinburg 860, Basse.

Ruggieri, Handbuch der Lustfeuerwerkerei. Eine praktische Anweisung, alle Gegenstände der Lustfeuerwerkskunst, als Schwärmer, Raketen, Räder rc. sowie vollständige Land- und Wasserfeuerwerke, anzufertigen. Für Alle, welche sich mit dieser Kunst beschäftigen, insbesondere aber für Dilettanten. 3. Aufl. 861. 15 ngr. — 4., verb. Aufl. Nach den neueren Werken von F. M. Chertier u. L. E. Audot umgearbeitet. Mit 4 (lith.) Taf. Abbildgn. (in Fol.) Quedlinburg 864. Basse. 8. (XI, 268 S.) 22½ ngr.

— u. Th. Morel. Die Pyrotechnie oder theoretisch-praktische Anweisung zur Bereitung aller Arten Feuerwerke. Mit Kpf. Leipzig 1807. 272 S.

Ruggieri, Claude-Fortuné, s.a. Pyrotechnie, Die, ...

Ruggieri, (Claude-Fortuné), prakt. Unterricht in d. Feuerwerkerkunst f. Dilettanten u. angeh. Feuerwerker. (N. d. Franz.) bearb. v. Fr. J. Hartmann. 8. (12 B. u. 29 Taf. Abbild.) Quedlinburg 832, Basse.

Ruggieri, D. Cäsar, Geschichte der durch Matthieu Lovat zu Venedig 1805 an sich selbst vollzogenen Kreuzigung; aus d. Französ. v. Jul. H. G. Schlegel. Mit 2 Kpf. gr. 8. Rudolst. 807. Klüger. 6 gr. N. A. gr. 8. Meining. 821. Keyßner. 6 gr.

Ruggieri, Odoard, de obligationibus praelectiones ad pandectas. gr. 8. (553 S.) Rom 872. (Spithoever.) n.n. 6. 50

Ruggiero, E. de, Studi sul diritto publico romano da Niebuhr a Mommsen. 1878. 136 S. 1.50

Ruggiero, Hector de, s.: Sylloge epigraphica orbis romani.

Ruggle, (Johann) Theodor

Ruggle, J. Thdr., Geschichte der Pfarrgemeinde Goßau [Kanton St. Gallen]. gr. 8. (III, 448 S.) Goßau 878. (St. Gallen, W. Hausknecht.) n. 4. —

Ruggle, Thdr., Jesus an das Herz des Jünglings. Ein Gebet- u. Erbauungsbuch für die katholische Jugend. Mit 5 (lith.) Bildern. Einsiedeln 860. Gebr. Benziger. 24. (IV, 255 S.) n. 7 ngr

Ruggle, Thdr., Jesus an das Herz des Jünglings. Ein Gebet- u. Erbauungsbuch für katholische Jünglinge. 2., verm. u. verb. Aufl. Einsiedeln 865. Gebr. Benziger. 16. (318 S. mit 5 lith. Bildern.) 7 ngr

Ruggle, Jesus an das Herz d. Jünglings. Ein Gebet- u. Erbauungsbuch f. kathol. Jünglinge. 3. verm. u. verb. Aufl. 32. (400 S. m. 2 Chromolith.) Einsiedeln 871. Benziger. — 70

Jesus an den Jüngling. Ein Gebet- u. Erbauungsbuch f. kath. Jünglinge. Bearb. von Domherrn Theodor **Ruggle**, Pfr. u. Decan. *Einsiedeln, Köln: Benziger & Co. [um 1902].* (398 S.) 8° [F.] [illegible]

Ruggle: Erziehende Tätigkeit zur Bekämpfung des Alkoholismus von Seite des Staates und der Kirche (Sittenaufsicht). Fol. 28 S. Gossau. 1883.

Ruggli, Paul, a. Montevideo: Zur Konstitution der Trithiocyanursäure und der Thiooxanilide. Weida i. Th. 1908: Thomas & Hubert. (37 S.) 8°
Leipzig, Phil. Fak., Ref. Hantzsch-Beckmann, Diss. v. 1. Juli 1908
[Geb. 26. Febr. 84 Montevideo; Wohnort: Wiesbaden; Staatsangeh.: Schweiz; Vorbildung: Gymn. Wiesbaden Reife O. 03; Studium: München 5, Leipzig 5 S.]

Rügheimer, Leop., üb. e. neuen Alkohol [Phenylpropylalkohol] im Storax u. die Producte der Einwirkg. v. Wasserstoff im status nascendi auf Zimmtalkohol. Inaugural-Dissertation. gr. 8. (30 S.) Tübingen 873. (Fues.) n. — 40

Rügheimer, Leop., über die Einwirkung von Cyankalium auf organische Halogenverbindungen. Habilitationsschrift. gr. 8. (32 S.) Kiel 881. (Lipsius & Tischer.) n. 2. —

Ruginelli, Julius Caesar

Ruginellus, Jul. Caes.: De arboribus controversis resolutionum, id est Baum-Recht, liber singularis. Cum Indice et annotationibus adauctus opera V. A. Hartmann. Norimbergae 1719.

Rügler, Alois

Die Darstellung u. Erklärung der hl. Schriften aus ihnen selbst.
2. (1.) Bd.: Die Darstellung und Erklärung der heil. Schriften des A. Bundes. Luzern, 1817—1818, 8°, 9 Mk. (1. u. 2. Teil)
3. (2.) Bd.: Darstellung der Bücher des N. Bundes. 1. Teil: Luzern, 1828; 2. Teil: Sarmensterf, 1836, jetzt Regensburg, Verl.-Anstalt, 8,50 Mk.

Rügmer, Hans: Über das Carcinom des Ductus choledochus und seine Behandlung. Würzburg 1910: Memminger. 52 S. 8°
Würzburg, Med. Diss. v. 15. Jan. 1910, Ref. Enderlen
[Geb. 5. Juni 77 Würzburg; Wohnort: Stadtlauringen; Staatsangeh.: Bayern; Vorbildung: Neues Gymn. Würzburg Reife Juli 95; Studium: Würzburg 5, München 1, Würzburg 5 S.; Coll. 9. Dez. 09; Approb. 4. April 02.]
[U 10. 4363

Rügner, Heimanus *(geb. Würbitz bei Kreuzburg in Oberschles. 25. 1. 1831)*: De rupturis perinaei sanandis. Vratislaviae (1855). (32 S.) 8°
Breslau, Med. Diss. v. 8. Sept. 1855

Rugo, August (W. G.)

Rugo, Aug., deutsche Bürger-Lieder. Weimar 855. (Kühn.) 16. (2 Bl., 76 S. u. 6 lith. S. Melodien.) n. 6 ngr

Rugo, A. W., Weimars Erinnerungen. 1—3. Hft. (Weimar. Ein Gedicht.) 8. (4 ½ B.) Weimar 839—42, (Landes-Indust.-Comptoir.) à *

Rugo, A. W., Weimar's Erinnerungen. (Gedichte.) 4—6. Hft. 12. (à 1 B.) Weimar 843, (Landes-Industrie-Comptoir.) à *
1—3. Hft. Ebendas. 1839—42. à * 10 Ngr.

Rugo, A. W., Weimar's Erinnerungen. 2.—6. Heft. 8. Erfurt 841—44. (Weimar, Landes-Ind.-Comptoir.) 2. H. n. 8 ngl 3. H. ⅓ ℔ 4.—6. H. à n. ⅓ ℔

Rugo, Aug., Weimar's Erinnerungen. 2. verm. Aufl. Zugleich als Festschrift zur Enthüllungsfeier d. Karl-August-Denkmals am 3. Septbr. 1875. 8. (VIII, 128 S.) Weimar 875. Kühn. n. 2. 50; Velinpap. n. 3. —

Rugo, A. W. G., das Hermannslied. gr. 12. Jena 832. (Frommann). 1 ℔

Ruh, Axel, rote Azaleen. Gedichte. (IV, 87 S.) 8. Dresden 904. E. Pierson. n. 1. 50; geb. n. 2. 50

Ruh, Ferd. Osw. (geb. Torgau 12. 7. 1819): De urticatione. Berolini (1847). (31 S.) 8°
Berlin, Med. Diss. v. 20. Aug. 1847

Ruh, K. A., Guirlanden um die Urnen d. Zukunft 5 Thle. Mit Kpf. 8. Leipz. 800. Joachim.

RUH, A. K., Guirlanden um die Urnen der Zukunft. Eine Familiengeschichte. 3 Bde. Mit Kupf. Prag, Jos. Polt, 1800.
Anzeige des Verlegers. — Selten!

Ruhbach, das Dörfchen, v. Steinbeck u. Vornschein. 8. Naumburg, Wilk. 809.

Ruhbaum, Bruno Carl Albert (geb. Rebenow [illegible] 1825): De diabetis mellitis natura. Berolini (1847). (25 S.) 8°
Berlin, Med. Diss. v. 23. Juli 1847

Ruhberg, Max. Ueber Zündhütchenverletzungen d. Auges. Diss. gr. 8. (28 S.) Kiel 889, (Lipsius u. Tischer). * 1 —

RUHBURG, Ritter Rudolph v., Pfaffen- und Geistergeschichte der grauen Vorwelt. 2 Thle. Mit TKpf. Hamburg, bey Gfr. Vollmer 1809. 8°. (6 Mk. Hugo Streisand, Berlin, 1908.)
Oft von mehr als naiver Freiheit.

Ruhdel, Armin. (geb. Pr.-Eylau 1823): De ophthalmia scrophulosa. Berolini (1840). (25 S.) 8°
Berlin, Med. Diss. v. 26. Juni 1840

Ruhdel, Max, Referendar in Zinten, Ostpr.: **Die Einrede des nicht oder nicht gehörig erfüllten Vertrages nach dem** Bürgerlichen Gesetzbuche. *Borna-Leipzig 1903: R. Noske.* (IX, 46 S.) 8°
Leipzig, Jur. Diss. v. 1903

Ruhe [Sachliches OW]

Ruhe, die. Eine Betrachtg. Aus „Graphes of Eshcol". Ins Deutsche übertr. v. Herm. Landahl. 12. (16 S.) Elberfeld 894. Th. Heinrich. — 15

Ruhe u. Frieden, d. Christen, im Gebete zu Gott. Katholisches Gebet- u. Erbauungsbuch, besonders f. ältere Leute, welche dereinst nach den Mühen u. Leiden d. ird. Lebens die ew. Freuden d. Himmels zu erlangen wünschen. gr. 16. (416 S. m 3 Steintaf.) Einsiedeln 875. Eberle, Kälin & Co. — 71

Ruhe in Christo oder das Crucifix und das Kreuz. Aus dem Engl. Herausg. von Fr. Mallet. Bremen 859. Strack. 8. (16 S.) 3 ngr.

Ruhe des Cyrus. Leipzig 1734. V: *Pernetti, Jacques.* (Barbier) (Myl)

Ruhe, die, des Cyrus, od. Gesch. u. Leb. v. 16n bis 40n Jahre desf. 8. Leipz. 735.

Ruhe, die, des Cyrus, od. Geschichte u. Leben desselben von seinem 16n Jahre an; aus d. Französ. Mit Kpf. 2e Aufl. 8. Wismar 769. (Bödner in Schwerin). 12 gr.

Ruhe des jetzt lebenden Europa, dargestellt in Samml. d. neuest. europ. Friedensschlüsse, wie dieselbe unt. Regierung — Carls VI. — v. d. Utrecht. Frieden an bis auf dieses 1726. J. zum Vorschein gekommen, d. Originaltext nach emendirt u. zuverlässig, nebst guter u. verbess. Uebersetz. d. mehrsten Stücke, auch kurz. Inhalt u. Summarien, wie nicht weniger m. Remissionen, Anmerkk. u. Registt. zu ein. jeden tägl. Gebr. als e. polit. Manualbuch ausgefertigt. I. u. II. Abth. d. Ruhe geg. Frankreich u. Spanien enthalt. *Coburg.* 726. 4.

Ruhe d. jetzt leb. Europa, od. d. neuest. u. merkwürdigst. europ. Friedenshandll., Commercientractate, Neutralitätsacten, Waffenstillstände, Conföderatt., Allianzen, Guarantieen, nebst and. publiquen Sanctionen u. Urkunden, die zwisch. Kaisern, Königen, Kurfürsten, Fürsten, Republiken u. and. europ. Puissancen zeither erricht. worden; z. Erläut. d. gegenw. Conjuncturen in Europa, bes. der Historie dies. 18. Saeculi, zu näh. Einsicht ein. Staats jetztmal. Verfass., Interessen u. Gerechtsamen; nach d. Originaltext m. Uebersetzz., Summarien u. Anmerkk., wie auch e. Hauptindice u. chronolog. Reg. exhibirt v. J. J. Zincken. III. u. IV. Abtheil. d. Frieden im Orient u. Norden betreff. *Eb.* 727. 4.

Ruhe des jetztlebenden Europa, dargestellt in Sammlung der neuesten Europäischen Friedensschlüsse . . . Coburg 1726—27. H: *Christ, Johann Friedrich* (Myl) & *Zinke, Joh. Jac.* (ML)

— des jetzig lebenden Europa ꝛc. s. Zincken.

Ruhe und Friede in Gott. Katholisches Gebet- u. Andachtsbuch von einem Pfarrer der Erzdiöcese Cöln. M.-Gladbach 862. Riffarth. 12. (VI, 354 S. u. 1 Stahlst.) 12½ ngr.

Ruhe u. Frieden in Gott. Vollständiges Andachtsbuch in kurzen Gebeten besonders für beschäftigte Christen, die nicht lange beten können. 16. (480 S. m. 2 Bildern.) Einsiedeln 879. Benziger. — 70

Ruhe und Frieden in Gott. Vollst. Andachtsbuch in kurzen Gebeten, bes. f. beschäftigte Christen, die nicht lange beten können. *Einsiedeln, Köln: Benziger & Co. [um 1902].* (480 S.) 8° [F.] [03. 14314

Ruhe die, des Glaubens. 28 Stn. 38. Basel, C. F. Spittler. 1875. —. 10

Ruhe in Gott. Vollständiges Gebet- u. Andachtsbüchlein für katholische Christen. Einsiedeln 867. Gebr. Benziger. 16. (384 S. mit 3 chromolith. Bildern.) 4½ ngr.

Ruhe in Gott! Ein Gebet- u. Erbauungsbuch f. katholische Christen aller Stände. 12. (384 S.) Winterberg: Steinbrenner 1889. —.35

Ruhe in Gott. Vollst. Gebet- u. Andachtsbuch f. kath. Christen. 28. Aufl. *Einsiedeln, Köln: Benziger & Co. (1902).* (384 S.) 8° [F.] [03. 14315

— die, a. d. Lande. s. Schmaling.

Ruhe sanft! Sammlung der schönsten u. besten Grabschriften f. alle vorkomm. Fälle. 12. (32 S.) Wien 894. (Leipzig. Literar. Anstalt A. Schulze.) n. —40

Ruhe, Die, im Soldatenstande, oder verschiedene Abhandlungen moralischen Inhalts. Breslau 1776—77. V: *Bernhard, Johann Michael.* (Ky) (MGT) (ML)

— die, im Soldatenstande, (v. Jh. Mch. Bernhard). 2 Thle. 8. Bresl. 776, 77. (Gosohorsky). 1 ℛ 12 gr.

— die, im Soldatenstande. 2 Thle. 8. Breslau, Meyer. 776. (1r 5 gr. 2r 6 gr.)

Ruhe, die, des Sonntags. Ein Heilmittel für Leib und Seele. Von J. J. 16 S. 8. Basel, C. F. Spittler. 1876. —. 10

Ruhe, Die, nach der Unruhe. Magdeburg 1742. V: *Münchhausen, M. S. von.* (BMarsch 470)

Ruhe, Die von unserm Herrn . . . versprochene, der Seelen, in einer Fest-Andacht betrachtet. Kronstadt 1711. V: *Fronius, Marc.* (Bibl. d. ev. Landeskirche in Siebenb. Hermannst. 1889.

Ruhe, Die wiederhergestellte, oder die gecrönte Tapferkeit des Heraclius . . . O. O. 1712. V: *König, Johann Ulrich von.* (Schr)

Ruhe [Verfasser]

Ruhe, Alfred, Direktor Prof. Dr.: Bericht über die am 23.—25. August 1904 veranstaltete Elfhundertjährige Jubelfeier des Königlichen Gymnasiums Carolinum in Osnabrück. Osnabrück 1905: F. Nolte. (34 S.) 4°
Osnabrück, k. G Carolinum P 1905 (373)

Ruhe, *Alfred* Schillers Einfluſs auf die Entwickelung des deutschen Nationalgefühls. 4 (S. 3—34). II. Teil. 4 (S. 3—30).
Progr. G. *Meppen* 1887 (296). 1889 (300).

Ruhe, **Alfr., Schillers Einfluss auf die Entwickelung** des deutschen **Nationalgefühls.** 1. und 2. Heft. gr. 4. (34; 30 S.) Meppen 887,89. (Leipzig, Fock.) à Heft * 1 50

Ruhe, *Alfred* [Prof. Dr.]: Schillers Einfluss auf die Entwickelung des deutschen Nationalgefühls. III. Tl. (Forts. d. P-Beil. 1887. 89.) Meppen, Druck v. H. Wegener, 1892; 3—19 S. 4.
Meppen, k. G, OP 1892 (312)

Ruhe, A. **Schillers Einfluss** auf die Entwickelung d. deutschen **Nationalgefühls.** 3. Tl. Progr. gr. 4. (19 S.) Meppen 892. (Lpz., Fock.) * 1 50
1. u. 2. Heft. (Ebd.) 1887,89. à * 1 50.

Ruhe, [Alfred], Dir. Prof.: **Die Feier des 250jährigen Bestehens des Gymnasiums (Umschlagt.: Bericht über die Jubelfeier des k. Gymnasiums zu Meppen am 9.—10. Sept. 1902.)** *Meppen 1903: H. Wegener.* (21 S.) 4°
Meppen, k. G, OP 1903 (362)

Ruhe, Alfred: Geschichte des Königlichen Gymnasiums zu Meppen. Zur 250jährigen Säkularfeier der Anstalt bearbeitet. 125 S., 5 Taf. 8. **Progr.** Kgl. Gymn. *Meppen* 1902.

Ruhe, Alfred, Dir. Prof. Dr.: **Geschichte** des Königlichen Gymnasiums zu Meppen. *Meppen 1902: H. Wegener.* (125 S.) 8°
Meppen, k. G, Festschr, 1902

Ruhe, Alfred, Referendar: **Zur Lehre von der Klage auf den Notweg** aus **§§ 917 BGB. Borna-Leipzig 1909: Noske.** IX, 44 S. 8°
Leipzig, Jur. Diss. v. 22. Mai 1909
[Geb. 31. Aug. 80 Langendreer; Wohnort: Hagen i. W.; Staatsangeh.: Preußen; Vorbildung: Kaiser-Wilhelms-Gymn. Hannover Reife M. 01; Studium: München 4, Münster 4 S.; Rig. 22. Mai 09.] [U 09. 2654

Ruhe, Alfr. De ornamentis elocutionis, quibus in componendis carminibus usus est Horatius. 18 S. **Progr.** *Coesfeld* 1879.

Ruhe, Alfr., quaestiones Horatianae quum de carminum forma venusta generatim, tum separatim de carm. 1, 22. III, 8. condicione genuina institutae. Dissertatio philologica. gr. 8. (47 S.) Münster 873. (Mitsdörffer.) n. — 50

Ruhe, C.

Ruhe: De Agamemnone Aeschyleo, 19 S. – Rheine, Progr. 1864

Ruhe, C. F., Philologiae numismatico-latinae specimen I et II. Francof. 708. 4. 5 gr. Jetzt 16 gr.

Ruhe, H. A., Eugen Aram oder das Verbrechen als Gegenstand der Kunst mit Bezug auf Thomas Hood u. E. L. Bulwer. Bromberg 861. Levit. gr. 8. (55 S.) n. 10 *ngr.*

— s. Hood, Thom., Eugen Aram's Traum.

Ruhe, A., Herr Prof. Rötscher als Dramaturg. gr. 8. (3¾ B.) Bromberg 846, Levit.

Ruhe, H. A., s. Shakespeare, W.: Hamlet.

Ruhe, Heinrich

Ruhe, Heinr. (Car.) (geb. Strobeck bei Halberstadt 19. 2. 1838): De diphtheritide. Berolini (1864). (32 S.) 8°
Berlin, Med. Diss. v. 17. März 1864

Ruhe, Heinr., unrecht Gut gedeihet nicht. Kriminal-Roman — Bis ans schlimme Ziel. Kriminal-Novelle. (96 S. 8. Neuweißensee (905). E. Bartels. 1. —

Ruhe, Herm., vom schönen Harz! Gedichte. M. e. Geleitwort von Jul. Stinde. Mit 20 Vollbild. aus dem Harze u. zahlr. Vignetten. 8. (71 S.) Harzburg 896. R. Stolle. 1. 20; kart. 1. 60; geb. in Leinw. 2. —

— „Klingende Saiten". Gedichte. 8. (VII, 145 S.) Dresden 897. E. Pierson. n. 2. —; geb. n. 3. —

Rühe, Ernst *Louis Friedrich* **[pr. Arzt aus Stettin]: Aus d. patholog. Institut zu Marburg. Anatomische Beschreibung eines menschlichen Janiceps asymmetros nebst Versuch e. genet. Erklärg** ... M. 2 Text-Abb. u. e. Taf. ... Marburg, *Druck v. M. Schmersow, Kirchhain N.-L.*, **1895; 2 Bl., 36 S., 2 Bl., 1 Doppeltaf. 8.**
Marburg, Med. Fak., Inaug.-Diss. v. 23. Apr. 1895

Rühe, Ernst, anatom. Beschreibg. e. menschlichen Janiceps assymetros, nebst Versuch e. genet. Erklärg. Diss. gr. 8. (39 S. m. 2 Abb. u. 1 Taf.) Marburg 895. (Berlin, O. Nauck.) n. 1. —

Rühe, Rob., ein weltgeschichtl. Ereignis. (84 S.) 8. Berlin 908. Herm. Walther. 1. 50

Ein weltgeschichtliches Ereignis. Von Robert **Rühe**. Berlin: Walther 1909. 84 S. 8° [09. 10703

Ruhegehälter, die, der bayer. Staatsbeamten nach d. Beamtengesetze v. 15. VIII. 1908 nebst Anleitg. zur Berechnung der Witwen- u. Waisengelder. Kurze Zusammenfassg. der wichtigsten Bestimmgn. üb. die Ruhegehälter der Beamten u. d. Witwen- u. Waisengelder, nebst e. tabellar. Übersicht üb. die berechnet. sämtl. Pensionen der Staatsbeamten. (16 S.) 8. München 908. K. Beck (L. Halle). — 40

Die preussische Ruhegehaltszuschusskasse und Unterstützungskasse für mit Ruhegehaltsberechtigung angestellte Lehrerinnen, ihre Entstehung u. Einrichtung nebst e. tab. Nachw. üb. d. Leistungen d. Kasse i. d. nächsten 25 Jahren. — Hrsg. v. Kassenvorst. — Berlin 1899. 23 S. 8°

Ruheims (nicht Rubbeins) Reisen ins Sächsische Erzgebirge. 8. Leipzig, Kuhn'sche Buchh. 805.

Ruhelohn und **Hinterbliebenenfürsorge** für die städtischen Arbeiter. Nach d. Bestimmungen einer Anzahl deutscher Städte. Im Auftr. d. Magistrats bearb. v. Statist. Amt. Kiel 1907: Vollbehr & Riepen. 29 S. 4°
(Mitteilungen d. Statist. Amts d. Stadt Kiel. Nr 7.) [09. 11203

Ruhemann, Alfr., die Barbier-Rose, s. Bücherei, lustige.

— General Boulanger, „der Reformator der französischen Armee". Lebensbild des französ. Kriegsministers, nach den besten und neuesten Quellen bearb. 1. und. 2. Aufl. gr. 8. (76 S. mit Bild.) Berlin 887, Walther und Apolant. * 1 50

Ruhemann, Alfr., Franz Courtens. Ein Leitwort. (28 S. m. Abb. u. 34 Taf.) Lex. 8. Brüssel 909. G. van Oest & Co. Kart. 3. —

Ruhemann, Alfr., s.: Roma.

Ruhemann, Alfr., Joseph Viktor v. Scheffel. Sein Leben u. Dichten. Mit J. V. v. Scheffels Portr., in Lichtdr. ausgeführt, 1 Faksm. u. 7 in den Text gedr. Illustr. 8. (VIII, 364 S.) Stuttgart 887. Bonz & Co. n. 3. 60; geb. n. 4. 80

Ruhemann, Alfred: Die Pontinischen Sümpfe. Ihre Gesch., ihre Zukunft. Nebst e. Orientirungskarte. Leipzig: C. G. Naumann 1900. (196 S.) 8°
= Kennst du das Land? Bd 15.

Ruhemann, A., Verbrecher, siehe Ferriani

(Nord-Süd-Brenner-Express.) Wintertage im Süden. Reise-Plauderei von Alfred Ruhemann. *(Berlin: Internat. Schlafwagen-Ges. 1900.)* (35 S.) 4° [Kopft.] [01. 9582

— Julius Wolff u. seine Dichtungen, s.: Dichter, deutsche, der Gegenwart.

Ruhemann, Arnold [aus Berlin]: Das p-Xylalphtalid und die Synthese des '(β)'-p-Tolylisochinolins aus demselben ... Berlin, Buchdr. v. A. Scholem, *1892;* 53 S., 1 Bl. 8.
Berlin, Phil. Fak., Inaug.-Diss. v. 8. Juli 1892

Ruhemann, Erich, Gerichtsrefer.: Der Begriff der materiellen Einrede. Marburg 1908. 73 S. 8°
Marburg, Jur. Diss. v. 30. Sept. 1908, Ref. Leonhard
[Geb. 2. Jan. 86 Frankfurt a. M.; Wohnort: Frankfurt; Staatsangeh.: Preußen; Vorbildung: Lessing-Gymn. Frankfurt Reife O. 05; Studium: Bonn 2, Berlin 2, Marburg 2 S.; Rig. 24. Sept. 08.] [U 09. 3138

Ruhemann, Heinrich, appr. Arzt zu Berlin: Zur Geschichte der künstlichen Eröffnung des schwangeren und gebärenden Uterus. (Mit Ausschluß des Kaiserschnittes.) Leipzig 1905: B. Georgi. (43 S.) 8°
Leipzig, Med. Fak., Ref. Zweifel, Diss. v. 4. Juli 1905
[Geb. 23. Dez. 80 Culm, Westpr.; Wohnort: Berlin; Staatsangeh.: Preußen; Vorbildung: Gymn. Culm Reife M. 99; Studium: Berlin 1, München 1, Freiburg i. B. 2, Würzburg 1, Freiburg i. B. 1, München 2, Würzburg 1 S.; Coll. 7. Juli 05; Approb. 7. Juli 04.]

Actiologie und Prophylaxe der Lungentuberkulose. Von Dr. J[akob] Ruhemann, Arzt in Berlin. Mit 13 Kurventab. *Jena: G. Fischer 1900.* (88 S.) 8° [00. 10916

Ruhemann, J[ac.] H. (geb. Berlin [11. 6. 1861]): Beiträge zur Epilepsie Berlin 1884. (32 S.) 8°
Berlin, Med. Diss. v. 26. Apr. 1884

Neuere Erfahrungen über die Influenza. Von Dr. J[akob] Ruhemann in Berlin. *Berlin: Fischer 1900.* (19 S.) 8°
= Klinik, Berliner. H. 147. [00. 9276

Ruhemann, J., die Hysterie. Ihr Wesen und ihre Behandlung. Populäre Darstellung. gr. 8. (50 S.) Berlin 886, [Steinitz und Fischer.] H. Steinitz. * 1 50

Die endemische (sporadische) Influenza in epidemiologischer, klinischer und bakteriologischer Beziehung. Von Dr. J[akob] Ruhemann, (Berlin). *(Berlin, Wien: Urban & Schwarzenberg 1904.)* (88 S.) 8°
= Klinik, Wiener. 1904, 1. 2. [04. 1979

Ruhemann, J., die endemische (sporadische) Influenza in epidemiolog., klinischer u. bakteriolog. Beziehung (88 S.) gr. 8. Wien 904. Urban & Schwarzenberg.
Sonderabdruck aus: „Wiener Klinik". n. 2. —

Ruhemann, J. Die Influenza im Winter 1889/90, nebst e. Rückblick auf die früheren Influenzaepidemieen. Von der Berliner Hufeland'schen Gesellschaft preisgekrönte Schrift. gr. 8. (V, 188 S.) Lpz. 891, G. Thieme. * 3 —

Ist Erkältung eine Krankheitsursache und inwiefern? Von d. k. k. Ges. d. Aerzte in Wien preisgekr. Schr. v. Dr. J[ak.] Ruhemann, pr. Arzt in Berlin ... *Leipzig: G. Thieme 1898.* (2 Bl., 151 S., 8 Tab.) 1 Bd 8. [98. 6219

Ruhemann, J., s. Weber, Rich.

Ruhemann, J., die Wechseljahre der Frau. Hygiene, Diätetik u. Behandlung. (138 S.) 8. Berlin 908. H. Steinitz. 2. —

Ruhemann, Konrad [aus Zempelburg in Westpreussen]: Über Lungensyphilis .... Berlin, Buchdr. v. Gustav Schade (Otto Francke) (1888); 40 S. + 1 Bl. 8°
Berlin, Med. Fak., Inaug.-Diss. v. 8. März 1888

Ruhemann, Konr., über Lungensyphilis. Inaugural-Dissertation. gr. 8. (40 S.) Berlin 888. (Leipzig, Fock.) * 1 —

Ruhemann, S., s.: Hauslexikon, medizinisches.

Ruhemann, Siegfr. (geb. Johannisburg in Ostpr. 4. 1. 1859): Beiträge zur Kenntniss der Di- und Triamine der aromatischen Reihe. Berlin 1881. (30 S.) 8°
Berlin, Phil. Diss. v. 22. Dez. 1881

Ruhemann, Wolff [aus Berlin]: Über Chorea gravidarum. ... Berlin, Buchdr. v. Gustav Schade (Otto Francke) (1889); 88 S. + 1 Bl. 8°
Berlin, Med. Fak., Inaug.-Diss. v. 6. Apr. 1889

Ruhepunkte auf meinen Reisen durch das Salzburgische, Kärnthen, Krain ... Friedberg [Frankfurt] 1806. V: *Bornagius, J. C.* (wr)

Ruhepunkte auf meinen Reisen durch das Salzburgische, Kärnthen, d. Littorale in d. J. 1796—97. 8. Frankf. a. M. 806. Gebhardt u. K. 16 gr

Ruhestands-Schematismus der österreichisch-ungarischen Armee f. 1906. Abgeschlossen m. 18. VI. 1906 Nach amtl. Quellen red. u. hrsg. v. Jar. Parall 1. Jahrg. (XII, 330 S. m. 1 Bildnis.) 8. Graz, Verlag des Armee-Ruhestands-Schematismus (Jar. Parall.) (Nur direkt) Geb. in Leinw. n.n. 7. —

Ruhestands-Schematismus der österreichisch - ungarischen Armee für 1908. Gr.-8°. (XVI, 549 S.) † K 7.—
Wien: Seidel.

Ruhestands-Schematismus der österreich.-ungar. Armee f. 1910. Nach amtl. Quellen red. u. hrsg. v. Jaro Parall. 3. Jahrg. (XXIV, 595 S. m. 1 Bildnis.) 8. Graz 910. Wien, L. W. Seidel & Sohn.
Geb. in Leinw. nn 7. —

Ruhestätte, Feldmarsch. Graf Radetzky's — auf dem Heldenberge im Schlossparke zu Wetzdorf. Von einem steyrischen Grenadier. *Wien* 1858. *Wallishausser'sche* Buchhandl. *(Jos. Klemm.)* Druck von Demselben. 8. I – VIII, 9 – 44, 1 Bl. 8°. 30 kr.

Ruhestaette der Zärtlichkeit einiger Liebenden, aus Originalbriefen. Halle 1780. 2. Aufl. Halle 1790. V (nicht): *Braun, Joh. Adam.* V: *Gödicke, Andreas.* (BGE VI², 570)

Ruhestätte der Zärtlichkeit. Halle 1789. 2. Aufl. 1791. V: *Gödicke, Frdr.* (Ky)

Ruhestätte d. Zärtlichkeit einiger Liebenden, aus Originalbriefen, (v. Gödicke.) m. K. 8. Halle, Hendel. 791.

Ruhestunden, Freunden des Angenehmen, Nützlichen und Neuen gewidmet. Zittau 1787—90. V: *Gürnth, Georg Samuel.* (Ky)

Ruhestunden, Freunden des Angenehmen, Nützlichen u. Neuen gewidmet (von G. S. Gürnth). 2 Bde. 8. Zittau (787—90.) Schöps. 1 ß 4 gr

Ruhestunden, od. dramat., novellist. u. poet. Aufsätze v. E. E—Philotas. 1. Bdchn. 8. (9¼ B.) Danzig 830, (Gerhard.)

— oder dramat., novellist. u. poetische Aufsätze, v. E. E. Philotas, 1s Bdchen. 8. Danzig 831. (Gerhard). 16 gr

Ruhestunden, Bützowsche, gesucht in mecklenburgischen vielentheils bisher noch ungedruckten zur Geschichte und Rechtsgelahrtheit vornehmlich gehörigen Sachen. Bützow 1761—67. V: *Mantzel, Ernst Joachim Friedrich.* (Bachmann, Mecklenburg. Güstrow 1889.)

— f. Frohsinn u. häusl. Glück, herausg. v. Nachtigall und Hoche. 4 Bde. 8. Frft. Willmanns. 799-802. (à 1 Rthlr. 8 gr.)

— — ders. 5r u. 6r Bd., od. neue Ruhestund. 1r 2r Bd. 8. Ebend. 803-4. (à 1 Rthlr. 8 gr.)

RUHESTUNDEN für Geschäftsleute oder Auswahl unterhaltender Erzählungen. 7 Bde. Germanien (Sommer in Leipzig.) 1796.
Sehr selten, besonders cplt.! — Weller, fing. Druckorte.

Ruhestunden für Geschäftsleute, od. Auswahl unterhalt. Erzählungen. 7 Bde. 8. Leipz. 799. (W. Nauck). 2 ß 8 gr

— eines Greises am nahen Grabe. 8. Hannov. 815. Hahn. 6 gr

— Künstlers, eine gemeinnütz. Zeitschrift für Künste u. Wissenschaften; hrsgg. v. K. W. Schimming. 1r—4r Bd. jeder in 26 Numm. Mit Abbildd. gr. 8. Halle 831—32. Schimmelpfennig. (à 1 ß) 4 ß

Ruhestunden, Künstlers, eine gemeinnütz. Zeitschrift für Künste u. Wissenschaften. Herausg. von K. W. Schimming. 5r—8r Bd. à 6 Hfte. Mit Steintafeln. gr. 8. Halle 833, 34. Schimmelpfennig. (à n. 1 ß) 4 ß

— f. Leser v. Geschmack u. Gefühl. 8. Leipz. 800. (W. Nauck).

— f. Leser v. Geschmack u. Gefühl. 8. Lpz. Sommer. 800.

Ruhestunden für Leser v. Geschmack u. Gefühl. 2 Bde. 8. Leipz. Sommer. 816.

Ruhestunden für Moral und Religion aus den vorzüglichsten Dichtern des 18. und 19. Jahrhunderts, ein Verstärkungsmittel der Geistes- und Herzenserhebung für alle Stände. 1—4. Th. Altona. 1820.

Ruhestunden für Moral und Religion aus den vorzüglichsten Dichtern und Prosaisten des achtzehnten und neunzehnten Jahrhunderts. Ein Hausbuch für alle Stände. 4 Theile. 8. Altona, Hammerich. 820.

Ruhestunden für Moral und Religion, aus den vorzüglichsten Dichtern... Altona 1820. H: *Pinckvoss, Christian Gottlob.* (GGr) (LS)

Ruhestunden, Wallmonts, in seiner ländlichen Hütte. Leipzig 1798. V: *Kleine, Anton Frdr.* (Ky) (MGT) »Wallmonds« (Adel)

Ruhetag, der, u. seine fortdauernde Geltung nach der Schrift dargelegt u. begründet v. e. Württemb. Theologen. [Aus d. „Deutschen Wacht".] gr. 8. (16 S.) Duchcrow 872. (Berlin, Beck.) n. — 20

Ruhethal, das, e. Erzähl. f. d. Jugend. Von e. Landgeistlichen. 2 Bdchn. 1. u. 2. Aufl. 12. (à 7 B.) Aachen 837 u. 38, 41, Cremersche Buchh. à ⅓ Thlr.
Aus: Kleine, wohlf. kathol. Bibliothek, besond. abgedruckt.

Ruhethal, das, eine Erzählung für die Jugend. Von einem Landgeistlichen. 2. Aufl. (Aus der wohlfeilen kathol. Bibliothek besonders abgedruckt.) 12. Aachen 841, Cremer'sche Buchh. (Cazin.) ¼ ß

Lange, Joh. Christian [Präs.] u. Georg Adolf Rühfel [Resp.]
Schediasma academicum de eo quod est moris novissimi in republica literaria: sive Von der neuesten Mode bey der Gelehrten Welt.
Giessae [20.] Sept. 1712: Vidua J.R. Vulpii. 28, (4) S. 4°
pro consequendo magisterii gradu

Lange, Joh. Christian [Präs.] u. Georg Adolf Rühfel (Winninga Mosellanus) [Resp.]
Schediasma academicum de eo quod est moris novissimi in republica literaria: sive Von der neuesten Mode bey der Gelehrten Welt. [Diss. v. 20. Sept. 1712]. Editio secunda.
Gissae 1714: Joh. Reinh. Vulpius. 28, (4) S. 4°
pro consequendo magisterii gradu

Liebknecht, Joh. Georg [Präs.] u. Joh. Georg Rühfel (Nidda) [Auctor et Resp.]
De patrum ecclesiasticorum nomine, numerandi ratione et auctoritate epicheremata historico-theologica.
Gissae August 1746: Joh. Müller. [24] S. (= Sign. [a]^2, C^4, D^4,).(^{2}) 4°
pro exercitio in cathedra theol.

Rühfel, Joseph: Die Belesenheit von Thomas Nash. München: Manz 1911. 48 S. 8°
München, Phil. Diss. v. 15. Mai 1907. Ref. Schick, Breymann
[Geb. 21. Sept. 78 Straßberg b. Augsburg; Wohnort: Altkirch, Oberelsaß; Staatsangeh.: Bayern; Vorbildung: Stephans-Gymn. Augsburg Reife Juli 99; Studium: Augsburg Lyz. 2, München 8 S.; Rig. 15. Mai 07.] [U 11. 3843

Rühfel, J., Geschichte d. Dorfes Straßberg bei Augsburg. Mit 1 Illustr. „Schloß Straßberg". (V, 155 S.) 8. Augsburg (910). Lampart & Co. 1.80

Ruhfus, Lud(ovic). Theod(or). Christ(ian).: De lienis pathologia adnotata quaedam. Halae (1819): Grunert. 36 S. 8°
Halle-Wittenberg, Med. Diss. v. 20. Nov. 1819
Geb. Dortmund 1794 [vielmehr: 28. 9. 1793]. V.
Verf. erlebte das goldene Dr.-Jubiläum 1869 als Arzt in Dortmund.

Ruhfus, Moritz

Rvhfvs, Mavritivs (geb. 1837 in Hörde Westf.): Theses defendendae ... Bonnae, form. C. Georgi (1866). 2 Bl. 8. ¶ Die Diss. [Thema unbekannt] scheint nicht erschienen zu sein.
Bonn, Med. Fak., Thes. v. 8 Juni 1866.

Ruhfus, Moritz Albert

Ruhfus, Mauritius Albertus: De epistaxi. Halae (1828): Gebauer. 38 S. 8°
Halle-Wittenberg, Med. Diss. v. 6. Sept. 1828
Geb. Bentheim (Westf.) 26. 4. 1806. V.
Verf. erlebte die Diplomerneuerung 1878 als Sanitätsrat und Ratsherr in Hoerde (Westf.).

Ruhfus, Wilhelm [aus Dortmund]: Die Stellung des Verbums im althochdeutschen Tatian ... Dortmund, Druck v. F. W. Ruhfus, 1897; 2 Bl., 77 S., 1 Bl. 8.
Heidelberg, Phil. Fak., Inaug.-Diss. v. [28. Juni] 1897

Ruhig, Friedrich, a. Bruchsal: Über die Einwirkung von Äther und Aluminiumchlorid auf α-Napthylamin. Gießen 1905: v. Münchow. (38 S.) 8°
Gießen, Phil. Fak., Ref. Naumann, Diss. v. 28. Jan. 1905
[Geb. 9. Aug. 76 Bruchsal; Wohnort: Mannheim; Staatsangeh.: Baden; Vorbildung: Realgymn. Mannheim Reife O. 96; Studium: Karlsruhe T.H. 2, Heidelberg 3, Gießen 2, Heidelberg 8 S.; Rig. 14. Nov. 04.]

Ruhig, Johann Georg

Ruhig, Jh. Geo., († 1782.) Geographie f. Jünglinge. 3 Thle. 8. Berl. 783. (Sander). 16 gr.

Ruhig, Ph., Lithauisch-deutsch. u. deutsch-lithauisch. Lexikon. 8. Königsb. 748.

Auch eine Festschrift für Rudolf v. Bennigsen von Christian **Ruhigblut**. Leipzig: Akad. Buchh. 1894. 47 S. 8° [11. 4042]

Ruhigblut, Chrn., s. a. Auch e. Festschrift f. Rudolf v. Bennigsen.

Ruhkopf, Fr. Er., s. Caesar, G. J.: De bello gallico.

Ruhkopf et **Seebode**; Corpus historicorum, vide Corpus.

— Erinnerungen aus d. Leben des am 5. April 1808 verstorb. Konrektors Gerh. Hnr. Schaaf. 8. Bielefeld (808.)

Ruhkopf, F. E., Gesch. des Schul- und Erzieh.-Wesens in Deutschl. 1r Thl. 8. Brem. Willmans. (Müller.) 793.

Ruhkopf, F. E., Geschichte des Schul- und Erziehungs-Wesens in Deutschland von der Einführung des Christenthums bis auf die neuesten Zeiten. Th. 1. Bremen 1794. 8. . . . .

Ruhkopf, Fr. Er., († d. 2. Jan. 1821.) Geschichte des Schul- u. Erziehungswesens in Deutschland. 1r Thl. 8. Brem. 794. 1 rthl. (Heyse). 12 gr.; auch bei Dyck in Leipz. 1 rthl.

Ruhkopf, Fr. Er., s. Köppen, J. H. J.: Anmerk. zu Homer's Iliade.

— u. C. A. Kärcher, latein.-deutsches u. deutsch.-latein. Schul-Wörterbuch. gr. 8. Leipz. 822. Hahn. 1 rthl. 16 gr. Hbg. Pr. 12 gr.

—— s. Senecae Opera, et ejusd. physikal. Untersuchungen. — Vellejì Paterculi hist. rom. — Virgilii, Opera.

Ruhkopf, Julie, Aurora. Novellen für die reifere Jugend. Mit 8 (lith. u.) color. Bildern. Berlin (855.) Winckelmann. 8. (327 S.) 1 rthl. 7½ ngr.

Ruhkopf, Julie, ein Dachstübchen. Lebensbild für die reifere Jugend. br. 8. (180 S. mit 6 lithogr. Illustr. in Tondr.) Glogau 858, Flemming's Verlag.

—— s. Für junge Herzen.

—— zur Großmutter. Ein Geschichtchen. Aufmerksamen Kindern erzählt. br. 8. (V und 86 S. mit 8 chromolithogr. Illustr. von Rud. Geißler.) Glogau 861, Flemming's Verlag. -

Ruhkopf, J., der kleine Indier, s. Meinhold's Volks- und Jugend-Bibliothek.

—— Irene, s. Irene.

— der gute Kamerad. Erzählungen für das Alter von 11 bis 14 Jahren. Mit (3 lith. u.) color. Bildern. Leipzig (857.) Friese. 16. (2 Bl., 103 S.) 15 ngr.

Ruhkopf, Julie, s.: Mutterwort, e.

Ruhkopf, Julie, Räthselkranz für Alt und Jung. 16. (IV und 140 S.) Glogau 861, Flemming's Verlag. Thlr.

Ruhkopf, Julie, Saatkörner. Sechs Geschichten f. die lieben Mädchen von 8 bis 10 Jahren. Mit 4 color. Bildern. br. 8. (III, 115 S.) Dresden 873. H. J. Naumann. geb. n. 2. —

— Schlüsselblumen. Drei Erzählungen für das Alter von 11 bis 14 Jahren. Mit (4 lith. u.) color. Bildern von C. Zimmermann. Leipzig (856.) Friese. 4. (2 Bl., 156 S.) 20 ngr.

Ruhkopf, Julie, Schwalben. Drei Erzählungen für das Alter von 11 bis 14 Jahren. Mit (4 lith. u.) color. Bildern von C. Zimmermann. Leipzig (856.) Friese. 4. (3 Bl., 154 S.) 20 ngr.

Ruhkopf, Julie, Gretchens Sommertag. Guten kleinen Kindern erzählt. Mit 8 (lith. u. color.) Illustr. Glogau 859. Flemming. 16. (82 S.) n. 10 ngr.

—— kleine Thierfreunde. 6 Erzählungen für das Alter von 7 bis 10 Jahren. Illustrirt von Carl Fröhlich. gr. 8. (III und 96 S. mit eingedr. Holzschn. und in Holz geschn. Titel.) Leipzig 856, Friese.

— zehn Thüren. Eine Erzählg. f. die Jugend. Mit 4 (chromolith.) Bildern v. Leop. Venus. 8. (118 S.) Glogau 874. Flemming. 1. 50

—— Undank ist der Welt Lohn. Lebensbild für die reifere Jugend. 16. (105 S. mit 3 Stnt. in Tondr.) Glogau 859. Flemming's Verlag.

Ruhkopf, Julie, was die Mühle plaudert. Erzählung. 8. (40 S.) Gütersloh 877, Bertelsmann. * — 40

Was die Mühle plaudert. Erzählung von Julie **Ruhkopf**. Gütersloh: C. Bertelsmann [1907]. (16 S.) 8° [Umschlagt. F.]
— **Schneeflocken**. 60. [07. 14127]

—— wie Hänschen durch den Wald kam. Guten kleinen Kindern erzählt. 16. (77 S. mit 8 lithogr. und ill. Bildern.) Glogau 858, Flemming's Verlag.

—— Wild und Zahm. Drei Erzählungen für Kinder von 6 bis 10 Jahren. Illustrirt von Carl Fröhlich. gr. 8. (III und 92 S. mit eingedr. Holzschn.) Leipzig 857, Friese.

—· Zahm und Wild. Drei Erzählungen für Kinder von 6—10 Jahren. Illustrirt von Carl Fröhlich. gr. 8. (III und 92 S. mit eingedr. Holzschn.) Leipzig 857, Friese.

Ruhkopf, Karl: Burgdorfs B r a n d vor 100 Jahren. Gedenkblätter z. Erinnerung an d. große Feuersbrunst ... am 25. Juni 1809 ... Burgdorf 1909: Rumpeltin. 36 S. 8°

Ruhkopf, Karl [aus Burgdorf '(Hannover)']: **Rodbertus Theorie von den Handelskrisen, Darstellung und Kritik** ... Leipzig, Druck v. Gressner & Schramm, 1892; 87 S., 1 Bl. 8.
Leipzig, Phil. Fak., Inaug.-Diss. v. [12. Mai] 1892

Ruhkopf, Karl, Rodbertus Theorie v. den Handelskrisen, Darstellung u. Kritik. Eine Studie. gr. 8. (88 S.) Leipzig 892. E. Gräfe. n. 1.20

Ruhkopf, Karl Heinrich

Ruhkopf, C. H., De arte Platonis in dialogo qui Phaedon inscribitur. Pr. 1796. 18 S. 4°. 1.20

Ruhkopf, Karl Hnr., († d. 16. Juli 1805.) Charakterist. e. besond. Schulgeschichte nach ihren Hauptgrundzügen in Beziehung auf d. Andrean. Gymnasium. 8. Hildesh. 798.

Ruhkopf, Karl Heinrich: Über die M e t h o d e , den Plautus mit der studierend. Jugend zweckmäßsig zu lesen. Progr. Stade 1785. 4°

Ruhl, Exposé analytique des faits et des actes publiés qui établissent la domination absolue du roi sur l'universalité des terres et habitans de la France. 8. Strasb. Levrault. 789.

Ruhl's Miniaturbibliothek für Unterhaltung. Leipzig (858.) Ruhl. 32. Jede Nr. n. 3 *ngr.*
Nr. 1. Die vieljährige Schuld. Erzählung von M. N o r d e n. — Ein verkanntes Herz. Novellette von C a r l B r a u n. (122 S.)
Nr. 2. Das verlassene Haus. Novelle von C a r l v. K e s s e l. (149 S.)
Nr. 3. 4. Der Hausirer. Histor. Erzählung von Fr. F r i e d r i c h. 2 Bde. (111; 111 S.)
Nr. 5. Die Kaufleute von Flensburg. Erzählung von P a u l S t r o m b a c h. — Der Flüchtling. Eine Scene aus d. Sklavenleben auf Cuba von A l f r. v. R e i n f e l s. (125 S.)

Ruhl's Miniaturbibliothek für Unterhaltung. Nr. 6—10. Leipzig 859. Ruhl. 32. Jede Nr. n. 3 *ngr.*
Nr. 6. 7. Der Mönch von Almarez. Novelle von G. O. K l e i n e r t. 2 Bde. (247 S.)
Nr. 8. Die neue Heimath in Amerika. Erzählung von E r n s t H e l l r i c h. — Lady Derwentwater. Skizze aus dem Frauenleben. Von P a u l a H e r b s t. (128 S.)
Nr. 9. Ein Abenteuer an der Seeküste. Historische Novelle von C a r l v. K e s s e l. (115 S.)
Nr. 10. Die Sylvesternacht. Novelle von C a r o l i n e B e r g. — Der Beschützte des Götz v. Berlichingen. Novellette von C a r l v. K e s s e l. (120 S.)

R u h l, Fr. Theod., Werth der Behaupt. Jesu u. s. Apostel. 8. Leipz. Beer. (Graffé in Weißenfels.) 791.
Vgl. Rühl, Fr. Traug.

Ruhl, J. Arzeney-Schatz; oder, Samlg solcher Recepte die einem je[illegible] Menschen z Erhaltung seiner Gesundheit nötig ... Canton, O. 1849.

Ruhl, Johann Christian

Ruhl, J. C. Ideen zu Verzierungen für Künstler und Handwerker aus den Antiken gesammelt. Geätzt und herausgegeben von J. C. Ruhl. 12 Blatt. Cassel. Fol.

Vgl. Ruhl, Jul. Eugen.

Leonore, von Gottfr. Aug. Bürger. Erfunden und gezeichnet von J. Chr. Ruhl. Cassel 1827. 4°.

R u h l, Joh. Chrstn., **Bürger's Ballade d. Lenore, in 12 Umrissen, s. a. B ü r g e r, G. A.**

-- s. O s s i a n, Gedichte in Umrissen.

Ruhl, Johann Eberhard

Joh. Everh. Ruhl, Stell- und Rademachers zu Bremen, nähere und unwidersprechliche Erläuterung und Erklärung desjenigen, was er von seiner zur Entdeckung Longitudinis Maris; des Ursprungs der Ebbe und Fluth .... erfundenen unumgänglich nöthigen Maschine der gelehrten Welt bereits in verschiedenen öffentlichen Blättern kund thun lassen .... Bremen. 4. 32 Seit. 1756

R u h l, J. Eb., nähere Erläut. u. Erklär. s. Maschine z. Entdeck. d. longitudinis maris, u. Zus., m. K. gr. 4. Bremen, Cramer. 756–57.

Ruhl, Josef

Ruhl, Jos., Beitrag zur Geschichte des Postamts B o b r a. gr. 8. (45 S.) Marburg (902). (M. Spiess.) n. —75
Sonderabdruck aus: „Mittheilgn. an d. Mitgl. d. Ver. f. hess. Gesch. u. Landeskunde".

— Beitrag zur Geschichte des Postamts M a r b u r g (Bez. Cassel) von 1764—1884, nach verschiedenen Quellen zusammengestellt. gr. 8. (III, 38 S.) Ebd. 885. n. —75

Ruhl, Jules [aus Verviers in Belgien]: Ueber Schwefelderivate aromatischer Hydrazine ... Rostock, Univ.-Buchdr. v. Adler's Erben, 1891; 47 S. 8.
Rostock, Phil. Fak., Inaug.-Diss. v. [7. Juli] 1891

Ruhl, Julius Eugen: D e n k m ä l e r der Baukunst in Italien. Darmstadt. (1823.) Fol.

Ruhl, Julius Eugen: D e n k m ä l e r der Baukunst in Italien, vorzüglich aus dem Mittelalter, ... nach den Monumenten gezeichnet. 5 Hefte. Darmstadt: Leske 1824. Fol.

R u h l, Eugen Jul., architecton. Entwürfe theils ausgeführter, theils z. Ausführung bestimmter Gebäude. — Das Ständehaus zu Cassel. Lfg. I. u. II. ½ Roy.-Fol. (12 Bl. incl. 2 in Farbendr.) Cassel 839, Bohné.

Ruhl, J. E., Gebäude des Mittelalters zu Gelnhausen, in 24 maler. Ansichten. Fol. Frkf. a. M. 831. Fr. Wilmans. 12 ℛ 6 g*r*.

— Ideen zu Verzierungen f. Künstler u. Handwerker, aus denen Antiken gesammelt. Fol. Marb. 818. Krieger. (Leipz., Leich). 1 ℛ 12 g*r*. Vgl. Ruhl, Joh. Chrn.

Ruhl, J. E., Kirchen, Paläste und Klöster in Italien. Nach Monumenten gezeichnet. Darmstadt (Leske). 4 Hefte, 24 Blätter in 1 Bd. Fol. (Nichts mehr erschienen.)

— Kirchen, Paläste u. Klöster in Italien, vorzügl. aus dem Mittelalter nach den Monumenten gezeichnet. 1s u. 2s Heft. Roy.-Fol. Darmst. 821. Leske. 2 ℛ

Ruhl, Ludwig

Ruhl, Ludovicus, Gissensis: **De mortuorum iudicio. Pars 1.** *Gissae: J. Ricker 1903.* (34 S.) 8° ¶(Erschien vollst. in: Religionsgeschichtl. Versuche u. Vorarbeiten. Bd 2.)
Gießen, Phil. Diss. v. 1903

De mortuorum iudicio scripsit Ludovicus Ruhl. *Gießen: J. Ricker 1903.* (S. 33–105.) 8°
= Versuche, Religionsgeschichtl., u. Vorarbeiten. Bd 2, H. 2. (04. 6??)

Ruhl, Ludwig Sigismund

Ruhl, L. S., über die Auffassung der Natur in der Pferde-Bildung antiker Plastik. Roy.-4. (11 B. m. eingedr. Fig.) Cassel 846, (Luckhardt'sche Buchh.)

Ruhl, Ludw. Sigism., Esquisses en traits des drames de Shakspeare. Inventées et gravées. — A. s. l. t.: Sketches for Shakspeare's Plays. — IV Cah. Fol. ... Francfort o. M. 827—31, Wilmans.

—— Outlines to Shakspeare. Othello. XIII Plates. Genuine orig. edit. (Mit engl., deutsch. u. franz. Text, u. „Andeutungen" in deutsch. Sprache.) Fol. (9 B.) Francfort o. M. 832. [Wilmans.]

— Skizzen zu Shakspeare's dramatischen Werken. Gestochen u. radirt. Mit Erläuterungen in deutscher, engl. u. franz. Sprache. 1e Lfrg. Der Kaufmann von Venedig. Mit 10 Tafeln. qu. gr. 4. Cassel 838. Krieger'sche B. (Th. Fischer.) n. 2½ ₰

— dass. 2e Lfrg. Der Sturm. — Sketches to Shakspeare's Plays. Serie II. The Tempest. — Esquisses en Traits des Drames de Shakspeare. Cahier II. La Tempete. (9 Umrisse.) qu. gr. 4. Ebd. 838. n. 2 ₰

— dass. 3e Lfrg. Der Sommernachtstraum. A. u. d. T.: Sketches to Shakspeare's Plays. Serie III. Midsummer-Night's Dream. — Esquisses etc. Cahier III. Le songe d'une nuit. (6 Umrisse.) qu. gr. 4. Ebd. 839. n. 2 ₰

— dass. 4e Lfrg. Romeo und Julie. A. u. d. T.: Sketches to Shakspeare's Plays. Series IV. Romeo and Juliet. — Esquisses etc. Cahier IV. Roméo et Juliette. (6 Umrisse.) qu. gr. 4. Ebd. 839. n. 2 ₰

— dass. 5e Lfrg. Was ihr wollt. — Sketches of Shakspeare's Plays. Serie V. What you will.—Esquisses etc. Cahier V. Ce que vous voudrez. (12 Taf.) qu. gr. 4. Ebd. 840. n. 2½ ₰

Ruhl, Ph.: Sätze über die gleichlautenden Wörter, s. Baab, Georg

Ruhl, B., Lese- u. Lehrbuch f. die mittleren Klassen der Volksschulen. gr. 12. (10 B.) Mainz 846, Kirchheim, Schott u. Thielmann.

Ruhl, B., Lese- u. Lehrbuch f. die mittleren Klassen der Volksschulen. 2. verb. u. verm. Aufl. gr. 12. (IV u. 236 S.) Mainz 851, Kirchheim & Schott. n. 7 ngr

Ruhl, Wilhelm, Referendar zu Cassel: Die Haftung der Aufsichtspflichtigen nach § 832 B.G.B. unter besonderer Berücksichtigung der geschichtlichen Entwicklung. Borna-Leipzig 1907: R. Noske. (108 S.) 8°
Würzburg, Jur. Fak., Ref. Mendelssohn-Bartholdy, Diss. v. 6. April 1907
[Geb. 14. Febr. 82 Cassel; Wohnort: Cassel; Staatsangeh.: Preußen; Vorbildung: Gymn. Cassel Reife Febr. 00; Studium: Berlin 2, Göttingen 1, München 1, Marburg 2 S.; Rig. 21. Febr. 07.]

Rühl, A., s.: Adreßbuch f. die Universitätsstadt Jena.

—— s. Adreß- und Geschäftshandbuch von Crimmitschau, —

— s.: Adreß- u. Geschäfts-Handbuch v. Gießen.

— s.: Adreß- u. Geschäftshandbuch v. Greiz.

Rühl, A., s.: Adreß- u. Geschäfts-Handbuch f. Zeitz.

— s.: Adreß- u. Geschäfts-Kalender der Residenz Rudolstadt.

Rühl, A[dolf]. Neuere Bestrebungen im Lokomotivbau. Mit 33 Abbildungen. 77 S. 8. Zürich, Albert Raustein, 1905. [M. 2.40]
(Technische Abhandlungen aus Wissenschaft und Praxis... Heft 13).

Rühl, Albert

Rühl, A., Entwürfe zu Klagen, Klagebeantwortungen u. Berufungsschriften in Unterstützungswohnsitzangelegenheiten u. Maßgabe d. Reichsgesetzes üb. d. Unterstützungswohnsitz v. 6. Juni 1870 u. d. Gesetzes betr. d. Aenderg. d. Gesetzes üb. d. Unterstützungswohnsitz u. d. Ergänzg. d. Strafgesetzbuches v. 12. März 1894, nebst e. Anleitg. z. Behandlg. v. Unterstützungswohnsitz- u. Landarmensachen u. s. w. 6. Aufl. 8. (IV, 215 S.) Brieg 896. (G. W. Kroschel.) n.n. 3. 60

Entwürfe zu Klagen, Klagebeantwortungen und Berufungsschriften in Unterstützungswohnsitzstreitigkeiten nach Maßgabe d. Reichsgesetzes über d. Unterstützungswohnsitz ... u. die Erg. d. Strafgesetzbuches v. 12. März 1894, nebst e. Anleitung z. Behandlung von Unterstützungswohnsitz- u. Landarmensachen u. s. w., bearb. u. hrsg. v. Dr. A[lbert] Rühl, Bürgermeister a. D. 6. Aufl. *[Breslau: Selbstverl. 1899.]* (215 S.) 8° [F.]

Rühl, Alb., Entwürfe zu Klagen, Klagebeantwortungen u. Berufungsschriften in Unterstützungswohnsitzangelegenheiten nach Maßgabe d. Reichsgesetzes über den Unterstützungswohnsitz v. 6. VI. 1870 u. des Gesetzes betr. die Aenderg. des Gesetzes üb. den Unterstützungswohnsitz u. die Ergänzg. des Strafgesetzbuches v. 12. III. 1894, nebst e. Anleitg. zur Behandlg. v. Unterstützungswohnsitz- u. Landarmensachen u. s. w. 6. Aufl. 8. (IV, 212 S.) Güstrow 899. (Brieg, G. W. Kroschel.) n.n. 3. 60

Rühl, Albert: Zur Reform der Armengesetzgebung. . . . Zwönitz G. Bernhard Ott'sche Buchdr. (1888); 50 S. + 1 Bl. 8°
Jena, Phil. Fak., Inaug.-Diss. v. 1888

Rühl, A, Das Reichsgesetz üb. die Beurkundung des Personenstandes u. die Eheschliessung vom 6. II. 1875 in der vom 1. I. 1900 an geltenden Fassung, nebst Ausführungsverordng. des Bundesraths, sowie den Erlassen, Entscheidgn. u. Instructionen der preuss. Ministerien u. Urtheilen der Gerichte zum Gebrauche f. die Standesbeamten im Königr. Preussen bearb. u. hrsg. 4. Aufl. 8. (IV, 192 S.) Brieg, G. W. Kroschel. 1900. 3. 60.

Rühl, Alb., das Reichsgesetz üb. die Beurkundung des Personenstandes u. die Eheschließung vom 6. II. 1875 in der vom 1. I. 1900 an geltenden Fassung, nebst Ausführungsverordng. des Bundesrats, sowie den Erlassen, Entscheidgn. u. Instruktionen der preußischen Ministerien u. Urteilen der Gerichte, zum Gebrauche f. die Standesbeamten im Königr. Preußen bearb. u. hrsg. 6. Aufl. (IV, 231 S.) 8. Breslau 903. (Brieg. G. W. Kroschel.) n.n. 3. 60

Rühl, das Reichsgesetz über den Unterstützungswohnsitz vom 6. Juni 1870, nebst den dazu ergangenen Administrativjustizentscheidgn. d. Kgl. Sächs. Ministeriums des Innern, sowie d. Ausführungs- u. sonst. Verordngn., zum Gebrauche für Ortsarmenverbände d. Königr. Sachsen unter Beifügg. von Entwürfen zu Klagen u. Klagebeantwortgn., e. Anleitg. zur Behandlg. v. Armensachen, eines Verzeichnisses der Spruchbehörden des Deutschen Reiches 2c. bearb. u. hrsg. 8. (VII, 235 S.) Leipzig 890. Roßberg. n.n. 3. 60

Rühl, das Reichsgesetz üb. den Unterstützungswohnsitz vom 6. Juni 1870, nebst den dazu ergangenen Administrativjustizentscheidgn. d. Kgl. Sächs. Ministeriums d. Innern, sowie den Ausführungs- u. sonst. Verordngn., zum Gebrauche f. Ortsarmenverbände d. Königr. Sachsen unter Beifügg. v. Entwürfen zu Klagen u. Klagebeantwortgn., e. Anleitg. zur Behandlg. v. Armensachen, e. Verzeichnisses der Spruchbehörden d. Deutschen Reiches 2c. bearb. u. hrsg. 8 (VII, 235 S.) Zwönitz 891. (Leipzig, Roßberg.) n.n. 3. 60

Rühl, Alb., das Reichsgesetz üb. d. Unterstützungswohnsitz v. 30. V. 1908, erläutert nach den Entscheidungen des Bundesamts f. das Heimatwesen unter Berücksicht. der Vorschriften des bürgerl. Gesetzbuchs. (IV, 256 S.) 8. Forbach (908). (Brieg, G. W. Kroschel.) nn 4. —

Rühl, Alb., Wellenschläge des Lebens. Novelle. 8. (140 S.) Barmen 880, Inderau.

Rühl, Alfred, a. Königsberg i. Pr.: Beiträge zur Kenntnis der morphologischen Wirksamkeit der Meeresströmungen. T. 1. (Berlin 1905: E. S. Mittler & Sohn.) (20 S.) 4° (8°) ¶(Der Rest ersch. in: **Veröffentlichungen d. Instituts f. Meereskunde.**)
Berlin, Phil. Fak., Ref. v. Richthofen, Branco, Diss. v. 5. Aug. 1905
[Geb. 21. Juli 82 Königsberg i. Pr.; Heimatsort: Berlin; Staatsangeh.: Preußen; Vorbildung: Kneiphöfisches Stadtgymn. Königsberg i. Pr. Reife O. 00; Studium: Königsberg 3, Leipzig 2, Berlin 4 S.; Rig. 19. Jan. 05.]

Beiträge zur Kenntnis der morphologischen Wirksamkeit der Meeresströmungen. Von Dr. Alfred **Rühl.** Berlin: E. S. Mittler & Sohn (1906). (44 S.) 4°(8°)
— Veröffentlichungen d. Instituts f. Meereskunde. H. 8. [06. 3691

Rühl, Alfred, Dr.: Geomorphologische Studien aus Catalonien. Berlin 1909: Pormetter. 53 S. 8° ¶(Aus: Zeitschr. d. Gesellsch. f. Erdk. zu Berlin. Jg. 1909, Nr 4. 5.)
Marburg, Phil. Hab.-Schr. v. 1909 [U 09. 3231

Rühl, Arthur [aus Nürnberg]: **Ein Fall von primärem, multiplem Endothelsarkom des Kleinhirns** ... **Erlangen,** k. b. Hof- u. Univ.-Buchdr. v. F. Junge, 1897; 24 S. 8.
Erlangen, Med. Fak., Inaug.-Diss. v. 21. Juli 1896

Rühl, Carl, s. R ü h l , Karl

Der Anfangsunterricht in der französischen Formenlehre unter Zugrundelegung von Breymann-Möllers Übungsbuch für Gymnasien, I. Teil. — Von Christian Rühl, G.-L. — 1897, Nürnberg, G. P. J. Bieling-Dietz. — P. 3—68.
Progr. Nürnberg, Realgymn.

Rühl, C., 100 Kirchenlieder aus dem evangelischen Gesangbuche f. die Prov. Sachsen, nebst Luthers Katechismus u. Gebeten. Zum Schulgebrauch zusammengestellt. 8. (88 S.) Wittenberg 883. Wunschmann. n.n. — 25

Rühl, C., 100 Kirchenlieder aus dem evangelischen Gesangbuche für die Prov. Sachsen, nebst Luthers Katechismus und einer Zeittafel zur Reformationsgeschichte. Zum Schulgebrauche zusammengestellt. 2. erweit. Aufl. 8. (80 S.) Wittenberg 888, Wunschmann. cart. ** — 25

Rühl, C., 100 Kirchenlieder aus dem evangelischen Gesangbuche f. die Prov. Sachsen, nebst Luther's Katechismus u. e. Zeittafel zur Reformationsgeschichte. Zum Schulgebrauche zusammengestellt. 3. Aufl. 8. (80 S.) Wittenberg 890. Wunschmann. cart. n. — 25

Rühl, C., 100 Kirchenlieder aus dem evangelischen Gesangbuche f. die Prov. Sachsen, nebst Luthers Katechismus u. e. Zeittafel zur Reformationsgeschichte. Zum Schulgebrauche zusammengestellt. 4. Aufl. 12. (80 S.) Wittenberg 894. P. Wunschmann. n. — 25

Rühl, Ernst, aus Frankfurt a. M.: **Grobianus in England. Nebst Neudruck d. 1. Übersetzung 'The Schoole of Slovenrie' ⟨1605⟩ u. erster Herausgabe d. Schwankes 'Grobiana's Nuptials'** ⟨c. 1640⟩ aus Ms. 30 Bodl. Oxf. ⟨Kap. 3—5.⟩ (*Weimar 1904: R. Wagner Sohn.*) (IV, 34 S.) 8° ¶[Erschien vollst. mit d. Texten 1904 als: Palaestra, H. 38.]
Berlin, Phil. Diss. v. 27. Febr. 1904

Grobianus in England. Nebst Neudr. d. ersten Übers. 'The Schoole of Slovenrie' (Friedrich Dedekind: Grobianus [engl.]) ⟨1605⟩ u. erster Herausgabe d. Schwankes 'Grobiana's Nuptials' (Verf.: Roger Shipman u. William Taylor) ⟨c. 1640⟩ aus Ms. 30. Bodl. Oxf. Von Ernst **Rühl.** *Berlin: Mayer & Müller 1904.* (VI, LXXXII, 191 S.) 8°
— Palaestra. 38.

Rühl, Ernst Friedrich (Hrsg.), s. B e i t r ä g e , Frankfurter, zur Ausbreitung nützlicher Künste ...

Rühl, C. F., allgem. jurist. Bibliothek. 1r Bd. 4 Stcke u. 2r Bd. 16 u. 25 Stck. 8. Offenbach 782 u. 83. (Brede). 2 ꝑ

Rühl, C. F., allgem. jurist. Bibliothek. 1r Bd. 48 Stck. und 2n Bds 16 u. 25 Stck. 8. Offenb. Weis. 782. 83.

Rühl, Ernst Friedr. (Bornheim/Frankf., Hofrat des Grafen Solms-Rödelheim)
Dissertatio inauguralis juridica De formato principis dicasterio recusabili.
Giessae 1783: Joh. Jac. Braun. 28 S. 4°
pro gradu doctoris legitime obtinendo.

Rühl, F. W., Elementar-Gesangschule nach der Schelble'schen Methode. 8. (IV, 108 S.) Leipzig 875. Merseburger. — 90

Rühl, Fr. Traug., Werth der Behauptungen Jesu u. fr. Apostel. 8. Leipz. 791. Beer. 10 ℊ
Vgl. Ruhl, Fr. Theod.

Rühl, Fr. Traugott, s. W u n d e r der Weissagungen.

Briefe und Aktenstücke zur Geschichte Preußens unter Friedrich Wilhelm III. vorzugsweise aus d. Nachlaß von F[riedrich] A[ugust] v. **Stägemann.** Hrsg. von Franz **Rühl.** Bd 1—3 [nebst] Ergänzungen. Leipzig: Duncker & Humblot 1899—1904. 4 Bde 8°
1. 1899. 2. 1900. 3. (In 2 Th.) 1902.
Ergänzungen = Stägemann: Aus d. Franzosenzeit. 1904.
— Publikation d. Vereins f. d. Geschichte von Ost- u. Westpreußen. [12. 14. 15. 19.] [05. 4309

Rühl, Frz., s. a. Briefe u. Aktenstücke z. Geschichte Preussens unter Friedrich Wilhelm III.

Rühl, Frz., s.: Briefwechsel des etc. Theodor v. Schön.

Chronologie des Mittelalters und der Neuzeit v. Franz Rühl, Prof. ... an d. Univ. Königsberg. M. zahlr. Tab. *Berlin: Reuther & Reichard 1897.* (VIII, 312 S.) 1 Bd 8. [97. 1704

Rühl, F., Dionysios Periegetes. S.-A. 1874. 7 S.

Rühl, F., Einzelnheiten zur Gymnasialreform. Alte Gedanken in alter Form. 8. (42 S.) Königsberg 890. Hartung'sche Verlags-Druckerei. — 75

Rühl, Frz. Einzelnheiten zur Gymnasialreform. Alte Gedanken in alter Form. gr. 8. (42 S.) Königsb. i. Pr. 891, Hartung. — 75

Aus der Franzosenzeit. Vorzugsweise aus d. Nachlaß von F[riedrich] A[ugust] v. **Stägemann.** Hrsg. von Franz **Rühl.** Leipzig: Duncker & Humblot 1904. (XXVI, 320 S.) 8°
— Stägemann: Briefe u. Aktenstücke z. Gesch. Preußens unter Friedrich Wilhelm III. Ergänzungen.
— Publikation d. Vereins f. d. Gesch. von Ost- u. Westpreußen. [19.] [05. 4330

Rühl, Frz., s. a. Aus der Franzosenzeit.

—— Ferdinand Gregorovius. Gedächtnisrede, geh. in der Sitzg. der königl. deutschen Gesellschaft in Königsberg am 28. Mai 1891. gr. 8. (16 S.) Ebd. 891. * — 20

Rühl, F., Die Gründung von Tyros. S.-A. 1894. 14 S. 1.—

Kant über den ewigen Frieden. Rede, geh. in d. Kant-Gesellsch. 1892 von Franz **Rühl.** Königsberg i. Pr. 1892: R. Leupold. (15 S.) 8°
Aus: Altpreuss. Monatsschrift. Bd. 29, H. 3. 4. [06. 8115 10

Ruehl, Frz., die Quellen Plutarchs im Leben des Kimon. Inaugural-Dissertation. Marburg 867. (Leipzig, Teubner.) gr. 8. (55 S.) n. 12 ngr.

Rühl, F., Ueber die von Mr. Kenyon veröffentlichte Schrift vom Staate der Athener. S.-A. 1891. 89 S. 1.20

Rühl, Frz., der Staat der Athener u. kein Ende. [Aus: „Jahrbb. f. class. Philologie".] gr. 8. (S. 673—706.) Leipzig 892. B. G. Teubner. n. 1. 20

— s.: Stägemann, Frdr. Aug. v., Briefe an Karl Engelbert Oelsner.

Rühl, Frz., die Textesquellen d. Justinus. [Aus: „Jahrbücher f. class. Philologie."] gr. 8. (160 S.) Leipzig 872. Teubner. n. 3. —

— die Verbreitung d. Justinus im Mittelalter. Eine literarhistor. Untersuchg. gr. 8. (III, 52 S.) Ebend. 871. Hab.-Schr. n. 1. —

Rühl, F., Die Zeit des Vopiscus. S.-A. 1887. 8 S.

Rühl, Frdr., die Kameralrechnungswissenschaft und die Anwendung ihrer Theorien im Staats- und Gemeindehaushalt. Als Grundlage für Vorlesungen u. zum Selbststudium bearb. Darmstadt 860. Will. gr. 8. (VIII, 320 S.) n. 1 Thlr. 5 ngr.

Rühl, Friedrich, aus Pritschöna: **Quantitative Trennungen mit salzsaurem Hydroxylamin.** *Heidelberg 1901: J. Hörning.* (31 S.) 8°
Heidelberg, Naturw.-math. Diss. v. 1901

Rühl. F(riedrich) I(sidor): Materialien zu einer Monographie des Stickstoffoxyduls. Halle a. S. 1881: Gebauer-Schwetschke. 91 S. 8°
Halle-Wittenberg, Med. Diss. v. 25. April 1881
Geb. Weissenfels a. d. S. 16. 10. 1853. V.
Aus: Zeitschrift f. d. ges. Naturwissenschaften. Bd. 54. Berlin 1881. S. 221—312.

Rühl, Fritz, Glaubensstreit u. Liebe. Historische Erzählg. aus der Zürcher Reformationszeit. Nach Geschichtsquellen u. unedirten Manuscripten bearb. Zugleich als offene Antwort gegen die Verdächtiggn. der Schweizer, beziehungsweise der Zürcher Frauen u. Jungfrauen durch e. Italiener. 12. (117 S.) Zürich-Hottingen 882. Selbstverlag. 1. 50

Rühl, Fritz, die palaearktischen Grossschmetterlinge u. ihre Naturgeschichte. Nach dessen hinterlassenen Manuscripten fortgesetzt v. Alex. Heyne. 1.—12. Lfg. gr. 8. (S. 1—624.) Leipzig 892—894. E. Heyne. à 1. 20

Rühl, Fritz, d. palaearktischen Grossschmetterlinge u. ihre Naturgeschichte. Nach dessen hinterlass. Manuscripten fortgesetzt v. Alex. Heyne. 13.—16. Lfg. gr. 8. (S. 625—857.) Leipzig 895. E. Heyne. à Lfg. 1. 20

Rühl, Fritz, s. a. Grossschmettorlinge, die palaearkt.

—— Der Köderfang der europäischen Macrolepidopteren, nebst Anweisg. zur Raupenzucht. 2. Aufl. 16. (95 S.) Ebd. 892. * 2 —

Rühl, Georg, s. Civil-Proceß-Ordnung, Hessen-Darmst.

Rühl, Geo., das gemeine (gemeingeltende) deutsche Privatrecht, mit vorzügl. Hinweisung auf d. besond. Privatrechtsquellen im Großherzogth. Hessen u. mit Erläut. derselben. gr. 8. Darmst. 824. (Heyer). 1 Thlr. Hbg. Pr. 18 gr.

Rühl, Geo., das gemeine deutsche Privatrecht mit vorzügl. Hinweis. auf d. besond. Privatrechtsquellen im Großh. Hessen u. m. Erläuter. derselben. 2., unveränd. Ausg. gr. 8. (.. B.) Darmstadt 837, Jonghaus.

Rühl, Geo., die ehelichen Verhältnisse nach den im Großh. Hessen u. zum Theil in d. benachbart. deutschen Staaten geltenden Partikularrechten, e. Beitr. zum gemein. deutsch. Privatrecht. 8. (8½ B.) Darmstadt 830, Leske.

Rühl, Georg, s. Warum müssen wir Landstände haben.

Rühl, Georg Burchard Mich. von

v. **Rühl**, Geo. Burch. Mch, Aufsätze üb. verschied. Gegenstände. 8. Leipz. 800. Rühl. (H. Richter). 14 gr.

— verm. Aufs. z. Bildung d. Geistes u. Herzens. 8. Leipzig, Linke. 797.

Rühl, Gustav

Rühl, Gust., die Bardelebens. Dorf- und Weltgeschichtliches aus jüngster Zeit. 1. und 2. Thl. gr. 8. Berlin, Rauh. [1. Thl. (499 S.) 872. M 4,50., und 2. Thl. (609 S.) 873. *M 5.]

Rühl, Gust., die Bardelebens. Dorf- u. Weltgeschichtliches aus jüngster Zeit. 2 Thle. gr. 8. (499 u. 609 S.) Berlin 872. 75. Rauh. 9. 50

— sieben Fragen üb. Civilehe u. Kirche. Synodal-Vortrag, geh. im Dom zu Brandenburg den 29. Juni 1874. Den Herren Civilstandsbeamten, Pastoren u. Deputirten zur Provinzial-Synode gewidmet. gr. 8. (54 S.) Neusalz 874. Lange. n. — 60

—— Gülden Massow. Geschichte eines Lehnschulzengutes in Havelland. 8. (IV und 143 S.) Berlin 863, Rauh. * -

Rühl, Gust., nach dem 1. Oktober. Eine Hochzeitsgeschichte. gr. 8. (419 S.) [Neusalz 876.] Gütersloh, Lange's Verlag. * 2 50

— Heinrich Treplin, s. Treplin.

— Wiedertaufe od. Taufe? Lebens- u. Bekehrungsgeschichte e. getauften Christen [Baptisten] im Warthebruch. 5. Aufl. 8. (IV, 208 S.) Berlin 873. Rauh. n. 1. –

—— Wiedertaufe oder Taufe? s. Wiedertaufe.

Rühl, G., die obligatorische Civil-Ehe. Beurtheilung der gleichnamigen Schrift „Ein Zeugniß aus der Kirche für die Civil-Ehe." Ein Zeugniß aus der Kirche wider die Civil-Ehe. Berlin 862. Rauh. gr. 8. (39 S.) 7½ ngr.

Rühl, Hans, Assistent am St. Josefs-Hosp.: **Aus d. chir. Abt. d. St. Josefs-Hosp. zu Bonn-Beuel. Der heutige Standpunkt der operativen Eingriffe beim Rectumcarcinom. Bonn:** Eisele 1909. 49 S. 8°
Bonn, Med. Diss. v. 11. Dez. 1909, Ref. Garrè
[Geb. 3. Juli 84 Barop; Wohnort: Beuel; Staatsangeh.: Preußen; Vorbildung: Kgl. Gymn. Bonn Reife O. 03; Studium: Bonn 2, Freiburg i. B. 1, Bonn 2, München 3, Bonn 2 S.; Coll. 23. Nov. 09; Approb. 15. Sept. 09.]
[U 10. 333

Elementarer Beweis des Fermatschen Satzes von Heinrich **Rühl**, Buchhalter. Darmstadt: Müller & Rühle 1908. (4 S.) 8° [F.] (08. 1314. 5

— Die unregelmäßige Declination. Ein mnemotechn. Hülfsmittel f. deutsche Lateinschüler in Form e. Schilderg. des Aufstandes der Plebejer. (16 S.) kl. 8. Ebd. 907. — 30

— Die lateinischen Genusregeln in 2 Stunden zu erlernen. Ein mnemotechn. Hülfsmittel f. deutsche Lateinschüler in Form e. Trauerspiels. (13 S.) kl. 8. Ebd. 907. — 30

Rühl, Hugo, Anleitg. f. d. Bau u. d. Einrichtg. deutscher Turnhallen, s.: Goetz, Ferd.

Rühl, Hugo Ein Beitrag zur Schulturnfrage. 19 S. St. G. *Stettin* 1882. Progr.

Rühl, Hugo, ein Beitrag zur Schulturnfrage. gr. 4. (19 S.) Stettin 882. (Hof, Lion.) * 1 —

Rühl, Hugo, Bericht des Kreisvertreters des Turnkreises IIIa (Pommern) üb. den Zeitraum v. 6. 6. 1887—12. 4. 1889 a. d. Kreisturntage zu Stettin, 4 S., 8°.

Rühl, H.: Entwicklungsgeschichte des Turnens. Leipzig 1895. 150 S.
— — 2. Aufl. 1897. 156 S.
— — 3. Aufl. 1902. 163 S.
— — 4. Aufl. 1908. 162 S.

— Entwicklungsgeschichte d. Turnens. 2. Aufl. gr. 8. (V, 156 S.) Leipzig 897. E. Strauch. n. 1. 60

Rühl, Hugo, Entwicklungsgeschichte des Turnens. 3. Aufl. (V, 163 S.) 8. Leipzig 902. E. Strauch. n. 1. 60; geb. n. 1. 90

— Entwicklungsgeschichte des Turnens. 4. Aufl. (VII, 162 S.) 8. Leipzig 908. E. Strauch. 1.80; geb. n 2. —

Rühl, H., Geschichte der Leibesübungen in Stettin. Ein Baustein zu e. allgem. Geschichte der Leibesübgn. Festschrift zum 40jähr. Stiftungsfest d. Stettiner Turnvereins. gr. 8. (V, 208 S.) Hof 887. Lion. n. 2. 50

Rühl, Hugo, s.: Handbuch der deutschen Turnerschaft.

Rühl, Friedrich Wilhelm Hugo : De XII panegyriois Latinis propaedeumata. (Sententia controversa 7 : Artis gymnasticae in litterarum universitatibus non modo instituendus usus est sed etiam ratio ac doctrina explicanda.)
Greifswald, Phil. F., Diss. 1868

Ruehl, Hugo, de XII panegyricis latinis propaedeumata. Dissertatio inauguralis. 8. (38 S.) Anclam 868, Dietze. [Wriezen, Riemschneider.] **

(F) **Deutsche Turner in Wort und Bild. Von Prof. Dr. Hugo Rühl. Leipzig und Wien. 1901. Pichler's W. & S. 8°. 266 S. Geb. K 1.50**

[F.] Der Stettiner Turnverein u. d. Leibesübungen in Stettin. Festschrift z. 50j. Stiftgsfest des Stettiner Turnver. v. Prof. Dr. Hugo **Rühl**, Vorsitzendem. *Stettin: Herrcke & Lebeling 1897.* (1 Bl., 48 S., 1 Tab.) 1 Bd 8. [98. 6414 Gr

Wahl, Joh. Friedr. [Präs.] u. Joh. Reinh. Rühl [Burckardensis Hassus]
Observationes theoretico-practicae ad Georg. Adam. Struvii jurisprudentiam romano-german. forensem.
Giessae 1. [verbessert zu 11.] Aug. 1725: vidua J.R. Vulpii. (2) S. und S. 9-16. 4°

Rühl, Karl: Unflektierte ⟨nominale⟩ und starke Form im Singular des attributiven Adjektiva in den hochdeutschen Mundarten. Darmstadt 1909: Menzlaw. 99 S. 8°
Gießen, Phil. Diss. v. 26. April 1909, Ref. Behaghel
[Geb. 20. Jan. 82 Großfelda; Wohnort: Darmstadt; Staatsangeh.: Hessen; Vorbildung: Gymn. Gießen Reife O. 01; Studium: Gießen 4, München 1, Gießen 3 S.; Rig. 2. März 08.] [U 09. 1230

Rühl, Carl, Californien. Über dessen Bevölkerung und gesellschaftl. Zustände, polit., religiöse und Schul-Verhältnisse, Handel, Industrie, Minen, Ackerbau u. s. w. Mit Berücksichtigung der Minen-Regionen der benachbarten Staaten und Territorien. gr. 8. (VIII und 283 S. mit 1 lithogr. und ill. Karte von Californien, Nevada rc. und 1 lithogr. und ill. Plane von San Francisco, nebst Karte der Umgegend in gr. Fol.) New-York 867, Steiger.

Cesare Lombroso, geb. 10. Jan. 1836, gest. 19. Okt. 1909. Von Dr. med. Karl Rühl, Turin. Halle a. S.: Marhold 1910. 20 S. 8° [10. 10331 3

Ruehl, Carolus, Moenofrancofurtensis: De Graecis ventorum nominibus et fabulis quaestiones selectae. Marpurgi Cattorum 1909: Koch. 62 S. 8°
Marburg, Phil. Diss. v. 21. Okt. 1909, Ref. Maaß
[Geb. 2. Nov. 84 Trarbach; Wohnort: Marburg; Staatsangeh.: Preußen; Vorbildung: Lessing-Gymn. Frankfurt a. M. Reife O. 04; Studium: Marburg 2, Berlin 1, Marburg 7 S.; Rig. 8. März 09.] [U 10. 3387

Rühl, Karl, das obere Saaletal u. der Frankenwald. Mit zahlreichen Illustr. u. 1 (farb.) Spezialkarte des Gebietes. 3., verm. Aufl. (VIII, 175 S.) 8. Ziegenrück 905. H. Jentzsch. n. 1. 25

Rühl, Karl, das obere Saaletal u. der Frankenwald. Mit zahlr. Illustr. u. 1 (farb.) Spezial-Höhenschichtenkarte des Gebietes. 4. verm. Aufl. Wanderbuch des Frankenwald-Vereins. (VIII, 211 S.) 8. Ziegenrück 910. [H. Jentzsch.] Leipzig, J. H. Robolsky. 1. 50

— Medizinisches Wörterbuch der deutschen u. italienischen Sprache. Mit e. Vorrede v. Pio Foà. (IX, 626 S.) gr. 8. Stuttgart 910. F. Enke. 12.—; geb. in Leinw. n 13. 20

Rühl, Leonhard Christoph (vgl. Rühle, Leonhard Christoph)

Rühl, Leonh. C., centuria Colloquiorum, od. 100 Gespr. v. Schulsachen. 8. Zelle. Runge. 788.

— Einl. z. Lesung d. Augsb. Glaubensbekenntniß. 8. Zelle. Runge. 735.

— Epistelu u. Evang. franz. u. deutsch. 8. Halle, Renger. 736.

— formulae syntacticae, oder Schulübung, nach Langens Grammatik. 2 Thle. 8. Zelle. Runge. 738–51.

— imitationes Ciceronianae. 8. Zelle. Runge. 737.

— imitationes Cornelianae. 8. Braunschw. Runge. 755.

— imitationes, od. Schulubung. a. J. Hübners bibl. Hist. 8. Braunschw. Runge. 740.

— Menagiana etc., od. Merkwürdigk. v. Gel. u. ihr. Schr. 8. Ebend. 736.

— Naudeana etc., od. sonderb. Merkwürd. v. Gel. u. ihr. Schr. 8. Ebend. 736.

Rühl, Louis (Ludwig)

Rühl, Ludw., Führer durch die Bijouterie-Fabriken u. deren verwandte Geschäfte in Pforzheim. Firmen sämmtl. Bijouterie- u. damit verwandten Geschäfte, m. besond. Berücksicht. der Specialität ihrer Fabrikate. 8. (VII, 46 S.) Pforzheim 875. (Riecker.) n.n. 2. 50

— dasselbe. Anhang. [Nachtrag zum 1. Thl. u. alphabet u. übersichtl. Verzeichniss sämmtl. Firmen.] 8. (30 S.) Ebend. 876. n. 1. —

Rühl, Ludw., Führer durch die Bijouterie-Fabriken u. deren verwandte Geschäfte in Pforzheim u. Umgegend. Firmen sämmtlicher Bijouterie- u. damit verwandten Geschäfte, mit besonderer Berücksichtigung der Specialität ihrer Fabrikate. 2. Aufl. gr. 16. (VIII, 74 S.) Pforzheim 878. Riecker in Comm. cart. n. 3. —

Rühl, Ludw., Führer durch die Bijouterie-Fabriken und deren verwandte Geschäfte in Pforzheim und Umgegend. Firmen sämmtl. Bijouterie- und damit verwandten Geschäfte, mit besond. Berücksicht. der Specialität ihrer Fabrikate. 3. Aufl. 12. (XVI, 96 S.) Pforzheim 882, (Riecker's Buchh.) cart. ** 2 50

Rühl, Louis, Führer durch die Bijouterie-Fabriken und deren verwandte Geschäfte in Pforzheim und Umgegend. Firmen sämtlicher Bijouterie- und damit verwandten Geschäfte, mit besond. Berücksicht. der Spezialität ihrer Fabrikate. Nebst Nachtrag. 4. Aufl. 12. (XVI, 125; Nachtrag 32 S.) Pforzheim 886,88, (Riecker.) * 2 —
Nachtrag allein ** — 40

Vgl. Rühl, Theodor.

— Maidle nemm kein' Goldschmied oder Goldschmied u. Flößer. Pforzheimer Zeitbilder. 8. (III, 111 S.) Ebend. 879. n. 1. —

— Tabellen zur Berechnung des Goldwerthes von 6—18 Karat für 0,1—100 Gramm in Reichswährung, unter Mitwirkung bewährter Fachmänner hrsg. gr.16. (15 S.) Ebend. 876. n.n. 1. 25

— Wochenlohntabelle in der Markwährung. Lith. Imp.-Fol. Ebend. 875. — 75

Rühl, Louis A., über den Uebergang von Riechstoffen in den Harn bei Nephritis u. seine diagnostische Verwerthung. Inaugural-Dissertation. gr. 8. (64 S.) Göttingen 881. (Vandenhoeck & Ruprecht.) n. 1. 60

Rühl, O., Plan der Stadt Worms. 1 : 5000. Chromolithogr. Imp.-Fol. Worms 879, Kräuter'sche Buchh. * 3 50
Auf Pappe gezogen * 4 —

[Rühl, Philipp Jacob]: Geschichte Ernst Johann von Biron, Herzogs in Liefland, zu Curland und Semgallien, in verschiedenen Briefen entworfen. — Frkf. und Lpg 1764. 188 S.

Ruehl, Phil. Jak. Geschichte Ernst Johanns von Biron, Herzogs in Liefland, zu Kurland und Semgallen. 2 Bde. 8. Tübingen 1764. 2,00.

Rühl, Ph. Jak., († .. Mai 1795.) s. Geschichte, Biron.

Rühl, Th., üb. provisorische Feld-Spitalanlagen. Mit e Atlas (in Fol.) v. 27 (lith.) Taf. Lex.-8. (181 S. m. e. Tab. in qu. Fol.) Wien 872. (Seidel & Sohn.) n. 6. 40

Rühl, Theodor [ord. Lehrer am Lyc. zu Kolmar i. E.]: Die Aufgabe der Beredsamkeit nach Plato ... Erlangen, Druck v. A. Vollrath's k. b. Hofbuchdr., 1891; 45 S. 8.
Erlangen, Phil. Fak., Inaug.-Diss. v. 1891

Rühl, Thdr. Führer durch die Bijouterie-Fabriken u. deren verwandte Geschäfte in Pforzheim u. Umgegend. 5. Aufl. gr. 16. (XVI, 121 S.) Pforzh. 891, (Riecker). cart. * 2 —
Vgl. Rühl, Louis.

Rühl, Thdr., s. Führer durch die Bijouterie-Fabriken u. deren verwandte Geschäfte in Pforzheim u. Umgegend.

Die Anatomie und Behandlung der Geburtsstörungen nach Antefixirung des Uterus. F. pract. Aerzte v. Dr. W. Rühl in Eibach-Dillenburg. M. 15 Abb. im Text. *Berlin: S. Karger 1897.* (3 Bl., 82 S.) 1 Bd 8.
97. 3110

Über die Berechtigung und Technik der operativen Behandlung der Gebärmutterrückwärtsbeugungen v. W. Rühl, Eibach-Dillenburg. M. 1 lithogr. Tafel. *Leipzig: Breitkopf & Härtel 1897.* (70 S., 1 Taf.) 8.
= Sammlung Klinischer Vorträge. N. F. No 185, 86. [97. 4049

Ruhla [Schlagwort]

Ruhla, s.: Eisenach.

Ruhla, s.: Preussen. Messtischblätter.

Ruhla, s.: Thüringen. Gräf.

Ruhland contra Biermer. Hrsg. v. Bund der Landwirte. (16 S.) 8. Berlin (S. W. 11, Dessauerstr. 7) (909). Bund der Landwirte. — 20
Sonderabdr. aus: „Korrespondenz des Bundes der Landwirte".

Der Privatbeleidigungsprozess (Gustav) Ruhland contra (Magnus) Biermer. Nach stenogr. Aufzeichn. Giessen: Roth 1909. 288 S. 8°

Ruhland, A. Croce-, s. Croce - Ruhland.

Ruhland, F. A., vgl. Ruland, F. A.

Ruhland, F. A., Gedichte. 18 Hft. 8. Leipz. Köhler. 805.

Ruhland, Friedrich Karl Theodor

Ruhland, F. C. Th., Antwort auf E. Sulze's Narrenschrift: „Nachweis, daß Herr Pastor Ruhland in Nieder-Planitz kein Lutheraner ist, sondern e. Katholik u. Papist." gr. 8. (32 S.) Zwickau 875. (Dresden, H. J. Naumann.) n. — 40

Ruhland, Friedr. Carl Thdr., Halte im Gedächtniß Jesum Christ. Predigten. Aus seinem Nachlasse gesammelt. 4 Hefte. gr. 8. Zwickau. (Dresden, H. J. Naumann.) [1.—3. Heft. (V, S. 1—600.) 880,81. à * *M* 1,50.; 4. Heft. (S. 601—896.) 881. * *M* 2.] * 6 50

Ruhland, Carl Thdr. Friedr., die Lutherischen Landeskirchen. Vierzig Thesen über das einem bekenntnißtreuen Lutheraner von Schrift und Gewissen gebotene Verhalten in und gegenüber einer in Verfall gerathenen luther. Landeskirche. Entworfen, mit Beweissprüchen der heil. Schrift und kirchl. Zeugnissen versehen, hrsg. von der luther. Pastoralconferenz zu St. Louis, Mo. gr. 8. (86 S.) Dresden 870. Naumann.

—— der getroste Pilger aus dem Babel der sächsischen Landeskirche in die lutherische Freikirche. Ein Noth- und Hülfsbüchlein für Lutheraner in Sachsen, darin ihnen der Abfall der sächsischen Landeskirche deutlich vor Augen gestellt und die Nothwendigkeit des Austrittes aus derselben ans Herz gelegt wird. In Fragen und Antworten zusammengestellt. 8. (VIII, 276 S.) Dresden 875, H. J. Naumann. *

—— Predigt bei Einweihung der Kirche der sep. evangelisch-lutherischen Gemeinde zum heil. Kreuz in Crimmitschau, Sachsen, am 3. heil. Adventsonntage 1877 gehalten. 8. (22 S.) Zwickau 878. (Dresden, H. J. Naumann.)

—— die Wahrheit in Sachen des Abfalls der Herren J. Grosse, Mäyer und Dalmer von der evangelisch-lutherischen Freikirche in Sachsen. Zugleich als Antwort auf den Mäyer'schen Roman: „Ruhland, der Papst der sächsischen Separation" ꝛc. gr. 8. (85 S.) Zwickau 877. (Dresden, H. J. Naumann.) *

Ruhland, Gust., ausgewählte Abhandlungen, Aufsätze u. Vorträge, zu seinem 50. Geburtstage (11. VI. 1910) hrsg. v. Bund der Landwirte in Berlin. Mit d. Bildnis Ruhlands, e. biograph. Skizze u. 2 graph. Darstellgn. (XV, 236 S.) gr. 8. Berlin 910. Kairos. 5. —

Ruhland, Dr. Gustav,
Die Agrarfrage und das internationale Grosskapital. Vortrag. Mit einer graph. Darstellung der Normalpreise. (Vorträge und Abhandlungen, hrsg. v. der Leo-Gesellschaft, 1. Heft.) gr. 8°. Wien 1895.

Ruhland, G., d. Agrarfrage u. d. internat. Großkapital, s. Vorträge u. Abhandlungen, hrsg. v. d. Leo-Gesellschaft.

Zur Aufhebung der Blanko-Termingeschäfte in Getreide. E. wissenschaftl. Gutachten v. Dr. Gustav Ruhland ... *Berlin: W. Issleib 1896.* (92 S.) 1 Bd 8.
= Stimmen a. d. agrarischen Lager. H. 11. [96. 9…

Zur Ausführung des § 50 Abs. 3 des Börsengesetzes vom 22. Juni 1896 betreff. d. Aufhebg d. Börsenterminsgeschäfte in Getreide u. Mühlenfabrikaten v. Dr. Gustav Ruhland ... *Berlin: W. Issleib 1896.* (2 Bl., 48 S.) 1 Bd 8.
= Stimmen a. d. agrarischen Lager. H. V. [96. 9…

— über d. Einfluß d. Großkapitals auf d. Gestaltg. d. Getreidepreise. Vortrag, geh. in d. oekonom. Gesellschaft im Königr. Sachsen, Dresden, am 8. I. 1897. [Aus: „Mitteilgn. d. ökonom. Gesellsch. im Königr. Sachsen".] gr. 8. (25 S.) Dresden 897. G. Schönfeld. n. — 60

(B) — Über den Einfluß d. Großkapitals. 897. (KBL 30.) Jetzt: Leipzig, Fritzsche & Schmidt.

— u. A. van Gülpen, üb. e. internationale Entente d. großen landwirthschaftlichen Verbände zur besseren Regulirung der Getreidepreise. Referate m. anschließ. Diskussion. gr. 8. (64 S.) Berlin 900. (Wilmersdorf, Allgemeine Verlags-Agentur.) n. — 60

Sonderabdruck aus: „Bericht über die Verhandlgn. der XXV. General-Versammlg. der Vereinigg. der Steuer- u. Wirthschafts-Reformer".

Die Ergebnisse der Bank-Enquete nach agrarischer Auffassung, i.: Stimmen aus dem agrarischen Lager. 7. Heft.

Ruhland, Gust., Gegengutachten zu Prof. Dr. Conrad's Stellung der landwirtschaftlichen Zölle in den 1903 zu schließenden Handelsverträgen Deutschlands. gr. 8. (VI, 120 S.) Neuwied 901. Raiffeisen-Druckerei. (Leipzig, H. Haessel's Comm.-Geschäft.) n. 1. 50

— s.: Getreidemarkt.

- Volkswirtschaftliche Grundbegriffe. Eine Orientierungstafel über Freihandel — Sozialismus — Kathedersozialismus u. organ. Mittelstandsauffassg. Dem internationalen Verbande zum Studium der Verhältnisse des Mittelstandes vorgelegt. 1.—10. Aufl. (16 S.) 31,5×23 cm. Berlin 910. Kairos. — 50

Ruhland, G., üb. die Grundprinzipien aktueller Agrarpolitik. Vortrag, geh. vor der staatswissenschaftl. Fakultät der Universität Zürich zur Erlangg. der venia legendi. gr. 8. (20 S.) Tübingen 893. H. Laupp. n. 60

— Grundsätze e. vernunftgem. Getreidepreispolitik, } s.: Stimmen aus d. agrar. Lager.

— Kolonialpolitik u. Bauernpolitik in den letzten zweieinhalb Jahrtausenden. Vortrag, geh. auf dem Vortragskursus der Landwirtschaftskammer f. die Prov. Posen am 1. III. 1907. (Veröffentlichung der Landwirtschaftskammer f. die Prov. Posen.) (20 S.) Lex. 8. Posen 907. F. Ebbecke. — 30

Sonderabdruck aus: „Landw. Centralbl. f. die Prov. Posen".

Ruhland, Gustav. Die internationale landwirtschaftliche Konkurrenz, ein kapitalistisches Problem, in besonderer Bezugnahme auf die drohende anatolisch-mesopotamische Konkurrenz und die Mittel und Wege zu ihrer Verhütung von Dr Gustav Ruhland, ord. Professor ... an der Universität Freiburg (Schweiz). 61 S. 8. Berlin, Ernst Hofmann & Co. 1901. [M. 1. 25]

(B) — Die internat. landw. Konkurrenz. 901. (KBL 32.) Jetzt: Berlin, Kairos. Erm. Pr. — 50

Ruhland, G. Möglichst billiger Kredit, rationelle Verschuldungsbeschränkung und richtige Wertschätzung des landwirtschaftlichen Grundbesitzes. Ein wirtschaftspolitisches Gutachten zum Entwurfe eines schweizerischen Grundpfandrechtes. Bern 1899.

— u. N. **Krolde**, zur Kritik d. Entwurfs e. bürgerl. Gesetzbuchs, s.: Stimmen aus d. agrar. Lager.

Ruhland, G[ustav]. Die Lehre von der Preisbildung für Getreide. Ein Lehrbuch für Landwirtschaftsschulen, Handels- u. Müllerschulen, zugleich praktisches Handbuch für Getreide-Interessenten. ... hrg. von Prof. Dr. G. R', Schriftleiter der Wochenschrift «Getreidemarkt» (Berlin). X + 180 S. 8. Berlin, Wilhelm Issleib, 1904. [geb.] M. 2. —

Vorwort datiert: Berlin, im Oktober 1903. — *R' ist beurlaubter Prof. der Univ. Friburg i. Schw.*

— agrarpolitische Leistungen des Hrn. Professor Dr. Lujo Brentano od. die alte u. die neue Schule kritisch beleuchtet. gr. 8. (51 S.) München 894. J. Schweitzer, Verl. n. 1. —

— Leitfaden zur Einführung in das Studium der Agrarpolitik. gr. 8. (V, 61 S.) Berlin 894. P. Parey. n. 1 20

Ruhland, G., die Lösung der landwirthschaftlichen Kreditfrage im System der agrarischen Reform. Im Auftrage der XXVI. Wanderversammlg. bayer. Landwirthe verf. gr. 8. (VI, 161 S.) Tübingen 886. Laupp. n. 3. —

— Zur Lösung der landwirthschaftlichen Creditfrage im System der agrarischen Reform. Im Auftrage der XXVI. Wanderversammlung bayer. Landwirthe verf. gr. 8°. Tübingen, Laupp, 1886.

Ruhland, [Gustav]. Der internationale Markt und die Getreidepreise. Vortrag, gehalten in der Oekonomischen Gesellschaft im Königreiche Sachsen, Dresden, am 1. Februar 1901 von Professor Dr. Ruhland-Freiburg. II + 13 S. 8. Dresden, G. Schönfeld, 1901. [M. —. 60]

(B) **Ruhland**, Gust., der internat. Markt u. die Getreidepreise. 901. (KBL 32.) Jetzt: Leipzig, Fritzsche & Schmidt.

Ruhland, Gustav (Hrsg.), s. Nachrichten, Monatliche, zur Regulierung der Getreidepreise.

— d. internat. Nothlage d. Landwirtschaft, ihre Ursache u. d. Mittel zu ihrer Abhülfe. Hrsg. auf Veranlassg. des Bundes d. Landwirthe. gr. 8. (32 S.) Berlin 895. G. Schuhr. n.n. 1. —

Ruhland, G., Ueber die Organisation von Verkaufsvereinigungen der deutschen Müller. Hrsg. vom Ausschuss zur Vorbereitung von Verkaufsvereinigungen der deutschen Müller. 8°. Berlin, Puttkammer u. Mühlbrecht, 1907.

— i.s. Ueber die Organisation v. Verkaufsvereinigungen der deutschen Müller.

— aus der Praxis e. neu gegründeten landwirthschaftlichen Grossbetriebes im Pinzgau. [Aus: „Landw. Jahrbb."] Lex.-8. (55 S.) Ebd. 893. n. 1. 50

Ruhland, G(ustav). System der Politischen Ökonomie. Von Dr. G. R', o. ö. Professor ... an der Universität Freiburg (Schweiz). 3 Bände. 8. Berlin, Puttkammer & Mühlbrecht (**Bd. 1:* Wilhelm Issleib), 1903—1908. [*je* M. 10. —, geb. 12. 50]

Band 1 und 2: Allgemeine Volkswirtschaftslehre.
Band 1. (Einleitung — Entwickelungsgeschichte der Völker [I. Altertum. Mit Figuren und 1 graphischen Tabelle].) VIII + 398 S. 1903.
Band 2: Entwickelungsgeschichte der Völker (Fortsetzung). VI + 408 S. 1906.
Band 3: Krankheitslehre des sozialen Volkskörpers. XII + 424 S. 1908.

— System der politischen Oekonomie. 3. Bd. Krankheitslehre des sozialen Volkskörpers. (IX, 419 S.) gr. 8. Berlin 908. [Puttkammer & Mühlbrecht.] Berlin, Kairos. Geb. in Halbfrz. 12. 50

Ruhland, G., agrarpolitische Versuche vom Standpunkt der Socialpolitik. gr. 8. (XVI, 168 S.) Tübingen 883, Laupp'sche Buchh. * 3 —

(B) — Agrarpolitische Versuche. 883. (KBL 24.) Jetzt: Berlin, Kairos. Erm. Pr. — 50

— Das natürliche Werthverhältniss des landwirthschaftlichen Grundbesitzes, in seiner agrar. und socialen Bedeutung untersucht. gr. 8°. Tübingen, Laupp, 1885. (VII, 156 S.)

— die Wirtschaftspolitik des Vaterunser. 8. (VIII, 94 S.) Berlin 895. E. Hofmann & Co. n. 2. –

Ruhland, G. Die Zukunft d. Goldes u. die Süss'sche Theorie. Nebst Anh.: Die Goldfelder Südafrikas. Von Geo. Heim. gr. 8. (III, S. 505—598.) Tüb. 891, Laupp. * 1 50
Aus: Zeitschr. f. d. ges. Staatswissensch., besonders abgedruckt.

— aus den landwirtschaftl. Zuständen in Dänemark, s.: Holstein-Ledreborg, Jos. Graf v.

Ruhland, Hermann. Ährenlese; Gedichte. Milwaukee. 1878.

--Gedenke meiner! Gelegenheitsgedichte für Schule und Haus. 3d ed. Chicago, 1892.

Ruhland, Karl Theodor Friedrich, s. Ruhland, Friedrich Karl Theodor.

Ruhland, Marx Ph.

Ruhland, M.P. (Hrsg.), s. Aeskulap.

Ruhland, Marx Ph., s. Bemühungen f. d. Wohl sr. Nebenmenschen aus d. Arzneikunde.

Ruhland, Marx Ph., († d. .. Oct. 1796.) über die Erziehung, s. Plutarch.

Ruhland, Mar. P., üb. d. Erziehung, a. d. Griech. d. Plutarchs. 8. Ulm, Wohler. 786.

– s. Grundlinien od. Revision d. ganzen prakt. Arzneikunde.

— nöthige Kenntnisse f. angeh. Hebammenlehrer, alle vernünftige Hausmütter, Hebammen, Kinderwärterinnen rc. 8. Ulm 780. Wohler. 5 gr.

– s. Leitung f. angeh. prakt. Aerzte.

– s. Physik, d. Menschen. 2 Thle.

Ruhland, Max, Bonn u. Umgebung, s.: Beckmann-Führer.

Ruhland, Max: Die Eleusinischen Göttinnen. Entwicklung ihrer Typen in d. attischen Plastik. T. 1. *Strassburg 1901: M. DuMont-Schauberg.* (40 S.) 8° ¶ [Erschien vollst. u. mit Taf. 1901 bei Trübner in Strassburg.]
Strassburg, Phil. Diss. v. 1900

Ruhland, Max, die eleusinischen Göttinnen. Entwicklung ihrer Typen in der att. Plastik. gr. 8. (XI, 108 S. m. 9 Abbildgn. u. 3 Taf.) Strassburg 901. K. J. Trübner. n. 5. –

Ruhland, Reinhold Ludwig

– Beitr. zur Geschichte d. Jod's. gr. 4. Münch. 817. (Franz). 4 gr. (Auch in d. Denkschriften d. Akad. d. Wissensch.)

RUHLAND, Reinhold Ludwig (Ulm): Fragmenta de nutritione plantarum.- Landishuti 1809.
6.9.1809 - Pe 301; F 57
Diss. Ingolst.-Landsh.-Mchn.

– System der allgem. Chemie, od. über den chemischen Proceß. gr. 8. Berl. 818. Nicolai. 2 rf

Ruhland, Reinhold Ldw., üb. die polarische Wirkung des gefärbten heterog. Lichtes. gr. 4. Berl. 817. Reimer. 14 gr

Ruhland, Willy

Ruhland, W., über den Bakterienbrand der Kirschbäume, s.: Flugblätter d. kaiserl. biolog. Anstalt f. Land- u. Forstwirtschaft. (Aderhold, Rud.)

Eriocaulaceae mit 263 Einzelbild. in 40 Figuren von W. Ruhland. *Leipzig: W. Engelmann 1903.* (294 S.) 4°(8°) .
= Pflanzenreich, Das. H. 13. (IV. 30.) [03. 4791

Der Hallimasch, ein gefährlicher Feind unserer Bäume. Von Dr. W[illy] Ruhland, Privatd. Berlin: P. Parey 1903. (4 S.) 8° [Kopft. F.]
= Kais. Gesundheitsamt. Biol. Abteilung. Flugblatt. No 22. [03. 2816

Der Hallimasch, ein gefährlicher Feind unserer Bäume. Von Dr. W[illy] Ruhland, Priv. Doz., Berlin. 2. Aufl. (Berlin: P. Parey) 1905. (4 S.) 8° [Kopft. F.]
= Kais. Biolog. Anstalt f. Land- u. Forstwirtschaft. Flugblatt. No 22. [06. 13976

— der Hallimasch, e. gefährlicher Feind unserer Bäume, s. a. Flugblätter des kaiserl. Gesundheitsamtes, Nr. 22.

Zur Kenntnis der Wirkung des unlöslichen basischen Kupfers auf Pflanzen mit Rücks. auf d. sog. Bordeauxbrühe. Von Dr. W[illy] Ruhland. Hilfsarb. im Kais. Gesundheitsamte. *Berlin: P. Parey 1904.* (S. 157–206.) 4°(8°)
= Arbeiten aus d. Biolog. Abteilung f. Land- u. Forstwirtschaft am Kais. Gesundheitsamte. Bd 4, H. 2, [2.]

— Die Kleeseide, s.: Flugbätter der kaiserl. biologischen Anstalt f. Land- u. Forstwirtschaft.

Ruhland, Willy, aus Schleswig: Untersuchungen zu einer Morphologie der stromabildenden Sphaeriales auf entwickelungsgeschichtlicher Grundlage. (Mit Taf. I—III.) *Dresden (1899): C. Heinrich.* (48 S. — Ohne die Taf.) 8°
Berlin, Phil. Diss. v. 9. Dez. 1899

Rühland, Heinr., die Wohnplätze des Herzogth. Braunschweig m. ihren Entfernungen zur nächsten Bahnstation, zum Sitze des Amtsgerichts u. s. w., nebst Fahrpreistabellen der Eisenbahnen u. e. Karte des Herzogthums sowie der angrenz. Gebiete. Nach amtl. Quellen als 2. verb. u. verm. Aufl. seiner Entfernungs-Tabelle bearb. gr. 8. (158 S. m. 1 farb. Karte.) Braunschweig 902. B. Goeritz Geb. in Leinw. n. 4. —

Ruhlandt, E., Deutschlands Eisenbahnen im Frühling 1842. 8. (3 B.) Glogau 842, Flemming.

— neueste Eisenbahnkarte von Deutschland. 2. Aufl. Lithogr. u. illum. Fol. Ebend. 842. 1/6 rf

Ruhlandt, Ed., Album für Schlesien und die Lausitz. 1. u. 2. Bdchn. Breslau 856, 57. Graß, Barth u. Co. gr. 8. (2 Bl., 175 S.; VIII, 101 S.) 1.: 22½ ngr.; 2.: 9 ngr.

Ruhlandt, Album für Schlesien und die Lausitz. 2. Bdchn. gr. 8. (VIII und 101 S.) Breslau 857. [Weißensee, Großmann.]
1. Bdchn. [Ebendas.] 1856. 22½ Ngr.

— Paul Raschke, der deutsche Robinson. Ein Festgeschenk für die reifere Jugend. br. 8. (III und 156 S. mit 5 Stein- und Holzschnt.) Görlitz 856, Heinze und Comp.

— Taschenbuch für die Lausitz, s. Taschenbuch.

Ruhle, Alfr., Quaestiones Horatianae quum de carminum forma venusta generatim, tum separatim de carm. 1, 22. III, 8. condicione genuina institutae. Dissertatio philologica. gr. 8. (47 S.) Münster 873, (Mitsdörffer'sche Buchh.)

Ruhle, Ernst [Referendar zu Hamburg]: Die Lehre von den Wechseleinreden in ihrer besonderen Anwendung auf die Wechselbürgschaft ... Hamburg, Druck v. Grefe & Tiedemann, 1892; 40 S. 8.
Göttingen, Jur. Fak., Inaug.-Diss. v. [22. Juli] 1892

Ruhle, Ernst, die Lehre v. den Wechseleinreden in ihrer besonderen Anwendung auf die Wechselbürgschaft. Diss. gr. 8. (40 S.) Hamburg 892. (Göttingen, Vandenhoeck & Ruprecht.) n. – 80

Ruhle, Friedr. Deutsche Afrikareisende der Gegenwart. 1.—3. Bd. gr. 8. (Mit Abbildgn. u. Bildnis.) Münster i. W. 892, Aschendorff. geb. à Bd. * 2 80
1. Gustav Nachtigal. (VIII, 207 S.) — 2. Hermann v. Wißmann. (VIII, 203 S.) — 3. Emin Pascha. (VIII, 204 S.)

Ruhle, Frdr., deutsche Afrikareisende d. Gegenwart. 4. Bd. gr. 8. Münster 895. Aschendorff. Geb. in Leinw. n. 2. 80
Karl Peters. (III, 203 S. m. Abb. u. Bildn.)

Ruhle, Frdr., deutsche Afrikareisende der Gegenwart. 2. Bd.: Hermann v. Wissmann. 2. Aufl. (VIII, 188 S. m. Abbildgn.) gr. 8. Münster 909. Aschendorff. 2.—; geb. in Halbleinw. 2. 80

—— Bilder aus der Tierwelt. Für Schule u. Haus gesammelt. 1. u. 2. Bd. gr. 8. Ebd. à Bd. 6 —; 12 —; geb. à Bd. * 7 80; * 15 60
1. Säugetiere. (VIII, 406 S. m. Illustr.) 889.
2. Vögel. (IX, 435 S. m. Illustr.) 892.

— Bilder aus der Tierwelt. Für Schule u. Haus gesammelt. 2. Bd.: Vögel. gr. 8. (IX, 435 S. m. Illustr.) Ebd. 891. 6. —; geb. n. 7. 80 (1. 2.: n. 12. —; geb. n. 15. 60)

Rühle, Dr. — Bericht über die auf der Klinik des Herrn Professor Frerichs in Breslau im Sommersemester 1852 behandelten Kranken. Erstattet von — —. (Aus der „Wiener medizinischen Wochenschrift" 1855 besonders abgedruckt) Wien. 1855 Druck von A. Pichler's Wwe. und Sohn. (18 S. 8.)

Rühle, s.: Führer durch d. Umgegend v. Klingenthal.

Rühle Über die Nothwendigkeit eines ausgedehnteren Unterrichts in den Naturwissenschaften auf gelehrten Schulen. 16 S. .
Züllichau, Progr. 1848

Rühle, Plan von Dresden mit Umgebung. 1 : 25,000. 4 Bl. Fol. Dresden 875, Höckner. à Bl. * ℳ 1. * 4 —

Rühle: Wie ist der Unterricht in der Geschichte ... zu verteilen ...? s. Lohmeyer, G.: Wie ... Danzig 1891

Rühle, Albert, aus Baden-Baden: Neue experimentelle Beiträge über die Vorgänge bei der Fremdkörper-Einheilung. *Würzburg 1899 [vielm. 1901/02]: Verlagsdruckerei.* (67 S.) 8°
Würzburg, Med. Diss. v. /1899

Rühle, August Hermann

Rühle, A. H., Anrede an die bei der 35. Stiftungsfeier der Sächs. Bibelgesellschaft den 14. Aug. 1849, mit Bibeln zu beschenkenden Kinder. gr. 8. (8 S.) Dresden 849, Naumann. n. n. 1/24 ℛ︁

Rühle, Aug. Herm., Communionbüchlein zur Vorbereitung, wie zur Feier und Nachfeier des heiligen Sakraments. Aus Benj. Schmolck's Gebetsschriften zusammengestellt. Leipzig 861. Naumann. 8. (VIII, 158 S.) n. 8 ngr.

Rühle, A. H., kleine Postille über ausgewählte Texte aus den Evangelien und der Apostelgeschichte nach des sächs. Kirchenbuchs 3. Jahrgange. Zum Vorlesen in Betstunden und Hausandachten. 4 Lfgn. gr. 8. Dresden, Naumann. *
Inhalt:
Lfg. 1. 1. Advent bis zum Gründonnerstage. (S. 1—96.) 870. * ℳ 1.
„ 2. Charfreitag bis zum 8. Sonntage nach dem Feste der heil. Dreifaltigkeit. (S. 97—192.) 871. * 75 Pf.
„ 3. 4. Vom 8. Sonntage nach dem Feste der heil. Dreieinigkeit bis zum Schluß des Kirchenjahres. (IV, S. 193—330.) 871. à Lfg. * 75 Pf.

Rühle, A. H., David Samuel Roller. Lebensbild eines sächsischen Pfarrers aus der ersten Hälfte dieses Jahrh. Mit Roller's (phototyp.) Bildniß. 8. (IV, 327 S.) Leipzig 878, J. Naumann. * ℳ 4.; geb. *

—— Tod und Leben. 32 Grabreden. 8. (IV, 128 S.) Ebendas. 877.

Rühle, Carl. s. Rühle, Karl

Rühle, Fr. August Eduard

Rühle, F. A. Edu., der Mensch u. seine Vermögen. In Briefen üb. K. V. v. Bonstettens Philosophie d. Erfahrung, od. Untersuchn. üb. d. Menschen u. seine Vermögen. Nebst e. Anh. auserwählter Gedanken aus diesem Werke. gr. 8. (7 B.) Leipzig 839, (B. Tauchnitz jun.)

Rühle, Fr. Aug. Ed., über Presbyterien u. Ephoralsynoden. Beleuchtung der unt. dems. Titel erschien. Schrift v. D. Krehl. Seinen Amtsbrüdern gewid. 8. (2 B.) Meißen 832, Klinkicht u. Sohn.

Rühle, Friedrich [aus Zerbst]: Das deutsche Schäferspiel des 18. Jahrhunderts .... Halle, *Druck v. F. Kaufmann, Zerbst,* 1885; 6 + 44 + 2 S. 8°.
Halle. Phil. Fak., Inaug.-Diss. v. [15. Dez.] 1885.

Rühle, Frdr., das deutsche Schäferspiel d. 18. Jahrh. gr. 8. (VI, 44 S.) Halle 885. (Niemeyer.) n. 1. 20

Rühle, Gottlob Friedr[ich]. Ueber den Einfluss des Bodens auf die Vertheilung der Alpenpflanzen. Diss. Med. Tübingen. 8. Tübingen 1838.

Rühle, H., über die Bedeutung der deutschen Universitäten für das Gedeihen des Vaterlandes. gr. 8. (26 S.) Bonn 880. Cohen u. Sohn. n. — 60

Rühle, H., die Kennzeichnung (Deklaration) der Nahrungs- u. Genussmittel. (50 S.) Lex. 8. Stuttgart 907. F. Enke. 2. 40
Sonderabdr. aus: „Sammlg. chem. u. chem-techn. Vorträge".

Rühle, Herm., s. Monod, A., Lucille oder das Lesen d. Bibel.

Rühle, Hugo, Gedächtnissrede auf ihn, s.: Schultze, F.

Ruehle, Hugo (Ern. Henr.) (geb. Liegnitz 12. 9. 1824): Experimentorum de nervi facialis functionibus factorum expositio critica. Berolini (1846). (35 S.) 8°
Berlin, Med. Diss. v. 25. Mai 1846

Ruehle, H., Handbuch der Krankheiten der Lunge, s.: Handbuch der speciellen Pathologie u. Therapie.

Ruehle, H., Handbuch der Krankheiten d. Respirations-Apparates, s.: Handbuch der speciellen Pathologie u. Therapie.

Rühle, Hugo, die Kehlkopf-Krankheiten. Klinisch bearb. Mit 4 Kpfrtaf. Berlin 861. Hirschwald. gr. 8. (VIII, 291 S.) n. 1 ℛ︁ 28 ngr.

Rühle, H., über Pharynxkrankheiten, s. Sammlung klinischer Vorträge.

— über den gegenwärtigen Stand der Tuberkulosenfrage, s: Sammlung klin. Vorträge.

Rühle, Hugo: Untersuchungen über die Höhlenbildung in tuberkulösen Lungen. Breslau (1853). (30 S.) 8°
Breslau, Med. Fak., Hab.-Schr. v. 29. Okt. 1853

Rühle, Johannes [aus Leipzig]: Über den Einfluss der Wärme auf die Umwandlung des Crotonsäuredichlorürs und des Isocrotonsäuredichlorürs und ebenso des Crotonsäuredibromürs und Isocrotonsäuredibromürs in einander. ... Leipzig, Druck v. Oswald Mutze, 1890; 26 S. + 1 Bl. 8°
Leipzig, Phil. Fak., Inaug.-Diss. v. 14. Jun. 1890

Rühle, Carl, es war einmal! Weihnachtsmärchen-Dichtg. m. Gesang in 3 Aufzügen. Vollständ. Text- u. Regiebuch. (23 S.) 8. Leipzig (903). C. Rühle. n. — 40

— zur 50jähr. Jubel-Feier d. deutschkathol. Gemeinde zu Leipzig. Kurzer geschichtl. Abriß, als Fest-Gabe nach d. v. Joh. Chr. Schauwecker gemachten Archivauszügen, sow. eig. Erfahrgn. u. Erlebnissen verf. gr. 8. (III, 36 S. m. 2 Bildn.) Leipzig 895. C. Rühle. — 30

Rühle, Carl, meine Mußestunden. Eine Silberhochzeits-Gabe f. seine Ehegattin in Gedichten. 8. (IV, 72 S.) Leipzig (901). C. Rühle. Geb. in Leinw. m. Silberschn. n. 2.—

Rühle, Carl, 80 Prüfungsaufgaben, oder Uebungsstücke für die englische Komposition u. Exposition. Mit einem Anhang, enthaltend idiomatische Redensarten, Sprichwörter u. Anmerkungen zu den Prüfungsaufgaben. 8. (IV, 58 u. Anh. 38 S.) Stuttgart 879. Levy & Müller. cart. n. 1. 50

— d. Verheißg. d. Weihnachts-Fee. Weihnachtsfest-Spiel (m. Gesang). Vollst. Text- u. Regiebuch. M. e. Anh.: 20 d. schönsten Weihnachtslieder-Texte. 8. (23 S.) Ebd. 895. — 25

Rühle, Carl, Weihnachten im J. 2000. Ein Zukunfts-Bild. Weihnachts-Festspiel m. leb. Bild u. 2 Weihnachts-Chorliedern. 12. (16 S.) Leipzig (899). C. Rühle. — 25

Rühle, Carl, Hänsel u. Gretels Weihnachtsfest. Weihnachtsfestspiel in 3 Bildern. Mit e. Choral, 3 Weihnachtsliedern u. e. Hexentanz. Die Musik zu letzterem, komponiert v. Herm. Recke, ist im Texte eingedruckt. (28 S.) kl. 8. Leipzig (910). C. Rühle. — 60

— Weihnachts-Segen. Weihnachts-Festspiel (m. Gesang) in 2 Aufzügen. Vollständ. Text- u. Regiebuch. 12. (15 S.) Ebd. 898. — 25

— o du fröhliche, segenspendende Weihnachtszeit! Weihnachtsfestspiel in 2 Aufzügen. Mit e. Antrittslied, e. Melodram u. Chorgesang. (Musik v. Fritz Stang.) (23 S.) kl. 8. Ebd. (902). n.n. — 25

— Wettstreit der Jahreszeiten. Ein Weihnachtsstück f. Deklamation u. Gesang in 1 Aufzuge. (15 S.) kl. 8. Ebd. (901). n.n. — 25

Rühle, Carl, wie ich den Buchhandel erlernte, s.: Starke, H.

Rühle, Leonhard Christoph, vgl. R ü h l, Leonhard Christoph.

Rühle, Leonhard Christoph, ΚΕΒΗΤΟΣ ΘΗΒΑΙΟΥ // ΠΙΝΑΞ // Oder // Des Thebanischen Philosophi // CEBETIS // Taffel-Gemählde // Mit // Grammaticalischen und Historischen // Anmerckungen // In Teutscher Sprache // erläutert // Von // Leonhard Christoph Rühlen. // Goßlar /// Bey Johann Christoph König, // 1727. - 6 Blatt (nicht paginiert) Titelkupfer, Titelblatt und Vorrede. - 112 S.
B.-S. T. 8°.138.

Rühle, Otto, Arbeit u. Erziehung. Eine pädag. Studie. (80 S.) 8. München (904). Buchdruckerei & Verlagsanstalt G. Birk & Co. n. — 50

Rühle, Otto, Atemgymnastik. (16 S. m. Abbildgn.) 8. Berlin 909. Buchh. Vorwärts. — 50

— Die geschlechtliche Aufklärung der Kinder. 5. Aufl. (16 S.) 8. Leipzig(-Möckern) 909. (E. Böttcher.) — 10

Rühle, Otto, d. Geschichte d. Nordpolfahrten. gr. 8. (85 S. m. Abb. u. 1 Karte.) München 897. A. Schupp. n. 1. 50

— 6 Jahre in e. sächsischen Lehrerseminare. 1.—3. Tl. gr. 8. Ebd. à n. — 60
1. Die Behandlg. d. Seminaristen. 1.—3. Aufl. (1.—3. Taus.) (43 S.) Leipzig 896.
2. D. Lehrmethode in Oschatz. (47 S.) Leipzig 896.
3. Wie in Oschatz Zensuren „gemacht" werden. (29 S.) 896.

Rühle, Otto, Kinder-Elend. Proletarische Gegenwartsbilder. 8⁰. München, G. Birk u. Co., 1906. (92 S.)

— Maske herunter! Off. Brief an d. Pamphletisten Carl Richter, der bei s. Mohrenwäsche d. Oschatzer Seminaroberlehrer selbst z. Mohren geworden, als Antwort auf s. Schmähgn. gr. 8. (14 S.) Leipzig 897. Ebd. n. — 30

— Schulen ohne Gott. 5. Aufl. (22 S.) 8. Leipzig (908). (Leipzig-Möckern, E. Böttcher.) — 10

Die Schund-Litteratur und ihre Bekämpfung von seiten des Lehrers von Otto **Rühle**. Großenhain i.S.: H.Starke [1896]. (30 S.) 8° [F. u. Aut.]
[07. 7130 2

Die Schwalbe. Naturgeschichtl. Plauderei von Otto **Rühle**. Leben noch Mammuths? Von Max Bauer. Baumgreise. Von Theodor Hundhausen. In vereinf. deutscher Stenogr. ⟨System Stolze-Schrey⟩. Berlin. F. Schulze [1901]. (16 S.) 8° [F. u. Aut.]
= **Zehnpfennigbücher**, Schulzes. No 20. [05. 7379

Rühle, Otto, die Schwalbe, s.a. Schulze's Zehnpfennigbücher in vereinf. deutscher Stenographie. Nr. 20.

Rühle, Otto, der erste Strauß. Ein Liederbuch. 12 (VIII, 115 S.) Großenhain 894. Baumert & Ronge. n. 1. 50; geb. n. 2. 50

— der erste Strauß. E. Liederbuch. 2. Aufl. 12. (126 S.) Großenhain 895. Baumert & Ronge. n. 1. 50; geb n. 2. 50

— aus jungen Tagen. Ein neues Liederbuch. gr. 16. (80 S. m. Bildnis.) Großenhain 896. H. Starke. Geb. in Leinw. m. Goldschn. n. 2. —

Die Volksschule wie sie ist. Von Otto **Rühle**. *Berlin: Vorwärts 1903.* (47 S.) 8° [F.] [03. 4828

Die Volksschule wie sie ist. Von Otto **Rühle**. 2. umgearb. Aufl. Berlin; Vorwärts 1909. 48 S. 8° [09. 12183

Die Volksschule, wie sie sein soll. Von Otto **Rühle**. *Berlin: Vorwärts 1903.* (46 S.) 8° [F.] [04. 3479

Ruehle, Otto: Die Volksschule wie sie sein sollte. 2. Aufl. Berlin 1911. 8° *[1. Aufl. 1903.]*

— das sächsische Volksschulwesen. Eine zusammenfass. Darstellg. der sächs. Schulverhältnisse. (48 S.) 8. Leipzig 904. Leipziger Buchdruckerei. n. — 50

(B) — Das sächs. Volksschulwesen. '04. (H 01/05. K 84.) Jetzt: Berlin. Buchh. Vorwärts.

Rühle, Paul (Ferd): Beiträge zur elementaren Behandlung der Kegelschnitte. 9 S. u. Figt.– Glogau Ev., Progr. 1855.

Rühle, Paul, Gedenkworte für unsere Verstorbenen. Eine Sammlung von Versen zu Grabinschriften, gesammelt und zusammengestellt für Geistliche, Bildhauer, Steinmetzen, Porzellanmaler und Eisengießereien. 2. Aufl. 8. (VI, 78 S.) Frankfurt a. M. 887, Jaeger'sche Buchh. * 1 —

Ruehle, Paulus: • De simplicibus quibusdam methodis exquirendi naturam sectionum conicarum. 12 Bl. 4°

Halle-Wittenberg, Phil. Diss. v. 28. Dez. 1854

Geb. [Liegnitz 30. 1. 1823]

Vom Verf. ersch. deutsch: Beiträge zur elementaren Behandlung der Kegelschnitte. Glogau 1855: Flemming. 9 S., 1 Taf. 4° Ev. Gymn., Progr.

Rühle, Paul, mathematisches Schulbuch für die oberen Gymnasialclassen. 2 Thle. Berlin 863. Steinthal. gr. 8. n. 22½ ngr.
1. Thl.: Die Hauptsätze der Stereometrie u. Trigonometrie. (V, 60 S. u. 2 lith. Taf. in Fol.) n. 12½ ngr.
2. Thl.: Die Hauptsätze der Arithmetik u. Algebra. (V, 51 S.) n. 10 ngr.

Rühle, Paul (Hrsg.), s. Zeitschrift f. d. Gymnasialwesen.

Rühle, Walt., über die Latzko'sche Operation bei subperitonealer Uterusruptur. (Aus der rhein. Prov.-Hebammen-Lehranstalt in Elberfeld.) (6 S.) gr. 8. Leipzig 910. B. Konegen. 1.–
Sonderabdruck aus: „Der Frauenarzt".

Rühle, Walter (geb. am 10 Juli 1859 in Breslau): Aus d. med. Klinik zu Bonn. — Untersuchung über die Verdauung des Eiweisses im Magen ... Bonn, Univ.-Buchdr. v. C. Georgi 1882. 57 S., 1 Bl. 8.
Bonn, Med. Fak., Diss. v. 13 März 1882

Rühle von Lilienstern, General-Lieutenant. Ein biographisches Denkmal. 8. Berlin 1817. 0,75.

Rühle von Lilienstern, General-Lieutenant. Ein biograph. Denkmal. (Beiheft zum Militair-Wochenblatt 1874.) 8. Berlin, Mittler und Sohn.

Rühle & Hunger. Führer durch die Harmonium-Litteratur. Berlin 1889.

Rühle von Lilienstern, A. Fr.

— d. nach d. gefund. richtigen Schlüsseln nunmehr deutl. Offenbarung Johannis, u. ihre Uebereinstimmung mit d. Weissagungen aller älteren Propheten. Auch ganz neue Ansicht d. 70 Wochen Daniels. Mit Anh. 8. Herborn 824. Krieger. 1 ℛ 12 gr

Rühle v. Lilienstern, A. Fr., die nach d. gefund. richt. Schlüsseln nunmehr deutl. Offenbar. Johannis, u. ihre Uebereinstimm. mit d. Weissagungen aller älteren Propheten; auch ganz neue Ansicht d. 70 Wochen Daniels. M. 8 Zeittaf. u. vollständ. Sachzeiger. 2., sehr erweit. Ausg. gr. 8. (26½ B.) Marburg 828. [Cassel, Krieger, Vrlsbuchh.]

— die Schönschreibekunst im Schön- u. Richtigschreiben d. deutschen Sprache, zur nöthigen ersten Kenntniß f. junge Personen beider Geschlechts. Mit 3 lith. Bl. 8. Weilb., Lanz. 4 gr

Rühle v. Lilienstern, A. F., die Schreibkunst, s. Schreibkunst, die.

v. Rühle v. Lilienstern, A. Fr., etliche Worte auf die Schrift: An alle Christen, welche an das 1000jähr. Reich Christi u. d. Zeitrechnung desselben glauben od. nicht glauben; von Dr. J. W. Grimm. gr. 8. Herborn 826. Krieger. 2 gr

Rühle von Lilienstern, August Friedrich
(vgl. Rühle von Lilienstern, H. Erdm.)

[Rühle von Lilienstern, Aug. Friedr.]: Weisthum der Gesetze, Ordnungen und Vorschriften, welche in die Nassauische Teutsche Länder, Ottoischer Linie. von den ältesten Zeiten bis hierin ergangen sind. Aufgestellt nach der Zeit- und Buchstabenfolge. Th. 1—3. Hadamar 1802—03. 3 Bde

(Rühle v. Lilienstern, H. Erdm.:) Corpus constitut. Nassovic., d. i. Samml. d. Gesetze, Verordnn., Vorschriften u. Ausschreiben, welche v. d. ält. bis in die nenern Zeiten in d. Nassauischen Lande Ottoischer Linie ergang. sind; mit vollständ. Zeit- u. Sachreg. bis Ende d. J. 1795. *Hadamar u. Dillenb.* 796. 6 Thle. in 4 Bdn. 4. (2 Thl. 12 Gr.)

(*Ders.*:) Wisthum d. Gesetze, Ordnnn. u. Vorschriften — d. Nassau. L., O. L. — *Ebend.* u. *Marburg*, Krieger. 802—5. 4 Thle. 4. (4 Thl. 16 Gr.)
Vgl. Rühle v. Lilienstern, Aug. Frdr.

Rühle v. Lilienstern, (Justiz-Rath,) s. Weisthum d. Gesetze.

Rühle von Lilienstern, Hugo, appr. Arzt, Unterarzt b. Inf.-Reg. Nr 82: Über Bauchkontusionen in der Armee. Berlin 1909: G. Schade. 45 S. 8°
Berlin, Med. Diss. v. 23. Juli 1909, Ref. Hildebrand
[Geb. 9. Aug. 82 Bedheim; Wohnort: Göttingen; Staatsangeh.: Sachsen-Meiningen; Vorbildung: Gymn. Hildburghausen Reife O. 03; Studium: Berlin K. W. A. 10 S.; Coll. 23. Juli 09; Approb. 19. Juli 09.] [U 09. 98

Rühle von Lilienstern, Johann Jakob Otto August

Lilienstern, Rühle von, Aufsätze über Gegenstände u. Ereignisse aus dem Gebiete des Kriegswesens. 1r Th. mit 1 Kupfert. gr. 8. Berlin, Mittler. 817.

R(ühle) v. L(ilienstern). Aufsätze über Gegenstände und Ereignisse aus dem Gebiete des Kriegswesens. Bd. 1. Berlin 1818. 8°.
Dass. s. a.: Aufsätze...

(Rühle v. Lilienstern.) Bericht eines Augenzeugen von dem Feldzuge der, während den Monaten September und October 1806. unter dem Commando des Fürsten zu Hohenlohe-Ingelfingen gestandenen Königlich-preussischen und Churfürstlich-sächsischen Truppen. Mit Plänen. 1. Aufl. Tübingen 1807. (1 Bd.) Zweite Ausgabe. (2 Bde.) 8. Tübingen 1809.
Dass. s. a.: Bericht...

Rühle von Lilienstern, Johann Jakob Otto August, s. Carnot: Vertheidigung fester Plätze.

Rühle v. Lilienstern, Jh. Jak., geograph. Darstell. zur ältern Geschichte u. Geographie von Aethiopien u. Aegypten. Mit 9 Karten u. Tabb. rc. gr. 8. Berl. 827. Duncker u. H. 4 ℛ
Atlas dazu, auch u. d. T.: Universalhistor. Atlas, od. anschaul. Darstell. d. allgem. Weltgeschichte rc. durch ausführl. Text erläutert. 1s Hft. Ebd. 827. 4 ℛ 12 gr

— Duodez-Schulatlas. 27 Bl. Berl., Reimer. 1 ℛ 12 gr Mit Geschichtskarten in 35 Bl. 2 ℛ

Rühle v. Lilienstern, Joh. Jac., Gebirgs-Skizze von Deutschland. Berlin, Lüderitz. 1827. gr. Fol. Lith. u. kol. (5/12 ℛ)

R(ühle). v. L(ilienstern)., (Joh. Jak. Otto Aug.), zur Geschichte d. Araber vor Muhamed. Mit 8 synchronist. Tab. u. geograph. Darstellungen (auf 8 Bog., gr. Fol.) gr. 8. (21 B.) Berlin 836, C. G. Lüderitz'sche Vrlsbuchh.

R(ühle). v. L(ilienstern)., (Joh. Jak. Otto Aug.,) zur Geschichte d. Pelasger u. Etrusker, so wie d. altgriech. u. altital. Völkerstämme überh. Graphische Constructionen nach Hirt, Mannert, Niebuhr u. Otfr. Müller. gr. 8. (11¼ B., 5 ill. Stnt. u. 1 Tab. Roy.-Fol.) Berlin 831, Reimer. Thlr.

(——) vaterländ. Geschichte v. d. frühesten Zeit bis um das Ende d. 13. Jahrh., aus d. Gesichtspunkte e. Vorgeschichte der zum Bereich d. preuss. Staates gehör. Landestheile bearb. 1. Thl. Allgem. Einleit. u. Charakteristik d. vaterländ. Bodens; nebst einer, die Geschichte d. Bodenplastik erläut., hydrograph. Skizze. gr. 8. (29¼ B., 1 Tab. u. 1 ill. Karte, gr. Fol.) Berlin 840, C. G. Lüderitz'sche Vrlsbuchh.

R(ühle) v. L(ilienstern), Johann Jacob Otto August: Vaterländische Geschichte von der frühesten Zeit bis um das Ende des dreizehnten Jahrhunderts, aus dem Gesichtspunkte einer Vorgeschichte der zum Bereich des preussischen Staates gehörigen Landestheile bearbeitet. Th. 1: Allgemeine Einleitung und Charakteristik des vaterländischen Bodens, nebst einer die Geschichte der Bodenplastik erläuternden hydrographischen Skizze. Berlin 1840. 465 S., 1 Tf., 1 Krt. 8°. [E 3067

— s. Geschichtskarten.

Ruehle von Lilienstern, Grenz- und Oerter-Karte von Deutschland. Berlin, Lüderitz, 1826. gr.-Fol. Lith. u. kolor. (5/12 ℛ)

R(uehle v. L(illenstern), ... Handatlas von Deutschland in 13 lith. u. color. Bll. Berlin, D. Reimer. 1831. Roy.-Fol. (2½ Rt.)
1. Gebirgskarte von Deutschland. 2. Zur Orographie von Deutschland. 3. Grenz- u. Oerterkarte von Deutschland. 4. Rhein-Preussen u. Niederlande. 5. Oerterkarte von Preussen u. Nord-Deutschland. 6. Die Marken, Pommern, Sachsen, Mecklenburg. 7. Oerterkarte von Oesterreich u. Süd-Deutschland. 8. Ober-Italien, Schweiz, Tyrol. 9. Preussen u. Posen. 10. Hannover, Mecklenburg, Dänemark. 11. Süddeutsche Bundes-Staaten. 12. Oesterreich, Steyermark, Illyrien, Ungarn. 13. Sachsen, Böhmen, Mähren, Schlesien.

— Handbuch für den Offizier zur Belehrung im Frieden u. zum Gebrauch im Felde. 2 Thle. gr. 8. Berlin, Reimer. 817.

R[ühle] v. L[illenstern]. Handbuch für den Offizier, zur Belehrung im Frieden und zum Gebrauch im Felde. Von R. v. L. 2 Bde. 8. Berlin 1817—18.

Dass.s.a.:H a n d b u c h...

— s. Hieroglyphen.

(——) Historiogramm d. preuss. Staats v. 1280—1830 n. Chr. im synchronist. Verhältniss zu d. Nachbarstaaten. 7 lith. u. ill. Blätter. gr. Imp.-Fol. Berlin 835, Mittler, Vrlsh. *

(——) über d. Homerische Ithaka. Nebst 1 lith. Plane d. Kephallen. Reiches (Roy.-Fol.). gr. 8. (6½ B.) Berlin 832, Mittler.

R[ühle] v. L[illenstern], Karte von den Süddeutschen Bundes-Staaten. Nach den besten Hülfsquellen neu bearbeitet im Jahr 1849. Berlin, D. Reimer, 1849. gr. Fol. Lithogr. u. kolor. (⅓ Rt.)

Rühle v. Lilienstern, siehe s/K a r t e v. den Süddeutschen Bundes-Staaten.

Vom Kriege. Ein Fragment aus einer Reihe von Vorlesungen über die Theorie der Kriegskunst von Ruehle v. Lilienstern. Frankfurt a. M. 1814. 132 S.

Rühle von Lilienstern, Joh. Jac., Zur Orographie von Deutschland. (Berg- u. Gebirgsbenennungen.) Berlin, Lüderitz, 1827. gr. Fol. Lith. u. kolor. (½ Rt.)

— s. Pallas.

(Rühle v. Lilienstern.) Reise mit der Armee im Jahre 1809. Bd 1—3. Rudolstadt 1810. 8°.

(Rühle von Lilienstern.) Reise mit der Armee im Jahre 1809. (Mit Titelbilder.) (3 Bde.) 8. Rudolstadt 1810—1811.

— s. R e i s e e. Malers mit d. Armee.

(——) Rudimente d. Hydrognosie. gr. 8. (16 B.) Berlin 839, C. G. Lüderitz'sche Vrlsbuchh.

R[ühle] v. L[ilienstern], Joh. Jac. Otto August: Rudimente der Hydrognosie. Berlin 1839. 252 S. 8°. [B 45

— allgem. Schul-Atlas. 26 Bl. Fol. Berl., Reimer. 1826. 3 Suppl.-Bl. dazu.

(——) über Sein, Werden u. Nichts. Eine Excursion üb. vier Paragraphen in Hegel's „Encyklopädie." 2 Abthln. gr. 8. (19 B. u. 1 lith. Taf. gr. Fol.) Berlin 833, Dümmler.

(——) historiograph. Skizze d. preuß. Staats im synchronist. Verhalten zu seinen Nachbarstaaten innerhalb d. Zeitraums v. 1280—1830 n. Chr. Nebst e. Anleit. z. Schul- u. Privatgebr. des, diese Periode anschaulich darstell. Historiogramms. 8. (30⅛ B.) Berlin 838, Mittler, Vrlsh.

— Studien; zur Orientirung ꝛc. f. Studien.

(——) Synchronismus d. griech. Colonisationen, s. Synchronismus.

— Uebersichts-Karte v. Europa u. den angränz. Ländern in Nord-Afrika u. West-Asien. 9 Bl. Berl., Reimer. 4 ₰ 1827.

— Uebersichts-Karte von West- u. Mittel-Europa. In 7 Bl. Roy.-Fol. Berl. 821. Reimer. 2 ₰ 16 gr.

Vgl.Ü b e r s i c h t s k a r t e...

— die deutsche Volksbewaffnung, in e. Samml. der darüber in sämmtl. deutschen Staaten ergang. Verordnn. gr. 8. Berl. 815. Reimer. 3 ₰

Lilienstern, Rühle von, die deutsche Volksbewaffnung. Eine aktenmäßige Sammlung aller z. Bildung d. Landsturms in deutschen Ländern erlassenen Verfügungen. gr. 8. Berl. Realschulbuchhandlung. 815.

Ruehle von Lilienstern. Die deutsche Volksbewaffnung. Berlin 1815. 579 S.

— Wandkarte v. West- u. Mittel-Europa. 24 Bl. Berl., Reimer. 3 ₰

— Dies. der östl. u. westl. Hemisphäre, zum Schulgebr. 24 Bl. Berl., Reimer. 4 ₰

(Rühle von Lilienstern.) Der Wechsel der politischen Gränzen und Verhältnisse von Europa, während der zwei letzten Jahrzehende, auf neun illuminirten Tekturen zur Weltkarte in den Hieroglyphen dargestellt etc. 4. Dresden und Leipzig 1811.

Dass.s.a.:W e c h s e l , Der,...

Rühlemann, Fritz, a. Elberfeld: Über die Wärmeentwicklung bei der Absorption von Ammoniak in Wasser und Alkohol. Meiningen 1908: Keyssner. (65 S.) 8°
Jena, Phil. Fak., Ref. Winkelmann, Diss. v. 23. März 1908
[Geb. 9. März 82 Elberfeld; Wohnort: Elberfeld; Staatsangeh.: Preußen; Vorbildung: Gymn. Gotha Reife O. 02; Studium: Jena 3, Berlin 3, Jena 4 S.; Rig. 8. Febr. 08.]

Rühlemann, G. A., Album für Krankenträger. qu. 16. (14 Stnt. mit 1 S. Text.) Dresden 877, Höckner. **

Rühlemann, G. A., Album für Krankenträger. 3., rev. Ausg. qu. gr. 16. (19 Steintaf.) Dresden 878. Höckner in Comm. n.n. — 25

Rühlemann, G. A., Album für Krankenträger. 4. und 5. umgearb. Aufl. 16. (20 Stnt.) Leipzig 880,81. (Dresden, Höckner.) ** — 30

Rühlemann, G. A., Album f. Krankenträger, [erste Hilfe bei Verletzungen]. Internationale Ausg. qu. 12. (55 S. in deutscher, holländ., engl., französ., span. u. russ. Sprache m. eingedr. Photozinkogr.) Leipzig 882. (Exped. d. Reichs-Medicinal-Anzeigers.) n. 1. —

— Album f. Krankenträger u. Samaritorschulen. Erste Hilfe bei Unglücksfällen. 6. Aufl. qu. 16. (22 Taf. m. eingedr. Text u. 1 S. Text.) Leipzig 883. (Dresden, Höckner.) n.n. — 25

Rühlemann, G. A., Album f. Krankenträger, Verwundeten-Transport u. erste Hilfe im Kriege. Neue, umgearb. Ausg. 16. (VI, 98 S. m. Abbildgn.) Dresden 890. (Höckner's Buchhandlg.) cart. n.n. — 60

Rühlemann, G. A., Album f. Krankenträger, Verwundeten-Transport u. erste Hilfe im Kriege. Neue Ausg. gr. 16. (118 S. m. Abb.) Dresden 901. (C. Höckner.) Kart. n.n. — 65

Rühlemann, G. A., Album für Krankenträger, Verwundeten-Beförderung u. erste Hilfe im Kriege. 11. Aufl. (Neue Ausg.) (150 S. m. 222 Abbildgn.) 16. Meißen (908). H. W. Schlimpert. Kart. nn — 75

Rühlemann, Exerziervorschrift f. die freiwilligen Sanitätskolonnen vom Roten Kreuz. (30 S.) kl. 8. Dresden 905. (Berlin, E. S. Mittler & Sohn. — Dresden, C. Damm. — München, Seitz & Schauer.) n. — 25

—— Leitfaden für den Unterricht der freiwilligen Krankenträger der Kriegervereine, s/Starcke.

Rühlemann, G. A., Leitfaden f. den Unterricht der freiwill. Krankenträger (Sanitäts-Kolonnen). 7. Aufl. Im Auftrage d. Centralcomité's der preuß. Vereine zur Pflege im Felde verwundeter u. erkrankter Krieger auf Grund aller die Verwendg. der Sanitäts-Kolonnen im Kriege betr. amtl. Bestimmgn., sowie unter gleichzeit. Berücksicht. der Ausbildg. derselben zum Samariterdienste im Frieden neu bearb. 12. (183 S. m. Abbildgn.) Berlin 893. (E. S. Mittler & Sohn. — Dresden, C. Höckner's Sort.) n. 1. —

Rühlemann, Leitfaden f. d. Unterricht d. freiwilligen Krankenträger (Sanitäts-Kolonnen). Im Auftr. d. Centralcomité's d. preuß. Vereine z. Pflege im Felde verwund. u. erkrankter Krieger auf Grund aller d. Verwendg. d. Sanitäts-Kolonnen im Kriege betreff. amtl. Bestimmgn., unt. gleichzeit. Berücksicht. d. Ausbildg. derselben z. Samariterdienste verf. 10. Aufl. 12. (187 S. m. Abb.) Berlin 897. (E. S. Mittler & Sohn. — Dresden, C. Höckner's Sort.) n. 1. —

— **Leitfaden f. den Unterricht der freiwilligen Krankenträger (Sanitäts-Kolonnen). Im Auftrage des Centralcomité's des preuß. Landes-Vereins vom Rothen Kreuz auf Grund aller die Verwendg. der Sanitäts-Kolonnen im Kriege betreff. amtl. Bestimmgn., unter gleichzeit. Berücksicht. der Ausbildg. derselben zum Samariterdienste im Frieden verf. 14. Aufl. (230 S. m. Abbildgn.) 12. Berlin 903. E. S. Mittler & Sohn. — Dresden, C. Damm. n. 1. —**

Rühlemann, G. A., erste Nächstenhilfe bei Unglücksfällen im Frieden und Verwundungen im Kriege. [Album für Krankenträger.] 16. (72 S. mit eingedr. Illustr.) Leipzig 885. (Dresden, Höckner, Sep.-Cto.) ** — 50
cart. ** — 60

—— Erste Nächstenhilfe bei Unglücksfällen. Ein kurzer Rathgeber f. Jedermann, namentlich f. Militär, Schutzleute, Feuerwehr, Eisenbahnbeamte etc. 16. (70 S. m. 121 Abbildgn.) Dresd. 889. (Höckner's Buchh.) cart. ** — 60

— erste Nächstenhilfe bei Unglücksfällen. Besonders als Taschenbüchlein f. Samariter u. zum Gebrauche beim Unterrichte der Unterofficiere üb. die erste Hilfe bei Unglücksfällen hrsg. 16. (70 S. m. 121 Abbildgn.) Ebd. 889. cart. n.n. — 60

— erste Nächstenhilfe bei Unglücksfällen. Ein kurzer Rathgeber f. Jedermann, namentlich f. Militär, Schutzleute, Feuerwehr, Eisenbahnbeamte, Werkführer, Bergleute, Bauhandwerker, Radfahrer, Turner, Reisende, besonders als Taschenbüchlein f. Samariter u. zum Gebrauche beim Unterrichte der Unteroffiziere üb. die erste Hilfe bei Unglücksfällen hrsg. 31.–35. Taus. 16. (72 S. m. 121 Abbildgn.) Dresden 894. (C. Höckner's Sort.) Kart. n.n. — 60

— erste Nächstenhilfe bei Unfällen u. Erkrankungen. Ein Ratgeber f. Jedermann, namentlich für Militär, Schutzleute, Feuerwehr, Eisenbahnbeamte, Werkführer, Bergleute, Bauhandwerker, Radfahrer, Turner, Reisende, als Leitfaden f. den Samariterunterricht hrsg. gr. 16. (126 S. m. 121 Abbildgn.) Ebd. (901). Kart. n.n. — 75

— Erste Nächstenhilfe bei Unfällen u. Erkrankgn. Ein Ratgeber f. Jedermann, namentlich f. militär. Vorgesetzte, Schutzleute, Feuerwehr, Eisenbahnbeamte, Werkführer, Bergleute, Bauhandwerker, Automobil- u. Radfahrer, Turner, Touristen u. Leitfaden f. den Samariterunterricht. Neue Ausg. (140 S. m. Abbildgn.) 16. Dresden 907. (C. Höckner. — Berlin, E. S. Mittler & Sohn.) Kart. nn — 80

—— Tafel für Polizei- und Feuerwehrwachen, Eisenbahnstationen, Turnhallen, Fabriken, Bergwerke etc. zur Anleitung über die erste Hülfe bei Unglücksfällen. Lithogr. Imp.-Fol. Leipzig 883, Kössling'sche Buchh. Auf Leinw. * 1 35

— **Unterrichtsbuch f. Sanitätskolonnen v. Roten Kreuz. Im Auftrage des Zentralkomitees des preuß. Landesvereins vom Roten Kreuz verf. 15. Aufl. (256 S.) kl. 8. Dresden 905. (Berlin, E. S. Mittler & Sohn. — Dresden, C. Damm. — München, Seitzer & Schauer.) 1. 20**

— Unterrichtsbuch f. Sanitätskolonnen vom Roten Kreuz. Im Auftrage des Zentralkomitees des preuß. Landesvereins vom Roten Kreuz verf. 17. Aufl. (270 u. 31 S. m. Abbildgn. u. 1 Taf.) kl. 8. Berlin 908. (E. S. Mittler & Sohn.) 1. 25

Rühlemann, Hermann: Über die Fächerorgane sog. Malleoli oder Raquettes coxales des vierten Beinpaares der Solpugiden. Mit 2 Taf. u. 8 Fig. im Text. Leipzig: W. Engelmann 1908. 45 S. 8° ¶(Aus: Zeitschr. f. wiss. Zool. Bd 91, H. 4.)
Heidelberg, Naturw.-math. Diss. v. 4. Nov. 1908, Ref. Bütschli
[Geb. 30. April 85 Heidelberg; Wohnort: Heidelberg; Staatsangeh.: Baden; Vorbildung: Oberrealsch. Heidelberg Reife Juli 03; Studium: Heidelberg 10 S.; Rig. 30. Okt. 08.] [U 09. 2057

[Ant. u. F.] Rühlemann, Otto [Dr.]: Zur Behandlung der Lektüre im Französischen. Halle a. S., Druck d. Buchdr. d. Waisenhauses, 1891; S. 1–20; 4°
Halle a. S., RG d. Franckeschen Stiftungen, P 1891 (256)

Rühlemann, Otto: Über die Quelen [!] eines altfranzösischen Lebens Gregors des Grossen. Halle 1885: Karras. 40 S. 8°
Halle-Wittenberg, Phil. Diss. v. [15. Aug.] 1885
Geb. Bosendorf b. Weissenfels 26. 11. 1855. V.

Rühlemann, W., systematisch angelegter einmonatlicher Geschäftsgang des Kleinhandels, s.: Göll, R.

Rühlich, C. F. R., Angel-Kalender für jeden Angel-Fischer auf alle Monate des Jahres. Uebersichtliche Darstellung für jeden Angel-Fischer, auf welche Fischsorten in jedem Monate er rechnen kann, was für Angelgeräthschaften, Futter- und Angelköder dabei anzuwenden ist und wie er sich überhaupt in den verschiedenen Perioden zu verhalten hat. Anweisung, wie er seine Angelzeit praktisch mit den besten Erfolgen verwenden kann. 2. Aufl. 2. (Titel-)Ausg. 16. (16 S.) Weimar 880, Weißbach. * — 20
—— dass. — 3. Aufl. 16. (17 S.) Ebendas. 881. * — 25

Rühlich, C. F. R., Angel-Kalender f. jeden Angel-Fischer auf alle Monate d. Jahres. Uebersichtl. Darstellg. f. jeden Angel-Fischer, auf welche Fischsorten er in jedem Monat rechnen kann, was f. Angelgerätschaften, Futter- u. Angelköder anzuwenden sind u. wie er sich überhaupt in verschied. Perioden zu verhalten hat. Anweisg., wie er s. Angelzeit prakt. m. d. besten Erfolgen verwenden kann. 4. Aufl. 16. (17 S.) Leipzig 897. Landwirtschaftl. Schulbuchh. n.n. — 25

Rühlich, C. F. R., der praktische Angler in Deutschland. Ein unentbehrl. Hülfsbuch f. alle diejenigen, welche m. besonders günstigem Erfolg die Angelfischerei betreiben wollen. Mit e. Angelkalender auf alle Monate d. Jahres Auf Grund langjähr. Selbsterfahrgn. übersichtlich bearb. 3. vielfach verb. Aufl. 8. (VI, 66 S.) Reudnitz 871. Förster. n. 1. —

—— der praktische Angler in Deutschland. Ein unentbehrl. Hülfsbuch für alle Diejenigen, welche mit besonders günst. Erfolg die Angelfischerei betreiben wollen. Mit einem Angelkalender auf alle Monate des Jahres. Auf Grund langjähr. Selbsterfahrungen übersichtl. bearb. 3. vielfach verb. Aufl. 2. (Titel-)Ausg. (VI, 66 S.) 1880; 4. vielfach verb. Aufl. 8. (63 S.) Ebendas. 881. * 1 —

Rühlich C. F. R., d. prakt. Angler in Deutschland. Ein unentbehrl. Hilfsbuch f. alle Diejenigen, welche m. bes. günst. Erfolg d. Angelfischerei betreiben wollen. M. e. Angelkalender auf alle Monate d. Jahres. Auf Grund langjähr. Selbsterfahrgn. übersichtl. bearb. 5. Aufl. 8. (63 S.) Ebd. 897. n. 1. —; kart. n. 1. —

Rühlin, Johann Eberhard (Calw) A. S. 1371/17

Veritas fundamentalis fidei Christianae articuli de satisfactione sponsoris Christi, contra impietatem Poireti et imposturam Bourrignoniae fanaticae defensa. Präs. Johann Wolfgang Jäger.
Tübingen (Reis) I. 1708. 32 S.

2 Resp. 29476

Rühling, Rudolf, Die Lage des Hausierhandels auf dem Eichsfelde. Schriften d. Vereins f. Sozialpol., Bd. 80. gr. 8⁰. Leipzig 1899.

Ruhlitz, M., s. Lehrjahre, meine, als Landwirth.

Ruhlmann, Fridolin, der Freihof Eberbach bei Niederrödern. Ein Beitrag zur Geschichte der Kirchengüter im Elsaß. (60 u. 7 S.) 8. Straßburg 908. (F. X. Le Roux & Co.) nn — 60

Ruhlmann, Fridolin: Der Freihof Eberbach bei Niederröden. Ein Beitrag z. Geschichte d. Kirchengüter im Elsaß. Straßburg 1908: 'Elsäss. Volksbote'. 60, 6 S. 8⁰

Rühlmann, A., zum Gedächtniß an Hrn. Gust. Besser, weiland Superintendent u. Oberpfarrer in Torgau, gestorben am 6. Jan. 1881. [I. Gedächtnißpredigt, gehalten am Sonntag, den 9. Jan., II. Leichenrede, gehalten am Sarge in der Kirche am 10. Jan.] gr. 8. (15 S.) Torgau 881. Jacob. n. — 20

Rühlmann, A., Sedanpredigt, üb. Luc. 2, 14 am 1. Septbr. in Torgau geh. gr. 8. (8 S.) Torgau 895. P. Schultze. n. — 20

Rühlmann, A., Worte zu den am 10., 11., 12. und 13. Novbr. 1884 unter Leitung des Malers L. Krause in Torgau dargestellten lebenden Bildern aus Dr. Martin Luthers Geschichte. 1. und 2. Aufl. gr. 8. (15 S.) Torgau 884,85, Jacob. * — 40

Rühlmann, Ant., Untersuchungen üb. das Zusammenwirken der Muskeln bei einigen, häufiger vorkommenden, Kehlkopfstellungen. [Aus dem physiolog. Institute zu Wien.] [Mit 2 (lith.) Taf. (auf 1 Bl. in qu. 4.)] [Aus: „Sitzungsber. d. k. Akad. d. Wiss."] Lex.-8. (49 S.) Wien 874. (Gerold's Sohn.) n. 1. 20

Rühlmann, Ernst, appr. Arzt u. Großtöpfer: Über die Ursachen der Erblindung. Halle a. S. 1905: C. A. Kämmerer & Co. (39 S.) 8°
Halle, Med. Fak., Ref. Schmidt-Rimpler, Diss. v. 11. Febr. 1905
[Geb. 8. Jan. 82 Großtöpfer i. Eichsfeld; Wohnort: Großtöpfer i. Eichsfeld; Staatsangeh.: Preußen; Vorbildung: Gymn. Halle a. S. Reife M. 99; Studium: Jena 4, Kiel 2, Halle 4 S.; Coll. 5. Febr. 05; Approb. 11. Nov. 04.]

Rühlmann, Fr. Chr., († d. 1. April 1815.) neue Beitrr. zur Gesch. der Altstädter Schule in Hannover. 8. Hannov. 787. Helwing. 4 ℊ

— Beschreib. d. 50jähr. Amtsjubelfeier des Seniors G. H. Pollmanns. 8. Hannov. 780.

— über das Glück, welches dem hannöv. Lande aus d. nähern Verbindung mit Großbritannien zu Theil geworden. Eine Rede am 100jähr. Jubelfeste d. Thronbesteigung des Hauses Kurbraunschweig. 4. Hannov. 814. Hahn. 4 ℊ

— Großbritanniens erhöhete Macht u. blühend. Wohlstand unter d. Königen aus d. Hause Kurbraunschweig. 4. Hannov. 814.

Rühlmann, Franz, aus Bibra bei Naumburg a. Saale: Die Folgen der Brüche und Verrenkungen des Schlüsselbeines hinsichtlich der Erwerbsfähigkeit. *Erlangen 1899: E. Th. Jacob.* (36 S.) 8°
Erlangen, Med. Diss. v. 6. März 1899

Rühlmann, H., Grundriß der Experimentalphysik, s. Scherling, Chr.

Rühlmann, Hugo: Petrographische Untersuchungen an den jungvulkanischen Eruptivgesteinen in der Gegend zwischen Böhm.-Kamnitz und Kreibitz. Prag: Verlag des „Lotos" 1904. (53 S.) 8° ¶(Aus: Sitzungsberichte des deutschen naturw.-medizin. Vereines f. Böhmen „Lotos" 1904, No 8.)
Leipzig, Phil. Fak., Ref. Zirkel u. Credner, Diss. v. 1. Apr. 1905
[Geb. 12. Jan. 07 Weißenfels a. S.; Wohnort: Leipzig; Staatsangeh.: Preußen; Vorbildung: Gymn. Mühlhausen Reife f. Prima 86; Studium: Leipzig 12 S.; Rig. 27. Juli 04.]

Rühlmann, Johann Christoph

Das Paradies der Freimauerer, durch eine am Johannes-Fest, den 24. Junii 5761, in der ordensmåssig gestifteten ger. u. vollk. Loge Philadelphia [in Halle] von dem Br [Joh. Christoph] R[ühlmann] gehaltene Rede geschildert und beschriben. [Halle 1761.] 30 S. 8⁰
Selten. Kl. 843. Üb. die Gottes- u. Tugendverehrung der Frmr. 23.

Rühlmann, Julius

Rühlmann, Jul., die Geschichte der Bogeninstrumente, insbesondere derjenigen des heutigen Streichquartettes, von den frühesten Anfängen an bis auf die heutige Zeit. Eine Monographie. Nach dem Tode des Verf. hrsg. von dessen Sohn Rich. Rühlmann. Mit in den Text eingedr. Holzst. u. einem Atlas von 13 (lith.) Taf. gr. 8. (XIII, 321 S.) Braunschweig 882. Vieweg & Sohn. n. 20. —

Ruehlmann, Conradus: Nonnulla de ileo. Halis Saxonum 1858: Orphanotropheum. 30 S. 8°
Halle-Wittenberg, Med. Diss. v. 10. Dez. 1858
Geb. Wennungen (Kr. Querfurt) 21. 7. 1834. V.

Rühlmann, Moritz

Rühlmann, Mor., leichtfaßliche Belehrung üb. das gesammte Eisenbahnwesen. Mit 57 Abbild. (Besond. Abdr. d. Artikels „Eisenbahnen" aus Ure's techn. Wörterbuche, bearb. von K. Karmarsch u. Fr. Heeren.) gr. 8. Prag 842, Haase Söhne. n. 5/12 ₰

— u. Karl Karmarsch, Bericht üb. die Industrie-Ausstellung, siehe: Karmarsch, Karl.

Rühlmann, Mor., Grundzüge der Mechanik im Allgemeinen und der Geostatik im Besondern. Zunächst als Leitfaden für den Unterricht an technischen Lehranstalten. 3., völlig umgearb. u. verm. Aufl. Mit vielen Holzschn. (im Text). Leipzig 860. Arnold. gr. 8. (VIII, 359 S.) n. 2 ₰

Rühlmann, Mor., Hydromechanik. Mit 218 in den Text gedr. Holzschn. (In 3 Heften: 1. Heft: Hydrostatik u. Aërostatik. — 2. Heft: Hydromechanik. — 3. Heft: Bewegung des Wassers in Flüssen u. Canälen.) Leipzig 853—57. Arnold. gr. 8. (IX, 507 S.) 3 ₰.

Rühlmann, Mor., Hydromechanik oder die technische Mechanik flüssiger Körper. 1. Heft: Hydrostatik und Hydrodynamik bis zum Ausflusse des Wassers durch sogenannte Poncelet-Mündungen. 2. verb. und verm. Ausg. gr. 8. (III, 260 S. mit eingedr. Holzschn.) Hannover 879, Hahn'sche Buchh.

Rühlmann, Mor., Hydromechanik oder die technische Mechanik flüssiger Körper. 2. (Schluss-)Heft: Hydrodynamik vom Ausflusse des Wassers durch Seitenöffnungen und Überfälle, Bewegung des Wassers in Canälen und Röhren, bis Mitwirkung und Widerstand des Wassers. Aërostatik und Aërodynamik. 2. verb. und verm. Ausg. gr. 8. (X, S. 261—760 mit eingedr. Holzschn.) Hannover 880, Hahn'sche Buchh. * 15 —
1. Heft. Ebendas. 1879. *M 5.

Rühlmann, Dr. M., Allgemeine Maschinenlehre. Braunschweig 1862—75. 4 Bände 8⁰. Bd 1: Maschinen zum Messen und Zählen, zur Aufnahme der Muskelkräfte von Menschen u. Thieren, zur Aufnahme der Kraft des fliessenden Wassers, Windräder, Dampfmaschinen. Mit 316 Holzschn. im Text u. 1 lithogr. Karte. Bd. 2: Mühlen, landwirthschaftl. Maschinen. Mit 479 Holzschn. im Text. Bd. 3: Strassen- u. Eisenbahnfuhrwerk einschliesslich der Lokomotive. Mit 289 Holzschn. im Text u. 4 lith. Tfln. Bd. 4: Dampfschiffe u. Dampfmaschinen sowie Hebemaschinen für feste Körper, Ram-Bagger-Wasserförderungsmaschinen u. Maschinen zum Comprimiren u. Fortschaffen atmosphärischer Luft. Mit 549 Holzschn. im Text.

— allgemeine Maschinenlehre. Ein Leitfaden für Vorträge, sowie zum Selbststudium des heutigen Maschinenwesens, mit besonderer Berücksichtigung seiner Entwickelung. Für angehende Techniker, Cameralisten, Landwirthe u. Gebildete jeden Standes. 1. Bd. Mit 316 Holzschn. (im Text) u. 1 lith. Karte. Braunschweig 862. Schwetschke & Sohn. Lex.-8. (XII, 512 S.) n. 3 ₰

— — 2. Bd. 1. Hälfte. Ebend. 864. Lex.-8. (S. 1—248 m. Holzschn.) n. 1 ₰ 18 ngr.

Rühlmann, Mor., allgemeine Maschinenlehre. Ein Leitfaden für Vorträge, sowie zum Selbststudium des heutigen Maschinenwesens, mit besonderer Berücksichtigung seiner Entwickelung. Für angehende Techniker, Cameralisten, Landwirthe u. Gebildete jeden Standes. Mit (eingedr.) Holzschn. 2. Bd. 2. Hälfte u. 3. Bd. 2 Abtheilungen. Braunschweig, Schwetschke & Sohn. Lex.-8. [2. Bd. 2. Hälfte. (VIII u. S. 249—544.) 865. n. 2 ₰ 4 ngr.; 3. Bd. 1. Abtheilung (S. 1—192.) 867. n. 1 ₰ 6 ngr.; 3. Bd. 2. Abtheilung (VIII u. S. 193—431 mit 4 Steintaff. u. 2 Tabb. in Fol.) 868. n. 1 ₰ 24 ngr.] n. 5 ₰ 4 ngr.

Rühlmann, Mor., allgemeine Maschinenlehre. Ein Leitfaden für Vorträge, sowie zum Selbststudium des heut. Maschinenwesens mit besond. Berücksicht. seiner Entwicklung. Für angeh. Techniker, Cameralisten, Landwirthe und Gebildete jeden Standes. 4. Bd. 3 Abthlgn. Mit zahlreichen (eingedr.) Holzschn. gr. 8. Braunschweig, Schwetschke und Sohn. [1. Abthl. (S. 1—140.) 872. *M 5.; 2. Abthl. (S. 241—448.) 874. *M 5,20.; 3. Abthl. (VIII, S. 449—767.) 875. *M 7,60.]

Rühlmann, M: Allgemeine Maschinenlehre. 2. Aufl.
Bd 1. Maschinen zum Messen und Zählen. Maschinen zur Aufnahme der Menschen- und Thierkräfte. Wasserräder. Wassersäulenmaschinen. Windräder. Dampfmaschinen. Luftmaschinen. Braunschweig 1875
Bd 2. Mühlen. Landwirthschaftliche Maschinen. Braunschweig 1876
Bd 3. Straßen- und Eisenbahnfuhrwerke, einschließlich der Locomotiven, Dampf-Omnibusse, sowie der Maschinen und Apparate für pneumatischen Transport. Braunschweig 1877
Bd 4. Die Arbeitsmaschinen zum Fördern fester und flüssiger Körper mit besonderer Berücksichtigung der sog. Baumaschinen, mit Ausnahme der Räderfuhrwerke und Schiffe. Leipzig 1888
Bd 5. Geschichte der Ruder-, Segel- und Dampfschiffe. Practischer Schiffbau. Entwerfen von Schiffen. Theorie des Schiffes. Schiffskessel und Schiffsmaschinen. Fortges. u. beendet von O. Flamm. Berlin 1891—1903

—— dass. — 2. Aufl. 1. Bd. 2 Hälften. gr. 8. (III, 660 S. mit 429 Holzschn. und 1 lithogr. Karte.) Ebendas. 875. [1. Hälfte. *M 7,60.; 2. Hälfte. *M 7,40.]
2. Bd. 1865. *M 11,20.; 3. Bd. 1868. *M 9.

—— allgemeine Maschinenlehre. Ein Leitfaden für Vorträge, sowie zum Selbststudium des heutigen Maschinenwesens, mit besond. Berücksicht. seiner Entwickelung. Für angehende Techniker, Cameralisten, Landwirthe und Gebildete jeden Standes. 2. und 3. Bd. 2. verb. und verm. Aufl. gr. 8. (X, 703 S. mit 607 eingedr. Holzschn.; X, 596 S. mit 469 eingedr. Holzschn.) Braunschweig 876,77, Schwetschke und Sohn. à Bd. *M 15. *
1. und 4. Bd. Ebendas. 1875. *M 32,60.

Rühlmann, Mor., allgemeine Maschinenlehre. Ein Leitfaden für Vorträge, sowie zum Selbststudium des heut. Maschinenwesens mit besond. Berücksicht. seiner Entwickelung. Für angehende Techniker, Cameralisten, Landwirthe und Gebildete jeden Standes. 2. verb. und verm. Aufl. 4. Bd.: Die Arbeitsmaschinen zum Fördern fester und flüssiger Körper, mit besond. Berücksicht. der sogen. Baumaschinen, mit Ausnahme der Räderfuhrwerke und Schiffe. Zunächst für techn. Lehranstalten. gr. 8. (XIV, 809 S. mit 549 Holzschn. und 2 lithogr. Taf.) Leipzig 888, Baumgärtner's Buchh. * 20 — geb. * 22 —
1.—3. Bd. Ebendas. 1875—77. *M 45.—.

Rühlmann, Mor., allgemeine Maschinenlehre. Ein Leitfaden f. Vorträge, sowie zum Selbststudium d. heut. Maschinenwesens m. besond. Berücksicht. seiner Entwickelg. (2., verb. u. verm. Aufl.) 5. Bd. 1. Lfg. gr. 8. Leipzig 891. Baumgärtner. n. 5. — (I—V, 1.: n. 70. —)
Beiträge zur Geschichte, Cultur u. Technik der Schiffahrt, der Ruder-, Segel- u. Dampfschiffe. Für techn. Lehranstalten, Gymnasien, Realschulen u. Gebildete jeden Standes. 1. Lfg. Allg. Einleitg. u. speciell Schiffe der Alten. Mit 61 Holzschn. u. 2 lith. Taf. (XII, 176 S.)

Rühlmann, Mor., allgem. Maschinenlehre. E. Leitfaden f. Vorträge, sow. z. Selbststudium d. heut. Maschinenwesens m. bes. Berücksicht. s. Entwickelg. 2., verb. u. verm. Aufl. 5. Bd. 2. Lfg. gr. 8. Leipzig 896. Berlin, W. & S. Löwenthal. n. 5. —; (I.—V., 2.: n. 75. —)
Beiträge zur Geschichte, Cultur u. Technik d. Schiffahrt, d. Ruder-, Segel- u. Dampfschiffe. Für techn. Lehranstalten, Gymnasien, Realschulen u. Gebildete jeden Standes. 2. Lfg. Schiffe u. Schiffahrt im Mittelalter. Geschichtl. Entwickelg. d. Dampfschiffe. M. 79 Holzschn. (S. 177—356.)

Rühlmann, Mor., allgemeine Maschinenlehre. Ein Leitfaden f. Vorträge, sowie zum Selbststudium des heut. Maschinenwesens m. besond. Berücksicht. seiner Entwickelg. Für angeh. Techniker, Cameralisten, Landwirthe u. Gebildete jeden Standes. 2., verb. u. verm. Aufl. 5. Bd. Ruder-, Segel- u. Dampfschiffe. 3. u. 4. Lfg. gr. 8. Berlin, W. & S. Loewenthal. à n. 5. —; (I—V, 4 n. 85. —)
3. Uebergang vom Holzschiffbau zum Eisenschiffbau. Practischer Schiffbau. Von O. Flamm. (S. 357—516 m. Abbildgn.) 899.
4. Theorie des Schiffes. Von O. Flamm. (S. 517—676 m. Abbildgn.) 900.

Rühlmann, Mor., allgemeine Maschinenlehre. Ein Leitfaden f. Vorträge, sowie zum Selbststudium des heut. Maschinenwesens m. besond. Berücksicht. seiner Entwickelg. Für angeh. Techniker, Cameralisten, Landwirthe u. Gebildete jeden Standes. 2., verb. u. verm. Aufl. V. Bd. Geschichte der Ruder-, Segel- u. Dampfschiffe. Pract. Schiffbau. Entwerfen v. Schiffen. Theorie des Schiffes, Schiffskessel u. Schiffsmaschinen. Begonnen v. M. Rühlmann. Fortgesetzt u. beendet v. Osw. Flamm. Mit 600 Abbildgn. im Texte u. 4 Taf. 5. Lfg. gr. 8. Berlin, W. & S. Loewenthal. n. 5. — (V. Bd. vollst.: n. 25. —; I.—V.: n. 90. —)
Schiffskessel u. Schiffsmaschinen. Von O. Flamm. (VIII u. S. 677—883.) (903.)

Allgemeine Maschinenlehre. Ein Leitfaden f. Vorträge, sowie z. Selbststudium d. heutigen Maschinenwesens, mit bes. Berücks. seiner Entwickelung... Von Dr. Moritz Rühlmann, Prof. in Hannover. 2. verb. u. verm. Aufl. Bd 1. *Berlin: W. & S. Loewenthal [1899].* 8° [oo. 3160

Allgemeine **Maschinenlehre**. Ein Leitfaden f. Vorträge, sowie z. Selbststudium d. heutigen Maschinenwesens, mit bes. Berücks. s. Entwickelung ... Von Dr. Moritz **Rühlmann**, Prof. in Hannover. 2. verb. u. verm. Aufl. Bd 1–5. *Berlin: W. & S. Loewenthal [um 1900]* (bei 5. Lfg 1. 2 übergeklebt über: *Leipzig: Baumgärtner 1891–96*). 5 Bde 8°
1. Maschinen z. Messen u. Zählen – Maschinen z. Aufnahme d. Menschen- u. Thierkräfte – Wasserräder – Wassersäulenmaschinen – Windräder – Dampfmaschinen – Luftmaschinen. Mit 429 Textabb. [Anastat. Neudr.]
2. Mühlen – Landwirthschaftl. Maschinen. Mit 008 Holzschn.
3. Straßen- u. Eisenbahnfuhrwerke. Mit 469 Textabb.
4. Maschinen z. Ortsveränderung fester u. flüssiger Körper. Mit 549 Holzschn. u. 2 Taf.
5. Gesch. d. Ruder-, Segel- u. Dampfschiffe ...
Fortges. u. beendet von Prof. Osw. Flamm. Mit 600 Abb. u. 4 Taf.

Rühlmann, Mor., die techn. **Mechanik** u. Maschinenlehre, zunächst als Leitfaden f. d. Unterr. an gewerbl. Lehranstalten etc., ohne Anwend. d. Differenzial- u. Integralrechn. bearb. 1. Bd. Technische Mechanik. 1. u. 2. Abthl. gr. 8. Dresden u. Leipzig, Arnoldische Buchh.
Abthl. 1. Statik fester Körper. (10¾ B. u. viel. Holzsch.) 840. 21 Gr.
2. Geodynamik. (7 B. u. viel. Holzschn.) 841. 15 Gr.

—— die technische Mechanik u. Maschinenlehre, zunächst als Leitfaden f. d. Unterricht an gewerbl. Lehranstalten etc. 1. Bd. Technische Mechanik. 3. Abthl. Hydrostatik. gr. 8. (6¼ B. m. viel. Holzschn.) Dresden u. Leipzig 844, Arnoldische Buchh.
1. Bd. 1. u. 2. Abthl. Ebendas. 1840, 41. 1 Thlr. 15 Ngr.

—— die technische Mechanik als Vorbereitung f. d. Studium der Maschinenlehre, des Maschinenbaues u. der Ingenieur-Wissenschaften, zunächst als Leitfaden f. d. Unterricht an technischen Lehranstalten, sowie z. Gebrauche f. Techniker überhaupt, ohne Anwendung der Differenzial- u. Integral-Rechnung. 2., umgearb. u. verm. Aufl. 1. Thl. Die Geostatik. Mit viel. (eingedr.) Holzschn. gr. 8. (11⅞ B.) Ebds. 845.

Rühlmann, Mor., die technische Mechanik als Vorbereitung für das Studium der Maschinenlehre, des Maschinenbaues u. der Ingenieur-Wissenschaften, zunächst als Leitfaden für den Unterricht an technischen Lehranstalten, sowie zum Gebrauche f. Techniker überhaupt, ohne Anwendung der Differenzial- u. Integral-Rechnung. 2., völlig umgearb. u. verm. Aufl. 2. Thl. Die Geodynamik. Mit vielen (eingedr.) Holzschn. gr. 8. (VIII u. 143 S.) Leipzig 847, Arnold. 24 ngr (1 u. 2: 1 ℛ 24 ngr)

Rühlmann, Mor., logarithmisch-trigonometrische und andere nützliche Tafeln. Zunächst für die Schüler der gewerblichen Bildungsanstalten im Königreiche Sachsen, so wie für praktische Rechner überhaupt. 16. Dresden u. Leipzig 837. Arnold. ½ ℛ — 2e Stereotyp-Ausg. 840. ½ ℛ

—— logarithmisch-trigonometrische u. andere f. Rechner nützliche Tafeln. Zunächst f. Schüler technischer Bildungsanstalten, sowie f. prakt. Rechner überhaupt. 2., verb. Stereotyp-Ausg. 16. (15½ B.) Dresden u. Leipzig 845, Arnoldische Bh.

—— logarithmisch-trigonometrische und andere für Rechner nützliche Tafeln. Zunächst für Schüler techn. Bildungsanstalten, so wie für prakt. Rechner überhaupt. 4., verb. Ster.-Ausg. gr. 16. (XXXVII und 224 S.) Leipzig 851, Arnoldische Buchh.

—— logarithmisch-trigonometrische und andere für Rechner nützliche Tafeln. Zunächst für Schüler techn. Bildungsanstalten, sowie für prakt. Rechner überhaupt. 5., verb. und verm. Ster.-Ausg. gr. 16. (XXXVII und 260 S.) Leipzig 855, Arnoldische Buchh.

—— logarithmisch-trigonometrische und andere für Rechner nützliche Tafeln. Zunächst für Schüler technischer Bildungsanstalten, so wie für praktische Rechner überhaupt. 6., verb. und verm. Ster.-Ausg. 16. (XXXVIII und 335 S.) Leipzig 859, Arnoldische Buchh.

— logarithmisch-trigonometrische u. andere für Rechner nützliche Tafeln. Zunächst für Schüler technischer Bildungsanstalten, so wie für praktische Rechner überhaupt. 7., verb. u. verm. Stereotyp-Ausgabe. Leipzig 865. Arnoldische Buchh. 16. (XXXVII, 389 S.) n. 20 ngr

— logarithmisch-trigonometrische u. andere f. Rechner nützliche Tafeln. Zunächst f. Schüler techn. Bildungsanstalten sowie f. prakt. Rechner überhaupt. 8. verb. u. verm. Ster.-Ausg. gr. 16. (XXXVII, 390 S.) Leipzig 873. Arnold. n 2 —

— logarithmisch-trigonometrische u. andere für Rechner nützliche Tafeln. Zunächst für Schüler technischer Bildungsanstalten, so wie für praktische Rechner überhaupt. 8., verb. u verm. Ster.-Ausg. 2., verb. Abdr. 12. (XXXVIII, 390 S.) Leipzig 879. Arnold. n. 2. —

—— und Mor. Rich. **Rühlmann**, logarithmisch-trigonometrische und andere für Rechner nützliche Tafeln. Zunächst für Techniker, sowie für den Schulgebrauch und für prakt. Rechner überhaupt. 9. vollständig umgearb. und beträchtl. verm. Aufl. 12. (XXXVIII, 320 S.) Leipzig 883, Arnoldische Buchh. *ℳ 2.; geb. * 2 50

Rühlmann, Moritz, und Mor. Rich. Rühlmann, logarithmisch-trigonometrische und andere für Rechner nützliche Tafeln. 9. Aufl. 12. Leipzig 883, Klinkhardt. * 2 — geb. * 2 50

— u. Mor. Rich. **Rühlmann**, logarithmisch-trigonometrische u. andere f. Rechner nützliche Tafeln. Zunächst f. Techniker, sowie f. den Schulgebrauch u. f. prakt. Rechner überhaupt. 11. Aufl. 12. (XXXVIII, 322 S.) Leipzig 891. J. Klinkhardt. n. 2. —

— u. Mor. Rich. **Rühlmann**, logarithmisch-trigonometrische u. andere f. Rechner nützliche Tafeln. Zunächst f. Techniker, sowie f. den Schulgebrauch u. f. prakt. Rechner überhaupt. 13., verm. u. verb. Aufl. (XL, 326 S.) kl. 8. Leipzig 905. J. Klinkhardt. Geb. n.n. 2. 50

Rühlmann, Moritz [aus Nordhausen]: Ueber das Verhalten des Valerolaktons gegen einige Reagentien. Strassburg, Druck von M. DuMont-Schauberg, 1883. 8. 35 S.

—— Vorträge über Geschichte der theoretischen Maschinenlehre und der damit in Zusammenhang stehenden mathemat. Wissenschaften. Zunächst für techn. Lehranstalten bestimmt. Mit zahlreichen (eingedr.) Holzschn.-Illustr. und 5 Portr. in Stahlst. Zugleich als Suppl. zu des Verf. Werk: „Allgemeine Maschinenlehre". 1. Hälfte und 2. Hälfte 1. Heft. gr. 8. [Braunschweig, Schwetschke und Sohn.] Leipzig, Baumgärtner's Buchh. [1. Hälfte. (S. 1—192.) 881. *ℳ 5.; 2. Hälfte. 1. Heft. (S. 193—400.) 883. *ℳ 5.] * 10 —

—— Vorträge über Geschichte der technischen Mechanik und theoretischen Maschinenlehre, sowie der damit in Zusammenhang stehenden mathemat. Wissenschaften. Zunächst für techn. Lehranstalten bestimmt. Mit zahlreichen Holzschn. und Portr. in Stahlst. 1. Thl. A. u. d. T.: Vorträge über technische Mechanik und die damit in Zusammenhang stehenden mathemat. Wissenschaften. 2. Hälfte. 2. Heft. gr. 8. (XII, S. 401—553 mit 85 in den Text eingedr. Holzschn. und 5 Portr. in Stahlst.) Leipzig 885, Baumgärtner's Buchh. * 4 —

—— die horizontalen Wasserraeder u. besond. die Turbinen od. Kreiselraeder, ihre Geschichte, Construction u. Theorie. gr. 4. (7¼ B. u. 6 Stnt.) Chemnitz 840. [Leipzig, Eisenach.]

— die horizontalen Wasserräder und besonders die Turbinen oder Kreiselräder, ihre Geschichte, Construction und Theorie. Mit 6 lithogr. Tafeln. gr. 4. Chemnitz 840. Expedition des Gewerbeblattes. 1¼ ℛ

Rühlmann, Paul

Rühlmann, P., politische Bildung. Ihr Wesen u. ihre Bedeutg., e. Grundfrage unseres öffentl. Lebens. (VIII, 158 S.) 8. Leipzig 908. Quelle & Meyer. 2. 80

Rühlmann, Paul, u. Köhler, staatsbürgerliche Erziehung. Referate, geh. auf der Vertreterversammlung des Reichsverbandes der Vereine der nationalliberalen Jugend in Jena am 18. X. 1909. (36 S.) 8. Köln 910. Jungnationalliberaler Reichsverband. —30

Rühlmann, Paul: Die öffentliche **Meinung in Sachsen während** der Jahre 1806 bis 1812. *Gotha 1902: F. A. Perthes.* (121 S.) 8° ¶ [= Geschichtl. Untersuchungen, hg. v. K. Lamprecht, H. 1.] — (Soll fortges. werden.)
Leipzig, Phil. Diss. v. [17. Nov.] 1902

Rühlmann, Paul, die öffentliche Meinung in Sachsen während d. J. 1806 bis 1812, s. Untersuchungen, geschichtliche. 1.

Rühlmann, Paul, Parteien, Staat, Schule. Zusammenhänge zwischen Imperialismus u. Schulpolitik. (IV, 32 S.) gr. 8. Berlin 905. Gerdes & Hödel. n. —80

Rühlmann, (*Moritz*) *Richard* [Prof. Dr., Rekt.]: *Antrittsrede, geh. am 7. Okt. 1889.* Döbeln, Druck v. J. W. Thallwitz, 1890; S. 6—8; 4°
Döbeln, k. RG u. Landwirtschafts-S, OP 1890

Rühlmann, Richard: Über (Umschlagt.: Über) die Aufgabe und Einrichtung der mit dem Kgl. Realgymnasium in Döbeln verbundenen Königlich Sächsischen Höheren Landwirtschaftsschule. Denkschrift... für die Wander-Ausstellung der Deutschen Landwirtschafts-Gesellschaft in Dresden vom 30. Juni bis 5. Juli 1898. 4 (46 S., 2 Taf.).
Progr. Kgl. Rg. u. höh. Landwirtschaftssch. *Döbeln* 1898 (576).

Rühlmann, Richard [Prof. Dr., Rekt.]: *Bericht über die Feier des 25jährigen Bestehens der Anstalt.* Döbeln, Druck v. J. W. Thallwitz, 1895; 3—7 S. 4.
Döbeln, k. RG u. Landwirtschafts-S, OP 1895 (553 [vielm. 563])

Rühlmann, Richard: Über d. Durchgang d. Elektricität durch Gase, s. Wiedemann, G.

Rühlmann, R. Die Erhaltung der Energie der Sonne; Anwendung der Grundsätze der mechanischen Wärmetheorie auf kosmologische Probleme. 28 S. **Progr.** G. *Chemnitz* 1884.

Rühlmann, Richard [Prof. Dr., Rekt.]: Fest-Rede zum 25jährigen Jubiläum der Schule. Döbeln, Druck v. J. W. Thallwitz, 1895; 10—19 S. 4.
Döbeln, k. RG u. Landwirtschafts-S, OP 1895 (553 [vielm. 563])

Rühlmann, Grundzüge der Elektrotechnik. Eine gemeinfassl. Darstellg. der Grundlagen der Starkstrom-Elektrotechnik f. Ingenieure, Architekten, Industrielle, Militärs, Techniker u. Studierende an techn. Mittelschulen. 1. Hälfte. gr. 8. (252 S. m. 132 Abbildgn. u. 1 Taf.) Leipzig 894. O. Leiner. n. 6.—

Rühlmann, Rich., Grundzüge d. Elektrotechnik. E. gemeinfassl. Darstellg. d. Grundlagen d. Starkstrom-Elektrotechnik f. Ingenieure, Architekten, Industrielle, Militärs, Techniker u. Studierende an techn. Mittelschulen. 2. Hälfte. gr. 8. (III u. S. 253—416 m. 93 Abb.) Leipzig 895. O. Leiner. n. 6.—
(kplt. in 1 Leinw.-Bd.: n. 13.—)

Rühlmann, Rich., Grundzüge der Gleichstrom-Technik. Eine gemeinfassl. Darstellg. der Grundlagen d. Starkstrom-Elektrotechnik des Gleichstromes, f. Ingenieure, Architekten, Industrielle, Militärs, Techniker u. Studierende. 2., verm. u. verb. Aufl. gr. 8. (XIV, 626 S. m. üb. 400 Abbildgn.) Leipzig 901. O. Leiner.
n. 14.—; geb. in Leinw. 15.50

Grundzüge der Wechselstrom-Technik. E. gemeinfassl. Darstell. d. Grundlagen d. Elektrotechnik d. Wechsel- u. Mehrphasenströme ... M. 261 Abb. u. 1 Taf. Von Richard **Rühlmann,** Dr. phil. u. Prof. Zugl. Ergänzgsbd zu: Grundzüge d. Elektrotechnik d. Starkströme. *Leipzig: O. Leiner 1897.* (VIII, 359 S., 1 Taf.) 1 Bd 8. [98. 3157 Go

Rühlmann, Rich., Grundzüge der Wechselstrom-Technik. Eine gemeinfassl. Darstellg. der Grundlagen der Elektrotechnik der Wechsel- u. Mehrphasenströme, f. Ingenieure, Architekten, Industrielle, Militärs, Techniker u. Studierende an techn. Mittelschulen. Mit 505 Abbildgn. u. 1 Diagr.-Taf. Zugleich Ergänzungsbd. zu desselben Verf.: Grundzüge der Gleichstromtechnik. 2., umgearb. Aufl. (XIV, 619 S.) gr. 8. Leipzig 904. O. Leiner. n. 15.75; geb. in Leinw. n. 17.—

Rühlmann, Rich., Handbuch der mechanischen Wärmetheorie. Nach E. Verdet's Théorie mécanique de la chaleur bearb. 1. Lfg. gr. 8. (VIII, 272 S. mit in den Text eingedr. Holzst.) Braunschweig 873, Vieweg und Sohn.

Rühlmann, Rich., Handbuch der mechanischen Wärmetheorie. Nach E. Verdet's Théorie mécanique de la chaleur bearb. Mit in den Text eingedr. Holzschn. 1. Bd. 2. und 3. Lfg. und 2. Bd. 1. Lfg. gr. 8. Braunschweig, Vieweg und Sohn. [1. Bd. 2. und 3. Lfg. (XXIII, S. 273—800.) 875. *M 13,80.; 2. Bd. 1. Lfg. (S. 1—320.) 878. *M 8.] *
1. Bd. 1. Lfg. Ebendas. 1873. *M 7.

Rühlmann, Rich., **Handbuch der mechanischen Wärmetheorie. Mit in den Text eingedr. Holzst. 2. Bd. 2. und 3. (Schluss-)Lfg. gr. 8. Braunschweig, Vieweg und Sohn.** [2. Lfg. (S. 321—608.) 880. *M 7,20.; 3. Lfg. (XVIII, S. 609—1001.) 885. *M 10.] * 17 20
1. Bd. (3 Lfgn.) und 2. Bd. 1. Lfg. Ebendas. 1875—78. *M 28,80.

Rühlmann, Rich., die barometrischen Höhenmessungen u. ihre Bedeutung für die Physik der Atmosphäre. Mit eingedr. Tabb. u. Holzschn. u. 6 Steindrucktaff. (in qu. 4.) Leipzig 870. Barth. gr. 8. (XIV, 133 S.)
n. 1 ₰ 10 ngr.

Rühlmann, Richard (Hrsg.), s. Rühlmann, Julius: Die Geschichte d. Bogeninstrumente, ...

Rühlmann, Richard (Bearb.), s. Rühlmann, Moritz: Logarithmisch-trigonometrische ... Tafeln, 9. Aufl. ff.

Rühlmann, Richard [Prof. Dr., Rekt.]: *Rector emer. Prof. Dr. Eduard Stössner, gest. am 5. Mai 1892.* Döbeln, Druck v. J. W. Thallwitz, 1893; 1—5 S. 4.
Döbeln, k. RG u. Landwirtschafts-S, OP 1893 (550)

Rühlmann, (Moritz) Richard, Untersuchung über die Aenderung der Fortpflanzungs-Geschwindigkeit des Lichtes im Wasser durch die Wärme. (Inaugural-Dissert. an der Universität Leipzig.) Berlin 1867. (S 5685)

Rühlmann, Richard: [Dr. Friedrich Vogel, gestorben am 22. April 1900, und die Dr. Friedrich-Vogel-Stiftung.] S. 1—2. 4.
Kgl. Realgymn. u. höh. Landwirtschaftsschule *Döbeln* 1901 (598).
Progr.

Rühlmann, Robert [stud. theol.]: **Philosophische Arbeit Ueber** die Zahl. . . . Kiel, Druck v. C. Schaidt, 1889; 38 S. + 1 Bl. 8°
Kiel, Phil. Fak., Inaug.-Diss. v. 7. Jun. 1889

Rühlmann, Rob. Philosophische Arbeit üb. die Zahl. Diss. gr. 8. (38 S.) Kiel 889, (Lipsius u. Tischer). * 1 —

Ruhlsdorf [Schlagwort]

Ruhlsdorf, s.: Geologische Karten (Preussen).

Ruhm [Sachliches OW]

Ruhm, Der, des Bieres. Ein Gesang. Prag [1805]. V: *Meyer, Franz Anton von.* (GGr)

Ruhm u. Ehre. (Männerköpfe, schöne u. minderschöne.) 8. (11 S.) Solothurn 897. Buch- u. Kunstdr. Union. n. —20

Der grösste Ruhm eines Regenten u. Helden an dem Beispiel Friedrichs II. Königs in Preussen dargestellet. (Mit Anmerkungen) Monat Novbr. 1758. 4.

Napoleons Ruhm als Feldherr. (32) 8. s. l. & a. (1813.)

Ruhm, des Hrn. Prof. Basedow, der wider die Angriffe seiner Feinde vertheidigte, in Briefen. 8. Leipz. 765. Jacobäer. 2 gr

Ruhm [Verfasser]

Ruhm, Ernst, Gerichtsref.: Das eigene Verschulden des Verletzten als Grund zur Ausschliessung der Ersatzpflicht im gemeinen Rechte. *Greifswald 1898: J. Abel.* (57 S.) 8°
Greifswald, Jur. Diss. v. 1898

Ruhm, Karl Adolph (Leubus) A. S. 576/3

An legatum a debitore creditori relictum debiti compensati praesumtionem inducat.
Präs. Heinrich Gottfried Bauer.
Leipzig (Langenheim) 30. X. 1762. 8 S. 29497

Rühm, Ernst Jakob Ludwig (Schwarzburg) A. S. 76/11

Dissertatio iuridica de diverso pignoris iure liberis in parentum bonis competente.
Präs. Johann August Hellfeld.
Jena (Schill) 17. IV. 1754. 50 S.

W. v.: Präs., Johann Wunderlich, Achaz Ludwig Karl Schmid (Opp.), Jakob Friedrich Lentin (Opp.).

29477

Rühm, Hilmar, welche gesetzl. Bestimmungen stehen dem Altenburger Jagdinhaber u. Jäger bei Pflege, Schutz u. Ausübg. der Jagd zur Seite, u. welchen gesetzlichen Verpflichtungen u. eventl. Nachteilen ist derselbe nach den besteh. Gesetzen unterworfen? Vortrag, geh. in der Versammlg. des Altenburger Jagdschutzvereins am 19. III. 1902. (53 S.) gr. 8. Altenburg 903. O. Bonde. n. — 80

Ruhmann, Lieder für Volks-Schulen, s. Harland.

Mathematik als Wahlfach. Fingerzeige ... Von Rühmann, Sem.Lehrer in Schlüchtern. Langensalza: F. G. L. Greßler 1907. (52 S.) 8° [5.]
— 'Wahlfach' u. 'Pädagogische Weiterbildung' in d. n. Lehrerprüfung. H. 1. [08. 1318]

George Ruhmbaum's Allgemeiner Rechnungskasten, darinnen zu finden alle Species etc. Brieg, 8. 1704

Ruhme, von dem glänzenden, Jesu Christi unsers Herrn, während seiner irdischen Wanderzeit; nebst einigen seine äußerl. Lebensweise betreff. Umständen; aus d. Latein. übers. v. L. A. Mayer. 8. Bresl. 826. Max u. C. 1 ß

Rühmekorb, Siegbald [app. Arzt aus Emden]: **Ein Beitrag zur Lehre von der Localisation im Grosshirn. . . . Halle a. S., Hofbuchdr. v. C. A. Kaemmerer & Co., 1889; 56 S. + 2 Bl. 8°**
Halle, Med. Fak., Inaug.-Diss. v. 7. Jan. 1889

Rühmekorf, Konrad, Tierarzt in Leipzig: **Aus d. Veterinärinstitut d. Univ. Leipzig. Über multiple disseminierte Kapillarektasien der Leber des Rindes und ihre Beziehungen zu den echten Angiomen. Mit 4 Abb. Leipzig (1907): Gebr. Gerhardt. (49 S.) 8°**
Leipzig, Phil. Fak., Ref. Eber-Kirchner, Diss. v. 19. Aug. 1907
[Geb. 3. Nov. 77 Osnabrück; Wohnort: Leipzig; Staatsangeh.: Preußen; Vorbildung: Realgymn. Osnabrück Reife f. Prima M. 94; Studium: Tierärztl. Hochsch. Hannover 1, Dresden 1, Univ. Freiburg i. B. 4 S.; Rig. 1. Aug. 07.]

Ruhmel, J. Jac., spagirische Arzneykunst. 12. Frft. 712.

Rühmen, Das pietistische, über das Ziel. O. O. 1734. V: *Neumeister, Erdmann.* (Myl)

Ruhmer, Chr. Gottlob

Ruhmer, Chr. Glo., über Blair u. Zollikofer, s. angeh. Prediger. 8. Leipz. 789. Barth. 4 gr

— s. Vermögensumstände Luthers.

Ruhmer, Ernst, neuere elektrophysikalische Erscheinungen. Nach zahlr. Einzelveröffentlichgn. zusammengestellt. gr. 8. (IV, 163 S. m. 171 Abb.) Berlin 902. Administration d. Fachzeitschr. „Der Mechaniker". n. 4.—

Ruhmer, Ernst, neuere elektro-physikalische Erscheinungen. 2. durchgeseh. u. ergänzte Aufl. I. Tl.: Fortschritte auf dem Gebiete der Telegraphie u. Telephonie. (VIII, 213 S. m. 215 Fig.) Lex. 8. Berlin 907. Nikolassee, Administration der Fachzeitschrift „Der Mechaniker". 4.—; geb. 5.—

Ruhmer, Ernst, Konstruktion, Bau u. Betrieb v. Funkeninduktoren u. deren Anwendung, m. besond. Berücksicht. der Röntgenstrahlen-Technik. Nebst e. Anh.: Kurzer Ueberblick über die Grundzüge der Röntgentechnik des Arztes v. Carl Bruno Schürmayer. Mit 338 Abbildgn. u. 4 Taf. (VIII, 312 S.) gr. 8. Leipzig 903. 904. Hachmeister & Thal. n. 7. 50; geb. in Leinw. n. 8. 50
Erschien auch in 6 Lfgn. à n. 1. 20.

— Radium u. andere radioaktive Substanzen. Unter besond. Benutzg. e. v. William J. Hammer vor dem American Institute of Electrical Engineers u. der American Elektrochemical Society am 17. IV. 1903 geh. Vortrages. Bearb. u. m. zahlreichen Ergänzgn. sowie e. ausführl. Literatur-Uebersicht versehen. (51 S.) gr. 8. Berlin 904. Nikolassee, Administration der Fachzeitschrift „Der Mechaniker". n. 2. 50

— Ueber Röntgeneinrichtungen m. Funkentransformatoren, zum direkten Betrieb m. Wechselstrom ohne Unterbrecher. (15 S. m. Abbildgn.) Lex. 8. Ebd. (907). 1. 50
Sonderabdruck aus: „Der Mechaniker".

— das Selen u. seine Bedeutung f. die Elektrotechnik m. besond. Berücksicht. der drahtlosen Telephonie. gr. 8. (57 S. m. 49 Fig.) Ebd. 902. n. 2. 40

— neuere Telegraphen-Apparate. I. Der Mehrfach-Typendruck-Telegraph v. Baudot. Mit 22 Fig. — II. Der Mehrfach-Typendruck-Telegraph v. Rowland. Mit 11 Fig. — III. Der Typendruck-Telegraph v. Murray. Mit 1 Fig. Lex.-8. (22 S.) Ebd. 901. n. n. 1. 50
Sonderabdruck aus: „Der Mechaniker".

Drahtlose Telephonie. Von Ernst **Ruhmer**. Mit 139 Textfig. Berlin: Selbstverl. 1907. 152 S. 8° A 12.2796

Ernst **Ruhmer**. Über drahtlose Telephonie. Vortrag geh. 1909. Mit 50 Fig. Berlin: Selbstverl. 1910. 31 S. 8° [10. 2064

Ruhmer, Friedrich August

Ruhmer, F. A., die Evangelisation Böhmens u. Mährens vor u. nach der Reformationszeit, s.: Bruderliebe, evangelische.

Ruhmer, Fried. Aug., Franz, oder bist du gefallen? Eine Erzählung als Mitgabe für wandernde Jünglinge. Berlin 859. (Küntzel A) Beck. 16. (32 S.) 1½ ngr.

Ruhmer, Fr. Aug., die Leichenverbrennung von Christen. Zeugnisse wider dieselbe, wie sie vom Hrn. Past. Schall im Abgeordnetenhause zu Berlin in den J. 1899 u. 1900 u. in der Synode des Ostens der reformierten Kirche in den Vereinigten Staaten abgelegt worden sind, nebst e. Anh. gr. 8. (40 S.) Neusalz (901). J. Prähstler. n. — 35

Ruhmer, Friedrich August (Hrsg.), s. Schmidt, F. A.: Erfahrungen aus d. Leben eines Bibelboten.

Ruhmer, Lehrer Fr. Aug., welche Forderung unsere Zeit an die Präparandenbildung stellt u. wie dem immer fühlbareren Mangel an Präparanden abzuhelfen ist. Vortrag. Neusalz a. d. O. 868. Lange. 8. (16 S.) n. 2½ *ngr.*

Ruhmer, Heinr. (geb. Falkenberg in Hessen-Nassau 26. 11. 1846): Zwei Fälle von Echinococcus hepatis. Berlin (1871). (30 S.) 8°
Berlin. Med. Diss. v. 14. Aug. 1871

Ruhmer, Johann Gottlob (Zschepplin) A. S. 1379/23

Disputatio theologica de Judaeis ut Sodoma et Gomorra futuris ex Esaiae I. 9. et Rom. IX. 29.
Präs. Gotthelf Samuel Petri.
Wittenberg 26. VII. 1749.

Nur Einladung von Christian Friedrich Bauer vorhanden. 29498

Ruhmeshalle, deutsche. Sammlung v. Heldenthaten u. Bravourstückchen unserer Brüder. Heiteres u. Ernstes aus dem Kampfe gegen französ. Uebermuth 1870—1871. Ein Gedenkblatt f. das deutsche Volk. gr. 8. (40 S.) Berlin 871. C. A. E. Meyer. — 25

Ruhmes-Halle, Deutschlands, siehe: Deutschlands Ruhmes-Halle.

Deutschlands **Ruhmeshalle** in Wort und Bild im 19. Jahrhundert. Hrsg. von Paul Kittel unter Mitw. hervorrag. Schriftsteller. Red. von Hermann Müller-Bohn. Mit 59 Taf., 16 Kunstbeil. u. 82 Textabb. *Berlin: P. Kittel [1900].* (VIII, 800 S.) 4°(8°) [F.]
— Hausschatz, Patriotischer. 3. [01. 400

Deutschlands **Ruhmeshalle** im 19. Jahrhundert. Mit zahlr. Orig.-Kunstbeil. u. vielen Textabb. Neue Ausg. Bd 1. 2. Berlin: Kittel [1910]. 4°(8°) [10. 17281

Ruhmeshalle, die, im königl. Zeughaus zu Berlin. 12 Photographien nach der Natur aufgenommen vom Hof-Photogr. A. Halwas. 4. (12 S.) Berlin 888. Stahn. In Mappe. n. 10. —

Die **Ruhmesschlacht** von Sedan. (Dresden: Dresdner Roman-Verl. [1906].) 32 S. 8° [Umschlagt.]
(Der Krieg. Bd 5.)

[Umschlagt.:] [F.] Deutschlands **Ruhmestage** 1870/71. In Schilderg'n v. Mitstreitern. [M. Sondert.] (In 33 Lfgn.) *Rathenow: M. Babenzien (1891—96).* (2 Bl., 62 S.; 2 Bl., 158 S., 1 Kt.; 4 Bl., 224 S., 3 Kt.; 2 Bl., 128, 145—171 S.; 2 Bl., 113 S.; 3 Bl., 167 S., 1 Kt.; 4 Bl., 177 S.; 1 Bl., 31 S.; VI S., 1 Bl., 378 S.; 44 S.) 1 Bd 8. [96. 5605

Ruhmesthaten der deutschen Reiter im Feldzuge 1870/71. Th. I. II. Berlin: R. Eisenschmidt 1896. 8°
I. Der Krieg gegen d. Kaiserreich. M. 3 Ktnsk. (66 S., 3 Bl., 3 Pl.)
II. Der Krieg gegen d. Republik. (70 S.)
= Büchersammlung, Eisenschmidt's, f. Unteroffiziere u. Mannschaften d. Armee u. Marine. Abth. IV. [No] 4. 5.

Ruhmesthaten d. deutschen Reiterei im Feldzuge 1870/71, s. a. Eisenschmid's Büchersammlung, IV, 4.

Ruhmestaten v. Rittern des k. b. Militär-Max-Joseph-Ordens im Kriege gegen Frankreich 1870/71. Kunstdrucke nach den v. Sr. kgl. Hoh. Prinz-Regent Luitpold v. Bayern am 1. XI. 1908 f. das k. Armee-Museum gestifteten Gemälden. (10 Taf.) Text v. Karl Staudinger. (7 S.) 26×34 cm. München 909. F. Hanfstaengl. In Mappe 8. —

v. Ruhmfeld, Thom. Emm. Chroning, neueste Ansicht des Weichselzopfs in seiner Grundursache. Ein Beitr. z. Geschichte, Natur, Eigenschaft u. Heilart desselben in d. Gegend v. Krakau. 8. Freiberg 813. Craz u. G. 10 gr

Ruhm- und Ehrengedächtnis bey dem Aufzug der Schreinerzunft in Nürnberg, nebst einer Lobrede ... O. O. 1768. V: *Wolf, G. S.* (Bibliotheca Norica Williana. Altdorf 1772—78. II, 1, 271.)

Ruhm- und Ehren-Gedächtniss, Immer grünendes, nimmer verwelkendes, auf Sophia Barbara Stockfleth. Rede. O. O. 1707. V: *Martius, Georg Samuel.* (Fiker)

Ruhmredige, der,. Lstsp. a. d. Frz. d. Hrn. des Touches übersetzt. 8. Lpz. 745.

Ruhnau, Erich: Die landwirtschaftlichen Verhältnisse Westpreußens in der Gegenwart. (Gera-R. [1910]: Fischer.) 214 S. 8° ¶(Ersch. vollst. als Buch b. Puttkammer & Mühlbrecht, Berlin.)
Münster, Rechts- u. staatsw. Diss. v. 8. Aug. 1910, Ref. v. Heckel, Schmöle
[Geb. 19. Juli 79 Elbing; Wohnort: Berlin; Staatsangeh.: Preußen; Vorbildung: Realgymn. Elbing Reife O. 99; Studium: Königsberg 1, Berlin 7 S.; Rig. 23. Juli 09.] [U 10. 3752

Ruhnau, Franz [aus Hogendorf '(Ostpr.)']: Aus d. medizin. Klinik zu Greifswald. Ueber Intoxikationen durch Extractum filicis aethereum m. bes. Berücks. e. in d. medizin. Klinik zu Greifswald beobacht. Falles ... Greifswald, Druck v. J. Abel, 1897; 27 S. 8.
Greifswald, Med. Fak., Inaug.-Diss. v. 25. Mai 1897

Ruhnau, Otto: Zur Kenntnis aromatischer Schwefelverbindungen ... Göttingen, Druck v. Louis Hofer, 1888; 38 S. + 1 Bl. 8°
Göttingen, Phil. Fak., Inaug.-Diss. v. 27. Apr. 1888

Ruhnau, Otto, zur Kenntniss aromatischer Schwefelverbindungen. Inaugural-Dissertation. gr. 8. (38 S.) Göttingen 888, (Vandenhoeck und Ruprecht's Verlag.) * 1 —

Ruhncke, Walter, a. Riga (Rußland): Über die Einwirkung von Acetamidin auf einige ω-Halogenketone und von Benzamidin auf α-Oxysäuren und deren Ester. Rostock 1905: C. Boldt. (50 S.) 8°
Rostock, Phil. Fak., Ref. Michaelis, Diss. v. 26. Juni 1905
Geb. 27. Aug./8. Sept. Riga; Wohnort: Riga; Staatsangeh.: Rußland; Vorbildung: Joachimsthal. Gymn. Berlin Prima-Reife M. 97; Studium: Marburg 3, Freiburg i. B. 1, Rostock 10 S.; Rig. 24. Juni 05.]

Rühne J. F.: Lehrbuch d. Kalk-, Cement-, Gyps- u. Ziegelfabrikation v. landwirthschaftlichen Standpunkte aus bearb. Braunschw. 1877. 223 S. Fig.
(= Lehrbuch d. rationellen Praxis d. landw. Gewerbe. Th. 13). 644.

Rühne, J. F., die Kalk-, Cement-, Gyps- u. Ziegelfabrikation, s. a. Otto-Birnbaum, Lehrbuch der rationellen Praxis der landwirthschaftlichen Gewerbe.

Ruhnke. Zur Feier des 50jährigen Bestehens des Kunstvereins für die Rheinlande und Westfalen. Düsseldorf 1879. 8°.

Ruhnke, s.: Wohnungs-Anzeiger v. Cöslin.

Ruhnke, Carl, über die Einwirkung von Alkyljodüren auf Triazobenzoesäure [Diazobenzoesäureimid]. Inaugural-Dissertation. gr. 8. (36 S.) Göttingen 882, (Vandenhoeck und Ruprecht's Verlag.) * 1 —

Ruhnke, Otto: De temporis computatione in usucapione. Halis Saxoniae 1864: (G. Lange in Berlin). 50 S. 8°
Halle-Wittenberg, Jur. Diss. v. 18. [vielmehr: 20.] Juli 1864
Geb. Ruwen b. Soldin 18. 5. 1839. V.

Ruhnken, David

Ruhnkenii, Dav., Annotationis in Terentium emendatius edendae Specimen. Edit. J. Gurlitt. 4. Hamburg, Hoffmann u. Campe. 817.

Ruhnken, David, s. Apuleius: Metamorph.

— in Terentii comoedias dictata, Brunsiano exemplo emendat. multisque partibus integrius ex apographo Hamburgensi edita, cura L. Schopen. 8maj. Bonn 825. Weber. 1 ℛ 4 𝒢

Ruhnkenii, Dav., Dictata ad Ovidii Heroidas et Albinovani elegiam. Nunc primum edid. Frid. Traug. Friedemann. 8maj. (10 B.) Lipsiae 831, Cnobloch.

Ruhnken, (Dav.,) et Jo. Aug. Ernesti, Elogia Tiberii Hemsterhusii et J. Matthiae Gesneri. 8. Halle 783, Verl. v. Reinicke u. B.

— Elogium Tib. Hemsterhusii. 4. Leyd. 768. Ed. alt. auct. 789. Luchtmans. Nova Editio. Accod. duae R. Bentleji epistolae ad Hemsterhusium, vita D. Ruhnkenii, auct. D. Wittenbachio. Cum praefat. et annotat. ed. J. Th. Bergmann. 8maj. ibid. 824. (Leipz., Weigel). 3 ℛ 8 𝒢

— Elogium Tib. Hemsterhusii. Acced. duae R. Bendleji epistolae s. Elogium.

Ruhnkenii, Dav., elogium Tiberii Hemsterhusii. Ex edit. altera descriptum addita discrepantia edit. prioris. Edidit Jos. Frey. 8. (V, 31 S.) Leipzig 875, Teubner.

—— Epistolae ad diversos, editae a Guil. Leon. Mahne. 8 maj. (11½ B.) Vlissingae 834. (Lipsiae, Weidmann; Weigel.)

—— Epistolae selectae ed. F. C. Kraft, s. Epistolae.

Ruhnken, D., L. C. Valckenaer et aliorum, ad Joh. Aug. Ernesti Epistolae. Accedunt D. Ruhnken observationes in Callimachum, L. C. Valckenaer adnotationes in Thomam Mag. et J. A. Ernesti acroasis inedita, ed. J. A. H. Tittmann. 8maj. Lips. Gerh. Fleischer. 812.

— et Lud. Kasp. Valckenarii, duum virorum clarissimorum, epistolae mutuae; nunc primum ex autographis editae a Wlh. Leon. Mahne. 8maj. Vliessing. 832. Mahne. (Leipz., Weigel; a. Weidmann). 1 ℛ 4 𝒢

—— Epistolae ad Dan. Wyttenbachium, nunc primum ex authographis edit. a Guil. Leon. Mahne. In Germania primum repetitae et annotatione instructae. Quibus acced. selectae Dan. Wyttenbachii epistolae ex fasc. III. sumptae. Cur. Frid. Car. Kraft. 8 maj. (16 B.) Altonae 834, Hammerich.

—— Epistolae ad Dan. Wyttenbachium ed. G. L. Mahne, s. Epistolae.

Ruhnkenii, D., et D. Wyttenbachii epistolae, supplementa ed. Mahne, siehe: Supplementa.

– s. Homerus: Hymni in Cererem.

Ruhnken, David [Praes.], s. Klaerner, Christoph: De Galla Placidia Augusta.

Ruhnkenii, Dav., in antiquitates Romanas lectiones academicae. Tres partes. Progr. H. C. A. Eichstädtii. Jenae 818. 19. f.

Ruhnken, D., In antiquitates romanas lectiones academicae. V, VI, VII, VIII, IX, X, XI, XV, XVI, XVII, XIX, XXI u. XXII. Pr. 1822, 22, 23, 28, 28, 24, 24, 24, 27, 28, 30, 31 u. 35. 12, 14, 18, 8, 16, 8, 4, 14, 14, 7, 11, 10 u. 11 S. 4°. à —.90

Ruhnken (Dav.,) lect. in antiq. rom. XIII. de religione Romanorum. Progr. ab H. C. A. Eichstadio editum, ut orationem a I. G. Stickelio in augustanae confessionis memoriam et lege beneficii Lynckeriani habendam indiceret. Jenae 826, Bran. Rthlr.

— in antiquitt. romann. lectionn. acadd. XIV. De ritibus sacrificiorum. Novi prorect. ausp. grat. editae ab H. C. Eichstadio. Jena 826, Bran.

— in antiqq. romann. lectiones acad. XV. cum annotatione H. C. A. Eichstadii. Novi pror. ausp. indicta. 4. Jenae 827, Bran.

— in antiquitates Romanas lectiones acad. XXI cum annotatione editoris. 4. Jena 835. Bran. ⅛ ℛ

— in antiquitates Romanas lectiones academicae XXII cum annotatione edit. dicata in panegyrin in qua ordinum academicorum sententiae de commissionibus civium litterariis quae hoc anno actae sunt nomina victorum et novorum in proximum annum certaminum argumenta die V Sept. in aula acad. promulgabuntur. 4. Jena 835 Bran. ⅛ ℛ

Ruhnken, David, s. Matthiae, August: Eloquentiae lat. exempla.

– s. Muretus, Mar. Ant.: Opera omnia.

— notae grammaticae et Lr. Santenii notae prosodicae in Ant. Mureti scripta; separatim edidit Tr. Fr. Friedemann. 8maj. Wittenb. 822.

— notae ad C. Vellejum Paterculum integrae. 8maj. Hannov. 815. Hahn. 20 𝒢

— Opuscula oratoria, philologica, critica, nunc primum conjunctim edita. 8maj. Leyd. 807. Luchtmans. (Weidmann in Leipz.) 2 ℛ 8 𝒢

— Opuscula varii argumenti. oratoria, historica, critica. Edit. altera, cum aliis partibus tum epistol. auctior. Tom. I et II. 8. Leyd. 822, Luchtmanns. (Leipz., Weigel.)

Ruhnken, David. Opuscula varii argumenti oratoria historica critica, editio altera . . . Lips. 1823. H: *Bergmann, Jan Theod.* (Gi) »Leyden« (ErschDL)

— Orationes, Diss. et Epistolae. Cum suis aliorumque annotat. edid. Fr. Tr. Friedemann. Vol. I. et II. Add. est effigies D. Ruhnkenii. 8maj. Braunschw. 825. Lucius. 5 ℛ

—— Orationes, Dissertationes et Epistolae. Cum suis aliorumque annotat. ed. Fr. T. Friedemann. II Vol. Add. est effigies Dav. Ruhnkenii. 8 maj. (54 B. u. 1 Tab.) Brunswigae 828, Lucius.

– s. Rutilius Lupus: De figuris.

— Scholia in Platonem; ex Codd. MSS. multarum bibliothecarum primum edidit. 8maj. Leyd. 800.

— Scholia in Suetonii vitas Caesarum. Edit. Jac. Geel. 8maj. Leyd. 828. Luchtmans. (Leipz., Weidmann; a. Weigel). 2 ℛ 12 𝒢

– s. Timaeus Soph.: Lexicon.

– s. Vellejus Paterculus.

Ruhnow, Adf., Dr. Martin Luthers kleiner Katechismus. Präparationen. (176 S.) 8. Kolberg (904). Lehrer A. Ruhnow. n. 2. —; geb. n. 2. 40

(8) **Ruhnow,** Adf., Luthers kl. Katechismus. 901. (KVL 31.) Jetzt: Leipzig, R. Wöpke.

Atlas der Postgeographie in 33 Haupt- und 22 Nebenkarten. Hrsg. von W. **Ruhnstruck**, Ober-Postassist. Ausgef. in d. Geogr. Anst. von D. Reimer in Berlin. 2., bericht. u. verm. Aufl. *Lübeck: Selbstverl. 1903.* (33 Kartenbl.) 4° [03. 8117

Atlas der Postgeographie in 36 Haupt- und 21 Nebenkarten. Hrsg. von W. **Ruhnstruck**, Postsekr. Ausgef. in d. Geogr. Anst. von D. Reimer in Berlin. 3. bericht. u. verm. Aufl. Cassel: G. Dufayel 1907. (36 Karten.) 4° [07. 14772

Atlas der Deutschen Postkurskarten. Hrsg. von W. **Ruhnstruck**, Post- **sekr.** 11 Haupt- und 3 Nebenkart. 3. Aufl. Cassel: G. Dufayel 1908. (11 Karten.) 4° [08. 10639 4

Atlas der Deutschen Postleitkarten. Hrsg. von W. **Ruhnstruck**, Ober-Postassist. 11 Haupt- u. 4 Nebenkarten. *Lübeck: Selbstverl. 1903.* (11 Kartenbl.) 4° [03. 8118

Bahnpostkarte vom Deutschen Reich. Nebst e. Verzeichnis d. deutschen Bahnposten. Hrsg. von W. **Ruhnstruck**, Postsekr. (1:1,800,000.) [Mit 2 Nebenkarten u. Text.] Greiz: Herausgeber [übergeklebt: Cassel: G. Dufayel] 1905. (1 Kartenbl. 73×56 cm, 11 S.) 8° [lith.] [kol.] [06. 8446

Ruhnstruck, W., Handbuch der Postgeographie. Ein Hilfsbuch zur Vorbereitg. auf alle Postprüfgn., sowie auf den Postabfertigungs- u. Bahnpostdienst. 3. Aufl. (VIII, 228 S.) gr. 8. Lübeck 904. (Cassel, G. Dufayel.) n. 1. 60; geb. n. 2. —

Ruhnstruck, W., Handbuch der Postgeographie. Ein Hilfsbuch zur Vorbereitg. auf die Prüfgn. der Postbeamten u. Postunterbeamten sowie auf den Postabfertigungs- u. Bahnpostdienst. 4. Aufl. (VIII, 239 S.) gr. 8. Cassel 908. G. Dufayal. 2.40; geb. n 2. 80

Ruhnstruck, W., s.: Post-Almanach.

— Postgeographie. Handbuch der postal. Erdkunde, nebst e. Einführg. in die Grundzüge der Geographie u. e. allgem. Länder- u. Staatenkunde. Zur Vorbereitg. auf die Postprüfgn., sowie auf den Post-Abfertigungs- u. Bahnpostdienst. 2. verm. Aufl. gr. 8. (VIII, 201 S.) Lübeck 899. (Leipzig, F. Luckhardt's Buchh. f. Verkehrsw.) n. 1. 50; geb. n. 2. —

Ruhnthal, der Kammerherr von, oder Gewinn im Verlust. Eine Begebenheit unserer Tage, ans Licht gestellt v. Jul. v. Voß. 8. Berl. Schöne. 814.

Ruhoff, Wilhelm (Lehrer an der Musikschule in Zürich). Klavierschule für den Elementarunterricht. Mit deutschem und französischem Text. Erster Theil. In-4°, 78 S. Zürich, Basel, St. Gallen, Luzern, Gebr. Hug. 1880. 6 —

Ruhr [Schlagwort]

— s. a.: Dortmund.

Ruhr, mittlere. Turk, Karl. Handkarte vom Gebiete der mittleren Ruhr, der unteren Lenne, der Volme u. Ennepe. Kreise: Hörde, Hagen-Land, Hagen-Stadt, Schwelm, Witten-Stadt. Bearb. nach der Schulwandkarte des Gebiets. 32×30 cm. Farbdr. Nebst Text. 8. (4 S.) Arnstadt (901). J. Stahl. n. — 30

— — Schulwandkarte zur Heimatkunde des Gebietes der mittleren Ruhr, der unteren Lenne, der Volme u. Ennepe. Kreise: Hörde, Hagen-Land, Hagen-Stadt, Schwelm u. angrenz. Bezirke. 1:20,000. 191×181 cm. Farbdr. Ebd. (901). Auf Leinw. m. Stäben n. 25. —

Ruhr, Fritz [Arzt aus Essen]: Ein Fall von Elephantiasis des Arms ... Freiburg i. B., Univ.-Buchdr. v. Ch. Lehmann, 1894; 31 S. 8.
Freiburg i. B., Med. Fak., Inaug.-Diss. v. 1894

Ruhrauns, F., „Ut omnes unum sint." Ein Wort zur Wiedervereinigung der getrennten Konfessionen mit der röm.-kath. Mutterkirche. Paderborn, Bonif.-Dr., 1892, 16°. 80 S., 45 Pf.
Stimmen a. M.-Laach Bd. 43, S. 319.

– moderne od. christliche Weltanschauung, s.: Flugschriften, katholische.

Ruhrepidemie, s. Pfenniger.

Die Hagenauer **Ruhrepidemie** des Sommers 1908. Bearb. in d. Medizinal-Abt. d. Kgl. Preuss. Kriegsministeriums. Mit 3 Taf. u. 6 Temperaturkurven sowie 2 Skizzen im Text. Berlin: Hirschwald 1910. 67 S. 8°
(Veröffentlichungen aus d. Geb. d. Militär-Sanitätswesens. H. 43) [10. 3.14

Ruhrepidemie, die Hagenauer, des Sommers 1908, s. a. Veröffentlichungen aus dem Gebiete des Militär-Sanitätswesens, 43. Heft.

Ruhrgebiet [Schlagwort]

Ruhrgebiet. Gawehn, A., Karte d. mittleren Ruhrgebietes, umfassend ganz od. zum Theil die Kreise Bochum, Dortmund, Hörde, Hagen, Hattingen u. Gelsenkirchen. 1:60,000. Farbendr. 48×68 cm. Witten 891. R. Gräfe. n. 1. 75

Ruhrgebiet. Müller, Gust., Karte des Ruhrgebietes zwischen Dortmund u. Essen. (Umgebungskarte von Bochum, Witten, Gelsenkirchen, Herne.) 1:60,000. 55×64,5 cm. Farbdr. Dortmund 908. Koeppen. n. 2. —; auf Leinw. n. 3. —; m. Stäben n. 4. —

Rührig, Wilhelmine

—— Kochbuch für's deutsche Haus, enth. 1093 auserlesene Kochrecepte für vornehme und bürgerl. Küchen. Nebst einer wissenschaftl. Einleitung über die Ernährung des Menschen und die Zubereitung der Speisen nach den Grundsätzen von J. Liebig und Jac. Moleschott, und Bemerkungen über Fleisch- und Malzextrakt von Heinr. Walter. 1. Tausend. 8. (VIII, 351 S.) Ebendas. 888. geb. * 2 —

Rührig, Wilhelmine. Kochbuch für's deutsche Haus, enth. 1093 auserlesene Kochrecepte f. vornehme u. bürgerl. Küchen. Nebst e. wissenschaftl. Einleitg. üb. die Ernährg. d. Menschen u. die Zubereitg. der Speisen nach den Grundsätzen v. J. Liebig u. Jac. Moleschott, u. Bemerkgn. üb. Fleisch- u. Malzextrakt v. Heinr. Walter. 11.—21. Tausend. 8. (VIII, 352 S.) Frankf. a. M. 890, Jaeger's Verlag. geb. * 2 —

Rührig, Wilhelmine, Kochbuch fürs deutsche Haus, enth. 1281 auserlesene Kochrezepte f. vornehme u. bürgerliche Küchen. Nebst e. Anh.: So sollt Ihr Euch nähren v. M. J. Schuster. 22.—31. Taus. Besorgt v. Frau Helene. 8. (351 S.) Frankfurt a/M. 893. Jaeger's Verl. Geb. in Leinw. n. 2. 80; auch in 11 Lfgn. à n. — 20

(8) **Rührig,** Wilh., Kochbuch. 893. (KVL 28.) Jetzt: Leipzig, Mittelbach.

Rührig, Wilhelmine, praktisches Frankfurter Kochbuch, enthaltend 765 auserlesene Kochrecepte, mit besond. Rücksicht auf das Bedürfniß bürgerlicher Küchen. Nebst einer wissenschaftl. Einleitung über richtige Ernährung des Menschen u. Zubereitung der Speisen nach den Grundsätzen von J. Liebig u. Jac. Moleschott. Bevorwortet von H. Walter. Frankfurt a. M. 856. Küchler. 16. (IV, 456 S.) 21 ngr

— — Nebst einer wissenschaftlichen Einleitung über richtige Ernährung des Menschen u. Zubereitung der Speisen nach den Grundsätzen von J. Liebig u. Jac. Moleschott. Bevorwortet von Heinr. Walter. 2. verm. u. verb. Aufl. Ebend. 859. gr. 16. (X, 404 S.) 21 ngr

—— dass. — Nebst einer wissenschaftlichen Einleitung über richtige Ernährung des Menschen und Zubereitung der Speisen nach den Grundsätzen von J. Liebig und Jac. Moleschott. Bevorwortet von Heinr. Walter. 2., verm. und verb. Aufl. gr. 16. (X und 404 S.) Ebendas. 860.

Rührig, Wilhelmine, praktisches Frankfurter Kochbuch, enthaltend 1018 auserlesene Kochrecepte, für vornehme und bürgerliche Küchen. 2. verm. u. verb. Aufl. Frankfurt a. M. 860. Küchler. 16. (IV, 354 S.) 18 ngr.

Rührig, Wilhelmine, praktisches Kochbuch, enthld. 1045 auserlesene Kochrecepte, für vornehme u. bürgerliche Küchen. Nebst einer wissenschaftlichen Einleitung über die Ernährung der Menschen u. die Zubereitung der Speisen nach den Grundsätzen von J. Liebig u. Jac. Moleschott, über die Bantingkur u. über Fleisch- u. Malzextrakt von Heinr. Walter. 3. verm. u. verb. Aufl. Frankfurt a. M. 868. Jäger'sche Buchh. 8. (303 S.) cart. n. 20 ngr.

Rührig, Wilhelmine, praktisches Frankfurter Kochbuch, enth. 1074 auserles. Kochrecepte, f. vornehme u. bürgerl. Küchen. Nebst e. wissenschaftl. Einleitg. üb. die Ernährg. d. Menschen u. die Zubereitung der Speisen nach den Grundsätzen v. J. Liebig u. Jac. Moleschott, u. den Bemerkgn üb. die Bantingkur u. üb. Fleisch- u. Malzextrakt, v. Heinr. Walter. 4. verm. u. verb. Aufl. 8. (VI, 360 S.) Frankfurt a/M. 871. Jaeger. geb. 2. 10

Rührig, Wilhelmine, praktisches Frankfurter Kochbuch, enth. 1093 auserlesene Kochrecepte, für vornehme u. bürgerl. Küchen. Nebst einer wissenschaftl. Einleitung über die Ernährung d. Menschen u. die Zubereitung der Speisen nach den Grundsätzen von J. Liebig u. Jac. Moleschott, u. Bemerkungen über die Bantingkur u. über Fleisch- u. Malzextrakt v. Heinr. Walter. 5., verm. u. verb. Aufl. gr. 8. (V, 344 S.) Frankfurt a. M. 877. Jäger. cart. 2. 50

Rührig, Wilhelmine, praktisches Frankfurter Kochbuch, enth. 1093 auserlesene Kochrecepte, für vornehme und bürgerl. Küchen. Nebst einer wissenschaftl. Einleitung über die Ernährung des Menschen und die Zubereitung der Speisen nach den Grundsätzen von J. Liebig und Jac. Moleschott, und Bemerkungen über die Bantingkur und über Fleisch- und Malzextract, von Heinr. Walter. 6. verm. und verb. Aufl. gr. 8. (V, 344 S.) Frankfurt a. M. 885, Jaeger'sche Buchh. cart. 2 50 geb. 3 —

Ruhrkohlenbecken [Schlagwort]

Ruhrkohlenbecken, rhein.-westf., s.: Bergbau, Uebersichten.

Ruhrkohlengebiet [Schlagwort]

Ruhr-Kohlen-Gebiet, s.: Bergbau.

Ruhrkohlengebiet, s.: Eisenbahnkarten. — Radfahrerkarten, Mittelbach.

Ruhrmann an der Ruhr, (Fr. Rautert,) Charadomanie, oder eine Portion Wort-, Sylben- u. Buchstaben-Räthsel. 8. Essen 822. Bädeker. 4 gr

Ruhrmann an der Ruhr [d. i. **Rautert**, Friedr. Wilh. Alex.] **an seinen Nachbar Ruhrländer. Ueber provinzielle Gütergemeinschaft der Eheleute in bes. Bez. auf das Herzogthum Cleve u. die Grafschaft Mark u. die Bestimmung der preuß. Gesetzgebung darüber. Hamm 1819.**

Ruhrmann, ..., über provinzielle Gütergemeinschaft der Eheleute, in besond. Beziehung auf das Herzogth. Cleve u. die Grafsch. Mark, u. die Bestimmung der Preuß. Gesetzgebung darüber. 8. Hamm 820. Wundermann. 3 gr

Ruhr-Merkblatt. Bearb. im Kais. Gesundheitsamte. Unter Mitw. d. Mitglieder d. Reichs-Gesundheitsrates ... *(Berlin: J. Springer [1903].)* (2 Bl.) 4° [Kopft. F.] [03. 12676

Die Passauer Kunst oder die Kunst, sich gegen Hieb, Stich u. Schuss festzumachen, alle Feinde zu überwinden u. aus jedem Kampfe als Sieger hervorzugehen. Nebst e. Anh.: Die Kunst, Diebe zu bannen u. alles Gestohlene wieder zurückzubekommen. Nach alten u. neueren Quellen bearb. von Meister Rührmichnichtan. *Berlin: S. Mode [1901].* (72 S.) 8° [F.] [02. 4191

Rührmund: Über die Partikel χέν und ἀν und ihre Anwendung in hypothetischen Sätzen. 22 S. – Potsdam, Progr. 1863.

Derselbe In wiefern ist die Episode von Germon in Wolframs von Eschenbach Parzival gerechtfertigt.? 8 S. Potsdam. Progr. 1849

Rührmund. Ueber die Horazischen Oden III. 24. 25, 1—6. 14. 16 S. Potsdam, Progr. 1857

Rührmund Probe einer Übersetzung des Wolframschen Parzival nebst Anmerkungen dazu, eine Abhandlung über Versmaaß, Reime, des Dichters Darstellungsweise und den Inhalt des Gedichts, insbesondere über die Einleitung desselben. 45 S. Potsdam, Progr. 1845

Ruhrort [Schlagwort]

Ruhrort, s. a. Duisburg.

Ruhrort, s. a. Industriekarten.

— s. a.: Umgebungskarten.

Ruhrort. Zöhren, A., u. G. Mader, Schul-Wandkarte des Kreises Ruhrort. 1 : 17,000. 4 Blatt à 73×73 cm. Farbdr. Arnsberg (903). J. Stahl. Auf Leinw. m. Stäben. n. 20. —

Ruhrtaler, E., Rechtschreibhülfe. Zur leichten u. raschen Erlerng. der deutschen Einheitsschreibg. Für jung u. alt. (40 S.) gr. 8. Essen 903. Fredebeul & Koenen. n. — 20

Rührungen, Die innigsten, einer Stadt ... Breslau 1760. V: *Burg, Johann Friedrich.* (Kat. d. Druckschr. üb. Breslau. Breslau 1903. S. 19.)

Rührungen eines jüdischen Proselytens, in den ersten Augenblicken seiner Bekehrung. Lindau 1759. V: *Gottfried, Johann Adam Jacob August Christian Conrad.* (BB) (ML)

Ruhr-Zeitung. –
Mülheim, sp. Duisburg. – 3.I.1849 – 31.III.1850.
Vorh. u.d.T.: Wächter an der Ruhr.
Fortges. u.d.T.: Ruhr- und Duisburger Zeitung.

Ruhr-Zeitung. – Ruhr- und Duisburger Zeitung. –
1.IV.1850 – 1.I.1852.
Vorh. u.d.T.: Ruhr-Zeitung.(Mülheim.)
Fortges. u.d.T.: Rhein- und Ruhr-Zeitung.

Rühs, (Chr.) Friedrich

— d. Andenken Jh. Geo. Pet. Möller's gewidmet. 4. Greifsw. 808.

Rühs, Friedr. (1779—1820), über die *Ansprüche der Juden an das deutsche Bürgerrecht.* 2. verb. u. erweit. Abdruck. Mit e. *Anhang* über die Geschichte der *Juden in Spanien.* Berlin, Realschulbuchh., 1816. Kl. 8⁰. VI—62 S. Cart.

Zuerst gedr. in: Zeitschr. f. d. neueste Geschichte etc. Febr. 1815. — Recens. von Hess, M., freymüthige Prüfung der Schrift des Herrn Prof. Rühs .... Frankf. a. M. 1816. 8⁰

Rühs, Friedrich, s. Bibliothek d. n. Reisebeschreibungen 28. u. 44. Bd.

— Briefe üb. Schweden u. Schwedens neueste Verhältnisse. 8. Halle, Gebauer. 804.
Dass.s.a.:Briefe...

– s.a. Büsching, A. F.: Neue Erdbeschreib.

Rühs, Dr. Friedrich. Schweden nach Dr. A. B. Büsching's Erdbeschreibung. Auf das Neue bearbeitet und herausgegeben. 8. Hamburg 1807.

— vergleichende Darstellung d. scandinavisch-germanischen Sprachen, des isländischen, schwedischen u. dänischen, mit e. Chrestomathie. 8. Berl. Dümmler. 812.

– s. Denkwürdigkeiten, Pommersche.

Rühs, Fr., die Edda. Nebst e. Einleitung üb. nordische Poesie u. Mythologie, u. e. Anhange üb. die hist. Literatur d. Isländer. gr. 8. Berl. Realschulbuchh. 812.
Dass.s.a.:Edda...

— Elegie um Johannes von Müller. 8. Leipz. 809.

Rühs, Friedrich. Historische Entwickelung des Einflusses Frankreichs und der Franzosen auf Deutschland und die Deutschen.

— histor. Entwickelung des Einflusses Frankreichs u. der Franzosen auf Deutschland. gr. 8. Berl. 814. Nicolai. 1 ß

— historische Entwickelung des Einflusses Frankreichs u. d. Franzosen auf Deutschland. gr. 8. Berlin, Nicolai. 815.

-- Entwurf e. Propädeutik des histor. Studiums. gr. 8. Berl. 811. Reimer. 22 g

Rühs, F., Erinnerungen an Gustav Adolph mit G. Adolphs Bildniß. 8. Halle, Gebauer. 806. Rthlr.
Dass.s.a.:Erinnerungen...

Rühs, (Fr.,) ausführl. Erläuterung d. zehn ersten Kapitel d. Schrift des Tacitus über Deutschland. gr. 8. Berlin 821, Reimer.

— Finnland u. seine Bewohner. Mit 1 Karte. gr. 8. Leipz. 809. Göschen. 1 ß 8 g Die Karte allein 12 g

Rühs, Dr. Friedrich. Geschichte Schwedens. (Mit Portraits.) (3 Bde.) 8. Halle 1803—1810.

— Geschichte v. Schweden. 5 Thle. gr. 8. Halle 803—13. Gebauer. 10 6 g (Vergl. allgem. Welthistorie, 63r Thl.)

— Gesch. v. Schweden. 1—4r Thl. gr. 8. Halle, Gebauer. 808-10. (1r 1 Rthlr. 12 gr. 2r 1 Rthlr. 3r 2 Rthlr. 12 gr. 4r 2 Rthlr. 6 gr.)

— Geschichte von Schweden, 5r Thl. gr. 8. Halle, Gebauer 814.

– Progr. Ueber die Gesetze der Westgothen. 8. Greifsw. 801. Mauritius. 3 g

– s. Gustavs III. Werke.

— Handbuch der Geschichte des Mittelalters. gr. 8. Berl. 816. Reimer. 4 ß

– s. Leopold, C. G.: Verm. Schriften.

Das Märchen von den Verschwörungen. Von Friedr. Rühs. Berlin: Realschulbuchh. 1815. 24 S. 8⁰

Kl. 3605, Tt. 894a. Betr. den Tugendbund. Verf. stellt die Behauptung auf, dass geheime Verbindungen in Deutschland Verschwörungen anzetteln u. spricht auf S. 10 von dem „Orden der Schiffsbaumeister im symbolischen Verstande, wie es den Orden der Frmr. gibt". Vergl. No 27473, 11040 und P. Stettiner: Der Tugendbund Königsberg: Koch 1904. 57 S. 8⁰, wo weitere Litteratur verzeichnet ist. 25. 110.

— das Mährchen von den Verschwörungen. gr. 8. Berl. 815. Reimer. 5 g

— die Rechte des Christenthums u. des deutschen Volks, vertheidigt gegen die Ansprüche der Juden u. ihrer Verfechter. gr. 8. Berl. 816. Reimer. 10 g

— üb. d. Schicksale d. schönen Rednerkünste in Schweden. gr. 8. Berl. Lange. 803.

— über die Schicksale der schönen Rednerkünste in Schweden. gr. 8. Berl. 803. (Reimer). 4 g

— historische Schriften. 1r Bd. 8. Greifswalde, Mauritius. 811.

– über das Studium d. Preuß. Geschichte zur Ankündigung seiner Vorlesungen üb. dieselbe. gr. 8. Berl. 817. Reimer. 4 g

– s. Taschenbuch d. Reisen, v. Zimmermann.

- Unterhaltungen f. Freunde altdeutscher u. altnord. Geschichte u. Literatur. 8. Berl. 803. Voß. 14 g

Rühs, (Chr.) Fr., üb. den Ursprung d. isländisch. Poesie. gr. 8. Berl. 813. (Reimer). 6 g

— die Vereinigung Pommerns mit der preuß. Monarchie. gr. 8. Ebend. 815.
Dass.s.a:Vereinigung,...

— das Verhältniß Holsteins u. Schleswigs zu Deutschland u. Dänemark. Eine publicist. Darstellung. gr. 8. Berl. 817. Reimer. 10 g

— Versuch e. Geschichte d. Religion, Staatsverfassung u. Kultur d. alten Skandinavier. 8. Götting. 801. Röwer. 1 ß

– u. S. H. Spieker, Zeitschrift für die neueste Geschichte, die Staaten- u. Völkerkunde. 1r u. 2r Jahrg. 1814 u. 15. gr. 8. Berl., Reimer. 12 ß

— und S. H. Spieker, Zeitschrift für die neueste Völkerkunde. s. Zeitschrift ꝛc.

Rühs, Carl, approb. Arzt aus Greifswald: Eine tötliche Verletzung des hinteren Scheidengewölbes sub coitu. *Greifswald 1903: J. Abel.* (25 S.) 8⁰
Greifswald, Med. Diss. v. 7. Febr. 1903

Ruhsam, Jul., Abbildungen der wichtigsten Teile vieler im sächsischen Erzgebirge wildwachsender Pflanzen, nebst kurzen Erklärungen derselben. 8. (20 S. mit 16 Stnt.) Annaberg 888, Rudolph und Dieterici. * — 50

Aus: (Israel's) Schlüssel zum Bestimmen der in der Umgegend von Annaberg-Buchholz wildwachsenden Pflanzen, besonders abgedruckt.

Ruhsam, Jul., Aufgaben für das praktische Rechnen zum Gebrauch in den drei untern Klassen der Realschulen u. in den obern Klassen von Bürgerschulen. In drei concentrisch sich erweiternden Kursen. Annaberg 866—68. Rudolph & Dieterici. gr. 8. [1. Kursus. (VIII, 64 S.) n. 6 ngr, 2. Kursus. (VIII, 96 S.) n. 9 ngr, 3. Kursus. (X, 117 S.) n. 12 ngr] n. 27 ngr

Ruhsam, Jul., Aufgaben f. das praktische Rechnen zum Gebrauch in den 4 unteren Klassen der Realschulen u. in den oberen Klassen v. Elementarschulen. In 3 koncentrisch sich erweiter. Kursen. Nach dem Münz-, Maß- u. Gewichtssystem d. deutschen Reiches hrsg. 1—3. Kursus. 2. vollständig umgearb. Aufl. gr. 8. Hildburghausen 874. 75. Kesselring. n. 2. 50

1. (80 S.) n. — 60. — 2. (VIII, 88 S.) n. — 70. — 3. (XXVI 140 S.) n. 1. 20.

Ruhsam, Jul., Auflösungen zu den Reihenaufgaben des 1.—3. Kursus. 8. Ebendas. 874,75. [1. Kursus. (34 S.) 40 Pf.; 2. Kursus. (34 S.) 50 Pf.; 3. Kursus. (32 S.) 50 Pf.] * 1 40

Ruhsam, Jul., Aufgaben für das prakt. Rechnen zum Gebrauch in den Realschulen I. u. II. Ordnung, sowie in den Gymnasien, Seminarien u. Handelsschulen. In 3 koncentrisch sich erweit. Kursen. Nach dem Münz-, Maß- u. Gewichts-System des deutschen Reichs hrsg. 1—3. Kurs. 3., vielfach verb. Aufl. Hildburghausen 877. Kesselring. n. 2. 50

1. (XVI, 87 S.) n. — 60. — 2. (VIII, 97 S.) n. — 70. — 3. (XXVIII, 160 S.) n. 1. 20

— dasselbe. Auflösungen zum 1—3. Kurs. 3. Aufl. 8. Ebend. 877—79. n. 2. 20

1. (36 S.) n. — 40. — 2. (39 S.) n. — 80. — 3. (46 S.) n. 1. —

Ruhsam, Jul., praktisches Rechenbuch für landwirthschaftliche Schulen. 2 Thle. 8. Hildburghausen 880, Kesselring'sche Hofbuchh. * 3 —

Inhalt:
Thl. 1. Für die Unterklassen. (132 S.) *ℳ 1,40.
" 2. Für die Oberklassen. (VIII, 168 S.) *ℳ 1,60.

—— dass. — Auflösungen. 2 Thle. 8. (64; 104 S.) Ebendas. 880,81. à Thl. * 75 Pf. * 1 50

—— **praktisches Rechenbuch für landwirtschaftliche Schulen. 1. Tl.: Für die Unterklasse. 2. umgearb., verkürzte Aufl. gr. 8. (VIII, 112 S.) Hildburghausen 886, Kesselring'sche Hofbuchh.** geb.

Ruhsam, Jul., Rechenbuch f. deutsche Stadt- u. Landschulen, s.: Hartmann, Berth.

—— Rechenschule nach dem neuen Maß- und Gewichtssystem für Stadt- und Landschulen. In vier concentrisch sich erweit. Kursen. à 2 Hälften. 8. (20; 32 S.) Annaberg 870,71, Rudolph und Dieterici.
1.—6. Heft à 15 Pf.; 7. und 8. Heft à * 20 Pf. * 1 30

—— dass. — nach dem deutschen Münz-, Maß- und Gewichtssystem für Stadt- und Landschulen. In vier concentrisch sich erweit. Kursen. 1.—6. Heft. 2. vollständig neue Aufl. 8. Hildburghausen 875, Kesselring'sche Hofbuchh. à Heft 15 Pf. — 90

Inhalt:
Heft 1. Rechenfibel [1. Kursus 1. Hälfte]. Für das 1. Schulj. (32 S.)
" 2. —— dass. — [1. Kursus 2. Hälfte]. Für das 2. Schulj. (48 S.)
" 3. —— dass. — [2. Kursus 1. Hälfte]. Für das 3. Schulj. (37 S.)
" 4. —— dass. — [2. Kursus 2. Hälfte]. Für das 4. Schulj. (39 S.)
" 5. —— dass. — [3. Kursus 1. Hälfte]. Für das 5. Schulj. (44 S.)
" 6. —— dass. — [3. Kursus 2. Hälfte]. Für das 6. Schulj. (70 S.)

— dasselbe. Auflösungen. 2—8. Hft. 2. vollständig neue Aufl. 8. Ebend. 875. 76. n. 1. 70
2. 3. Für das 2. u. 3. Schuljahr. (44 S.) n. — 40
4—6. Für das 4—6. Schuljahr. (75 S.) n. — 70
7. Für das 7. Schuljahr. (32 S.) n. — 30
8. Für das 8. Schuljahr u. f. die Fortbildungsschule. (36 S.) n. — 30

—— Rechenschule nach dem deutschen Münz-, Maß- und Gewichtssystem für Stadt- und Landschulen. In 4 konzentrisch sich erweiternden Kursen hrsg. 2., 3., 4., 7. und 8. Heft. 8. Ebendas.

Inhalt:
Heft 2. 1. Kursus. 2. Hälfte. Für das 2. Schuljahr. 3. Aufl. (50 S.) 878. 15 Pf.
" 3. 2. Kursus. 1. Hälfte. Für das 3. Schuljahr. 3. Aufl. (39 S.) 878. 15 Pf.
" 4. 2. Kursus. 2. Hälfte. Für das 4. Schuljahr. 3. Aufl. (46 S.) 879. 15 Pf.
" 7. 4. Kursus. 1. Hälfte. Für das 7. Schuljahr. 1. und 2. Aufl. (71 S.) 875,76. 20 Pf.
" 8. 4. Kursus. 2. Hälfte. Für das 8., 9. und 10. Schulj. 1. und 2. Aufl. (IV, 122 S.) 875,76. 30 Pf.
1., 5. und 6. Heft. Ebendas. 1875,76. 50 Pf.

— Rechenschule nach dem deutschen Münz- u. Gewichtssystem f. Stadt- u. Landschulen. In 4 konzentrisch sich erweit. Kursen hrsg. Ausg. A. f. die mittlere u. höhere Volksschule. 1-3, 5—8. Hft. 3., vielfach verb. Aufl. 8. Ebend. 878—81. n. 1. 30
1. (36 S.) — 15. — 2. (50 S.) — 15. — 3. (39 S.) — 15. — 5. (48 S.) — 15. — 6. (60 S.) n. — 20. — 7. (82 S.) n. — 20. — 8. Für die höhere Volks- u. städtische Fortbildungsschule. (88 S.) n. — 30

— dasselbe. Ausg. B. f. die einfache Volksschule. 1., 3. u. 4. Kurs. 3., vielfach verb. Aufl. 8. Ebend. 881. n. — 85
1. (50 S.) — 30. — 3. (108 S.) n. — 35. — 4. (82 S.) n. — 20

Ruhsam, Jul., Rechenschule nach dem deutschen Münz-, Maß- und Gewichtssystem für Stadt- und Landschulen. Ausg. B. für die einfache Volksschule. 4 Hefte. 3. Aufl. 8. Hildburghausen 882,83, Kesselring'sche Hofbuchh. [1. und 2. Heft. (80; 83 S.) à 30 Pf.; 3. Heft. (118 S.) 35 Pf.; 4. Heft. (82 S.) 20 Pf.]

—— dass. — Auflösungen zum 5.—7. Heft. [3. und 4. Kursus.] Für Ausg. A. und B. 3. vollständig neue Aufl. 8. (104 S.) Ebendas. 881.

—— dass. — Auflösungen zum 8. Heft. 3. Aufl. 8. (56 S.) Ebendas. 881.

—— Rechenschule nach dem deutschen Münz-, Maß- und Gewichtssystem für Stadt- und Landschulen. In 4 konzentrisch sich erweiternden Kursen hrsg. Ausg. A. für die mittlere und höhere Volksschule. 1. und 2., 5.—8. Heft. 8. Ebendas. [1. Heft. 1. Kursus. 1. Hälfte. 3. Aufl. (36 S.) 881. 15 Pf.; 2. Heft. 1. Kursus. 2. Hälfte. 3. Aufl. (50 S.) 881. 15 Pf.; 5. Heft. 3. Kursus. 1. Hälfte. 3. und 4. Aufl. (48 S.) 881,83. 15 Pf.; 6. Heft. 3. Kursus. 2. Hälfte. 3. und 4. Aufl. (60 S.) 881,83. 20 Pf.; 7. Heft. 4. Kursus. 1. Hälfte. 3. Aufl. (82 S.) 1881; 4. Aufl. (84 S.) 883. 20 Pf.; 8. Heft: Für die höheren Volks- und städtischen Fortbildungsschulen. 3. Aufl. (88 S.) 883. 30 Pf.] 1 15

— Rechenschule f. die einfache Volksschule in Stadt u. Land. Auflösungen zum 5. Hft. [3. Kurs. 1. Hälfte]. 5., verb. Aufl. 8. (16 S.) Hildburghausen 887. Frankfurt a/M., Kesselring. n.n. — 25

Ruhsam, Jul.: Der Rechenunterricht in den unteren Klassen der Realschulen. Annaberg 1865.
Schul-/Univ.-Schrift

Ruhsam, Jul., das große deutsche Sängerfest in Nürnberg den 20., 21., 22. und 23. Juli 1861. Erinnerungsblätter für alle deutschen Gesangesbrüder u. Sängerfreunde. Annaberg 861. Rudolph & Dieterici. 8. (48 S.) n. 6 ngr

—— praktische Winke für den sächsischen Volksschullehrer bei Einführung des neuen Maß- und Gewichtssystems, und zugleich Vorwort zu der in der nächsten Zeit erschein. Rechenschule für Stadt- und Landschulen in vier concentr. Kursen. gr. 8. (16 S.) Annaberg 869, Rudolph und Dieterici. * — 20

Rühsen, H(inrich), Medizinalprakt.: Aus d. Psychiatr. u. Nerven-Klinik zu Kiel. Dementia senilis und Herderkrankung des Gehirns. Kiel 1908: Fiencke. 19 S. 8°
Kiel, Med. Diss. v. 14. Juli 1909, Ref. Siemerling
[Geb. 2. Mai 83 Sude; Wohnort: Kiel; Staatsangeh.: Preußen; Vorbildung: Gymn. Husum Reife O. 03; Studium: Marburg 2, Kiel 3, München 1, Kiel 4 S.; Coll. 27. Juni 08; Approb. 1. Juli 09.] [U 09. 2286

Ruhfert, C., der kleine Katechismus Luthers. Für Schule u. Haus ausgelegt im entwickelnden Gedankengang. gr. 8. (VIII, 280 S.) Kiel 897. M. Liebscher. n. 2. 50

Ruhfert, C., der kleine Katechismus Luthers. Für Schule u. Haus ausgelegt im entwickelnden Gedankengang. 2. Tausf. (Unveränd. [Titel-]Abdr.) gr. 8. (VIII, 280 S.) Kiel (897.) 899. Siegen, M. Liebscher. Geb. in Leinw. n. 2.—

Ruhfert, C., der kleine Katechismus Luthers, ausgelegt im entwickelnden Gedankengang. 2., verb. Aufl. (VIII, 272 S.) gr. 8. Schleswig 909. J. Bergas, Verl. 3.—; geb. n 3. 90

Ruhstrat. Die Geschichte e. Sensationsprozesses. Von Spectator. (62 S.) gr. 8. Berlin 905. Herm. Walther. n. 1.—

Ruhstrat, A. W. E., Abhandl. üb. die weiße Kniegeschwulst. gr. 8. Götting. 826. Vandenhöck u. R. 6 gl

Ruhstrat, A. W. E., üb. die Pflichten der Frauen u. Mütter gegen ihre Männer u. Kinder in Krankheiten. Grundriß der Krankenwärterlehre, f. d. Lehranstalt zu Göttingen verfaßt. 2., umgearb. Aufl. gr. 8. (7 B.) Göttingen 845, (Vandenhoeck u. Ruprecht.)

Ruhstrat, E., s. Archiv f. d. Praxis d. gesammt. im Großh. Oldenburg gelt. Rechts.

Ruhstrat, E., über negotiorum gestio. Oldenburg 858. Stalling. gr. 8. (IV, 91 S.) n. 15 ngr.

Ruhstrat, E., die negotiorum gestio des dritten Kontrahenten. gr. 8. (III, 64 S.) Hannover 883, Helwing'sche Verlagsh. *
Aus: Magazin für das deutsche Recht der Gegenwart, besonders abgedruckt.

Ruhstrat, E., über Savigny's Lehre von der Stellvertretung. (Oblig. B. 2. §. 54—61.) gr. 8. (52 S.) Oldenburg 854, Schulze'sche Buchh.

[F.] Aus dem Lande der Mitte. Schildergn d. Sitten u. Gebräuche d. Chinesen. Von Ernst Ruhstrat, Beamter im Kaiserl.-chines. Seezolldienst. M. 20 einseit. u. 2 doppelseit. Vollbild. (6. Taus.) *Berlin: A. Schall [1899].* (3 Bl., 331 S., 22 Taf.) 1 Bd 8.
— Verein d. Bücherfreunde. [Jg.] VIII. [No] 5.

Ruhstrat, Ernst, aus dem Lande der Mitte, s. a. Veröffentlichungen des Vereins der Bücherfreunde. 8. Jahrg. 5.

Ruhstrat, Ernst, Sittenbilder aus China. (VII, 212 S. m. 1 Taf.) Oldenburg (905). Schulze. n. 3.—; geb. n. 4.—

Das Oldenburgische Landesprivatrecht. Von Franz Ruhstrat, Oberstaatsanw. *Oldenburg: G. Stalling 1900.* (X, 178 S.) 8° [F.]

Ruhtisch, Jh. Hnr., Versuch e. Beantwort. d. beiden Fragen: Sind die Klagen üb. den Mangel u. die Theuerung des Holzes in Sachsen gegründet? u. wie ist selbigen abzuhelfen? 8. Wittenb. u. Leipz. 799.

RUHWANDL, Dominikus (München): De metastasi.- Monachii 1831. 24 S.
20.8.1829 - Urk (Titel: De summo emolumento e mulomedicina pro pathologia humana nascente.); F 59
Diss. Ingolst.-Landsh.-Mchn.

RUHWANDL, Franz (München): Ueber multiple Divertikelbildung im Intestinaltraktus.- München: Wolf 1902. 38 S.
30.6.1902 - Chr 1902/03,22; Jv 1901/02,278
Diss. Ingolst.-Landsh.-Mchn.

RUIDISCH, Ludwig (Regensburg): Beitrag zur Casuistik der Parotis-tumoren.- Regensburg: Wasner 1893. 39 S.
6.7.1893 - Chr 1893/94,11; Jv 1892/93,211
Diss. Ingolst.-Landsh.-Mchn.

RUIDISCH, Ludwig (Stadtamhof): Die Geburten zusammengewachsener oder ineinander verschmolzener Zwillinge.- München: Mühlthaler 1869. 22 S.
6.11.1861 - Urk (Titel: De ortibus geminorum in unum corpus coalitorum vel confusorum.); F 70
Diss. Ingolst.-Landsh.-Mchn.

Rülejeff, gesammelte Gedichte, s.: Bibliothek, russische.

Ruin, der angebliche, des Kleinhandels durch den Ladenschluß. (Flugschrift Nr. 5 der Berufsgenossenschaft Deutschnationaler Handlungsgehilfen-Verband, jurist. Person, Sitz Hamburg.) 1. bis 20. Taus. gr. 8. (35 S.) Hamburg 899. (Leipzig, H. Beyer.) n. —20

Ruin, der, d. ländl. Kleinbetriebes durch d. landwirthschaftl. Großproduktion, s.: Arbeiter-Bibliothek, Berliner, I, 11.

— der, d. Mittelstandes. Von e. Mann aus dem Volke. 1.—10. Aufl. gr. 8. (41 S.) Dresden 891. Druckerei Glöß. n. —60

Ruin, der, Preußens. gr. 8. (40 S.) Berlin 862, v. Warnsdorff. [Schlesier.]

Ruina Simonis Magi ... [Salisburgi 1702.] V: *Seiz, Placidus von.* (Hr)

Ruinart, Thierry (Hrsg.), s. Acta martyrum.

Ruinart, Theodorich, echte u. ausgewählte Acten d. ersten Martirer. Nach d. ältesten Ausgaben u. Handschriften krit. gesamm. u. beleuchtet. Mit e. allgem. polem. Einleitung. A. d. Lat. übers. nach d. amsterdamer Ausg. d. Heinr. Wettstein v. J. 1713. 6 Bde. 8. (122¾ B.) Wien 831—34, Mechitaristen-Congreg.-Buchh. Thlr.

Ruinart, Theodorich, echte u. ausgewählte Acten d. ersten Martirer. Nach d. ältest. Ausgaben u. Handschriften krit. gesamm. u. beleuchtet. Mit e. allgem. polem. Einleitung. A. d. Latein. übers. nach d. Amsterdamer Ausg. d. Heinr. Wettstein v. J. 1713, durch F. X. S. u. B. S. 1—5. Bd. 1., u. 2., unveränd. Aufl. 8. ... Wien 832—34, Mechitaristen-Congregat.-Buchh.

Ruinart, Dietr., Leidensgeschichte rc., s. F. W. Fraatz.

Ruine, die, von Löwenstein, od. d. gute Anna u. d. heldemüth. Therese. Eine Erzähl., 2 Thle., den reif. Mädchen, u. f. alle, welche die Stunden ihrer Erholung gut u. nützlich anwenden wollen, geweiht von e. ihrer ungen. Freunde. Ein Seitenstück zu d. beliebten Schriften v. Chr. Schmid. gr. 12. (11 B. u. Titbild.) Reutlingen 838, Fleischhauer u. Spohn.

Ruine, die, von Löwenstein od. die gute Anna u. die heldenmüthige Therese. Eine Erzählung in 2 Thln., den reiferen Mädchen rc. geweiht von e. ihrer ungenannten Freunde. 2. Aufl. 12. (13 B. u. Titkpfr.) Reutlingen 840, Fleischhauer u. Spohn.

Ruine, die, d. Waldschlosses, eine Volkssage, u. vier Erzähll. Von der Verf.: Verirrungen, od. die Macht d. Verhältnisse. 8. Lpz. 824, Lauffer.
Vgl. Ruinen...

Ruinen, Die. Eine Geschichte aus den Vorzeiten der Königin Elisabeth. A. d. Engl. Leipzig 1786. V: *Lee, Henry.* (EE) Ü: *Naubert, Christiane Benedicte Eugenie geb. Hebenstreit.* (Ky) (MGT) (schl)

Ruinen, die, eine Geschichte aus den vorigen Zeiten, aus dem Engl. 3 Theile, 8. Leipzig, 786. Weidmanns. 1 Rthl 10sgl.

Ruinen. Ein Taschenbuch z. Geschichte verfallner Schlösser u. Ritterburgen, f. Freunde der Vorzeit, Geschichte u. Sagen. (1826). (1. Sammlung) VI, 216 S. Wien. Goed. VIII, 119, 206.

Ruinen. Oder Taschenbuch zur Geschichte verfallener Ritterburgen u. Schlösser f. Freunde d. Vorzeit, Geschichte u. Sagen. Wien: Kaulfuß u. Krammer Sammlung 1. 1826 – 3. 1828.

RUINEN, oder Taschenbuch zur Geschichte verfallener Ritterburgen u. Schlösser, nebst ihren Sagen, Legenden u. Mährchen. 5 Bde. Mit zahlreichen Kpfrn. Wien 1826—34. 8⁰. (8 Mk. [mit allen Kpfrn.?], die Titel gestemp., Adolf Weigel, 1909.)

Prof. v. Karajan's Bibl. I. Lpz. 1875, no. 2608. — Gilhofer & Ranschburg's (Wien) Cat. 88 (1909) offerirte für 4 Kr. „2 Sammlgn. in 1 Bde. Wien. o. J."

Ruinen, Die, des Alterthums. Leipzig 1815. V: *Kamiensky, Carl Wilhelm August von.* (Ky) (MGT)

Ruinen, die, des Alterthums. 8. Leipz. 815. Fr. Fleischer. 4 gr

Ruinen, Alterthümer und noch stehende Schlösser auf und an dem Fichtelgebirge ... Hof 1795. V: *Helfrecht, Johann Theodor Benjamin.* (EngG) (Fiker) (MGT)

Ruinen, Die, von Arnstein ... Wien 1840. V: *Sartori, Franz.* (EB)

Ruinen, die, von Athen. Ein Nachsp. von A. v. Kotzebue, s. Ungarns Wohlthäter,

Ruinen, Die, am Bergsee. Gerettete Bruchstücke aus der Geschichte des Bundes für Wahrheit und Würde. Züllichau 1793. V: *Meyern, Fch. Wilhelm von.* (BiblPort)

Die **Ruinen am Bergsee.** Gerettete Bruchstücke aus der Geschichte des Bundes für Wahrheit und Würde. Nach d. Engl. [hrsg. von G. F.]. Züllichau [Jena]: Frommann 1795. XVI, 220 S. 1 Kpfr. 8⁰

Kl. 3965, TB. 111. **Abdruck einer Episode aus dem T. 1 von F. v. Meyers Dya-Na-Sore — 215.**

Ruinen und Blüthen ... Altona 1826. H: *Hinsche, Nic. Daniel.* (Ky) (LS) (MGT)

— u. Blüthen; herausgg. v. Winfried. Zum Besten der durch Sturmfluthen Beschädigten in Schleswig u. Holstein, (v. N. D. Hinsche). 8. Altona 826. (Aue). 1 ℔

Ruinen u. Blüthen. Herausgeg. v. Winfried. Zum Besten der durch Sturmfluhten Beschädigten, in Schleswig u. Holstein. 8. Altona 826, Busch.

Ruinen einer Büsten-Gallerie Berlinischer Gelehrter und Künstler. London [Halle 1792]. V: *Knoblauch, Friedrich Heinrich* (GGr) (MGT) & *Bispink.* (Hitzig) »London [Görlitz] 1792« (Wr)

— a. e. Büstengallerie Berl. Gel. u. Künstler. 8. Anton. 792.

Ruinen, die, d. Bergschlosses Cesarini. Von Julius Eremita. 8. Quedl. 824, Basse. Rthlr.

Ruinen, die, v. Eggersdorf. 2 Thle. 8. Gießen, Müller. 814.

— die, v. Eggerdorf. 2 Thle. 8. Gießen 815. (Ferber). 1 ℔ 16 gr

Ruinen, Die, der Frauenburg ... Wien 1839. V: *Sartori, Franz.* (EB)

Ruinen altschweizer. Frömmigkeit. Aus d. Tagebuche e. greisen Pilgers per pedes apostolorum. 1. Bdchn. — A. u. d. T.: Sitten u. Sprüche d. Heimath. Hrsg. v. Karl Steiger. gr. 12. (11 B.) St. Gallen 839, [Scheitlin u. Zollikofer.]

Ruinen altschweizerischer Frömmigkeit. Aus d. Tagebuche eines greisen Pilgers per pedes apostolorum. 1s u. 2s Bdchen. A. u. d. T.: Sitten und Sprüche der Heimath. Herausg. v. Karl Steiger. 1s u. 2s Bdchn. gr. 12. St. Gallen 839. u. 841. Scheitlin. (à 1 ℔) Beide Bdchen. in 1 Bd. geb. n. 2⅓ ℔

Ruinen merkwürdiger Gegenden und Alterthümer des fränkischen Kreises. Von einer Gesellschaft der Gelehrten. V: *Hentze, Joh. Gottlieb.* (= Berneck, Ein historischer Versuch identisch.) (BiblPort)

— merkwürd. Gegenden u. Alterthümer im Fränk. Kreise, s. J. G. Hentze, Berneck.

— merkw. Gegend. u. Alterthümer im fränkisch. Kreise. 1s Hft. m. K. gr. 4. Bayr. Lubeck. 790.

Ruinen, Die, der Geisterburg oder die warnende Stimme um Mitternacht. Pirna 1805. V: *Kerndörffer, Heinrich August.* (GGr) (NN) (Ky)

— die, der Geisterburg, od. die warnende Stimme um Mitternacht, (v. H. A. Kerndörfer). 4 Thle. 8. Pirna 805. N. A. 817. Friese.

— die, der Geisterburg, od. d. warnende Stimme um Mitternacht, v. Verf. des Lorenzo, 4 Thle. 8. Pirna, Friese. 808.

— die, des rothen Gerichts, od. d. Bleykammern v. Venedig, nach Emilian's Papieren, m. K. 8. Leipz. Joachim. 803.

Ruinen, Die, des rothen Gerichts, oder die Bleykammern von Venedig. Nach Emilianos Papieren. Mit Titelkpfr. Neuburg u. Arnheim (Leipzig, Joachim). O. J. (c. 1805). 8⁰.

Anzeige des Verlegers. — Selten!

— die, der Gleißburg, oder die Heldin aus Thüringen. 8. Eisenb. Schöne. 812.

— die, der Gleißburg, oder die Heldin aus Thüringen. 2te Aufl. 8. Eisenberg, Schöne. 820.

— die, v. Greiffenstein; e. Geistersage. 8. Wien, Doll. (Liebeskind in Leipz. in Commiss.) 799.

Ruinen, Die, des Bergschlosses Greifenstein ... Wien 1840. V: *Sartori, Frz.* (EB)

Ruinen. – Über die Ruinen Herkulanums u. Pompeji, s.a. Keerl, Joh. Heinr.

Ruinen Herculanums und Pompeji, nebst einer Beschreibung der Schauspiele der Griechen und Römer. Mit Kupfern. Gotha 791. 8. 1 rthl. 16 gr.

— über die, Herkulanums u. Pompeji. Mit Kpf. gr. 8. Gotha 791. Ettinger. 1 ℛ 16 𝒢

— historische, oder Zeichnungen aus der Welt- u. Menschenepoche. 8. Leipz. Joachim. 815.

Ruinen, die, meines Klosters. Eine historische Novelle der Neuzeit (von Manuel de Clausaes). Aus dem Span. (v. Loning). 2 Thle. 8. (480 S.) Münster 852, Theissing. n. 2 1/3 ℛ

Ruinen, Die, Thüringischer Klöster und Burgen . . . nebst . . . historischen Nachrichten. Rudolstadt 1815. V (Text): *Hesse, Ludwig Friedrich.* (BrMm)

— die, von Kyffhausen, od. d. wandernde Ritter. 8. Leipz., Joachim. 20 𝒢

Ruinen, Die, von Lacastro. Braunschweig 1804. V: *Richter, Karl Friedrich.* (Schmidt, Gallerie 67.) (Zeitschr. f. Büch. N. F. 15, 1923, S. 120)

— die, v. Locastro; e. Roman. 2 Thle. 8. Braunschweig, Vieweg. 804.

Ruinen, Die, des Schlosses Lednitz . . . Wien 1840. V: *Sartori, Frz.* (EB)

Ruinen des Merkurtempels in dem kurfürstl. Lustgarten zu Schwetzingen, in der Abbildung . . . [Leipzig 1805.] V: *Kämmerer, Ernst.* (MGT)

— die, von Moncaldo, od. Ferragand u. seine Genossen. Eine abenteuerl. Gesch vom Verf. der Erscheinungen im Schlosse d. Pyrenäen. 2 Bde. 8. Braunschw. 826, Meyer.

Ruinen (Aus den) von Nimrut und Olympia. Von G. R. 8⁰. Leipzig, Genoss.-Buchdr., 1876.

— d. Orients. 1e Abth. m. K. a. d. Engl. v. Baumgärtner. Fol. Würzb. Stahel. 787.

Ruinen, Die, von Palmira . . . Prag 1800. V: *Czapek, Joseph Maximilian.* (Schneider, Freimaurerei S. 211) (Zeitschr. f. Büch. N. F. 15, 1923, S. 120)

— die, v. Palmira, od. d. Schauerthaten d. Verborgenen; e. Wundergesch. aus den Zeiten der Kreuzzüge. 8. Prag, Widtmann. 800.

Ruinen, Die, von Pästum oder Posidonia in Groß-Griechenland. Wirzburg 1781. V: *Major, Thomas.* Ü: *Baumgärtner, Albrecht Hnr.* (Meyer, A., Nachr. v. d. Schriftst. in Anspach u. Bayreuth. Erlangen 1782.)

— die, von Pästum, od. Posidonia in Groß-Griechenland; aus d. Engl. v. A. H. Baumgärtner. Mit Kpf. Fol. Würzb. 781. Stahel. 11 𝒢

Ruinen, die, v. Portici. Singsp. v. Herbst. 8. Bresl. Meyer. 798.

Ruinen, Die, bey Ringenthal. [Dresd. 1808.] V: *Engelhardt, Carl Aug.* (MGT)

RUINEN aus den Sagen des Nordens. 4 (starke) Bde. Danzig, Troschel, 1800—5. 8⁰. (6 Mk. Ausrufspreis, R. Zinke's Dresdener März-Auct. 1906:)

„Von hohem Interesse zur Geschichte Preussens (Danzigs, Marienburgs, dtsch. Ordens etc.), Polens u. Russlands, mit der vorchristl. Zeit Litthauens etc. beginnend. Eine mehrhundertjähr. Chronik Russlands voll von Blutthaten, Schändungen u. sonstigen Vergewaltigungen u. Gräueln aller Art. Ungemein seltenes Werk, welches, besonders in dieser Vollständigkeit, sobald nicht wieder ausgeboten werden dürfte."

Ruinen, Die, von Schaumburg . . . Wien 1839. V: *Sartori, Franz.* (EB)

— die schwarzen, oder das unterirdische Gefängniß des Klosters Barbara Eremita. Roman von C. Hildebrandt. 2 Thle. 8. Quedlinburg, Basse. 818.

Ruinen, Die, im Schwarzwalde. Eine Arabeske. Braunschweig 1798. 2. Aufl. Leipzig 1836. V: *Klingemann, Ernst Frdr. August.* (MGT) (EE) »1791—99« (Ky)

— d., im Schwarzwalde; e. Arabeske, m. K. 2 Thle. 8. Braunschw. Schröder. 798—99. (I. 1 Rthlr. 6. II. 1 Rthlr. 10 gr.)

— die, von Tarent, ein Beytrag zur Kunde der Vorzeit und neuern Lectüre, 8. Dresden, 792. Richter. 7 sgl.

Ruinen, Die, von Tharand. Ein Beitrag zur Kunde der Vorzeit. Dresden 1793. V: *Gobel, Joh. Sam.* (EngG S. 978) (BiblPort)

Ruinen, Die, von Tarant; ein Beytrag zur Kunde der Vorzeit und neuern Lektüre. Dresden 1795. V: *Göbel, Johann Samuel.* (EngG) (ML) (MGT) (Ky) (Kläbe, Neuest. Gel. Dresden. Leipz. 1796.)

— d., v. Tarant, e. Beytr. z. Kunde d. Vorz. 8. Dresden, Gerlach. (Beger.) 795.

— die, der Teufelsburg; e. Geschichte aus d. 12n Jahrhund. 8. Sondersh. 817. Voigt in Ilmenau. 18 𝒢

— die, im Verborgenen. 8. Leipz. Schlegg. 803.

Ruinen der Vorzeit. Breslau u. Leipz. 1793. V: *Kaffka (Engelmann), Johann Christoph.* (GGr) »1790« (MGT) **nicht:** *Kahlert.* (Ky)

— der Vorzeit, (v. .. Schwarz u. Kahlert). 2 Bde. 8. Bresl. 793. W. G. Korn.

— der Vorzeit, 2 Theile, mit Kupfern, 8. Breslau, 795. W. G. Korn. 1 Rthl. 20 sgl.

Ruinen der Vorzeit. Ein illustrirtes Volksbuch für Leser aller Stände. 1. Bd. 16 Liefgn. u. 2. Bd. 24 Liefgn. Dresden 866. (Tittel.) 4. Jede Liefg. (16 S. mit 1 color. Steintaff.) 3 *ngr.* Für Sachsen Jede Liefg. 2 1/2 *ngr.*

— der Vorzeit u. Gegenwart. Mit (lith.) Abbildgn. 1. Bd. 12 Hfte. 2 u. 3. Bd. à 6 Hfte. gr. 8. (I: 288 S. m. 24 lith. Taf. II: 144 S. m. 6 lith. Taf. III: 192 S. m. 6 lith. Taf.) Löbau 851–53, Breyer. (I. 1–12: à 1/12 ℛ II. 1–6 u. III. 1–6: à 1½ ngr) 1 ℛ 18 ngr

Ruinen der Vorzeit und Gegenwart. Ein illustrirtes Volksbuch für Leser aller Stände. (In 16 Liefgn.) Dresden 864. Breyer. 4. (252 S. u. 16 color. Lithogr.) 1 ℛ 18 ngr; für Sachsen nur 1 ℛ 10 ngr.

RUINEN, Die, von Waldburg, oder die Stimme im Walde. Leipzig bei Johann Gottlob Heinrich Richter 1802. 8⁰. (21 ggr.)
Tit., 2 Bl. Zuschrift (unterz. *A. K.*) u. 314 S. — Zahm.

— die, von Waldburg. 8. Leipzig, Richter. 802. (Lauffer.)

Ruinen, Die, des Waldschlosses, eine Volkssage und vier Erzählungen ... Leipzig 1824. V (nicht): ***Brachmann, Luise von.*** (GGr X, 144, 57) (Zeitschr. f. Büch. N. F. 15, 1923, S. 120) Vgl. Ruine...

Ruines de Balbec, autrement dite Heliopolis. Avec figures. Leipsic 757. f. 32 rthl.

— de Palmyre, autrement dite Fedmor. Avec figg. Leipsic 757. f. 32 rthl.

Ruines of the Rhine, their Times and Traditions, edited by Charles White. With eight Engravings after Original Desings by Painters of the Dusseldorf school. gr. 8. Aix-la-Chapelle and Cologne 838. Kohnen. n. 3⅓ ℛ

Ruis Karl: Wielands Agathodämon.
II. 1908 PN 2569 Diss. Wien. Univ. 274

Ruisdael, Flusslandschaft m. Windmühle, s.: **Meisterbilder.**

Ruisdael, Jak. van, s.: Meisterbilder fürs deutsche Haus.

Ruisdael, Jac. van, die Mühle v. Wyk, s.: Bildkunst.

dasselbe, s.: Blätter, bunte, aus aller Welt.

— Original-Abbildungen nach seinen besten Gemälden, Handzeichngn. u. Radirgn. 1.—4. Lfg. Fol. (40 Lichtdr.-Taf. m. 2 S. Text.) Haarlem (899. 900). H. Kleinmann & Co. à Lfg. n. 12. —

— **bewegte See,** s.: **Meisterbilder.**

Der Wasserfall, s.: Blätter, bunte, aus aller Welt.

Ruiss, Jos., Pariser Canalisationswesen u. Berieselungsanlagen, s.: Reiseberichte üb. Paris.

Ruitenschild, G., de loco I. 3—12. 8maj. Leyd. 825. (Hartmann in Leipz.) 1 ℛ 9 gr

Ueber Lambertus von Aschaffenburg u. dessen Geschichten der Deutschen. Von Karl Jos. Ruith, G. P. — 1842. — S. 3—16.
Progr. Bamberg

Kurze Skizze von dem Leben und Wirken des Conrad Celtes nebst seiner Antrittsrede zu Ingolstadt. Von Carl Joseph Ruith, Stdr. u. P. — 1852. — S. 3—34.
Progr. Münnerstadt.

Ruith, Max

Ruith, M., Major und Bataillons-Commandeur. Das k. bayer. **12.** Inft.-Reg. „Prinz Arnulf". 1803—1886. Geschichtlicher Abriss für die Mannschaften des Reg. bearbeitet. 8. 1887.

Ruith, M. Das 12. Inf.-Reg. Prinz Arnulf. Für die Mannschaften des Regiments bearb. Mit 1 Portr. Ingolstadt 1887. 112 S.
— 4. Aufl. 1892.

Ruith, Max, u. Emil **Ball,** kurze Geschichte des K. B. 3. Infanterie-Regiments Prinz Karl v. Bayern. gr. 8. (VIII, VIII, 503 S. m. 1 Titelbild.) Ingolstadt 890. (A. Ganghofer.) Geb. in Leinw. 2. 60

Ruith, M., u. E. Ball. Kurze Geschichte des 3. Inf.-Reg. Prinz Karl von Bayern. Mit 1 Bldn. Augsburg 1890. 503 S.
3. Aufl. 1698–1900. Ingolstadt 1900.

Ruith, M. Der Kriegszug der Nürnberger in das Engadin unter Willibald Pirkheimer im Jahre 1499. Wien 1891. 20 S.

Ruith, M., Hauptm. Das königl. bayer. **10.** Inft.-Reg. Prinz Ludwig. (1682—1870.) **Historische Skizze zum 198.** Geburtstage desselben im Auftrage des Regiments-Commando's. 8. Ingolstadt 1880.

Ruith, M. Das 10. Inf.-Reg. Prinz Ludwig. Histor. Skz. zum 198. Geburtstage desselben. Ingolstadt 1880. 80 S.

— Das 10. Inf.-Reg. Prinz Ludwig. Histor. Skz. zur Feier des 200jähr. Bestehens des Regiments. Ingolstadt 1882. 358 S.

Ruith, Max. Kurfürst Max Emanuel v. Bayern in Augsburg. Vortrag, geh. im histor. Verein v. Schwaben u. Neuburg am 17. Jan. 1890. gr. 8. (29 S. m. Portr.) Augsb. 890, Rieger. * — 80

Ruith, M., Kurfürst Max Emanuel v. Bayern u. die Donaustädte. 4. (VIII, 316 S. m. 2 Holzschntaf.) Ingolstadt 889. Ganghofer. cart. n. 4. —; geb. n. 5. —

Ruith,
Hptm. M., der k. bayer. Militär-Max-Joseph-Orden. Kriegsgeschichtl. Skizze. Ingolstadt, A. Ganghofer'sche Buchdr., 1882. 8⁰. Eleg. blau Srsb. m. Goldtit. auf Deckel.
XI–153 S. Chronolog. Uebersicht jener Kriegsbegebenheiten, welche (laut Vorwort) bayerischen Heeresangehörigen die Gelegenheit geboten haben, sich die höchste militärische Auszeichnung zu verdienen, unter Zugrundelegung von Schrettinger's (Ordens-Archivars u. geh. Kriegsraths) am 13. Oktob. 1882 veröffentl. umfangreichem Werke über den Orden.

Ruith, M., der k. bayerische Militär-Max-Joseph-Orden. Kriegsgeschichtliche Skizze. 8. (XI, 153 S.) Ingolstadt 883. (Ganghofer.) n. 1. 20

Ruitter, Ch., und A. **Saint-Léon,** s. **Coppelia.** (Erklär. Text.)

Ruiz, Antonio, der Sprachstoff der guaranischen Grammatik. Übers. u. hier u. da erläutert v. Jul. Platzmann. gr. 8. (XX, 261 S.) Leipzig 898. [B. G. Teubner.] O. Harrassowitz. n. 20. —; erm. Pr. n.n. 12. —

Ruiz, Ipolito. Von dem officinellen Fieberrinden-Baum ... a. d. Span. Göttingen 1794. Ü: *Osiander, Friedrich Benjamin.* (KY) (MGT)

Ruiz, Hyppol., von dem officinellen Fieberrindenbaum; aus d. Span. ins Italien. u. aus dies. ins Deutsche übers. (v. F. B. Osiander). gr. 8. Götting. 794. Vandenhöck u. R. 7 gr

Ruiz, Hipolito: Verhandeling over den Radix Ratanhiae. (Dt.). Stuttgart, Wien: 1818

in: Abhandlungen über die Ratanhia.

JB 1.583

So gewinnt man Freunde (Ganar amigos). Schauspiel in 3 Akten von Don Juan **Ruiz** de Alarcón [y Mendoza]. Verdeutscht u. mit e. Vorw. versehen von Ludwig Wagler. *Halle a. d. S.: O. Hendel [1901].* (90 S.) 8° [ß.]
(Bibliothek d. Gesamtlitteratur d. In- u. Auslandes. No 1821.)

Ruiz Amado, Ramón, S. J., la maestra cristiana en su vida professional y espiritual. (VIII, 296 S. m. Titelbild.) kl. 8. Freiburg i/B. 908. Herder. 1.60; geb. in Leinw. 2.08

Ruk-Atoll [Schlagwort]

Ruk Atoll (Hogolu-Gruppe), s.: Seekarten.

Rukavina v. Liebstadt, Elias, kroatische Abänderungs- u. Abwandlungs-Formen nebst den Regeln der Aussprache u. Rechtschreibung. Ein Leitfaden f. Lehrer u. Lernende. gr. 8. (12 B.) Triest 843, (Börner.)

—— **Naputjenia za delotvorno zivljenje.** Svezak I. gr. 8. (7 B.) Triest 845, (Börner.)

—— **dramaticki prevvoddi za narodno kazaliste.** Svezak I. i II. gr. 8. (21¾ B.) Triest 843, 44, (Börner.)

Rükkehr s. Rückkehr.

Rukopis Kralodworsky, s. Handschrift, Königinhofer.

Rukopis Kralodvorský. Staročeské zpěvy hrdinské a milostné. Nově Karlem Jaromírem Erbenem dle originálu přehlednuté obrázkové vydání. Sešit I. Prag 861. Bellmann. Fol. (18 S. m. Holzschn.) n. 2 ₰ 6 ngr.

Rukopis Kralodvorský, a jiné výtecnejsie národnie spévopravné básne. Slovne i verne v póvodniem starém jazyku, s pripojeniem polského, juznoruského, illyrského, krainského, hornoluzického, nemeckého, i anglického prelozenie. Vydánie ctvrté Václava Hanky. 18. V Praze 843. (Kronberger et Rziwnatz.) n. 1⅚ ₰ Velinp. cart. n. 2⅔ ₰

Rukopis kralodvorsky, i jiné vybornéjie národnie spévopravné básne. Slovné i věrné v povodniem staném jazyku, s pripojeniem ňemeckého prěločenie. Vydánie desáté Vacesl. Hanky. 18. (140 S. m. 1 lith. Taf.) Prag 851. (Ehrlich.) n. ⅓ ₰

Rukopis kraljodvorski Sabranje vitežkih i drugih starinskih pěsamah. Prevad iz českog Ign. Bérlića. Izdanie Vecěslava Hanke. 18. (75 S. m. 1 lith. Taf.) Prag 852. (Ehrlich.) n. n. ⅙ ₰

Rukopis Kralodvorský i Zelenohorský. Zpěvopravné básně, slovně i věrně v póvodniem starém jazyku. Vydánie třináctě Vácesl. Hanky. Königinhofer und grünberger Handschrift. Sammlung lyrisch-epischer Nationalgesänge. Uebersetzt von Wencesl. Swoboda. 13. Ausg. 12. (150 S.) Prag 861, Rziwnatz.

Rukopis Kralodvorský i Zelenohorský. Zpěvopravné básně. Slovně i věrně v povodniem starém jazyku. Vydánie 12—14. Vacesl. Hanky. Prag 861—64. Rziwnatz. 16. (65 S.) n. 4 ngr.

Руководство къ геометріи для употребленія въ уѣздныхъ учил ищахъ Россійской имперіи, изданное Департаментомъ Народнаго Просвѣщенія. 8. Kiew 850, Zawadsky. n. 7 ngr.

Rul, M., vier Jahre in Gräfenberg. Zusammenstellung der hygienisch-hydropathischen Methode nach hinterlassenen Papieren des Prießnitz. Aus dem Französ. Ratibor 859. Wichura. 16. (XVI, 172 S.) 15 ngr.

Rul, M., vier Jahre in Gräfenberg. Zusammenstellung der hygienisch-hydropath. Methode nach hinterlass. Papieren des Prießnitz. Aus dem Französ. 2., unveränd. Aufl. 16. (XVI und 172 S.) Leobschütz 863, Bauer.

Rul, M., vier Jahre in Gräfenberg. Zusammenstellung der hygienisch-hydropath. Methode nach hinterlassenen Papieren des Priessnitz. Aus dem Französ. 3.—5. unveränd. (Titel-) Aufl. 16. (XVI, 172 S.) Freiwaldau 874—84, Blažek. *

Ruland, Dr. Anton. Ein kurzes Lebensbild . . . Würzburg 1874. V: *Glück.* (ADB 29, 634)

Ruland, Ant. Ein kurzes Lebensbild. gr. 8. (16 S.) Würzburg 874. Staudinger. n. — 20

Ruland, Ant., die in der Schrift des Herrn Oberbibliothekar und Direct. Dr. Karl Halm „Erlauterungen zu den Verhandlungen der bayerischen Kammer der Abgeordneten vom 10. Marz 1859, die königl. Hof- und Staatsbibliothek in Munchen betreffend" gegen die Kammerverhandlungen vom selben Tage gemachten Angriffe zurückgewiesen. Würzburg 859. (Stahel.) Lex.-8. (100 S.) n. 10 ngr.

Ruland, Ant., Zur Geschichte der alten nach Rom entführten Bibliothek zu Heidelberg. gr. 8. (48 S.) Leipzig 856, T. O. Weigel.
Aus dem 17. Jahrg. des Serapeums, besonders abgedruckt.

Ruland, Ant. (Dr. theol., kathol. Stadtpfarrer in Arnstein, Städtchen in Unterfranken). *der fränkische Clerus u. die Redemptoristen.* Denkschrift bei der beabsichtigten Einführung dieses Ordens in Franken. Mit geschichtl. Beilagen. Würzburg, Voigt & Mocker, 1846. 8°. Cart.*, unbeschn.
Tit. 1 Bl. Widm. („Carl Rutta's würdigen Zugängen"), 111 S. (incl. S. 70 ff Beilagen), 1 S. Err. (S. 77 Schluss d. Textes): „Der fränkische Clerus in seiner Mehrzahl bedarf der Redemptoristen nicht! Der fränkische Clerus in s. Mehrzahl wünscht sie nicht!"

Ruland, Dr. Ant. (k. Oberbibl. zu Würzburg), geschichtl. Nachricht uber die *ehemal. Domstiftsbibliothek zu Augsburg,* mit e. kurzen *Beschreibung der in München noch vorhandenen Handschriften* derselben. (*Steichele*, Archiv. I.) O. O. u. J. (Vorwort unterz.: Würzburg, im Nov. 1853). 8°. Cart.
142 S. (lat. Lett.) u. 2 facsim. Bll. (e. codd. mp*s bibl. reg. Monac. lat.).

—— Predigten. Hrsg. von Frdr. Leitschuh. gr. 8. (IV, IV, 300 S.) Wien 878. Braumüller. n. 4. —

Ruland, Ant., Series et vitae Professorum SS. Theologiae, qui Wirceburgi a fundata academia per divum Julium usque in ann. MDCCCXXXIV docuerunt. Ex authent. monumentis collectae. Acced. Analecta ad historiam ejusd. SS. Facultatis, in quibus antiqua divi Julii nondum edita. 8maj. (23¼ B.) Wirceburgi 835. (Norimbergae, Felssecker.)

—— **prakt. Unterricht zum erstmaligen Empfang der heil. Communion. 12. (4 B.) Würzburg 844, Stahel'sche Buchh.**

Ruland, Ant., pract. Unterricht zum erstmaligen Empfang der heil. Communion. 2. verm. Ausg. 12. (XVIII u. 147 S. m. 1 Lith.) Augsburg 849, Fahrmbacher. 7 ngr.

Ruland, Ant., practischer Unterricht zum erstmaligen Empfang der heiligen Communion. 3., vom Verf. verm. Ausg. Würzburg 866. Stahel'sche Buchh. 32. (XXVI, 233 S.) 9 ngr.

Ruland, Urteil üb. den Redemptoristen-Orden, s.: Aktenstücke, kirchliche.

Ruland, C., pestilentia in nummis, s.: Pfeiffer, L.

Ruland, C., Schwanengesang gläub. Kinder Gottes, best. in Sterbeliedern. 8. Lübben. 759.

Ruland, Carl, s. Ruland, Karl

Ruland, Eug., Jugurtha. Ein dramatisches Gemälde in drei Handlungen. Stuttgart 861. Schweizerbart. 8. (2 Bl., 198 S.) 27 ngr.

Ruland, F. A., vgl. R u h l a n d , F. A.

Ruland, F. A., geliebte Kinder-Phantasie. 8. Jena 805. Stahl. 10 gr

Ruland, Franz [aus Röttgen bei Bonn]: **Beiträge zur Kenntnis der antennalen Sinnesorgane der Insekten . . . .** (Aus: **Zeitschr. f. wiss. Zoologie. Bd. XLVI.**) Marburg, *Verl. v. Wilh. Engelmann, Leipzig,* 1888; 31 S. u. 1 Taf. 8°

Marburg, Phil. Fak., Inaug.-Diss. v. [3. Jul.] 1888

Ruland, Frdr. Wilh., Gutenberg-Album. Photogr. v. B. Erdmann. 2. verm. Aufl. Imp.-4. (XI S. u. 30 Photograph. m. 28 Bl. Text.) Mainz 872. (Diemer.) geb. m. Goldschn. n. 40. 50

Ruland, H., Deutschtum u. Franzosentum in Elsaß-Lothringen. Eine Kulturfrage. 1. u. 2. Aufl. (XI, 197 S.) 8. Colmar 908. 09. Straßburger Druckerei u. Verlagsanstalt, Filiale Colmar. 2. —

Ruland, zur Reform der Armengesetzgebung in Elsaß-Lothringen. (56 S.) gr. 8. Straßburg (906). W. Heinrich. n. 1. —

[F.] Das System der Armenpflege in Alt-Deutschland und in den Reichslanden. Von Dr. H. **Ruland,** Rechtsanw. . . . in Colmar i. E. *Leipzig: Duncker & Humblot 1896.* (4 Bl., 63 S.) 1 Bd 8.
= **Schriften** d. deutschen **Vereins** f. Armenpflege u. Wohlthät. H. 27.
[96. 8643

— Das System der Armenpflege in Alt-Deutschland und in den Reichslanden. Nebst Anhang: Nachweis der Leistungen der öffentlichen Armenpflege in Elsass-Lothringen für 1894/95. Nach amtl. Quellen aufgestellt von R. Schwander. Schriften d. Deutschen Vereins f. Armenpflege u. Wohltätigk., Heft 27. gr. 8°. Leipzig 1896.

— die wechselseit. Unterstützg. v. Reichsangehörigen in den einz. Bundesstaaten, s.: F l e i s c h m a n n , W.

Ruland, H.: Das Verbotene und das Erlaubte im Weingeschäft. Eine Erl. des Weingesetzes für Rebleute, Weinsticher, Weinhändler und Wirthe. Nebst einem Anhang enthaltend alle für das Weingeschäft im deutschen Reiche geltenden Strafbestimmungen. Colmar: Waldmeyer 1898. 41 S. -- Gei 1

RULAND, Hermann (Landshut): Uterus myomatosus mit Cysten am Corpus und in der Cervix aus Ueberresten vom Wolff'schen Gang.- München: Kastner & Lossen 1900. 48 S.
21.12.1900 - Chr 1900/01,19; Jv 1900/01,244
Diss.Ingolst.-Landsh.-Mchn.

Ruland, J., zur Erinnerung an Joseph v. Keller. Vortrag, geh. am 18. Febr. 1875 im Saale d. Bürgervereins zu Bonn. [Aus: „Köln. Volkszeitg."] gr. 8. (30 S.) Köln 875. **Bachem.** — 60

Ruland, J. N. (L.)

Ruland, J. N., das kathol. Abendmahl, d. i.: Die heil. Communion unter einer Gestalt. Zwei Predigten. 8. (2⅛ B.) Berlin 845, (Eyssenhardt'sche Buchh.)

—— das Beständige im Vergänglichen. Neujahrspredigt 1846. Gehalt. in d. St. Hedwigskirche z. Berlin. gr. 8. (1 B.) Berlin 846, (Eyssenhardt'sche Buchh.?)

Ruland, J. N. L., vollständ. Gebet- u. Andachtsbuch f. kathol. Christen. Nebst e. Vorw. v. Gr. Kloth. gr. 12. (25 B.) Münster 839, J. H. Deiters.

—— französ. Lesebuch f. höh. Töchter- u. Bürgerschulen, die unt. Klassen d. Gymnasien u. zum Selbstunter. Ein Lehr- u. Uebungsb. z. leichten u. gründl. Erlern. d. franz. Sprache. Mit Anmerkn. u. e. Wörterverzeichnisse versehen. 8. (19½ B.) Aachen 836, Hensen u. Comp.

—— französisches Lesebuch f. höhere Töchter- u. Bürgerschulen, die untern Klassen der Gymnasien u. zum Selbstunterr. Mit Anmerkgn. u. e. Wörterverzeichnisse. 2., durchges. Aufl. 12. (14½ B.) Aachen 843, Hensen u. Comp.

Ruland, J. N. L., Französisches Lesebuch f. höhere Töchter- u. Bürgerschulen die untern Klassen der Gymnasien u. z. Selbstunterricht. Ein Lehr- u. Uebungsbuch zur leichten u. gründlichen Erlernung der französ. Sprache. Mit Anmerkungen u. einem Wörterverzeichnisse. 3. verb. u. verm. Aufl. gr. 12. (VI u. 392 S.) Aachen 851, Hensen & Co. ½ Thlr.

Ruland, J. N., Der hl. Petrus u. sein jedesmaliger Nachfolger, der Papst in Rom, das sichtbare Oberhaupt der kath. Kirche. Münster, Theissing, 1845, gr. 8°, 40 S.

Heft 2 aus: Die kath. Kirche verteidigt gegen d. Angriffe d. Gegner. Eine Sammlung zeitgem. Schriften. Das.

—— U über die Reliquien-Verehrung bleibt ein U. Von M. St....r. 8. (1 B.) Berlin 845, (Eyssenhardt'sche Buchh.?)

Ruland, J. N., Die kath. Verehrung der Heiligen, die Anrufung derselben, nebst der Verehrung der Reliquien u. Bilder u. Herr Pastor Dr. Liebetrut. Berlin, Eyssenhardt 1845, gr. 8°, 75 Pf.

Vgl. Fr. Liebetrut, Über die Verehrung der Heiligen, Reliquien u. Bilder. Zur Verständigung u. mit Beziehung auf die Predigt des Kaplan Ruland in Berlin. Berlin 1845, 8°.

Ruland, J. N., von der Verehrung der Reliquien im Allgemeinen u. der des heil. Rockes zu Trier insbesondere. Predigt. Als Beigabe zwei Anhänge. 4. Aufl. 8. (1¾ B.) Berlin 845, (Eyssenhardt'sche Buchh.?) Thlr. *

—— X für ein U. Beleuchtung der Predigt über die Verehrung der Reliquien. gr. 8. (1 B.) Berlin 845, Gust. Bethge.

—— was wird uns das neue Jahr wohl bringen? Neujahrspredigt 1845. 2. Aufl. 8. (1 B.) Berlin, (Eyssenhardt'sche Buchh.?)

Ruland, J. Kaplan zu St. Hedwig. Einige Worte zur Einsegnung der in der Nacht vom 18. zum 19. März 1848 gefallenen Bürger gesprochen. Literarisches Institut. 1 Bl. 8.
Flugblatt. Berlin, 22. März 1848.

Ruland, Jacob [prakt. Arzt aus Bonn]: **Aus d. Univ.-Klinik f. Syphilis u. Hautkrankheiten zu Bonn. Ueber Oleum Cinereum (Lang'sches Oel) seine Anwendung und Wirkung bei Syphilis . . . .** Bonn, Buchdr. Jos. Bach Wwe., 1888; 2 Bl. + 39 + 1 S. 8°
Bonn, Med. Fak., Inaug.-Diss. v. 1. Aug. 1888

Ruland, Ignaz

—— das wunderthätige Gnaden-Bildlein der schmerzhaften Mutter Gottes zu Buchen im Frankenlande. Eine Sage im Volke. 8. (66 S. und 1 Stahlst.) Würzburg 847. [Leipzig, Rein'sche Buchh.]

— das wunderthätige Gnaden-Bildlein der schmerzhaften Mutter Gottes zu Buchen im Frankenlande. Eine Sage im Volke. Mit 1 Stahlst. 8. (66 S.) Würzburg 847, Voigt & Mocker. 6 ngl

—— Gottvertrauen, oder: Maria und die Marquise von Ferrare. Kathol. Erzählung. 8. (156 S. und 1 Stahlst.) Regensburg 847, Manz.

Ruland, Ign., das Crucifix in der Gruft der Stifts-Kirche zum neuen Münster in Würzburg. Eine katholische Sage. Mit 1 Stahlst. 8. (234 S.) Regensburg 850, Manz. ⅜ Thlr.

Ruland, Joh. Albrecht (Essen)
Dissertatio inauguralis juridica de differentiis quibusdam mandatorum sine et cum clausula.
Giessae Oct. 1737: E. H. Lammers. 16 S. 4°

Ruland, Johann Arnold (Essen) A. S. 570/29a

Dissertatio inauguralis juridica de inutilitate Brocardici: quod sententia debeat esse conformis libello. Giessen (Lammers) X. 1737. 22 S. 29499

Ruland, Joh. Max., Volkssagenbuch der fränkischen Lande. Würzburg 1854. 8.

Ruland, Joseph naevus verrucosus pilosus. Diss. Würzburg 1887, Stahelsche Univ.-Buchh. 8°. 25 S.

Ruland, Jos. Realienbuch, enth. Naturgeschichte, Naturlehre, Geographie u. Geschichte. Mit 27 Illustr. 8. (150 S.) Passau 889, Abt. cart. ** — 75

Ruland, Jos., Rindviehzucht, bearb. für Feiertags- und Fortbildungsschulen, sowie für Freunde der Landwirthschaft. 8. (12 S.) Passau 888, Abt.

Ruland, Carl, Anleitung z. Militär-Styl f. die k. bayerische Landwehr, in prakt. Beispielen erläutert. 12. (2⅝ B.) München 844, Franz.

Ruland, K. Anleitung zum Militär-Stil für die bayer. Landwehr. München 1844. 68 S.

Ruland, C., die Apostelköpfe zu Leonardo da Vinci's Abendmahl, s.: Leonardo da Vinci.

Ruland, Carl, die neuen Elemente, die das Christenthum in das Erziehungs- u. Unterrichtswesen eingeführt hat. [Aus: Repertorium der pädagogischen Journalistik u. Literatur.] München 865. L. Finsterlin. gr. 8. (19 S.) 4 ngr.

Ruland, Karl (Hrsg.), s. Goethe-National-Museum, Aus dem.

Ruland, Carl, aus dem Goethe-National-Museum, s. a. Schriften d. Goethe-Gesellschaft.

— d. Goethe-Nationalmuseum zu Weimar. [Aus: „Jahrbb. d. kgl. Akad. gemeinnütz. Wiss. zu Erfurt".] gr. 8. (27 S.) Erfurt 898. C. Villaret. n. — 50

Ruland, Carl, das Goethe-Nationalmuseum zu Weimar. 2. u. Aufl. 8. (à 32 S.) Erfurt (899. 901). C. Villaret. n. — 50

Zweiundzwanzig Handzeichnungen von Goethe. 1810. Im Auftrage des Vorstandes der Goethe-Gesellschaft herausgegeben von CARL RULAND Weimar 1888. Verlag der Goethe-Gesellschaft. gr. 4°.

Ruland, Karl. Die Hohenzollern in ihrer Fürsorge f. ihr Land u. Volk. gr. 8. (VIII, 289 S.) Köln 892, Du Mont-Schauberg. * 3 20 geb. ** 4 20

— 140 Jahre weimar. Geschichte, s.: Bojanowski, P. v.

— Der Lokalschulinspektor im Reg.-Bez. Düsseldorf. Eine Zusammenstellg. der das Amt desselben betr. Verordngn. gr. 8. (24 S.) Düsseld. 891, Schwann. ** — 75

Ruland, C., die Luther-Ausstellung d. großherzogl. Museums zu Weimar. Mit Beiträgen d. Sachsen-Ernestin. Gesammt-Archivs, der großherzogl. Bibliothek u. a. zusammengestellt. Portraits — Medaillen — Handschriften — Erste Drucke — Moderne Darstellungen. gr. 8. (VIII, 52 S. m. Portr. Luthers.) Weimar 883. Böhlau. n. 1. 60

Ruland, C., Radierungen Weimarischer Künstler. I. u. II. Heft. gr. 8. Weimar, H. Böhlau's Nachf. à n. 1. —
I. Die Radierungen Friedrich Prellers. Zum 100. Geburtstage, 25. IV. 1904. (36 S.) 904.
II. Die Radiergn. Carl Hummels. Zur diamantenen Hochzeit 14. VIII. 1905. (IX, 28 S.) 905.

Ruland, Karl (Bearb.), s. Ruland, Nikolaus: Ausführl. Auflösung der in Dr. Ed. Heis' Sammlg. v. Beispielen enthaltenen Aufgaben.

Ruland, C., s. Schätze, die, des Goethe-National-Museums in Weimar.

— s. Schriften der Goethe-Gesellschaft.

Ruland, Ludwig, Priester d. Erzdiöc. München u. Freising u. z. Z. III. Präfekt im Freiherrl. von Aufsees'schen Studiensem. zu Bamberg: Die Geschichte der kirchlichen Leichenfeier. Regensburg: Manz 1901. VIII, 301 S. 8° ¶ (Gekr. Preisschr. 1896. Ersch. ursprüngl. als Buch.)
München, Theol. Diss. v. 9. Jan. 1909, Ref. Bardenhewer
(Nur in beschränkter Anzahl für den Austausch)
[Geb. 16. Sept. 73 München; Wohnort: Gr.-Lichterfelde; Staatsangeh.: Bayern; Vorbildung: Wilhelms-Gymn. München Reife Juli 92; Studium: Phil. Freising Lyz. 2, Theol. München 8 S.; Rig. 9. Jan. 09.] [U 09. 3246

Die Leichenverbrennung vom Standpunkt der christlichen Weltanschauung. Von Dr. theol. Ludwig Ruland. Köln: Bachem 1910. 20 S. 8° [11. 3489

— Das Vater unser. 7 Fastenpredigten. (IV, 90 S.) 8. Breslau 910. G. P. Aderholz. 1. 20

Ruland, Max: Neue Conversationsgespräche ... s. Rulander.

Ruland, Mich. Joseph. (geb. Rheinbach 19. 9. 1827): De inflexionibus uteri. Berolini (1853). (26 S.) 8°
Berlin, Med. Diss. v. 21. März 1853

Ruland, Nikolaus

Ruland, N., Auflösungen der in Dr. Ed. Heis' Sammlung von Beispielen rc. enthaltenen Gleichungen des ersten und zweiten Grades nebst den diophantischen Gleichungen. Zum Selbstunterricht bestimmt. Bonn 859. Henry & Cohen. (Cohen & Sohn.) gr. 8. (VI, 452 S. m. Holzschn.) 1 ₰ 18 ngr.

Ruland, N., praktische Anleitung zum gründlichen Unterricht in der Algebra. Ausführliche Auflösung der in Dr. Ed. Heis' Sammlung von Beispielen enthaltenen Gleichungen u. Progressionen. Zum Selbstunterricht bestimmt. 2., verb. u. verm. Aufl. Bonn 866. Cohen & Sohn. gr. 8. (VIII, 611 S.) 1 ₰ 18 ngr.

— praktische Anleitung zum gründlichen Unterricht in der Buchstabenrechnung. Ausführliche Auflösung der in Dr. E. Heis' Sammlung von Beispielen enthalt. Aufgaben aus der allgemeinen Arithmetik und Algebra. Zum Selbstunterricht bestimmt. gr. 8. (XI und 418 S.) Bonn 867, Cohen und Sohn.

Ruland, N., praktische Anleitung zum gründlichen Unterricht in der Buchstabenrechnung. Ausführliche Auflösung der in Dr. Ed. Heis' Sammlung von Beispielen enthaltenen Aufgaben. 2 Thle. gr. 8. Bonn, Cohen und Sohn. * 12 50
Inhalt:
Thl. 1. Die allgemeine Arithmetik und Algebra. Zum Selbstunterricht bestimmt. 2. Aufl. (X, 439 S.) 872. ℳ 4,50., und 3. verb. und verm. Aufl. (X, 496 S.) 874. *ℳ 5,50.
" 2. Die Gleichungen und Progressionen. Zum Selbstunterricht bestimmt. 3. verb. und verm. Aufl. (VIII, 610 S.) 873. *ℳ 6., und 4. verb. Aufl. (VIII, 612 S.) 875. *ℳ 7.

Ruland, N., praktische Anleitung zum gründlichen Unterricht in der Buchstabenrechnung. Ausführliche Auflösung der in Ed. Heis' Sammlung von Beispielen enthaltenen Aufgaben. 1. Thl. Die allgemeine Arithmetik u. Algebra. Zum Selbstunterricht bestimmt. 4., verb. Aufl. gr. 8. (X, 503 S.) Bonn 878. Cohen & Sohn. n. 5. 50

— praktische Anleitung zum gründlichen Unterricht in der Algebra. Ausführliche Auflösung der in Ed Heis' Sammlung von Beispielen enthaltenen Aufgaben. 2. Thl. Die Gleichungen u. Progressionen. Zum Selbstunterricht bestimmt. 5., verb. u. verm. Aufl. gr. 8. (VIII, 603 S.) Ebend. 879. n. 7. —

— praktische Anleitung zum gründlichen Unterricht in der höhern Mathematik. Ausführliche Auflösung der in Ed. Heis' Sammlung von Beispielen enth. Aufgaben. 3. Thl. Kettenbrüche, Theilbruchreihen, Combinationen, binom. u. polynom. Lehrsatz, figurirte Zahlen, Wahrscheinlichkeits-Rechnungen, Gleichungen von höhern Graden u. transcendente Gleichungen &c. Zum Selbstunterricht bestimmt. Mit 50 (eingedr.) Holzschn. gr. 8. (VIII, 524 S.) Ebend. 880. n. 6. —

Ausführliche Auflösung der in Dr. E. Heis' Sammlung von Beispielen u.s.w. enthaltenen Aufgaben. Zum Selbstunterr. bestimmt von N[ikolaus] **Ruland**. Th. 1–3. Bonn: M. Cohen & Sohn 1887–1905. 3 Bde 8° [F.]

1. Prakt. Anleitung z. gründl. Unterr. in d. Buchstabenrechnung. Die allgem. Arithmetik u. Algebra. 6., verb. Aufl. bearb. von Dr. Karl Ruland, Kreis-Schulinsp. 1895.
2. Prakt. Anleitung z. gründl. Unterr. in d. Algebra. Die Gleichungen u. Progressionen. 6., verb. Aufl. bearb. von Dr. Karl Ruland, Kreis-Schulinsp. 1887.
3. Prakt. Anleitung z. gründl. Unterr. in d. höh. Math. Kettenbrüche, Teilbruchreihen ... (Hrsg.: Karl Ruland, Amtsger.R.) 2., verb. Aufl. 1905. [05. 9350

Ruland, N., praktische Anleitung zum gründlichen Unterricht in der Buchstabenrechnung. Ausführliche Auflösung der in Dr. Ed. Heis' Sammlung von Beispielen enthaltenen Aufgaben. 1. und 2. Thl. gr. 8. Bonn, Cohen und Sohn. *

Inhalt:

Thl. 1. Die allgemeine Arithmetik und Algebra. Zum Selbstunterricht bestimmt. 5. verb. Aufl. (X, 504 S.) 885. *ℳ 6.—.

„ 2. Die Gleichungen und Progressionen. Zum Selbstunterricht bestimmt. 6. verb. Aufl., bearb. von Karl Ruland. (VIII, 592 S.) 887. *ℳ 7.—.

Ruland, N., prakt. Anleitg. z. gründl. Unterricht in der Buchstabenrechnung. Ausführl. Auflösg. d. in E. Heis' Sammlg. v. Beispielen u. s. w. enthaltenen Aufgaben. 1. u. 2. Tl. Zum Selbstunterr. bestimmt. Bearb. v. Karl Ruland. gr. 8. Bonn, F. Cohen. n. 13. —

1. D. allgem. Arithmetik u. Algebra. 6., verb. Aufl. (XII, 458 S.) 895. n. 6. —
2. Die Gleichgn. u. Progressionen. 7., verb. Aufl. (VIII, 571 S.) 898. n. 7. —

[F.] Praktische Anleitung zum gründl. Unterricht in d. Algebra. Ausführl. Auflösg der in Dr. E. Heis' Sammlg v. Beispielen u. s. w. enthalt. Aufgaben. Zum Selbstunterr. bestimmt v. N[icolaus] **Ruland**. 7. verb. Aufl. bearb. v. Schulrat Dr. Karl Ruland ... T. II. *Bonn: F. Cohen 1898.* 8. [98. 2505 IIo

Ruland, N., praktische Anleitung zum gründlichen Unterricht in der Buchstabenrechnung. Ausführliche Auflösg. der in Dr. E. Heis' Sammlg. v. Beispielen u. s. w. enthaltenen Aufgaben. 1.—3. Tl. gr. 8. Bonn, F. Cohen. n. 19. —

1. Die allgemeine Arithmetik u. Algebra. Zum Selbstunterricht bestimmt. 7., verb. Aufl., bearb. v. Karl Ruland. (XII, 467 S.) 904. n. 6. —
2. Die Gleichgn. u. Progressionen. Zum Selbstunterricht bestimmt. 8. verb. Aufl. (VI, 473 S.) 906. n. 7. —
3. Kettenbrüche, Teilbruchreihen, Permutationen, Kombinationen, Variationen, Wahrscheinlichkeitsrechng., binom. u. polynom. Lehrsatz, figurierte Zahlen-Gleichgn. v. höh. Graden, transzendente Gleichgn., Anwendg. der Algebra auf Aufgaben aus der Geometrie, Physik u. Astronomie. Zum Selbstunterrichte bestimmt. 2., verb. Aufl. (VIII, 481 S. m. Fig.) 905. n. 6. —

Praktische Anleitung zum gründlichen Unterrichte in der Algebra. Ausführl. Auflösung der in Dr. Ed. Heis' Sammlung von Beispielen usw. enth. Aufgaben. Zum Selbstunterr. bestimmt von N[ikolaus] **Ruland**. 8. Aufl. T. 2. (Hrsg.: Karl Ruland, Amtsger.R. in Straßburg i. E.) Bonn: F. Cohen 1906. 8° [F.] [06. 18934

Ruland, Ott, Handlungsbuch, s. Bibliothek des litterarischen Vereins in Stuttgart, Bd. 1.

Ruland, Otto. Handlungsbuch. Stuttg. 1843. H: *Hassler, Conr. Dietr. & Freimund Pfeiffer.* (AarK)

Ruland, Rütger, de commissariis et commissionibus. S. R. Imp. fol. Frcf. Andreae. 724.

— allz. fert. Procurator u. Advocat. Frft. 735.

Ruland, Thomas August

Ruland, Thom. Aug., medicin.-psycholog. Betracht. über die Gemüthskrankheiten u. den Einfluß d. Gemüths auf d. menschl. Körper. 8. Würzb. 803. (Stein in Nürnb.) 6 gl.

Ruland, T. A., Betracht. üb. d. Gemüthskrankh. 8. Würzb. Rienner. (a. Stein in Nürnb.) 803.

— von dem Einflusse der Staatsarzneikunde auf d. Staatsverwaltung. gr. 8. Rudolst. 805. (Hildebrandt in Arnst.) 2 ₰

Ruland, Thomas August: Von dem Einflusse der Staatsarzneykunde auf die Staatsverwaltung. Nebst einem Entwurfe der Staatsarzneykunde. 510 S., gbd.

Rudolstadt: Klüger 1806

— s. F. K. Hesselbach, Disquisitiones.

— commentatio inaug. medica de viribus animi in corpus humanum. 8. Würzb. 800.

Ruland, Wilh., Adler u. Doppelaar. Heroldsrufe. 8. (26 S.) Weimar 892. H. Weißbach. n. — 50

Ruland, Wilhelm: Kleist's Amphitryon. Litterarhistor. Untersuchg ... Berlin, Druck v. J. Harrwitz Nachf., 1897; 89 S., 1 Bl. 8.
Rostock, Phil. Fak., Inaug.-Diss. v. [14. Nov.] 1896

[F.] Aennchen von Godesberg. E. Rheinlands-Sang aus unseren Tagen v. Wilhelm **Ruland**. *Coblenz: W. Groos 1896.* (152 S.) 1 Bd 8. [96. 4057

Ruland, Wilh., Aennchen v. Godesberg, e. Rheinlands-Sang aus uns. Tagen. (2. Aufl.) 12. (157 S. m. Bildn. u. Ornamenten.) Coblenz 897. W. Groos. 1. 20; kart. 1. 50; geb. in Leinw. m. Goldschn. 2. 50

Aennchen von Godesberg, ein Rheinlands-Sang aus unseren Tagen von Wilhelm **Ruland**. (3. Aufl.) *Coblenz & Leipzig: W. Groos 1900.* (156 S.) 8° [F.] [01. 6882 5

Ruland, Wilh., Aennchen v. Godesberg, e. Rheinlandsang aus unseren Tagen. Mit Buchschmuck v. Gertr. Schubring. (1. illustr. Aufl. [4. Gesamtaufl.]) (167 S.) kl. 8. Halle (905). [Gebauer-Schwetschke.] Köln, Hoursch & Bechstedt. Kart. 3. —; erm. Pr. 2. —

Athalia. Biblisches Schauspiel nach Racine von Dr. Wilhelm **Ruland**. *Paderborn: B. Kleine [1903].* (52 S.) 8° [F.]
— Theater, Kleines. H. 335. [04. 3481

[F.] Über musikalische Erziehung. Von Dr. Wilhelm **Ruland**, Herzogl. bayer. Erzieher in München ... *Bielefeld: A. Helmich [1898].* (403 S.) 1 Bd 8.
— Abhandlungen, Pädagogische. N. F. Bd III. H. 6. [99. 1103

Ruland, Wilh., Friedhof-Rosen. 12. (XIII, 144 S.) Leipzig 898. Aug. Neumann. n. 1. 80; geb. in Celluloid n. 3. —; m. Goldschn. n. 3. 20

Ruland, Wilh., Geschichte der Bulgaren. (79 S.) gr. 8. Berlin 911. K. Siegismund. 2.—; geb. in Leinw. 3. —

Ruland, Wilhelm. Habsburger-Chronik, hrg. von W' R'. II + X + 184 S. 8. Freiburg im Breisgau und Wien, Herder, (1908). [M. 2. —, geb. 3. —]
(Sammelwerk ... patriotischer Dichtung ... zeitgenössischer Autoren, [hrg. im Hinblick auf] das sechzigjährige Regierungsjubiläum des österreichischen Kaisers.)

... s. a. Habsburger-Chronik.

Die Handelsbilanz. E. volkswirtschaftl. Untersuchg v. Dr. W. **Ruland**. M. e. Vorw. v. Dr. H[ans] v. Scheel, ... Dir. d. Kais. Statist. Amtes zu Berlin. *Berlin: O. Liebmann 1897.* (85 S.) 1 Bd 8. [97. 3304

Himmel und Erde. Dichtungen von Wilhelm **Ruland** u. Laurenz Kiesgen. Leipzig: R. Claußner 1893. (111 S.) 8° [F.] [97. 8767

— Kinderlieder. Illustriert v. Loth. Meggendorfer. (V, 51 S.) 31×23,5 cm. Neurode (907). Verlags-Anstalt Dr. E. Rose. Geb. 3. —

Der Konkurrent. Lustspiel in 1 Aufz. von Wilhelm **Ruland**. *Paderborn: B. Kleine [1901].* (24 S.) 8°. [F.]
— **Theater**, Kleines. H. 292. [03. 9030

— Kreuth, e. bayer. Hochlandjuwel. Nach älteren Quellen. Mit 20 photograph. Aufnahmen J. K. H. der Herzogin Carl Theodor in Bayern. (IX, 111 S.) kl. 8. München (904). J. Roth. n. 1. 50

— légendes du Rhin. 12. (63 S.) Stuttgart 894. J. Roth. n. 1. 20

— legends of the Rhine. Translated by H. Ford. Preface by Lord Avebury. 12. (XIII, 392 S.) Köln 900. F. Heyn. 2. 50; geb. in Leinw. 3. 50

Legends of the Rhine [Rheinisches Sagenbuch]. By Wilhelm **Ruland**. 2nd improved an[d] enlarged English Ed. Cologne: Hoursch & Bechstedt [1906]. (XII, 419 S.) 8° [07. 10041

Legends of the Rhine [Rheinisches Sagenbuch]. By Wilhelm **Ruland**. With Ill. from Paintings by celebrated Artists. Cologne: Hoursch & Bechstedt (1906). (XII, 419 S.) 8° [F.] [08. 16070

— zwölf Mariensagen. 12. (48 S.) München 897. M. Kellerer. Geb in Leinw. n. 1. 80

Max von Mexiko. Lieder-Cyclus von Wilhelm **Ruland**. Stuttgart: Roth 1893. 43 S. 8° [09. 11169

— der Mönch v. St. Georgenberg, s.: Theater, kleines.

— s.: **Monographien der Balkanstaaten.**

— Nordlandslieder. gr. 8. (46 S.) Berlin 898. A. Schall. n. 1. 50

Ruland, Wilh. Novellen. (Des Herzens Wellenschlag. Die Kaiserstochter.) 8. (155 S.) Lpz. 892, Lesimple. * 1 25; geb. * 2 —

— Palmenfahrten. (76 S.) gr. 8. Leipzig (909). E. H. Mayer. 1. —

— pro Patria! Nationale Dichtg. gr. 8. (76 S.) Stuttgart 893. J. Roth. n. 1. —

— Riviera-Skizzen. 8. (144 S.) Glarus 896. Schweizer Verlags-Anstalt. n. 2. —

— rheinisches Sagenbuch. 12. (VI, 402 S.) Köln 896. F. Heyn. Kart. 3. —; geb. in Leinw. m. Goldschn. 4. —

Rheinisches Sagenbuch. Von Wilhelm **Ruland**. [3. Aufl.] Neuer Abdr. Mit Ill. nach Gemälden berühmter Maler. Köln a. Rh.: Hoursch & Bechstedt [1905]. (VIII, 445 S.) 8° [F.]
[Umschlagt.:] Wilh. Ruland: Rheinsagen. [08. 16069

Rheinisches Sagenbuch. Von Wilhelm **Ruland**. 4. Aufl. Köln a. Rh.: Hoursch & Bechstedt [1906]. (X, 445 S.) 8° [F.]
[Umschlagt.:] W. Ruland. Rheinsagen. [07. 10040

Saul. Biblisches Drama in 3 Aufz. von Dr. Wilhelm **Ruland**. *Paderborn: B. Kleine [1901].* (67 S.) 8° [F.]
— **Theater**, Kleines. H. 317. [03. 9054

Ruland, Wilhelm [aus Bonn]: **Aus d. Bonner chirurg. Klinik. Zur Statistik der Schleimhautcarcinome des Gesichts... Bonn, Druck v. L. Hünewinkel & C., 1892; 29 S., 1 Bl. 8.**
Bonn, Med. Fak., Inaug.-Diss. v. [26. Febr.] 1892

— Tausendundeine Weisheit, gesammelt. (X, 252 S.) 16. Ebd. 907. Geb. 3. —

[**Ruland**, Wilhelm:] Wilhelm II. als Erzieher. Von e. Deutschen. (Berlin: E. Rentzel) [1895]. (27 S.) 8°

Rüland, Johannes, aus Strass: **Aus d. chirurg. Klinik d. Universität Bonn. Ueber traumatische Spondylitis.** *Bonn 1899: K. Drobnig.* (39 S.) 8°
Bonn, Med. Diss. v. [26. Mai] 1900

Rulander (Rulandi), Max

Ruland, Max., neue Conversationsgespr. b. Verlöbniß. rc., n. e. Briefst. u. Titularb. 8. Frft. 724.

RULANDER (oder RULANDI). Einige auserlesene Neue und recht Curiöse Conversations-Gespräche, Sonderlich bey Verlöbnissen, Hochzeiten, Kind-Tauffen, Begräbnissen und andern vorfallenden Begebenheiten, Wie auch Ein allzeit-fertiger Brief-Steller, So wohl Für Hohe, als niedrige Personen, nach heutigen gewöhnlichem Stylo . . . Bey dieser neuen Auflage mit unterschiedlichen Briefen vermehret und ordentlicher verfasset, Und mit einem Neuen Frantzösischen und Teutschen Titular-Büchlein versehen, von Rulandi. Frankfurt & Leipzig, H. Ph. Ritschel, 1725. Kl. 8°. *Zweiteiliges Titelkupfer (2 Schreiberstuben zeigend), Brühl sc.*, 2 Bl. 120 S. 1 Bl.; 90 S. 3 Bl. Titel in rot und schwarz. Leicht beschädigter und bestoßener HLdbd. d. Z.
H.-C. VI. 572 zitiert nach Wellers Lex. Pseud. (ohne Auflösung des Pseudonyms) eine Ausgabe von 1724 mit ähnlichem Titel.

Rule Britannia, mit e. neuen Verdeutschung. gr. 8. Lüneb. 816. Herold u. W. 2 ℛ

Rule, Alexander, a. Southport ⟨England⟩: **Über Abkömmlinge des Biscyclopentadiens. Ein Beitrag zur Polymerisation ungesättigter Kohlenwasserstoffe. Jena 1904: A. Kämpfe.** (38 S.) 8°
Jena, Phil. Fak., Ref. Knorr, Diss. v. 2. Aug. 1904
[Geb. 15. Aug. 80 Liverpool (England); Wohnort: Southport; Staatsangeh.: England; Vorbildung: „Merchant Taylors School" in Crosby (England) Univ. Coll. Liverpool Reife 97; Studium: Jena 4 S.; Rig. 2. Aug. 04.]

Rulemann, Th. (Hrsg.), s. Sportbuch, Das große illustrierte.

Rules and Bye-Laws of the Anglo-American Boating Club Zurich. Zur.. printed by Orell, Füssli & Co. 1871. 7 pp. 12.

Germanischer Lloyd. **Rules** for the classification, building, and equipment of steel sea-going vessels 1908. Rostock 1908: Adlers Erben. (XLVII, 268 S.) 4°(8°) [08. 10378

Rules, the four first, of arithmetic. 1. part. 3. ed. (In chines. Sprache.) 8. (44 S.) Basel 899. (Missionsbuchh.) n. — 60

Rules and orders of the German Soc of NY, established the 9th of Oct, 1784. NY, 1799.

Rules and regulations of the North-american federation of the international workingmen's association (englisch u. deutsch). 1872.

York-Antwerp rules 1890. Grundsätze der großen Havarie, angenommen von dem Kongreß der Gesellschaft für die Reform und Kodifikation des Völkerrechts zu Liverpool 1890.
Deutsche und englische Ausgabe. 4. Auflage. Hamburg 1903.

York and Antwerp Rules 1890 im Originaltext nebst deutscher und französischer Übersetzung, herausg. vom Internationalen Transportversicherungs-Verband. Berlin 1891.

Rulf, Friedrich, *Dr., ord. Prof. der Rechte an der k. k. Univ. zu Lemberg.* Erläuterung der kais. Verordnung vom 3. Mai 1858 (Nr. 68 des R.-G.-Bl.), wodurch die Strafprocess-Ordnung in einigen Puncten abgeändert wird. Mit Nachträgen zu dem Commentar der Process-Ordnung. *Wien* 1858. Druck u. Verl. von *Friedr. Manz.* 58 S. 8°. 36 kr. CM.

Rulf, Dr. Friedrich —. Erläuterungen zur österreichischen Strafprozeßordnung vom 29. Juli 1853. Von — —. 4. (116 S.) Preßburg. Lithographie von C. F. Wigand. 1854.

Rulf, F., Kaiser Josef II., der Reformator des Strafrechtes in Oesterreich, s.: Sammlung gemeinnütziger Vorträge.

Rulf, Friedr., Commentar zur Strafprozeßordnung für das Kaiserthum Oesterreich vom 29. Juli 1853. (In 2 Bdn.) 1. Bd. gr. 8. (IV und 348 S.) Wien 856(57,) Manz.

Rulf, Friedr., Commentar zur Strafprozeßordnung für das Kaiserthum Oesterreich vom 29. Juli 1853. 2. Bd. (Schluß.) gr. 8. (III und 397 S.) Wien 857, F. Manz.

Rulf, F., Maria Theresia u. die österreichische Volksschule, s.: Sammlung gemeinnütziger Vorträge.

Rulf, Frdr., die Praxis des österreichischen Strafprocesses. Nachträge u. Ergänzungen zu der österreich. Strafproceßordnung vom 23. Mai 1873 erläutert. gr. 8. (IV, 195 S.) Wien 878. Manz. n. 3. —

Rulf, Frdr., Rechtsfälle ohne Entscheidungen aus dem österreichischen Strafprocesse. Zum akadem. Gebrauch gesammelt u. hrsg. gr. 8. (IV, 108 S.) Wien 876. Manz. n. 1. 60

— der österreichische Strafproceß, unter Berücksicht. der Rechtsprechung des Cassationshofes systematisch dargestellt. 8. (VIII, 258 S.) Prag 884, Tempsky. — Leipzig, Freytag.

Rulf, Friedr., der österreichische Strafproceß, unter Berücksicht. der Rechtsprechung des Cassationshofes systematisch dargestellt. 2. durchgeseh. Aufl. gr. 8. (VIII, 348 S.) Wien und Prag 888, Tempsky. — Leipzig, Freytag. *
geb. **

Rulf, Frdr., d. österreichische Strafprocess, unt. Berücksicht. d. Rechtsprechg. d. Cassationshofes systemat. dargestellt. 3., durchgeseh. Aufl. gr. 8. (VII, 260 S.) Wien u. Prag 896. F. Tempsky. — Leipzig, G. Freytag. n. 5. —

Rulf, Friedr., die österreichische Strafproceßordnung vom 23. Mai 1873 erläutert. 1. Aufl. 1873, und 2. verm. Aufl. gr. 8. (XII, 519 S.) Wien 874, Manz. * 7 20

Rulf, Frdr., das österreichische Strafrecht, s.: Janka, Karl.

— Strafrechtsfälle ohne Entscheidungen. Zum akadem. Gebrauche u. zur Vorbereitg. f. Prüfgn. aus dem Strafrecht. gr. 8. (IV, 116 S.) Ebend. 874. n. 2. —

Rulf, Jur. Dr. Friedrich —. Vorlesungen über das österreichische Strafrecht, gehalten an der k. k. Rechtsakademie zu Preßburg von — —. 4. (144 S.) Preßburg. Lithographie von C. F. Wigand. 1854.

Rulf, G., und A. Mueller, Deutschland nach einem Relief von C. Raaz. 14. Aufl. 1 : 134,500. 12 Bl. Fol. Weimar [Leipzig] 875, Photolithogr. Institut. * 9 —
aufgez. in Mappe ** ℳ 16.; mit Rollen ** 16 50

— Wandkarte von Deutschland. Photo-Lithographie nach einem Relief. Maassstab 1:1034500. Berlin, Grieben, 1866. 12 Bll. Fol.
Mit Angabe der Eisenbahnen.

Rulf, J. W., Gedanken über die schöne Baukunst, in Hinsicht der Art u. Weise, wie der junge Baukünstler sich die Regeln des guten Geschmacks aus den Werken der Alten eigen machen u. die Fehler unserer Zeit vermeiden kann. gr. 8. Prag 829. (Enobloch in Leipz.) 15 gr (G. Haase, Söhne in Prag). 14 gr

Rulf, Paul: Über das Verhalten der Gerbsäure bei der Keimung der Pflanzen. Halle a. S. 1884: Gebauer-Schwetschke. 31 S. 8°
Halle-Wittenberg, Phil. Diss. v. [25. Apr.] 1884
Geb. Brandenburg a. d. H. 15. 10. 1861. V.
Im Buchhandel Halle: Tausch & Grosse 1884. 31 S. — Aus: Zeitschrift f. Naturwissenschaften. Bd 57. Halle a. S. 1884. S. 40—66.

Rulf, Wilh. Elemente der projectivischen Geometrie. Auf Grund neuer, v. Carl Küpper herrühr. Definitionen u. Beweise leicht fasslich zusammengestellt. Mit vielen in den Text eingedr. Holzschn. gr. 8. (VIII, 96 S.) Halle 889, Nebert. 2 50

Rulf W.: Elementare Lösungen von Parabel-Aufgaben. (5.) Pilsen R. 80. **Progr.**

Rulf W.: Die Apollonischen Probleme für ähnliche Ellipsen (4) und — Beitrag zur Theorie der Kegelschnitte. (4.) Pilsen R. 80. **Progr.**

Rülf, Benno: Der Reguliervorgang bei Dampfmaschinen. 1902. 15 S. 4° ¶ Vollst. bei Springer in Berlin; aus: Zeitschrift d. Vereines deutscher Ingenieure. Bd 46, Halbj. 2.
Berlin, Dr.-Ing.-Diss. v. 24. 1. 1902

Rülf, Benno, der Reguliervorgang bei Dampfmaschinen. gr. 8. (59 S. m. 15 Fig. u. 3 Diagr.-Taf.) Berlin 902. J. Springer. n. 2. —

Rülf, G., Einiges aus der ersten Zeit u. üb. den Stifter der Jacobson-Schule in Seesen. gr. 8. (41 S.) Braunschweig 890. B. Goeritz. n. — 70

Rülf, Gutmann

Rülf, G., zur Lautlehre der aramäisch-talmudischen Dialecte. I. Die Kehllaute. gr. 8. (55 S.) Leipzig 879. Hinrichs' Verl. n. 1. 60

Rülf, J., Aruchuras Bas-Ammi. Israels Heilung. Ein ernstes Wort an Glaubens- u. Nichtglaubensgenossen. gr. 8. (IV, 95 S.) Frankfurt a/M. 883. Kauffmann. n. 1. —

Rülf, J. Entstehung u. Bedeutung d. Antisemitismus in Hessen. 12. (30 S.) Mainz 890, Wirth. * — 20

Rülf, J., d. Erbrecht als Erbübel, im Hinblick auf d. zukünft. Entwickelg. d. menschl. Gesellschaft dargestellt. 2. (Titel-) Aufl. gr. 8. (VIII, 216 S.) Leipzig (893) 896. W. Friedrich. n. 3. —

Rülf, J., Lessing als Held der Aufklärung. Ein zur Lessingfeier geh. Vortrag. 8. (14 S.) Memel 881. Schmidt. n. — 50

— drei Tage in Jüdisch-Rußland. Ein Cultur- u. Sittenbild. gr. 8. (VII, 131 S.) Frankfurt a/M. 882. Kauffmann. n. 1. 20

Rülf, J., Jankel Widutzky, der den Händen der Judenbekehrungs-Mission entzogene Knabe. Keine Mortara- aber doch auch eine characterist. Geschichte. Memel 867. (Schnée.) gr. 8. (24 S.) 3 ngr.

Rülf, Jakob, aus Bonn: Die **Apperception im philosophischen System des Leibniz.** *Bonn 1900: J. Bach Wwe.* (45 S.) 8°
¶ (Der Schluss erscheint im Rahmen einer grösseren Arbeit.)
Bonn, Phil. Diss. v. 8. Febr. 1900

Rülf, Jakob [aus Memel]: Ein Beitrag zur Aetiologie der Haematometra ... Memel, gedr. bei F. W. Siebert, 1892; 39 S. 8.
Würzburg, Med. Fak., Inaug.-Diss. v. 1893

Rülf, Isaak

— der Einheitsgedanke. Als Fundamentalbegriff aller Religionen und Wissenschaft, als Verständigungsbasis unter den Gebildeten aller Confessionen und Nationen. 8. (VIII, 88 S.) Memel 880, Schmidt's Buchh.

Die russischen Juden. Ihre Leidensgeschichte u. unsere Rettungsversuche. Dargestellt von Dr. I[saak] Rülf. Memel 1892: Siebert [übergekl.: Paris: Lipschütz]. 58 S. 8° [10. 7160

Wissenschaft des Weltgedankens und der Gedankenwelt. (Abt. 2: Wissenschaft d. Einheits-Gedankens.) System e. neuen Metaphysik von Dr. I[saak] Rülf. [Abt. 1,] T. 1. 2. Abt. 2, Buch 1–3. *Leipzig: W. Friedrich (2, 2. 3: H. Haacke) 1888–1903.* 5 Bde 8°
[Vort.:] Metaphysik. Bd 1–5.
[1,] 1. Wissenschaft d. Weltgedankens. 1888.
2. Wissenschaft d. Gedankenwelt. Mit e. tabellar. Übersicht d. Systems. 1888.

2, 1 — Wissenschaft d. Krafteinheit. ⟨Dynamo-Monismus.⟩ 1893.
2 — Wissenschaft d. Geisteseinheit. ⟨Pneumato-Monismus.⟩ 1898.
3 — Wissenschaft d. Gotteseinheit. ⟨Theo-Monismus.⟩ (Vorr.: Dr. B. Rülf.) 1903.

Rülf, J., Wissenschaft d. Weltgedankens u. der Gedankenwelt. System e. neuen Metaphysik. 2 Tle. gr. 8. Leipzig 888. Friedrich. à n. 8. —
1. Wissenschaft d. Weltgedankens. (XVI, 461 S.)
2. Wissenschaft d. Gedankenwelt. Mit e. tabellar. Uebersicht d. Systems. (XII, 500 S.)

Rülf, J., Wissenschaft d. Einheits-Gedankens. System e. neuen Metaphysik. 2. Abth. — 1. Buch: Wissenschaft der Krafteinheit. (Dynamo-Monismus.) 3. Thl. d. Systems e. neuen Metaphysik. gr. 8. (XVI, 530 S.) Leipzig 893. W. Friedrich. n. 10. — (1--3.: n. 26. --)

— **Metaphysik.** (Titel-Ausg. der Wissenschaft des Weltgedankens u. d. Gedankenwelt u. d. Wissenschaft des Einheits-Gedankens.) 3 Bde. gr. 8. Ebd. 895. n. 18. —
1. Wissenschaft d. Weltgedankens. (XV, 461 S.) (888.)
2. Wissenschaft d. Gedankenwelt. (XII, 500 S. m. 1 Taf.) (888.)
3. Wissenschaft d. Krafteinheit. (XVI, 530 S.) (893.)

— Wissenschaft des Einheits-Gedankens. System e. neuen Metaphysik. 2. Abth. 2. Buch: Wissenschaft d. Geisteseinheit (Pneumato-Monismus). (Metaphysik, IV. Thl.) gr. 8. (XIX, 385 S.) Leipzig 897. H. Haacke. n. 8. -- (I.—IV.: n. 26. —)

Wissenschaft der Geisteseinheit. ⟨Pneumato-Monismus.⟩ Dargest. von Dr. I[saak] Rülf. 4. Teil d. Systems e. neuen Metaphysik. *Leipzig: H. Haacke 1898.* (XVIII, 385 S.) 8°
— Rülf: Wissenschaft d. Weltgedankens. Abt. 2, Buch 2.

Rülf, J., Wissenschaft des Einheits-Gedankens. System e. neuen Metaphysik. 2. Abtlg. 3. Buch: Wissenschaft der Gotteseinheit (Theo-Monismus). 5. Tl. des Systems e. neuen Metaphysik. (XIV, 443 S.) gr. 8. Leipzig 908. Bad Sachsa, H. Haacke. n. 9. — (1—5: n. 35. —)

Rulffs, August Friedrich

Rulffs, Aug. Fr., Beantwort. d. Zweifel, welche d. Kaufmann H. L. Malching in Einbeck üb. meine Abhandl. die Einrichtung d. Werk- u. Zuchthäuser rc. Mit e. Vorrede v. Jh. Beckmann. gr. 8. Götting. 783. 2e A. 785. Dieterich. 4 gl.

Rulffs, A. F. Beantwortung der Zweifel, welche der Kaufmann Melching über meine Abhandlung, die Einrichtung der Werk- und Zuchthäuser betreffend, bekannt machen lassen. *Göttingen.* 1 7 8 5

Rulffs, Aug. Fr., Ueber die vortheilhafteste Einrichtung der Werk- und Zuchthäuser. Mit einer Vorrede von J. Beckmann. 4°. Göttingen 1783.

— **üb. die Preisfrage d. kön. Societ. d. Wissensch. zu Göttingen, von d. vortheilhaftesten Einrichtung d. Werk- u. Zuchthäuser. Mit e. Vorrede v. J. Beckmann. gr. 8.** Götting. 783. **2e Aufl. 785. Dieterich. 4 gl.**

Rulffs, A. F. Versuch zur Beantwortung der Frage: Wie sind Waisenhäuser anzulegen? *Göttingen — J. C. Dieterich.* 1 7 8 5

Rulffs, A. F. Vorschläge zur Errichtung und Einrichtung der Werk-, Zucht- und Waisenhäuser. 3 Stk. gr. 8. *Göttingen, Dietrich.* 1 7 8 5

Rulffs, A. F. Vortrag über einige Fragen und Einwürfe, die Almosen-Einsammlung für Arme betreffend. 8. *Frankfurt, a. M. Varrentrapp.* 1 7 8 7.

Rulhiere, Claude Carloman de

v. Rulhière, Cl. C. Geschichte der Anarchie in Polen. 8. Hamburg u. Leipzig 1808.

(v. Rulhière, Cl. Carlom.) Geschichte der Revolution in Russland (1762). A. d. Franz. (von Ludolf H. Tobiesen) 8. Deutschland (Hamburg) 1796. — 8. Germanien (Zürich) 1797. — 8. Strasburg 1797

RULHIERE, Geschichte der russischen Revolution im Jahr 1762. Aus dem Französ. des Herrn —. Mit dem Bildniße der Kaiserin Catharine(!) II. Brustbild, D. Beyel sc.). Germanien 1797. 8°.

Titel u. 157 S. (incl. XX S. Vorst.). Zuschr. an die Gräfin v. Egmont, die jüngere, Herzogin von Geldern etc., dat.: Paris 10. Febr. 1768.

Orig. (in der Privatbibl. d. † Königs Georg V. von Hannover, laut Cat. von 1858, S. 131): Rulhière, Histoire ou Anecdotes sur la Révolution de Russie en 1762. Paris 1797.

v. Rulhiere, ..., Gesch. d. russisch. Revolution 1762; aus d. Französ. Mit Kpf. 8. Zürich 797. Orell. 16 gl — Dass., eine andere Uebersetzung. gr. 8. Straßb. 797. König. 12 gl. — Dass., übers. (v. L. H. Tobiesen). Mit Anmerkk. 8. Deutschland (Hamb.) 797. (Campe). 14 gl

— **histoire de l'anarchie de Pologne et du Demembrement de cette république. IV Vols. 8. Leipz. 807. Er. Fleischer. 6 ℛ**

Rulhière, Cl., Histoire de l'anarchie de Pologne et du demembrement de cette republique. Suivie des anecdotes sur la révolution de Russie, en 1762, par le même auteur. Nouv. Edit. IV Tom. 8. (116 B.) Paris et Leipzig 843, Michelsen. *

— **histoire ou anecdotes sur la revolution de Russie en 1762. 8. Strassb. 797. Levrault. (Sommerbrod in Berl.) 12 gl**

Rulik, Johann — Der heilige Berg, oder: Historische Beschreibung des heiligen Berges ob der Stadt Přibram im Königreiche Böhmen. Verfaßt von — —. Fortgesetzt und vermehrt von P. Josef Palleta. Neubaus, 1856 Druck und Verlag von Alois Josef Landfraß. (96 S. 8.)

Ruling, Ernst August (Hannover) A. S. 142/18

De eo quod circa molendinorum exstructionem atque bannum in primis in terris electoralibus Brunsvigo Luneburgicis iustum est dissertatio.
Präs. Tobias Jakob Reinharth.
Göttingen (Vandenhoeck) 1. X. 1740. 124 S.

Gew.: Hannoversche Staatsrat.

Ruling, Johann Ernst (Hannover) U. S. Göttingen 1765/1

De liberis fideicommisso oneratis dissertatio. Ed. 2.
Präs. Georg Ludwig Boehmer.
Göttingen 1765. 48 S.

Diss. 8. X. 1749.

Rülling, J.: Eutychus, der Jüngling auf dem Söller.

— **gelobt sei Gott f. seinen Ostersegen! Predigt über 1. Petr. 1, 3—9, am 1. Osterfeiertag 1902 in d. Johanniskirche zu Leipzig geh. gr. 8. (15 S.) Leipzig 902. Dieterich. — 15**

— der lebendige Glaube d. Gustav-Adolf-Werkes Mark. Predigt üb. II. Cor. 4, 13—16 bei der kirchl. Feier des Chemnitzer Ephoralvereins der evang. Gustav-Adolf-Stiftg. in Oederan, am 25. Juni 1893. gr. 8. (13 S.) Oederan 893. J. L. Schlesinger. n. — 40

— ist Jesus auch der Hirte deiner Seele? Predigt üb. 1. Petri 1, 22—25. gr. 8. (15 S.) Ebd. 902. n. — 20

— Nichts ohne Jesus! Joh. 15, 4. 5. Ein Wort zur Beherzigg. f. alle Mitglieder evangel. Männer- u. Jünglingsvereine u. christl. Vereine junger Männer. 8. (12 S.) Dresden (900). Verbandsbuchh. (E. Zacharias). n. — 10

— Predigt bei d. Jahresfest des Landesvereins f. innere Mission im Königr. Bayern, am 4. X. 1898 geh. in der St. Lorenz-Kirche zu Nürnberg. gr. 8. (15 S.) Nürnberg 898. G. Löhe. n. — 20

— Predigt bei dem Jahresfest des evangelisch-lutherischen Zentral-Missions-Vereins im Königr. Bayern am 19. VI. 1900, geh. in der St. Lorenzkirche in Nürnberg. gr. 8. (14 S.) Ebd. (900). n. — 20

Rüling, Rede bei d. Einweihg. der St. Johanniskirche in Leipzig, s.: Pank.

— Rede bei der Konfirmationsfeier in der Johanniskirche zu Leipzig am 26. III. 1899. 8. (12 S.) Leipzig 899. J. C. Hinrichs' Verl. n. — 20

— dasselbe am 23. III. 1902. 8. (11 S.) Ebd. 902. n. — 20

— wer wälzt uns den Stein von des Grabes Thür? Predigt am 1. Osterfeiertag 1901. gr. 8. (14 S.) Leipzig 901. Dieterich. n. — 20

Rüling, wie schickt e. Christ sich in die Zeit? Predigt am 2. Sonntage nach Epiphanias, 12. I. 1902, üb. Römer 12, v. 11. 12. gr. 8. (13 S.) Leipzig 902. J. C. Hinrichs' Verl. n. — 20

Rüling, Anna, welches Interesse hat die Frauenbewegg. an der Lösung des homosexuellen Problems? Rede. (S. 131—151.) 8. Leipzig 905. M. Spohr. n. — 80
Sonderabdruck aus: „Jahrb. f. sex. Zwischenstufen".

Rüling, Arwed, Gerichtsass.: Die Haftung des Schenkers für Mängel im Rechte und Mängel der Sache nach dem Bürgerlichen Gesetzbuche. Borna-Leipzig 1909: Noske. VI, 34 S. 8°
Leipzig, Jur. Diss. v. 7. Okt. 1909
[Geb. 28. Juni 81 Radeberg; Wohnort: Sayda; Staatsangeh.: Sachsen; Vorbildung: Gymn. Freiberg Reife O. 01; Studium: Freiburg i. B. 1, Leipzig 1, Kiel 1, Leipzig 5 S.; Rig. 5. Juli 04.] [U 10. 2853

Rüling, Bernh., Abendglocken. Predigten aus d. letzten Amtsjahren. M. Portr., Faks. u. Lebenslauf des Verf. 8. (XIX, 288 S.) Leipzig 897. Fr. Richter. n. 3. —; geb. n. 4. —

Rüling, Eduard (Ellerich)
Bestimmung des Schwefelgehaltes in den schwefel- und stickstoffhaltigen Bestandtheilen des Pflanzen- und Thierorganismus.
[In: Annalen d. Chemie u. Pharmacie Bd 58 (1846) 301.]
Dr. phil. Giessen 29.1.1846.

Rüling, Georg Ernst von

Rüling, Geo. Er.: Auszüge ein. merkw. Hexenprocesse aus der Mitte d. 17. Jahrh., im Fürstenth. Calemberg geführt. *Göttingen*, Dieterich. 786. 8. (3 Gr.)

v. Rüling, Geo. Er., († d. 10. Febr. 1807.) Einhundert u. achtzehn Entscheidungen des Ober-Appellations-Gerichts zu Celle, aus d. neuesten Zeit gesammelt u. hrsgg. 4. Celle 805. Schulze. 6 Gr.

— Gedichte. Mit Kpf. 8. Hannov. 787. Helwing. 18 Gr.

Rülling, Haus Frhr., Bestimmung der Bahn d. Planeten (178) Belisana. [Aus: „Sitzungsber. d. k. Akad. der Wiss."] Lex.-8. (8 S. m. 1 Tab.) Wien 880. (Gerold's Sohn.) n.n. — 30

Rüling, J., Beichtreden. (92 S.) gr. 8. Leipzig 905. F. Jansa. n. 1. —; geb. n. 1. 60

Rüling, J., Beichtreden. 3. u. 4. Tauf. (92 S.) gr. 8. Leipzig 910. F. Jansa. 1.25; geb. n 2. —

— Christus f. uns! Passionspredigten. (89 S.) gr. 8. Leipzig 906. F. Jansa. n. 1. —; geb. n. 1. 50

— das Examen Jesu m. seinen Jüngern. Predigt am Sonntag Misericordias Domini, 26. IV. 1903, üb. Ev. Joh. 21, 15—17. (15 S.) gr. 8. Leipzig 903. J. C. Hinrichs' Verl. n. — 20

Rüling, J., die Grundlagen d. christl. Glaubens, auf Grund v. Frank's System der christl. Gewissheit dargestellt. gr. 8. (IV, 97 S.) Leipzig 888. Deichert Nachf. n. 1. 80

— wie ruhig denkt e. Christ an entschlafene Gerechte. Predigt am Totenfest 1906 üb. Weisheit Salomos Kap. 3 V. 1—4. (14 S.) gr. 8. Leipzig 906. J. C. Hinrichs' Verl. n. — 20

Rüling, J. B., Abschiedspredigt, am 2. Osterfeiertag 1892 in der Schloßkirche zu Chemnitz geh. gr. 8. (11 S.) Chemnitz 892. (C. Winter.) n. — 20

— Glauben u. Leben. 2 Predigten üb. Matth. 22, 34—46 u. Luk. 13, 6—9, geh. am 18. u. 20. Sonntag nach Trinitatis 1893. gr. 8. (27 S.) Leipzig 893. Dürr'sche Buchh. n.n. — 50

— Jesus allein! Antrittspredigt, am Sonntag Quasimodogeniti 1892 in der Johanniskirche zu Leipzig geh. gr. 8. (15 S.) Leipzig 892. Verlag der Akadem. Buchh. (W. Faber). n. — 30

— seid getreu! Letzte Predigt in der alten St. Johanniskirche zu Leipzig am 9. Sonntag p. Trin., 22. Juli 1894 üb. 1. Cor. 10, 12, 13. Mit Schlußansprache v. F. G. Tranzschel u. 1 Ansicht der alten St. Johanniskirche. gr. 8. (17 S.) Leipzig 894. F. A. Wilhelm. n. — 40

Rüling, Johann Ludwig

Rüling, Joh. Ludw., Geschichte d. Reformation zu Meißen im J. 1539 u. folgenden Jahren, nebst beweis. u. erläut. Anmerkn. Auch e. Beitr. z. dritten Jubelfeier dies. denkwürd. Ereignisses. gr. 8. (16 B. u. Joh. Weiß [Albinus] Bildn.) Meißen 839, (Klinkicht u. Sohn.)

Rüling, Johann Martin (Berg/Thür.) A. S. 580/59a

Dissertatio iuridica de executoribus ultimarum voluntatum. Präs. Friedrich Gottlieb Zoller.
Leipzig (Breitkopf) 18. VIII. 1763. 22 S.

Gew.: Karl Ludwig Gf. von Stolberg usw.

Rüling, Johann Philipp

Ruelling, Jo. Phil., Phys. u. med.-ök. Beschreibung der zu Göttingen gehörigen Stadt Northeim u. Gegend. Gött. 1779.

Rüling, J. Ph., physikal.-ökonom.-medicin. Beschreibung der Stadt Nordheim. Mit Kpf. gr. 8. Götting. 779. Vandenhöck u. R. 1 Thlr. 2 Gr.

Johannes Philippus Rüling: De Ordinibus naturalibus plantarum. Goettingae (1766): Rosenbusch. 36 S. 8°

Göttingen, Univ.-Schr.v.17.Sept. 1766

— ordines naturales plantarum, comment. botanica. 8maj Götting. 774. Vandenhöck u. R. 9 gl.

Rüling, Josef Bernhard [Lic. theol.]: Beiträge zur Eschatologie des Islam ... Leipzig, Druck v. G. Kreysing, 1895; 1 Bl., 74 S., 1 Bl. 8.
Leipzig, Phil. Fak., Inaug.-Diss. v. [4. Apr.] 1895

Rüling, J. B., Beiträge zur Eschatologie d. Islam. (Diss.) gr. 8. (74 S.) Leipzig 895. O. Harrassowitz. n. 1. 60

Rüling, Louis Bernhard

Rüling, L. B., Abschiedspredigt üb. Off. Joh. 1, 17 u. 18, am 18. Sonntag nach Trin. 1888 geh. in der evangel. Hofkirche zu Dresden. gr. 8. (24 S.) Dresden 888. J. Naumann. n. — 30

Rüling, Louis Bernh., Abschieds-Predigt am zweiten Weihnachtsfeiertage 1851 zu Oschatz gehalten. gr. 8. (16 S.) Oschatz 852, Oldecops Erben. — 2. Aufl. gr. 8. (16 S.) Ebd. 852. 1/12 ℛ

Rüling, L. B., von drei krankhaften Auswüchsen des wahren Christenthums: Orthodoxismus, Pietismus, Mysticismus. Vortrag auf Veranstaltung des „Vereins zur Verbreitung christlicher Schriften in Dresden" gehalten. Dresden 870. (Naumann.) 4. (48 S.) n. 6 ngr.

Rüling, L. B., v. drei krankhaften Auswüchsen d. wahren Christenthums: Orthodoxismus, Pietismus, Mysticismus. Vortrag auf Veranstaltung d. „Vereins zur Verbreitg. christl. Schriften in Dresden" geh. 2. Aufl. br. 8. (33 S.) Dresden 871. H. J. Naumann. n. — 60

— Bericht bei der 1. Generalversammlung des Hauptvereins für innere Mission der evangelisch-lutherischen Kirche in Sachsen, s. Ahlfeld, F.

— Christenlehrer u. Christusbekenner vor dem Richterstuhle ihres Meisters. Eine Zeitpredigt über Matth. 7, 15—23, gehalten Dom. VIII. p. Trinit. 1869. Dresden 869. Naumann. 4. (15 S.) n. 2½ ngr.

Rüling, L. B., Christus ist, wo der Geist der Wahrheit ist. Ansprache über Evangel. Joh. Cap. 16, V. 5—15. zur Eröffnung einer Conferenz sächsischer Geistlichen am 5. Mai 1863 in Meißen gehalten. Leipzig 863. Hinrichs. gr. 8. (22 S.) 4 ngr.

—, Michael, Meier, Zur Erinnerung an den seligen Oberhofprediger Dr. Thdr. Alb. Liebner. gr. 8. (20 S.) Dresden 871, am Ende. [Kaufmann.] * — 40

— die Freiheit in Christo. Zwei Predigten über einen Text, Gal. V, 13. gehalten am Reformationsfeste u. am 2. Bußtage 1852. 8. (24 S.) Dresden 852. (Adler & Dietze.) n. 3 ngl.

— Freud und Leid in Haus und Kirche. Drei Predigten zu Weihnacht, Todtenfeier und Reformationsfest aus dem J. 1872. gr. 8. (46 S.) Dresden 873, v. Zahn's Verlag. * 1 —

Rüling, L. B., Freud und Leid in Haus und Kirche. Dresden 878. Leipzig, Drescher. * 60 Pf.; geb. * 1 20

Rüling, Louis Bernh., Friede sei mit euch! Zwei Predigten aus der heil. Passionszeit 1871. 1. Der Friedensgeist des Evangeliums. Gehalten am Sonntag Reminiscere nach erfolgtem Friedensschluß. 2. Ein Passionsgang im Geiste zu den Gräbern derer, die der Herr lieb gehabt. Gehalten am Sonntag Lätare. gr. 8. (30 S.) Dresden 871, Naumann. * — 50

— Grüße an die Gemeinde. Ein Jahrgang Predigten aus den 10 Jahren seiner Amtsführung in der Petrigemeinde zu Budissin 1855—66 zusammengestellt. 2 Thle. Leipzig 866—68. Hinrichs'sche Verlagsh. gr. 8. (VI, 320 S., IV, 382 S.) 2 ℛ 20 ngr.

Rüling, Louis Bernh., Grüße an die Gemeinde. Ein Jahrgang Predigten, aus den zehn Jahren 1855—1866 seiner Amtsführung in der Petrigemeinde zu Bautzen zusammengestellt. 2 Thle. in 1 Bde. 2. Aufl. gr. 8. (X, 329 u. IV, 388 S.) Leipzig 880. Hinrichs' Verl. 8. —; geb. n. 9. —

Rüling, Louis Bernh., Grüße an die Gemeinde. Ein Jahrgang Predigten aus den J. 1855 bis 1866, zusammengestellt. 3. wohlf. Ausg. 8 Lfgn. gr. 8. (2 Thle. X, 329 u. IV, 388 S.) Leipzig 886. Hinrichs' Verl. à n. — 50 (cplt. in 1 Bd. geb.: n. 5. —)

— Heil dem Volke, in welchem von der Hütte bis zum Throne einer d. andern Last trägt! Predigt, am XV. Sonntag n. Trin. während der Dresdner Kaisertage in der Evangel. Hofkirche geh. gr. 8. (15 S.) Dresden 882. J. Naumann. n.n. — 25

— der Herr ist wahrhaftig auferstanden! Eine Ostergabe. br. 8. (38 S.) (Ebendas.) 871. * — 60

— von der Herrlichkeit des Ernteberufes im Reiche Gottes. Antrittspredigt zu Neustadt-Dresden gehalten am Neujahrstage 1852. gr. 8. (16 S.) Dresden 852, Türk. 3 ngl.

— Jesus, Maria, Pilatus. Drei Betrachtungen zu den menschlichen Namen im apostol. Symbolum. Eine Weihnachtsgabe. gr. 8. (94 S.) Leipzig 875, [Drescher.] Wilh. Weber. (ℳ 2.—.) *

— Licht u. Recht. Drei Predigten am Christtag (1867), Erscheinungsfest (1868) u. 22. Sonntag nach Trin. (1867) in der evangelischen Hofkirche gehalten. Dresden 868. Naumann. 4. (44 S.) n. 6 ngr.

— die jüdische u. die heidnische Mutter. Zwei Homilieen an den Sonntagen 1. p. Epiphan. u. Reminisc. gehalten. gr. 8. (28 S.) Oschatz 850, Oldecop's Erben. 1/6 ℛ

Rüling, L. B., die göttliche Ordnung im Besitze, in der Ehe, in der Familie. Drei Predigten an den Sonntagen 1., XX. u. XXI. p. Trin. 1853 gehalten. Dresden, Türk. gr. 8. (2 Bl., 41 S.) 7½ ngr.

— Predigt bei der 20. Hauptversammlung des evangelischen Vereins der Gustav-Adolf-Stiftung in Lübeck, s. Beyschlag.

— s.: Predigt u. Vorträge, geh. bei der 25jähr. Jubelfeier der Meißner Konferenz.

— drei Predigten beim Amtswechsel gehalten. Leipzig 866. Hinrichs'sche Verlagsh. gr. 8. (48 S.) 7½ ngr.

Rüling, Louis Bernh., Kögel u. v. Gerok, drei Predigten bei der 36. Hauptversammlung des Evangel. Vereins der Gustav-Adolf-Stiftung in Leipzig am 12. u. 13. Septbr. 1882 u. bei der Nachfeier am Gustav-Adolf-Denkmal in Lützen am 15. September 1882 geh. 1. u. 2. Aufl. gr. 8. (29 S.) Leipzig 882. (Hinrichs' Verl.) n. — 40

— drei Predigten aus der Kriegszeit. „Mene, mene, tekel!" „du deutsches Volk, schäme dich des Evangelii von Christo nicht!" „Vorwärts!" Am außerordentlichen Bußtage u. an den Sonntagen 11. u. 14. nach Trinitatis 1870 in der evangelischen Hofkirche zu Dresden gehalten. Dresden 870. (Naumann.) gr. 8. (44 S.) n.n. 6 ngr.

— drei Predigten aus der Kriegszeit. „Mene, mene, tekel!" „Du deutsches Volk, schäme dich d. Evangeliums v. Christo nicht!" „Vorwärts!" Am außerordentl. Bußtage u. am 11. u. 14. Sonntage nach Trinitatis 1870 in der evangel. Hofkirche zu Dresden geh. 2. Aufl. gr. 8. (44 S.) Ebend. 871. n. — 60

— drei Predigten aus der Trauerzeit: „Der Herr ist mein Hirt". „Was Gott zusammengefügt hat, das soll der Mensch nicht scheiden". „Christus ist mein Leben u. Sterben mein Gewinn". An den Sonntagen Lätare, XX. u. XXIV. nach Trinitatis 1868 in der evangel. Hofkirche zu Dresden gehalten. Ebend. 869. gr. 8. (50 S.) n. 6 ngr.

— Reden an Geistliche aus der kirchlichen Gegenwart. 11 Conferenzvorträge in den Jahren 1860—1865 gehalten. Hierzu als Anhang drei Ansprachen an Jünglinge. Leipzig 866. Hinrichs'sche Verlagsb. gr. 8. (VIII, 275 S.) 1 ℛ 6 ngr.

— über christliche Schriftenverbreitung. Predigt u. Bericht v. Gütschow bei der 4. Jahresfeier d. Vereins zur Verbreitg. christl. Schriften im Königr. Sachsen. 8. (16 u. 25 S.) Ebend. 873. n. — 20

—— Sonntagsfreude. Eine Sammlung von Predigten, gehalt. zu Neustadt-Dresden und zur häusl. Erbauung zusammengestellt. 1—5. Heft. gr. 8. (S. 1 — 273.) Dresden 856. Naumann. à Heft * 6 Ngr.

Rüling, L. B., Sonntagsfreude. Eine Sammlung von Predigten gehalten zu Neustadt-Dresden und zur häuslichen Erbauung zusammengestellt. 6. Heft. (Schluß.) gr. 8. (IV und S. 275—350.) Dresden 857, Naumann.
1—5. Heft. Ebendas. 1856. 1 Thlr.

—— „Die wunderbare Speisung der Fünf-Tausend ein weissagend Vorbild auf das heil. Missionswerk." Missionspredigt beim Missionsfeste zu Tharandt am 18. Octbr. 1855 gehalten. gr. 8. (15 S.) Dresden 855, (Naumann.)

- der Synodalabschied unseres himmlischen Bischofs ist die Verheißung d. heiligen Geistes. Predigt üb. 2. Corinther 3, 17, zum Schlusse der 4. ordentl. Landessynode f. die evangelisch-luther. Kirche im Königr. Sachsen am 9. Juni 1886 in der evangel. Hofkirche zu Dresden geh. gr. 8. (16 S.) Dresden 886. v. Zahn & Jaensch. — 25

—— Was hat die christliche Schule zu thun, wenn sie ihre Schüler auf den Weg der Seligkeit weisen will? Eine Schulpredigt am Sonnt. Misericordias Domini 1854 gehalten. gr. 8. (14 S.) Dresden 854, (Naumann.)

— was thut uns Christen u. Christenlehrern noth in dieser Sturm- u. Drangperiode d. Himmelsreichs? Predigt, zur Eröffng. der Meißner Conferenzen am 24. Juni 1873 geh. gr. 8. (21 S.) Dresden 873. v. Zahn. n. — 50

-- das irdische u. das himmlische Zion. Zehn Predigten aus den letzten Jahren. 8. (VIII, 188 S.) Dresden 885. J. Naumann. 2. 60; geb. n. 3. 60

Rüling, Frhr. Max., Gedichte. Nach seinem Tode hrsg. Wien 866. Lechner's Universitäts-Buchh. gr. 16. (III, 126 S.) n. 20 ngr.

Rüling, Th., welcher unter Euch ohne Sünde ist . . . Bilder v. der Schattenseite. (96 S.) 8. Leipzig (906). M. Spohr. n. 1. —

Rülke, Kurt, aus Annaberg im Erzgebirge: **Über Verkettungsprodukte des Hydrazobenzols und seiner Derivate mit Aldehyden.** *Leipzig 1901: Metzger & Wittig.* (47 S.) 8°
Leipzig, Phil. Diss. v. [16. Aug.] 1901

Rüll, Johann Christoph (Nürnberg) Altd. Thl. 2/43

De beatitudine male audientium propter Christum exercitatio theologica.
Präs. Johann Michael Langius.
Altdorf (Kohles) 24. IX. 1708. 32 S.

Gew.: Johann Hagen. 29479

Rüll, Johann Christoph (Nürnberg) Altd. Thl. 22/23

Chronotaxis millenari ab o. C. quarti.
Präs. Gustav Georg Zeltner.
Altdorf (Kohles) 30. I. 1709. 56 S.

Gew.: Jakob Willibald Haller, Christoph Fürer, Gustav Georg Tezel, Christ. Andreas Tucher.
W. v.: Christoph Sonntag, Johann Michael Lang, Präs.

29481

Rüll, Johann Christoph (Nürnberg) A. S. 344/5

Veterum et recentium Hasidaeorum parallelismus, dissertatione historica institutus.
Altdorf (Meyer) 22. XI. 1708. 26 S.

Gew.: Stadt Nürnberg. 29480

Rulle, J., zur Phthisisfrage. Ein Vortrag, geh. im Aerzteverein zu Riga. gr. 8. (18 S.) Riga 902. E. Plates. n. — 75

Rulle, Johann: Ein Beitrag zur Kenntniss einiger Bandwurmmittel und deren Anwendung. 58 S. mit einer Tabelle. Diss. Dorpat 1867. 8°

Rullmann, August

Rullmann, A., die Gift-Pflanzen u. Gift-Schwämme Deutschlands, nebst Abbild. u. Beschreib. e. tollen Hundes, d. gemeinen Kupfernatter u. d. Angabe d. im gemeinen Leben zunächst gelegenen Hülfsmittel geg. Vergiftungen. Ein Hülfsbuch f. Volksschulen. 3., durchaus verb. u. verm. Aufl. 8. (3½ B. u. 24 col. Stnt.) Kassel 837, Luckhardt'sche Buchh.

Rullmann, Aug., Münz-, Maaß-, Gewicht- u. Wechsel-Cours-Tabelle, mit geograph.-statist. Anmerkn. d. wichtigsten Handelsplätze Europa's. Fol. (6 B.) Hersfeld 829, Indust.-Comptoir.

—— pract. Rechenbuch, s. Mayenfeld, M.

Rullmann, F., die Bibliothekseinrichtungskunde zum Theile e. gemeinsamen Organisation, die Bibliothekswissenschaft als solche e. besonderen Universitätsstudium in Deutschland unterworfen. 8. (28 S.) Freiburg i/Br. 874. Wagner. n. — 80

Rullmann, F., über die Herstellung eines gedruckten Generalkataloges der großen Manuscriptenschätze im deutschen Reiche. 8. (62 S.) Freiburg i. Br. 875, Wagner'sche Buchh. * 1 80

Rullmann, Fr., († d. 21. Dec. 1795.) Versuch e. Anweis. zum Inventur- u. Theilungsgeschäfte vor Gerichte, wo die communio bonorum particularis unter Eheleuten eingeführt ist. 4. Frkf. a. M. 789. Varrentrapp. 16 gr. (Aue in Köthen). 18 gr.

Rullmann, Friedrich August

Rullmann, Frdr. Aug., Motive für ein verjüngtes deutsches Kaiserthum unter dem starken erblichen Scepter der Hohenzollern. Wiesbaden 870. Limbarth. gr. 8. (11 S.) 3 ngr.

Rullmann, Fritz [app. Arzt aus Lengfeld i. O.]: Aus d. med. Klinik d. Herrn Geheimrat Prof. Dr. Riegel in Giessen. Zur Casuistik combinierter Klappenerkrankungen mit Bezugnahme auf Lageveränderung des Herzens. . . . Giessen, C. v. Münchow, Univ.-Buch- u. Steindr., 1891; 26 S. 8°
Giessen. Med. Fak., Inaug.-Diss. v. 1891

Rullmann, Georg Christoph Wilhelm

Rullmann, G. C. W., Wiesbaden u. seine Heilquellen f. Kurgäste beschrieben. 8. Wiesb. 823. Schellenberg. 1 ß

— Dass. Französisch. 827. Ebd. 1 ß

Rullmann,Georg Christoph Wilhelm. Description de la ville de Wiesbade... Wiesbade 1827. Ü: *Graffenauer, Johann Peter.* (EngM)

Rullmann, Georg Wilhelm

— Anweis. zu e. erbaul. u. popul. Kanzelvortrage. 8. Leipz. 796. Barth. 10 ℛ

Rullmann, G. G., de apostolis, primariis rel. chr. doctoribus. Rint. 1789. 4.

— Erklärung der Sonn= u. Festtags=Episteln. 8. Rinteln 789. (Jülicher in Lingen). 18 ℛ

— in welchem Sinne nennt sich Jesus d. Menschensohn? 8. Lingen 786.

Rullmann, G. W., Lehrb. d. röm. Alterth. 8. Rinteln. (Vandenhök in Gött.) (auch Hahn in Hannov.) 787.

— s. Materialien z. Amtsführung.

— die christl. Religionslehre, philosoph., exeget., histor., krit. u. praktisch dargestellt. 1r Bd. gr. 8. Fürth 802. (Campe in Nürnb.) 1 ß 4 ℛ

— die heil. Schriften des neuen Bundes, s. Testament, d. N.

— d. heil. Schriften des neuen Bundes, übers. u. m. Anmerk. verseh. 3 Bde. gr. 8. Lemgo, Meyer. 790. 91. (1r 1 Rthlr. 2r u. 3r à 12 gr.)

— tabula, harmonium IV Evangel. exhibens, in usum lect. exeget. 4. Rinteln 789. (Essen, Bädeker). 2 ℛ

Rullmann, Georg Wilhelm: Tabula, harmoniam IV evangeliorum exhibens. Rinteln 1790. 4°

Rullmann, Geo. Wlh., († d. 16. Juni 1804.) Versuch e. Lehrbuchs des röm. Alterthums. 8. Rinteln 782. 2e Aufl. unt. d. T.: Lehrb. des röm. Alterthums. 8. Ebd. 787. (Hahn in Hannov.) 5 ℛ; (a. Vandenhöck u. R. in Götting.) 6 ℛ

Rullmann, J., urkundliche Geschichte d. Klosters Schlüchtern, s.: Zeitschrift des Vereins f. hessische Geschichte u. Landeskunde.

Rullmann, Johann Adam
Dissertatio de partu praeternaturali ac difficili ob haemorrhagiam uteri antecedentem.
Gissae 1744: Lammers. 52 S. 8°

Rullmann, L. Cph., s. Bibelcommentar.

Rullmann, Otto, appr. Arzt a. Gießen: Ueber Lymphangitis carcinomatosa der Lungen im Anschluss an Magenkrebs. München 1905: C. Wolf. (23 S.) 8°
München, Med. Fak., Ref. v. Bollinger, Diss. v. 15. Dez. 1905
[Geb. 26. März 76 Gießen; Wohnort: Gießen; Staatsangeh.: Hessen; Vorbildung: Neues Gymn. Darmstadt Reife Aug. 97; Studium: Gießen 4, München 8 S.; Coll. 15. Dez. 05; Approb. 1. Okt. 05.]

Die Bearbeitungen, Fortsetzungen und Nachahmungen von Schillers 'Räubern' (1782–1802). Hrsg. von Wilhelm **Rullmann.** Berlin: Gesellsch. f. Theatergesch. 1910. XV, 168 S. 8°
(Schriften d. Gesellschaft f. Theatergeschichte. Bd 15.) (11. 505 2

Rullmann, Wilh., am Genfersee. Bilder u. Skizzen aus Montreux u. Umgebg. [Mit e. Ansicht v. Schloß Chillon (Tondr.)] 8. (158 S.) Zofingen 874. Schauenberg=Ott. n. 2. —

Rullmann, W., am Genfersee. 8. Zofingen 874. Zürich, Trüb'sche Buchh. * 1 25

Rullmann, Wilh., seltsame Geschichten. Novellen u. Skizzen. 8. (268 S.) Leipzig 891. Elischer Nachf. n. 4. —; geb. n. 5. —

Rullmann, Wilh., die Heimkehr des Vermißten. Eine Erzählung aus dem deutschen Nationalkriege. 8. (53 S.) Wolfenbüttel 876, Zwißler. * — 60
—— dass. — s. Volksbücher, deutsche.

– die Heimkehr d. Vermißten, s. a. Vom Jahrmarkt d. Lebens.

— Land u. Freiheit. Roman. 8. (244 S.) Leipzig 893. Dresden, E. Reißner. n. 3. —

— Landschaftliches u. Geschichtliches aus dem Unter-Elsaß. 8. (VII, 221 S.) Stuttgart 871. Cotta. n. 2. 40

Heinrich Schaumberger. Eine Skizze s. Lebens u. Wirkens von Wilhelm **Rullmann.** Zur Enthüllung d. Schaumberger-Denkmals in Neustadt (Coburg). Mit Ill. nach Zeichn. von Max Derra, Rud. Koeselitz u. nach Photogr. Neustadt: Lokalkomitee 1899. 51 S. 8° (10.174

Rullmann, Wilh., Heinrich Schaumberger. Eine Skizze seines Lebens u. Wirkens. Zur Enthüllg. des Schaumberger=Denkmals in Neustadt (Coburg). Mit Illustr. nach Zeichngn. v. Max Derra, Rud. Koeselitz u. nach Photographien. 8. (51 S.) Neustadt 899. (Wolfenbüttel, J. Zwißler.) n. — 50

Rullmann, Wilhelm. Zwei Schloesser am Genfersee. (1. Schloss Blonay. – 2. Chillon.) [A.] 8. (München 1872.)

Rullmann, Wilhelm: Chemisch-bacteriologische Untersuchungen von Zwischendeckenfüllungen m. bes. Berücks. v. Cladothrix odorifera . . . München, Akad. Buchdr. v. F. Straub, 1895; 46 S., 1 Bl., 1 Taf. 8.
München, Phil. Fak., Inaug.-Diss. v. 1895

Rullmann, Wilh., chemisch-bacteriolog. Untersuchgn. v. Zwischendeckenfüllungen m. bes. Berücksicht. v. Cladothrix odorifera. gr. 8. (46 S. m. 1 Lichtdr.-Taf.) München 895. (J. F. Lehmann's Verl.). n. 1. —

Rullmann, Wilh., Witz u. Humor. Streifzüge in das Gebiet des Komischen. (VII, 191 S.) 8. Berlin 910. E. Fleischel & Co. 2.—; geb. 3. —

Rullmann, Woldem., Deutschlands Erhebung gegen den Erbfeind i. J. 1870. Dem deutschen Volke erzählt. gr 8. (147 S.) Leipzig 871. Kormann. n. — 50

Hans Rülps | oder: | der in der | Höll und Vorhimmel | gewesene versoffene | Sautreibers-Wanst. | Eine sehr spaßhafte Erzählung. | (Fig.: *Karikatur eines Mannes mit erhobenem Becher in der Linken*, 60 × 62) | Reutlingen, | in der Kurtz'schen Buchdruckerey.
o. J., 15 S., 172 × 104.
StB Ulm BB 927.

Rumänen, Die, der oesterreichischen Monarchie. Wien 1851. V: *Lauriano, August Tribonius.* (Mitth. Dr. H. Friedjung.)

Rumänien [Sachliches OW]

Rumänien. Rumänische Eisenbahn-Actien-Gesellschaft und die Retrocessionsfrage. gr. 8. (16 S.) Berlin 880, H. Peters.

Rumänien in Bild u. Wort. Sammlg. v. Bildern der interessantesten Gegenden, Städte, Kunstwerke aus alter u. neuer Zeit, Scenen aus d. Volksleben, Typen u. Trachten Rumäniens. Photograph. aufgenommen u. hrsg. v. Frz. Duschek. Text v. Gr. G. Tocilescu, bearb. v. A. F. Inescu. Nr. 1 u. 2. qu. gr. 4. (20 S.) Bucarest 896. Leipzig (C. F. Tiefenbach). à n. – 80; französ. u. rumän. Ausg. zu gleichem Preise.

„Rumänien muß größer sein!" Eine zeitgemäße Betrachtg. Von e. Ostländer. 8. (16 S.) Berlin 893. Deutsche Schriftsteller-Genossenschaft. n. – 40

Rumänien und der Vertrag von San Stefano, von einem rumänischen Senator. Mit einem Anhange, enthaltend: Die russisch-türkischen Verträge seit 1700, die russisch-rumänische Convention und die russischen Proclamationen vom April 1877. 8. Wien 1878.

Rumänien [Schlagwort]

Rumänien, s.a. Balkan-Halbinsel, Scheda & Steinhauser.

Rumänien, s.a. Deutschland. Baur. — Eisenbahnkarten. -- Hand- u. Reisekarten. 48.

Rumänien. Geologische Karte von. (Carta geologica a Ind-tului (Mehedinti). Farbendruck. Kl.-Folio. Wien, R. Lechner's Hof- u. Univ.-Buchh. Gefalzt in kl.-8. Lwdbd. 2 fl. 50 kr. 1884 S. 217

Rumänien. Massaloup, I. V., Karte v. Rumänien m. den angrenzenden Donauländern von Pest bis Odessa. 1 : 806,400. 3., vollständig umgearb. Aufl. v. A. Gorjean. (In rumän. Sprache.) 67×91 cm. Farbendr. Bukarest 893. E. Graeve & Co. n. 3. 20

Rumänisch (für Deutsche). Mit genauer Angabe d. Aussprache. Bonn, Leipzig: C. Georgi [1897]. (30 S.) 8° [Umschlagt.]
-- Kuntze, Polyglott [18.] (05. 839

Rumänisches Sprachgebiet [Schlagwort]

Rumänisches Sprachgebiet, s.: Sprachenkarten.

Rumann, Er., s. Soulié, Fr., die Schule d. Lebens.

Rumann, M. F., der Jungfrau Barbara Kurimßky Uebertritt von der römisch-kathol. zur evangel.-christl. u. protestant. Kirche zu Kesmark in Ungarn am 25. Juni 1843. Ein kirchl.-religiöser Akt, zur Förderung der Einigkeit im Geiste durch das Band des Friedens unter aufgeklärten Protestanten u. Katholiken. gr. 8. (1½ B.) Leipzig 844, Otto Wigand.

Rumann, R. A., pract. Rechenbuch, od. Anleit. zu d. arithmet. Kenntnissen f. d. Wechselgeschäft. Mit e. tabellar. Uebersicht d. verschied. Staatspapiere im Werth gegen einander. Eine Mitgabe an d. jungen Banquier u. Kaufmann bei sein. Eintritt in d. pract. Leben. gr. 8. (12 B.) Leipzig 831, (Kayser.)

Rumann, R. A., prakt. Rechenbuch, oder Anleitung zu d. arithmet. Kenntnissen üb. d. Wechselgeschaft rc. gr. 8. Leipzig 831. (Melzer.) 1 ½ ß

Rumann, R. A., prakt. Rechnenbuch, od. Anleit. zu den arithmet. Kenntnissen f. das Wechselgeschäft. Mit e. tabellar. Uebersicht der verschied. Staatspapiere im Werth gegen einander. Eine Mitgabe an den jungen Banquier u. Kaufmann bei seinem Eintritt in das prakt. Leben. gr. 8. Leipz. 831. Wolbrecht. 1 ß

Rümann, Ernst, Referendar: Die Anzeige des Gläubigers von der Zession (§ 409 B.G.B.) Göttingen 1908: Dieterich. (49 S.) 8°
Göttingen, Jur. Fak., Ref. Detmold, Diss. v. 10. Aug. 1908
[Geb. 22. Juni 85 Hannover; Wohnort: Hannover; Staatsangeh.: Preußen; Vorbildung: Lyzeum II u. Leibniz-Reformgymn. Hannover Reife O. 04; Studium: Jena 2, München 2, Göttingen 2 S.; Rig. 15. Mai 08.]

Psyche Tyrannos. Novellen von Wilhelm **Rümann.** Berlin-Leipzig: C. Wigand 1900. (220 S.) 8° (08. 5572

Rumbauer, M., römische Mosaik. Roma — Neapolis. Atelier-Geheimnisse. 8. (VIII, 229 S.) Berlin 884, Internationale Buchhandlung.

— dass. — Schilderungen aus dem Volks-, Gesellschafts- und Kunstleben in Italien. Roma — Neapolis. Atelier-Geheimnisse. 2. Aufl. 8. (VIII, 229 S.) Ebendas. 884.

Rumbauer, M., römische Mosaik. Italien. Novelleten und Atelier-Geheimnisse. 3. (Titel-)Aufl. 8. (VIII, 229 S.) Berlin (884)887, Siegismund. geb. *

Rumbauer, M. Römische Mosaik. Italienische Novelletten u. Atelier-Geheimnisse. 4. (Titel-)Aufl. 8. (VIII, 229 S.) Berl. 890, Rumbauer. * 1 —; geb. * 1 50; eleg. geb. * 2 —

— unter dem Nordlicht. Norwegische Erzählg. 8. (186 S.) Berlin 888. Landsberger. n. 2. —

— dasselbe. 3. (Titel-)Aufl. 8. (V, 186 S.) Berlin 890. Rumbauer. n. 1. —; leicht geb. n. 1. 50; eleg. geb. n. 2. —

— unter dem Nordlicht. Norwegische Erzählgn. 3. (Titel-)Aufl. 8. (V, 186 S.) Ebd. 891. * 1 —; geb. * 1 50; eleg. geb. * 2 —

— Von den Ufern d. Ganges. Lustspiel in 1 Aufzug. gr. 8. (34 S.) Ebd. 881. * — 40

Rumbaum, Hans [aus Laubsky, Kr. Oels (Schles.)]: Beitrag zur Ätiologie des Hydramnions ... Würzburg, P. Scheiner's Buchdr., 1893; 44 S. 8.
Würzburg, Med. Fak., Inaug.-Diss. v. 1893

Rumbaur, Otto [aus Colberg]: Die Geschichte von Appius und Virginia in der englischen Litteratur. ... Breslau, Druck v. Brehmer & Minuth, 1890; 48 S., 1 Bl. 8°
Breslau, Phil. Fak., Inaug.-Diss. v. 27. Sept. 1890

Rumbaur, Otto, die Geschichte v. Appius u. Virginia in der engl. Litteratur. Inaug.-Diss. gr. 8. (48 S.) Breslau 890. (Leipzig, Fock.) n. 1. —

Rumbaur, Otto (II.). Stanley's sämmtliche Reisen in Afrika u. Emin Paschas, Wißmanns, Dr. Peters Erlebnisse im dunkeln Erdtheil. Nach eigenen Berichten der Forscher f. weitere Kreise bearb. Mit Illustr., welche zum Tl. den Orig.-Werken entnommen sind. 2 Bde. gr. 8. (800 S.) Berl. 891,92, Weichert. geb. 6 50
Auch in 25 Lfgn. à — 25.

(**Rumbella,** Dumeng.) Chianzun Davart la stramantusa Lavinna da Ftaun gnüda gio Anno 1720. adi 8. Februarij.... (Componüda da mai Dr R^r da Ftan.) 8. (Scuol.)

Rumbenius, E. L., Hülfsbuch f. Zeichner u. Maler, u. die es werden wollen. Oder interessante Belehr. üb. die Kunst des Zeichnens u. Malens. Nach d. neuest. u. besten Anweisungen des In- u. Auslandes. 8. Quedlinb. 826. Basse. 16 ℛ

— gründl. Unterricht in d. Pastell-, Miniatur-, Email-, Wachs-, Fresco- u. Glasmalerei; mit Berücksichtigung d. darin gemachten neuesten Erfindungen. 8. Quedlinb. 826. Basse. 12 ℛ

Rumberg, Baron von; oder was vermag die Liebe nicht. Schsp. 8. Berlin, Schöne. 802.

Rumberg, David, eines Waisenknaben Geschichte, 8. Liegnitz, 783. Siegert. 13 sgl.

Rumberg's, David, eines Waisenknaben, Geschichte. 8. Liegnitz 783. Siegert.

Rumberg, Hugo, Gerichtsreferendar in Bochum: Unter welchen Voraussetzungen ist der Eingriff in nachbarliches Grundeigentum widerrechtlich, und welchen Rechtsschutz gewährt gegen einen solchen Eingriff das bürgerliche Gesetzbuch? Heidelberg 1905: K. Rössler. (VIII, 65 S.) 8°
Heidelberg, Jur. Fak., Ref. Bekker, Diss. v. 5. Juli 1905
[Geb. 7. Juni 81 Wiemelhausen b. Bochum; Wohnort: Bochum; Staatsangeh.: Preußen; Vorbildung: Gymn. Bochum Reife O. 00; Studium: Heidelberg 1, Berlin 3, Kiel 2 S.; Rig. 20. Juni 05.]

Rumbold, B., Wappenbuch d. Königr. Ungarn u. seiner Nebenländer, s.: Altenburger, G.

Rumbold, Caroline, a. St. Louis, Missouri: Beiträge zur Kenntnis der Biologie holzzerstörender Pilze. [Auf d. Umschl.:] Ludwigsburg [1908]: Ungeheuer & Ulmer. (60 S., 1 Taf.) 8° [F.] ¶[Aus: Naturw. Zeitschrift f. Forst- u. Landwirtschaft 6. Jg. H. 2, 1908.]
München, Staatswirtsch. Fak., Ref. Frh. v. Tubeuf, Diss. v. 25. Nov. 1907
[Geb. 27. Juli 77 St. Louis; Wohnort: St. Louis; Staatsangeh.: Vereinigte Staaten; Vorbildung: Vorbereitungssch. Hosmer Hall Reife Juni 97; Studium: Phil. Smith College Northampton Mass. 12, Washington Univ. St. Louis 8, Staatsw. München 5 S.; Rig. 25. Nov. 07.]

Rumbold, Ignaz [aus Kornhaus bei Prag]: Ein Beitrag zur Echinococcuserkrankung. . . . Greifswald, Druck v. Julius Abel, 1890; 32 S. 8°
Greifswald, Med. Fak., Inaug.-Diss. v. 25. Jun. 1890

Rumbold, Julius. Rundschau des 6314' hohen Dobratsch in Oberkärnthen. Aufgenommen von — —. Im Jahre 1852. Lith. bei J. Rauh in Wien. Ein 9mal gefaltetes Längenbl.

Rumburg [Schlagwort]

Rumburg. Blumtritt, Heinr., Heimatkarte Rumburg-Warnsdorf. Hrsg. vom freien nordböhm. Lehrervereine. 1 : 50,000. 43×41 cm. Farbdr. Warnsdorf (908). (Rumburg, H. Pfeifer.) nn — 25

Rumburg. Pilz, H., Karte des Bez. Rumburg. 1 : 50.000. 41×39,5 cm. Farbdr. Aussig (900). (A. Grohmann.) n. — 30

Rumburg-Seifhennersdorf, s.: Geologische Karten (Sachsen).

Rümcker, Ernst Adolph, Referendar in Hamburg: Der Erwerb des Eigentums nach § 931 des Bürgerlichen Gesetzbuches. Hamburg 1907: Berngruber & Henning. (IX, 66 S.) 8°
Heidelberg, Jur. Fak., Ref. Schroeder, Diss. v. 1907
[Geb. 17. Juli 80 Hamburg; Wohnort: Hamburg; Staatsangeh.: Baden; Vorbildung: Gelehrtensch. d. Johanneums Hamburg Reife M. 00; Studium: Tübingen 2, Heidelberg 6 S.; Rig. 30. Juni 05.]

Rümcker, Mathilde, deutsches Lesebuch, s.: Gaudig, H.

Rümel, Fr. X.

— die Einsiedlerin am Kniebisberge, od. edle Rache für lange Verbrechen; ein abentheuerl. Gemälde aus d. ersten Hälfte d. 13n Jahrhunderts, in 4 Aufz., mit 1 Kpf. 8. Augsb. ... v. Jenisch u. St. 14 K

— Emma v. Rauchenlechsberg; Trspl. 8. Augsb. 814. v. Jenisch u. St. 20 K

— die Rebellen in Ungarn; e. Schspl. in 4 Aufz., mit 1 Kpf. 8. Augsb. ... v. Jenisch u. St. 10 K;

Rümel, Fr. X., dramat. Werke. (Enth.: 1) Die Rebellen in Ungarn. 2) Emma v. Rauchenlechsberg. 3) Die Einsiedlerin am Kniebisberge). gr. 8. Augsb. 815. v. Jenisch u. St. 1 fl 16 K

Rumelien [Schlagwort]

Rumelien, s.: Ost-Rumelien.

Rümelin, Adf., häusliche und öffentliche Erziehung, s. a. Sammlung gemeinverständl. Vorträge und Abhandlungen wissenschaftl. Inhalts.

Rümelin, Adolf, Häusliche u. öffentl. Erziehung, Vortrag, Dessau 1881, 30 S., 8°.

Rümelin, A., Luther als deutscher Schriftsteller, s.: Vorträge, öffentliche, zur Feier d. 400jähr. Geburtstages D. Martin Luthers geh.

Rümelin, Adf., d. Reformation in Dessau. E. Vortrag, geh. auf d. Gemeindeabend d. Schloß- u. Stadtkirche zu St. Marien in Dessau am 31. Oktbr. 1891. 8. (44 S.) Halle 895. E. Strien. — 60

Rümelin, A., Ludwig Uhland, s. a. Neujahrsblätter, württembergische.

Rümelin. Adf.: Ludwig Uhland. (Württ. Neujahrsblätter. 4.) Stuttg.: Gundert 1887.

Rümelin, Emil. Die Selbstverwaltung in ihrer Bedeutung f. die soziale Frage. 8. (23 S.) Stuttg. 891, Kohlhammer. — 60

Rümelin, Eugen: Der staatsrechtliche Begriff der konstitutionellen Volksvertretung und dessen Anwendbarkeit auf den elsass-lothringischen Landesausschuss. Heidelberg 1904: K. Rössler. (58 S.) 8°
Heidelberg, Jur. Fak., Ref. Anschütz, Diss. v. 4. Okt. 1904
[Geb. 8. Dez. 80 Stuttgart; Wohnort: Stuttgart; Staatsangeh.: Württemberg; Vorbildung: Gymn. Stuttgart Reife Juli 99; Studium: Berlin 3, Heidelberg 4 S.; Rig. 4. Aug. 04.]

Rümelin, Georg Burkhard

Rümelin, Geo. Burchh., arcula sacra. 8. Tubing. 733.

— lexicon critico-sacrum in II Pts. dig. 4. Frcf. Sand. 730.

— lexicon hebraicq-biblicum. 4. ibid. 716.

Rümelin, Gustav

—— s. Sigwart, Christof. Gedächtnißrede.

Rümelin, Gust., die Aufgabe der Volks-, Real- u. Gelehrtenschulen zunächst mit Beziehung auf die würtemberg. Zustände. gr. 8. (12 B.) Heilbronn 845, Drechsler'sche Buchh.

Rümelin, Gust., juristische Begriffsbildung. Akademische Antrittsschrift. gr. 8. (40 S.) Leipzig 878. Duncker & Humblot. n. 1. —

Rümelin, G., die Berechtigung der Fremdwörter. 1. u. 2. Aufl. gr. 8. (III, 88 S.) Freiburg i/Br. 887. J. C. B. Mohr. n. 1. 60

— dasselbe. 3. Aufl. gr. 8. (VII, 90 S.) Ebd. 887. n. 1. 50

Rümelin, Gust., die Bevölkerungsstatistik des Königr. Württemberg. gr. 8. (VIII, 143 S.) Stuttgart 884, Kohlhammer. *
Aus: Das Königreich Württemberg, besonders abgedruckt.

Denkschrift betreffend den Neubau eines Kollegienhauses dem akadem. Senat überreicht v. d. Vorsitzenden d. Baukommission Geh. Hofrat Dr. *Gustav* **Rümelin.** Freiburg i. B., Univ.-Buchdr. v. Ch. Lehmann, 1896; 22 S. 8.

Dienstvertrag und Werkvertrag von Gustav **Rümelin**, Prof. Tübingen: J. C. B. Mohr 1905. (322 S.) 8° [05. 9091

Kanzlerreden von Gustav **Rümelin**, Kanzler d. Univ. Tübingen von 1870–1889. (Hrsg.: M[ax v.] Rümelin.) Tübingen: J. C. B. Mohr 1907. (509 S.) 8° [F.] [07. 14113

Rümelin, Gust., zur Lehre v. der exceptio rei judicatae. gr. 8. (IV, 64 S.) Tübingen 875. Fues. n. 1. —

Programm, wodurch zur Feier des Geburtsfestes Seiner Kgl. Hoheit unseres durchlauchtigsten Grossherzogs Friedrich ... einladet der gegenw. Prorektor Dr. Gustav **Rümelin.** — Inhalt: Methodisches über juristische Personen. Freiburg i. B., Univ.-Buchdr. v. Chr. Lehmann, 1891; V S., 1 Bl., 85 S. 4.

[F.] Aus der Paulskirche. Berichte an den Schwäbischen Merkur aus d. Jahren 1848 u. 1849 v. Gustav Rümelin. Hrsg. u. eingel. v. H. R. Schäfer. *Leipzig: G. H. Meyer [o. J.]* (XI, 259 S.) 1 Bd 8. [98. 410 Bu

Rümelin, Gust., aus der Paulskirche. Berichte an den Schwäb. Merkur aus den J. 1848 u. 1849. Hrsg. u. eingeleitet v. H. R. Schäfer. gr. 8. (XI, 259 S.) Stuttgart 892. [G. J. Göschen.] Wiesbaden, M. Richter's Verl. n. 4. —

Rümelin, Gustav. Aus der Paulskirche. Berichte an den schwäbischen Merkur aus den Jahren 1848 und 1849. Herausgegeben und eingeleitet von H. R. **Schäfer**. 8. Leipzig (1898).

Rümelin, Gustav: Reden und Aufsätze; desgl. N. F. u. 3. Folge. 3 Bde. Tübingen: Laupp 1875. Freiburg: Mohr 1881, 94.

1: Ueber den Begriff eines sozialen Gesetzes 1867. Ueber Hegel 1870. Ueber das Rechtsgefühl 1871. Ueber den Begriff des Volkes 1872. Ueber die Lehre von den Seelenvermögen 1873. Ueber das Verhältnis der Politik zur Moral 1874. Ueber die Reichsoberhauptsfrage. Frankfurt 1849. Rede zur Feier des Geburtstags des deutschen Kaisers 1874. Zur Theorie der Statistik I. 1863. II. 1874. Ueber den Begriff und die Dauer einer Generation. Ueber die Malthus'schen Lehren. Stadt und Land. Mensch[illegible] Lebensdauer. Der Militäraufwand. Die Oekonomie der Arbeit. Moralstatistik und Willensfreiheit. Recht und Schuld in der Tragödie. Zu Hermann und Dorothea. Eintheilung der Universalgeschichte. Strauss. Wider den neuen Glauben (Materialismus). Wider die Formeln des alten Glaubens.

2: Ueber den Zusammenhang der sittlichen und intellektuellen Bildung 1875. Ueber einige psychologische Voraussetzungen des Strafrechts 1876. [illegible] zur Verkündigung der Ehrenpromotionen beim Universitätsjubiläum 1877. Ueber die Arbeitstheilung in der Wissenschaft 1877. Ueber Gesetze der Geschichte 1878. Ueber das Wesen der Gewohnheit 1879. Ueber die Idee der Gerechtigkeit 1880. Zur katholischen Kirchenfrage 1880. Ueber den Wahlmodus für den Reichstag 1880. Eine Definition des Rechts 1880. Erinnerungen an Robert Mayer 1878 und 80. Altwürttembergisches: Neckar und sein Reiseverkehr[illegible] Schwaben. Das alte gute Recht. 1864. 1880. Ueber das Objekt des Schulzwangs 1881. Miscellanea (zur Statistik, Lessing, Gymnasialfragen). Zur Uebervölkerungsfrage 1878. 1881.

3: Gedächtnisrede auf Rümelin von Christof Sigwart. Ueber die Temperamente 1881. König Friedrich v. Württemberg und seine Beziehungen zur Landesuniversität 1882. Die Entstehungsgesch. der Tübinger Universitätsverfassung 1884. Ueber die Lehre vom Gewissen 1884. Ueber die Arten und Stufen der Intelligenz 1885. Ueber die Berechtigung der Fremdwörter 1886. Ueber die neuere deutsche Prosa 1887. Ueber den Begriff der Gesellschaft und einer Gesellschaftslehre 1888. Ueber den Zufall 1889. Justinus Kerner 1862. Der württemb. Volkscharakter 1863. 1884.

— Reden und Aufsätze. 8. (VI, 454 S.) [Tübingen 875, Laupp'sche Buchh.] Freiburg i. Br., Mohr. (* M. 7,40.) * 6 —
geb. * 7 —

— Reden u. Aufsätze. Neue Folge. gr. 8. (VII, 624 S.) Freiburg i/Br. 880. Mohr. n. 8. —; geb. n. 10. —
(1. u. 2.: n. 14. —)

— Reden und Aufsätze. Neue Folge. gr. 8. (VII, 624 S.) Freiburg i. Br. 881, Mohr. *
geb. *

1. Folge. [Tübingen 1875, Laupp'sche Buchh.] Freiburg i. Br., Mohr. * M 6.; geb. * M 7.

— Reden u. Aufsätze. 3. Folge. Nebst Chr. Sigwart's Gedächtnisrede auf Gustav Rümelin. gr. 8. (VII, XX, 406 S.) Freiburg i/B. 894. J. C. B. Mohr. n. 6. —; Einbd. in Leinw. n.n. 1. —; in Halbfrz. n.n. 2. —; in Halbkalblder. n.n. 2. —; in Liebhaberbd. n.n. 3. 80
(1—3.: n. 13. 80)

Rümelin, Gust., Shakespearestudien. Stuttgart 866. Cotta'sche Buchh. gr. 8. (VII, 252 S.) 27 ngr.

— Shakespearestudien. 2. Aufl. gr. 8. (XIV. 315 S.) Stuttgart 874. Cotta. n. 6. —

— die Theilung der Rechte. gr. 8. (VII, 277 S.) Freiburg i/B. 883. Mohr. n. 8. —

Rümelin, Gust, d. civilistische Unterricht u. das bürgerl. Gesetzbuch. gr. 8. (24 S.) Freiburg i/B. 896. Tübingen, J. C. B. Mohr. n. — 60

Rümelin, Gustav, a. Freiburg im Breisgau: Über die Verdünnungswärme konzentrierter Lösungen. Freiburg i. B.: Speyer & Kaerner 1905. (55 S.) 8°
Göttingen, Phil. Fak., Ref. Nernst, Diss. v. 3. Juli 1905
[Geb. 15. Jan. 82 Freiburg i. B.; Wohnort: Freiburg; Staatsangeh.: Baden; Vorbildung: Gymn. Freiburg Reife M. 99; Studium: Freiburg 7, Göttingen 4 S.; Rig. 1. März 05.]

Reden gehalten . . . am 6. Mai 1891 bei der öffentlichen Feier der Uebergabe des Prorectorats . . . von dem abtretenden Prorector Geh. Hofrat Prof. Dr. Franz Xaver Kraus [Inh.: Jahresbericht] und dem antretenden Prorector Hofrat Prof. Dr. Gustav Rümelin [Inh.: Werturteile und Willensentscheidungen im Civilrecht]. Freiburg i. B., Univ.-Buchdr. v. Chr. Lehmann, 1891; 58 S. 4°

Zweckvermögen und Genossenschaft. Festschr. v. Gustav **Rümelin,** Prof. d. Rechte ... (Rudolf v. Jhering z. Feier s. 50j. Doktorjub. ... überreicht ...) Freiburg i. B., Universitätsbuchdr. v. Chr. Lehmann, 1892; 3 Bl., 108 S. 8.

Rümelin, H. G., praes. B. D. **Mauchart,** Capitis articulatio cum prima et sec. colli vertebra. 22 pp. Tub. 4°. *Haller*, Disp. anat. 4°. Gott. 1751, VI, 337—368. 1747

Rümelin, J. E. F., Aufford. z. einer dauerh. u. nützl. Bienenzucht im Großen, mit 22 Tab. 8. Stuttgart, Löflund. 803.

Rümmelin, J. E. F., Aufforderung zu e. nützl. u. dauerhaften Bienenzucht im Großen. Mit 22 Tabb. 8. Stuttg. 803. Löflund. 9 gr.

Rümelin, J. H.: Dissertatio de vita, scriptis et inventis Jo. Kepleri. Tubingae 1770. 4°

Rümelin, Karl

--Vortr ü Justinus Kerner, geh vor d Dten Lit Klub von Cinci, am 15. Sept 1886. Cincinnati, 1886.

Rümelin, Ludwig. Die Erkenntnis. Eine naturwissenschaftl. Studie über den kausalen Zusammenhang der Naturerscheingn., enthüllend den Zweck der Schöpfg., den Zweck unseres Daseins, u. den wahren Begriff der menschl. Seele. gr. 8. (IV, 78 S.) Lpz. 891, Spohr. * 1 80

Rümelin, Martin

Rümelinus, Mart., aurea bulla Caroli IV. illustr. 4. Tub. Ebert. 702.

RÜMELINUS, Mart.: Diss. ad A. B. *Tubing.*, 619. 4. cum notis J. Jac. SPEIDELII. *Tub.* 631. 4. cum accessionibus Nic. MYLERI AB EHRENBACH. *Stuttg.* 655. 4. c. notulis Gabr. SCHWEDERI. *Tub.* 702. 706. 4.

Rümelin, Max, f.: Archiv f. die civilistische Praxis.

Rümelin, Max: Zur Geschichte der Stellvertretung im römischen Civilprocess . . . . Freiburg i. B., Akad. Verlagsbuchh. v. J. C. B. Mohr (Paul Siebeck), 1886; X + 2 + 154 S. 8°.
Tübingen, Jur. Fak., Inaug.-Diss. v. 1886.

Rümelin, M., d. Gründe d. Schadenszurechnung u. d. Stellung des deutschen bürgerl. Gesetzbuchs zur objektiven Schadenersatzpflicht. gr. 8. (97 S.) Ebd. 896. n. 2. —

Rümelin, M., Zur Lehre v. den Schuldversprechen u. Schuldanerkenntnissen des BGB. [Aus: „Archiv f. d. civilist. Praxis".] (VIII, 328 S.) gr. 8. Tübingen '05. J. C. B. Mohr. 7. —

— zur Lehre von den Schuldversprechen u. Schuldanerkenntnissen des BGB., s. a. Festgabe der Tübinger Juristenfakultät für Heinrich Degenkolb.

Rümelin, Max von (Hrsg.), s. Rümelin, Gustav: Kanzlerreden.

Schadenersatz ohne Verschulden. Rede gehalten bei d. akad. Preisverteilung 1910 von Prof. Dr. Max **Rümelin**. Tübingen: Mohr 1910. 74 S. 8° [10. 17580

Rümelin, M., das Selbstcontrahiren d. Stellvertreters nach gemeinem Recht. gr. 8. (VIII, 298 S.) Freiburg i/Br. 888. J. C. B. Mohr. n.n. 9. —

Rümelin, Max, das Verschulden im Straf- u. Zivilrecht. Rede, geh. bei d. akadem. Preisverteilg. am. 6. XI. 1909. (53 S.) gr. 8. Tübingen 909. J. C. B. Mohr. 1. 40

— die Verwendung der Causalbegriffe in Straf- u. Civilrecht. gr. 8. (174 S.) Tübingen 900. J. C. B. Mohr n. 4. — Sonderabdruck aus: „Archiv f. civilist. Praxis".

Rümelin, Max. Der Vorentwurf zu einem Schweizerischen Civilgesetzbuch. Besprochen von Dr. Max Rümelin, Professor... [in] Tübingen. Sonderabdruck aus Schmollers Jahrbuch für Gesetzgebung etc. [Band] XXV. [Heft] 3. 4. VI + 162 S. 8. Leipzig, Duncker & Humblot, 1901. [M. 3. 60]

— Bernhard Windscheid u. sein Einfluss auf Privatrecht u. Privatrechtswissenschaft. Rede, geh. am Geburtsfest Sr. Maj. des Königs Wilhelm II. v. Württemberg am 25. II. 1907 im Festsaal der Aula der Universität Tübingen. (48 S.) Lex. 8. Tübingen 907. (G. Schnürlen.) 1. 20

Rümelin, Max. Das neue schweizerische Zivilgesetzbuch und seine Bedeutung für uns. Rede, gehalten bei der akademischen Preisverteilung am 6. November 1908 von Prof. Dr. M' R', Kanzler der Universität Tübingen. IV + 40 S. 8. Tübingen, J. C. B. Mohr, 1908. [M. 1.—]

— der Zufall im Recht. Akad. Antrittsrede. gr. 8. (III, 55 S.) Ebd. 896. n. 1. —

Rümelin, V., s.: Verhandl. d. Versammlung. — Weinbau d. Stadt Heilbronn.

Rumely, Edward A., a. La Porte, U.S.A.: Über die Beziehungen der Appendicitis zu den weiblichen Generationsorganen. Freiburg i. Br.: Speyer & Kaerner 1906. (40 S.) 8°
Freiburg i. B., Med. Fak., Ref. Krönig, Diss. v. 2. Mai 1906
[Geb. 28. Febr. 82 La Porte; Wohnort: La Porte; Staatsangeh.: Vereinigte Staaten; Vorbildung: High School u. St. Josephs College Juni 98; Studium: University of Notre Dame 4, Oxford 1, Heidelberg 2. Freiburg i. B. 7 S.; Rig. 2. März 06.]

Rümenapp, H., s.: Verzeichnis, alphabetisches, der Fernsprechteilnehmer im Oberpostdirektionsbez. Schwerin.

Rum-Fabrikation, die neueste u. vortheilhaft., auf kaltem Wege, u. untrügl., auf Erfahrung gestützte Anweis., sämmtl. rohe Branntweine schnell zu entfuseln. Als Manuscript in verschloss. Couvert. Berlin (833), [Leweut.]

Rum-Fabrikation, die neueste und vortheilhafteste, auf kaltem Wege, und untrügliche, auf Erfahrung gestützte Anweisung, sämmtliche rohe Branntweine schnell zu entfuseln. Als Manuscript in verschloss. Couvert. Berlin (833.) Schumann. 1 1/2 ♂

Rumford, Benjamin (Thompson) Graf von

Rumford B. v.: Physikalische Abhandlungen ... Aus d. Franz. Weimar 1805. 590 S. 8 Tvl.
(=: Kleine Schriften ... Bd. 4. Abth. 2). 728.

Rumford B. v.: Abhandlungen üb. die Wärme. Aus d. Franz. Weimar 1805. 347 S.
(=: Kleine Schriften ... Bd. 4. Abth. 1). 728.

v. Rumford, Graf Benj., Abhandll. über die Wärme; aus d. Französ. v. K. A. Gerhard. Mit Kpf. gr. 8. Berl. 805. (Reimer). 1 ♂

— —. üb. d. Wärme, a. d. Franz. v. Gerard. 8. Berl. Lange. 805.

Rumford, Graf von, Beobachtungen über die Wasserlöcher, welche im Sommer in den grossen soliden Eismassen auf den Gletschern von Chamouni entstehen, mit Bemerkungen über die Fortpflanzung der Wärme durch die Flüssigkeiten. (Aus: Ann. der Physik, B. 18, St. 3, J. 1804, St. 11.) (S. 5631)

— Ueber Erwärmung durch Dampf. (Aus: Annalen der Physik, B. 13, St. 4, J. 1803, St. 4.) (S. 5631)

Rumford B. v.: Ueber Küchen-Feuerheerde u. Küchengeräthe ... Aus d. Engl. Weimar 1803. 436 S. Fig. 13 Tvl.
(=: Kleine Schriften ... Bd. 3). 728.

— kleine Schriften, polit., ökonom. u. philosoph. Inhalts; aus d. Engl. v. K. S. Kramer. 4 Bde. Mit Kpf. gr. 8. Weim. 797, 800—804. Industr.-Compt. 12 ♂ 15 gr. (3r Bd. A. u. d. T.: über Küchenfeuerheerd 2c. 2 ♂ 12 gr. 4r Bd. A. u. d. T.: über Wärme. 1e Abtheil. 1 ♂ 6 gr. 2e Abtheil. A. u. d. T.: physikal. Abhandll. 2 ♂)

Rumford B. v.: Kleine Schriften politischen, ökonomischen u. philosophischen Inhalts. [1-3] ... aus d. Engl. übers., [4] aus d. Franz. 4 Bd., Bd. 2 og 4 à 2 Abth. (4 Vol.). Weimar 1797-1805. 35 Tvl. Forf.s Portr.

Rumford, Benjamin Thompson count of. Kleine Schriften, politischen, ökonomischen und philosophischen Inhalts ... a. d. Engl. ... Weimar 1799 —1805. Ü: *Kramer, Carl Siegmund.* (ErschDL) II: *Bertuch, Frdr. Justin.* (CBH) II (Bd. IV. Abth. 1. 2. Weimar 1805): *Voigt, Friedrich Sam.* (MGT) (Adel)

Rumford, B. v., Ueber die Verbesserung des Armenwesens und anderer gemeinnütziger Anstalten in Bayern. 8⁰. Weimar 1806.

Rumford, B. Graf v. Versuche mit dem balistischen Pendel. Aus d. Engl. von Rödlich. Paris 1830. 8°. (Orig. 1802.)

Rumford, Graf Benj. v., Versuche mit d. Balist. Pendel, die Geschwindigkeit geschoss. Körper zu bestimmen. Nach dess. Philosophical papers a. d. Engl. übers. durch H. F. Rödlich. gr. 8. (5¼ B. u. 4 Stnt. qu. gr. Fol.) Berlin 830, Reimer.

v. Rumford, Graf Benj., Versuche mit dem Balistischen Pendel die Geschwindigkeit geschlossener Körper zu bestimmen. Nach dessen Philophical papers aus d. Engl. übers. durch General-Major ... Rödlich. Mit 4 Steintaf. gr. 8. Berl. 831. Reimer. 1 ♂ 4 gr.

(v. Rumford.) Vormaliger u. jetziger Zustand der churpfalz-baierischen Armee. 8. s. l. 1793. 0,65.

Rumford, B. Graf v. Vormaliger u. jetziger Zustand der kurpfalzbaierischen Armee. Frankfurt 1795. 66 S.

Rumhold. Ein Original-Schauspiel ... von E. M. München 1776. V: *Mayer, Emanuel.* (Oberbayr. Arch. 51, 1902, Heft 2.) (Zeitschr. f. Büch. N. F. 15, 1923, S. 120)

Rumi, Karl Georg, s. Abende, Die frohen.

Rumi, Karl Geo., oratio: Agricolae experimentatores prudentes et circumspecti. 4. Oedenb. 815.

— Anleit. zum Bierbrauen, mit e. vorausgeschickten popul. Theorie d. Gährung. 12. Wien 826. Ludwig. ...

Rumy, (G. C.,) kurze Anleit. z. Bierbrauen, mit e. populären Theorie d. Gährung. gr. 12. Wien 826, Ludwig.

— theoret.-prakt. Anleit. zum deutschen prosaischen Styl. gr. 8. Wien 814. Schaumburg. 1 ß

— gemeinnütz. ökonom.-technologische Belehrungen. 2 Bde. 8. Wien 816. Schrämbl. 1 ß 12 ℊ

Rumi, G. C.: „Von der itzigen Beschaffenheit des Georgicons zu Kessthely, und den Mitteln, dasselbe dem Zwecke landwirthschaftlicher Institute überhaupt näher zu bringen. Eine Bewillkommnungsrede an die Theilnehmer des ökonomischen Besuchs desselben, am 20. März 1814 gehalten", Oedenburg 1814 (Siestische Erben).

— Bewillkommnungsrede an die Theilnehmer des ökonom. Besuchs im Georgicon zu Keßthely am 20. Mai 1815 rc. 4. Oedenb. 816.

— populäres Lehrbuch der Oekonomie, mit besond. Rücksicht auf d. Bedürfnisse Oestreichs u. Ungarns. 2 Thle. 8. Wien 808. Schaumburg. 4 ß

Rumi, K. G., populäres Lehrbuch d. Oekonomie. 2 Thle. 8. Wien, Schaumburg. (Eggenberger in Pest.) 808.

– s. Musenalmanach von u. für Ungarn.

— Tropologia et Schematologia practica, seu exemplaris, quam instar specim. rhetor. exemplaris edidit. 8. Prag 819. Calve. 16 ℊ

— geograph.-statist. Wörterbuch des östreich. Kaiserstaates, od. alphabet. Darstell. d. Provinzen, Städte, merkwürd. Flecken, Dörfer, Schlösser, Berge, Flüsse rc. Mit 1 Karte. gr. 8. Wien 809. Ant. Doll. 1 ß 16 ℊ

Rumich, Wenzel, Sprachübungen f. die zweite Klasse der österreichischen Volks- u. Bürgerschulen. Ein Handbuch f. Lehrer. gr. 8. (145 S.) Prag 873. Kosmack & Neugebauer. n. 1. 60

Rumiñaturi [Schlagwort]

Rumiñaturi, s.: Vulkanberge.

Rümker, George, Prof., Bericht des Direktors (—) der Sternwarte zu Hamburg. [Aus dem Jahrbuch der Hamburgischen Wissenschaftlichen Anstalten für 1895.] Hamburg 1896. (18146)

Rümker, George, Die wissenschaftlichen Ergebnisse der ersten in der Abtheilung IV der Deutschen Seewarte im Jahre 1877 abgehaltenen Konkurrenz-Prüfung von 31 Marine-Chronometern. (Aus dem Archiv der Deutschen Seewarte, 1878, No. 4.) Hamburg 1878. (13491)
— Desgl. der zweiten im Jahre 1878—79 und der dritten im Jahre 1879—80 abgehaltenen Konkurrenz-Prüfung von im Ganzen 92 Marine-Chronometern. (Aus dem Arch. der D. S., 1880, No. 4.) Hamburg 1880. (13497)
— Desgl. der 4., 5. u. 6. in den Jahren 1880/81, 1881/82, 1882/83 abgehaltenen Konkurrenz-Prüfungen von Marine-Chronometern. (Aus dem Archiv der Deutschen Seewarte, 1883, No. 4.) Hamburg 1883. (13504)

Rümker, G., Positionsbestimmungen v. Nebelflecken u. Sternhaufen. Ausgef. auf der Hamburger Sternwarte in d. J. 1871—1880. [Aus: „Jahrbuch d. Hamburg. wissenschaftl. Anstalten".] Lex.-8. (62 S.) Hamburg 895. (L. Gräfe & Sillem.) n. 1. 50

Rümker, Geo., die totale Sonnenfinsterniss am 18. Juli 1860. Beobachtet zu Castellon de la Plana. gr. 4. (15 S. mit 1 Chromolithogr.) Hamburg 861, Perthes-Besser und Mauke. *

Rümker, Johann Peter (Mecklenbg.) Thl. XV, 262/13

De privata confessione cum s. coenae usu utiliter citraque coactionem conjugenda.
Präs. Franz Albert Aepinus.
Rostock (Fritsch) 12. XII. 1714. 74 S.

W. v.: Johann Fecht, Präs., Felix Michael Blanck (Opp.). 29484

Rümker, Karl

Rümker, C., üb. d. Berechnung d. Sonnenfinsternisse, od. einfache Berechnungs-Methode d. Finsternisse f. d. Oberfläche d. Erde im Allgem. etc. mit Anwend. auf d. Sonnenfinsternisse am 3—4. März 1840 u. e. Entwerfung dieser Finsterniss nach orthograph. Projection. gr. 4. (3 B. u. 2 Stnt.) Hamburg 837, (Perthes-Besser u. Mauke.)

Rümker, Ch., preliminary catalogue of Fixed Stars, intended for à prospectus of a catalogue of the Stars of the southern Hemisphere, included within the Tropic of Capricorn, now reducing from the observations made in the observatory at Paramatta. gr. 4. (6 B.) Hamburgh 832, [Perthes-Besser and Mauke.] Thlr.

Rümker, Karl: Elementare Darstellung der Analyse der Fixstern-Bedeckungen von Bessel. Hamburg 1846. 4°

Rümker, Carl, Handbuch der Schifffahrts-Kunde, mit e. Sammlung von Seemanns-Tafeln, 1 See-Karte u. 1 magnet. Karte. Im Auftrage der hamburg. Gesellschaft zur Verbreitung mathemat. Kenntnisse verfaßt. 4. Aufl. gr. 8. (52½ B. u. 1 Stnt.) Hamburg 844, Perthes-Besser u. Mauke.

Rümker, Carl, Handbuch der Schiffahrts-Kunde, mit einer Sammlung von Seemanns-Tafeln, 2 lithogr. See-Karten in Fol., 2 lithogr. Stern-Karten und 1 lithogr. magnet. Karte in 4. Im Auftrage der hamburgischen Gesellschaft zur Verbreitung mathemat. Kenntnisse verfaßt. 5., mit stereot. Taf. verseh. Aufl. Lex.-8. (XXIV und 721 S. mit eingedr. Holzschn.) Hamburg 850, Perthes-Besser und Mauke.

Rümker, Carl, Handbuch der Schiffahrts-Kunde, mit einer Sammlung von Seemanns-Tafeln, 2 (lithogr.) See-Karten, 2 (lithogr.) Stern-Karten, 1 (lithogr.) magnet. Karte und der (lithogr.) Abbildung eines Kauffahrtei-Schiffes nebst Beschreibung (in gr. 4., qu. gr. 4. und Fol.) Im Auftrage der hamburg. Gesellschaft zur Verbreitung mathemat. Kenntnisse verfaßt. 6., mit stereot. Tafeln verseh. Aufl. gr. 8. (XII und 372 S. mit eingedr. Holzschn. und 1 Stnt. und Sammlung nautischer Hülfs-Tafeln XII und 544 S.) Hamburg 857, Perthes-Besser und Mauke. Thlr. *

Rümker, Carl, Längen-Bestimmung durch den Mond. Eine nautisch-astronom. Abhandlung. gr. 8. (VI u. 218 S.) Hamburg 849, Perthes-Besser & Mauke. n. 2 ß

Rümker, C., uber die Oerter sphärischer Dreiecke. gr. 4. Hamburg 834. Perthes, Besser u. Mauke. n. ½ ß

—— mittlere Oerter von 12000 Fix-Sternen, für den Anfang von 1836, abgeleitet aus den Beobachtungen auf der hamburger Sternwarte. qu. gr. 4. (6¾ B.) Hamburg 843, Perthes-Besser u. Mauke.

—— dass. 2. Abthl., die 6—12. Stunde enthaltend. qu. gr. 4. (8¼ B.) Ebds. 844.

—— dass. 3. Abthl., die 13—18. Stunde enthaltend. qu. gr. 4. (10 B.) Ebds. 846.

—— mittlere Oerter von 12000 Fix-Sternen für den Anfang von 1836, abgeleitet aus den Beobachtungen auf der hamburger Sternwarte. 4. Abthl. 1. Hälfte: Die 18. bis 21. Stunde enth. qu. 4. (S. 183—250.) Hamburg 849, Perthes-Besser und Mauke.

—— dass. — 4. Abthl. 2. Hälfte: Die 22. und 23. Stunde enthaltend. qu. 4. (S. 251—349.) Ebds. 852.
1—3. Abthl. Ebendas. 1843—46. à Abthl. * 3 Thlr.

Rümker, Carl, neue Folge der mittleren Oerter von Fixsternen für den Anfang von 1850. Abgeleitet aus den Beobachtungen auf der Hamburger Sternwarte. (Hamburg 857. Perthes-Besser u. Mauke.) qu. 4. (S. 337—405.) n. 1 *ℛ*. 15 *ngr.*

Rümker, Carl, neue Folge der mittleren Oerter von Fixsternen für den Anfang von 1850. Abgeleitet aus den Beobachtungen auf der Hamburger Sternwarte. 2. Abth. Die sechste Stunde enthaltend. Hamburg 859. (Perthes-Besser & Mauke. qu. 4. (S. 407—413.) n. 8 *ngr.*

— s. Schulze, Nik. Wlh., Lehrbuch d. Astronomie.

—— Vorschlag z. genaueren Berechnung d. Refraction bei d. Längenbestimmung durch Monddistanzen. gr. 4. (1¼ B.) Hamburg 835, (Heroldsche Buchh.)

Rümker, Kurt. Anleitung zur Getreidezüchtung auf wissenschaftlicher u. praktischer Grundlage. gr. 8. (XV, 183 S.) Berl. 889, Parey. * 3 —

[F.] Die Ausbildung des praktischen Landwirtes. E. Mahnwort an alle Landwirte u. solche, die es werden wollen. Von Prof. Dr. [Kurt] v. **Rümker**-Breslau. *Berlin: P. Parey 1896.* (IX, 38 S.) 1 Bd 8. [97. 3303

Rümker, Kurt, Benkendorff und seine Nebengüter. Skizze eines landwirthschaftl. Musterbetriebes der Prov. Sachsen. gr. 8. (58 S. mit 1 Karte.) Berlin 887, Parey.
Aus: Landwirthschaftliche Jahrbücher, besonders abgedruckt.

Rümker, K. v., erster Bericht über das landwirtschaftliche Versuchsfeld der königl. Universität Breslau in Rosenthal, Kr. Breslau. Erweitert dargestellt nach e. Vortrage im Vortragszyklus für prakt. Landwirte der Landwirtschaftskammer für die Prov. Schlesien vom 12. I. 1904. (97 S. m. 1 Tab.) Lex.-8. Berlin 904. P. Parey. n. 3. —
Sonderabdr. a.: „Mitteilgn. d. landw. Instit. d. Univ. Breslau".

Der Boden und seine Bearbeitung. Von Prof. Dr. K[urt] v. **Rümker**. *Berlin: P. Parey 1901.* (VII, 51 S.) 8° [F.]
= **Rümker**: Tagesfragen aus d. modernen Ackerbau. H. 1. [01. 4779

Der Boden und seine Bearbeitung. Von Prof. Dr. K[urt] v. **Rümker**. 2., neubearb. Aufl. *Berlin: P. Parey 1904.* (62 S.) 8° [F.]
= **Rümker**: Tagesfragen aus d. modernen Ackerbau. H. 1.

Prof. Dr. K[urt] v. **Rümker** in Breslau. Der Boden und seine Bearbeitung. 3., neubearb. Aufl. Berlin: P. Parey 1907. (61 S.) 8°
= **Rümker**: Tagesfragen aus d. modernen Ackerbau. H. 1. [07. 12449

Prof. Dr. K[urt] v. **Rümker** in Breslau. Der Boden und seine Bearbeitung. 4. neubearb. Aufl. Berlin: Parey 1909. 70 S. 8°
(Rümker: Tagesfragen aus d. modernen Ackerbau. H. 1.) [10. 5615

Prof. Dr. K[urt v.] **Rümker**. Ernte und Aufbewahrung. Berlin: P. Parey 1908. (68 S.) 8° [F.]
= **Rümker**, v.: Tagesfragen aus d. modernen Ackerbau. H. 10. [08. 14404

—— Ertragserhöhung d. Getreidebaues, s. Preisschriften u. Sonderabdrücke der Deutschen landwirtschaftlichen Presse.

Prof. Dr. K[urt] v. **Rümker** in Breslau. Über Fruchtfolge. Berlin: P. Parey 1906. (68 S.) 8° [F.]
= **Rümker**: Tagesfragen aus d. modernen Ackerbau. H. 4. [07. 12451

Prof. Dr. K[urt] v. **Rümker**. Über Fruchtfolge. 2., neubearb. Aufl. Berlin: P. Parey 1908. (69 S.) 8° [F.]
= **Rümker**, v.: Tagesfragen aus d. modernen Ackerbau. H. 4. [08. 14402

Führer durch den landwirtschaftl.-botanischen Garten der Königl. Universität Breslau. Von Prof. Dr. K[urt] v. **Rümker**. *Berlin: P. Parey 1903.* (62 S.) 4°(8°) [03. 14695

Grundfragen der Düngung. Von Prof. Dr. K[urt] v. **Rümker** in Breslau. *Berlin: P. Parey 1902.* (40 S.) 8° [F.]
= **Rümker**: Tagesfragen aus d. modernen Ackerbau. H. 2. [03. 8443

Prof. Dr. K[urt] v. **Rümker** in Breslau. Grundfragen der Düngung. 2., neubearb. Aufl. Berlin: P. Parey 1907. (40 S.) 8° [F.]
= **Rümker**: Tagesfragen aus d. modernen Ackerbau. H. 2. [07. 12450

Prof. Dr. K[urt] v. **Rümker** in Breslau. Grundfragen der Düngung. 3. neubearb. Aufl. Berlin: Parey 1909. 41 S. 8°
(Rümker: Tagesfragen aus d. modernen Ackerbau. H. 2.) [10. 5616

Über Gründüngung. Vortrag, geh. 1898 im landwirtsch. Ver. Gross-Strehlitz von Prof. Dr. [Kurt] v. **Rümker**-Breslau. *Schöneberg-Berlin: F. Telge 1898.* (48 S.) 8° [F.] [99. 789

Landwirtschaft und Wissenschaft. Ein offenes Wort z. Klärung d. Lage von Prof. Dr. [Kurt] v. **Rümker**-Breslau. Berlin: P. Parey 1905. (VI, 35 S.) 4°(8°)
Aus: Mitteilungen der Landw. Institute d. Kgl. Univ. Breslau. Bd 3, H. 2. [06. 9993

Rümker, Kurt v., Methoden der Pflanzenzüchtung in experimenteller Prüfung. (VII, 321 S. m. Abbildgn. u. 1 farb. Taf.) Lex. 8. Berlin 909. P. Parey. 12. —
Sonderabdr. aus: „Mitteilgn. d. landw. Inst. d. kgl. Univ. Breslau".

Rümker, K. v., s.: Mitteilungen der landwirtschaftl. Institute der königl. Universität Breslau.

— Neues üb. Sortenauswahl bei Getreide- u. Hackfrüchten m. Rücksicht auf Boden u. Klima. Referat üb. die Ergebnisse der hauptsächlichsten vergleich. Sortenanbauversuche der letzten Jahre. gr. 8. (59 S.) Schöneberg-Berlin 900. [F. Telge.] Berlin, Deutsche Tageszeitung. n. 1. —

— Über Organisation der Pflanzenzüchtung. (56 S.) gr. 8. Berlin 909. P. Parey. 1. 20

— Rübenbau u. Zuckerkonvention. (IV, 31 S.) gr. 8. Berlin 903. P. Parey. n. 1. 20
Sonderabdruck aus: „Blätter f. Zuckerrübenbau".

Prof. Dr. K[urt v.] **Rümker**. Saat und Pflege. Berlin: P. Parey 1908. (70 S.) 8° [F.]
= **Rümker**, v.: Tagesfragen aus d. modernen Ackerbau. H. 8. [08. 14403

Der Saatbau und die Saatbauvereine. Von Prof. Dr. K[urt] v. **Rümker** in Breslau. Berlin: P. Parey 1905. (32 S.) 8° [F.]
= **Rümker**: Tagesfragen aus d. modernen Ackerbau. H. 7. [06. 9994

Prof. Dr. K[urt] v. **Rümker** in Breslau. Der Saatbau und die Saatbauvereine. 2. neubearb. Aufl. Berlin: Parey 1909. 30 S. 8°
(Rümker: Tagesfragen aus d. modernen Ackerbau. H. 7.) [10. 5618

— Samen- u. Wurzelunkräuter u. deren Vertilgg. Vortrag, geh. in der ökonom. Gesellschaft im Königr. Sachsen zu Dresden, am 6. XII. 1907. (12 S.) gr. 8. Leipzig 907. Fritzsche & Schmidt. 90

Prof. Dr. [Kurt] v. **Rümker** in Breslau. Über Sortenauswahl bei Getreide mit Rücksicht auf Boden, Klima und Kulturzustand. Berlin: P. Parey 1907. (86 S.) 8° [F.]
= **Rümker**: Tagesfragen aus d. modernen Ackerbau. H. 5. [07. 12452

Prof. Dr. K[urt] v. **Rümker** in Breslau. Über Sortenauswahl bei Getreide mit Rücks. auf Boden, Klima u. Kulturzustand. 2. neubearb. Aufl. Berlin: Parey 1910. 58 S. 8°
(Rümker: Tagesfragen aus d. modernen Ackerbau. H. 5.) [10. 5617

Rümker, K[urt] von: Über Sortenauswahl bei Hackfrüchten und Hülsenfrüchten u. über Methodik d. Sortenprüfung. Berlin: Parey 1909. 52 S. 8°
(v. Rümker: Tagesfragen aus d. modernen Ackerbau. H. 6.)

Rümker, K[urt] von: Stallmist- und Gründüngung u. einige Spezialfragen d. Düngung. Berlin: Parey 1909. 60 S. 8°
(v. Rümker: Tagesfragen aus d. modernen Ackerbau. H. 3.)

Landwirtschaftliche Studien in Nordamerika m. besond. Berücks. d. Pflanzenzüchtung. Ein Reisebericht in Wort u. Bild von Prof. Dr. K[urt] v. **Rümker** u. Prof. Dr. Erich v. Tschermak, Edler v. Seysenegg. Mit 22 Taf. Berlin: Parey 1910. XVI, 151 S. 8°
(Landwirtschaftliche Jahrbücher. Bd 39, Erg.Bd 6.) [10. 17733 4

Das Studium der Landwirtschaft an der Universität. (Verf.: Prof. Dr. [Kurt] v. **Rümker**. Breslau 1896: W. G. Korn.) (8 S.) 8° [Kopft. F.] [07. 26314 10

— Tagesfragen aus dem modernen Ackerbau. 1. u. 2. Hft. gr. 8. Berlin, P. Parey. à n. — 80
1. Der Boden u. seine Bearbeitung. (VII, 51 S.) 901.
2. Grundfragen der Düngung. (40 S.) 902.

— Tagesfragen aus dem modernen Ackerbau. 1. 2. 4. u. 7. Heft. gr. 8. Ebd. à n. — 80
1. Der Boden u. seine Bearbeitg. 2. neubearb. Aufl. (62 S.) 904.
2. Grundfragen der Düngg. 2. neubearb. Aufl. (40 S.) 907.
4. Ueber Fruchtfolge. (68 S.) 906.
7. Der Saatbau u. die Saatbauvereine. (32 S.) 905.
Heft 3, 5 u. 6 sind noch nicht erschienen.

— Tagesfragen aus dem modernen Ackerbau. 10 Hefte. gr. 8. Berlin, P. Parey. 8.—; geb. in Leinw. 10. —
1. Der Boden u. seine Bearbeitung. 4., neubearb. Aufl. (70 S.) 909. — 80
2. Grundfragen der Düngung. 3., neubearb. Aufl. (41 S.) 909. — 80
3. Stallmist- u. Gründüngung u. einige Spezialfragen der Düngung. (60 S.) 909. — 80
4. Über Fruchtfolge. 2., neubearb. Aufl. (69 S.) 908. — 80
5. Über Sortenauswahl bei Getreide m. Rücksicht auf Boden, Klima u. Kulturzustand. 2., neubearb. Aufl. (58 S.) 910. — 80
6. Über Sortenauswahl bei Hackfrüchten u. Hülsenfrüchten u. üb. Methodik der Sortenprüfung. (52 S.) 909. — 80
7. Der Saatbau u. die Saatbauvereine. 2., neubearb. Aufl. (36 S.) 909. — 80
8. Saat u. Pflege. (70 S.) 908. — 80
9. Die Unkrautvertilgung. 2. Aufl. (48 S.) 910. — 80
10. Ernte u. Aufbewahrung. (68 S.) 908. — 80

Rümker, K[urt] von: Die Unkrautvertilgung. Berlin: Parey 1908. 46 S. 8°
(v. Rümker: Tagesfragen aus d. modernen Ackerbau. H. 9.)

Prof. Dr. K[urt] v. **Rümker** in Breslau. Die Unkrautvertilgung. 2. Aufl. Berlin: Parey 1910. 48 S. 8°
(Rümker: Tagesfragen aus d. modernen Ackerbau. H. 9.) [10. 5619

Rümker, Kurt [aus Kokoschken bei Danzig]: Die Veredelung der vier wichtigsten Getreidearten des kälteren Klimas . . . . Halle a. S., Druck d. Buchdr. d. Waisenhauses, 1888; 2 Bl. + 122 S. + 1 Bl. 8°
Halle, Phil. Fak., Inaug.-Diss. v. 11. Mai 1888

Rümker, Kurt, die Veredelung der vier wichtigsten Getreidearten des kälteren Klimas. Diss. Halle 1888, Lippertsche Buchh. 8°. 122 S.

Das landwirthschaftliche Versuchswesen u. die Thätigkeit d. landwirthschaftlichen Versuchsstationen Preussens, zusammengefasst v. K. Rümker. 1892. Berl. 1893. 4°.
(= Landw. Jahrbücher. Bd. 22. Erg.-bd. 3). 373. (M. histor. Indledning. De ældre, ikke sammenarbejdede, Beretninger findes i »Beiträge z. landw. Statistik v. Preussen«, se 375).

Rümker, K., das landwirthschaftliche Versuchswesen u. die Thätigkeit der landwirthschaftlichen Versuchsstationen Preussens im J. 1892, s. a. Jahrbücher, landwirthschaftliche.

Das landwirtschaftliche Versuchswesen und die Thätigkeit d. landwirtschaftl. Versuchsstationen Preussens i. J. 1895. I. A. Sr Exc. d. H. Min. f. Landwirtschaft . . . zsgefasst v. Dr. K[urt] v. **Rümker**, o. ö. Prof. . . . d. Univ. Breslau. *Berlin: P. Parey 1897.* (VIII, 710 S.) 1 Bd 4. (8.)
= **Jahrbücher,** Landwirtschaftliche. Bd 20. Ergänzgsbd III. [98. 411

Praktische Winke für die Ernte von Dr. K[urt] v. **Rümker**, Prof. Breslau 1905: Grass, Barth & Co. (37 S.) 8° [F.]
= **Veröffentlichungen** d. Landwirtschaftskammer f. d. Prov. Schlesien. H. 3. [06. 5417

— extensive od. intensive Wirthschaft? [Aus: „Fühling's landwirthschaftl. Zeitg."] gr. 8. (15 S.) Leipzig 898. H. Voigt. n.n. — 50

— die Zuckerrübenzüchtung der Gegenwart. Nach Vorträgen, geh. in dem Kursus f. prakt. Landwirthe im Febr. 1894 zu Halle a. S. [Aus: „Blätter f. Zuckerrübenbau".] gr. 8. (V, 48 S.) Berlin 894. (R. Kühn's Verl.) n. 1. 25

Rumland, A., Japan, s.: Projections-Vorträge. 29. Heft.

Rumland, F., Plan von Colberg mit nächster Umgebung. 3. Aufl. Lithogr. qu. gr. Fol. Colberg 881, Post'sche Buchh. * — 75

Rumland, F., Plan von Colberg mit nächster Umgebung. Neue Aufl. Lithogr. qu. gr. Fol. Colberg 888, Post'sche Buchh. * — 75

Rumland, Hans: Über die Bedeutung des Schülerruderns an den höheren Lehranstalten. Rede, gehalten am Geburtstage S. M. des Kaisers i. J. 1904. Berlin 1905: Trowitzsch. (12 S.) 4°
Berlin, k. Wilhelms-G P 1905 (70)

1 [Bericht über die Ruderfahrt von Berlin nach Königsberg.] S. 22—36. 4. **Progr.** Kgl. Wilhelms-Gymn. *Berlin* 1910 (77).

(F) **Rumler,** Selbstbewahrung und Rettungsanker für das männliche und weibliche Geschlecht. 8°. (ill. 348 S.) † K 2.—
Wien: Huber & Lahme 1902.

Rumler, Alexander (geb. am 25 Sept. 1855 in Arequipa Peru): Aus d. pathol. Institut zu Bonn. — Ueber Myxom und Schleimgewebe ... Bonn, Univ.-Buchdr. v. C. Georgi (1881). 50 S., 1 Bl. 8.
Bonn, Med. Fak., Diss. v. 17 Juni 1881

Rumler, Ernst, Referendar: Das Abtrennungsrecht des Besitzers. Breslau 1910: Fleischmann. 66 S. 8°
Breslau, Jur. Diss. v. 14. Juli 1910, Ref. Schott, Meyer
[Geb. 22. Juli 82 Zernik, Kr. Gnesen; Wohnort: Breslau; Staatsangeh.: Preußen; Vorbildung: Johannes-Gymn. Breslau Reife O. 03; Studium: Tübingen 1, Breslau 6 S.; Rig. 13. Febr. 08.] [U 10. 526

Rumler, Georg, Gerichtsref. aus Breslau: **Die Bedeutung und** Wirkung des Ladescheins. *Breslau 1899: Bresl. Genossenschafts-Buchdr.* (52 S.) 8°
Erlangen, Jur. Diss. v. 30. März 1898

Rumler, Georg Über die Bestimmung der inneren Wärmeleitungsfähigkeit fester Körper. 16 S. **Progr.** G. *Gumbinnen* 1877.

Rumler, (H.) Georges

Rumler, die männlichen u. weiblichen Geschlechts-Organe, deren Bau, Verrichtungen u. Krankheiten. Im Besonderen sind behandelt: Nervenschwäche im Allgemeinen sowie nervöse Schwächezustände des Geschlechts-Systems. Mit zahlr. guten u. naturgetreuen Abbildgn. 16. Aufl. (350 S.) gr. 8. Hamburg (903). W. Digel. n. 1. 50; erh. Pr. n. 3. —

Rumler, H. G., über die durch venerische Ansteckung entstandenen Krankheitszustände, nebst Grundzügen deren rationeller Behandlung. [Aus: „R., üb. die Ursachen rc. der Nervenschwäche".] gr. 8. (35 S.) Genf (895). (Berlin, Berolina-Versand-Buchh.) 1. 50

— Ursachen, Wesen u. Heilung der Nervenschwäche im Allgemeinen, sowie der nervösen Schwächezustände des Geschlechts-Systems im Besonderen. (15., neu umgearb. [Umschlag-]Aufl. gr. 8. (312 S. m. Abbildgn.) Ebd. (901). n. 1. 60

Rumler, [Georges]. Ursachen, Wesen und Heilung der Nervenschwäche (Neurasthenie) im Allgemeinen, sowie der nervösen Schwächezustände des Geschlechts-Systemes im Besonderen. 17. Aufl. [Mit Figuren, 1 Porträt-Tafel und 1 vierseitigen Tabelle.] VIII + 360 S. 8. Genf, (F. J. Soehnlein; Leipzig, Paul Eberhardt,) 1904 (*Umschlag: 1903). (M. 1. 60 = fr. 2. —)

Rumler, Ursachen, Wesen u. Heilung der Nervenschwäche (Neurasthenie) im Allgemeinen, sowie der nervösen Schwächezustände d. Geschlechts-Systems im Besonderen. 18. Aufl. (332 S. m. Abbild. u. Bildnis.) 8. Genf 907. Verlag Silvana. 1. 60

Rumler, Karl, Uebersicht der Masse, Gewichte u. Währungen der vorzüglichsten Staaten u. Handelsplätze von Europa, Asien, Afrika u. Amerika, mit besond. Berücksichtigung Oesterreichs u. Russlands. gr. 8. (VI u. 83 S. m. 4 Tab. in gr. Fol.) Wien 847, (Jasper, Hügel &) Manz. n. 28 ngr.

Rumler, C.: „Uebersicht der Maasse, Gewichte und Währungen der vorzüglichsten Staaten und Handelsplätze von Europa, Asien, Afrika und Amerika, mit besonderer Berücksichtigung Oesterreichs und Russlands", Wien 1849. Mit Tafeln. — Vorh.: Com. Bibl. Hamburg.

Rumler, O.: Über krystallinische Kalke in den azoischen Schichten der Silurformation Böhmens, s. Hibsch, Josef Emanuel

Rumler O.: Über die chemische Zusammensetzung der Gesteine der Localität Dvorec. 9. Pilsen R. 77, s. auch unter Hibsch. Progr.

Rumler v. Aichenwehr, Carl Ritter. Das neue Eisenbahn-Betriebsreglement, s. Buschman, Max Frhr. v.

Rümler, Karl: Die Akten der Gesandtschaften Ludwigs des Baiern an Benedikt XII. und Klemens VI. Innsbruck: Wagner 1910. S. 111–155. 8°
(Quellenstudien aus d. hist. Seminar d. Univ. Innsbruck. H. 2, [3.])

Rümly, Pet. (Mathilde Müller), Bellina. Erzählg. aus San Marino. 8. (76 S.) Berlin 898. A. Frantz. n. 1. —; geb. in Leinw. n. 1. 80

— die Freunde. Erzählg. aus Ostafrika. M. 1 (farb.) Karte v. Deutsch-Ostafrika. 8. (190 S.) Ebd. 897. n. 2. 40; geb. in Halbleinw. n. 3. —

Rümly, Pet. (Frau Mathilde Rümly-Müller), die schweren Jahre Preußens. 8. (VI, 258 S. m. 1 Taf.) Dresden 903. E. Pierson. n. 3. —

Peter Rümly. Die schweren Jahre Preussens. (Vorr.: Prof. Dr. [Richard] Gantzer.) *Dresden & Leipzig: E. Pierson 1903.* (258 S.) 8° [F.] [illegible]

— die Nonnenmühle. Roman. 8. (368 S. m. 1 Abb.) Ebd. 902. n. 5. —; geb. n. 6. —

Rümly, Pet., die Schüssel u. der Topf. Novelle. 8. (290 S.) Leipzig 889. (Moltke.) n. 3. —; geb. n. 4. —

Rümly, Peter, die Töchter d. Justizrats. Eine Familiengeschichte aus den Kriegsjahren 1870/71. 8. (317 S.) Leipzig 893. E. Heitmann. n. 4. —

— die Töchter des Justizrats. E. Familiengeschichte. 3. Aufl. 8. (317 S.) Ebd. 897. Geb. in Halbleinw. n. 4. —

— die Waisenknaben. Erzählg. 8. (116 S. m. farb. Titelbild.) Ebd. 896. n. 1. 50; geb. in Halbleinw. 2. —

— dasselbe. M. 1 farb. Titelbild. 2. Aufl. 8. (116 S.) Ebd. 897. n. 1. —; geb. in Halbleinw. n. 1. 50

Rumm C.: Zur Kenntnis d. Giftwirkung d. Bordeauxbrühe u. ihrer Bestandteile auf *Spirogyra longata* u. die Uredosporen v. *Puccinia coronata*. [1895]. (76) S. 1 Tvl. (Særtr.).

Rumm, C. Zur Kenntnis der Giftwirkung der Bordeauxbrühe u. ihre Bestandteile auf Spirogyra longata u. die Uredosporen von Puccinia coronata. Mit 1 Taf. In-8°. 76 S. Born. These. 1896.

Rumm, C., deutsches Lesebuch f. mehrklassige Schulen, s.: Glück, Mart.

Rumm, C., Naturlehre, s.: Repetitions-Hefte f. Volksschüler.

Rumme, ...: „Tabellen zur schnellen Berechnung der Separationspläne", Marienwerder 1833 (Baumann).

Rummel, Tabelle zur schnelleren Berechnung d. Separations-Pläne. 4. (¼ B.) Marienwerder 833, Baumann.

Rummel, Balthasar Friedrich (Leipzig) A. S. 170/7

De comparatione legum Romanarum cum Graecorum institutis commentatio I.
Präs. Christian Gottlob Einert.
Leipzig (Jacobaeer) 22. I. 1784. 49 S.

Gew.: Adolph Christian Wendler.
W. v.: Präs. 29511

Maurer-Philosophie. Vom Br.·. [Joh. Jak.] Ihlée. Musick [!] von Ch. Rummel gewidmet der □.·. zu den vereinigten Freunden im Or.·. zu Mainz von dem Verleger. Mainz: Schott o. J. 2 Bl. 8° [Lithogr.] [Umschlagtit.]
Lied für Gesang und Pianoforte mit Noten: „Wir stehen auf heiligem Grunde . . ."
137. 430.

Rummel, (Joan. Henr.) Eduard. (geb. Berlin 15. 4. 1808): De phthiseos pulmonalis apud Berolinenses frequentia atque letalitate. Berolini (1831). (18 S.) 4°
Berlin, Med. Diss. v. 8. Sept. 1831

Rummel, Franz, Gerichtsref. aus Düsseldorf: Die Bemessung der Verzugszinsen für die Übergangszeit aus dem gemeinen in das seit dem 1. Januar 1900 geltende deutsche bürgerliche Recht. *Düsseldorf [1901]: A. Bagel.* (47 S.) 8°
Rostock, Jur. Diss. v. [4. Mai] 1901

RUMMEL, Franz (Schillingsfürst): Ueber Phosphorvergiftung.- München: Straub 1869. 18 S. 16.3.1869 - Urk (Titel: De intoxicatione phosphorica.); F 72; Chr 1868/69,14
Diss.Ingolst.-Landsh.-Mchn.

Rummel, Friedrich

Rummel, Fr., Hinblick auf die Geschichte der Homöopathie im letzten Jahrzehend, nebst einer kurzen Lebensbeschreibung des Hofr. Dr. Mühlenbein. gr. 4. Leipzig 839. (Schumann.) ½ ₰

Rummel, Fr., Hinblick auf d. Gesch. d. Homöopathie im letzten Jahrzehend, nebst e. kurzen Lebensbeschreib. d. Hofr. Dr. Mühlenbein. gr. 4. (6 B.) Leipzig 839, (T. O. Weigel.)

Rummel, Fr., die Homöopathie von ihrer Licht- u. Schattenseite. Eine Würdigung dieser neuen Heilmethode auf ihrem gegenwärt. Standpunkte durch Versuche u. durch eine Vergleichung mit dem gewöhnl. Heilverfahren prakt. Aerzte. gr. 8. Leipz. 826. Reclam. 1 ₰ 4 gr

Die Homöopathie von ihrer Licht-und Schattenseite. Eine würdigung dieser neuen Heilmethode... von Friedrich Rummel. Leipzig: Reclam 1827. XIV, 198 S. 8°

Rummel, Frdr., die Nothwendigkeit der Gleichstellung der Homöopathie mit der ältern Medizin. Eine Eingabe mehrerer homöopath. Aerzte Preußens an das Ministerium der Geistlichen-, Unterrichts- u. Medizinal-Angelegenheiten zur Berücksichtigung bei der beabsicht. Medizinalreform. [Aus d. Allgem. homöopath. Zeitung abgedr.] 8. (31 S.) Leipzig 848. (Magdeburg, Heinrichshofen.) ⅛ ₰

Rummel, Friedrich, s. Vertheidigung der Staatswissenschaften.

— s. Wolf, P.: Achtzehn Thesen.

Rummel, F., allgem. homöop. Zeitung, s. Zeitung.

Rummel, Georg, aus Bamberg: Bertold VII. der Weise Graf von Henneberg. 1284—1340. Ein Beitrag zur Reichs- u. Territorialgeschichte im 14. Jh. *Würzburg 1904: C. J. Becker.* (IX, 71 S.) 8°
Würzburg, Phil. Diss. v. 1904

Rummel, Georg Dr. „Geschichte der K. Kreis-Oberrealschule Würzburg". III—VI und pg. 1—119. 8°. C. J. Becker's Un.-Buchd.
Würzburg, Progr. 1910/11

Rummel, Gottlob Christhilfft (Merseburg) A. S. 85/3

Dissertatio inauguralis de concessione signorum et symbulorum iurisdictionis ac executionis criminalis, feudali. Präs. Christian Gottlieb Buder. Jena (Schill) X. 1757. 25 S.

W. v.: Präs. 29512

Rummel, Hans, zur Statistik der geburtshülflichen Perforation. Bericht üb. 60 Fälle der geburtshülfl. Klinik zu Bern. Diss. gr. 8. (73 S.) Biel 892. (Bern, H. Körber.) n. 1. 20

Rummel, Joh. Heinr. Jos., Leben u. Sterben. Dichtungen. 16. (VIII, 287 S.) Warburg 880. Quick. n. 2. —

Rummel, Rev. Joseph J. Gedenkschrift des goldenen Jubs d St Peters Gemeinde (Kingston, NY), Nov, 1908. Rondout, NY, 1908.

Rummel, Carl v. (Hrsg.), s. Acta commissionis de anno 1617.

Rummel, Carl v., die Quellen d. Curländ. Landrechts, s. Sammlung der Rechtsquellen.

Rummel, Carl v., das Verhältniss d. Fiscus zu den bona vacantia. 8. (6½ B.) Dorpat 840, (Karow.)

v. Rummel, Karl, das Verhältniß des Fiscus zu den bona vacantia. Eine auf Antrag der Juristen-Facultät u. Verfügung des Conseils der Kaiserl. Universität zu Dorpat gedruckte Candidaten-Schrift. 8. Dorpat 840. (Severin.) n. ⅔ ℛ

Rummel, K[urt]: Der Einfluss der Vergaserdüse auf das Mischungsverhältnis bei Motoren für flüssige Brennstoffe ⟨speziell für Automobilmotoren⟩. 1906. 32 S. 4°
¶ Aus: Der Motorwagen. Jg. 9. 10. 1906. 07.
Aachen, Dr.-Ing.-Diss. v. 26. 9. 1906

Rummel, Ludwig [app. Arzt aus Hannover]: Ueber die Basedow'sche Krankheit. . . . Göttingen, Druck d. Dieterichschen Univ.-Buchdr., 1890; 48 S. 8°
Göttingen, Med. Fak., Inaug.-Diss. v. [16. Jul.] 1890

Rummel, Ludw., üb. die Basedow'sche Krankheit. Diss. gr. 8. (48 S.) Göttingen 890. (Vandenhoeck & Ruprecht.) n. 1. —

Rummel, (Eduard Julius) Paul: Horatius quid de Pindaro iudicaverit et quomodo carmina eius suum in usum converterit. Rawitsch, Druck v. R. F. Frank, 1892; 17 S. 4.
Rawitsch, k. RG, OP 1892 (170)

Rummel, R., die Krankheiten der Perioden des kindlichen Lebensalters, Verhütung u. Behandlung derselben. Zum klinischen Gebrauche bearb. Neu-Ruppin 866. Oehmigke & Riemschneider'sche Buchh. gr. 8. (VIII, 400 S.) 2 ℛ

—— Meningitis cerebro-spinalis epidemica, ihr Auftreten im Kreise Berent in Westpreussen in den Monaten Januar, Februar, März und April 1865, nebst eigenen klin. Beobachtungen und Erfahrungen. gr. 8. (29 S.) Neu-Ruppin 865, Oehmigke und Riemschneider'sche Buchh.

—— der Typhus, für den klinischen Gebrauch bearb. gr. 8. (VIII und 114 S.) Neu-Ruppin 866, Oehmigke und Riemschneider'sche Buchh.

Rummel, R., sächs. Vaterlandskunde in geograph., statist. u. histor. Beziehung f. Schule u. Haus bearb. 12. (4 B.) Grimma 840, Verlags-Comptoir.

—— das Wochenbett und seine krankhaften Zustände. Ein Handbuch für die ärztl. Praxis. gr. 8. (VI und 145 S.) Neu-Ruppin 867, Oehmigke und Riemschneider'sche Buchh. —

Rummel, Walt. v., L'Assesseur de Prusse u. anderes. Mit e. Umschlagszeichng. von F. v. Reznicek. (126 S.) 8. München 906. G. Müller. n. 2. —

— Glücksmärchen. Dichtung in 1 Vorspiel u. 3 Akten. (101 S.) 8. München 905. [C. Haushalter.] Verlag der Süddeutschen Bauhütte. n. 1. 50

— Simplizissimus. Ein deutsches Kriegsbild in 4 Akten. (184 S.) 8. München 905. G. Müller. n. 2. —

Rummel, *Rudolf* Willy [aus Halle a. S.]: Ueber Myxoma Chorii. . . . Halle a. S., Hofbuchdr. v. C. A. Kaemmerer & Co., 1891; 37 S., 1 Bl., 1 Taf. 8°
Halle, Med. Fak., Inaug.-Diss. v. 27. Febr. 1891

Rümmelin, s. Rümelin.

Die Stellung der isolierten Lateinschule. — Von Ig. Rummelsberger, Subr. — 1880, Günzburg, Jos. Paul. — S. 20—23.
Progr. Günzburg a. d. D. (Schwaben),
Isol. lat. Schule

Rummelsburg [Schlagwort]

Rummelsburg, Kreis, s.: Köslin, Reg.-Bez.

Rummelspacher, Sach-Register zum Justiz-Ministerial-Blatt für die preußische Gesetzgebung und Rechtspflege, umfassend die Jahrgänge 1839—1859. Berlin 860. v. Decker. 4. (2 Bl., 236 S.) n. 1 ℛ

Rummeltipuff!
① Organ der Lausbubokratie ⑤ 21. 12. 1849 (Probenummer)—8. 1. 1850 (Nr. 1) ⑥ in-4° ⑧ Genf: Marc Vaney ⑩ Jean-Pierre-Gabriel Bramerel ⑫ satirisch (für eine deutsche Republik) ⑭ Ge: P; Be: L (Nr. 1) ⑮ Probenummer auf rotem Papier, Nr. 1 auf grünem.

Rummer, Friedrich

Rummer, F., die Buchstabenrechnung u. Lehre v. den Gleichungen. Mit einer Sammlung von Aufgaben. 2 Thle. gr. 8. (1. Thl.:) Die Buchstabenrechnung bis zur Lehre von den niederen Reihen (einschließl.) u. die Gleichungen v. 1. u. 2. Grade enthaltend. (VI u. 271 S.) 2. Thl.: Die höhere Buchstabenrechnung, u. die Lehre von den Gleichungen höheren Grades enthaltend. Mit 1 Steintaf. (VIII u. 235 S.) Heidelberg 847, Groos. (à n. 1 ℛ) n. 2 ℛ

Rummer, F., die Buchstabenrechnung und Lehre von den Gleichungen. Mit einer Sammlung von Aufgaben. 1. Thl. Die Buchstabenrechnung bis zur Lehre von den niederen Reihen (einschließlich) und die Gleichungen vom 1. u. 2. Grade enthaltend. 2. Aufl. Heidelberg 853. J. Groos. gr. 8. (VI, 279 S.) n. 1 ℛ.

Rummer, F., die Buchstabenrechnung und Lehre von den Gleichungen. Mit einer Sammlung von Aufgaben. 2 Thle. Heidelberg 861, 62. J. Groos. gr. 8. n. 2 ℛ 16 *ngr.*
1. Thl.: die Buchstabenrechnung bis zur Lehre von den niederen Reihen [einschließlich] und die Gleichungen vom 1. u. 2. Grade enthaltend. 3. Aufl. (VII, 300 S.) n. 1 ℛ 10 *ngr.*
2. Thl.: Die höhere Buchstabenrechnung und die Lehre von den Gleichungen höheren Grades. Mit 1 lith. Taf. 2. Aufl. (VII, 252 S.) n. 1 ℛ 6 *ngr.*

Rummer, F., die Buchstabenrechnung u. Lehre v. den Gleichungen. Mit e. Sammlg. v. Aufgaben. 1. Thl. Die Buchstabenrechng. bis zur Lehre von den niederen Reihen [einschließlich] u. die Gleichgn. vom 1. u. 2. Grade enth. 4. Aufl. gr. 8. (VII, 340 S.) Heidelberg 872. J. Groos. n. 4. —

Rummer, Friedr., die Buchstabenrechnung und Lehre von den Gleichungen. 4. Aufl. gr. 8. Heidelberg 862, 72, C. Winter's Universitäts-Buchh. * 5 —

Rummer, F., Lehrbuch der Buchstabenrechnung und der Gleichungen. Mit einer Sammlung von Aufgaben. 1. Thl.: Die Buchstabenrechnung bis zur Lehre von den niederen Reihen [einschließlich] und die Gleichungen vom ersten und zweiten Grade enthaltend. 5. Aufl. gr. 8. (VIII, 408 S.) Heidelberg 881, C. Winter's Universitäts-Buchh.
2. Thl. Ebendas. 1862. *M 4.

Rummer, F., Lehrbuch d. Elementargeometrie. Zum Gebr. f. höh. Bürgerschulen u. Realanstalten, so wie z. Selbststudium bearb. 2 Thle. gr. 8. Heidelberg 841, J. C. B. Mohr. à 7/12 Thlr.
Thl. 1. Ebene Geometrie. (6 B. u. 6 Stnt.)
" 2. Stereometrie u. prakt. Geometrie. (5¼ B. u. 7 Stnt.)

—— Lehrbuch der Elementargeometrie, mit einer Sammlung von Aufgaben. 1. Thl.: Ebene Geometrie. 2., verb. und verm. Aufl. gr. 8. (VI und 108 S. mit 6 Stnt. in qu. 4.) Heidelberg 848, J. C. B. Mohr.

—— dass. — 2. Thl.: Stereometrie und Feldmessen. 2., verb. und verm. Aufl. gr. 8. (VI und 98 S. mit 7 Stnt. in gr. 4.) Ebds. 850.

— Lehrbuch der Elementargeometrie, mit einer Sammlung von Aufgaben. 1. Thl. Ebene Geometrie. 3. verb. Aufl. Mit 6 Steindrucktaf. (in 4.) Heidelberg 854. Mohr. gr. 8. (VI, 110 S.) 17½ ngr.

— Lehrbuch der Elementargeometrie, mit einer Sammlung von Aufgaben. 1. Thl. Ebene Geometrie. 4. Aufl. 859. (VI, 112 S.) — 5., verm. Aufl. Mit 6 lith. Taf. (in 4.) Heidelberg 863. J. C. B. Mohr. gr. 8. (VIII, 124 S.) n. 14 ngr.

Rummer, F., Lehrbuch der Elementargeometrie, mit einer Sammlung von Aufgaben. 2 Thle. gr. 8. Heidelberg, J. C. B. Mohr.
Inhalt:
Thl. 1. Ebene Geometrie. 5., verm. Aufl. (VIII und 124 S. mit 6 Stndrtaf. in gr. 4.) 863. * 14 Ngr.
" 2. Stereometrie und Feldmessen. 3., verm. Aufl. (VIII und 142 S. mit 7 Stndrtaf. in gr. 4.) 866. * 18 Ngr.

Rummer, F., Lehrbuch der ebenen Trigonometrie nebst einer Sammlung von Aufgaben. Als Anhang zu dessen Lehrbuch der Geometrie. gr. 8. (3¾ B. u. 2 Figurentaf.) Heidelberg 845, J. C. B. Mohr.

— Lehrbuch der Trigonometrie. Die ebene u. sphärische Trigonometrie u. die Polygonometrie, mit einer Sammlung von Aufgaben enthld. 2., gänzlich umgearb. Aufl. Ebend. 867. gr. 8. (VI, 222 S. mit 5 Steindrucktaff. in qu. 4.) n. 24 ngr.

Friedrich Rummer. Neue Lehrsätze über eine krumme Linie. Mit vorzugsweise geometrischen Ableitungen. 46 S. Heidelberg, P 1868

—— neue Sätze über eine krumme Linie. Mit vorzugsweise geometr. Ableitungen. Mit 1 (lithogr.) Figurentaf. (in hoch 4.). Heidelberg 868, J. C. B. Mohr. * — 80

Derselbe. Untersuchung einer neuen krummen Linie (Kreiskonchoide) und ihre Beziehungen zu einer gewöhnlichen Konchoide, der Cyssoide und dem descartischen Folium. 46 S. mit einer Tafel. Heidelberg, P 1869

Rummer, F., die Verwandlung u. Theilung d. Flächen in einer Reihe v. Constructions- u. Berechnungs-Aufgaben. Mit 3 lith. Taf. (in gr. 4.) gr. 8. (VI u. 90 S.) Heidelberg 850, Groos. 18 ngr.

Rummer v. Rummershof, Adf., d. Höhenmessungen bei d. Militär-Mappierg. [Aus: „Mitteilgn. d. k. u. k. militärgeogr. Institutes", 17. Bd] gr. 8. (13 S. m. 1 farb. Karte.) Wien 898. (R. Lechner's Sort.) n.n. — 60

— die Photogrammetrie im Dienste der Militär-Mappierung. [Aus: „Mittheilgn. d. k. u. k. militärgeograph. Institutes".] gr. 8. (32 S. m. 9 Fig.) Ebd. 897. n.n. 1. —

Rummler, Emil

Rummler, Aemilius: Quaestiones Terentianae. Halis Saxonum (1873: Krumbhaar in Liegnitz). 44 S. 8°
Halle-Wittenberg, Phil. Diss. v. 20. Mai 1873
Geb. Jauer 7. 9. 1847. V.

Rummler, Emil [Oberl. Dr.]: Die Schulzen der deutschrechtlichen Dörfer Grosspolens im 13. und 14. Jahrhundert. (Umschl.-Tit.: ... I.) Posen, Merzbach'sche Buchdr., 1891; S. 3—16; 4°
Posen, k. Friedrich-Wilhelms-G, OP 1891 (157)

Rummler, Emil [Dr. Oberl.]: Die Schulzen der deutschrechtlichen Dörfer Grosspolens im 13. und 14. Jahrhundert. II. Tl. (Forts. d. P-Beil. 1891. — Schluss in: Zeitschr. d. hist. Ges. f. d. Prov. Posen. 6. Jg. 1891.) Posen, Merzbach'sche Buchdr., 1892; 16 S. 4.
Posen, k. Friedrich-Wilhelms-G, OP 1892 (160)

Rummler, Georg (Bearb.), s. Coignet, Jean-Roch.: Von Marengo bis Waterloo.

Rummler, Geo., von Marengo bis Waterloo, s. d. Memoirenbibliothek. (Coignet.)

Rummler, Hermann

Rummler, Herm., der Bau u. die Construktion der Treppen u. Dachschiffungen ohne höhere mathematische Vorkenntnisse. Nebst e. Anh. erklär. Formeln f. die Baupraxis. Leichtfaßliches Lehrbuch zum Selbstunterricht f. Bauhandwerker. Mit e. Vorwort v. Hrn. Mothes. 2. Aufl. Fol. (16 S. m. 12 Steintaf.) Halle 885. Hofstetter. 2. 50

Rummler, Herm., der Bau u. die Construction der Treppen ohne höhere technische Vorkenntnisse. Leichtfaßliches Lehrbuch zum Selbstunterricht f. Bauhandwerker. 3., gänzlich umgearb. Aufl. hoch 4. (18 S. m. Abbildgn. u. 12 Taf.) Halle a/S. 891. Hofstetter. n. 3. 25; geb. n. 4. 25

Rummler, Herm., der Bau u. die Konstruktion der Treppen ohne höhere technische Vorkenntnisse. Leichtfaßliches Lehrbuch zum Selbstunterricht f. Bauhandwerker. 4. gänzlich umgearb. Aufl. (IV, 16 S. m. Abbildgn. u. 18 Taf.) gr. 4. Halle 904. L. Hofstetter, Verl. Kart. n. 4. —

Rummler, Herm., Dachschiftungen. Praktisches Lehrbuch zur leichten Erlerng. der beim Schiften v. Dächern vorkomm. Arbeiten f. Zimmerleute, Bauhandwerker u. Bauschüler. Nach prakt. Erfahrgn. bearb. 3., umgearb. Aufl. Fol. (IV, 8 S. m. 6 Taf.) Halle a/S. 892. L. Hofstetter. n. 2. —; geb. n. 2. 80

— Dachschiftungen. Praktisches Lehrbuch zur leichten Erlernung der beim Schiften v. Dächern vorkomm. Arbeiten f. Zimmerleute, Bauhandwerker u. Bauschüler. Nach prakt. Erfahrgn. bearb. 4. gänzlich umgearb. Aufl. (8 S. m. 6 Taf.) gr. 4. Ebd. 903. Kart. n. 3. —

Rummler, Herm., über Treppenbau u. Construction, sowie über Dachschiftungen. Leicht faßlich u. praktisch erläutert für alle Bauarbeiter. Nebst einem Anhang praktisch-technisch erklärender Formeln mit 12 lith. Taf. u. verschiedenen in den Text gedr. Holzschn. Vorwort von Mothes. Fol. (16 S.) Leipzig 878. Selbstverlag. Seb. Bachstraße 18, I. n. 2. 25

Rummler, Herm., über Treppenbau und Construction, sowie über Dachschiftungen. Leicht faßlich und praktisch erläutert für alle Bauarbeiter. Nebst einem Anhang praktisch-technisch erklärender Formeln mit 12 lithogr. Taf. und verschiedenen in den Text gedr. Holzschn. Vorwort von Mothes. Fol. (16 S.) Leipzig 879, [Baumgärtner's Buchh.] Selbstverlag. (*M 3.) * 2 50

Rummler, K. R. L.

Rummler: De fontibus et auctoritate Plutarchi in vita Cimonis. 25 S.–Liegnitz G., Progr. 1867

Persönliche Ansiedlungsbeschränkungen. Eine Studie nach d. Rechte Preußens u. d. Deutschen Reiches von Konrad **Rummler,** Rechtsanw. Berlin: H. Bahr 1906. (57 S.) 8° [F.] |06. 19935

Rummler, Konrad, Rechtsanwalt u. Notar in Schmiegel i. P.: Der Begriff des mittelbaren Besitzes nach dem Bürgerlichen Gesetzbuche für das Deutsche Reich. Borna-Leipzig 1907: R. Noske. (VI, 40 S.) 8°
Breslau, Jur. Fak., Ref. Leonhard, Diss. v. 24. Aug. 1907
[Geb. 17. Okt. 71 Liegnitz; Wohnort: Schmiegel; Staatsangeh.: Preußen; Vorbildung: Realgymn. Rawitsch, Gymn. Meseritz, Schneidemühl, Rogasen Reife O. 91; Studium: Marburg 2, Berlin 2, Breslau 3 S.; Rig. 11. März 07.]

Rummler, K., die Haftung f. Hausschwamm u. Trockenfäule, s.: Mez, Carl.

[Ant. u. F.] **Rummler,** Ludwig [Prof. Dr.]: Die Ansiedlungen der Normannen im westlichen und südlichen Europa. Rogasen, Druck v. J. Alexanders Wwe, 1893; 25 S., 1 kl. Bl. 4.
Rogasen, k. G, OP 1893 (165)

Rummler, L., C. Plinii Secundi philosophumena. Diss. 1862. 66 S.

Rummler, Ludw. De Aristidis philosophi atheniensis sermonibus duobus apologeticis. 17 S. Progr. *Rawitsch* 1881.

Rummler, Richard, Volontärarzt an d. Kgl. Univ.-Poliklinik f. Ohren-, Nasen- u. Kehlkopfkrankh.: Aus d. Kgl. Universitäts-Poliklinik f. Ohren-, Nasen- u. Kehlkopfkrankheiten. Den Dermatosen analoge Schleimhauterkrankungen des Kehlkopfes. *Breslau 1901: Bresl. Genoss.-Buchdr.* (34 S.) 8°
Breslau, Med. Diss. v. 21. Dez. 1901

Rummler, [Rudolf]: Über die Messung der Windstärke. S. 3 bis 20. 4. Progr. Städt. Oberrealschule *Freiburg, Schl.* 1907 (278).

Rümmler, Dav. Jonath., einige Gedanken über Flaccus Dichtergeist, Hüblers Urne gewidmet. Zum Besten d. Schulkinder in Schellenberg. 8. Freiberg 808.

Rümmler, Jos., Illustr. Handbuch über die gesamte Baumwoll-Spinnerei u. die Streichgarnspinnerei der Wolle nebst der Kunstwoll- u. Wattenfabrikation. Dargestellt an der Hand zahlr. Illustr. v. Maschinen, Apparaten u. deren Teilen v. Firmen des Deutschen Reiches, der Schweiz, Englands u. Belgiens. Hand-Buch f. Fabrikanten u. Interessenten der Textil- u. Maschinen-Industrie, Zollbeamte, Zollagenten, Techniker, sowie fachliche Unterrichts-Anstalten u. s. w. 12 Hefte. (287 S.) gr. 4. Leipzig 903. 904. (R. Uhlig.) à n. — 80

Rümmler, J., Zolltarifgesetz f. das österr.-ungar. Zollgebiet vom 13. II. 1906, bearb. u. erläutert auf Grund der Durchführungsvorschrift, sämtl. 22 Zoll- u. Handelsverträge m. anderen Staaten, sowie 3 Viehseuchenübereinkommen, ferner aller einschläg. Gesetze u. Erlässe unter Bezugnahme auf den neuen Zolltarif, die Zoll- u. Staatsmonopolsordng. u. den Amtsunterricht; zugleich f. den prakt. Gebrauch systematisch dargestellt. (573 u. XXXIV S.) gr. 8. Furth im Walde (Bayern), Selbstverlag. 1906. 7. 50.

– **Zolltarifgesetz** für das österr.-ungar. Zollgebiet vom 18. II. 1906, bearb. u. erläutert auf Grund der Durchführungsvorschrift, sämtl. 22 Zoll- u. Handelsverträge m. anderen Staaten, sowie 3 Viehseuchenübereinkommen, ferner aller einschläg. Gesetze u. Erlässe unter Bezugnahme auf den neuen Zolltarif, die Zoll- u. Staatsmonopolsordng. u. den Amtsunterricht; zugleich f. den prakt. Gebrauch systematisch dargestellt. (573 u. XXXIV S.) gr. 8. Furth im Walde (Bayern) 906. (Wien, M. Perles.) 7.50; erhöhter Preis n. 8. —

Rumney-Höhle, Die. Ein Gedicht. Braunschweig 1755. V: *Schrader, Paul August.* (Ky) (EE) (ML)

v. Rumohr, C. W. G., s. Ingemann, B. S., Königin Margarethe.

Rumohr, [Friedrich Henning Adolf von]: Noch einige Worte veranlasst durch die Schrift des Canzeleiraths Lornsen, über das Verfassungswerk in Schleswig-Holstein. Vom Landrath. Schleswig 1830. 8°

Rumohr, H. F., der junge Kaufmann. Ein Rathgeber für Jeden, der im Handel Vorzügliches erreichen will. Leipzig 861. Matthes. gr. 16. (VIII, 192 S.) n. 20 ngr.

Rumohr, H. F., der Umgang mit Menschen, d. i. Sittlichkeits- u. Klugheitsregeln beim Eintritt in die Welt u. in die gute Gesellschaft. Eine Schule prakt. Lebensweisheit. Mit Rücksicht auf die socialen Zustände der Gegenwart, frei nach Knigge's: „Ueber den Umgang mit Menschen" bearb. Mit Titelkpfr. 16. (224 S.) Grimma 850, Verlags-Comptoir. ½ ₰

Rumohr, H. F., der Umgang mit Menschen, d. i. Sittlichkeits- und Klugheitsregeln beim Eintritt in die Welt und in die gute Gesellschaft. Eine Schule prakt. Lebensweisheit. Mit Rücksicht auf die socialen Zustände der Gegenwart, frei nach Knigge's: „Ueber den Umgang mit Menschen" bearb. 16. (224 S. mit Ttlkpfr.) Grimma 852. [Wurzen,] Verlags-Comptoir.

Rumohr, Karl Friedrich (Ludwig Felix) von

— s. Altmeyer, J. J., der Kampf demokrat. u. aristokrat. Principien.

Rumohr, Carl Friedr. (Ludw. Felix) v., histor. Belege z. Reise durch d. östl. Bundesstaaten in die Lombardey, u. zurück üb d. Schweiz u. d. oberen Rhein, in besond. Bezieh. auf Völkerkunde, Landbau u. Staatswirthschaft. gr. 8. (4½ B.) Lübeck 838, v. Rohden'sche Buchh.

Rumohr, Carl Friedr. (Ludw. Felix) v., deutsche Denkwürdigkeiten, s. Denkwürdigkeiten.

— **Denkwürdigkk.** d. Kunstausstellung des J. 1814. 8. Münch. 815. (Fleischmann). 5 gr.

von Rumohr, Carl Friedrich. Erlaeuterung einiger artistischen Bemerkungen in der Rede des Herrn Hofrath Jacobs: über den Reichthum der Griechen an plastischen Kunstwerken. München 1810. 4°.

v. Rumohr, Karl Fr. Frhrr., Erläuter. einig. artist. Bemerkk. in d. Abhandl. d. Hrn. Hofr. Jacobs üb. d. Reichthum d. Griechen an plastischen Kunstwerken. 4. Münch. 811. Stöger. 6 gr.

v. Rumohr, (C. F.) italienische Forschungen. 1r u. 2r Thl. gr. 8. Berl. 826 u. 27, Nicolai. à 2 Rthl.

—— italien. Forschungen. 3. Thl. gr. 8. (16¼ B.) Berlin 831, Nicolai.
1. u. 2. Bd. Ebendas. 1826. à 2 Thlr.

(——) Geist der Kochkunst, s. a. König, Jos.

Rumohr, K. F. v., Jos. Königs Geist der Kochkunst, s. Universal-Bibliothek Nr. 2067—2070.

— Geist der Kochkunst. gr. 8. Stuttg. 823, v. Cotta.

—— und J. M. Thiele, Geschichte d. kgl. Kupferstichsammlung zu Copenhagen. Ein Beitr. z. Gesch. d. Kunst u. Ergänzung d. Werke v. Bartsch u. Brulliot. gr. 8. (6¾ B.) Leipzig 835, R. Weigel.

—— zur Geschichte u. Theorie d. Formschneidekunst. gr. 8 (8¾ B. u. 7 Holzschn.-Taf.) Leipzig 837, R. Weigel.

Rumohr, Carl Friedr. (Ludw. Felix) v., Hans Holbein d. jüngere, in sein. Verhältn. z. deutsch. Formschnittwesen. gr. 8. (8¼ B. u. Ttlvign.) Leipzig 836, [R. Weigel.] Thlr.

— üb. die antiken Gruppen Castor u. Pollux. gr. 4. Hamb. Perthes u. B. 811.

— über die antike Gruppe Kastor u. Pollux, oder von d. Begriffe d. Idealität in Kunstwerken. gr. 4. 812. (Fr. Perthes in Hamb.) 12 gr

RUMOHR, C. FR. v. *Kynalopekomachia.* Der Hunde Fuchsenstreit. Herausgegeben von C. Fr. v. Rumohr. Mit sechs [radierten] Bildern von OTTO SPECKTER. Lübeck, v. Rohden, 1835. 2 Bll. 150 SS. 8°. Grauer Or.-Karton. 65.—

R. 2494. Ehmcke 10. Erster Abdruck der auf aufgewalztem Chinapapier gedruckten wundervollen Illustrationen. Breitrandiges Ex., einige SS. etwas fleckig u. gebräunt; Einband leicht abgenutzt.

—— ein Band Novellen. 8. (19 B.) München 833, Franz.

—— zweiter Band Novellen. 8. (16 B.) Ebds. 835.

—— über Raphael u. sein Verhältniß zu den Zeitgenossen. gr. 8. (9¾ B.) Berlin 831, Nicolai.
Aus dess. „italien. Forschungen." 3. Thl. besond. abgedruckt.

— Reise durch d. östl. Bundesstaaten in d. Lombardey, u. zurück üb. d. Schweiz u. d. obern Rhein, mit besond. Bezieh. auf Völkerkunde, Landbau u. Staatswirthschaft. gr. 8. (18⅛ B.) Lübeck 838, v. Rhoden'sche Buchh.

Rumohr C. F. v.: Reise durch die östlichen Bundesstaaten in die Lombardey, u. zurück über die Schweiz u. den oberen Rhein, in besond. Beziehung auf Völkerkunde, Landbau u. Staatswirthschaft. Lübeck 1838. 276 S.

—— drey Reisen nach Italien. Erinnerungen. gr. 12. (14 B.) Leipzig 832, Brockhaus.

Rumohr, C. F. von, Sammlung für Kunst und Historie. 1r Bd. 1s Stück. gr. 8. (Hamburg, Perthes u. Besser in Comm.) 816.
Schreibpap.

— Samml. f. Kunst u. Historie. 2 Bde. gr. 8. Hamb. 816, 23. Fr. Perthes. 1 ℛ 14 gr (2r Bd. A. u. d. T.: italien. Novellen von histor. Interesse, übers. u. erläutert. 1 ℛ)

— Samml. f. Kunst u. Historie. 1r Bd. 2s Heft. A. u. d. T.: ital. Nouvellen von histor. Interesse, übers. u. erläutert. gr. 8. Hamburg 824, (Fr. Perthes.) 1 Rthl. Beide Hefte 816 u. 24.

Rumohr, C. F. v., der letzte Savello, s. Universal-Bibliothek Nr. 598.

—— Schule der Höflichkeit f. Alt u. Jung. (1. u.) 2. Thl. 8. Stuttgart, Cotta. [1. (11 B.) 834. 1 Thlr., 2. (6¼ B.) 835. 18 Gr.]

Rumohr, Carl Friedr., Schule der Höflichkeit. Für Alt und Jung. 2. Aufl. 8. (163 S.) München 884. Leipzig, Unflad. *
geb. *

v. Rumohr, C. Fr., Untersuchung der Gründe für die Annahme: daß Maso di Finiguerra Erfinder des Handgriffes sei, gestochene Metallplatten auf genetztes Papier abzudrucken. gr. 8. Leipzig 841, Anstalt für Kunst u. Literatur. (R. Weigel.) ½ ℛ

—— Ursprung der Besitzlosigkeit des Colonen im neueren Toscana. Aus d. Urkunden. gr. 8. (11 B.) Hamburg 830, [Perthes-Besser u. Mauke.] 20 Gr., Blnp.

Rumohr, Carl Friedr. v.: Über den gemeinschaftlichen Ursprung der Bauschulen des Mittelalters. Berlin: Nicolai 1831. 74 S. 8°
Kl. 2752.

— auf Veranlassung und in Erwiederung von Einwürfen eines Sachkundigen gegen die Schrift: Hans Holbein der jüngere in seinem Verhältniß zum deutschen Formschnittwesen. Mit 1 Holzschnitt. gr. 8. Leipzig 836. R. Weigel. (Lübeck, v. Rohden.) ¼ ℛ

Rumohr, W. v., Gedichte. 8. (7 B. u. 1 Vign.) Zerbst 823, (Kummer.)

Rumovski (Rumowsky), Steph.

Rumovski, S., Brevis expositio observationum occasione transitus Veneris per Solem in urbe Selenginsk. 4. Petropoli 762. (Leipzig, Voss.) n. ¼ ℛ

— Expositio observationum occas. transit. Veneris per solem in urbe Selengiusk die 23 Mai. 1761. institutarum. 4. ibid. 762.

Rumowsky, Steph., investigatio parallaxeos solis. 4. Petersburg, Academ. (Hartknoch, Lips.)

— Investigatio parallaxeos Solis ex observatione transitus Veneris per discum Solis. 4. Petropoli 764. (Leipzig, Voss.) n. 5/12 ℛ

— Observationes spectantes transit. Veneris per discum Solis die 23 Maii 1769. Kolae in Lapponia institutae. 4. ibid.

Rump, A., der Anwalt in Wechsel-, Darlehns- u. Schuldsachen; enthld.: die durch Einschaltung der bezüglichen Entscheidungen des Königl. Obertribunals vervollständigte allgemeine deutsche Wechsel-Ordnung, so wie die Bestimmungen in Darlehns- u. Schuldsachen; mit einem Anhang, enthld.: Muster zu Wechseln, Protesten, Schuldscheinen etc. Kempen 866. (Schrimm, Schreiber.) 8. (XIV, 176 S.) 15 ngr.

—— und C. Lundberg, der vollständige Expedient, s. Lundberg, C.

—— das allgemeine deutsche Handelsgesetzbuch, verbunden mit der allgemeinen deutschen Wechsel-Ordnung, letztere vervollständigt durch die wichtigsten Entscheidungen des königl. Ober-Tribunals zu Berlin und durch Muster zu Wechseln, Protesten und Wechselklagen aller Art bearb. gr. 8. (VIII und 336 S.) Kempen 866. (Schrimm, Schreiber.)

Rump, A., der Stadtverordnete oder Rathgeber in Communal-Verwaltungs-Angelegenheiten, enthltd.: Die Städte-Ordnung vom 30. Mai 1853 mit Einschaltung aller dieselbe ergänzenden Nebengesetze und Instruktionen, sowie eine Sammlung der wichtigsten Communal-Gesetze. Quedlinburg (858.) Ernst. gr. 8. (IX, 150 S.) 22½ ngr.

—— und F. Grauer, der preußische Civil- und Straf-Prozeß, s. Grauer, F.

Rump, Chr., über die Prüfung des Chloroforms auf fremde Beimischungen. Ueber dessen Verhalten zum Lichte u. Vorschläge zur stets sichern medicinischen Anwendung desselben für Aerzte, Apotheker, Fabrikanten. Hannover 868. Schmorl & v. Seefeld. gr. 8. (15 S.) n. 5 ngr.

Rump, F. H. Einige stereometrische Aufgaben. 10 S. Figt.
Coesfeld, Progr. 1845

Rump: Geometrische und trigonometrische Auflösungen einiger Dreiecks- und Vierecks-Aufgaben. 18 S. Figurt. – Progr. Coesfeld 1860.

Rump: Trigonometrische Auflösungen für eine bestimmte Klasse von Dreiecksaufgaben. 17 S. Figurt. – Progr. Coesfeld 1852.

Rump, F. H. Einige Eigenschaften der regelmäßigen Vielecke in Beziehung auf ihre Diagonalen. 15 S. . . . .
Coesfeld, Progr. 1835

Rump, F. H. Ueber den Gebrauch der entgegengesetzten Aggregationszeichen bei den goniometrischen Funktionen. 10 S. . . . . .
Coesfeld, Progr. 1830

Rump, F. H.: Construction und Berechnung der Ovalen. 11 S. 4° – Coesfeld, Progr. 1870.

Rump, F. H., Lehrbuch der ebenen Geometrie, zunächst f. Gymnasien. 1. Bd., enthaltend das System. (Für die Schüler.) gr. 8. (12¾ B. u. 5 Figurentaf.) Coesfeld 844, Wittneven, Vater.

Bey dem glücklichen Schluss des Königlichen Preussischen Oberappellationgerichts wid... Seiner Erlauchten Excellence, ... Herrn Albrecht Ernst Grafen von Schlieben, Königlichen Preussischen würcklich geheimten Staats- und Krieges-Minister, ... im Nahmen der Königlichen deutschen Gesellschaft zu Königsberg in Preussen in einer öffentlichen Rede ein Ehrfurchtvolles Opfer GEORGE RUMP. Königsberg den 29. April 1744. gedruckt in der Königl. Hof- und Academischen Buchdruckerey. fol.

Rump, Heinrich

Rump, H., Gamaliels u. seiner Freunde Abendunterhaltungen üb. d. bevorsteh. Predigerwahl d. bremischen Kirchengemeinde zu St. Ansgarii. 1. u. 2. Abendunterhalt. gr. 8. (4½ B.) Bremen 836, Heyse.

— e. Gedanken über e. auf Nationalbildung berechnete öffentl. Büchersammlung, f. eine deutsche, besond. norddeutsche Stadt. Vorgetragen in 3 Vorlesungen im Museo zu Bremen im Nov. 1816. 8. Brem. 817.

— Vorlesungen pädagog. Inhalts, vornehml. üb. den Werth d. Muttersprache u. der Geschichte, als allgem. Bildungsmittel. gr. 8. Brem. 824. Heyse. 1 ₰ 8 gl

Rump, Hnr., Vorlesungen üb. einige in d. Geschichte der Deutschen am stärksten hervortret. Züge von Volks-Eigenthümlichkeit, 1814 u. 15 gehalten. 8. Brem. 816. Heyse. 12 gl

Rump, Hnr., was ist d. Geist d. Museums? u. was heisst in diesem Geiste fortgehen? Zwei Vorlesungen. 8. Bremen 803. Heyse. 6 gl

Rump Dr. Hermann: Der bildliche Ausdruck in den Dramen Schillers. 48. Radauts 95. Progr.

Rump, Hermann: Gedächtnisrede auf Friedrich Schiller. Festvortrag, gehalten zur Feier von Schillers hundertstem Todestage. (Umschlagtitel: ... Schiller.) S. 31–39. 8.
Progr. K. k. I. Staatsgymn. *Czernowitz* 1905.

Rump, Herm., Geschichte der am 5. Juni 1862 kanonisirten japanischen Martyrer und ihre Heiligsprechung. Nach Leo Pagés unter Zuziehung der Schriften von Boujx u. A. sowie der Hauptquellen bearb. Münster 862. Theissing. 8. (IV, 140 S.) 8 *ngr.*

Rump, Herm., s.: Handweiser, literarischer.

Rump, Hermann: Nikolaus Lenau. Ein Festvortrag. S. 3–14. 8.
Progr. K. k. I. Staatsgymn. *Czernowitz* 1903.

Rump, Herm., die neue Prüfungsvorschrift. Vortrag, geh. im Vereine „Bukowiner Mittelschule" in Czernowitz am 16. I. 1909. (15 S.) gr. 8. Czernowitz (909). (R. Schally.) nn — 30

Rump, Herm., die Unfehlbarkeit des Papstes u. die Stellung der in Deutschland verbreiteten theologischen Lehrbücher zu dieser Lehre. Durch getreue Auszüge u. Uebersetzungen dargestellt. Münster 870. Russell. gr. 8. (XVI, 175 S.) n. 20 *ngr.*

Rump, Hermann (Hrsg.), s. Zeitschrift für vaterländische Geschichte und Alterthumskunde.

Rump, J., über den Anbau d. wüsten Marken in Westphalen: in Briefen. 8. Lippst. 787.

— Westphäl. Bauerngespräche, als e. Fortsetzung d. Briefe üb. wüste Marken. 8. Lippst. 787.

Rump, J. Jac., Predigten v. d. tägl. Erneuerung. 8. Königsb. Hartung. 753.

Rump, Johann

Rump, Joh., s. a.: Jünger, Nathanael.

— „Deine Zeugnisse sind mein ewiges Erbe". (Ps. 119, 11.) Ein vollständ. Jahrgang Predigten üb. die alttestamentl. Reihe der Eisenacher Perikopen. 1. Bd. Advent bis Himmelfahrt. gr. 8. (X, 416 S.) Halle 902. C. E. Müller. n. 5. —; geb. n. 6. —

— „Deine Zeugnisse sind mein ewiges Erbe". (Ps. 119, 11.) Ein vollständ. Jahrgang Predigten üb. die alttestamentl. Reihe der Eisenacher Perikopen. 2. Bd. Exaudi bis Schluß des Kirchenjahres. (XIV, 432 S.) gr. 8. Halle 903. C. E. Müller. n. 5. —; geb. n. 6. —

Rump, Joh., s.: Dienst, der, am Wort.

— „Du bist Christus, der Sohn des lebendigen Gottes" (Ev. Joh. 6, 69). Ein vollständ. Jahrgang Predigten (80) üb. freie Texte aus den Evangelien, der Apostelgeschichte u. der Offenbarg. 2 Bde. Lex. 8. Wismar, Hinstorff's Verl. à 7.—; geb. in Leinw. à 8. 50
1. 1. Adventsonntag bis Pfingstmontag. (VIII, 423 S.) 910.
2. Trinitatisfest bis Schluß des Kirchenjahres. (27. Sonnt. n. Tr.) (VIII, 375 S.) 910.

Rump, Joh., „Folge du mir nach!" (Ev. Joh. 21, 22.) Eine Sammlg. gläub. Predigten üb. die neuen, v. der Eisenacher Kirchenkonferenz festgesetzten Evangelien. gr. 8. (8, 220 S.) Altenburg 901. St. Geibel. n. 3. —; geb. n. 4. —

— „Folge Du mir nach!" (Ev. Joh. 21, 22.) Ein vollständ. Jahrg. Predigten über sämtl. Texte der von der Eisenacher Kirchenkonferenz festgesetzten Evangelien (einschließlich der neuen Abschnitte aus der Apostelgeschichte). 2 Bde. (VIII, 511 u. XI, 487 S.) gr. 8. Altenburg 903. 904. St. Geibel. n. 10. —; geb. n. 12. —
Erschien auch in 11 Lfgn. à 1. —

— Für Gottes Wort u. Luthers Lehr!

— hast du den rechten Glauben? Eine Sammlg. gläub. Predigten meist üb. die neuen, v. der Eisenacher Kirchenkonferenz festgesetzten Episteln. gr. 8. (8, 219 S.) Ebd. 901. n. 3. —; geb. n. 4. —

— „HErr, was willst Du, daß ich tun soll?" (Apostelgeschichte 9, 6.) Ein vollständ. Jahrgang (Bremer) Predigten üb. sämtl. Texte der v. der Eisenacher Kirchenkonferenz festgesetzten Episteln. 2 Bde. gr. 8. Leipzig, G. Wigand. à 7.—; geb. à 8. 20
1. Die festl. Hälfte des Kirchenjahres. (VIII, 440 S.) 907.
2. Die festlose Hälfte des Kirchenjahres. (VIII, 450 S.) 907.

Die drei Johannesbriefe in religiösen Betrachtungen für das moderne Bedürfnis. Von Lic. theol. Dr. Johann **Rump**. Gütersloh: Bertelsmann 1910. XII, 189 S. 8°
(Das Neue Testament in relig. Betrachtungen ... hrsg. von Gottlob Mayer. Bd 13.) [11. 2196

[J. u. Ant.] Rump, *Heinrich Carl Dietrich* **Johann: Melanchthons Psychologie, '(seine Schrift de anima)' in ihrer Abhängigkeit von Aristoteles und Galenos ... Kiel, E. Marquardsen, 1897; 3 Bl., 188 S., 1 Bl. 8.**
Jena, Phil. Fak., Inaug.-Diss. v. [8. Mai] 1897

[J. u. Ant.] Melanchthons Psychologie, '(seine Schrift de anima)' in ihrer Abhängigkeit von Aristoteles und Galenos dargest., v. Dr. phil. Johann **Rump**. *Kiel: G. Marquardsen 1896.* (4 Bl., 188 S.) 1 Bd 8. [97. 3472

— Melanchthons Psychologie (seine Schrift de anima), in ihrer Abhängigkeit v. Aristoteles u. Galenos dargestellt. 2. unveränd. [Titel-]Aufl. gr. 8. (VIII, 188 S.) Langensalza (897). 900. O. Stockstrom. 3. —

Rump, Max, bayer. Gesetz v. 29. Apr. 1869, d. privatrechtl. Stellung v. Vereinen betr., m. spec. Berücksicht. d. sächs. Gesetzes v. 15. Juni 1868, sow. d. künft. Reichscivilrechts. Erläut. v. R. 8. (III, 215 S.) München 895. J. Schweitzer, Verl. n. 2. 40; geb. n. 3. —; ermäß. Pr. geb. n.n. 1. 50

Rump, Mor. Ad., über die Düngungsmittel zur Beförder. des Anbaues d. wüsten Marken, v. Hrn. Parmentier. gr. 8. Lingen 797. Jülicher. 3 gr.

Rump, M. A., s. a. Parmentier, Ant. Aug.

— üb. d. alt. Röm. Schriftst. v. d. Landwirthsch. gr. 8. Münster, Platvoet. (Coppenrath.) 796.

Rump, Über die römischen Schriftsteller von der Landwirthschaft. Münster 796. 8. (136 Seiten).

RUMP, Victor (Cösfeld): Das allgemeine Priesterthum der Christen.- Münster: Mitsdörffer 1860. 2 Bl.,64 S.
1.12.1859 - Urk (Titel: Die katholische Lehre von dem allg. Priesterthum der Christen.); F 44
Diss. Ingolst.-Landsh.-Mchn.

Rump, Viktor. Das allgemeine Priestertum der Christen. (1 Petri 2. 4—10: 4, 10—11; 5, 1—5.) Münster, 1860.

Rumpäus, J. F. Ch. Bemerkungen über Stellung, Beugung und Betonung der deutschen Beiwörter vor ihrem Hauptworte. 23 S. . . .
Soest, Progr. 1827

Rumpaeus, Just. W.

Rumpaei, J. W., Commentarius criticus ad libros N. T. Cum praef. Carpzovii. Ed. sec. Lips. 756. 4. 20 gr.

Rumpaeus, Iust., introductio in libros novi Test. c. praef. Carpzov. 4. Lips. Junius. (Onobloch.)

— institutiones theologicae. 4. Susati. (ibid.) 721.

Rumpaeus, J. W., Utrum detur aliqua diaboli in hoc mundo operatio? contra B. *Becker?* Gryph. 1706. 1711. 4°.

Rumpe, Paul Euripides und der seelische Kampf in seinen Stücken. Teil I. 12 S. **Progr.** Rg. *Posen* 1882.

Rumpe, Paul, Prof.: Die **Pietät** gegen die Schule und ihre Betätigung in den Vereinen ehemaliger Schüler. *Berlin 1903: A. W. Hayns Erben.* (S. 3—17.) 4°
Berlin, k. Kaiser Wilhelms-RG, OP 1903 (104)

Rumpe, Paul *Albert Hermann Lothar* Über die sogenannten protestantischen Prinzipien. 4 (23 S.).
Progr. Kgl. G. *Meseritz* 1892 (157).

Rumpe, Paul *Albert Hermann Lothar*: Schule und Haus und ihr Verhältnis zu einander. Ein offener Brief an Eltern und Pfleger. 4 (S. 3—16).
In Umwandlung zu ein. G. begriffen. Kgl. Rg. *Rawitsch* 1897 (zu 178).
Progr.

Rumpe, Rob., wie das Volk denkt. Allerlei Anschaugn. üb. Gesundheit u. Krankheiten. Vom Standpunkte des Arztes beleuchtet. 8. (VIII, 131 S.) Braunschweig 900. F. Vieweg & Sohn. 1. 50

Rumpel, Eduard. Grätz 1786.
V: *Schreiber, C. Ludwig.* (MGT)

Rumpel, des Herrn Eduard, Begebenheiten, 2 Theile, 8. Salzburg, 791. Mayrs. 1 Rthl.

Rumpel, Alfred, appr. Arzt a. Kirchberg: Aus der Tübinger Universitäts-Augenklinik. Die Conjunctivitis granulosa in Württemberg. Tübingen: F. Pietzcker 1906. (33 S.) 8°
Tübingen, Med. Fak., Ref. Schleich, Diss. v. 14. Mai 1906
[Geb. 22. Jan. 79 Kirchberg; Wohnort: Stuttgart; Staatsangeh.: Württemberg; Vorbildung: Gymn. Stuttgart Reife M. 97; Studium: Tübingen 4. München 4. Kiel 1 S.; Coll. 7. März 06; Approb. 21. Juli 04.]

(Rumpel, E[mil].) Fest-Schrift zur Einweihung des neuen Bezirks-Schulhauses der Gemeinde Balsthal, 6. November 1910. Hrg. von der Schulhaus-Baukommission Balsthal. [Mit Illustrationen und 1 Tafel.] II + IV + 115 S. 8. Balsthal, Dr. R. Baumann, 1910. [fr. 1. 50]

Rumpel, E[mil]. Die letzten Zeiten des Schlosses Dorneck. Historische Skizze. Separat-Abdruck aus dem «Solothurner Tagblatt», November/Dezember 1907. [Mit 1 Tafel.] 35 S. 8. [Solothurn, Zepfel, 1908.]

Rumpel, F. E., die Haller Mauern, s. Martinez, A.

Rumpel, Ferdinand Carl (in d. Vita: Carl), Zahnarzt aus Osthofen: Ueber **Haemochromatose** der Niere. *Würzburg 1903: A. Borst.* (45 S.) 8°
Würzburg, Med. Diss. v. 1903

Rumpel, Friedrich Gottlob (Dondorf) A. S. 314/10

Dissertatio juridica de pecunia doloris, Vom Schmertz-Gelde. Präs. Peter Müller. Rec.
Jena 1731. 21 S.

Diss. VIII. 1686. 29519

Rumpel, Hans [aus Cassel]: Über die Einwirkungsprodukte von Trimethylamin, Dimethylamin und Methylamin auf Bromacetophenon ... Breslau, Druck d. Bresl. Gen.-Buchdr., 1897; 2 Bl., 60 S., 1 Bl. 8.
Marburg, Phil. Fak., Inaug.-Diss. v. [16. Febr.] 1897

Rumpel, Hermann Ernst

Rumpel, H. E., antiquitates festorum dierum nativitatis dominicae. Erf. 1763. 4.

— e. Betrachtt. über öffentl. Erziehung u. deren Verbesserung; e. Einladungsschrift. ...

Rumpel, Herm. Er., Betrachtt. üb. die Sonnenuhren, s. a. P. M. Hahn.

Rumpel, Herm. E., Betracht. üb. d. Sonnenuhren, n. Verbesser. d. kreuzform. Uhren, m. K. u. Verbesser. v. Hahn. gr. 4. Erfurt, Keyser. 784.

Rumpel, H. E., de more vinctos paschali tempore liberandi. Erf. 1763. 4.

Rumpel, H. E., quaedam ad historiam temporis quadragesimalis. Erf. 1789. 4.

Rumpel, Herm. Ern.: De legum rationibus. Erfordiae 1765.

— von der nothwend. Veränderung der Gesetze. 4. Erfurt 782. Keyser. 5 gr.

Rumpel, H. E.: „Ueber Versorgung der Armen auf dem Lande und Abstellung der Betteley", Erfurt 1791 (Keyser).

Rumpel, Herm. Er., Ueber Versorgung der Armen auf dem Lande, nebst Abstellung der Bettelei. gr. 4°. Erfurt, Keyser, 1792.

Rumpel, Johann

Rumpel, Joh.: De trimetri graeci exitu. 7 S. – Insterburg, Progr. 1872.

Rumpel, Johs., de trimetri graeci exitu. 4. (9 S.) Insterburg 872. (Berlin, Calvary & Co.) n. 1. —

Rumpel, Joa., lexicon Pindaricum. gr. 8. (498 S.) Leipzig 883. Teubner. n. 12. —

Rumpel, Joa., lexicon Theocriteum. gr. 8. (319 S.) Leipzig 879. Teubner. n. 8. —

Rumpel, J., Quaestiones metricae: in producendis et corripiendis vocalibus, quae antecedunt mutam cum liquida, quas rationes secuti sint poetae tragici. I u. II. Pr. 1865/66. 22, 19 S. 4°. à 1.20

Rumpel: Quaestiones metricae I. et II., 42 S.–Insterburg, Progr. 1865 u. 1866

Rumpel, Johann Daniel (Frankfurt/M.) A. S. 123/27

Dissertatio iuridica inauguralis de quaestione quatenus indossatorio exceptiones persona indossantis opponi queant. Präs. Johann Christoph Koch.
Giessen (Braun) XI. 1773.

Gew.: Stadt Frankfurt/M. 29521

Rumpel, Johann Georg (Bad Salzungen) A. S. 832/10

Dissertatio inauguralis juridica, de sacratissimi imperatoris atque imperii judicio, camera Wezlariensi.
Erfurt (Grosch) 28. I. 1722. 52 S.

Gew.: Johann Christoph Fhr. von Wolzogen.
W. v.: Hermann Nikolaus Stieler, Heinrich Melchior Schütte, Hiob Fidejustus Heuser, J. P. Kirchberger, Johann Stephan Müller. 29522

Rumpel, Johann Georg Friedrich (Frankfurt/M.) A. S. 123/26

Dissertatio inauguralis iuridica de pecunia ad emendum credita privilegiata et non privilegiata.
Präs. Johann Christoph Koch.
Giessen (Braun) 12. III. 1772. 32 S.

Gew.: Stadt Frankfurt/M. 29523

Rumpel, Johann Heinrich

Rumpelius, Joh. H., Tract. von denen Geistern, so in Bergwerken [illegible], oder von sogenannten Berg-Männlein. A. d. Latein. Dresd. u. [illegible] 702. [illegible]

Rumpel, Johann Konrad (Frankfurt/M.) A. S. 3/24

Dissertatio inauguralis iuridica de praestatione evictionis ad annum et diem secundum ius ac consuetudinem liberae S. R. I. civitatis Francof. ad Moenum.
Giessen (Lammers) XI. 1733. 48 S.

Gew.: Johann Simon Frank von Liechtenstein. 29524

Rumpel, Johann Valentin (Schleusingen) A. S. 729/25

Disputatio juridica de libello alternativo in actione hypothecaria admittendo. Präs. Simon Heinrich Musaeus.
Kiel (Reuther) 27. VIII. 1701. 32 S. 29525

Rumpel, Oskar

Rumpel, O., die Cystoskopie im Dienste der Chirurgie. Ein Atlas cystoskop. Bilder m. begleit. Text f. Ärzte u. Studierende. Mit 85 farb. (eingeklebten) Fig. auf 36 Taf. u. 22 Textabb. (VII, 110 S.) Lex. 8. Wien 909. Urban & Schwarzenberg. 30.—; geb. n 33. —

Die Diagnose des Nierensteins mit Hilfe der neueren Untersuchungsmethoden. Von Dr. O[skar] **Rumpel**, Oberarzt. Mit 50 Röntgenbildern auf 10 Taf. u. 9 Abb. *Hamburg: L. Gräfe & Sillem 1903.* (33 S.) 4°
— Archiv u. Atlas d. normalen u. pathol. Anatomie in typischen Röntgenbildern. [10.]
— **Fortschritte** auf d. Gebiete d. Röntgenstrahlen. Erg.H. 10. (03.

Aus d. Kgl. chirurg. Universitätsklinik zu Berlin. Über Geschwülste und entzündliche Erkrankungen der Knochen im Röntgenbild von Dr. O[skar] **Rumpel**, Stabsarzt. Mit 140 Bild. auf 23 Taf. u. 2 Textfig. Hamburg: L. Gräfe & Sillem 1908. (49 S.) 4°
— Archiv u. Atlas d. normalen u. pathol. Anatomie in typischen Röntgenbildern. [16.]
— **Fortschritte** auf d. Gebiete d. Röntgenstrahlen. Erg.Bd 16. (07. 17366

Rumpel, Oskar [aus Cassel]: Ueber die Verwendung tuberkulösen Fleisches zu Genusszwecken ... Berlin, C. Vogts Buchdr., *1896;* 31 S. 8.
Berlin, Med. Fak., Inaug.-Diss. v. 24. Jan. 1896

Rumpel, Paul: Der Begriff Geschäftsbesorgung in § 675 des Bürgerlichen Gesetzbuches für das Deutsche Reich. Breslau 1910: Zimmer. 75 S. 8°
Breslau, Jur. Diss. v. 28. Okt. 1910, Ref. Leonhard, O. Fischer
[Geb. 16. Okt. 82 Gumbinnen; Wohnort: Breslau; Staatsangeh.: Preußen; Vorbildung: Friedrich-Wilhelms-Gymn. Posen Reife O. 01; Studium: Breslau 7 S.; Rig. 22. Juli 09.] [U 11. 645

Rumpel, Sigismund Friedrich (Erfurt) U. S. Erfurt 1753, 2

Dissertatio inauguralis juridica, de usufructuario, fructuum domino.
Erfurt (Hering) 30. V. 1753. 48 S.

W. v.: Georg Christoph Schiller, J. C. Hartung (Opp.), Christoph Hiob Fideiustus Heuser, Hermann Ernst Rumpel (Bruder, Opp.). 29528

Rumpel, Theodor

Rumpel, Th., d. Ansteckungsgefahr bei d. Krankenpflege u. ihre Vermeidg. Ein Vortrag, geh. auf der General-Versammlg. d. Verbandes deutscher Krankenpflege-Anst. v. rothen Kreuz am 1. X. 1897 in Darmstadt. gr. 8. (29 S.) Cassel 897. Gebr. Gotthelft. — 75

Rumpel, Theodorus: (Disputatur de Aristophane poeta Euripidis adversario.) Halae (1839): Ploetz. 25 S. 8°
Viro ... Godofredo **Bernhardy** ... diem natalem ... gratulantur Seminarii Regii philologici sodales.

Rumpel. Theodorus: Commentatio de Euripidis atheismo. Halae (1839): Ploetz. 19 S. 8°
Viro ... Henrico Leo diem natalem ... gratulantur Fr. Besser [u. a.] nuper auditores.

Rumpel, Th., die bakteriologischen Befunde der Cholera im J. 1892. [Aus: „Jahrbb. der hamburg. Staatskrankenanstalten" 3. Bd.] gr. 8. (15 S.) Hamburg 894. L. Voss. n. 1. —

Rumpel: Ueber die Benutzung antiker Kunstwerke in dem Gymnasialunterricht. 12 S.–Gütersloh, Progr. 1868

Rumpel, Theod.: Historische Betrachtung über Galater 3, 28. 22 S. Gütersloh, Progr. 1860.

— d. einheim. Brechdurchfälle in Hamburg v. 1893–1895, s.: **Jahrbücher** d. hamburg. Staatskrankenanstalten.

— die Cholera asiatica nach frischen Präparaten m. beigegebenen mikroskopischen Abbildungen u. m. erläuterndem anatomisch-klinischem Text. [Aus: „R., pathologisch-anatom. Tafeln".] Fol. (8 farb. Taf. m. 4 S. Text.) Wandsbeck 893. Kunstanstalt vorm. Seitz. n. 12. —

— Zimmermann u. Rumpf, die Desinfektions-Vorrichtungen u. Vorsichtsmassregeln gegen die Übertragung ansteckender Erkrankungen im neuen allgemeinen Krankenhause. [Aus: „Jahrbb. d. hamburg. Staatskrankenanstalten" 3. Bd.] gr. 8. (32 S. m. 7 Abbildgn. u. 4 Taf.) Hamburg 894. L. Voss. n. 3. 50

Ueber den Einfluß des Biergenusses auf Cholera-Erkrankungen von Dr. Theodor Rumpel, Oberarzt. Königsberg i. Pr. 1894: Hartung. (11 S.) 8° [F.] [cs. sogit 10

Rumpel, Theod., die Casuslehre in besond. Beziehung auf die griech. Sprache dargestellt. gr. 8. (19¼ B.) Halle 845, Anton.

Rumpel, T. Zur Casustheorie. Gütersloh, G., 1866. 25 S. 4. Progr.

Rumpel, Theodor [pract. Arzt, aus Gütersloh i. Westf.]: Ueber den interstitiellen Leistenbruch . . . Marburg, Druck v. Georg Schirling, 1887; 25 + 1 S. + 1 Bl. u. 1 Taf. 8°.
Marburg, Med. Fak., Inaug.-Diss. v. [2. Aug.] 1887.

Rumpel, Th., üb. den interstitiellen Leistenbruch. Mit e. Taf. gr. 8. (25 S.) Marburg 888. Elwort's Verl. n. 1. —

Rumpel, Theodor: Nachricht über die Entstehung und den Fortgang des evangelischen Gymnasiums zu Gütersloh nebst einigen einleitenden Bemerkungen über die christliche Gymnasialbildung. 44 S. – Gütersloh, Progr. 1856.

Rumpel, Thdr., philosophische Propädeutik oder die Hauptlehren der Logik u. Psychologie. Zum Gebrauche in Gymnasien bearb. 1. Aufl. 1866 u. 2. Aufl. Gütersloh 868. Bertelsmann's Verl. 8. (XX, 155 S.) n. 20 ngr.

Rumpel, Thdr., philosophische Propädeutik oder die Hauptlehren der Logik und Psychologie. Zum Gebrauche in Gymnasien bearb. 3. Aufl. 1873, und 4. Aufl. 8. (XX, 152 S.) Gütersloh 875, Bertelsmann's Verlag.

Rumpel, Thdr., philosophische Propädeutik oder die Hauptlehren der Logik u. Psychologie. Zum Gebrauche in Gymnasien bearb. 5. Aufl. 8. (XVI, 152 S.) Gütersloh 877. Bertelsmann. n. 2. —

Rumpel, Thdr. (I.), philosophische Propädeutik oder die Hauptlehren der Logik und Psychologie. Zum Gebrauche in Gymnasien bearb. 8. Aufl. 8. (XVI, 152 S.) Gütersloh 887. Bertelsmann.

Rumpel, Thdr., philosophische Propädeutik oder d. Hauptlehren d. Logik u. Psychologie. Zum Gebrauche in Gymnasien bearb. 9. Aufl. 8. (XVI, 152 S.) Gütersloh 896. (C. Bertelsmann.) n. 2. —; geb. n. 2. 40

— kleine Propyläen. Bilder aus der Welt der alten Klassiker zum besseren Verständniß derselben zusammengestellt u. erläutert. Mit 55 (eingedr.) Holzschn. Ebend. 868. 8. (XV, 91 S.) n. 20 ngr.

Rumpel, Theodorus: • Prosopographica Aristophanea. Cleonymus. Clisthenes. Laches. 18 Bl. 4° (2°)
Halle-Wittenberg, Phil. Diss. v. 27. März 1840
Geb. [Viernau (Kr. Schleusingen) 14. 9. 1815]

— das Sielgrubenhaus, s.: Jahrbücher der hamburgischen Staatskrankenanstalten.

— pathologisch-anatomische Tafeln nach frischen Präparaten aus den Hamburger Staatskrankenhäusern, m. erläuterndem anatomisch-klinischem Text. Unter Mitwirkg. v. Alfr. Kast. 1.—12. Lfg. Fol. (à 4 chromogr. Taf. m. Text S. 1—26.) Wandsbeck 891—894. Kunstanstalt vorm. Seitz. Subskr.-Pr. à n. 4. —; einzelne Taf. n. 1. 50

— pathologisch-anatom. Tafeln nach frischen Präparaten aus d. Hamburger Staatskrankenhäusern, m. erläut. anatomisch-klin. Text. Unt. Mitwirkg. v. Alfr. Kast. 13.—15. Lfg. Fol. (à 4 chromogr. Taf. m. Text S. 27—40.) Wandsbeck 896. 97. Kunstanstalt vorm. Seitz. Subskr.-Pr. à Lfg. n. 4. —; einz. Taf. n. 1.50

Rumpel, Thdr., pathologisch-anatomische Tafeln nach frischen Präparaten aus den Hamburger Staatskrankenhäusern, m. erläuterndem anatomisch-klinischem Text. Unter Mitwirkg. v. Alfr. Kast. 16. Lfg. (4 farb. Taf. m. Text S. 41—43.) 44,5×32 cm. Wandsbeck (903). Kunstanstalt (vorm. G. W. Seitz). Subskr.-Pr. n. 4. —;
Forsetzung, s.: Fraenkel, Eug. einz. Taf. n. 1. 50

.6) Rumpel, Th., pathologisch-anatom. Tafeln. 903. (KBl. 34.) Jetzt: Leipzig, Dr. W. Klinkhardt.

Rumpel: Wesen und Bedeutung des Wunders. 26 S. –Gütersloh, Progr. 1862.

RUMPELHANNES, Marc-Aurel (ps.). — Das Kunstcabinet. Ein Bruchstück a. d. Werken d. berühmten Reisenden Fabian Kümmeltürken. In hochdeutsche Reimlein gesetzt von —. O. O. u. J. Kl. 8⁰. (2 Mk. 50 Pfg. Jos. Baer & Co., 1894, gebrauchtes Expl.) Rar!

Rumpellieder. gr. 8. (4 S.) Donauwörth 879. (Veith.) n. — 20

Rumpelstilzens Erdengang. Eine lust. Dackelgeschichte. Verse v. Onkel Franz. Bilder v. Onkel Haase. (32 S. m. farb. Abbildgn.) 4. Berlin (906). Globus Verlag. Geb. n.n. 1. 25

Rumpelt, Anleitung für Gemeindevorsteher u. Gutsvorsteher, ihre Mitwirkung bei Anwendung des Reichs-Viehseuchengesetzes vom 23. Juni 1880 betreffend. 8. (15 S.) Oederan 881. Schlesinger. — 25

Rumpelt, A., die königl. sächsische Aerzteordnung, s.: Handbibliothek, juristische.

Rumpelt, A., (Hrsg.), s.a. Baugesetz, Das allgemeine, f. d. Königreich Sachsen ...

Rumpelt, A., allgem. Baugesetz f. das Königr. Sachsen, s.a. Handbibliothek, Leipziger juristische.

Rumpelt, A.: Allgemeines Baugesetz für das Kgr. Sachsen vom 1. Juli 1900. Handausgabe mit den zugehörigen Bestimmungen, Erläuterungen und Sachregister. Leipzig: Rossberg & Berger 1900.

Rumpelt, A., Allgemeines Baugesetz für das Kgr. S. vom 1. Juli 1900 20. Mai 1904 nebst Ausf.VO. 2. Aufl. (Jurist. Handbibl. 12.) Leipzig: Rossberg 1904.
— Handausgabe mit Erläut. Ebd. 1904.

Rumpelt, A., die Invaliditäts- u. Altersversicherung im Königreiche Sachsen. Handausgabe d. Reichsgesetzes vom 22. Juni 1889 m. erläut. Anmerkgn., Anh. u. Sachregister. In amtl. Auftrage bearb. 8. (VI, 175 S.) Dresden 890. Höckner, Sep.-Cto. n. 2. 50

Rumpelt, A., die Invaliditäts- u. Altersversicherung im Königr. Sachsen. Handausgabe d. Reichsgesetzes vom 22. Juni 1889 m. erläut. Anmerkgn., Anh. u. Sachregister. Im amtl. Auftrage bearb. 2., verb. u. verm. Aufl. 8. (VII, 239 S.) Dresden 891. Höckner Sep.-Cto. n. 3. —; Nachtrag zur 1. Aufl. (III, 63 S.) n. — 75

—— Die Krankenversicherung der Arbeiter. Handausg. d. Krankenversicherungsgesetzes in der Fassg. der Novelle vom 10. April 1892, nebst den auf die Krankenversicherg. bezügl. Bestimmgn. d. Reichsgesetzes vom 5. Mai 1886 u. dem Reichsgesetz üb. die eingeschriebenen Hülfskassen in der Fassg. der Novelle vom 1. Juli 1884. Mit Erläutergn. u. Sachregister hrsg. gr. 16. (VII, 189 S.) Lpz. 892, Hirschfeld. cart. * 1. 50

Rumpelt, A., die Krankenversicherung der Arbeiter. Handausg. d. Krankenversicherungsgesetzes in d. Fassung d. Novelle vom 10. Apr. 1892, nebst d. auf d. Krankenversicherg. bezügl. Bestimmgn. d. Reichsgesetzes v. 5. Mai 1886 u. d. Reichsgesetz üb. die eingeschrieb. Hülfskassen in d. Fassg. d. Novelle v. 1. Juli 1884. M. Erläutergn. u. Sachregister hrsg. 2., unveränd. Aufl. gr. 16. (VIII, 189 S.) Leipzig 896. C. L. Hirschfeld. Kart. n. 1. 50

(8) **Rumpelt**, A., d. Krankenversicherung d. Arbeiter. 896. (KBL 30.) Jetzt: Tübingen, J. C. B. Mohr.

Rumpelt, A., Unfall- und Krankenversicherung für Land- und Forstwirthschaft im Königr. Sachsen. Handausg. des Reichsgesetzes vom 5. Mai 1886 und des sächs. Landesgesetzes vom 22. März 1888. Mit erläut. Anmerkungen, Anhang und Sachregister. In amtl. Auftrage bearb. 8. (X, 292 S.) Dresden 888, Höckner, Sep.-Cto. geb. *

—— dass. — Mit Nachtrag: Ausführungsbestimmungen und Genossenschaftsstatut. 8. (X, 292 S.; Nachtrag 79 S. mit Formularen.) Ebendas. 888. geb. * Nachtrag allein *

Rumpelt, Alex., u. Rud. Jura, nach Amerika, s.: Vereinstheater.

Rumpelt, Alex., Gretchen Pech. Eine Geschichte f. stille Leute. gr. 8. (64 S.) Dresden 894. F. Tittel Nachf. — 75; geb. in Leinw. n.n. 1. 50

Rumpelt, Alex., Sicilien u. die Sicilianer. 2. Aufl. gr. 8. (V, 334 S.) Berlin 902. Allg. Verein f. deutsche Litteratur. n. 5. —; geb. in Leinw. od. Halbfrz. n. 6. 50

Sicilien und die Sicilianer. Neue Folge. Von Dr. Alexander **Rumpelt**. Radeberg: Th. Pfeil 1907. (339 S.) 8° [F.]
Das frühere Werk ist erschienen in: Allgem. Verein f. deutsche Litteratur. Abt. 28, 2. [07. 305

Rumpelt, E. A. F., die Heilwissenschaft aus d. Gesichtspunkte ihrer Zuverlässigkeit betrachtet. 8. (5 B.) Dresden 829, Walther.

Aus meiner Werkstätte. Baustücke meiner theuern Mutter-Loge gewidmet und auf deren Verlangen in Druck gegeben von E[mil] A[dolf] F[erd.] Rumpelt gen. Emil Walther. Dresden: Türk 1873. VIII, 556 S. 8°

[Dasselbe.] Leipzig: Zechel 1882. VIII, 556 S. 8°
Recens: Bh. 17 (1874) S. 42; Z. 4 (1874) S. 28.
Tt. 1900. 38 Reden. Im Nachw.: Verfs. Lebens- u. Bildungsgesch.

Bruchsteine zum Bau. Zusammengetragen zum Gebrauche für Zünftige und Unzünftige von E[mil] A[dolf] F[erd.] **Rumpelt** gen. Emil Walther. Leipzig: Zechel 1882. VI, 278 S. 8°
Recens: L. 5 (1882) S. 192 (B. Cramer); DrL. 12 (1882—1883) S. 864 (K. Pilz); BrL. 1 (1882—1883) S. 70 (R. Brandt); FZ. 37 (1883) S. 22 (K. Pilz).
cf. Z. 12 (1882) S. 98 (M. Amster).

Rumpelt, A. F., Lied. Der Gedanke der Maurerei. Gedicht von Br. Walther, componirt von Br. W. Fischer. Dresden. Druck von Ernst. ca. 1865. Fol. 2 Bl. mit Melodien. — Das Lied ist abgedr. Frmrztg. 1874. S. 407.

Schlusslied. [Unterz.:] E[mil Adolf Ferd. **Rumpelt** gen.] **Walther.** [Dresden: 1890.] 1 Bl. 8° [Kopftit.]
Ohne Noten: „Ein hohes Lied Dir möcht' ich singen . . .“ 193.

Maurers Todtenklage. Vom Br E[mil Adolf Ferd. **Rumpelt**, gen.] **Walther.** o. O. u. J. 15 S. 8° [Kopftit.]
Abgedr. in: A. 23 (1862) S. 233—247; Rumpelt gen. Walther, E. A. F.: Aus meiner Werkstätte. 1873 S. 256—272; 1882 S. 256 bis 272. 110.

Die geselligen Unterhaltungen in unseren Altstädter Logen und die davon bedingte bauliche Veränderung unseres Logengebäudes. Vortrag von [Emil Adolf Ferd.] **Rumpelt**-Walther, gehalten am 26. Febr. 1881 im Logen-Club und als Ms. f. BBr. gedr. [Dresden 1881: Heinrich.] 13 S. 8° [Kopftit.] 109.

Rumpelt, Ferdinand: Das Blei und seine Wirkungen auf den thierischen Körper. Ein Beitrag zu dessen Charakteristik, für Aerzte, Chemiker und Techniker. 267 S., gbd.

Dresden u. Leipzig: Arnold 1845

Rumpelt, Ferd., das Blei und seine Wirkungen auf den thierischen Körper. Ein Beitrag zu dessen Charakteristik, für Aerzte, Chemiker und Techniker. 2. (Titel-)Ausg. gr. 8. (VI und 267 S.) Leipzig 850, Arnoldische Buchh.

Rumpelt, Ferd., die Höhne u. d. animal. Magnetismus, e. Beitr. z. Berichtigung d. Urtheile üb. Beide. gr. 8. (7½ B.) Dresden 840. [Stuttgart, Hoffmann'sche Vrlsbuchh.]

Rumpelt, Fd., die Höhne und der animalische Magnetismus, ein Beitrag zur Berichtigung d. Urtheile über Beide. gr. 8. Dresden 840. Walther. 1 ½ ß

Rumpelt, Georg Ludwig: Abhandlung von der vortrefflichen Natur, Eigenschafft und Wirckung des Ungarischen Weins. [Verf.: Georg Ludwig Rumpelt.] Dresden & Warschau: Gröll 1761. 71 S. -- 12°.16.29
--- Dass. Wien 1779. 40 S. -- 21° -- [Ausz. der Ausg. 1761]
--- Dass. Wien: Schrämblische Kunst- und Buchh. in Komm. 1802. 65 S. -- 21°
BJ: Abhandlung von der Natur, ... des ungarischen Weins. Dresden 1761, Wien 1802; Rumpolt: Abhdlg. v. d. Eigensch. d. ungarischen Weins. Dresden 1761. -- Bibliotheca oenologica: Abhandlung von der Natur etc. des ungarischen Weines. -- Boehmer: Abhandlung von der Natur, ... Verf. soll Ge. Ludw. Rumpelt seyn. -- Gatterer: Abhandlung von der Natur, ... des ungarischen Weins. -- Heinsius: Abhandlung ... des ungar. Weins. -- Thienemann: Abhandlung von der vortrefflichen Natur, ... (Von G. L. Rumpelt). -- Weber: Abhandlung von der Natur, ...

— Abhandl. von d. vortreffl. Natur:Eigenschaft u. Wirkung d. Ungarischen Weins, s. Abhandl.,

Rumpelt, Georg Ludwig, s. A s t r u e : Abhandl.

— Beitrag zur Geschichte der Viehseuchen, s.: Paulet.

Rumpelt, Georg Ludewig (Hrsg.):

s.: Loeseke, Joh(ann) Ludw(ig) Leberecht: Materia medica concentrata oder Verzeichnis der vorzüglichsten inn- und äußerlichen Arzeneymitteln... 2.verm. Aufl. Dresden u.Warschau: 1761

Rumpelt, Ge. Ldwg. Veterinärische und ökonomische Mittheilungen von seiner Reise durch Deutschland, England, Frankreich, Holland, die Schweiz etc., mit Anmerkk. von I. Riem. Dresden 1800. gr. 8. . . . . (b.)

Rumpelt, Georg Ludw., Veterinär. u. ökonom. Mitteilgn. von einer Reise durch einige Provinzen Deutschlands, Holsteins, Englands, Frankreichs und der Schweiz; aus des Verfassers Nachlasse herausgegeben von J. Riem. gr. 8. Dresden 801. Walther. M. 3.–

Rumpelt G. L.: Veterinarische u. ökonomische Mittheilungen v. einer Reise durch einige Provinzen Deutschlands, Hollands, Englands, Frankreichs u. d. Schweiz; aus dem Nachlasse herausg. m. Anmerk. v. Riem. Dresd. 1802. 304 S.

– s. P l e u t , J. J.: Lehrgebäude von Geschwülsten.

Rumpelt, Georg Ludewig (Übers.u.Hrsg.):

s.: Pott, Percival: Abhandlungen über verschiedene Gegenstände der Wundarzneykunst. Nach den neuesten Ausgaben. Bd 1-2. Dresden: 1774-1779

Rumpelt, Georg Ludewig (Übers.):

s.: Pouteau, Claude: Vermischte Schriften von der Wund-Arzeneykunst. (Mélanges de chirurgie. Dt.) Dreßden u.Warschau: 1764

Rumpelt, Georg Ludewig (Übers.):

s.: Störck, Anton (Freiherr von): Beobachtungen von dem sichern Gebrauch un Nutzen des Schierlings, Stechapfels, Bilsenkrauts, Eisenhütleins und der Zeitlosen. (Libellus, quo demonstratur cicutam, stramonium, hyosciamum, aconitum et colchicum autumnalem... Dt.) Dresden u.Warschau: 1765

Rumpelt G. L.: Unterricht f. die churfürstl. sächs. Fahnenschmiede v. vernünftigen u. zweckmässigen Beschläge d. Pferde ... Leipz. 1785. (10) 248 S. 3 Tvl.

— Unterricht für die Churf. Sächs. Fahnenschmiede, vom vernünftigen und zweckmässigen Beschlagen der Pferde, sowohl bei gesunden als fehlerhaften und kranken Füssen. N. Auflage. Mit 3 Kpfrtaf. 8. Leipzig (786.) 13. Weidmann. M. 2.25

Rumpelt, Heinrich Bernhard,
vgl. R u m p e l t , Hermann Berthold.

Rumpelt, Heinr. Bernhard: B e i t r ä g e zur Lautlehre. Breslau 1867. Schul-/Univ.-Schrift

Rumpelt, H. B., deutsche Grammatik. Mit Rücksicht auf vergleichende Sprachforschung. 1. Thl.: Lautlehre. Berlin 860. Dummler's Verlhdlg. gr. 8. (XXIII, 328 S.) n. 1 ℛ 20 ngr.

— die deutschen P r o n o m i n a u. Zahlwörter historisch dargestellt. Leipzig 870. F. C. W. Vogel. gr. 8. (XII, 179 S.) n. 1 ℛ

—— das natürliche S y s t e m der Sprachlaute und sein Verhältnis zu den wichtigsten Cultursprachen, mit besond. Rücksicht auf deutsche Grammatik und Orthographie. gr. 8. (XII, 228 S. mit 1 gedr. und 4 lithogr. Taf. in qu. gr. 4.) Halle 869, Buchh. des Waisenhauses.

Rumpelt, Heinrich Bernhard: D. deutschen Z a h l w ö r t e r , sprachvergleichend dargestellt. Breslau 1864. 17 S. 4°
Schul-/Univ.-Schrift

Rumpelt, Hermann: Über Doppelbrechung in Metallschichten. Leipzig 1908: Leiner. 46 S. 8° ¶(Aus: Annalen d. Physik. Folge 4, Bd 28.)
Leipzig, Phil. Diss. v. 28. Nov. 1908, Ref. Wiener, Des Coudres
[Geb. 22. Dez. 82 Borna b. Leipzig; Wohnort: Dresden; Staatsangeh.: Sachsen; Vorbildung: Vitzthumsches Gymn. Dresden Reife O. 02; Studium: Straßburg 3, Berlin 3, Leipzig 7 S.; Rig. 30. Juli 08.] [U 09. 3054

Rumpelt, Hermann Berthold,
(vgl. R u m p e l t , Heinrich Bernhard)

Rumpelt, [H. B.], Elemente der Planimetrie. Ein Leitfaden für den ersten mathematischen Unterricht. gr. 8. (IV, 96 S. mit 16 Stnt.) [Breslau 875, Gosohorsky's Buchh.] Freiburg i. Br., Kiepert. ✲ 2 —

Rumpelt, H. B. Elemente der Poetik, s. Köhler, Fel. Poetik, Aufsatzlehre u. Psychologie.

Rumpelt, H. B., E l e m e n t e der Poetik. Zum Gebrauch für Töchterschulen. 2. Aufl. Breslau 868. Gosohorsky's Buchh. gr. 8. (56 S.) n. 8 ngr.

Rumpelt, H. B., E l e m e n t e der Poetik. Zum Gebrauch für Töchterschulen. 3. Aufl. gr. 8. (68 S.) Breslau 872, Gosohorsky's Buchh.

—— Elemente der Poetik. Ein Leitfaden für Schulen. 4. Aufl. gr. 8. (68 S.) Breslau 875, Gosohorsky's Buchh. ✲ 1 —
—— dass. — 5. Aufl. gr. 8. (66 S.) Neisse 879, Graveur's Verlag. ✲ 1 —

Rumpelt, H. B., Elemente der Poetik. Ein Leitfaden für Schulen. 6. verb. Aufl. [Mit Berücksicht. der neuen deutschen Rechtschreibung.] Hrsg. von Fel. Köhler. gr. 8. (IV, 80 S.) Neisse 885, Graveur's Verlag.

Rumpelt, H[ermann] B[erthold]: Die Gattungen der Epik mit besonderer Rücksicht auf die deutsche Literatur. Breslau (1854). (33 S.) 4° [F.] *[Im Buchhandel 1854 bei Gosohorsky in Breslau.]*
Breslau, Phil. Fak., Hab.-Schr. v. 21. Juni 1854

Rumpelt, (Fridericus) Hermannus Bertholdus *(geb. Freihan in Schles. 29. 10 1821)*: De crystallorum genesi. Part. 1. Vratislaviae (1847). (24 S.) 4°
Breslau, Phil. Diss. v. 20. Febr. 1847

— Grundzüge der deutschen Literaturgeschichte. Zum Gebrauch für Töchterschulen. Ebend. 868. gr. 8. (98 S.) 15 ngr.

— Grundzüge der deutschen Literaturgeschichte. Ein Leitfaden f. Schulen. 2. Aufl. gr. 8. (176 S.) Ebend. 874. n. 2. 25

– Leitfaden für den Unterricht in der geometrischen Formenlehre an höheren Töchterschulen. Breslau 859. Trewendt. gr. 8. (VIII, 104 S. m. Holzschn.) n. 15 ngr.

Krause, G. C., resp. K. Aug. Ferd. Rumpelt, Pathologia epilepsiae 40 pp. Lps. 4°. 1793

Rumpelt, Karl, Referendar am Landgericht Ratibor: Die Stellvertretung des Reichskanzlers. Borna-Leipzig 1907: R. Noske. (IX, 58 S.) 8°
Breslau, Jur. Fak., Ref. Brie-Dahn, Diss. v. 8. Febr. 1907
[Geb. 11. April 82 Liegnitz; Wohnort: Liegnitz; Staatsangeh.: Preußen; Vorbildung: Gymn. Lieguitz Reife O. 01; Studium: Breslau 1, Berlin 1, Freiburg i. B. 1, München 1, Breslau 3 S.; Rig. 30. Juli 06.]

RUMPELT, William (Radeberg): Ueber einen Fall von Adenocarcinom der Leber.- München: Wolf 1895. 21 S. 16.5.1895 - Chr 1894/95,22; Jv 1894/95,207
Diss. Ingolst.-Landsn.-Mchn.

Rumpen, Georg Konrad

Rumpen, Geo. Conr., allerley göttliche Kraft, so z. Leben u. Wandel dienet, in e. Jahrg. üb. d. Sonn- und Festtags-Episteln. 4. Königsb. Zeisen. 725.

Rumpen, Hermann

Rumpen, Herm., u. Aug. **Blind,** Lehrbuch d. Geometrie f. höh. Lehranst. 3 Tle. in 2 Bdn. gr. 8. Köln 893. A. Ahn. Kart. à Bd. n. 2. —
1. Planimetrie. 2., nach d. „Lehrplänen d. höh. Schulen" verb. Aufl. (VI, 110 S. m. 107 Flg.)
2. 3. Trigonometrie u. Stereometrie. (V, 100 S. m. 20 Flg.)

Rumpen u. Blind, Lehrbuch der Geometrie f. höhere Lehranstalten. II. u. III. Tl. Trigonometrie u. Stereometrie nebst e. Anh. über die Konstruktion algebr. Ausdrücke. 2. verm. u. verb. Aufl. (V, 111 S.) 8. Köln 904. A. Ahn. Kart. n. 2. —

Rumpen, H., u. A. **Blind,** kurzer Leitfaden f. den vorbereitenden Geometrischen Unterricht in der Quinta höherer Lehranstalten. gr. 8. (35 S.) Köln 888. A. Ahn's Verl. — 60

Rumpen, Herm.(Jos.) Der chemische Unterricht an der höheren Bürgerschule. 24 S. **Progr.** HB. *Cöln* 1885.

Rumpen, Hermann ⟨geb. am 16 Nov. 1849 in Köln⟩: Ueber den Zusammenhang der von Gauss begründeten Methode der kleinsten Quadrate mit der algebraischen Theorie der quadratischen Formen ... Bonn, Druck v. J. Trapp 1872. 1 Bl., 40 S. 8.
Bonn, Phil. Fak., Diss. v. 25 Juli 1872

Rumpen, Johannes, Assistenzarzt an d. chirurg. Abt. d. städt. Mariahilfhosp. in Aachen: **Beiträge zur chirurgischen Behandlung und Heilungsstatistik von Bauchverletzungen.** *Greifswald 1903: J. Abel.* (45 S.) 8°
Greifswald, Med. Diss. v. 8. Dez. 1903

Rumpf, klinische und statistische Ergebnisse aus der chirurgischen Abtheilung des Spitals zu Basel unter der Leitung von Prof. Dr. Mieg während der Jahre 1843—1857. Basel 860. Schweighauser's Sorthdlg. (Amberger.) Lex.-8. (VII, 61 S.) n. 15 ngr.

Rumpf, klinische und statistische Ergebnisse aus der chirurgischen Abtheilung des Spitals zu Basel unter der Leitung von Mieg während der J. 1843—1857. Lex.-8. (VII und 61 S.) Basel 860, [Bahnmaier's Verlagsh.]

Rumpf, A., Thusis, s. Europe, illustrated. — L'Europe illustrée. — Wanderbilder, europäische.

Rumpf, A . Thusis. With twenty illustrations by J[ohann] Weber [6 plates] (and a map). (Illustrated Europe. N° 12.) 8. Zurich, (Paris, London) [1881].

Rumpf, A . Thusis. Avec 20 illustrations de J[ohann] Weber [dont 6 planches] (et une carte). (L'Europe illustrée. № 13.) 8. Zurich, (Paris, Londres) [1881].

Rumpf, A . Thusis. Mit 20 Illustrationen von J[ohann] Weber [wovon 6 Tafeln]. (Europäische Wanderbilder. N° 15.) 8.
Ausg. A. Mit 20 Ill... [nebst einer Karte]. Zürich, (Paris. London) [1881].
Ausg. B. Mit 20 Ill... (nebst einer Karte). Z' [1881] (**Umschlag:* [18]87).

Rumpf, C., Dictionnaire technologique, s. Wörterbuch, technologisches.

Rumpf, C., der preußische Steuerbeamte, s. Schütze, O.

Rumpf, C., der preuß. Steuerbeamte in Bezug auf seine Dienst- und Rechts-Verhältnisse. Ein Handbuch für alle Beamte der Steuer-Verwaltung, Supernumerarien ꝛc. Mit vollständ. Nachweisung derjenigen Stellen, welche ausschließlich an versorgungsberechtigte Militair-Invaliden verliehen werden und den Vorschriften über die Anstellungsansprüche ꝛc.; ferner Tabellen und beispielsweise ausgefüllte Reisekosten-Liquidationen. gr. 8. (VIII und 327 S.) Magdeburg 852. [und Leipzig, Gebr.] Baensch.

Rumpf, C., der preußische Steuerbeamte in Bezug auf seine Dienst- und Rechtsverhältnisse. Ein Handbuch für alle Beamte der Steuer-Verwaltung, Supernumerarien, Dienstanwärter, Militair-Invaliden ꝛc. Mit den Vorschriften über die Anstellungsansprüche der Civil- und Militair-Versorgungsberechtigten und Nachweisung derjenigen Stellen, welche ausschließlich an versorgungsberechtigte Militair-Invaliden verliehen werden. 2 Bde. 3., verm. Aufl. gr. 8. (XVI und 514 S.) Leipzig und Magdeburg 858. [Braunschweig, Neuhoff und Comp.]

Rumpf, C., der preußische Steuerbeamte in Bezug auf seine Dienst- u. Rechtsverhältnisse. Ein Handbuch für alle Beamte der Steuerverwaltung, Supernumerarien, Dienstanwärter ꝛc. Mit den Vorschriften über die Anstellungsansprüche der Civil- u. Militär-Versorgungsberechtigten u. Nachweisung derjenigen Stellen, welche ausschließlich an versorgungsberechtigte Militär-Invaliden verliehen werden. 2 Bde. 4., umgearb. u. verm. Aufl. Braunschweig 867. Magdeburg, Baensch. gr. 8. (XVII, 523 S. mit 4 Steintaff. in gr. 4.) 2 ℛ

Rumpf, C., der preußische Steuerbeamte in Bezug auf seine Dienst- u. Rechtsverhältnisse. Ein Handbuch f. Steuer-Verwaltungs-Beamte, Supernumerarien, Militair-Anwärter ꝛc. Mit den Vorschriften u. dem Reglement üb. die Anstellg. der Civil- u. Militär-Anwärter in verschied. Zweigen der preuß. Staatsverwaltg. Neue bearb. 5. Aufl. gr. 8. (XVIII, 577 S. m. 1 Steintaf. in Fol.) Magdeburg 872. E. Baensch. n. 8. —

— dasselbe. Mit e. chronolog. u. e. Sachregister hrsg. v. O. Schütze. 6., vollständig umgearb. u. verb. Aufl. gr. 8. (IV, 539 S.) Ebend. 876. n. 10. —

Rumpf, C., der preußische Steuerbeamte in Bezug auf seine Dienst- u. Rechtsverhältnisse. Ein Handbuch für die Behörden u. Beamten der Verwaltung der indirekten Steuern. Hrsg. von O. Schütze. Nachtrag zur 6., vollständig umgearb. u. verb. Aufl. Mit einem chronolog. u. einem Sachregister. gr. 8. (VI, 147 S.) Leipzig 878. E. Baensch. n. 3. – (Hauptwerk u. Nachtrag: n. 12. –)

—— die Verwaltung der Chausseen im preuß. Staate, eine Zusammenstellung der über Anlage und Beaufsichtigung der Chausseen, die Ressort-Verhältnisse bei deren Verwaltung, Erhebung und Verrechnung der Chaussee-Einnahmen, Anstellung 2c. der Chausseegeld-Einnehmer, Chaussee-Aufseher und Wärter ergangenen Bestimmungen. Zum prakt. Gebrauch für die Chausseegeld-Hebebeamten, Steuer-, Chaussee-Aufseher 2c. und die denselben vorgesetzten Behörden und Beamten. gr. 8. (III und 276 S.) Berlin 854(55,) Abelsdorff.

Rumpf, C., die Verwaltung der Chausseen in den Königl. Preußischen Staaten, eine Zusammenstellung der über Anlage u. Beaufsichtigung der Chausseen, Ressort-Verhältnisse bei deren Verwaltung, Erhebung u. Verrechnung der Chaussee-Einnahmen, Anstellung 2c. der Chaussee-Geld-Einnehmer 2c. ergangenen Bestimmungen. Ein Handbuch für Steuer-Beamte, Chausseegeld-Erheber u. Pächter, sowie für Landräthe 2c. Mit 3 (lith.) Taf. Abbildgn. (in 4. u. Fol.) 2. vervollständ. Aufl. Berlin 860. Stuhr. gr. 8. (VIII, 358 S. u. 1 lith. Taf.) n. 1 ℛ 10 ngr.

Rumpf, C., technologisches Wörterbuch. s. Wörterbuch.

Rumpf, C. A., Fibel d. deutschen Sprache, besond. der Wortbeugungs-Lehre. gr. 8. (4 B.) Augsburg 831, v. Jenisch u. Stage'sche Buchh.

Rumpf, C. A., Neue Tabellen der Münz-, Maaß- und Gewichts-Verhältnisse von 40 Wechselplätzen f. Handlungs-Zöglinge. 8. Augsburg, Jenisch u. St. 819.

—— neue Tabellen d. Münz-, Maass- u. Gewichts-Verhältnisse v. 40 Wechselplätzen, f. Handlungs-Zöglinge. Neue, wohlf. Ausg. 8. (6 B. u. 1 Tab. Fol.) Augsburg 833, v. Jenisch u. Stage'sche Vrlsh.

Rumpf's, Emil, Instruktionsbuch des Infanteristen für Kinder zum Soldaten-Spiel. qu. 4. (21 zum Theil farb. Taf. mit eingedr. Text.) Stuttgart 887, Krabbe. cart. *

Rumpf, Emil, die Staats- u. Civil-Uniformen des Deutschen Reiches. In ungezwungener Reihenfolge hrsg. 1. u. 2. Lfg. (Je 8 farb. Taf. in Leporelloform m. Text.) 8. Leipzig (905). M. Ruhl. Subskr.-Pr. à n. 1. 50; Einzelpr. à n. 2. —
1. (20 S.) — 2. Die Uniformen d. Forstbeamten. (S. 21—36.)

Rumpf E, die Staats- u Zivituniformen d. D. Reichs. 1. 2. 8° Leipzig (1905-06)

RUMPF, Erich: Über die Veränderung der Kathoden durch die Wasserstoffaufnahme und ihre Beziehung zur Polarisation. — 1909. 121 Bl., 6 Taf. Diss. Graz, Univ.

231

Rumpf, Erich, die Wasserstoffabsorption der Kathoden u. die dadurch bewirkte Veränderg. der Polarisation. (19 S. m. 6 Fig.) gr. 8. Wien 910. A. Hölder. 1.—
Sonderabdruck aus: „Sitzungsber. d. k. Akad. d. Wiss."

Rumpf, Ernst [app. Arzt aus Berne in Oldenb.]: Über Neubildungen im Mediastinum m. Beschreibg e. in d. Med. Klinik zu Freiburg i. B. beobacht. Falles m. ungewöhnlich raschem Verlauf ... Freiburg i. B., F. Wagner'sche Buchdr., 1894; 34 S., 2 Taf. 8.
Freiburg i. B., Med. Fak., Inaug.-Diss. v. 1894

Rumpf, Ernst, Waldschnaken. Humoristische Gedichte für Jäger u. Jagdfreunde. Würzburg 867. Julien. 16. (81 S.) 10 ngr.

Rumpf, Friedrich, aus Frankfurt a. M.: Beitrag zur Kenntnis der Huminsubstanzen. Erlangen 1904: Junge & Sohn. (55 S.) 8°
Erlangen, Phil. Fak., Ref. Paal, Diss. v. 14. Juli 1904
[Geb. 31. Jan. 70 Frankfurt a. M.; Staatsangeh.: Preußen; Vorbildung: städt. Gymn. Frankfurt Reife M. 89; Studium: Heidelberg 3, Leipzig 2, Heidelberg 10, Erlangen 8 S.; Rig. 14. Juli 04.]

Parabel, vorgetragen in der Loge z[ur] E[inigkeit in Frankfurt a. M.] den 14. Juni 5838, von F[riedr.] Rumpf. [Frankfurt a. M. 1838.] 7 S. 8° [Umschlagtit.]
Abgedr. in: PtkF. 1838 S. 4—5.
Kl. 1274. Legt die Herrlichkeit u. Unzerstörbarkeit der Mrei dar. 140.

Rumpf, Friedrich Karl

Rumpfii, F. C, Progr. de Charidemo Orita, Giss. 815. 4.

Rumpfii, F. C., Progr. de oratione adversus Timotheum imperatorem, quae a Demosthene scripta esse fertur, disputatio. Giess. 821. 4. (22 S.)

Rumpf, Fridericus Carolus, De Psalmi CXXXIX titulo et argumento. [Programm Gissae 1890.

Der Mensch und seine Tracht, ihrem Wesen nach geschildert von Fritz **Rumpf**. Mit 29 Taf. Berlin: A. Schall [1905]. (X, 330 S.) 8° [δ]
= **Verein** d. Bücherfreunde. [Jg. 14, 8.] 05. 15241

Rumpf, Georg, a. Marburg: Rhizodermis, Hypodermis und Endodermis der Farnwurzel. Marburg 1904: (C. Rembold, Heilbronn a. N.) (48 S.) 4° ¶(Mit 4 Taf. erschienen als 62. Heft der Bibliotheca botanica 1904.)
Marburg, Phil. Fak., Ref. Meyer, Diss. v. 15. Nov. 1904
[Geb. 8. Juli 81 Marburg; Wohnort: Marburg; Staatsangeh.: Preußen; Vorbildung: Realgymn. Gießen Reife O. 99; Studium: Marburg 4, München 1, Marburg 5 S.; Rig. 2. März 04.]

Rhizodermis, Hypodermis und Endodermis der Farnwurzel. Arbeit aus d. Botan. Inst. d. Univ. Marburg von Dr. Georg **Rumpf**. Mit 4 Taf. Stuttgart: E. Nägele 1904. (48 S.) 4°
= **Bibliotheca** botanica. H. 62. 05. 1104

Rumpf, Georg Eberhard

Georg Eberhard Rumphs [Rumpf: Amboinische Rariteitkamer. Deutsch:] Amboinische Raritäten-Sammer[Raritäten-Kammer] oder Abhandlung von den steinschaalichten Thieren..., aus d.Holl. übers. von Philipp Ludwig Statius Müller, u.m.Zusätzen aus d.besten Schriftstellern der Conchyliologie verm. von Johann Hieronymus Chemnitz. [Nebst] Anh. Wien:Krauß 1766-73. 2°
[Hauptw.:] 1766.
Anh.: Valentyn, Frans:[Verhandeling der Zee-Horenkens en Zee-Gewassen in en omtrent Amboina. Deutsch:] Abhandlung von Schnecken, Muscheln u.Seegewächsen, welche um Amboina u.den umliegenden Inseln gefunden werden. 1773.

Rumph, Geo. Ebhrd., Amboinische Raritätenkammer, od. Abhandl. von d. Steinschalen-Thieren, Schnecken u. Muscheln; aus d. Holländ. übers. v. P. L. S. Müller u. mit Zusätzen verm. von J. H. Chemnitz. Mit 33 Kpftaf. Fol. Wien 766. Krauß. 6 ℛ 16 gr (Vergl. Frz. Valentin).

Rumpf, H., de aedibus Homericis. Pars II. gr. 4. (27 S.) (Giessen 857, Ricker.)
Pars I. gr. 4. (35 S. mit 2 Stat. und 2 S. Erläuterungen.) erschien 1844 als Gymnasialprogramm, ist aber nicht in den Buchhandel gekommen.

— de interioribus aedium Homericarum partibus. (Schluss der 2. Abth.) Ebend. 858. gr. 4. (S. 29—88 u. 1 lith. Taf.) n. 15 ngr.

Rumpf, H., Beiträge zur Homerischen Worterklarung u. Kritik. 4. (IV u. 27 S. m. 2 lith. Taf.) Giessen 850. (Ricker.) n. 1/3 Thlr.

Rumpf: De foliis quibusdam mscr., quae in bibliotheca gym. Francofurtensis servantur. 1-18 S.,–Frankfurt a/M., Progr. 1868

— De γαμοποιΐᾳ Menelai. Pr. 1846. 18 S. 4°.

Rumpf, H., Die Hermesstatue aus dem Haratempel zu Olympia. S.-A. 1881. 24 S. 1 Taf. 1.20

Rumpf: Quaestio critica de locis quibusdam Ciceronianis. 18–32 S. Die Stellen sind S. 39 angegeben.–Frankfurt a/M. Progr. 1868

Rumpf: Quaestio grammatica: utrum verborum deponentium participia perfecti temporis in ablatt.absolutis sint vitanda an admittenda. S.32-39.– Frankfurt a/M., Progr. 1868.

Rumpf, Heinrich [app. Arzt aus Friedberg]: Aus d. patholog. Institut zu Giessen. Über die Zuckergussleber ... Leipzig, Druck v. J. B. Hirschfeld, 1895; 19 S. 8.
Giessen, Med. Fak., Inaug.-Diss. v. 1895

Rumpf, Heinrich Friedrich

Rumpf, H. F. Der Adjutant oder der Militärgeschäftsstil in allen Dienstangelegenheiten. Nebst 44 List. u. Tab. Berlin 1826. 390 S.

Rumpf, Hnr. Fr., der Adjutant, od. der Militärgeschäftsstyl in allen Dienstangelegenheiten; hrsgg. u. mit einer Einleit. über Sprachregeln u. Styl begleitet v. J. D. F. Rumpf. Nebst 44 Listen auf 2 Tabb. 8. Berl. 826. 2e A. 830. Hayn. 1 Thlr. 16 gr.

Rumpf, Heinr. Friedr., der Adjutant, od. der Militärgeschäftsstil in allen Dienstangelegenheiten. Mit e. Einleit. üb. Sprachregeln u. Stil begl. v. J. D. F. Rumpf. 2., verb. Aufl. Nebst 44 Listen u. Tab. (1½ B. gr. Fol. Schrbp.) 8. (25½ B.) Berlin 830, Hayn.

—— der Preuß. Grenzbeamte. Eine Anleit. zur richtigen u. umsicht. Ausübung d. Grenzdienstes. 16. (15 B.) Berlin 832, Hayn.

— der Preuß. Gränz-Controlleur rc. Neue Wandtafeln z. schnellen u. leichten Berechnung sämmtl. Zoll- Steuersätze, so wie d. Thara-Sätze f. die Kön. Preuß. u. Großherzogl. Hessen-Darmstädt. Zoll- u. Steuer-Aemter. Mit Tabb. gr. 8. Berl. 831. Hayn. 10 gr.

— kurzer Inbegriff der Mathematik. Ein Handbuch zur Repetition u. Vorbereitung zum Examen in den Elementen d. niederen u. höheren Mathematik. Mit 9 Kpft. gr. 8. Leipz. 825. Kollmann. 1 Thlr. 21 gr.

— allgem. Kriegswörterbuch f. Officiere aller Waffen. Mit Vorwort von J. G. v. Hoyer. 2 Bde. Mit 15 Steintaf. gr. 8. Berl. 821—22. Hayn. 4 Thlr. 6 gr. 2e Aufl. unt. d. T.: allgem. Real-Encyklopädie d. gesammten Kriegskunst. 2 Bde. Mit 15 Steintaf. gr. 8. Ebd. 827. 6 Thlr. 4 gr.

—— Lehrbuch d. Brandenburg.-Preuß. Geschichte. Zum Gebr. in Gymnasien, Militair- u. Bürgerschulen. 2., verb. u. (bis 1830) verm. Aufl. 8. (17½ B.) Berlin 831, Recht.

Rumpf, H. F., Lehrbuch d. brandenburg.-preuß. Geschichte, bis z. Gegenwart fortgeführt v. L. Weyl. 3., verb. u. verm. Aufl. 8. (19 B.) Berlin 839, Recht.

— allgem. Literatur der Kriegswissenschaften. A. u. d. T.: Littérature universelle des sciences militaires. 2 Bde. gr. 8. Berl. 824. Reimer. 3 Thlr. 8 gr.

Rumpf, H. F. Allgemeine Literatur der Kriegswissenschaften. Versuch eines system.-chronolog. Verz. aller seit Erfindung der Buchdruckerkunst in den vornehmsten europäischen Sprachen erschienenen Bücher über sämtliche Kriegswissenschaften. Bd 1. 2.
Berlin 1824. 1825.

Rumpf, H. F., k. preuss. Lieut. u. Ritter etc. Allgemeine Real-Encyklopädie der gesammten Kriegskunst. Eine Handbibliothek für Officiere aller Waffen in alphabetischer Ordnung. Mit einem Vorworte von J. G. v. Hoyer. (2 Bde.) 8. Berlin 1827.

— s. J. D. F. Rumpf, Wörterbuch d. Preuß. Staats.

—— neue Wandtafeln, zur schnellen u. leicht. Berechnung sämmtl. Kgl. Preuß. u. Großh. Hessen-Darmstädt. Zoll- u. Steuerämter. gr. 8. (1 B. u. 4 Tab., Fol. Schrbp.) Berlin 831, Hayn.

Rumpf, Hermann, Rechtsanwalt beim Kgl. Landgericht in Frankfurt a. M.: Die Beschwerung des Berufungsklägers als Berufungsvoraussetzung. Frankfurt a. M. 1905: Gebrüder Fey. (39 S.) 8°
Leipzig, Jur. Fak., Diss. v. 31. Jan. 1905
[Geb. 8. März 75 Frankfurt a. M.; Wohnort: Frankfurt; Staatsangeh.: Preußen; Vorbildung: Gymn. Frankfurt Reife M. 93; Studium: Tübingen 3, Leipzig 3, Marburg 3 S.; Rig. 20. Dez. 02.]

Rumpf, Hermann H. F., a. Frankfurt a. M.: Über Tolylarsenverbindungen und gemischte aromatische Arsine. Rostock 1907: Adlers Erben. (55 S.) 8°
Rostock, Phil. Fak., Ref. Michaelis, Diss. v. 22. Dez. 1906
[Geb. 12. Mai 79 Frankfurt a. M.; Wohnort: Rostock; Staatsangeh.: Preußen; Vorbildung: Realsch. Michelstadt Einj.-Freiw.-Zeugnis O. 96; Studium: Rostock 14 S.; Rig. 19. Dez. 06.]

Rumpf, J. Ph., Verzeichniss der Maschinen, Apparate u. Modelle, welche in d. mechan. Werkstatt des Verf. in Göttingen verfertigt werden. Nebst e. Anh. m. 6 Kpfrt., worin neu erfund. u. ausgeführte Maschinen beschr. u. abgebildet sind. gr. 8. (4¼ B.) Göttingen 829, Vandenhoeck u. Ruprecht

Rumpf, J. Ph., 2. Anh. zu d. Verzeichnisse aller Maschinen etc., welcher d. Beschreib. einig. neu erfund. Maschinen enthält, die in d. mechan. Werkstatt d. Verf. in Göttingen verfertigt werden. M. 2 Kpfrt. (gr. Fol.) gr. 8. (3 B.) Göttingen 830, (Vandenhoeck u. Ruprecht.) Thlr.

Rumpf, Jakob

Rumpf, Jak. Prof. Karl B. Heller. Nekrolog. 12 S. 8. Ther. *Wien* 1881. **Progr.**

Rumpf, Johann (gest. 1780), s. Rumpff, Johann

Rumpf, Joh., über den Hartit aus der Kohle von Oberdorf u. den angrenzenden Gebieten von Voitsberg u. Köflach in Steiermark. (Mit 2 lith. Taff.) [Aus den Sitzungsber. der k. Akad. d. Wiss.] Wien 869. (Gerold' Sohn.) Lex.-8. (10 S.) n. 5 ngr.

Rumpf, J., über den Krystallbau des Apophyllits. [Mit 2 (eingedr.) Holzschn.] [Aus: „Sitzungsber. d. k. Akad. d. Wiss."] Lex.-8. (6 S.) Wien 879. (Gerold's Sohn) n. — 20

Rumpf, Johann, und Franz Ullik, Der Ullmannit (Nickelantimonkies) von Waldenstein in Kärnthen. A. Mineralogischer Theil. Von Joh. Rumpf. B. Chemischer Theil. Von Franz Ullik. Mit 1 Holzschnitt. (Sonder-Abdr. a. d. Sitzungsber. d. k. Akad. d. Wiss.) gr. 8. (20 S.) Wien, Gerold in Comm. 1870. 20 kr.

Rumpf, Johann Daniel Friedrich

Rumpf, J. Dn. F.: „Die Abfassung von Bittschriften, Vorstellungen, Berichten und Protocollen; durch Regeln und Beispiele dargestellt", 2. verb. und verm. Auflage Berlin 1821 (Hayn).

Rumpf, Jh. Dn. F., die Abfassung von Bittschriften, Vorstellungen, Berichten u. Protokollen, durch Regeln u. Beispiele dargestellt. gr. 8. Berl., Hayn. 3e verm. **A. 823. 20 gr.**

Rumpf, Joh. Dan. Friedr., die Abfassung d. Bittschriften, Vorstellungen, Berichte, Protokolle, Kontrakte u. a. Geschäftsaufsätze, durch Regeln u. Beispiele dargest. 4., verb. u. verm. Aufl. gr. 8. (18 B.) Berlin 831, Hayn.

Rumpf, J. D. F., die Abfassung der Bittschriften, Protokolle, Berichte, Kontrakte rc. durch Regeln u. Beispiele dargestellt. 5. Aufl. geordn. u. verm. von M. Heinemann. gr. 8. Berlin 846, Hayn. 5/6 Thlr.

Rumpf, J. D. F., die Abfassung der Bittschriften, Protokolle, Berichte, Kontrakte rc. durch Regeln und Beispiele dargestellt. 5. Aufl., geordnet und verm. von M. Heinemann. gr. 8. (X und 246 S.) Berlin 847, Hayn.

— Alexander I. Kaiser v. Rußland; e. Regierungs- u. Charaktergemälde. Mit Alexanders Bildn. gr. 8. Berl. 814. Hayn. 20 gr.

Rumpf, J. Dn. F.: „Anleitung zum Geschäftsstyl in Amts- und Privat-Vorträgen, mit besonderer Hinsicht auf den Canzleystyl und Geschäftsgang in den königlich preussischen Staaten", Berlin 1806 (Soc. Buchh.); neue Auflage, 2 Teile, ebenda 1813.

— Anleit. zum Geschäftsstyl in Amts- u. Privatverträgen, mit besond. Hinsicht auf d. Kanzleistyl u. Geschäftsgang in d. kön. Preuß. Staaten. 2 Thle. gr. 8. Berl. 806. W. Oehmigke. 1 Thlr. 16 gr. N. A. 810. Ebd. 1 Thlr. 16 gr. N. A. 813. 1 Thlr. 20 gr. 3e A. gr. 8. Ebd. 828. Hayn. 1 Thlr. 18 gr.

—— prakt. Anleitung zur Amtsführung d. Schiedsmänner, in d. Provinzen Preußen, Schlesien, Brandenburg u. Sachsen; mit d. nöth. Dienstformularen u. e. Erklärung v. fremden u. deutsch. Wörtern, die im Umgange u. in d. Gerichtssprache am häufigsten vorkommen. gr. 8. (10 B.) Berlin 834, Hayn.

Rumpf, J. D. F., prakt. Anleitung z. Amtsführ. d. Schiedsmänner in d. Provinzen Preußen, Schlesien, Brandenburg u. Sachsen. Nebst d. nöthigen Dienst-Formularen u. e. Erklär. v. fremden u. deutschen Wörtern, die im Umgange u. in d. Gerichtssprache am häufigsten vorkommen. 2., verm. Ausg. gr. 8. (10½ B.) Berlin 839, Hayn.

Rumpf, Johann Daniel Friedrich, s. Anmuth u. Schönheit.

– s. Band, der Ehe.

— Berlin u. Potsdam, s. unten: Wegweiser.

Rumpf, (J. D. F.) **Berlin u. Potsdamm, eine Beschreibung aller Merkwürdigkeiten dieser Städte u. ihrer Umgebungen. 2 Bde. mit 10 Ansichten. 4e umgearb. Ausg. 8. Berlin 824, Flittner. 2 Rthl. geb. 2 Rthl. 8 gr. Schr.-P.**

—— Berlin u. Potsdam. Eine Beschreib. aller Merkwürdigkeiten dies. Städte u. ihrer Umgebungen. 2 Bde. 5., verm. Ausg. 8. (74 B. u. 10 Ansichten.) Berlin 835, Recht.

Rumpf, J. D. F., Beschr. v. Berlin u. Potsdam, 2 Bde. m. illum. K. 8. Berl. W. Oehmigke. 808.

— Beschreibung von Berlin u. Potsdam; eine vollständige Darstellung d. merkwürdigsten Gegenstände. Neue wohlf. Ausgabe mit illum. Prospecten, u. Grundr. v. Berlin u. Potsdam. 2 Bde. 8. Berl. Neue Soc. Verlagsbuchhandl. 811. (1r enth. Berlin u. seine Umgeb. 1 Rthlr. 2 gr. IIr Potsdam, 1 Rthlr. 2 gr.)

— Beschreib. d. Museums, d. Werderschen Kirche, d. Singakademie, d. Zeughauses u. Blüchers Standbildes. 8. Berl. 831. Sander. 8 gr. 2e Ausg. 8. Berl. 833. Recht. 8 gr. (Aus d. 5n Aufl. v. Berlin u. Potsdam abgedr.)

—— neueste Beschreibung v. Berlin, Potsdam, Charlottenburg, deren Umgebungen u. d. Eisenbahn, nebst e. Abriß d. preuß. Staates, für Einheimische u. Fremde (1. Aufl. [24½ B. u. 3 Kpfrt.] 836. u.) nach Berlins neuester Gestaltung von 2. Wegl. 2., verb. u. verm. Aufl. 8. (27¾ B. u. 3 Kpfrt.) Berlin 839, Recht. à 1 Thlr., m. d. ill. Plänen v. Berlin u. Potsdam u. der Eisenbahn.

– s. Bilderbuch, moral., f. Knaben u. Mädchen.

– s. Bildergallerie, Neue. 1.–4. Bd.

Rumpf, Joh. Dan. Friedr., 318 Briefe berühmt. u. geistreich. Männer u. Frauen, zur vielseit. Bildung d. Stils, d. Tons u. d. Geschmacks im briefl. Umgange. 1. Aufl. (27 B.) 829. 2., durchges. u. bis auf 400 Briefe verm. Ausg. (30 B. gr. 8. Berlin 835, Hayn. à Thlr.

—— Brief- u. Geschäft-Schule f. alle Stände, enthalt. Regeln u. Muster zur Abfassung v. Briefen, Vorstellungen, Bittschriften u. Beschwerden; von Verträgen aller Art, Scheinen, Quittungen, Zeugnissen, Verzeichnissen, Arbeits-, Haus u. Zinsrechnungen, Vergleich. v. Münzsorten, nebst e. Erklär. fremder Wörter u. Taufnamen. 8. (24½ B.) Berlin 832, Hayn.

—— Brief- und Geschäftschule für alle Stände. 2., verm. u. verb. Ausg. 8. (25½ B.) Berlin 839, Hayn.

— allgem. Briefsteller f. Deutsche, zur Bildung des bessern Geschmacks im gewöhnl. u. schwierigen Briefschreiben, von Arnoldi, Bercht, v. Chezy, v. Cölln, Deutsch, Friedrichsen, Gubitz u. A. 8. Berl. 818. Hayn. 1 Thlr. 12 gr. 2e verb. A. 821. 1 Thlr. 8 gr. 3e Ausg. gr. 8. Ebd. 827. 1 Thlr. 6 gr.

Rumpf, (J. D. F.) allgem. Briefsteller z. Bildung d. bessern Geschmacks in gewöhnlichen u. schwierigen Briefschreiben. 3e Aufl. gr. 8. Berl. 827, Hayn.

—— allgem. Briefsteller zur Bildung d. besseren Geschmack im gewöhnl. u. schwier. Briefschreiben, v. mehr. Schriftsteller Schriftstellerinnen u. Geschäftsmännern. 4., durchges. u. verm. Ausg. gr. 8. (30 B.) Berlin 833, Hayn.

Rumpf, J. D. F., allgemeiner Briefsteller zur Bildung des besseren Geschmacks im gewöhnl. u. schwierigen Briefschreiben, von mehreren Schriftstellern, Schriftstellerinnen u. Geschäftsmännern. 5., verm. Ausg. gr. 8. (30 B.) Berlin 845, Hayn.

Rumpf's, J. D. F., allgemeiner Briefsteller. Mit Beiträgen v. mehreren Schriftstellern, Schriftstellerinnen, Staats- u. Geschäftsmännern. 6. neu bearb. u. verm. Aufl. v. C. Preckwinckel. gr. 8. (VII, 352 S.) Berlin 872. Hayn's Erben. 2. 25

— u. P. Sinnhold, neueste geograph.-statist. Darstell. des kön. Preuß. Staates nach seinem Ländererwerb u. Verwaltungssystem von 1814 u. 15. Mit 1 Karte. 4. Berl. 816. Dümmler. 1 Thlr.

— Dienst- u. Rechts-Verhältnisse d. Königl. Preuß. Staatsbeamten von ihrem Dienst-Antritte bis zu ihrem Ausscheiden gr. 8. Berlin 827, Hayn.

— Dienst- u. Rechts-Verhältnisse d. Preuß. Staatsbeamten, v. ihrem Dienstantritte bis zu ihr. Ausscheiden. 2., verm. vollständ. Ausg. gr. 8. (17½ B.) Berlin 833, Hayn.

— die Disputir- u. Vortragskunst. Eine prakt. Anleit. zum logischen Beweisen u. Widerlegen u. zum folgericht. Gedankenvortrage; gemeinfaßl. dargest. u. durch Beispiele anschaul. gemacht. gr. 8. (21 B.) Berlin 833, Hayn.

— die Disputir- u. Vortragskunst. Eine prakt. Anleitung zum logischen Beweisen und Widerlegen und zum folgerichtigen Gedankenvortrage. 2. Aufl. 8. Ebend. 844. 1 Thlr.

— die Disputir- u. Vortragskunst. Eine prakt. Anleitung zum logischen Beweisen u. Widerlegen u. zum folgerichtigen Gedankenvortrage. 2. Aufl. 8. (20¾ B.) Berlin 845, Hayn.

Rumpf, Joh. Daniel Friedr.: Ueber Duelle und Ehrengerichte im Militair, nebst Strafart der Injurien zwischen Militair und Civilpersonen und den ersteren unter sich nach preußischem Rechte. Abgedruckt aus der Schrift: Preußens bewaffnete Macht von J. D. F. Rumpf. Berlin, Recht 1830. 54 S. 8.

— der freiwillige Eintritt in das Preuß. Heer u. die Aushebung der Einsetzmannschaft nach den neuesten Bestimmungen. (Aus dessen Preußens bewaffn. Macht apart abgedr.) gr. 8. Berl. 825. Boike. 12 Gr. 2e A. Ebd. 828. Duncker u. H. 12 Gr.

— der Fremdenführer, oder wie kann d. Fremde in d. kürzesten Zeit alle Merkwürdigk. in Berlin, Potsdam rc. sehen. Mit 1 Kpf. gr. 12. Berl. 826. Flittner. (Sander). 18 Gr. N. A. 829. Ebd. 18 Gr.

— der Fremdenführer, od. wie kann d. Fremde in d. kürzesten Zeit alle Merkwürdigkeiten in Berlin, Potsdam, Charlottenburg u. deren Umgebungen sehen u. kennen lernen. 3., verm u. verb. Aufl. gr. 12. (6¼ B. u. 6 Kpfr.) Berlin 830, Recht

— der Fremdenführer, oder wie kann der Fremde in der kürzesten Zeit, alle Merkwürdigkeiten in Berlin, Potsdam, Charlottenburg und deren Umgebungen sehen und kennen lernen. Mit 6 Kpfrn. 3e sehr verm. u. verb. Aufl. gr. 12. Berlin 833. Recht. n. ¾ Thlr.

— neuester Fremdenführer in Berlin, Potsdam, Charlottenburg und deren Umgebungen. Nebst einem Wanderungsplan durch Berlin und die Umgegend; ingleichen einem besondern Ort- u. Zeitnachweiser alles Sehenswürdigen. Mit 3 Kpfrn. 4e ganz umgearb. u. verm. Ausg. 8. Berlin 836. Recht. n. 1 Thlr. — Mit d. Plan von Berlin n. $1^1/_3$ Thlr. — 5e verm. u. verb. Aufl. v. L. Weyl. 8. Ebd. 839. n. 1 Thlr. — Mit illum. Plänen n. $1^1/_3$ Thlr. — Die Einleitung apart unt. d. T.: Der Fremde in Berlin, Potsdam u. auf der Eisenbahn rc. $^1/_3$ Thlr.

- Gallerie d. Welt. s. Gallerie.
- Dass. s. a.: Bartholdy, G. W.

— neues Gemälde v. Berlin, m. K. u. Plan. 8. Ebend. 810.

— üb. d. Geschäftscanzleystyl, bes. in Rücks. a. d. K. Preuß. St. 1r u. 2r Thl. gr. 8. Ebend. 805. (1r 16 gr. 2r 1 Rthlr.)

— der Geschäftsstyl in Amts- u. Privatverträgen, gegründet auf die Kunst, richtig zu denken u. sich deutl. u. schön auszudrücken, mit belehr. Beispielen zum Selbstunterricht. gr. 8. Berl. 817. Hayn. 2 Thlr. 8 Gr. 2e A. 821. 2 Thlr. 8 Gr. 3e A. 828. 1 Thlr. 18 Gr.

— der Geschäftsstyl in Amts- und Privatverträgen, gegründet auf die Kunst richtig zu denken, und sich deutlich, bestimmt und schön auszudrücken, mit belehrenden Beyspielen zum Selbstunterricht. 2te Ausg. gr. 8. Ebend. 820.

Rumpf, Joh. Dan. Fr.: Der Geschäftsstyl in Amts- od. Privatvorträgen, gegründet auf die Kunst richtig zu denken und sich deutlich, bestimmt und schön auszudrücken; mit belehrenden Beispielen zum Selbstunterricht. 3. Ausg. *Berlin*, Hayn. (806.) 828. 8. (1 Thl. 18 Gr.)

Rumpf, Joh. Daniel Friedr.: Die G e s e t z e wegen Anordnung der Provinzialstände in der Preuß. Monarchie. 1–15. Folge, s.a. R u m p f : L a n d t a g s v e r h a n d l u n g e n der Provinzialstände ...

— die Gesetze wegen Anordnung der Provinzialstände in d. Preuß. Monarchie. Mit e. Einleitung. gr. 8. Berl. 825. Hayn. 16 Gr. 1e Folge. Die Verhandl. der im J. 1824 gehalt. ersten Landtage d. Provinzialstände in d. Mark Brandenburg rc. gr. 8. Ebd. 825. 16 Gr. — 2e Folge. Die ersten Provinzial-Verhandll. des Herzogth. Schlesiens rc. im J. 1825. Ebd. 828. 16 Gr. — 3e Folge. Die ersten Landtags-Verhandll. der Provinz Westphalen u. d. rhein. Provinzen im J. 1827. Ebd. 828. 1 Thlr. 6 Gr. — 4e Folge. Die Verhandll. des zweiten Provinzial-Landtags in d. Mark Brandenburg rc. im J. 1827. Ebd. 828. 1 Thlr. 4 Gr. — 5e Folge. Die Verhandll. des zweiten Provinzial-Landtags der Provinz Schlesien, Sachsen u. d. Rheinprovinzen, ingleich. des ersten Landtags des Großherzogth. Posen in d. J. 1827 u. 28. gr. 8. Ebd. 830. 1 Thlr. 6 Gr. — 6e Folge, enthalt.: Die Verhandll. d. zweiten Westphälisch., d. dritten Pommersch. u. d. dritten Preuß. Landtags in d. J. 1829 u. 30. gr. 8. Ebd. 832. 1 Thlr. 8 Gr. — 7e Folge, enthalt.: Die Verhandll. auf d. 3ten Provinzial-Landtage der Brandenburg.-Niederlausitzisch. Stände im J. 1829, nebst e. vollständ. Namen- u. Sachregister üb. die Gesetze wegen Anordnung der Provinzialstände, so wie üb. die Verhandll. u. Landtags-Abschiede, welche in den bisher erschien. sieben ersten Folgen enthalten sind. gr. 8. Ebd. 832. 18 Gr. — 8e Folge, enth.: Die Verhandll. d. Stände auf d. 3ten Landtage d. Provinz Sachsen im J. 1829; auf d. 2ten Landtage des Großherzogth. Posen im J. 1830; auf d. 3ten Landtage d. Provinz Schlesien im J. 1830; auf d. 4ten Landtage d. Provinz Brandenburg im J. 1831, nebst d. Landtagsabschieden. gr. 8. Ebd. 832. 1 Thlr. 6 Gr.

— die G e s e t z e wegen Anordnung der Provinzial-Stände in der Preuß. Monarchie. 9e Folge. Enthaltend die Verhandlungen des 4ten Preußischen und des 4ten Pommerschen Provinzial-Landtages im Jahre 1831, und des 3ten Rheinischen im Jahre 1830, nebst d. Landtags-Abschieden. gr. 8. Berlin 833. Hayn. $1^1/_4$ Thlr. — 10e Folge. Enthaltend die Verhandlungen d. 3ten Westphälischen, des 4ten Sächsischen und des 4ten Schlesischen Provinzial-Landtages in den Jahren 1831 u. 1833, nebst den Landtags-Abschieden. gr. 8. Ebd. 835. $1^1/_6$ Thlr. — 11e Folge. Enthalt. die Verhandll. des 5ten Pommerschen, des 4ten Westphal. u. des 4ten Rhein. Landtages im Jahre 1833, nebst den Landtags-Abschieden. gr. 8. Ebd. 836. $1^1/_4$ Thlr. — 12e Folge. Enthalt. die Verhandll. des 5ten Preuß., des 3ten Posenschen u. des 5ten Brandenburg. Provinzial-Landtages, nebst den Landtags-Abschieden. gr. 8. Ebd. 837. $1^1/_4$ Thlr. — 13e Folge. Enthalt. die Verhandll. des 4ten Posenschen, d. 6ten Brandenburg. und des 6ten Pommerschen Provinzial-Landtages, nebst den Landtags-Abschieden. Fortgesetzt von J. F. G. Nitschke. gr. 8. Ebd. 839. $1^1/_4$ Thlr. — 14e Folge. Enthalt. die Verhandll. des 6ten Provinzial-Landtages in Preußen u. der 5ten Provinzial-Landtage in Schlesien u. Sachsen, vom Jahre 1837, nebst den Landtags-Abschieden. Fortgesetzt von Dems. gr. 8. Ebd. 840. $1^1/_2$ Thlr. — 15e Folge. Enthalt. Die Verhandll. des 5ten Westphälischen u. 5ten Rheinischen Provinzial-Landtags, nebst d. Landtags-Abschieden. gr. 8. Ebd. 840. $1^1/_2$ Thlr.

R u m p f , J. Dn. F.: „Die neueste preussische Gesetzgebung über die Verpflichtung zum Kriegsdienste, die Befreiung und Entlassung aus demselben und die Versorgung der Entlassenen; ingleichen über Servis, Einquartierung und Vorspannleistung", Berlin 1818, 1821 (Hayn).

— die neueste Preuß. Gesetzgebung über die Verpflichtung zum Kriegsdienste, die Befreiung u. Entlassung aus demselben u. die Versorgung der Entlassenen; ingleichen üb. Servis, Einquartierungen u. Vorspannleistungen. gr. 8. Berl. 819. Hayn. 1 Thlr. 4 Gr. 2e verm. Ausg. gr. 8. Ebd. 821. 16 Gr.

— der neue preuß. Gesetzlehrer in Civil-, Criminal-, Polizei- u. Finanz-Sachen rc. gr. 8. Berl. Hayn. 815. Auch unt. d. Titel: Der preußische Sekretär. 2r Thl.

R[UMPF] (J. D. F.). Deutschlands Goldgrube, oder durch welche inlaendischer Erzeugnisse kann der fremde Kaffee, Thee und Zucker moeglichst ersetzt werden? . . . Berlin, 1799. 8°.

Rumpf, Joh. Dan. Frdr.,] Goldgrube Deutschlands, oder durch welche inländische Erzeugnisse kann der fremde Kaffee, Thee und Zucker möglichst ersetzt werden? Und was ist insbesondere von der Zuckerbereitung aus Runkelrüben und Ahornbäumen zu erwarten? Mit 2 illum. Kupff. Berlin 1799. gr. 8.

— Handbuch für Geistliche u. Schullehrer im Preuß. Staate z. Kenntniß d. in Kirchen- u. Unterrichtsangelegenheiten erlassenen Gesetze u. Verordnungen. gr. 8. Berl. 821, Hayn.

— Handbuch f. Geistliche u. Schullehrer, zur Kenntniß d. Preuß. Gesetzgebung in Kirchen- u. Unterrichtsangelegenheiten, nach alphabet. Wortfolge. gr. 8. Berl. 822. Hayn. 2 Thlr. 18 Gr.

— Handbuch f. Kaufleute inner- u. außerhalb des Preußischen Staates, enthaltend die Statuten sämmtl. Kaufmannschaften, Tuchmacher, u. der Rheinisch-Westind.-Kompagnie; die Schauanstalten; die Börsen- u. Mäkler-Ordnung rc. Nebst den Handelsverträgen zwischen Preußen u. Dänemark, Großbritannien u. Rußland. gr. 8. Berl. 825, Hayn.

—— Handbuch f. preuß. Landräthe in ihrem amtl. Wirkungskreise, ingl. f. Kreisdeputirte, Gutsherren, Kreisphysiker, Bürgermeister u. Dorfschulzen. gr. 8. ($26\frac{3}{4}$ B.) Berlin 835, Hayn.

— Handwörterbuch f. die Reinigung u. Veredlung der deutschen Schreibart rc. gr. 8. Berl. 810. Oehmigke. 1 Thlr. 16 Gr. Neu bearb. unt. d. T.: gemeinnütz. Wörterbuch zur Reinigung u. Veredlung der Sprech- u. Schreibart in Ansehung der Verdeutschung fremder, des bessern Ausdrucks für sprachwidrige, der Aufnahme neuer u. der Erklärung sinnverwandter Wörter. Ein Hülfsbuch f. Geschäftsführung u. Umgang. gr. 8. Berl. 814. Hayn. 1 Thlr. 12 Gr. 2e Ausg. 819. 1 Thlr. 16 Gr. 3e verm. u. verb. Ausg. gr. 8. Ebd. 824. 1 Thlr. 12 Gr.

— gemeinnütziges Wörterbuch z. Reinigung u. Veredlung d. deutschen Sprach- u. Schreibart. gr. 8. Ebend. 811.

Rumpf, Jh. Dn. F., der Haus-, Brod- u. Lehrherr in seinen ehelichen, väterl. u. übrigen hausherrl. Verhältnissen gegen Gesinde, Gesellen u. Lehrlinge; nach allgem. u. insbesond. nach Preuß. Gesetzen. gr. 8. Berl. 823. Hayn. 1 Thlr. 2e verb. Aufl. u. d. T.: der bürgerl. Hausstand in sittl. u. rechtl. Hinsicht, od. der Haus-, Brod- u. Lehrherr rc. gr. 8. Ebd. 833. (832.) 12 Gr.

Rumpf, J. D. F.: „Der Haus-, Brod- und Lehrherr in seinen ehelichen, väterlichen und übrigen hausherrlichen Verhältnissen gegen Gesinde, Lehrlinge und Gesellen; nach allgemeinen und insbesondere nach Preußischen Gesetzen", Berlin 1824 (Hain); 2. verb. Auflage ebenda 1833.

—— der Haus-, Brot- u. Lehrherr, od. das Familienleben in sein. sittl. u. rechtl. Verhältnissen gegen Gattin, Kinder, Gesinde, Gesellen u. Lehrlinge. Nach allgem. u. nach Preuß. Gesetzen. 2., verb. Aufl. gr. 8. (11 B.) Berlin 833, Hayn.

—— der Haussekretär, s. a. Haus- u. Handbibliothek, III. Abthl. 1. Bd.

— der Haussekretär. Ein vollständ. Handbuch zur Abfassung aller Gattungen von Briefen und schriftlichen Aufsätzen, wie sie im gewöhnlichen Leben u. in den bürgerlichen Verhältnissen vorkommen. 2e durchgeseh. Ausg. gr. 8. Berlin 836. Hayn. $\frac{3}{4}$ Thlr. — 3e durchgeseh. u. verm. Ausg. gr. 8. Ebd. 838. $\frac{3}{4}$ Thlr.

—— der Haussekretär. Ein vollständ. Handbuch z. Abfassung aller Gattungen von Briefen u. schriftl. Aufsätzen, wie sie im gewöhnl. Leben u. in den bürgerl. Verhältnissen vorkommen, zur Selbstbelehrung. 3. u. 4. Ausg. gr. 8. (à $25\frac{3}{4}$ B.) Berlin 838, 42, Hayn.

— Fürst Gebhard Lebrecht Blücher's v. Wahlstadt rc. Heldenthaten; nebst e. biograph. Skizze. Mit dess. Bildn. 8. Berl. 814. 2e Ausg. 8. Berl. 814. (Sander). 16 Gr.

— der Preuß. Kanzlei-Sekretär. Eine vollständ. Anweis. zur Schön- u. Rechtschreibung, zur Interpunktion, Schriftkürzung u. zur Einrichtung d. Titulaturen, nebst e. grammat.-orthograph. Wörterbuche. Mit 2 Vorschriften. gr. 8. Berl. 814. Hayn. 2e verm. A. 817. 1 Thlr. 12 Gr. 3e verm. A. gr. 8. Ebd. 826. 1 Thlr. 12 Gr.

— der preuß. Kanzleysekretair. 2te Ausg. gr. 8. Ebend. 818.

— üb. d. Canzleystyl. gr. 8. Ebend. 804.

— der Preuß. Kommunalbeamte, od. die Preuß. Städteordnung, mit allen dazu gehör., bis Ende d. Jahres 1820 ergang. Erklärr., Entscheidungen u. Zusätzen, nebst d. Gewerbe- u. Klassen-Steuer-Gesetz. gr. 8. Berl. 821. Hayn. 1 Thlr. 2e A. 823. Ebd. 1 Thlr. 4 Gr. 3e A. gr. 8. Ebd. 827. 1 Thlr. 8 Gr. 4e verb. A. mit Zusätzen bis z. J. 1829. gr. 8. Ebd. 830. 1 Thlr.

RUMPF, J. Dn. F.: Der preussische Communalbeamte, od. d. preuss. Städteordnung m. allen dazu gehör. bis Ende des J. 1820 ergang. Erklär., Entscheid. u. Zusätzen, nebst d. Gewerb- u. Classen-Steuergesetz. *Berlin*, Hayn. 824. gr. 8. (1 Thl.)

— der Preuß. Communalbeamte, od. d. Preuß. Städteordnung, mit allen dazu gehörigen, bis Ende 824, ergang. Erklärungen, Entscheidungen u. Zusätzen, nebst d. Klassen-, Mahl-, Schlacht-, Gewerbe-, Steuergesetz, u. deshalb erlassenen Instructionen. 3e Ausg. gr. 8. Berl. 826, Hayn.

—— Preußens Land, Volk u. Staat. Ein statist. Abriß. 1. Aufl. gr. 12. ($3\frac{1}{2}$ B.) 836. * $\frac{1}{3}$ Thlr., 2. Ausg. 8. ($5\frac{1}{8}$ B.) Berlin 839, Recht.

—— Landtags-Verhandlungen d. Provinzial-Stände in d. Preuß. Monarchie. 1—10. Folge. gr. 8. Berlin, Hayn.

1. Folge. Die Verhandlungen der im J. 1824 gehalt. 1. Landtage d. Provinzialstände in d. Mark Brandenburg u. d. Markgrafthum Nieder-Lausitz, im Hrzgth. Pommern u. Fürstenth. Rügen, u. im Königr. Preußen. Nebst den f. dieselb. v. Sr Maj. d. Könige erlass Landtags-Abschieden. ($13\frac{1}{2}$ B.) 826. 16 Gr.

2. „ Die 1. Provinzial-Landtags-Verhandlungen d. Hrzth. Schlesien, der Grafsch. Glatz, d. Markgrafth. Oberlausitz u. d. Provinz Sachsen im J. 1825. (12 B.) 828. 16 Gr.

3. „ Die 1. Provinzial-Landtags-Verhandlungen d. Provinz Westphalen u. d. Rhein. Provinzen im J. 1827. ($18\frac{1}{4}$ B.) 828. 1 Thlr. 6 Gr.

4. „ Die Verhandln. d. 2. Provinzial-Landtages d. Mark Brandenburg u. d. Markgrafth. Niederlausitz, d. Provinz Pommern u. d. Fürstenth. Rügen, d. Königr. Preußen im J. 1827. ($15\frac{1}{2}$ B.) 828. 1 Thlr. 4 Gr.

5. „ Die Verhandln. d. 2. Provinzial-Landtags d. Provinz Schlesien, Sachsen u. d. Rheinprovinzen, ingl. d. 1. Landtages d. Großhrzgth. Posen, in d. J. 1827 u. 28. (22 B.) 830 1 Thlr 6 Gr.

6. „ Die Verhandln. d. 2. Westphäl., d. 3. Pommer. u. d. 3. Preuß. Landtags in d. J. 1829 u. 30. (24 B.) 831. 1 Thlr. 8 Gr.

7. „ Die Verhandln. auf d. 3. Provinzial-Landtage d. Brandenburg-Niederlausitz. Stände im J. 1829, nebst e. vollständ. Namen- u. Sachregister üb. d. Gesetze wegen Anordnung d. Provinzial-Stände, so wie üb. d. Verhandln. u. Landtags-Abschiede, welche in den bisher erschien. sieben ersten Folgen enthalten sind. ($14\frac{1}{4}$ B.) 832. 18 Gr.

8. „ Die Verhandln. d. Stände auf d. 3. Landtage d. Provinz Sachsen im J. 1829, auf d. 2. Landt. d. Großhrzgth. Posen im J. 1830, auf d. 3. Landt. d. Provinz Schlesien im J. 1830, auf d. 4. Landt d. Provinz Brandenburg im J. 1831, nebst den Landtagsabschieden. (16 B.) 832. 1 Thlr. 6 Gr.

9. Folge. Die Verhandln. d. 4. Preuß u. d. 4. Pommer. Provinzial-Landtages im J. 1831, u. d. 3. Rhein. im J. 1830, nebst d. Landtags-Abschieden. ($23\frac{1}{4}$ B.) 833. 1 Thlr. 6 Gr.

10. „ Die Verhandln. d. 3. Westphäl., d. 4. Sächs. u. d. 4. Schles. Provinzial-Landtages in d. J. 1831 u. 83, nebst d. Landtags-Abschieden. ($20\frac{1}{2}$ B.) 835. 1 Thlr. 4 Gr.

Vgl. Rumpf: „die Gesetze wegen Anordnung d. Provinzial-Stände in d. Preuß. Monarchie rc." gr. 8.

—— Landtags-Verhandlungen d. Provinzial-Stände in d. preuß. Monarchie. 11—15. Folge. gr. 8. Berlin, Hayn.

11. Folge. Die Verhandlungen d. 5. pommerschen, d. 4. westfälischen u. d. 4. rhein. Landtages im J. 1833, nebst d. Landtags-Abschieden. (26¼ B.) 836. 1 Thlr. 6 Gr.
12. " Die Verhandlungen d. 5. preuß., d. 3. posenschen u. d. 5. brandenburg. Provinzial-Landtages, nebst d. Landtags-Abschieden. gr. 8. (17½ B.) 837. 1 Thlr. 8 Gr.
13. " Die Verhandlungen d. 4. posenschen, d. 6. brandenburg. u. d. 6. pommer. Provinzial-Landtages, nebst d. Landtags-Abschieden. Fortges. v. J. F. G. Nitschke. (19½ B.) 839. 1 Thlr. 6 Gr.
14. Folge. Die Verhandlungen d. 6. Provinzial-Landtages in Preußen u. d. 5. Provinzial-Landtage in Schlesien u. Sachsen, v. J. 1837, nebst d. Landtags-Abschieden. Fortges. v. J. F. G. Nitschke. (30¼ B.) 840. 1 Thlr. 12 Gr.
15. " Die Verhandlungen d. 5. westfäl. u. d. 5. rhein. Provinzial-Landtages v. J. 1837, nebst d. Landtagsabschieden. Fortges. v. J. F. G. Nitschke. (30 B.) 841. 1 Thlr. 12 Gr.
1—10. Folge. Ebendas. 1024—35. 10 Thlr. 18 Gr.

– s. Leben, Bildung u. Sitten d. Frauen.

— Preußen's bewaffnete Macht. Eine Darstellung ihrer äußern und innen Verfassung. gr. 8. Berlin 825, Boicke.
Hieraus ist besonders abgedruckt:
— der freiwillige Eintritt in das Preußische Heer, u. die Aushebung d. Ersatzmannschaften, nach den neuesten Bestimmungen. gr. 8. Berl. 825. Boicke.

Rumpf, J. Preussens bewaffnete Macht. Eine Darstellung ihrer äusseren u. inneren Verfassung. (576) 8. Berlin 1826. – 2. Ausg. (40½ B. ib. 1830. 6,00. – 3. Ausg. (40 B.) 8. ib. 1839. 4,00.

—— Preußens bewaffnete Macht. Eine Darstell. ihrer äuß. u. innern Verfass. 2., mit e. Nachtr. üb. d. Duell u. Injurien verm. Ausg. gr. 8. (40½ B.) Berlin 830, Recht. Thlr.
Der Nachtrag apart unt. d. T.: über Duelle u. Ehrengerichte im Militär; nebst Strafart der Injurien zwischen Militär- u. Civilpersonen ꝛc. gr. 8. Ebd. 830. 6 gr.

Rumpf, J. D. F. Preußens bewaffnete Macht. 2. Ausg. mit Nachtr. u. Anh. Berlin 1830. 630 S.

—— Preußens bewaffnete Macht. Eine Darstell. ihrer äußern u. innern Verfassung. 3. Ausg. gr. 8. (40 B.) Berlin 839, Recht.

— die Preuß. Monarchie in Hinsicht ihrer Bewohner u. ihres Nationalreichthums, ihrer Staatswirthschafts-, Gerichts-, Polizei-, Kirchen-, Schul-, Finanz-, Kriegs-, Post- u. Ordens-Verfassung. gr. 8. Berl. 825. Boike. 2 Thlr. 8 gr. 2e mit e. Anh. bis zum J. 1830 verm. Ausg. gr. 8. Ebd. 830. Recht. 2 Thlr. Nachtrr., enth. die seit d. J. 1825—30 eingetret. Veränderungen. gr. 8. Ebd. 830. 6 gr.

Rumpf, J. D. F., die preuß. Monarchie, in Hinsicht ihrer Bewohner u. ihres Nationalreichthums; ihrer Staatswirthschafts-, Gerichts-, Polizei-, Kirchen-, Schul-, Finanz-, Kriegs-, Post- u. Ordens-Verfassung. 3. Ausg. gr. 8. (37¼ B.) Berlin 839, Recht. Thlr.

—— Nachrichten f. d. Einwohner Berlins, s. Wohnungsanzeiger.

— gemeinnützige Nachrichten für die Einwohner Berlins, s. J. W. Boike, Wohnungsanzeiger. 14r Jahrg.

— der Preuß. Privat-Sekretär. Ein Handbuch zur Abfassung aller Arten von Briefen, Bitt- u. Klageschriften, Berichten, Protokollen, Testamenten, durch Regeln u. Beispiele dargestellt. gr. 8. Berl. 820. Hayn. 2e A. gr. 8. Ebd. 821. 3e verm. A. gr. 8. Ebd. 827. 1 Thlr. 4 gr. 2r Thl. Ein Handbuch zur prakt. Kenntniß des Verhaltens bei Processen, des Verkehrs mit d. Geld-Instituten, des Vormundschafts- u. Hypothekenwesens, d. Wittwenkasse, der Münz-, Maaß- u. Gewichtsordnung, d. Stempel- u. Chaussee-Abgaben, der Gesindeordnung ꝛc. gr. 8. Ebd. 828. 1 Thlr. 4 gr. (NB. Beide Theile werden auch getrennt unter noch veränd. Titel ausgegeben.)

— der Privatsecretair. Nebst einer Auswahl wichtiger in's tägl. Leben eingreif. Gesetzgebungen, für d. Bewohner des preuß. Staates. 2e Ausg. gr. 8. Berl. 827. Hayn.

—— der Privatsekretär. Nebst e. Auswahl wichtiger, ins tägl. Leben eingreif. Gesetzgebungen f. die Bewohner d. preuß. Staates. 2 Thle. 3., veränd. Ausg. gr. 8. (43 B.) Berlin 828, Hayn. à 1 Thlr. 4 Gr.

— ders. für die Provinz Pommern. Eine Darstellung von Preußens Land, Volk u. Staat, und von Pommerns Verfassung insbesondere ꝛc. .. Stettin ... Morin. 1⅙ Thlr. — In Pappe geb. 1⅓ Thlr.

—— der Privatsecretair f. d. Großh. Posen. Eine Darstell. v. Preußens Land, Volk u. Staat überh., u. vom Großh. Posen insbesond.; nebst e. vollständ. Anweis. zum Briefschreiben, zur Titulatur u. zur Anfertig. v. Geschäftsaufsätzen aller Art, mit den dabei zu beobacht. gesetzl. Vorschriften u. Klugheitsregeln, durch zahlr. Muster anschaul. gemacht. (2 Abthln.) gr. 8. (34¼ B.) Berlin 834, Hayn.

—— der Privatsekretair f. d. Provinz Sachsen. Eine Darstell. v. Preußens Land, Volk u. Staat überh., u. v. Sachsens Verfassung insbesond.; nebst e. vollständ. Anweis. zum Briefschreiben, zur Titulatur u. zur Anfertig. v. Geschäftsaufsätzen aller Art, mit den dabei zu beobacht. gesetzl. Vorschriften u. Klugheitsregeln, durch zahlr. Muster anschaul. gemacht. (2 Abthln.) gr. 8. (36 B.) Berlin 834, Hayn.

—— der Rathgeber u. Expedient in Rechtsangelegenheiten f. Nichtjuristen; darstell., das Verhalten d. Partheien vor Gericht, besond. in Schuld-, Executions- u. Moratoriensachen; d. gesetzl. Bestimmungen bei Injurien-, Ehescheidungs- u. Alimentations-Klagen; bei Verträgen, Eheverlöbnissen, Ehevermächtnissen, Testamenten, Erbschaften, Vormundschaften ꝛc., mit 115 Formularien zu Klageanmeldungen, zu allen obgenannt. Gegenständen ꝛc., nebst Erklär. in d. Gerichtssprache gebräuchl. Ausdrücke. 1. Aufl. (17¼ B.) 830., 2., vervollständ. Ausg. (19¼ B.) gr. 8. Berlin 832, Hayn. à

— allgem. Repertorium d. Kritik ꝛc., s. Repertorium.

—— Ressort u. Organismus sämmtl. preuß. Staatsbehörden u. öffentl. Anstalten. gr. 8. (31¾ B.) Berlin 837, Hayn.

– s. Rumpf, Hur. Fr.: D. Adjutant.

– s. Seekrieg u. die Seemächte, Über d.

— der deutsche Sekretair, eine Anweisung z. guten Schreibart überhaupt ꝛc. mit K. gr. 8. Ebend. 814.

— der deutsche Sekretair. Eine prakt. Anweis. zum guten Styl überhaupt sowohl, als in Briefen u. Geschäftsaufsätzen des bürgerl. Lebens, durch Beispiele u. Muster anschaul. gemacht; nebst der heutig. in Deutschland übl. Titulatur. gr. 8. Berl. 815. 6e verm. A. gr. 8. Ebd. 825. Hayn. 1 Thlr. 8 gr.

— der deutsche Sekretair. 5te Ausg. gr. 8. Ebend. 821.

—— der deutsche Secretär. Eine prakt. Anweis. zur richt. Schreibart u. zum guten Stil überh., besond. in Briefen u. Geschäftsaufsätzen d. bürgerl. Lebens, durch Beispiele u. Muster anschaul. gemacht, nebst der jetzt in Deutschland übl. Titulatur. 7., verm. u. verb. Aufl. gr. 8. (31 B.) Berlin 831, Hayn.

—— der deutsche Secretär. Eine prakt. Anweis. z. richtigen Schreibart u. z. guten Stil überh., besond. in Briefen u. Geschäftsaufsätzen d. bürgerl. Lebens, durch Beispiele u. Muster anschaulich gemacht, nebst der jetzt in Deutschland üblichen Titulatur. 8., verm. u. verb. Ausg. gr. 8. (28¼ B.) Berlin 838, Hayn.

Eb.: d. Preuss. Secretair; e. Handbuch z. Kenntn. d. Geschäftskreises d. obern Staatsbehörden, ihrer Titulaturen u. Adressen, so wie auch z. schriftl. Gedankenvortrage in d. höhern u. niedern Schreibart m. beigef. Mustern. *Berlin*, Hayn. gr. 8.
1r Bd. (1 — 8. Ausg. 806 — 818.) 9. Ausg. 823. in 2 Abth., deren 2. mit d. bes. Tit.: Die preuss. Reorganisation-Gesetzgebung v. J. 1807 — 1823 zusammengestellt. (2 Thl. 16 Gr.)
2r Bd. Auch mit d. Tit.: Der preuss. Gesetzlehrer in Civil-, Criminal-, Polizei- u. Finanzsachen, und in Ansehung d. Verhaltens d. Parteien in gerichtl. Angelegenh. f. Geschäftsmänner. *Berlin*, Hayn. (815. 817.) 3. Ausg. 819. gr. 8. (2. Thl. 8 Gr.)

— der Preuß. (Staats)-Sekretär, ein Handb. zur Kenntniß des Geschäftskreises der oberen Staatsbehörden, ihrer Titulaturen u. Addressen, so wie auch zum schriftl. Gedankenvortrage zc. gr. 8. Berl. 810. Hayn. 2e umgearb. Ausg. 812. 3e A. 813. 4e verb. A. Mit 1 Kpf. 814. 5e umgearb., mit e. Verzeichn. d. Ritter des Preuß. Adlerordens u. des eisernen Kreuzes verm. Aufl. Mit 1 Kpf. 814. 6e A. 815. 7e A. 816. 8e A. Mit 2 Kpf. 817. 9e A. 823. 1 ℛ 8 gl 2e Abtheil. A. u. d. T.: die Preuß. Reorganisationsgesetzgebung v. J. 1807 —23 zusammengestellt. gr. 8. Ebd. 823. 1 ℛ 8 gl 2r Bd. A. u. d. T.: der neue Preuß. Gesetzlehrer in Civil-, Criminal-, Polizei- u. Finanz-Sachen zc. gr. 8. Ebd. 817. 2 ℛ 2e verm. Ausg. 816. 2 ℛ 8 gl 3e A. 819. 2 ℛ 8 gl Nachträge zum 1n Thle. gr. 8. Ebd. 816. 12 gl Nachtrr. u. Berichtigungen zum 1n Thle z. 8n Ausg. gr. 8. Ebd. 817. 8 gl 9e Ausg. 2 Bde. gr. 8. Ebd. 823. compl. 5 ℛ

— — Nachträge z. 8ten Ausg. d. Preuß. Sekretairs. gr. 8. Ebend. 818.

Rumpf, J. D. F. Der preussische Secretär; ein Handbuch zur Kenntniss der preussischen Staatsverfassung und Staatsverwaltung, des Geschäftskreises der Staatsbehörden, ihrer Titulatur, der Form der Eingaben etc. nebst einem Verzeichnisse von Rittern der preussischen Orden und einer Tabelle über den Gebrauch des Stempelpapiers für Staatsbeamte und Privatgeschäftsmänner. (Mit 1 Taf.) 6. verm. Ausg. (1 Bd.) 8. Berlin 1815.
— — 7. Ausg. (2 Bde.) 8. Berlin 1816.

– s. Sendschreiben an Friedrich Wilhelm III.

Rumpf, J. D. F.: Die Preußische Städteordnung, nebst den über dieselbe bis ins Jahr 1829 ergangenen Erklärungen, Entscheidungen und Zusätzen. 4. Ausg. Berlin 1830.

— 7. Aufl. [u. d. Tit.:] Die Preußischen Städte-Ordnungen vom 19. Nov. 1808 und 31. März 1831 nebst den Erg. u. Erl. zu beiden. Als Handbuch bearb. Th. 1. 2. 1846. 2 Bde

Rumpf, Jh. Dn. F., die Preuß. Städteordnung, s. oben: Kommunalbeamte.

— die Preuß. Städteordnung v. 19. Nov. 1808, mit den gesetzl. sowohl als reglementsmäß. ergänz. u. erläut. Bestimmungen; nebst d. revidirt. Städteordnung mit den dazu gehör. Verordn. v. 17. März 1831, u. e. Vergleichung beider. 6., verm. Ausg. gr. 8. (22¼ B.) Berlin 834, Hayn.

— die Stempelgesetze d. Preuß. Monarchie. Ein vollständ. Handbuch f. Staatsbeamte u. Geschäftsmänner. gr. 8. Berl. 817. Hayn. 1 ℛ 2e verm. Ausg. gr. 8. Ebd. 821. 1 ℛ

Rumpf, J. Dn. F.: „Stempelgesetze der Preussischen Monarchie in einem vollständigen Handbuch", Berlin 1817 (Hayn). 2. Auflage, ebenda 1820.

– s. Titulatur- u. Adreßbuch, Neues Preuß.

— Titulaturen und Adressen an K. Preuß. Staatsbehörden zc. 3te Ausg. gr. 8. Ebend. 819.

– s. a. Titulaturen u. Adressen.

— vollständ. Unterr. über die Rechte u. Pflichten der Vormünder in der Preuß. Monarchie, nach Maaßgabe des allgem. Landrechts u. der neuern Verordnn., nebst Anleit. zur Führung u. Ablegung d. vormundschaftl. Rechnungen. gr. 8. Berl. 824. Hayn. 1 ℛ

Rumpf, J. Dan. Fr.: Vollständiger Unterricht für die Vormünder in d. Preuss. Monarchie, nach Massgabe des allgem. Landrechts u. der neuern Verordnungen, nebst Anleitung zur Führung u. Ablegung der vormundschaftl. Rechnungen. *Berlin*, Hayn. 824. gr. 8. (1 Thl.)

— planmäßige Wanderungen durch Berlin, Potsdam, Charlottenburg u. deren Umgebungen; nebst e. Orts- u. Zeitnachweiser aller dasigen Sehenswürdigkeiten. 8. (4⅛ B.) Berlin 836, Recht.
Mit d. Plan v. Berlin

— neuester Wegweiser durch die kön. Preuß. Staaten, e. Handbuch f. Fremde u. Einheimische. 1s Bdchn. 8. Berl. 793. (792.) A. u. d. T.: Berlin, od. Darstell. d. interessant. Gegenstände dieser Residenz. Mit 1 Grundr. 2s Bdchen. Beschreib. d. äußern u. innern Merkwürdigkk. aller königl. Schlösser in Berlin, Charlottenburg, Schönhausen, in u. bei Potsdam. Mit 4 Kpf. 8. Berl. 794. W. Oehmigke. 3 ℛ 16 gl 2e A. 2 Bde. 2 ℛ 16 gl 3e Ausg. unt. d. T.: Berlin u. Potsdam. Eine Beschreib. aller Merkwürdigkk. dieser Städte zc. 804. Mit n. Titel 811. 2 Bde. Mit Kpf 8. Ebd. 4e umgearb. Ausg. Mit 10 Ansichten. 2 Bdchn. 8. Berl. 823. (Sander). 2 ℛ Schrbp. 3 ℛ Nachtrag, s. Dess. Beschreib. d. Museums zc. 5e verb. A. 2 Bde. Mit 10 Ansichten. 8. Ebd. 833. Recht. 1 ℛ 16 gl

Rumpf, Johann Daniel Friedrich: Gemeinnütziges Wörterbuch z. Reinigung ... d. Sprech- u. Schreibart ..., s. Rumpf: Handwörterbuch ..., Neue Ausgabe.

— grammat.-stylist. Wörterbuch d. deutschen Sprache zur Bildung e. richtigen, mündl. u. schriftl. Gedankenausdrucks. gr. 8. Berl. 829. Hayn. 2 ℛ

— grammat.-stilist. Wörterbuch d. deutschen Sprache, zur Beförder. e. richt. u. schönen Ausdruckes der Gedanken. gr. 8. (23½ B.) Berlin 829, Hayn.

— — und H. F. Rumpf, vollständiges topograph. Wörterbuch d. preuß. Staats, enthaltend sämmtl. Städte, Flecken, Dörfer, Weiler, Kolonien, Vorwerke, Höfen, Mühlen, einzelne Häuser zc. mit Angabe der Feuerstellen und Einwohnerzahl, so wie der Provinz, des Kreises und des Regierungs- und Gerichts-Bezirks zc. zc. Mit vorangehenden allgem. Uebersichten. 3 Theile. gr. 8. Ebend. 820.

Rumpf, J. D. F. und H. F. Rumpf. Vollständiges topographisches Wörterbuch des preussischen Staats. (4 Bde.)
8. Berlin 1820—1824.

— u. Hnr. Fr. Rumpf, vollständ. topograph. Wörterbuch des Preuß. Staats, enthalt. sämmtl. Städte, Flecken, Dörfer, Kolonien, Mühlen, einzelne Häuser zc., Waldungen, Forsten, Flüsse, Seen, Bäche u. Kanäle. 3 Bde. gr. 8. Berl. 820 u. 21. Hayn. 7 ℛ 4r Bd. Ergänzung zu den ersten 3 Bden, A—Z. gr. 8. Ebd. 825. 16 gl Alle 4 Bde kosten jetzt nur 5 ℛ

— Wörterbuch zur Verdeutschung ꝛc. 2te Ausg. gr. 8. Ebend. 818.

— vollständ. Wörterbuch, zur Verdeutschung der, in unsere Schrift- u. Umgangssprache eingeschlich. fremden Ausdrücke ꝛc 3e verm. u. verb. Ausg. gr. 8. Berl. 825, Hayn.

—— vollständ. Wörterbuch z. Verdeutschung der, in unserer Schrift- u. Umgangs-Sprache eingeschlichenen, fremden Ausdrücke; nebst Erklär. d. wichtigsten sinnverwandten Wörter. Ein Sprachschatz f. Alle, die im Deutsch-Schreiben u. Sprechen sich rein, richtig u. edel auszudrücken wünschen. Aufs neue durchges. v. Aug. Jfe. 4., verm. u. verb. Ausg. gr. 8. (33¾ B.) Berlin 840, Hayn.

Rumpf, Johann Wilhelm

Rumpf, Joh. Wilh., Bibel und Christus. Beleuchtung der Gründe für den Kirchenglauben. Straßburg 858. Noiriel. 8. (VIII, 458 S.) n. 1 ₰. 22½ ngr.

Rumpf, Karl, aus Frankfurt a. M.: **Beitrag zur Kenntnis der** Thiuramdisulfide und Isothiuramdisulfide. *Hildesheim 1903: A. Lax.* (77 S.) 8°
Göttingen, Phil. Diss. v. [11. Juli] 1903

Rumpf, Karl, Beitrag zur Kenntnis der Thiuramdisulfide u. Isothiuramdisulfide. Diss. (77 S.) gr. 8. Hildesheim 903. (Göttingen, Vandenhoeck & Ruprecht.) n. 1. 80

Rumpf, Karl, a. Butzbach: **Die Schuhmacherei im Großherzogtum Hessen. Gießen 1907: Christ u. Herr. (86 S.) 8°**
Gießen, Phil. Fak., Ref. Biermer, Diss. v. 8. April 1908
[Geb. 30. Okt. 85 Butzbach; Wohnort: Butzbach; Staatsangeh.: Hessen; Vorbildung: Oberrealsch. Darmstadt Reife O. 04; Studium: Handelshochsch. Leipzig 2, Univ. Leipzig 2, Gießen 3 S.; Rig. 13. Nov. 07.]

Rumpf, L. Ueber Naturwissenschaft und naturwissenschaftliche Systeme mit besonderer Anwendung auf Anorganognosie. Bamberg. 1820. 8.

Rumpf, Die Naturwissenschaften und naturwissenschaftlichen Systeme mit besonderer Anwendung auf Anorganognosie und anorganische Systeme. Bamberg 1820. 8.

Rumpf, Ludwig, aus Eichstätt: **Physikalische Veränderungen** des Fleisches beim Kochen. Wassergehalts-, Dimensions- u. Zähigkeits-Bestimmungen. *Würzburg 1903: A. Boegler.* (53 S.) 8°
Würzburg, Med. Diss. v. 1903

Gesetz und Richter. Versuch e. Methodik d. Rechtsanwendung. Von Dr. M[ax] **Rumpf**, Ger.Ass. Berlin: O. Liebmann 1906. (199 S.) 8° [07. 306

Rumpf, Max, Referendar, aus Oldenburg i. Gr.: **Die Teilnahme** an unerlaubten **Handlungen** nach dem BGB. *Oldenburg i. Gr. [1904]: A. Littmann.* (128 S.) 8°
Göttingen, Jur. Diss. v. [30. Apr. 1904]

— die Teilnahme an unerlaubten Handlungen nach dem BGB. Diss. (VI, 128 S.) gr. 8. Oldenburg 904. G. Stalling's Sort. n. 3. —

Rumpf, Max, Volk u. Recht. (VIII, 117 S.) gr. 8. Oldenburg (910). G. Stalling's Verl. 2.40; geb. in Leinw. 3. —

Rumpf, Otto [aus Kaiserslautern]: **Über Sulfoxyarsenate** Leipzig, Metzger & Wittig, 1897; 30 S. 8.
München, Phil. Fak., Inaug.-Diss. v. 1897

Rumpf, Otto, Referendar am **Amtsgericht** in **Bersenbrück**: **Worin besteht der Schadensersatz wegen Nichterfüllung eines gegenseitigen Vertrages? Göttingen 1906: Dieterich.** (85 S.) 8°
Göttingen, Jur. Fak., Ref. Regelsberger, Diss. v. 10. März 1906
[Geb. 20. Jan. 84 Nieder-Aula; Wohnort: Osnabrück; Staatsangeh.: Preußen; Vorbildung: Realgymn. Osnabrück Reife O. 02; Studium: Göttingen 1, Leipzig 1, Freiburg i. B. 1, Berlin 1, Göttingen 2 S.; Rig. 16. Okt. 05.]

Rumpf, Sam., die Bienenhaushaltung u. Bienenpflege, nach eigenen vieljähr. Erfahrr. Nebst e. Nachtr. v. Erfahrr. über die Bienenzucht v. H. Ripstein. Mit Zeichnn. gr. 8. Aarau 820. Sauerländer. 10 gl

Rumpf, Susy, s.: Mädchen-Taschenbuch, deutsches.

Rumpf, Theodor

Rumpf, Th., die **Atiologie der indischen Cholera**, s.: **Sammlung klinischer Vorträge.**

— u. **Wilkens**, d. Behandlung d. Typhus abdominalis m. abgetödt. Kulturen des Bacillus pyocyaneus, s.: **Jahrbücher** d. hamburg. Staatskrankenanstalten.

Die Cholera indica und nostras v. Prof. Dr. Th[eod.] **Rumpf**, Dir. d. Neuen Allg. Krankenh. in Hamburg-Eppendorf. M. 1 lith. Taf. *Jena: G. Fischer 1898.* (VI S., 1 Bl., 190 S., 1 Taf. m. 1 Erl.-Bl.) 1 Bd 4.(8.) [98. 8068

— die Cholera in den hamburgischen Krankenanstalten. [Aus: „Jahrbb. d. hamburg. Staatskrankenanstalten" 3. Bd.] gr. 8. (16 S. m. 1 Tab. u. 1 graph. Taf.) Hamburg 894. L. Voss. n. 2. —

— die **Desinfektions-Vorrichtungen** u. Vorsichtsmassregeln gegen die Übertragung ansteckender Erkrankungen im neuen allgemeinen Krankenhause, s.: **Rumpel**, Th.

Rumpf, Th., klinische Erfahrungen üb. Diabetes mellitus, s.: **Külz**, E.

Rumpf, Thdr., die syphilitischen Erkrankungen des Nervensystems. gr. 8. (XV, 620 S. mit 2 lithogr. Doppeltaf.) Wiesbaden 887, Bergmann.

— d. Gründung e. Schwestern-Vereins f. d. **hamburg.** Staatskrankenanstalten, s.: **Jahrbücher f. d. hamburg. Staatskrankenanstalten.**

Herz- und Kreislaufstörungen von Dr. Th[eodor] **Rumpf**, Prof., Bonn. *Jena: G. Fischer 1904.* (49 S.) 4°(8°)
— **Vorträge** aus d. Gebiete d. allgemeinen **Therapie**. H. 1. [04. 8449

Rumpf, Th., zur Histologie der Nervenfaser u. des Axencylinders. Vorläufige Mittheilung. [Aus: „Verhandlungen d. naturhist.-med. Vereins zu Heidelberg".] gr. 8. (8 S.) Heidelberg 878. C. Winter. — 30

Rumpf, Th., s.: **Jahrbücher der Hamburg. Staatskrankenanstalten.**

— **Krankenhaus u. Krankenpflege. Vortrag, geh. im Chemiegebäude d. Berliner Gewerbeausstellung 1896.** gr. 8. (28 S.) Berlin 896. S. Karger. n. — 60

— die sekundären Krankheitsprocesse der Cholera. [Aus: „Jahrbb. d. hamburg. Staatskrankenanstalten" 3. Bd.] gr. 8. (18 S.) Hamburg 894 L. Voss. n. 1. 25

— **Leitfaden** der Krankenpflege, unter Mitwirkg. von de la Camp, Glinzer, Sudeck u. Wollenberg hrsg. 8. (VIII, 229 S. m. 32 Abbildgn.) Leipzig 900. F. C. W. Vogel. n. 4 —

— s.: **Mitteilungen** aus d. hamburg. Staatskrankenanstalten.

— s.: **Psychiatrie** etc.

— klin. u. experiment. Untersuchgn. üb. d. Ausscheidg. u. Bildg. v. Ammoniak bei Infektionskrankheiten, s.: Festschrift zur Feier d. 80jähr Stiftungsfestes d. ärztl. Vereins zu Hamburg.

Vorlesungen über Soziale Medicin. Von Dr Th[eodor] **Rumpf**, Prof., Bonn. Leipzig G. Thieme 1908. (VI, 290 S.) 4°(8°) [08. 4730

Vorträge aus dem Gebiete der allgemeinen Therapie. H. 1. [Mehr nicht ersch.] Jena: Fischer 1904. 49 S. 8°
1. Rumpf, Theodor Herz- u. Kreislaufstörungen. [11. 10917

— Über ärztliche Zeugnisse u. Gutachten, s.: Klinik, med. 1909. Beiheft 7.

Rumpf, W., Andreas Bell und Joseph Lancaster Basel, Realgymnasium 1858. Progr.

Rumpf, W. Das Studium der englischen Sprache. Basel, Rg., 1861. 21 S. Progr.

Rumpf, William *H.* [Dubuque, V. St. v. N.-Amerika]: Aus d. med. Klinik zu Kiel Alkalimetrische Untersuchungen des Blutes bei Krankheiten. . Kiel, Druck v. H. Fiencke, 1891, 27 S., 1 Bl. 8°
Kiel, Med. Fak., Inaug.-Diss v. 25. März 1891

Rumpf, William. Alkalimetrische Untersuchungen d. Blutes bei Krankheiten. Diss. gr. 8. (27 S.) Kiel 891, (Gnevkow u. v. Gellhorn.) * 1 50

RUMPFF, CHR. FRDR Das jetzt lebende und jetzt florirende Leipzig Boetius, c 1725. Titel fehlt, S. 3—142, 5 Bl.

Rumpff, Johann (Hamburg) A. S. 162/18

Dissertatio inauguralis diplomatico-iuridica de nonnullis conventionibus Germanorum accessoriis, quibus debitores suos arctius obligare nitebantur.
Giessen (Schultz) 5. V. 1755. 68 S.

Gew. · Vinzenz Rumpff (Onkel). 29532

Rumpff, Jh., († im Jan. 1780.) freie Gedanken üb. verschied. Gegenstände. 8. Hamb. 778. (Ernst in Quedlinb.) 5 gr

Rumpff, Carl [approb. Arzt aus Cöln]: **Ein Fall von Ovarialgravidität mit Consecutiver Haematocele retrouterina . . .** Cöln, Druck, Greven & Bechtold, 1888; 30 S. 8°
Erlangen, Med. Fak., Inaug.-Diss. v. 31 März 1887

Rumpff, Nikolaus (Hamburg) A. S. 610/14

Dissertatio juridica inauguralis de insignioribus defectibus jurisprudentiae criminalis Germanicae eorumque emendandorum ratione ac mediis.
Präs. Christian Gottfried Hoffmann.
Frankfurt/O. (Schwartz) 8. V. 1731. 83 S., 7 Bl.

W. v. Präs. 29533

Rumpff, Nikolaus (Hamburg) A. S. 633/19

Dissertatio inauguralis iuridica de iure deliberandi et beneficio inventarii et utriusque differentiis secundum ius commune et constitutionem novissimam Hamburgensem.
Göttingen (Rosenbusch) 17. I. 1777. 56 S.

Gew. : Vinzenz Rumpff (Vater). 29534

Rumpff, Scipion Karl Johann Caspar [Praes.] Fabricius, Johann Andreas: De nimio in linguis studio

Rumpff, Scipion Karl Johann Caspar [Praes.], s. Kaysecker, Johann August De deceptione sunpsius.

Rumpff, Vinzenz (Hamburg) U. S. Göttingen 1764/1

De rei vindicatione e iure Romano atque Hamburgensi dissertatio inauguralis iuridica.
Göttingen (Pockwitz) 14. VII. 1764. 168 S.

Gew. · Vinzenz Rumpff (Vater). 29535

Rumph, Georg Eberhard, s. Rumpf, Georg Eberhard

Rumpholz, Carolus. De monstro trunco carente. Accedit tabula lithographica. Halis Saxonum (1848): Schmidt. 15 S., 1 Taf 8° (4°)
Halle-Wittenberg, Med. Diss. v. 21 März 1848
Geb. Halberstadt 24. 5. 1824. V

Rumpler, Canonicus Ludw., u. seine Erlebnisse vor u. während der Revolutionszeit. Elsässische Culturbilder u. Denkwürdigkeiten aus der 2. Hälfte d. vor. Jahrh. v. J. G. gr. 8. (195 S.) Straßb. i. E. 890, (Noiriel's Buchh.). ** 1 25

RUMPLER, Adamus Lucas De angelis tutelaribus. — (1843) 72 S. 8° (Handschr.) Diss. 129
Diss. Wien, Univ.

Rumpler, Christoph Anton von

v. Rumpler, Cph. Ant., des Königs Namensfest. 8. Regensb. 820. Daisenberger. 4 gr

— üb. die körperl. Strafe im Militär. 8. Nürnb. 808. Wittwer. 10 gr

Rumpler, Ch. A. v. über die körperliche Strafe im Militär Nürnberg 1808 1 Bo S

Rumpler, E., die Flugmaschine. Kritische Besprechg. ausgeführter Flugmaschinen m. besond. Berücksicht der geschichtl. Entwicklg. Im Auftrage des Berliner Vereins f. Luftschiffahrt hrsg. (327 S. m. Abb.) gr. 8. Berlin 909. Vereinigte Verlagsanstalten G. Braunbeck & Gutenberg-Druckerei. 6.—; geb. 7.50

Rumpler, E., s.: Kalender, automobiltechnischer.

Rumpler, Johann Andreas (Nürnberg) Altd. Thl. 16/5

Summa Iudaeorum astorgia ex Michae 2, 9.
Präs. Johann Colmar.
Altdorf (Kohles) 15. X. 1716. 30 S.

Gew. : Johann Wulfer. 29537

Rumpler Johann Andreas (Nürnberg) **Altd. Phs. 46/3**

Dissertatio philologica de interpunctione decalogi, cumprimis praecepti IX. et X., ad illustrationem uberiorem Exod. XX, v. 2-17 et Deut. V, 7-18.
Präs. Vitus Hieronymus Regenfus.
Altdorf (Meyer) 6. IX. 1717. 28 S. 29538

Rumpler, Karl v., s. Regenten-Tafel, bayerische.

RUMPLER, Karl Lothar (Eichstätt): De vectigalibus publicis. (Titel nach der Urkunde) 22.7.1869 - Urk; F 49; Chr 1869/70,11
Diss. Ingolst.-Landsh.-**Mchn.**

Rumpler, Matthias

Rumpler, Matth., Anleit. z. sittl. Erziehung d. Kinder bis zu den Jahren, da sie schuljährig werden. gr. 8. Salzburg 800. Mayr. 10 Xr

— drei Fastenpredigten üb. drei Fragen v. d. Fasten. 8. Salzb. 805. Mayr. 5 Xr

Rumpler, Matth., Geschichte des Katechismuswesens im Erzstift Salzburg. 8. Salzb. 802. Mayr. 4 Xr

— Geschichte v. Salzburg. 8. Salzb. 803. Mayr. 8 Xr

— Geschichte d. Schulwesens in Salzburg. 8. Salzb. 803. Mayr. 4 Xr — Ganz neue, umgearb. Ausgabe, als Beitr. z. Cultur-Geschichte d. Schulwesens in Oesterreich ob d. Enns, durch Weltpriester ꝛc. Jh. Jak. Hochmuth. gr. 8. Ebd. 832. 14 Xr

Rumpler, Matth., Geschichte d. Salzburg. Schulwesens. Ganz neue, umgearb. Ausg., als Beytr. zur Cultur-Gesch. d. Schulwesens in Oesterreich ob der Enns, durch Joh. Jak. Hochmuth. gr. 8. (16 B.) Salzburg 832, Mayr.

— de iis, quae circa interpretationem Epistolae S. Pauli ad Romanos observanda sunt. 8maj. Salzb. 794. Duyle. 6 Xr

Rumpler, Matthias, De iis, quae circa interpretationem epistolae s. Pauli ad Romanos observanda sunt. (Exercitatio academica.) Salzburg, 1791, 8°, 86 S.

Rumpler. Matthias, s. K a t e c h i s m u s , Christkathol.

— üb. die Laien-Communion in d. ältern Kirche, u. üb. die Reduktion der Kleriker in derselben. 8. Salzb. 807. Mayr. 3 Xr

— Leben der bekanntesten Salzburg. Heiligen. 12. Salzb. 804. Mayr. 4 Xr

— Legende der Heiligen, für Kinder. 1e u. 2e Hälfte. 12. Salzb. 803 u. 804. Mayr. 5 Xr N. Aufl. 811. (Augsb., Kranzfelder). 3 Xr

— über d. ersten Lese- u. Schreibunterricht in Schulen. gr. 8. Salzb. 800. Mayr. 8 Xr

— Predigten auf die Festtage d. Herrn. 8. Salzb. 806. Mayr. 12 Xr

— christl. Sittenlehre f. Kinder, ehe sie aus d. Schule treten. 8. Salzb. 802. 2e A. 806. Mayr. 3 Xr

— s. T e s t a m e n t , Das neue.

Rumpler, Oscar, aus Schnersheim, Cantonalarzt in Urbeis ⟨Ob.-Els.⟩: Der gegenwärtige **Stand** der Lehre der chirurgischen Behandlung der Nierenentzündung. *Straßburg i. E. 1903: C. Müh & Co.* (51 S.) 8°
Straßburg, Med. Diss. v. 1903

Rumpler, Siegfried Norbert

Rumpler, Siegfr. Norb., Heinrich Heine. Ein Essay. (38 S.) 8. Wien 907. H. Heller & Co. — 50

Rumpler, S. N.: Das freie W o r t in der Loge. o. O. [ca 1904?]
[Mandello, K.: Frmrische Journal-Revue. 1904 S. 11.]

Rümpler, Alex., Klänge aus Natur u. Liebe. Gedichte 16. (III, 138 S.) Leipzig 870. Matthes. geb. m. Goldschn. 3. 75

Rümpler, Alwin

Rümpler, A., die käuflichen Düngestoffe, s. a. Thaer-Bibliothek.

RÜMPLER, A.: Die käuflichen Düngestoffe, ihre Zusammensetzung, Gewinnung und Anwendung. - Berlin 1875. 187 S. - (Thaer-Bibliothek Bd. 5)- 2. neubearb. Aufl. ebd. 1879. VII, 207 S.

Rümpler, A., die käuflichen Düngestoffe, ihre Zusammensetzung, Gewinnung u. Anwendung. 2., neu bearb. Aufl. Mit 32 in den Text gedr. Holzschn. 8. (VIII, 204 S.) Berlin 879. Parey. geb. n. 2. 50

Rümpler, A., die käuflichen Düngestoffe, ihre Zusammesetzung, Gewinng. u. Anwendg. 3., neu bearb. Aufl. 8. (VIII, 216 S.) Berlin 889. Parey. geb. n. 2. 50

[F.] Die käuflichen Düngestoffe, ihre Zusammensetzung, Gewinnung und Anwendung. Von Dr. A. **Rümplor.** 4., neubearb. Aufl. M. 32 Textabb. *Berlin: P. Parey 1897.* (VII, 248 S.) 1 Bd 8.
= **Thaer-Bibliothek.** Bd 5. [97. 6729

Rümpler, A., ausführliches Handbuch der Zuckerfabrikation. Mit 864 Abbildgn. einschließlich 2 Taf. (XII S. u. 790 Sp.) Lex.-8. Braunschweig 906. F. Vieweg & Sohn. n. 15. —; geb. n. 18. —
Sonderabdruck aus: „Muspratt's Handb. d. Chemie".

Rümpler, A., Handbuch d. Zuckerfabrikation, s. Stohmann..

Die Nichtzuckerstoffe der Rüben in ihren Beziehungen zur Zuckerfabrikation v. Dr. A[lwin] **Rümpler.** *Braunschweig: F. Vieweg & Sohn 1898.* (XII, 523 S.) 1 Bd 8. 98. 5386

Die Rübenzucker-Industrie in Schlesien vor 100 Jahren. Eine Jubiläumsgabe von Dr. A[lwin] **Rümpler.** Berlin: Deutsche Zuckerindustrie 1901. (63 S.) 8° [07. 3120 2

Rümpler, Karl, die Abendunterhaltungen in Lenzthal. Ein belehr. Unterhaltungsb. f. Jedermann, besond. f. Kinder aus allen Ständen u. f. Volksschulen. 8. (15½ B.) Sondershausen 838, (Eupel.)

Rümpler, Carl, neuer Briefsteller f. das bürgerliche Leben, bestehend in Briefen v. allen Gattungen, einer Abhandlung über den Gebrauch der Schriftzeichen u. der Titulaturen ꝛc. 8. (130 S.) Nordhausen 852. (Büchting.) ¼ Thlr

—— neue Jugendbibliothek. Orig.-Erzähln. f. d. Jugend aller Stände z. angenehmen Unterhalt., so wie z. Bildung d. sittl. Gefühls. 1. u. 2. Bdchn. gr. 12. (5 B.) Leipzig 840, (Fort.?)

— neue Jugendbibliothek. Original-Erzählungen für die Jugend aller Stände zur angenehmen Unterhaltung ꝛc. 1s u. 2s Bdchen. gr. 12. Leipzig 840. (Fort.) 1/4 ₰

Rümpler, Carl, das Kreuz im Hainichswalde, oder: der schreckliche Verrath. — Der Hornist, oder: der gelöste Zauber. Zwei histor. Novellen. 8. (17 B.) Eisenberg 844, Schöne'sche Bh. 1

— Lebensbilder. Erzählungen. 2 Bde. Gustav Treuhold. — Der Schatz des Großvaters. Bruchstücke aus meinem Leben. Scenen aus d. Vorzeit. 8. Nordhausen 833. Fürst. 1 7/8 ₰

—— Leitfaden beim Unterr. in d. Religionsgeschichte. Ein Buch f. Lehrer u. Schüler, zunächst f. preuß. Volksschulen. 8. (4 1/2 B.) Leipzig 835, Fort. (?)

— Leitfaden beim Unterrichte in der Religionsgeschichte. Ein Buch für Lehrer u. Schüler, zunächst für preuß. Volksschulen. 8. Leipzig 835. Fort. 1/8 ₰

—— Materialien zur nützl. u. angeneh. Selbstbeschäftig. d. Kinder in zahlr. Schulen. Ein Hand- u. Hülfsb. f. Lehrer in Land- u. Bürgerschulen, wie auch f. Eltern u. Erzieher. 8. (10 1/4 B.) Quedlinburg 832, Ernst.

— Materialien zur nützlichen u. allgemeinen Selbstbeschäftigung der Kinder in Land- u. Bürgerschulen. 2e Ausg. 8. Quedlinburg 839. Ernst. 5/12 ₰

Rümpler, Carl, Novellen. 8. (265 S.) Eisenberg 848, Schöne'sche Buchh. Thlr.

Ruempler, Karl [Hrsg.]

Novellenbuch des Hannoverschen Couriers. Mit Beiträgen von Golo Raimund, Robert Geissler u.a. Bd 1.2. Hannover: Rümpler 1855. 8°

—— der Rathgeber in Haus- und Landwirthschafts-Angelegenheiten. Ein nützl., alphab. geordn. Handb. f. Hausväter u. Hausmütter. 8. (5 1/2 B.) Leipzig 835, Gebr. Reichenbach.

—— kleine Reformationsgeschichte f. Lehrer in Elementarschulen, aber auch zur angeneh. Unterhalt. f. den Bürger u. Landmann, so wie f. Kinder. 8. (5 B.) Quedlinburg 830, Basse.

——, Rosamunde. Eine Novelle aus d. Zeiten Wenzels d. Faulen, Königs v. Böhmen. 8. (14 1/2 B.) Nordhausen, 840. [Leipzig, Literar. Museum.]

— s. Volks-Kalender, Thüringischer.

Rümpler, Karl Friedr., Christus ist mein Leben! Religiöse Lieder. 8. (8 3/4 B.) Dessau 840, Fritsche u. Sohn. *

Rümpler, Susanne, s. Farben, vier.

Rümpler, Susanna, die deutschen Spielkarten, s. Herloßsohn's, C., gesammelte Schriften, 4. Bd.

Rümpler, Theodor

Rümpler, Thdr., Bilder aus dem Natur- u. Menschenleben. Ein Lesebuch für Kinder von 9 bis 14 Jahren, als Grundlage des allgem. Religionsunterrichts in Volksschulen. Gesammelt u. geordnet u. mit passenden Sprüchen u. Liedern verseh. gr. 8. (XVI u. 301 S.) Hildburghausen 849, Bibliographisches Institut. (Leipzig, Gebhard & Reisland.) n. 12 ngr

Rümpler, Thdr., Blüthen- u. Fruchtzweige des Erfurter Gartenbau-Vereins. Verhandlungen desselben von Herbst 1861 bis Sommer 1865 in auszugsweiser gedrängter Darstellung u. Bericht über die allgemeine deutsche Ausstellung von Gemüsen u. landwirthschaftlichen Producten, Obst, Pflanzen, Blumen u. s. w. vom 9.—17. Septbr. 1865, sowie über den gleichzeitig abgehaltenen 2. Congreß deutscher Gärtner, Botaniker u. Gartenfreunde. Erfurt 867. (Neumann.) gr. 8. (V, 306 S. mit 1 chromolith. Plane der Ausstellung in hoch 4.) n. 1 ₰

—— s. Förster's, Carl Friedr., Handbuch der Cacteenkunde.

Rümpler, Th., s.: Gartenbau-Lexikon, illustriertes.

Rümpler, Th., Gartenblumen, s.a. Thaer-Bibliothek, Bd. 27.

— die Gartenblumen, ihre Beschreibg., Anzucht u. Pflege. 2., verb. Aufl. Mit 154 in den Text gedr. Holzschn. 8. (V, 209 S.) Berlin 888. Parey. geb. n. 2. 50

Die Gartenblumen, ihre Beschreibung, Anzucht und Pflege. Von Th[eodor] Ruempler. Mit 157 Textabb. 3. Aufl. neubearb. von Otto Krauss. Berlin: Parey 1910. 170 S. 8°
(Thaer-Bibliothek 27.) [II. 12368 II]

Rümpler, Th., Gartenbuch, s.: Schmidlin.

— illustrirtes Gehölzbuch, s.: Hartwig, J.

Rümpler, Th., illustrirte Gemüse- und Obstgärtnerei. gr. 8. (X, 524 S.) [Berlin 879, Wiegandt, Hempel und Parey.] Parey. * ℳ 10.; geb. * 12 —
—— dass. — s. Vilmorin's illustrirte Blumengärtnerei.

Rümpler, Theod., s.: General-Anzeiger.

Rümpler, Th., Kultur u. Beschreibung der amerikanischen Weintrauben, s.: Babo, A. Frhr. v.

— Erfurt's Land- u. Gartenbau in seinen wichtigsten Entwickelungs-Momenten. Eine Festgabe für den 2. Congreß deutscher Gärtner, Botaniker u. Gartenfreunde u. die allgemeine deutsche Ausstellung von Produkten des Land- u. Gartenbaues vom 9. bis 17. Septbr. 1865 in Erfurt, sowie ein Führer durch Erfurt's Handelsgärtner. Etablissements, für die zahlreichen Geschäftsfreunde derselben. Erfurt 865. (F. W. Otto.) gr. 8. (96 S. mit 2 lith. Plänen in 4. u. 10 lith. Abbildungen der bedeutenderen gärtner. Etablissements Erfurts.) n. 15 ngr

— der landwirthschaftliche Obstbau. Kurzgefaßte Anleitg. zur Wahl, Beschaffg., Pflanzg. u. Pflege der wirthschaftlich nützlichsten Obstsorten. 2. verb. Aufl. gr. 8. (40 S.) Berlin 872. Wiegandt, Hempel & Parey. n. — 50

—— die Stauden oder perennirenden winterharten oder doch leicht zu schützenden Blüthen und Blattpflanzen als das werthvollste und vortheilhafteste Ausstattungsmaterial für Blumen- und Landschaftsgärten mit Einschluß alpiner Arten, nebst Bemerkungen über ihre Kultur, Vermehrung und Verwendung. gr. 8. (VII, 339 S.) Leipzig 887, H. Voigt. *

— die Stauden od. perennirenden winterharten od. doch leicht zu schützenden Blüthen- u. Blattpflanzen als das werthvollste u. vortheilhafteste Ausstattungsmaterial f. Blumen- u. Landschaftsgärten m. Einschluß alpiner Arten, nebst Bemerkgn. üb. ihre Kultur, Vermehrg. u. Verwendg. 2. (Titel-)Ausg. gr. 8. (VII, 339 S.) Leipzig 889. H. Voigt. n. 6. —

Rümpler, Thdr., die Sukkulenten (Fettpflanzen u. Kakteen). Beschreibung, Abbildung u. Kultur derselben. Nach dem Tode d. Verf. hrsg. v. K. Schumann. gr. 8. (VIII, 263 S. m. 139 Textabbildgn.) Berlin 892. P. Parey. Geb. in Leinw. n. 8 —

Rümpler, Thdr., die Zimmergärtnerei, s. a. Thaer-Bibliothek.

Rümpler T.: Die Zimmergärtnerei. Anleitung z. Anzucht u. Pflege d. f. Unterhaltung in bürgerlichen Wohnräumen geeignetsten Ziergewächse. Berl. 1877. 221 S. Fig.
(Thaer-Bibliothek. Bd. 20).

— die Zimmergärtnerei. Anleitung zur Zucht u. Pflege der f. die Unterhaltg. in bürgerl. Wohnräumen geeignetsten Ziergewächse. 2. neubearb. Aufl. Mit 70 Holzschn. 8. (V, 236 S.) Berlin 884. Parey. geb. n. 2.50

[F.] [Theodor] **Rümpler's** Zimmergärtnerei. Anleitg z. Zucht u. Pflege der f. d. Unterhaltg in bürgerl. Wohnräumen geeignetsten Ziergewächse. 3. Aufl., umgearb. v. W. Mönkemeyer, Garteninsp. am bot. Garten d. Univ. in Leipzig. M. 131 Textabb. *Berlin: P. Parey 1895.* (2 Bl., 276 S.) 1 Bd 8.
= Thaer-Bibliothek. Bd 40. [96. 130]

— die schönblühenden Zwiebelgewächse, ihre Kultur im Garten, Gewächshaus u. Zimmer. Mit 152 in den Text gedr. Holzschn. gr. 8. (VII, 460 S.) Berlin 882. Parey. n. 10. —

Rumpp, Wilh., die Arbeit als Unterrichtsprinzip in der Volksschule. Hrsg. vom Verein f. erzieh. Unterricht. (68 S.) 8. Stuttgart 908. Holland & Josenhans. — 80

Die Keuschheit. Ein Wort an die Erzieher d. Jugend, namentl. an Väter u. Mütter. Von Fritz **Rumscheidt**, Hauptl. im Haag. *Berlin: F. Zillessen [1903].* (66 S.) 8° [F.] [03. 10677]

Rumscheidt, Karl, Niederrhein. Lesebuch, s.: Lomberg, Aug.

Rümschin, Peter: Zur Kenntnis katalytischer Wirkungen bei der Acetylierung organischer Verbindungen. Heidelberg 1910: Geisendörfer. 43 S. 8°
Heidelberg, Naturw.-math. Diss. v. 15. Aug. 1910, Ref. Curtius
[Geb. 4. Juni 83 Moskau; Wohnort: Moskau; Staatsangeh.: Rußland; Vorbildung: Gymn. Moskau Reife Juni 02; Studium: Moskau 4, Heidelberg 7 S.; Rig. 1. Juni 10.] [U 10. 2205

Rumschöttel, über die Stadtbahnen in Amerika. Mit 4 Kpfrtaf. [Aus: „Zeitschr. f. Bauwesen“.] Imp.-4. (15 S.) Berlin 877. Ernst & Korn. n. 4. —

Rumsey, Nathaniel ... medicus et chirurgus apud Beaconsfieldenses (geb. 1781 in Amersham (Agmundeshami) Grafsch. Buckingham Engl.): De placenta disrupta ... Londini, ex off. Tylerana (1837). 48 S. 8.
Bonn, Med. Fak., Diss. v. [hs. 2 Aug.] 1837

Rumy, s. Rumi.

FSC
www.fsc.org
MIX
Papier | Fördert gute Waldnutzung
FSC® C083411

Kolibri 360 GmbH
Ferdinand-Jühlke-Straße 7
99095 Erfurt, Deutschland
produktsicherheit@kolibri360.de